HANDBUCH DER PHYSIK

UNTER REDAKTIONELLER MITWIRKUNG VON

R. GRAMMEL-STUTTGART · F. HENNING-BERLIN
H. KONEN-BONN · H. THIRRING-WIEN · F. TRENDELENBURG-BERLIN
W. WESTPHAL-BERLIN

HERAUSGEGEBEN VON

H. GEIGER und KARL SCHEEL

BAND I

GESCHICHTE DER PHYSIK
VORLESUNGSTECHNIK

SPRINGER-VERLAG BERLIN HEIDELBERG GMBH
1926

GESCHICHTE DER PHYSIK VORLESUNGSTECHNIK

BEARBEITET VON

E. HOPPE · A. LAMBERTZ · R. MECKE
K. SCHEEL · H. TIMERDING

REDIGIERT VON KARL SCHEEL

MIT 162 ABBILDUNGEN

SPRINGER-VERLAG BERLIN HEIDELBERG GMBH
1926

ISBN 978-3-7091-9549-9   ISBN 978-3-7091-9796-7 (eBook)
DOI 10.1007/978-3-7091-9796-7

Vorwort.

Das Handbuch der Physik, dessen erste Bände hiermit der Öffentlichkeit übergeben werden, soll eine lückenlose Darstellung des derzeitigen Standes der experimentellen und theoretischen Physik bieten. Es umfaßt insgesamt 24 Bände, von denen Bd. I bis III Geschichte, Vorlesungstechnik, Einheiten, Mathematische Hilfsmittel; Bd. IV Grundlagen der Physik; Bd. V bis VIII Mechanik einschließlich Akustik; Bd. IX bis XI Wärme; Bd. XII bis XVII Elektrizität und Magnetismus; Bd. XVIII bis XXI Optik aller Wellenlängen; Bd. XXII bis XXIV Aufbau der Materie und Wesen der Strahlung behandeln. Durch weitgehende Unterteilung des gesamten Stoffes auf die in den einzelnen Sondergebieten tätigen Forscher wurde eine wirklich moderne und kritische Darstellung der Physik angestrebt.

Der Plan des Handbuches reicht bis zum Jahre 1922 zurück. Um seine erste Entwicklung haben sich die Herren M. BORN-Göttingen, F. EMDE-Stuttgart, J. FRANCK-Göttingen, W. KOSSEL-Kiel, R. POHL-Göttingen, E. REGENER-Stuttgart und M. VOLMER-Charlottenburg verdient gemacht, denen wir auch an dieser Stelle unseren herzlichsten Dank für ihre Bemühungen aussprechen. Beim weiteren Ausbau unseres Werkes haben wir uns der tätigen Mitarbeit der Herren R. GRAMMEL-Stuttgart, F. HENNING-Berlin, H. KONEN-Bonn, H. THIRRING-Wien, F. TRENDELENBURG-Berlin, W. WESTPHAL-Berlin zu erfreuen, welche die Redaktion einzelner Zweige der Physik übernommen haben.

Berlin und Kiel, im Januar 1926.

Die Herausgeber.

Inhaltsverzeichnis.

Allgemeine physikalische Konstanten

(September 1926) [1].

a) Mechanische Konstanten.

Gravitationskonstante . . . . $6,6_5 \cdot 10^{-8}$ dyn $\cdot$ cm$^2 \cdot$ g^{-2}
Normale Schwerebeschleunigung . . . . $980,665$ cm $\cdot$ sec^{-2}
Schwerebeschleunigung bei $45°$ Breite . . . . $980,616$ cm $\cdot$ sec^{-2}
1 Meterkilogramm (mkg) . . . . $0,980665 \cdot 10^8$ erg
Normale Atmosphäre (atm) . . . . $1,013253 \cdot 10^6$ dyn $\cdot$ cm^{-2}
Technische Atmosphäre . . . . $0,980665 \cdot 10^6$ dyn $\cdot$ cm^{-2}
Maximale Dichte des Wassers bei 1 atm . . . $0,999973$ g $\cdot$ cm^{-3}
Normales spezifisches Gewicht des Quecksilbers . $13,5955$

b) Thermische Konstanten.

Absolute Temperatur des Eispunktes . . . . . . $273,2_0°$
Normales Litergewicht des Sauerstoffes . . . . $1,42900$ g $\cdot$ l^{-1}
Normales Molvolumen idealer Gase . . . . . . $22,414_5 \cdot 10^3$ cm^3

Gaskonstante für ein Mol . . . . $\begin{cases} 0,8204_5 \cdot 10^2 \text{ cm}^3\text{-atm} \cdot \text{grad}^{-1} \\ 0,8313_2 \cdot 10^8 \text{ erg} \cdot \text{grad}^{-1} \\ 0,8309_0 \cdot 10^1 \text{ int joule} \cdot \text{grad}^{-1} \\ 1,985_8 \text{ cal} \cdot \text{grad}^{-1} \end{cases}$

Energieäquivalent der $15°$-Kalorie (cal) . . . . $\begin{cases} 4,184_2 \text{ int joule} \\ 1,1623 \cdot 10^{-6} \text{ int k-watt-st} \\ 4,186_3 \cdot 10^7 \text{ erg} \\ 4,268_8 \cdot 10^{-1} \text{ mkg} \end{cases}$

c) Elektrische Konstanten.

1 internationales Ampere (int amp) . . . . . . $1,0000_0$ abs amp
1 internationales Ohm (int ohm) . . . . $1,0005_0$ abs ohm
Elektrochemisches Äquivalent des Silbers . . . $1,11800 \cdot 10^{-3}$ g $\cdot$ int coul^{-1}
Faraday-Konstante für ein Mol und Valenz 1 . . $0,9649_4 \cdot 10^5$ int coul
Ionisier.-Energie/Ionisier.-Spannung . . . . . $0,9649_4 \cdot 10^5$ int joule $\cdot$ int volt^{-1}

d) Atom- und Elektronenkonstanten.

Atomgewicht des Sauerstoffs . . . . $16,000$
Atomgewicht des Silbers . . . . $107,88$
LOSCHMIDTsche Zahl (für 1 Mol) . . . . $6,06_1 \cdot 10^{23}$
BOLTZMANNsche Konstante k . . . . $1,372 \cdot 10^{-16}$ erg $\cdot$ grad^{-1}
$1/_{16}$ der Masse des Sauerstoffatoms . . . . . . $1,650 \cdot 10^{-24}$ g
Elektrisches Elementarquantum e . . . . $\begin{cases} 1,592 \cdot 10^{-19} \text{ int coul} \\ 4,77_4 \cdot 10^{-10} \text{ dyn}^{1/2} \cdot \text{cm} \end{cases}$
Spezifische Ladung des ruhenden Elektrons e/m . $1,76_6 \cdot 10^8$ int coul $\cdot$ g^{-1}
Masse des ruhenden Elektrons m . . . . $9,02 \cdot 10^{-28}$ g
Geschwindigkeit von 1-Volt-Elektronen . . . . $5,94_5 \cdot 10^7$ cm $\cdot$ sec^{-1}
Atomgewicht des Elektrons . . . . $5,46 \cdot 10^{-4}$

e) Optische und Strahlungskonstanten.

Lichtgeschwindigkeit (im Vakuum) . . . . . . $2,998_5 \cdot 10^{10}$ cm $\cdot$ sec^{-1}
Wellenlänge der roten Cd-Linie (1 atm, $15°$ C) . $6438,470_0 \cdot 10^{-8}$ cm
RYDBERGsche Konstante für unendl. Kernmasse . $109737,1$ cm^{-1}
SOMMERFELDsche Konstante der Feinstruktur . . $0,729 \cdot 10^{-2}$
STEFAN-BOLTZMANNsche Strahlungskonstante σ . $\begin{cases} 5,75 \cdot 10^{-12} \text{ int watt} \cdot \text{cm}^{-2} \cdot \text{grad}^{-4} \\ 1,37_4 \cdot 10^{-12} \text{ cal} \cdot \text{cm}^{-2} \cdot \text{sec}^{-1} \cdot \text{grad}^{-4} \end{cases}$
Konstante des WIENschen Verschiebungsgesetzes . $0,288$ cm $\cdot$ grad
WIEN-PLANCKsche Strahlungskonstante c_2 . . . . $1,43$ cm $\cdot$ grad

f) Quantenkonstanten.

PLANCKsches Wirkungsquantum h . . . . $6,55 \cdot 10^{-27}$ erg $\cdot$ sec
Quantenkonstante für Frequenzen $\beta = h/k$ . . . $4,77_5 \cdot 10^{-11}$ sec $\cdot$ grad
Durch 1-Volt-Elektronen angeregte Wellenlänge . $1,233 \cdot 10^{-4}$ cm
Radius der Normalbahn des H-Elektrons . . . . $0,529 \cdot 10^{-8}$ cm.

---

[1] Erläuterungen und Begründungen s. ds. Bd. d. Handb. Kap. 10, S. 487—518.

Kapitel 1.

Geschichte der Physik.

Von

EDMUND HOPPE, Göttingen.

I. Das Altertum bis 1600.

1. Einleitung. Zum Altertum rechne ich für eine Geschichte der Physik
nicht wie in der Weltgeschichte die Vorzeit bis zur Völkerwanderung, sondern die
Zeit bis zum Ausgang des 16. Jahrhunderts n. Chr. Denn diese ganze Reihe der
Jahrtausende hat das gemeinsam, daß sie eine wissenschaftliche Physik als ein
wohlabgetrenntes Gebiet menschlicher Erkenntnis nicht besitzt. Daraus folgt
freilich nicht, daß es überhaupt in dieser ersten Periode keine Physik gegeben
habe. Im Gegenteil sind sehr viele physikalische Probleme in der Zeit behandelt
und zum Teil sogar gelöst; aber sie sind nicht in ihrem Zusammenhang und ihrer
Absonderung von anderen Aufgaben menschlicher Forschung erkannt und ge-
wertet. Die zahlreichen Schriften der griechischen Literatur, welche den Titel
περὶ φύσεως tragen, enthalten oft nichts von Physik, meist nur allgemein Natur-
geschichtliches, oft nur Naturphilosophisches. Alles das interessiert uns hier
gar nicht. Wir sind daher genötigt, uns aus oft sehr zerstreuten Notizen das
Material zusammenzusuchen, welches uns befähigt, uns ein Bild von den physikalischen Kenntnissen und Anschauungen jener der Vergangenheit angehörenden
Völker zu bilden.

Man wird vielleicht meinen, das habe nur kulturhistorisches Interesse.
Allein wir werden sehen, daß die allgemein an die Spitze der Neuzeit gestellten
Männer: KOPERNIKUS, KEPLER, GALILEI, STEVIN, sich nicht nur mit ein oder
zwei Zitaten aus dem Altertum, wie es bisweilen noch heute geschieht, den
Anstrich gelehrter Bildung gaben, sondern mit vollem Bewußtsein an Erfindungen
und Erkenntnisse griechischer Forscher anknüpfen oder deren Experimente als
Beweismittel gebrauchen. Einige im Altertum schon gewonnene Erkenntnisse
sind sogar erst lange nach dem Beginn der Neuzeit wieder entdeckt.

Bis vor etwa 30 Jahren konnte man nun mit der Geschichte der Physik
ohne weiteres bei den Griechen beginnen, weil über die Kenntnisse der älteren
Kulturvölker nichts oder so wenig bekannt war, daß man sogar HERODOT, der
mehrfach auf Zusammenhang der griechischen Bildung mit Ägypten und Meso-
potamien hinweist, für unglaubwürdig hielt. Durch die seither ausgeführten
Ausgrabungen ist HERODOTS Ansicht glänzend gerechtfertigt, und je mehr wir
in die Kultur besonders der Sumerer eindringen, um so mehr zeigt sich eine
weitreichende Abhängigkeit Griechenlands von jener alten, wohl ältesten Kultur-
stätte. Es ist dabei nicht nötig, auch der Chinesen zu gedenken, mit alleiniger
Ausnahme bei der Erfindung des Kompasses; denn mit Sicherheit reichen die Angaben über physikalische Entdeckungen bei den Chinesen nicht über das zweite

vorchristliche Jahrhundert hinaus, und die bisweilen beliebte Zurückdatierung bis auf 1200 v. Chr. ist höchst fragwürdig. Außerdem hat KUGLER nachgewiesen, daß in den astronomischen Fragen, und um hiermit verbundene Probleme handelt es sich, die Inder wie die Chinesen in starker Abhängigkeit von Babylon sind[1]). Da die Kultur der Sumerer zweifellos älter ist als die Ägyptens und auch weitreichender, beginnen wir mit dieser.

a) Babylonische und ägyptische Physik.

2. Leistungen auf dem Gebiete der Physik, Astronomie, Arithmetik.

In seiner neuesten Arbeit sagt B. MEISSNER[2]): „Die Wissenschaft der Physik war den alten Babyloniern und Assyrern natürlich unbekannt. Die physikalischen Naturerscheinungen wurden vielmehr als Handlungen bestimmter Götter erklärt." Das ist richtig, wenn man letzteren Satz auf die Meteorologie bezieht und ersteren auf eine zusammenfassende Darstellung. Allein da wir von den vielen weit über 100000 zählenden Tontafeln noch nicht den 10. Teil gelesen und veröffentlicht sehen, kann man nicht wissen, ob sich nicht auch rein physikalische Tafeln finden werden. Aber schon aus den bildlichen Darstellungen, aus Inschriften und astronomischen Tafeln läßt sich eine Anzahl wohlbegründeter physikalischer Kenntnisse bei den Sumerern nachweisen.

Die drei fundamentalen Größen der Physik, Raum, Zeit, Masse zu messen, haben die Sumerer sehr wohl verstanden. Die Längeneinheit, welche seit ca. 20 Jahren wieder aufgefunden ist, beträgt 992,3 mm, liegt ziemlich nahe an der für Babylon gültigen Länge des Sekundenpendels, so daß LEHMANN einen ursächlichen Zusammenhang vermutet[3]). Aber außer der Länge erfordert die Raummessung auch die Winkelmessung, da haben die Sumerer den Winkel des gleichseitigen Dreiecks zugrunde gelegt, wie ich nachgewiesen habe[4]). Aus dieser Wahl des Normalwinkels, der die Fläche dann in 6 gleiche Teile teilte, ergibt sich von selbst, daß 24teilige und 36teilige Windrosen hergestellt wurden, wie sie bekanntlich aufgefunden sind. Und die Babylonier verstanden sehr genau, Winkel zu messen, sie haben auf wenige Minuten die Winkeldistanzen richtig gemessen[5]). Ohne ein Diopter ist das gar nicht zu verstehen, wenn auch bisher keine Tontafel von einem solchen Instrument berichtet, so zeigt das Resultat ihrer Messungen, daß sie eine solche Vorrichtung gehabt haben müssen. Sie maßen dann den Raum nach Würfeln über der Längeneinheit.

Noch bedeutender ist das Verdienst der Sumerer um die Zeitmessung. Unsere heutige Zeitmessung ist getreu die der alten Sumerer. Es ist von HERODOT berichtet, daß die Zeitmessung von den Babyloniern zu den Griechen gekommen sei[6]). Aber der babylonische Gnomon war anders eingerichtet als der griechische, dieser entspricht vielmehr dem ägyptischen. Beim griechischen Gnomon wird die Schattenlänge gemessen, während auf den Tontafeln niemals von einer Schattenlänge geredet wird, sondern nur von einer Richtung des Schattens. Das zeigt, wie richtig die Babylonier beobachteten; denn die Schattenlänge zeigt gerade zur Mittagszeit die geringste Veränderung, wo es doch gerade am meisten auf eine genaue Messung ankommt, während die Richtungsmessung konstante Empfindlichkeit hat.

---

[1]) KUGLER, Die Babylonische Mondrechnung, S. 82. 1900; u. ZS. f. Assyriologie Bd. 24, S. 319. 1910.

[2]) B. MEISSNER, Babylonien und Assyrien II, S. 381. 1924.

[3]) LEHMANN, Beiträge zur alten Geschichte I, S. 355. 1902.

[4]) E. HOPPE, Arch. d. Math. u. Phys. (3) Bd. 15, S. 304. 1909.

[5]) GINZEL, Das astronomische Wissen der Babylonier. Klio 1901, S. 200.

[6]) HERODOT II, 109.

Da der Normalwinkel der des gleichseitigen Dreiecks war, legten die Babylonier an die Nordsüdlinie, welche sie nach dem Polarstern bestimmten[1]), den Normalwinkel an, so daß die Ebene des Gnomons in 6 Winkel geteilt wurde. Dementsprechend wurde der Tag in 6 Teile, 3 Nachtwachen und 3 Tagwachen geteilt, $^1/_6$ Tag nannten sie die Zeiteinheit „sussu" schon in ältester Zeit[2]). Natürlich machte sich für das Verkehrsleben eine Unterteilung notwendig; so halbierte man den sussu und nannte die Hälfte Kasbu. In späterer Zeit, aber wohl noch im 2. Jahrtausend, wurde auch dies noch einmal halbiert, ohne einen besonderen Namen zu erhalten. Solche Sonnenuhren wurden auch als Reiseuhren hergestellt. Eine horizontale Bronzeplatte hat an der oberen geraden Kante in der Mitte ein Loch zum Einstecken des Stabes. Das Feld ist in 12 Sektoren geteilt, die Mittellinie der Platte wird nach Norden gerichtet, dann gibt der Schatten die Stunden an. Eine solche Uhr aus der Zeit etwa ALEXANDERS ist von BORCHARDT[3]) aufgefunden 1911.

Für die astronomischen Beobachtungen, die bis ins 5. Jahrtausend a. Chr. hinaufragen, war auch die Teilung in 24 Stunden natürlich nicht hinreichend; so wurde wissenschaftlich der sussu entsprechend dem dezimalen Zahlsystem in 10 Teile geteilt, so daß der Tag in 60 Stunden zerfiel. Auch diese Zeiteinteilung reicht nach EPPING (l. c.) bis in die älteste Zeit der uns durch Tontafeln und Inschriften bekannt gewordenen Periode. Eine solche 60-Stunden-Uhr ist von H. v. SCHLAGINTWEIT bei einem abgeschiedenen Gebirgsvolk im Himalaja gefunden. Daß die babylonische Kultur sich nach Indien ausgebreitet hat, ist gar nicht zu bezweifeln, mit Recht führt v. SCHLAGINTWEIT daher die Uhr auf babylonische Erfindung zurück[4]).

Aber neben der Sonnenuhr konstruierten die Sumerer auch in ältester Zeit schon Wasseruhren. Aus einem mit Wasser stets gefüllt erhaltenem Gefäß ließ man durch eine kleine Öffnung im Boden Wasser ausfließen, und wog das in einer Zeiteinheit (sussu) ausgelaufene Wasser. Das Gewicht desselben war die Gewichtseinheit = Mine. So haben die Sumerer bereits ein „absolutes" Maßsystem eingeführt: Elle, sussu, mine entsprechend unserm CGS-System, nur daß sie nicht Masse, sondern Gewicht als Einheit annehmen und letzteres nicht auf die Volumeinheit, sondern auf die Zeiteinheit aufbauten. Vergleicht man damit den Zustand der Maßeinheiten in Deutschland, England und Frankreich um das Jahr 1780, so ist der große Vorzug des Sumerer-Systems ersichtlich.

Die 60-Stundeneinteilung des Tages hatte ferner zur Folge, daß allgemein die 60-Teilung eingeführt wurde und die Sexagesimalbrüche schon auf den Tafeln von Senkereh (ca. 3000 a. Chr.) eingeübt werden, und nach HILPRECHT[5]) in einem Schulrechenbuch (ca. 2400) wie bei uns die Dezimalbrüche behandelt werden. So entstand neben dem ursprünglich vorhandenen reinen Dezimalsystem 1 = ⟨1⟩; 10 = ⟨10⟩; 100 = ⟨100⟩; 1000 = ⟨1000⟩ usw. mit Stellenwert, das Sexagesimalsystem mit reinem Stellenwert, so daß 60 wieder ⟨1⟩ und 60 · 60 auch wieder ⟨1⟩ geschrieben wird.

Als nun um 800 a. Chr. die Babylonier anfingen, nicht nur Beobachtungsresultate niederzulegen, sondern Ephemeriden zu berechnen, war die Einheit $^1/_{60}$ Tag natürlich nicht ausreichend, so wurde von da an die Einheit sussu selbst in 60 Teile geteilt, so daß der ganze Tag 6 · 60 = 360 Zeiteinheiten erhielt mit

---

[1]) Orientalische Lit.-Zt. Bd. 21, S. 165. 1918.
[2]) EPPING, Astronom. aus Babylon, 1889.
[3]) BORCHARDT, ZS. f. ägypt. Sprache Bd. 49, S. 66. 1911.
[4]) v. SCHLAGINTWEIT, Münchener Ber. 1871, S. 128.
[5]) HILPRECHT, The Babylonian expedition of the university of Pensylvania, deutsch 1903, S. 59.

dem Namen us, und diese 60-Teilung wurde systematisch fortgesetzt. Daher rechnen wir noch heute die Stunde zu 60′, die Minute zu 60″ usw. Es ist natürlich, daß die Teilung des Gnomon in 360 us sich dann auch auf die Kreisteilung übertrug und nun 1° als Winkelmaß entstand mit dem Namen indu. Doch hat sich die Gradeinteilung erst nach 500 a. Chr. nachweisen lassen. In Griechenland ist sie erst durch HIPPARCH 133 aus Babylon importiert[1]).

Wenn man die großartigen Bauwerke aus ältester Zeit beachtet, wenn die Gudea-Statue[2]) den Grundriß des Tempels mit einem zugehörigen Maßstab zeigt, welcher mit der tatsächlichen Ausführung übereinstimmt, so darf man als gewiß annehmen, daß diese alten Babylonier in technischer Physik außerordentlich weit vorgeschritten waren. Wir kennen das Tonnengewölbe von Nippur[3]). Wir sehen, daß der zweiarmige Hebel gebraucht wird zur Hebung von Felsblöcken[4]). Wir finden verschiedentlich Abbildungen von gleicharmigen Wagen. So kann kein Zweifel sein, daß die Anwendung der sog. 5 Potenzen wenigstens zum größten Teil in Babylonien ebenso bekannt war, wie wir es auch in Ägypten finden.

Aber die wissenschaftliche Mechanik ist auch in gewissen Anwendungen bekannt gewesen. Aus Tabellen, welche KUGLER angibt, läßt sich schließen, daß die Babylonier im 2. Jahrh. a. Chr. nicht nur die gleichförmige Geschwindigkeit, sondern auch die Beschleunigung gemessen haben, und zwar haben sie das getan nach einer Methode, die der Bildung des ersten und zweiten Differentialquotienten entspricht[5]). Die Beobachtung der Interferenzfarben bei einer auf Wasser gebildeten Ölhaut mit 7 farbigen Ringen aus der Zeit um 1900 a. Chr. ist ein Beweis für die akkurate Beobachtung[6]). Da sie auch die Entstehung der Finsternisse richtig erklärten und die Sichtbarkeitsgrenze derselben vorher berechneten, haben sie die geradlinige Ausbreitung der Lichtstrahlen sicher gekannt. Da die astronomischen Beobachtungen der Babylonier in den letzten Jahrhunderten a. Chr. so außerordentlich genau sind, daß das Resultat, z. B. das der Merkurtafel 166 a. Chr. für die tägliche siderische Bewegung nur einen Fehler von $^4/_{100}$ einer Sekunde ergibt, hat man wohl gemeint, sie müßten Fernrohre besessen haben. Sicher haben sie Diopter gehabt, ob aber mit Linsen, ist bisher nicht nachweisbar. Daß sie Linsen besessen haben, ist durch die Auffindung der Bergkristallinse, die plankonvex geschliffen ist mit 0,2″ Dicke und 4,2″ Brennweite, durch LAYARD in Ninive bewiesen[7]).

Zur Zeit läßt sich nicht mehr über babylonische Kenntnisse sagen. Ihr Hauptverdienst liegt sicher in den astronomischen und arithmetischen Leistungen, aber doch dürfen wir hoffen, daß uns die fortschreitende Entzifferung der Tontafeln auch auf dem Gebiete der Physik weitere Aufklärung geben wird. Es ist nun nicht nötig, auf die Ägypter in gleicher Weise einzugehen, sie haben nicht mehr geleistet als die Babylonier und sind durchaus von jenen abhängig. Nur in einem Punkt muß ich über das Verhältnis Ägyptens zu Babylon einiges sagen, das ist die Perspektive.

Während die bildlichen Darstellungen der Babylonier bis in die älteste Zeit hin meistens die Kenntnis der Perspektive verraten, fehlt diese in den älteren Darstellungen Ägyptens gänzlich. Aber man hat beobachtet, daß, wenn man auf eine horizontale Ebene von oben sieht, die entfernteren Objekte höher zu

---

[1]) E. HOPPE, Mitt. d. Math. Ges. Hamburg Bd. 5, S. 261. 1919.
[2]) BORCHARDT, Berl. Ber. 1888, I.   [3]) HILPRECHT, Bêl-Tempel zu Nippur, S. 65.
[4]) PATERSON, Palace of Sinacherib Pt 32.
[5]) E. HOPPE, Arch. f. Math. u. Phys. (3) Bd. 28, S. 100. 1920.
[6]) B. MEISSNER, Babylon und Assyrien II, S. 382. 1924.
[7]) Bericht BREWSTERS an die Br. Assoc. 1851.

liegen scheinen, und wenn man gegen eine Decke sieht, die entfernteren tiefer zu liegen scheinen. Das veranlaßt die Darsteller in der älteren Periode bei einem Gemälde die hinter einem Gegenstand befindlichen Dinge in unverkürzter Größe oberhalb der vorn liegenden zu zeichnen. Wenn also ein Mann mit einem Hunde spazieren geht, wird der Hund über den Kopf des Mannes gezeichnet, wenn er auf der abgewandten Seite von dem Manne geht. Befindet sich aber der Hund zwischen Mann und Beobachter, so wird er unter die Füße des Mannes gemalt. In der zweiten Periode hat man die Beobachtung gemacht, daß die entfernteren Dinge kleiner erscheinen. Das veranlaßt den Maler, den Arm eines Menschen auf der dem Beschauer abgewandten Seite viel kürzer zu zeichnen als den auf der zugewandten. Eine wirkliche Perspektive haben die Ägypter erst von den Griechen gelernt[1]).

b) Griechische Physik.

3. Erste Periode. Für die ältere Zeit griechischer Kulturarbeit bis PLATON ist die geschichtliche Untersuchung in der unangenehmen Lage, die Schriften der in dieser Periode lebenden Männer nicht mehr zur Verfügung zu haben. Nur aus späteren Zitaten können wir einiges zusammenstellen, was auf dem Gebiet physikalischer Erkenntnis in jener Periode gewonnen ist. Diese Arbeit wird noch dadurch erschwert, daß die Zitate sich oft schnurstracks widersprechen und zweifellos tendenziös gefärbt sind. Bei diesem Zustand der Literatur ist es begreiflich, daß in den Geschichtswerken mehr Naturphilosophie als Naturwissenschaft angehäuft wird. Wir übergehen diese Spekulationen, sie sind damals nicht wertvoller gewesen als heute.

HERODOT[2]), der älteste griechische Geschichtsschreiber, der um 450 a. Chr. lebte und dessen Angaben, früher oft angezweifelt, sich durch die Ausgrabungen mehr und mehr als richtig erwiesen haben, sagt, wie oben angegeben, daß die Zeitrechnung der Griechen aus Babylon stamme. In der Tat, von HOMER bis zum 2. Jahrh. a. Chr. haben die Griechen den Tag auch in 6 Wachen geteilt. Daß diese Einteilung, wo doch die Griechen wie die Ägypter nicht vom Winkel des gleichseitigen Dreiecks, sondern vom rechten Winkel ausgingen, nicht in Griechenland erfunden sein kann, ist selbstverständlich. Zur Zeit HOMERS fingen sie, wie es scheint, den Tag mit der Morgenröte an, seit SOLON (594) schlossen sie sich auch mit dem Tagesanfang den Babyloniern an und begannen mit Sonnenuntergang[3]). Erst nach ALEXANDER kommt in Griechenland auch die Stunde als 24. Teil des Tages vor, also auch aus Babylon. Auch Klepsydren (Wasseruhren) werden erwähnt, doch, wie es scheint, nicht als Tagesuhren im Dauerbetrieb, sondern nur zu bestimmten Zwecken: Weckuhren und Redezeituhren[4]). Nachdem die römischen Legionen in Griechenland eingezogen waren, wurde die 8teilige Tageszeit hier, wie überall, wo die Römer einzogen, eingeführt. Es ist hier nicht der Ort, auf die erfolgreichen Bemühungen der Griechen, die Länge des Sonnenjahres festzulegen und die damit zusammenhängende Herstellung eines geordneten Kalenders einzugehen, es gehört das in das Gebiet der Astronomie und ist von mir anderweit ausführlich behandelt[5]).

Der erste, welcher etwas Physikalisches in Griechenland bekannt machte, war THALES, der Großkaufmann in Milet[6]), geboren ca. 637 und bald nach 548 gestorben. Auf seinen kaufmännischen Reisen kam er auch nach Ägypten[7]),

[1]) LUISE KLEBS, ZS. f. ägypt. Sprache 1914, S. 19. [2]) HERODOT II, 109.
[3]) Vgl. E. HOPPE, Mitt. d. Math. Ges. Hamburg Bd. 5, S. 268. 1919.
[4]) TACITUS, De dial. 38.
[5]) E. HOPPE, Mathematik und Astronomie im klassischen Altertum, S. 123. 1911.
[6]) PLUTARCH, Solon, 2tes Schollion. [7]) Diog. Laertius I, 1 u. 6.

wo er bei den Priestern Mathematik lernte. Hier war damals schon längst die babylonische Astronomie bekannt. So lernte Thales auch die Methode kennen, Sonnen- und Mondfinsternisse zu berechnen. Nach seiner Rückkehr nach Milet machte er hiervon Gebrauch und sagte die Sonnenfinsternis am 28. Mai 585 voraus. Er eröffnete auch in Milet eine Schule, in welcher er Mathematik, Astronomie und Naturphilosophie lehrte. Entsprechend der babylonischen Auffassung lehrte er, die Erde sei eine Kugel, und die Himmelskörper haben die gleiche Form[1]). Er bestimmt auf der Erde die fünf Zonen[2]). Ich erwähne dies hier, weil auf Grund einer ganz törichten Bemerkung des Aristoteles[3]), der keine Handschrift des Thales hatte[4]), noch in modernsten Geschichten der Naturwissenschaften dem Thales kindische Ansichten untergelegt werden. Im übrigen gehe ich auf die Kosmologie nicht weiter ein, sie gehört auch zur Astronomie, und die kosmologischen Erkenntnisse der Griechen sind von mir im Gegensatz zu dem den Griechen aufoktroyierten „antiken Weltbild" mit allen Nachweisungen systematisch dargestellt[5]). Physikalisch hat Thales die geradlinige Ausbreitung der Lichtstrahlen gekannt und in seiner Methode, die Höhe eines Objekts aus der Schattenlänge zu bestimmen, angewandt[6]). Ferner hat er mit einer Art Meßtischmethode die Entfernung von Schiffen auf dem Meere bestimmen gelehrt[7]).

Der Schüler des Thales, Anaximandros, ebenfalls in Milet 611 geboren und bald nach 546 gestorben, hat die vier Elemente Wasser, Erde, Luft und die Sphäre der Gestirne unterschieden, doch so, daß alles aus Wasser entstanden sei[8]). Unter dieser Sphäre ist das Gebiet des Feuers zu verstehen; denn sein Lehrer Thales hatte erklärt, die Sterne seien Feuer. Diese Ansicht vertritt auch sein Schüler Anaximenes[9]), der schon einen Begriff von Wärmestrahlung unabhängig von der Lichtstrahlung besitzt. Er sagt: Die Erwärmung auf der Erde durch die Strahlen der gesehenen Sterne ist nicht merklich, weil die Entfernung zu groß ist[10]). Anaximenes starb etwa 525.

Die bis dahin gehende Entwicklung wird unterbrochen durch Pythagoras, 580—490. Tatsächlich verdankt ihm die Physik gar nichts, aber er hat eine Theorie des Sehens aufgestellt und damit den Anstoß gegeben zu einer langen Reihe theoretischer Spekulationen, die bis in das 17. Jahrh. p. Chr. nachwirkten. Pythagoras (oder die Pythagoreer) meint[11]), aus dem Auge kommen Ausdünstungen, die treffen den gesehenen Körper, werden dort zurückgedrängt und erzeugen dadurch Empfindung im Auge. Für diese Ausdünstungen führt Archytas die Bezeichnung Sehstrahlen ein[12]). Diese Sehstrahlen gehen geradlinig vom Auge aus nach allen Seiten, infolgedessen werden dieselben in einiger Entfernung vom Auge so divergent sein, daß kleine Objekte (eine Nadel) nicht mehr von ihnen getroffen werden, also nicht mehr gesehen werden können; so folgert Euklid[13]). Er behandelt aber in Satz 30 die objektiven Sonnenstrahlen bei der Reflexion gerade so wie die Sehstrahlen. Ein anderer Pythagoreer, Alkmaion, gibt die erste Anatomie des Auges[14]) und glaubt einen Beweis für das Austreten der Sehstrahlen darin zu finden, daß bei einem Schlag aufs Auge ein Lichteindruck entsteht, er sagt: Feuer aus dem Auge springt[15]).

<hr>

[1]) Aetius, Plac. phil. III, 10, 11.   [2]) Ebenda II, 12.
[3]) Aristoteles, Metaph. I, 3.   [4]) Aristoteles, De caelo II, 13, 294a.
[5]) E. Hoppe, Arch. f. d. Gesch. d. Naturwissensch. Bd. 5, S. 73. 1913.
[6]) Ps. Plutarch, De plac. phil. II, 12, 213; III, 10, 11. Das Zitat bei Plinius ist natürlich falsch.   [7]) Proklos, Comm. in Euklid Prop. 26.
[8]) Simplicius, De caelo 471, 1; Hippol. Ref. I, 6, 1—7.
[9]) Diels, Vorsokratiker, S. 21.   [10]) Hippolytos, Phil. 7, 7.
[11]) Diog. Laert. VIII, 29; Aetius IV, 13.   [12]) Apulejus, Apologie 15.
[13]) Euklid, Optik, Satz 3.   [14]) Chalcidius 246.   [15]) Theophrast, De sensu 26.

EMPEDOKLES (ca. 450) läßt die Ausflüsse aus den Körpern austreten und ins Auge eindringen[1]). Das faßt sein Schüler LEUKIPPOS so auf, daß Abbilder von den Körpern abgelöst werden und in das Auge eindringen, von denen sein Schüler DEMOKRIT (470—380) meint, daß sie zunächst auf die zwischenliegende Luft einwirken. Nach ihm sollen diese Abbilder sogar psychische Eigenschaften vermitteln[2]). Diese Theorie bildet EPIKUR weiter aus und LUCREZ hat dessen Ansichten ausführlich wiedergegeben[3]).

PLATON (429—348) verbindet die Sehstrahlen des PYTHAGORAS mit den Ausflüssen von den belichteten Körpern (später Synaugie genannt). Durch die Berührung beider entsteht die Lichtempfindung[4]). Eine Abänderung dieser Theorie gibt GALEN, danach sind keine Sehstrahlen vorhanden, sondern das Sehpneuma im Auge berührt die Luft, und diese vermittelt die Verbindung mit dem Objekt[5]).

ARISTOTELES lehnt die Sehstrahlen ab. Das Medium zwischen Auge und Körper ist durchsichtig, und solange es dunkel ist, hat es diese Eigenschaft nur potential, es wird hell gemacht, und zwar ist dieser Übergang eine qualitative Änderung. Licht ist darum die „Entelechie des Durchsichtigen". Die Farbe ist ein sekundärer Vorgang, der erst das Sehen ermöglicht[6]). Sobald er aber die Reflexion erklären will, greift er wieder zu den Sehstrahlen[7]). Aus dieser Theorie haben moderne Schriftsteller eine Undulationstheorie gemacht, während ARISTOTELES selbst die Bewegung des Mediums ausdrücklich ablehnt (l. c. De anima).

Eine Zwischenstufe zwischen PLATON und ARISTOTELES nehmen die Stoiker ein, freilich wissen wir nicht, wie ZENON selbst gelehrt hat, der Hauptvertreter ist CHRYSIPPOS (280—208), der auch wohl von HERAKLIT abhängig ist. Die Sehkraft ($\pi\nu\varepsilon\tilde{v}\mu\alpha$ $\delta\varrho\alpha\tau\iota\kappa\acute{o}\nu$) berührt durch die Pupillen die Luft, erzeugt da eine Spannung ($\tau\acute{o}\nu o\varsigma$), die sich in Wellen kugelförmig ausbreitet. Durch den Anprall der Wellen gegen einen Körper entsteht Gegenspannung, das fühlt das $\pi\nu\varepsilon\tilde{v}\mu\alpha$ $\delta\varrho\alpha\tau\iota\kappa\acute{o}\nu$. Daß wir im Dunkeln nicht sehen können, kommt von der zu großen Dichte der Luft, sie muß erst durch die Sonnenstrahlen so verdünnt werden, um die Wellen zu bilden[8]).

Eine Abänderung zur epikurischen Lehre bietet STRATON in bezug auf die Farben der Körper, diese lösen sich von dem Körper ab und färben die Luft bis zum Auge[9]). Die $\acute{v}\pi o\tau\acute{v}\pi\omega\sigma\iota\varsigma$ des DEMOKRIT[10]) wird also schon gefärbt gedacht. Eine eingehende Darstellung der Lichttheorien des Altertums findet man bei A. HAAS in dem Archiv für Geschichte der Philosophie Bd. 20, S. 345. 1907.

Einen wesentlichen Fortschritt finden wir bei ANAXAGORAS (500—428). Dieser hochbedeutende Vorsteher einer Hochschule in Athen hat die Zentrifugalkraft eingeführt[11]). Er dehnt die Schwerkraft in den Weltraum aus und sagt, der Mond und die Sterne würden auf die Erde fallen, wie der Meteorstein von Aigospotamoi, wenn nicht die Zentrifugalkraft sie auf ihrer Bahn erhielte[12]). Seine Kosmogonie[13]) unterscheidet sich von der LAPLACEschen lediglich durch die Annahme, daß die Erde statt der Sonne das Zentrum ist, in einiger Beziehung überragt sie sogar LAPLACE und vermeidet den Fehler, welchen LE VERRIER an

---

[1]) Aetius IV, 13.   [2]) Plutarch. Conv. VIII, 10.   [3]) Lucrez IV v. 129 ff.
[4]) Timaios 45 a—d; Staat 508; Menon 76 d, Theätet 156 d.
[5]) De plac. Hipp. u. Platon VII.   [6]) De anima II, 7.; De sensu 2.
[7]) Meteor. III, 2.   [8]) Chalcidius 237; Aetius IV, 15 ff.; Diog. Laert. VII, 157.
[9]) Aetius IV. 13; Sextus Empir. Pyrrhon. III.   [10]) THEOPHRAST, De sensu 50 ff.
[11]) SIMPLICIUS, De caelo 35, 13.   [12]) PLUTARCH, Lys. 12.
[13]) Vgl. PLATON, Kratylos 409 a u. ARISTOTELES, Meteor. I, 8.

der LAPLACEschen Theorie tadelte[1]). EMPEDOKLES (s. oben) hat die 4 Elemente Erde, Wasser, Luft und Feuer als unveränderliche Bausteine der Welt behandelt, während DEMOKRIT auf unveränderliche Atome zurückgeht und jene vier erst aus diesen aufbauen will[2]).

Etwa 100 Jahre nach ANAXAGORAS gründet PLATON seine Schule in Athen (388). Aus seinen Dialogen erfahren wir die Gegenstände seines Unterrichts. Er hat kein physikalisches Werk geschrieben, und was er in den Dialogen erwähnt, stellt er gewöhnlich so dar, als ob das Sachen wären, die jedermann kenne. So können wir feststellen, was zur Zeit des PLATON in Athen die gebildete Bevölkerung lernte. Schwer und leicht sind relativ, es gibt kein unten und oben im Weltraum, sondern um das Zentrum sind alle Dinge geschart und unten nennen wir das in der Richtung zum Zentrum liegende, oben das vom Zentrum abgekehrte[3]). Auch hart und weich sind relative Begriffe (ib. 62b). Der Aggregatzustand eines Körpers wird durch das Eindringen von Feuer oder das Austreten desselben verändert[4]). Es gibt in der Natur keinen leeren Raum, da der Luftdruck sofort eindringt, wo ein solcher Raum entsteht[5]).

Man muß rotierende und fortschreitende Bewegung unterscheiden, beide zusammen geben die rollende. Liegt die Rotationsbewegung und die fortschreitende Bewegung nicht in der gleichen Ebene, so entsteht die Schraubenlinie[6]). Bei der Rotation ist die Winkelgeschwindigkeit eine andere als die (lineare) Geschwindigkeit der Peripherie. Stoßen zwei Körper gerade aufeinander, so heben sich die Geschwindigkeiten auf, stoßen sie unter einem Winkel aufeinander, so setzen sich die Geschwindigkeiten zu einer gemeinsamen zusammen[7]).

Es gibt leichtflüssige und schwerflüssige Flüssigkeiten, das beruht auf der verschiedenen Größe und Gleichheit der kleinsten Teile. Durch Feuer wird die schwerflüssige Substanz leichtflüssig, denn es löst die Teilchen voneinander[8]). Wird aber Feuer und Luft ganz aus der Flüssigkeit genommen, so erstarrt sie und wird fest durch den auf ihr lastenden Luftdruck. In der Luft entsteht so Hagel, an der Erde Eis, aus dem Tau der Reif. Hat man eine Mischung von erdigen Substanzen mit Wasser, so tritt Zersetzung ein, es entsteht Luft (Gas), das entweicht und nun drückt die Luft auf die erdigen Massen und sie werden steinhart; sind die kleinen Teilchen alle gleich und von Ebenen begrenzt, so ist der feste Körper schön und durchsichtig[9]) (Kristallbildung). Die Kapillarität erwähnt PLATON in dem Experiment, daß Wasser durch einen Wollfaden aus einem vollen in ein leeres Gefäß überfließt[10]).

Eingehend beschäftigt sich PLATON mit der Musik im Staat, uns interessiert das rein Akustische. Akkorde sind nach dem Zahlenverhältnis (der Schwingungen) der Töne zu beurteilen, harmonisch sind die Töne einfacher Zahlverhältnisse[11]).

Vom Magneten, der zuerst in Verbindung mit THALES genannt wird, weiß PLATON, daß er Eisenstücke und Eisenringe nicht nur anzieht, sondern selbst zu Magneten macht[12]). Über seine Theorie des Sehens sprach ich schon. Von der Reflexion handelt PLATON sowohl für ebene wie konkave Flächen und kennt die Umkehr des Spiegelbildes[13]). Lichtbrechung kommt bei PLATON nicht vor. Die reinste und leichteste Substanz ist der Äther, welcher den Raum zwischen den Himmelskörpern füllt und die Atmosphäre umkreist[14]).

---

[1]) Cf. BABINET, C. R. Bd. 52, S. 481. 1861.   [2]) Aristot. De caelo 305b.
[3]) Timaios 62 u. 63b.   [4]) Ebenda 59a.   [5]) Ebenda 58, 60b.   [6]) Ebenda 39a.
[7]) Gesetze 893.   [8]) Timaios 58d u. 59e.   [9]) Ebenda 60b.   [10]) Symposion 175.
[11]) Staat 531 u. Epinomis 978.   [12]) Jon 533.   [13]) Timaios 46 u. Sophist 266.
[14]) Phaidon 109, 111; Kratylos 410.

Im Phaidon beantwortet PLATON auch die Frage, was die Erde im Raum halte. Er sagt, sie bedürfe keines Haltes, da sie kugelförmig in einem ganz gleichartigen Medium sich befinde, sie sei nach allen Seiten im Gleichgewicht (ib. 58). Im allgemeinen sagt PLATON noch im Philebos: Exakte Wissenschaft wird nur durch Zählen, Messen und Wägen begründet, und im Sophisten: Wirksamkeit und Bewegung ist der Gegenstand der Wahrnehmung, über das Ding an sich kann gar nichts ausgesagt werden[1]).

In einer sehr wertvollen Studie hat EVA SACHS[2]) aus dem von Philosophen und Philologen arg malträtierten Dialog TIMAIOS den Nachweis erbracht, daß PLATON auch für die Elementenlehre außerordentliche Verdienste hat. Er hat die Empedokleischen Elemente als Aggregatzustände aufgefaßt, die ineinander übergehen können und die sich durch die geometrische Anordnung der Materieteilchen unterscheiden. Die Atome werden zu Molekülen, wobei die Tetraederform eine wesentliche Rolle spielt (vgl. VAN 'T HOFF, Die Lagerung der Atome im Raum, 1908, 3), angeordnet. Da die späteren Philosophen, einschließlich ARISTOTELES, diese kühnen Gedanken, die unserer modernen Anschauung recht nahekommen, nicht verstanden, haben sie pythagoreischen Mystizismus hineininterpretiert.

Wie in der Mathematik, so auch in der Physik werden von späteren Schriftstellern dem PLATON noch viele Sachen und Lehren zugeschrieben, die wir aus den uns erhaltenen Werken nicht nachweisen können. Da sicher mehrere Arbeiten von PLATON uns nicht erhalten sind, kann es sehr wohl sein, daß diese Entdeckungen darin gestanden haben, aber wahrscheinlicher ist, daß es sich um Dinge handelt, die PLATON mündlich vorgetragen hatte in seiner Akademie und die dann von den Schülern weiter überliefert waren. Aus den physikalischen Bemerkungen scheint uns das wichtigste zu sein, daß in einem Brief des SYNESIOS an HYPATIA eine von PLATON, wahrscheinlich aber von ARCHIMEDES oder einem späteren Alexandriner erfundene und von den Neuplatonikern erst mit PLATON in Verbindung gebrachte Senkwage, bei welcher der Schwimmer aus Silberblech bestand, erwähnt wird[3]). Nach AL KHAZINIS' „Wage der Weisheit"[4]) würde diese Erwähnung auf PAPPOS zurückgehen und dann wäre sie zuverlässig, aber das fragliche Werk des PAPPOS ist uns nicht erhalten, und die arabischen Quellen zeichnen sich nicht durch Zuverlässigkeit aus.

In den Geschichten der Physik pflegt ARISTOTELES einen breiten Raum einzunehmen. Da es nicht meine Absicht ist, Naturphilosophie zu schildern, auch nicht die Abwege physikalischer Forschung zu verfolgen, können wir uns kurz fassen. In vielen seiner Angaben ist ein offenbarer Rückschritt gegen frühere Forscher zu bemerken. Ich nenne nur als Beispiel, daß er die schon richtig erkannten Aggregatzustände als Elemente auffaßt, oder die Leugnung der Möglichkeit von Gegenfüßlern[5]). Viele seiner Bemerkungen sind nur dialektisch abgeleitet, obwohl er sagt, daß der Beobachtung mehr Glauben beizumessen sei als der Theorie[6]), und Tatsachen beweisen[7]).

ARISTOTELES ist ein Gegner der Atomistik. Die Materie ist ewig[8]), sie ist eine $\pi\varrho\acute{\omega}\tau\eta$ $\mathring{\upsilon}\lambda\eta$, und durch die formgebenden Einflüsse: kalt-warm, trockenfeucht entstehen daraus die einzelnen Körper[9]). Alle Wirkungen kommen nur

---

[1]) Sophist 247 E u. 249.
[2]) EVA SACHS, Die fünf platonischen Körper (Philol. Untersuchungen 24) 1917, S. 185 ff.
[3]) HOFMANN, Wiener Ber. Bd. 63, S. 18 u. 60. 1909. Zuerst abgedruckt in Journ. d. Scav. VII, S. 89. 1679, von FERMAT beschrieben: Varia oper. von CASSELLI 1679.
[4]) Journ. Amer. orient. Soc. Bd. 6, S. 1. 1859.
[5]) ARISTOTELES, De caelo I, 3, 6; IV, 2.
[6]) Zeugung III, 14.   [7]) Meteorol. I, 25.   [8]) Phys. I, 2; VI, 1 u. 9.
[9]) Entstehung I, 6; De caelo IV, 5; Phys. II, 1 usw.

durch Kontakt zustande[1]), ohne solche Einwirkung gibt es keine Veränderung, es besteht also Trägheit[2]). Aber alles hat in der Welt seinen natürlichen Ort; begibt ein Körper sich dahin, so bedarf er keiner Kraftwirkung, das ist seine natürliche Bewegung. Daher besteht die Wurfbewegung aus 3 Teilen, erstens die erzwungene Bewegung durch die aufgewendete Kraft, zweitens die horizontale Trägheitsbewegung, drittens die natürliche Bewegung. Beim vertikalen Wurf ist die zweite gleich Null[3]). Geradezu verderblich hat seine Auffassung von dem fortgesetzt notwendigen Antrieb zur Bewegung gewirkt. „Wenn ein Körper fortgeschleudert wird, so bewirkt die hinter seiner Rückseite eindringende Luft einen Antrieb, daß er seine Bewegung fortsetzt, sie stößt ihn weiter!" Wirkliche Vereinigung (er sagt: Mischung) entsteht aus zwei Körpern nach festen Verhältnissen[4]), und sie kommen dabei zu neuen Gleichgewichtslagen. ARISTOTELES behauptet die Möglichkeit der Kompression des Wassers, aber nicht auf Grund eines Versuches[5]) oder der Beobachtung. Er beschreibt die Taucherglocke[6]) richtig, erklärt, daß es verschiedene Arten von Luft (Gas) gebe und daß die atmosphärische Luft zweiteilig sei[7]). Obwohl er den Kreislauf des Wassers kennt und den Dampf für luftartig gewordenes Wasser erklärt[8]), behauptet er doch, daß Schnee nicht gefrorenes Wasser sei[9]).

Die Bemerkung, daß man durch Diffusion in Tongefäßen aus dem Meerwasser süßes Wasser erhalte, indem das Salz nicht mit diffundiere[10]), hat in neuerer Zeit zu einer Untersuchung geführt, die zeigt, daß das Experiment nur bei solchen Tongefäßen gelingt, die vorher mit süßem Wasser gefüllt waren, dann drückt das Meerwasser das in der Tonschicht enthaltene süße Wasser zunächst heraus[11]).

Man hat auch behauptet, ARISTOTELES habe die Wärme als einen Bewegungszustand des Körpers aufgefaßt, er sagt aber ganz ausdrücklich, die Wärme sei keine Bewegung, sondern sie könne nur durch Bewegung erzeugt werden[12]). Er ist auch der Meinung, daß das Feuer die Luft dichter mache, während doch vor ihm schon längst bekannt war, daß durch Erwärmung die Luft leichter wird[13]). Richtig dagegen spricht ARISTOTELES von der Reflexion des Schalles[14]). Auch die Reflexion des Lichtes erwähnt er ohne richtige Erklärung[15]) und ebenso die Brechung[16]). Er erwähnt den Mondregenbogen[17]) natürlich ohne Erklärung. Beim Zitterrochen sagt er, das Organ, welches die Schläge erteilt, liegt am Maul, er bringt die Schläge aber nicht mit Elektrizität in irgendwelche Verbindung, denn von dem elektrisierten Bernstein hat weder er noch irgendein Mensch des Altertums einen Schlag erhalten[18]). Doch wird diese Stelle verschiedentlich als unecht beanstandet. Die Entstehung des Rauhreifs erklärt er richtig[19]) und zeigt, daß derselbe sich auf der dem Winde zugewendeten Seite bilde.

Obwohl ARISTOTELES' Wurfbewegungserklärung so verkehrt war, hat er dabei doch die richtige Erklärung für gleichförmige Beschleunigung und Verzögerung angegeben, erstere tritt ein bei der natürlichen Bewegung, letztere bei der erzwungenen Bewegung[20]). Im Verfolg der Kinetik kommt

---

[1]) Entstehung II, 6, 7.   [2]) Phys. IV, 8; V, 3; VIII, 7.
[3]) Cael. III, 2; Phys. IV, 2, 6; Parv. nat. IV, 2; Mech. Prob. 31, 35.
[4]) Meteorol. XIV, 5; Topik VI, 14; Entsteh. I, 10; II, 7.
[5]) Meteorol. IV, 17.   [6]) Problem. 32, 5.
[7]) Topik V, 5; Probl. I, 13; Meteorol. I, 11, 15, 17 usw.
[8]) Meteorol. I, 8, 12; Zeugung II, 30; Phys. II, 8.
[9]) Topik IV, 5.   [10]) Meteorol. II, 31, 35, 36; Zeugung II, 60, 89.
[11]) DIELS, Hermes Bd. 40, S. 310. 1905; LIPPMANN, Abhandl. II, S. 98, 163. 1913.
[12]) Metaphys. XI, 11.   [13]) Zeugung V, 91.   [14]) Probl. XI, 23.
[15]) De anima II, 7, 8.   [16]) Ebenda III, 12.   [17]) Meteorol. III, 2, 12ff.
[13]) Zool. IX, 37.   [19]) Meteorol. I, 9; II, 17.   [20]) Phys. V, 1 ff.

ARISTOTELES dann zu einem Satz, der dem Prinzip der virtuellen Geschwindigkeit nahekommt; er sagt: „Kräfte wirken gleichviel, wenn sie sich umgekehrt verhalten wie die Geschwindigkeiten"[1]. Er hat diesen Satz nur angewandt auf den Hebel, und da ist er richtig. Er fährt dann fort: „Die Wirkung des Wagebalkens ist auf die Kreisbewegung zurückgeführt, die des Hebels auf den Wagebalken und fast alle anderen mechanischen Bewegungen lassen sich auf den Hebel zurückführen." Wenn DUHEM[2] meint, dieses Gedankens wegen müßte man ARISTOTELES als den Vater rationeller Mechanik preisen, so übersieht er, daß dies Körnchen Wahrheit von einem Schlinggewächs von Irrtum überwuchert ist. Allgemein ist das Prinzip richtig erst von LAGRANGE (Mécan. analyt. 1788) ausgesprochen. ARISTOTELES stellt danach die Frage: Warum wägt ein langer Hebelarm genauer, als ein kurzer?[3], und gibt die Antwort: Weil das kleinere Gewicht einen größeren Weg zurücklegt. Darauf gründet sich die Schnellwage. Trotzdem hat er das Hebelgesetz nicht begriffen; denn bei dem Keil glaubt er, es mit einem Hebel zu tun zu haben[4]. Die Bewegung auf einem Kreise denkt sich ARISTOTELES so, daß der Punkt auf einem Durchmesser sich bewegt, während dieser Durchmesser parallel mit sich selbst verschoben wird[5]. Er kennt das Parallelogramm der Bewegung. ARISTOTELES ist auch der Vater des DESCARTESschen Gedankens von der Konstanz des Produktes aus Masse und Geschwindigkeit, er sagt: bei gleicher Kraft verhält sich die Geschwindigkeit des leichten Körpers zu der des schweren wie der schwere zum leichten[6].

Es sind also in ARISTOTELES' Werken hin und her eine Reihe richtiger Sätze zerstreut, ich habe aber auch einige von den vielen falschen angeführt, um das Bild nicht schönzufärben. ARISTOTELES' Bedeutung liegt wesentlich auf einem anderen Gebiet als dem der Physik, er ist im Gegenteil für die Physik durch die Vorherrschaft der Dialektik in seinen Ableitungen verderblich geworden für den Fortschritt in vielen Jahrhunderten. Jedoch beginnt sein überragender Einfluß erst nach dem Verfall griechischer Wissenschaft, d. h. etwa 300 Jahre nach seinem Tode.

Die uns erhaltenen Schriften über Optik und Katoptrik boten einen Rattenkönig von Verwechslungen in der Bezeichnung der Autoren. Es hat lange und intensive Arbeit gekostet, hier sicheren Boden zu gewinnen. Das Resultat dieser Bemühungen findet sich bei HEIBERG und SCHMIDT und, soweit arabische Überlieferung in Frage kommt, in E. WIEDEMANNS Beiträgen[7]. Danach haben wir von EUKLID (ca. 300 a. Chr) eine Optik, die das Sehen auf Sehstrahlen (s. oben) gründet und sonst wesentlich geometrische Optik darstellt. Ich hebe daraus die Sätze hervor: 3. Jedes Objekt kann in eine Entfernung gebracht werden, wo es nicht mehr gesehen wird, denn die scheinbare Größe hängt nur vom Sehwinkel ab. 8. Gleiche Größen in ungleicher Entfernung werden nicht umgekehrt proportional der Entfernung gesehen. 19. Die Höhe eines Objekts ist mit Hilfe eines horizontalen Spiegels meßbar. Es kommen aber auch falsche Sätze darin vor, z. B. Satz 25 und Satz 50. Die unter EUKLIDS Namen gehende Katoptrik ist unecht, sie rührt von THEON (370 p. Chr.) her (s. unten).

Aus dem Zeitabschnitt zwischen ARISTOTELES und ARCHIMEDES ist nur noch eine Bemerkung von THEOPHRAST, dem Erben der Aristotelischen Bibliothek (ca. 306 a. Chr.) zu nennen. Er sagt, außer dem seit THALES bekannten Bern-

---

[1]) Phys. VII.   [2]) DUHEM, Les origines de la statique I, S. 8. 1905.
[3]) Probl. 1.   [4]) Ebenda 18.   [5]) Ebenda 2.   [6]) περὶ οὐρανοῦ, 3, 2.
[7]) HEIBERG, Studien über Euklid, 1882, S. 151; EUKLID, Opera VII, Proleg; SCHMIDT, Heron. Opera II, S. 303 ff; E. WIEDEMANN, Beiträge XI u. XIII ff. in Erlanger Ber. 1907 ff.

stein habe auch der Lynkurion[1]) die Eigenschaft, kleine Körper anzuziehen, und zwar stärker als der Bernstein. Weder er noch einer seiner Vorgänger oder Nachfolger erwähnt die Notwendigkeit des Reibens beim Bernstein. Erst bei ALEXANDER APHRODISIOS (ca. 200 p. Chr.) wird erwähnt, daß der Bernstein warm sein müsse, aber ob er diese Wärme durch Reibung erhalten solle, steht auch da nicht[2]). In bezug hierauf sind alle mir bekannten Darstellungen falsch.

Was der Lynkurion gewesen ist, läßt sich nicht feststellen; möglich, daß WATSONS Vermutung, von POGGENDORFF bekämpft[3]), richtig ist, daß es der Turmalin war. Ich glaube, THEOPHRAST hat den Stein überhaupt nicht selbst gesehen; denn an einer Stelle beruft er sich auf DIOKLES (ca. 350 a. Chr.) und an der anderen Stelle steht das ominöse ὅν φασιν. Auch PLINIUS läßt die durch attritu digitorum erhaltene Wärme die Ursache der Anziehung sein[4]). Über diese Kenntnisse ist das klassische Altertum auf dem Gebiet der Elektrizität nicht hinausgekommen.

Wenn verschiedentlich dann die Kenntnis der Griechen über die Narke[5]) oder die torpedo marmorata[6]) in die Elektrizitätslehre eingeordnet wurden, so ist das eine Irreführung. Es konnte keinem Griechen einfallen, die unscheinbare Anziehung des Bernsteins auch nur entfernt mit den Schlägen des Zitterrochens in irgendeinen Zusammenhang zu bringen. Sie hielten diese Schläge entweder wie ARISTOTELES für Wirkungen von Muskelspannung, oder für Giftwirkung wie THEOPHRAST. Wenn HERON[7]) sagt: Das Licht dringt durch alle Körper wie die Wirkung (τὸ γινόμενον) der Narke, so darf man ganz gewiß nicht, wie HAAS[8]) es tut, „von einer Parallele zwischen Licht und Elektrizität reden, die sich dann auch noch bei PLOTIN und CHALCIDIUS findet". Die beiden letzteren haben einfach die Stelle aus HERON abgeschrieben. Keiner von den dreien dachte an Elektrizität, sondern sie hielten die Wirkung der Narke für eine Vergiftungserscheinung, wie den Tetanos bei anderen Giften. Und das Wirken durch alle Körper bezieht sich auf die Berichte, daß man den Fisch nur mit der Lanzenspitze zu berühren brauche, um den Krampf in den Händen zu merken, ja ein Wasserstrahl aus einem Becken, in welchem die Narke schwamm, sollte das Gift übertragen[9]). Daß man die Sache so auffaßte, hatte seinen guten Grund; denn man hatte beobachtet, daß das von ARISTOTELES (s. oben) aufgefundene Organ, welches die Schläge erteilt, zum Genuß untauglich ist (Verdauungsstörungen), während nach Herausschneiden des Organs der Fisch sehr wohl eßbar ist und noch heute gegessen wird, darum hielt man dies Organ für die Quelle des Giftes, wie die Giftzähne einer Schlange. Ich vermute, daß HAAS sich zu dieser Parallele hat verführen lassen. Der erste, welcher in der HERON-Stelle eine „Vorahnung moderner Erkenntnis" sieht, war DU BOIS-REYMOND in seiner Dissertation 1843, S. 20. Ihm schließt sich DIELS (Berl. Ber. 1893, S. 113) begeistert an. Es gehört allerdings eine außerordentliche Prophetengabe dazu, die am Bernstein beobachtete Anziehung von Strohsplittern mit dem wuchtigen Schlag der Narke und beides mit den Lichtstrahlen in Verbindung zu bringen!

4. Alexandrinische Periode. Zwischen PLATON und ARCHIMEDES (287—212) hat sich die große Umwälzung der griechischen Verhältnisse vollzogen. Das alte, freie Griechenland ist im Sturm ALEXANDERS untergegangen, und in

---

[1]) THEOPHRAST, περὶ λίθων 28.   [2]) ALEXANDER, Quaest. natur. II, 23, S. 137.
[3]) J. C. POGGENDORFF, Geschichte der Physik, S. 33.
[4]) PLINIUS, Nat. hist. 37, 3.   [5]) ARISTOTELES, De anim. hist. 505 a, 565 b, 620 b.
[6]) DIOSKORIDES, vgl. Leunis Synopsis I, 407.   [7]) HERON, Opera I, S. 26. 1899.
[8]) A. HAAS, Arch. f. Gesch. d. Philos. Bd. 20, S. 379. 1907.
[9]) THEOPHRAST, Athenai 7, S. 314 (fr. 178 Wimmer); PLINIUS, l. c. 32, 2; AELIAN, περὶ ζώων 9, 14 u. a.

Alexandrien ist unter der sorgsamen Pflege der griechischen Könige, der PTOLE-
MAIER, ein neues Zentrum der Wissenschaft entstanden unter staatlicher Sub-
vention im Museion organisiert. Hier lehrt EUKLID, KONON, ARISTARCH,
ERATOSTHENES im 3. Jahrh. Die Verdienste dieser Männer liegen wesentlich auf
dem Gebiet der Mathematik, der Astronomie, wo ARISTARCH das heliozentrische
System begründete, und der Geographie, die durch ERATOSTHENES zuerst wissenschaftlich betrieben wurde durch seine Gradmessung und Ortsbestimmungen
nach Länge und Breite, wie es in seinem Lehrbuch durchgeführt war[1]). Hier
studierte, oder hielt sich längere Zeit auf, auch ARCHIMEDES von Syrakus. Die
großartigen Leistungen dieses Mannes auf dem Gebiet der Mathematik müssen
wir hier übergehen.

Für seine physikalischen Leistungen, die auf dem Gebiet der Mechanik,
Hydrostatik und Optik liegen, ist zu beklagen, daß uns das grundlegende Werk:
$\pi\varepsilon\varrho\grave{\iota}\ \zeta\upsilon\gamma\tilde{\omega}\nu$, woraus er selbst einen Satz wiederholt, verlorengegangen ist[2]).
Darin hat er zunächst den **Schwerpunkt** eingeführt, dann das **Hebelgesetz**
und den Ausspruch getan: Gib mir, wo ich stehe, und ich werde die Erde bewegen.
Beide Begriffe benutzt er in der Mechanik, wie das erste Buch über das Gleichgewicht von Ebenen oder über die Schwerpunkte von Ebenen gewöhnlich
zitiert wird. Die erste Voraussetzung[3]) dieses Buches ist diese: Gleiche Gewichte
in gleichen Entfernungen vom Drehpunkt sind im Gleichgewicht. Dann beweist
er, daß der Schwerpunkt zweier ungleicher Massen auf der Verbindungslinie
ihrer Schwerpunkte liegt und daß sie im Gleichgewicht sind, wenn ihre Abstände
vom Drehpunkt umgekehrt proportional den Gewichten sind. Von diesem Satz
macht er ausgedehnte Anwendung bei der Quadratur der Parabel[4]) und in der
$\check{\varepsilon}\varphi o\delta o\varsigma$[5]), in diesem Werke kommt ARCHIMEDES am Schlusse des ersten Beweises
zu der Bildung des **statischen Momentes**, ohne einen Namen dafür einzu-
führen.

Die Hydrostatik behandelt ARCHIMEDES in dem Buch über die schwimmenden Körper[6]). An die Spitze stellt er die Definition einer Flüssigkeit, wie wir
sie noch heute zu definieren pflegen. Daraus leitet er ab: daß jede freie Flüssigkeit auf der Erde sphärische Oberfläche haben müsse, daß jeder Körper leichter
als die Flüssigkeit so tief eintauche, daß die verdrängte Flüssigkeit ebenso viel
wiege, als er selbst (S. 5). Wird er ganz eingetaucht, erfährt er einen **Auftrieb**
gleich der Differenz des Flüssigkeitsgewichts minus dem Eigengewicht (S. 6).
Körper schwerer als die Flüssigkeit werden um das Gewicht der verdrängten
Flüssigkeit leichter (S. 7). Mit Hilfe dieser Sätze löst er die Fragen nach der
Stabilität schwimmender sphärischer und parabolischer Segmente.

Das ist alles, was wir aus den uns erhaltenen Schriften des ARCHIMEDES
über mechanische Fragen schöpfen können. Es werden uns aber noch eine
Reihe anderer Schrifttitel überliefert[7]), in welchen noch weitere Anwendungen
gemacht sind, die uns in einzelnen Zitaten erhalten sind. Die in alle Schul-
bücher übergegangene Aufgabe über die Krone des Königs Hieron wird in zwei
Quellen berichtet[8]). Der Bericht VITRUVS ist nicht nur seiner legendenhaften
Form wegen, sondern wegen der mit den in der uns erhaltenen Schrift über die
schwimmenden Körper angewandten Methoden nicht übereinstimmenden Rechnung sicher nicht die Methode des ARCHIMEDES. Dieser bestimmt in uns be-

---

[1]) STRABO, Geographica S. 63 u. 114.
[2]) PAPPOS III, S. 1068. ARCHIMEDES beruft sich darauf Opera II, S. 274. Das Hebelgesetz. PAPPOS, S. 1060.
[3]) ARCHIMEDES, Opera II, S. 124 (Heiberg 1912).
[4]) Ebenda S. 262.   [5]) Ebenda S. 426.   [6]) Ebenda S. 318.
[7]) HEIBERG, Quaest. Archim., S. 30.
[8]) Vitruv. Arch. IX, 9—12 u. Script. metrol. Rom. (Hultsch) S. 88 u. 124.

kannten Sätzen stets Gewichtsdifferenzen, aber nicht Wassermengen. Darum ist die zweite Quelle wohl die zuverlässigere. Vitruv ist hier, wie in vielen anderen Fällen, unzuverlässig.

Heron[1]) erwähnt einen Satz, der in den erhaltenen Schriften des Archimedes nicht steht, daß er nämlich den Aufhängungspunkt bei einem Körper von dem Schwerpunkt unterschieden habe, und zwar soll der Aufhängepunkt so gewählt sein, daß keine Neigung des Körpers erfolgt. Es ist nicht klar, ob hierbei etwa an den Aufhängungspunkt bei einem pendelnden Körper gedacht ist. Heron sagt auch, daß die Methode, das Volumen eines unregelmäßigen Körpers durch Einwerfen in ein Wassergefäß und Messen des überlaufenden Wassers zu bestimmen, von Archimedes erfunden sei[2]); ebenso die Methode, den Körper in einen Wachs- oder Lehmwürfel zu packen und dann das Volumen des Wachses oder Lehms ohne Körper zu subtrahieren. Die Methode, den Schwerpunkt experimentell durch Aufhängen zu bestimmen, weist Pappos dem Archimedes zu[3]). Ein Werk des Archimedes „über die Stützen", d. h. über Verteilung der Last auf die Tragbalken, nennt Heron und hat es benutzt[4]). Nach Diodor hat Archimedes die Wasserschnecke erfunden[5]), nach Tzetzes den Flaschenzug[6]).

Daß Archimedes auch eine Katoptrik geschrieben hat, ist vielfach bezeugt, noch 1492 beruft sich G. Valla auf dieselbe[7]), seitdem ist sie spurlos verschwunden. Aus dem Buche wird einiges zitiert: das Reflexionsgesetz[8]), die Wirkung von Hohlspiegeln, mit Bestimmung des Brennpunktes[9]). Vor allem kommt hier zuerst die Lichtbrechung vor mit dem Experiment, daß ein Gegenstand in einem Gefäß, welches so vor das Auge gehalten wird, daß der Gegenstand eben nicht mehr gesehen wird, wieder sichtbar wird, sobald das Gefäß mit Wasser gefüllt wird[10]). Ein in Wasser gestellter Stab scheint gebrochen[11]). Ein in Wasser geworfener Gegenstand scheint größer zu sein[12]).

Besonders bedauerlich ist der Verlust des Werkes über die Länge des Jahres aus folgenden Gründen. Er findet die Jahreslänge = 365,25 Tagen[13]). Nun hat Lepsius 1866 das Edikt von Kanopos bei Alexandrien aufgefunden[14]), wonach am 7. März 238 a. Chr. verfügt wird, daß alle 4 Jahre 1 Tag als Fest der Götter Euergeten den 365 Tagen des Jahres zuzufügen sei. Man hat sich bisher den Kopf darüber zerbrochen, durch wen diese Kalenderreform, die später durch Sosigenes als Erfindung von Julius Cäsar nach Rom gebracht wurde, gefunden sei. Eratosthenes, der wohl dazu fähig war, ist höchstwahrscheinlich zu der Zeit überhaupt noch nicht in Alexandrien gewesen, da er erst nach Kallimachos Tode dorthin kam und dieser etwa 237 oder 236 starb. Hätte Eratosthenes diese Entdeckung gemacht, so würde bei der außerordentlichen Eitelkeit dieses Forschers sicher die Welt etwas davon erfahren haben. Nun enthält die Schrift des Archimedes aber gerade diese Entdeckung, daß alljährlich $\frac{1}{4}$ Tag verlorengeht bei 365 Tage Jahrdauer. Da Archimedes seine sämtlichen Schriften nach Alexandrien schickte, wir auch keine Angabe über die Entstehungszeit der Schrift über die Jahrlänge besitzen, so halte ich es für sehr wahrscheinlich, daß das Edikt von Kanopos lediglich eine Folge der Archimedesschen

---

[1]) Heron, Opera II, S. 62.   [2]) Ebenda III, S. 138.
[3]) Pappos, Opera III, S. 1030.   [4]) Heron, Opera II, S. 72.
[5]) Diodor I, 54; V, 37.   [6]) Tzetzes II, 35.
[7]) G. Valla, De expetendis et fugiendis rebus XV, 2.
[8]) Scholl. in Pseudo-Euklid. Katoptrik 7, S. 348.
[9]) Apulejus, Apologia 16.   [10]) Pseudo-Euklid. Katopt. S. 286.
[11]) Olympiodor, in Aristot. Meteor. S. 211 (Busse).
[12]) Theon in Ptol. Synt. I, S. 10.   [13]) Hipparch b. Ptolem. Synt. III, 1, S. 194.
[14]) Lepsius, Das bilingue Dekret von Kanopos, 1866, I.

Rechnung ist, daß also der Julianische Kalender das Werk des ARCHIMEDES ist.

Wir können wieder um etwa 100 Jahre weitergehen, um zu einem neuen Fortschritt in der Physik zu gelangen. Um 133 lehrte in Alexandrien HERON, aber nicht an einer Philosophenschule, sondern er leitete ein Polytechnikum, dasselbe hatte zwei Abteilungen, das λογικόν und das χειρουργικόν, d. h. die wissenschaftliche und praktische Abteilung[1]). In die zweite wurde nur aufgenommen, wer die erste durchlaufen hatte. HERONS Bücher sind für seine Schüler geschrieben[2]); man hatte ihn auch belastet mit drei ganz minderwertigen mathematischen Büchern, den Definitionen, der Geometrie und Stereometrie. Ich habe den Nachweis erbringen können, daß diese drei Bücher mit HERON gar nichts zu tun haben[3]). Daß HERON allerdings ein geometrisches Werk geschrieben hat (wahrscheinlich ein Lehrbuch für seine Schüler), ist nach den Zitaten besonders der Araber nicht zu bezweifeln, aber es ist nicht erhalten. Freilich hatte HERON für seine Apparate schon Vorbilder durch KTESIBIUS und PHILON, von denen KTESIBIUS etwa am Ausgang des 4. Jahrh. a. Chr. gelebt hat und PHILON zwischen 300 und 250, aber beide stehen wissenschaftlich nicht auf der Höhe HERONS. Von KTESIBIUS wissen wir nur durch VITRUV[4]), der durch die Beschreibung der Druckpumpe, der Wasseruhr, der Wasserorgel, wobei er sich auf eine uns nicht erhaltene Schrift des KTESIBIUS bezieht, nur beweist, daß er gänzlich unfähig ist, griechische Schriftsteller zu verstehen. Er hat von HERON auch einiges abgeschrieben, ebenfalls ganz unzulänglich[5]). Man hat die 1795 bei Civita Vecchia aufgefundene alte Druckpumpe als einen Beweis für VITRUVS Darstellung der KTESIBIUSschen Erfindung angesehen, sie entspricht aber nicht jener Beschreibung, sondern dem Modell HERONS[6]). Etwas mehr und Zuverlässigeres wissen wir von PHILON, dessen Druckwerke in einer lateinischen Übersetzung einer arabischen verschollenen Quelle teilweise vorhanden sind[7]). An Apparaten hat er mehrere konstruiert, die mit geringen Modifikationen auch HERON beschrieb. Aber PHILON ist vollständig Aristoteliker, und daher sind seine Erklärungen, soweit er sie gibt, sämtlich falsch; z. B. daß das Wasser im Saugheber steigt, ist nach ihm dadurch veranlaßt[8]), daß das Wasser an der Luft haftet! es wird von ihr gezogen, als ob sie mit Vogelleim aneinandergeklebt seien. Ebenso erklärt PHILON bei seinem Thermoskop die Wirkung so, daß die Luft von dem Feuer angezogen wird, statt daß er die Ausdehnung derselben hätte erkennen sollen. Dies übersieht SCHMIDT leider bei seiner Erklärung[9]). Von HERONS uns erhaltenen Werken hat die Metrik wesentlich mathematisches Interesse, alles übrige ist physikalisch und technisch interessant.

Die Mechanik in 3 Büchern aus arabischen Handschriften mit vorzüglicher deutscher Übersetzung von NIX, nahezu vollständig erhalten, setzt ein Buch über die fünf einfachen Potenzen bereits voraus[10]). Darum bietet er hier im 1. Buch Anwendungen. Die ARCHIMEDESsche Aufgabe, 1000 Talente durch eine Kraft von 5 Talenten zu heben durch Zahnräder, ist die erste, es folgen Friktionsräder, die Lösung der von ARISTOTELES nicht bewältigten Aufgabe, daß zwei ungleiche, konzentrische, fest verbundene Kreisscheiben beide auf parallelen Ebenen abrollen sollen. [Diese Aufgabe wird mit gleicher Lösung von

---

[1]) PAPPOS III, S. 1022.   [2]) Opera II, S. 70.
[3]) Philologus 75, S. 202. 1918. Über die Lebenszeit HERONS s. E. HOPPE, Mathematik und Astronomie im klassischen Altertum, S. 335. 1911.
[4]) Vitruv. Arch. IX, 8; X, 7 u. 8 (Reber).
[5]) E. HOPPE, Ein Beitrag zur Zeitbestimmung HERONS; Prg. Hamburg 1902.
[6]) HERON, Opera I, S. 130.
[7]) V. ROSE, Anecdota graec. II, S. 299.   [8]) Ebenda S. 303.
[9]) HERON, Opera I, S. 475.   [10]) Opera II, S. 4.

Galilei wiederholt[1]).] Er führt dann das Parallelogramm der Geschwindigkeiten ein. Nach einer mathematischen Einschiebung gibt Heron die Konstruktion von Zahnrad und Schraube ohne Ende, die schiefe Ebene gibt er ohne vollständige Lösung, aber die Art, wie er den herabrollenden Zylinder behandelt, ist ganz eigenartig und hätte zu einer richtigen Lösung führen können. Unter Berufung auf Archimedes behandelt Heron die Tragkraft der Stützen und führt dann (S. 86ff.) für den zweiarmigen Hebel die virtuellen Hebelarme wie die statischen Momente ein. Im 2. Buch der Mechanik behandelt er eingehend und im wesentlichen richtig die 5 Potenzen, und kommt dabei auch auf den Potenz-Flaschenzug[2]). Im 3. Buche bringt Heron den Kran und die Fruchtpresse, als neue Erfindung die Schraubenpresse. Es muß noch hervorgehoben werden, daß Heron hierbei dreimal betont, daß durch alle Apparate keine Arbeitsersparnis eintritt; denn „wir gebrauchen um so mehr Zeit, je geringer die bewegende Kraft im Verhältnis zu der zu bewegenden Last ist", oder „das Verhältnis der bewegenden Kraft zur Zeit ist ein umgekehrtes"[3]). Das ist die Wurzel des Prinzips der virtuellen Geschwindigkeiten, er sagt: Kraft verhält sich zu Kraft umgekehrt wie Zeit zu Zeit!

Einen außerordentlichen Fortschritt gegenüber allen früheren Forschern bietet Heron in seiner Pneumatik. Die Meinung Diels', daß die ganze theoretische Einleitung von Straton herrühre[4]), ist sicher nicht aufrecht zu halten[5]). Die Grundsätze, von denen Heron ausgeht, finden sich, wie ich oben gezeigt habe, schon bei Platon. Es gibt in der Natur freilich kein kontinuierliches Vakuum, aber zwischen den Molekülen der Körper, auch der Gase, sind solche leeren Räume. Die Moleküle der Luft können daher durch äußeren Druck zusammengedrückt werden und dehnen sich nach Aufhören des Druckes durch ihre Spannkraft wieder aus, ebenso gehen sie bei Druckverminderung wieder auseinander. Auch Erwärmung bringt eine solche Verdünnung hervor. Das Feuer verwandelt Flüssigkeiten in luftförmigen Zustand. Das wendet er an auf meteorologische Erscheinungen, z. B. zur Erklärung der Entstehung der Winde, und zur Erklärung der Schröpfköpfe. Aus der molekularen Struktur erklärt sich auch, daß ein geworfener Körper nicht fortdauernd mit gleicher Geschwindigkeit sich bewegt, sondern daß die Kraft aufgebraucht wird. Besonders beweist die Kompressionsfähigkeit der Luft ihre molekulare Struktur. Mit dieser Theorie erklärt er nun die Wirkung der Heber, der kommunizierenden Röhren. Konstanten Ausfluß erzeugt Heron dadurch, daß er den Heber schwimmen läßt. Durch Erwärmung eingeschlossener Luft läßt er Wasser heben, stellt einen Apparat nach dem Prinzip der intermittierenden Quellen her. Er konstruiert den Automatenverkäufer, wie wir ihn noch

---

[1]) Ostwalds Klassiker Bd. 11, S. 21, 45.
[2]) Opera II, S. 156. [3]) Ebenda S. 152, 154, 158. [4]) Berl. Ber. 1893, S. 120.
[5]) Abgesehen davon, daß Heron in dieser Einleitung Archimedes zitiert und dessen Experimente benutzt, von denen Straton i. J. 270 keine Ahnung haben konnte, steht Heron auf ganz anderem Boden wie Straton. Nach den uns von Straton erhaltenen Zitaten hat er besonderen Wert auf die ἕλξις (Anziehung) gelegt und speziell die magnetische Anziehung für seine Begründung benutzt. In Herons sämtlichen Schriften ist von einer magnetischen Anziehung überhaupt nicht geredet. Straton steht nach Diels eigenem Zitat (S. 114, 3) auf dem Standpunkt, den wir bei Philon eben kennenlernten. Heron dagegen erklärt eine Reihe seiner Experimente durchaus richtig mit dem Luftdruck, und ist der erste, welcher die Elastizität der Luft und des Wasserdampfes erkannt hat. Daß Heron ein abgesagter Feind philosophischer Spekulationen nach Art des Aristoteles ist, stempelt ihn nicht zu einem Banausen, wie Diels ihn fortgesetzt nennt, sondern gerade zu einem wissenschaftlichen Manne nach modernen Begriffen. Er leitet aus seinen Experimenten Hypothesen ab, z. B. die von dem kürzesten Wege für die Lichtstrahlen, und zeigt an weiteren Experimenten, wie sich dieselben bewähren. So ragt Heron turmhoch über seine Zeitgenossen. Wohl machte er Fehler, aber diese sind begreiflich, nicht phantastisch.

heute kennen, baut die Feuerspritze mit 5 Ventilen. Er verbessert die schon von PHILON konstruierte Öllampe mit konstantem Ölzufluß und ebenso die Wasserorgeln. Neu ist eine vom Winde getriebene Kompressionsluftpumpe mit Kolben, Kolbenventil und Bodenventil zum Betrieb einer Orgel[1]). Der Philologe SCHMIDT vermißt bei dieser Orgel das Wasser[2]), was das dabei tun soll, ist völlig unklar; da die Orgel eine Windlade hat und doppelte Ventile, arbeitet sie genau so wie die heutigen Orgeln mit Bälgen.

Im 2. Buche benutzt HERON die erhitzte Luft und den Dampf als Kraftquelle. Auf dem ausströmenden Dampf läßt er einen Ball tanzen, wie es heute noch oft gezeigt wird. Er verbessert das PHILONsche Thermoskop, welches aus zwei losen Teilen zusammengestellt war, dadurch, daß er einen festen Apparat baut[3]), in welchem die erwärmte Luft auf Wasser drückt und dies in ein Steigrohr befördert[4]). Dann folgt die Dampfäolipile, während er vorher ein „Sengertsches Rad" durch heiße Luft in Bewegung setzte.

Das Buch über die Automaten hat den geringsten Wert und nur technisches Interesse. Dagegen ist die Schrift über die Dioptren von großem Wert[5]). Zunächst um eine sichere Zeitbestimmung für die Entstehung der Schrift anzugeben. Hier wendet HERON zuerst eine Alhidade mit 360°-Einteilung an, während er in den früheren Arbeiten, speziell in der Vermessungslehre, die Winkel nach griechischer Methode durch in Brüchen ausgedrückte Teile eines rechten Winkels angibt. Nun ist allgemein zugestanden, daß die Einteilung in 360° erst durch HIPPARCHS Sehnenrechnung aus Babylon in Griechenland eingeführt ist, d. h. ca. 133 a. Chr., sonach ergibt sich, daß die obengenannten Schriften HERONS vor 133, die Dioptra aber nach 133 geschrieben sind. Vor allem aber ist das Instrument, welches hier von HERON konstruiert ist, vor allen früher und später bis zum 16. Jahrh. p. Chr. konstruierten durch die Genauigkeit und vielseitige Verwendung ausgezeichnet[6]). Alle Bewegungen werden durch Schrauben ausgeführt, die Feineinstellung durch Mikrometerschrauben, die hier zum ersten Male vorkommen. Der Apparat dient zur Winkelmessung in jeder beliebigen Ebene und ist, mit einer langarmigen Wasserwage verbunden, ein sehr akkurat arbeitendes Nivellierinstrument, also für Astronomie wie für Geodäsie gleich brauchbar. HERON beschreibt die vielfache Verwendung, besonders interessant ist die für Tunnelbau mit Schachtanlagen[7]). Als Anhang gibt HERON das Hodometer[8]), nach Verwendung und Konstruktion unserem Taxameterapparat gleich, bekannt mit sichtbarer Angabe der zurückgelegten Stadien.

Auch die Katoptrik, welche in den Handschriften als ein Werk des CLAUDIUS PTOLEMAIOS (de speculis) bezeichnet war, aber nach den neueren Untersuchungen mit großer Wahrscheinlichkeit von HERON verfaßt ist[9]), bietet manches Interessante. Zunächst gibt er den Grund an, warum die Sehstrahlen geradlinig sind[10]). Je schneller ein Pfeil fliegt, um so länger geht er in gerader Linie. Das Maximum erreicht man also nur auf kürzestem Wege. Da die Sehstrahlen mit unmeßbarer Geschwindigkeit sich ausbreiten, müssen sie also geradlinig sein. Daraus folgt dann, daß sie auch bei Reflexion den kürzesten Weg wählen, der ist aber dann vorhanden, wenn Einfalls- und Reflexionswinkel gleich groß sind. Bei polierten Metallflächen werden alle Strahlen reflektiert, weil die

---

[1]) Opera I, S. 204.   [2]) Ebenda Anmerk. XXXIX.   [3]) Ebenda S. 225.
[4]) Über die Thermometer-Erfindung hat E. WOHLWILL ausführlicher gehandelt in Mitt. z. Gesch. d. Med. u. Naturw. 1902, Nr. 1, 2, 3 u. 4.
[5]) Opera III, S. 188.
[6]) Vgl. REPSOLD, Astron. Nachr. Bd. 206, Nr. 4931, S. 93. 1918.
[7]) Opera III, S. 242.   [8]) Ebenda S. 292.
[9]) Opera II, S. 303.   [10]) Ebenda S. 320.

Poren des Metalls durch das Polieren verschmiert sind; wo Poren vorhanden sind, wie beim Wasser und Glas, wird immer ein Teil der Strahlen durchgehen. Die gleichen Gesetze gelten für gekrümmte Spiegel, das erweist er an konvexen und konkaven Spiegeln. Dann gibt er Anweisung, zylindrische Spiegel zu konstruieren, Winkelspiegel zu verwenden, den „Spion" anzubringen und mit ebenen Spiegeln Geistererscheinungen zu erzeugen[1]). In einem bei OLYMPIODOR[2]) erhaltenen Fragment geht er von dem Grundsatz aus: Die Natur tut nichts vergeblich, darum muß sie das Reflexionsgesetz befolgen.

Mit HERON hat die griechische Physik den Höhepunkt und den Abschluß erreicht. Auf dem Gebiet der Mechanik ist nichts mehr hinzugekommen. Nur in der Optik ist noch eine nicht geringe Nachlese zu machen, die zum Teil wohl auf ARCHIMEDES zurückgeht.

KLEOMEDES (ca. 40 a. Chr.) kennt die atmosphärische Strahlenbrechung und benutzt sie, um die seltene Erscheinung zu erklären, daß der Mond schon verfinstert erscheint, während die Sonne noch sichtbar ist. Diese Strahlenbrechung ist in feuchter Luft stärker als in trockener. Er stützt sich dabei auf das oben erwähnte ARCHIMEDESsche Experiment zum Nachweis der Lichtbrechung[3]). CL. PTOLEMAIOS (87—165) hat 5 Bücher über Optik geschrieben, deren erstes verloren ist. Nachdem dies Werk lange verschwunden war, ist es von LAPLACE in der National-Bibliothek wiedergefunden und jetzt in einer neuen Ausgabe von G. GOVI vorhanden[4]). Darin ist außer der Wiederholung der Entdeckung von KLEOMEDES, die Auseinandersetzung, wann wir ein Objekt mit beiden Augen einfach, wann doppelt sehen, und zwar gibt er richtig an, daß wir dann die Gegenstände trotz der zwei Augen einfach sehen, wenn die Lichtstrahlen (Bilder) symmetrische Stellen der Retina (er meint, der Linse) treffen, sonst sehen wir doppelt. Er kennt auch die Kreuzung der Sehnerven, die er hierbei benutzt. Ganz neu ist Buch 5, S. 146, wo für Luft-Glas, Luft-Wasser und Glas-Wasser in Tabellen Einfalls- und Brechungswinkel, mit sinnreichem Apparat gemessen, angegeben werden. Die Mittelwerte stimmen verhältnismäßig gut. Man hat gesagt, er habe die Proportionalität zwischen Einfalls- und Brechungswinkel behauptet, das hat er nicht getan, wie GOVI sehr richtig nachweist. Wenn er auch das Brechungsgesetz selbst nicht gefunden hat, was bei dem damaligen Zustand der Trigonometrie sehr begreiflich ist, so hat er doch durch Umkehr seiner Experimente S. 159 die totale Reflexion und den Grenzwinkel gefunden.

Aus arabischer Quelle hat GOGAVA ein Werk, welches er CL. PTOLEMAIOS zuschreibt, 1548 herausgegeben, in dem in einem Anhang über Brennspiegel gehandelt wird, und zwar in den Propositionen 8 bis 10 über parabolische Brennspiegel, deren Wirkung und Herstellung ausführlich beschrieben wird. Es geht das also über APOLLONIOS, der nur die Brennpunkte der Ellipsen und Hyperbeln behandelte, hinaus[5]). Solche Brennspiegel aus kleinen ebenen Spiegelstücken (Sechsecken) zusammenzusetzen, lehrt das ANTHEMIUS-Fragment[6]), welches aus dem 6. Jahrh. stammt und wo zum ersten Male ein Heliotrop beschrieben wird. ANTHEMIUS hat auch für die sphärischen Hohlspiegel zum ersten Male die Tatsache richtig dargestellt, daß es keinen Brennpunkt für alle parallel zur Achse einfallenden Strahlen gebe, sondern eine Fläche, die verschiedene Vereinigungspunkte der reflektierten Strahlen darstellt. Endlich ist 1881 ein wert-

---

[1]) Opera II, S. 358.   [2]) OLYMPIODOR, Meteor. III, 2.
[3]) De motu circ. corp. coel. II, 6, S. 222 (ZIEGLER 1891).
[4]) L'Ottica di Cl. Tolom. Torino 1885.
[5]) HEIBERG u. E. WIEDEMANN, Bibl. math. 9, 3. 1911.
[6]) Hist. de l'ac. des insc. Bd. 42, S. 400.

volles Fragment in dem Bobiense entdeckt und in kritischer Ausgabe von WACHS-
MUTH und CANTOR[1]) sowie HEIBERG[2]) veröffentlicht. Darin werden der parabolische und sphärische Spiegel richtig behandelt. Oft hört man, daß PLOTIN
noch wertvolle Erweiterung der optischen Kenntnisse geliefert habe. Ich kann
dieselben bei ihm nicht finden, dagegen gibt er Buch 4, Enneade V eine wüste
Spekulation philosophisch sein sollender Seherklärung. Bezeichnend für den
schon im 4. Jahrh. p. Chr. vorhandenen völligen Zusammenbruch griechischer
Wissenschaft!

c) Arabische Physik.

5. Allgemeine Übersicht. Das wesentlichste Verdienst der Araber besteht
darin, daß sie griechische Leistungen konserviert haben. Die historischen Notizen,
die sie in großer Fülle geben, sind durchweg nicht richtig, und die Angaben über die
griechischen Forscher, die sie recht zahlreich anbringen, sind sehr unzuverlässig.
Unsere Kenntnis der physikalischen Leistungen der Araber verdanken wir in
erster Linie E. WIEDEMANN, der in der Erlanger physikalisch-medizinischen
Sozietät eine lange Reihe von Beiträgen zur Geschichte der Naturwissenschaften
bei den Arabern veröffentlicht hat[3]). In der Mechanik haben sie die ARCHIMEDES-
schen Resultate über das spezifische Gewicht erweitert. AL BÊRÛNÎ (gest. 1038),
ABU MANSÛR AL NAIRÎZÎ, OMAR AL CHAJJÂMÎ, vor allem AL CHAZÎNÎ 1150 und
ein mit dem Namen PLATONS geziertes Werk geben verschiedene Methoden an,
um aus Legierungen und Gemischen die Bestandteile durch spezifische Gewichts-
bestimmungen zu ermitteln[4]). Die Konstruktion von Uhren ist wesentlich von
ihnen gefördert, natürlich nach dem Prinzip der Wasseruhren[5]). Aber überall
sind die griechischen Grundlagen vorhanden, meist ausführlich zitiert.

Auch im Gebiet der Optik stehen sie auf dem Boden griechischer Autoren[6]),
und es kommen die verschiedenen dort ausgebildeten Theorien auch bei den
Arabern wieder vor[7]). Über die griechischen Leistungen hinaus ragt nur ein
Gelehrter, IBN AL HAITAM, gewöhnlich ALHAZEN genannt, dessen Hauptwerk
über Optik schon 1572 in lateinischer Übersetzung[8]) erschienen ist. E. WIEDE-
MANN widmet ihm eine besondere Abhandlung[9]). IBN AL HAITAM (965—1039)
lehnt zunächst die Sehstrahlen ab. Das Sehen kommt so zustande, daß von
jedem Punkt des gesehenen Körpers Lichtstrahlen ausgehen, die durch die
Pupille ins Auge dringen und dort in der Linse ein Bild erzeugen. Der Strahlenkegel geht von dem leuchtenden Punkt aus, seine Basis ist die Pupille. Daß
wir mit beiden Augen nur ein Bild sehen, verdanken wir der Kreuzung der
Sehnerven in dem χ. In Buch 3 behandelt er die optischen Täuschungen, die
durch Phantasie und Verstand veranlaßt sind. In Buch 2 behauptet er freilich,
daß das Licht Zeit gebrauche, aber die Begründung ist höchst wunderbar. Er
beobachtet am Farbenkreisel die Entstehung einer Mischfarbe, diese soll
ein Beweis dafür sein, daß das Licht Zeit gebrauche, um von der Farbenscheibe
ins Auge zu dringen[10]). Dann zeigt ALHAZEN, daß bei allen Reflexionen von

---

[1]) Hermes Bd. 16, S. 637. 1881.
[2]) ZS. f. Math. u. Phys. Bd. 28, S. 621. 1883.
[3]) Beitr. z. Gesch. d. Nat. in Ber. d. phys.-med. Soc. 1902 usw.
[4]) Ebenda Bd. 38, S. 163. 1906 u. Verh. d. D. Phys. Ges. Bd. 10, S. 339. 1908.
[5]) Ebenda Bd. 37, S. 408. 1905.
[6]) Vgl. E. WIEDEMANN, Wied. Ann. Bd. 39, S. 470. 1890.
[7]) In den meisten Fällen aber haben die Araber die griechischen Leistungen nicht vollständig gekannt oder begriffen; z. B. will QUTB AL DÎN die Dämmerung durch die Reflexion
an der Grenzfläche des Schattenkegels der Erde erkennen! E. WIEDEMANN in Arch. f. Gesch.
d. Nat. Bd. 15, S. 48. 1923.
[8]) ALHAZEN, Opticae thesaur. Lib. VII. Basel 1572.
[9]) Festschr. f. J. ROSENTHAL 1906, S. 149.
[10]) Vgl. SCHNAASE, ALHAZEN, in Schriften d. naturf. Ges. Danzig Bd. 7, Heft 3, S. 154. 1890.

ebenen, konvexen und konkaven sphärischen, zylindrischen und konischen Spiegeln Einfalls- und Reflexionsstrahl stets in der Einfallsebenen liegen. Im 5. Buche behandelt er dann das nach ihm benannte Problem, wenn leuchtender Punkt und Auge gegeben sind, den Reflexionspunkt auf der Oberfläche sphärischer, zylindrischer und konischer Spiegel, sowohl für konvexe wie konkave, zu finden. Seine Lösungen sind richtig, aber nicht umfassend. Daher hat dies Problem von BARROW an [dem Lehrer NEWTONS[1])] bis in die Neuzeit[2]) immer wieder als mathematische Aufgabe Bearbeiter gefunden. Eine umfassende Darstellung dieser Lösungen gibt BODE[3]). Im 7. Buche behandelt ALHAZEN die Brechung, indem er von 10 zu 10° Einfallswinkel die Brechungswinkel für Luft, Glas und Wasser bestimmt und die „Brechungsebene" festlegt entsprechend der Reflexionsebene. Im Satz 10 dieses Buches erklärt er dann ausdrücklich, daß zwischen Einfalls- und Brechungswinkel kein konstantes Verhältnis bestehe. Auch bemerkt er, daß dem in Luft befindlichen Auge ein im Wasser liegender Gegenstand vergrößert erscheine, ebenso daß ein Gegenstand, den man auf ein gläsernes Kugelsegment (er meint das größere) legt, vergrößert erscheint. Aber er macht keine weiteren Anwendungen davon, kann also nicht als Erfinder der Linseninstrumente angesehen werden. Ein Versuch, den ALHAZEN hier anstellt, hat Anregung zur Erklärung des Regenbogens gegeben. Er untersucht die Brechung in einer Glaskugel und findet, daß in einer bestimmten Lage ein schwarzer Punkt durch eine Glaskugel betrachtet mit einem Kreise erscheint. An dies Experiment knüpft der Kommentator der Optik ALHAZENS, KAMAL EL DÎN, an (ca. 1300). Er behandelt geometrisch die Brechung in einer Kugel und beweist die Resultate durch das Experiment. Dann wendet er diese Resultate an zur richtigen Erklärung des Haupt- und Nebenregenbogens. Er findet auch, daß durch die Brechung die Intensität des Lichtes geschwächt wird[4]). Aber auf die Erklärung durch THEODORICH (s. unten) kann diese arabische Arbeit keinen Einfluß gehabt haben, da sie nahezu gleichzeitig abgefaßt ist.

Von den zahlreichen übrigen Schriften ALHAZENS ist von Interesse noch die Behandlung der Brennspiegel[5]) in den beiden Schriften über sphärische und parabolische Hohlspiegel. Dabei stellt er fest, daß die Reflexionsebene stets senkrecht zur Tangentialebene ist. Er macht auch die ausdrückliche Bemerkung, daß die Sonnenstrahlen bei der großen Entfernung der Sonne für die irdischen Verhältnisse als parallel zu betrachten sind. Auch in den anderen Schriften zeigt ALHAZEN, obwohl er die Griechen kennt, benutzt und zitiert, sich als ein selbstdenkender Forscher, der sich von seinen Vorlagen, z. B. EUKLID, PTOLEMAIOS, ARISTOTELES nicht beeinflussen läßt. Besonders seine Ablehnung der aristotelischen Auffassung muß hervorgehoben werden; denn er hat auf die spätere arabische Literatur den größten Einfluß gehabt, und da von hier aus die Befruchtung speziell der italienischen Gelehrten ausging, so ist begreiflich, wie die Abkehr von der aristotelischen Philosophie wesentlich durch die arabische Literatur gefördert wurde.

d) Das Erwachen physikalischer Forschung im christlichen Europa.

6. Allgemeine Übersicht. Ich habe schon gesagt, daß ARISTOTELES in den ersten Jahrhunderten nach ihm keinen bedeutenden Einfluß auf die griechischen Physiker gehabt hat. Weder ARCHIMEDES noch HERON standen auf aristotelischer

---

[1]) Lectiones opticae Nr. 9. 1674.   [2]) BAKER, Amer. Journ. of Math. 1881.
[3]) BODE, Jahresber. d. phys. Ver. Frankfurt a. M. 1891/92, S. 63.
[4]) Siehe E. WIEDEMANN, Wied. Ann. Bd. 39, S. 565. 1890.
[5]) Vgl. E. WIEDEMANN, Wied. Ann. Bd. 39, S. 110. 1890.

Seite. Auch von HIPPARCH wird uns von SIMPLICIUS[1]) berichtet, daß er in einer uns verlorenen Schrift sich gegen die Lehre ARISTOTELES' über die Bewegung erklärt habe, indem er sage, daß der geworfene Stein eine $\delta\acute{v}\nu\alpha\mu\iota\varsigma\ \grave{\epsilon}\nu\delta o\vartheta\tilde{\epsilon}\iota\sigma\alpha$ erhalte, die allmählich verbraucht werde beim Aufstieg. Erst im 2. und 3. Jahrh. p. Chr. findet ARISTOTELES wachsende Bedeutung, und noch viel später tritt die allgemeine Vorherrschaft seiner Anschauungen auf, wesentlich gefestigt erst durch ALBERTUS MAGNUS (1193—1280), wenn er auch einmal den Ausspruch tut, daß das Experiment entscheidend sei[2]). Aber es hat vorher auch im christlichen Abendlande nicht an einzelnen Männern gefehlt, welche sich energisch gegen ARISTOTELES aussprachen. Der Zeitgenosse des SIMPLICIUS, JOHANNES PHILOPONUS, hat im Jahre 517 auch einen Kommentar zu ARISTOTELES' Physik geschrieben[3]), worin er den Satz ausspricht: Energien gehen von einem Körper auf einen anderen über, so meint er, die $\delta\acute{v}\nu\alpha\mu\iota\varsigma$ der werfenden Hand gehe auf den Stein über und werde nun auf der Flugbahn allmählich aufgebraucht, und die von ARISTOTELES gelehrte Mitwirkung der Luft als treibendes Prinzip sei völlig abzulehnen. Er bezeichnet die dem Körper mitgegebene Kraft als $\grave{\epsilon}\nu\epsilon\varrho\gamma\epsilon\tilde{\iota}\alpha$, das ist in den lateinischen Schriften die Vis impressa, welche später als Vis inertiae (s. unten) auftritt bei KEPLER. PHILOPONUS sagt zum Schluß: Die Ursache des Irrtums in der Beweisführung des ARISTOTELES liege in seiner der Wahrheit nicht entsprechenden Annahme, daß dasselbe Verhältnis, wie es die Medien zueinander haben, durch welche die Bewegung erfolgt, auch für die Zeitdauer dieser Bewegung gilt[4]).

Aber solche vernünftige Äußerungen blieben ohne Erfolg. Mehr und mehr wurde ARISTOTELES als unbedingte Autorität anerkannt, nicht nur bei den christlichen Autoren der nächsten Jahrhunderte, sondern auch bei den anderen; verstieg sich doch AVERROES (ca. 1200) zu dem Satz: Die Welt ist erst durch die Geburt des ARISTOTELES vollständig geworden! Wohl hat die Lehre vom Gleichgewicht eine im Sinne ARCHIMEDES' arbeitende Behandlung erfahren und ist z. B. durch JORDANUS NEMORARIUS (ca. 1230) durch seinen Begriff der Gravitas secundum situs wesentlich gefördert[5]), aber die Bewegungslehre und die übrigen Gebiete der Physik waren steril. Aber um die gleiche Zeit, wo AVERROES und ALBERTUS MAGNUS ARISTOTELES in den Himmel erhoben, haben zwei andere in bewußter Opposition gegen ARISTOTELES gestanden. Der eine war ROGER BACON (1214—1284). Bei ihm kommt wohl zuerst die Erklärung der Schwere als eine Anziehung zum Erdmittelpunkt vor[6]). Er ist der Erfinder der Camera obscura. Die von der Sonne ausgehenden, durch ein kleines Loch in ein dunkles Zimmer eintretenden Strahlen erzeugen auf einem hinreichend entfernten Schirm ein rundes Bild der Sonne[7]), dabei ist es gleichgültig, ob das Loch rund oder eckig ist. Daß das Bild, welches erzeugt wird, umgekehrt ist, hat BACON auch bemerkt. Er empfiehlt diese Methode, um die Sonnenfinsternis, ohne die Augen zu blenden, zu beobachten, dann sieht man die Verfinsterung ex parte opposita eintreten[8]). Diese Methode ist dann von Nachfolgern wiederholt von neuem vorgeschlagen, z. B. von G. DE SAINT CLOUD[9]), weil bei der Sonnenfinsternis am 4. 6. 1285 mehrere Beobachter ihre Augen beschädigt hatten. Aber weder BACON noch SAINT CLOUD haben die Irradiation gefunden. R. BACON kennt auch die einfache Lupe und empfiehlt für alte Leute plan-

---

[1]) Comm. in Aristot. De coelo, hersg. v. HEIBERG 1894, S. 262.
[2]) De vegetab., Ausg. JESSEN, S. 339.
[3]) Comm. in Aristot. phys., Berlin 1888, S. 639, erste Ausgabe Venedig 1542.
[4]) l. c. S. 679.   [5]) Vgl. DUHEM, Les origines de la statique Bd. I, S. 98—155. 1905.
[6]) Opus majus 1268, gedr. 1733, S. 72.
[7]) Tract. de multip. . . . specie. (JEPP S. 409).
[8]) Manusc. 15171 Bibl. Nat. f. 157, vgl. DUHEM, Système du monde Bd. 3, S. 505.
[9]) Manusc. 7281 fonds latin Bibl. Nat. f. 145, vgl. DUHEM, l. c. Bd. 4, S. 18. 1916.

konvexe Linsen[1]), er vergleicht die Farben des Regenbogens mit denen eines kantigen Kristalls und eines Tautropfens[2]) und gibt die Höhe des Regenbogens zu 42° an[3]). Obwohl Schall und Licht viele Ähnlichkeit haben, ist der Unterschied der, daß der Schall in Schwingungen der Luft besteht, aber das Licht nicht[4]).

Ganz unselbständig ist das Buch von Vitello, welches, ca. 1277 geschrieben, mit Alhazens Optik von Risner 1535 gedruckt herausgegeben ist. Vitello bringt in Prop. 39 das Baconsche Experiment: Omne lumen per foramina angularia incidens rotundatur. S. Vogl übersetzt das so: So oft das Sonnenlicht durch eine eckige Öffnung fällt, nimmt die Projektion eine runde Gestalt an! Aber Omne lumen ist nicht das Sonnenlicht, und für jede Kerzenflamme ist die Behauptung Vitellos bekanntlich falsch. Ein Beweis, daß er nicht experimentiert, sondern abgeschrieben hat. Das beweist auch Prop. 40: Wenn der Lichtstrahl senkrecht auf den Mittelpunkt eines quadratischen Loches fällt, erzeugt er auf einem parallelen Schirm ein Quadratum ad circularitem aliquam accedens. Aber während Bacons und Saint Clouds Schriften nicht gedruckt wurden, hat Vitello die Ehre gehabt, dem 16. Jahrhundert diese und andere arabische Entdeckungen zu vermitteln und Kepler zu seinen optischen Untersuchungen anzuregen.

Nahezu gleichzeitig mit Bacons Opus majus ist ein wunderbares Buch De magnete von Petrus Peregrinus geschrieben[5]), welches einen außerordentlichen Fortschritt darstellt. Er dreht einen großen natürlichen Magnetstein nahezu kugelförmig ab und legt auf seine Oberfläche kleine Eisenlamellen, diese ordnen sich in größte Kugelkreise, die sich in zwei Punkten vereinen, den Polen. Procul dubio omnes lineae hujus modi in duo puncta concurrunt sicut omnes orbes mundi, qui vocantur Azimuth (meridiani) in duos concurrunt polos mundi[6]). Er findet die Eisenstücke selbst magnetisch und entdeckt zu der von Platon erkannten Anziehung ungleicher Pole die Abstoßung gleichnamiger Pole[7]). Die Teile eines Magneten sind selbst Magnete mit gleichgerichteter Polarität[8]). Endlich findet er, daß die Magnete ihren Magnetismus von dem Erdmagnetismus haben. Das ist also das erstemal, daß vom Erdmagnetismus die Rede ist!

Das 14. Jahrhundert ist für die Optik nahezu steril. Nur die richtige Erklärung des Regenbogens und Nebenregenbogens durch den Mönch Theodorich ist zu erwähnen. Bacon hatte wohl die richtige Höhe, ca. 42°, für den Hauptregenbogen angegeben, aber ihn nicht erklärt. Das wurde von Theodorich erst gefunden[9]). Auf den Universitäten wurden die Naturwissenschaften in Vorlesungen über Aristoteles behandelt. Der bahnbrechende Mathematiker Nicole Oresme († 1382) und der erste Rektor der Wiener Universität, Albert von Sachsen († 1390), gaben noch Kommentare zu Aristoteles' Physik, Meteorologie De coelo und De Mundo heraus. Aber es fängt schon an mit der Morgenröte einer neuen Zeit. Heytisbury schrieb ca. 1330 seinen Tractatus Gulielmi Heutisberi de sensu composito et diviso[10]), worin er für gleichförmig beschleunigte Bewegung den Satz ausspricht, daß der Weg in der zweiten Sekunde das Dreifache des Weges in der ersten ist. Oresme hat sogar den berühmten Satz aus Galileis Discorsi: „daß die Zeit, in welcher eine Strecke bei gleichförmig beschleunigter Bewegung durchlaufen wird, gleich der Zeit ist, in welcher dieselbe Strecke von demselben Körper mit halber Endgeschwindigkeit gleichförmig durchlaufen würde",

---

[1]) Opus majus II, S. 165 u. De secretis operibus S. 535.
[2]) Opus majus I, S. 43.   [3]) Ebenda II, S. 172.   [4]) Ebenda S. 56.
[5]) De magnete 1269, gedruckt 1558.   [6]) Ebenda Kap. 4.   [7]) Ebenda Kap. 8.
[8]) Ebenda Kap. 9.   [9]) De radialibus impressionibus 1311, gedr. 1814 Venturi.
[10]) Gedruckt 1494 Venedig, fol. 40.

bereits ausgesprochen[1]) und schon die bekannte Figur des rechtwinkligen Dreiecks mit dem Rechteck von halber Höhe dabei gezeichnet. Das gleiche Resultat hat DUHEM in einem Manuskript von D. SOTO (1494—1560) gefunden[2]). Auch muß hervorgehoben werden, daß ALBERT V. SACHSEN gegen die Dynamik des ARISTOTELES sehr energisch Front macht[3]). Er steht auf dem Standpunkt des J. PHILOPONUS. Der Werfende gibt dem Projektil eine bewegende Kraft mit auf den Weg, die allmählich aufgezehrt wird. Dabei tritt nun zum ersten Male die Bedeutung der Masse hervor. Dem Projektil, welches mehr Masse hat, kann man mehr Kraft einprägen als der geringen Masse, darum fliegt der Stein weiter als eine Feder (!). Dagegen ist die Masse richtig für die Durchschlagskraft berücksichtigt: Der Impetus des Steines ist größer als der einer Feder, da jener die größere Masse hat. DUHEM[4]) will daraus die Erkenntnis der lebendigen Kraft ablesen, aber den Begriff hat ALBERT V. SACHSEN auch nicht einmal geahnt; denn von der Geschwindigkeit ist bei ALBERT nicht die Rede. Aber diese „Wucht" ist von den Nachfolgern weiter untersucht bis zur Erkenntnis der lebendigen Kraft. Es fehlt auch sonst nicht an ernsthaften Gegnern der aristotelischen Lehren. Der mutige Franziskaner WILHELM VON OCCAM († 1349) hat nicht nur gegen des Papstes weltliche Herrschergelüste kräftige Worte gefunden, sondern auch gegen die Peripatetiker, deren Dynamik durchaus abzulehnen ist. Der in Bewegung gesetzte Körper bedarf keines weiteren Bewegers, sondern nachdem das Projektil das in Bewegung setzende Instrument verlassen hat, ist es sein eigener Beweger und diese Bewegung ist kontinuierlich, bis eine neue Bewegungsursache eintritt; hier ist also zum ersten Male das Beharrungsvermögen mit vollem Bewußtsein ausgesprochen[5]). Wohl ist er nicht damit durchgedrungen, aber es ist doch nicht ganz vergessen. JOHANN DULLAERT aus Gent läßt seinen Lesern die Wahl zwischen dieser Theorie und dem Impetus ALBERTS V. SACHSEN[6]). Die Arbeiten des letzteren, durch viele Abschriften verbreitet, haben dann befruchtend auf NICOLAUS VON CUSA (1401—1464) gewirkt.

NICOLAUS KREBS, wie er ursprünglich hieß, war durch die Übersetzung der Werke von ARCHIMEDES mit der Ansicht ARISTARCHS bekannt geworden, er wird dadurch ein direkter Vorläufer von KOPERNIKUS, indem er nun lehrt: Die Erde ist ein Stern wie alle Sterne[7]); sie hat eine dreifache Bewegung, 1. die tägliche Drehung um ihre Achse, 2. um eine im Äquator liegende Achse (zur Erklärung der Präzession der Tag- und Nachtgleichen), 3. um die Weltpole. Wir bemerken diese Bewegungen nicht, weil wir nur relative Bewegungen wahrnehmen können[8]), und die Substanz der Erde ist dieselbe wie die der Sterne. Aber auch für die Mechanik hat er einiges geleistet. Er will die Reinheit des Wassers durch das spezifische Gewicht bestimmen; um das Gewicht der Luft festzustellen, schlägt er Fallversuche vor. Er konstruiert das erste Bathometer, indem der Senkkörper beim Aufstoßen auf den Grund des Meeres eine Hohlkugel freiläßt, die dann an die Oberfläche steigt. Er kennt die hygroskopische Eigenschaft der Haare und benutzt sie, um die Luftfeuchtigkeit zu messen, indem auf die eine Wagschale ein Haufen Wolle gelegt wird; wenn dieselbe schwerer wird, so ist die Luft mit mehr Wasserdampf gefüllt[9]). Auch

---

[1]) DUHEM, Études sur Léonard de Vinci III, S. 375 u. 457. 1913.
[2]) Ebenda S. 555.
[3]) Quaestiones i. lib. de coelo. III, c. 12 und Quaest. in lib. de physica VIII, c 13, gedr. 1492 u. 1520.
[4]) DUHEM, Études s. Léonard de Vinci II, S. 203. 1909.
[5]) Super 4 libros Sententiarum subl. quaest. II, c. 18 u. 26.
[6]) Quaest. in libros Phys. Aristot. VIII, q. 2. 1506.
[7]) De docta ignorantia II, 10. 1565.   [8]) Ebenda II, 1 u. 2.
[9]) De staticis experimentis 1476.

mit der Dynamik beschäftigt sich Nicolaus in den beiden Dialogen über das Kugelspiel[1]) und den Kreisel[2]). Dies Kugelspiel besteht darin, daß eine etwas ausgehöhlte Halbkugel auf ihrem Grundkreis ins Rollen gebracht wird und Kegel umwerfen soll, die auf einer Spirale aufgestellt sind. Da sagt er, wäre es eine vollständige homogene Kugel, die auf einer vollkommenen Ebene rollte, so würde sie sich ohne Aufhören in gerader Linie bewegen, ebenso würde ein unendlich dünner Ring dauernd in gerader Richtung rollen, da keinerlei Veränderung seines Verhältnisses zur Ebene vorliegt. In dem Spiel dagegen stört die verschiedene Schwere der Halbkugel ihre Bewegung und zieht sie zum Zentrum der Spirale. Dieser Zug zerstört den durch die werfende Hand der Halbkugel gegebenen Impetus. Ebenso würde ein Kreisel, wenn er vollkommen wäre und nicht durch die Schwere nach unten gezogen würde, also auf die Ebene drückte, dauernd rotieren. Er unterscheidet natürliche Bewegung und erzwungene. Die letztere charakterisiert sich dadurch, daß der Impetus einen Widerstand zu überwinden hat. Nicolaus Cusanus ist von größtem Einfluß auf die Physiker der nächsten 150 Jahre gewesen, besonders stark hat er Leonardo da Vinci (1451—1519) angeregt, der freilich in vielen Fragen weit über ihn hinaus ging. Wir beschäftigen uns hier nicht mit Leonardos Kenntnissen, denn sie sind für die Entwicklung der Physik im allgemeinen unwirksam gewesen, da sie weder vollständig in Abschriften noch gedruckt verbreitet sind. Wenn auch von dem kleinen Schülerkreise von einzelnen Arbeiten Abschriften genommen waren, die in Italien und Frankreich von Hand zu Hand gingen, so war doch der ganze Schatz durch Testament dem Schüler Melzi vermacht, der die wertvollen Arbeiten in seinem Hause bei Mailand aufbewahrte. Nur einem gelang es, sich Einblick in Leonardos Nachlaß zu verschaffen, das war der in der Nachbarschaft wohnende Cardanus (1501—1576), schon berüchtigt durch sein Plagiat an der Lösung der Gleichungen 3. Grades. Duhem hat überzeugend nachgewiesen[3]), daß die beiden Bücher Cardanos, De subtilitate Libri 21, 1551 und Opus novum 1570 wesentlich aus Leonardos Schriften abgeschrieben sind, zum Teil ohne Verständnis. So hat doch Leonardo speziell in bezug auf die schiefe Ebene, das Parallelogramm der Kräfte und das Beharrungsgesetz indirekt auf Galilei und Stevin wirken können. Freilich konnten die beiden letzten Gesetze auch schon aus Heron geschöpft werden, und speziell Stevin hat Heron sicher gekannt. Das erste Werk, welches von Leonardo da Vincis Nachlaß gedruckt wurde, war der Trattato della Pittura 1651. Seine physikalisch-mathematischen Schriften sind heute noch nicht vollständig erschienen. Ich gebe unten die Veröffentlichungen an[4]). Übrigens ist zu bemerken, daß sehr viele Apparate, deren Konstruktion in den Manuskripten beschrieben wurden, getreue Nachbilder von Herons Apparaten sind.

Das 16. Jahrhundert ist die Periode des Überganges zur Neuzeit. Oft wird man aus den historischen Angaben die Überzeugung gewinnen, als ob mit dem Jahre 1600 die Neuzeit ganz elementar und unvermittelt angebrochen sei. Ja, es fehlt nicht an Schriftstellern, die von einer ganz neuen Physik, der Physik des Abendlandes, reden, aber das ist eine ganz verfehlte Anschauung. Der

---

[1]) Dialogorum de ludo globi lib. I.   [2]) Dialogus trilocutorius de Possest.
[3]) Les origines de la statique 1905, 37ff.
[4]) Venturi, Essai sur l. œuv. phys.-math. de Léon. de Vinci 1797. Trattato del moto e misura dell'aqua 1828. Aus den in Paris aufbewahrten Manuskripten ist ein Auszug veröffentlicht von Ravaisson Mollien, Les manuscrits de Léon. de Vinci 1881—1891. Der in Mailand gesammelte Codex Atlanticus in der Ambrosiana ist seit 1896 durch die Accad. dei Lincei in Angriff genommen. Die Pariser Handschriften sind in ausgedehntem Maße benutzt von P. Duhem, Études sur Léonard de Vinci, 1. u. 2. Ser., Paris 1909. Die Londoner Handschriften finden sich bei J. P. Richter, The literary Works of Leonardo da Vinci, 2 Bde.

Übergang zur Neuzeit vollzieht sich ganz allmählich, und es ist durchaus nicht so, als ob die Herrschaft des ARISTOTELES erst durch GALILEI gestürzt sei. Wohl hat GALILEI besonders durch die Discorsi von 1638 wesentlich dazu beigetragen, daß eine bessere Phoronomie entstand als die des ARISTOTELES, aber das war nur der Schlußstein einer langen Bauperiode, und es ist sehr bezeichnend, daß die aristotelische Physik in erster Linie durch griechische Forscherarbeit beseitigt wurde. Als ALEXANDER V. 1404 den päpstlichen Thron bestieg, setzte eine Arbeit ein, die besonders unter NICOLAUS V. eifrige Förderung empfing, nämlich die Übersetzung der nur wenigen direkt zugänglichen griechischen Autoren. Zunächst nahm man freilich Historiker und Poeten, aber Papst NICOLAUS beauftragte schon 1448 NICOLAUS V. CUSA mit der Übersetzung des ARCHIMEDES in die lateinische Sprache. KOPERNIKUS (1473—1543) bekennt in der Einleitung zu seinem Werke De revolutionibus, daß er durch die Kenntnis der griechischen Schriftsteller zu seiner Theorie veranlaßt sei. Freilich zählt er ARISTARCH nicht mit auf; da aber dessen Theorie von ARCHIMEDES und CICERO, die er kennt, erwähnt war, so hat er sie zweifellos auch kennen müssen. Von ganz besonderer Bedeutung aber waren die lateinischen und italienischen Übersetzungen von HERONS Werken, deren erste 1575 von COMMANDINO erschien, die eine so große Verbreitung fanden, daß bis 1601 schon fünf verschiedene Übersetzungen, zum Teil in mehreren Auflagen, erschienen waren. Diese von ARISTOTELES nicht angekränkelten Griechen lieferten den Physikern des 16. Jahrhunderts, aber auch den großen Männern am Anfang des 17., Mittel und Anregung zur Begründung der neuzeitlichen Physik.

Da ist im Gebiet der Optik MAUROLYCUS (1494—1577) zu nennen[1]. Er zeigt die parallele Verschiebung der Lichtstrahlen bei der Brechung in planparallelen Glasplatten, unterscheidet die Sammellinsen als die konvexen von den konkaven Zerstreuungslinsen, er findet die diakaustischen Flächen bei einer Wasserkugel, er erklärt, die Linse im Auge leiste dasselbe wie eine Glaslinse, und die ins Auge fallenden Strahlen schneiden sich hinter der Linse. Freilich erwähnt er nicht das Bild auf der Retina und kennt auch das Brechungsgesetz nicht, aber er sagt: bei Weitsichtigkeit ist die Linse zu wenig gekrümmt und bei Kurzsichtigkeit zu stark. In der Camera obscura wird das Bild des Objektes um so deutlicher, je weiter der Schirm von der Öffnung entfernt ist; er erklärt den Vorgang durchaus richtig. Ebenso erklärt er den Regenbogen richtig und unterscheidet die 7 Farben desselben richtig.

In der ersten Hälfte dieses Jahrhunderts hat man sich intensiver mit Glaslinsen beschäftigt, es mehren sich die Notizen über deren Benutzung auch außerhalb der Brillenfabrikation, deren Anfang immer noch in Nebel gehüllt ist. Ich zitiere nur eine dieser Nachrichten. FRACASTORIUS (1483—1552) schreibt[2]: Per duo specialia ocularia si quis perspiciat, altero alteri superposito, majora multo et propinquiora videbit omnia. (Wenn jemand durch zwei besondere übereinandergelegte Augengläser sieht, so wird er alles größer und näher sehen.) GIAMBATISTA DELLA PORTA (1538—1615) fügte der Camera obscura eine Linse ein und erzeugte so ein Bild der äußeren Gegenstände auf dem Schirm[3]. Später erzeugte er auch von transparenten Objekten auf diese Weise durch die Linse Bilder auf dem Schirm, d. h. er erfand die erste Form der später sogenannten Laterna magica und des Skioptikons, die erstere wurde von KIRCHER (1602—1680) so genannt[4], während der Name Skioptikon erst 1878 technisch

---

[1] Photismi de lumine et umbra 1575.
[2] Homocentricorum seu de stellis liber unus 1538.
[3] Magia naturalis, Buch 4, Ausgabe von 1564.
[4] Ars magna lucis et umbrae, 2. Aufl. 1671, die erste von 1646 hat diese noch nicht.

eingeführt wurde. Aber schon Porta gebrauchte zwei Linsen zur Projektion[1]). Porta beschäftigt sich hier auch mit Winkelspiegeln und gibt die Anzahl der Bilder mit $\frac{360}{\alpha} - 1$, wenn α der Winkel zwischen den beiden Spiegeln ist, richtig an für den Fall, daß das Objekt auf der Winkelhalbierenden liegt, er meint es freilich allgemein.

Porta ist auch der erste, bei welchem wir eine richtige Angabe über die Deklination der Magnetnadel in Italien finden, er gibt 9° für 1589 an. Er hat sie nicht entdeckt. Der Kompaß sowohl wie die Deklination sind sicher Entdeckungen der Chinesen aus der Zeit vor Christi Geburt. Die angegebenen Zahlen sind zweifelhaft[2]). Im Mittelmeer tritt der Kompaß im 12. Jahrhundert auf, sicher von Osten her kommend. Es ist wahrscheinlich, daß derselbe auch in anderen Ländern der Welt selbständig erfunden ist[3]), da der Magnetstein an vielen Orten gefunden wird und auch alten Völkern außer Europa und China bekannt war, z. B. den Azteken. Die erste sichere Erwähnung der Deklination ist die von Hartmann (1544)[4]). Die erste Messung der Deklination ist die von Norman (1576)[5]). Die weitere Verfolgung dieser erdmagnetischen Untersuchungen gehört in das Gebiet der Meteorologie; eine geschichtliche Darstellung findet sich bei A. v. Humboldt[6]).

Die in Italien ausgebreitete Bekanntschaft mit Archimedes und Heron führte zu einer von der bisherigen aristotelischen Methode der Behandlung der Mechanik abweichenden Darstellung, wie sie Guido Ubaldi (1545—1607), der freundliche Verteidiger Galileis lieferte, ohne über seine beiden Quellen wesentlich hinaus zu kommen[7]). Der ebenfalls mit Galilei befreundete Benedetti (1530—1590) geht schon weiter. Er übernimmt von Anaxagoras die Zentrifugalkraft und zeigt, daß bei Aufhören der Zentripetalkraft der rotierende Körper in der Tangente an den Kreis fortschreiten wird. Er führt die statischen Momente Herons auch für den Kniehebel ein und bekämpft den aristotelischen Satz, daß der schwere Körper schneller falle als der leichte; es ist der Luftwiderstand, welcher den leichten Körper mehr zurückhält[8]). Noch bestimmter drückt sich Thomas Campanella (1568—1639), der Freund Galileis, aus: Von gleichschweren Körpern fällt der kleinere schneller als der große, weil er den Widerstand der Luft leichter überwindet. Im leeren Raum fallen alle Körper gleich schnell[9]).

In vielen Darstellungen der Entwicklung der Physik nehmen die Schriften Francis Bacons von Verulam (1561—1626) breiten Raum ein. Neue Tatsachen hat er nicht gefunden, daß er als entscheidendes Prinzip der Naturforschung das Experiment fordert, war lange vor ihm nicht nur ausgesprochen, sondern ausgeführt. Ich finde nur zwei Notizen, die wenigstens als Themata für neue Untersuchungen gelten könnten: „Die Untersuchung über Wesen und Ursprung des Lichtes ist es, was ich vermisse." — „Was die Fortpflanzung des Lichtes, nicht aber seine Erzeugung betrifft, so ist ihm nichts ähnlicher als der Schall. Man untersuche genau, worin beide übereinstimmen, worin sie voneinander abweichen"[10]). Er selbst hat aber zur Lösung dieser Fragen nichts getan. So

---

[1]) Ebenda, Ausgabe von 1589, Buch 17.
[2]) Biot, C. R. Bd. 19, S. 362. 1844.
[3]) Schück, Arch. f. d. Gesch. d. Naturw. Bd. 3, S. 127. 1910 u. Bd. 4, S. 40. 1912.
[4]) Dove, Repert. II, S. 129.
[5]) Norman, The new attractivs 1580; u. Gilbert, De magnete I, S. 1. 1600.
[6]) Kosmos Bd. 4, S. 48. 1858.   [7]) Mechanicorum liber 1577.
[8]) Divers. specul. lib. 1585.   [9]) Philosophia sensibus demonstrata 1591.
[10]) De dignitate et augmentis scientiarum IV, c. 3. 1623.

schlägt er wohl vor, man solle die Schallgeschwindigkeit mittels Abfeuern einer
Kanone messen, aber ausgeführt hat er es nicht[1]).

Auch in bezug auf die Akustik ist in diesem Abschnitt ein wichtiger Fortschritt zu verzeichnen. Aus dem Altertum war die Tonhöhe gleich der Schwingungszahl bekannt, es waren ebenfalls die musikalischen Intervalle bekannt.
Da macht M. STIFEL (1486—1567) darauf aufmerksam[2]), daß, wenn man Quinten
rein oder Terzen rein stimmt, die anderen Intervalle bei Instrumenten mit fester
Tonhöhe unrein werden, so daß auf dem Cembalo keine Melodie richtig zu spielen
ist. Daher schlägt er vor, statt der rationalen Intervalle irrationale zu nehmen
und alle gleichmäßig unrein zu machen, also wenn zwischen zwei Töne mit dem
Intervall 1 : 2 ein Ton eingeschaltet werden solle, so müsse dessen Schwingungsverhältnis nicht $\frac{1}{2}$, sondern $\sqrt{2}$ sein, sollten drei Töne die Skala bilden, so müsse
es $\sqrt[3]{2}$, also bei 12 Tönen $\sqrt[12]{2}$ sein. Also hat M. STIFEL die temperierte Stimmung erfunden und nicht erst WERKMEISTER[3]), der freilich den Namen Temperatur gegeben hat. In dem Nachlaß M. STIFELS findet sich auch der Vorschlag, ein Cembalo zu bauen, bei welchem auf eine Oktave 49 Töne kommen,
dann sei es möglich, für mehrere Tonarten außer der Oktave auch Quinten und
Terzen rein zu stimmen.

II. Neuzeit. 1600—1842.

a) Erste Periode von 1600—1727.

7. KEPLER bis NEWTON. Nunmehr übernimmt das Abendland ausschließlich die physikalische Forschung. Es ist durchaus nicht so, wie es bisweilen dargestellt wird, als ob die Völker des Abendlandes aus sich heraus eine neue Physik
geschaffen hätten. Ich habe schon gezeigt, wie die zum Teil durch die Araber
übermittelte griechische Wissenschaft die Anregung zum Fortschritt gegeben
hat. Aber es ist nicht nur Anregung, sondern es ist ein systematisches Weiter-
bauen. Unter den Gelehrten dieser ersten Periode ist nicht einer, der sich nicht
auf griechische Forscher beziehe, und zwar nicht so, als ob es sich nur um Wider-
legung falscher griechischer Ansichten, speziell des ARISTOTELES, gehandelt habe,
sondern in sehr positivem Sinne berufen sich KEPLER, HUYGENS, NEWTON auf
griechische Autoren. Der Gegensatz gegen die frühere Periode ist nicht ein
Gegensatz gegen das klassische Altertum, sondern ein Abschütteln der
deduktiven Spekulation des Mittelalters. Ich habe gezeigt, daß auch in
diesem einzelne Kämpfer vorhanden waren, die keine Buchstabenautorität,
sondern die Beobachtung und das Experiment als entscheidend anerkannten.
Was aber damals nur einzelne wagten, wird jetzt allgemeine Regel, und dabei
konnte man sich sehr wohl auf klassische Vorbilder berufen, auf ARISTARCH,
ARCHIMEDES, HERON usw.

Der erste Prophet der Neuzeit, der in diesem Sinne forscht, ist KEPLER
(1571—1630), der schon in seiner ersten Arbeit diese Bahn betritt[4]). Allgemein
wird zugestanden, daß das kopernikanische System erst durch KEPLER seine
sieghafte Kraft bekommen hat, und man führt das auf die bekannten drei
KEPLERschen Gesetze[5]) zurück. Aber KEPLER hat nicht nur diese durch

---

[1]) Sylva sylvarum 1665, S. 782 ff.   [2]) Arithmet. integra fol. 78. 1544.
[3]) Musikalische Temperatur 1691.
[4]) Mysterium cosmographicum 1596, 2. Aufl. 1621.
[5]) Erstes Gesetz: Astronomia nova 1609. Opera (FRISCH) III, S. 337. Zweites: Ebenda
S. 408; Drittes: Harmonices mundi S. 189. 1619.

Beobachtung und Rechnung gefundene Gesetze ausgesprochen, er hat sie auch physikalisch begründet und das Warum aufzufinden gesucht. Dabei ist er zu einer Reihe von Sätzen und Begriffen gekommen, die meist Galilei und Newton zugeschrieben werden.

Zunächst der Begriff der Trägheit[1]). Der Mond wird von der Erde angezogen und dadurch auch um die Sonne herumgeführt. Die Herumführung der Erde um die Sonne beruht auf einer Vis immateriata (l. c. 77). Weil aber alle Materie zur Ruhe neigt an dem Ort, wo sie gerade ist, so muß die bewegende Kraft mit dieser „inertia" der Materie kämpfen. Alle Himmelskörper besitzen ebenfalls Trägheit[2]), das beweist die konstante Umlaufszeit! Diese Trägheit entspricht ihrem Gewicht. Hätten die Planeten keine Trägheit, so würde eine unendlich kleine Kraft ihnen eine unendlich große Geschwindigkeit geben. Die Vis inertiae würde den Mond, wenn die Erde ihn nicht anzöge, in der Richtung der Tangente weitertreiben[3]).

Die Gravitation ist eine körperliche, wechselseitige Wirkung zwischen zwei Körpern zur Vereinigung[4]). Diese Vis prensandi (Anziehungskraft) ist proportional dem Produkt der Massen, sie wirkt durch alle Körper hindurch[5]). Würde die Erde in die Bahn des Saturn versetzt, so würde die Kraft, mit welcher sie von der Sonne gezogen wird, dem Quadrat der Entfernung entsprechend abnehmen[6]). 1609 hatte er die Kraft, mit welcher die Sonne die Planeten anzieht, als eine Art magnetische betrachtet, 1622 behandelt er sie als eine aller Materie innewohnende Kraft. Einige Seiten vorher hatte er die Proportionalität mit $\frac{1}{r}$ behauptet. Für die Intensität der Licht- und Wärmestrahlen zeigt er, daß die Belichtung und die Erwärmung mit dem Quadrat der Entfernung abnimmt.

Über das Licht handelt Kepler in zwei Werken[7]). Richtig und neu ist in C. 3 der Paralipomena die Bestimmung des Ortes, wo das Bild bei Reflexion in konvexen Spiegeln liegt. Das Brechungsgesetz gelingt ihm in C. 4 nicht, da er aber die Nichtproportionalität von Einfalls- und Brechungswinkel kennt, versucht er die Proportionalität des Secans nachzuweisen. Dagegen bestimmt er richtig den Grenzwinkel. In C. 5 behandelt er das Auge und findet die Erzeugung des umgekehrten, verkleinerten Bildes auf der Retina. Er erkennt die Notwendigkeit der Akkommodation, die durch Verschiebung der Linse mittels des Processus ciliaris erreicht werde. Diese Stelle versteht Descartes so, daß die Linse durch den Ciliarmuskel mehr oder weniger gekrümmt werde[8]). Am Schluß dieses Kapitels gibt Kepler dann die erste Erklärung für die Irradiation, daher erscheint der helle Mond größer als der dunkle bei der Sonnenfinsternis. In dem zweiten Werke beschäftigt sich Kepler nur mit der Brechung, und da er bei den Linsen nur kleine Winkel bis zu $15°$ anwendet, ist das Resultat seiner Berechnungen der Brennpunkte und Bildpunkte nicht sehr verkehrt. Sein Demonstrationsversuch für die Brechung bei einem Glas- oder Wasserwürfel ist sehr hübsch, er wird dadurch zur Konstruktion der Camera lucida geführt. Seine Resultate für spezielle bikonvexe Linsen fallen zusammen mit der später von Halley gefundenen bekannten Gleichung[9]). Dadurch wurde es ihm möglich, in Prop. 86 und 89 das nach ihm benannte Fernrohr mit zwei bikonvexen Linsen und das sog. terrestrische Fernrohr mit drei Linsen durch-

---

[1]) Prodromus etc. 2. Aufl., S. 58ff.   [2]) Epitome astron. IV, S. 510ff.
[3]) Astronom. nova. Opera III, S. 313.
[4]) Opera III, S. 151.   [5]) Epitome S. 522.   [6]) Ebenda S. 534.
[7]) Ad Vitellonem Paralip. 1604 u. Dioptrice 1611.
[8]) Tractatus de homine S. 64.   [9]) Phil. Trans. 1693. Novemb.

zurechnen. Diese Vorschriften wurden ausgeführt von CHR. SCHEINER 1613 und zur Beobachtung von Sonnenflecken benutzt[1]). Die Anregung zu dem ersten binokularen Fernrohr (Teleskop) mit vier Linsen führte SCHYRL DE RHEITA aus, der auch zuerst Tabellen über die günstigste Kombination von Objektiv und Okular anstellte[2]).

In dem Buche SCHEINERS[3]) ist auch der bekannte SCHEINERsche Versuch ohne Erklärung, sowohl mit einem Loch im Kartenblatt wie mit zwei Löchern und der Nadel angeführt. Zunächst durch Kurzsichtigkeit und Fernsichtigkeit erklärt, fand er seine richtige Erklärung erst durch JACOB DE LA MOTTE in Danzig[4]).

Das KEPLERsche Fernrohr war nicht das erste, aber das vollkommenste für die erste Hälfte des 17. Jahrhunderts. Ich habe früher Versuche von FRACASTORIUS erwähnt, in der gleichen Richtung liegen die Versuche PORTAS (s. oben), aber auch bei der genauen Untersuchung über die Lichtbrechung in Linsen[5]) kommt er nicht zum Fernrohr. Trotz feierlicher Gerichtsverhandlung vom Jahre 1654 in Middelburg findet man in den verschiedenen Geschichtsdarstellungen noch heute die widersprechendsten Angaben. Das älteste Zeugnis über Konstruktion von Fernrohren stammt von GALILEI[6]), der nach einer Beschreibung des holländischen Fernrohrs in einem Brief seines Schülers J. BADOVERE das Instrument nachkonstruierte. Nach HIERONYMUS SIRTURUS[7]) soll vor 1609 LIPPERSHEIM in Middelburg das Fernrohr konstruiert haben, die Erfindungsgeschichte, welche er erzählt, ist völlig mysteriös. Aber LIPPERSHEIM hat versucht, ein Patent zu erhalten, das wurde ihm zunächst abgelehnt, er solle das Teleskop binokular herstellen. Warum wohl? Nach der gerichtlichen Feststellung von 1654 hat ZACHARIAS JANSEN 1590 ein Vergrößerungsinstrument konstruiert, von dem nach der Beschreibung des BORELUS[8]) auf ein Mikroskop geschlossen ist. Das holländische Fernrohr hatte ein bikonvexes Objektiv und ein bikonkaves Okular, ebenso GALILEIS Fernrohr. Da LIPPERSHEIM auch das binokulare Instrument ebenso herstellte, ist er jedenfalls der Erfinder des Feldstechers.

Vor dem Nuntius sidereus hatte GALILEI (1564—1642) eine Schrift über die Bewegung der Körper, besonders das Schwimmen, und Bewegung im widerstehenden Medium, geschrieben, die aber erst in der ALBÈRIschen Gesamtausgabe[9]) gedruckt ist und etwa aus der Zeit 1594 stammen wird. Sie wendet sich gegen ARISTOTELES und schließt sich im ersten Teil an ARCHIMEDES an. Ferner stammt aus der gleichen Periode der Trattato della sfera[10]), worin GALILEI noch ganz auf ptolemäischem Standpunkt steht, wie auch seine Vorlesungen damals noch nicht das kopernikanische System behandelten. GALILEI scheint zu diesem erst durch KEPLERS Prodromus bekehrt zu sein. In dem Dankesbrief GALILEIS[11]) an KEPLER vom 4. 8. 1597 schreibt er freilich, er habe sich seit Jahren der kopernikanischen Lehre angeschlossen, allein aus den Vorlesungsverzeichnissen von Padua geht hervor, daß er bis 1605 nur PTOLEMAIOS vorgetragen hat. Und aus den jetzt so vollständigen, von FAVARO herausgegebenen Werken[12]) ergibt sich, daß GALILEI vor 1611 nie öffentlich für KOPERNIKUS eingetreten ist. Wenn auch heute noch zu lesen ist, daß erst durch GALILEI das kopernikanische System

---

[1]) Rosa Ursina 1626—1630.   [2]) Oculus Enoch et Eliae 1645.
[3]) Oculus sive fundament. opt. 1619, S. 37.
[4]) Mitt. d. naturf. Ges. in Danzig Bd. 2, S. 209. 1754.
[5]) De refractione. lib. novem 1593.   [6]) Sidereus nuntius 1610, S. 3.
[7]) De origine et fabrica telescopiorum 1618.
[8]) De vero telescopii inventore 1655.
[9]) De motu gravium. Le opere di G. Galilei. Albèri 1842—1856, XI, S. 1.
[10]) Op. Gal. II, S. 203—247. 1891.   [11]) Op. Gal. X, S. 68.
[12]) Le opere di Galileo Galilei, Edizione nazionale. Ant. Favaro 1890—1910.

zum Siege geführt sei, so ist das vielleicht für die Ansicht des gemeinen Volkes richtig, wegen des Inquisitionsprozesses, den Galilei zu erleiden hatte, für die wissenschaftliche Welt war mit Keplers Astronomia nova 1609 das kopernikanische System definitiv erwiesen, also 2 Jahre früher, ehe Galilei das Wort dazu ergriff. Daß Galilei nun offen für das kopernikanische System eintrat, war außer durch den Erfolg des Keplerschen Werkes durch die eigenen Entdeckungen Galileis mit Hilfe des Fernrohres veranlaßt. Die Monde des Jupiter, die Phasengestalt der Venus usw. waren so schwerwiegende Gründe gegen Ptolemaios und hatten solche Sensation erregt, daß er es nun wagte, öffentlich die neue Lehre zu vertreten. Es ist hier nicht der Ort, auf den Verlauf der beiden Prozesse gegen Galilei und auf seine astronomischen Leistungen und Streitigkeiten einzugehen. Nach den in Favaros Werken gesammelten zahlreichen neuen Urkunden wird man freilich die Darstellung E. Wohlwills[1]) in einigen Punkten revidieren müssen. Uns interessieren nur die physikalischen Leistungen.

Bis in die neueste Zeit wird Galilei in historisch sein sollenden Werken die Erfindung des Thermoskops zugeschrieben unter Berufung auf Vivianis[2]) Lebensbeschreibung und dem in Nellis Vita[3]) zitierten Brief von Castelli an Cesarini vom 20. 9. 1638. Viviani (1622—1703), der auch sonst sehr unzuverlässig ist, behauptet ohne Quellenangabe, Galilei habe zwischen 1592—1597 das Thermometer erfunden. In dem Briefe Castellis sagt der Schreiber, ihm habe Galilei vor 35 Jahren ein Thermometer gezeigt, es steht da nicht erfunden. Galilei hat weder in seinen Abhandlungen, noch in Briefen die Behauptung aufgestellt, daß er das Thermoskop erfunden habe. Nach der Beschreibung bei Viviani ist der Apparat nichts anderes gewesen als das Thermoskop Philos, wie es in Herons Werken damals in Italien allgemein bekannt war. Es ist daher kein Wunder, daß zahlreiche Gelehrte solche Thermoskope sich nach Herons Angaben verfertigten. Ich nenne Porta, der sich auf Heron beruft[4]), Santorio[5]) (1661—1636), medizinischer Kollege Galileis in Padua, der ebenfalls ausdrücklich sagt, daß der Apparat von Heron stamme, und ihn zuerst anwandte, um Fieber bei Kranken zu konstatieren, Fludd (1574 bis 1637) sagt[6]), er habe sein Thermoskop aus einer alten, über 500 Jahre zurückliegenden Handschrift entnommen (vermutlich arabisch).

Diese für Europa ersten italienischen Thermoskope waren ausnahmslos dem Philonschen Modell nachgebildet und erreichten zum Teil nicht einmal die Stabilität des Heronschen Thermometers. Aber es ist dann bald ein Thermometer in unserem Sinne konstruiert, d. h. die Temperatur wird durch die Ausdehnung einer Flüssigkeit gemessen, welche in einer Glasröhre, die an einem Ende ein kleines kugelförmiges Gefäß trägt, am anderen zunächst offen war, später aber einfach zugeschmolzen wurde. Der erste, welcher die Ausdehnung einer Flüssigkeit (Weingeist) in einer Röhre mit willkürlicher Skala, ausgehend von einer Kältemischung als Nullpunkt anwandte, war wohl Sagredo[7]) nach einem Brief vom 7. 2. 1615. Ob dies Thermometer schon geschlossen war, ist unklar. Die später in der Accad. del Cimento gebrauchten Thermometer waren geschlossen und hatten als auszudehnende Flüssigkeit Weingeist oder Quecksilber[8]) und sind wahrscheinlich vom Großherzog Ferdinand II. selbst um

---

[1]) Der Inquisitionsprozeß des Galileo Galilei. 1870.
[2]) Racconto ist. della vita di Galileo Galilei, in Op. Gal. Albèri XV. 1854.
[3]) Vita e. com. lettere di G. Galilei 1793, S. 69.
[4]) I tre libri de'spirit. 1606.   [5]) Commercio epist. III, S. 218. 1612.
[6]) Phil. Moysaica Vol. I, L. I, c. 11. 1638.   [7]) Commerc. epist. III, S. 345.
[8]) Vincenzio Antinori, Notizie istoriche rel. all'Accad. del Cimento, S. 33. 1841.

1641 oder 1644 konstruiert. Die Skala war zwischen den beiden Punkten größte mittlere Winterkälte und größte Sommertemperatur in Florenz in 50 oder 100° geteilt. GALILEI hat also an der Erfindung und Verbesserung des Thermometers gar kein Verdienst.

Erfolgreicher war GALILEI in der Mechanik. Die Beobachtung des Isochronismus der Pendelschwingung fällt schon in die Zeit zwischen 1582 und 1589[1]). Wohl hatte IBN JUNIS (1156—1242) den Isochronismus auch schon beobachtet und das Pendel zur Zeitmessung benutzt, aber damals war diese Entdeckung in Italien noch unbekannt. Vollständig kommen die Pendelgesetze erst in dem Hauptwerk GALILEIS (s. unten) vor. Der Versuch GERLANDS[2]), für GALILEI die Erfindung der Pendeluhr zu retten, muß, wie alle früheren Versuche dieser Art, als gescheitert betrachtet werden. Sein mit dem Pendel verbundenes Zählwerk entbehrte des Antriebs. Darauf aber kommt es bei einer Uhr an. Für die Bestimmung der spezifischen Wärme konstruierte er die Wasserwage[3]). Sein Hauptverdienst ist aber die experimentelle Ableitung der Fallgesetze, und diese Frage zieht sich durch sein ganzes Leben, schon in Pisa, wo er vom schiefen Turm Körper herabfallen läßt, und Padua, wo er in Rillen blanke Messingkugeln über die schiefe Ebene rollen ließ, bis zu den Discorsi e dimonstrazioni matematiche intorno due nuove scienze[4]), die, in alle Kultursprachen übersetzt, für die Mechanik grundlegende Bedeutung gewannen. Nicht als ob alles darin Vorgetragene neu gewesen wäre. Im Gegenteil, ich habe gezeigt, wie die einzelnen Grundsätze der Mechanik schon von einzelnen Gelehrten von HERON bis KEPLER gefunden und bewiesen waren. Aber die Zusammensetzung der Bewegungsgesetze, der Fallgesetze im besonderen, der Wurfbewegung, der Pendelgesetze, war bisher nicht unter einheitlichem Gesichtspunkt erfolgt. Es ist besonders der 3. und 4. Tag, der diese grundlegende Bedeutung hat. Die mathematische Behandlung ist dadurch schwerfällig, daß GALILEI nur mit Proportionen arbeitet und Trigonometrie nirgends anwendet. Zu bedauern ist, daß GALILEI auch in dieser letzten Arbeit noch beim Horror vacui (1. Tag) stehenbleibt, ebenso ist seine am 6. Tage vorgetragene Lehre vom Stoß, wenn sie auch gegen ARISTOTELES' Drucktheorie erfolgreich kämpft, verfehlt. Wenn also bisweilen in neueren Arbeiten GALILEI als „Vater neuzeitlicher Physik" bezeichnet wird, so ist das nach keiner Richtung berechtigt. Wohl glaubte GALILEI, daß die Schwere der Körper eine gleichförmig beschleunigte Bewegung im freien Fall bedinge, aber von einer Gravitationskraft war er weit entfernt. In der Beziehung ist KEPLER erheblich weiter. In seiner Arbeit über Ebbe und Flut[5]) gibt GALILEI eine ganz absurde Erklärung, während KEPLER, wie oben erwähnt, die vollständige und richtige Ableitung aus der Gravitation gibt. Ebenso ist GALILEIS Erklärung der Passatwinde unbefriedigend. Seine Auffassung über die Wärme schließt sich ganz an die Theorie des TELESIUS an[6]), dessen Naturphilosophie in kurzer Zeit 3 Auflagen erlebte. Auch die Oberflächenspannung ist GALILEI noch unbekannt. Dagegen hat er das von HERON aufgestellte Prinzip der virtuellen Geschwindigkeiten für alle Maschinen als gültig ausgesprochen[7]).

---

[1]) De motu gravium, l. c.

[2]) Geschichte der Physik 1913, S. 395.

[3]) La bilancetta. Op. Gal. I, S. 209. 1891.

[4]) Erschien auf Veranlassung des Grafen von NOAILLES zu Leyden. Elzeviren 1638. Deutsche Übersetzung Ostwalds Klassiker Nr. 11, 24, 25. 1890/90. Die historischen Anmerkungen A. v. OETTINGENS sind meist nicht zutreffend.

[5]) Op. Gal. Albèri I, 4. Tag von Dialogo intorno ai due massimi sistemi del mondo 1632.

[6]) De natura rerum 1565.

[7]) Della scienza meccanica 1649. Französisch von MERSENNE 1634.

GALILEI hat das Gesetz: „die durchfallenen Strecken stehen im quadratischen Verhältnis der Zeiten", zuerst im Brief an SARPI, 16.10.1604, ausgesprochen[1]), aber dabei die falsche Behauptung, die Geschwindigkeiten seien proportional den Wegstrecken. Wunderbarerweise hat DESCARTES auch beide Aussprüche getan, wie aus dem Tagebuch JAKOB BEECKMANNS von 1613 hervorgeht, aber GALILEI verbesserte den zweiten Satz, während DESCARTES noch 1629 denselben aufrechterhielt[2]).

In bezug auf die schiefe Ebene hatte GALILEI einen Vorgänger, der diese bereits so gut behandelt hatte, daß GALILEI für seinen Fall auf schiefer Ebene alles vorbereitet fand. Es ist SIMON STEVIN (1548—1620). Die STEVIN gewöhnlich zugeschriebene Erfindung der „fünf einfachen Potenzen" hat er mit Bewußtsein von HERON übernommen. Neu ist seine Begründung über Bodendruck und Seitendruck der Flüssigkeiten[3]) und besonders die Behandlung der schwimmenden Körper, die wohl an ARCHIMEDES anschließt, aber durch die Einführung des Begriffes vom Metazentrum weit darüber hinausführt und den Unterschied von stabilem und labilem Gleichgewicht zum ersten Male richtig feststellt[4]). Die schiefe Ebene behandelt STEVIN sehr ausführlich in bezug auf die Kräfte[5]). Wie MACH dazu kommt, bei dieser Ableitung fünf Seiten lang über instinktive Erkenntnis zu reden, ist mir unverständlich. STEVIN arbeitet ganz vernünftig experimentell, und das Parallelogramm der Kräfte (HERON) hatte er schon vorher sorgfältig abgeleitet[6]). Hierbei hat STEVIN nun das Prinzip der Superposition entdeckt, er nennt es „geometrische Addition", es ist die Vektorenaddition, und er löst damit recht komplizierte Aufgaben. Er erkennt aber auch die Unmöglichkeit, das Parallelogrammgesetz zu „beweisen".

Neben KEPLER und GALILEI muß WILLIAM GILBERT (1540—1603) als dritter Begründer der neuzeitlichen Physik genannt werden. Auch er erkennt nicht nur das Experiment als entscheidende Instanz an, sondern er leitet aus dem Experiment induktiv seine Lehre ab. Er ist der Begründer der Lehre von Magnetismus und Elektrizität[7]). Wie neu seine Resultate waren, beweisen die in allen Kulturländern Europas erschienenen Ausgaben. In Deutschland erschienen allein drei bis 1628. Auch KEPLER und GALILEI berufen sich verschiedentlich auf dies Werk. GILBERT schließt an die obenerwähnte Arbeit von PETRUS PEREGRINUS an. Er geht auch von einer „terella" aus, d. h. einem kugelförmig abgeschliffenen Magnetstein, untersucht auch die Kraftlinien auf der Oberfläche, nur daß er dabei eine kleine auf einer Spitze schwingende Nadel benutzt. Dadurch ist er nun auch befähigt, die Kraftlinien in der umgebenden Luft aufzusuchen; so konstatiert er, daß die Kraftlinien (er gebraucht dies Wort nicht, sondern redet von effluvia) wesentlich aus dem Pol austreten in kreisförmiger Bahn zum anderen Pol und im Innern des Magneten wieder von diesem zum Ausgangspol gehen; so hat der Magnet eine eingeborene Wirbelkraft, denn auch an anderen Punkten des Magneten treten einige Kraftlinien aus und gehen an symmetrisch zur Äquatorebene liegenden Punkten zum Magneten zurück und bilden den Orbis virtutis. Die effluvia sind gewichtslos, denn ein Eisenstab wird durch die Magnetisierung nicht schwerer und nicht leichter. Bringt man Eisen in den Orbis virtutis, so werden die kleinen Teile desselben anders geordnet, sie werden selbst zu Molekularmagneten. Man kann solche

---

[1]) Le Opere Ed. naz. Bd. 10, S. 115. 1900.

[2]) Oeuvres Bd. 1, S. 69. 1897; u. Bd. 10, S. 75. 1908.

[3]) Traité de la Hydrostatique. Oeuvres II, S. 430 ff. 1634.

[4]) Traité des acrobatiques. Ebenda S. 512.   [5]) Hypomnemata mathem. 1605.

[6]) Beghinselen der Weghkonst 1596 u. Spartostatica, Bd. II.

[7]) De magnete 1600, London.

künstliche Magnete nicht nur durch Streichen auf dem natürlichen Magneten erzeugen, sondern auch durch Einbringen in ein solches Kraftfeld. So findet er die **Induktion**, die magnetische Leitfähigkeit. Durch diese Kraftlinie ist zunächst die **richtende Kraft** erklärt. Sie geben auch die Erklärung für die **Anziehung**, da die aus dem Nordpol kommende Linie in den Südpol eintreten muß, ziehen sich entgegengesetzte Pole an, gleichartige stoßen sich ab. Daher muß seine Magnetnadel nördlich und südlich des Äquators eine Neigung zum Erdmittelpunkt bekommen, er nennt sie declinatio, während er die Abweichung vom Meridian variatio nennt. Die Ursache aller magnetischen Erscheinungen an Stahl und Eisen ist der **Erdmagnetismus**. Die Induktion in einem Stahlstabe macht diesen zu einem **permanenten** Magneten im Gegensatz zum weichen Eisen. Die Wirkung des natürlichen Magneten wird durch **Armierung** verstärkt, durch Polschuhe, weil durch die Armatur die effluvia zusammengehalten werden. Diese magnetische Wirbeltheorie ist wesentlich bestimmend gewesen für DESCARTES' Wirbeltheorie, der nur die Bezeichnungen Deklination in Inklination und Variation in Deklination geändert hat. Eine eingehende Würdigung dieser Beziehungen lieferte die Dissertation von MARIE LUISE HOPPE[1]).

Außer der Lehre vom Magnetismus gibt GILBERT aber auch die erste Theorie der **Elektrizität**. Zunächst gab er den Namen Elektrizität[2]). Außer dem Bernstein findet er eine große Anzahl von Substanzen, welche die Fähigkeit andere kleinere Körper anzuziehen haben, aber nur wenn sie gerieben werden! Das ist ein wesentlicher Unterschied von dem Magneten, sonstige sind folgende[3]): der Magnet wirkt nur auf Eisen und Stahl und macht diese selbst zu Magneten, der geriebene elektrische Körper zieht allerlei Körper an, aber läßt sie unverändert; die Kraftlinien des Magneten sind wesentlich durch die Lage der Pole bestimmt, die **Kraftlinien des elektrisierten Körpers** gehen von allen Punkten seiner Oberfläche geradlinig aus; der Magnet wirkt durch alle nichtmagnetischen Körper ungehindert, der elektrisierte nur durch die Luft. Die **Flamme** nimmt dem elektrisierten Körper seine Kraft. Auch die Elektrizität besteht aus Ausflüssen, aber während die magnetischen spiritual sind, kann man die elektrischen dem Geruch vergleichen, sie sind also körperlich, aber so fein, daß der Gewichtsverlust unmerklich ist. Daß Metalle durch Reibung nicht elektrisch werden, kommt daher, daß sie nicht so feine Ausflüsse erzeugen, wie die anderen Körper. Zur Beobachtung der elektrischen Wirkungen bedient sich GILBERT eines **Elektroskops**, er nennt es versorium: eine dünne Metallnadel (Messing) läßt er auf einer Spitze in horizontaler Ebene schwingen. Diese GILBERTsche Effluvia-Theorie hat in England und Frankreich während dieser ganzen Periode bis 1727 unbestritten geherrscht, meist in der Form, welche DESCARTES in seiner Philosophie[4]) gab.

In Deutschland hat OTTO VON GUERICKE (1602—1686) die Effluvia-Theorie beseitigt. Seine Experimente sind mit dem Jahre 1663 abgeschlossen, soweit er sie selbst publiziert hat[5]). Aber schon vorher hatte KASPAR SCHOTT einen großen Teil der Versuche bekannt gemacht[6]), so daß BOYLE dieselben nachmachen und publizieren konnte, ehe GUERICKES Werk erschienen war. GUERICKE unterscheidet die Materie, woraus die Körper bestehen, und eingepflanzte Kräfte (S. 62),

---

[1]) M. L. HOPPE, Die Abhängigkeit der Wirbeltheorie des DESCARTES von W. GILBERTS Lehre vom Magnetismus, Halle 1913.

[2]) De magnete § 2. 1600; in der in Deutschland am meisten verbreiteten Ausgabe von 1628 S. 54.　　　　　　　[3]) l. c. S. 58—69.　　　　　[4]) Principia philosophiae 1644.

[5]) Experimenta nova (ut vocantur) Magdeburgica. Amsterd. 1672.

[6]) Mechanica hydraulico-pneumatica 1657 u. Physica curiosa 1662.

letztere können körperliche sein, wie die Gerüche, oder unkörperliche, die den Orbis virtutis (das Kraftfeld) bilden. Zu den letzteren gehört die virtus impulsiva (Zentrifugalkraft), die Virtus conservativa (Anziehung der Erde), directiva (Magnetismus), lucens (Licht), calefaciens (Wärmestrahlung). Diese Kräfte nehmen mit der Entfernung ab, aber sie bedürfen keines Mediums zur Fortpflanzung, sie wirken in distans[1]). Zu dieser Anschauung ist er durch seine Experimente gekommen, die fast alle ganz neu sind. In der Elektrizität konstruiert er zunächst die erste Elektrisiermaschine (B. 4, c. 15): eine kindskopfgroße Schwefelkugel, durch eine eiserne Achse in einem Lager drehbar, mit der Hand gerieben, liefert ihm die Elektrizität. Er findet neben der Anziehung die Abstoßung, die Influenz (S. 147), die Leitung durch einen längeren Faden, die Spitzenwirkung, die Entladung durch die Flamme, das Knistern beim Reiben hört er und sieht den Funken bei Entladung (S. 149). Das sind alles Dinge, die 50 oder 100 Jahre später erst wieder von anderen nachentdeckt wurden. Diese elektrischen Entdeckungen wurden nicht so, wie sie es verdienten, beachtet, weil die mechanischen Experimente GUERICKES das Interesse völlig gefangen nahmen, in erster Linie seine Luftpumpe.

Da er 1654 auf dem Reichstag in Regensburg seine Experimente mit den evakuierten Magdeburger Halbkugeln vorführte, auch sonst viele Experimente anschloß, so hat GUERICKE zweifellos keinen Konkurrenten für die Erfindung der Luftpumpe. Nach Angabe des ersten Biographen VON BIEDERSEE[2]) hat GUERICKE seine meisten Versuche, wenigstens die grundlegenden, in der Zeit von 1632 bis 1638 ausgeführt; das würde zu der damals amtlosen Periode seines Lebens wohl passen. Von den GUERICKESchen Luftpumpen sind noch 3 Exemplare vorhanden, die erste Pumpe ist ein Geschenk an den Kurfürsten von Brandenburg, jetzt im Deutschen Museum, die zweite im Physikalischen Institut der technischen Hochschule in Braunschweig, deren Echtheit längere Zeit bezweifelt, jetzt als wahrscheinlich echt nachgewiesen ist, die dritte in dem Physikalischen Institut der Universität Lund, dort von Graf KLINKOWSTROEM 1916 aufgefunden[3]). Es ist ferner eine zuverlässige Nachricht vorhanden, daß GUERICKE 1641 dem Magistrat von Köln eine Luftpumpe zum Geschenk gemacht hat[4]), die Pumpe ist aber verschollen.

GUERICKE ging von der Annahme, die Luft sei schwer, aus, fand durch seine Experimente, daß sie auch elastisch sei und bewies dies durch zahlreiche Experimente. Er wird HERON nicht gekannt haben, da keines seiner Experimente an HERONsche erinnert. Er zeigt, daß im leeren Raum der Schall nicht fortgepflanzt wird. Durch eine Reihe anderer Versuche wurde er zur Konstruktion eines Wasserbarometers geführt, das ihn instand setzte, 1660 einen Sturm vorherzusagen. Von dem TORRICELLISchen Versuch erfuhr er erst in Regensburg 1654[5]). Er nannte sein Barometer Semper vivum oder Wettermännchen, weil er durch eine menschliche Figur den fortgesetzt veränderten Stand der Wasserhöhe anzeigen ließ. Er brauchte seine Pumpe auch zum Komprimieren der Luft auf das Fünffache des Luftdrucks; er konstruierte ein Manometer: eine hohle Kupferkugel, an einem Wagebalken bei Luftdruck ausbalanziert, zeigte die Variation des Druckes an, er nannte das Instrument Baroskop (III, 31). Die Abnahme des Luftdruckes bei Erhebung über die

---

[1]) Experimenta S. 125—150.
[2]) AHRENS, Die Originalluftpumpen von O. v. Guericke. Arch. f. d. Gesch. d. Naturw. u. Techn. 1917, S. 82.
[3]) Geschichtsb. f. Technik, Industr. u. Gew. Bd. 3, S. 196. 1916.
[4]) Arch. d. reinen u. angew. Math. von Hindenburg Bd. 10, S. 232. 1799.
[5]) Experimenta III, c. 20—22 u. 34.

Ebene zeigte er mit einer durch Hahn verschließbaren Hohlkugel; öffnete er auf dem Berge den Hahn, so strömte die Luft heftig aus der Kugel, umgekehrt, wenn er mit der oben verschlossenen Kugel in das Tal herabstieg. Endlich hat er ein Luftthermometer Philoscher Art in großen Dimensionen konstruiert und neben dem Barometer an seinem Hause so anbringen lassen, daß das Volk die Temperatur an einer 7teiligen Skala ablesen konnte[1]). In diesen Gebieten hat Guericke die Forschung außerordentlich gefördert in anderen sind dagegen seine Ausführungen nicht stichhaltig.

In Italien förderte Torricelli (1608—1647) und die Accademia del Cimento (1657—1667) die Physik. Zunächst 1641 behandelt Torricelli die Ausflußgeschwindigkeit aus einer seitlichen Öffnung eines Wasserbehälters und findet[2]) $v = A \cdot \sqrt{k}$; er leitet die Wurfbewegung in der Form ab, wie es noch heute vielfach üblich ist[3]), erfindet 1643 das Barometer mit Quecksilber[4]) und die nach ihm benannte Leere, dadurch beseitigt er in der Erklärung den auch von Galilei angewandten Horror vacui. Er erkennt ebenso wie Guericke die Schwankungen des Luftdruckes. Mit dieser Torricellischen Leere arbeiteten die Mitglieder der Accademia del Cimento, indem sie den oberen Teil des Barometerrohres zu einem weiten Glasgefäß mit abnehmbarem Deckel ausbildeten und ähnliche Versuche machten, wie Guericke in der durch die Pumpe geschaffenen Leere (2. Abschn. der Saggi). Wichtiger sind ihre Versuche über die Wärme. Im ersten Abschnitt werden die Thermometer mit willkürlicher Skale beschrieben, von denen mehrere Exemplare durch Antinori 1829 aufgefunden und von Libri mit den Réaumurschen verglichen wurden[5]). Im 3. Abschnitt werden Kältemischungen beschrieben: Schnee-Kochsalz, Schnee-Salpeter, Schnee-Salmiak. Bei der damit ausgeführten Herstellung künstlichen Eises bemerken sie die Ausdehnung des Wassers beim Gefrieren im Verhältnis 9:8. Im 4. Abschnitt werden die dunklen Wärmestrahlen nachgewiesen, indem im Brennpunkt eines Hohlspiegels an einem Thermometer die Temperaturabnahme gemessen wird, wenn ein Eisblock vor dem Spiegel aufgestellt ist. Im 6. Abschnitt untersuchen sie mit positivem Ergebnis die Zusammendrückbarkeit des Wassers, allerdings ohne alle nötigen Vorsichtsmaßnahmen und ohne quantitative Angaben. Endlich im 11. Abschnitt sind von Wert die Versuche über die Schallgeschwindigkeit. Gassendi (1592 bis 1655) hatte in Ausführung des Vorschlages von Bacon v. Verulam dieselbe zu 1473 par. Fuß gefunden[6]) und dabei festgestellt, daß sie für hohe und tiefe Töne gleich sei; Mersenne (1588—1648) fand in ähnlichen Versuchen 1380[7]). Die Akademiker arbeiteten sorgfältiger und fanden 1185[8]).

Der oben erwähnte Brief Torricellis gelangte zur Kenntnis Mersennes und dieser teilte ihn Blaise Pascal mit (1623—1662). Dieser veranlaßte seinen Schwager Périer, den 974 m hohen Puye de Dôme mit einem Barometer zu besteigen; da zeigte das Barometer oben eine Höhe von 23″ 2‴, während am Fuße des Berges die Quecksilberhöhe 26″ 3,5‴ betrug am 19./9. 1648[9]). Damit war

---

[1]) Experimenta. III c 37.

[2]) De motu gravium etc., 2. Abhandlung in Opera geometrica 1644.

[3]) Ebenda 3. Abhandlung: De motu projectorum.

[4]) Brief Torricellis an Ricci von 1644 in Saggi di nat. esper. fatta nell'Accad. d. Cim. 1841, S. 29.   [5]) Pogg. Ann. Bd. 21, S. 325. 1831.

[6]) Opera I, B. 6, c. X. 1658.   [7]) Harmonicorum lit. XII, 1635.

[8]) Musschenbroek, Tentamina etc., lat. Übersetz. der Saggi S. 113. 1721. Daß alle späteren Schriftsteller über diese Arbeit der Accad. del Cimento verschiedene Daten angeben, kommt daher, daß die Akademiker nur die Zeit angaben, in welcher der Schall die in miglio gemessene Strecke durchlaufen hat und nun die Umrechnung nach verschiedenen Fußen vorgenommen ist; obige Zahl sind britannische Fuß.

[9]) Traité de l'équilibre des liqueurs et de la pesanteur etc. 1663.

ein Gedanke ausgeführt, den Claude Berigard schon ausgesprochen hatte auf Grund des Torricellischen Versuches[1]). Die weiteren Arbeiten Pascals beschäftigen sich mit dem Gleichgewicht flüssiger und gasförmiger Körper, ohne wesentlich neue Resultate zu bieten, auch findet sich bei Pascal keine Andeutung für eine Höhenmessung, wie der Meinung Poggendorffs oft nacherzählt wird. Pascal sagt nichts anderes aus, als was Torricelli auch schon gesagt hatte, daß, je weiter der Beobachtungspunkt vom Mittelpunkt der Erde entfernt ist, um so niedriger der Barometerstand. Ebensowenig hat, um das gleich hier zu erledigen, Mariotte ein Anrecht auf die Höhenmessung, er möchte sie wohl finden, wie viele andere zu derselben Zeit, aber er fand sie nicht, und was er schrieb, ist ganz verkehrt[2]). Erst Halley (1656—1724) löste das Problem mit Hilfe der Hyperbelquadratur ohne Temperaturkorrektion richtig[3]).

Pascal gehörte schon als Jüngling dem gelehrten Kreise an, dem Mersenne und Descartes nicht ferne standen. René Descartes (1596—1650) war in seiner naturphilosophischen Wirbeltheorie, speziell in der vom Magnetismus, durchaus abhängig von Gilbert, wie oben bemerkt ist. In seiner ersten Publikation[4]) bespricht er im 2. Teil die Dioptrik und leitete das Brechungsgesetz ab aus der Vorstellung, daß das Licht entsprechend seiner Theorie über das Wesen des Lichtes, die teils an Platon, teils an Newton erinnert, im dichten Medium schneller geht als im dünnen, er zerlegt die Bewegung in zwei Komponenten, in Richtung der Grenzfläche und des Lotes auf dieselbe. Erstere bleibt unverändert, also kommt die größere Geschwindigkeit nur der Komponente in der Normalen zugute, daher die Brechung als eine Hinneigung zum Einfallslot. Fermat (1608—1665) wendet sich gegen diese Ableitung und will das Gesetz aus dem Prinzip des kleinsten Aufwandes (Heron) ableiten, aber nicht der Weg, sondern die Zeit soll ein Minimum werden[5]), das ergab richtig das Sinusgesetz. Leibniz (1646—1710) definierte als Aufwand das Produkt aus Widerstand und Weglänge und findet dann aus dem Minimum dieser Produktensumme das richtige Gesetz und im dichten Medium die kleinere Geschwindigkeit[6]). Nun behaupten Huygens (1629—1695) wie auch Isaak Vossius (1618—1689), Descartes habe sein Gesetz von Willebrobd Snellius (1591—1626) abgeschrieben[7]). Die Ableitung des Snellius ist nie publiziert und unterscheidet sich nach dem, was Huygens darüber berichtet, wesentlich von der Descartes'. Snellius leitet das Gesetz rein experimentell ab, während es sich bei Descartes aus seiner Lichttheorie ergibt! Descartes war der erste, welcher die Farben des Regenbogens mit den Farben des Prisma als identisch bezeichnete[8]). Hatte de Dominis den Hauptregenbogen durch Beobachtung an einer Wasserkugel richtig erklärt[9]), so gab Descartes auch für den Nebenregenbogen die richtige geometrische Konstruktion an. Aber die Entstehung der Farben erklärt er nach seiner Annahme über das Licht, welches aus kleinen unelastischen Kugeln besteht, die sich geradlinig fortpflanzen, aber auch um einen Durchmesser rotieren. Bei Rot ist Rotation > Translation, bei Grün beide gleich, bei Violett Rotation < Translation.

Die Beugung des Lichtes wurde von Grimaldi († 1663) untersucht[10]), er nennt die Erscheinung Diffraktion. Die erste Beobachtung ist aber von Otto

---

[1]) Circulo Pisano, das gewöhnlich dabei angegebene Jahr 1643 ist natürlich falsch.
[2]) Essai sur la nat. de l'air 1676.   [3]) Phil. Trans. 1686.
[4]) Essais philosophiques 1637.   [5]) Varia opera 1679, S. 156.
[6]) Acta erud. 1682, S. 185.
[7]) Huygens, Dioptrica 1700, S. 2 u. Opera 1728, II u. Vossius, De lucis natura 1662, S. 36.
[8]) Meteora, Essais S. 250. 1637.
[9]) J. Bartolus, De radiis visus et lucis 1611, c. 3.
[10]) Physico-mathesis de lumine 1665, S. 2.

v. GUERICKE gemacht ohne Erklärung[1]). Der Name Beugung = Inflexion rührt
von NEWTON her in seiner Optik (s. unten).

An GUERICKE hat besonders ROBERT BOYLE (1626—1691) angeknüpft, er
hatte die Versuche mit der Luftpumpe durch die Veröffentlichung von C. SCHOTT
(s. oben) kennengelernt und an seiner nachkonstruierten Luftpumpe mehrere
Verbesserungen, z. B. den Zahnradtrieb, angebracht. Er hatte aber auch
Kenntnis von TORRICELLIS Barometerversuch. Nach beiden Methoden arbeitete
BOYLE, ohne zunächst wesentlich Neues dabei zu finden[2]). Aber er experimen-
tierte mit großem Geschick bei Wiederholung der Versuche. Auch sein Manometer ist eine Nachbildung des GUERICKEschen. Die Versuche mit dem Barometerrohr führten ihn zu Kompressionsversuchen der Luft durch Quecksilbersäulen; die Resultate seiner Messungen veranlaßten RICHARD TOWNLEY
und den Grafen BROUNKER, diese Messungen nachzuahmen und sich von der
Elastizität der Luft zu überzeugen. Dabei fand TOWNLEY das irrigerweise
nach BOYLE genannte Gesetz. PRIESTLEY macht diesen TOWNLEY zu einem
Schüler des BOYLE, und in vielen Büchern wird das gläubig nacherzählt. BOYLE
selbst sagt ganz anders darüber aus: Lubens agnoscam, me Experimenta illa . . .
ad nullam certam Hypothesin reduxisse, quando ingeniosus Richardus
Townley me edocebat, se . . ., causam ejus rei esse Aëris Elaterium conatu, fuisse . . .
supplere, quod egoomiseram, reductionem scilicet ad exactam aestima-
tionem[3]). Und dieses Gesetz lautet: Die Volumina verhalten sich umgekehrt wie die Druckkräfte. Auch sonst spricht er von dem Gesetz des
Herrn TOWNLEY und gibt eine Beobachtungstabelle (S. 106), die sehr akkurat
ist. Man sollte also nicht von dem BOYLEschen, sondern dem TOWNLEYschen
Gesetz sprechen. Dieser wiederholte auch den PÉRIERschen Versuch an seinem
Wohnort in Lancaster[4]). MARIOTTE (1620—1684) hat an der Erfindung dieses
Gesetzes nicht den geringsten Anteil, und wenn behauptet wird, er habe es viel
besser erkannt, da er die Höhenmessung damit begründete, so muß man aus
dieser Anwendung gerade schließen, daß MARIOTTE das Gesetz nicht verstanden
hat, denn er meint, die in gleichen Höhenabständen beobachteten Barometer-
höhen bildeten eine arithmetische Reihe[5]). Daß er BOYLE und TOWNLEY
nicht zitiert, beweist bei einem Franzosen bekanntlich nichts. Er hat vorher
den TORRICELLISchen Versuch beschrieben, ebenfalls ohne Namensnennung, und
die Form, in welcher er auf das TOWNLEYsche Gesetz eingeht, zeigt, daß er
es nicht als seine Erfindung behandelt, sondern als ein bekanntes Gesetz,
welches er auf seine Richtigkeit prüfen will. Präzise ausgesprochen in Formel
hat er es überhaupt nicht.

In der zweiten Hälfte des 17. Jahrhunderts sind wieder drei Sterne erster
Größe vorhanden, um die sich die kleineren Geister gruppieren. HUYGENS,
LEIBNIZ und NEWTON sind diese Führer. HUYGENS (1629—1695) eröffnete seine
physikalischen Schriften nach mehreren wertvollen mathematischen und nach
Entdeckung des Saturnringes 1656 mit der kleinen Schrift Horologium 1658,
worin er die ihm unter dem 16. 6. 1657 patentierte Pendeluhr beschreibt.
Es ist häufiger der Versuch gemacht, ihm die Priorität streitig zu machen,
besonders soll GALILEI in seinen letzten Lebensjahren die gleichen Gedanken
gehabt haben. Zweifellos hat GALILEI das Pendel zur Zeit- (Sekunden-) Messung
entweder selbst gebraucht oder es seinem Schüler VIVIANI oder seinem Sohne
VINCENZO empfohlen; aber dies Pendel hatte keinen Antrieb[6]), war also nur

---

[1]) Nova experimenta III, S. 89. 1672.
[2]) New. Experiments, Physico-Mechanicae etc. 1660.
[3]) Defensio doctrinae de Elatere et Gravitate aëris 1669, S. 104.   [4]) Ebenda S. 82.
[5]) Essai de la nature de l'air 1679, S. 16 ff.   [6]) Opera XV, S. 332.

kurze Zeit in Schwingungen. Ebenso sind die Versuche anderer, das Pendel zur Zeitmessung zu benutzen, nicht über das freischwingende Pendel hinausgekommen, z. B. Marcus Marci[1]) oder Viviani[2]). Der einzige, der vielleicht eine Penduluhr in Kassel gebaut hat, ist J. Bürgi, der geniale Mechaniker und Helfer Keplers[3]) und vorher des Landgrafen von Hessen. Galilei hatte wohl die Beziehung $t : t' = \sqrt{l : l'}$ abgeleitet für das ideale (mathematische) Pendel[4]), aber das physische Pendel hatte er nicht behandeln können. Hierfür hatte Mersenne eine Preisaufgabe gestellt[5]). Huygens kam auf das physische Pendel zurück[6]) durch die Beobachtung Richers (1670), daß seine Penduluhr in Cayenne langsamer ging als in Paris[7]). Er führt nun den Schwingungspunkt ein und bestimmt dessen Entfernung vom Aufhängepunkt durch die

Beziehung $l = \dfrac{\Sigma m r^2}{\Sigma m r}$, und die Schwingungsdauer $t = \pi \sqrt{\dfrac{l}{g}}$; er zeigt, daß die Zykloide der Bedingung genügt, Tautochrone zu sein (S. 70); er empfiehlt die Länge des Sekundenpendels als Maßeinheit und zur experimentellen Bestimmung der Länge des gleichschwingenden mathematischen Pendels die Vertauschung von Aufhängungs- und Schwingungspunkt (Reversionspendel). Er behandelt dann die Zentrifugalkraft, um die Verschiedenheit von g_φ zu erklären[8]) [die ausführliche Behandlung ist erst nach seinem Tode veröffentlicht[9])], mit dem Resultat, daß die Zentrifugalbeschleunigung am Äquator $\dfrac{1}{289}$ der Gravitationsbeschleunigung sei. Schon 1673 empfiehlt er auch das Zentrifugalpendel (konisches Pendel), welches allerdings erst durch Pfaffius 1804 ausgeführt ist. Im Anschluß an die Huygenssche Entdeckung fand Joh. Bernoulli, daß die Zykloide auch Brachystochrone ist[10]). Huygens war es, der die erste brauchbare Fallmaschine konstruierte, während die etwa gleichzeitig gebaute Maschine Hookes sehr wenig zuverlässige Messungen gestattete, wie Huygens nachwies[11]).

Im Jahre 1668 hatte die Royal Society eine Preisaufgabe über den Stoß der Körper gestellt. Unter den drei gekrönten hatte J. Wallis (1616—1703) für den Stoß unelastischer Körper die Antwort $u = \dfrac{m \cdot v + m' \cdot v'}{m + m'}$ gegeben. Huygens gab für den elastischen Stoß die Antwort $u_1 = \dfrac{m_1 v_1 + m_2 v_2 + n (v_2 - v_1) m_2}{m_1 + m_2}$ und $u_2 = \dfrac{m_1 v_1 + m_2 v_2 - n (v_2 - v_1) m_1}{m_1 + m_2}$[12]). Aber schon 1656 war Huygens sich über die Stoßgesetze klar, wie aus einem Brief an Mylon hervorgeht[13]). In der Ergänzung zu dieser Arbeit[14]) findet er das Gesetz $m_1 v_1^2 + m_2 v_2^2 = m_1 u_1^2 + m_2 u_2^2$. (La somme des produits faits de la grandeur de chaque corps dur (d. h. elastischer Körper), multipliée par le quarre de sa vitesse est toujours la même devant et après la rencontre.) Und in einem Brief von 1690 spricht er das Gesetz so aus: $\Sigma m v_1^2 = \Sigma m v_2^2$[15]). Dieser Brief war geschrieben, nachdem Leibniz (1646—1716)

---

[1]) De proportione motus Prop. 24. 1639.   [2]) Saggi 1666.
[3]) Wolf, Vierteljschr. d. Zürich. naturf. Ges. 1873, S. 99.
[4]) Discorsi, deutsch Ostwalds Klassiker Nr. 11, S. 84 u. 92.
[5]) Cogitata phys. 42. 1644.   [6]) Horologium oscil. 1673.
[7]) Vgl. Newton, Mechanik III, S. 24.
[8]) Discours de la cause de la pesanteur 1690, geschrieben 1681.
[9]) De motu et vi centrifuga 1703.   [10]) Acta eruditorum 1697, S. 206.
[11]) Oeuvres V, S. 141. 1893.
[12]) Phil. Trans. Bd. 43, S. 864; Bd. 46, S. 927. 1668 u. Huygens, De motu corp. in opuscula 1703, S. 369.   [13]) Oeuvres I, S. 448. 1888.
[14]) Journ. des Scavants 1669, März.   [15]) Oeuvres IX, S. 463.

bereits das Maß einer Kraft im Gegensatz zu DESCARTES, welcher $m \cdot v$ als dasselbe bezeichnet hatte, und $\Sigma m \cdot v$ als konstant ansah[1]), durch das Produkt $m v^2$ festgestellt hatte[2]). In HUYGENS Todesjahr hat LEIBNIZ diese Betrachtung dahin erweitert, daß $\Sigma m \cdot v^2$ für das Universum konstant sei, und hier unterscheidet er die lebendige Kraft von der toten[3]). Daß das Maß für die Kraft nicht $m \cdot v^2$, sondern $\dfrac{m v^2}{2}$ ist, wurde von D'ALEMBERT[4]) bemerkt, aber vollständig begründet erst durch CORIOLIS[5]). Aber das Verdienst bleibt LEIBNIZ, daß er das Erhaltungsgesetz für alle mechanischen Vorgänge ausgesprochen hat, nicht nur für Einzelfälle. Während HUYGENS, die beiden BERNOULLIS und L'HOSPITAL das LEIBNIZsche Gesetz als richtig anerkannten, hatte LEIBNIZ dasselbe gegen DIONYSIUS PAPIN (1642—1714) zu verteidigen, welcher DESCARTES' Ansicht beipflichtete. Im Anschluß an diese Diskussion entstand ein Briefwechsel zwischen LEIBNIZ und PAPIN, der sich hauptsächlich um die Bemühungen PAPINS um die Dampfmaschine drehte.

Die beiden Arten der HERONschen Dampfmaschine waren am Ende des 16. Jahrhunderts im Abendlande bekannt geworden und durch SAL. DE CAUS war eine Wasserhebemaschine danach wirklich ausgeführt[6]), während BRANCA die Reaktionsmaschine 1629 wieder „erfand". Wesentliche Verbesserungen an der CAUSschen Maschine führte MARQUIS OF WORCESTER aus[7]) und benutzte sie zur Entwässerung niedrig gelegener Grundstücke. Aber nach WORCESTERS Tode 1667 geriet die Sache in Vergessenheit, so daß SAVERY 1698 ein Patent auf dieselbe Maschine erhalten konnte. Alle diese Maschinen entbehrten den Kolben, dessen Notwendigkeit PAPIN einsah und dementsprechend konstruierte[8]). Vorher hatte PAPIN die Verbesserung der Luftpumpe durch den doppelt durchbrochenen Hahn und Verbindung zweier Stiefel 1676 geleistet[9]), dann hatte er den durch PHILUMENOS ca. 200 erfundenen Dampftopf[10]) mit dem Sicherheitsventil verbessert[11]). Von Bedeutung ist, daß PAPIN bei seinen Versuchen, die Dampfmaschine zu verbessern, zuerst auf den Gedanken kam, durch Kondensation des Wasserdampfes in einem Raume eine Leere zu erzeugen[12]).

Es ist ferner von ihm zuerst die Abhängigkeit der Spannkraft des Wasserdampfes von der Temperatur erkannt[13]). Vielfache Versuche führten endlich PAPIN zur Konstruktion einer atmosphärischen Dampfmaschine[14]). Daraufhin schreibt LEIBNIZ an PAPIN einen ausführlichen Brief, worin er die Konstruktion einer Heißluftmaschine entwickelt[15]). Schon in einem Briefe von 1697 hatte LEIBNIZ an PAPIN die Konstruktion von Aneroidbarometer[16]) empfohlen. Doch sind beide Vorschläge LEIBNIZ' damals nicht ausgeführt. Anders mit einer Erfindung PAPINS, die auch erst im 19. Jahrhundert wieder zu neuem Leben gekommen ist. PAPIN erfand die Zentrifugalwasserpumpe und sagte dabei, daß man so auch ein kontinuierliches Gebläse, also auch

---

[1]) Princip. philos. II, S. 40. 1644.
[2]) Acta erudit. 1686, S. 161.   [3]) Ebenda 1695, S. 145.
[4]) Traité de dynamique 1743.   [5]) Calcul de l'effet des machines 1829, S. 3.
[6]) Raison des forces mouvants 1615.
[7]) Century of invention 1663.   [8]) Acta eruditorum 1690, S. 410.
[9]) GERLAND in Wied. Ann. Bd. 2, S. 670. 1877 u. Bd. 19, S. 534. 1883.
[10]) PUSCHMANN, Nachträge zu Alexander Tralli. 1886, S. 42.
[11]) A new Digester etc. 1681 u. Acta eruditorum 1682, S. 105.
[12]) Phil. Trans. 1685, S. 1093 u. 1274.
[13]) Recueil de divers. pièc. touch. quelq. nouv. machin. 1695.
[14]) Ars. nova ad aquam . . . elevandam 1707.
[15]) GERLAND, Wied. Ann. Bd. 8, S. 357. 1879.
[16]) GERLAND, Leibnizens und Huygens Briefwechsel 1881, S. 222.

Luftpumpe, konstruieren könne[1]). Papin baute seine Dampfmaschine dann in ein Schiff ein, mit welchem er am 24. 9. 1707 von Kassel nach Münden fuhr, hier wurde es von der unvernünftigen Schiffergilde zerstört und damit der Menschheit 100 Jahre Kulturentwicklung vernichtet[2]). Das Patent von Newcomen und Cawley 1705 ist eine Verbindung des Papinschen Kolbens mit der Saveryschen Anordnung. Dem fügt Desaguliers die mit Lederfütterung versehene Stopfbüchse zu[3]). Ich bin mit den mir zu Gebote stehenden Mitteln nicht imstande, die Geschichte der Erfindung der Selbststeuerung, wie sie Poggendorff erzählt[4]), nachzuprüfen. Es scheint da eine Verwechslung von Namen und Sachen vorzuliegen. Jedenfalls hatte die 1719 konstruierte Maschine in London Selbststeuerung[5]).

Es ist hier nicht der Ort, auf die Entdeckung der Differential- und Integralrechnung durch Leibniz einzugehen, ebensowenig auf die Theorie der Fluxions von Newton, nur sei bemerkt, daß in zahlreichen Büchern die Sache so dargestellt wird, als ob beide nahezu identisch wären, und dann, da Newton etwas früher als Leibniz in Briefen davon sprach, Leibniz, wenn nicht als Plagiator, so doch als abhängig von Newton bezeichnet wird. Leibniz hat sich entschieden gegen diese Auffassung derer um Newton ausgesprochen, und das mit vollem Recht. Es ist nicht nur ein formaler Unterschied zwischen Leibniz und Newton, sondern ein fundamentaler, sowohl nach historischer Begründung wie nach wesentlicher Bedeutung. Beide sind nicht plötzlich mit ihrer Infinitesimalrechnung inspiriert, sie haben beide hervorragende Vorgänger, deren Anschauungen sehr verschiedene Wege darboten. Ich denke diese Zusammenhänge demnächst klarstellen zu können. Hier handelt es sich um physikalische Leistungen.

Da erschien nun von Newton (1642—1727) das erste vollständige Lehrbuch der Mechanik[6]). Nach Art der altgriechischen Forscher stellt Newton an die Spitze 9 Definitionen und 3 Gesetze. Aber diese Sätze sind hier nicht als Erfindungen Newtons ausgesprochen, wie es vielfach dargestellt wird, wonach Newton das Trägheitsgesetz, Beschleunigung usw. erfunden habe. Das hatte er nicht nötig, ich habe oben auseinandergesetzt, wer diese fundamentalen Sätze entdeckte. Aber das war das Große an Newtons Mechanik, daß er diese Sätze zur Grundlage aller Betrachtungen machte und ihre universelle Bedeutung hervorhob. Die Beweismethode ist eine rein geometrisch-synthetische, weil er die Methode der „indivisibilien" für viele Leser als zu schwer (durior) hält, darum werden seine Beweise oft ungebührlich lang und schwerfällig. In seiner Phoronomie ist der Keplersche Flächensatz die Grundlage für zentripetale Kräfte und Bewegung des Körpers auf Kegelschnitten. In Kap. 4 und 5 knüpft Newton an Apollonios Kegelschnitte an, in Kap. 7 an Galileis vertikale Bewegung. In Kap. 8 und 9 werden variable Kräfte und Bahnelemente behandelt. In Kap. 10 werden die Pendelbewegungen behandelt, speziell §§ 93 und 94 das Huygenssche Zykloide-Pendel. Kap. 11 bringt die Anziehung zweier Körper, § 107 einen Spezialfall des Dreikörperproblems. In Kap. 12 Anziehung einer Kugel auf einen Punkt im Innern und außerhalb. Kap. 13: Anziehung eines beliebig gestalteten Körpers auf einen äußeren Punkt. Kap. 14: Ableitung des Brechungsgesetzes. Im zweiten Buche behandelt Newton die Bewegung im widerstehenden Mittel, dabei gebraucht Newton in § 10 den Aus-

---

[1]) Acta eruditorum 1689, Juni.
[2]) Lotze, Geschichte der Stadt Münden 1878, S. 117ff.
[3]) Experim. philos. II, S. 333. 1713.   [4]) Geschichte der Physik 1879, S. 555.
[5]) Weidler, Tractatus de mach. hydraul. 1728, S. 57ff.
[6]) Philos. natur. principia mathematica 1687.

druck „genita" für unser „Funktion" und Moment für das, was wir Differential nennen würden. In Kap. 5 behandelt er die Hydrostatik, in Kap. 6 das Pendel im widerstehenden Medium. Kap. 8 enthält die Wellenbewegung und Kap. 9 die kreisförmige Bewegung flüssiger Körper. Endlich im dritten Buche, welches NEWTON ursprünglich nicht mit veröffentlichen wollte, folgt nur die Anwendung des Gravitationsgesetzes auf das Weltsystem, wobei sich nun die Proportionalität umgekehrt zum Quadrat der Entfernung bewährt. Und das ist hier besonders hervorzuheben. NEWTON hatte zu Beginn seiner Studien KEPLERS Werke besonders studiert[1]). Darin fand er, wie oben erwähnt, auch den Ausdruck $\dfrac{m \cdot m'}{r^2}$ für die Anziehung zwischen Sonne und Planeten. Aus KEPLERS Arbeit hatte FERMAT schon die Proportionalität mit dem Produkt der Massen gefolgert und ISMAEL BULLIALDUS (1605—1694) hatte daraus entnommen, daß die virtus, welche die Planeten anzieht, proportional den Massen und umgekehrt dem Quadrat der Entfernung wirke[2]). Aber NEWTON zeigt hier nun umgekehrt, daß aus dem Gravitationsgesetz das zweite und dritte KEPLERsche Gesetz abgeleitet werden könne. Ganz neu war in dem zweiten Buche die Anwendung auf die Ausbreitung der Schallwellen, wo er die Geschwindigkeit gleich $\sqrt{\dfrac{e}{d}}$ findet, wo e die Expansion, d die Dichte der Luft bedeutet. Es ist NEWTON nicht entgangen, daß wir keine absoluten Bewegungen darstellen und messen können, sondern nur relative, aber er findet keine Möglichkeit, das in der Ableitung auszudrücken, und so meint er, wenn wir die Sterne als feststehend ansehen und danach das Maßsystem einrichten, so sei das für unsere Auffassung der Gesetze genügend. Man kann also so tun, als ob man ein absolutes System hätte und darin absolute Geschwindigkeiten und Beschleunigungen bestimmen. Denselben Standpunkt haben nach ihm die meisten Theoretiker beibehalten bis zum Schluß des 19. Jahrhunderts. Das NEWTONsche Werk hat die zeitgenössischen Arbeiten auf dem Gebiet der Mechanik fast völlig vergessen gemacht. Aber es sind doch wenigstens noch zwei Namen zu nennen, die sich um die Mechanik verdient gemacht haben, das ist erstens JOHN WALLIS (1616—1703), der seine Mechanik[3]) in die drei Bände Statik, Dynamik und Hydrostatik teilte und besonders in seiner Betrachtung über Maschinen modernen Auffassungen huldigte. Seine Formulierung des Prinzips der virtuellen Geschwindigkeit kommt aber nicht wesentlich über HERON hinaus. Bedeutender ist das Werk P. VARIGNONS (1654—1722), welches, in demselben Jahre wie NEWTONS Mechanik geschrieben, aber erst 3 Jahre nach dem Tode des Verfassers erschien[4]). In demselben hat er den Brief von JOHANN BERNOULLI (1667—1748) vom 26. 1. 1717 veröffentlicht, worin das Gesetz vom Gleichgewicht der Kräfte als Prinzip der virtuellen Geschwindigkeit, die er Energie nennt, ausgesprochen ist[5]).

Auch in der Optik knüpfte NEWTON an KEPLER an bei seinen optischen Vorlesungen in Cambridge von 1669—1671, die allerdings erst nach seinem Tode 1728 englisch, 1729 lateinisch[6]) publiziert sind. Schon in diesen Vorlesungen hat er die Untersuchung über die Farben des Prismenspektrums untersucht und gezeigt, daß die einmal durch Brechung erzeugten Farben nicht weiter zerlegbar seien, daß also das weiße Licht aus den farbigen Lichtstrahlen bestehe, was ja schon DESCARTES auch behauptet hatte. Seine Vergleichung dieses Vor-

---

[1]) BREWSTER, Life of Newton 1831.
[2]) Astronomia philolaica I, S. 23. 1645.
[3]) Mechanica, sive de motu I. 1669; II. 1670; III. 1695.
[4]) Nouvelle Mécanique ou Statique 1725.   [5]) Ebenda II, S. 174.
[6]) Lectiones opticae 1729.

ganges mit der Anziehung von Eisenfeilicht verschiedener Korngröße durch einen schräg geneigten Magneten sollte seine Annahme verschieden großer Lichtkörperchen bestätigen. In einem Brief vom 18. 1. 1672 an OLDENBURG[1]), den Sekretär der Royal Society, macht er hiervon zuerst öffentliche Mitteilung, daß das Licht aus Strahlen verschiedener Brechbarkeit bestehe. Dies war aber alles schon von JOH. MARCUS MARCI (1595—1667) durch Untersuchung am Trigonum (Prisma) nachgewiesen[2]), einschließlich des experimentum crucis! Dieser nennt das Spektrum Iris trigonia und sagt nach einmaliger Zerlegung: non mutas speciem coloris (Du änderst die Art der Farbe nicht mehr). Es ist wohl anzunehmen, daß NEWTON dies Buch nicht gekannt hat.

Durch Ausdehnung seiner Prismenversuche auf Linsen und optische Instrumente kam NEWTON zu der Ansicht, daß man keine achromatischen Systeme erzeugen könne. Das veranlaßte ihn, das von JACOB GREGORY vorgeschlagene Spiegelteleskop mit runder Durchbrechung des parabolischen Metallspiegels[3]) dadurch zu verbessern, daß er durch einen kleinen, um 45° geneigten Planspiegel das Bild seitwärts unter 90° einer Lupe zuführte (1668)[4]). Das der Royal Society geschenkte Exemplar trägt die Jahreszahl 1671. Vorschläge zu solchen Teleskopen sind gemacht von NIC. SUCCHIUS (1856—1670)[5]) und MERSENNE[6]). Die volle Wirkung des Spiegels nutzt erst W. HERSCHEL mit der Schrägstellung der optischen Achse aus[7]).

Die Farben dünner Blättchen erklärt NEWTON mit Hilfe der Anwandlungen (Fits), nachdem es BOYLE nicht gelungen war, das Farbenspiel an Seifenblasen[8]), und HOOKE nicht die Farben an Glimmerplatten[9]) zu erklären; NEWTON gibt die Beschreibung der Ringe ausführlich[10]). Seine optischen Untersuchungen faßt er zusammen in dem Lehrbuch Optics, welches 1704 erschien, worin auch die Theorie des Lichtes vollständig gegeben ist. Der leuchtende Körper sendet kleine Lichtkörper verschiedener Größe aus; kommen diese an die Grenze zweier Medien, so haben sie Anwandlungen (fits) reflektiert zu werden oder einzudringen; diese Anwandlungen sind periodisch, die Intervalle sind für Rot am größten, für Violett am kleinsten. Die eindringenden werden von den Körpermolekülen angezogen, je dichter also das Medium ist, um so stärker die Anziehung und die Geschwindigkeit. Auch die Beugungserscheinungen sollen so erklärbar sein. Um jedoch alle diese Erscheinungen zu erklären, muß NEWTON immer neue Hypothesen annehmen oder er übergeht die Sache, wie z. B. beim Kalkspat die Doppelbrechung, da ihm die Erklärung nicht gelang. Erst in den späteren Auflagen kommt der Kalkspat in Fragen vor. Aber seine Optik hatte einen großen Erfolg und war für mehr als 50 Jahre in England und Frankreich die nahezu allgemein anerkannte. NEWTON selbst hatte seine wesentlichen Entdeckungen, nämlich die Zusammensetzung des weißen Lichtes aus farbigen Strahlen, sowie die Farben dünner Blättchen ohne diese Theorie gemacht. In dem Streit mit PARDIES (1636—1673) über die farbigen Strahlen des Spektrums sagt er, sowohl GRIMALDI wie HOOKE und DESCARTES könnten diese Tatsache mit ihren Theorien erklären und fährt fort: Itaque per Lumen intelligo quodvis Ens vel Entis potestatem quod a corpore lucido recta pergens aptum sit ad excitandam visionem[11]). Erst allmählich war er zu der Theorie der Lichtkörperchen

---

[1]) BIRCH, History III, S. 5.   [2]) Taumantias, S. 95. 1648.
[3]) Optica promota, S. 92. 1663.
[4]) Phil. Trans. Bd. 7, S. 4004 u. 4032. März 1672.
[5]) Optica philos, S. 126. 1652.   [6]) Phaenomena hydraulico-pneumatica 1649.
[7]) Phil. Trans. 1795, S. 347.
[8]) Experi. and observ. upon colours. Exp. 19. 1663.
[9]) Micrographia S. 48. 1667.   [10]) Optics II, 1, 1704.
[11]) Phil. Trans. Bd. 7, S. 5014. 1672.

im Anschluß an DESCARTES gekommen. Auch in der Originalausgabe der Optics gibt NEWTON seine experimentellen Untersuchungen zunächst ohne die Theorie, so nach den Prismenuntersuchungen die Erklärung der Regenbogen (I, S. 126) der Fluoreszenz (ib. S. 135) und der Farben der Körper. Er nennt das einfarbige Licht zuerst homogen. Im zweiten Buche teilt er zunächst auch nur seine Experimentalergebnisse über die Farben dünner Körper mit, und erst zum Schluß führt er (ib. S. 81) die Fits ein: The returns of the disposition of any ray to be reflected I will call its Fits of easy reflexion, and those of its disposition to be transmitted its Fits of easy transmission, and the space it passes between every return and the next return, the Interval of its Fits. Damit sucht er nun die Beobachtungen zu erklären. Im dritten Buch beschäftigt sich NEWTON mit der Beugung. Von der Doppelbrechung sagt er nichts, obwohl er HUYGENS Buch kennt.

Es fehlte aber zu NEWTONS Zeit nicht an Forschern, welche das Licht als Wellenbewegung ansehen und auch Experimente, welche NEWTON ausführte, schon vor ihm gefunden hatten. MARCUS MARCI hat zuerst die verschiedene Brechbarkeit der farbigen Strahlen betont (s. oben). GRIMALDI hatte schon vor 1663 erklärt, die Farben sind das Licht selbst (non sunt aliquid extra lumen)[1]. Der Lichtstrahl besteht aus Schwingungen, die Verschiedenheit der Farben ist durch eine Verschiedenheit der Art und Geschwindigkeit der Bewegung bedingt. Mit zwei benachbarten Löchern im dunklen Zimmer hatte er die Interferenz nachgewiesen[2]. Die Beugung hatte GRIMALDI durch den streifigen Schatten beobachtet. DESHALES (1611—1678) hat zuerst das Beugungsgitter sowohl durch parallelgeritzte Metallplatten wie Glasplatten hergestellt und so das erste Beugungsspektrum erzeugt und es sowohl im reflektierten wie durchgehenden Licht gezeigt[3].

•Unter den übrigen englischen Naturforschern zur Zeit NEWTONS war wohl der bedeutendste EDMUND HALLEY (1656—1724), der außer den wertvollen astronomischen Entdeckungen — ich nenne nur die elliptische Bahn des nach ihm benannten Kometen von 1682[4] — die Erklärung des Nordlichtes als eine magnetische Erscheinung[5] und die erste in Merkatorprojektion gezeichnete Deklinationskarte[6] lieferte, auch in der Dioptric das Verdienst hat, durch die nach ihm benannte Gleichung die Konstanten der Linsen und Fernrohre wesentlich einfacher zu bestimmen[7] und CAVALIERIS[8] Methode zu berichtigen.

Auffallenderweise hat NEWTON in seiner Optik auch nicht von der Phosphoreszenz gesprochen, obwohl diese zu der Zeit viele Gelehrte beschäftigte. Schon ARISTOTELES hatte das Leuchten von Holzschwamm, verwesendem Fleisch, Schuppen einiger Fische beschrieben[9], aber das war in Vergessenheit geraten. Erst durch den bononiensischen Stein, der zuerst von LA GALLA[10] erwähnt wird, wurde die Aufmerksamkeit auf diese „Phosphore" wieder gelenkt. VAN HELMONT (1572—1644) beschreibt einen Kiesel, der, eine Zeitlang von der Sonne beschienen, die Fähigkeit habe, im Dunkeln zu leuchten[11]; dieser VAN HELMONT hat auch das Verdienst, zuerst das Wort Gas eingeführt zu haben, während man bis dahin alle Gase Luft nannte (ib. S. 398), er ergänzt auch die Bemerkung

---

[1] Physico-mathesis de lumine, col. et iride. 1665, Prop. 29.   [2] Ebenda S. 187.
[3] Mundus mathematicus III, S. 736. 1690.
[4] Phil. Trans. 1705.   [5] Ebenda 1716.
[6] Nova et accuratissima totius orbis tabula nautica ... 1700, von EULER ergänzt 1760. Facsimiliert 1870.
[7] Phil. Trans. Bd. 17, Nov. 1693.   [8] Exercitationes geometricae 1647.
[9] περὶ ψυχῆς.   [10] De phaenomenis in orbe lunae. Bologna 1612.
[11] Opera 1707, S. 142.

von BACON von Verulam (1561—1626), daß stark erhitzte Luft (Gase) kein Licht geben[1]), dahin, daß die Flamme erst durch Entzündung entsteht. BALDUIN entdeckte die Phosphoreszenz an der von ihm hergestellten basisch salpetersauren Kalkerde[2]) und BRAND stellte aus Urin den wirklichen Phosphor her[3]). Von dieser Entdeckung erhielt BOYLE Kenntnis, machte es nach und gab es als eigene Erfindung aus[4]). Man suchte nun überall Phosphore herzustellen oder zu entdecken, so glaubte PICARD (1620—1682), als er 1675 abends ein Quecksilberbarometer nach Hause trug und bei jedem Schritt ein Aufleuchten des Quecksilbers sah, er habe einen „Mercurial-Phosphor" entdeckt. Erst durch viele sorgfältige Versuche gelang es HAWKSBEE[5]) nachzuweisen, daß hier das elektrische Licht im luftverdünnten Raume entdeckt war und die Erscheinung mit Phosphoreszenz nichts zu tun habe.

Inzwischen waren zwei für die Optik von außerordentlicher Bedeutung werdende Entdeckungen gemacht. ERASMUS BARTOLINUS (1625—1698) untersuchte den isländischen Kalkspat[6]), fand daran die rhomboedrische Grundform und die Doppelbrechung. Er unterschied den ordentlichen Strahl, welcher dem Brechungsgesetz folgte, von dem extraordinären, den er den „beweglichen" nennt, weil er sich bei Drehung des Doppelspats um den ordentlichen herumbewegt, und meint, die Ursache der Doppelbrechung liege in dem molekularen Aufbau des Kristalls, aber er findet keine Erklärung des Vorganges. Sein Schüler OLE RÖMER (1644—1710) beobachtete 1675 in Paris die Verzögerung des Eintritts und Austritts der Jupitertrabanten und leitete daraus die Lichtgeschwindigkeit zu 41925 Meilen ab[7]). Unter den Mitgliedern der Akademie war HUYGENS der entschiedenste Verteidiger der RÖMERschen Beobachtungen, während die beiden Astronomen CASSINI und MARALDI widersprachen.

HUYGENS benutzte diese Messung in dem 1678 in der Akademie vorgetragenen Traité de la lumière[8]) und verbindet damit die Analogie mit der Ausbreitung des Schalles, aber während der Schall durch die aufeinanderfolgenden Luftteilchen sich kugelförmig nach allen Seiten ausbreitet, ist beim Licht diese Ausbreitung nur im Äther vorhanden. Jeder Punkt eines leuchtenden Körpers sendet solche Kugelwellen aus, aber auch jedes Teilchen des Stoffes, in welchem die Wellen sich fortpflanzen, ist wieder Ausgangspunkt von Wellen, so daß aus dem Zusammenwirken der einzelnen Wellen die Gesamtausbreitung gefunden wird. Die Ätherteilchen durchdringen alle Körper, da deren Poren viel größer sind als die Ätherteile. Aus seinem Prinzip leitet er dann (Kap. II) das Reflexionsgesetz ab. In den Körpern pflanzt sich die Wellenbewegung langsamer fort als im freien Äther wegen des Widerstandes der Körperteilchen. Daraus ergibt sich das Brechungsgesetz (Kap. III), welches mit dem FERMATschen Zeitminimum zusammenfällt. Die atmosphärische Strahlenbrechung wird im 4. Kapitel ausführlich erörtert. Schwierigkeiten bereiten zunächst die undurchsichtigen Körper, besonders die Metalle. Er läßt sie aus weichen und harten Teilchen bestehen. Die weichen Teilchen würden den Stoß der Ätherteile absorbieren; die harten Teile dagegen sind notwendig für Reflexion und Brechung. Die durchsichtigen Körper dagegen bestehen nur aus harten Teilchen.

---

[1]) De interpretatione naturae. Opera 1665, S. 746.
[2]) Aurum superius et inferius . . . et phosphorus hermeticus 1675.
[3]) LEIBNIZ in Miscell. Berolin. I, S. 91.   [4]) The aëreale noctiluca 1680.
[5]) In mehreren Arbeiten in Phil. Trans. 1705—1713.
[6]) Experim. cryst. Islandici disdiaclastici 1669.
[7]) DU HAMEL, Reg. scient. acad. historia 1698, S. 156.
[8]) Traité de la lumière 1690; deutsch Ostwalds Klassiker Nr. 20. 1890.

Im 5. Kapitel folgt die Brechung im isländischen Kalkspat. Aus der Struktur des Kristalls ergibt sich die verschiedene Elastizität und die sphäroidische Form der Wellenausbreitung (S. 56) und die Zerreißung in den ordentlichen und außerordentlichen Strahl. Diese beiden Strahlen sind polarisiert (S. 79). Das Wort gebraucht HUYGENS freilich nicht, es ist erst von MALUS eingeführt. HUYGENS kennt auch den hexagonalen Bergkristall als doppeltbrechend. Worin diese verschiedene Wesenheit der beiden Strahlen besteht, sagt HUYGENS nicht, denn er setzt longitudinale Schwingungen voraus. Endlich im 6. Kapitel handelt er von der Form der Linsen, bei welchen die von einem leuchtenden Punkt ausgehenden Strahlen nach der Brechung wieder in einem Punkt vereinigt werden, HUYGENS ergänzt diese Schrift durch die Dioptrica, in welchen er nun Linsenkombinationen berechnet. Um die farbigen Ränder zu vermeiden, wendet er Diaphragmen an und nimmt Linsen mit großer Brennweite; bis zu 210' Länge dehnte sich das größte Fernrohr aus, das natürlich ohne Eisenröhren als Luftfernrohr gebaut war[1]). Es ist aber auch schon im 17. Jahrhundert die Achromasie erstrebt durch Anwendung einer Doppellinse als Objektiv durch den Optiker DE DIVINIS. Allerdings ist die Quelle nicht ganz zuverlässig[2]). Zur Messung der Bildgröße bediente sich HUYGENS eines Mikrometers aus zwei dreieckigen Metallscheiben mit sehr spitzem Winkel, die gegeneinander geschoben werden konnten[3]). AUZOUT gab in einem Brief von 1666 ein Fadenmikrometer aus zwei parallelen Seidenfäden an, von denen der eine fest stand, der andere durch die Schraube verschiebbar war[4]). Dies Mikrometer gebrauchte auch O. RÖMER (l. c.). Während KEPLER die Lichtintensität durch die scheinbare Helligkeit einer beleuchteten Papierfläche abschätzte, machte HUYGENS den ersten Versuch, ein Photometer zu machen, indem er eine 12' lange Röhre an einem Ende verschloß und den Deckel mit einem so feinen Loch versah, daß das durch dasselbe eindringende Licht die gleiche Stärke zu haben schien wie die direkt gesehene Lichtquelle[5]).

Es ist nötig, darauf hinzuweisen, daß R. HOOKE (1635—1703) in der schon mehrfach erwähnten Geschichte der Royal Society von BIRCH und dieser folgend in den mir bekannten Geschichtswerken als Erfinder und Entdecker einer großen Reihe von Apparaten und physikalischen Tatsachen genannt wird. In den Fällen, wo es mir möglich war, die Sache nachzuprüfen, stellt sich heraus, daß die Ansprüche nur sehr wenig, meist gar keine Berechtigung haben. HOOKE hat z. B. Schwerkraft allen Himmelskörpern zugeschrieben[6]), aber nach welchen Gesetzen die Abnahme der Gravitation erfolgt, hat er nicht gefunden und ist in keinem Punkt über KEPLER hinausgekommen (s. oben).

Kaum hatte HUYGENS am 20. Januar 1675 der Royal Society seine Erfindung der Spiralfeder zur Regulierung der Taschenuhr bekanntgemacht[7]), so reklamierte HOOKE die Erfindung für sich[8]); die er schon seit einer Reihe von Jahren gebraucht habe. Nach BIRCH soll er 1666 die Weingeistlibelle erfunden haben und 1684 den optischen Telegraphen. In bezug auf das Wesen des Lichtes schloß er sich GRIMALDI an; wenn verschiedentlich versucht ist, ihm die Transversalschwingungen des Lichtes zuzuweisen, so beruht das auch nur auf dem Zeugnis BIRCHS.

---

[1]) Dioptrica. Opera posth. 1700 u. 1728.
[2]) BIRCH, History of the Roy. Soc. IV, S. 313.
[3]) Systema Saturnium 1659, S. 82.
[4]) Mém. Paris 1717, S. 72. [5]) Cosmotheros II, S. 136. 1699.
[6]) An attempt to prove the motion of the earth 1674.
[7]) Phil. Trans. Nr. 112, S. 272. 1675. [8]) Ebenda S. 440.

Brewster (1781—1868) schreibt ihm auch die Entdeckung der Konstanz des Siede- und Schmelzpunktes des Wassers zu[1]), tatsächlich hatte Boyle (s. oben) die Konstanz des Schmelzpunktes für alle Substanzen behauptet[2]), und Newton hatte die des schmelzenden Schnees zum Nullpunkt seiner Skale gemacht[3]). Die Konstanz des Siedepunktes behauptet Halley schon 1688 benutzt zu haben[4]). Siedepunkt und Gefrierpunkt des Wassers als feste Punkte der Thermometereinteilung mit Anwendung des Quecksilbers schlug Renaldini zuerst vor[5]).

Newton hat aber das Verdienst, das erste Pyrometer, ohne den Namen zu geben, vorbereitet zu haben, eine an einem Ende glühend gemachte Eisenstange kühlt im kalten Luftstrom ab, und das Erkaltungsgesetz lautet: der log nat der Temperatur ist proportional der Zeit[6]). Bei der Gelegenheit fand er auch die erste, im siedenden Wasser schmelzende Legierung $(2\,Pb + 3\,Sn + 5\,Bi)$. Daraufhin konstruierte Amontons (1663—1705) sein Pyrometer, indem er in die Eisenstange kleine Löcher in gleichen Abständen bohrte, diese mit Glas, Blei, Zinn und Wachs füllte und deren Schmelzen erwartete. Erheblich wertvoller war aber sein gleichzeitig veröffentlichtes Luftthermometer[7]), dessen Dimensionen zwar etwas unförmig waren und das auch, da es oben offen war, die Luftdruckschwankungen nicht ausschloß, aber doch gestattete nachzuweisen, daß die Ausdehnung der Luft gleichmäßig erfolge, und erlaubte das Gesetz $P : P' = (1 + \alpha\,t) : (1 + \alpha\,t')$ abzuleiten, welches er in Worten ausspricht, also Gay-Lussac[8]) vorwegnahm. Hermann (1678—1733) beseitigte den Einfluß des Luftdruckes, indem er die Steigröhre abschmolz[9]).

Für strahlende Wärme wurde das Differentialthermometer, dessen Idee schon v. Helmont zu verwirklichen gesucht hatte[10]), von J. Ch. Sturm (1635—1703) konstruiert in der Form[11]), die gewöhnlich als das Lesliesche Differentialthermometer benannt wird. Dalencé hatte bereits nachgewiesen[12]), daß zur Thermometrie notwendig sei, zwei feste Punkte zu wählen und zwischen diesen die Proportionalität zwischen Ausdehnung und Wärmezufuhr nachzuweisen. Amontons genügte dieser Forderung und wählte als Nullpunkt den Schmelzpunkt und den Siedepunkt als zweiten. Inzwischen war durch die Huygensschen Untersuchungen am Pendel und Newtons Messungen an Längen die Notwendigkeit klar geworden, Temperaturkorrektionen anzuwenden. Das wollte Ole Römer für seine Apparate anwenden und konstruierte sich zu dem Zwecke Quecksilberthermometer mit der Skale zwischen schmelzendem Schnee und siedendem Wasser, oder auch zwischen letzterem und einer Kältemischung[13]). Sicher hat Römer im Winter 1708/09 mit solchem Thermometer gemessen. Das war die Zeit, als Fahrenheit bei ihm in Kopenhagen war. Nun verfertigte Fahrenheit (1686—1756) Thermometer mit Quecksilber oder Weingeist mit den verschiedenen Skalen, die zuerst von Chr. Wolff beschrieben wurden[14]). Seit 1714 wählte Fahrenheit die Skala 0 bei Kältemischung aus Eis, Wasser und Salmiak, 32 für Mischung Eis und Wasser, dann ergab sich die Blutwärme zu 96°. Bei diesen Untersuchungen fand er 1721 die Unterkühlung

---

[1]) Edinb. Encycl. Bd. 11, S. 110. 1823, wohl im Anschluß an Phil. Trans. 1668.
[2]) The mechanical origin of heat. 1665.
[3]) Phil. Trans. 1704.   [4]) Phil. Trans. 1693.
[5]) Philos. natur. III, S. 169. 1694.   [6]) Phil. Trans. 1701.
[7]) Mém. Paris 1702, S. 155 u. 1703, S. 50.
[8]) Pogg. Ann. Bd. 27, S. 681. 1833.   [9]) Phoronomia seu de viribus etc. 1716.
[10]) Ortus medicinae 1648.   [11]) Collegium experiment. curios. 1685.
[12]) Traité des baromètres, thermom. et notiom. 1688.
[13]) Krist. Meyer, Temperaturbegrebets Udvikling etc. 1909, s. Arch. f. d. Gesch. d. Naturw. II. 1910.   [14]) Acta erudit. 1713.

des Wassers und stellte seine Erfahrungen über Thermometrie zusammenfassend dar in Experiments concerning the degrees of heat[1]).

Mit Ausnahme von AMONTONS waren alle Beobachter dieser Periode der Meinung, daß das Thermometer absolute Wärmemengen messe. Dieser Irrtum steigerte sich zur höchsten Verzerrung in der Ansicht J. J. BECHERS (1635—1682)[2]) daß das Feuer eine Art verdünnter Erde sei, die als chemisches Element (Terra secunda) mit anderen eine Verbindung eingehe, und BECHERS Schüler G. E. STAHL (1660—1734) schuf für dies Element den Namen „Phlogiston"[3]). Ausgebildet ist diese Theorie von ungezählten Physikern und im 18. Jahrhundert fast durchweg angenommen, aber es hat niemals an Gegnern gefehlt, das muß irrigen Darstellungen gegenüber betont werden; allerdings wurde erst am Ende des 18. Jahrhunderts die Phlogistontheorie dauernd überwunden. Übrigens war STAHL nicht ein solcher Dummkopf, für den er oft ausgegeben wird, er ist wohl der erste gewesen, der die konstanten quantitativen Verhältnisse in einer Verbindung erkannt hat und es als die wesentliche Aufgabe der Chemie bezeichnet, diese äquivalenten Verhältnisse festzustellen. Auch in bezug auf den Begriff eines Elementes schließt er sich der von BOYLE gegebenen[4]) Definition an, daß ein Element ein nicht weiter zerlegbarer Körper sei und die Elemente der griechischen Naturphilosophen keine Bedeutung haben.

In dem Gebiet magnetischer und elektrischer Untersuchungen aus der zweiten Hälfte dieses Zeitraumes habe ich HALLEYS wertvolle magnetische Arbeiten erwähnt; aber in der Elektrizitätslehre ist seit O. v. GUERICKE nahezu nichts bis zum Schluß des 17. Jahrhunderts geleistet, außer daß BOYLE beim Wiederholen der GUERICKEschen Experimente 1676 den Nachweis erbrachte, daß die Anziehungs- und Abstoßungserscheinungen auch im luftleeren Raume stattfinden[5]), was in der Tat für die Theorie von großer Wichtigkeit war. Ein Fortschritt allgemeinerer Art wurde erst von HAWKSBEE erreicht. Er hatte sich zunächst mit Verbesserung der Barometer und der Fortpflanzung des Schalles in luftverdünnten und luftkomprimierten Räumen beschäftigt. In einer langen Reihe von Arbeiten von 1705 bis 1711 hat er dann das elektrische Licht in luftverdünnten Räumen untersucht[6]). Er konstruierte eine Maschine, um im luftverdünnten Raume durch Reibung von Bernstein Licht zu erzeugen, dabei wandte er zuerst vor DESAGULIERS die Stopfbüchse mit Lederfütterung an[7]). Dann bringt er den Nachweis, daß die elektrische Ladung nur auf der Oberfläche vorhanden ist[8]). Endlich baut er eine Elektrisiermaschine mit Glaszylinder[9]) und findet dabei die Influenz. Er führt auch Experimente aus, die ihm den Unterschied von Leitern und Nichtleitern zeigten, aber er spricht denselben nicht aus[10]). In demselben Jahre berichtet ein Dr. WALL an H. SLOANE von Experimenten mit einem großen Stück Bernstein, aus welchen er einen so starken Funken mit lautem Knall ziehen kann, daß „it seems, in some degree, to represent Thunder and Lightning". Da ist zum ersten Male der Blitz als elektrische Erscheinung betrachtet[11]). WALL hat auch das Verdienst, daß er die Theorie GILBERTS von der Effluvia aufgibt, während HAWKSBEE noch daran festhielt. WALL meint die Elektrizität direkt mit dem Licht verbinden zu können: „Die elektrischen Körper sind an

---

[1]) Phil. Trans. 1724.　　　[2]) Actorum labor. chymici etc. 1669.
[3]) Zymotechnica fundamentalis 1697. 2. Aufl. 1748.
[4]) The sceptical Chymist etc. 1661.
[5]) The Phil. Works (P. SHAW) I, S. 513. 1738.
[6]) Phil. Trans. 1705, Nr. 303, S. 2129.
[7]) Ebenda Nr. 304, S. 2165.　　　[8]) Ebenda 1707, Nr. 309, S. 2372.
[9]) Ebenda Nr. 310, S. 2413.　　　[10]) Ebenda 1708, Nr. 315, S. 82.
[11]) Phil. Trans. 1708, Nr. 315, S. 69.

inexhaustible Treasure of Light, durch Reiben wird das Licht hervorgebracht und so, entsteht Elektrizität!" Damit ist die Ausbeute dieser Periode erschöpft.

Das 17. Jahrhundert hat für die exakte Wissenschaft noch eine besondere Bedeutung durch die Gründung wissenschaftlicher Gesellschaften und die Einführung wissenschaftlicher Journale. Bis 1600 waren für die Veröffentlichung wissenschaftlicher Entdeckungen nur zwei Wege möglich: einmal die Herausgabe von Büchern oder die Versendung von Briefen, wie wir es bei MERSENNE erwähnt haben. Mit dem Beginn des Jahrhunderts trat in Italien die Accademia dei Lincei in Rom, vom Fürsten CESI gegründet, ins Leben, der auch GALILEI 1612 beitrat. Weniger von der Zensur der Inquisition abhängig, wollte die Accademia del Cimento, von FERDINAND II. und LEOPOLD MEDICI 1657 gegründet, arbeiten, darum wurde sie nach 10 Jahren aufgelöst. In Deutschland trat 1652 in Schweinfurt eine Gesellschaft zusammen zu gemeinsamer Forschung, die 1670 anfing, wissenschaftliche Arbeiten herauszugeben und 1672 von Kaiser LEOPOLD zur Academia Leopoldina erhoben wurde; da sie sich jedoch nicht auf einen festen, lokal begrenzten Kreis von Mitgliedern stützen konnte, hat sie nicht die Bedeutung erlangen können, die später gegründete Gesellschaften erlangten. In England bildete sich in London 1645 ein Kreis von Naturforschern, die während der Revolution in Oxford 1648—1659 ein Domizil fanden, dann nach London zurückkehrten und am 8. 11. 1660 sich öffentlich konstituierten und 1662 das königliche Privileg als Royal Society erhielten. Seit 1665 gab sie die Philosophical Transactions heraus, deren Paginierung in den ersten Bänden fortlaufend sein soll, aber sehr unordentlich ausgeführt ist. Nur die Nummern der monatlichen Hefte sind richtig bezeichnet. Endlich verwandelte COLBERT die zwanglose, durch MERSENNE 1635 gegründete Gesellschaft zu einer Académie des sciences 1666, welche seit 1699 jährlich ihre Histoire und Mémoires herausgab. Es folgte 1700 die Berliner Akademie, welche, solange LEIBNIZ, ihr Gründer, an der Spitze stand, einiges Leben entwickelte, dann schnell zerfiel, bis FRIEDRICH II. sie restaurierte (1742) und durch EULER und MAUPERTUIS zu energischer Arbeit befähigte. Durch diese Akademien, denen sich 1724 die Petersburger anschloß, war nun die Möglichkeit für die Mitglieder der Akademien und Sozietäten geboten, ihre Arbeiten verhältnismäßig schnell bekanntzumachen. Allein eine wirklich schnelle Publikation bot nur die Royal Society durch die monatlich erscheinenden Hefte, während die anderen Akademien jährliche Bände, oft mit mehrjähriger Verzögerung, herausbrachten. Auch dadurch unterschied sich die Royal Society von den Akademien, daß sie eine außerordentlich große Anzahl von Mitgliedern hatte und auch von Nichtmitgliedern Arbeiten aufnahm. Für die baldige Veröffentlichung der Entdeckungen waren in den anderen Ländern also Zeitschriften nötig, so erschien in Frankreich seit 1665 das Journal des Scavants, in Deutschland die Acta Eruditorum, auf Zureden von LEIBNIZ durch OTTO MENCKE in Leipzig 1682 gegründet. Nur 100 Jahre hat diese Zeitschrift bestanden, dann wurde sie durch deutsch geschriebene Zeitschriften ersetzt. So hat das 17. Jahrhundert das große Verdienst, eine wissenschaftliche Publizistik geschaffen zu haben und dadurch die Forschung außerordentlich zu fördern.

b) Zweite Periode von 1727—1790.

8. Elektrizität und Magnetismus. Diese zweite Periode wird durch zwei Momente charakterisiert: 1. durch den Ausbau der Lehre von der statischen Elektrizität und vom Magnetismus bis zum COULOMBschen Gesetz, 2. durch die

Einführung der Analysis in die physikalischen Untersuchungen, besonders auf dem Gebiet der Mechanik und Wärmelehre.

Etwa 20 Jahre nach den Untersuchungen HAWKSBEES und 30 Jahre nach seiner ersten wissenschaftlichen Arbeit begann STEPHAN GRAY († 1736) seine Beschäftigung mit der Elektrizität, die ihn zu dem wichtigen Fortschritt, zur Unterscheidung von Leitern und Nichtleitern führte. Er wiederholte die Versuche von GUERICKES mit der Anziehung und Abstoßung einer Flaumfeder durch eine geriebene Glasröhre, er steckte einen Kork in die Röhre und sah, daß auch dieser die gleiche Wirkung hatte; in den Kork steckte er einen Holzstock von 24″ Länge mit dem gleichen Effekt, den Stock ersetzt er durch einen Metalldraht mit einer Kugel am Ende, diese zieht noch stärker an als der Draht. Nun nimmt er eine 3′ lange Hanfschnur mit Kugel, er verlängert die Schnur zu 147′, hängt sie über einen eisernen Haken an der Decke des Zimmers, und nun ist alle Anziehung verschwunden. Auf Anraten seines Freundes WHELER, in dessen Hause er diesen Versuch am 2. 7. 1729 machte, hängt er die Schnur an seidenen Fäden auf, und nun zieht die Kugel am Ende der Schnur wieder an[1]). So stellt er mit zahlreichen anderen Körpern die gleichen Versuche an und unterscheidet nun Leiter und Nichtleiter. Dann hängt er Leiter, z. B. einen 47 Pfd. schweren Knaben, an Seidenschnüren auf und zeigt, daß derselbe bei Annäherung der geriebenen Glasröhre, ohne sie zu berühren, ebenfalls die Fähigkeit, kleine Metallplatten anzuziehen, bekommt. Bei dieser Influenz unterscheidet er noch nicht das zu- und abgewendete Ende[2]). Er hängt auch Körper verschiedener Masse, aber gleicher Größe auf und findet, obwohl die Elektrizität durch alle inneren Teile hindurchgeht, daß doch nur die Oberfläche der Sitz der Anziehung sei[3]). Daß auch Wasser ein Leiter der Elektrizität sei, stellt er ebenfalls fest[4]). Er schmilzt Schwefel, Harz und Siegellack zusammen zu einem Kuchen und sieht, daß dieser dauernd elektrisch ist, wenn man ihn in einer Glasschale bedeckt aufbewahrt[5]). Diese Beobachtung spielte später eine Rolle in der Diskussion WILKES mit BECCARIA über die „freiwillige Elektrizität"[6]). GRAY erfand dann den „Isolierschemel" mit einem Harzkuchen[7]). Er unterscheidet den Funken bei Annäherung des Fingers an einen elektrisierten runden Körper von dem Büschellicht, welches an spitzen, eckigen Körpern erscheint[8]). Natürlich waren unter den zahlreichen Versuchen auch viele, die irrtümlich von GRAY aufgefaßt waren. Diese wurden zum größten Teil schon von CISTERNAY DU FAY (1698—1739) bei der Wiederholung berichtigt[9]).

DU FAY knüpfte mit Bewußtsein an O. v. GUERICKE an. Das erste Resultat ist, daß alle Körper durch Berühren mit einem elektrischen selbst elektrisch werden, jedoch Metalle nur, wenn sie isoliert vom Erdboden sind durch Glas oder Harzplatten oder durch seidene Schnüre[10]). Der bis zur Berührung angezogene Körper wird dann abgestoßen. Er hält zwei Goldblättchen an die Glasröhre. Die Blättchen stoßen sich nun ab. Ein kleines Metallblatt, welches von einer geriebenen Glasröhre berührt war und nun abgestoßen wurde, will er durch einen geriebenen Kopal auch abstoßen, aber das Blatt fliegt mit großer Geschwindigkeit zum Kopal[11]). Daraus schließt er, daß die Elektrizität des geriebenen Kopals eine andere sein müsse als die der geriebenen Glasstange. Er stellt sich nun eine Balance nach Art des GILBERTschen Versoriums her und untersucht dann alle elektrischen Körper auf ihren speziellen Charakter. Am

---

[1]) Phil. Trans. 1731/32, S. 20ff.   [2]) Ebenda S. 39.   [3]) Ebenda S. 35.
[4]) Ebenda S. 227.   [5]) Ebenda S. 245.
[6]) WILKE, De electricitatibus contrariis 1757.
[7]) Phil. Trans. 1734/35, S. 17.   [8]) Ebenda S. 166.
[9]) Mém. Paris 1733, S. 23.   [10]) Ebenda S. 233.   [11]) Ebenda S. 464.

präzisesten spricht er das Resultat seiner Versuche in einem Brief an den Herzog von Richmond aus[1]: This principle is, that there are two distinct Electricitys very different from one another, one which I call vitreous Electricity and other resinous Electricity. Die nun folgenden Untersuchungen du Fays gelten wesentlich der Wiederholung der Experimente seiner Vorgänger unter Bezugnahme auf seine neue Theorie[2]. Vor allem hat er die Flamme, das elektrische Licht und die Natur des Funkens untersucht. In bezug auf letzteren ist die Beobachtung wertvoll, daß beim Überspringen eines Funkens von einem Menschen auf einen anderen beide den stechenden Schmerz empfinden[3]. Du Fay fand bei seinen Kollegen in der Akademie nur geringe Anerkennung, da sie durchaus an Descartes festhalten wollten. Auch in England konnte man sich noch nicht von der Wirbeltheorie Gilberts, die auch Newton beibehalten hatte, befreien. Dagegen fand du Fay volle Anerkennung in Deutschland.

Hier konstruierte der Leipziger Professor Hansen (1693—1743) eine größere Elektrisiermaschine mit einer Glaskugel, die durch Schwungrad und Schnurlauf gedreht wird[4]. Wenn er auch von „Dichtigkeit" der Elektrizität auf der Oberfläche redet und den Unterschied zwischen Konduktoren, ein Name, der von Desaguliers eingeführt ist[5], und elektrischen Körpern relativ zu verstehen scheint, so sind seine Resultate nicht wesentlich verschieden von denen Grays und du Fays. Dieser Maschine fügte der Wittenberger Professor Bose (1710—1761) den isolierten Konduktor in Form einer Blechröhre, aus deren der Glaskugel zugewandtem Ende ein Büschel dünner Hanffäden ragte, hinzu[6]; die aus diesem Konduktor gezogenen Funken entzündeten Pulver und hatten starke physiologische Wirkungen. Der Erfurter Professor Gordon (1712—1751) ersetzte die Glaskugel durch einen Glaszylinder nach Art Hawksbees und konstruierte das elektrische Glockenspiel und das Flugrad[7]. Er beobachtet auch, daß der aus einer umgebogenen Röhre in die Höhe springende Wasserstrahl eine größere Höhe erreicht, wenn die Röhre elektrisiert wird, daß er sich dann aber in Tropfen auflöst, die außerordentlich weit fortgeschleudert werden. Diese Versuche über den Wasserstrahl werden erst wieder aufgenommen von Fuchs[8]. Endlich wird der Maschine durch den Leipziger Professor J. H. Winkler (1703—1770) in Verbindung mit dem Mechaniker Giessing das durch eine Feder angedrückte Reibzeug, aus einem Lederkissen bestehend, hinzugefügt[9]. Mit dem Funken dieser Maschine entzündete Winkler Schwefeläther, Weingeist usw. (S. 58) und Gralath (1708—1767) ein eben ausgeblasenes Wachslicht[10].

Aber die Ladung und der Entladungsfunke sollten eine noch erheblichere Verstärkung erfahren. Der Dekan und residierende Domherr von Kleist zu Camin in Pommern bemühte sich, Wasser zu elektrisieren. Er nahm am 11. 10. 1745 ein großes Medizinglas mit Wasser in die Hand, steckte durch den Hals einen langen Nagel, der bis auf den Boden des Gefäßes reichte und hielt den Kopf an den Konduktor der Maschine; als er nach Entfernung vom Konduktor den Nagel mit der anderen Hand berührte, erhielt er einen außerordentlich starken Schlag, der noch schmerzhafter wurde, wenn er die Flasche mit Quecksilber füllte. Die von ihm nach verschiedenen Richtungen ausgesandten

---

[1] Phil. Trans. 1734, S. 263.
[2] Mém. Paris 1734, S. 341 u. 503.   [3] Ebenda 1737, S. 86.
[4] Novi profectus in Historia Electricitatis 1743.
[5] Phil. Trans. 1739, Nr. 454, S. 186.
[6] Elektrizität nach ihrer Entdeckung und Fortgang II, S. 32. 1744.
[7] Phaenomena electricitatis exposita 1744, S. 43.
[8] Pogg. Ann. Bd. 102, S. 633. 1856.
[9] Gedanken von den Eigenschaften von der Elektrizität 1744, S. 12.
[10] Abhandlgn. d. naturf. Ges. Danzig II, S. 438. 1749.

Notizen über das Experiment fanden lebhaftestes Interesse. LIEBERKÜHN berichtet darüber am 4. 11. in der Berliner Akademie, KRÜGER in Halle druckte die Mitteilung in seinem gerade erscheinenden Buche ab[1]). Der Danziger Archidiakonus SWIETLICKI führte die Entdeckung alsbald in der Naturforschenden Gesellschaft vor, und hier stellte GRALATH sofort fest, daß der Schlag nichts anderes sei als die Vereinigung der auf den beiden Seiten der Glasflasche vorhandenen Ladungen[2]). Er ließ die Entladung durch eine Reihe von 20 Personen gehen. Er war der erste, welcher aus mehreren Flaschen eine Batterie zusammenstellte. Von KRÜGER erhielt WINKLER Mitteilung und machte den Versuch mit so großer Flasche, daß er von dem Entladungsschlag Nasenbluten bekam. Um das zu vermeiden, umgab er bei einer Batterie die Außenseite mit einer langen Kette, die in einem Knauf endigte; brachte er diesen dann in die Nähe des Knaufs, welcher mit dem Wasser in den Flaschen in Berührung stand, so entstand ein Funken, den man am hellen Tage noch 200 Schritt weit sehen konnte[3]). WINKLER konstatiert auch, daß es notwendig ist, innere und äußere Leiter so nahe als möglich an das Glas heranzubringen, er stellte darum die Flaschen auch in Wasser, so daß nur der Hals herausragte. Dann nahm er für die Außenseite auch Metallbelegungen und stellte die Bedingung für das Gelingen der Ladung fest, daß die Außenbelegung ableitend berührt werden müsse.

Wunderbarerweise stellte P. VAN MUSSCHENBROEK (1692—1761) in Leyden, ebenfalls im Anschluß an GRAYS obenerwähntes Experiment, dasselbe Experiment wie v. KLEIST im Januar 1746 an, aber es gelang ihm nicht, weil er die Flasche isoliert hatte. Als ein zufällig anwesender Privatmann CUNAEUS aber die Flasche in die Hand nahm und nun lud und dann berührte, erhielt er den Schlag. MUSSCHENBROEK schrieb an RÉAUMUR, und dessen Freund NOLLET (1700—1770) veröffentlichte die Entdeckung als MUSSCHENBROEKsche Flasche, als aber durch einen Brief ALLAMANDS aus Leyden an NOLLET der Beobachter CUNAEUS genannt war, nannte man die Flasche die Leydener[4]). Da die Mémoires für 1746 erst 1751 erschienen, ist die Bekanntmachung der Entdeckung zunächst nur durch die Publikationen von KRÜGER, GRALATH und WINKLER erfolgt. Jedoch hat LE MONNIER (1717—1799), der die Versuche ganz analog wie WINKLER anstellte[5]), seine Ergebnisse auch der Royal Society mitgeteilt[6]), und da erschienen sie mit dem Namen Leydener Flasche schon Mitte 1746. Obwohl WINKLER sofort gegen den Namen protestierte und die Erfindungsgeschichte klarlegte, hat sich der von Paris ausgehende Name auch in Deutschland bis in die Gegenwart behauptet.

WINKLERS Beobachtungen gingen weit über die der Leydener und Pariser Herren hinaus. Er entdeckte den elektrischen Rückstand in den KLEISTschen Flaschen nach jeder Entladung[7]). Er widmet der Frage: Ob Schlag und Funken der verstärkten Elektrizität für eine Art Donner und Blitz zu halten sind, das ganze 10. Kapitel (S. 132) und kommt zum Resultat, daß nur quantitative Unterschiede seien. Die Wolken erhielten die Ladung durch die Reibung des verdunstenden Wassers an der Erde. In § 146 erklärt er das Nordlicht als eine elektrische Entladung über weite Flächen. Seine etwas unvollkommene Metallbelegung der äußeren Seite der Flasche ersetzt BEVIS durch Zinnfolie[8]).

---

[1]) Geschichte der Erde 1746, S. 177.
[2]) Abhandlgn. d. naturf. Ges. Danzig I, S. 442. 1746.
[3]) Die elektr. Kraft des Wassers in gläsernen Gefäßen 1746, S. 3 ff.
[4]) Mém. Paris für 1746, S. 1; erschienen 1751.   [5]) Ebenda S. 447.
[6]) Phil. Trans. 1746/47, S. 290.   [7]) l. c. S. 39.
[8]) Phil. Trans. 1748, S. 60.

Statt der Flasche nahm Smeaton (1724—1792) eine Glasplatte, die er beiderseits mit Zinnfolie belegte[1]).

Le Monnier wollte bei Wiederholung Winklerscher Versuche auch die Geschwindigkeit der Elektrizität messen (l. c.), mit negativem Erfolg; aber auch die von der Royal Society veranlaßten Versuche Watsons (1715—1787) hatten kein Ergebnis[2]). Wilson stellte für die Kleistsche Flasche das Gesetz auf, die Menge der Elektrizität ist direkt proportional der Oberfläche, umgekehrt der Dicke des Glases[3]). Die richtige Erklärung gab erst Winkler (s. unten).

Zahllos sind die in dieser Zeit gemeldeten wunderbaren Beobachtungen, wie das bei einer so überraschenden Entdeckung, wie die Kleistsche Flasche es war, selbstverständlich ist. Als Röntgen die X-Strahlen entdeckte, stellten sich ja auch die Blondlotstrahlen ein. Es ist hier nicht der Ort, auf das Unzulängliche einzugehen. Von Wert sind aber die Bemühungen, die Elektrizitätsmenge zu messen. Nollet nahm von du Fay den Gedanken, die Winkel zweier isoliert aufgehängter, sich im ungeladenen Zustande berührender Fäden an dem Schatten der Fäden zu messen, auf für sein Elektroskop[4]). Waitz hing an die Fäden kleine Metallplättchen[5]), dagegen erfand Gralath die elektroskopische Wage[6]), bei welcher die Stärke der Anziehung (oder Abstoßung) durch ein Laufgewicht auf der Hebelstange festgestellt wurde. Von allgemeiner Bedeutung war eine Arbeit Watsons im Oktober 1746[7]). Er sagt darin, „die Elektrizität ist der Effekt einer feinen, elastischen Flüssigkeit, von welcher alle Körper im natürlichen Zustande eine ganz bestimmte Menge enthalten. Die „an sich" elektrischen Körper wie Glas haben die Fähigkeit, bei bestimmten Operationen mehr von dieser Flüssigkeit aufzunehmen und anderen zu entziehen und diesen Überschuß an andere Körper abzugeben. Er nennt diese Flüssigkeit dann „electrical aether". Bei den Versuchen, die er hierbei veröffentlicht, macht er von der Zinnfolie des Bevis den Gebrauch, daß er die Kleistsche Flasche nicht nur außen, sondern auch innen damit überzieht, so daß nur wenige Zoll am Rande frei bleiben.

In demselben Jahre machte Dr. Spence von Schottland eine Vortragsreise durch Amerika, wo er die neuen Experimente vorführte. Diese Vorlesungen begeisterten, obwohl „imperfectly performed", Benjamin Franklin (1706—1790), sich mit der Elektrizität zu beschäftigen[8]), und schon am 28. 3. 1747 kann er in einem ersten Brief an P. Collinson über einige Versuche berichten[9]). Für seine Theorie war von großer Bedeutung ein Experiment, welches vor ihm schon Watson (l. c.) gemacht hatte. Ein auf dem Isolierschemel stehender Mann reibt eine Glasstange, entzieht ihr einen Funken und ist dann unelektrisch. R. Wilke (1732—1796) gibt in der Vorrede zur deutschen Ausgabe die Theorie Franklins kurz so an: Durch die ganze körperliche Natur ist eine sehr feine Materie verbreitet (Äther); die Teile dieser Materie stoßen einander ab, werden aber von den Teilen der gemeinen Materie, aus welcher die Körper bestehen, stark angezogen. Enthält ein Teil körperlicher Materie so viel von diesem Äther, als er einnehmen kann, ohne daß dieselbe auf der Oberfläche gehäuft liegenbleibt, so ist er im elektrisch-natürlichen Zustande, hat er mehr, so ist er pluselektrisch, hat er weniger, so ist er minus-elektrisch. Alle elektrischen Erschei-

---

[1]) Franklin, Experim. and Observ. on Electr., S. 29. Note.
[2]) Phil. Trans. 1748, S. 49.   [3]) Priestley, History of Elect. S. 62.
[4]) Mém. Paris 1747, S. 102.
[5]) Abhandlungen von der Elektrizität und deren Ursachen 1745, S. 45.
[6]) Abhandlgn. d. naturf. Ges. Danzig I, Nr. 6. 1746.
[7]) Phil. Trans. Bd. 44, S. 718. 1746.   [8]) Franklins Autobiography.
[9]) New Exper. and observ. on Electricity 1769. Diese Briefe an Collinson, den Sekretär der Roy. Soc., sind bis zum 29. 6. 1755 fortgesetzt und bilden den Inhalt dieses Buches.

nungen entstehen durch den Übergang dieser Materie aus einem Körper in den anderen. Damit aber auch die Abstoßung zweier minus-elektrischer Körper erklärt werde, wird die Annahme zugefügt, daß die ponderabele Materie sich abstößt. Der Widerspruch gegen das NEWTONsche Gesetz wird dadurch behoben, daß letzteres sich auf die Körper im elektrischen Normalzustand beziehe[1]).

Die Elektrisierung kommt dadurch zustande, daß durch die Erwärmung die Körper sich ausdehnen, also eine größere Oberfläche bieten, darum strömt die Elektrizität aus dem Reibzeug auf diese Oberfläche, hört die Reibung auf, folgt Zusammenziehung auf die ursprüngliche Größe und dann ist hier ein Plus an Elektrizität nach Art einer Atmosphäre. So erklärt sich das WATSONsche Experiment, daß der auf Isolierschemel stehende Mann, nachdem er eine Glasstange gerieben und dann einen Funken aus derselben gezogen hat, unelektrisch gefunden wird. So erklärt FRANKLIN die SMEATONsche Glastafel, wobei die neue Hypothese gemacht wird, daß die elektrischen Körper, wie Glas, undurchdringlich sind für den Äther, während bei den Konduktoren der Äther durch den ganzen Körper geht[2]). Daß trotz der außerordentlich großen Menge von Bedenken, welche diese Erklärungen hervorrufen mußten, die FRANKLINsche Theorie einen nahezu einstimmigen Beifall fand, erklärt sich aus dem Erfolg seiner Experimente über atmosphärische und Gewitterelektrizität.

Die Spitzenwirkung (s. oben) erklärte er schon in seinem zweiten Briefe[3]) und wandte diese dann an, um die Elektrizität der Gewitterwolken zu untersuchen, deren Entstehung er in einer gewissen Anlehnung an WINKLERS Theorie (s. oben) gibt[4]). Das Wasser des Meeres ist nach ihm stark elektrisch und das verdunstende Wasser nimmt seine Elektrizität mit, so werden die Wolken elektrisch und bleiben es, weil die Luft isoliert. Freilich überzeugten ihn seine Versuche später, daß diese Theorie falsch sei, weil die Wolken durchaus nicht immer positiv elektrisch waren, sondern sogar häufiger negativ. Um die Elektrizität der Wolken zu untersuchen, schlägt er nun vor, isolierte Stangen an erhöhten Orten aufzustellen, deren Spitze nach oben ragte, deren unteres Ende durch einen Leitungsdraht mit einer isolierten Kugel verbunden war, aus der man beim Herannahen einer Gewitterwolke Funken ziehen könnte. Zuerst ausgeführt wurde dieser Vorschlag von D'ALIBART und DE LOR, welche unabhängig voneinander im Mai 1752 aus solcher Kugel Funken zogen und damit den elektrischen Charakter des Gewitters bewiesen[5]). Aber in demselben Briefe 1750 gab FRANKLIN auch den Vorschlag, Blitzableiter anzubringen an Häusern und Schiffsmasten[6]). Die FRANKLINschen Beobachtungsstangen fanden bald in Amerika und Europa große Verbreitung und forderten ein Opfer, indem RICHMANN (1711—1753) beim Untersuchen der Kugel auf positive oder negative Ladung durch einen Blitzschlag getötet wurde. FRANKLIN selbst untersuchte mit einem Drachen die Wolken- und Luftelektrizität[7]) und fand auch bei wolkenlosem Himmel bisweilen die Atmosphäre elektrisch geladen. Daß die Luft stets eine Ladung, und zwar positive habe, zeigte LE MONNIER[8]). Der Vorschlag, Blitzableiter anzulegen, fand zunächst keine Beachtung. Durch WINKLERS Behandlung der Frage[9]) wurde PROCOP DIVISCH (1696—1765) angeregt, in Znain in Mähren 1754 den ersten Blitzableiter zu bauen[10]), aber mit Kugelunterbrechung.

---

[1]) Aepinus, Tentamen theoriae electr. 1759, S. 39.
[2]) New Exper. and Obs., S. 9.   [3]) Ebenda S. 59.
[4]) Vierter Brief vom 7. 11. 1749.   [5]) Ebenda S. 106.
[6]) Ebenda S. 65 vom 29. 7. 1750. Das verkehrte Datum 1753 in den mir bekannten Büchern rührt wohl von einer verkehrten Anordnung des Textes bei FISCHER her (Geschichte V, S. 586), woraus die Verfasser es entnommen haben.   [7]) Ebenda S. 111.
[8]) Mém. Paris 1752, S. 241.   [9]) De avertendi fulminis artificio 1753.
[10]) L. EULERS Briefe an eine deutsche Prinzessin II, S. 297. 1763.

Ein Blitzableiter in unserem Sinne nach der ersten Vorschrift Franklins wurde in Europa erst durch Watson 1762 angelegt.

Um nicht nur qualitativ untersuchen, sondern auch quantitativ die Elektrizität messen zu können, konstruierte le Roi und d'Arcy ein vielgebrauchtes Elektrometer in Form eines Aräometers aus Glas, an dessen Halse eine Messingplatte befestigt war, die den Messingdeckel des Wassergefäßes, aus welchem der Hals des Aräometers durch eine Öffnung hervorragte, berührte; wurde dieser Deckel nun elektrisiert, so wurde die Messingscheibe abgestoßen und es hob sich das Aräometer[1]). Canton benutzte zuerst zwei Holundermarkkugeln, an seidenen Fäden isoliert aufgehangen, wo die Distanz der beiden ein Maß für die Ladung war[2]). Henly konstruierte das aufrechtstehende Quadrantelektrometer mit in Graden geteilten Bogen[3]). Canton war auch der erste, welcher mit seinem Elektroskop nachwies, daß ein isolierter Konduktor in der Nähe eines elektrisierten Körpers am zugewandten Ende entgegengesetzt, am abgewandten gleich elektrisch war, was Franklin sich vergeblich bemühte, zu erklären. Dagegen gab R. Wilke (1732—1796) eine ausreichende Erklärung[4]) für die Influenz und sein Freund Aepinus ergänzte dieselbe[5]), er dehnte die Betrachtung auch aus auf die Smeatonsche Tafel. Damals waren beide noch Anhänger der Franklinschen Theorie.

Zur gleichen Zeit erschien eine Arbeit R. Symmers († 1763), worin er zur du Fayschen Theorie zurückkehrt[6]). Aber erst langsam erlangte sie Verbreitung, besonders in Frankreich hielt man lange an der unitarischen Theorie fest, während Franklin selbst durch seinen Versuch mit dem Entladungsfunken, der ein Buch Papier durchschlug, eine Stütze für die dualistische Erklärung beibrachte[7]). Der Versuch wird in der Regel als Lullinscher Versuch angeführt[8]). Die wesentlichste Stütze fand die dualistische Theorie durch Lichtenberg (1742—1799)[9]), der die Bezeichnung positive und negative Elektrizität einführte und durch die Untersuchung des Elektrophors mit dem aufgesiebten Bärlappsamen die durch die Form verschiedenen positiven und negativen Staubfiguren fand. Dadurch angeregt, stellte Villarsy[10]) aus Schwefelblume und Mennige das elektrische Pulver zusammen; da beim Durchsieben durch ein Stück Mull die beiden Pulver entgegengesetzt elektrisch werden, können die Lichtenbergschen Figuren dann auch nach der Farbe unterschieden werden.

Auch Wilke gab die unitarische Theorie auf. Den ersten Anstoß dazu gab seine Beobachtung an negativ geladenen Spitzen; da forderte die Franklinsche Theorie ein Einströmen der Elektrizität, wie es Franklin auch ausdrücklich gelehrt hatte, aber Wilke fand in der negativen Spitze nicht nur das Glimmlicht, sondern auch den elektrischen Wind[11]). Von ganz besonderem Wert sind seine Versuche und seine Erklärung der Smeatonschen Tafel. Er erklärt die Wirkung durch die Polarisation im Dielektrikum; das Wort stammt freilich erst von Faraday, aber die Erklärung und die Experimente, welche Wilke dazu macht, sind zum großen Teil identisch mit der Erklärung Faradays[12]). Wilke macht die Belegungen abnehmbar in dem 5. Versuch[13]). Nachdem er die

---

[1]) Mém. Paris 1749, S. 63.   [2]) Phil. Trans. Bd. 48, S. 350. 1754.
[3]) Phil. Trans. Bd. 54, S. 137. 1772.   [4]) De electricitabulus contrariis 1757, S. 93 ff.
[5]) Tentamen theoriae electricitatis 1759, S. 129.
[6]) Phil. Trans. 1759, S. 340.   [7]) Ebenda 1759, S. 371.
[8]) Dissertatio phys. de electr. 1766, vgl. Gilb. Ann. Bd. 23, S. 426; Bd. 48, S. 218.
[9]) Novi comm. Götting. VIII. 1777 u. I. 1778.   [10]) Journ. génér. de France 1788.
[11]) Abhandlgn. d. schwed. Akad., deutsch von Kästner Bd. 25, S. 207. 1762.
[12]) Exper. research. 1837, Art. 1164, 1168, 1245. Den ausführlichen Nachweis der Übereinstimmung habe ich gebracht in ZS. f. Elektrochem. Bd. 27, S. 301 ff. 1921.
[13]) Wetensk. Acad. Handl. 1762, S. 211.

Tafel geladen und dann die Belegungen abgehoben und entladen hat, legt er dieselben wieder an die Glasscheibe und findet nun die Platten wieder mit entgegengesetzten Elektrizitäten geladen. Das läßt sich ohne neue Ladung mehrfach wiederholen. Zur Erklärung sagt er (§ 19): Die Glastafel erleidet bei Ladung der beiden Platten im Innern die gleiche Veränderung. Stellt man sich das Glas als aus vielen Tafeln bestehend vor, so geht ein Ladungszustand derselben so vor, daß die äußere positive Fläche derart auf diese Glastafeln wirkt, daß die letzte Fläche negativ elektrisch ist. Die Glasplatte ist also schichtweise im Innern geladen und diese Ladung erhält sich monatelang im Glase.

Nachdem VOLTA seine Konstruktion des Elektrophor bekannt gemacht hatte[1]), kommt WILKE auf seine Theorie zurück und erklärt, daß der Elektrophor nichts anderes sei als seine Versuche über die Tafel, nur daß VOLTA Harz, er aber Glas als Isolator gebraucht habe[2]). Er reibt die Glasplatte mit einem amalgamierten Lederkissen, dann ist im Innern die Schichtung der positiven und negativen Flächen so wie bei dem ersten Versuch. Um das sicher nachzuweisen, nimmt er zwei aufeinandergepreßte Glasscheiben [genau wie FARADAY (1246)]; hat er geladen, so daß die obere Fläche positiv ist, und reißt nun die Platten auseinander, so ist die untere Platte negativ. „Man kann also eine solche Tafel vorstellen, als sei sie in viele dünne Schichten geteilt, deren eine von der anderen geladen wird so, daß die oberen Seiten alle positiv, die unteren negativ sind. Im Innern halten sich diese Ladungen im Gleichgewicht, aber nach außen summieren sich die Schichtladungen, so daß auf der oberen Seite nur Plus, auf der unteren nur Minus ist. Genau so ist die Wirkung des Elektrophors zu behandeln. Man kann jeden beliebigen Isolator zur Trennung der Belegungen benutzen, so auch die Luft, in welcher die Schichtung gerade so erfolgt. Darum sagt LICHTENBERG (l. c.) mit Recht, der eigentliche Erfinder des Elektrophor sei WILKE und nicht VOLTA. Die Lufttafel führt dann WILKE zu der Influenz und der Schichtung des Isolators[3]): „Wenn man sagt: Körper wirken aufeinander mittels ihrer Atmosphären, so muß man diese Wirkung immer der zwischen ihnen liegenden Luft zuschreiben, deren Spannungszustand die Körper gleichsam verbindet und mittelbar ausrichtet, was sie selbst vollendet zeigen (§ 43). Die Isolatoren unterscheiden sich durch größere oder geringere Trägheit dieser Vermittlung (Dielektrizitätskonstante). Auch den Einfluß der Luftverdünnung weist WILKE nach (§ 34), sie bewirkt eine leichtere Ausbreitung des Ladungszustandes und kann so weit getrieben werden, daß die Fortpflanzung wie durch den besten Leiter geschieht. Ebenso findet er die Konvektion, indem die Luftteilchen wirkliche Ladung aufnehmen, dann fortgetrieben werden und so die Ladung wegführen (§ 36). Endlich macht WILKE auch die elektrischen Kraftlinien durch Goldblattschnitzel sichtbar zwischen einer zur Erde abgeleiteten Scheibe und einer auf einige Entfernung genährten, geladenen Kugel. Für die Nachweisung der identischen Experimente und Erklärungen bei FARADAY verweise ich auf meine zitierte Arbeit. Obwohl diese fundamentalen Entdeckungen WILKES in Deutschland von KÄSTNER und LICHTENBERG, in England von HENLY[4]) angenommen wurden, sind sie doch später völlig der Vergessenheit anheimgefallen, so daß beim Erscheinen der FARADAYschen Arbeiten niemand auf WILKES Theorie aufmerksam machte. Es hängt das offenbar mit dem Erfolg des COULOMBschen Gesetzes zusammen, welches man, wie auch das NEWTONsche, als einen Beweis für die „actio in distans", die Fernwirkungslehre ansah, ob-

---

[1]) Scelta di opusc. di Milano VIII, S. 91 u. IX, S. 73. 1775.
[2]) Wetensk. Acad. Handl. Stockholm Bd. 38, S. 73. 1777.   [3]) Ebenda S. 134.
[4]) Phil. Trans. 1778, S. 1049.

wohl Euler schon gezeigt hatte[1]), daß das Newtonsche Gesetz als Integral-gesetz gar nichts darüber aussagt, wie die Wirkung zustande kommt. Wilke beschäftigte sich auch mit dem Erdmagnetismus und entwarf die erste Inklina-tionskarte[2]). Von seinen Arbeiten über Wärme wird unten berichtet.

Wilke nahm teil an den Untersuchungen über Kristallelektrizität. Die Holländer hatten 1703 von Ceylon den Turmalin nach Europa gebracht. In einer anonymen Schrift war 1707[3]) gezeigt, daß der erwärmte Kristall leichte Körper anziehe. Seit 1756 beschäftigte sich Aepinus mit demselben[4]) und zeigte, daß der Turmalin keine Elektrizität zeigt, wenn er an beiden Enden gleich warm ist, daß er Pole habe und daß er im zerkleinerten Zustande die gleichen Eigenschaften besitze. Canton (1718—1772) fand dieselbe Eigenschaft an anderen Kristallen und erklärt, daß man durch Temperaturänderung nur eines Poles auch diesen nur elektrisch laden könne[5]). Ausführliche Untersuchung lieferten Torbern Bergman (1735—1789)[6]) und Wilke[7]). Sie haben bereits fast alle Tatsachen, die später wieder aufgefunden wurden, festgestellt, vor allem, daß die Temperaturdifferenz entscheidend ist und die Polarität bei Ab-kühlung entgegengesetzt ist. Eine Übersicht über die Experimente und Theorien bis 1860 gibt Hankel (1814—1899)[8]).

Der oben erwähnte Elektrophor Voltas(1745—1827) hat eine bedeutende Rolle in der Elektrizitätslehre gespielt[9]). Volta widerlegte mit den Erfahrungen an demselben die verkehrten Anschauungen Beccarias (1716—1781)[10]) über die Ladung der Tafeln. Lichtenberg hat dann die Theorie Wilkes ausführlich begründet (s. oben), und nach vielen anderen Versuchen ist diese Erklärung ebenfalls durch Beobachtungen mit den Lichtenbergschen Staubfiguren von v. Bezold (1837—1907) bestätigt[11]). Die Wilkesche Anordnung, eine Tafel mit dem Isolator Luft statt Glas herzustellen, führte zur Konstruktion des Konden-sators, den Cavallo (1749—1809) also nannte, er unterschied die Kollektor-platte und die Kondensatorplatte[12]). Diesen verband Bennet (1750—1799) mit seinem Goldblattelektroskop[13]) und erweiterte die Vorrichtung zu dem Duplikator, dessen Prinzip schon von Lichtenberg (l. c.) mit zwei Harz-kuchen angewendet war.

In diese Periode fallen auch die ersten Versuche, die Wärme mit der Elek-trizität in messende Beziehung zu setzen, und zwar zunächst den Funken. Kinnersley (geb. 1712) konstruierte eine Art Luftthermometer, in welchem der Luftbehälter zwei Drähte mit Kugeln hatte, die sich genähert werden konnten. Durch die Kugeln ließ er Funkenentladungen von einer Batterie gehen und beobachtete die Erwärmung der Luft[14]). Dann ersetzte er die beiden Kugeln durch einen dünnen Metalldraht, durch welchen die Entladung geleitet wurde. Daran schlossen sich Schmelzversuche, die auch von Franklin aufgenommen wurden[15]). Priestley (1733—1804) glaubte das Gesetz aufstellen zu dürfen: Die Kraft, welche zum Schmelzen führt, ist proportional der Länge und dem Quadrat des Durchmessers[16]). Von Marum (1750—1837) widerlegte es[17]). Die

[1]) Prix de l'acad. Paris 1741, S. 235.   [2]) Wetensk. Acad. Handl. Stockholm 1768.
[3]) Kuriose Spekulationen bei schlaflosen Nächten, Leipzig 1707.
[4]) Recueil de diff. Mém. sur la Turmaline 1762.   [5]) Phil. Trans. 1759, S. 398.
[6]) Kleinere phys. u. chem. Werke, deutsch von Tabor II, S. 138 u. V, S. 474. 1789.
[7]) Abhandlgn. d. schwed. Akad. 1768, S. 1 u. 97.
[8]) Abhandlgn. d. sächs. Akad. Bd. 14, S. 269 u. 345. 1887.
[9]) Scelta Milano IX, S. 91; X, S. 73. 1775.
[10]) Experimenta et Observ. 1769.   [11]) Münchener Ber. 2. 6. 1870, 7. 1. 1871.
[12]) A compl. Treat. on Electr., deutsch 1797, II, S. 167.
[13]) Phil. Trans. 1787, S. 52 u. 288.   [14]) Franklin, Exp. and Observ. S. 389.
[15]) Phil. Trans. 1763, S. 84.   [16]) Geschichte der Elektr. deutsch, 1772, S. 362.
[17]) Beschreibung einer großen Elektrisiermaschine 1788, S. 13.

richtige Behandlung dieser Frage, daß nämlich das Schmelzen wesentlich von
verschiedenen Konstanten des Drahtes abhängt, das Glühen aber vom
Produkt der Elektrizitätsmenge in ihrer Dichtigkeit, unabhängig von der
Länge des Drahtes, aber proportional dem Quadrat des Radius, ist erst von
RIES (1805 bis 1883) aufgestellt[1]) und von CLAUSIUS (s. unten) vollständig
erledigt[2]).

Die PRIESTLEYschen Versuche mit dem Luftthermometer KINNERSLEYS
brachten die Entdeckung[3]), daß nach einer Reihe von Schlägen und erfolgter
Abkühlung auf die ursprüngliche Temperatur das Luftvolumen kleiner geworden
war, er sagt, der Funke habe Luft verzehrt. CAVENDISH (1731—1810) untersuchte die Sache und fand, daß sich in dem Luftraum N_2O_5 gebildet habe. Um
die Menge der Salpetersäure zu erhöhen, führte er der Luft in dem Ballon
soviel Sauerstoff zu, daß das Volumverhältnis der beiden Stoffe 2 : 5 wurde[4]).
Da ist also die Wurzel unserer modernen Stickstofferzeugung. Die durch
den Funken bewirkte Ozonisierung der Luft ist zuerst von FRANKLIN beobachtet, bis dahin sprach man bei Blitzschlägen von Schwefelgeruch und Schwefel-
dampf. FRANKLIN sagt, es sei eine Veränderung der Luft eingetreten, welche
den scharfen Geruch bewirke[5]). Die Erledigung dieser Frage brachte SCHÖNBEIN
durch die Bildung des Ozons[6]).

An den Schluß dieser Periode tritt COULOMB (1736—1806). Seine ersten
Arbeiten waren wesentlich technisch. Die erste wissenschaftliche Arbeit handelt
von der Anwendung der Theorie der Maxima und Minima auf statische Probleme[7]). Dann gewann er den für die beste Herstellung von Schiffskompassen
ausgeschriebenen Preis der Akademie 1779. Dabei versuchte er, den Magneten,
statt auf einer Spitze schweben zu lassen, an einem Faden aufzuhängen. Um
dann messende Versuche zu machen, war die Torsionskraft zu erforschen.
Die Aufgabe löste COULOMB zunächst[8]). Er führt den Begriff des Torsions-
koeffizienten ein und bestimmt die Torsion für einen vertikalen und horizontalen Zylinder. Er beobachtet die Schwingungsdauer bei verschiedenen Auf-
hängungsfäden. Die dabei auftretenden Fehler behandelt C. F. GAUSS[9]). Nun
konstruiert COULOMB eine Bussole, bei der der Magnet an einem Seidenfaden
aufgehängt ist[10]) und stellt das Gesetz der Wirkung zweier Magnetpole auf
$\dfrac{m \cdot m'}{r^2}$. In den späteren Arbeiten über Magnetismus[11]) führt er den Begriff

des magnetischen Moments ein $= 2\,l \cdot m$, wo m die Stärke eines Poles,
$2\,l$ die Entfernung der beiden Pole des Magnetstabes ist, und zeigt, daß die
Distanz der Pole um ca. $^1/_8$ kleiner ist als die Länge des Stabes. Die Methode
der Torsion wendet COULOMB auch für Elektrizität an in der „elektrischen
Balance", die noch heute als Torsionswage gebraucht wird[12]), und leitet aus
zahlreichen Versuchen das Gesetz ab: Die abstoßende Kraft zweier kleinen
gleichartig elektrischen Kugeln ist umgekehrt proportional dem Quadrat der
Entfernung der Mittelpunkte. Er ersetzt nun die ursprüngliche Aufhängung
an einem Silberfaden durch eine an einem Seidenfaden und dehnt die Versuche
auch auf die Anziehung aus mit dem Resultat[13]): Die Wirkung, sowohl die
repulsive wie die attraktive zweier gleich oder entgegengesetzt elektrischer

[1]) Reibungselektrizität II, S. 15ff. [2]) Pogg. Ann. Bd. 86, S. 337. 1852.
[3]) Phil. Trans. 1785. [4]) Ebenda 1788. [5]) Exper. and Observ., S. 84.
[6]) Pogg. Ann. Bd. 50, S. 616. 1840. [7]) Mém. Paris 1776. [8]) Ebenda 1784, S. 229.
[9]) Intensitas vis magn. terr. 1833, § 9. Werke V, S. 94.
[10]) Mém. Paris 1785, S. 560.
[11]) Mém. de l'Inst. III, An 9; IV, An 11; VI, 1806.
[12]) Mém. Paris 1785, S. 569. [13]) Ebenda S. 611.

Kugeln, also auch zweier elektrischer Moleküle, ist direkt proportional der Dichtigkeit der Elektrizität, umgekehrt proportional dem Quadrat der Entfernung, also $k = a \cdot \dfrac{e \cdot e'}{r^2}$.

Dies COULOMBsche Gesetz war jedoch schon früher erkannt. Zuerst hat es DANIEL BERNOULLI (1700—1782) gefunden vor 1760 mit Hilfe eines Elektrometers, welches eine geringe Abweichung von dem oben beschriebenen von LE ROI und D'ARCY war. Darüber berichtet ein Arzt SOCINUS mit folgenden Worten[1]: eodem (Elektrometer) usus est Vir clairissimus, ut determinaret rationem, in qua corpora ab electricis trahuntur, eique visum est, in ratione reciproca quadrata distantium id fieri, si vis electricitatis maneat eadem. Auch hat BERNOULLI dabei festgestellt, daß die elektrische Kraft nur auf der Oberfläche verteilt sei. SOCINUS sagt, BERNOULLI habe die Sache nicht weiter verfolgen können wegen Arbeitsüberlastung. Dann spricht dasselbe Gesetz als wahrscheinlich H. CAVENDISH aus in einer Arbeit, die durchaus auf dem Boden der WILKEschen Arbeit von 1762 steht, ohne WILKE zu nennen[2]. Weil CAVENDISH diese Theorie WILKES gibt und auch wie er den Begriff der elektrostatischen Kapazität und der von FARADAY so genannten spezifischen induktiven Kapazität, was ja alles bei WILKE schon steht, einführt, hat sich bekanntlich MAXWELL veranlaßt gesehen, die CAVENDISHschen Untersuchungen neu herauszugeben[3]. Auch das Gesetz über die Magnetpole war schon lange vorher ausgesprochen. Zuerst von J. MICHELL (1724—1793) mit den Worten: The Attraction and Repulsion of Magnets decreases as the Squares of the distances from the respective poles increase[4]. 10 Jahre später fand das gleiche Gesetz TOBIAS MAYER (1723—1762)[5], und da dieser Ausspruch von AEPINUS ausdrücklich zitiert wurde[6], muß er weiteren Kreisen bekannt gewesen sein. Endlich findet sich dasselbe Gesetz auch bei LAMBERT (1728—1777)[7]. Von englischen Gelehrten wird auch behauptet, daß die Torsionswage von MICHELL erfunden sei. So sagt CAVENDISH bei seinem berühmten Versuch, die Dichte der Erde durch die Anziehung eines Berges nach dem Vorschlage NEWTONS[8] zu messen, daß die dazu benutzte Wage von MICHELL erfunden sei[9]. MICHELL hatte, statt die Magnetnadel auf einer Stahlspitze schwingen zu lassen, dieselbe an einem Faden aufgehängt und dadurch erhöhte Beweglichkeit erzielt. Darum schlug er in einer Arbeit über Erdbeben in Phil. Trans. 1760 vor, mit einer ähnlichen Einrichtung die Dichte der Erde zu messen. Ganz ähnlich hatte BENNET für elektrische Messungen ein Elektroskop konstruiert, ehe er sein Goldblattelektroskop baute. Aber sowohl MICHELL wie BENNET haben einfach vorausgesetzt, daß der Ausschlag der Kraft proportional sei. Für COULOMB bleibt also unweigerlich das Verdienst, die Theorie der Torsionswage geschaffen zu haben und die beiden Gesetze ausführlich durch Versuche begründet zu haben. Er hat mit der Drehwage dann die Verluste der Ladung durch die Stützen, die Aufhängung und die Luft festgestellt und ebenso die Verteilung auf der Oberfläche[10] und damit für längere Zeit einen Abschluß für die Untersuchungen der statischen Elektrizität gegeben.

[1] Acta Helvetica Bd. 4, S. 224. 1760.
[2] Phil. Trans. Bd. 61, S. 584. 1771; Bd. 66, S. 196. 1776.
[3] The Electr. Research. of the Hon. H. Cavendish, bei CL. MAXWELL 1879.
[4] A Treatise of Artificial Magnets etc. 1750, S. 17ff.
[5] Göttinger Gelehrter Anzeiger 1760, S. 633, vom 7. 6.
[6] Nov. Comm. Petrop. 1768, S. 325.   [7] Hist. Berlin 1766, S. 22 u. 49.
[8] Treatise of the System of the World 1728.
[9] Phil. Trans. Bd. 88, S. 469. 1798.
[10] Mém. Paris 1786, S. 67; 1787, S. 426; 1788, S. 620.

9. Die Analysis. Als zweiten charakteristischen Unterschied dieser Periode gegen die früheren nannte ich die Einführung der Analysis in die Physik. Hatte NEWTON es ängstlich vermieden, in den Prinzipien seine Fluxionsrechnung zu entfalten, so versuchte HERMANN (1678—1733) zuerst, die Mechanik auch analytisch anzugreifen[1]), freilich nicht prinzipiell, sondern nur in einigen Problemen der Phoronomie (Bewegungslehre), während die Statik noch synthetisch behandelt wird, abgesondert von der Dynamik. Mit größerem Erfolg benutzte JACOB BERNOULLI (1654—1705) die Lehre LEIBNIZENS für mechanische Probleme. Ich erwähne seine Ableitung der Pendelgleichung[2]), die Behandlung der Kettenlinie und der Isochrone[3]), der Brachystochrone[4]) und seine berühmte Abhandlung über das isoperimetrische Problem[5]), welche EULER begeisterte zur Variationsrechnung. Bei der Pendelgleichung spricht BERNOULLI bereits das als d'Alembertsches Prinzip bekannte Gesetz für diesen konkreten Fall aus. Sein jüngerer Bruder JOHANN (1667—1748) hat neben dem ebenerwähnten Prinzip der virtuellen Geschwindigkeiten auch den LEIBNIZschen Satz von der lebendigen Kraft zuerst als allgemeines Prinzip ausgesprochen, nicht nur für mechanische Probleme, sondern auch für alle Umwandlungen in der Natur[6]). In seiner ersten Abhandlung über die Gärung hat er neben einigen falschen Resultaten zum ersten Male eine richtige Auffassung von der Elastizität der Luft gegeben. Das Problem der Hydrodynamik hat er in Angriff genommen in bezug auf den Ausfluß eines Wasserstrahls aus einer Bodenöffnung und der Bewegung in Kanälen[7]). Diese Fragen wurden von seinem Sohne DANIEL BERNOULLI (1700—1782) mit mehr Erfolg in einer Reihe von Abhandlungen behandelt, die zusammengefaßt sind in dem grundlegenden Werke über die Hydrodynamik, welches bis zur Gegenwart seinen Wert nicht verloren hat[8]). Unter den zahlreichen Abhandlungen von DANIEL sind besonders wichtig geworden seine Untersuchungen über schwingende Saiten, welche in den Abhandlungen der Berliner und Petersburger Akademie von 1753—1774 erschienen sind. Besonders wertvoll ist der Brief vom Oktober 1742 an EULER, worin er die Methode angibt, das Linienintegral des Quadrats der Krümmung längs der Kurve zu einem Minimum zu machen[9]). Die Dynamik der Elastizitätstheorie ist durch seine Arbeit von 1761 in der Petersburger Akademie wesentlich gefördert. Auf diesem Gebiet begegnete er sich mit seinem Freunde LEONHARD EULER (1707—1783). Doch muß noch erwähnt werden, weil es nicht nur damals, sondern bis in die neueste Zeit wenig beachtet ist, daß D. BERNOULLI im 10. Abschnitt der Hydrodynamik auch eine mechanische Theorie der Gase bietet. Die kleinen Teile des Gases sind dauernd in geradlinigen Bewegungen, stoßen einander und die Wand wie elastische Kugeln, so ergibt sich der Druck eines Gases, wenn n die Anzahl der Teilchen im Volum 1, m die Masse eines Teilchens, c die Geschwindigkeit, ϑ der Winkel, unter welchem die Wand getroffen wird, ist, durch die Gleichung

$$p = n \cdot m \cdot c^2 \int_0^{\frac{\pi}{2}} \cos^2 \vartheta \cdot \sin \vartheta \cdot d\vartheta = \frac{n \cdot m \cdot c^2}{3} \cdot$$

Auf L. EULERS Verdienste um die Mathematik einzugehen, ist hier nicht der Ort; für die Physik ist er der erste, welcher die gesamte physikalische

---

[1]) Phoronomia etc. 1716.   [2]) Mém. Paris 1703.
[3]) Acta erud. 1690 u. 1691.   [4]) Ebenda 1697.
[5]) Analysis magni problematis isoperimetrici 1701.
[6]) Comm. epistol. II, Lausanne 1745 u. Prix de l'acad. Paris I. 1727 u. Acta erud. 1694, S. 200.   [7]) Commen. Petrop. IX, S. 3. 1737—1744.
[8]) Hydrodynamica etc. 1738.   [9]) FUSS, Corresp. math. et phys. 1843, II, 26. Brief.

Forschung mit den Hilfsmitteln der Mathematik durchdrang und damit den Grund zur neuen physikalischen Forschung legte. Wir müssen das ganze Gebiet der Physik durchlaufen, wenn wir den Verdiensten Eulers einigermaßen gerecht werden wollen. Schon in seiner mit 29 Jahren herausgegebenen Mechanik (1736) ist er ein Bahnbrecher, wie keiner vor ihm und keiner nach ihm. Er schafft eine analytische Mechanik auf der Grundlage der Infinitesimalrechnung und macht letzterer alle Probleme untertan. Auch Newton hatte, wie mehrere vor ihm, wohl begriffen, daß wir keine Möglichkeit haben, eine absolute Bewegung, absolute Geschwindigkeit und Beschleunigung festzustellen, aber alle vor Euler nahmen es damit nicht ernst, sie beruhigten sich mit der Überlegung, alle unsere Beobachtungen seien auf der Erde, und diese finde in den Fixsternen eine dauernde feste Bestimmungsmethode, so könne man so tun, als ob wir in dem Fixsternraum einen absoluten Raum vor uns hätten, und demgemäß von absoluten Ortsbestimmungen sprechen dürften. Anders Euler. Er sagt, wenn ich alle Beobachtungen nur relativ machen kann und, wie er eingehend zeigt, dadurch zu ganz verkehrten Aussagen kommen muß[1]), so kann ich die Bewegung eines Körpers nur dadurch feststellen, daß ich seine Bahn selbst als gegeben ansehe, in den Punkten seiner Bahn die Tangenten als die Richtungen seiner Bewegung anerkenne, diese als eine Koordinate behandle und senkrecht dazu für die Ebene eine zweite Achse, im Raum zwei senkrechte Achsen einführe[2]). Das Koordinatensystem wandert mit dem Körper auf der Bahn. So bestimmt er die Geschwindigkeit als die Strecke auf der Tangente, welche der (materielle) Punkt in der Zeit 1 beschreiben würde, wenn der Zwang, der ihn von der geradlinigen Bewegung abhält, aufhörte, sie sei v; in einem benachbarten Punkte sei sie v'. Was muß geschehen, damit aus dem v ein v' wird? Es muß eine dritte v'' hinzukommen zu v, die durch „geometrische Addition" das v' ergibt. Das v'' wird gefunden, indem durch den zweiten Punkt zu v eine Parallele gezogen wird und die Endpunkte von v und v' miteinander verbunden werden; diese Verbindungslinie stellt nach Größe und Richtung das v'' dar. Die Bezeichnung geometrische Addition entnimmt Euler der Behandlung des Parallelogramms bei Stevin[3]). Warum er so verfährt, gibt er in der Theoriae motus an[4]): Die Geschwindigkeit ist keine Zahlengröße, sondern eine gerichtete Größe. Euler hat also mit vollem Bewußtsein die Vektorenrechnung erfunden und deren Addition und Subtraktion benutzt, um in mehreren Beispielen, auch für Bewegungen auf Raumkurven, eine von festen Koordinatenachsen unabhängige Bewegung zu behandeln. Sie ist auch die Veranlassung, daß Euler die Variationsrechnung erfindet.

In der ganzen Mechanik spricht Euler stets von einem bewegten Punkt, der Träger von Masse ist, wir sagen materieller Punkt. Er hat sich sowohl in der Vorrede wie im 1. Kapitel eingehend mit der Herausarbeitung dieses Begriffes befaßt. Auch Newton hatte von Punkten in der Bewegung gesprochen, nennt sie bald Particules, bald Corpusculum, aber bald denkt er sie als mathematische Punkte, bald als Kugeln, bald als Teile der Atome[5]). Euler arbeitet sich schließlich zu der Auffassung durch, daß der materielle Punkt ein mathematischer Begriff ist, der dadurch entsteht, daß man den Limesbegriff einführt[6]) und so von Punkten sprechen kann, die Massenträger oder Kraftzentren sind. Diesen Begriff hat Lagrange dann glatt übernommen, ohne

---

[1]) Mechanica sive motus scientia analytica exposita 1736, I, Kap. 1, § 83.
[2]) Ebenda Kap. 3, § 189 ff. u. § 19.   [3]) Spartostatica in Opera 1634.
[4]) Theoria motus corporum solit. un rigid. c. 3. 9, S. 143 ff. 1765.
[5]) Vgl. Körner in Bibl. math. Bd. 5, S. 15. 1904.
[6]) Institutiones calc. differ. 1755, S. 73.

EULER zu nennen: un corps d'un volume et d'une figure quelconque, n'étant que l'assemblage d'une infinité de parties ou points matériels[1]), so daß er durch Integration von den Betrachtungen der Punkte, die wahllos als Teile, Elemente, Körperchen usw. bezeichnet werden, zu begrenzten Körpern kommen kann; während bei D'ALEMBERT, FONTAINE, CLAIRAUT die Begriffe noch schwankend sind. Die points matériels stammen also von LAGRANGES Bezeichnung, entgegen der Behauptung von Voss[2]). Es ist nicht zulässig, wie es oft geschieht, zur Ableitung des Begriffes materieller Punkt bei EULER seine Recherches sur les moindres particules de la matière[3]) heranzuziehen. Diese Schrift hat einen wesentlich polemischen Charakter gegen die von WOLFF gegebene Ausbildung der LEIBNIZschen Monadenlehre und hat mit analytischer Mechanik gar nichts zu tun.

In der Theoria motus geht EULER nun sehr viel weiter; hatte er in der Mechanik in bewegliches Koordinatensystem benutzt und mit Variationsrechnung gearbeitet, so legt er hier drei feste Koordinatenachsen zugrunde (1765), wie es schon MACLAURIN, D'ALEMBERT usw. gebraucht hatten, und leitet nun die Bewegungsgesetze ab, indem er die **Kraftkomponenten** $x = m \cdot \dfrac{d^2 x}{dt^2}$ usw. ableitet und dann die **Bewegungsgleichungen** aufstellt, die noch heute als die LAGRANGEschen bezeichnet zu werden pflegen, und zwar hat er sowohl die **erste** wie die **zweite Art**, indem er Polarkoordinaten einführt und für die Beschleunigungen in Richtung des Radius $\gamma_r = \dfrac{d^2 r}{dt^2} - r\left(\dfrac{d\varphi}{dt}\right)^2$ und in Richtung des Winkels $\gamma_\varphi = r\dfrac{d^2 \varphi}{dt^2} + 2\dfrac{dr}{dt} \cdot \dfrac{d\varphi}{dt}$ findet.

EULER hat bei der Behandlung der Körper den Begriff des **Trägheitsmoments** geschaffen 1758[4]) und benutzt dasselbe in der Theoria motus ausgiebig; hier findet er, daß die **Hauptträgheitsachsen** freie Rotationsachsen sind[5]). Die Rotation starrer Körper beschäftigt EULER ebenfalls schon 1758[6]), wo er die Achse variabel annimmt, dabei leitet er die Grundgleichungen ab, die noch heute in der **Kreiseltheorie** gebraucht werden, und gibt von der Bewegung eines Kreisels eine eingehende Theorie[7]). Die Anwendung dieser Theorie auf die Planetenbewegung ist das Thema einer großen Reihe von Einzelarbeiten, nachdem auch schon in der Theoria motus Kap. 16 diese Anwendung behandelt war (§ 815 ff.). Nur die wichtigsten kann ich unten nennen[8]). Es ist sein Verdienst, das **Störungsproblem** in allgemeiner Form zugänglich gemacht zu haben, indem er alle Elemente der Bahnbestimmung variiert und die wirkliche Bahn in jedem Punkt der Bewegung durch die **oskulierende** Ellipse ersetzt. Das führte auch zu einer neuen Behandlung der Mondbahn, wofür er den Preis der Royal Society erhielt, und den Mondtabellen, die von TOB. MAYER (1723 bis 1762) wesentlich ergänzt wurden[9]).

Ganz besonders hat EULER sich mit den Bewegungsvorgängen bei Berücksichtigung des **Widerstandes** beschäftigt; so untersucht er den Einfluß des Widerstandes bei einem physischen Pendel, welches vorher von DANIEL BERNOULLI in bezug auf **Luftwiderstand** behandelt war[10]), und zwar mit Rück-

---

[1]) Mécanique anal. 1788, S. 80. [2]) Encycl. d. math. Wiss. IV, 1, S. 24.
[3]) Opuscula var. arg. I, S. 287. 1746. [4]) Mém. Berlin Bd. 14, S. 131. 1765.
[5]) Theoria motus § 422 u. 577 ff. [6]) Mém. Berlin Bd. 14, S. 154. 1765.
[7]) Theoria motus § 656 u. 764 ff.
[8]) Theoria motuum planetarum 1744; Nov. Comm. Petrop. Bd. 4, S. 161. 1758; Mém. Berlin Bd. 19, S. 141. 1770; Theoria motus lunae 1753 usw.
[9]) Theoria lunae 1767 u. Tabulorum etc. methodus 1770.
[10]) Comm. Petrop. IV, S. 136 u. V, S. 106. 1729/30.

sicht auf die Aufhängung auf Schneiden[1]). Er ist auch der erste, der gekoppelte Systeme analytisch behandelt, der bekannte Versuch mit den gekoppelten Pendelschwingungen stammt von Euler[2]). Für den Preußenkönig war von großem Interesse die Flugbahn der Geschosse mit Berücksichtigung der Luftreibung. Eine ganz unzureichende Behandlung dieser Frage war von dem Engländer Robins gegeben. Euler machte durch seine Erläuterungen und Zusätze das Buch in deutscher Übersetzung zu einem wissenschaftlichen Werk[3]), welches dann wieder ins Englische und auch Französische übersetzt wurde und in den Artillerieschulen eingeführt ist. Dabei ist interessant, daß Euler, da die direkte Integration nicht gelingt, hier wohl das erste Beispiel einer mit Bewußtsein vollzogenen approximativen Integration gibt. In einer ausführlichen Arbeit behandelt er die Wurfbahn in Luft und einer Flüssigkeit noch besonders[4]). Auch das Problem der Anziehung eines Ellipsoids durch einen Punkt, welches von Newton schon gestellt war, ist von Euler in einer Reihe von Arbeiten behandelt schon seit 1738 und für bestimmte Fälle gelöst[5]).

Von ganz besonderer Bedeutung sind aber die Arbeiten Eulers, welche sich mit den Bewegungen von Flüssigkeiten beschäftigen. Schon 1740 hatte Euler für seine Arbeit über Ebbe und Flut von der Pariser Akademie einen Preis bekommen[6]). Mit ihm hatten auch Daniel Bernoulli und Mac Laurin (1698—1746) Preise erhalten, doch haben alle drei Arbeiten die Korioliskräfte nicht beachtet. Im Jahre 1753 nimmt Euler die Untersuchung des Gleichgewichts und der Bewegung der Flüssigkeiten wieder auf und führt sie durch bis zur vollen Lösung des Problems. Zunächst benutzt er die Methode der Mechanik n starrer Massenpunkte und leitet die Bewegungsgleichungen

$$m_i \frac{d^2 x_i}{d t^2} = X_i + \lambda \frac{\partial L}{\partial x_i} + \mu \frac{\partial M}{\partial x_i} + \cdots$$ ab, die noch heute nach Lagrange

genannt werden, die derselbe aber bis auf die Bezeichnung vollständig von Euler übernommen hat, nur schreibt Euler nicht m_i, sondern $\dfrac{A_i}{2\,g}$, wo A das Gewicht und $2\,g$ der doppelte Weg in der ersten Sekunde des freien Falles ist. Euler bleibt aber nicht bei diesen Gleichungen stehen, sondern kehrt zu der Vektoranalysis zurück, die er schon in der Mechanik ausgebildet hatte. Hier betrachtet er die drei Vektoren u, v, w als Komponenten eines Vektors, bildet dies Gleichungssystem aus, welches in den Lehrbüchern durchweg als die zweite Form der Lagrangeschen Differentialgleichungen bezeichnet wird, und kommt zu Gleichungen, die inhaltlich die Hamiltonschen Überlegungen darstellen[7]). Wenn Lagrange und Laplace Euler nicht zitieren, so ist doch ganz ausgeschlossen, daß sie Eulers Arbeiten nicht gekannt haben, zumal Lagrange Eulers Nachfolger in Berlin wurde; aber es wäre doch wohl an der Zeit, daß die Bezeichnung Lagranges Differentialgleichungen aus unseren Lehrbüchern verschwände, zumal schon bei der Euler-Feier 1907 nachdrücklich auf diese Tatsachen hingewiesen ist. Ich gebe unten die Reihenfolge der Eulerschen Arbeiten, die hierher gehören, an, besonders die beiden großen Arbeiten in den Petersburger Akademie-Kommentationen sind von grundlegender Bedeutung.

---

[1]) Nov. Comm. Petrop. Bd. 3, S. 286. 1753; Bd. 18, S. 268. 1774; Acta Petrop. Bd. 4, S. 533. 1780; Bd. 6, S. 145. 1788.   [2]) Acta Petrop. Bd. 3, II, S. 95. 1779; gedr. 1783.
[3]) Neue Grundsätze der Artillerie usw. 1745.   [4]) Mém. Berlin Bd. 9, S. 321. 1753/55.
[5]) Comm. Petrop. Bd. 10, S. 102. 1738/46.
[6]) Pièces qui ont remp. le prix 1740/41, S. 235.
[7]) Mém. Berlin Bd. 11, S. 217, 274, 316. 1755/57; Comm. Petrop. Bd. 6, S. 271. 1761; Bd. 14, I, S. 271. 1759/70.

Aus ihnen hat auch LAPLACE seine berühmte Gleichung $\varDelta V = 0$[1]) ohne Zitat entnommen.

Schon in der ersten der Petersburger Arbeiten, die im Jahre 1752 geschrieben war, findet EULER, wenn die Geschwindigkeitskomponenten u, v, w sind, als Bedingung der Integrierbarkeit, daß u, v, w die partiellen Divirierten einer Funktion S sein müssen und die Bedingung erfüllt sein muß $\dfrac{\partial^2 S}{\partial x^2} + \dfrac{\partial^2 S}{\partial y^2} + \dfrac{\partial^2 S}{\partial z^2} = 0$.

(l. c. S. 300). Hier ist die von HELMHOLTZ mit dem Namen „Geschwindigkeitspotential" bezeichnete Funktion eingeführt[2]). Dieselbe benutzt EULER dann fortgesetzt auch in den folgenden Arbeiten über Flüssigkeitsbewegungen. Aber er ist nicht beim Geschwindigkeitspotential stehengeblieben, sondern hat auch das Kräftepotential abgeleitet[3]). Um bei beliebigen Kräften, die in der Richtung der x, y, z-Achse wirken, nämlich P, Q, R, eine Integration ausführen zu können, ist notwendig, daß diese Kräfte als Komponenten einer Funktion erscheinen und der Bedingung genügen $\dfrac{\partial P}{\partial x} + \dfrac{\partial Q}{\partial y} + \dfrac{\partial R}{\partial z} = 0$, so daß für die Kräftefunktion die Gleichung $\varDelta S = 0$ sich ergibt. In dieser Arbeit nannte EULER das Geschwindigkeitspotential J und das der Kräfte S. EULER hat auch einen Namen für die Funktion vorgeschlagen, er will sie effort nennen[4]), aber weder er selbst, noch seine Nachfolger haben diesen Namen beibehalten. Dagegen ist sehr merkwürdig, daß selbst der LAPLACEsche Buchstabe V für diese Funktion schon bei EULER vorkommt[5]). Andere finden es auffallend (BACHARACH), daß LAPLACE zuerst die Gleichung in Form von Polarkoordinaten gegeben habe[6]) und später erst seine Gleichung aus dem Integral $V = \iiint \dfrac{\varrho\, dx \cdot dy \cdot dz}{r}$ abgeleitet habe. Nun, er fand die Polarkoordinaten auch bei EULER vor! Es liegt hier offenbar derselbe Fall vor wie bei POISSONS zweiten Beweis für $\varDelta V = -4\pi\varrho$[7]), der GAUSS' Methode und Sätze benutzt ohne Zitat.

EULER ist auch der erste, welcher die Variation nach der Zeit in gleicher Weise behandelt wie die Variation nach den Koordinatenachsen. Er führt darum vier Variable x, y, z, t ein, aber bei praktischen Anwendungen sieht er sich dann doch genötigt, bei Integrationen $t = $ const zu setzen. So gibt er z. B. die Theorie der Turbinen[8]).

Mit der Elastizität fester Körper, besonders dünner Stäbe und schwingender Saiten, hat EULER sich ebenfalls rein analytisch beschäftigt. Er führt den Begriff der Stabilität ein[9]) und bestimmt die Maximalbelastung einer Säule. Er ergänzt DANIEL BERNOULLIS Theorie der schwingenden Saiten und gibt die Differentialgleichungen für transversal und longitudinal schwingende Stäbe[10]). Das führt ihn zu den elastischen Schwingungen der Luft (Gase). Die Schallschwingungen haben ihn rein physikalisch und auch musikalisch intensiv beschäftigt, hatte er doch ein feines musikalisches Verständnis. Wie sehr auch hier der Mathematiker überwiegt, zeigt sich bei seiner Erklärung der Konsonanzen und Harmonie[11]). Ein Konsonanz ist um deswillen angenehm, weil

---

[1]) Mém. Paris 1782/85 u. 1787/89, S. 249.   [2]) Monatsberichte Berlin 1868, S. 215.
[3]) Nov. Comm. Petrop. Bd. 14, S. 308. 1770.   [4]) Mém. Berlin 1755/57, S. 232.
[5]) Theoria motus S. 74. 1765.
[6]) Mém. Paris 1785, in rechtwinkligen Koordinaten ebenda 1789, S. 249.
[7]) Mém. Paris VI, S. 455. 1827.   [8]) Nov. Comm. Petrop. VI, S. 312. 1761.
[9]) Nov. Acta Petrop. Bd. 2, I, S. 121, 146 u. 163. 1778/80.
[10]) Method. inven. 1744.
[11]) Tentamen nov. theor. musicae 1739; Mém. Berlin Bd. 20, S. 165. 1764/66.

wir das einfache Verhältnis der Schwingungszahlen darin erkennen, und diese Erkenntnis gibt uns das angenehme Gefühl! Angesichts der Tatsache, daß die Befriedigung des Hörers bei einer Konsonanz auch bei solchen Menschen eintritt, die keine Ahnung von Schwingungsverhältnissen haben, würde EULER, wenn er jetzt lebte, wohl erklären, die mathematische Feststellung dieses Verhältnisses erfolge im „Unterbewußtsein". Damals gab es dies Mädchen für alles noch nicht und so erklärt sich, daß die Musiker seine Theorie ablehnten. Physikalisch beschäftigte ihn die Fortpflanzung des Schalles, die Interferenz der Schallwellen, die Entstehung des Echo[1]).

Neben der Physik der ponderablen Körper hat EULER auch sehr intensiv die Physik des Äthers betrieben, worunter er eine äußerst feine, aber nicht homogene Substanz meint von außerordentlich kleiner Dichte von vollkommener Elastizität[2]). Da EULER die Actio in distans grundsätzlich ablehnt, muß der Äther ihm zunächst die Gravitation erklären, sie ist die Folge des Ätherdruckes, dessen Dichte in der Nähe der Erdoberfläche geringer angenommen wird, um das NEWTONsche Gravitationsgesetz ableiten zu können. Die Druckverminderung des Äthers wird umgekehrt proportional dem Quadrat der Entfernung vom Erdmittelpunkt vorausgesetzt. Den Einwurf, daß ein solcher Äther eine Verzögerung der Planetenbewegung bedingen würde, macht sich EULER selbst[3]), aber er zeigt, daß die eventuelle Verzögerung geringer sei als die damaligen Beobachtungsfehler.

Dieser Äther ist nun aber auch der Träger und Vermittler des Lichtes[4]). Das Licht ist Wellenbewegung des Äthers, und er nennt seine Theorie eine theoria nova. Als Vorgänger nennt er DESCARTES und nicht HUYGENS, das ist ihm von verschiedenen Physikern verdacht. Auch HUYGENS hatte an DESCARTES angeknüpft, aber beide unterscheiden sich von DESCARTES' Stoß elastischer Bälle doch erheblich. HUYGENS hatte seine Theorie rein geometrisch aus seinem Prinzip abgeleitet, wie oben gezeigt ist, EULER benutzt dieses nirgends, sondern er geht durchaus analytisch zu Werke, daher nova! Er widerlegt NEWTONS Einwände gegen die Undulationstheorie. Die Fortpflanzung der Schwingungen geht von dem leuchtenden Punkt nach allen Seiten und für alle Schwingungszahlen gleich schnell. Einfache Strahlen sind solche gleicher Wellenlänge, sie bilden die Elementarfarben, deren Gesamtheit Weiß ergibt. Reflexion und Refraktion ergeben sich ähnlich so, wie schon LEIBNIZ[5]) auseinandergesetzt hat. Zuerst hat er sich bei Erklärung der Farbenzerstreuung geirrt, aber alsbald den Fehler beseitigt und die langwelligen Strahlen dem Rot, die kurzwelligen dem Violett zugewiesen[6]). Er teilt die nicht selbstleuchtenden Körper ein in 1. solche, die alle Lichtstrahlen unverändert reflektieren, 2. solche, die selbst Äther, aber von anderer Dichte und Elastizität als im freien Äther enthalten und daher beim Durchgang des Lichtes eine Beeinflussung ihrer kleinsten Teile erfahren, und 3. die opaken Körper, sie werden durch das auffallende Licht so beeinflußt, daß die kleinsten Teile in Schwingungen versetzt werden, die eine bestimmte Wellenlänge für den reflektierten Strahl erzeugen nach Art der Resonanz. Diese Erregung kann noch fortbestehen, wenn auch das erzeugende Licht aufgehört hat, so bei den phosphoreszierenden Körpern. Aus diesen Annahmen leitet er die Farbenzerlegung bei der Brechung ab und findet, daß eine Achromasie bei nur zwei Medien (Luft und Glas) nicht erreichbar ist, aber immer erreichbar, wenn drei verschiedene Medien zur Verfügung

---

[1]) Dissertatio phys. de sono 1727; Mém. Berlin Bd. 15, S. 185—264. 1759/66; Bd. 21, S. 335. 1765/67. [2]) Opuscula I, S. 195. 1746. [3]) Ebenda S. 245.
[4]) Nova theoria lucis et colorum. Opusc. I, S. 169. 1746.
[5]) Acta erudit. 1682, S. 185. [6]) Conjectura physica etc. Opusc. II, S. 1. 1750.

stehen, dann kann immer die Krümmung der Grenzflächen so berechnet werden, daß der Vereinigungspunkt für rote und für violette Strahlen zusammenfällt. Die Schwierigkeit, eine allgemeingültige Dispersionsformel zu finden, hat EULER dauernd beschäftigt, er bleibt schließlich auf der Formel stehen, daß er das Brechungsverhältnis $m = \left(\dfrac{p}{q}\right)^{1+x}$ setzt, wo p und q die Geschwindigkeiten in den beiden Medien und x die Schwingungszahl ist[1]). Dann berechnet er die Dispersion durch die Gleichung $\dfrac{\ln R}{\ln V} = \dfrac{\ln r}{\ln v}$, wo R und V die Indizes für Rot und Violett im einen, r und v im anderen Medium sind.

In seiner dreibändigen Dioptrik[2]) berechnet er dann eine große Anzahl von Fernrohren und Mikroskopen, die nahezu oder ganz achromatisch sind, er behandelt darin zu ersten Male gründlich den Einfluß der Apertur des Objektivs, die seitliche und Längsaberration, die Größe des Gesichtsfeldes, die Vergrößerung, die Fehler beim Schleifen der Linsen usw. Er hat dabei nicht nur zusammengesetzte Objektive, sondern auch Okulare berechnet und regte dadurch DOLLOND an, Glassorten zu finden, die achromatische Instrumente lieferten. So darf man wohl behaupten, daß die Erkenntnis: eine Vervollkommnung der optischen Instrumente ist wesentlich abhängig von der Auffindung geeigneter Glasschmelzen, von EULER herrührt.

Eingehend beschäftigt sich EULER mit der atmosphärischen Strahlenbrechung[3]), die Differentialgleichung der Kurve, welche den Gang des Lichtstrahls darstellt, ist allgemein nicht integrierbar, aber bei bestimmten Annahmen über die Temperatur und Dichte ist die Lösung möglich, und EULER gibt daher für das Nivellement ganz bestimmte Vorschriften. Er ist auch der erste, welcher Lichtstärke und Beleuchtungsstärke streng unterscheidet und für letztere die Abhängigkeit von der Neigung richtig angibt, ebenso schätzt er zuerst die dritte Dimension beim Sehen durch die Perspektive. Beugung und Interferenz behandelt EULER nicht, vielleicht weil dazu die Annahme longitudinaler Schwingungen nicht ausreichte.

Die Äthertheorie liefert EULER dann auch eine auf derselben beruhende Theorie des Magnetismus, wofür er 1748 den Preis der Pariser Akademie erhielt[4]). Er führt den Begriff der magnetischen Leitfähigkeit und des magnetischen Kreises ein, und wenn man seine Bezeichnung „Strömungslinie" durch Kraftlinie ersetzt, so sind seine Darstellungen für einen Magneten und für die Wirkung zweier Magnete aufeinander identisch mit den FARADAYschen Kraftlinienbildern.

Wir können von EULER nicht scheiden, ohne seinen Anteil an dem Prinzip der kleinsten Aktion zu erwähnen. MAUPERTUIS (1698—1759) hatte im Anschluß an FERMAT das Prinzip der kleinsten Aktion in etwas verschwommener Weise dargestellt[5]), war von KOENIG heftig angegriffen, der einen angeblich von LEIBNIZ herrührenden Brief veröffentlichte, worin das Prinzip schon deutlich ausgedrückt war. Da ergriff EULER für MAUPERTUIS Partei und gab dem Prinzip, welches bei MAUPERTUIS sich darstellte durch die Formel $m \cdot v \cdot s = \text{Min.}$, die präzise Form $\partial \int v \cdot ds = 0 = \partial \int v^2 \cdot dt$ [6]). So ist es von LAGRANGE übernommen[7]) mit dem Hinweis, daß für das System von Massenpunkten das

---

[1]) Nov. Comm. Petrop. Bd. 12, S. 166. 1766 u. Acta Petrop. 1777, I, S. 174.

[2]) Dioptrica 1769—1771 u. Nov. Comm. Petrop. Bd. 8, S. 254. 1763 u. Opera posth. II, S. 567, 739. 1862.   [3]) Mém. Berlin 1754, S. 131.

[4]) Dissertatio de magnete. Pièces qui ont remp. le prix, Paris 1748, 1 u. Opuscula III,1. 1751.   [5]) Mém. Paris 1740 u. 1744.

[6]) Methodus inveniendi 1744, Additamentum II.   [7]) Mém. analyt. II, s. 3, § 6.

Prinzip von der Erhaltung der lebendigen Kraft gelten muß. Dies Prinzip, in der ursprünglichen Form tatsächlich sehr zweifelhaften Wertes, hat Gauss (1777—1855) Veranlassung gegeben, sein Prinzip des kleinsten Zwanges aufzustellen[1]. Hamilton (1805—1855) gab dem Prinzip einen allgemeinen Charakter, indem er die Variation der potentiellen (V) und kinetischen Energie (T) in seinem Gesetz (law of varying action) vereinigte:

$$\partial \int_{t=0}^{t=t_1}(V + T)\, dt = \partial \int_{t=0}^{t=t'} 2T\, dt, \quad \text{d. h.} \quad \partial \int_0^{t'}(T - V)\, dt = 0 \; [2].$$

In dieser Form hat dann v. Helmholtz dem Prinzip neue Bedeutung gegeben[3].

Ein anderes in der theoretischen Mechanik sehr vielfach angewandtes Prinzip stellte d'Alembert (1717—1783) auf. Auch dies hat seine Vorgeschichte. Huygens hatte durch den Satz von der reduzierten Pendellänge die unfreie Bewegung des physischen Pendels auf die freie des mathematischen zurückgeführt. Das veranlaßte Jacob Bernoulli (1654—1705), die Sache so aufzufassen, daß einige Punkte des physischen Pendels Beschleunigungsverlust, andere Gewinn hätten und so die Bewegung sich zusammensetzen ließe aus der freien Bewegung und der durch Druck- und Zugkräfte sich kompensierenden[4]. Damit leitet er dann die Lage des Schwingungsmittelpunktes aus den gewonnenen und verlorenen Beschleunigungen ab. In der Mechanik Varignons (1654—1722) wird ein Brief Joh. Bernoullis vom 26. 1. 1717 mitgeteilt[5], worin dieser ein Prinzip aufstellt, daß, wenn beliebige Kräfte auf ein System von Punkten wirken, die Summe der positiven Energien gleich der Summe der negativen Energien ist, wo unter Energie das Produkt aus der Kraft in die Projektion der Verschiebung auf die Kraftrichtung zu verstehen ist. Diesen Gedanken nimmt d'Alembert wieder auf[6] und betrachtet ein durch irgendwelche Bedingungsgleichungen verbundenes System von Punkten, deren Bewegungsmöglichkeiten ebenfalls durch beliebige Bedingungen beschränkt sind. Auf dies System mögen irgendwelche Kräfte wirken, so unterscheidet er die Bewegungen, welche die Punkte ausführen würden, wenn sie frei wären (A), die Bewegungen, welche sie wirklich ausführen (B). Der Unterschied ist durch die Bedingungen veranlaßt, die kann man als Kraftwirkungen auffassen, und darum nennt er diese Kräfte „verloren". Dann lautet sein Prinzip: Für die Bewegung eines solchen Systems sind zu jeder Zeit die verlorenen Kräfte im Gleichgewicht. Schon Lagrange spricht das Prinzip in anderer Form aus und zeigt, daß er aus demselben die Bewegungsgleichungen Eulers ableiten kann[7]. In anderer Fassung gibt man das Prinzip in einer Gleichung[8]:

$$\sum \left[\left(m\,\frac{d^2 x}{dt^2} - X \right) \partial x + \left(m\,\frac{d^2 y}{dt^2} - Y \right) \partial y + \left(m\,\frac{d^2 z}{dt^2} - Z \right) \partial z \right] = 0,$$

wo X, Y, Z die Komponenten der Resultante aller Kräfte sind.

10. Die Wärme. In dieser Periode hat die Lehre von der Wärme einen großen Fortschritt zu verzeichnen. Zunächst tritt in der Thermometrie neben der nach Fahrenheit benannten Skale die Skale Réaumurs (1683—1757) auf, er schreibt an das Volumen bei der Temperatur des schmelzenden Wassers (Gefrierpunkt!) 1000 und an die Stelle des siedenden Wassers 1080[9]. Daneben

---

[1]) Crelles Journ. Bd. 4, S. 232. 1829.   [2]) Phil. Trans. 1834, II, S. 247.
[3]) Crelles Journ. Bd. 100, S. 137 1887.
[4]) Acta erud. 1686, S. 355 u. Mém. Paris 1703, S. 78 u. 273.
[5]) Nouvelle Mécanique II, S. 174. 1725.   [6]) Traité de Dynamique S. 50. 1743.
[7]) Méc. analyt. II, s. 2, § 5.   [8]) Kirchhoff, Mechanik, S. 25. 1883.
[9]) Mém. Paris 1730, S. 489.

erörtert er auch den Gedanken, das Volumen des Weingeistes (Quecksilber) bei der Schmelztemperatur gleich 500 zu setzen und die Skale in Prozenten dieses Volumens zu teilen; ausgeführt ist diese Idee, soviel ich weiß, nicht. Celsius (1701—1744) gab seinem Thermometer die Skale[1]) von 0° beim Siedepunkt bis 100° beim Schmelzpunkt (sic!). Die Umkehrung dieser Skale hat Linné in einem Brief an Arago für sich in Anspruch genommen[2]), während sie sonst dem Assistenzen Celsius' Strömer zugeschrieben wird[3]). Die Frage, ob die mit Thermometer gemessene Wärmesteigerung der Wärmezufuhr entspreche, ist nach den obenerwähnten Untersuchungen von Amontons mit dem Luftthermometer lange Zeit nicht wieder aufgeworfen, wohl wegen der vielverbreiteten Phlogistontheorie. Sie wird zuerst wieder von Deluc (1727—1817) behandelt, und für Quecksilberthermometer zwischen 0° und 100° wird die Proportionalität nachgewiesen[4]). Er bedient sich dabei der von Ramsden (1735 bis 1805) ausgearbeiteten Methode zur Messung der Ausdehnung mit Fernrohrablesung[5]), die noch heute vielfach gebraucht wird.

Diese Versuche stehen in einem Zusammenhang mit denjenigen, welche zur Auffindung der spezifischen Wärme führten. Aus dem Diario der Accad. del Cimento von 1641 geht hervor, daß in dem Quecksilberthermometer Steigen und Fallen schneller eintritt als bei Wasserthermometern, daß verschieden gleich warme Flüssigkeiten verschieden große Mengen Eis zum Schmelzen bringen. Aber weder die Mitglieder der Akademie noch sonst jemand haben daraus einen Schluß auf die spezifische Wärme gezogen. Boerhaave erklärt, gleiche Mengen einer Flüssigkeit mit verschiedenen Temperaturen geben eine Mischungstemperatur gleich der halben Summe beider Temperaturen[6]). Black (1728—1799) hatte in seinen Vorlesungen schon lange gezeigt, daß eine Masse m von Eis bei 0° zum Schmelzen die Masse m von Wasser von 172° F[7]) erfordere. Aus der Menge des verbrauchten Brennmaterials berechnet er[8]), daß für die Verdampfung bei 100° C so viel Wärme verbraucht werde, wie nötig ist zur Erwärmung der 445fachen Masse Wasser um 1°.

Die Mischungsmethode war für Körper gleicher Art schon von P. Richmann (1711—1753) ausgebildet: Bezeichnet M und C Masse und Temperatur des einen Körpers, m und c Masse und Temperatur des wesensgleichen zweiten Körpers und v die Temperatur der Mischung, so ist $v = \dfrac{MC + m\,c}{M + m}$. Das hat er an verschiedenen Flüssigkeiten gezeigt, aber von spezifischer Wärme hat er nichts gesagt[9]).

Von dieser Formel ging C. Wilke (1732—1796) aus und wollte sie auf Wasser und Schnee anwenden, da fand er[10]), daß Schnee von 0° eine Wassermasse von höherer Temperatur bedürfe, um zu schmelzen; a g Schnee von 0° und a g Wasser von $72^{1}/_{6}$° C lieferten $2a$ g Wasser von 0°. Daraus schloß er, daß man den Wärmeinhalt eines Körpers nicht durch die Temperatur nach Angabe des Thermometers messen könne. Er definiert die Wärmeeinheit als die Wärme, welche die Gewichtseinheit Wasser bei Abkühlung um 1° C abgibt. Nun bildet er die Methode aus, um für andere Körper die „spezifische Wärme" zu bestimmen. Er lehnt die Schneeschmelzversuche ab, da während

[1]) Handlingar Stockholm 1742, S. 197 der deutschen Ausgabe.
[2]) C. R. Bd. 18, S. 1063. 1844.   [3]) Handlingar Stockholm Bd. 7, S. 166. 1745.
[4]) Recherch. sur les modif. de l'atmosph. 1792.
[5]) Phil. Trans. Bd. 68, I, S. 419. 1778 u. Bd. 75, S. 461. 1785.
[6]) Elementa chemiae, de igne, 1732, S. 270.
[7]) Lectures on nat. Phil. I, S. 79 u. 504. 1761/65.
[8]) Robison, Mech. Phil. IV, S. 108.   [9]) Nov. Comm. Petrop. I, S. 152.
[10]) Vet. acad. Handlingar 1772, S. 97.

der langen Dauer der Abkühlung auch durch die Luft etwas Schnee geschmolzen werde, darum seien die Angaben dabei unsicher. So bringt er in m g Wasser von 0° einen Körper von m g und $c°$ und beobachtet die Mischungstemperatur n, dann ist die spezifische Wärme $= \dfrac{n}{(c-n)}$ [1]. Er bemerkt, daß man den Körper an einen möglichst dünnen Faden aufhängen müsse und ihn nicht in Berührung bringen dürfe mit dem Gefäß, in welchem die Mischung stattfinde. Daß seine Werte zu klein werden, ist natürlich, da er den Wasserwert des Gefäßs vernachlässigt und den Körper im Wasser erwärmt. Wilke fügt dann auch die Bemerkung (§ 14) hinzu, daß man die spezifische Wärme auch durch schmelzenden Schnee bestimmen könne bei gehörigen Vorsichtsmaßnahmen, aber er hält diese Methode für ungenauer als die Mischungsmethode.

Die entgegengesetzte Ansicht vertreten Lavoisier und Laplace in ihrer am 18. Juni 1783 gelesenen Arbeit [2]. Zunächst zeigen sie auch die Bestimmungsweise mit der Mischungsmethode, diese geben sie aber auf als zu unzuverlässig; statt dessen konstruieren sie ein Eiskalorimeter und bestimmen damit die spezifische Wärme sehr genau. Sie finden bereits, daß dieselbe nicht konstant ist, sondern eine Funktion der Temperatur, daß man also nur eine mittlere spezifische Wärme bestimmen könne. Sie führen auch den Wasserwert der Umhüllungen (Drahtnetz) ein. Ihr Eiskalorimeter ist später mehrfach verbessert, z. B. 1847 von John Herschel [3] und Bunsen [4].

Die Methode durch Abkühlungsbestimmung, die Erkaltungsmethode, ist nach dem Vorgang von Newton von Tob. Mayer [5] zur spezifischen Wärmebestimmung ausgebildet und später vielfach angewendet von Dulong und Petit [6] bis Hirn [7].

Für die Schmelzwärme des Eises haben die genannten Forscher folgende Werte gefunden: Black (1755) 79,79 Wärmeeinheiten, Wilke (1772) $72^1/_8$, Lavoisier und Laplace (1783) 75 Einheiten. Daß die Schmelztemperatur von Lösungen und Legierungen niedriger ist als die des Lösungsmittels bzw. die der Bestandteile der Legierungen, hat Blagden zuerst nachgewiesen [8], nachdem Newton es an einer konkreten Legierung beobachtet hatte. Blagden stellt dabei auch Versuche an, um die Temperaturerniedrigung beim Auflösen eines Salzes zu bestimmen, während schon Boyle die Abkühlung in einer Kältemischung Schnee-Salz auf die zur Auflösung des Salzes notwendige Arbeit zurückgeführt hatte [9].

Daß auch die Verdampfung Wärme verbrauche, ist in dieser Zeitperiode durch Versuche von W. Cullen (1710—1796) nachgewiesen [10]. Er zeigt, daß die Verdunstung des Wassers Kälte erzeugt. Ohne physikalische Begründung war diese Tatsache natürlich längst bekannt, und in Indien hatte man daraufhin schon Eisfabrikation betrieben. Über diese bengalische Eisfabrikation berichtete Barker [11] und noch eingehender Williams [12]. Es war daher kein großes Verdienst, daß Leslie die Verdunstungs-Eismaschine konstruierte [13]. Die Verdampfungswärme zu messen hatte Black versucht, ohne gutes Resultat, aber er veranlaßte J. Watt (1736—1819), sich mit dieser Frage zu beschäftigen. Zunächst fand Watt, daß die Verdampfungswärme 510 Wärmeeinheiten betrug

[1] Vet. acad. Handlingar 1781, S. 49, besonders S. 59.　[2] Mém. Paris 1780/84, S. 355.
[3] Pogg. Ann. Bd. 142, S. 320. 616. 1871.　[4] Ebenda Bd. 141, S. 1. 1870.
[5] Gesetze und Modifikationen des Brennstoffs. 1796.
[6] Ann. chim. phys. Bd. 10, S. 395. 1819.　[7] Ebenda (4) Bd. 10. 1867.
[8] Phil. Trans. 1788, S. 125.　[9] The mechanical origine of heat and cold. 1665.
[10] Essays and observ. Edinburgh II. 1755.
[11] Phil. Trans. Bd. 65, S. 252. 1775.　[12] Ebenda Bd. 83, S. 129. 1793.
[13] Gilb. Ann. Bd. 43, S. 373. 1810.

(seine Fahrenheitmessung ist in Celsius umgerechnet), dann bestimmt er, daß Wasser von 0° in Dampf von 63° zu verwandeln 622 WE erfordere, aber Wasser von 0° in Dampf von 100° 624 WE. Daraus schloß er, daß die Wärmemenge, welche 1 kg Wasser von 0° in gesättigten Dampf zu verwandeln immer die gleiche ist, so daß die Verdampfungswärme bei steigender Temperatur immer kleiner wird. Der Kampf um dies WATTsche Gesetz hat sich bis REGNAULT fortgesetzt. WATT hat dabei auch die Spannkraft des Wasserdampfes genau untersucht[1]). Das hiermit eng zusammenhängende sog. LEIDENFROSTsche Phänomen wurde von dem Berliner Akademiker ELLER zuerst dargestellt[2]), aber von ihm wie auch von LEIDENFROST[3]) als eine Abstoßungswirkung des Phlogistons aufgefaßt. Damit berühren wir die in diesem Zeitabschnitt ganz besonders im Vordergrund des Interesses stehenden Untersuchungen über das Wesen der Wärme.

Schon aus dem Altertum waren zwei Auffassungen über die Wärme übermittelt, während PLATON[4]) warm und kalt nur als relative Urteile auffaßte, baute ARISTOTELES auf dem Gegensatz von Warm und Kalt die Entstehung aller Körper auf (s. oben). Diese „kaltmachende" Materie und Wärmematerie treten noch bei GASSENDI auf[5]). Aber daneben war die Auffassung der Wärme als eines inneren Bewegungszustandes durch ROGER BACON[6]) und BACON VON VERULAM (1561—1626)[7]) bis R. BOYLE[8]) erhalten, welcher sich auch PARENT (1708) und HERMANN (1716) anschließen. Eine selbständige Theorie der Wärme als eines Schwingungszustandes der Moleküle bietet zuerst D. BERNOULLI[9]). Die gleiche Auffassung hat EULER in der 1738 gekrönten Preisschrift über das Feuer[10]), wo er sagt: Cum enim calor in motu quodam minimarum particularum corporum consistat, satis perspicuum est ignem in omnibus corporibus calorem excitare debere[10]). Für die strahlende Wärme nimmt EULER an, daß sie aus Schwingungen des Äthers bestehe.

Neben dieser mechanischen Auffassung der Wärme hatte die altertümliche Theorie, daß Feuer ein Element sei, sich bis BOYLE (l. c.) erhalten, wo der Feuerstoff als ein selbständiger Körper erscheint. Diesen Feuerstoff hatte BECHER (1635—1682) dann zum Träger der Wärme gemacht[11]), und LEMERY hatte ihm auch das Licht zugewiesen und erklärte die Änderung der Aggregatzustände durch die Wirkung dieses Feuerstoffes[12]). Dagegen erklärt E. STAHL (1660—1734) den Wärmestoff, den er Phlogiston nennt[13]), als verschieden von Feuerstoff und Lichtstoff und macht ihn zu einem „Element", welches sich in größerer oder geringerer Menge mit der Materie verbindet. Von ihm übernahm CHR. WOLFF diese Lehre und gab ihr die Form, in welcher sie in zahlreiche Bücher Eingang und weite Verbreitung fand. Besonders die Entdeckung der spezifischen Wärme, welche mit dem Phlogiston eine einleuchtende Erklärung fand, half zur weiteren Verbreitung der Phlogistonlehre. Auch der Ausdruck latente Wärme ist in dieser Theorie gebildet. Auch LAMBERT steht ganz auf dem Boden der Phlogistonlehre, aber das hat ihn nicht gehindert, in ausführlicher Begründung die Wärmeausdehnung der Luft festzustellen und mit

---

[1]) ROBISON, Mechan. Phil. II.   [2]) Mém. Berlin 1746, S. 42.
[3]) De aquae com. qualitatibus. Duisburg 1756.   [4]) Philebos 25.
[5]) Opera omn. II. 1658.   [6]) Novum organon II, S. 20 u. Opus majus S. 72. 1733.
[7]) De interpretatione naturae. 1665.
[8]) The mechanical origine of heat and cold. 1665.
[9]) Hydrodynamik 1738, sec. 10.
[10]) Acc. de pièces qui ont remp. les prix IV, S. 13. 1752.
[11]) Phys. subterranea 1669 u. Experimenta, observ. etc. Berlin 1731.
[12]) Mém. Paris 1709.
[13]) Specimen Becherianum 1703 u. Zufällige Gedanken usw. 1718.

Benutzung des Amontonschen Luftthermometers das nach Gay-Lussac genannte Gesetz abzuleiten, wobei er sehr sorgfältig betont, daß man durch einen entsprechenden Überdruck dafür sorgen müsse, daß die Dichtigkeit der Luft konstant erhalten werde[1]). Aber die mechanische Auffassung ist niemals verschwunden, so daß Lavoisier und Laplace in ihrer berühmten Abhandlung über die Wärme[2]) beide Anschauungen charakterisieren, sich selbst für keine von beiden entscheiden, sondern zwei Sätze an die Spitze stellen, die für beide Theorien gültig sind: 1. Die Menge der freien Wärme bleibt stets die gleiche bei der einfachen Vermischung der Körper. 2. Wenn in einer Verbindung oder einer Zustandsänderung freie Wärme vermindert wird, so erscheint dieselbe vollständig wieder, wenn der ursprüngliche Zustand wiederhergestellt wird. Analog bei Vermehrung. Es waren in der Tat auch nach Eulers Tode noch eine große Zahl von Gelehrten Anhänger der mechanischen Auffassung.

11. Akustik. Am Schluß dieses Abschnittes hat dann auch die Akustik noch große Bereicherung erfahren durch die Experimentaluntersuchungen Chladnis (1756—1827). Er stützt sich auf die obenerwähnten Arbeiten Eulers und D. Bernoullis, daneben nennt er auch Lambert (1728—1777) und Riccati (1709—1790). Ersterer hat die Blasinstrumente behandelt und den Einfluß der Temperatur auf die Schallgeschwindigkeit in der Luft festgestellt. Riccati hat die Ergebnisse Eulers und Bernoullis zusammengefaßt in seiner Behandlung der schwingenden Saiten[3]). Chladnis Musikinstrumente interessieren uns hier nicht, aber er hat zuerst die Longitudinaltöne in Stäben untersucht[4]) und die Schwingungen einer angestrichenen Scheibe durch die Klangfiguren[5]). Er unterscheidet die physikalische Akustik von der physiologischen und gibt eine ausführliche Beschreibung der Gehörwerkzeuge bei Menschen und Tieren[6]); er untersucht die Schwingungen von Membranen und die Töne von Pfeifen, wenn dieselben nicht Luft, sondern andere Gase enthalten, und leitet daraus die Schallgeschwindigkeit in diesen Gasen ab[7]). Chladni hat auch eine Theorie der Stimmgabel in seiner Akustik geliefert und die drehende Schwingung behandelt. Seine Theorie des Klanges ist im Gegensatz zu der Eulerschen, welche von Rameau (1683—1769) erweitert war[8]) und die Konsonanz auf das Zusammenklingen der Obertöne zurückführte. Aber in seinen „Neuen Beiträgen" gab er richtig die Grenze der Hörbarkeit eines Tones zu 22000 Schwingungen an. Freilich sind seine Resultate nicht immer richtig und erst später richtiggestellt, aber er hat das Verdienst, die ersten Grundlagen der experimentellen Akustik geschaffen zu haben. Ein Grund seines Mißerfolges war wohl, daß er die Bedeutung der von G. A. Sorge (1763—1778) entdeckten Kombinationstöne[9]), welche noch heute nach Tartini genannt werden, nicht hinreichend würdigte.

c) Dritte Periode von Galvani bis 1820.

12. Galvanismus. Das Charakteristische dieser Periode ist die Entdeckung des Galvanismus und die Versuche zu seiner Erklärung und zur Feststellung seiner chemischen Wirkung. Freilich werden wir sehen, daß auch die anderen Zweige der Physik in diesem Zeitabschnitt Fortschritte zu verzeichnen haben, aber sie treten zunächst völlig zurück gegenüber diesen wirklich neuen Ent-

---

[1]) Pyrometrie oder vom Maß des Feuers und der Wärme, 1779 posth., S. 27ff.
[2]) Mém. Paris 1784, S. 355.   [3]) Delle corde ovvero fibre elastiche 1767.
[4]) Voigts Magazin Bd. 1. 1798.
[5]) Ebenda Bd. 3. 1801 u. Pogg. Ann. Bd. 5, S. 345. 1825.
[6]) Akustik 1802.   [7]) Neue Beiträge zur Akustik, 1817.
[8]) Démonst. du principe de l'harmonie, 1750 u. 1760.
[9]) Anweisung zur Stimmung und Temperatur, 1744.

deckungen. Die Geschichte der Erfindung des Galvanismus durch GALVANI ist in den meisten neueren Werken über Geschichte der Elektrizität mit allerlei Anekdoten ausgeschmückt, aber GALVANI (1737—1798) erzählt ganz einfach und glaubwürdig so[1]): „Ich zerschnitt einen Frosch und bereitete ihn, wie in Fig. X zu sehen, legte ihn, ohne etwas zu vermuten, auf den Tisch, auf welchem die elektrische Maschine stand, die gänzlich vom Konduktor getrennt und ziemlich weit davon entfernt war; als aber einer meiner Zuhörer die Spitze des Messers von ungefähr ein wenig an den inneren Schenkelnerven des gedachten Frosches brachte, so wurden die Muskeln aller Glieder sogleich zusammengezogen, als ob sie von heftigen Konvulsionen ergriffen würden. Ein anderer von den Gegenwärtigen glaubte zu bemerken, es geschehe nur zur Zeit, wenn aus dem Konduktor ein Funken gezogen wurde. Er machte mich, da ich eben ganz etwas anderes vorhatte, darauf aufmerksam usw." Aber wie kam GALVANI dazu, den Froschschenkel zu präparieren? Es sind nämlich die Cruralnerven bloßgelegt und stehen mit einem kurzen Stück des Rückenmarks noch in Verbindung. GALVANI gehörte zu der großen Zahl Anatomen, welche sich mit tierischer Elektrizität beschäftigten.

Aus dem Altertum war die Raja torpedo, die Narke des ARISTOTELES, bekannt, auch daß sie dem Berührenden einen heftigen Schlag erteilen könne, man hielt diesen Tetanus für identisch mit den durch gewisse Gifte erzeugten Lähmungserscheinungen und zählte darum die Narke zu den giftigen Tieren (GALEN). Später glaubte man, eine willkürliche Muskelkontraktion des Fisches annehmen zu dürfen (RÉAUMUR). Erst als die KLEISTschen Flaschen entdeckt waren, wagte man einen Vergleich mit der Entladung einer solchen Flasche, zumal 1751 durch ADAMSON (1727—1806) aus Afrika der Zitterwels (Silurus electricus) nach Paris gebracht war[2]) und ebenfalls der südamerikanische Zitteraal (Gymnotus electricus), dessen außerordentlich starke Schläge zuerst von PISON 1648 beschrieben waren[3]), genauer untersucht war. Doch erst durch Dr. WALSH[4]) war die elektrische Natur dieser Fische wirklich nachgewiesen, indem er schon das bei ARISTOTELES bekannte Organ zwischen Hirnschale und den Knorpeln der Seitenflossen als den Sitz der Elektrizitätserregung nachwies. Infolge dieser Untersuchungen hatten viele Forscher nach tierischer Elektrizität gesucht; so glaubte COTUGNO, bei einer sezierten Maus elektrische Erregung gefunden zu haben[5]). So hatte CALDANI (1725—1813) an HALLER über Froschzuckungen bei elektrischen Ladungen berichtet[6]).

Es ist darum ganz natürlich, daß GALVANI seine Entdeckung zunächst auch als einen Beweis für tierische Elektrizität ansah. Er stellte fest, daß ein isolierter Froschschenkel nur zucke, wenn Nervenende mit Muskelende durch einen metallischen Leiter verbunden waren. Ein Glasstab zwischen den bezeichneten Enden lieferte keine Zuckung, dagegen sehr stark, wenn er Kupfer-Eisen oder Kupfer-Silber anwandte; da aber auch ein einfacher Eisendraht genügte, so glaubte er, der Sitz der Elektrizität sei in den Nerven zu suchen, sie seien die innere Belegung einer KLEISTschen Flasche, die Muskeln die äußere. Daher gab er der Abhandlung den Titel: „Die Kräfte der tierischen Elektrizität",

---

[1]) De viribus electricitatis in mot. musc. comm. 1791. Diese erste Publikation GALVANIS über diesen Gegenstand in Verbindung mit den folgenden ist deutsch herausgegeben von J. MAYER: ALOIS GALVANI, Abhandlung über die Kräfte der tierischen Elektrizität, S. 3, 1793.

[2]) Brief an seinen Lehrer BERNARD DE JUSSIEU 1751 von seiner Reise im Senegalgebiet; vgl. Histoire naturelle du Senegal. 1757.

[3]) Historia natur. Brasiliae 1648.

[4]) Phil. Trans. 1773, S. 74, u. J. HUNTER, ebenda am Zitteraal.

[5]) Brief vom 3. 10. 1784 an VIRENZIO s. Gothaisches Mag. Bd. 8, St. 3, S. 121.

[6]) Sull'insensitivita ed irritabilita etc., 1757.

und knüpfte daran die weitgehendsten physiologischen Folgerungen. Seiner Auffassung schlossen sich zahlreiche Gelehrte an, aber er fand auch Widerspruch. Reil in Halle erklärte, alle bisherigen Versuche zeigten nur eine große Reizbarkeit der Nerven durch Elektrizitätsentladung, welche von außen in den Nerven einträte. Der Sitz der Elektrizität sei wohl in den Metallen zu suchen und die Reizbarkeit in dem organischen Teil der Leitung[1]).

Interessant ist, die Umwandlung der Anschauung bei Volta zu verfolgen. Zunächst ist er entschiedener Anhänger der Galvanischen Theorie, er will die Verteilung der natürlichen Elektrizität im tierischen Körper durch Versuche mit der Kleistschen Flasche nachgewiesen haben[2]) und weicht von Galvani nur darin ab, daß er meint, die Nerven seien negativ, die Muskeln positiv elektrisch, während Galvani das Gegenteil annahm. Dann führt er aus[3]): Nerven und Muskeln haben stets Elektrizität, aber sie ist im Gleichgewicht, erst durch die Berührung mit dem Metall wird dieses gestört und durch die Leitfähigkeit desselben wiederhergestellt in einer Entladung. Zwei Monate später erklärt er die Zuckungen des Froschschenkels in der Nähe einer Funkenentladung durch den von Mahon[4]) entdeckten Rückschlag[5]). Er meint, die Elektrizität wirke besonders auf die sensitiven Nerven, er legt das eine Metallende oberhalb des Auges, das andere an den Gaumen, dann erzeugt er im Sehnerven einen Lichtschein. Auf die Mitte der Zunge legt er eine Geldmünze, an die Zungenspitze Stanniol, berührt er die beiden Belegungen mit einem Leitungsdraht, so erzeugt er eine Geschmacksempfindung[6]). Es ist das derselbe Versuch, den Sulzer (1720—1779) 1754 gemacht hatte[7]), daß, wenn er ein Blei- und ein Silberstück, die sich an einem Ende berührten, so auf die Zunge legte, daß das Silber die Mitte, das Blei die Spitze berührte, ein Geschmack wie von Eisenvitriol entstände, bei umgekehrter Berührung entstehe alkalischer Geschmack. Das gleiche Experiment hat Lichtenberg von einem ungenannten Engländer 1792 berichtet[8]) und selbst erweitert ausgeführt. Von zahllosen Physikern und Ärzten sind diese Versuche wiederholt. Volta behauptet freilich, den Versuch, ohne Zulzer zu kennen, gemacht zu haben. Jedenfalls ist Lichtenbergs Veröffentlichung früher als die Voltas.

Volta zeigte nun, daß zum Gelingen dieser Versuche notwendig sei, daß zwei verschiedene Metalle den „Leitungsbogen" bilden müssen und teilte die Metalle in drei Gruppen: 1. Zinn, Blei; 2. Eisen, Kupfer, Messing; 3. Gold, Silber, Platin. Kombinierte er 1 mit 2 oder 3, so bekam er sicher die Wirkung auf die Nerven, dagegen nicht sicher, wenn 2 und 3 sich berührten[9]). Daraus schloß er, daß die Metalle die Hauptrolle spielen müßten und durch die Berührung der beiden Metalle die Elektrizität erzeugt werde, so daß die Zuckungen des Froschschenkels nur durch den von den Metallen ausgehenden Strom hervorgebracht werden[10]). Galvani hatte aber die Zuckungen auch mit einem Eisendraht erhalten. Da zeigt Volta, daß die Endpunkte dieses Drahtes nicht gleichartig seien; verschiedene Temperatur, verschiedene Härte, ja verschieden gestaltete Oberfläche an den Enden genügen, um Erfolg zu erzielen. Nun untersucht er die Elektrizitätserzeugung durch Berührung zweier Metalle am Duplikator und erklärt, nicht die Berührung des Metalls mit dem tierischen Leiter

---

[1]) Gren, Journ. Bd. 6, S. 409. 1792.
[2]) Brief an Baronio in Mailand. Auch Voltas Schriften über tierische Elektrizität hat Mayer deutsch herausgegeben 1793.   [3]) l. c. S. 4.
[4]) Princip. of electricity, 1779, deutsch von Seeger 1789.
[5]) Volta, Tierische Elektrizität, S. 70.   [6]) Ebenda S. 112.
[7]) Mém. Berlin 1754, S. 356.   [8]) Gren, Journ. Bd. 6, S. 414. 1792.
[9]) Tierische Elektrizität, S. 122, Note.   [10]) Brief an Vasalli vom Juni 1794.

ist die Quelle der Elektrizität, sondern die der Metalle untereinander, darum redet er nicht mehr von tierischer Elektrizität, sondern von Galvanismus[1]). Aber er wollte durch diesen Namen nicht ausdrücken, daß es sich hier um etwas anderes handle als Elektrizität, wie es von verschiedenen Autoren damals behauptet wurde, sondern nur um GALVANI, dessen Theorie er jetzt bekämpfte, als Erfinder zu ehren.

In demselben Jahre kam nun ein ganz neues Moment in die Untersuchung. Am 10. 4. 1795 richtete ein Dr. ASH aus Oxford an A. VON HUMBOLDT (1769 bis 1859) einen Brief des Inhalts: „Legen Sie zwei homogene Zinkplatten mit Wasser befeuchtet so aufeinander, daß sie sich an möglichst vielen Stellen berühren, so werden Sie äußerst wenig Wirkung bemerken. Legen Sie aber Zink und Silber ebenso zusammen, so werden Sie bald sehen, daß sie einen starken Effekt aufeinander hervorbringen, das Zink scheint sich zu oxydieren, und das Silber ist auf der ganzen Oberfläche mit feinem weißen Staub bedeckt. Ebenso wirken Blei und Quecksilber, wie auch Eisen und Kupfer." HUMBOLDT machte diese Versuche nach und zeigt, daß der Sauerstoff sich zum Zink begibt, aber an der Silberplatte Wasserstoffblasen aufsteigen[2]). Er prägt den Ausdruck: **Wasserzersetzung durch den Galvanismus** (ib. S. 474).

Den HUMBOLDTschen Gedanken nahm der 21jährige JOH. RITTER (1777 bis 1810) auf[3]): An der Berührungsstelle zweier Körper findet immer eine nach einer bestimmten Richtung wirkende „Aktion" statt, die elektrischer Natur ist und von der chemischen Konstitution der Körper abhängt. Diese Aktionen werden algebraisch addiert, und ihre Summe gibt die Kraft der Kette, z. B. Frosch-Silber-Zink-Frosch-Zink-Silber hat die Kraft 0, setzt man die Aktion Silber-Zink = 1, so kann man die anderen Aktionen danach messen: „Sich entgegengesetzte Bestimmungsgründe für Aktionen von gleicher Größe heben einander auf; wenn sie ungleich sind, hebt der schwächere von dem stärkeren so viel auf, als er, der schwächere, beträgt. Die wirkliche Tätigkeit einer solchen Kette ist gleich der Differenz zwischen der Summe der nach einer Richtung bestimmten Aktionen und der Summe der nach entgegengesetzter Richtung bestimmten, z. B. H_2O-Fe-Cu-H_2O-Sn-Ag-H_2O-MgO-Zn-H_2O-C-Au-H_2O hat die Kraft: (Zn-MgO + Au-C) — (Fe-Cu + Sn-Ag). Dann untersucht RITTER die Wasserzersetzung; auf eine Glastafel bringt er 8 Tropfen Wasser, in dasselbe legt er die Enden zweier sich nicht berührender, verschiedener Metalle, legt er auf die anderen Enden der Stäbe einen dritten Stab, so nennt er die Kette geschlossen. Ist die Kette geschlossen, so wird der Zinkstab, den er gewöhnlich mitverwendet, stark oxydiert, während an dem anderen Metall eine Wasserstoffentwicklung eintritt[4]). Dabei findet er den Einfluß der Temperatur, erwärmt er auf 80° R, so zeigt sich die chemische Wirkung sehr viel stärker als bei Zimmertemperatur. Durch einen hübschen Versuch mit einer kleinen KLEISTschen Flasche beweist er, daß es sich bei diesem Galvanismus um Elektrizität handelt, wie sie auch von der Elektrisiermaschine geliefert wird. Daraus zieht er den Schluß: **daß diese entgegengesetzten Elektrizitäten auch für wirkliche Stimmung chemischer Prozesse sich ebenso entgegengesetzt verhielten."** Ich bemerke, daß diese Entdeckungen fast ein Jahr vor der Veröffentlichung der VOLTAschen Säule und noch länger vor den Arbeiten der Engländer über Wasserzersetzung und Verbindung von Elektrizität mit chemischen Prozessen veröffentlicht sind!

----

[1]) GREN, Neues Journ. Bd. 3, S. 480. 1796.
[2]) Über die gereizte Muskel- und Nervenfaser. I, S. 472. 1797.
[3]) Beweis, daß ein beständiger Galvanismus den Lebensprozeß begleitet, S. 76. 1798.
[4]) Gilb. Ann. Bd. 2, S. 80. 1799.

Am 20. März 1800 schrieb Volta seinen berühmten Brief an Sir Joseph Banks, der ihn aber vor der Veröffentlichung am 26. Juni seinem Freunde Carlisle (1768—1840) gab. Dieser verband sich mit Nicholson (1753—1815), sie bauten am 30. April nach Voltas Vorschrift eine Säule von 17 Paaren aus halben Kronenstücken und Zinkstücken durch mit Salzwasser getränkte Pappstücke getrennt auf und konnten ihre Versuche früher veröffentlichen[1]), als der Brief Voltas bekannt gemacht wurde, der die Säule und den Becherapparat beschrieb[2]); Volta verglich den Becherapparat mit dem Organ der elektrischen Fische und schlug darum den Namen „Organe electrique artificiel" vor. Weder er noch Nicholson und Carlisle kamen „in ihren Resultaten über Ritter hinaus", nur die Bemerkung in der englischen Arbeit ist neu, daß die Säule nach 2 bis 3 Tagen „ermüdet" ist, indem die Zinkplatten völlig oxydiert sind und der an der Silberplatte entstehende Wasserstoff das Kochsalz zersetze, „so daß Natrum effloresziere"! In einer zweiten Abhandlung (ebenda) zeigen sie, daß wirklich Wasserstoff entwickelt wird, wenn zwei Drähte von den Enden der Säule in ein Gefäß mit Salzwasser gesteckt werden. Darin haben sie auch zum ersten Male den sog. Metallbaum erzeugt an Kupferdrähten in verdünnter Salzsäure.

Mit einer Säule hat Ritter dann auch die Wasserzersetzung in einem Becher erzeugt und für die Zersetzung folgendes Schema aufgestellt: Am Oxygendraht (positive Elektrode) wird H_2O wirklich zersetzt, der dadurch frei werdende Wasserstoff zersetzt nun das benachbarte Molekül H_2O, und diese Zersetzung geht durch die ganze Flüssigkeit gleichmäßig hindurch bis zum anderen Draht[3]). Bei Anwendung von Golddrähten gelingt es ihm, die Gase H und O einzeln aufzufangen; er leitet dann beide Gase zusammen in ein Gefäß und verpufft sie durch einen elektrischen Funken und erhält so das Wasser wieder, welches er zersetzt hatte. Er schlägt vor, durch die Menge des zersetzten Wassers die Stromstärke zu messen. Er leitet den Strom dann in eine größere Reihe von Lösungen[4]) und schlägt durch die Zersetzung Kupfer, Silber usw. nieder und hat die ganze Reihe der „Metallfällungen". Er meint, es gäbe keine Flüssigkeit, die nicht zersetzt werden könne. Hier hat Ritter denn auch nachgewiesen, daß es unnötig ist, an den Enden der Säule je zwei Platten zu legen, die Wirksamkeit sei dieselbe, wenn je eine Platte an den Enden vorhanden sei. So baute er die Säule in folgender Form: $Zn\text{-}H_2O\text{-}Ag\text{-}Zn\text{-}H_2O$ usw. $Ag\text{-}Zn\text{-}H_2O\text{-}Ag$, und da am Zn hier der Sauerstoff entwickelt wird, redet er von dem Oxygenpol und dem Wasserstoffpol. Er ist auch der erste, welcher wirksame Ketten aus zwei Flüssigkeiten und einem Metall baut, z. B. Opiumlösung-Kohle-Wasser[5]).

Man findet gewöhnlich als Erfinder der Metallfällung Cruikshank angegeben[6]). Allein Ritter war ihm zuvor gekommen, und Gilbert spricht bereits 1800 seine Verwunderung darüber aus, daß man Ritters Priorität nicht achte[7]). Dagegen bot Davy (1778—1829) einen Fortschritt, indem er durch genaue messende Versuche nachwies, daß wirklich Wasser zersetzt werde. Er leitete die Golddrähte von der Säule in zwei in einem Wasserbecken stehende Zersetzungsröhren, fand zunächst das Verhältnis von H zu $O = 56:14$ und gab als Ursache dieser verkehrten Zahlen das „Verschlucken" des O durch das Wasser an; als er darum das Wasser vorher mit Sauerstoff sättigte, ergab sich

---

[1]) Journ. of Nat. Phil. Bd. 4, S. 179. 1800.   [2]) Phil. Trans. 1800, S. 403.
[3]) Voigts Mag. f. d. Neueste Bd. 2, S. 380. 1800 u. Gilb. Ann. Bd. 9, S. 281. 1801.
[4]) Beiträge zur näheren Kenntnis des Galvanismus Bd. 1, S. 277. 1800.
[5]) Gilb. Ann. Bd. 7, S. 373. 1801.
[6]) Nichols. Journ. Bd. 4, S. 187 u. 254. 1800.   [7]) Gilb. Ann. Bd. 6, S. 469. 1800.

das Verhältnis 57 : 27[1]). DAVY untersuchte auch den Vorgang in der Kette selbst an dem Becherapparat[2]), die Zinkstreifen wurden oxydiert ohne Gasentwicklung, und an den Silberstreifen zeigte sich auch nur wenig Gasentwicklung. Er sagt, der Wasserstoff wird von der Silberplatte kondensiert, daraus ergibt sich die „Ermüdung" der Kette; will man dauernde Wirksamkeit haben, so muß man nach Lösungen suchen, die geeignet sind, das Zn zu oxydieren und den Wasserstoff zu verschlucken, er sucht also nach einem konstanten Element! Er wählt Eisenvitriollösung und will die Wirksamkeit der Säule dadurch erhöhen, daß er von Zeit zu Zeit etwas Säure auf das Zn träufelt. Auch SIMON (1767—1815) hat die Wasserzersetzung untersucht und das Gewichtsverhältnis festgestellt[3]). Er kommt zu dem gleichen Verhältnis 85 : 15, wie es seinerzeit LAVOISIER gefunden hatte bei der Wasserzersetzung (s. oben).

Die nächste Förderung erfuhr der Galvanismus wieder durch RITTER. Er hatte schon in seiner oben zitierten Arbeit von 1799 den Nachweis erbracht, daß die Kraft der Zersetzung um so geringer wird, je weiter die Drähte voneinander entfernt in das Wasser tauchen. Diese Frage untersucht ERMAN (1764 bis 1851) genauer[4]). Er stellt zunächst fest, daß je reiner das Wasser ist, desto geringer sein Leitungsvermögen, und mit diesem Leitungsvermögen steht die Intensität der chemischen Wirkung in geradem Verhältnis. Dann schließt er die Säule durch eine feuchte Hanfschnur und mißt mit einem Elektroskop die Ladung an verschiedenen Stellen dieser Schnur, während die Zersetzung an allen Stellen der Schnur die gleiche bleibt, nimmt die Spannung bis zur Mitte der Schnur gleichmäßig ab, er hat also das später so genannte Potentialgefälle entdeckt. Dann schreibt RITTER[5]) am 11. 5. 1801 an GILBERT seine Entdeckung des Spannungsgesetzes. Er behandelt den Fall, daß die Säule Zn-H_2O-Ag-Zn-H_2O-Ag durch einen Golddraht geschlossen wird. Da sind gleichgerichtet Au-Zn und Ag-Zn, entgegengesetzt ist Ag-Au. Nun ist Au-Ag + Ag-Zn = Au-Zn. Da Au-Ag = —(Ag-Au) ist, bleibt 2 Ag-Zn als Wirkungsgrad der Batterie übrig. Der Brief an BARTH, worin VOLTA sein Spannungsgesetz ankündigt, ohne es zu beschreiben, ist vom 29. 8. 1801 datiert. Die Priorität ist also für RITTER durchaus gesichert. Auch in dem Nachweis der Spannung an den Polen der Säule ist RITTER VOLTA zuvorgekommen. Er verbindet die Pole mit zwei isoliert aufgehangenen Goldblättchen und betrachtet deren Anziehung resp. deren Abstoßung, wenn sie mit gleichartigen Polen zweier Säulen verbunden waren[6]). Am 21./2. 1801 zeigt er, daß mit einer isolierten Säule eine KLEISTsche Flasche nur sehr wenig zu laden ist; leitet man den einen Pol der Säule zur Erde ab und berührt den anderen mit der inneren Belegung der Flasche, so lädt sich die Flasche mit der gleichen Spannung, welche an dem Pol herrscht[7]).

VOLTA machte sein Spannungsgesetz in zwei Vorlesungen vor dem Nationalinstitut in Paris am 7. und 21. 11. 1801 bekannt, über welche der erste Bericht von PFAFF gegeben wurde[8]). Dann berichtete BIOT (1774—1862) im Namen der eingesetzten Kommission am 1. 12. 1801 und bestätigte die Spannungsreihe VOLTAS: Zn-Pb = 5; Pb-Sn = 1; Sn-Fe = 3; Fe-Cu = 2; Cu-Ag = 1; mit den Anwendungen: Zn-Ag = 12; Sn-Cu = 5; Zn-Fe = 9. Die von VOLTA nicht gefundene Spannung zwischen Metall und Flüssigkeit

---

[1]) Nichols. Journ. Bd. 4, S. 275 u. 326. 1800.
[2]) Nichols. Journ. Bd. 4, S. 527. 1800.
[3]) Gilb. Ann. Bd. 8, S. 30 u. Bd. 10, S. 282. 1801.
[4]) Gilb. Ann. Bd. 10, S. 1. 1801.   [5]) Gilb. Ann. Bd. 9, S. 219. 1801.
[6]) Gilb. Ann. Bd. 8, S. 390. 1801.   [7]) Gilb. Ann. Bd. 8, S. 445. 1801.
[8]) Gilb. Ann. Bd. 9, S. 489. 1801 u. Bd. 10, S. 392. 1802 der Bericht BIOTS.

war von Pfaff (1773—1852) nachgewiesen[1]). Der Erfolg dieser Voltaschen Arbeit war außerordentlich, und es muß anerkannt werden, daß sie der Schluß einer seit 1794 von ihm konsequent verfolgten Gedankenreihe ist, daß nämlich bei der Berührung zweier Metalle (einschließlich Kohle) ein Übergang der Elektrizität von einem zum anderen stattfinde (im Sinne der Franklinschen Theorie). Wenn man aber so weit geht wie E. du Bois-Reymond, „daß Voltas Abhandlungen in ihrer natürlichen Reihenfolge die beste Darstellung der Lehre vom Galvanismus bis zu seiner Zeit in genetischer Form abgebe"[2]), so kann man ein solches Urteil nur fällen, wenn man von Ritter nichts weiß. Wie sehr Ritter in der richtigen Beurteilung der Wirksamkeit der Säule Volta übertraf, geht schon aus der Tatsache hervor, daß Volta noch bei diesen Vorführungen in Paris seine Säule an beiden Enden mit zwei Plattenpaaren baute und diese mitzählte für die Wirksamkeit der Säule.

Schon in der oben zitierten Arbeit von 1799 hatte Ritter mit seiner Kette Funken erzeugt und Schließungs- und Öffnungsfunken unterschieden und hatte ferner gefunden, daß der Funken von einer Kohlenspitze bei gleichen anderen Bedingungen intensiver ist als der von einer Metallspitze. Er stellt ferner fest, daß bei einer Säule von 224 Plattenpaaren die am positiven Pol befestigte Silberplatte bei dem Funken durchbrannte, daß die Kohlenspitze an demselben Pol eine Aushöhlung bei der Funkenentladung erfuhr[3]). Er beobachtete auch die Dauer dieses Funkens, d. h. den Lichtbogen, indem von der Kohle kleine glühende Teilchen abgerissen wurden. Nun fand Simon, daß eine Säule mit großen Platten den Funken stärker liefere als eine mit gleicher Plattenzahl, aber kleinerer Oberfläche[4]). Pfaff wies dann allgemein nach, daß Vergrößerung der Plattenoberfläche ebenso eine Stromverstärkung gab wie eine Plattenvermehrung[5]), und Sternberg (1761—1838) fand den Unterschied, daß Oberflächenvergrößerung die Funkenbildung sehr fördere, dagegen nicht die physiologischen und chemischen Wirkungen, letztere wurden durch Vermehrung der Platten vergrößert[5]).

Ritter untersucht dies Verhalten genauer und kommt zu dem Resultat, daß der Effekt der Säule bei gleicher Spannung von der Summe der Leitung (Leitungsvermögen) in der Säule und dem schließenden Bogen abhängt und daß es bei gegebener Plattenzahl eine bestimmte Plattengröße gibt, bei welcher die Summe der chemischen und der Funkenwirkung ein Maximum gebe[6]). Statt der Funken untersuchte Wilkinson die Erwärmung eines dünnen Leitungsdrahtes. Eine Säule von 400 Plattenpaaren von 4 Zoll war imstande, einen 2 Zoll langen Eisendraht zum Glühen zu bringen, dagegen ein von 100 achtzölligen Plattenpaaren brachte einen 32 Zoll langen Draht gleichen Querschnitts zum Glühen[7]). Durch jene Entdeckung ist Ritter ein Vorläufer Ohms geworden, er ist auch der erste, welcher einen Thermostrom beobachtet. Um den Einfluß der Temperatur zu untersuchen, legt er auf eine Glasplatte einen heißen und einen kalten Zinkstab, die sich an einem Ende berühren; zwischen die beiden anderen Enden legt er einen präparierten Froschschenkel und sieht denselben zucken. Es geht ein Strom positiver Elektrizität an der Berührungsstelle von dem heißen zum kalten Zn[8]). Wie so viele andere seiner Entdeckungen hat er auch diese nicht weiter verfolgt, und die Nachwelt hat sie vergessen.

---

[1]) Gilb. Ann. Bd. 10, S. 223. 1802.
[2]) Untersuchungen über tierische Elektrizität I, S. 92. 1848.
[3]) Gilb. Ann. Bd. 9, S. 344. 1801.   [4]) Gilb. Ann. Bd. 9, S. 385. 1801.
[5]) Gilb. Ann. Bd. 11, S. 132. 1802.   [6]) Gilb. Ann. Bd. 19, S. 22. 1805.
[7]) Gilb. Ann. Bd. 19, S. 45. 1805.   [8]) Gilb. Ann. Bd. 9, S. 292. 1801.

Dauernden Erfolg hatte er mit einer zweiten Entdeckung. Er knüpfte an eine Beobachtung GAUTHEROTS (1753—1803), welcher die beiden Platindrähte, die zur Wasserzersetzung gebraucht waren, unter gegenseitiger Berührung der herausragenden Enden so auf die Zunge legte, daß der eine die Zungenspitze, der andere die Mitte berührte, dann empfand er die bekannte Geschmackswirkung[1]. RITTER nahm Golddrähte und erzeugte mit ihnen Froschschenkelzuckungen, er findet, daß die Golddrähte um so intensiver die Geschmackswirkung erzeugen, je häufiger sie zur Wasserzersetzung gebraucht sind, aber die Wirkung bleibt aus, wenn man die Drähte nach der Herausnahme aus der Zersetzungszelle längere Zeit liegen läßt. Er nimmt dann zwei Goldmünzen, die er durch eine feuchte Tuchscheibe trennt, verbindet die Münzen mit den Polen einer Säule und findet nach Unterbrechung dieser Verbindung, daß die Goldmünzen selbst eine Säule darstellen. Daraufhin baut er eine Säule aus 50 Kupferplatten, die er durch 49 kochsalznasse Pappen trennt, läßt durch sie den Strom einer Säule von 100 Plattenpaaren 5 Minuten lang gehen und findet nun, daß die Kupfersäule Funken liefert und Wasserzersetzung, und zwar, daß die Platte, durch welche der Ladungsstrom eingetreten ist, nun für die Entladung auch positiver Pol ist, also in der „Ladungssäule" die Stromrichtung in der Entladung umgekehrt ist wie bei der Ladung. Jedoch dauert der Strom nicht lange, aber wenn man die Ladungssäule dann eine kurze Zeit offen stehen läßt, „erholt" sie sich wieder und liefert nochmals einen schwächeren und kürzerdauernden Strom. Läßt man dieselbe überhaupt offen stehen, so verliert sie ihre Ladung langsam gänzlich, und diese allmähliche Entladung ist ein „innerer" Vorgang in der Säule[2]. Bei diesen Ladungssäulen ist die Bedeutung der Plattengröße besonders wichtig, er baut sich solche von 64 Quadratzoll, so hofft er, daß diese Ladungssäulen für den Strom die gleiche Bedeutung erlangen, wie die KLEISTschen Flaschen für die statische Elektrizität. Er faßt aber den Vorgang als einen Spannungszustand auf, wie er die Leitung überhaupt als eine fortschreitende molekulare Ladung ansah[3]. Die Vermehrung der Platten in der Ladungssäule gibt nur geringe Vermehrung der Stromstärke und kann schließlich ganz unwirksam werden.

VOLTA, der die Versuche RITTERS alsbald nachmachte und bestätigte, erklärte den Vorgang richtig durch Zersetzung des Wassers und Anlagerung der Zersetzungsprodukte auf den Trennungsflächen während der Ladung. Während der Entladung wird die Polarisation durch die Gasschichten wieder reduziert[4]. Diese Gaspolarisation wurde von RITTER angenommen und die verschiedenen Metalle auf ihre Brauchbarkeit für solche Säulen untersucht[5]. Die Platten sind einzeln genauer untersucht von BRUGNATELLI, der an der positiven Platte während der Ladung die Oxydation nachweist[6]. Bei Silberplatten findet er am positiven Pol schwammiges Silber, welches beim Trocknen an der Luft und nachherigem Reiben wieder reines Silber darstellt, während die negative Platte sich mit schwarzem „hydrogenisierten" Silber bedeckt; später nennt er die Substanz „Silbersuperoxyd" und am negativen Pol Wasserstoffsilber[7], d. h. er findet die Okklusion des Wasserstoffs. In die Weiterentwicklung dieser Entdeckung trug ERMAN durch seine unipolare Leitfähigkeit[8], wofür er sogar die Pariser Medaille erhielt, eine große Verwirrung, die mehr als 20 Jahre hinderlich war.

---

[1]) Voigts Mag. f. d. Neueste Bd. 4, S. 832. 1802.
[2]) Voigts Mag. f. d. Neueste Bd. 6, S. 104, bes. S. 115. 1803.   [3]) Ebenda S. 182.
[4]) Gilb. Ann. Bd. 19, S. 490. 1805.   [5]) Allg. Journ. f. Chem. Bd. 3, S. 696. 1806.
[6]) Journ. de phys. Bd. 62, S. 298. 1806.   [7]) Gehlens Journ. Bd. 1, S. 71. 1806.
[8]) Gilb. Ann. Bd. 22, S. 14. 1806 u. Bd. 28, S. 310. 1808.

Während Ritter seine oben geschilderte Theorie der Wasserzersetzung auf-
gab und von Oxydierung und Hydrogenisierung des Wassers an den Polen der
Zersetzungszelle sprach, nahm Frh. v. Grotthuss die Rittersche Lehre wieder
auf und bildete folgende Theorie der Wasserzersetzung aus[1]). Seien a, b,
c usw. die Moleküle des Wassers zwischen dem positiven und negativen Pol-
draht, so wird durch den positiven Draht aus dem a der Sauerstoff angezogen
und der Wasserstoff abgestoßen, dieser findet in b ein Sauerstoffteilchen, mit
welchem er sich alsbald zu Wasser verbindet. Ebenso geht der in b freigewordene
Wasserstoff mit dem O des c eine Verbindung zu Wasser ein und so fort bis
zum letzten Molekül an dem negativen Draht, der den H anzieht und O abstößt
und dadurch die Wirkung des positiven Poles unterstützt. So wird Gas nur an
den Drähten entstehen, aber alle Moleküle zwischen den Poldrähten nehmen an
der Zersetzung teil, so daß die Leitung durch eine Flüssigkeit in dieser Umwandlung
der Moleküle besteht. Diese Theorie fand wenig Anklang, und erst als Grotthuss
dieselbe in einer umfangreichen Arbeit 1820 von neuem unter Anwendung verschiedener Flüssigkeiten wiederholte, konnte er auf einigen Beifall hinweisen[2]).

Diese Theorie nahm Davy auf und schildert den Vorgang nahezu mit denselben Worten[3]). Aber er fügt hinzu, daß dadurch ein Transport der Zersetzungsprodukte durch die Flüssigkeit entstehe und wendet die Theorie auf
verschiedene Lösungen an[4]). Das gibt ihm Veranlassung anzunehmen, daß alle
Körper ganz bestimmte Mengen Elektrizität besitzen, er nennt das den Charakter
des Körpers und meint, diesen elektrischen Charakter behalten die Elemente
in der Verbindung zu einem Molekül bei, aber ihre elektrischen Ladungen sind
im Gleichgewicht. Durch die Einführung der Poldrähte wird dies Gleichgewicht
gestört, aber durch die chemische Wirkung zwischen den Molekülen wird dasselbe
wiederhergestellt. Dieser Prozeß in seiner Gesamtheit stellt den Strom dar.
Sonach muß jedem Element ein bestimmter elektrischer Charakter eigentümlich
sein und man kann also positive und negative Elemente unterscheiden. Diese
elektrischen Kräfte wirken dann auch bei den Verbindungen und erklären die
Wahlverwandtschaften. Auch die zusammengesetzten Radikale haben
einen elektrischen Charakter und die bei chemischen Verbindungen entstehende
Wärme ist nicht anders zu erklären als die Erwärmung eines festen Leiters beim
Durchgang der Elektrizität.

Diese elektrische Theorie der Chemie fand um deswillen einen so außerordentlichen Beifall, daß sie Ritter und Grotthuss in Vergessenheit brachte,
weil Davy in demselben Jahre eine glänzende Entdeckung gelang[5]), die ihm
den kleinen galvanischen Preis der Pariser Akademie eintrug. Bis dahin hatten
alle Forscher Lösungen zersetzt, aber diesen Methoden trotzten die Alkalien.
Nun nahm Davy in einem Platinlöffel etwas Ätzkali, schmolz dasselbe und
verband den Löffel mit dem positiven Pol der Säule, steckte in die geschmolzene
Masse einen mit dem negativen Pol verbundenen Platindraht und sah, daß sich
an dem Draht kleine metallisch glänzende Kugeln auslösten. An der Luft verband sich dies metallische Kalium alsbald wieder mit Sauerstoff, darum mußte
es unter Öl aufbewahrt werden. Das analoge Experiment gelang ihm auch bei
Natriumhydroxyd. Seebeck (1770—1831) erfand die Methode[6]), welche nachher
ziemlich allgemein angewandt wurde zur Herstellung des Kaliums und Natriums.
Auf das mit dem positiven Pol verbundene Platinblech legte er ein Stück Ätzkali, höhlte dies aus und goß in das Loch Quecksilber. In dieses steckte er den

---

[1]) Mém. sur la Décompos. de l'eau etc. 1805, abgedruckt in Ann. de chim. Bd. 58, S. 54.
1806. [2]) Physisch-chemische Forschungen I, S. 115. 1820.
[3]) Gilb. Ann. Bd. 28, S. 38. 1808. [4]) Phil. Trans. 1807, S. 1.
[5]) Gilb. Ann. Bd. 28, S. 148. 1808. [6]) Gilb. Ann. Bd. 28, S. 476. 1808.

negativen Platindraht; es bildet sich Kaliamalgam; dies wird unter Ausschluß der Luft erwärmt, so verdampft das Quecksilber.

Die chemischen Wirkungen des galvanischen Stromes wurden auch technisch alsbald verwertet. SOEMMERING (1755—1830) baute damit den elektrochemischen Telegraphen[1]), dessen erstes Modell im Deutschen Museum steht, bei welchem im Empfangsapparat jedem Buchstaben und Zeichen ein wasserstoffentwickelnder Platindraht entsprach. Hierbei ist zum ersten Male ein Kabel primitivster Art angewendet. Um die lästige Führung von 27 einzelnen Leitungsdrähten zu vermeiden, überspann SÖMMERING die Drähte mit Seide und vereinigte alle 27 Drähte zu einem Tau[2]).

DAVYS Theorie erfuhr eine Abänderung durch BERZELIUS (1779—1848), der darauf hinwies, daß nach DAVY nur Verbindungen von positiven und negativen Radikalen möglich seien. Darum nimmt BERZELIUS an[3]), daß die Elemente an sich neutral sind und erst bei der Verbindung ihre elektrische Ladung erhalten, z. B. hat H gleiche Mengen positiver und negativer Elektrizität, ebenso O. Sobald sie sich verbinden, gibt H seine negative Ladung ab und O seine positive Ladung, und es bleibt der H positiv geladen, der Sauerstoff negativ geladen im Wassermolekül zurück; er denkt sich also eine Art Kontaktwirkung nach VOLTA. So kann er die Elemente in eine elektrochemische Reihe ordnen, so daß bei einer Verbindung eines vorhergehenden mit einem folgenden ersteres negativ, letzteres positiv elektrisch wird. Die Reihe beginnt mit O, S, Se usw. bis zu den Alkalien[4]). Diese Auffassung hat bis DANIELL[5]) bzw. bis HITTORF[6]) die weiteste Verbreitung gehabt.

Eine zweite „elektrochemische" Theorie der reinen Chemiker muß wegen des Einflusses auf FARADAY noch erwähnt werden. Es ist die von FABBRONI (1752—1822) zuerst ausgesprochene Ansicht, daß die chemische Wirkung in der Säule die Ursache der Elektrizitätserregung sei[7]). Er ging aus von der 1782 gemachten Beobachtung, daß Legierungen in (verdünnten) Säuren schneller oxydiert werden als die reinen Metalle und erklärte den VOLTAschen Fundamentalversuch durch die auf den Metallen haftende Flüssigkeitsschicht, welche eine chemische Aktion einleite, deren akzessorische Wirkung die Elektrizitätserzeugung sei. Besonders WOLLASTON (1766—1828) nahm diese Ansicht auf und dehnte die chemische Theorie auch aus auf die Elektrizitätserregung bei der Elektrisiermaschine, durch die Oxydation des KIENMAYERschen Amalgams sollte die Elektrizität entstehen, die bei Abnahme von dem Konduktor dann wieder imstande war, Wasser zu zersetzen[8]). Der dritte im Bunde war PARROT (1767—1852). Die Oxydation erzeugt die Elektrizität in der Säule, überhaupt erfährt jede Substanz bei Änderung ihrer Form eine Elektrizitätserregung, so beim Übergang von tropfbar flüssig in Gasform usw.[9]).

Als ein Beispiel für seine Erklärung benutzt PARROT auch die ZAMBONIsche Säule. Da auch heute noch in vielen Lehrbüchern die aus unechtem Gold- und Silberpapier aufgebaute Säule als ZAMBONIsche bezeichnet wird, sei bemerkt, daß diese Konstruktion nicht von ZAMBONI stammt, sondern von GEORG BEHRENS (1775—1813), der, um die PARROTsche Theorie der Säule zu widerlegen, nach trockenen Säulen suchte[10]); dabei fand er diese aus Gold- und Silberpapier herzustellende Säule und benutzte sie zur Konstruktion eines Säulenelektroskops,

[1]) Denkschr. d. Münchener Akad. Bd. 3. 1809/10; Schweigg. Journ. Bd. 2, S. 217. 1811.
[2]) Gilb. Ann. Bd. 39, S. 478. 1811.   [3]) Schweigg. Journ. Bd. 6, S. 120. 1812.
[4]) Am vollständigsten im Lehrb. d. Chem. 1843, S. 118.
[5]) Pogg. Ann. Erg.-Bd. 1, S. 565. 1840.   [6]) Pogg. Ann. Bd. 89, S. 177. 1853.
[7]) Journ. de phys. Bd. 6, S. 348. 1799.   [8]) Phil. Trans. 1801, S. 427.
[9]) Gilb. Ann. Bd. 12, S. 50. 1802 und ausführlich: Übersicht des Syst. d. theor. Phys. II, S. 564. 1811.   [10]) Gilb. Ann. Bd. 23, S. 25. 1806.

wie es noch heute gebraucht wird, wo ein Goldblattstreifen zwischen den Polenden der Säule herabhängt. ZAMBONIS Säule und sein Elektroskop[1]) unterscheiden sich prinzipiell durchaus nicht von der BEHRENSSCHEN Erfindung, nur daß ZAMBONI statt des Goldblattstreifens eine Metallnadel mit Achathütchen zwischen den Polenden so auf einer Spitze schwingen ließ, daß das eine Ende der Nadel gerade in dem Mittelschnitt der Polenden lag.

DAVY hatte, wie oben bemerkt, einen Transport der Zersetzungsprodukte angenommen, ohne ihn nachzuweisen. Ein Transport der Flüssigkeit selbst wurde in diesem Zeitabschnitt nun wirklich entdeckt. Eine nicht ganz genaue Beobachtung von REUSZ (1778—1852) ging voraus[2]). Dann beobachtete WOLLASTON in einer Zersetzungszelle, die durch eine tierische Membran in zwei Teile zerlegt war, daß das Wasser durch die Haut von dem positiven Pol zum negativen getrieben wurde[3]). Ausführlicher waren die Untersuchungen von PORRET (1783—1816) angestellt[4]), der nicht nur mit Wasser, sondern auch mit anderen Flüssigkeiten arbeitete. Das Wasser wurde stets von der Seite mit der positiven Platte zu der negativen hingetrieben und der Überdruck auf der negativen Seite war proportional der Stromstärke. Das nannte er die elektrische Endosmose. Genaue Messungen lieferte erst G. WIEDEMANN[5]).

Die statische Elektrizität wurde in diesem Abschnitt nicht wesentlich gefördert. Von Bedeutung ist nur die Arbeit POISSONS (1781—1840), welcher die COULOMBSCHEN Beobachtungen theoretisch behandelt. Er geht dabei von der EULERSCHEN Gleichung $\Delta V = 0$ aus und dem COULOMBSCHEN Gesetz $\dfrac{e \cdot e'}{r^2}$.

Er leitet hier zum ersten Male ab, daß „eine auf einer Fläche (Kugel) ausgebreitete Massenschicht an jeder Stelle nach beiden Seiten der Fläche auf unendlich nahe Punkte Wirkungen von der Art ausübt, daß die Summe der beiderseits in der Richtung der Normale resultierenden Wirkungen gleich $-4\pi\varrho$ ist, wenn ϱ die im Fußpunkt der Normalen vorhandene Flächendichte bedeutet". Er berechnet dann für spezielle Fälle die entsprechenden Dichtigkeiten mit dem Resultat, daß seine Werte mit dem COULOMBSCHEN Messungen gut übereinstimmen[6]). Bei diesen Berechnungen wendet POISSON zuerst die Methode der reziproken Radien an, die bei GREEN später wiederkehrt und besonders bei W. THOMSON (s. unten). Diese Arbeit POISSONS ist der Anfang der im nächsten Zeitabschnitt folgenden Untersuchungen über das Attraktionsproblem. Der POISSONSche Satz galt nur für Komponenten senkrecht zur Fläche. Die Erweiterung auf Komponenten beliebiger Richtung gegen die Fläche hat A. CAUCHY (1789—1857)[7]) gegeben. Es ist dann $-4\pi\varrho$ noch mit $\cos\vartheta$ zu multiplizieren, wenn ϑ der Neigungswinkel ist gegen die Begrenzung.

13. Wärmelehre. Auch für die Wärmelehre ist diese Periode von wesentlicher Bedeutung gewesen. Wohl hatten LAVOISIER und LAPLACE keine bestimmte Stellung genommen zu dem Streit zwischen Phlogiston- und mechanischer Theorie. Aber die chemischen Entdeckungen LAVOISIERS[8]) über das Verbrennen machten sich im Kampf gegen das Phlogiston geltend. SCHERER (1776—1824) lehnte auf Grund chemischer Experimente mit Sauerstoff den Wärmestoff ab[9]), ebenso DAVY[10]), der auch die Wärme als einen Bewegungs-

---

[1]) Della pila elettr. a secco. 1812.   [2]) Comm. Soc. phys. Moscau Bd. 1. 1808.
[3]) Gilb. Ann. Bd. 36, S. 1. 1810.
[4]) Gilb. Ann. Bd. 64, S. 272. 1820; die Entdeckung war 1816 gemacht.
[5]) Pogg. Ann. Bd. 87, S. 321. 1852.   [6]) Mém. de l'Inst. 1811, S. 1 u. 163. 1812.
[7]) Bull. de la Soc. philom. 1815, S. 53.   [8]) Mém. Paris 1777, S. 592.
[9]) Nachtrag z. d. Grundzügen der neuen chem. Theorie, 1796, S. 127.
[10]) Contribution to phys. and med. knowledge, 1799, S. 1ff.

zustand bezeichnete. Allein man war sich über den Vorgang doch recht wenig klar. Die Anhänger der Phlogistontheorie meinten, durch eine Änderung in der Wärmekapazität werde Wärme erzeugt. Um dies zu prüfen, stellte Graf RUMFORD (1753—1814) seine bekannten Versuche an mit dem Bohrer im Kanonenrohr; da er bei 960 Umdrehungen eine Temperatursteigerung von 37,7° feststellte, wobei nur 837 Gran (Apothekergewicht) abgeschält waren, erklärte er, daß diese geringe Masse, auch wenn sie ihre spezifische Wärme geändert habe, nicht ausreiche, die große Wärmemenge zu erklären, und zum Schluß sagt er, daß seine Versuche, bei welchen er das Wasser von 15,6° in $2^1/_2$ Stunden auf 100° erwärmt hatte, nur zu erklären seien, wenn die Wärme eine Bewegung der kleinsten Teile sei[1]). Die Anhänger des Phlogiston gaben darum aber ihre Ansicht noch nicht auf. Noch 1829 erklärt BIOT in seinem Lehrbuch bei Erwähnung dieser RUMFORDschen Versuche, daß „es noch unbekannt sei, woher die Wärme dabei komme‟![2]) HALDAT erklärte die Versuche so, daß durch die Reibung Elektrizität erzeugt sei, und diese habe die Wärme bewirkt[3]). Ja selbst das pneumatische Feuerzeug irritierte die Phlogistoniker nicht, HEINRICH erklärt, durch die Kompression werde der Wärmestoff aus der Luft herausgedrückt[4]).

Dagegen lieferten die experimentellen Arbeiten über Gase erheblichere Fortschritte. Hatte schon E. DARWIN (1731—1802) nachgewiesen, daß mechanische Ausdehnung der Luft Abkühlung erzeuge[5]), so untersuchte DALTON (1766 bis 1844) dies Verhältnis genauer und stellte fest, daß bei jeder mechanischen Kondensation Wärme, bei jeder Verdünnung Abkühlung erzeugt werde[6]). DALTON erweiterte damit nur einen Versuch, den zuerst LAMBERT beschreibt: Bei jedem Kolbenzuge der Luftpumpe fiel das Thermometer im Rezipienten, um beim Wiederzulassen der Luft um ebensoviel zu steigen[7]). Der Versuch ist im Jahre 1761 bei ARNOLD in Erlangen gemacht. Da BIOT so liebenswürdig ist, diesen Versuch GAY-LUSSAC zuzuschreiben[8]), haben sich die Lehrbücher beeilt, den Erfinder zu ignorieren. Auch das Experiment, welches GAY-LUSSAC wirklich beschreibt[9]), daß er zwei gleich große Ballons, durch eine Röhre mit Hahn verbunden, den einen mit Luft gefüllt, den anderen luftleer, im Innern mit Thermometer ausstattet und nun beobachtet, daß beim Überströmen die Temperatur im gefüllten Ballon um die gleiche Größe fällt, wie sie im leeren steigt, ist eine Wiederholung eines LAMBERTschen. Freilich wollte LAMBERT diese Versuche mit dem Phlogiston erklären, und T. MAYER quälte sich in gleicher Richtung ab, selbst BIOT stand auch auf demselben Standpunkt. Bekanntlich ist die Wiederholung desselben Versuches durch JOULE (1818—1889) eine besondere Stütze der mechanischen Wärmetheorie geworden[10]). Aber es ist das Verdienst GAY-LUSSACS, diese Versuche mit dem TOWNLEYschen Gesetz verbunden zu haben, so daß das Volumen eines Gases bei konstantem Druck durch die Temperaturerhöhung um $t°$ das Volumen $v_0(1 + \alpha t)$ bekommt. Dies α bestimmt GAY-LUSSAC zu $\dfrac{1}{267,2}$[11]), und so schreibt er $v \cdot p = v_0 \cdot p_0\left(1 + \dfrac{1}{267,2}t\right)$. Dafür setzt CLAPEYRON (1799 bis 1864) $pv = \dfrac{p_0 \cdot v_0}{267 + t_0}(267 + t)$ und führt für den Bruch $\dfrac{p_0 \cdot v_0}{267 + t_0}$ den Buch-

---

[1]) Phil. Trans. 1798, 25. Januar.   [2]) Deutsche Ausgabe Bd. 5, S. 373. 1829.
[3]) Kastners Arch. Bd. 10, S. 66. 1827.   [4]) Phosphoreszenz der Körper, S. 425. 1811.
[5]) Phil. Trans. 1788, vgl. Grens Journ. Bd. 1, S. 73. 1790.
[6]) Mem. Manchester Soc. V, P. 2, S. 595. 1802.
[7]) Pyrometrie, § 492.   [8]) Précis élém. de Phys. 1817 I.
[9]) Gehlens Journ. Bd. 6, S. 392. 1808.   [10]) Phil. Mag. Bd. 26, S. 369. 1845.
[11]) BIOT, Traité Bd. 1, S. 182. 1816 u. Ann. chim. phys. Bd. 35, S. 34. 1826.

staben R ein[1]). Warum er gerade R wählte, ist von mir in der ZS. f. Elektrochem. 1919, S. 324 auseinandergesetzt.

Diese Ausdehnungsversuche der Gase waren bis zu Gay-Lussac und Dalton immer dadurch unzuverlässig geworden, daß die Experimentatoren die Gase nicht sorgfältig getrocknet hatten und durch Anwesenheit von Wasserdampf stets falsche Resultate erhielten[2]), wie Saussure (1740—1799) bemerkte.

Gay-Lussac beruft sich in seiner ersten Arbeit über diese Frage[3]) auf Resultate von Charles, die nicht veröffentlicht sind. Dadurch sei festgestellt, daß Sauerstoff, Wasserstoff, Stickstoff, Kohlensäure und Luft sich zwischen 0° und 100° gleichmäßig ausdehnten und damit die von Amontons behauptete Zuverlässigkeit des Luftthermometers erwiesen. Mängel in der Apparatur von Charles wollte Gay-Lussac beseitigt haben und dehnte die Versuche auf Dämpfe oberhalb der Siedetemperatur aus und fand auch für diese den gleichen Ausdehnungskoeffizienten $\dfrac{1}{266,66}$, so daß er als gemeinsamen Ausdehnungskoeffizienten 0,00375 angab. Dieser Wert wurde von Laplace als absolut sicher in seine Mécan. céleste Bd. IV, S. 270 übernommen Seine unbedingte Gültigkeit wurde um so mehr anerkannt, als die gleichzeitigen, davon unabhängigen Versuche Daltons (s. oben) den Wert $100\,\alpha = 0,3726$ ergeben hatten. Dalton ist in dieser Arbeit der erste, der den „absoluten Nullpunkt" der Temperatur einführt (l. c. S. 601). Aber schon Gilbert hat bemerkt, daß Dalton einen Rechenfehler gemacht hatte und der aus seinen Versuchen sich ergebende Wert 0,3912 sei[4]). Dieses Monitum blieb unbeachtet, und mehr als 30 Jahre galt der Wert 0,375 als absolut gültig. Erst Rudberg (1800—1839) wagte es, diese Bestimmungen von neuem mit sorgfältiger Versuchsreihe wieder aufzunehmen. Er fand $0,364 < 100\,\alpha < 0,365$[5]). Diese Diskrepanz zwischen Gay-Lussac und Rudberg veranlaßte Magnus (1802—1870), die Fehlerquellen zu beseitigen und eine saubere Messung zu machen, deren Ergebnis für Luft **0,3665** ist, während andere Gase geringe Abweichungen haben[6]). Der Magnussche Wert wird gleichzeitig von Regnault (1810—1878) mit vier verschiedenen Apparaturen für Luft und die sog. „permanenten" Gase bestätigt[7]). In der zweiten Arbeit findet Regnault auch Magnus' Resultat der Abweichung für die nicht permanenten Gase bestätigt und die Abweichung von dem Davyschen Gesetz[8]), daß der Ausdehnungskoeffizient unabhängig vom Druck sei, daß vielmehr bei größerer Dichte der Ausdehnungskoeffizient wachse.

Dalton kam durch seine Versuche auf denselben Gedanken, den schon Amontons gehabt hatte, nach dem Luftthermometer eine Skale für die Temperatur zu machen[9]), die, von einem Volumen ausgehend, um konstante Bruchteile dieses Volumens fortschreite, und konstruierte die entsprechende Kurve durch den Schmelz- und Siedepunkt. Daß das Townleysche Gesetz bei hohen Druckkräften nicht gilt, ist in dieser Periode auch schon gefunden[10]) durch Oersted (1772—1851), der 20 Jahre später das „schwefligsaure Gas" und Zyangas bei 21,25° und 3,27 at Druck die Gase flüssig machte und die Abweichungen von dem Gesetz feststellte[11]). An die Gay-Lussacschen Versuche knüpften Clément und Desormes an mit dem noch heute vielfach vorgeführten

---

[1]) Journ. de l'école polyt. Bd. 14, S. 170. 1834; vgl. ZS. f. Elektrochem. Bd. 25, S. 324. 1919.
[2]) Phil. Trans. 1777, S. 704.   [3]) Ann. de chim. Bd. 43, S. 137. 1802.
[4]) Gilb. Ann. Bd. 14, S. 267. 1803.   [5]) Pogg. Ann. Bd. 41, S. 271. 1837.
[6]) Pogg. Ann. Bd. 55, S. 1. 1842.
[7]) Ann. chim. phys. (3) Bd. 4, S. 5 u. Bd. 5, S. 53. 1842.
[8]) Phil. Trans. 1823 II, S. 204.   [9]) Nichols. Journ. Bd. 5. 1802.
[10]) Gehlens Journ. Bd. 1, S. 276. 1806.   [11]) Edinb. Journ. of Sc. Bd. 4, S. 224. 1827.

Versuch über adiabatische Kompression und Verdünnung der Luft[1]) und
den dabei eintretenden Temperaturveränderungen.

14. Die Gasgesetze. Die Physik der Gase hat in diesem Zeitabschnitt
wesentliche Fortschritte gemacht. Zunächst konstruierte SAY das erste Volumenometer, welches er Stereometer nannte[2]), zur Bestimmung des spezifischen
Gewichtes für feste Körper, die ein Eintauchen in Wasser nicht vertragen.
Dann wurde die Diffusion der Gase studiert, zuerst von VOLTA an H und
atmosphärischer Luft nachgewiesen[3]), aber von DALTON messend untersucht,
wobei er feststellt, daß, wenn Gase mit den Einzeldruckkräften p_1, p_2, ... p_n, aber
dem gleichen Volumen V gegeben sind, so ist der Gesamtdruck $= p_1 + p_2 + ... p_n$,
wenn keine Verbindung der Elemente eintritt. Daß auch Dämpfe unterhalb
der Sättigungstemperatur das DALTONsche Gesetz erfüllen, wies GAY-LUSSAC
nach[4]).

Während bei diesen Versuchen die Gase sich über den ganzen Raum gleichmäßig ohne äußere Kraft verbreiten, ist das Eindringen eines Gases in eine
Flüssigkeit nur partiell oder durch besonderen Druck beobachtet. Das war für
Luft und Meerwasser schon von WILKE 1772 nachgewiesen, und T. BERGMANN
(1735—1784) hatte zuerst künstlichen Sauerbrunnen hergestellt[5]). Da fand
HENRY (1774—1836), daß[6]), wenn sich eine Lösung von Gas in einer Flüssigkeit im Gleichgewicht bei konstanter Temperatur befindet, zwischen dem Druck
des gelösten Gases und dem des freien ein konstantes Verhältnis besteht, welches
er Absorptionskoeffizient nannte. Schon hatte DALTON festgestellt, daß
ein Gasgemisch sich einer Flüssigkeit gegenüber genau so verhält, als ob die
Gase einzeln mit der Flüssigkeit in Berührung wären[7]), und die Untersuchungen
SAUSSURES zeigten, daß die Absorptionskoeffizienten für die verschiedenen Gase
auch für die verschiedenen Flüssigkeiten verschieden sind. Erst sehr viel spätere
Untersuchungen von ROSCOË[8]) bis WROBLENSKY[9]) haben die engen Grenzen
aufgefunden, in welchen das HENRYsche Gesetz gültig ist.

Aber nicht nur Flüssigkeiten können Gase „verschlucken", sondern auch
feste Körper. J. RITTER hatte bei seinen elektrolytischen Untersuchungen
die starke Aufnahme des H durch Silber festgestellt, er nennt es schwammiges
Silber und findet, daß durch Ausglühen das normale Silber wieder hergestellt
wird[10]). SAUSSURE untersucht die Gasabsorption an Kohle und Meerschaum[11]).
Dabei findet er, daß die Kohle eine Temperaturerhöhung erfährt, am stärksten bei Absorption von Ammoniak. Die gleiche Temperaturzunahme stellt
ERMAN an Platindraht fest. Hat er denselben auf ca. 40° R erwärmt und bringt
ihn in Knallgas, so wird er glühend und bleibt glühend, solange Knallgas ihm
zugeführt wird[12]). Bei Wiederholung dieses Versuches erkennt DÖBEREINER
(1780—1849), daß die Oberflächenvergrößerung den Effekt außerordentlich
steigert; er nimmt daher Platinschwamm (Platinmoor) und konstruiert damit
sein bekanntes Feuerzeug[13]).

Diese Untersuchungen stehen in engem Zusammenhang mit den Vorstellungen über den Aufbau der Materie und speziell der Gase. Dabei muß ich

---

[1]) Bibl. univers. Bd. 13, S. 95 u. Journ. de phys. Bd. 89, S. 337. 1819.
[2]) Ann. de chim. (1) Bd. 23, S. 1. 1797.　　　[3]) BRUGNATELLIS, Ann. de chim. 1790.
[4]) BIOT, Traité de Phys. Bd. 1. 1816.
[5]) Abhandlgn. d. Schwed. Akad. Bd. 35, S. 158, spez. 170. 1780.
[6]) Phil. Trans. 1803 I, S. 29.　　　[7]) Mem. Phil. Soc. Manchester Bd. 5, S. 535. 1802.
[8]) Chem. Soc. Quart. Journ. Bd. 12, S. 128. 1860.
[9]) Wied. Ann. Bd. 17, S. 103. 1882 u. Bd. 18, S. 290. 1883.
[10]) Allg. Journ. f. Chem. Bd. 3, S. 696. 1804.　　　[11]) Gilb. Ann. Bd. 47, S. 113. 1814.
[12]) Abhandlgn. d. Berl. Akad. 1818/19, S. 270.
[13]) Über eine ... Eigenschaft des Pt. 1823.

etwas zurückgreifen. Die mehr philosophischen Spekulationen über die Atomistik interessieren uns nicht, eine physikalisch nutzbare Anschauung bietet jedoch Boyle. Die Atome sind materiell alle gleich, sie sind hart (d. h. elastisch), aber haben verschiedene Größe, Form und Bewegung. Hier wird zum ersten Male den Atomen eine dauernde Bewegung beigelegt. Diese Verschiedenheit überträgt sich auch auf die Korpuskeln, welche aus den Atomen zusammengesetzt sind[1]). Tatsächlich wurde die scheinbar willkürliche Bewegung dieser Korpuskeln damals zuerst von Leeuwenhoek mit seinen ausgezeichneten Mikroskopen gesehen, aber verkehrt gedeutet[2]). Weit über diese Ansätze hinaus geht die Auffassung von Daniel Bernoulli[3]), welche ich oben S. 59 dargestellt habe. Die gleiche Auffassung hat L. Euler in zahlreichen Arbeiten vertreten. Trotzdem sind die anderen Forscher teilnahmlos daran vorübergegangen, und erst in der kinetischen Gastheorie wird die Fortsetzung geboten, nachdem eine lange Reihe anderer Entdeckungen den Boden bereitet hatte.

Hierzu gehören die Untersuchungen über die chemischen Verbindungen. Proust (1755—1826) hatte an zweigliedrigen Verbindungen gezeigt, daß die Mengen, welche sich verbinden, nur sprungweise vermehrt oder vermindert werden können[4]) und ein konstantes Verhältnis haben. Dalton konnte nun auf Grund seiner ausgedehnten Versuche das Gesetz der multiplen Proportionen aufstellen[5]) und damit für die Chemie die Atomtheorie nutzbar machen. Er führte für H das Atomgewicht 1 ein und baute darauf das System der chemischen Verbindungen[6]). Gay-Lussac stellte mit A. v. Humboldt fest, daß O und H bei jeder Temperatur sich nur im Volumverhältnis 1 : 2 verbinden können[7]). Das erweiterte Gay-Lussac zu dem Gesetz, daß bei allen Gasreaktionen die Volumina der reagierenden Gase untereinander und mit dem Volumen des Reaktionsresultats in einem einfachen rationalen Verhältnis stehen[8]). Zur theoretischen Begründung dieses Gesetzes stellte Avogadro (1776—1856) die Hypothese auf: Von den verschiedenen Gasen ist bei gleichem Druck und gleicher Temperatur in gleichem Volumen stets die gleiche Anzahl Moleküle vorhanden[9]). Dabei können die Moleküle selbst wieder zusammengesetzt sein aus „molécules intégrantes". Die gleiche Hypothese sprach Ampère 3 Jahre später in einem Brief an Berthelot aus, nur daß er die kleinsten Teile „particules intégrantes" nennt[10]). Übrigens war Avogadro nicht durch kinetische Betrachtungen nach Art der Daniel Bernoullischen zu seiner Hypothese gekommen, er stand damals noch ganz auf dem Standpunkt der Wärmestofftheorie. Es lag nun nahe, mit den Daltonschen Resultaten die Vorstellung Boyles von der Einheit aller Materie zu verbinden, das tat W. Prout (1786—1850) in einer anonym erschienenen Arbeit, worin er die Annahme macht, daß die Atomgewichte der gasförmigen Elemente ganze Vielfache des Atomgewichts von Wasserstoff seien oder eines Grundelements, welches ein Atomgewicht gleich $1/2$ oder $1/4$ des Wasserstoffatoms habe[11]). Den Abschluß dieser Untersuchungsreihe in dieser Periode bildet end-

---

[1]) Origo formarum et qualit. 1688, S. 42 ff.
[2]) Phil. Trans. 1673 u. Opera I, S. 13. 1724.   [3]) Hydrodynamik § 31, S. 223. 1738.
[4]) Journ. de phys. Bd. 48. 1799; Bd. 53. 1801.
[5]) Mem. Soc. Phil. Manchester Bd. 5, S. 2. 1802.
[6]) A new system of chem. Phil. I. 1808; I 2. 1810; II. 1827.
[7]) Journ. de phys. Bd. 60. 1805.   [8]) Mém. de la Soc. d'Arcueil Bd. 2, S. 207. 1809.
[9]) Journ. de phys. Bd. 73, S. 58. 1811; Ostwalds Klassiker Nr. 8.
[10]) Ann. chim. phys. Bd. 90, S. 43. 1814.
[11]) On relation between the spec. gravities of bodies in their gas. state and the weights of their atoms. Thomsons Ann. of Phil. Bd. 6. 1815.

lich das Gesetz von der Konstanz der Atomwärme für alle einfachen Körper, wie es DULONG (1785—1838) und PETIT (1791—1820) aufstellten[1]).

15. Mechanik. Auch die allgemeine Mechanik ist in diesem Zeitabschnitt wesentlich gefördert durch die Arbeit von GAUSS[2]) über die Attraktion der homogenen Ellipsoide (1813). Ich habe im vorigen Zeitabschnitt auf EULERS Verdienst um die Begründung der Potentialtheorie aufmerksam gemacht und gezeigt, daß er bereits zu der Gleichung $\varDelta V = 0$ durchgedrungen war. Wie LAGRANGE[3]) die allgemeinen Bewegungsgleichungen sowohl in der Form der drei rechtwinkligen Koordinaten wie in der Form der Polarkoordinaten schon bei EULER vorgefunden hatte[4]), so fand er bei EULER auch die Kräftefunktion und die Ableitung der Potentialgleichung (s. oben). LAGRANGE stellte diese Ableitung zum ersten Male dar 1777[5]) und nahm sie dann in seine Analytische Mechanik 1788 auf, ohne EULER zu nennen. Nun muß zugegeben werden, daß die Darstellung von LAGRANGE sowohl in bezug auf Anordnung wie auf Ausdrucksweise wesentliche Fortschritte bot, daher erklärt sich wohl die auffallende Tatsache, daß bis heute noch verschiedentlich zu lesen ist, daß LAGRANGE die Transformation der rechtwinkligen in Polarkoordinaten für die Bewegungsaufgaben eingeführt und zuerst die Gleichung $\varDelta V = 0$ abgeleitet habe. LAPLACE, nach dem die Gleichung durchweg genannt wird, hat sie, wiederum ohne LAGRANGE zu nennen, von diesem übernommen. Das einzige Verdienst von LAPLACE in dieser Richtung ist, daß er den Buchstaben V gebrauchte[6]), während LAGRANGE $\varOmega$ setzte, und EULER, wenn es sich um Kräfte handelte, gewöhnlich S, wenn es sich um Geschwindigkeiten handelte, J schrieb. Selbst MAXWELL schreibt die Gleichung noch LAPLACE zu[7]), andere nennen wohl LAGRANGE[8]), aber daß die ganze Ableitung von EULER gegeben ist, habe ich nirgends finden können. Auch die historischen Arbeiten von BALTZER[9]) und BACHARACH[10]) kennen EULER nicht. Die abgekürzte Bezeichnung $\varDelta V$ für

$$\frac{\partial^2 V}{\partial x^2} + \frac{\partial^2 V}{\partial y^2} + \frac{\partial^2 V}{\partial z^2} = 0$$ rührt von MURPHY her[11]). LAGRANGE, LAPLACE wie auch LEGENDRE[12]) hatten diese Methode nur für das Attraktionsproblem gebraucht, und zwar die Anziehung auf einen Punkt außerhalb der anziehenden Masse, aber keiner von ihnen hatte die Notwendigkeit empfunden, diese Betrachtung über den engen Rahmen hinaus zu benutzen.

Da erschien die oben zitierte Arbeit von C. F. GAUSS (1777—1855): „Theoria attractionis sphaer.", welche freilich auch das Attraktionsproblem behandelte, aber doch die Sätze brachte, welche für die Weiterentwicklung von größter Bedeutung wurden. In den ersten drei Sätzen stellt GAUSS die Beziehungen zwischen dem Integral über das Volumen eines Körpers und dem Oberflächenintegral desselben dar. Das vierte Theorem hat die weitgehendste Anwendung in der Potentialtheorie gefunden. Sei im Innern eines Körpers ein Punkt mit den Koordinaten a, b, c gegeben, bezeichne $d\sigma$ ein Oberflächenelement des

---

[1]) Ann. chim. phys. Bd. 7, S. 113. 1818; 10, S. 395. 1819.
[2]) Comm. Soc. roy. sc. Gotting. VII. 1813; Opera V, S. 2.
[3]) Mém. Berlin 1773/75, S. 121 u. 1775/77, S. 273.
[4]) Mechanic 1736, II, § 195 u. Theoria motus 1765, c. 5, prop. 16, S. 85 ff.
[5]) Mém. Berlin 1777/79, S. 155.
[6]) Théorie du mouv. des planètes 1784, S. 69 u. Méc. célest. II, § 7 ff.
[7]) Treatise on electr. a. magn., 2. Aufl., S. 16, 1887.
[8]) Z. B.: RIEMANN, Schwere, Elek. u. Magn. 1876, S. 7.
[9]) BORCHARD, Journ. Bd. 86, S. 213. 1878.
[10]) Abriß der Geschichte der Potentialth., S. 3 ff. 1883.
[11]) Element. princ. of the theor. of electr. etc. 1833 I, S. 140.
[12]) Mém. Paris 1788/91, S. 455.

Körpers, r den Abstand des Punktes (a, b, c) von $d\sigma$ und $\widehat{rn}$ den Winkel zwischen r und der nach innen gerichteten Normalen n auf $d\sigma$, so beweist GAUSS, daß das Oberflächenintegral $\int \dfrac{d\sigma \cdot \cos(n\,r)}{r^2} = -4\pi$ ist. Liegt (a, b, c) außerhalb des Körpers, so ist das Integral $= 0$, liegt (a, b, c) auf der Oberfläche, so ist der Wert des Integrals $= -2\pi$, wenn der Punkt auf einer stetig gekrümmten Fläche liegt. GAUSS wendet diese Sätze dann an, um die **Attraktion einer Kugel, eines Rotationsellipsoids und eines dreiachsigen Ellipsoids** zu bestimmen.

In demselben Jahre erschien eine Arbeit von POISSON[1]), worin er zunächst die Bemerkung macht, daß, wenn man die Funktion V auf einen Punkt im Innern des betrachteten Körpers bezieht, der Ausdruck $\Delta V = \dfrac{0}{0}$ wird. Um den Wert dann zu ermitteln, denkt er sich um den betrachteten Punkt eine kleine Kugel beschrieben, die er als homogen voraussetzen will, dann zerlegt er V in $U_1 + U_2$, wo U_1 sich auf die Masse der angenommenen Kugel, U_2 auf die Masse des übrigen Körpers beziehen soll, so ist also $\Delta V = \Delta U_1 + \Delta U_2$; da $\Delta U_2 = 0$ ist, hat man ΔU_1 allein auszurechnen, das setzt er $= -4\pi\varrho$, wo ϱ die Dichte der homogenen Kugel ist, also ergibt sich $\Delta V = -4\pi\varrho$. Daß dieser Beweis nicht streng ist, hat POISSON selbst eingesehen und unter Verschweigen der GAUSSschen Autorschaft das vierte Theorem von GAUSS für seinen zweiten Beweis benutzt[2]). Aber auch dieser Beweis ist nicht einwandfrei, da er dabei den Zusammenhang von V mit seinen Dirivierten und deren Stetigkeit außer acht läßt, die eine notwendige Bedingung sind für die Anwendung der GAUSSschen Sätze. So ist die $\dfrac{\partial^2 V}{\partial x^2}$ beim Übergang von außen nach innen, also auf der Oberfläche, unstetig, es ändert sich sprungweise, darum lehnt GAUSS in seiner später zu besprechenden Abhandlung über „Allgemeine Lehrsätze" diese Beweisführung durchaus ab. Obwohl also die Gleichung $\Delta V = -4\pi\varrho$ den Namen POISSONS trägt, war in dieser Periode der Beweis für dieselbe noch nicht erbracht.

Auch die **Theorie der Wellenbewegung** ist in diesem Zeitabschnitt behandelt, zunächst von LAGRANGE, der selbst meint, eine allgemeine Theorie lasse sich nicht aufstellen, nur unter sehr beschränkenden Bedingungen könne er eine Lösung geben[3]). In der Tat war seine Lösung für die Wirklichkeit nutzlos, aber auch CAUCHYS Voraussetzung[4]), daß die Tiefe des Wassers sehr groß gegenüber der Wellentiefe und, daß die Oberfläche unbegrenzt sei, gibt nur theoretische Resultate. POISSON will der Wirklichkeit näherkommen[5]), indem er die Welle durch das Herausziehen eines Körpers aus dem Wasser erregt und voraussetzt, daß die Amplitude der Molekülschwingungen mit der Entfernung vom Erregungspunkt abnimmt, da er aber die mit in die Höhe gezogene Wassersäule vernachlässigt, ist sein Resultat auch nicht der Wirklichkeit entsprechend. Dagegen hat GERSTNER (1756—1832) eine nützliche Experimentaluntersuchung 1802 der böhmischen Gesellschaft für Naturforschung vorgelegt[6]), worin er nachweist, daß die Wassermoleküle eine Kreis- bzw. Ellipsenbahn durchlaufen. Er setzt dabei voraus, daß der hydrostatische Druck auf der ganzen Ausdehnung der Wellenverbreitung konstant sei, und kann auch das Überschlagen der Welle

[1]) Nouv. Bull. de la Soc. philom. Bd. 3, S. 388. 1813.
[2]) Mém. Paris Bd. 6, S. 455. 1823; erschienen 1827.
[3]) Mém. Berlin 1786/88, S. 192.   [4]) Mém. des savants étrang. Bd. 1. 1815.
[5]) Mém. Paris 1816, S. 71.   [6]) Gilb. Ann. Bd. 32, S. 412. 1809.

erklären. Die Wellenkurve ist auch bei ihm eine Zykloide. Für die Theorie der Seilwellen und schwingenden Saiten ist von EULER in zwei posthum veröffentlichten Arbeiten[1]) versucht worden, durch Entwicklung in trigonometrische Reihen und Bestimmung der Koeffizienten eine Lösung festzulegen. Dabei ist zu erinnern an die Arbeit BROOK TAYLORS (1685—1731), der die Elongationen als Sinus der Längen erkannt hatte, aber die Schwingungskurve eine „gedehnte Zykloide" nennt[2]). D. BERNOULLI hatte dann für alle Saitenschwingungen die Grundgleichung $y = \alpha \sin\dfrac{\pi x}{a} + \beta \sin\dfrac{2\pi x}{a} + \cdots$ gefunden[3]), dieselbe taucht bekanntlich wieder auf für die Wärmeleitung bei FOURIER (1768—1830), der der Akademie darüber in den Jahren 1807 und 1810 berichtete[4]). LAPLACE beschäftigt sich mit der Longitudinalschwingung von Stäben[5]), ebenso POISSON, letzterer leitet für die Fortpflanzungsgeschwindigkeit die Gleichung ab $c = \sqrt{\dfrac{g \cdot p}{d}}$, wo p die Elastizität, g die Schwerebeschleunigung, d die Dichte des Mediums ist[6]). Versuche über die Schallgeschwindigkeit in Flüssigkeiten sind in diesem Zeitabschnitt von PEROLLE mit gutem Erfolg gegeben[7]). Die Theorie gab POISSON[8]), dessen Resultate im folgenden Abschnitt, besonders von W. WEBER, berichtigt sind.

Die Akustik wurde bereichert durch die Entdeckung der tönenden Flammen. Freilich hatte schon DELUC beobachtet[9]), daß die Flamme von „brennbarer Luft" (d. h. H) in einer Glasglocke diese zum Tönen bringt, aber seine Erklärung war verfehlt. HERMSTAEDT fand die Tonerregung sicherer in einer oben geschlossenen Röhre[10]) und TROMSDORF (1776—1837) beobachtete die veränderte Form der Flamme, sobald das Rohr zu tönen beginnt; er gebraucht offene Röhren, wie sie heute meistens benutzt werden[11]). Diese Versuche nahm CHLADNI auf und zeigte, daß bei geeigneter Stärke der Flamme und richtiger Lage in der Röhre die Obertöne der Röhre auch erregt werden können, und zwar in der geschlossenen Röhre der 1., 3., 5. Oberton, in der offenen der 2., 4., 6. Oberton. Er gab auch an, daß eine Kerzenflamme das Tönen nicht hervorbringt, und stellte aus verschieden langen Röhren die „chemische Harmonika" her[12]). Daß es sich hier um eine Koppelungsschwingung handelt, hat Graf SCHAFFGOTSCH (1816—1864) nachgewiesen[13]) und die Bedingungen für das Tönen der Röhre genauer untersucht, während SONDHAUSS feststellte, daß statt H auch Leuchtgas gebraucht werden kann[14]).

16. Optik. Auch auf dem Gebiete der Optik ist in dieser Periode ein heftiges Ringen um das Wesen des Lichtes zu beobachten. Am 12. Nov. 1801 hielt TH. YOUNG (1773—1829) seine Bakerian Lecture, worin er der Emissionstheorie des Lichtes entgegentrat[15]), mit dem Titel „On the Theory of Light and colours". Er zitiert eine Reihe von Aussprüchen NEWTONS, die der Undulationstheorie günstig sind, knüpft dann aber an GRIMALDIS Beugungserscheinungen an und zeigt, daß man die Streifen im Schatten eines dünnen Körpers dadurch zum Verschwinden bringen kann, daß man einen undurchsichtigen Schirm in den

---

[1]) Nov. Acta Petrop, Bd. 11, S. 94 u. 114. 1793/98.
[2]) Methodus incrementorum 1715, S. 86.   [3]) Mém. Berlin 1753, S. 157; 1755.
[4]) Théorie analyt. de la chaleur, 1822.
[5]) Gilb. Ann. Bd. 57, S. 234. 1817 u. Bull. de la Soc. philom. 1821, S. 83 u. 161.
[6]) Mém. Paris 1819, S. 396.   [7]) Mem. di Torino 1790/91.
[8]) Journ. de l'école polyt. Bd. 14, S. 319. 1818; Traité de mécan. Bd. 6, § 667.
[9]) Nouv. Idées sur la Météor. 1787, deutsche Übers. Bd. I, S. 138.
[10]) Crells chem. Ann. Bd. 1, S. 335. 1793.
[11]) Erfurt. gelehrte Zeit. Bd. 58, S. 457. 1794.   [12]) Akustik Bd. 3. 1802.
[13]) Pogg. Ann. Bd. 100, S. 352 u. Bd. 101, S. 471. 1857.
[14]) Pogg. Ann. Bd. 109, S. 1 u. 426. 1860.   [15]) Phil. Trans. 1802, S. 12 u. 387.

Rand eines Streifens schiebt. Daraus schließt er, daß diese Streifen durch Interferenz zweier Wellen entstehen, die von den Kanten seines dunkeln Drahtes ausgehen. Nun hatte ja auch Huygens eine Wellenbewegung als Wesen des Lichtes (s. oben) angesehen und ebenso Euler (s. oben), aber beide hatten longitudinale Schwingungen angenommen in Analogie zu den Schallwellen. Darum war es Huygens bei Erklärung der Doppelbrechung nicht gelungen, folgende drei Beobachtungen zu erklären: 1. Legt man zwei isländische Kristalle so übereinander, daß die analogen Flächen parallel liegen, so gehen beide Strahlen unverändert durch, der ordentliche erfährt nur die ordentliche, der außerordentliche nur die außerordentliche Brechung. 2. Legt man die Hauptschnitte senkrecht zueinander, so erleidet der ordentliche Strahl im unteren Kristall die außerordentliche Brechung und umgekehrt. 3. In allen übrigen Lagen erfährt sowohl der ordentliche wie der außerordentliche Strahl in dem zweiten Kristall wieder eine Zerlegung, so daß vier Strahlen entstehen.

Hier setzte Young ein. Schon in seiner ersten Arbeit[1]) erklärt er, daß es sich um Wellenbewegung eines Lichtäthers handle beim Licht, und stellt sich hier auf die schon von Euler behauptete Identität von Lichtäther und Elektrizität. Er erklärt zunächst die Reflexion und Refraktion und zeigt, wie viel einfacher diese Erklärung ist als die Newtonsche. Dann wendet er sich in der Bakerian Lecture den Newtonschen Farbenringen zu und erklärt auch diese. Er beruft sich auf die Wasserwellen und zeigt, daß die Wellen sich nicht vernichten, sondern ihre Elongationen addieren. Hierfür führt er den Namen Interferenz ein. So ist auch bei den Farbringen durch die Interferenz die Entstehung der dunkeln und hellen Ringe resp. der farbigen zu erklären. Er mißt aus den Beugungsstreifen im Schatten des Fadens die Wellenlänge[2]), indem Wellen, die um eine halbe Länge differieren, sich aufheben, und wenn sie um ganze Vielfache der Wellenlänge sich unterscheiden, so verstärken sie sich, aber er gibt keine mathematisch ausreichende Begründung. Im dichteren Medium ist die Wellenlänge kürzer und daher die Geschwindigkeit geringer, da die Schwingungszahl sich nicht ändert. Die Wellenlänge ist verschieden für die verschiedenen Farben und daher entsteht bei dem Durchgang durch ein dichteres Medium die Dispersion. Wenn auch diese Vorstellung einfacher erschien als die Erklärung der Anhänger der Korpuskulartheorie, so lag doch keinerlei entscheidendes Moment in Youngs Experimenten.

Auf Anraten Youngs untersuchte Wollaston (1766—1828) die Doppelbrechung und sah in seinen Experimenten eine völlige Bestätigung der Huygensschen Theorie[3]). Aber von anderer Seite wurde diese Auffassung entschieden abgelehnt, besonders von Laplace, der für den außerordentlichen Strahl eine dynamische Erklärung geben wollte[4]). Wohl trat Young derselben entgegnen[5]), aber seine Argumentation fand wenig Anklang, obwohl er darauf hinwies, daß jeder Impuls in einem schichtweise elastischen Medium in Form von elliptischen Schwingungen fortgepflanzt werde.

Da entdeckte Malus (1775—1802), als er Ende 1808 das von den Fenstern des Luxemburg reflektierte Sonnenlicht durch einen Doppelspat gehen ließ, daß die beiden Bilder des ordentlichen und außerordentlichen Strahls außerordentlich verschiedene Intensität hatten. Bei näherer Untersuchung fand er, daß der vom durchsichtigen Spiegel reflektierte Strahl dieselben Eigenschaften habe, wie ein durch den Doppelspat gegangener Lichtstrahl. Er zog zur Erklärung die Newtonsche Annahme, daß die Lichtkörperchen „sides" hätten,

<hr>

[1]) Phil. Trans. 1800, S. 106. [2]) Phil. Trans. 1804; Works Bd. 1. S. 179.
[3]) Phil. Trans. 1802, S. 381. [4]) Mém. Paris 1809, S. 300.
[5]) Quarterl. Review 1809, Nov.

heran und nannte die Lichtteilchen nach der Reflexion polarisiert[1]). Die Lage YOUNGS schien hoffnungslos, denn mit den longitudinalen Wellen konnte er die Polarisation nicht erklären. Die Situation ward noch schwieriger, als BREWSTER (1781—1868) die optisch zweiachsigen Kristalle entdeckte[2]).

Da erschien YOUNG eine Hilfe durch A. FRESNEL (1788—1827), welcher am 15. Juli 1816 der Akademie einen Versuch einer Theorie der Beugung vom Standpunkt der Undulationstheorie überreichte[3]), welcher einer Kommission überwiesen wurde, deren Berichterstatter FR. ARAGO (1786—1853) war. Diesen Versuch ergänzte FRESNEL durch eine ausführliche Darstellung, die durch weitere Experimente gestützt war[4]), und dafür erhielt er den von der Akademie ausgesetzten Preis durch die entschiedene Stellungnahme ARAGOS. Dieser war inzwischen in London gewesen, 1816, und hatte YOUNG eine noch nicht veröffentlichte Beobachtung FRESNELS mitgeteilt, daß zwei rechtwinklig zueinander polarisierte Lichtbündel keine Interferenz erzeugen, wie es unpolarisiertes Licht unter gleichen Verhältnissen zeigt. Beide konnten keine Erklärung dafür finden, ebensowenig FRESNEL. Da schrieb YOUNG am 12. Januar 1817 an ARAGO, daß man dies und die anderen Experimente über Polarisation wohl mit der Undulationstheorie erklären könne, wenn man annehme, daß die Teile des Äthers transversal zur Fortpflanzungsrichtung schwingen[5]). Die Schwierigkeit, im Äther, den man sich nach Art eines außerordentlich dünnen Gases vorgestellt hatte, transversale Wellen vorzustellen, hatten seiner Zeit BERNOULLI und auch EULER veranlaßt, longitudinale Wellen anzunehmen. Diese Schwierigkeit war auch der Grund, warum ARAGO nicht ohne weiteres darauf einging. Einen zweiten Brief YOUNGS vom 29. April 1818, worin er die Lichtschwingungen mit Seilwellen verglich, zeigte ARAGO an FRESNEL. Nun baute FRESNEL seine Undulationstheorie aus, die in einer Reihe von Veröffentlichungen dargestellt ist[6]). Während YOUNG aber die transversalen Schwingungen nur als eine mathematische Hypothese aufgefaßt hatte, als eine Art Analogie, zeigte FRESNEL, wie man sich wohl die Wirklichkeit dieser Schwingungen denken könne, wenn man den Äther als inkompressibel vorstellte, was bei der Lichtgeschwindigkeit durchaus zulässig sei, und er erklärte dann auch die bis dahin bekannten Erscheinungen durch die transversalen Schwingungen. In der ersten der unten zitierten Arbeiten ist auch der bekannte Spiegelversuch enthalten: Die fehlerhafte Ableitung der Phase bei den Beugungserscheinungen ist von KIRCHHOFF[7]) richtiggestellt und vollständig gelöst von SOMMERFELD[8]).

FRESNEL legte sich auch die Frage vor, wie mit der Annahme seiner Undulationstheorie die Aberration des Lichtes der Fixsterne zu erklären sei[9]). Er nimmt an, der Äther ruhe und werde von der Bewegung der Erde nicht beeinflußt. Nun hatte ARAGO auf die Schwierigkeit aufmerksam gemacht, die bei dieser Annahme für die Brechung in einem bewegten Prisma gegenüber einem ruhenden entstehe. Um diese zu lösen, nimmt FRESNEL an, daß ein Teil des Äthers in dem bewegten Körper, welcher der Differenz der Dichtigkeit des Äthers im Körper und im leeren Raum entspricht, mitgeführt wird. Sei die Dichte des Äthers im Weltraum gleich ϱ, in dem bewegten Körper gleich ϱ' und n der Brechungsindex des Körpers, so setzt er $\varrho' = n^2 \cdot \varrho$, dann ist also die Dichtigkeit des mitgeführten Äthers gleich $(n^2 - 1)\varrho$, und wenn v die Ge-

---

[1]) Nouv. Bull. de Sc. philom. Bd. 1, S. 266. 1809; Mém. p. divers Sav. Paris Bd. 2, S. 303. 1811.

[2]) Phil. Trans. 1815, S. 125.   [3]) Oeuvres Bd. 1, S. 129.   [4]) Oeuvres Bd. 1, S. 247.

[5]) Youngs Works Bd. 1, S. 380.

[6]) Ann. chim. phys. (2) Bd. 17, S. 180. 1821; Oeuvres II, S. 261 u. 479.

[7]) Wied. Ann. Bd. 18, S. 663. 1883.   [8]) Mathem. Ann. Bd. 47, S. 317. 1896.

[9]) Ann. chim. phys. (2) Bd. 9, S. 57. 1818 Oeuvres Bd. 2, S. 627.

schwindigkeit des Schwerpunktes des Äthers in dem Körper in Richtung der Bewegung ist, so ist die Lichtgeschwindigkeit in dem Körper gleich $c' + \dfrac{n^2 - 1}{n^2} \cdot v$; wenn c' die Lichtgeschwindigkeit im ruhenden Körper ist. Diese Fresnelsche Formel kehrt bei Stokes und Fizeau wieder (s. unten).

Die Interferenz des polarisierten Lichtes hat Fresnel mit Arago gemeinschaftlich behandelt[1]. Seine Entdeckung der zirkular und elliptischen Polarisation, erstere bei Kristallglas von St. Gobain nach dreimaliger Reflexion im inneren, letztere an spiegelnden Metallflächen, ist erst nach seinem Tode veröffentlicht[2].

An Einzelheiten im Gebiet der optischen Forschung dieses Zeitraums sind noch zu erwähnen, daß Wollaston im Sonnenlichtspektrum[3] die schwarzen Linien A, B, C, D, E, f, g sah, deren relative Abstände maß und nachwies, daß sie nicht als Einwirkung der Atmosphäre gedeutet werden können. Unabhängig von Wollastons auch in England bald vergessener Entdeckung kam Fraunhofer (1787—1826) zu der gleichen Entdeckung[4]. Er hatte Lampenlicht spektroskopisch untersucht und darin einzelne helle Linien gefunden; das wollte er auch für Sonnenlicht prüfen. Er stellte vor das Objektiv eines Theodolit-Fernrohrs ein Flintglasprisma so drehbar, daß das aus einem engen Spalt des dunklen Zimmers kommende Bündel des Sonnenlichtes durch das Prisma ging und das Spektrum auf das Objektiv warf. Dann sah Fraunhofer nicht die gesuchten hellen, sondern mehr als 500 dunkle Linien, die unregelmäßig und ungleich stark über das Spektrum verteilt waren. Um dieselben zu ordnen und bestimmte Teile des Spektrums abzugrenzen, bezeichnete er die scharfen Linien A bis H besonders und die beiden Liniengruppen a und b. Er benutzte sie, um die Brechungs- und Dispersionskraft von Glassorten zu untersuchen.

Die erste Unterscheidung zwischen Lumineszenz und Temperaturstrahlung finde ich bei Graf Rumford[5], natürlich ohne diese Namen. Er zeigt gegenüber den zahlreichen Physikern, welche Lichtstoff und Wärmestoff für identisch hielten und darum das stärkere Licht auch für das heißere erklärten, wie z. B. Yelin, daß die Lichtentwicklung von der Temperatur in verschiedenen Erzeugungsarten unabhängig ist. Porret untersucht die Flamme einer Kerze mit der noch heute viel gebrauchten Drahtnetzmethode und zeigt, daß die heißeren äußeren Partien nicht die leuchtenden sind[6]. Dies führte zu Versuchen, inwieweit feste Substanzen an der Lichtemission beteiligt sind; Brewster brachte verschiedene Körper in die Weingeistflamme[7], und Drummond konstruierte dann die Vorrichtung für das Kalklicht[8] auf Leuchttürmen.

Einen breiten Raum nahmen die Untersuchungen über die Phosphoreszenz ein. Wedgwood (1730—1795) stellte fest, daß zahlreiche Körper, die für gewöhnlich nicht phosphoreszieren, durch Erhitzen oder Reiben diese Fähigkeit erlangen[9]. Eine Sammlung der natürlichen Phosphore gab Spallanzani[10], und alles, was bis dahin über Phosphoreszenz bekannt war, ist von Placidus Heinrich zusammengestellt[11]. Bei diesen Versuchen kommt v. Grotthuss zum ersten

---

[1] Ann. chim. phys. Bd. 2, S. 10. 1819.   [2] Ann. chim. phys. Bd. 46. 1830.
[3] Phil. Trans. 1802, S. 365.   [4] Denkschr. München V. 1814/15.
[5] Gilb. Ann. Bd. 46, S. 225. 1814.   [6] Ann. chim. phys. (2) Bd. 4, S. 387. 1817.
[7] Gilb. Ann. Bd. 73, S. 359. 1823.   [8] Schweigg. Journ. Bd. 48, S. 431. 1826.
[9] Phil. Trans. 1792, I, S. 28; II, S. 272.
[10] Gilb. Ann. Bd. 1, S. 38. 1799; vgl. Voigts Mag. Bd. 1, S. 64. 1799.
[11] Die Phosphoreszenz der Körper, 1811.

Male auf **Fluoreszenzerscheinungen** beim Sibirischen Flußspat, ohne die Erscheinungen zu trennen[1]).

Die chemischen Wirkungen des Lichtes wurden von neuem entdeckt durch SENEBIER, der die Schwärzung des Hornsilbers (= Chlorsilbers) ausführlich beschreibt[2]). J. RITTER untersucht die Spektralstrahlen auf ihre **chemische Wirkung** und findet, daß die **ultravioletten** Strahlen besonders wirksam sind, während die roten Strahlen bei Chlorsilber versagen[3]). DAVY setzt diese Versuche fort, überzieht eine Glasplatte mit salpetersaurem Silber und erzeugt auf dieser Platte durch die Einwirkung des Lichtes **Kopien** von Gemälden, aber es gelingt ihm nicht, diese Bilder zu fixieren[4]). Am 9. Mai 1816 schreibt NICÉPHORE NIEPCE (1765—1833) an seinen Bruder CLAUDE, daß es ihm gelungen sei, auf einer Zinnplatte **heliographische Abbildungen** zu erzeugen und dieselben **einzuätzen**. Eine recht vollständige Übersicht über die chemischen Wirkungen gibt SUCCOW in seiner Dissertation von Jena[5]), worin aus diesem Zeitraum alles zusammengestellt ist, was sich auf die chemischen Wirkungen des Lichtes bezieht.

d) Vierte Periode von 1820 bis 1842.

17. Elektromagnetismus. Am 21. Juli 1820 versandte OERSTED (1777 bis 1851) eine 6 Seiten füllende lateinische Abhandlung an alle bekannten Physiker Europas, welche den Titel trug: Experimenta circa effectum conflictus electrici in acum magneticam, und welche dieser Periode der physikalischen Forschung den Weg zeigte. Sie war das Resultat langer Vorarbeiten und vieler vergeblicher Versuche. Elektrizität und Magnetismus, im Altertum als nahezu gleichwertig behandelt, waren durch die Entwicklung der Forschung seit GILBERT mehr und mehr getrennt. Freilich waren hin und wieder Beobachtungen bekannt geworden, die eine Verbindung hätten herstellen können. Durch den Blitz waren **Bussolen** auf einem Schiff unmagnetisiert oder entmagnetisiert[6]), durch einen Blitz waren Stahlmesser und Gabeln magnetisch geworden[7]), aber diese Beobachtungen lagen vor der Zeit, wo der Blitz als elektrische Entladung bekannt geworden war. Als nun durch die KLEISTschen Flaschen die Möglichkeit starker Entladungen gegeben war, erinnerte man sich dieser Beobachtungen, und FRANKLIN selbst behauptete, durch den Entladungsschlag einer Batterie eine **Nähnadel magnetisiert** und eine Magnetnadel ummagnetisiert zu haben, jedoch WILSON, der diese Versuche wiederholte, hatte keinen Erfolg[8]). WILKE zeigte, daß die Magnetisierung nur gelang, wenn die Nadel im magnetischen Meridian lag[9]), und v. MARUM wies nach, daß der Entladungsschlag nur die Erschütterung gab, aber die Magnetisierung allein durch den Erdmagnetismus bewirkt war.

Als nun in der VOLTAschen Säule eine dauernde Kraftquelle gegeben war und die chemischen und Wärmewirkungen, besonders der elektrische Lichtbogen, den Beweis geliefert hatten, daß hier eine größere elektrische Kraft vorhanden sei, mehrten sich die Meldungen von Beobachtungen über die **magnetischen Wirkungen der Elektrizität**; v. ARNIM will 1801 festgestellt haben, daß ein Eisendraht, der längere Zeit zum Schließen des Stromes benutzt war, magnetisch

---

[1]) Schweigg. Journ. Bd. 14, S. 133. 1816.
[2]) Phys.-chem. Abhandlungen über den Einfluß des Sonnenlichts, deutsch 1785, III.
[3]) Gilb. Ann. Bd. 7, S. 527. 1801 u. Beiträge z. n. Kenntnis d. Galvan. II, S. 102.
[4]) Gilb. Ann. Bd. 13, S. 113. 1803.　　[5]) Comm. phys. de lucis effectibus, 1818.
[6]) Phil. Trans. 1676, S. 648.　　[7]) Phil. Trans. 1734, S. 74.
[8]) New Exper. and Observ. on Electr., 1769, S. 90.
[9]) Abhandlgn. Schwed. Akad. Bd. 28, S. 306. 1766.

geworden sei, das gleiche behauptet Mojon. J. Ritter erklärt, eine aus Zink und Silber zusammengelötete Nadel leiste dasselbe wie eine Magnetnadel[1]). Romagnési sollte im Giornal di Trento 1802 die Ablenkung der Magnetnadel entdeckt haben; wie der wortgetreue Wiederabdruck dieser Notiz 1859 beweist[2]), ist gar nicht davon die Rede. Aus Sabines Geschichte[3]) ist in viele Lehrbücher und Abhandlungen die Behauptung übergegangen, daß J. Izarn 1804 die vollständige Entdeckung der Ablenkung der Magnetnadel durch den Strom schon geleistet habe. Ich vermute, daß Sabine die Arbeit Izarns gar nicht in der Hand gehabt hat; denn dann hätte er gesehen, daß sich Izarn auf Romagnési beruft, vermutlich durch Libri veranlaßt, der diese Behauptung wohl zuerst ausgesprochen hat; er hätte weiter gesehen, daß der Apparat, den Izarn beschreibt, sicher keine Ablenkung der Nadel durch den Strom zeigen kann[4]), denn diese ist in ihrer Achse selbst die Strombahn und wird durch Funken, die aus Konduktorkugeln auf ihre Pole überspringen, erst in den Stromkreis eingeschaltet.

Diesen Legendenbildungen trat Oersted selbst entgegen und beschrieb die lange Vorarbeit, ehe er zum entscheidenden Versuch kam[5]). In der Tat hat Oersted schon 1812 an dieser Sache gearbeitet. Er faßt den Strom auf als eine in den Molekülen des Leiters fortgesetzt wirkende Störung und Wiederherstellung des elektrischen Gleichgewichts, darum, meint er, müsse sich dieser Vorgang auch außerhalb des Stromkreises irgendwie wirksam erweisen, z. B. auf einen Magneten[6]), und dort am stärksten, wo diese molekulare Wirkung am deutlichsten sei, d. h. beim Glühen eines Drahtes durch den Strom. Darum schloß er in den Stromkreis einen feinen geraden Platindraht, der glühend wurde, und diesen Teil des Stromes brachte er über eine auf einer Spitze schwebende Magnetnadel. Da beobachtete er die Ablenkung derselben. Alsbald überzeugt er sich, daß das Glühen überflüssig sei, und er beobachtete nun mit dem gewöhnlichen Leitungsdraht, den er parallel der Nadel etwa $^3/_4$ Zoll oberhalb der Nadel festhielt, so daß der positive Strom von Süd nach Nord ging, dann wurde der Nordpol der Nadel bis zu 45° nach Westen abgelenkt; hielt er den Draht unter die Nadel, so war die Ablenkung östlich. Ging der negative Strom von Ost nach West über dem Mittelpunkt der Nadel, so blieb die Nadel in Ruhe. Auch das Experiment, welches zur Konstruktion der Sinusbussole führt, hat Oersted hier schon gemacht: wenn er der abgelenkten Nadel den Stromdraht nachdreht, findet er die Verstärkung der Ablenkung. Nadeln aus Messing, Glas oder Hartgummi zeigen keinerlei Wirkung, aber die Wirkung auf Magnetnadeln geht auch ungehindert durch die nichtmagnetischen Substanzen hindurch. Umkehr der Stromrichtung im Drahte bewirkt auch Umkehr der Ablenkung der Nadel. — Ich habe den Inhalt dieser Schrift ziemlich ausführlich hierhergesetzt, weil noch heute die Sache so dargestellt wird, als ob Oersted freilich das erste Experiment gemacht habe, aber die eigentliche Feststellung des Tatbestandes erst das Werk Ampères gewesen sei. Diese Arbeit Oersteds ist auch in deutscher Übersetzung vollständig von ihm selbst veröffentlicht[7]), den lateinischen Originaltext habe ich für die wichtigsten Stellen seinerzeit wieder abgedruckt[8]).

---

[1]) Beiträge z. n. Kenntn. d. Galvan. II, S. 326. 1805.
[2]) Erlenmeiers u. Levinsteins krit. ZS. f. Chem. Bd. 2, S. 242. 1859.
[3]) The Hist. and progress of the electr. Telegraph, 1869, S. 23.
[4]) Manuel du Galvanisme etc. S. 120, An. XIII. (1805).
[5]) Schweigg. Journ. Bd. 32, S. 202, Note. 1821.
[6]) Ansichten der chemischen Naturgesetze, Berlin 1812, S. 251.
[7]) Schweigg. Journ. Bd. 29, S. 275. 1820.
[8]) E. Hoppe, Geschichte der Elektr., S. 195. 1884.

Schon im August desselben Jahres ließ OERSTED eine zweite Abhandlung folgen[1]). Bei seinen ersten Versuchen hatte er mit einer Bechersäule aus 20 Elementen von 144 Quadratzoll Fläche der Kupfer- und Zinkplatten in Lösungen von $1/60$ Schwefelsäure und $1/60$ Salzsäure gearbeitet. Jetzt stellte er fest, daß bei Vergrößerung der Plattenfläche die Ablenkung der Nadel so gesteigert werden kann, daß er noch bei einem Abstand von 3 Fuß die Ablenkung feststellen kann. Eine Vermehrung der Elemente bei gleicher Plattengröße gibt nicht eine derartige Verstärkung der Ablenkung, da „die leitende Kraft in den Elementen" geringer werde. Er nennt freilich die Stromstärke Quantität und die Spannung Intensität. Vielleicht ist diese unglückliche Nomenklatur die Ursache, daß diese Vorarbeit für das OHMsche Gesetz nirgends gewürdigt ist. In derselben Arbeit macht er nun auch das umgekehrte Experiment zu seinem Fundamentalversuch. Er hängt ein kleines Element mit Schließungskreis frei beweglich auf und versetzt diesen Schließungskreis durch einen in der Hand gehaltenen Stabmagneten in Drehung. Er erwartet freilich vergeblich die Einstellung eines solchen Kreises senkrecht zum erdmagnetischen Meridian. Das Mißlingen erklärt er durch die mangelhafte Beweglichkeit des Kreises. Darum ändert er den Versuch so ab, daß er das Elementgefäß feststehen läßt, aber die Platten biegt er spiralig und läßt sie in die Flüssigkeit tauchen, aber für den Erdmagnetismus ist der Schließungskreis doch noch zu schwerfällig. Die demselben Zweck dienenden beweglichen Drahtmodelle AMPÈRES (1775—1836) unterscheiden sich nur durch die leichtere Beweglichkeit[2]), so daß er die Einstellung durch den Erdmagnetismus wirklich erreichte.

Die direkte Versendung der Arbeit durch OERSTED hatte zur Folge, daß überall die Versuche wiederholt wurden und mehr oder weniger erweitert erschienen. Der erste, welcher auf dem Plan erschien, war J. T. MAYER in Göttingen, aber er unterscheidet sich wohl nur durch die uns geläufige Benennung Intensität für die Stromstärke[3]). DE LA RIVE demonstrierte die OERSTEDschen Versuche auf der schweizerischen Naturforscherversammlung[4]) und von da brachte ARAGO die Kunde nach Paris und setzte sich mit GAY-LUSSAC an die Arbeit. Das Resultat war die Entdeckung der Magnetisierung durch den Strom. In eine stromdurchflossene Drahtspirale steckten sie eine Stahlnadel, nach einiger Zeit war die Nadel dauernd magnetisiert[5]). Den daraus gezogenen Schluß, daß der geradlinige Draht auch schon magnetisierend wirken müsse, bestätigten sie durch den Versuch, daß ein Leitungsdraht Eisenfeilspäne anzieht. Den gleichen Versuch zeigte SEEBECK (1770—1831) am 14. Dez. 1820 der Berliner Akademie, aber erweitert durch den Versuch, eine Nadel durch Streichen auf dem Leitungsdraht zu magnetisieren[6]). SCHWEIGGER (1779—1857) zeigte am 13. Sept. der Naturforschenden Gesellschaft in Halle seinen Multiplikator[7]). Auf einen elliptisch geformten Zylinder wickelte er eine mit Seide übersponnene und durch Wachs geschützte Drahtrolle auf, zog den Zylinder heraus und stellte in den Hohlraum eine Nadel. Hier ist wohl zum ersten Male ein mit Seide übersponnener Draht für eine Drahtspule angewandt; denn die isolierten Drähte, welche SCHILLING 1812 beim Minensprengen in der Newa anwandte, waren durch Glasröhren isoliert. Daß der Name Multiplikator nicht richtig sei, hat SEEBECK (l. c.) schon bemerkt, da durch die Hinzufügung von Drahtlängen der Widerstand größer und die Wirkung geschwächt werde, so beruhe die verstärkte Wirkung

---

[1]) Schweigg. Journ. Bd. 29, S. 364. 1820.
[2]) Ann. chim. phys. Bd. 15, S. 191. 1820.   [3]) Göttinger gelehrte Anzeigen 1820.
[4]) Bibl. univers. Bd. 14. 1820.   [5]) Ann. chim. phys. Bd. 15, S. 93. 1820.
[6]) Abhandlgn. d. Berl. Akad. 1820/21, S. 289.
[7]) Allg. Literaturztg. Nr. 296, Nov. 1820.

nur auf der Vermehrung einzelner gleichwirkender Schleifen, in denen aber eine verminderte magnetische Kraft vorhanden sei (l. c. S. 324). Den OERSTED-schen Gedanken über die durch Vermehrung der Elemente bewirkte stärkere Wirkung auf die Ablenkung der Nadel hat SCHMIDT sehr deutlich gemacht[1]), indem er drei gleiche Batterien, von denen jede 17° Ablenkung lieferte, hintereinanderschaltete mit Ablenkung 20°, parallel aber mit Ablenkung 50°.

ARAGO hatte auch AMPÈRE die Genfer Versuche mitgeteilt. AMPÈRE wiederholte sie[2]), bestimmt als Stromrichtung die der strömenden positiven Elektrizität, während OERSTED vom negativen Pol ausgegangen war und stellt nun seine bekannte Regel mit dem im Strom schwimmenden Menschen, der mit der ausgereckten Linken die Ablenkung des nach Norden zeigenden Pols bestimmt, auf. AMPÈRE nennt diesen Pol, wie einst GILBERT getan hatte, den Südpol. Er hat den Strom in einer Schleife um die Nadel geführt und führt für solche Apparate den Namen Galvanometer ein.

Während in den ersten drei Paragraphen dieser Arbeit AMPÈRE nicht über OERSTED hinauskommt, wendet er sich im § 4 dem Verhalten der Ströme zueinander zu, konstruiert leichtbewegliche Gestelle und beweist, daß zwei parallele gleichgerichtete Ströme einander anziehen, zwei parallele entgegengesetzte Ströme sich abstoßen (l. c. S. 171), und zwei ebene Stromkreise wirken so aufeinander, daß sie bestrebt sind, ihre Ebenen parallel zu stellen, so daß die Ströme gleichgerichtet sind. Es stellte sich also eine stromumflossene Fläche als ein Magnet dar, dessen Nordpol auf der linken Seite der in der Stromrichtung liegenden Figur sich befand. Diese Vorstellung veranlaßte AMPÈRE, auf eine Glasröhre eine Spirale von Draht zu wickeln; diese müßte nach seiner Anschauung einen Magneten ersetzen. Sein Versuch (l. c. S. 371) bewies die Richtigkeit seiner Anschauung. Er macht aber mit Recht darauf aufmerksam, daß eine solche Spirale nicht identisch ist mit einer der Windungszahl gleichen Anzahl von Kreisströmen; denn die Spirale muß auch so wirken wie ein geradliniger Strom von der Länge der Spirale. Um diese Wirkung auszuschalten, führt er den Draht nach Wicklung der Spirale im Innern der Röhre wieder zurück (l. c. S. 174), dann aber stellt sich eine solche Röhre, frei beweglich aufgehangen, in den magnetischen Meridian und kann eine Nadel ersetzen.

Bei sehr schwachen Strömen wird die Ablenkung einer Nadel nicht beobachtbar sein, da die Intensität des Erdmagnetismus zu groß ist. Um auch für solche schwache Ströme ein Galvanometer zu haben, muß die Nadel astasiert sein. Dies erreicht AMPÈRE dadurch, daß er die Drehungsachse der Nadel in die Richtung der Inklinationsnadel stellt, dann ist die Richtkraft des Erdmagnetismus Null, und der schwächste Stromkreis dreht die Nadel um 90°. Darum spricht AMPÈRE von der „richtenden Kraft" zwischen Strom und Magnetismus (l. c. S. 199), welche er von der anziehenden und abstoßenden unterscheidet. Er hat im folgenden Jahre dann auch dadurch Astasie hergestellt, daß er zwei gleich starke entgegengesetztgerichtete Nadeln an einem Messingdraht befestigt und dies Gestell an einem Kokonfaden aufhängt, so daß die untere der beiden Nadeln in dem Hohlraum der stromdurchflossenen Drahtspule schwingt[3]).

Die Ersetzbarkeit eines Magneten durch einen ebenen Kreisstrom führt ihn dann zu der Annahme, daß sowohl der Erdmagnetismus wie der Stabmagnetismus durch elektrische Ströme begründet ist[4]). Ein Erdstrom von Ost nach West würde magnetisch gerade so wirken, wie wir es beobachten. Es braucht nicht ein einzelner Strom zu sein, sondern es können zahlreiche kleine Ströme in parallelen Ebenen ihre Wirkungen addieren. Was so für den Erdmagnetismus gilt,

---

[1]) Gilb. Ann. Bd. 70, S. 230. 1822.   [2]) Ann. chim. phys. Bd. 15, S. 59 u. 170. 1820.
[3]) Ann. chim. phys. Bd. 18, S. 320. 1821.   [4]) Ann. chim. phys. Bd. 15, S. 201. 1820.

muß auch im Stabmagneten angenommen werden, und schon hier sagt AMPÈRE, diese kleinen Ströme sind la cause unique für den Magnetismus! Er sagt: J'en déduisis l'explication ses phénomènes magnetiques, fondées sur l'existance des courants électriques dans le globe de la terre et dans les aimans.

In der ersten Arbeit hat AMPÈRE (l. c. S. 73) auch den Vorschlag gemacht, mit der OERSTEDschen Entdeckung einen Telegraphen einzurichten, indem im Empfangsapparat soviel Nadeln aufgestellt werden wie Buchstaben im Alphabet sind, um jede Nadel geht eine Stromschleife, die durch eine Klaviatur im Aufnahmeapparat Strom empfängt. AMPÈRE sagt, daß er erst nachträglich durch ARAGO auf den analogen Vorschlag SÖMMERINGS von 1809 aufmerksam gemacht sei. Ausgeführt ist diese Idee natürlich nicht.

Ehe ich die weiteren Arbeiten AMPÈRES verfolge, ist der Erfindungen anderer Franzosen zu gedenken. Am 30. Okt. 1820 veröffentlichte BIOT das in Verbindung mit SAVART gefundene Gesetz, daß die von einem Stromteil auf einen Magnetpol ausgeübte Kraft senkrecht auf dem vom Pol auf das Stromelement gefällten Lot, senkrecht auf der durch Stromelement und Pol bestimmten Ebene und umgekehrt proportional dem Quadrat der Distanz des Poles vom Stromelement sei[1]). ARAGO gelang es, die Magnetisierung einer Nadel auch dadurch zu erreichen, daß er durch die Drahtspirale die Entladung einer Batterie KLEISTscher Flaschen sandte[2]). Einen Tag später zeigte YELIN der Münchener Akademie denselben Versuch[3]), aber er hatte dabei noch eine sehr wertvolle Beobachtung gemacht, die sich freilich aus dem AMPÈREschen Gesetz hätte voraussagen lassen, aber bisher noch nicht gemacht war, nämlich die Unterscheidung von Rechts- und Linksgewinde bei der Magnetisierung, und BÖCKMANN (1773—1821) benutzte diese Verschiedenheit, um zum ersten Male einen „Folgemagneten" herzustellen, der an beiden Enden die gleiche positive Polarität hatte, in der Mitte aber Südmagnetismus[4]).

Ein überraschendes Experiment war es, mit dem FARADAY (1791—1867) zum ersten Male das Gebiet des Elektromagnetismus betrat[5]). Aus einem falsch verstandenen Experiment hatte FARADAY geschlossen, daß der Magnetpol das Bestreben habe, den Strom zu umkreisen. Diese Ansicht hing wohl zusammen mit der WOLLASTONschen Theorie von rotierenden magnetischen und elektrischen Flüssigkeiten. Aber sein Experiment war richtig. An den Boden eines kleinen Zylinders befestigte FARADAY einen vertikal stehenden kleinen Magneten, füllte so viel Quecksilber in das Gefäß, daß der eine Pol eben herausragte, ließ von oben einen leichtbeweglichen Messingdraht in das Quecksilber hängen, während ein zweiter Draht, an der Wand des Gefäßes befestigt, zur Stromquelle führte. Sobald er den Messingdraht in den Stromkreis einschaltete, begann der Draht um den Pol zu rotieren. Der Sinn der Rotation hing von der Stromrichtung und der Polarität des Magneten ab. GILBERT bemerkt zu dem Experiment[6]) mit Recht, daß er ohne die WOLLASTONsche Vorstellung aus der AMPÈREschen Regel sehr wohl ableitbar sei. AMPÈRE selbst ergänzte das FARADAYsche Experiment durch den Nachweis, daß auch die Vertikalkomponente des Erdmagnetismus solche Rotation bewirken könne[7]), und zeigte, daß eine Drahtspirale vom Strom durchflossen dasselbe leiste wie ein Magnet. Der Grund, warum WOLLASTON und FARADAY die AMPÈREsche Erklärung ablehnten, war, daß sie voraussetzten,

---

[1]) Ann. chim. phys. Bd. 15, S. 222. 1820.   [2]) Moniteur univers. 1820, Nr. 315, 10/11.
[3]) Gilb. Ann. Bd. 66, S. 406. 1820 u. Bd. 68, S. 17. 1821.
[4]) Gilb. Ann. Bd. 68, S. 12. 1821.
[5]) Ann. chim. phys. Bd. 18, S. 337. 1821. Diese franz. Übersetzung ist mit Noten, welche wahrscheinlich von AMPÈRE stammen, versehen.
[6]) Gilb. Ann. Bd. 71, S. 127. 1822.   [7]) Ann. chim. phys. Bd. 18, S. 331. 1821.

der Magnet bestände nach Ampères Meinung aus Kreisströmen um die Achse des Magneten und die Magnetisierung bestehe darin, daß diese Kreisströme erzeugt würden. Aber diese Auffassung hatte Ampère nicht. In einem Brief an van Beek in Utrecht schreibt Ampère als Antwort auf die Frage, wie diese Ströme im Magneten zu denken seien, daß die Moleküle des Eisens Ströme von Elektrizität haben, aber ganz ungeordnet, so daß die Magnetisierung darin besteht, daß diese Ströme gleichgerichtet werden. Er sagt[1]: C'est de cette expérience ... que les courans électriques ... existoient également autour de ces particules avant l'aimantation dans le fer, le nickel et le cobalt, mais que s'y trouvant dirigés en toutes sortes de sens ... Alors l'aimantation doit s'opérer toutes les fois qu'une cause tend à donner à tous ces courans une direction commune. Auf Grund dieser Anschauung findet Ampère auch, daß ein Magnet, vom Strom durchflossen, um seine eigene Achse rotieren müsse, wenn der Strom nur durch eine Hälfte des Magneten gehe. In der Tat zeigt er, daß ein durch Platingewicht zum Schwimmen in Quecksilber befähigter Magnet, dessen eine Hälfte aus dem Quecksilber hervorragt, durch einen Strom, der vom Pol zum Quecksilber läuft, zur Rotation um seine Achse gebracht wird[2].

Dieser Auffassung entsprechend mußte Ampère die Wirkung der Ströme aufeinander feststellen. Das tat er in der großen Arbeit von 1823, die freilich erst 1827 erschien[3], worin er die Elektrodynamik schuf. Zwei Stromelemente ds und ds' mit den Intensitäten i und i' in der Entfernung r werden aufeinander wirken mit der Kraft $\varrho \cdot \dfrac{i \cdot i'' \cdot ds \cdot ds'}{r^n}$, wo ϱ eine Konstante ist.

Er unterscheidet zwei Grenzlagen, ds und ds' sind parallel und senkrecht auf r oder liegen in der Richtung r. Man kann i und i' so messen, daß ϱ in der ersten Grenzlage $= 1$ wird, dann mag es in der zweiten Lage den Wert $= k$ haben. Beliebig gerichtete ds können dann in Komponenten nach den beiden Grenzfällen zerlegt werden. Sind ϑ und ϑ' die Winkel zwischen r mit ds und ds' und ω der Winkel zwischen $\widehat{ds\,r}$ und $\widehat{ds'\,r}$, so ist die Wirkung

$$= \frac{i \cdot i_1 \cdot ds \cdot ds'}{r^n} (\sin\vartheta \cdot \sin\vartheta' \cos\omega + k \cos\vartheta \cdot \cos\vartheta')$$

oder, wenn ε der Winkel zwischen ds und ds' ist,

$$= \frac{i \cdot i_1 \cdot ds \cdot ds'}{r^n} (\cos\varepsilon + h \cos\vartheta \cdot \cos\vartheta'),$$

wo $h = k - 1$ ist. Die Konstanten n und k bestimmt er so, daß $n = 2$ und $k = -\dfrac{1}{2}$ ist, dann erhält man endlich die Lösung

$$w = \frac{1}{2}\frac{i \cdot i' \cdot ds \cdot ds'}{r^2} \cdot (2\cos\varepsilon - 3\cos\vartheta \cdot \cos\vartheta') = \frac{i \cdot i' \cdot ds \cdot ds'}{r^2}\left(r\frac{d^2 r}{ds\,ds'} - \frac{1}{2}\frac{dr}{ds}\cdot\frac{dr'}{ds_1}\right).$$

Das ist das Ampèresche Grundgesetz der Elektrodynamik. In der Anwendung auf Magnete und auf Ströme zeigt sich, daß alle Wirkungen der Magnete ersetzt werden können durch stromdurchflossene Drahtspiralen; für diese führt er den Namen Solenoid ein.

Nahezu gleichzeitig mit der großen Ampèreschen Arbeit erschien in der Berliner Akademie die Abhandlung von Seebeck, worin die Thermoströme

[1] Journ. de phys. etc. p. Ducrotay de Blainville Bd. 93, S. 448. 1821.
[2] Ann. chim. phys. Bd. 20, S. 68. 1822.
[3] Mém. Paris 1823, S. 184; 1827 erschienen. Eine Vorarbeit gab Ampère schon in Ann. chim. phys. Bd. 20, S. 60. 1822.

entdeckt sind. Freilich hatte RITTER schon die Beobachtung eines Thermostroms gemacht, aber er hatte die Tragweite derselben nicht erkannt. SEEBECK wollte untersuchen, ob wirklich der Kontakt der Metalle die Ursache des Stromes in den Elementen sei[1]); er hielt zwei Metalle (Kupfer und Antimon) aneinander und erwartete den Strom, der trat aber nur ein, wenn er die Berührungsstelle der beiden Metalle mit den Fingern festhielt, er erkannte, daß die Erwärmung durch die Finger für die eine Berührungsstelle die Ursache der Stromerzeugung ist, daher nennt er dieselben Thermoströme. Er stellt aus zwei Metallen eine geschlossene Leitung her, die eine Magnetnadel einschließt, dann sieht er, daß es nicht Temperatursteigerung ist, die den Strom liefert, sondern daß er durch die Temperaturdifferenz der Lötstellen bestimmt wird. Er stellt dann eine Thermoelementreihe auf, ähnlich der VOLTASchen Spannungsreihe, allein er überzeugt sich, daß schon ganz geringe Verschiedenheiten der Metalle die Stellung in der Reihe wesentlich ändern, so kam Platin und Kupfer an vier verschiedenen Stellen vor; nur die äußersten Elemente, Wismut als negatives und Antimon und Tellur als positive, waren stets unübertroffen, so daß in der wärmeren Berührungsstelle stets die positive Elektrizität vom Wismut zum Tellur fließt. Dabei machte SEEBECK schon die Beobachtung, daß fortgesetzte Temperatursteigerung bei gewissen Metallen nicht fortgesetzte Intensitätszunahme des Stromes bedinge, es konnte Stillstand, ja ein Rückschritt eintreten. Letzterer konnte, wie CUMMING zeigte[2]), sogar zu einer Stromumkehr gesteigert werden. Darum sagt SEEBECK, an jeder Berührungsstelle ist eine elektromotorische Kraft wirksam, die von der Temperatur abhängig ist und Elektrizität in entgegengesetzter Richtung bewegt. SEEBECK konstruiert auch Thermosäulen, z. B. aus Wismut und Antimon, wobei die Lötstellen alterierend erwärmt werden, sagt dabei aber richtig, daß nicht Multiplikation eintrete, da durch den hinzukommenden Widerstand der Strom geschwächt werde. Auch die Bemerkung findet sich in der Abhandlung, daß die Größe der Berührungsfläche keine Rolle spiele.

Nach zwei Richtungen waren die Thermoelemente praktisch verwendbar, zunächst als Stromquelle, besonders damals, als noch keine konstanten galvanischen Elemente erfunden waren, zweitens als Wärmemesser, besonders für strahlende Wärme. In beiden Richtungen hat OERSTED die Thermoelemente zu verwenden gelehrt. Er gebraucht eine Thermosäule als Stromquelle für Messung von chemischen Wirkungen und konstruiert sich eine Säule, um damit die Wärmestrahlung zu messen[3]). Letztere Anwendung wurde dann von NOBILI (1784—1835) systematisch ausgebaut, indem er eine Thermosäule kompendiös zusammenstellte und durch Abschleifen der Spitzen an der der Wärmestrahlung zugekehrten Seite eine hinreichend große Fläche zur Aufnahme der Strahlung herstellte. Dann baute er das Galvanometer nach Anweisung AMPÈRES mit dem astatischen Nadelpaar, so daß er geringe Temperaturschwankungen messen konnte[4]). Diese NOBILISche Einrichtung wurde dann noch verbessert durch MELLONI (1798—1854), indem er die Thermosäule auf eine optische Bank setzte[5]) mit allen den Nebenapparaten, um Wärmestrahlung unter verschiedenen Bedingungen und Absorption der Strahlen zu untersuchen.

Es ist selbstverständlich, daß neben diesen fundamentalen Arbeiten auch sehr viele veröffentlicht wurden, die die Sache wenig förderten oder sogar auf

---

[1]) Abhandlgn. d. Berl. Akad. 1822/23, S. 265; 1825.
[2]) Ann. of Phil. 1823, S. 427; u. Electrodyn. S. 193. Cambr. 1827.
[3]) Pogg. Ann. Bd. 9, S. 357. 1827.
[4]) Bibl. univ. 25. 1824; u. Pogg. Ann. Bd. 20, S. 245. 1830.
[5]) Bibl. univ. 33. 1826, u. 34. 1827; Pogg. Ann. Bd. 20, S. 250, u. Bd. 27, S. 440. 1833.

ein falsches Gleis schoben, und deren Richtigstellung oft viel Mühe machte, und nicht immer geschah es, wie bei Becquerel, der die Beobachtung machte, daß zwei verschieden warme Drähte ein und desselben Metalls stets einen Thermostrom lieferten[1]), dann aber selbst sich korrigierte und zeigte, daß nicht die Temperaturverschiedenheit, sondern die durch die Erwärmung bewirkte Strukturveränderung ein solches Thermoelement erzeugt habe. Ich übergehe diese Versuche und erwähne nur noch zwei, die seinerzeit ziemliches Aufsehen erregten. Nobili beobachtete[2]), daß, wenn er auf eine blanke Metallplatte einige Tropfen einer Salzlösung gab und durch diese Funken schlagen ließ, auf der Platte Farbenringe entstanden. Daraus schloß er, daß die Elektrizität hier die Stelle des Lichtes bei den Newtonschen Farbenringen spiele, allein Fechner (1801—1887) zeigte[3]) durch Versuche mit Silberplatte und $CuSO_4$-Lösung, daß die Ringe durch die abnehmende Dicke des Niederschlags bei der Zersetzung entstehen, was Faraday in den Exper. reas. 1837 bestätigte. Die trotz Ampère, Arago und Yelin noch immer vorhandenen Zweifler an der Auffassung, daß strömende Elektrizität die magnetischen Wirkungen erzeuge, suchte Callodon zu bekehren durch den Nachweis[4]), daß die durch eine gut isolierte Drahtspule fließende, langsame Entladung einer aus 30 Flaschen bestehenden Batterie die Ablenkung der Magnetnadel ebensogut bewirke wie der galvanische Strom.

18. Das Ohmsche Gesetz. Die Leitfähigkeit der Metalldrähte für den galvanischen Strom war ja schon von Ritter mit seinen Zersetzungszellen untersucht, dann hatte Davy mit der Annahme, daß die Erwärmung eines Drahtes sich umgekehrt verhalte wie seine Leitfähigkeit, eine Reihe von den guten zu den schlechten Leitern, von Silber bis Eisen, aufgestellt[5]). Nun begann G. S. Ohm (1787—1854), die Leitfähigkeit mit dem Galvanometer zu untersuchen[6]). Er arbeitete mit einem Element Kupfer-Zink in verdünnter Schwefelsäure und machte nun zunächst die Beobachtung, daß die „elektrische Kraft einer geschlossenen Kette" gleich nach Stromschluß am schnellsten abnimmt, aber wenn der Strom nur kurze Zeit geschlossen war, so erlangte sie die ursprüngliche Kraft bald wieder. Daher benutzte er die Methode, nur den ersten Ausschlag der Nadel im Galvanometer abzulesen und dann sofort den Strom zu unterbrechen. So konnte er die Davysche Reihe ergänzen und verbessern, nur die Stellung des Silbers in der Reihe ist nicht richtig, vermutlich hatte er kein reines Silber (l. c. S. 246). Genauere Versuche mit Zahlenangaben, bezogen auf $Cu = 1000$, kann er im folgenden Jahre geben[7]). Dabei findet er das Gesetz, daß Drähte aus gleichem Material die gleiche Leitfähigkeit haben, wenn sich ihre Längen wie die Querschnitte verhalten. Er zeigt auch, warum die mit seinen ersten Versuchen gleichzeitigen Untersuchungen von Barlow[8]) und Becquerel[9]) über die Leitfähigkeit keine zuverlässigen Resultate geben konnten. Nach der ersten Arbeit gibt ihm Poggendorff (1796—1877) den Rat, statt der hydroelektrischen Ketten ein Thermoelement zu benutzen. Ohm nimmt Wismut und Kupfer, hält die eine Lötstelle auf 100°, die andere auf 0° und überzeugt sich, daß er nun eine konstante Kraftquelle hat. Bezeichnet nun X die Stärke der magnetischen Wirkung auf den Leiter (die Intensität), x die Länge des eingeschalteten Drahtes, a eine Konstante, die von der erregenden

---

[1]) Ann. chim. phys. Bd. 23, S. 140. 1823. Die Korrektur ebenda 1834.
[2]) Ebenda, Bd. 34, S. 192. 1827 u. Bd. 37, S. 211. 1828.
[3]) Schweigg. Journ. Bd. 55, S. 442. 1829.   [4]) Ann. chim. phys. Bd. 33, S. 62. 1826.
[5]) Gilb. Ann. Bd. 71, S. 259. 1822.   [6]) Schweigg. Ann. Bd. 44, S. 110. 1825.
[7]) Schweigg. Ann. Bd. 46, S. 141. 1826.   [8]) Phil. Mag. 1825, S. 105.
[9]) Bull. des sciences 1825, S. 296.

Kraft abhängt, b den Leitungswiderstand der unveränderten Teile der Kette, so ist $X = \dfrac{a}{b + x}$; hat man statt eines Elementes m Elemente, ist

$$X = \frac{m\,a}{m\,b + x}$$

Ist x sehr groß gegen b, so erhält man auf diese Weise eine starke Vermehrung von X, ist dagegen b groß gegen x, so nützt die vermehrte Anzahl der Elemente nichts, aber auch für $x = 0$ kann man X dadurch verstärken, daß man b verkleinert, also die m Platten nebeneinanderschaltet[1]). Dann zeigt OHM, daß auch beim Multiplikator eine Grenze der Verstärkung durch Vermehrung der Windungen gegeben ist, damit eine von POGGENDORFF schon 1821 ausgesprochene Behauptung[2]) bestätigend. OHM schließt so: Die Intensität eines Elementes ist $\dfrac{a}{b}$, hat man m Schleifen des Multiplikators, jede vom Widerstand l, so ist die Intensität $\dfrac{m \cdot a}{b + m\,l}$; soll dies $> \dfrac{a}{b}$ sein, so muß $m\,l < (m - 1)\,b$ sein. Endlich zeigt OHM noch, daß die Leitfähigkeit der Metalle durch Temperaturerhöhung geschwächt, durch Erniedrigung vermehrt wird, was DAVY schon bei seinen Versuchen (l. c. S. 250) ausgesprochen hatte.

OHM verfolgte dann eine weitere Frage, die nahezu gleichzeitig auch BARLOW[3]) untersucht hatte, ob die Stromstärke überall dieselbe sei in einem unveränderten Stromkreise. Es zeigte sich, daß die Ablenkung der Nadel in allen Teilen der Schließung gleich groß war. Diese Untersuchungen wurden durch FECHNERS[4]) Bemühungen sichergestellt und von R. KOHLRAUSCH[5]) auch für den in der Flüssigkeit verlaufenden Teil der Schließung als gültig nachgewiesen. Anders gestaltete sich aber die Bestimmung der Spannung in den einzelnen Teilen des Schließungskreises. Schon RITTER hatte beobachtet[6]), daß in einer mit Salzwasser gefüllten Röhre an der positiven Elektrode am Elektroskop positive Elektrizität gefunden wurde, an der negativen Elektrode aber negative Ladung, dagegen in der Mitte der Röhre fand er die Ladung Null. OHM untersuchte[7]) an einem 300′ langen Draht mit einem Kondensatorelektrometer und findet die Spannungsabnahme bei wachsender Entfernung von der „Erregungsstelle". Ausführlich stellt OHM seine Untersuchungen zusammen in der 1827 erschienenen Monographie[8]). Ist a die Spannung des Elements, λ die Spannung an zwei um die Länge 1 voneinander entfernten Punkten der Leitung, l die „reduzierte" Länge der ganzen Kette und x die Entfernung zweier Punkte, dann ist $\lambda = \dfrac{a\,x}{l}$, liegt zwischen den beiden Punkten noch eine Erregung mit der Kraft e, so ist $\lambda = \dfrac{a\,x}{l} \pm e$. In der zusammenfassenden Arbeit leitet OHM dann sein Gesetz folgendermaßen ab. Ist U die Spannung an einer Stelle (Dichtigkeit), k der Widerstand der Länge 1 beim Querschnitt 1, q der Querschnitt des Drahtes, N die Richtung desselben, so fließt in der Zeit 1 durch den Querschnitt des Drahtes $e = k \cdot q \cdot \dfrac{\partial U}{\partial N}$. Dies $\dfrac{\partial U}{\partial N}$ ist aber das „Gefälle" $= \dfrac{a}{l}$, also $e = \dfrac{k \cdot q \cdot a}{l}$; setzt man für $\dfrac{l}{k \cdot q} = w$ ein, so ist $e = \dfrac{a}{w}$.

Dies e ist aber die Intensität.

---

[1]) Schweigg. Journ. Bd. 46, S. 160. 1826.   [2]) Isis 1821, Heft 1.
[3]) Schweigg. Journ. Bd. 44, S. 367. 1825.   [4]) Maßbestimmungen. 1831, S. 27.
[5]) Pogg. Ann. Bd. 97, S. 401. 1856.   [6]) Gilb. Ann. Bd. 8, S. 455. 1801.
[7]) Pogg. Ann. Bd. 7, S. 117. 1826.   [8]) Die galvanische Kette. 1827.

Dies Ohmsche Gesetz wurde von Fechner durch ausgedehnte Untersuchungen bestätigt[1]). Dabei ist interessant, daß Fechner nicht die Ablenkung der Magnetnadel im Multiplikator beobachtete, sondern die Schwingungsdauer der Nadel erstens im erdmagnetischen Feld, zweitens in dem durch die Drahtspule verstärkten Magnetfelde. Diese Methode kommt hier 1830 wohl zum ersten Male vor. Der Kampf um das Ohmsche Gesetz, d. h. die Untersuchung, ob dasselbe auch für andere Leiter als Metalldrähte gelte, hat viele Jahre gedauert. Pouillet (1790—1868) fand bei der Untersuchung (ohne Ohm zu zitieren) die Tangentenbussole und konstruierte dieselbe so, daß die Drahtwindung der abgelenkten Nadel nachgedreht werden kann, bis die Nadel in der Stromebene liegt, also die Sinusfunktion des Ablenkungswinkels eintritt[2]). In Deutschland war die Ermansche Annahme von der unipolaren Leitung ein Hindernis für die allgemeingültige Annahme des Ohmschen Gesetzes, und ebenso der Fechnersche Übergangswiderstand. Während Beetz (1822—1886) das Ohmsche Gesetz mit dem Galvanometer untersuchte[3]), hat R. Kohlrausch (1809—1858) besonders das Gefälle in der Leitung mit dem Elektrometer nachgeprüft und Ohms Ergebnisse bestätigt[4]).

Beetz (l. c.) und F. Kohlrausch (1840—1910)[5]) haben die Gültigkeit des Gesetzes in Flüssigkeiten erwiesen, ich habe für glühende Gase das gleiche getan[6]). Für beide Aggregatzustände sind besondere Schwierigkeiten durch die Polarisation, Thermoströme und Konvektionsströme gegeben. Ohm selbst bekämpfte mit Erfolg die unipolare Leitung und den Übergangswiderstand durch Nachweis der Polarisation[7]), er nennt sie „Gegenspannung". Diese Auffassung wurde bestätigt und erweitert durch die sorgfältigen Untersuchungen von Lenz allein[8]) und in Verbindung mit Saweljew[9]), wodurch die unipolare Leitung und der Übergangswiderstand beseitigt wurden und die Polarisation festgestellt wurde.

19. Elektrolyse und konstante Elemente. Durch die Ohmschen Untersuchungen war wieder das Interesse an den chemischen Wirkungen des galvanischen Stromes lebhaft erwacht. Da war es in erster Linie Faraday (1791—1867), welcher seit 1831 seine Untersuchungen als Experim. researches in zwangloser Weise veröffentlichte. Die elektrochemischen Untersuchungen finden sich in den Serien 4 bis 8, 12 bis 14, 16 und 17. Er schafft zunächst eine Nomenklatur; den Vorgang der Zersetzung durch den Strom nennt er Elektrolyse, die Fläche, durch welche der Strom eintritt in die Lösung, nennt er Anode, wo er austritt Kathode, beide Elektroden. Die Zersetzungsprodukte unterscheidet er als Anion und Kation, die zu zersetzende Flüssigkeit nennt er Elektrolyt[10]). In diesen ausgedehnten Untersuchungen ist charakteristisch, daß Faraday scheinbar ganz unabhängig von irgendwelchen Vorgängern vorgeht, niemals eine frühere Arbeit zitiert und daher oft so verstanden ist, als ob alles das, was er an Experimenten und Theorie liefert, ureigenstes Eigentum von Faraday wäre. Das ist nun nicht der Fall, er hat sehr viel studiert, wesentlich allerdings nur englische Arbeiten, weil seine Sprachkenntnisse nicht weit reichten, aber er fand auch bei Davy, Henly u. a. vieles, was von Wilke, Ritter und Grotthuss herrührte. Aber er hat alle seine theoretischen Sätze mit sorgfältig gewählten Experimenten begründet, und daher erscheinen sie

---

[1]) Schweigg. Journ. Bd. 53 u. 54. 1828/29; Bd. 58, S. 403. 1830.
[2]) Pogg. Ann. Bd. 42, S. 281. 1837.   [3]) Pogg. Ann. Bd. 138, S. 280 u. 370. 1869.
[4]) Pogg. Ann. Bd. 75, S. 220. 1848 u. Bd. 78, S. 1, 1849.
[5]) Ebenda Bd. 159, S. 233. 1876.   [6]) Wied. Ann. Bd. 2, S. 83. 1877.
[7]) Schweigg. Journ. Bd. 59, S. 385; Bd. 60, S. 32. 1830.
[8]) Pogg. Ann. Bd. 59, S. 203 u. 407. 1843.   [9]) Pogg. Ann. Bd. 67, S. 497. 1846.
[10]) Exp. res. 7, § 662ff.

original, selbst wenn sie im Wortlaut sogar mit längst bekannten Sätzen identisch sind; z. B. der Satz: „Die Menge der Zersetzung für jeden Querschnitt eines zersetzt werdenden Leiters von gleichförmiger Beschaffenheit ist stets konstant, welche Entfernung auch der Querschnitt von den Elektroden habe", ist identisch mit dem von RITTER (s. oben) ausgesprochenen. Ebenso der Satz, daß die chemische Kraft eines elektrischen Stromes direkt proportional ist der absoluten Menge hindurchgegangener Elektrizität[1]). FARADAY lehnt die Vorstellung, als ob in dem elektrischen Strom ein elektrisches Fluidum fließe, wiederholt sehr energisch ab. Er sieht den Strom an als „an axis of power having contrary forces, exactly equal in amount, in contrary directions"[2]) oder, wie er an einer späteren Stelle sagt: „Ich werde das Wort Strom als Ausdruck für einen gewissen Zustand und eine gewisse Beziehung von als wandernd vorausgesetzten Kräften gebrauchen."[3]) Alle Teilchen des zu zersetzenden Körpers, die in dem Stromlauf liegen, tragen gleichmäßig zur Endwirkung bei. Dadurch, daß die gewöhnliche Affinität durch den Einfluß des Stromes in der einen Richtung geschwächt, in der anderen verstärkt wird, geschieht es, daß die verbundenen Teilchen eine Neigung haben, entgegengesetzte Wege einzuschlagen. Die chemischen Äquivalente sind daher entscheidend für die Wirkung des Stromes, z. B. das Äquivalent des Bleies ist 103,5, das ist stets dasselbe, ob es vom Sauerstoff, Jod oder Chlor getrennt wird[4]). Darum gilt das Gesetz: Ein Strom von bestimmter Stärke macht in den verschiedenen Elektrolyten gleich viel Valenzen frei oder führt sie in andere Kombinationen über. Die äquivalenten Gewichte der Körper sind einfach diejenigen Mengen von ihnen, welche gleiche Elektrizitätsmengen besitzen[5]). Daher, wenn die chemische Aktion, welche einen Strom in der einen Richtung erzeugt hat, umgekehrt wird, wird auch der Strom umgekehrt[6]). FARADAY lehnte also jede Kontaktkraft ab. Er sagt: Der Kontakt hat nichts mit der Erzeugung des Stromes zu tun[7]). Aber über die Entstehung des Stromes im Element, wie es kommt, daß die chemische Aktion Elektrizität liefert, hat sich FARADAY keine Vorstellung gebildet. Die Bemühungen, hierüber Klarheit zu gewinnen, lassen sich in dem Satz zusammenfassen, daß der Wärmewert der im Element statthabenden Zersetzungen gleich ist dem Wärmewert der Summe aller vom Strome geleisteten Arbeiten.

Erst 1837 wendet sich FARADAY auch zu der statischen Elektrizität und geht von der Influenzwirkung aus[8]), er nennt sie aber Induktion. Ich habe schon ausführlich nachgewiesen[9]), daß nicht nur die ganze Anschauung, sondern auch die wesentlichen Experimente durchaus übereinstimmen mit den Versuchen und der Theorie C. WILKES aus dem Jahre 1762[10]). Neu ist eigentlich nur die Bezeichnungsweise, daß FARADAY hier den Namen Dielektrikum für die Isolatoren einführt und den Unterschied der Isolationsstärke verschiedener Isolatoren als spezifische Induktionskapazität = Dielektrizitätskonstante bezeichnet. Aber während WILKES Arbeiten nur von einem kleinen Kreise, ich nenne LICHTENBERG, HENLY, INGENHAUSS, beachtet wurden, ist FARADAYS Darstellung der Ausgangspunkt der für viele Jahrzehnte maßgebenden Anschauung geworden.

In die gleiche Zeit fallen auch die ersten positiven Versuche, die Geschwindigkeit der Elektrizität zu messen[11]). WHEATSTONE (1802—1875) schloß an

---

[1]) Exp. res. 7, § 821.   [2]) Exp. res. 5, § 517.
[3]) Exp. res. 13, § 1617ff.   [4]) Exp. res. 7, § 826ff.   [5]) Exp. res. 7, § 869.
[6]) Exp. res. 17, § 2040.   [7]) Exp. res. 8, § 915 u. 16, § 1801.
[8]) Exp. res. 10—13, § 1161—1616.   [9]) ZS. f. Elektrochem. Bd. 27, S. 301ff. 1 921.
[10]) K. Vetensk. Acad. Handl. 1762, S. 211 u. 1777, S. 73 u. 134.
[11]) Phil. Trans. 1834, S. 583.

die Belegungen einer KLEISTschen Flasche einen 2640' langen Kupferdraht und beobachtete in der Mitte dieses Drahtes den Funken zwischen zwei kleinen Kugeln in seiner durch einen rotierenden Spiegel bewirkten Verschiebung gegen die beiden Funken an der Flasche. Aus der Größe der Verschiebung und der Rotationsgeschwindigkeit des Spiegels ergab sich die Zeit zu $868 \cdot 10^{-9}$ Sekunden für die Strecke von 1320'. Die Methode mit dem rotierenden Spiegel gab ihm auch die Möglichkeit, die Dauer eines Funkens zu messen, er fand in einem Falle $42 \cdot 10^{-6}$ Sekunden. Wenn auch die erhaltenen Werte quantitativ nicht glänzend waren, so war das qualitative Ergebnis doch wesentlich in dem langen Streit zwischen den Anhängern einer vermittelten Wirkung der Elektrizität und der Wirkung in die Ferne. Für letztere trat besonders PETER RIESS (1805 bis 1883) ein[1]), dessen Arbeiten zusammengefaßt wurden in dem zweibändigen Werk „Die Lehre von der Reibungselektrizität", welches lange Zeit weitgehenden Einfluß in Deutschland hatte.

Die chemischen Untersuchungen FARADAYS fanden notwendige Ergänzung in den Arbeiten anderer, besonders DANIELLS (1790—1845). FARADAY hatte wohl die primären und sekundären Zersetzungen bei der Elektrolyse unterschieden, aber hielt doch daran fest, daß das Wasser primär von dem Strom zersetzt werde, daher konnte er die Lösungen nicht richtig behandeln. Demgegenüber zeigte DANIELL[2]), daß in den wässerigen Lösungen die primäre Zersetzung sich nur auf die Salze beziehe und, wenn H und O als Ionen erscheinen, diese erst sekundär durch die Zersetzungsprodukte der Salze ausgeschieden wurden. Daraus entstand eine von der bis dahin herrschenden Auffassung abweichende Behandlung der Salze durch DANIELL. Hatte man z. B. Na_2SO_4 bisher so aufgefaßt $Na_2O + SO_3$, so zeigte DANIELL, daß die Zersetzung in $Na_2 + SO_4$ stattfinde, allgemein in Metall und Säurerest. Das gab die Möglichkeit, die Theorie der Wahlverwandtschaften durch die Theorie der Substitution zu ersetzen[3]). Diese DANIELLsche Arbeit fand Anerkennung und Erweiterung in den Arbeiten von BUFF (1805—1878)[4]) und E. BECQUEREL (1820—1891)[5]) und wurde von ihm selbst in Verbindung mit MILLER ergänzt durch den Nachweis der sekundären Wirkung des „Oxysulphions" ($=SO_4$) bzw. durch seine Einwirkung auf die positive Elektrode[6]).

In engem Zusammenhang mit diesen Untersuchungen stand das Bestreben, die elektromotorische Kraft der Elemente längere Zeit konstant zu erhalten, deren Wandelbarkeit ja von OHM schmerzlich empfunden war. KEMP versuchte, durch Ersetzung des Zn durch Zinkamalgam die schnelle Auflösung des Zn zu verhindern[7]). Daraufhin amalgamierte STURGEON die Zinkplatte, und das hat sich dann dauernd erhalten. Bei den Versuchen über Endosmose kam WACH zu folgender Anordnung[8]): Kupfer in Lösung von $CuSO_4$, darin eine durch eine Blase verschlossene Glasröhre, in welcher angesäuertes Wasser mit einem Zinkstab war. Aber er erkannte die Bedeutung dieses Elementes nicht. A. C. BECQUEREL (1788—1878) wollte die Konstanz des Elementes dadurch heben, daß er die Zelle durch zwei quergespannte Goldschlägerhäute in drei Abteilungen teilte[9]); in die erste Kammer stellte er das Kupfer in Wasser mit $^1/_{50}$ Schwefelsäure, in die mittlere füllte er eine Kochsalzlösung, in die dritte stellte er den Zinkstab in Wasser mit $^1/_{50}$ Schwefelsäure und $^1/_{50}$ Salpetersäure.

---

[1]) Pogg. Ann. Bd. 92, 93, 96, 97. 1854—1856.
[2]) Phil. Trans. 1839, I, S. 97; 1840, I, S. 209.
[3]) Pogg. Ann., Erg.-Bd. 1, S. 565. 1840.
[4]) Ann. d. Chem. u. Pharm. Bd. 85, S. 1; Bd. 105, S. 145; Bd. 106, S. 203.
[5]) Ann. chim. phys. (3) Bd. 11, S. 162 u. 257. 1844.
[6]) Phil. Trans. 1844, S. 1.   [7]) Jamesons Journ. Bd. 6. 1828.
[8]) Schweigg. Journ. Bd. 58, S. 23. 1830.   [9]) Pogg. Ann. Bd. 42, S. 282. 1837.

Nach $^1/_2$ Stunde war die Ablenkung der Nadel im Multiplikator von 62° auf 61° zurückgegangen. Daß es sich bei diesem Problem darum handeln müsse, die Wirkung der Ionen auf die Elektroden unschädlich zu machen, sah DANIELL ein, hatte doch schon PFAFF bemerkt, daß die Polarität zweier Metalle in einer Flüssigkeit nach kurzer Zeit umgekehrt werden könne[1]), und AVOGADRO hatte mehrere Paare von Metallen zusammengestellt, bei welchen diese Umkehrung sehr drastisch eintrat, und auch den Einfluß der Konzentration des Elektrolyten beobachtet[2]). Die AVOGADROschen Umkehrungen haben ein Pendant in der „Passivität" des Eisens, die von KEIR[3]) bei seinen Versuchen, durch Eisen aus salpetersaurem Silber das Silber auszufällen, entdeckt war, von WETZLAR 1827 von neuem entdeckt[4]); erst durch SCHÖNBEIN (1799—1868) wurde der Nachweis erbracht, daß es sich um eine durch Eintauchen in die Säure auf der Oberfläche des Eisens gebildete Haut handelt, welche die chemische Arbeit hindert[5]). In dem gewöhnlichen VOLTAschen Element erschien an der Zn-Platte ZnO, und die Kupferplatte überzog sich mit H. Das ZnO fiel von selbst ab, so kam es darauf an, den H zu beseitigen. Darum baute DANIELL sein Element: Kupfer in konzentrierter $CuSO_4$-Lösung, getrennt durch eine Ochsengurgel von der Schwefelsäurelösung (10%), in welcher der amalgamierte Zn-Stab hing[6]). Die Ersetzung der unbequemen Ochsengurgel durch den Tonzylinder nahm GASSIOT zuerst vor; zahlreiche „Verbesserungen" des DANIELLschen Elements haben nur technisches Interesse.

Ein zweites konstantes Element baute GROVE (1811—1896)[7]). In den Kopf einer Tonpfeife, deren Loch verkittet war, goß er verdünnte Schwefelsäure, dahinein steckt er den amalgamierten Zn-Stab und stellt die Tonpfeife in ein Gefäß mit Salpetersäure, in welche Platin taucht. Auch hieran sind verschiedene Verbesserungen vorgenommen, von denen die wichtigste die Ersetzung des teuren Platins durch Kohlenplatten ist. SCHÖNBEIN führte die Retortenkohle ein[8]), und BUNSEN (1811—1899) präparierte[9]) aus Steinkohlenstaub und Koks durch intensives Glühen die Kohlenplatten.

War durch diese Versuche die Polarisation der Elektroden unwirksam gemacht, so konnte man andererseits dieselbe benutzen, um durch sie selbsttätige Elemente herzustellen, wie es RITTER 1802 vorbildlich getan hatte. Um die Polarisation bequem untersuchen zu können, d. h. unmittelbar nach Durchgang des Stromes durch die Zersetzungszelle diese an das Galvanometer anzuschließen, konstruierte POHL (1788—1849) die Polarisationswippe[10]), welche gewöhnlich mit der POGGENDORFFschen verwechselt wird; letztere dient vielmehr dazu, bei einer Anzahl von Polarisationszellen dieselben bei der Ladung parallel, bei der Entladung hintereinander zu schalten[11]). DANIELL baute ein solches Polarisationselement aus Platin und Zinkelektroden in Jodkaliumkleister[12]), und GROVE wurde durch die Gaspolarisation veranlaßt, die Gassäulen zu konstruieren[13]), z. B. Platin in H positiv gegen Pt in O. Die DANIELLschen Zellen erklärte SCHÖNBEIN mit dem von ihm entdeckten Ozon[14]), welches er durch Zerfall von drei Sauerstoffmolekülen in zwei Moleküle gebildet dachte, deren eines zwei negative und ein positives Atom enthalte als Ozon, während das andere zwei positive und ein negatives Atom als Antozon enthalte. Die

---

[1]) Gehlens Journ. Bd. 5, S. 98. 1808.   [2]) Ann. chim. phys. Bd. 22, S. 361. 1823.
[3]) Phil. Trans. 1790, S. 359.   [4]) Schweigg. Journ. Bd. 49, S. 486.
[5]) Pogg. Ann. Bd. 37, S. 390 u. 590. 1837.   [6]) Pogg. Ann. Bd. 42, S. 272. 1837.
[7]) Phil. Mag. (3) Bd. 15. 1839.   [8]) Pogg. Ann. Bd. 49, S. 589. 1840.
[9]) Pogg. Ann. Bd. 54, S. 417. 1841.   [10]) Kastners Arch. Bd. 13, S. 46. 1828.
[11]) Pogg. Ann. Bd. 61, S. 586. 1844.   [12]) Pogg. Ann. Bd. 42, S. 265. 1837.
[13]) Phil. Mag. Bd. 14, S. 129. 1839.
[14]) Pogg. Ann. Bd. 50, S. 616. 1840; Bd. 65, S. 69. 1845 usw.

Frage nach dem Ozon ist wesentlich eine chemische, kann daher hier übergangen werden.

20. Magnetische Untersuchungen. Die Erforschung des Magnetismus, besonders des Erdmagnetismus, hat in diesem Zeitabschnitt ganz außerordentliche Fortschritte zu verzeichnen, ja man kann wohl sagen, beides ist jetzt erst neu begründet worden. 1833 erschien die große Arbeit von C. F. Gauss (1777—1855) über den Erdmagnetismus[1]. Man hatte wohl die Ablenkung der Magnetnadel gemessen, hatte den Winkel zwischen magnetischem und geographischem Meridian gemessen, Isokline und Isogone konstruiert, horizontale und vertikale Komponenten unterschieden, aber die Intensität der magnetischen Kraft zu messen, war bisher weder experimentell noch theoretisch begründet. Gauss zeigte, wie man durch Schwingungs- und Ablenkungsbeobachtung die Intensität der Horizontalkomponente des Erdmagnetismus und das magnetische Moment eines Magnetstabes in den Einheiten der Länge, der Zeit und der Masse messen kann. Eine in solchen Maßen ausgedrückte Messung nennt er absolut. Die Beobachtungsmethode zeichnet sich dadurch aus, daß die von Poggendorff 1827 erfundene Spiegelablesung zum ersten Male benutzt wird. Für die Ablenkungsbeobachtungen unterscheidet Gauss zwei Hauptlagen, je nachdem der Mittelpunkt der abgelenkten Nadel in der Verlängerung der Achse des ablenkenden Magneten oder auf der Mittelsenkrechten zu dem ablenkenden Stabe liegt. Für die Schwingungsbeobachtungen bedarf er des Trägheitsmomentes und Drehungsmomentes. Letzteres ist das Produkt aus Horizontalintensität des Erdmagnetismus in das magnetische Moment; ersteres lehrt er durch Schwingungsbeobachtungen zu finden, indem zu dem Trägheitsmoment des Apparates ein berechenbares Trägheitsmoment hinzugefügt wird. Diese Arbeit hatte die Grundlage gegeben, die Intensität des Erdmagnetismus an jedem Orte der Erdoberfläche zu messen, und um diese Aufgabe durchzuführen, gründeten Gauss und W. Weber (1804—1891) den Magnetischen Verein, welcher von 1836 bis 1842 seine Resultate veröffentlichte. In demselben beschrieb Gauss das Magnetometer ausführlich[2] und die Beobachtungsmethode[3]. In dem 2. Bande gibt Gauss, um die Variation der Intensität genauer verfolgen zu können, die Konstruktion und Theorie des Bifilarmagnetometers. Weber zeigt, wie man mit diesem Instrument die absoluten Messungen von Horizontalintensität und magnetischem Moment ausführen kann[4]. Daß nun die Erforschung des Erdmagnetismus durch zahlreiche Beobachtungsstationen ausgeführt werden konnte, ist der werbenden Tätigkeit A. v. Humboldts (1769 bis 1859) zu danken. Sie ermöglichten Gauss die Herausgabe eines Atlas des Erdmagnetismus mit einer ausführlichen Tabelle[5], deren Zahlen zum größten Teil aus den von Gauss eingeführten Terminbeobachtungen stammten. Von Humboldt hat dabei das Verdienst, zum ersten Male eine Isodynamenkarte hergestellt zu haben, so daß die drei Elemente des Erdmagnetismus, Deklination, Inklination und Intensität, nunmehr festgelegt waren und man die Variation der Elemente beobachten konnte.

Durch Ritter war schon das elektrochemische Strommaß eingeführt, dann hatte Becquerel[6] dieses Maß sorgfältig festgestellt und die verschiedenen Zersetzungsprodukte aufeinander bezogen. Der Versuch Pouillets, dies elektrochemische Maß mit der magnetischen Wirkung zu vergleichen[7], ist nicht zum

---

[1] Intensitas vis magneticae terrestris in mensuram absolutam revocata. 1833.
[2] Resultate des magn. Vereins 1. 1836.   [3] Ebenda 2. 1837.
[4] Resultate 2, S. 20. 1837.   [5] Resultate 3, S. 36. 1838.
[6] Pogg. Ann. Bd. 42, S. 307. 1837.
[7] Auch Jacobis Messung (Pogg. Ann. Bd. 47, S. 226 u. Bd. 48, S. 26. 18 39) konnte nicht befriedigen.

Ziel gekommen. W. WEBER führte zuerst mit der von ihm berechneten und konstruierten Tangentenbussole das elektromagnetische Strommaß auf das absolute magnetische Maß zurück[1]), indem er als Einheit diejenige Elektrizitätsmenge wählt, welche in der Zeit 1 durch den Querschnitt eines Drahtes gehen muß, der die Fläche 1 umspannt, um nach außen geradeso zu wirken wie die GAUSSsche Einheit des Magnetismus im Mittelpunkt der umflossenen Fläche. Um nun die Vergleichung mit dem chemischen Maß durchzuführen, ersetzt WEBER den Magneten durch eine kleine Drahtspule, welche er bifilar aufhängt, um die Direktionskraft[2]) bequem berechnen zu können, und beobachtet nun mit Spiegel und Skala die Ablenkung, während gleichzeitig der Strom in einem Voltameter Wasser zersetzt, mit dem Ergebnis, daß der Strom 1, absolut gemessen, in 1 Minute 0,56256 mg Wasser zersetzt[3]). Dieser WEBERsche Apparat war die Vorstufe für sein Dynamometer (s. unten) und das Spiegelgalvanometer.

Einen Versuch, die Elektrizität und den Magnetismus analytisch zu behandeln, unternahm G. GREEN (1793—1841) in einer Arbeit 1828, die nahezu unbeachtet blieb[4]), bis W. THOMSON sie wieder entdeckte und von neuem herausgab[5]). GREEN geht aus von der EULERschen Gleichung $\Delta V = 0$ und dem POISSONschen Wert $\Delta V = -4\pi\varrho$ für das Innere des Raumes, wo $V = \int \dfrac{\varrho\,dx\,dy\,dz}{r}$

ist. GREEN meint irrtümlich, daß LAPLACE die Erfindung dieser Gleichung gemacht habe, er schreibt nicht ΔV, sondern δV; dieser Funktion V gibt er den Namen „Potentialfunktion" (l. c. S. 10). Nun beweist er (S. 28) folgenden Satz: Sind U und V zwei stetige Funktionen von x, y, z, deren Differentialquotienten in keinem Punkte des beliebig gestalteten Körpers unendlich werden, so ist

$$\int dx \cdot dy \cdot dz\, U \cdot \Delta V + \int d\sigma \cdot U \frac{\partial V}{\partial w} = \int dx \cdot dy \cdot dz \cdot V \cdot \Delta U + \int d\sigma \cdot V \cdot \frac{\partial U}{\partial w},$$

wo w die Oberflächennormale nach innen ist. Bei dem Beweis dieses Satzes hatte GREEN zunächst folgende Gleichung gefunden:

$$\int dv \left(\frac{\partial V}{\partial x} \cdot \frac{\partial U}{\partial x} + \frac{\partial V}{\partial y} \cdot \frac{\partial U}{\partial y} + \frac{\partial V}{\partial z} \cdot \frac{\partial U}{\partial z} \right) = -\int d\sigma V \cdot \frac{\partial U}{\partial w} - \int dv\, V \Delta U,$$

wo $dv = dx \cdot dy \cdot dz$ das Volumenelement darstellt. Oft wird dieses Zwischenresultat als die GREENsche Gleichung bezeichnet und als Ausgangspunkt der Entwicklung genommen. In der Anwendung seiner Fundamentalformel zeigt GREEN dann (Satz 5), daß, wenn V auf einer geschlossenen Fläche gegeben ist, es nur eine Funktion gibt, die der Gleichung $\Delta V = 0$ und der Bedingung, daß V innerhalb dieser Fläche keine singulären Werte habe, genügt. Auch dieser Satz ist für die spätere Entwicklung von außerordentlicher Bedeutung geworden. Diese Sätze wendet GREEN dann an: 1. auf die Theorie der KLEISTschen Flasche und die kaskadenartige Batterie, d. h. die Anordnung einer Reihe von Flaschen, daß die äußere Belegung der ersten mit der inneren der zweiten usw. verbunden ist, bis zur letzten, deren äußere Belegung zur Erde abgeleitet ist; 2. auf die Berechnung der Dichtigkeit der Elektrizität auf einer Kugel, die influenziert wird; 3. auf die Verteilung der Elektrizität auf zwei miteinander verbundene

---

[1]) Resultate Bd. 5, S. 48. 1840.   [2]) Ebenda Bd. 2, S. 3. 1837.
[3]) Ebenda Bd. 5, S. 91. 1840.
[4]) An essay on the application of mathemat. analysis on the theories of Electricity and Magnetisme, 1828.
[5]) Crelles Journ. Bd. 39, 44, 47. 1850/54 u. Ostwalds Klassiker Nr. 61.

Kugeln; 4. auf die Rotation eines Rotationskörpers in einem elektrischen Felde; 5. auf die Theorie des Magnetismus; 6. auf die magnetische Induktion verschieden gestalteter Körper; 7. auf einen zylindrischen Draht. Diese selbst in England ganz unbeachtet gebliebene Schrift ist in Nottingham erschienen und nur von Murphy bei seiner Ableitung benutzt[1]); durch diese wurde Thomson darauf aufmerksam.

So wurde die Potentialtheorie unbeeinflußt von Green ausgebildet durch C. F. Gauss (1777—1855), der in seiner Arbeit „Allgemeine Lehrsätze in Beziehung auf die im verkehrten Verhältnis des Quadrats der Entfernung wirkenden Anziehungs- und Abstoßungskräfte"[2]) eine vollständieg Behandlung der Kräfte, die $\Delta V = 0$ genügen, bot. Solche Kräfte sind die Gravitation, die Wirkung zweier Magnetpole, die Wirkung zweier elektrischer Teilchen, die Wirkung eines Stromelementes auf einen Pol, die Wirkung zweier Stromelemente aufeinander. Ist μ das Maß des wirkenden Quantums, r die Entfernung des Punktes, auf welchen gewirkt wird, dann ist die beschleunigende Kraft $\dfrac{\mu}{r^2}$ und deren Kraft-

komponenten $\dfrac{\partial \frac{\varepsilon\mu}{r}}{\partial x}$, $\dfrac{\partial \frac{\varepsilon\mu}{r}}{\partial y}$, $\dfrac{\partial \frac{\varepsilon\mu}{r}}{\partial z}$, und wenn mehrer Punkte μ vorhanden sind,

so sei $\sum \dfrac{\mu}{r} = V$. Diese Funktion nennt Gauss das Potential, so daß $\varepsilon \dfrac{\partial V}{\partial x}$ usw.

die Kraftkomponenten sind, wo $\varepsilon = \pm 1$ ist, je nachdem es sich um Abstoßung oder Anziehung handelt. Wenn a, b, c die Koordinaten von μ sind, so ist $\dfrac{\partial V}{\partial x} = \sum \dfrac{a - x}{r^3} \mu$ usw. Daraus folgt für alle Punkte außerhalb der Masse $\Delta V = 0$. Nun beweist Gauss zum ersten Male einwandfrei in § 9—11 die Gleichung $\Delta V = -4\pi\varrho$ für einen Punkt im Innern der wirksamen Masse unter der Bedingung, daß ϱ sich in dem betrachteten Punkte nach allen Seiten stetig ändere, wenn auch nur innerhalb eines sehr kleinen Bereiches. Diese Bedingung ist an der Oberfläche der wirksamen Masse nicht erfüllt. An der Oberfläche ändern sich die $\dfrac{\partial^2 V}{\partial x^2}$ usw. sprungweise beim Übergange von dem äußeren in den inneren Raum. Diese Frage untersucht Gauss in den Paragraphen 13—18 mit dem Resultat, daß $\dfrac{\partial V}{\partial x}$, wo x senkrecht zur Fläche steht, bei unendlich abnehmendem positiven x sich um $-2\pi\varrho$, bei unendlich abnehmendem negativen x um $+2\pi\varrho$ sich ändert. Von besonderer Bedeutung für die spätere Entwicklung der Potentialtheorie ist der Satz 20 geworden: Der Mittelwert des Potentials auf der Kugelfläche vom Radius R ist gleich $V_0 + \dfrac{M_0}{R}$, wenn M_0 die ganze im Innern der Kugel vorhandene Masse, V_0 das Potential der außerhalb der Kugel liegenden Massen auf den Mittelpunkt der Kugel bedeuten. Der in § 24 gegebene Satz

$$\int \left[\left(\frac{\partial V}{\partial x} \right)^2 + \left(\frac{\partial V}{\partial y} \right)^2 + \left(\frac{\partial V}{\partial z} \right)^2 \right] dT = -\int V \frac{\partial V}{\partial p} \cdot d\sigma \ .$$

enthält das Greensche Theorem, wenn in diesem $U = V$ und $\Delta U = 0$ gesetzt wird, wo das erste Integral über den ganzen Raum T, das zweite über die Begrenzungsfläche σ zu erstrecken ist und p senkrecht auf σ steht. In den Artikeln 31 bis 34 behandelt Gauss den Fall, daß eine Masse M auf einer Oberfläche ver-

---

[1]) Elementary principles of the theories of electricity, heat and mol. actions, S. 140, 1833.
[2]) Resultate des magn. Vereins 1839, S. 1; 1840.

teilt ist, wo in einem Punkte die Masse $m \cdot ds$ liegt, also $M = \int m\, ds$ ist, dann gibt es nur eine Massenverteilung, bei welcher das Integral $\Omega = \int (V - 2U)\, m\, ds$ ein Minimum wird, wo U eine Größe ist, die in jedem Punkt der Fläche einen bestimmten endlichen, sich stetig ändernden Wert hat. Dieser Satz ist unzureichend begründet und daher der Ausgangspunkt vieler bis in die Gegenwart reichender Untersuchungen (s. unten). In Artikel 36 folgt der Satz von der äquivalenten Massentransposition, daß sich statt einer Massenverteilung in einem Raume stets eine solche auf der Oberfläche angeben läßt, die auf einem Punkt außerhalb des Raumes gleiches Potential hat. Diesen Satz hatte GAUSS schon in der „Allgemeinen Theorie des Erdmagnetismus"[1] für den speziellen Fall bewiesen.

Derselbe Satz für den speziellen Fall der Anziehung eines homogenen Ellipsoids war von IVORY schon früher bewiesen[2] ohne den Begriff des Potentials. Ebenso sind die Untersuchungen von CHASLES, welche sich auf die Anziehung und die Theorie der Wärme beziehen, ohne allgemeine Benutzung des Potentialbegriffes durchgeführt[3]. Beide, sowohl GAUSS wie CHASLES, arbeiteten mit Niveauflächen, die seitdem von der größten Bedeutung für die theoretische Physik geworden sind; aber die Bedingungen für das Vorhandensein solcher Niveauflächen, die dadurch charakteristisch ist, daß auf denselben $V =$ konst. ist, hat gerade 100 Jahre früher L. EULER schon gegeben[4]. CLAIRAUT[5] und MACLAURIN[6] benutzen dieselben, aber dann sind sie für lange Zeit aus der Forschung verschwunden.

21. Induktion. Nachdem durch ARAGO die Erzeugung von Magneten durch den Strom entdeckt war, haben sich ungezählte Physiker und Techniker mit der Herstellung und Untersuchung der Elektromagnete beschäftigt. Aus der Fülle dieser Arbeiten hebe ich nur die von JOULE (1818—1889) hervor, welcher nachweist, daß das Moment der Elektromagnete sich einem Maximum nähert bei wachsender Stromstärke, daß aber für einen bestimmten Magnetstab das Maximum nicht überschritten werden kann[7]. Ein neues Gebiet eröffnete ARAGO in seiner Enedeckung des „Rotationsmagnetismus". Eine schwingende Nadel kam schneller zur Ruhe, wenn sie über einer Metallfläche schwang, als in der Umgebung von Nichtleitern; sie wurde aus der Ruhelage abgelenkt, wenn eine Metallscheibe darunter oder darüber rotierte[8]. Die zahlreichen Wiederholungen dieser Versuche zeitigten wenig Neues, nur sei hervorgehoben, daß SEEBECK zuerst die Konsequenz aus dieser Beobachtung zieht, daß man im Galvanometer durch solche Kupferscheiben eine „Dämpfung" der Schwingungen erzeugen müsse[9]. CHRISTIE und gleichzeitig HERSCHEL und BABBAGE versuchten durch Aufschneiden der rotierenden Kupferscheiben die Ursache der Rotation der Nadel festzustellen[10]. POHL[11] und AMPÈRE[12] zeigten, daß die Nadel durch ein Solenoid ersetzt werden konnte.

FARADAY wurde durch die ARAGOsche Entdeckung zu dem Versuch angeregt, eine Scheibe zwischen den Polen eines Hufeisenmagneten, dessen Pole in einer Vertikalen lagen, rotieren zu lassen, so daß die Achse der Scheibe außerhalb

---

[1] Resultate des magn. Vereins 1838, S. 20; 1839.

[2] Phil. Trans. 1809, S. 345.

[3] Théorèmes génér. sur l'attraction des corps et le théor. de la chaleur, Conn. des Tems pour 1845, S. 18, (publ. 1842).

[4] Comm. Petrop. Bd. 4, S. 177. 1740.

[5] Mém. Paris 1740, S. 293 u. Figure de la terre 1743, S. 40.

[6] Treatise of Fluxions 1742, § 640.   [7] Phil. Mag. 1839 II, S. 310.

[8] Ann. chim. phys. Bd. 27, S. 363. 1824 u. Bd. 32, S. 213. 1826.

[9] Pogg. Ann. Bd. 7, S. 203. 1826.   [10] Phil. Trans. 1825, S. 481.

[11] Pogg. Ann. Bd. 8, S. 395. 1826.   [12] Pogg. Ann. Bd. 8, S. 518. 1826.

der Magnete liegt. Er verband nun die Achse der Scheibe und die Peripherie mit einem Galvanometer, dann zeigte dies einen Strom von der Achse zur Peripherie, wenn der Nordpol oberhalb der rechts herumdrehenden Scheibe lag[1]). Er zeigte, wie durch Polwechsel oder Rotationswechsel die Stromrichtung geändert wird. Daran schließt sich der Fundamentalversuch der Induktion. Ein Eisenring ist diametral mit zwei kleinen Drahtspulen umwickelt, die eine verbindet er mit dem Galvanometer, die andere mit dem Element. Dann zeigt er, daß auch eine auf den Anker eines Elektromagneten gewickelte Drahtspule beim Schließen und Öffnen des Stromkreises im Elektromagneten einen kurzen Strom im Galvanometer anzeigt. Nobili erweiterte diesen Versuch dahin, daß er den Anker dem dauernd geschlossenen Elektromagneten näherte oder von ihm entfernte[2]). Nun macht Faraday das Experiment mit dem in die Drahtspule eingeschobenen und herausgezogenen Magnetstab[3]). Alle diese Erscheinungen faßt er unter der Bezeichnung „Magnetinduktion" zusammen, dabei bestätigt er die Unterscheidung Yelins mit Rechts- und Linksgewinde. Er ersetzt endlich den Magneten durch ein Solenoid und wickelt die sekundäre Spule isoliert darüber; er nennt die nun wirksame Induktion die „Voltainduktion". Damit ist er imstande, den Aragoschen Versuch zu erklären[4]). Die in den rotierenden Scheiben entstehenden Kurven der Strombahnen will Nobili[5]) feststellen. Daß die von Nobili gezeichneten Kurven nicht ausreichen, sondern die Strombahnen sehr viel komplizierter verlaufen, zeigt Matteuci[6]). Faraday (1791—1867) fand endlich auch die Induktion durch den Erdmagnetismus, indem er eine Drahtrolle, deren Achse der Inklinationsnadel parallel gestellt war, um 180° drehte. Der im Galvanometer angezeigte Stromstoß wurde bei Drehungsänderung in die entgegengesetzte Richtung geändert[7]). Dann ließ er auch die Horizontal- oder Vertikalkomponente des Erdmagnetismus allein wirken.

Die Faradayschen Entdeckungen brachte Lenz (1804—1865) unter einen einheitlichen Gesichtspunkt in seinem Induktionsgesetz: Sind a und b zwei geschlossene Stromleiter, von denen a den primären Strom enthält, und wird ihre relative Lage geändert, so wird in b ein Strom induziert, so daß die durch die Anziehung oder Abstoßung der beiden Ströme nach dem Ampèreschen Gesetz zu fordernde Bewegung der zur Induktion ausgeführten entgegengesetzt ist[8]). Dasselbe gilt mutatis mutandis auch für die Magnetinduktion. Die Intensität der Induktion prüft Lenz zunächst für die Magnetinduktion, sie ist proportional der Anzahl der Windungen, wenn der Widerstand in dem Leiterkreise konstant erhalten wird, ebenso die elektromotorische Kraft. Letztere ist unabhängig von der Weite der Windungen. Läßt man den Widerstand nicht konstant bleiben, so gibt es für jede Drahtrolle ein Maximum der Stromstärke[9]). Mit Jacobi (1801—1874) stellt er fest, daß die Intensität des induzierten Stromes proportional dem erzeugten oder verschwindenden Magnetismus ist[10]). Die analogen Sätze für Voltainduktion sind von Felici[11]) und Gaugain[12]) später abgeleitet.

Die in einer Spirale zu erwartende Selbstinduktion beobachtete mit dem Öffnungsfunken zuerst Jenkin[13]), ohne den Zusammenhang zu verstehen. Faraday erklärte die Sache richtig und gab auch die Versuchsanordnung an,

---

[1]) Exper. research. S. I u. II. 1831/32.
[2]) Pogg. Ann. Bd. 24, S. 461. 1832.　　[3]) Ebenda Bd. 25, S. 92. 1832.
[4]) Exper. research. II, § 125.　　[5]) Pogg. Ann. Bd. 27, S. 426. 1833.
[6]) Ann. chim. phys. (3) Bd. 49, S. 129. 185.　　[7]) Exper. research. II, § 148.
[8]) Pogg. Ann. Bd. 31, S. 483. 1834.　　[9]) Pogg. Ann. Bd. 34, S. 385. 1835.
[10]) Pogg. Ann. Bd. 47, S. 225. 1839.　　[11]) Ann. chim. phys. (3) Bd. 34, S. 64. 1851.
[12]) C. R. Bd. 39, S. 909 u. 1023. 1854.
[13]) Faradays Exper. research. IX, § 1049. 1835.

mit welcher noch heute der Schließungs- und Öffnungsstrom nachgewiesen zu werden pflegt[1]). Er zeigt dabei auch, welche Verstärkung diese Selbstinduktion durch Einschieben eines Eisendrahtbündels in die Spirale erhält, wie er auch bei der Induktion durch den Erdmagnetismus die Verstärkung durch einen Eisenkern gefunden hatte. FARADAY nannte diese induzierten Ströme „Extraströme". FARADAY glaubte, daß diese Erscheinungen nur durch galvanische Ströme erzeugt werden könnten, aber P. RIESS wies die Extraströme auch bei Entladung einer KLEISTschen Flasche nach[2]). HENRY ließ die induzierten Ströme wieder auf andere Drahtspulen induzierend wirken und die dadurch erzeugten Ströme auf eine dritte Spirale usw. und zeigte an den ersten Ausschlägen, daß die Stromrichtungen dieser Ströme $n$ter Ordnung der Theorie entsprechen[3]).

FARADAY hatte schon zu Anfang seiner Induktionsversuche die unipolare Induktion durch einen rotierenden Magneten gefunden[4]), aber keine weiteren Folgerungen daraus geschlossen. Genaue Versuche über diese Induktion stellte W. WEBER an[5]), dessen Resultate sich so zusammenfassen lassen: Wenn der Magnet gleichmäßig magnetisiert ist, so ist die Induktion auf allen Wegen von Punkten der Manteloberfläche zum Endpunkt der Achse die gleiche. 2. Wenn der galvanische Strom auf mehreren Wegen von der Oberfläche zur Achse geht, so ist die Induktion dieselbe, als ob er nur von einem Punkt ausginge. Die Induktion ist unabhängig von der Länge des Zylinders bei homogener Magnetisierung, aber sie ist proportional dem Querschnitt des Zylinders. Die Art, wie WEBER diese Regeln fand, ist dieselbe, wie sie später von PLÜCKER gebraucht wurde bei dessen ersten Versuchen (s. unten).

Eine nicht unwichtige Untersuchung über den Einfluß des Eisenkerns in einer Induktionsreihe stellte DOVE (1803—1879) an; bei zwei ganz gleich gebauten Induktionsröhren schob er in die innere einen massiven Eisenkern, in die andere ein Bündel weicher Eisendrähte von gleichem magnetischen Moment wie der Eisenstab in der ersten Röhre. Nun zeigte sich, daß wenn er die beiden Röhren in den gleichen Stromkreis aber in entgegengesetzter Richtung einschaltete, daß der induzierte Strom der zweiten Röhre sehr viel stärkere physiologische Wirkung hatte als der in der ersten Röhre induzierte[6]). DOVE schloß daraus, daß das massive Eisenstück den Strom verzögert habe (!). Aber von Wert war die Tatsache, daß bei dem Eisenbündel die Induktion stärker war, und daher wurden die Induktionsapparate von da an mit Eisenbündelkernen gebaut. DOVE nannte seinen Apparat Differentialinduktor.

Die durch Schließen und Öffnen des Primärstromes erzeugten Extraströme hatten wegen ihrer entgegengesetzten Richtung und kurzen Dauer alsbald eine Bedeutung für die Physiologie gewonnen. Dies Schließen und Öffnen des Primärstromes bewirkte man durch Einschaltung eines Zahnrades, dessen Zähne gegen eine Feder schlagen; so stellte man durch Rotation des Rades eine sehr schnelle Folge von Schließungen und Öffnungen her. Aber diesen Wechsel sollte der Strom selbst leisten, dazu erfand WAGNER den Selbstunterbrecher, den allbekannten „Wagnerschen Hammer"[7]), der die Induktionsapparate erst brauchbar machte. Die physiologische Verwendung ist in DU BOIS-REYMONDS Lehrbuch ausführlich beschrieben[8]). Hier können wir nicht weiter darauf ein-

---

[1]) Faradays exper. research. IX, § 1079.
[2]) Pogg. Ann. Bd. 47, S. 65. 1839.   [3]) Phil. Mag. (3) Bd. 18, S. 482. 1841.
[4]) Exper. research. II, § 217.   [5]) Resultate des magn. Vereins 1839, S. 63.
[6]) Pogg. Ann. Bd. 43, S. 518. 1838; Bd. 49, S. 72. 1840; Bd. 54, S. 333. 1841.
[7]) Pogg. Ann. Bd. 46, S. 107. 1839.
[8]) Untersuchungen über tierische Elektrizität I, S. 258.

gehen. Wird der WAGNERsche Hammer zum Schließen eines anderen Stromkreises benutzt, so hat ihm WHEATSTONE den Namen Relais gegeben; so ist
er in den Telegraphenbetrieb eingeführt.

Die elektrische Telegraphie wird gewöhnlich mit GAUSS und WEBER be-
gonnen, das ist nicht richtig. Schon vor Erfindung des Galvanismus 1774 versuchte
LESAGE in Genf, mit statischer Elektrizität zu telegraphieren; 24 isolierte
Leitungsdrähte trugen am Ende im Empfangsapparat je ein Paar Hollundermarkkugeln mit Buchstabenbezeichnung. Im Aufgabeapparat endeten sie in Messingkugeln, denen zum Zwecke des Telegraphierens eine KLEISTsche Flasche genähert
wurde. Über einen Zimmerversuch scheint diese Idee nicht herausgekommen
zu sein. 1797 machte CAVALLO (1749—1809) einen ähnlichen Vorschlag, nur
daß er Funken überspringen lassen wollte. SALVA nahm 1798 in Madrid nur
einen Leitungsdraht und ließ durch Funken das Signal geben. Aus Anzahl der
Funken und Intervall der Zeichen stellte er ein Alphabet zusammen. RONALDS
kehrte zu den Hollundermarkkugeln zurück 1816, die am Ende eines Leitungsdrahtes hingen und dauernd geladen waren durch eine KLEISTsche Flasche.
Am Aufgabe- und Empfangsort rotierten synchron zwei Scheiben, die am Rande
die Buchstaben enthielten; erschien der gewünschte Buchstabe vor dem Drahte,
so entlud der Aufgeber die Flasche, und die Holundermarkkugeln fielen vor dem
Empfänger zusammen. Die vielerlei Störungen und Schwierigkeiten dieser Versuche konnten die optischen Telegraphen, welche durch NAPOLEON auf weite
Strecken angelegt waren, nicht verdrängen. Der die chemischen Wirkungen
des galvanischen Stromes benutzende SÖMMERINGsche Telegraph mit 27 Leitungsdrähten[1]), dessen Original im Deutschen Museum aufbewahrt wird, ist freilich
auf 4000′ Entfernung versucht und ist in verschiedenen Städten, z. B. Petersburg, Paris, Genf, vorgeführt, aber die 27 Leitungsdrähte hinderten die Ausführung. Dasselbe Hindernis hatte der AMPÈREsche Vorschlag, der an die Stelle
der kleinen Zersetzungsröhren des SÖMMERINGschen Apparates kleine Magnetnadeln setzte[2]). Obwohl RITCHIE, FECHNER, DAVY solche Apparate bauten,
ist der Vorschlag doch nur ein Vorschlag geblieben, der bezeichnenderweise in
Frankreich völlig in Vergessenheit geraten war.

Dagegen war der von GAUSS und WEBER 1833 eingerichtete Telegraph der
Ausgang für die moderne elektrische Telegraphie. GAUSS sagt in seiner Anzeige[3])
über diese Anlage: „die wir unserem Professor WEBER verdanken". Vom Physikalischen Institut in der Prinzenstraße zog Weber einen blanken Kupferdraht
zum Johanneskirchturm und von da zum magnetischen Observatorium der
Sternwarte; an beiden Endpunkten waren Multiplikatoren angebracht. Er
schickte den Strom von einem Element abwechselnd in beiden Richtungen
hindurch, so daß die Nadel nach Osten oder Westen abgelenkt wurde, und aus
den Ablenkungen stellte WEBER ein Alphabet zusammen. Zwei Jahre später
wurde auf GAUSS' Anraten das Element durch einen Induktor mit 7000 Windungen ersetzt, und man hatte nun durch Heben und Senken der Drahtrolle
die Möglichkeit, den nun bifilar aufgehängten Magneten, dessen Schwingungen
durch eine Kupferhülle gedämpft waren, nach rechts oder links abzulenken[4]).
Die technische Weiterbildung dieser Einrichtung übertrugen GAUSS und WEBER
ihrem Schüler STEINHEIL, der gerade in München Professor geworden war.
Dessen Konstruktion wurde dann zwischen der Sternwarte in Bogenhausen und
dem Physikalischen Kabinett in München mit ca. 37000′ Leitungsdraht in Betrieb

---

[1]) Schweigg. Journ. Bd. 2, S. 217. 1811; u. Gilb. Ann. Bd. 39, S. 478. 1811.
[2]) Ann. chim. phys. Bd. 15, S. 73. 1820.　　　[3]) Göttinger gel. Anz. 1834, II, S. 1272.
[4]) Göttinger gelehrte Anzeigen 1835, I, S. 351.

genommen und 1838 als erster Eisenbahntelegraph für die Strecke Nürnberg-Fürth eingerichtet[1]).

Auf der Naturforscherversammlung in Bonn 1835 zeigte SCHILLING VON CANSTADT seinen Nadeltelegraphen, wo die Nadel, deren Schwingungen durch eine in Quecksilber tauchende Platinplatte gedämpft waren, ebenfalls durch einen galvanischen Strom abgelenkt wurde. Später, etwa 1836, baute SCHILLING den Fünfnadel-Telegraphen, wo durch Kombination je zweier 20 Zeichen gegeben werden konnten. Auf einen solchen Apparat nahmen dann WHEATSTONE und COOKE am 12. Dez. 1837 ein Patent. Diese WHEATSTONEschen Telegraphen haben eine sehr lange Zeit in England dem Telegraphenverkehr gedient. Die Weiterbildung der Telegraphie hat wesentlich technisches Interesse, daher übergehe ich sie hier und verweise auf meine „Geschichte der Elektrizität" 1884, S. 574.

Die Technik bemächtigte sich auch der Entdeckung FARADAYS in der Richtung, um durch die Magnetinduktion Strom zu erzeugen. Schon 1 Jahr nach FARADAYS Veröffentlichung traten zwei Konstrukteure mit gleicher Einrichtung auf. PIXII[2]) ließ vor dem festen, stromlosen Elektromagneten in Hufeisenform einen kräftigen Hufeisen-Stahlmagneten rotieren und erzeugte so Wechselströme für physiologische Zwecke; ebenso machte es DAL NEGRO[3]). Im folgenden Jahre ließ RITCHIE den Stahlmagneten ruhen und drehte den Elektromagneten[4]). Das waren die beiden Prinzipien, nach welchen zahlreiche Maschinen konstruiert wurden. Um Gleichstrom von diesen Maschinen zu bekommen, erfand POGGENDORFF den auf die Rotationsachse gesetzten Kommutator[5]). Die technischen Vervollkommnungen übergehe ich hier[6]). Ein neuer Gedanke kam in die Maschinenkonstruktion durch die Erfindung des Dynamoprinzips durch WERNER SIEMENS (1816—1892)[7]). Es ist natürlich, daß der Versuch gemacht wurde, SIEMENS die Priorität dieses überaus fruchtbaren Gedankens streitig zu machen. Ich gebe daher wieder, was mir SIEMENS 1884 selbst sagte. Gleichzeitig, wie er MAGNUS seine Arbeit übergab, um sie der Akademie vorzulegen, schickte er auch eine Abschrift an seinen Bruder WILLIAM für die Royal Society. WILLIAM reichte dieselbe dort ein, Referent war WHEATSTONE, der bei dem Referat einige Bemerkungen sehr unwesentlicher Art hinzufügte[8]). Es ist darum gänzlich unberechtigt, WHEATSTONE irgendwelche Anteilnahme an der Erfindung zuzuschreiben.

22. Mechanik. Der durch die technischen Messungen WATTS gewonnene Arbeitsbegriff drang sehr langsam in die physikalische Forschung ein. Ich finde ihn vollständig zuerst bei PONCELET (1788—1867) nach der bei TH. YOUNG gegebenen Beziehung zur Wärme. Freilich wendet sich PONCELETS Lehrbuch[9]) auch wesentlich an die Technik, aber er hat darin den Arbeitsbegriff aus der lebendigen Kraft abgeleitet und zur Grundlage der Betrachtung gemacht. Es war wohl eine Frucht dieser Einführung, daß PRONY den „effet dynamique" durch seinen Bremszaun messen lehrte[10]). Daß die oben geschilderte Entdeckung der Potentialtheorie durch GAUSS und die GREENschen Sätze auch für die Mechanik grundlegend wurden, ist selbstverständlich, doch zeigen sich die Früchte wesentlich erst nach der gegenwärtig behandelten Periode. GAUSS bot

---

[1]) STEINHEIL, Über Telegraphie usw., München 1838.
[2]) Ann. chim. phys. Bd. 50, S. 322. 1832.   [3]) Phil. Mag. (3) Bd. 1, S. 45. 1832.
[4]) Phil. Trans. 1833, II, S. 320.   [5]) Pogg. Ann. Bd. 45, S. 391. 1838.
[6]) Eine Übersicht über die wesentlichen Verbesserungen gab ich in der Geschichte der Elektrizität, S. 540 ff. 1884.
[7]) Berl. Ber. 1867, S. 55. Sitzung vom 17. Januar.
[8]) Proc. Roy. Soc. London Bd. 15. 1867.
[9]) Introduction à la mécanique industr. 1829, § 138.
[10]) Sur un moy. de mesurer l'effet dynamique des machines, 1835.

der Gesamtphysik noch ein zweites Geschenk in der Aufstellung des Prinzips des kleinsten Zwanges[1]). Er wollte damit das Maupertuissche Prinzip der kleinsten Wirkung, welches ungenügend begründet schien, ersetzen. Es lautet: „Die Summe der Produkte aus dem Quadrat der Ablenkung eines jeden Punktes eines Systems von seiner freien Bewegung, multipliziert mit der Masse des Punktes, ist für die wirkliche Bewegung ein Minimum." Es ist dies Prinzip auch leicht aus dem d'Alembertschen ableitbar und hängt eng zusammen mit dem Satz von den Fehlerquadraten. Ebenfalls aus dem Maupertuisschen Prinzip ist das Hamiltonsche hervorgegangen[2]). Bezeichnet T die lebendige Kraft des Systems, U die Kräftefunktion, d. h. die Funktion, deren partielle Dirivierte die Kraftkomponenten sind, dann bezeichnet Hamilton $T - U$ mit H und nennt diese Funktion die charakteristische. Statt der Koordinaten des dreiachsigen Systems führt er homogene Koordinaten ein, $q_1 \ldots q_n$, und setzt $\frac{\delta T}{\delta q_i'} = p_i$, wo $q_i' = \frac{dq_i}{dt}$ ist. Dann ergibt sich die Beziehung

$$\frac{dq_i}{dt} = \frac{\delta H}{\delta p_i} \quad \text{und} \quad \frac{dp_i}{dt} = -\frac{\delta H}{\delta q_i}.$$

Dies Prinzip hat erst durch Jacobi (1804—1851)[3]) die Form erhalten, in welcher es Ausgangspunkt zahlreicher Arbeiten, besonders der Störungsprobleme, geworden ist. Hamilton (1805—1855) nannte es selbst „law of varying action" und deutete damit den Weg seiner Auffindung an.

Die Erkenntnis, daß alle Bewegungen auf der Erdoberfläche wesentlich von der Erddrehung beeinflußt werden, war schon alt, aber eine Lösung dieses Problems war von Euler nicht vollständig gegeben. Da behandelte Coriolis (1799—1843) diese Aufgabe[4]), indem er die zusammengesetzte zentrifugale Beschleunigung γ_c mit der relativen Beschleunigung γ_r und der Beschleunigung durch die Verschiebung γ_v als Vektoren addiert und findet, daß γ_c gleich dem doppelten Flächeninhalt des Parallelogramms aus der Winkelgeschwindigkeit der Drehung ω und der relativen Geschwindigkeit v_r ist, also $= 2\omega \cdot v_r \sin(\omega v_r)$, und senkrecht steht auf dieser Fläche in Richtung der Rotation. Danach hat jede in horizontaler Richtung ausgeführte Bewegung auf der nördlichen Hemisphäre eine Abweichung nach rechts, auf der südlichen nach links.

Auch das seit fast 200 Jahren behandelte Problem der Pendelschwingung fand seine Lösung. Freilich hatte Airy (1801—1892) den Widerstand der Luft zunächst nur für das Zykloidenpendel beachtet[5]). Aber Bessel (1784—1846) zog alle Störungen in Betracht und zeigte[6]), daß es keine allgemeine Formel geben könne, sondern für jede Konstruktion das Maß der einzelnen Störungen besonders bestimmt werden müsse. Besonders interessiert ihn das Reversionspendel, und die dafür gefundenen Bedingungen hat Repsold dann durch sein vielgenanntes Pendel 1830 erfüllt. Auch die von Poisson (1781—1840) gegebene Theorie[7]) berücksichtigt nicht alle Störungen, sondern wesentlich nur die mitbewegte Luft. Aber die Poissonschen Untersuchungen beschäftigten sich auch mit dem Horizontalpendel (Drehwage), wie es von Coulomb eingerichtet war.

---

[1]) Crelles Journ. Bd. 4, S. 232. 1829.
[2]) Phil. Trans. 1834, II, S. 247, u. 1835, I, S. 95.
[3]) Vorlesungen über Dynamik 1842/43, herausgegeben v. Clebsch 1866.
[4]) Journ. de l'école polyt. Bd. 24, S. 142. 1835.
[5]) Trans. Cambr. Phil. Soc. Bd. 3, S. 105. 1830.
[6]) Abhandlgn. d. Berl. Akad. 1826, S. 1. 1829.
[7]) Mém. Paris Bd. 11, S. 521. 1823, u. Conn. de temps 1834, S. 18.

Hier ist nun die Arbeit eines damals noch studierenden Technikers von Bedeutung geworden. L. HENGLER (1806—1858) überlegte[1]), daß bei einem Pendel mit horizontaler Drehungsachse die Ruhelage in der Vertikalen durch die Gravitation gegeben ist, beim Pendel mit vertikaler Achse aber die Gravitation ausgeschaltet ist, also in jeder Richtung Gleichgewicht vorhanden ist. Darum kann man zwischen diesen Grenzen jeden Grad von Direktionskraft herstellen durch Neigung der Achse; so konstruierte er die Pendelwage durch Aufhängung des Pendels an einem Faden nach oben und einem zweiten Faden nach unten, die festen Punkte der Fäden liegen in einer Vertikalen, die Befestigungspunkte an der Pendelstange rechts und links vom Schwerpunkt. Durch Änderung der Distanz dieser beiden Punkte ist jeder Grad von Empfindlichkeit erreichbar. Diese Entdeckung war die Grundlage der Seismometer, freilich zunächst ganz unbeachtet, von ZÖLLNER (1834—1882) selbständig neu gefunden und dann ausgebildet[2]).

Auch die alte Drehwage erfuhr eine verbesserte Anwendung durch Einführung der POGGENDORFFschen Spiegelablesung durch REICH (1799—1882) zur Bestimmung der Erddichte mit dem sehr guten Ergebnis 5,49[3]). Diese Verbesserung stand in engem Zusammenhang mit den Untersuchungen über Torsionselastizität, welche von GAUSS bei seinen magnetischen Messungen angestellt waren[4]) und von WEBER nicht nur experimentell, sondern auch theoretisch vom Standpunkt der Atomistik eingehend begründet wurden. WEBER fand dabei die „Nachwirkung"[5]), und seine Theorie ist durch die späteren Untersuchungen von O. E. MEYER (1834—1909)[6]) und CLERK MAXWELL (1831 bis 1879)[7]) wesentlich bestätigt; sie war der Ausgangspunkt der allgemeinen Theorie der Hysteresis, die wir E. WARBURG verdanken[8]).

Die Mechanik der Flüssigkeiten fand durch OERSTED eine wesentliche Bereicherung durch den Nachweis, daß wirklich die Komprimierbarkeit der Flüssigkeiten mit seinem Piezometer[9]) nachgewiesen und gemessen werden konnte. Er selbst fand für Wasser einen Kompressionskoeffizienten $46 \cdot 10^{-6}$, der mit dem Wert von RÖNTGEN und SCHNEIDER $46,2 \cdot 10^{-6}$ bei $17,95°$ sehr gut übereinstimmt[10]). HAGEN (1797—1884) stellte durch Beobachtung fest, daß beim Ausfluß einer Flüssigkeit aus engen Röhren nicht die dritte Potenz des Durchmessers, sondern die vierte bestimmend ist, daß aber die Temperatur eine wesentliche Rolle bei dem Ausfluß spielt[11]). Diese Abhängigkeit von der Temperatur untersuchte POISEUILLE (1799—1869), so daß in der Gleichung für

den Ausfluß $V = \dfrac{c \cdot p \cdot d^4}{l}$, wo c eine Konstante der Flüssigkeit, p der Druck,

d der Durchmesser, l die Länge der Röhre ist, diese Konstante selbst eine Funktion der Temperatur ist[12]), und zwar $c = c_0(1 + a t + b t^2)$. Dies c nannte man seit HAGENBACH 1860 die Viskosität, deren Größe mit dem „inneren Reibungs-

koeffizienten" η nach O. E. MEYER durch die Gleichung $c = \dfrac{\pi}{8\,\eta}$ verbunden ist[13]).

Diese Versuche über den Ausfluß aus Röhren wurden schon früher auch auf Gase ausgedehnt, doch mit sehr unvollkommenen Resultaten, wie die Arbeit

<hr>

[1]) Dinglers Journ. Bd. 43, S. 81. 1832.   [2]) Leipziger Ber. 1869, S. 281; 1871, S. 479.
[3]) Versuche über die mittlere Dichtigkeit der Erde, 1838, 1.
[4]) Intensitas vis magnet. ter. 1833, § 9; Werke V, S. 94.
[5]) Pogg. Ann. Bd. 34, S. 250. 1835; Bd. 54, S. 9. 1841.
[6]) Wied. Ann. Bd. 4, S. 249. 1878.   [7]) Phil. Trans. Bd. 157, S. 52. 1867.
[8]) Wied. Ann. Bd. 13, S. 141. 1881.   [9]) Dansk. Vidensk. Selsk. Skrifter 1822.
[10]) Wied. Ann. Bd. 33, S. 644. 1888.   [11]) Pogg. Ann. Bd. 46, S. 839. 1839.
[12]) C. R. Bd. 15. 1842.   [13]) Pogg. Ann. Bd. 113, S. 384. 1861.

von Koch zeigt[1]). Einigermaßen gleichmäßige Resultate erlangte Sainte-Venant (1797—1886)[2]), der nach der gleichen Methode beobachtete wie Girard. Er fand, daß sich die Ausflußmenge wie die Drucke und umgekehrt wie die Quadrate der Röhrenlängen bei Kapillaren verhielten. Diese Versuche traten in enge Beziehung zur Diffusion der Gase, welche bei freier Berührung von Dalton schon erledigt war. Nun hatte Mitchell die für unsere Kinder noch heute bedeutungsvolle Erfindung gemacht, Kautschukballons herzustellen, die er mit Wasserstoff aufblies, und er machte die gleiche Beobachtung, wie wir sie noch heute erleben, daß die zur Zimmerdecke aufgestiegenen Ballons nach einigen Tagen wieder herabsinken. Er erkannte darin die Diffusion des Wasserstoffs durch die Kautschukhaut. Er untersuchte das genauer mit einem U-Rohr und konnte nun feststellen, daß durch eine solche Kautschukhaut Wasserstoff mit einem Überdruck von ca. 1 Atm. in einen Luftraum diffundierte[3]). Diese Kautschukhaut ersetzte Graham durch eine poröse Tonschicht und konnte nun feststellen, daß bei zwei Gasen die Diffusion durch die Tonwand verschieden war, so daß die ausgetauschten Gasmengen sich umgekehrt verhielten wie die Quadratwurzeln der Dichtigkeiten[4]). Bei einem ähnlichen Versuch hatte Magnus im Verfolg einer Döbereinerschen Beobachtung festgestellt, daß bei der Diffusion von Luft und Wasserstoff für jedes Volumen a von Luft 3,8 a Volumina H diffundieren[5]), also mit Grahams Resultat vereinbar.

Das Gebiet der Wellenlehre war bisher mit Ausnahme der Chladnischen Versuche fast nur theoretisch behandelt, und zwar entweder ganz ohne Bezug auf Wirklichkeit wie bei Cauchy 1815 oder mit unvollständig beobachteten Experimenten wie bei Poisson 1816. Da erschien die Wellenlehre der Brüder Ernst Heinrich Weber und W. Weber (1804—1891)[6]) und stellte die ganze Lehre in allen Teilen auf das Experiment. Zunächst beschäftigten sie sich mit Wasserwellen. Sie stellten dieselben in einer Wasserrinne dar, in welcher die Welle über die ganze Breite der Rinne ausgedehnt ist. Durch auf der Oberfläche schwimmendes Pulver stellten sie fest, daß ein Teilchen nicht, wie vorher behauptet war, in vertikaler Richtung auf- und niederschwingt, sondern daß jedes Teilchen einen Kreis resp. eine Ellipse durchläuft, aber keine Translation erfährt, sie sehen, daß der voranschreitende Wellenberg schmaler ist als das nachfolgende Wellental, studieren die Reflexion der Welle an der Endfläche des Kastens, stellen die Beugung der Wellen dar und erzeugen in einem weiteren Gefäß auf Quecksilber die Interferenz der ursprünglichen Welle mit der reflektierten, stellen stehende Wellen dar, sowohl in kreisförmiger Oberfläche wie auf elliptischer Begrenzung und erzeugen da die schönen Interferenzfiguren der ersten und der reflektierten Wellen. Sie untersuchen Poissons Theorie und zeigen die Fehler in der Poissonschen Anordnung und Berechnung. Sie zeigen den Einfluß der Bodenbeschaffenheit und einzelner Hindernisse; stellen fest, daß die Fortpflanzungsgeschwindigkeit der Wellen mit abnehmender Tiefe der Flüssigkeitsschicht abnimmt. Zum Teil waren diese Tatsachen Bestätigungen der Eulerschen Ableitungen, zum Teil wurden sie, besonders die letzteren, durch die theoretische Untersuchung Rankines (1820—1872) bestätigt[7]).

Dann wenden sich Gebr. Weber den Seilwellen zu, behandeln die fortschreitende Welle und deren Reflexion an einem freien Ende wie an einer festen

---

[1]) Versuche und Beobachtungen über die Geschwindigkeit usw. Göttingen 1824.
[2]) C. R. Bd. 17, S. 1140. 1843.
[3]) Journ. Roy.-Inst. Bd. 4, S. 101 u. Bd. 5, S. 307. 1829.
[4]) Pogg. Ann. Bd. 28, S. 331. 1833.   [5]) Pogg. Ann. Bd. 10, S. 153. 1827.
[6]) Die Wellenlehre auf Experimente gegründet, 1825.
[7]) Phil. Trans. 1863, I, S. 227.

Grenze, finden, daß die fortschreitende Wellenbewegung sich alsbald zu einer stehenden Schwingung eben durch die Reflexion verwandelt und bestätigen damit die theoretischen Resultate EULERS und D. BERNOULLIS. EULER hatte sie für die Fortpflanzungsgeschwindigkeit der Wellen in Saiten gegeben, durch die Versuche wurde dieselbe von Gebr. WEBER bestätigt[1]). Sie machen darauf aufmerksam, da die Schwingungszahl der Töne $n = \dfrac{c}{2\,l}$ ist, wo l die Länge der Saite und c die Fortpflanzungsgeschwindigkeit ist, daß die Tonhöhenbestimmung ein zuverlässiges Mittel zur Bestimmung der Schallgeschwindigkeit ist. Sie unterscheiden den Grundton von den Flageolettönen (diesen Namen für die Obertöne entnehmen sie der Bezeichnung beim Violinspielen) und erklären die Verschiedenheit des Klanges durch die mitschwingenden Obertöne, deren Entstehung von der Lage der Erregungsstelle abhängt. Auch die longitudinalen Schwingungen nach der SAVARTschen Methode haben Gebr. WEBER untersucht[2]) und die richtigen Schwingungszahlen bestimmt, die von SAVART irrtümlich gefunden waren. Diese besonders bei Stäben bzw. Röhren ausgebildete Methode ist später vielfach angewendet worden, um die Schallgeschwindigkeit zu messen. Die Methode der Übertragung der Schwingungen eines angestrichenen Stabes auf solche Stäbe, die man nicht anstreichen oder reiben kann, ist später von WARBURG[3]) bei seinen Untersuchungen an Stearin, Wachs usw. benutzt.

POISSON hatte für die Schallwellen behauptet, daß sie sich in der Richtung, in welcher sie angeregt waren, mit größerer Intensität fortpflanzen als nach jeder anderen[4]). Gebr. WEBER zeigten durch eingehende Versuche mit Stimmgabeln, daß dies nicht richtig sei, daß aber die Schallwellen in der Luft gerade so interferieren wie die Wasserwellen und an bestimmten Stellen sich völlig aufheben können[5]). Diese Interferenz hat W. WEBER genauer untersucht und die Hyperbel völliger Tonlosigkeit festgestellt[6]).

Von besonderer Bedeutung ist die Theorie der Resonanz, welche Gebr. WEBER geben[7]). CHLADNI hatte freilich sich mit Resonanz schon beschäftigt, war aber nicht zur Klarheit darüber gekommen[8]). Gebr. WEBER unterscheiden zwei Arten der Resonanz: 1. die Übertragung der Schwingung eines Körpers auf einen anderen zum Mitschwingen (Resonanzböden); 2. die Erregung zum Selbsttönen durch eine Schwingung. Soll letzteres eintreten, so muß die erregende Schwingung den Eigenton des resonierenden Körpers oder einen Oberton desselben enthalten; besonders zeigen sie das an Stimmgabeln, bei deren Anschlagen die hohen Obertöne so stark sind, daß man den Grundton zunächst gar nicht hört, wird aber dadurch eine andere Stimmgabel gleicher Tonhöhe erregt, so verstärkt diese nur den Grundton. So stellt WEBER auch Luftresonatoren in Zylindern, Flaschen usw. her, die später von HELMHOLTZ ausgiebig zur Klanganalyse gebraucht sind und gewöhnlich nach ihm genannt werden[9]). Auch die Resonanz von großen Räumen, Kirchen und Sälen behandeln Gebr. WEBER.

W. WEBER allein setzte diese akustischen Untersuchungen fort, in seiner Dissertation 1826 und Habilitationsschrift 1827[10]). Da gibt er eine Theorie der Pfeifen. Die Theorie der offenen Pfeifen ist wesentlich eine auf Experimente gegründete Bestätigung der von EULER gegebenen Theorie mit einer Korrektion wegen der Länge der offenen Pfeifen, später von HELMHOLTZ als die „redu-

---

[1]) l. c. S. 460 ff.   [2]) l. c. S. 555.
[3]) Pogg. Ann. Bd. 136, S. 285. 1869.   [4]) Ann. chim. phys. Bd. 22, S. 255. 1823.
[5]) Wellenlehre, S. 506.   [6]) Schweigg. Journ. Bd. 48, S. 392; Bd. 50, S. 247. 1827.
[7]) Wellenlehre, S. 530 ff.   [8]) Akustik 1802, III.
[9]) Lehre von den Tonempfindungen, 1863, I.   [10]) Beide sind in Halle erschienen.

zierte" Länge bezeichnet[1]). Bestätigungen dieser WEBERschen Theorie gaben DULONG[2]) und WERTHEIM[3]) (1815—1861). WEBER hatte schon auf die Bedeutung der Weite der Röhren für diese Korrektion hingewiesen, das hat WERTHEIM besonders studiert, während SAVART auch auf den Einfluß der Wandung aufmerksam machte[4]). In der Habilitationsschrift gibt WEBER eine Theorie der Zungenpfeifen als eines gekoppelten Systems und zeigt den Einfluß der Ansatzröhren in einer Reihe weiterer Arbeiten, sowohl für schwere harte wie für weiche Zungen[5]).

Diese Untersuchungen veranlaßten WILLIS[6]) den Versuch zu machen, die Vokalklänge der menschlichen Sprache durch Zungenpfeifen nachzuahmen, und wenn auch seine Apparate die Aufgabe nicht lösten, so waren sie doch der Ausgangspunkt für viele spätere Versuche. Daß auf diese Weise eine Lösung möglich war, hing mit der Erkenntnis zusammen, daß die Vokale nur durch das Mitklingen von Obertönen unterschieden seien. Das sprach präzise WHEATSTONE (1802—1875) aus[7]), indem er auf die Analogie der Stimmbänder und der Rachen- und Mundhöhle mit den weichen Zungenpfeifen mit Ansatzröhren hinwies. Die WILLISschen Versuche stimmen bis auf e und i mit den Ergebnissen der HELMHOLTZschen Untersuchungen überein[8]). Unvollständig, nämlich nur für o und a, war dieser Nachweis schon von RAMEAU[9]) erbracht, während REYHER[10]), HELLWAG[11]) und FLÖRKE[12]) den Nachweis erbracht hatten, daß die Eigentöne der Mundhöhle bei verschiedenen Stellungen derselben beim Aussprechen der Vokale verschieden sind.

Für alle diese Versuche ist von größter Wichtigkeit die genaue Bestimmung der Schwingungszahl eines Tones. Das ermöglichte die Sirene von CAGNIARD DE LA TOUR (1777—1859)[13]), welche aus einem mit horizontaler Deckplatte versehenen Windkasten und darüber leicht drehbarer horizontaler Scheibe bestand. Deckplatte und Scheibe hatten je 12 Löcher in einem Kreise von gleichem Radius; diese Löcher waren schräg durch die Platten gebohrt, so daß die Wandungen senkrecht aufeinander standen. So setzte ein aus dem Windkasten durch die Löcher gedrückter Luftstrom die Scheibe selbst in Rotation, durch eine an der Achse der Scheibe eingeschnittene Schraube ohne Ende wurden die Drehungen der Scheibe auf Zahnräder übertragen und so die Anzahl der Umdrehungen auf einer Zählscheibe ablesbar gemacht. Diese Sirene ist in der von DOVE (1802 bis 1879) verbesserten Form mit vier Lochreihen zu 8, 10, 12 und 16 Löchern[14]) oder als Doppelsirene mit zwei übereinanderstehenden Windkästen, deren oberster durch Kurbel selbständig drehbar ist, von HELMHOLTZ[15]) konstruiert, in allen Instituten vorhanden. Sehr viel einfacher, aber auch unvollkommener sind die Zahnradsirenen von SAVART[16]) und die Lochsirene von A. SEEBECK[17]). Bei diesen Apparaten mußte, um die Tonhöhe eines beliebigen Tones zu bestimmen, die Sirene auf solche Rotation gebracht werden, daß der Ton der Sirene dem zu bestimmenden gleich wurde; um die Schwierigkeit dieser Einstellung zu vermeiden, erfand DUHAMEL (1797—1872) die Methode, die trans-

---

[1]) Crelles Journ. Bd. 57, S. 1. 1859.   [2]) Pogg. Ann. Bd. 16, S. 463. 1829.
[3]) Ann. chim. phys. (3) Bd. 31. 1850.   [4]) Schweigg. Journ. Bd. 21, S. 292. 1828.
[5]) Pogg. Ann. Bd. 14, S. 327; Bd. 16, S. 195 u. 419; Bd. 17, S. 193. 1828/29.
[6]) Pogg. Ann. Bd. 24, S. 397. 1832.
[7]) London u. Westminster Review 1837, Oktober.
[8]) Pogg. Ann. Bd. 108, S. 280. 1859, u. vollständig: Lehre von den Tonempfindungen, 6. Aufl. 1913, S. 168ff.
[9]) Nouv. Système de Musique, 1726, Vorrede.   [10]) Mathesis mosaika. 1619.
[11]) Dissert. Tübingen 1780.   [12]) Neue Berl. Monatsschr. 1804, Febr.
[13]) Pogg. Ann. Bd. 8, S. 456. 1826.   [14]) Pogg. Ann. Bd. 82, S. 596. 1851.
[15]) Tonempfindungen, 1863, S. 270.   [16]) Pogg. Ann. Bd. 20, S. 294. 1830.
[17]) Pogg. Ann. Bd. 53, S. 417 u. Bd. 59, S. 515. 1841/43.

versalen Schwingungen eines tönenden Stabes (Stimmgabel) durch eine kleine Spitze auf eine berußte, darunter fortgezogene Platte oder einen gedrehten Zylinder selbsttätig aufschreiben zu lassen, wo man dann die Anzahl der Schwingungen von der gezeichneten Kurve ablesen konnte[1]).

Wie der menschliche Aufgabeapparat war auch der Empfangsapparat Gegenstand der Untersuchung. Die erste sorgfältige Untersuchung der einzelnen Teile des menschlichen Ohres ist von ERNST HEINRICH WEBER (1795—1878) gegeben[2]), eine Ergänzung für die Gehörknöchel und das Trommelfell liefert SAVART[3]). Es waren die beiden Probleme nach der Empfindlichkeit des Ohres und nach der Grenze der Hörbarkeit, welche in diesem Abschnitt interessierten. WEBER stellt fest, daß das Ohr imstande ist, Töne zu unterscheiden, deren Schwingungsverhältnis 1000/1001 ist, was durch spätere Versuche bestätigt wurde. Als tiefste hörbare Töne gibt SAVART 16 Schwingungen, DESPRETZ[4]) (1792—1863) 32 Schwingungen in der Sekunde an, als höchste Töne findet WOLLASTON[5]) 22000 Schwingungen, während SAVART 33000 bis 48000 Schwingungen angibt[6]). Daß die letzteren Zahlen unrichtig sind, rührt von der Unsicherheit der Beobachtungsmethode mit der Zahnradsirene her, der WOLLASTONsche Wert dürfte nach neuesten Messungen wohl der richtigere sein. Schon WEBER macht aber darauf aufmerksam, daß diese Angaben für verschiedene Ohren sehr verschieden ausfallen, also diese Zahlen nur Mittelwerte sind von den verschiedenen untersuchten Personen.

23. Wärme. Die Wärmelehre erfuhr zunächst eine Erweiterung, indem die bei der Verdunstung eintretende Abkühlung in umgekehrter Folge zur Hygrometrie benutzt wurde. Das DANIELLsche Hygrometer[7]), welches aus dem WOLLASTONschen Kryophor hervorgegangen war, bekam durch DÖBEREINER (1780—1849) die Form, in welcher es noch heute benutzt wird um den „Taupunkt" zu bestimmen[8]). Weniger verbreitet ist die Verbesserung, welche REGNAULT (1810—1878) zur sicheren Beobachtung des entstehenden Niederschlages auf dem Platinhütchen oder der Goldblattbelegung einführte, indem er neben die mit Äther gefüllte und belegte Röhre eine ebenfalls belegte, aber luftleere Röhre stellte, so daß man die blanke Fläche neben der betauten vor Augen hat[9]). Dagegen ging AUGUST (1795—1870) von dem DALTONschen Gesetz[10]) aus, daß die Menge des verdampfenden Wassers proportional ist dem Ausdruck

$$(c - c') \cdot \frac{a}{b},$$

wo c die maximale Spannkraft des Dampfes bei der Temperatur des Wassers, c' die in der Luft wirklich vorhandene Spannkraft, a die Oberfläche des Wassers und b der Luftdruck ist. Dann benutzte er die schon von v. MAIRAN (1678—1771) erfundene Einrichtung, ein trockenes Thermometer neben einem mit feuchtem Leinenlappen umkleidetes zu stellen und die Differenz beider abzulesen[11]), um sein Psychrometer zu konstruieren[12]), wozu er dann 1848 bequeme Tabellen herausgab, um aus der beobachteten Differenz die Menge des in 1 cbm Luft enthaltenen Wasserdampfes zu bestimmen.

Die Bestimmung der spezifischen Wärme erlangte in diesem Zeitabschnitt solche Vervollkommnung, daß sie für die mechanische Wärmetheorie brauchbare Angaben liefern konnte. Als erster stellte F. NEUMANN (1798—1895) fest, daß das DULONG-PETITsche Gesetz nur beschränkte Gültigkeit habe[13]) und daß bei

---

[1]) Mém. de l'Inst. 1840, S. 19.   [2]) De aure et auditu hominis et anim., 1820.
[3]) Ann. chim. phys. (2) Bd. 26, S. 5. 1824.   [4]) C. R. Bd. 20. 1845.
[5]) Phil. Trans. 1820.   [6]) Ann. chim. phys. (2) Bd. 47. 1831 u. Bd. 62. 1838.
[7]) Gilb. Ann. Bd. 65, S. 169. 1820.   [8]) Gilb. Ann. Bd. 70, S. 135. 1822.
[9]) Ann. chim. phys. (3) Bd. 15. 1845.   [10]) Gilb. Ann. Bd. 15, S. 1 u. 122. 1803.
[11]) Diss. sur la glace II, sec. 2, c. 8 u. 9. 1716.
[12]) Pogg. Ann. Bd. 5, S. 69 u. 335. 1825.   [13]) Pogg. Ann. Bd. 23, S. 1. 1831.

allen chemisch ähnlich zusammengesetzten Körpern die spezifischen Wärmen sich umgekehrt verhalten wie die Atomgewichte. In gleicher Richtung liegen die Versuche von Haycraft über die spezifische Wärme der Gase[1]. Er zeigt, daß die bisherigen Versuche wesentlich durch die Anwesenheit von Wasserdampf gelitten haben, daß es notwendig sei, mit absolut trockenen Gasen zu arbeiten und findet so das Gesetz, daß die spezifischen Wärmen der Gase sich wie ihre Dichtigkeiten verhalten. Durch ausgedehnte Versuche bestätigten de la Rive (1801—1873) und Marcet dieses Gesetz[2]. Am Schluß dieser Periode setzten die außerordentlich wertvollen Versuche Regnaults ein, der für die festen und flüssigen Körper sowohl nach der Mischungs- wie Erkaltungsmethode arbeitete. Er stellte dabei fest, daß das Neumannsche Gesetz sich überall bewährte[3]. Für Gase verbesserte er die Berardsche Methode unter Berücksichtigung der Haycraftschen Feststellungen so, daß er das Resultat finden konnte, daß für Gase, welche dem Townleyschen Gesetz genügen, die spezifische Wärme von der Temperatur unabhängig ist, daß dagegen die anderen Gase, wie z. B. die Kohlensäure, bei steigender Temperatur höhere spezifische Wärmen haben[4]. Ebenso zeigte sich, daß die spezifische Wärme der erstgenannten Gase auch unabhängig vom Druck ist.

In diese Periode fallen die großen theoretischen Untersuchungen von Fourier (1768—1830) und Poisson (1781—1840). Fourier faßte seine früheren Einzeluntersuchungen zusammen in dem Lehrbuch[5], auf welches noch heute vielfach zurückgegriffen wird, wenn es sich um Wärmeleitung handelt. Er unterscheidet innere und äußere Wärmeleitfähigkeit, berücksichtigt die an der Oberfläche durch Strahlung und Konvektion eintretenden Verluste, schafft den Begriff Temperaturgefälle. Auf die funktionstheoretische Bedeutung dieser Arbeit einzugehen, ist hier nicht der Ort. Auch Poissons Arbeit hat ihre Bedeutung noch nicht verloren[6]. Er behandelt sehr gründlich den Wärmestrom, dessen Isolierung experimentell ihm große Schwierigkeiten machte. Experimentell ist die Wärmeleitung wesentlich gefördert durch die Untersuchungen von Despretz (1792—1863), welcher zunächst die relative Wärmeleitung für feste Körper bestimmte[7], dann aber auch zum ersten Male den Nachweis erbrachte, daß auch das Wasser wirkliche Wärmeleitung habe[8]. Freilich sind die Zahlenangaben nicht zuverlässig, aber die Schwierigkeiten, hier alle störenden Einflüsse auszuschließen, sind bis auf den heutigen Tag wohl noch nicht restlos überwunden. Einen für die spätere Zeit außerordentlich wichtigen Zusammenhang der Wärme mit der elektrischen Leitfähigkeit der Metalle entdeckte Lenz, indem er nachwies, daß die Leitfähigkeit aller Metalle geringer wurde bei Temperaturerhöhung[9]. Die gleiche Beziehung stellt Davy fest[10]. Beide hatten die Erwärmung gelegentlich mit Wärmestrahlen ausgeführt. Svanberg (1806—1857)[11] erkannte den Wert dieser Abhängigkeit und baute sein galvanisches „Differentialthermometer" mit einer rußbedeckten Drahtspirale, welche, von Wärmestrahlen getroffen, durch Abnahme der Leitungsfähigkeit die Temperatur anzeigte.

Die Ausdehnung durch die Wärme war schon vielseitig untersucht, aber es standen doch noch einige Fragen unbeantwortet da. Mitscherlich (1794 bis 1863) zeigte, daß mit Ausnahme der regulären Kristalle die Ausdehnungs-

---

[1]) Gilb. Ann. Bd. 76, S. 298. 1824.   [2]) Pogg. Ann. Bd. 10, S. 363. 1827.
[3]) Pogg. Ann. Bd. 51, S. 44. 1840 u. Bd. 53, S. 67. 1841.
[4]) Mém. Paris Bd. 26. 1852.   [5]) Théorie analytique de la chaleur, Paris 1822.
[6]) Théorie mathem. de la chaleur, Paris 1835.   [7]) Pogg. Ann. Bd. 12, S. 281. 1828.
[8]) Pogg. Ann. Bd. 46, S. 340. 1839.   [9]) Pogg. Ann. Bd. 34, S. 440. 1835.
[10]) Pogg. Ann. Bd. 34, S. 428. 1835.   [11]) Pogg. Ann. Bd. 84, S. 416. 1851.

koeffizienten nach den Achsen der Kristalle verschieden sind, so daß bei einachsigen Kristallen die Ausdehnung in den Nebenachsen von der in der Hauptachse verschieden sind, in zweiachsigen Kristallen aber drei Ausdehnungskoeffizienten zu bestimmen sind[1]). FRESNEL bestätigte die MITSCHERLICHschen Resultate[2]) und später hat FIZEAU in einer langen Reihe von Arbeiten[3]) die Untersuchung nach der gleichen Methode auf eine große Reihe von Kristallen ausgedehnt. Dabei fand er, daß bei den einachsigen Kristallen, z. B. beim Kalkspat, auch der Fall vorkommen kann, daß in der Hauptachse ein negativer Ausdehnungskoeffizient gefunden wird, und diese Anomalie kann so weit gehen, daß für den ganzen Kristall eine Volumenkontraktion bei Temperatursteigerung eintreten kann, z. B. bei Jodsilber. Die unregelmäßige Ausdehnung des Wassers war schon DELUC aufgefallen[4]), aber eine genauere Untersuchung lieferte erst HÄLLSTRÖM (1775—1844), der die größte Dichte des Wassers bei 4,108° C fand[5]). Dies Thema ist von Zeit zu Zeit immer wieder behandelt, und abschließend ist von THIESEN, SCHEEL und DIESSELHORST das Maximum der Dichte auf 3,98° C festgelegt[6]).

Hatte schon PREVOST (1751—1839) aus seinen Versuchen geschlossen, daß für Wärmestrahlung das Emissionsvermögen gleich dem Absorptionsvermögen sei[7]), so untersuchte RITCHIE († 1837) mit dem Differentialthermometer das Verhältnis bei zahlreichen Körpern[8]), indem er das Strahlungsvermögen bei Ruß gleich 1 setzte. Auf diese Einheit bezogen ergab sich für Emission und Absorption bei allen Substanzen der gleiche Wert. Doch erst mit dem MELLONIschen Apparat (s. oben) war eine genauere Messung möglich. MELLONI nahm diese Versuche auch alsbald auf, er bewies[9]), daß die Strahlung von einer mehr oder weniger dicken Grenzschicht ausging, besonders dick war die Schicht bei Ruß, und immer fand er, daß Emissionsvermögen gleich Absorptionsvermögen ist. Bei Wiederholung dieser Versuche bemerkte FORBES (1809—1869) nun[10]), daß die Körper für verschiedene Wellenlängen besonderes Strahlungsvermögen besitzen, also „Wärmefarbe" haben. Doch zeigte MELLONI, daß nicht nur für die reflektierten oder ausgesandten Wärmestrahlen solche Selektion stattfinde, sondern auch die durchgehenden Strahlen wurden in sehr verschiedener Stärke absorbiert[11]). FORBES untersuchte auch die Wärmestrahlen auf Polarisation und konnte diese bei Glimmerplatten nachweisen, es gelang ihm auch, die Interferenz dieser Strahlen zu finden[12]). Schon vorher hatte MATTEUCCI (1811—1868) die Interferenz gewöhnlicher Wärmestrahlen nachgewiesen[13]), und KNOBLAUCH (1820—1895) zeigte mit Nicol und Kalkspatrhomboeder die Polarisation und mit Spiegeln die Interferenz der Wärmestrahlen[14]). Für die Demonstration hat er dann ein besonderes Interferenzprisma erfunden[15]). Daß auch die Beugung bei den Wärmestrahlen zur Geltung komme, hat A. SEEBECK nachgewiesen, er arbeitete mit einem Gitter[16]). Die einzigen Körper, welche MELLONI ohne Wärmefarbe, also vollständig „diatherman" fand, waren Stein-

---

[1]) Pogg. Ann. Bd. 1, S. 125. 1824; Bd. 10, S. 137. 1827.
[2]) Pogg. Ann. Bd. 2, S. 109. 1824.
[3]) C. R. Bd. 58, S. 423 bis Bd. 66, S. 1005 u. 1072. 1862 (8 Arbeiten).
[4]) Recherches sur la modific. de l'atmosphère, 1772.
[5]) Pogg. Ann. Bd. 1, S. 149. 1824; Bd. 34, S. 220. 1835.
[6]) Wiss. Abh. d. Phys.-Techn. Reichsanstalt Bd. 2, S. 73. 1895.
[7]) Rech. phys.-méc. sur la chaleur, 1782.   [8]) Pogg. Ann. Bd. 27, S. 450. 1833.
[9]) Pogg. Ann. Bd. 52, S. 423. 1841; Bd. 65, S. 101. 1845.
[10]) Trans. Edinbg. Roy. Soc. Bd. 14. 1838.
[11]) Pogg. Ann. Bd. 35, S. 277 u. 401. 1835; Bd. 62, S. 18. 1844.
[12]) Phil. Mag. (3) Bd. 6. 1835.   [13]) Pogg. Ann. Bd. 22, S. 462. 1833.
[14]) Pogg. Ann. Bd. 74, S. 9 u. 784. 1848.   [15]) Berl. Ber. 1851, August.
[16]) Pogg. Ann. Bd. 77, S. 574. 1849.

salz und Sylvin; so war ein Material vorhanden, mit dem man die Spektraluntersuchung für Wärmestrahlen vornehmen konnte, doch liegen diese Versuche erst im folgenden Zeitabschnitt. Jedoch fand J. Herschel (1792—1871) im ultraroten Teil des Spektrums schon 1840 die ungleichförmige Verteilung der Wärmestrahlen[1]) und Draper (1811—1882) entdeckte zwischen 800 und 1000 m μ drei breite Banden[2]).

Über das Wesen der Wärme war in diesem Zeitabschnitt noch heftiger Streit. Während Weber sich entschieden für die mechanische Auffassung in seiner Wellenlehre ausgesprochen hatte, stand Fourier durchaus auf dem Standpunkt des Wärmestoffes, so daß er in der Einleitung zu seinem oben zitierten Werke sagt (S. II), daß mechanische Theorien niemals auf Wärmewirkungen angewandt werden könnten. Die Wärmeerscheinungen seien nicht ausdrückbar durch Grundsätze der Bewegung und des Gleichgewichts. Auf demselben Standpunkt stand Sadi Carnot (1796—1832), dessen Hauptarbeit[3]) später eine wesentliche Stütze der mechanischen Wärmetheorie geworden ist. Er führt hier den Kreisprozeß ein (S. 17). Soll eine Arbeit von einer Dampfmaschine geleistet werden, so findet immer ein Transport von Wärme aus einem wärmeren zu einem kälteren Körper statt, und diesem Übergang ist die Arbeit proportional; ein Kreisprozeß entsteht dann, wenn keine Wärme bei dem Übergang verloren wird, sondern die aufgenommene des einen Körpers gleich der abgegebenen des anderen ist, so daß der Vorgang auch wieder rückgängig gemacht werden kann (S. 44). Gewöhnlich wird dieser Kreisprozeß mit den isothermischen und adiabatischen Kurven dargestellt in dem bekannten Diagramm. Das rührt aber nicht von Carnot her, sondern von Clapeyron (1799—1864), der das Diagramm bei Ableitung seiner Zustandsgleichung $\dfrac{p \cdot v}{T} = \text{const}$ zuerst 1834 darstellte[4]).

Es ist wahrscheinlich, daß Carnot später zu einer mechanischen Auffassung hinneigte, das geht aus Notizen aus seinem Nachlaß hervor, die der Ausgabe von 1878 angefügt sind (S. 89). Die Behandlung der Gase führte mehr und mehr zur mechanischen Theorie hin. So fand Colladon (1802—1893), daß man die Luft im pneumatischen Feuerzeug auf $^1/_{13}$ des Volumens komprimieren müsse, um Zündung des Feuerschwammes zu erreichen[5]). Schon hatte Laplace darauf hingewiesen, daß man das Verhältnis der spezifischen Wärme der Gase bei konstantem Druck und konstantem Volumen am besten durch Schallgeschwindigkeit bestimmen könne[6]). Das führte Gay-Lussac aus: $\dfrac{c_p}{c_v} = k$[7]), und Dulong führte es bei mehreren Gasen durch[8]). Aus diesen Resultaten konnte das mechanische Äquivalent der Wärme berechnet werden. Die Kompressionsversuche führten ebenfalls zu einer Beziehung zwischen Wärme und Arbeit, wie sie der Ausgangspunkt für die kinetische Gastheorie wurden, die ja erst mit der mechanischen Auffassung der Wärme möglich wurde. Cagniard de la Tour gelang es zuerst in der Arbeit „Exposé de quelques résultats obtenues par l'action combinée de la chaleur et de la compression sur certaines liquides"[9]), Kohlensäure bei hinreichend niedriger Temperatur flüssig zu machen durch hohen Druck. Dieses Resultat feuerte Faraday an, die Verflüssigung auch bei

---

[1]) Phil. Trans. 1840, I, S. 1.   [2]) Phil. Mag. Bd. 22, S. 120. 1843.
[3]) Réflex. sur la puiss. motr. du feu, 1824 (neu herausgegeben 1878, danach wird zitiert).
[4]) Pogg. Ann. Bd. 59, S. 452. 1843.   [5]) Kastn. Arch. Bd. 10, S. 69. 1827.
[6]) Ann. chim. phys. (2) Bd. 3, S. 238. 1816.
[7]) Ann. chim. phys. Bd. 20, S. 267. 1822.
[8]) Ann. chim. phys. Bd. 41. 1829.
[9]) Ann. chim. phys. Bd. 21, 1822; Bd. 22 u. 23. 1823.

anderen Gasen zu erreichen[1]), und seine Versuche zeigten schon, daß es eine „kritische" Temperatur gebe, wenn es ihm auch nicht gelang, sie zu finden. Aber er war der Überzeugung, daß bei geeigneter Temperatur und Druck jedes Gas flüssig oder fest gemacht werden könne, und hat das auch später ganz unzweideutig ausgesprochen, daß auch die permanenten Gase dem nicht entgehen würden und daß man dann Wasserstoff als Metall erhalten werde[2]). Doch war das nur Zukunftshoffnung.

In innerem Zusammenhang mit diesen Untersuchungen stehen die Bemühungen, die Komprimierbarkeit der Gase miteinander zu vergleichen. Das unternahm zuerst DESPRETZ, und er fand eine Reihe von Gasen, die stärker komprimierbar waren als Luft[3]), z. B. Kohlensäure und Ammoniak. Das untersuchte REGNAULT ausführlicher und fand, daß alle Gase bei gewissen Druckkräften vom TOWNLEYSCHEN Gesetz abwichen, und zwar Wasserstoff weniger stark, alle übrigen stärker komprimierbar, als das Gesetz forderte. Dabei spielte Kohlensäure wieder eine besondere Rolle, für 0° zeigte sie starke Abweichungen von dem Gesetz, bei 100° keine; daraus schloß er, daß es für alle Gase bestimmte Temperaturen gebe, oberhalb welcher keine Komprimierbarkeit zur Flüssigkeit möglich sei[4]).

Einen außerordentlich wertvollen Abschluß fand diese Periode in den thermochemischen Arbeiten von HESS (1802—1850), der als Begründer der exakten Thermochemie angesehen werden muß. Nachdem LAVOISIER und LAPLACE durch ihre Untersuchungen 1882/84 den Nachweis erbracht hatten, daß die Verbrennung nichts anderes sei als Aufnahme von „Lebensluft" und eine Methode angegeben hatten, die Verbrennungswärme zu bestimmen, war es ihnen möglich, auch die tierische Wärme auf einen Verbrennungsprozeß zurückzuführen. LAVOISIER zeigte, daß zur Zerlegung einer Verbindung ebensoviel Wärme nötig sei, wie bei der Bildung der Verbindung entwickelt wurde[5]). Aber LAVOISIER sah den Grund für die Wärmeentwicklung wesentlich in einer Veränderung des Aggregatzustandes und der spezifischen Wärme. Die Guillotine machte der LAVOISIERschen Forschung ein vorzeitiges Ende. Andere setzten die Bemühungen fort, um einzelne Verbrennungswärmen zu bestimmen, besonders sind hier die Versuche von DESPRETZ zu nennen[6]) und DAVY[7]), doch haben sie allgemeine Gesetze nicht dabei gefunden. DULONG glaubte ein solches gefunden zu haben, daß die Verbrennungswärme einer Verbindung gleich der Summe der Verbrennungswärmen ihrer Bestandteile sei[8]). Allein HESS zeigte in einem Brief an ARAGO, daß dies Gesetz falsch sei, im Gegenteil entwickle ein zusammengesetzter Brennstoff immer weniger Wärme als die Summe der Verbrennungswärmen seiner Bestandteile[9]). HESS hat nun das Prinzip der „sukzessiven Wärme" aufgestellt, d. h. die bei einer Verbindung entwickelte Wärmemenge ist konstant, es ist ganz gleichgültig, auf welchem Wege dieselbe entsteht, ob direkt oder indirekt[10]). Er hält das für so selbstverständlich, daß er eine Begründung durch Versuche für ganz unnötig hält. Später sind allerdings durch mechanische Wirkungen chemischer Prozesse Beispiele gefunden, die dem Prinzip nicht entsprechen, wenn es sich auch in der Regel bewährt.

---

[1]) Phil. Trans. 1823 u. 1826; Ann. of Phil. Bd. 12, S. 436. 1828.
[2]) Pogg. Ann. Erg.-Bd. 2, S. 193. 1848; Bd. 64, S. 467. 1845.
[3]) Ann. chim. phys. (2) Bd. 34, S. 335 u. 443. 1827.
[4]) C. R. Bd. 20, S. 975. 1845.   [5]) Mém. Paris 1780, S. 355 (1784) u. 1781, S. 448.
[6]) Ann. chim. phys. Bd. 26, S. 337. 1824; Bd. 37, S. 180. 1828.
[7]) Elem. of chem. Phil. 1812, S. 94.
[8]) Pogg. Ann. Bd. 45, S. 462. 1838; Ann. chim. phys. (3) Bd. 1, S. 440. 1841.
[9]) Pogg. Ann. Bd. 52, S. 117. 1841.
[10]) Pogg. Ann. Bd. 50, S. 385. 1840; Bd. 57, S. 572. 1842.

Hess maß die Neutralisationswärme, welche verschieden konzentrierte Schwefelsäurelösungen mit überschüssiger Ammoniaklösung ergibt, und fand sein Gesetz dabei bewahrheitet.

Er fand dann das Gesetz der Wärmeneutralität: Wenn zwei Lösungen neutraler Salze von gleicher Temperatur durch gegenseitige Zersetzung zwei neue Salze erzeugen, so ändert sich die Temperatur nicht, es finde also keine Wärmeentwicklung statt. Auch dies Gesetz ist nicht ohne Ausnahmen geblieben. Mit Hilfe dieser Gesetze hat Hess dann schon viele chemische Prozesse nach ihrem Wärmewert behandelt, und er kommt dabei zu dem Resultat, daß die Stärke der „Verwandtschaft" nicht proportional der entwickelten Wärme ist. Vor einem solchen Schluß mußte auch die Entdeckung Thenards (1772—1857) warnen, der im H_2O_2 einen Körper gefunden hatte, der bei seiner Zersetzung Wärme entwickelte[1]). Dadurch war die vorher von vielen angenommene Ansicht, daß der Sauerstoff Träger der Wärme sei, gründlich widerlegt. Auch Dulong (l. c.) hatte festgestellt, daß die Verbrennung der Kohle in Stickstoffoxydul mehr Wärme erzeuge als in Sauerstoff. Hess stand wie auch Dulong auf dem Standpunkt, daß Wärme ein Stoff sei, der durch keinerlei äußere Mittel ersetzt werden könne, darum faßt er die Vorgänge auch nicht als Arbeitsleistungen auf, aber für diese ersten Schritte auf dem Gebiet der Elektrochemie war diese Anschauung nicht hinderlich.

Wenn übrigens behauptet wird, daß Hess die Wärme nach Kalorien zuerst gemessen habe, so ist das ein Irrtum. Hess mißt die Wärme genau so wie auch Dulong und alle, welche in diesem Zeitabschnitt Wärme messen, nach der Wärmeeinheit, welche Wilke 1781 (s. oben) definiert hatte, nämlich die Wärmemenge, welche die Gewichtseinheit Wasser zur Temperaturerhöhung um $1°$ gebraucht. Daher sind auch die Angaben der einzelnen Forscher nur relativ gleich, aber verschieden je nach der Gewichtseinheit. Daß Dulong als Franzose nach Grammen maß, ist selbstverständlich, aber in anderen Ländern maß man nach den dort üblichen Gewichtseinheiten. Der Name Kalorie ist zuerst von Favre und Silbermann gebraucht[2]): Nous répétons que l'unité, que nous avons adoptée est celle adoptée par tous les physiciens, c'est-à-dire la quantité de la chaleur nécessaire pour élever 1 g d'eau de 1 degré et que l'on appelle unité de chaleur ou calorie. Weil in anderen Ländern nicht nach Grammen gemessen wurde, hat sich der Name Kalorie erst sehr viel später dort eingebürgert. In Deutschland ist diese Bezeichnung erst nach Einführung des Grammsystems verbreitet, doch noch 1878 konnte Neesen in der deutschen Ausgabe von Maxwells Theorie der Wärme schreiben: „Eine gewisse Wärmeeinheit wird von einzelnen Autoren Kalorie genannt"[3]). Clausius gebraucht die Bezeichnung niemals, während Zeuner den Namen wenigstens kennt[4]). In England hat er sich noch später durchgesetzt, das hängt wohl nicht nur mit dem konservativen Denken zusammen, sondern damit, daß dort Phlogiston mit dem Namen caloric bezeichnet war.

24. Optik. Die Optik dieses Zeitraums wird von zwei fundamental wichtigen Arbeiten flankiert. Zu Anfang Fraunhofers Beugungsuntersuchung, zum Schluß die dioptrischen Untersuchungen von C. F. Gauss. Fraunhofer[5]) beobachtete die Beugungserscheinungen durch enge Öffnungen, indem er das Fernrohr auf eine weit entfernte Lichtquelle einstellte und dann vor das Objektiv ein kleines Loch in einen Stanniolschirm brachte; hatte er eine Lichtlinie als

---

[1]) Mém. Paris Bd. 3, S. 385. 1820.   [2]) Ann. chim. phys. (3) Bd. 34, S. 385. 1852.
[3]) J. C. Maxwell, Theorie der Wärme, deutsch von Neesen. 1878, S. 10.
[4]) G. Zeuner, Grundzüge der mechanischen Wärmetheorie, 2. Aufl., 1866, S. 15.
[5]) Gilb. Ann. Bd. 74, S. 337. 1823; nach Denkschr. München Bd. 10. 1822.

Objekt (von einem Zylinder reflektiertes Sonnenlicht), so nahm er statt des Loches einen feinen Spalt oder eine Reihe gleich weit abstehender kleiner Löcher oder Spalten wahr und berechnete aus der Winkelmessung, unter welcher die „Maxima zweiter Klasse" erscheinen, die Wellenlängen. Da diese Methode sehr viel bequemer und — genauer ist als die obenerwähnte FRESNELsche, ist später fast nur nach dieser beobachtet. Die verschiedenen Arbeiten in dieser Richtung sind vollständig zusammengestellt durch SCHWERD[1]).

Die FRAUNHOFERschen Linien regten ebenfalls an, die Absorption in Gasen zu untersuchen. BREWSTER (1781—1868) ließ Sonnenlicht durch salpetrige Säure gehen und fand eine große Reihe schwarzer, meist scharfer Linien[2]). Daraufhin wies er auch nach, daß einige der FRAUNHOFERschen Linien durch die Absorption in der Atmosphäre entstehen, da sie die Intensität ändern nach dem Stande der Sonne, während die anderen Linien unverändert bleiben[3]). Von dem störenden Einfluß der FRAUNHOFERschen Linien bei diesen Absorptionserscheinungen befreiten sich MILLER und DANIELL durch Anwendung von Gaslicht und untersuchten eine große Reihe farbiger und farbloser Dämpfe[4]). Ihre Resultate sind freilich im einzelnen vielfach abgeändert und haben eine große Reihe von Arbeiten veranlaßt. Daß andererseits leuchtende Gase oder Dämpfe charakteristische Spektra erzeugen, war von J. HERSCHEL mit Chlorstrontium, welches in einer Flamme verdampfte, nachgewiesen[5]). Sehr ausführlich wurden diese Emissionsspektren untersucht von TALBOT (1800—1877), dessen erste Arbeiten schon 1826 erschienen[6]). In einer späteren Arbeit kommt er zu dem wichtigen Resultat, daß wenn in einer Flamme eine bestimmte Linie, die man bei einem Metalldampf festgestellt hat, gefunden wird, man die Sicherheit hat, daß das Metall in der Flamme vorhanden ist[7]). Diese Metalldämpfe wurden gewöhnlich durch Einbringen in den elektrischen Lichtbogen erzeugt. Auch diese Untersuchung hat zahlreiche Nachfolger gefunden, die nur Einzelerfahrungen zufügten und über den fundamentalen Satz TALBOTS nicht hinauskamen.

Die seit 1646 bekannte Fluoreszenz war bisher wenig gefördert. BREWSTER fand eine größere Reihe von fluoreszierenden Körpern und Lösungen. Er glaubte die Erscheinung durch innere Zerstreuung erklären zu können[8]). J. HERSCHEL, der besonders die Chininlösung untersuchte, glaubte, die Flüssigkeit sei für die blauen Strahlen weniger durchlässig und reflektiere dieselben daher, während sie die übrigen durchlasse. STOKES (1819—1903) hat die BREWSTERsche Auffassung wesentlich gestützt und, da er die meisten Versuche an Fluorkalzium anstellte, den Namen Fluoreszenz erfunden[9]).

Die chemischen Wirkungen des Lichtes fanden durch NICÉPHORE NIÈPCE (1765—1833) wesentliche Förderung. Seine seit 1814 betriebenen Bemühungen hatten 1816 den Erfolg, daß er auf Zinnplatten heliographische Abbildungen herstellen konnte, 1822 gelang ihm eine Photographie auf Glas, welches eine Silbersalzschicht trug, aber er konnte das Bild nicht fixieren; beständiger waren die Bilder, welche er 1826 auf Zinnplatten, die mit einer Lösung von Asphalt in Knochenöl getränkt waren, herstellte. Endlich konnte er am 5. Nov. 1827 der Royal Society Lichtbilder auf Silberplatten vorlegen lassen. Daraufhin verband er sich mit dem Maler DAGUERRE zu einem vertraglich festgelegten Zu-

---

[1]) Die Beugungserscheinungen des Lichtes, Mannheim 1835.
[2]) Pogg. Ann. Bd. 23, S. 233. 1831; Bd. 38, S. 53. 1836.
[3]) Pogg. Ann. Bd. 38, S. 61. 1836.
[4]) Pogg. Ann. Bd. 28, S. 386. 1833; Bd. 69, S. 404. 1846.
[5]) Trans. Edinbg. Roy. Soc. 1822, S. 455.
[6]) Brewster's Journ. of Sc. Bd. 5. 1826.   [7]) Phil. Mag. (3) Bd. 4, S. 114. 1834.
[8]) Report of the Br. Assoc. 1838; Trans. Edinbg. Roy. Soc. 1846.
[9]) Phil. Trans. 1852, S. 463.

sammenarbeiten. Nun wurde eine Kupferplatte mit Silber platiniert und durch Joddämpfe lichtempfindlich gemacht. Ehe das Bild völlig zu sehen ist, werden die lichtzersetzten Stellen durch Quecksilberdampf amalgamiert, dann wird das übrigbleibende Jodsilber aufgelöst, und die Daguerrotypie ist fertig 1839[1]). Talbot legte in demselben Jahre der Royal Society positive Bilder auf Papier vor. Die Glasplatte war mit Kollodium und Jodkalium überzogen. Durch Einwirkung von salpetersaurem Silber bildet sich Jodsilber. Das Licht zersetzt dies, danach wird die Platte mit Pyrogallussäure begossen und dann das unzersetzte Silbersalz durch unterschwefligsaures Natron abgewaschen. Dies Negativ legt er auf Papier, welches in Kochsalzlösung gelegt und dann mit salpetersaurem Silber bedeckt ist, dadurch bildet sich auf dem Papier eine Chlorsilberschicht. Nachdem nun das Negativ eine Zeitlang auf dem Papier gelegen hat, wird das nichtzersetzte Chlorsilber mit unterschwefligsaurem Natron abgewaschen[2]).

Die nunmehr durchgedrungene Undulationstheorie hatte am Schluß dieser Epoche, an deren Anfang die Beweise für die Richtigkeit gegeben waren, durch Fresnel und Fraunhofer den Triumph, eine der fruchtbarsten Entdeckungen möglich gemacht zu haben. Doppler (1803—1853) überlegte sich, daß ein Stern, der sich uns nähert, seine Lichtwellen uns in kürzerem Zeitintervall zusenden muß, als wenn er in Ruhe ist, und umgekehrt bei Entfernung. Wenn also zwei Sterne umeinander rotieren, so daß die Rotationsebene nahezu mit der Richtung zur Erde zusammenfällt, muß bei der uns zugewandten Bewegung eine Verschiebung des Spektrums nach Blau, bei der Entfernung nach Rot eintreten. Den Beweis dieses Dopplerschen Prinzips konnte er natürlich nur an Schallwellen feststellen[3]). Es ist akustisch besonders von Buys Ballot bestätigt[4]) und ist eine wesentliche Grundlage der Astrophysik geworden.

Die Dioptrik war seit den Tagen Eulers kaum wieder behandelt, jedenfalls nicht gefördert. Entweder vernachlässigte man die Dicken der Linsen und begnügte sich mit Annäherung an unmerklich kleine Grenzflächen, dann hatte man bequeme Gleichungen, z. B. die Halleysche, oder, wollte man genau sein, war die Rechnung nach Euler recht kompliziert. Da gab Gauss in seinen dioptrischen Untersuchungen[5]) eine neue Basis für die weitere Behandlung der Dioptrik. Er bewies, daß es in jedem beliebig zusammengesetzten dioptrischen System, dessen Gesamtwirkung konvergent ist und dessen Grenzflächen alle auf einer gemeinsamen Achse zentriert sind, zwei Punkte auf der Achse gibt, die Hauptpunkte, welche sich wie Objekt und Bild verhalten. Dann ergab sich, daß, wenn man in diesen Hauptpunkten Ebenen senkrecht zur Achse legte, jeder Punkt der einen Ebene seinen Bildpunkt in dem Fußpunkt des von ihm auf die andere Ebene gefällten Lotes hat. Gauss nannte sie Hauptebene. Hat man außer den Hauptpunkten die Hauptbrennpunkte, so ist damit das ganze optische System bestimmt. Ich habe gezeigt, wie man auf einfache Weise diese Punkte für jedes konvergente System festlegen kann[6]). Listing (1808—1882) hat dem hinzugefügt, daß man unter den Gaussschen Voraussetzungen auf der Achse auch immer zwei Punkte bestimmen kann, die so beschaffen sind, daß, wenn man den einen mit irgendeinem Punkt des Objekts verbindet und den anderen mit dem zu jenem Punkt gehörenden Bildpunkt, diese beiden Verbindungslinien parallel sind[7]). Listing nannte diese

---

[1]) Die ausführliche Geschichte mit Belegen s. Eder, Ausführl. Handb. d. Photographie Bd. I, 1892—1898.
[2]) Some account of the art of photogenic drawing. 1839.
[3]) Über farbiges Licht der Doppelsterne. Prag 1842.
[4]) Pogg. Ann. Bd. 66, S. 329. 1845.   [5]) Göttinger Nachr. 1838—1841.
[6]) Pogg. Ann. Bd. 160, S. 169. 1877.   [7]) Beitrag zur physiologischen Optik. 1845.

Punkte Knotenpunkte, sie spielen nur dann eine Rolle, wenn das erste und letzte Medium verschieden sind, wie z. B. beim Auge; sind beide Grenzmedien gleich (Luft), so fallen die Knotenpunkte mit den Hauptpunkten zusammen. Durch diese Gausssche Methode ist die Dioptrik außerordentlich vereinfacht.

III. Neuzeit. 1842—1895.

25. Das Energieprinzip. Auch dieser Zeitabschnitt hat eine charakteristische Eigenschaft. Es ist das Energieprinzip; seine Auffindung und seine Durchdringung aller Zweige der Forschung füllen diese Zeit aus. Daneben, oder soll man besser sagen: im Verein mit diesem Kampf spielt sich ein anderer Kampf ab, das ist der Kampf der Atomistik gegen die Anschauung vom Kontinuum. Beide Bestrebungen berühren sich besonders innig auf dem Gebiet der Ätherforschung, also in der Optik, Elektrizität und Magnetismus, so daß der Schluß dieser Periode durch den Sieg der Atomistik bezeichnet werden kann. Es ist natürlich, daß nicht alle Arbeiten, auch nicht alle wertvollen Arbeiten dieser Periode in unmittelbarem Zusammenhang mit der geschilderten Tendenz stehen, aber die Einzelforschung in ihrer Summe hat doch auf allen Gebieten zu dieser einheitlichen Tendenz beigetragen. Philosophische Spekulationen würden zu einer Beziehung zu der Tendenz altgriechischer Philosophen führen, allein die Konstanz und Begrenztheit menschlichen Denkens ist auch ohne solche Ausführung hinlänglich erkennbar.

Die Ergebnisse Sadi Carnots und die elektrochemischen Untersuchungen von Hess, welche in Ziff. 24 besprochen sind, erscheinen uns heute als deutliche Wegzeiger zum allgemeinen Energieprinzip, allein damals durchaus nicht. Beide Forscher dachten nicht an eine mechanische Theorie der Wärme oder gar des Lichtes und der Elektrizität, und als nun wirklich das allgemeine Prinzip ausgesprochen wurde, da fand es viel Widerstand und wenige, die es verstanden und zur Grundlage ihres Denkens machten. J. R. Mayer (1814—1878) kam auch zu dem Prinzip auf ganz anderem Wege als dem der systematischen Entwicklung der Mechanik oder der Wärme. Er beobachtete, daß in Holländisch-Indien das Blut der Menschen erheblich weniger rote Blutkörperchen enthielt als in Europa. Die Ursache fand er in dem Unterschied der mittleren Temperatur. Das führte ihn auf die Arbeitsleistungen im Organismus, und so fand er den Satz von der Äquivalenz von Wärme und Arbeit und dehnte das Prinzip der Erhaltung der lebendigen Kraft, dessen Gültigkeit im Gebiet der Mechanik schon allgemein anerkannt war, aus auf alle Umwandlungen in belebter und unbelebter Natur[1]). Die vollständige Durchführung dieses Gedankens bot Mayer später[2]). Aus Versuchen über die bei Kompression von Luft gewonnene Wärme bestimmt er das mechanische Wärmeäquivalent zu 365 kgm, also recht wenig entsprechend, aber er verfügte auch nicht über ausreichende Apparatur, und S. Carnots Messungen würden auch nur ca. 370 kgm ergeben. Übrigens muß darauf hingewiesen werden, daß aus der Bestimmung des mechanischen Wärmeäquivalents durchaus nicht gefolgert werden darf, daß der Bestimmer nun Anhänger der mechanischen Wärmetheorie gewesen sei. Auch Mayer behandelte anfangs die Wärme als Stoff und spricht von freigewordener Wärme und eingeschlossener Wärme. Er behandelte das Wärmeäquivalent genau so, wie einst Lavoisier die Verbrennungswärme als ein chemisches Äquivalent behandelte. Aber Mayer drang zur mechanischen Auffassung durch, besonders zeigt sich

---

[1]) Liebigs Ann. Bd. 42, S. 233. 1842.
[2]) Die organische Bewegung in ihrem Zusammenhang mit dem Stoffwechsel. 1845; Beiträge zur Dynamik des Himmels. 1848.

das in der Arbeit über kosmische Erscheinungen[1]), wo er nachweist, daß die große Wärmeabgabe der Sonne nicht durch irgendeine Verbrennung ersetzt werden kann, daß er darum den Ersatz durch Meteormasseneinfall annimmt; er macht auch darauf aufmerksam, daß die Ebbe und Flut notwendig die Rotationsgeschwindigkeit der Erde verringern muß, was gewöhnlich Darwin als Entdecker zugeschrieben wird. Es ist Mayer auch klar, daß das Wort Kraft in dem Gesetz von der „Erhaltung der Kraft" etwas ganz anderes ist als die Kraft, welche Ursache der Bewegung gleich $m \cdot \gamma$ ist, aber er behält die Leibnizsche Bezeichnung der lebendigen Kraft bei.

Für die Verbreitung des Mayerschen Gesetzes waren sehr wertvoll die Untersuchungen von Joule (1818—1889) über die von einem Strom erzeugte Wärme[2]), die ihn allmählich zu der Erkenntnis führten, daß Arbeit niemals verlorengehen könne ohne eine Leistung; er kommt zu dem Satz, daß die Wärmewirkung im Stromkreise, wenn keine mechanische Arbeit geleistet wird, gleich ist dem Wärmewert der chemischen Prozesse in den Elementen und trifft da zusammen mit dem Resultat von E. Becquerel[3]), aber beide sind nicht zu dem allgemeinen Gesetz durchgedrungen, ja, Joule glaubt hier noch, daß die Verbrennungswärme elektrischen Ursprungs sei. Joule geht dann dazu über, direkt durch Reibung eines bewegten Flügelrades die erzeugte Wärme zu messen, und fand umgerechnet in Celsiusgrade 423 kgm. Seine Resultate faßte er in einer Arbeit zusammen, worin er auch die Arbeitsleistung von Pferden berücksichtigte. Das allgemeine Gesetz sprach aber der Ingenieur Colding unabhängig von Mayer aus in einer wesentlich auf philosophische Betrachtungen gegründeten Arbeit[4]); aus seinen Versuchen gab er das mechanische Äquivalent an zu 1185,4 Fußpfund (dänisch), aber er zog keine Konsequenzen aus dem Gesetz, wie es Mayer tat. Aus den Jouleschen Versuchen würde sich in Buchstaben die Relation ergeben: $Q = c \cdot I^2 \cdot R \cdot t$, wo Q die Wärme, I die Intensität des Stromes, R der Widerstand und t die Zeit ist. Diese als Joulesches Gesetz in den Lehrbüchern bezeichnete Beziehung hat Lenz (1804—1865) durch sorgfältige Versuche bestätigt[5]). Besonders durch die Jouleschen Versuche war dem Mayerschen Gedanken mehr Anerkennung verschafft, aber es waren nur einzelne, welche sich von den bisherigen Vorstellungen freimachten.

Zu diesen gehörte Helmholtz, dessen Vortrag vom 23. Juli 1847 in der Physikalischen Gesellschaft zu Berlin[6]) die Mayerschen Gedanken ausführte, leider ohne Mayer zu nennen, nachdem er schon in einem kurzen Referat für die Fortschritte von 1845 Stellung zu der Frage genommen hatte; er behandelte das Prinzip von der Erhaltung der lebendigen Kraft verallgemeinert auf alle Naturvorgänge. Er unterscheidet die lebendige Kraft im Sinne von Leibniz und die Spannkräfte und spricht dann das Gesetz so aus, daß deren Summe konstant sein muß. Er zeigt dessen Gültigkeit in den verschiedensten Gebieten, wobei nur notwendig ist, daß die verschiedenen Kraftarten einheitlich gemessen werden. Wenn auch in Einzelheiten diese Anwendungen nicht überzeugend sein konnten, weil die Spezialuntersuchungen noch nicht das Beobachtungsmaterial herbeigeschafft hatten, um einwandfreie Beweise zu liefern, so war doch hier ein umfassender Überblick gegeben, der die neue Grundlage der Forschung in ihrer Bedeutung enthüllte. Es handelte sich nun darum, die Idee in den verschiedenen Zweigen auszuführen. Es ist nicht wunderbar, daß diese Anregung erst langsam zur Ausführung kam. Denn es war kein sinnfälliges, überraschendes Experiment,

---

[1]) Beiträge zur Dynamik des Himmels. 1848.
[2]) Phil. Mag. (3) Bd. 19, S. 290. 1841; Bd. 20, S. 98. 1842; Bd. 23, S. 263, 347 u. 435. 1843.
[3]) C. R. Bd. 16, S. 724. 1843. [4]) Dansk. Vid. Selsk. (5) Bd. 2, S. 121 u. 167. 1843.
[5]) Pogg. Ann. Bd. 61, S. 18. 1844. [6]) Über die Erhaltung der Kraft. 1847.

welches das Neue einführte, wie z. B. GALVANIS oder OERSTEDS oder RÖNTGENS Entdeckung. Darum ist es begreiflich, daß MAYERS Aufsatz wie auch HELMHOLTZ' Vortrag erst allmählich anfingen, wirksam zu werden.

Auch hier waren zunächst nur JOULES weitere Versuche, das Wärmeäquivalent genau zu bestimmen[1]), und die Arbeit von SÉGUIN AINÉ (1786—1875) über die JOULEschen Versuche[2]) das einzige Echo. MAYER selbst gab, wohl ohne HELMHOLTZ' Vortrag zu kennen, die Ausdehnung seiner Theorie auf die Dynamik des Himmels (s. oben) und zeigte in einer folgenden Schrift, daß er die physikalische Bedeutung seines Gesetzes durchaus übersah[3]); er bestimmt darin das mechanische Äquivalent aus den GAY-LUSSACschen Beobachtungen über spezifische Wärme der Gase zu 427 kgm, aus den DULONGschen Messungen zu 430,4. MAYER faßte seine Arbeiten zusammen in dem Buche „Die Mechanik der Wärme" 1867[4]). Nachdem das MAYERsche Gesetz weiteste Verbreitung erfahren hatte, meldeten eine ganze Reihe von Forschern ihre Ansprüche auf selbständige Auffindung des Gesetzes an, besonders JOULE, SÉGUIN und COLDING, aber keiner von ihnen konnte eine Arbeit vorlegen, die vor MAYER den Gedanken ausgesprochen hatte, teilweise hatten sie, wie JOULE, die allgemeine Bedeutung des Satzes überhaupt nicht ausgesprochen, so daß die Naturforscher-Versammlung in Innsbruck 1869 mit Recht diese Ansprüche öffentlich zurückwies. Es war intensive Arbeit nötig, um die Idee als Gesetz zu erweisen.

Diese Arbeit leistete CLAUSIUS (1822—1888) in seiner mechanischen Wärmetheorie. Der fundamentale Satz dieser Theorie ist schon in der ersten Arbeit, die er über die bewegende Kraft der Wärme und die Gesetze, welche sich daraus für die Wärmelehre selbst ableiten lassen, schrieb[5]), klar ausgesprochen: In allen Fällen, wo durch Wärme Arbeit entsteht, wird eine der erzeugten Arbeit proportionale Wärmemenge verbraucht und umgekehrt. Damit geht CLAUSIUS über die CARNOTsche Anschauung hinaus. Dann gibt er dem CARNOTschen Gedanken, daß Wärme stets von höher temperierten Körpern auf niedriger temperierte übergeht, die Fassung, welche dem zweiten Hauptsatz der Wärmetheorie entspricht. Bei dem Übergang kann Arbeit geleistet werden, deren Maximum von den Temperaturen abhängt, soll aber niedere Temperatur zu höherer geführt werden, so ist mindestens die Arbeit zu leisten, welche der umgekehrte Prozeß liefern würde. Diesen Gedanken hat CLAUSIUS weiter begründet und gegen Bedenken verteidigt, bis er 1865 dann den Entropiebegriff einführt[6]). Ist Q_1 die Wärmemenge, welche der Wärmequelle von der absoluten Temperatur T_1 entnommen wird, Q_2 die Wärme, welche an den Körper mit der Temperatur T_2 abgegeben wird, so ist bei einem Kreisprozeß $\dfrac{Q_1}{T_1} = \dfrac{Q_2}{T_2}$, oder, wenn man die abgegebene Wärme negativ rechnet, $\dfrac{Q_1}{T_1} + \dfrac{Q_2}{T_2} = 0$, oder bei stetiger Änderung $\int \dfrac{dQ}{T} = 0$. Ist kein Kreisprozeß vorhanden, so ist $\int \dfrac{dQ}{T} = S$. Diese Größe nennt CLAUSIUS die Entropie. Da es in der Natur wirkliche Kreisprozesse nicht gibt, so kann man den zweiten Wärmesatz auch so

---

[1]) Phil. Mag. (3) Bd. 31, S. 173. 1847; Phil. Trans. 1850, S. 51.

[2]) C. R. Bd. 25, S. 420. 1847.

[3]) Bemerkungen über das mechanische Äquivalent der Wärme. 1850.

[4]) Die Mechanik der Wärme, 2. Aufl. 1874.

[5]) Pogg. Ann. Bd. 79, S. 368 u. 500. 1850.

[6]) Pogg. Ann. Bd. 93, S. 481. 1854; Bd. 116, S. 73. 1862; Bd. 120, S. 431. 1863; Bd. 125, S. 353. 1865; zusammengefaßt sind CLAUSIUS' Arbeiten in Abhandlungen über die mechanische Wärmetheorie, 2 Bde., 2. Aufl. 1876.

aussprechen: Jeder in der Natur sich abspielende Prozeß verläuft so, daß die Summe der Entropien sämtlicher beteiligter Körper vergrößert wird. Dies zweite Gesetz fand verschieden Widerspruch, so daß Clausius noch mehrfach es verteidigen mußte. Es ist das Verdienst von M. Planck, in einer langen Reihe von Arbeiten die Bedeutung und die Gültigkeit des Entropiegesetzes festgelegt zu haben[1]).

Die mechanische Wärmetheorie steht in engem Zusammenhang mit der kinetischen Gastheorie. Krönig (1822—1879) nahm die obenerwähnte Vorstellung von D. Bernoulli (Ziff. 10) wieder auf (wohl ohne Bernoulli zu kennen) und setzte nun den Wärmeinhalt des Gases gleich der lebendigen Kraft, welche durch die fortschreitende geradlinige Bewegung der Moleküle gegeben ist[2]). Er zeigt, daß, wenn die Expansionskraft des Gases Arbeit leistet, die lebendige Kraft der Bewegung der kleinsten Teilchen um den gleichen Betrag abnimmt. Allein es zeigte sich, daß die so berechnete Wärmekapazität für konstantes Volumen kleiner ist als die experimentell bestimmte. Diese Diskrepanz beseitigte Clausius[3]) durch die Annahme, daß die Moleküle der Gase, auch der einfachen, aus Atomen bestehen, die in einem Schwingungszustand sind, und die lebendige Kraft dieser Schwingungen ist der obigen zuzuzählen, um den Wärmeinhalt zu bekommen, während der Druck nur in der geradlinigen Bewegung der Moleküle gegeben ist. Selbstverständlich genügt diese Auffassung dem Energiegesetz vollkommen. Durch diese Theorie, welche Clausius gegen verschiedene Angriffe glänzend verteidigte, war nun ein Mittel gegeben, die Anzahl der Moleküle zu bestimmen, denn wenn n die Anzahl der Moleküle im Volumen 1 ist, so ist

$n \cdot v = N$ dieselbe im Volumen v, also $p \cdot v = \dfrac{N \cdot m \cdot c^2}{3}$, vorausgesetzt, daß die Temperatur konstant ist, ändert sie sich, so folgt aus Clausius' erster Abhandlung[4]), daß c proportional $\sqrt{T}$ ist, dann ist also $p \cdot v = \dfrac{N \cdot m \cdot c^2}{3} \cdot T$, entsprechend der Clapeyronschen Formel[5]) $p \cdot v = R \cdot T$. Mißt man nun p, v, T, so hat man die Möglichkeit, die Anzahl zu berechnen. Das tat Loschmidt (1821—1895) zuerst[6]). Seitdem ist diese Zahl noch sehr vielfach nach den verschiedensten Methoden berechnet.

Die Bezeichnung Energie für Arbeitsleistung ist, wie wir oben gesehen haben, schon sehr alt. Helmholtz hatte lebendige Kraft und Spannkraft unterschieden, Clausius hatte dagegen die Erhaltung der Arbeit gesagt und äußere und innere Arbeit unterschieden. Rankine (1820—1872) nahm die von Th. Young gebrauchte Bezeichnung Energie wieder auf und setzte an Stelle der Helmholtzschen Spannkräfte den Namen potentielle Energie[7]). Die Bezeichnung potentiell hatte D. Bernoulli bereits gebraucht. W. Thomson nannte die Summe der lebendigen Kraft und der Spannkraft mechanische Energie und unterschied nun kinetische und potentielle Energie[8]), dabei gab er eine Übersicht über die verschiedenen Formen der Energie. Seitdem bürgerte sich allmählich die Bezeichnung: Gesetz von der Erhaltung der Energie oder das Energieprinzip ein. Es kann hier nicht auf diese Entwicklung im einzelnen eingegangen werden, ich verweise auf die ausgezeichnete Darstellung von Planck in seiner gekrönten Preisschrift[9]).

<hr>

[1]) Wied. Ann. Bd. 30, S. 562; Bd. 31, S. 189; Bd. 32, S. 462; Bd. 44, S. 385; Bd. 46, S. 162; Bd. 48, S. 780. 1887—1892.   [2]) Pogg. Ann. Bd. 99, S. 315. 1856.
[3]) Pogg. Ann. Bd. 100, S. 355. 1857.   [4]) Pogg. Ann. Bd. 79, S. 377. 1850.
[5]) Journ. de l'école polyt. Bd. 14, S. 170. 1834.   [6]) Wiener Ber. Bd. 52 II, S. 395. 1865.
[7]) Phil. Mag. (4) Bd. 4. 1852.   [8]) Phil. Mag. Bd. 4, S. 256. 1852; Bd. 9, S. 523. 1855.
[9]) Das Prinzip der Erhaltung der Energie. 1887.

Für die Mechanik der Gase waren zunächst von Wichtigkeit die Untersuchungen über den Gültigkeitsbereich des Townleyschen Gesetzes. Nach den gelungenen Versuchen, Gase durch Druck zu komprimieren (s. oben) und der mechanischen Erklärung der Aggregatzustände durch Clausius, setzten die Versuche ein, den Unterschied zwischen permanenten Gasen und verwandelbaren zu beseitigen. Natterer ging bis 2790 Atm. Druck und glaubte daraus schließen zu können, daß auch H, O und Luft bei sehr hohen Temperaturen vom Townleyschen Gesetz abweichen[1]). Dagegen fand Andrews (1813—1885), daß Kohlensäure oberhalb einer bestimmten Temperatur nicht mehr flüssig gemacht werden könne, er bestimmte die kritische Temperatur zu $30,92°$[2]). Mendelejeff leitete aus dem Kohäsionskoeffizienten ab, daß für alle Flüssigkeiten Temperaturen existieren müssen, bei welchen sie nur gasförmig sein können, diese nannte er den absoluten Siedepunkt[3]). Dafür führte Andrews[4]) den Namen „the critical point" ein und forderte ganz allgemein einen stetigen Übergang vom flüssigen in den gasförmigen Zustand. Dagegen leitete Avenarius ab, daß, wenn bei der Überführung aus dem flüssigen in den gasförmigen Zustand keine innere Arbeit mehr zu leisten ist, solche kritische Temperatur bei allen Flüssigkeiten eintreten muß[5]).

Aus diesen und ähnlichen späteren Überlegungen war das Verlangen nach einer allgemeinen Zustandsgleichung erwachsen. Die verfehlten Versuche von Rankine, Reye und Recknagel übergehe ich, aber eine Lösung des Problems, die für weitere Untersuchungen Platz machte, war die van der Waals (1837—1923) in seiner Dissertation 1873[6]). Clausius zeigte, daß auch diese Gleichung bei Kohlensäure in der Nähe der kritischen Temperatur versage und gab der Zustandsgleichung eine Form mit 4 Konstanten[7]). Aber bei Anwendung auf Wasserdampf mußte Clausius seine Gleichung wieder ändern und glaubte nach seinen Versuchen mit Äther eine allgemeine Beziehung aufstellen zu können. Planck leitete auf Grund der van der Waalsschen Gleichung sein Sättigungsgesetz[8]) ab. Eine genauere Untersuchung von Galitzine führte zu der Erkenntnis, daß die Dichtigkeit der Flüssigkeit und die Dichtigkeit des Dampfes in der Nähe der kritischen Temperatur nicht allein von der Temperatur abhänge. Es kommen da die Erscheinungen des Zerfalls von Molekülkomplexen zur Geltung, die mit dem atomistischen Aufbau der Materie (s. unten) zusammenhängen[9]). Aus der mechanischen Wärmetheorie leitete A. Ritter in einer längeren Reihe von Arbeiten die adiabatische Zustandsänderung der Luft ab[10]). Der Begriff der Adiabate war wohl zuerst von A. v. Oettingen eingeführt bei einem verfehlten Angriff gegen den zweiten Wärmesatz[11]). Diese Untersuchungen in Verbindung mit den thermochemischen Ergebnissen führten dazu, daß die Erkenntnis von der Unmöglichkeit, den absoluten Nullpunkt, bei welchem der Druck gleich Null wird, zu erreichen, was zuerst von Koppe[12]) ausgesprochen war, sich verbreitete. Die Begründung dafür gab Nernst, dessen Untersuchungen ihn veranlaßten, das dritte Wärmegesetz aufzustellen[13]).

---

[1]) Wiener Ber. Bd. 52, S. 199. 1854.   [2]) Pogg. Ann. Erg.-Bd. 5, S. 64. 1871.
[3]) Pogg. Ann. Bd. 141, S. 625. 1860.
[4]) Phil. Mag. (4) Bd. 39, S. 150. 1870; Phil. Trans. Bd. 159. 1869.
[5]) Pogg. Ann. Bd. 151, S. 303. 1874.
[6]) De continuiteit v. d. vloeib. u. gasvorm. toestand, Leiden 1873, deutsch von Roth, 1881.
[7]) Wied. Ann. Bd. 9, S. 337. 1880; Bd. 14, S. 279 u. 692. 1881.
[8]) Wied. Ann. Bd. 13, S. 535. 1881.   [9]) Wied. Ann. Bd. 50, S. 521. 1893.
[10]) Wied. Ann. Bd. 37, S. 44 u. 633. 1889; Bd. 40, S. 356. 1890.
[11]) Pogg. Ann. Erg.-Bd. 7, S. 84. 1876.
[12]) Pogg. Ann. Bd. 151, S. 643. 1874.
[13]) Journ. de phys. (4) Bd. 9, S. 21. 1910.

Die außerordentliche Fruchtbarkeit der CLAUSIUSschen Wärmetheorie zeigte sich alsbald bei der Behandlung chemischer Prozesse durch J. THOMSON (1826 bis 1919). Seine erste Arbeit[1]) gibt bereits die wissenschaftliche Grundlage für die Thermochemie: Die Intensität der chemischen Kraft eines Körpers ist bei konstanter Temperatur konstant. Die bei einer chemischen Wirkung erzeugte Wärmemenge ist ein Maß für die dabei wirksame chemische Energie. So werden alle chemischen Prozesse nach der Wärme gemessen und jede Reaktion hat ihre Wärmetönung. Er rechnet diese positiv wenn Wärme entwickelt wird, negativ, wenn Wärme verbraucht wird und bezieht dieselbe auf die Gewichtsäquivalente der Stoffe. Die in einer Verbindung enthaltene chemische Kraft (wir sagen Energie) nennt THOMSON das thermodynamische Äquivalent. Dann findet er das Gesetz: Wenn die Summe der thermodynamischen Äquivalente der Bestandteile der zu bildenden Verbindung größer ist als das thermodynamische Äquivalent der Verbindung, so entsteht bei Herstellung der Verbindung Wärmeentwicklung, im entgegengesetzten Falle Wärmeabsorption. Damit ersetzt THOMSON die bis dahin herrschende Verwandtschaftslehre durch thermochemische Überlegung und benutzt dabei die Substitutionslehre, die 1837 von DANIELL begründet war. Jede Wirkung rein chemischer Natur ist von einer Wärmeentwicklung begleitet, und bei einer Zersetzung einer Verbindung muß die zusammenhaltende Affinität durch eine Kraft überwunden werden, welche der Wärmetönung der Verbindung entspricht. Das alles entspricht dem ersten Wärmesatz. Alle THOMSONschen Berechnungen hatten zur Voraussetzung konstante Temperatur. Daß die Wärmetönung sich mit der Temperatur ändert, hat KIRCHHOFF (1824—1887) gezeigt 1858[2]). Der Versuch BERTHELOTS, für die entstehenden Verbindungen eine allgemeine Tendenz einzuführen[3]) mit dem Satz: Jede chemische Änderung, die sich ohne Mitwirkung einer äußeren Energie vollzieht, strebt nach der Bildung des Körpers oder des Systems von Körpern, welches die meiste Wärme entwickelt, hat sich nur bei einzelnen Reaktionen bestätigt.

Den zweiten Wärmesatz wandte auf chemische Probleme zuerst HORSTMANN (1842—1923) an, zunächst zur Berechnung der Verdampfungswärme des Salmiak[4]) und dann auf Zersetzungserscheinungen[5]). Bei seinen Untersuchungen über Dissoziation stellte HORSTMANN mit Hilfe der Entropie die chemischen Gleichgewichtssätze auf[6]), nicht erst RAYLEIGH, wie gewöhnlich angegeben wird; RAYLEIGHS Arbeit erschien 2 Jahre später. In der letzten Fassung lautet der Satz bei HORSTMANN so: In einem System chemisch aufeinanderwirkender Stoffe tritt Gleichgewicht ein hinsichtlich der chemischen Wirkungen, wenn die Entropie des Systems so groß geworden ist, als sie durch die möglichen chemischen Wirkungen überhaupt werden kann[7]). In den Untersuchungen über Diffusion zweier Gase wurde W. GIBBS (1839—1903) durch den Entropiebegriff geleitet; CLAUSIUS hatte für ein vollkommenes Gas die Energie $U = c_v T$ gefunden.

Wird Wärme Q zugeführt, so ist für ein Zeitelement $dQ = c_v\, dT + \dfrac{p\, dv}{A}$, wo A das mechanische Wärmeäquivalent ist. Nun ist, wenn S die Entropie bedeutet, $dS = \dfrac{dQ}{T}$, setzt man für dQ den Wert ein, so sagt der zweite Haupt-

---

[1]) Pogg. Ann. Bd. 88, S. 349. 1853. Die folgenden Arbeiten, welche teils in Pogg. Ann., teils im Journ. f. prakt. Chem. erschienen, sind in dem 4 bändigen Werke Thermochemische Untersuchungen, 1882, zusammengefaßt.
[2]) Ges. Abhandl. S. 480.   [3]) Ann. chim. phys. (5) Bd. 4, S. 5. 1875.
[4]) Chem. Ber. 1869, S. 137.   [5]) Liebigs Ann. Suppl.-Bd. 8, S. 112. 1872.
[6]) Liebigs Ann. Bd. 170, S. 142. 1873.   [7]) Chem. Ber. 1881, S. 1242.

satz aus $dS - \dfrac{dU}{T} - \dfrac{p\,dv}{dT} > 0$ für alle irreversiblen Vorgänge, gleich Null für alle reversiblen. Von dieser Gleichung geht GIBBS aus[1]) und stellt zunächst 1876 fest, daß bei konstantem Volumen und konstanter Energie die Entropie wächst (S. 66ff.), bei konstantem Volumen und konstanter Entropie die Energie abnimmt. Dann zeigt er, daß die Entropie eines Gasgemisches gleich der Summe der Entropien der Einzelgase ist, wenn diese bei derselben Temperatur das ganze Volumen der Mischung einnehmen. Nun betrachtet GIBBS ein System aus einer Anzahl homogener, durch bestimmte Berührungsflächen getrennter Körper. Er unterscheidet die Gesamtmasse des Körpers und den inneren Zustand. Diesen inneren Zustand läßt er eine Funktion sein von Temperatur, Druck und Mengenverhältnis der einzelnen in ihm vorhandenen Moleküle. Diesen inneren Zustand nennt er Phase. Nun leitet er seine berühmte Phasenregel ab: n voneinander unabhängige, chemische Bestandteile können nicht mehr als $n + 2$ Phasen koexistierend haben, da sich in jedem Falle die Anzahl der unabhängigen Bestandteile bestimmen läßt, wie z. B. beim Salmiak nur $n = 1$, weil durch die Menge des Stickstoffs auch die Menge des Chlors und des Wasserstoffs schon fest bestimmt ist, so ist diese Phasenregel außerordentlich wichtig geworden. BAKHUIS ROOZEBOOM bestätigte die Regel an einer Reihe von experimentellen Untersuchungen[2]). Er wie auch PLANCK[3]) und VAN'T HOFF[4]) haben die Phasenregel angewandt auf die Probleme der Diffusion und Dissoziation, der verdünnten Lösungen und der Mischkristalle und die Regel dabei durchweg bestätigt.

Die Frage des Gleichgewichts in verdünnten Lösungen war besonders für Elektrolyte schwierig, sie konnte erst gelöst werden durch die Dissoziationstheorie von ARRHENIUS[5]), die er dadurch noch bestätigt fand, daß mit Annahme der Dissoziation die VAN'T HOFFschen Gesetze über Gefrierpunktserniedrigung und Siedepunktserhöhung auch für Elektrolyte gültig wurden. PLANCK[6]) kam ebenfalls zur Forderung der Dissoziation durch die Betrachtung der Zustandsgleichung. Die fundamentale Bedeutung der Dissoziation ist allgemein bekannt.

Eine präzise Einordnung der Affinität in das energetische System gab HELMHOLTZ[7]). Er spricht den zweiten Hauptsatz so aus: Bei konstantem Volumen und konstanter Temperatur wächst die Größe $S - \dfrac{U}{T}$ oder, was dasselbe ist, die Größe $U - ST$ nimmt ab. Diese letztere Größe nennt HELMHOLTZ die freie Energie. Das gibt die Möglichkeit, die Affinität ganz präzise in Kalorien anzugeben, sobald man chemische Prozesse vor sich hat, die bei konstanter Temperatur ohne äußere Arbeitsleistung vonstatten gehen. Das zeigt VAN'T HOFF[8]). Endlich kann auch die Potentialtheorie zugrunde gelegt und das thermodynamische Potential bestimmt werden. Es ergibt sich aus der oben angeführten Gleichung zu $U - ST = \dfrac{p\,v}{A}$. Dann kann man den zweiten Hauptsatz auch so aussprechen: Bei konstantem Druck und konstanter Temperatur nimmt das thermodynamische Potential ab; so formuliert P. DUHEM (1861—1916)[9]) das Gesetz.

---

[1]) Thermodynamische Studien, deutsch von OSTWALD, 1892.
[2]) ZS. f. phys. Chem. Bd. 2, S. 449 u. 513. 1888; Bd. 4, S. 31. 1889; Bd. 5, S. 198. 1890; Bd. 8, S. 504. 1891.
[3]) Wied. Ann. Bd. 15, S. 446. 1882; Bd. 19, S. 358. 1883; Bd. 32, S. 483. 1887.
[4]) ZS. f. phys. Chem. Bd. 1, S. 481. 1887.　　　[5]) Ebenda S. 631. 1887.
[6]) Wied. Ann. Bd. 44, S. 385. 1891.　　　[7]) Ges. Abhandl. Bd. 2, S. 958. 1883.
[8]) ZS. f. phys. Chem. Bd. 3, S. 608. 1889.　　　[9]) Le potential thermodyn., 1886.

Mit diesen Untersuchungen über das Wesen der Wärme und die Grundlagen der physikalischen Erscheinungen des Energieprinzips stehen indirekt in Beziehung die Verbesserungen zur Temperaturmessung, die bei allen diesen Experimenten wesentliche Dienste leisten mußte. Das Luftthermometer, welches schon Amontons als das Normalthermometer bezeichnet hatte, erhielt von Jolly (1809—1884) durch Einfügung des Lederschlauchs und dadurch bequeme Einstellung auf konstantes Volumen die Form[1]), welche eine schnelle und zuverlässige Temperaturbestimmung ermöglichte. Daß es gleichzeitig auch zur Bestimmung der Ausdehnungskoeffizienten der Gase sehr brauchbar war, erhöhte seinen Wert. Auch die Maximum- und Minimumthermometer wurden zur technischen Vollkommenheit gebracht. Negretti und Zambra bogen für ihr Maximalthermometer die Röhre oberhalb des Quecksilbergefäßes rechtwinklig um und legten sie horizontal, schmolzen vor der Biegungsstelle einen kleinen Glassplitter zur Verengung der Röhre ein, so daß bei Abkühlung der Quecksilberfaden abriß[2]). Wesentlich verbessert wurde diese Methode durch Geissler (1811—1879), der statt des Glassplitters eine Kapillare einsetzte und das Rohr nun vertikal lassen konnte; er gab damit die Form der noch heute gebrauchten Fieberthermometer[3]). Diese Kapillare verband Kappeller (1804—1883) mit der Methode von Six, so daß in einem U-förmigen Rohr Maximum und Minimum angegeben wird[4]).

Die Temperaturmessung durch Thermoelemente begegnete einer Schwierigkeit, als W. Thomson beobachtete, daß die von Poggendorff beobachtete Abnahme der Stromstärkenvermehrung bei Temperatursteigerung sogar zu einer Stromumkehrung führen konnte[5]). Die Erklärung gab Avenarius (1835—1895): Die elektromotorische Kraft an der heißen Berührungsstelle sei als Funktion der Temperatur gegeben durch $E = a + bt + ct^2$, an der kalten durch $E_1 = a + bt_1 + ct_1^2$, dann ist $E - E_1 = (t - t_1) [b + c (t + t)]$; dieser Ausdruck wird Null, wenn entweder $t = t'$ ist oder wenn $t + t' = -\dfrac{b}{c}$ [6]). Für hohe Temperaturen wurden andere Pyrometer notwendig. W. Siemens (1816—1892) konstruierte 1869 sein Widerstandspyrometer auf Grund der Erfahrung, daß der elektrische Leitungswiderstand der Metalle mit der Temperatur steigt[7]).

Daß auch die spezifische Wärme von der Temperatur abhängt, und zwar mit steigender Temperatur wächst, ist von H. F. v. Weber nachgewiesen. Kopp hatte für das Produkt aus spezifischer Wärme und Atomgewicht den Namen Atomwärme eingeführt[8]). Daß das Dulong-Petitsche Gesetz, daß diese für feste Körper = 6 sei, nicht streng gültig ist, war schon lange bekannt. v. Weber zeigte nun, daß bei steigender Temperatur sich die Atomwärmen zu einem Grenzwert steigern, der nahezu den Dulong-Petitschen Wert erreiche[9]). Die Grenzen für die Gültigkeit dieses Gesetzes hat Boltzmann (1844—1906) festgestellt[10]). Richarz (1860—1920) hat diese Frage eingehend behandelt und kommt zu dem Resultat, daß die Zahl 6 um so besser erreicht wird, je größer das Atomgewicht und das Atomvolumen ist[11]). Die genaue Bestimmung der spezifischen Wärme war natürlich wesentlich und wurde erreicht durch die Verbesserung des Eiskalorimeters von Bunsen (1811—1899), welches die Volumenverminderung beim Übergang vom festen in den flüssigen Zustand zu

---

[1]) Pogg. Ann. Jubelband S. 97. 1874.   [2]) Pogg. Ann. Bd. 99, S. 336. 1856.
[3]) Pogg. Ann. Bd. 123, S. 657. 1864.   [4]) Österr. Landw. Wochenbl. 1882, S. 39.
[5]) Phil. Trans. 1856. III, S. 698.   [6]) Pogg. Ann. Bd. 119, S. 406. 1863.
[7]) Pogg. Ann. Bd. 149, S. 225. 1873.   [8]) Liebigs Ann. Suppl.-Bd. 3. 1864.
[9]) Pogg. Ann. Bd. 154, S. 368 u. 573. 1875.
[10]) Wiener Ber. Bd. 63 [2], S. 731. 1871.   [11]) Wied. Ann. Bd. 48, S. 708. 1893.

messen gestattet[1]); ferner durch das **Dampfkalorimeter**, welches nahezu gleichzeitig von BUNSEN[2]) und JOLY[3]) erfunden wurde. Es war letzteres besonders darum wertvoll, weil hierdurch möglich war, c_v direkt zu messen, während man sonst c_p bestimmte und $\dfrac{c_p}{c_v}$. Die spezifische Wärme der Gase, die für die kinetische Gastheorie so wichtig war, ist durch die Messungen REGNAULTS (s. oben) mit besonderer Vorsicht durchgeführt. Damit hängt zusammen die endliche Feststellung des Sättigungsdruckes des Wasserdampfes, die für höhere Temperaturen von HOLBORN und HENNING[4]), für tiefe von SCHEEL und HEUSE[5]) festgelegt ist.

Durch die REGNAULTschen Messungen war bewiesen, daß der Ausdehnungskoeffizient der Gase nicht konstant sei und nicht nur von der Temperatur, sondern auch vom Druck abhänge. Daß auch bei festen Körpern nur von einem mittleren Ausdehnungskoeffizienten gesprochen werden kann, zeigte W. VOIGT (1850—1920) dadurch, daß er das von FIZEAU erfundene **Dilatometer**[6]) und von ABBE (1840—1905) mit mikroskopischer Ablesung ausgerüstete[7]) mit einer zuverlässigen Erwärmungsmethode verband und so die Ausdehnungskoeffizienten genau zu bestimmen lehrte[8]). FIZEAU (1819—1896) stellte auch zuerst fest, daß das von MITSCHERLICH gefundene Resultat, daß bei Kristallen, die verschiedene Ausdehnungskoeffizienten nach den Achsen besitzen, auch negative Koeffizienten vorkamen, so stark auftreten kann, daß sich wie beim Jodsilber für das Gesamtvolumen sogar eine Volumenverminderung einstellen kann bei steigender Temperatur[9]).

Die frühere Unterscheidung zwischen permanenten und komprimierbaren Gasen war natürlich für die mechanische Auffassung nicht aufrechtzuerhalten, den drastischen Beweis lieferte jedoch erst die **Verflüssigung** dieser Gase. Es handelt sich nur darum, so tiefe Temperaturen herzustellen. Während die früheren Eismaschinen die Verdunstungskälte benutzten, z. B. CARRÉ mit Verdunstung von Ammoniak[10]), griff C. LINDE die Aufgabe mit der kinetischen Gastheorie an, indem er die arbeitslose Ausdehnung des Gases (Luft) benutzte[11]). Als er dann seinen **Gegenstromapparat** erfand, verschwanden die permanenten Gase, er zog sie auf Flaschen[12]).

Die **Wärmeleitung** erfuhr dadurch eine wesentlich andere Bedeutung, als die Versuche von G. WIEDEMANN und FRANZ eine Proportionalität zwischen der inneren Wärmeleitung und der Elektrizitätsleitung, wonach schon seit FRANKLIN gesucht war[13]), zu bestätigen schienen. Um hierüber Klarheit zu schaffen, war es nötig, die Wärmeleitung sorgfältiger zu bestimmen als bisher. Darum bemühte sich A. J. ÅNGSTRÖM (1814—1874), indem er solche Längen von Leitungsdraht nahm, daß bei alternierender Erwärmung und Abkühlung des einen Endes das andere konstante Temperatur behielt[14]). F. NEUMANN verbesserte diese Methode noch dadurch, daß er die konstante Temperatur in der Mitte des Stabes hielt und beide Enden alternierend auf die Temperatur T und T_1 brachte[15]). KIRCH-

---

[1]) Pogg. Ann. Bd. 141, S. 1. 1870.   [2]) Wied. Ann. Bd. 31, S. 1. 1887.

[3]) Proc. Dublin Soc. 1886, November.   [4]) Ann. d. Phys. Bd. 26, S. 833. 1908.

[5]) Ann. d. Phys. Bd. 29, S. 723. 1909.   [6]) C. R. Bd. 68, S. 1125. 1869.

[7]) Wied. Ann. Bd. 38, S. 453. 1889.   [8]) Wied. Ann. Bd. 43, S. 831. 1891.

[9]) C. R. Bd. 58, S. 423. 1864, in mehreren Arbeiten bis Bd. 66, S. 1005 u. 1072. 1868.

[10]) C. R. Bd. 51, S. 1023. 1860; Bd. 54, S. 827. 1862.

[11]) Bayr. Intelligenz- u. Gewerbebl. 1871.

[12]) Wied. Ann. Bd. 57, S. 328. 1896; die Geschichte in Chem. Ber. Bd. 32. 1899, Artikel flüssige Luft.

[13]) Roziers Journ. de Phys. 1773, S. 276.   [14]) Pogg. Ann. Bd. 114, S. 513. 1861.

[15]) Ann. chim. phys. (3) Bd. 66, S. 185. 1862.

Hoff (1824—1887) bemerkte, daß die spezifische Wärme c und die Dichtigkeit s der Metalle einen Einfluß auf die Leitung haben müssen, und er führte dementsprechend in die Fouriersche Gleichung den Quotienten $\dfrac{K}{(c \cdot s)}$ ein, wo K die Leitfähigkeit bedeutet[1]). Die Neumannsche Methode wurde von F. Kohlrausch (1840—1910) dadurch verbessert, daß er den zu untersuchenden Leiter vom Strom selbst heizen ließ und die Enden durch Kühlung auf konstanter Temperatur erhielt[2]). Nach dieser Methode haben mit besonderer Sorgfalt Jaeger und Diesselhorst für chemisch reine Metalle die sichersten Werte abgeleitet[3]). Mit einer sehr feinen Methode zeigte Sénarmont (1808—1862), daß die isotherme Fläche in regulären Kristallen eine Kugelschale ist, im quadratischen und Hexagonalsystem die Oberfläche eines Rotationsellipsoids, in den anderen Systemen dreiachsige Ellipsoidoberflächen[4]). Störend ist nur, daß Sénarmont voraussetzen muß, daß die Wachsschicht, deren Schmelzung durch Leitung verursacht wird, nach allen Richtungen die gleiche Dicke hat, was nicht leicht zu erreichen ist. Darum nahm Röntgen Hauchschichten auf den Kristallplatten zur Demonstration[5]). Für die einachsigen Kristalle unterscheidet v. Lang (1838—1921) positive und negative, aber findet, daß diese thermische Charakteristik mit der optischen nicht überall zusammenfällt.

Außerordentliche Schwierigkeit machte die Messung der Leitfähigkeit der Flüssigkeiten; daß sie vorhanden ist, war schon früher gezeigt von Despretz, aber die Ergebnisse der Forscher von Ångström[6]) bis Wachsmuth[7]) stimmen so wenig miteinander überein, daß die Frage noch nicht definitiv beantwortet ist. Fast noch größer sind die Schwierigkeiten bei der Wärmeleitung von Gasen, da hier nicht nur die Strömung ausgeschaltet werden muß wie bei den Flüssigkeiten, sondern besonders die Strahlung und die Konvektion. Die ersten wertvollen Versuche sind von Magnus (1802—1870) angestellt, doch hatte er nur für Wasserstoff ein positives Resultat[8]). Dann arbeitete Narr (1844—1893) mit der Erkaltungsmethode[9]) und gab für Wasserstoff, Stickstoff und Kohlensäure auf Luft als 1 bezogene Werte. Von anderen wurde die Leitfähigkeit nur theoretisch abgeleitet, und wiederholt ist auch der Versuch in verschiedenen Methoden ausgeführt bis zu der letzten Arbeit Winkelmanns (1848—1910) über diese Frage. Nur das eine ist dabei herausgekommen, daß die Leitfähigkeit ruhender Gase außerordentlich klein ist, für Luft ist der Koeffizient etwa 0,000055[10]).

Für die Wärmestrahlung hatte Kirchhoff schon ausgesprochen, daß die Wärmestrahlen sich von den Lichtstrahlen nur durch die Wellenlänge unterschieden. Das Verhältnis von Emission zur Absorption $b : a$ ist nach ihm eine Funktion der Wellenlänge und Temperatur und er beweist, daß dies Verhältnis bei gleicher Temperatur für alle Körper dasselbe ist. Dabei gibt er auch zum ersten Male die Definition für den absolut schwarzen Körper, nämlich als den Hohlraum, welcher von Körpern gleicher Temperatur, die keinerlei Strahlung durchlassen, umschlossen ist (S. 597)[11]). Mit einem solchen schwarzen Körper hat dann zuerst Christiansen (1843—1907) gearbeitet. Bei seinem erhitzten, hohlen Messingwürfel erschien das Loch vollkommen schwarz. Clausius stellte in bezug auf Emission fest, daß dieselbe von der Umgebung abhängt, und zwar

---

[1]) Wied. Ann. Bd. 9, S. 1; Bd. 13, S. 406. 1881.   [2]) Ann. d. Phys. Bd. 1, S. 132. 1900.
[3]) Berl. Ber. 1899, S. 719.   [4]) Ann. chim. phys. (3) Bd. 21 u. 22. 1847.
[5]) Pogg. Ann. Bd. 151, S. 604. 1874.   [6]) Pogg. Ann. Bd. 123, S. 638. 1864.
[7]) Wied. Ann. Bd. 48, S. 158. 1893.   [8]) Pogg. Ann. Bd. 112, S. 504. 1861.
[9]) Pogg. Ann. Bd. 142, S. 147. 1871.   [10]) Wied. Ann. Bd. 48, S. 80. 1893.
[11]) Berl. Ber. 1859, Dezember; Ges. Abhandl. 1882, S. 571.

ist sie proportional dem Quadrat des Brechungsindex des Mediums, so daß, wenn e das Emissionsvermögen im leeren Raum bedeutet und n der Brechungsindex des Mediums ist, die Emission $c = n^2 \cdot e$ ist[1]). Dies theoretische Resultat wurde von QUINTUS ICILIUS (1824—1885) experimentell durchaus bestätigt[2]).

Die MELLONIschen Messungen hatten ergeben, daß alle Körper mit Ausnahme von Steinsalz und Sylvin Wärmefarbe haben. Um die Diathermansie von Gasen bequem untersuchen zu können, hat MAGNUS einen besonderen Apparat gebaut[3]) und die mit demselben erhaltenen Resultate gegen Angriffe von TYNDALL[4]) siegreich verteidigt. KNOBLAUCH (1820—1895) untersuchte die Wärmefarbe von Metallen und stellte dabei fest, daß die Wärmefärbung nicht identisch ist mit der Lichtfärbung[5]). Schon vorher hatte er, um die Interferenz der Wärmestrahlen zu untersuchen, ein Interferenzprisma für Wärmestrahlung gebaut. Für die Untersuchung der Diathermansie waren schon bald nach MELLONIS Arbeit die Steinsalz- und Sylvinprismen gebraucht. Für die Intensitätsmessung der Wärmestrahlen waren die MELLONIschen Thermoelemente vorhanden, sobald es aber darauf ankam, die Wärmeverteilung im Spektrum zu messen, waren dieselben zu breit. Darum konstruierte SVANBERG (1806—1857) ausgehend von der LENZschen Feststellung, daß die Leitfähigkeit der Metalle bei Erwärmung geringer werde, sein „galvanisches Differentialthermometer". In eine mit Deckel versehene Kapsel legte er eine aus feinem übersponnenen Kupferdraht gewickelte schmale Spirale, die mit Kienruß überzogen war; diese schaltete er in den Stromkreis eines Galvanometers. Sobald der Deckel geöffnet wurde und Wärmestrahlen auf die Spirale fielen, nahm die Intensität des Stromes erheblich ab[6]). Diesen Gedanken benutzte LANGLEY (1834—1906)[7]); er ersetzte die Spirale durch einen schmalen Platinstreifen von 0,2 mm Dicke, mit Ruß überzogen, das nannte er „Bolometer" und baute dasselbe in das Spektrobolometer ein, um die Wärmeverteilung im Sonnenspektrum zu untersuchen. Die ganze Vorrichtung nannte er „The actinic Balance", eine Bezeichnung, die noch heute in amerikanischen Zeitschriften gebraucht wird. Auf Veranlassung von HELMHOLTZ hat BAUR unabhängig von LANGLEY 1882 einen ähnlichen Apparat konstruiert[8]) und ihm den Namen Radiometer gegeben, doch ist auch in Deutschland der Name Bolometer allgemein angenommen. Eine wesentliche Verbesserung des Apparates lieferten LUMMER (1860—1925) und KURLBAUM, welche als lichtempfindlichen Körper Gitter von Platin-Silberstreifen herstellten[9]).

Schon vor Erfindung des Bolometers hat JOH. MÜLLER (1809—1875) die Wärmeverteilung im Sonnenspektrum, welches er durch ein Steinsalzprisma herstellte, untersucht[10]). Er vergleicht die Spektra von Glasprisma, Steinsalzprisma und das Gitterspektrum, letzteres nennt er das Normalspektrum. Er bestätigte die von JOHN HERSCHEL gemachte Beobachtung, daß die Intensität der Strahlung im ultraroten Teile ungleichförmig sei[11]), was sich bei DRAPER (1811—1882) dahin verdichtet[12]), daß im ultraroten Teile des Spektrums sich drei breitere Gebiete finden, wo die „Absorption" vollständig sei. Diesen Feststellungen gegenüber bietet die TYNDALLsche (1820—1893) Untersuchung[13]), auf welche bisweilen besonders hingewiesen wird, keinen Fortschritt. Dagegen hat LAMANSKY die drei Lücken DRAPERS exakt gemessen zu 0,815 bis 0,835 μ, 0,893

---

[1]) Pogg. Ann. Bd. 121, S. 3. 1864. [2]) Pogg. Ann. Bd. 127, S. 607. 1866.
[3]) Pogg. Ann. Bd. 112, S. 351. 1861. [4]) Phil. Trans. 1864, S. 201 u. 327.
[5]) Pogg. Ann. Bd. 101, S. 187, 1857. [6]) Pogg. Ann. Bd. 84, S. 416. 1851.
[7]) Proc. Amer. Acad. Bd. 16. 1881; Sill. Journ. Bd. 21, S. 187. 1888.
[8]) Wied. Ann. Bd. 19, S. 12. 1883. [9]) Wied. Ann. Bd. 46, S. 204. 1892.
[10]) Pogg. Ann. Bd. 105, S. 543. 1858. [11]) Phil. Trans. Bd. 130, I, S. 1. 1840.
[12]) Phil. Mag. Bd. 22, S. 120. 1843. [13]) Phil. Trans. Bd. 156, I, S. 83. 1866.

bis 0,930 μ, 0,935 bis 0,980 μ[1]). Langley nahm die Vergleichung von Gitterspektrum und Prismenspektrum wieder auf, während letzteres das Intensitätsmaximum bei etwa 1,0 μ hatte, war im Gitterspektrum das Maximum etwa 0,65 μ. Er stellte die Energiekurve als Funktion der Wellenlänge dar und verfolgte sie bis zu 3 μ[2]). Die außerordentlichen Schwankungen der Intensität, welche diese Kurve darstellt, wurden 10 Jahre später von Paschen mit Gitterspektrum und Bolometer eingehend untersucht; hatte man früher diese Lücken durch Absorption in der Atmosphäre erklären wollen, so zeigte Paschen, daß keine Theorie diese erklären könne[3]). Auch W. Wien konnte nur feststellen, daß im Wärmespektrum nicht alle Wellenlängen vorkommen[4]). Er wollte auch aus dem zweiten Wärmesatz eine obere Grenze der Wellenlänge feststellen. Doch erst den ausgezeichneten Untersuchungen von Rubens (1865—1922) gelang es, das Gebiet der Wärmestrahlung dem der elektrischen Wellen mehr zu nähern[5]).

Die Abhängigkeit der Strahlung von der Temperatur des strahlenden Körpers wurde von Kundt und Warburg experimentell, von Oberbeck (1846—1900) theoretisch untersucht und nachgewiesen, daß die frühere Annahme einfacher Proportionalität nicht richtig sei. Doch erst Stefan (1835—1893) fand das Gesetz, daß die durch Strahlung übergeführte Wärmemenge der vierten Potenz der absoluten Temperatur des strahlenden Körpers proportional ist[6]). Das Gesetz wurde dann durch Boltzmann (1844—1906) theoretisch für den vollkommen schwarzen Körper begründet[7]) und durch die Untersuchungen von Lummer und Pringsheim (1859—1917) innerhalb der Temperaturgrenzen 290° bis 1500° bestätigt[8]). Die Angaben des Bolometers waren relativ, man verglich die Strahlung mit der des absolut schwarzen Körpers. Kurlbaum gab eine Methode an, die Angaben des Bolometers absolut umzurechnen, so daß, wenn die Gesamtstrahlung $S = \sigma \cdot T^4$ gesetzt wird, dieser Proportionalitätsfaktor $\sigma = 5{,}32 \cdot 10^{-12}$ Watt innerhalb der Grenzen 0° bis 100° von ihm bestimmt wurde[9]).

Bei der Ansicht, daß Wärmestrahlen und Lichtstrahlen identisch seien, mußte die Meinung entstehen, daß auch die Lichtstrahlung von der Temperatur abhänge. Jedoch schon Bacon von Verulam (1561—1626) hat gefunden, daß auch stark erhitzte Luft kein Licht gebe[10]), es war dies aber in Vergessenheit geraten. E. Wiedemann hatte die Temperaturstrahlung wohl zuerst von der Lumineszenz unterschieden[11]), doch Ångström (1857—1910) zeigte erst exakt, daß das Leuchten der Gase nicht von der Temperatur allein abhänge[12]), und Pringsheim wiederholte, wohl ohne ihn zu kennen, den Baconschen Satz, daß eine Temperaturerhöhung allein noch keine Lichtemission bedinge[13]), da der Mechanismus des Leuchtens ein anderer sei als der der Wärmestrahlung. Damit tritt das Lumen als selbständiges Energiemaß des Lichtes in Wirksamkeit, und darin liegen die Anfänge für die heutigen Untersuchungen über kalte Lichtstrahlen.

Auch für die rein mechanischen Probleme ist durch die Entdeckung des Energieprinzips Anregung zu erneuter Prüfung der Grundlagen gegeben. Hier haben besonders die Fragen der Rotationsbewegung fester Körper und die Bewegungsgesetze für Flüssigkeiten bzw. von festen Körpern in Flüssig-

---

[1]) Pogg. Ann. Bd. 146, S. 200. 1872.   [2]) Wied. Ann. Bd. 19, S. 226 u. 384. 1883.
[3]) Wied. Ann. Bd. 48, S. 272. 1893.   [4]) Wied. Ann. Bd. 49, S. 633. 1893.
[5]) Wied. Ann. Bd. 54, S. 476. 1895; Bd. 60, S. 418 u. 724. 1897; Bd. 65, S. 241. 1898 usw.
[6]) Wiener Ber. Bd. 79, S. 391. 1879.   [7]) Wied. Ann. Bd. 22, S. 291. 1884.
[8]) Wied. Ann. Bd. 63, S. 395. 1897.   [9]) Wied. Ann. Bd. 65, S. 746. 1898.
[10]) De interpretatione naturae. Opera omnia, S. 746. 1665.
[11]) Wied. Ann. Bd. 34, S. 446. 1888; Bd. 37, S. 177. 1889.
[12]) Wied. Ann. Bd. 48, S. 493. 1893.   [13]) Wied. Ann. Bd. 49, S. 347. 1893.

keiten eine Förderung erfahren. Eine scheinbar äußerliche Förderung hat die Neubegründung der seit EULERS Vektorenrechnung gänzlich in Vergessenheit geratenen Methode der Vektoren und Skalaren durch HAMILTON gebracht. Ich sage scheinbar äußerlich; denn von vielen wurde dieselbe nur als eine Art abgekürzte Schreibweise für die Differentialgleichungen angesehen, tatsächlich bedeutet die Unterscheidung gerichteter Größen und Zahlengrößen einen außerordentlichen Fortschritt für das physikalische Denken. Es ist das Verdienst MAXWELLS (1831—1879), wesentlich dazu beigetragen zu haben, daß diese Methode sich siegreich durchsetzte. Wenn auch seine Arbeiten über Optik und Elektrizität, womit wir uns später noch zu beschäftigen haben, seinen Ruhm wesentlich begründeten, so ist er doch auch in seinen zahlreichen mechanischen Schriften sehr anregend gewesen für die moderne Entwicklung. Wenn freilich behauptet wird, er habe zuerst erkannt, daß die Kraft stets eine Wechselwirkung voraussetze zwischen mindestens zwei Körpern, so bezieht sich das nur auf die Definition von Kraft, welche MAXWELL gibt[1]), aber schon vorher hatte W. WEBER erklärt, es handle sich stets um eine Wechselwirkung zwischen zwei Körpern, und nachdem durch das absolute Maßsystem von GAUSS-WEBER die Elemente Masse, Zeit, Weg in g, sec, mm festgelegt war, konnte der Kraftbegriff nur eine abgeleitete Bedeutung haben. Einen würdigen Abschluß der klassischen Mechanik bereiten die Vorlesungen KIRCHHOFFS[2]).

Das Problem der Kreiselbewegung, welches nahezu 300 Jahre die Physiker beschäftigt hatte, fand in den verschiedensten Formen neue Bearbeitung. Die Anwendung auf die Erde, welche in der CLAIRAUTschen Gleichung für lange Zeit erledigt zu sein schien, wurde von STOKES wieder aufgenommen unter der Voraussetzung, daß die Niveauflächen für die Gravitation und für die Resultante aus Gravitation und Zentrifugalkraft nahezu kugelförmig vorausgesetzt werden dürfen[3]). W. THOMSON faßte die Aufgabe ohne Vernachlässigung der Glieder höherer Ordnung auf und gab eine Lösung durch Entwicklung nach harmonischen Kugelfunktionen[4]). Auch experimentell wurde das Problem behandelt. FOUCAULT wollte die Achsendrehung der Erde durch das Pendel beweisen und führte diese Versuche 1850 aus, sie sollten ihm die Bestätigung der Formel, daß die Abweichung der Pendelschwingung vom Meridian in einer Stunde $15°\sin\varphi$ unter der Breite φ betrüge, liefern[5]). In dieser Arbeit sprach FOUCAULT bereits die Idee aus, die Erhaltung der Schwingungsebene als Prinzip für einen Rotationskompaß zu benutzen! Die Ausführung seines Pendelversuchs leidet an sehr viel störenden Einflüssen, darum regte KIRCHHOFF (1824 bis 1887) KAMERLINGH ONNES an, diese Aufgabe von neuem zu behandeln. Er tat es in Anknüpfung an EULER und gab eine vollständige Lösung durch elliptische Transzendenten, konstruierte aber auch einen Pendelapparat in cardanischem Gehänge, welchen er im luftverdünnten Raum schwingen ließ[6]). Es stellte sich dann aus dem lit. Nachlaß von C. F. GAUSS heraus, daß derselbe die gleiche Behandlung des Problems bereits in Angriff genommen hatte[7]). Es sind außer dieser Lösung von ONNES natürlich noch andere Lösungsversuche gemacht; von besonderem Wert scheint mir aus dieser Zahl nur GILBERTS Barogyroskop zu sein, der dazu auch eine gute Theorie bekannt gab[8]). Eine Zusammenfassung

---

[1]) Matter and motion, deutsche Ausg. S. 92.
[2]) Vorlesungen über mathem. Physik und Mechanik, 1883, 3. Aufl.
[3]) Trans. Cambr. Phil. Soc. 1849.
[4]) THOMSON u. TAIT, Theoretische Physik Bd. I, 2, S. 353. 1874.
[5]) C. R. Bd. 32, S. 138. 1851.
[6]) Nieuwe Bewijz. voor de aswent. d. aarde, 1879.
[7]) Göttinger gelehrt. Anz. 1883, S. 71.
[8]) Ann. de la soc. Bruxelles Bd. 2, S. 189. 1878; Bd. 6 u. 7. 1881/83.

aller früheren Versuche, das Kreiselproblem zu lösen, mit ausführlicher Kritik und neuer abschließender Begründung, gaben dann F. Klein (1849—1925) und Sommerfeld[1]).

Verwandt mit dem Kreiselproblem war die Flugbahn eines rotierenden Geschosses. Die experimentelle Feststellung, daß ein rotierendes Langgeschoß besser Richtung hielt als eine glatte Kugel, war nicht durch eine ausreichende Theorie geklärt. Magnus erkannte, daß dies Problem dadurch der Lösung nähergebracht werden könnte, wenn man die durch Zusammenwirken von Rotation und Translation hervorgerufenen Luftströmungen untersuchte. Er stellte fest, daß durch einen rotierenden Zylinder in einem Luftstrom je nach dem Rotationssinn eine Druckdifferenz nach rechts oder links von der Richtung des Luftstromes aus entstehe, so daß, wenn der Zylinder translatorisch beweglich ist, er bei einer Rotation im Sinne des Uhrzeigers eine Abweichung nach links und umgekehrt nach rechts erfährt[2]). Heute nennt man das den Magnuseffekt.

Bei der außerordentlichen Wichtigkeit der Bestimmung der mittleren Erddichte, besonders für kosmische Fragen, ist es nicht auffallend, daß diese immer wieder genauer zu bestimmen versucht wurde. Mit der Drehwage in verbesserter Form arbeiteten Cornu (1841—1902) und Baille und gaben als Resultat Werte zwischen 5,50 und 5,56[3]). Die späteren Versuche mit der gleichen Methode haben keine wesentliche Verschiebung gebracht, so daß aus diesen Versuchen das Mittel 5,5 sichergestellt war mit einem unsicheren Wert an zweiter Stelle. Eine wesentlich andere Methode gab Jolly durch seine Gravitationswage, die an jeder Seite zwei Wagschalen untereinander in einem Abstand von 25 m hat. Große Massen, unter die untere Schale geschoben, geben hier eine Gewichtszunahme. Sein Wert war freilich noch nicht sehr gut: 5,692[4]). Aber die Methode kann vervollkommnet werden und wurde von A. König und Richarz verbessert[5]) und von Richarz und Krigar-Menzel so durchgearbeitet, daß sie ihr Mittel 5,505 mit einem mittleren Fehler von 0,009 angeben konnten[6]).

Die Elastizität fester Körper war theoretisch durch Poisson und Cauchy für den Stoß behandelt. Dementsprechende Messungen bahnte Pouillet (1790—1868) an, ausgedehntere Versuche stellte erst Schneebeli (1849—1890) mit Stahlzylindern und Kugeln an[7]). Er versuchte auch eine Theorie zu geben, aber seine eigenen Versuche fügten sich nicht darein. St. Venant (1797 bis 1885) deckte die Fehler der Poissonschen Theorie auf und wandte seine Aufmerksamkeit besonders der Rückkehr der im stoßenden Stabe entstehenden Wellen zu, so daß er sich dem Cauchyschen Gedankengange näherte[8]). Nun zeigte Voigt (1850—1920), daß die Versuchsresultate mit keiner der bisherigen Theorien in Einklang zu bringen seien, darum griff er das Elastizitätsproblem für Zylinder von neuem an und entwickelte den elastischen Stoß speziell für Zylinder in Richtung der Achse[9]). Der elastische Stoß fand dann in C. Neumanns (1832—1925) Lehrbuch ebenfalls eine für elastische Stäbe eingehende Behandlung[10]). Das spezielle Problem der elastischen Kugeln behandelte H. Hertz (1857—1894) in zwei längeren Arbeiten[11]), und seine Resultate wurden

[1]) Über die Theorie des Kreisels, 1897—1910.
[2]) Pogg. Ann. Bd. 88, S. 1. 1853.   [3]) C. R. Bd. 76, S. 954. 1873.
[4]) Wied. Ann. Bd. 5, S. 112. 1878; Bd. 14, S. 331. 1881.
[5]) Wied. Ann. Bd. 24, S. 664. 1885.   [6]) Wied. Ann. Bd. 66, S. 177. 1898.
[7]) Pogg. Ann. Bd. 143, S. 239. 1871; Bd. 145, S. 328. 1872.
[8]) Liouv. Journ. Bd. 12, S. 237. 1867.
[9]) Berl. Ber. 1882, S. 683; Wied. Ann. Bd. 19, S. 44. 1883.
[10]) Theorie der Elastizität 1885, S. 332.
[11]) Borchardt-Journ. Bd. 91, S. 170; Bd. 92, S. 156. 1882.

durch HAMBURGERS Beobachtungen gestützt[1]). Die Schwierigkeit liegt hier wohl
darin, daß der Aufbau der Materie gerade bei der Elastizität von entscheidendem
Einfluß ist und in der Periode der Forschung noch sehr wenig geklärt war.

In einem speziellen Gebiet hat eine Hypothese über diesen Aufbau aber
gute Dienste getan, das ist die elastische Nachwirkung, d. h. sowohl die
Deformation wie die Wiederherstellung der ursprünglichen Form erfordere Zeit.
Die Nachwirkung wurde von W. WEBER für Torsionselastizität entdeckt an der
Torsion der Seidenfäden[2]). WEBER stellte sich auf den atomistischen Standpunkt und nahm an, daß die kleinsten Teile eine Dehnung um ihren Schwerpunkt erfuhren. Das dehnte er auch auf alle festen Körper aus[3]). Aus der
großen Reihe der Untersuchungen, welche diese WEBERsche Theorie bestätigen,
hebe ich nur hervor die an Silberdrähten, Kautschuk und Glasfäden von
FR. KOHLRAUSCH (1840—1910)[4]) und BRAUN (1851—1918)[5]). In der KOHL-
RAUSCHschen Arbeit war der Einfluß der Temperatur auf die Nachwirkung
entdeckt, dessen Größe bei gleichzeitiger Torsion und Dehnung von HIMSTEDT
gemessen ist[6]). Sehr interessant war daher die Verbindung der WEBERschen
Anschauung mit der mechanischen Wärmetheorie, welche WARBURG ausführte[7]).
BOLTZMANN dagegen versuchte eine nichtatomistische Theorie der Nach-
wirkung zu geben[8]), jedoch ist durch die Kritik, welche O. E. MEYER (1834
bis 1909) unternahm, die WEBERsche Grundvorstellung gerechtfertigt[9]). Auch
CL. MAXWELL geht 1867 von ihr aus und gibt allgemeine Gleichungen, welche
auch den Einfluß der Temperatur enthalten[10]). Endlich haben die ausführlichen
Messungen von TH. SCHRÖDER die Vorstellungen von KOHLRAUSCH und WAR-
BURG im wesentlichen bestätigt[11]).

Für die theoretische Mechanik sind von Bedeutung für die Weiterentwicklung die Arbeiten von v. HELMHOLTZ gewesen über das Prinzip der kleinsten
Aktion und über monozyklische Systeme. Für das erste wählt HELMHOLTZ
die HAMILTONsche Form und zeigt, daß die Trägheit bei gegebenem Wert der
Energie die bewegten Massen immer auf solchen Wegen zum Ziele führt, wo sie
für kurze Wegstrecken die kleinste Leistung zu vollbringen hat. Das weist er
auf verschiedenen Gebieten, so auch in der Elektrodynamik, nach[12]). Unter
monozyklischen Systemen versteht er solche mechanische Systeme, in deren
Innern eine oder mehrere stationäre, in sich zurücklaufende Bewegungen vorkommen, die aber, wenn es mehrere sind, in ihrer Geschwindigkeit nur von
einem Parameter abhängen; sind mehrere Parameter bestimmend, so nennt er
das System polyzyklisch[13]). Diese Abhandlungen waren der Ausgangspunkt für
die mechanischen Untersuchungen von H. HERTZ, die in seinen „Prinzipien der
Mechanik" zusammengefaßt wurden. HERTZ will den Begriff der Kraft gänzlich beseitigen, indem er das Prinzip aufstellt: Jedes freie System beharrt im
Zustand der Ruhe oder der gleichförmigen Bewegung in einer geradesten Bahn.
Frei nennt er ein System, wenn seine Koordinaten nur geometrischen Bedingungen
unterworfen sind, also von der Zeit unabhängig bleiben. In der von mir behandelten Periode hat diese Mechanik keine dauernde Bedeutung erlangt, doch
steht sie in einiger Beziehung zu dem Gravitationsfeld der allgemeinen Relativitätstheorie.

[1]) Wied. Ann. Bd. 28, S. 653. 1886.   [2]) Pogg. Ann. Bd. 34, S. 250. 1835.
[3]) Pogg. Ann. Bd. 54, S. 9. 1841.
[4]) Pogg. Ann. Bd. 128, S. 207 u. 399. 1866; Bd. 158, S. 330. 1876.
[5]) Pogg. Ann. Bd. 159, S. 337. 1876.   [6]) Wied. Ann. Bd. 17, S. 709. 1882.
[7]) Wied. Ann. Bd. 4, S. 232. 1878.   [8]) Pogg. Ann. Erg.-Bd. 7, S. 627. 1876.
[9]) Wied. Ann. Bd. 4, S. 249. 1878.   [10]) Scient. Pap. Bd. II, S. 30. 1890.
[11]) Wied. Ann. Bd. 28, S. 369. 1886.   [12]) Crelles Journ. Bd. 100. 1886.
[13]) Crelles Journ. Bd. 97. 1884.

Bei der Ableitung der Gleichungen für die monozyklischen Systeme hatte HELMHOLTZ mehrfach die Koppelung gebraucht und für verschiedene Fälle den Inhalt der Koppelung präzisiert. Die gekoppelten Systeme waren zuerst von HUYGENS entdeckt, theoretisch von D. BERNOULLI und EULER behandelt. Dann verschwinden sie für lange Zeit aus der Betrachtung und erst WARBURG hat diese Betrachtung wieder neu belebt[1]) und Koppelung von Dämpfung und Resonanz unterschieden. Die Koppelung zweier Pendel durch eine Spiralfeder zeigt OBERBECK und es ergibt sich die neue Periodizität der Schwingung durch den elastischen Parameter der Spirale[2]).

Man kann die Koppelung als Spezialfall behandeln von dem allgemeinen Problem der Schwingung von Systemen mit mehreren Freiheitsgraden, so behandelt RAYLEIGH die Frage[3]). Die Koppelung kann also überall auftreten, wo es sich um Schwingungen handelt, darum finden wir die elektrische Koppelung bei v. GEITLER[4]), die magnetische bei GALITZIN[5]) und OBERBECK[6]). Bei Untersuchung der akustischen Koppelungserscheinungen findet M. WIEN, daß die maximale Energie nicht mit maximaler Amplitude, wie bisher angenommen war, zusammenfallen muß, sondern daß hierbei die Dämpfung von wesentlicher Bedeutung ist. Es kommt die Rückwirkung eines resonierenden Systems auf das erregende dabei in Betracht und WIEN unterscheidet dabei Kraftkoppelung, Beschleunigungskoppelung, Reibungskoppelung[7]). Es ist natürlich, daß in jedem Einzelfalle genau zu untersuchen ist, inwiefern die verschiedenen Möglichkeiten der Koppelung zur Geltung kommen und man hat dabei unter Umständen mit einer Reihe von Parametern zu rechnen.

Die Koppelungserscheinungen spielen natürlich in der Akustik eine bedeutende Rolle und gerade die Kombinationstöne, die besonders von HELMHOLTZ untersucht sind, brachten hier neues Material, welches über WEBERS Resultate hinausging. HELMHOLTZ fügte den Differenztönen die Summationstöne an[8]). LANGE zeigte, daß die Differenztöne objektiv existieren[9]) und QUINCKE bewies mit seinen Interferenzröhren die Objektivität der Kombinationstöne[10]). Daß es aber auch nur subjektiv entstehende Töne gibt, zeigte HELMHOLTZ und glaubte, daß dabei auch die zweite Potenz der Elongation eine Rolle spiele[11]). Dagegen ergab sich bei KAYSERS Untersuchungen an Stimmgabeltönen, daß hier nur lineare Abhängigkeit bestehe[12]). Dem trat R. KÖNIG bei und zeigte[13]), daß, wenn n_1 und n_2 die Schwingungszahlen zweier primärer Töne sind, Töne von den Schwingungszahlen $n_2 - \alpha n_1$ und $(\alpha + 1) n_1 - n_2$ als „Stoßtöne" gehört werden, wenn α eine ganze Zahl ist, während Summations- und Differenztöne überhaupt nicht sicher nachweisbar seien. Diese Diskrepanz wurde durch die Arbeit von VOIGT aufgeklärt, in welcher er zeigt, daß die lebendige Kraft der primären Schwingungen darüber entscheidet, ob man die Kombinationstöne oder die Stoßtöne hört[14]).

Für diese akustischen Untersuchungen war wesentlich die Wiedereinführung der WEBERschen Resonatoren, die HELMHOLTZ dann 1863 in größeren Serien benutzte, um das Mitklingen der Obertöne zu untersuchen[15]) und Klänge zu analysieren. Während hiermit eine subjektive Untersuchung gegeben war, zeigte

[1]) Pogg. Ann. Bd. 136, S. 89. 1869.   [2]) Wied. Ann. Bd. 34, S. 1041. 1888.
[3]) Theorie des Schalles, deutsch von NEESEN, S. 93. 1880.
[4]) Wiener Ber. 1895, Februar u. Oktober.
[5]) Petersb. Ber. 1895, Mai u. Juni.   [6]) Wied. Ann. Bd. 55, S. 623. 1895.
[7]) Wied. Ann. Bd. 61, S. 151. 1897.   [8]) Ges. Abhandl. Bd. I, S. 256 u. 263.
[9]) Pogg. Ann. Bd. 101, S. 493. 1857.   [10]) Pogg. Ann. Bd. 128, S. 186. 1866.
[11]) Pogg. Ann. Bd. 99, S. 532. 1856.   [12]) Wied. Ann. Bd. 6, S. 465. 1879.
[13]) Wied. Ann. Bd. 39, S. 395. 1890.   [14]) Wied. Ann. Bd. 40, S. 652. 1890.
[15]) Lehre von den Tonempfindungen, 6. Aufl., S. 72 u. 600. 1913.

R. König mit dem Flammenmanometer mit rotierendem Spiegel eine objektive Methode, die Klänge darzustellen[1]), so daß das Flammenbild als charakteristisch für einen Klang angesehen werden konnte. Es standen sich die beiden Erklärungen gegenüber: 1. Ohm behauptete, das Ohr nimmt aus einem zusammengesetzten Klang alle Einzelschwingungen auf[2]), so daß also das Ohr ein Analysator ist. 2. A. Seebeck meinte, aus den verschiedenen Tönen eines Klanges bilde sich durch Interferenz eine bestimmte Schwingungsform und diese würde als Ganzes empfunden[3]). Brandt wollte den Ohmschen Satz durch das Experiment sichern[4]), ihm schloß sich Helmholtz an und gründete auf den Satz von den Schwebungen, ausgedehnt auch auf die Obertöne, seine Theorie der Konsonanz und Dissonanz[5]). Sie erfreute sich des Beifalls von Rayleigh[6]) und besonders der Bestätigung durch R. König[7]).

Besondere Mühe gab sich Helmholtz, die Vokalklänge zu untersuchen. Zunächst stellte er fest, daß dieselben sich durch die mitklingenden Obertöne unterschieden, aber diese Obertöne wurden durch die Eigentöne der Mundhöhle bei ihren verschiedenen Stellungen für die verschiedenen Vokale bedingt. Nun neigte Helmholtz zu der Ansicht, daß für jeden Vokal ganz bestimmte hohe Töne charakteristisch seien. Demgegenüber behauptete Grassmann (1809—1877), daß bestimmte Obertöne des Grundtons den Vokalklang bestimmten[8]). Zahlreiche Versuche sind unternommen, diese Frage zu entscheiden. Solange man mit Resonatoren und Sirenen arbeitete, war das Ergebnis bei der Mehrzahl der Experimentatoren der Grassmannschen Auffassung günstig; als man aber mit dem Phonographen die Klänge untersuchte, glaubte L. Hermann beweisen zu können, daß für jeden Vokal eine ganz bestimmte Tonhöhe des mitklingenden Tones erforderlich sei. Er nannte diese Töne Formanten[9]). Diese Theorie hat sich besonders durch die Umwandlung der Tonschwingungen in elektrische mehr und mehr durchgesetzt.

Der Mechanismus des Hörens war wenig aufgeklärt, solange man nur die Gehörknöchel und das Labyrinth kannte. Als nun Corti (1822—1876) 1846 entdeckte, daß die Membrana basilaris aus etwa 4500 Querfasern bestehe[10]), und bald nachher F. A. Schulze in den Bogengängen die Haare entdeckte, hatte man elastische Körper, die durch Resonanz zum Schwingen gebracht werden konnten und durch die mit ihnen verbundenen Nervenfasern dem Gehirn die Empfindungen der Tonhöhe übermittelten. Eine Schwierigkeit war die geringe Anzahl der Haare. Denn die Empfindlichkeit des Ohres war schon von E. H. Weber so bestimmt, daß es Töne vom Schwingungsverhältnis 1000 : 1001 unterscheiden kann. Das war von Cornu (1841—1902) und Mercadier bestätigt[11]), und Töpler und Boltzmann hatten gefunden[12]), daß noch Amplituden (Tonstärken) von $0,4 \cdot 10^{-4}$ mm hörbar waren. Es zeigte sich jedoch, daß die Empfindlichkeit des Ohres nicht überall dieselbe ist, das war schon Weber bekannt. Aber M. Wien hat die Empfindlichkeit als Funktion der Schwingungszahl untersucht[13]) und das Maximum bei ca. 2000 Schwingungen gefunden. Um solche Empfindlichkeit bei der kleinen Zahl Cortischer Fasern möglich erscheinen zu lassen, nimmt Helmholtz an, daß nicht eine, sondern einige der Fasern erregt

---

[1]) Pogg. Ann. Bd. 122, S. 166. 1864.
[2]) Pogg. Ann. Bd. 59, S. 513. 1843; Bd. 62, S. 1. 1844.
[3]) Pogg. Ann. Bd. 60, S. 449. 1843; Bd. 63, S. 353. 1844.
[4]) Pogg. Ann. Bd. 112, S. 324. 1861.
[5]) Lehre von den Tonempfindungen, Abschn. 4.   [6]) Theory of sound 1872, S. 8.
[7]) Wied. Ann. Bd. 14, S. 369. 1881; Bd. 39, S. 403. 1890.
[8]) Wied. Ann. Bd. 1, S. 606. 1876.   [9]) Wied. Ann. Bd. 58, S. 391. 1896.
[10]) ZS. f. wiss. Zool. 1851, III, S. 109.   [11]) C. R. Bd. 68, S. 301. 1869.
[12]) Pogg. Ann. Bd. 141, S. 321. 1870.   [13]) Arch. f. d. ges. Physiol. Bd. 92. 1903.

werden, aber verschieden stark, und aus diesen Stärken erschließt das Gehirn dann die richtige Schwingungszahl des gehörten Tones.

26. Optik. In dieser Periode ist die Optik wesentlich beherrscht durch zwei große Untersuchungen, die des Spektrums und die nach dem Wesen des Lichtes; letztere hängt so eng mit den elektrischen und magnetischen Untersuchungen zusammen, daß wir erst in Verbindung mit diesen die elektromagnetische Lichttheorie besprechen können. Natürlich sind neben diesen beiden Hauptaufgaben auch noch viele andere gelöst oder doch der Lösung näher gebracht, aber sie haben alle Beziehungen zu diesen beiden.

Die Emissionsspektren glühender Dämpfe und Gase waren von TALBOT eingehend untersucht, er hatte schon in eine Spiritusflamme Metallsalze eingeführt und den Satz gefunden, daß, wenn in einer Flamme eine oder mehrere bestimmte helle Linien im Spektrum auftreten, das diesen Linien zugehörige Metall sicher in der Flamme vorhanden ist[1]). Andere, wie WHEATSTONE (1802 bis 1875) erzeugten diese Linien im elektrischen Lichtbogen zwischen Metallelektroden, er meinte, daß nicht das Gas, sondern die den Funken bildenden Teilchen der Metalle das Spektrum lieferten[2]). A. J. ÅNGSTRÖM (1814—1874) zeigte, daß man durch Druckverminderung des Gases den Einfluß der Elektroden ganz beseitigen und so das Spektrum eines leuchtenden Gases allein herstellen könne[3]). Diese Methode wurde außerordentlich erleichtert durch die von GEISSLER (1815 bis 1879) hergestellten Röhren, die, soviel ich sehe, zuerst öffentlich von W. H. TH. MEYER 1857 benutzt sind[4]) und von PLÜCKER (1801—1868) zur Herstellung der Spektren verschiedener Gase benutzt wurden[5]). Auch das Absorptionsspektrum, welches zuerst von HERSCHEL (s. oben) beobachtet war, ist von MILLER (1817—1870) an Jod- und Bromdampf festgestellt; er kam zu dem Schluß, daß nur die farbigen Dämpfe und Gase ein Absorptionsspektrum lieferten[6]). ÅNGSTRÖM erklärte diese dunklen Linien mit dem Resonanzprinzip L. EULERS. Da BREWSTER schon die atmosphärischen Linien im Sonnenspektrum entdeckt hatte[7]), war die Ansicht MILLERS schon widerlegt. Ausdrücklich wurde das noch einmal festgestellt durch die Untersuchungen von JANSSEN (1824—1907) an Wasserdampf[8]). Einen großen Fortschritt bedeutet die Entdeckung von FOUCAULT (1819—1868). Er ließ durch den zwischen zwei Kohlespitzen erzeugten Lichtbogen, dessen Spektrum eine Reihe heller Linien auf dem kontinuierlichen Spektrum zeigte, ein konzentriertes Bündel Sonnenlicht gehen und fand die vorher helle *D*-Linie nun schwarz; sein Schluß lautet: Ainsi l'arc offre un milieu qui émet pour un propre compte les rayons D et qui, en même temps, les absorbe lorsque ces rayons viennent d'ailleurs[9]). Er hat also das allgemeine Gesetz nicht erkannt. Das taten KIRCHHOFF und BUNSEN[10]). Sie erzeugten das Spektrum des DRUMMONDschen (1797—1840) Kalklichtes[11]) mit der intensiven, doppelten *D*-Linie. In den Strahlengang dieses Lichtes stellten sie dann eine Weingeistlampe mit Kochsalzlösung, da wurden die *D*-Linien schwarz. Nahmen sie statt Kochsalz ein Lithiumsalz, so wurde die rote Linie schwarz; daraus zogen sie das Gesetz: Für alle Lichtschwingungen ist bei allen Körpern bei gleicher Temperatur das Emissionsvermögen gleich dem Absorptions-

---

[1]) Phil. Mag. (3) Bd. 4, S. 114. 1834.   [2]) Phil. Mag. (3) Bd. 7, S. 229. 1835.
[3]) Pogg. Ann. Bd. 94, S. 141. 1855.
[4]) Über das geschichtete elektrische Licht, Berlin 1858.
[5]) Pogg. Ann. Bd. 103, S. 88. 1858.
[6]) Phil. Mag. (3) Bd. 2, S. 381. 1833; Bd. 27, S. 81. 1845.
[7]) Pogg. Ann. Bd. 38, S. 61. 1836.
[8]) Ann. chim. phys. (4) Bd. 23, S. 274; Bd. 24, S. 215. 1871.
[9]) Bull. de la soc. philom. 1849, 7. Februar.   [10]) Berl. Ber. 1859, S. 662.
[11]) Pogg. Ann. Bd. 9, S. 170. 1827; Bd. 40, S. 547. 1837.

vermögen[1]). Nun wandten sie diesen Satz an auf die chemische Analyse, sie ermöglichte ihnen die Entdeckung des Rubidiums und Cäsiums[2]). Die große Fruchtbarkeit dieser Entdeckung ist bekannt, ich kann sie hier nicht im Einzelnen verfolgen, ebensowenig die Zurückweisung unberechtigter Prioritätsansprüche durch KIRCHHOFF[3]).

Die Abhängigkeit der Farbe der vom erhitzten Körper emittierten Strahlen von der Temperatur hatte DRAPER schon untersucht und gefunden, daß Kalk, Marmor, Kohle usw. bei gleicher Temperatur rote bis weiße Strahlen aussenden[4]). KIRCHHOFF sprach den Satz allgemein aus, daß alle Körper bei allmählicher Erwärmung bei ein und derselben Temperatur Strahlen gleicher Farbe aussenden[5]).

Schon FRAUNHOFER hatte neben den Linien im Spektrum auch Banden unterschieden; diesen Unterschied stellten PLÜCKER und HITTORF (1824—1914) in einer gemeinschaftlichen Untersuchung fest[6]) im Spektrum des Stickstoffs. Über diese Differenz ist eine lange Diskussion geführt. WÜLLNER (1835—1908) hat in einer langen Reihe von Arbeiten sich bemüht zu zeigen, daß das Spektrum der Gase nicht nur vom Druck abhänge, sondern daß der Absorptionskoeffizient für verschiedene Wellenlängen eine verschiedene Funktion der Temperatur sei und daß die Dicke der Gasschicht gerade so wirke wie die Dichte[7]). Je nach diesen Unterschieden sollten dann Linien- oder Bandenspektren auftreten. Aus der Zahl der Entgegnungen hebe ich nur die Meinung ÅNGSTRÖMS und SCHUSTERS hervor, daß reine Gase nur Linienspektren, unreine dagegen Bandenspektren aussenden[8]). Demgegenüber zeigte GOLDSTEIN, daß die Banden aus dem Spektrum verschwinden, sobald die Moleküle dissoziiert sind, daß man also das KIRCHHOFFsche Gesetz nur beziehen dürfe auf Gase mit gleichbleibenden Molekülen[9]). Eine vergleichende Darstellung der beiden Theorien gibt KAYSER[10]) und begründet die moderne Anschauung.

Um das Spektrum auch über das Violett hinaus beobachten zu können, kam JOH. MÜLLER (Freiburg) (1809—1875) auf den Gedanken, das Spektrum zu photographieren[11]). Dabei fand nun MASCART (1837—1908), daß das Spektrum des Chlornatriums außer der Dublette D noch sechs solche Dubletten habe, und das Tripel des Mg sah er dreimal[12]). Nun wurde verschiedentlich versucht, Gesetzmäßigkeiten in der Verteilung der Linien im Spektrum eines Stoffes festzustellen. Doch erst BALMER, angeregt durch HAGENBACH (1833—1910), untersuchte das Spektrum des H genauer[13]). ÅNGSTRÖM hatte für H die vier Linien H_α bis H_δ festgelegt. BALMER fand, daß diese einer Gleichung $H = \dfrac{h\,m^2}{(m^2 - n^2)}$ genügen, wo für m die Zahlen 3, 4, 5 oder 6, für $n = 2$ und für $h = 3645,6 \cdot 10^{-2}$ zu setzen ist. Dann gab die Gleichung die Wellenlängen mit einem Fehler $< {}^1/_{40\,000}$. Er fand bei weiterer Ausdehnung, daß seine Formel auch die Linien, welche VOGEL gemessen hatte, richtig gab und ebenso die von HUGGINS im Ultraviolett gemessenen Linien weißer Sterne enthielt. Diese Balmerserie wurde von DESLANDRES bestätigt und auf die fünf von ihm gemessenen H-Linien der Protuberanzen ausgedehnt[14]). RYDBERG suchte nun nach einer gleichen

[1]) Pogg. Ann. Bd. 109, S. 275. 1860.
[2]) Pogg. Ann. Bd. 110, S. 161. 1860; Bd. 1, 13, S. 339. 1861.
[3]) Pogg. Ann. Bd. 118, S. 94. 1862.   [4]) Phil. Mag. Bd. 30. 1847.
[5]) Pogg. Ann. Bd. 109, S. 293. 1860.   [6]) Phil. Trans. 1865, S. 1.
[7]) Pogg. Ann. Bd. 137, S. 337. 1869, bis Wied. Ann. Bd. 8, S. 593. 1879.
[8]) Pogg. Ann. Bd. 147, S. 107. 1872.   [9]) Pogg. Ann. Bd. 154, S. 129. 1875.
[10]) Wied. Ann. Bd. 42, S. 310. 1891.   [11]) Pogg. Ann. Bd. 97, S. 135. 1856.
[12]) Journ. de l'inst. 1863, 27. Mai; C. R. Bd. 69, S. 337. 1869.
[13]) Wied. Ann. Bd. 25, S. 80. 1885.   [14]) C. R. Bd. 115, S. 222. 1892.

Gesetzmäßigkeit für die Linien des Thalliums und Quecksilbers[1]). Er fand, daß die Linien einer Formel $n = n_0 - N_0 (m + \mu)^{-2}$ genügen, wo m die Ordnungszahl der Gruppe, N_0 allgemein gleich 109721,6 und n_0 und μ für jede Serie Konstante sind. Inzwischen hatten KAYSER und RUNGE die Untersuchung des Spektrums aufgenommen[2]). Statt der in der BALMERschen Formel gebrauchten Wellenlänge nahmen sie die Schwingungszahl, also λ^{-1}, dann schreibt sich die BALMERsche Formel $\lambda^{-1} = A + B\,m^{-2}$. Sie fügen ein ferneres Glied an, so daß sie nach der Formel $\lambda^{-1} = A + B\,m^{-2} + C\,m^{-4}$ rechnen, und messen zuerst die Alkaliengruppe, deren Spektrum durch ein ROWLANDsches Konkavgitter hergestellt ist, wo dies Spektrum von 690 bis 200 mμ photographiert ist. Sie unterscheiden Hauptserien, bei welchen die Linien scharf erscheinen und für das Element charakteristisch sind, und Nebenserien, wo die Linien unscharf und verbreitert erscheinen. Es zeigt sich ein Unterschied bei den Linien zwischen dem Funkenspektrum und Bogenspektrum. Auch die zweite Gruppe MENDELEJEFFS läßt mit Ausnahme des Bariums Serien feststellen. Ebenso bei Cu und Ag, dagegen nicht bei Au. Die beiden ersten Gruppen der MENDELE-JEFFschen Tabelle ordnen sich in vier Gruppen, welche eine gewisse Verwandtschaft spektralanalytisch besitzen. Eine zusammenhängende Gruppe bilden Aluminium, Indium und Thallium, bei welchen die Schwingungsdifferenzen annähernd wie die Quadrate der Atomgewichte wachsen. Eine Ausdehnung in das Ultrarot durch Bolometeruntersuchung gab SNOW und fand für Lithium, Natrium und Cäsium eine angenäherte Übereinstimmung mit der Formel von KAYSER und RUNGE[3]). Die späteren Untersuchungen haben die Unterscheidungen von Haupt- und Nebenserien bestätigt.

Neben dieser außerordentlichen Entwicklung der Spektraluntersuchung ist die Vervollkommnung der optischen Instrumente nicht zurückgeblieben. Durch die GAUSSsche Dioptrik waren praktisch die Hauptpunkte in die Berechnung von Linsensystemen eingeführt, diesen hatte LISTING die Knotenpunkte zugefügt, die dann eine bedeutende Rolle bei der Erforschung des Auges spielten. Aber besonders war durch GAUSS die mathematische Aufgabe angezeigt, die genaue Abbildung einer Fläche auf eine andere zu leisten. So wurde eine Reihe von Arbeiten auf rein geometrischer Basis über die dioptrischen Instrumente veröffentlicht. Aus der großen Reihe hebe ich nur hervor die Arbeit von MÖBIUS (1790—1868), welcher die Kollineationsverwandtschaft dabei begründete[4]) und von MAXWELL, der eine zusammenfassende Ableitung der Gesetze optischer Instrumente bot[5]), endlich die Arbeit von THIESSEN, der bei der Theorie der optischen Abbildung den Begriff des vollkommenen Diopters einführte[6]). Doch nicht durch theoretische Untersuchungen allein wird die Physik weitergebracht, sie muß mit der experimentellen Forschung eng verbunden sein. Eine solche Verbindung stellt die Lebensarbeit von ERNST ABBE (1840—1905) dar. Eine lange Reihe von Arbeiten in CARLS Repertorium und in den Berichten der Jenaer Gesellschaft für Medizin und Naturwissenschaften gibt die Theorie der Blenden, des Aplanatismus, der Achromasie, der Lichtstärke und in der Zeitschrift für wissenschaftliche Mikroskopie von 1888 bis 1899 die Entwicklung des Mikroskops bis zu der Vollkommenheit, wie wir

---

[1]) C. R. Bd. 110, S. 394. 1890; Konigl. Svensk. Vetensk. Acad. Handl. Bd. 23, Nr. 11. 1890; Wied. Ann. Bd. 50, S. 625. 1893.
[2]) Wied. Ann. Bd. 41, S. 302. 1890; Bd. 43, S. 385. 1891; Bd. 46, S. 225. 1892; Bd. 48, S. 126. 1893. Die erste Mitteilung von RUNGE, Rep. Brit. Ass. 1888, S. 576. Die ausführlichen Abhandlungen sind in den Abhandlgn. d. Berl. Akad. 1890—1893 erschienen.
[3]) Wied. Ann. Bd. 47, S. 208. 1892.
[4]) Leipziger Ber. 1855.   [5]) Quart. Journ. Math. 1858.
[6]) Berl. Ber. 1890, S. 799; Wied. Ann. Bd. 45, S. 821. 1892.

sie jetzt haben. Die Fortschritte dieser Ausbildung der optischen Instrumente bis 1893 hat ABBES Mitarbeiter CZAPSKI zusammenfassend dargestellt[1]), und auf Grund der theoretischen Untersuchungen wurde von ABBE dann die praktische Ausführung so sorgfältig geleistet, daß das Jenaer Glas und die Jenaer Instrumente die ganze Welt eroberten. Wenn ABBE schließlich erklärt, ein vollkommenes Diopter sei unmöglich[2]), so ist doch das Mögliche von ihm geleistet. Man kann also nicht alle Fehler gleichzeitig völlig beseitigen, aber einzelne, und die Gesamtheit auf ein Minimum bringen, so daß sie praktisch nicht mehr stören.

Neben den Dioptern haben auch die Polarisationsapparate eine erhebliche Vervollkommnung erfahren und dadurch die Möglichkeit gegeben, das polarisierte Licht in Kristallen genauer zu untersuchen. Ein vielverwendbarer Apparat ist der Babinetsche Kompensator aus zwei Quarzplatten, deren Hauptschnitte senkrecht zueinander stehen und deren Flächen der Kristallachse parallel sind. Die keilförmig aufeinanderliegenden Platten können gegeneinander verschoben werden, so daß jede Art der Polarisation erreicht werden kann, indem die Achsen der Ellipsen geändert werden[3]). Dieser Kompensator kann mit jedem Polarisationsapparat verbunden werden, so verband BRAVAIS (1811 bis 1863) mit dem Kompensator einen FRESNELschen Kalkspat[4]) und untersuchte damit die elliptische Polarisation. Sehr ausgedehnt sind die Untersuchungen JAMINS (1818—1886) über die Polarisation in Kristallen, wobei er sich durchweg des BABINETschen Apparates bediente und dessen Zuverlässigkeit bewährte[5]). Der Polarisationsapparat DOVES wurde dadurch verbessert, daß er statt des oberen Nicols ein rechteckiges Kalkspatprisma als Polarisator anwandte, dessen eine Kathetenfläche parallel zur Kristallachse geschnitten war; durch diese Fläche ließ er den Lichtstrahl eintreten und an der Hypotenusenfläche total reflektieren[6]). Einen sehr empfindlichen Kompensator für zirkular polarisiertes Licht konstruierte SOLEIL (1798—1878), indem er die von ARAGO entdeckte Eigenschaft des Quarzes rechts oder links drehend zu sein, für polarisiertes Licht benutzt. Er zerschnitt[7]) eine linksdrehende Quarzplatte in der Diagonalebene und legte die beiden Teile verschiebbar wieder aufeinander, ebenso verfuhr er mit einer rechtsdrehenden Platte von gleicher Dicke. Legte er alle aufeinander, so kompensierten sich die beiden Platten vollständig. Durch Verschieben eines Keiles kann dann die Dicke der links- oder rechtsdrehenden Platte geändert und so jeder beliebige Grad von „Rotationskraft" hergestellt werden. Eine ganz ähnliche Apparatur wandte auf VOIGTS Anregung HECHT an, um die elliptische Polarisation zu untersuchen[8]). Daß unter einem spitzen Winkel zur Achse des Quarzes geschnittene Platten elliptische Polarisation liefern, hatte schon FRESNEL festgestellt. JAMIN hatte das Verhältnis der Achsen dieser Ellipsen zuerst berechnet[9]) und CAUCHY hatte gleichzeitig eine Theorie der elliptischen Polarisation aufgestellt[10]), welche von v. LANG etwas abgeändert und verbessert war[11]). Dem stellte VOIGT eine andere Theorie gegenüber, die ein anderes Verhältnis der Achsen ergab. Dies zu messen war die Aufgabe HECHTS und seine Resultate gaben gute Übereinstimmung mit der Theorie des Lichtes von VOIGT[12]).

---

[1]) Theorie der optischen Instrumente, 1893.   [2]) Carls Repert. Bd. 16, S. 106. 1899.
[3]) C. R. Bd. 29, S. 514. 1849.   [4]) Ann. chim. phys. (3) Bd. 43, S. 129. 1855.
[5]) Ann. chim. phys. (3) Bd. 29. 1850; Pogg. Ann. Bd. 127, S. 212. 1866, bis Wied. Ann. Bd. 22, S. 232. 1884.
[6]) Pogg. Ann. Bd. 122, S. 18 u. 456. 1864.   [7]) C. R. Bd. 21, S. 426. 1845.
[8]) Wied. Ann. Bd. 20, S. 426. 1883.   [9]) Ann. chim. phys. (3) Bd. 30, S. 51. 1850.
[10]) Ann. chim. phys. (3) Bd. 30, S. 68. 1850.   [11]) Pogg. Ann. Erg.-Bd. 8, S. 622. 1878.
[12]) Wied. Ann. Bd. 19, S. 873. 1883; Bd. 23, S. 194. 1885.

Die drehende Kraft der Kristallplatten bezieht sich nicht nur auf die sichtbaren Lichtstrahlen, sondern auch auf die Wärmestrahlen, das zeigten DE LA PROVOSTAYE und DESAINS bei einer ganzen Reihe von drehenden Substanzen unter Anwendung ultraroter Strahlen[1], besonders DESAINS hat dies weiter verfolgt und den alten HERSCHELschen Gedanken bewährt, daß molekulare Unsymmetrie des Mediums für die Drehung entscheidend ist[2].

Für die drehende Kraft von Lösungen (Zucker) ward die Untersuchung wesentlich gefördert durch die Verbesserung der Saccharimeter von MITSCHERLICH, wo auf völlige Dunkelheit einzustellen war, und daher nur ungenaue Resultate erzielt werden konnten. SOLEIL ließ daher das Licht hinter dem vorderen Nicol erst durch eine Quarzplattenkombination von rechts- und linksdrehendem Quarz gehen; die beiden Hälften sind bei parallelen oder gekreuzten Polarisationsebenen gleichgefärbt, dann geht das Licht durch die Röhre mit der Lösung, um im Okularteil zunächst eine rechtsdrehende Bergkristallplatte und dann zwei linksdrehende Quarzkeile zu passieren. Diese können mit einer Mikrometerschraube zu jeder beliebig dicken Schicht verschoben werden, und hinter diesen Quarzkeilen geht das Licht wieder durch ein Nicol. Der Apparat arbeitet mit weißem Licht am genauesten, da es darauf ankommt, gleiche Färbung der beiden Hälften des Gesichtsfeldes herzustellen, bei homogenem Licht würde die Intensität zu beurteilen sein[3]. Bequemer und mindestens gleich empfindlich ist das Polaristrobometer von WILD. Zunächst ist das vordere Nicol drehbar mit Ablesung an Kreisteilung, dann geht das Licht durch die Röhre und findet darauf ein SAVARTsches Interferenz-Kalkspat-Plattenpaar, hinter diesem liegt ein GALILEIsches Fernrohr mit einem letzten Nicol. Die Kalkspatplatten geben ein weißes Feld, wenn der Hauptschnitt der ersten Platte mit der Polarisationsebene des vorderen Nicol den Winkel $0°$ oder $90°$ bildet, sonst sind in dem Felde Interferenzstreifen zu sehen. Die Genauigkeit dieses Apparates wird bei Noniusablesung auf $0,03°$ angegeben und ist auch von späteren Konstruktionen kaum übertroffen[4]. Der Apparat kann natürlich für alle möglichen Lösungen benutzt werden.

Daß die molekulare Anordnung entscheidend bei dieser Drehung wirkt, zeigt sich besonders durch die vielen Substanzen, welche als Kristall keine Drehung erzeugen, wohl aber in Lösung, und die, bei welchen es umgekehrt ist[5].

Da schon von FIZEAU (1819—1896) der Einfluß der Temperatur auf die Doppelbrechung festgestellt war, und zwar so, daß bei Temperaturerhöhung die Doppelbrechung vermindert wird, war es selbstverständlich, daß auch die Drehung der Polarisationsebene von der Temperatur beeinflußt wird, nur ist die Art, wie dies geschieht, bei den untersuchten Körpern sehr verschieden[6].

Bei allen diesen Apparaten ist das Auge schließlich der entscheidende Faktor, besonders bei denen, wo es sich um Farben handelt. Daß dasselbe nur drei Grundfarben rot, grün, violett empfinde, hatte YOUNG schon auseinandergesetzt. HELMHOLTZ nahm diese Theorie wieder auf und benutzte die Erscheinung der farbigen „Nachbilder", um das Zustandekommen der Farbenempfindung zu begründen, doch ist die weitere Ausführung wesentlich von physiologischem Interesse, ich verweise darum auf sein klassisches „Handbuch der physiologischen Optik". Physikalisch will v. BEZOLD (1837—1907) die Wirkungen der Nachbilder erklären, indem er meint, daß auf der Retina drei Sub-

---

[1] Ann. chim. phys. (3) Bd. 30, S. 267. 1850.

[2] C. R. Bd. 62, S. 1277. 1866; Leçons de Phys. Bd. II. 1865.

[3] C. R. Bd. 21, S. 426. 1845; Bd. 24, S. 973. 1847.

[4] Pogg. Ann. Bd. 122, S. 626. 1864.   [5] C. R. Bd. 44, S. 876 u. 909. 1857.

[6] C. R. Bd. 109, S. 264. 1889.

stanzen vorhanden sind, die durch das Licht zersetzt werden und zur Erholung verschieden lange Zeit brauchen[1]). Daß die aus homogenen Farben des Spektrums hergestellten Mischfarben wesentlich andere Gesetze haben als die aus Pigmentfarben zusammengesetzten Mischfarben, hat ALBERT auseinandergesetzt[2]).

Eine wesentliche Vervollkommnung erfuhr die Untersuchung der Dispersion. Bisher waren die Spektraluntersuchungen immer so ausgeführt, daß man die einzelnen Teile: Spalt, Linse, Prisma, Fernrohr, einzeln aufbaute. Das erste kompendiöse Spektrometer wurde von MEYERSTEIN gebaut[3]), doch war das Fernrohr fest mit dem Prisma verbunden in senkrechter Richtung auf die Ausgangsfläche desselben, erst 1861 gab er ihm die heute übliche Form, so daß das Prisma in Minimumstellung stand[4]). Von großem Wert waren die Konstruktionen der Gradsichtprismen, die AMICI (1786—1863) etwa 1860 berechnet und konstruiert hat[5]). Dieselben sind von HOFFMANN in Paris dann in den Handel gebracht[6]). Zuerst hatte AMICI nur drei Prismen, ein Flintglas- und zwei Kronglasprismen zusammengesetzt, aber alsbald diese Prismen à vision directe mit fünf Prismen hergestellt. Sie waren für astrophysikalische Untersuchungen gedacht. Doch wollte es HUGGINS (1824—1911) so wenig wie MAXWELL gelingen, die nach dem DOPPLERschen Prinzip zu fordernde Verschiebung der Spektrallinie bei bewegten Fixsternen zu finden[7]). Da legte ZÖLLNER (1834—1882) zwei AMICIsche Prismen umgekehrt nebeneinander, so daß die Spektren in umgekehrter Ordnung übereinanderlagen. Durch eine Verschiebung der Linsenhälften, durch welche das Licht in die Prismen gelangte, konnten entsprechende Linien zur Deckung gebracht werden, und nun war die geringste Verschiebung meßbar[8]).

Neben den homogenen Glasprismen wurden durch RUTHERFURD auch Hohlprismen mit Schwefelkohlenstoff angewandt[9]). Als LEROUX nun ein solches Prisma mit Joddampf füllte, fand er die roten Strahlen mehr abgelenkt als die violetten[10]). Das war die erste Beobachtung der anomalen Dispersion. CHRISTIANSEN (1843—1917) entdeckte die anomale Dispersion des Fuchsin[11]), QUINCKE fand, daß bei Metallen der Brechungskoeffizient von dem Einfallswinkel abhängig sei[12]). Darauf untersuchte KUNDT eine Reihe von absorbierenden Medien und fand, daß alle Körper mit starker Absorption und Oberflächenfarben, die in Kristallform dichroitisch sind, anomale Dispersion zeigen[13]). Eine Theorie der anomalen Dispersion wollte SELLMEIER auf die Annahme gründen, daß die Moleküle der Körper durch die Ätherschwingungen selbst in Schwingungen versetzt werden und so Wechselwirkung entsteht, die er in die Formel kleidet $n^2 = A + B \cdot \lambda^{-2} + C \lambda^{-4}$ [14]). HELMHOLTZ dagegen will die Absorption dadurch erklären, daß die lebendige Kraft der Wellenbewegung zum Teil in Wärme verwandelt wird[15]). Nun stellte LOMMEL (1837—1899) eine Dispersionsformel auf, die wesentlich von der Fluoreszenz ausging[16]).

Diese Fluoreszenz war durch BREWSTER aus 50jährigem Schlaf wiedererweckt, und er zeigte sie an einer größeren Reihe von Körpern[17]). J. HERSCHEL gab der Erscheinung den Namen „epipolische Dispersion"[18]). Als

---

[1]) Wied. Ann. Bd. 26, S. 390. 1885.   [2]) Wied. Ann. Bd. 16, S. 129. 1882.
[3]) Pogg. Ann. Bd. 98, S. 91. 1856.   [4]) Pogg. Ann. Bd. 114, S. 140. 1861.
[5]) SCHELLEN, Die Spektralanalyse, 3. Aufl., Bd. II, S. 142.
[6]) JANSSEN, C. R. Bd. 54, S. 1280. 1862.   [7]) Phil. Trans. Bd. 158, S. 532 u. 535. 1868.
[8]) Pogg. Ann. Bd. 138, S. 32. 1869.   [9]) Sill. Journ. Bd. 39, S. 129. 1865.
[10]) C. R. Bd. 55, S. 126. 1862.   [11]) Pogg. Ann. Bd. 141, S. 479. 1870.
[12]) Pogg. Ann. Bd. 119, S. 599. 1863.
[13]) Pogg. Ann. Bd. 142, S. 163. 1871, bis Jub. S. 615. 1874.
[14]) Pogg. Ann. Bd. 143, S. 272. 1871, bis Bd. 157, S. 525. 1876.
[15]) Pogg. Ann. Bd. 154, S. 582. 1875.   [16]) Wied. Ann. Bd. 3, S. 113, 251 u. 339. 1878.
[17]) Trans. Edinbg. Roy. Soc. Bd. 12, S. 542. 1846.   [18]) Phil. Trans. 1845, S. 143.

nun Stokes (1819—1903), vom Flußspat ausgehend, die Erscheinung genauer untersuchte, nannte er sie Fluoreszenz und erregte dieselbe mit den Strahlen des Spektrums[1]. Sein Resultat lautete: In dem Fluoreszenzlicht ist die Brechbarkeit kleiner als in dem die Fluoreszenz erzeugenden Licht. Aber Lommel fand eine Reihe von Ausnahmen von dieser Regel[2]. Darauf baute er seine Theorie der Absorption und Fluoreszenz auf. Die Absorption ist eine Art Resonanzerscheinung, so daß die so verändert schwingenden Atome das Fluoreszenzlicht aussenden. Mit dieser Methode erklärt er denn auch die normale und anomale Dispersion[3]. Helmholtz dagegen faßte die Schwingung des Äthers und die der Atome als ein gekoppeltes System auf und leitete so eine Dispersionsgleichung ab, die außerordentlich weitläufig war mit vier Konstanten[4]. Da zeigte Lommel, daß man tatsächlich mit einer Näherungsformel mit zwei Konstanten auskommen kann[5]. Auch Ketteler (1836—1900) hatte sich schon seit 1870 mit der Dispersion beschäftigt und nachgewiesen, daß die bis dahin vorhandenen Theorien von Cauchy, Christoffel und Biot den wirklichen Verhältnissen nicht genügen; er stellte daher eine eigene Dispersionstheorie auf, bei welcher er zunächst die anomale Dispersion nicht berücksichtigt hatte. Nachdem durch die Versuche über Fluoreszenz die anomale Dispersion solche Bedeutung erlangt hatte, erweiterte er seine Theorie, um auch diese Erscheinungen zu umfassen[6]. Ketteler hatte auch die Arbeiten über die Dispersion in der Luft, die seit langer Zeit geruht hatten, wieder aufgenommen und für die Linien Fraunhofers die Brechungsindizes auf drei Stellen genau bestimmt mit Hilfe des Jaminschen Interferenzialrefraktometers[7]. Nach dieser Methode haben mehrere Forscher gearbeitet, bis Kayser und Runge für die Linien von A bis U die Brechung in Luft mit dem Rowlandschen Gitter bestimmten. Die Cauchysche Formel genügte den Ergebnissen nicht, es wurde nötig, ein drittes Glied anzufügen[8]. Die Dispersion auch auf den ultraroten Teil des Spektrums auszudehnen, waren einzelne Versuche von Mouton 1879 und Langley 1884 vorgenommen, doch erst Rubens (1865—1922) arbeitete eine Methode für die ultraroten Strahlen aus, die für viele späteren Arbeiten grundlegend geworden ist[9].

Der früher mehr beachtete Zwillingsbruder der Fluoreszenz, die Phosphoreszenz, wollte Stokes (l. c.) dadurch von der Fluoreszenz unterscheiden, daß letztere nur während der Bestrahlung, erstere nach der Bestrahlung vorhanden sei, allein aus den gleich zu besprechenden Untersuchungen E. Becquerels ergab sich, daß auch Fluoreszenzlicht nachleuchte. Ebenso erwies sich die Meinung, daß die Phosphoreszenz durch Erwärmung entstehe, als irrtümlich, Kirchhoff zeigte schon, daß nicht die Wärme, sondern eine Veränderung im Körper die Phosphoreszenz bedinge[10]. Dann hat in einer langen Reihe von eingehenden Untersuchungen Edm. Becquerel die Phosphoreszenz bearbeitet und die Ergebnisse in einem Werke zusammengestellt[11]. Er untersucht das Nachleuchten. Ist i_0 die Intensität des Lichtes unmittelbar nach der Belichtung, so ist sie nach der Zeit t gegeben durch die Beziehung $i_t = i_0 \cdot e^{-at}$, wo a eine dem Körper eigentümliche Konstante ist. Wohl zeigt sich eine Abhängigkeit von der Temperatur, doch nur in bezug auf die Farbe des Phosphoreszenzlichtes. Das Gesetz über das Abklingen hat sich nur bei solchen Phosphoren bewährt, die in kurzer Zeit erlöschen. Dehnt sich die Lichtabgabe auf mehrere Stunden

---

[1] Phil. Trans. 1852, S. 463.
[2] Pogg. Ann. Bd. 143, S. 30. 1871, bis Wied. Ann. Bd. 3, S. 113. 1878.
[3] Wied. Ann. Bd. 3, S. 251 u. 339. 1878.   [4] Pogg. Ann. Bd. 154, S. 582. 1875.
[5] Wied. Ann. Bd. 8, S. 628. 1880.   [6] Wied. Ann. Bd. 7, S. 608. 1880.
[7] Pogg. Ann. Bd. 124, S. 390. 1865.   [8] Wied. Ann. Bd. 50, S. 293. 1893.
[9] Wied. Ann. Bd. 45, S. 238. 1892.   [10] Abhandlgn. d. Berl. Akad. 1861, S. 38.
[11] La lumière, sa cause et ses effets, 1867/68.

aus, so versagt die Formel vollständig. Von Bedeutung für die folgenden Untersuchungen war die Konstruktion seines Phosphoroskops (S. 249), welches von E. WIEDEMANN noch eine Verbesserung erfuhr (s. unten). Daß auch Gase phosphoreszieren, ist erst durch die Beobachtungen von HITTORF (1824—1914) mit GEISSLERschen Röhren nachgewiesen und nach Bedingung des Erscheinens und der Stärke in einer Reihe von Arbeiten ausführlich untersucht. Dabei hat sich wieder gezeigt, daß die Wärme nicht Veranlasserin der Phosphoreszenz ist[1]). Darum hatte E. WIEDEMANN sehr recht, wenn er betonte, man müsse Lumineszenz durchaus von der Temperaturstrahlung trennen, und er unterscheidet die verschiedenen Formen der Lumineszenz nach ihrer Erregung, z. B. Photolumineszenz, Elektrolumineszenz usw.[2]). Daß auch die ultraroten Strahlen Phosphoreszenz erregen können, nicht nur die violetten und ultravioletten, wie man früher nach GROTTHUSS annahm, hat LOMMEL nachgewiesen[3]), und in dem gleichen Jahre zeigte HENRI BECQUEREL, daß die im Phosphoreszenzspektrum auftretenden Banden Absorptionsstreifen sind[4]).

Die Phosphoreszenz war früher in enge Beziehung zur chemischen Wirkung des Lichtes gesetzt, aber diese selbst war sehr wenig geklärt. BUNSEN und ROSCOE untersuchten dieselbe zunächst an der Mischung von H und Cl. Die Menge der entstehenden Salzsäure in der Zeiteinheit ist nicht konstant, sie wächst erst bis sie einen konstanten Wert erhält. Die Schnelligkeit dieses Anstieges hängt ab von der Intensität des Lichtes und ist umgekehrt proportional der Masse des Gases. BUNSEN glaubt, daß das Gasgemisch dem Eintritt der Reaktion Widerstand entgegensetzt, der durch das Licht überwunden wird. Den Prozeß nennt er photochemische Induktion[5]). Diese Induktion findet er auch bei photographischen Prozessen. Die Extinktion der chemischen Strahlen ist der Intensität proportional und hängt ab von der Substanz, daher gibt er für die lichtempfindlichen Körper Extinktionskoeffizienten[6]) an. Doch zeigt sich, daß auch die Lichtstrahlen sehr verschiedene Fähigkeit für die Extinktion haben. Auf diese Resultate gründet BUNSEN sein chemisches Photometer, mit welchem er das Spektrum ganz durchmißt. Er findet ein erstes Maximum zwischen der G- und H-Linie in etwa $1/_3$ Abstand von G; und ein zweites Maximum bei J. Wegen dieser Ungleichheit war es schwierig, das ganze Spektrum zu photographieren. Da entdeckte BECQUEREL, daß eine Daguerre-Platte, wenn sie nur kurze Zeit mit weißem Licht belichtet war, ohne daß ein Bild entstand, nun die Fähigkeit besaß, das ganze Spektrum aufzunehmen[7]). Dabei machte er weiter die Beobachtung, daß, wenn in schwach saurem Wasser zwei mit Chlorsilber überzogene Platten als Elektroden hingen, sobald eine der Platten belichtet wurde, ein Strom von der belichteten zur unbelichteten ging (ib. S. 121). Darauf konstruierten BUNSEN und ROSCOE ihr Chlorsilberphotometer[8]), dem noch mehrere andere gefolgt sind. Aber bei allen Messungen hat sich BUNSENS Satz bestätigt, daß die Wertung eines Lichtstrahls als chemisch wirksam nur relativ zu verstehen ist, da es auf die Natur des belichteten Körpers ankommt, wieweit die Strahlen wirksam sind. Die BECQUERELsche Entdeckung war das erste Beispiel, daß man durch Sensibilisatoren Körper für die photochemischen Wirkungen empfänglich machen könne. Das zeigte VOGEL[9]); aber der allgemein von ihm ausgesprochene Satz, daß das Maximum der Absorption mit dem

---

[1]) Pogg. Ann. Bd. 136, S. 1. 1869, bis Wied. Ann. Bd. 7, S. 884. 1879.
[2]) Wied. Ann. Bd. 34, S. 446. 1888.   [3]) Wied. Ann. Bd. 20, S. 847. 1883.
[4]) C. R. Bd. 96, S. 121, 1215 u. 1853. 1883.
[5]) Pogg. Ann. Bd. 100, S. 43 u. 481. 1857.   [6]) Pogg. Ann. Bd. 101, S. 236. 1857.
[7]) La lumière, sa cause et ses effets, Bd. II, S. 75. 1867/68.
[8]) Pogg. Ann. Bd. 117, S. 529. 1862.   [9]) Pogg. Ann. Bd. 153, S. 219. 1874.

Maximum der Sensibilität zusammenfalle, hat sich nicht bewährt, sondern ersteres ist nach dem violetten Ende hin verschoben[1]).

Die Sensibilisatoren hingen mit der farbigen Photographie nahe zusammen. Die erste, wenn auch unvollkommene, Lösung zeigte Lippmann der Pariser Akademie 1891 an. Sie arbeitete mit stehenden Lichtwellen[2]). Diese waren von O. Wiener auf der Naturforscherversammlung 1884 zuerst gezeigt mit Benutzung einer Chlorsilber-Kollodiumhaut von äußerster Dünne. Er fand dabei auch, daß die chemischen Wirkungen des Lichtes durch die Schwingungen der elektrischen, nicht der magnetischen Kräfte bedingt sind[3]).

Während man sich früher damit begnügen konnte, ungefähr die Geschwindigkeit des Lichtes zu kennen, drängten die weiteren Entdeckungen dieser Periode zu einer exakten Messung der Lichtgeschwindigkeit, besonders wegen der Beziehung zur Elektrizität. Arago gab dazu schon die Anleitung mit der Absicht, damit eine Entscheidung über die Frage der Emissions- und Undulationstheorie zu finden, „er selbst könne diese Messung nicht mehr vornehmen, da seine Augen nicht mehr ausreichten"[4]). Zunächst konnte Fizeau (1819—1896) mit dem schnellrotierenden Zahnrad und Reflexion von einem ebenen Spiegel bei senkrechter Inzidenz und bei 8677 m Distanz aus gemessener Rotationsgeschwindigkeit und Breite der Zähne feststellen, daß das Licht einen Weg von 313274304 m in 1 Sekunde zurücklege[5]). Die zweite Frage Aragos nach dem Geschwindigkeitsunterschied in Luft und Wasser nahm Foucault (1819—1868) auf. Es war von Bessel vorgeschlagen, die Interferenz der beiden Strahlen zu messen. Damit konnte Foucault zunächst feststellen, daß das Licht in Wasser langsamer als in Luft gehe[6]). Dann benutzte er den rotierenden Spiegel, um Interferenz zwischen dem ursprünglichen und reflektierten Strahl zu messen, wo fünffache Reflexion an Konkavspiegeln mit einem Abstand von je 4 m stattgefunden hatte. Das Resultat war $c = 298000$ km für Luft[7]).

Beide Methoden sind wiederholt angewandt. Nach Fizeaus Art arbeitete Cornu, als Mittel aus mehr als 1000 Versuchen gab er $c = 298400$ km an[8]). Young und Forbes fanden nach derselben Methode $c = 301382$ km[9]). Nach Foucaults Methode maß Michelson $c = 299853$ km[10]), und ebenso Newcomb mit dem Resultat $c = 299860 \pm 30$ km[11]).

Schon Fresnel hatte die Frage aufgeworfen, ob es für die Lichtgeschwindigkeit gleichgültig sei, ob das Medium bewegt oder in Ruhe sei[12]). Nun versuchte Beer (1825—1863) aus den Fizeauschen Messungen die „Correption" abzuleiten, jedoch mit einem zweifelhaften Resultat[13]). Fizeau wollte die Frage experimentell lösen, indem er das Licht einmal in der Richtung des fließenden Wassers und dann entgegen dem fließenden Wasser gehen ließ und beide Strahlen zur Interferenz brachte[14]). Sein Resultat war: der Äther wird von dem Medium mitgeführt. Die Wichtigkeit der Frage veranlaßte Ketteler, die Untersuchung zu wiederholen; sein Resultat war dasselbe[15]). Mit der gleichen Methode wie Fizeau versuchten dann Michelson und Morley die Interferenz für bewegtes Wasser und bewegte Luft zu messen. Für Wasser kamen sie zu dem gleichen Resultat wie Fizeau, für Luft gelang die Messung nicht[16]).

---

[1]) Wied. Ann. Bd. 42, S. 131. 1891.　　　[2]) Wied. Ann. Bd. 46, S. 42. 1892.
[3]) Wied. Ann. Bd. 40, S. 203. 1890.
[4]) C. R. Bd. 7, S. 954. 1838; Bd. 30, S. 489. 1850.
[5]) C. R. Bd. 29, S. 90 u. 132. 1849.　　　[6]) C. R. Bd. 30, S. 551. 1850.
[7]) C. R. Bd. 55, S. 501 u. 792. 1862.　　　[8]) C. R. Bd. 76, S. 338. 1873.
[9]) Phil. Trans. 1882, S. 231.　　　[10]) Astron. Pap. Bd. I, S. 109. 1882.
[11]) Astron. Pap. Bd. II, T. 3 u. 4. 1885.　　　[12]) Oeuvres Bd. II, S. 627.
[13]) Pogg. Ann. Bd. 93, S. 213. 1854.　　　[14]) Ann. chim. phys. (3) Bd. 57, S. 385. 1859.
[15]) Pogg. Ann. Bd. 144, S. 369. 1871.　　　[16]) Sill. Journ. Bd. 31, S. 377. 1886.

Es standen sich in bezug auf die **Erdbewegung** die beiden Ansichten von YOUNG und STOKES gegenüber. YOUNG meinte, der Äther ruhe relativ zur Erde[1]), STOKES behauptete das Gegenteil[2]). Die Frage wollte MICHELSON entscheiden mit einer dem JAMINschen Interferenzapparat nachgebildeten Versuchsanordnung. Liegt der Weg des Lichtstrahls in der Richtung der Erddrehung, so müssen die Interferenzstreifen eine andere Lage haben, als wenn er senkrecht darauf steht. Aber er konnte keine Verschiebung der Interferenzstreifen feststellen und schließt daher, daß der Äther sich mit der Erde bewege[3]). Die Kritik von H. A. LORENTZ zeigte, daß dieser Versuch nicht ausschlaggebend sei[4]). Dadurch wurde MICHELSON veranlaßt, in Verbindung mit MORLEY die Versuche in großem Maßstabe zu wiederholen mit nahezu gleichem Erfolg wie 1881[5]). Demgegenüber stellte LORENTZ mit FITZGERALD fest[6]), daß sich aus einer allgemeinen **elektrodynamischen Theorie** der Schluß ergebe, daß die Maßstäbe sich verkürzen oder verlängern, je nachdem der Beobachter sich nähert oder entfernt. Wenn das aber der Fall sei, könne das Ergebnis der MICHELSONschen Versuche nichts beweisen. Die elektromagnetische Lichttheorie führte diese Frage weiter (s. unten).

Die Aufgabe der **Photometrie** war durch eine Göttinger Preisaufgabe von 1834 wieder neu angeregt, allerdings zunächst mit der ausdrücklichen Beschränkung auf astronomische Verwendung. Den Preis erhielt STEINHEIL. Das Prinzip des Photometers ist, daß das Objektiv durch Vertikalschnitt halbiert, von zwei Sternen durch Reflexion in jeder Hälfte beleuchtet, auf einen Schirm etwas hinter dem Brennpunkt der Linse zwei unmittelbar nebeneinanderliegende kleine erleuchtete Flächen erzeugt; durch Diaphragmen wird das hellere Licht so abgeschwächt, daß die beiden Flächen gleich hell erscheinen[7]). Nach diesem Prinzip sind die Photometer von BABINET[8]), BECQUEREL[9]), WOLF[10]) und CORNU[11]) gebaut, die sich nur durch die Art der Abschwächung des stärkeren Lichtes unterscheiden.

Das alte **Bouguersche Prinzip** der Schattenvergleichung wurde von POTTER dadurch verbessert, daß er die Schatten nicht direkt, sondern auf einem transparenten Schirm durchscheinend beobachtete[12]). Als solchen Schirm empfahl FOUCAULT zwei Glasplatten, welche eine dünne Schicht Stärkemehl einschlossen, und CROVA ersetzte dies Stärkemehl durch das Mehl von Runkelrübensamen[13]). Mit diesem Photometer ist jahrzehntelang in Paris offiziell die Gaslieferung kontrolliert.

Einer großen Reihe von Photometern gab das BUNSENsche die gemeinsame Grundlage. Ein **Stearinfleck** auf weißem Papier, von beiden Seiten gleichstark erleuchtet, verschwindet dem betrachtenden Auge[14]). Statt des Fettfleckes nimmt POUILLET eine Glasphotographie[15]). Bei den verschiedenen Konstruktionen nach diesem Prinzip handelt es sich darum, die Betrachtung des Fettflecks von beiden Seiten gleichzeitig ausführen zu können, was am einfachsten durch zwei symmetrische Spiegel, wie sie BUNSEN verwendete, zu erreichen ist. Mit diesem Apparat sind gute Resultate zu erzielen, wenn die Färbung beider Lichter identisch ist. ZÖLLNER machte darauf aufmerksam, daß diese Bedingung selten oder nie erfüllt ist, daß man also nur gleiche Spektralfarben bzw. gleiche Wellenlängen miteinander vergleichen könne[16]). Statt des BUNSENschen Fett-

---

[1]) Phil. Trans. 1804, S. 12.   [2]) Phil. Mag. Bd. 26, S. 9. 1845; Bd. 29, S. 6. 1846.
[3]) Sill. Journ. Bd. 21, S. 20. 1881.   [4]) Arch. Néerland. Bd. 21, S. 103. 1886.
[5]) Sill. Journ. Bd. 34, S. 333. 1887.   [6]) Arch. Néerland. Bd. 25, S. 363. 1892.
[7]) Pogg. Ann. Bd. 34, S. 646. 1835.   [8]) C. R. Bd. 37, S. 744. 1853.
[9]) Ann. chim. phys. Bd. 62, S. 14. 1861.   [10]) Journ. de phys. Bd. 1, S. 81. 1872.
[11]) Journ. de phys. Bd. 10, S. 189. 1881.   [12]) Edinbg. Journ. Bd. 3, S. 284. 1830.
[13]) Ann. chim. phys. Bd. 6, S. 342. 1835.   [14]) Pogg. Ann. Bd. 63, S. 578. 1844.
[15]) C. R. Bd. 35, S. 373. 1852.   [16]) Photometrie des Himmels 1861, S. 1.

flecks benutzt Joly zwei gleiche rechtwinklige Paraffinklötze, die durch eine Stanniolscheibe getrennt sind[1]). Die Beobachtung selbst geschieht genau wie bei Bunsen. Auch Lehmann benutzt nur diffuses Licht nach Totalreflexion in rechtwinkligen Glasprismen, aber durch Einfügung einer achromatischen Linse zur Beobachtung und durch Vertauschung der Prismen erreicht er eine große Empfindlichkeit[2]).

Sehr viel komplizierter sind die Photometer, welche den Aragoschen Gedanken verfolgen. Er benutzt die Tatsache, daß die beiden Strahlen eines Doppelspats gleiche Intensität haben, also jeder die Hälfte des ursprünglichen, damit kann man also halbe, viertel usw. Intensitäten erzeugen. Aber bequemer ist es, linear polarisiertes Licht in den Doppelspat eintreten zu lassen, dann hat man Lichtstrahlen von den Intensitäten $i \sin^2 \varphi$ oder $i \cos^2 \varphi$, wenn φ der Winkel des Hauptschnittes mit der Polarisationsebene ist, und durch die Wahl dieses Winkels hat man jede beliebige Abschwächung der Intensität in der Hand[3]). Nach diesem Prinzip arbeiten die Photometer von Beer[4]), Bernard[5]) und die drei Photometer von Wild (1833—1902), welche zuerst die Polarisation durch Spiegel, dann durch Nicol mit Savartschem Polariskop und endlich mit zwei Nicols herstellten[6]).

Daß auch die chemischen Wirkungen zur Photometrie herangezogen wurden, habe ich oben bei Becquerels Untersuchungen schon angedeutet. Er nannte den Apparat Aktinometer und wandte darin nicht Chlorsilber, sondern Jodsilber, welches er auf der Oberfläche von Silberplatten nach Daguerescher Methode erzeugte, an[7]). Ihm folgten auch mehrere, obwohl J. Ritter schon 1802 nachgewiesen hatte, daß damit keine Messung der Lichtstärke möglich sei. Ganz ähnlich liegt es bei dem Photometer von Dessendier, welches eine Selenzelle benutzt[8]), obwohl W. Siemens schon 1877 nachgewiesen hatte[9]), daß Selen für photometrische Messungen ungeeignet sei.

Als Crookes (1832—1919) seine bekannte Lichtmühle erfunden hatte, benutzte Zöllner diese, um sein Skalenphotometer zu konstruieren, wobei es ihm besonders darauf ankam, die Wärmestrahlen vollständig zu absorbieren. Bei diffusem Licht oder beim Licht der Fixsterne ist die Wärmestrahlung ohnehin so gering, daß dabei absorbierende Schichten nicht besonders nötig sind; er glaubt, wirklich mechanische Lichteinheiten mit dem Apparat zu erhalten[10]), und es ist dies das erste Photometer, welches die Beurteilung durch das Auge ausschließt.

Um den Zöllnerschen Vorschlag, zur Photometrie Strahlen gleicher Wellenlänge zu benutzen, zu genügen, konstruierte Vierordt (1818—1884) ein Photometer[11]) wo zwei Amicische Prismen gestatteten, die Helligkeit gleicher Linien des Spektrums zu vergleichen. Glan hat den Apparat wesentlich verbessert[12]). A. König erreichte 1885 durch ein Zwillingsprisma die Vergleichung gleicher Spektralgebiete in seinem Spektralphotometer[13]). Denselben Namen gaben Lummer und Brodhun ihrem Apparat, in welchem ein weißer Papierschirm, von beiden Seiten durch die beiden Lichtquellen beleuchtet, durch zwei seitliche Spiegel die Lichtstrahlen in den „Photometerwürfel" wirft. Dieser Würfel besteht aus zwei rechtwinkligen Prismen, die mit der Hypotenusenfläche an-

---

[1]) Proc. Dublin Soc. Bd. 4. 1885.   [2]) Wied. Ann. Bd. 49, S. 672. 1893.

[3]) Oeuvres Bd. X, S. 180.   [4]) Pogg. Ann. Bd. 86, S. 78. 1852.

[5]) C. R. Bd. 36, S. 728. 1853.

[6]) Pogg. Ann. Bd. 99, S. 235. 1856; Bd. 118, S. 193. 1863;   Bull. Petersb. Bd. 11, S. 743. 1883.   [7]) Pogg. Ann. Bd. 55, S. 588. 1842.

[8]) Lumière électr. Bd. 33, S. 407. 1899.   [9]) Wied. Ann. Bd. 2, S. 534. 1877.

[10]) Das Skalenphotometer 1879, S. 97.   [11]) Pogg. Ann. Bd. 137, S. 200. 1869.

[12]) Wied. Ann. Bd. 1, S. 351. 1877.   [13]) Wied. Ann. Bd. 53, S. 785. 1894.

einanderliegen, aber bei dem einen Prisma ist die Hypotenuse nicht eine Ebene, sondern ein Kreiszylinder, von welchem ein kleines Segment abgeschnitten ist[1]). Dann haben sie die berührende Segmentfläche noch mit einer eingeätzten Figur bedeckt, um die Kontrastfarben im Beleuchtungsrohr zu sehen[2]).

Um die Strahlung der Sonne und die Absorption der Atmosphäre zu bestimmen, hat K. Ångström (1857—1910) sein Pyrheliometer genanntes Instrument konstruiert, welches die Wärmestrahlung maß[3]). Damit untersuchte er die Strahlung verdünnter Gase, die durch die elektrische Entladung leuchtend gemacht wurden, und führte die Gesamtstrahlung auf absolutes Maß zurück, aber er findet auch, daß diese nicht reine Temperaturstrahlung ist, sondern zum großen Teil Lumineszenz[4]). Die absolute Messung der Strahlung erreichte Ångström durch sein Kompensationspyrheliometer[5]). Darin legte er zwei gleiche Platinplatten nebeneinander, die eine wurde geschwärzt, die andere blanke wurde durch einen galvanischen Strom geheizt. Ist die Temperatur in dem bestrahlten und dem geheizten Streifen gleich, so ist auch die Strahlungsenergie gleich der durch den Strom zugeführten Energie. Um die Lichtstrahlung allein zu haben, werden Alaunplatten vorgelegt, und Ångström zeigt, daß er mit diesem Apparat nun sehr genau die Energie jeder Strahlengattung aus dem Spektrum auf die elektrische zurückführen kann. Da letztere absolut gemessen wird, so hat er auch die Lichtstrahlung absolut gemessen. Zu gleicher Zeit hat Kurlbaum ebenfalls eine Methode, die Lichtenergie absolut zu bestimmen, erfunden. Er läßt einen Bolometerstreifen unbelichtet in einem Stromkreis mit der Intensität I_1 liegen, wo er den Widerstand R_1 findet; dann wird der Streifen belichtet, und sein Widerstand wird gleich R_2 gefunden; hört die Bestrahlung auf, so wird nun durch einen Strom I_2 wieder der Widerstand R_2 erreicht. Dann ist die durch die Strahlung erzeugte Wärmemenge gleich $(R_1 I_1 - R_2 I_2) C$, wo C die thermoelektrische Konstante des Streifens ist[6]). Auf den photoelektrischen Effekt gründeten Elster (1854—1920) und Geitel (1855—1923) ihr Photometer, welches nach verschiedenen Versuchen endlich die Form erhielt, daß in einem Wasserstoffvakuum ein Kaliumbelag hergestellt wird. Dieser gibt bei Belichtung starke negative Elektrizität ab, es entsteht so ein lichtelektrischer Strom, und die Stromstärke ist in weitem Maße der Beleuchtung proportional. Da jedoch der Photoeffekt von der Wellenlänge abhängig ist, arbeitet das Photometer nur für gleichartiges Licht zuverlässig, dann aber sehr genau. Am empfindlichsten ist es für ultraviolette Strahlen[7]).

Für die praktische Lichteinheit hatte der internationale Kongreß in Paris 1884 bekanntlich das Licht bestimmt, welches von einem Quadratzentimeter Oberfläche geschmolzenen Platins bei dessen Erstarrungstemperatur abgegeben wird[8]). Meines Wissens hat kein Mensch mit dieser Einheit gemessen. Siemens nahm statt dessen schmelzendes Platin[9]), aber auch damit sind wohl keine Messungen ausgeführt. Der Elektriker-Kongreß in Chicago kehrte 1893 zur Hefner-Alteneckschen Amylazetatlampe (1883) zurück.

27. Elektrizität und Äther. In der Elektrizitätslehre haben wir schon der Faradayschen Untersuchungen gedacht, die zum Teil ja in diese Periode herüberreichten. Eine große Förderung erfuhr die Untersuchung der statischen Elektrizität durch die Influenzmaschine, deren erster, höchst unvollkommener Versuch durch Belli 1831 völlig in Vergessenheit geraten war und erst wieder ausgegraben wurde, als die beiden Typen der Influenzmaschine gleich-

---

[1]) ZS. f. Instrkde. Bd. 9, S. 41. 1889.   [2]) ZS. f. Instrkde. Bd. 12, S. 132. 1892.
[3]) Wied. Ann. Bd. 39, S. 294. 1890.   [4]) Wied. Ann. Bd. 48, S. 493. 1893.
[5]) Wied. Ann. Bd. 67, S. 634. 1899.   [6]) ZS. f. Instrkde. Bd. 13, S. 122. 1893.
[7]) Wied. Ann. Bd. 48, S. 625. 1893.   [8]) Wied. Ann. Bd. 22, S. 616. 1884.
[9]) Wied. Ann. Bd. 22, S. 304. 1884.

zeitig bekanntgemacht waren, die bis heute noch wertvolle Dienste leisten, die von Töpler[1]) (1836—1912) und Holtz[2]) (1836—1913). Während die Töplersche Maschine Selbsterregung hatte, war die erste Holtzsche darauf angewiesen, zunächst eine kleine Ladung von außen zu bekommen. Das wurde bald beseitigt, und dann baute Holtz seine Maschine aus zu einer mit zwei im entgegengesetzten Sinne rotierenden Scheiben[3]). Die ursprünglich gebrauchten Glasscheiben ersetzte Schlösser durch Hartgummischeiben[4]). Es ist sehr bezeichnend, daß, als Wimshurst 1883 die Holtzsche Maschine von 1870 nachbaute, viele deutsche Physiker diese Maschine als ein Original betrachteten.

Wie die Erzeugung wurde auch die Messung der elektrischen Ladung vervollkommnet. Dellmann ließ von der Decke eines Glaszylinders an einem Kokonfaden einen dünnen horizontalen Metalldraht auf einem im isolierenden Boden des Gefäßes befestigten Bügel ruhen, der von unten her durch einen Draht geladen werden konnte. Nach der Ladung wird der Bügel des Bodens so weit gesenkt, daß der am Faden hängende Draht frei schwingen kann[5]). Dies Elektrometer ist, besonders in der von R. Kohlrausch (1809—1858) gegebenen Form mit Glasfaden und querstehendem Bügel[6]), recht zuverlässig, nur seine Empfindlichkeit ist nicht groß. Diese kann sehr gesteigert werden bei dem Quadrantelektrometer von W. Thomson[7]), das ganz nach dem Empfindlichkeitsbedürfnis eingerichtet werden kann. Es ist in zahlreichen Variationen beschrieben bis in die neueste Zeit. Die Theorie der Messung ist von Maxwell[8]) und Hallwachs (1859—1922) geliefert[9]).

Mit dem Dellmannschen Elektrometer stellte Hankel (1814—1899) seine ausgedehnten Untersuchungen über Kristallelektrizität an, die mit seiner Dissertation 1839 einsetzten und bis 1887 fortdauerten[10]). Er nannte die Pyroelektrizität Thermoelektrizität und will außer der Piezoelektrizität auch noch eine Aktinoelektrizität unterscheiden, die durch Bestrahlung des Kristalls hervorgerufen wird[11]). Hankel untersuchte so, daß er mit einer Probekugel von den Flächen des Kristalls Ladung entnahm. Dagegen bediente sich Kundt des Villarsyschen Pulvers[12]), und ihm sind viele andere Arbeiten gefolgt. Daß bei der Kristallelektrizität die Art der Erwärmung sowohl die Stärke wie die Verteilung der Ladung beeinflußt, hat Röntgen (1845—1923) am Quarz[13]) nachgewiesen, und im gleichen Jahre zeigten es Friedel und Curie[14]) an der Blende von Santander und am chlorsauren Kali.

Bei den bisher genannten Untersuchungen war es immer auf Einzeltatsachen und Oberflächenbelegungen angekommen. Wie aber dachte man sich den Zusammenhang zwischen Erwärmung und Abkühlung einerseits und der Elektrizitätserregung andererseits? Man konnte sich die Erscheinungen durch molekulare Polarisation zu erklären suchen, wie es z. B. W. Thomson tat[15]). Daß die dann dauernd vorhanden sein müssende Polarität der Kristalle nicht nachweisbar war, erklärte er durch oberflächliche Leitfähigkeit. In dieser Richtung liegen die Untersuchungen von Riecke (1845—1915), bei welchen auch die

[1]) Pogg. Ann. Bd. 125, S. 469. 1865.
[2]) Pogg. Ann. Bd. 126, S. 157. 1865; Bd. 127, S. 320. 1866.
[3]) Pogg. Ann. Bd. 130, S. 133. 1867; Bd. 141, S. 185. 1870; Bd. 145, S. 1. 1872.
[4]) Pogg. Ann. Bd. 156, S. 496. 1875.
[5]) Pogg. Ann. Bd. 55, S. 301. 1842; Bd. 58, S. 49. 1843.
[6]) Pogg. Ann. Bd. 72, S. 358. 1847.
[7]) Rep. Brit. Assoc. 1855, S. 22; Phil. Mag. Bd. 20, S. 253. 1860.
[8]) Electr. Bd. 1, S. 273. 1873.   [9]) Wied. Ann. Bd. 29, S. 1. 1886.
[10]) Wied. Ann. Bd. 32, S. 91. 1887.   [11]) Leipziger Abhandlgn. Bd. 20, S. 459. 1881.
[12]) Wied. Ann. Bd. 20, S. 592. 1883; Bd. 28, S. 145. 1886.
[13]) Wied. Ann. Bd. 19, S. 513. 1883.   [14]) C. R. Bd. 97, S. 61. 1883.
[15]) Phil. Mag. Bd. 5, S. 24. 1878.

Piezoelektrizität berücksichtigt worden ist[1]). Über diesen Zusammenhang haben
JAQUES und PIERRE CURIE (1859—1906) nachgewiesen, daß die Erregung durch
Druck der Abkühlungsperiode, die durch Ausdehnung der Erwärmungsperiode
entsprechen[2]). Dadurch wurde jene Auffassung wesentlich gestützt. Diese
Untersuchungen fanden dann ihren Abschluß in der von VOIGT und RIECKE
gegebenen Theorie, welche, von der VOIGTschen Elastizitätstheorie ausgehend, gestattet, nach Bestimmung von vier Konstanten die Erscheinungen festzulegen[3]).

Eine komplizierte Erscheinung, die heute unter dem Namen Wasserfallelektrizität bezeichnet zu werden pflegt, hat durch diese ganze Periode verschiedentlich Beachtung gefunden. FARADAY hatte gezeigt, daß ein feuchter
Luftstrom eine Harzplatte elektrisch lade[4]). Ich hatte nachgewiesen, daß die
bei der Kondensation des Dampfes entstehenden Wassertropfen positiv elektrisch sind[5]). ELSTER und GEITEL zeigten, daß Wassertropfen, die an einer
nicht benetzenden Fläche reiben, starke positive Ladung bekommen[6]). LENARD
und seine Schüler haben dann in einer bis in die neueste Zeit reichenden
Reihe von Untersuchungen festgestellt, daß Wassertropfen, die auf Wasser
fallen, dasselbe positiv laden, ebenso daß Wassertropfen, die aus einem zer-
fallenden Wasserstrahl entstehen, starke Ladungen zeigen. Besonders starke
Ladungen erzielt er durch das Zerblasen eines Wassertropfens. Überhaupt spielt
der turbulente Vorgang bei der Elektrizitätserzeugung durch den Zerfall großer
Tropfen in kleine eine große Rolle. Er meint, die Zusammenstöße der Wasser-
teile untereinander und mit dem nassen Gestein erzeugten die Elektrizität: er
denkt auch an eine Art Kontaktelektrizität zwischen Luft und Wasser[7]). Daß
bei diesen Erscheinungen nicht etwa die bekannte Erdoberflächenladung eine
Rolle spiele, haben ELSTER und GEITEL durch die Beobachtung an unterirdischen
Wasserfällen mit dem gleichen Resultat wie LENARD nachgewiesen[8]).

Mit diesen Untersuchungen steht in enger Verbindung die Frage nach der
Gewitterelektrizität. Außer der von mir nachgewiesenen Quelle von Elektrizität
und den aus den LENARDschen Untersuchungen sich ergebenden Schlußfolge-
rungen für die bei turbulenter Regenbildung entstehende Ladung haben ELSTER
und GEITEL auch die Influenz als Verstärkungsquelle der Ladung herangezogen[9]), und SOHNCKE (1842—1897) hat die Reibung von Wasser an Eis
für die Erzeugung starker Ladungen verantwortlich gemacht[10]). Daß letztere
Ursache nicht allein ausreicht, ist durch die oft beobachtete elektrische Entladung bei Nebelschichten, wo gewiß kein Eis vorhanden ist, sicher nachgewiesen.
Es werden aber alle diese Ursachen bei den sehr verschiedenartigen Gewitter-
erscheinungen zusammen beachtet werden müssen, um im Einzelfall eine vollständige Erklärung zu liefern. Doch gehören diese Untersuchungen in das Gebiet
der Meteorologie.

Die Entladung durch den Blitz hat eine völlige Aufklärung bekommen
durch die Untersuchungen der Funkenentladung von KLEISTschen Flaschen
durch FEDDERSEN (1832—1918). Schon in seiner Dissertation 1857 behandelt
er die Funkenentladung und hat in einer langen Reihe die experimentelle Untersuchung abgeschlossen[11]). Bei geringem Widerstand ist die Entladung kontinuierlich, im rotierenden Spiegel erscheint nur ein Lichtstreifen; bei Widerständen

---

[1]) Wied. Ann. Bd. 28, S. 43; Bd. 31, S. 799; Bd. 40, S. 306. 1886—1890.
[2]) C. R. Bd. 92, S. 186 u. 350; Bd. 93, S. 204. 1881.
[3]) Göttinger Abhandlgn. 1892; Wied. Ann. Bd. 45, S. 523. 1892.
[4]) Pogg. Ann. Bd. 60, S. 330. 1843.   [5]) Meteorol. ZS. Bd. 2, S. 1 u. 100. 1885.
[6]) Wiener Ber. Bd. 99. 1890.   [7]) Wied. Ann. Bd. 46, S. 584. 1892.
[8]) Wied. Ann. Bd. 47, S. 496. 1892.   [9]) Wied. Ann. Bd. 25, S. 116. 1885.
[10]) Wied. Ann. Bd. 28, S. 550. 1886.
[11]) Pogg. Ann. Bd. 103, S. 69, bis Bd. 116, S. 132. 1858—1862.

über 400 S.E. zerfällt dieselbe in Einzelfunken, die bald gleichförmig, bald unregelmäßig erscheinen. Oszillierende Entladung tritt ein, wenn bei größerer Länge der Schließung der Widerstand gering ist. Die Photographie der durch den rotierenden Spiegel gegebenen Bilder läßt diese Oszillation deutlich hervortreten. Es zeigt sich auch ein Einfluß der Elektroden. Die Dauer der einzelnen Schwingung ist unabhängig von der Schlagweite und proportional der Quadratwurzel aus der Kapazität der Batterie. Durch verschiedene Physiker sind diese Resultate FEDDERSENS bestätigt, ausgedehnt auf die Entladung eines Induktionsapparates von BOYS[1]) und auf den Konduktor einer Maschine von v. OETTINGEN (1836—1920)[2]). Theoretisch war mit Hilfe der Potentialtheorie von W. THOMSON die oszillatorische Entladung schon vorher gegeben. Er findet die Schwingungsdauer $t = 2\pi\sqrt{C \cdot L}$, wo C die Kapazität des Konduktors, L das Potential der Leitung auf sich selbst ist[3]). Eine vollständige Theorie der oszillierenden Entladung bietet KIRCHHOFF[4]). Daß der Blitz auch solche oszillierende Entladung sein kann, ist durch die Blitzphotographien zuerst durch HAENSEL 1883, dann ausführlich durch KAYSER nachgewiesen[5]). Auch die kontinuierliche Entladung ist nicht ein momentanes Ereignis, es wird durch Büschel- und Glimmlicht vorbereitet, das zeigt sich schon bei FEDDERSENS Versuchen; daß es auch bei Blitzen zutrifft, zeigen die Photographien WALTERS[6]).

Daß mit den oszillatorischen Entladungen die Rückstandsbildung der KLEISTschen Batterien eng zusammenhängt, zeigte v. OETTINGEN[7]). Aber die Theorie hatte schon R. KOHLRAUSCH mit Hilfe der WEBERschen Theorie der polarelektrischen Moleküle gegeben[8]). Diese Theorie ist von CLAUSIUS bewährt[9]). MAXWELL hat gezeigt[10]), daß Rückstandsbildung eintreten muß, wenn das Verhältnis von Dielektrizitätskonstante zum Leitungsvermögen nicht konstant ist. Das haben ROWLAND und NICHOLS am Kalkspat[11]), ARONS am Paraffin[12]) und HERTZ an Benzin[13]) bewahrheitet.

Der Galvanismus war durch die elektrischen Untersuchungen FARADAYS (s. oben) wesentlich gefördert durch die Aufstellung des Grundgesetzes der Elektrolyse[14]): Ein Strom von bestimmter Stärke macht in den verschiedenen Elektrolyten gleich viel Valenzen frei. Aber sehr wenig glücklich war FARADAY in der Erklärung der Stromerzeugung. Darum knüpft R. KOHLRAUSCH wieder an BERZELIUS' ältere Theorie an[15]). Er nimmt an, daß alle Elemente gleich viel positive und negative Elektrizität besitzen. Wenn sich nun z. B. H mit O verbindet, so gibt der Wasserstoff $-q$ an den O und der O $+q$ an den H ab. Also hat ein Wasserstoffmolekül $+2\,q$, ein Sauerstoff $-2\,q$ bei der Zersetzung. Da der H aber neutral entweicht, so gibt er an die Elektrode ein $+q$ ab und nimmt dafür ein $-q$ von der Elektrode auf, analog an der Anode. Durch den Leitungsdraht geht also $+q$ und $-q$ in entgegengesetzter Richtung. Im Element dagegen bewegt sich $+2\,q$ und $-2\,q$, daß trotzdem die Stromstärke hier dieselbe ist wie in der Drahtleitung, erklärt sich dadurch, daß die $+2\,q$ und $-2\,q$ immer nur die halbe Weglänge des Molekülabstandes durchlaufen.

MAGNUS hatte mehrfach zusammengesetzte Lösungen untersucht und gefunden[16]), daß zur Zersetzung eines Salzes eine bestimmte Stromstärke notwendig

[1]) Phil. Mag. Bd. 30, S. 248. 1890. [2]) Wied. Ann. Bd. 40, S. 83. 1890.
[3]) Phil. Mag. Bd. 5, S. 393. 1855. [4]) Pogg. Ann. Bd. 121, S. 551. 1864.
[5]) Wied. Ann. Bd. 25, S. 131. 1885.
[6]) Wied. Ann. Bd. 66, S. 636. 1898; Bd. 68, S. 776. 1899; Ann. d. Phys. Bd. 10, S. 393. 1903.
[7]) Pogg. Ann. Bd. 115, S. 513. 1862. [8]) Pogg. Ann. Bd. 91, S. 56 u. 177. 1854.
[9]) Pogg. Ann. Bd. 139, S. 276. 1870. [10]) Treat. on Electr. §§ 328—330.
[11]) Phil. Mag. Bd. 11, S. 414. 1881. [12]) Wied. Ann. Bd. 35, S. 291. 1888.
[13]) Wied. Ann. Bd. 20, S. 279. 1883. [14]) Exp. res. Ser. 7, § 783.
[15]) Pogg. Ann. Bd. 97, S. 792. 1856.
[16]) Pogg. Ann. Bd. 102, S. 1. 1857; Bd. 104, S. 553. 1858.

ist, so daß eine „auswählende" Zersetzung eintritt, indem bei ansteigender Intensität erst nur das eine Metall abgeschieden wird, dann das andere. Daß aus den Chlorüren doppelt soviel Metall abgeschieden wird als aus den Chloriden, erklärt MAGNUS mit der Annahme, daß die galvanischen Äquivalente andere seien als die chemischen, z. B. sei Jodsäure chemisch als $J + 5\,O$, aber galvanisch als $\dfrac{J}{5} + O$ aufzufassen.

Die Aufklärung dieser Schwierigkeiten bahnte HITTORF (1824—1914) an[1]). Schon 1853 stellt er fest, daß bei vielen Lösungen an den Elektroden überschüssige Äquivalente erscheinen, die dem FARADAYschen Gesetz nicht entsprechen. Das erklärt sich durch die Wanderung der Ionen. Sei der Molekularabstand 1, so wird das eine Ion $\dfrac{1}{m}$ dieses Weges, das andere also $\dfrac{(m-1)}{m}$ bis zur Begegnung zurücklegen; solange $m > 1$ ist, genügt diese Erklärung; für solche Salze wie Jodkadmium ist $m < 1$; da nimmt HITTORF an, daß es Doppelsalze seien, die jedoch bei starker Verdünnung den Charakter als einfache Salze annehmen und dann dem allgemeinen Gesetze genügen. Es ergibt sich: Die veränderte Konzentration an den Elektroden ist durch die Bewegungen bedingt, welche die Ionen zwischen den unveränderten Molekülen ausführen. Die Überführungszahlen drücken die relativen Wege aus, welche an der Trennungsstelle die Ionen in dem Molekularbstand der Salze zurücklegen, oder die relativen mittleren Geschwindigkeiten, welche sie daselbst besitzen. Diese Überführungszahlen bestimmte er und gab sie in Tabellen an für die untersuchten Lösungen, er nennt sie n, und dies n entspricht dem $\dfrac{1}{m}$ (s. oben). Bezeichnen U und V die beiden relativen Geschwindigkeiten, so ist
$$\frac{U}{V} = \frac{(1-n)}{n}\,.$$

Den zweiten Teil der Lösung lieferte FR. KOHLRAUSCH (1840—1910), dessen Untersuchungen 1874 beginnen und von ihm und seinen Schülern mehr als 20 Jahre fortgesetzt sind[2]). KOHLRAUSCH führte statt der bisher üblichen Angabe des Prozentgehalts der Lösungen den „Molekulargehalt" ein, d. h. die in 1 Liter der Lösung enthaltenen Gramme des Elektrolyten, dividiert durch das elektrochemische Äquivalentgewicht. Dafür schreibt er m, und Lösungen, die ein gleiches m ergeben, nennt er äquivalent. Dann ist das Leitvermögen K darstellbar als Funktion von m
$$K = \lambda m - \lambda' m^2\,.$$
Bei großer Verdünnung wird $\lambda' m^2$ sehr klein, dann ergibt sich $\lambda = \dfrac{K}{m}$. Das nennt er molekulares Leitvermögen. Dies Leitvermögen hängt nach HITTORFS Untersuchungen lediglich von dem Widerstand ab, den die Ionen bei ihrer Wanderung zu überwinden haben, also von dem U und V. Nimmt man nun entsprechend der alten Theorie RITTERS an, daß jedem Ion ein Elektrizitätsquantum ε zukommt, so bewegen sich also $\varepsilon \cdot U = u$ und $\varepsilon \cdot V = v$, in der Lösung also ist $\lambda = u + v$. So hat HITTORF $\dfrac{u}{v}$ bestimmen gelehrt, KOHLRAUSCH $u + v$, und damit ist das Problem allgemein gelöst. Es ergibt sich weiter

---

[1]) Ostwalds Klassiker Bd. 21 u. 23.
[2]) Pogg. Ann. Jub. S. 290, 1874, bis Wied. Ann. Bd. 66. 1898. Die bis dahin erschienenen Arbeiten sind benutzt in: Das Leitvermögen der Elektrolyte usw. KOHLRAUSCH u. HOLBORN 1898.

das Gesetz der unabhängigen Wanderung der Ionen; das Anwachsen des Leitvermögens bei zunehmender Verdünnung bis zu einem Maximum, das Steigen der Leitfähigkeit bei Temperaturzunahme. Letztere Regel hat Ausnahmen, wie ARRHENIUS fand[1]). Sie erklären sich durch den Wärmeverbrauch der Ionen dieser Elektrolyte bei ihrer Vereinigung zu Molekülen. Ursprünglich hatte KOHLRAUSCH seine Untersuchungen und seine Gesetze nur auf einwertige Ionen ausgedehnt, OSTWALD zeigte, wie diese Resultate auch für mehrwertige gültig sind[2]). Es hatte sich aus KOHLRAUSCH' Untersuchungen auch ergeben, daß die Elektrolyte an sich nicht leiten, nur in Lösungen haben sie die Fähigkeit. Das forderte ein Studium der Lösungen. Diese Arbeit leistete VAN'T HOFF (1852 bis 1911). An die alten Untersuchungen von FISCHER über Osmose und die Entdeckung des semipermeablen Charakters tierischer Häute[3]) erinnern die Untersuchungen von PFEFFER[4]), der die Bezeichnung osmotischer Druck einführt. Er findet diesen osmotischen Druck proportional der Konzentration und der absoluten Temperatur, umgekehrt proportional dem Volumen. So stellt er den Satz auf: Salzmengen gelöster Stoffe, welche im Verhältnis der Molekulargewichte stehen, üben, zu gleichem Volumen gelöst, bei gleicher Temperatur gleichen Druck aus. VAN'T HOFF brachte diesen osmotischen Druck in Verbindung mit dem Gasdruck und erklärte: Gelöste Stoffe üben in der Lösung denselben Druck als osmotischen aus, den sie bei gleicher Temperatur und in gleichem Volumen als Gas ausüben würden[5]). Sie müssen also der CLAPEYRONschen Gleichung $P \cdot V = RT$ genügen. Das tun auch alle indifferenten Lösungen, aber keine elektrolytische Lösung. Darum schreibt VAN'T HOFF die Gleichung $P \cdot V = i\,RT$, wo i bei hinreichender Verdünnung eine ganze Zahl, für indifferente Lösungen gleich 1 wird. Das war ein formales Mittel der Verständigung.

Eine physikalische Erklärung gab ARRHENIUS[6]) durch die Annahme, daß die Elektrolyte beim Eintritt in ein Lösungsmittel zerfallen, so daß ein Teil der Moleküle dissoziiert wird. Nur die dissoziierten Moleküle nehmen an der Leitung des Stromes teil und das Maximum der Leitfähigkeit nach KOHLRAUSCH ist erreicht, wenn alle Moleküle dissoziiert sind. Diese Ionen bewegen sich in der Lösung regellos, der Strom hat also nicht erst Ionen zu machen, sondern nur die Bewegung zu richten, und es erklärt sich so, warum nur der Reibungswiderstand dieser Ionen vom Strom zu überwinden ist, und ebenso ist der Transport der Ionen erklärt. Zu derselben Forderung der Dissoziation kam ganz unabhängig und ausgehend von Betrachtungen über Entropie PLANCK[7]). Daß sich diese Annahme nach jeder Richtung bewährt hat, ist allgemein bekannt, ich brauche nur noch auf die beiden Arbeiten hinzuweisen, in welchen der ganze Komplex dieser Erscheinungen auf das CGS-System mit Temperaturkorrektionen zurückgeführt ist. Es sind das die Arbeit von KOHLRAUSCH[8]) und die von KOHLRAUSCH, HOLBORN und DIESSELHORST[9]). Für wässerige Lösungen war noch zweifelhaft, ob das Wasser an der Leitung teilhabe. KOHLRAUSCH untersuchte daher die Leitfähigkeit des Wassers. Im Zustand höchster Reinheit ergab sich eine Leitfähigkeit von $3{,}61 \cdot 10^{-8}$, während gewöhnlich destilliertes Wasser $2 \cdot 10^{-6}$ als Leitvermögen hatte[10]). WARBURG neigt zu der Meinung, daß reines Wasser überhaupt unmöglich ist, weil die festen Körper sofort in Lösung gehen[11]), und DRUDE (1863—1906) nimmt an, daß das Wasser in sich selbst dissoziiere,

---

[1]) ZS. f. phys. Chem. Bd. 4, S. 96. 1889.   [2]) Lehrb. d. allg. Chem. Bd. II, 1, S. 673.
[3]) Abhandlgn. d. Berl. Akad. 1814/15; Gilb. Ann. Bd. 72, S. 300. 1822.
[4]) Osmotische Untersuchungen. 1877.   [5]) Wet. Handl. Stockholm Bd. 21, S. 58. 1886.
[6]) ZS. f. phys. Chem. Bd. 1, S. 631. 1887.   [7]) Wied. Ann. Bd. 32, S. 499. 1887.
[8]) Wied. Ann. Bd. 50, S. 385. 1893.   [9]) Wied. Ann. Bd. 64, S. 417. 1898.
[10]) Wied. Ann. Bd. 53, S. 209. 1894.   [11]) Wied. Ann. Bd. 54, S. 396. 1895.

so daß einige Moleküle in HO und H zerfielen[1]). Hinfort steht also elektrolytische Leitung der metallischen gegenüber. Erstere hat RIECKE (1845 bis 1915) auf Grund der kinetischen Gastheorie dargestellt und berechnet[2]).

Daß die chemischen Wirkungen des Stromes als Strommaß benutzt werden können, ist durch RITTER (s. oben) nachgewiesen. JACOBI (1804—1851) hat als Stromintensität 1 diejenige definiert, welche in der Zeit 1 ein Kubikzentimeter Knallgas entwickelt[3]). Dagegen wog A. C. BECQUEREL (1788—1878) einen kathodischen Kupferstab in Kupfervitriollösung vor und nach der Zersetzung oder einen Silberstab in Silbernitrat und wollte die Intensität nach der in der Zeit 1 niedergeschlagenen Cu- oder Ag-Menge messen[4]). Er reduzierte diese Maße aufeinander, indem 1 ccm Knallgas = 1,889 mg Cu = 6,432 mg Ag zu setzen sei. Wegen der Unsicherheit bei der Knallgasentwicklung ging man zu den metallischen Maßen über. Ich übergehe die verschiedenen Formen der Apparate und bemerke nur, daß KOHLRAUSCHS Silbervoltameter[5]) sich der weitesten Anerkennung bis heute erfreuen konnte

Die Messung der elektromotorischen Kraft war, wie schon erwähnt, lange Zeit mit dem DANIELLschen Element als Einheit ausgeführt, und es sind verschiedene Normal-Daniell konstruiert bis zu KITTLERS Vorschrift[6]). Auch die Bestimmung der elektromotorischen Kraft im CGS-System hat für die praktische Ausführung der Messungen das Bedürfnis, ein Normalelement zu haben, nicht beseitigt. Da das DANIELLsche Element einen sehr hohen Temperaturkoeffizienten besitzt, war es nicht sonderlich für ein Normalelement geeignet. Nachdem CLARK ein solches Normalelement konstruiert hatte[7]), hat RAYLEIGH (1842—1919) dasselbe in die Form gebracht, daß er zwei Probierröhrchen durch ein Querrohr in halber Höhe verband. In die beiden Röhrchen ragen von unten Platindrähte, ein Röhrchen wird mit Zinkamalgam gefüllt, in das andere kommt die CLARKsche Paste aus schwefelsaurem Quecksilberoxydul in konzentrierter Zinkvitriollösung gekocht und beide mit Zinkvitriollösung bedeckt[8]). Eine noch größere Konstanz und einen noch geringeren Temperaturkoeffizienten hat das Normalelement von CZAPSKI[9]) 1884. Er ersetzt das Zinkamalgam durch Cadmiumamalgam und die Zinkvitriollösung durch $CdSO_4$-Lösung. Daß die gleiche Kombination auch von WESTON 1893 angewandt wurde, hatte den Erfolg, daß das CZAPSKIsche Element in vielen deutschen Büchern als das Weston-Normalelement aufgeführt wurde! CZAPSKIS Element ist bis heute an Dauerhaftigkeit noch nicht übertroffen.

Für die Stromerzeugung im Element waren in der früheren Periode die Kontakttheorie VOLTAS und die chemische Theorie im Kampf gewesen, ohne daß eine von beiden siegreich geblieben war. Dann gab SCHÖNBEIN (1799—1868) eine Theorie an, welche lange Zeit maßgebend war: Er behandelt H_2O als Elektrolyten in dem Element Zn—H_2O—Cu; Zn ist sauerstoffgierig, sobald es also in das Wasser taucht, werden alle H_2O-Moleküle an seiner Oberfläche sich so drehen, daß O der Elektrode zugewandt wird. Zwischen Zn und O wirkt die Kontaktkraft und polarisiert das H_2O-Molekül, welches nun die benachbarten influenziert. Kommt eine zweite Elektrode in dasselbe Wasser und ist entweder „wasserstoffgierig" oder in geringerem Maße sauerstoffgierig als das Zn, so bleibt der Polarisationszustand derselbe und der positive H influenziert die Cu-Elektrode, so daß ihr freies Ende positiv geladen erscheint, während das freie Ende des Zn

---

[1]) Wied. Ann. Bd. 60, S. 500. 1897.   [2]) ZS. f. phys. Chem. Bd. 6, S. 564. 1890.
[3]) Pogg. Ann. Bd. 70, S. 105. 1847.   [4]) Pogg. Ann. Bd. 42, S. 307. 1837.
[5]) Wied. Ann. Bd. 27, S. 1. 1886.   [6]) Wied. Ann. Bd. 17, S. 890. 1882.
[7]) Journ. of Telegr. Engin. Bd. 7, S. 53. 1878.   [8]) Phil. Trans. Bd. 175, S. 411. 1884.
[9]) Wied. Ann. Bd. 21, S. 235. 1884. Der Temperaturkoeffizient durch JAEGER und WACHSMUTH; ebenda Bd. 59, S. 574. 1896.

negativ ist. Verbindet man beide durch einen Leitungsdraht, so setzt sich der Polarisationszustand durch die Moleküle desselben fort. Wenn nun an der Zn-Elektrode das O-Atom sich mit dem Zn zu ZnO verbindet, so wird nicht nur die Zn-Elektrode entladen, sondern es setzt sich durch das Wasser die Entladung durch Zersetzung fort bis an die Cu-Elektrode, dort gibt der H seine positive Ladung an das Cu ab und entweicht neutral[1]). Mit ganz nebensächlichen Änderungen trug auch G.WIEDEMANN diese Stromtheorie vor[2]), und ebensowenig unterscheidet sich HELMHOLTZ' Theorie von der SCHÖNBEINschen. Das, was letzterer oben an der Zn-Platte beschrieben hat, nennt HELMHOLTZ[3]) eine Doppelschicht und behandelt dieselbe als Kondensatorladung.

Auf Grund der neuen Fortschritte im Gebiet der Elektrolyse, die oben dargestellt sind, stellt NERNST nun eine neue Theorie auf[4]). Er geht von den HITTORFschen Wanderungsgeschwindigkeiten aus und dem osmotischen Druck, zunächst angewandt auf eine Konzentrationskette nach HELMHOLTZ[5]), wo über der konzentrierten Lösung die verdünnte liegt, wie bei der Kalomelkette[6]). Seien die entsprechenden osmotischen Druckkräfte p_1 und p_2, so ist die freie Energie

$$E = \frac{u - v}{u + v}\, R \cdot T \cdot \ln\frac{p_1}{p_2}.$$

Diese kann in elektrische Energie umgewandelt werden. Für die Ausführung dieser Theorie und ihre experimentelle Bestätigung verweise ich auf die zitierten Abhandlungen von NERNST und sein bekanntes Lehrbuch. Auch PLANCK gibt eine ausführliche Begründung dieser Theorie[7]). Für die Elektroden kommt nun hinzu, daß schon KOHLRAUSCH und WARBURG festgestellt hatten, daß an den Elektroden Metallionen in Lösung gehen, es besteht hier also eine Lösungstension, welche dem osmotischen Druck entgegengesetzt ist. Der Schwerpunkt bei der Stromerzeugung liegt also nicht beim Kontakt der Metalle und nicht in der rein chemischen Arbeit im Elektrolyten, sondern an der Grenze der Elektroden und der Lösung, wo Lösungstension und osmotischer Druck eine Spannungsdifferenz erzeugen. Diese zu messen ist also wesentlich für die Bestimmung der Wirksamkeit eines Elementes. Nachdem schon OSTWALD eine Methode für diese Messung ausgearbeitet hatte[8]), hat PASCHEN die Spannungsdifferenzen zwischen verschiedenen Metallen und Lösungen gemessen[9]); daraus ergibt sich dann eine „wahre" Spannungsreihe, wie sie OSTWALD anführt[10]).

Neben der Stromerzeugung in den gewöhnlichen Elementen wurden nun auch die Polarisationszellen weitergebildet. Die RITTERsche Ladungssäule war zwar verschiedentlich untersucht und in verschiedene Formen gebracht, ohne daß dabei wesentlich über RITTER hinaus die Erkenntnis gefördert wäre. Was die einfachen Gaspolarisationszellen angeht, so war schon von FECHNER beobachtet, daß auch der schwächste Strom wohl imstande war, auf den Elektroden Gaspolarisation zu erzeugen, jedoch erst bei stärkeren Strömen war die Gasentweichung merklich geworden. Eine akkurate Messung dieser Verhältnisse hat LE BLANC wohl zuerst durchgeführt. Er findet z. B. bei verdünnter Schwefelsäure, daß zur wirklichen Gasabscheidung ca. 1,5 Volt notwendig sind; diesen Wert des primären Stromes nennt er den Zersetzungswert des betreffenden

[1]) Pogg. Ann. Bd. 39, S. 351. 1836, bis Bd. 78, S. 289. 1849 (5 Arbeiten).
[2]) Lehre von der Elektrizität Bd. I, S. 251. 1882.
[3]) Wied. Ann. Bd. 7, S. 337. 1879.
[4]) ZS. f. phys. Chem. Bd. 2, S. 613. 1887; Bd. 4, S. 129. 1889.
[5]) Wied. Ann. Bd. 16, S. 30. 1882.   [6]) Berl. Ber. 1882, S. 825.
[7]) Wied. Ann. Bd. 39, S. 161. 1890; Bd. 40, S. 561. 1891.
[8]) Phil. Mag. Bd. 22, S. 70. 1886; ZS. f. phys. Chem. Bd. 1, S. 404. 1887.
[9]) Wied. Ann. Bd. 41, S. 42. 1890.   [10]) Allg. Chemie Bd. II, 1, S. 948. 1893.

Elektrolyten. Um dies zu erklären, nimmt LE BLANC an, daß die Ionen für ihre elektrischen Ladungen eine gewisse Haftintensität besitzen, welche durch den primären Strom zu überwinden sei[1]. In seinem Lehrbuch der Elektrochemie nimmt er auch an, daß in wässerigen Lösungen nicht nur die Elektrolyten dissoziiert sind, sondern auch HO- und O-Ionen durch direkten Zerfall der Wassermoleküle, während man bis dahin die Entstehung dieser Ionen durch sekundäre Zersetzung erklärt hatte. Wie oben erwähnt, ging DRUDE noch weiter mit der Annahme, daß auch „reines" Wasser die Dissoziation seiner Moleküle erlebe. Daß die verschiedenen Metalle der Gaspolarisation in verschiedenem Grade fähig seien, hatte ja schon RITTER festgestellt. Jetzt wurde die Polarisationskapazität zuerst von W. WIEN[2] und gleichzeitig von NERNST[3] gemessen. Die LE BLANCschen Annahmen zeigten sich in guter Übereinstimmung mit den Ergebnissen der Experimente von JAHN und SCHÖNROCK.

Für die Stromerzeugung haben die Polarisationszellen keine große Bedeutung erlangt, wohl aber die Ladungsketten, bei welchen eine Umwandlung des Metalls stattfand. RITTER hatte in dem „schwammigen" Silber oder Blei eine Hydrogenisierung vermutet, andere sprachen sogar von einer Hydratbildung. Die Versuche wurden von SINSTEDEN (1803—1881) wiederholt, und er stellte fest, daß es sich in all den Fällen um Okklusion des H handle[4]. Aber die Untersuchung der Anode war schon von KASTNER vorgenommen, und er hatte festgestellt, daß auf der Anode sich Bleisuperoxyd bilde. Von diesem Überzug stellte er fest, daß er zusammenhängend und glänzend sei. SCHÖNBEIN zeigte, daß das PbO_2 gegen Pb elektronegativ sei[5], und GMELIN stellte es an die äußerste negative Seite der Spannungsreihe[6]. Um einen solchen Überzug von PbO_2 möglichst gleichmäßig zu erzielen, schlug WHEATSTONE (1802—1875) aus Bleiazetatlösung auf die Silberelektrode PbO_2 durch Ladungsstrom nieder. Solche Platten geben mit Kaliumamalgam in verdünnter Schwefelsäure außerordentlich starke Elemente[7]. Es ist natürlich durchaus verfehlt, daß englische Autoren um dieser Arbeit willen WHEATSTONE zum Vorerfinder der Akkumulatoren machen wollten. Es findet sich in der Arbeit nicht einmal eine Andeutung, daß WHEATSTONE an eine Zelle gedacht habe, welche durch den Ladungsstrom zu einer Stromquelle gemacht werde. Auch SINSTEDEN suchte nicht danach, er wollte die Intensität magnetelektrisch erzeugter Ströme mit Voltametern messen (l. c.). Unter letzteren war auch ein Instrument mit zwei Bleiplatten von 7×4 Zoll Oberfläche in verdünnter Schwefelsäure. Nun überzog sich die Anode mit PbO_2, und die Kathode okkludierte H. Er stellte nie fest, daß eine solche Zelle einen starken, lange konstant bleibenden Strom liefern könne. Die große Bedeutung dieser Entdeckung hat SINSTEDEN nicht erkannt. Das aber tat JACOBI (1801—1874), der empfahl, solche „sekundären" Elemente in der Telegraphie zu benutzen[8].

Durch diese Empfehlung JACOBIS wurde PLANTÉ angeregt, die SINSTEDENschen Experimente zu verfolgen. Um möglichst große Oberfläche zu bekommen, wickelte PLANTÉ die beiden durch einen Tuchstreifen getrennten Bleiplatten zu einer Spirale auf und konstatierte, daß die elektromotorische Kraft solch eines Elementes gleich 1,5 Bunsenelemente ist[9]. Um bessere Isolierung der Platten zu erhalten, ersetzte er den Tuchstreifen durch Hartgummistreifen[10]. Und da

[1]) ZS. f. phys. Chem. Bd. 8, S. 299. 1891; Bd. 12, S. 333. 1893.
[2]) Wied. Ann. Bd. 58, S. 27. 1896.   [3]) ZS. f. Elektrochem. Bd. 3, S. 163. 1896.
[4]) Pogg. Ann. Bd. 92, S. 1. 1853.   [5]) Phil. Mag. Bd. 12, S. 225. 1838.
[6]) Pogg. Ann. Bd. 44, S. 1. 1838.   [7]) Phil. Trans. 1843, I, S. 303.
[8]) Bull. acad. Petersburg u. C. R. Bd. 49. 1859.
[9]) C. R. Bd. 49, S. 402. 1859; Bd. 50, S. 640. 1860; Bd. 66, S. 1255. 1869.
[10]) C. R. Bd. 74, S. 592. 1872.

er auch die von Sinsteden schon gemachte Beobachtung, daß die Platten erst durch mehrfache Wiederholung der Ladung für solche sekundären Elemente gut brauchbar wurden, bestätigte, schlug er eine langwierige Vorbereitung vor[1]). Diese Vorbereitung abzukürzen, war das Bestreben der weiteren Konstrukteure. Unter diesen war auch Faure, dessen deutsches Patent vom 8. Febr. 1881 außerordentlich schädlich war für die Entwicklung der Technik, weil es so weit gefaßt und ausgelegt wurde, daß nahezu alle Verbesserungen darunter zu bringen waren. Für die technische Weiterentwicklung verweise ich auf mein Buch[2]).

Auch die Theorie des Akkumulators hat viele Untersuchungen erfahren, aus diesen ragt hervor die Arbeit von Gladstone und Tribe[3]). Es ist dadurch festgestellt, daß durch die Ladung ein Zustand hergestellt wird, daß auf der einen Elektrode PbO_2 erzeugt wird, während die andere Pb bleibt, durch die Entladung findet sich auf beiden Platten $PbSO_4$. Danach ist der Vorgang in folgender Formel enthalten:

$$PbO_2 + 2\,H_2SO_4 + Pb \sim 2\,PbSO_4 + 2\,H_2O.$$

Diese Formel vorwärts gelesen gibt die Entladung, rückwärts gelesen die Ladung. Das Element ist also reversibel. Alle Theorien müssen also zu dieser Formel führen, wenn sie zulässig sein sollen. Beachtenswert ist die Theorie von le Blanc[4]). Er setzt, was auch sonst schon vorgeschlagen war, neben den zweiwertigen Bleiionen vierwertige voraus. Für den Entladungsprozeß: An der Anode sind vierwertige Bleiionen, welche die Hälfte ihrer Ladung an die Elektrode abgeben und nun zweiwertig mit den in der Lösung vorhandenen SO_4-Ionen $PbSO_4$ bilden; an der Kathode bilden zweiwertige Pb-Ionen mit der SO_4 der Lösung ebenfalls $PbSO_4$. Dadurch wird die Konzentration der Lösung an vier- und zweiwertigen Pb-Ionen geringer, statt dessen gehen PbO_2-Teile in Lösung und bilden hier mit den H-Ionen $PbO + H_2O$, die PbO bilden dann mit den H-Ionen und SO_4-Ionen $PbSO_4 + H_2O$. Für die Ladung ist der Vorgang so zu denken, daß Pb-Ionen zweiwertig an beiden Elektroden vorhanden sind, an der Anode werden diese vierwertig und bilden dann PbO_2, an der Kathode werden sie zu metallischem Blei, und die SO_4 gehen in Lösung, wo sie die H-Ionen vorfinden.

Unter den verschiedenen Metallen, welche an Stelle des Bleis für Akkumulatoren versucht sind, spielt eine besondere Rolle das Aluminium, dessen Eigenart schon von Buff entdeckt war[5]). Daß die von Buff vermutete Passivität nicht vorhanden sei, bewies v. Beetz[6]). Erst Graetz untersuchte das Metall in einem Element genauer und fand so die „Drosselzelle"[7]). Ein Element aus Aluminium und Kohle in verdünnter Schwefelsäure nahm, wenn Al Anode war, von dem Ladungsstrom 22 Volt an elektromotorischer Kraft, während in entgegengesetzter Richtung nur 1 Volt abgefangen wird. Ist in erster Schaltung die Spannung unter 22 Volt, so findet kein Stromschluß statt. Man kann also Wechselstrom auf diese Weise in pulsierenden Gleichstrom verwandeln. Pollak gelang es sogar, mit einer alkalischen Lösung 110 Volt abzufangen[8]).

Die Behandlung der Induktion wurde besonders gefördert durch F. Neumann (1798—1895). Ausgehend von dem Lenzschen Gesetz und der Voraussetzung, daß die Geschwindigkeit der Änderung des induzierenden Faktors (Strom oder Magnet) klein ist im Vergleich zur Geschwindigkeit der Elektrizität, behandelt Neumann die Induktion in linearen Leitern, Flächen und Körpern. Für lineare Leiter führt er[9]) das virtuelle Moment der Induktionskraft gleich

---

[1]) Recherches sur l'Électr., 1879.   [2]) Die Akkumulatoren für Elektrizität, 3. Aufl., 1898.
[3]) Elektrot. Bd. 3, S. 332. 1882; The Chemistry of the sec. batt., 1883, deutsch 1884.
[4]) Lehrb. d. Elektrochem. 1896, S. 222.   [5]) Liebigs Ann. Bd. 102, S. 296. 1857.
[6]) Pogg. Ann. Bd. 127, S. 45. 1866.   [7]) ZS. f. Elektrochem. Bd. 4, S. 17. 1897.
[8]) C. R. Bd. 124. S. 1443. 1897.   [9]) Abhandlgn. d. Berl. Akad. 1845, S. 1.

$\varepsilon \cdot C \cdot dw \cdot ds$ ein, wo ε eine Konstante, C die Komponente der von dem Induzenten auf das Stromelement ds in Richtung der Verschiebung des Stromelements dw ausgeübten Kraft ist. Er integriert über die Strombahn und findet: Die elektromotorische Kraft des Integralstromes ist der Verlust an lebendiger Kraft, welchen der Induzent in dem Leiter hervorbringen würde, wenn dieser sich von w_0 bis w_t frei bewegte und von dem konstanten Strom ε durchlaufen wird. Er dehnt diese Betrachtung aus auf Induktion durch einen Magnetpol oder Solenoidpol, zerlegt in drehende und fortschreitende Bewegung und unterscheidet geschlossene und ungeschlossene Stromleiter. Mit Hilfe des GAUSSschen Potentialbegriffes ergibt sich das zusammenfassende Resultat: Die Veränderung des Potentials, durch welches die Wirkung eines von der Einheit des Stromes durchströmten Leiters auf einen Magneten dargestellt wird, ist die Ursache und das Maß des induzierten Stromes; und die Stärke des Stromes ist gleich dem Zuwachs, welchen das durch den Leitungswiderstand dividierte Potential des Leiters erfährt.

Ebenso behandelt NEUMANN die Voltainduktion. Wird ein Strom in einem geschlossenen Leiter durch die Bewegung eines Stromkreises induziert, so ist seine Stärke gleich der Differenz der Potentialwerte des Leiters auf den ganzen galvanischen Strom am Anfang und ·Ende der Bewegung. Erfolgt die Induktion durch Entstehen oder Verschwinden eines Stromes, so ist das ebenso, als wenn sich der Leiter des Stromes aus sehr großer (∞) Entfernung bis zu seiner gegenwärtigen Lage genähert (oder umgekehrt, von ihm entfernt) hätte. Bei ungeschlossenem Leiter ergibt sich unter Benutzung des räumlichen Winkels von GAUSS, den er Kegelöffnung nennt, ein analoger Satz. Dann wendet er diese theoretisch abgeleiteten Sätze an auf das WEBERsche Induktionsinklinatorium[1]), auf die Induktion in einer Drahtspule, auf den WEBERschen Rotationsinduktor[2]), auf die WEBERsche unipolare Induktion[3]) und zeigte, daß die WEBERschen Resultate mit seiner Theorie erhalten wurden.

In einer zweiten Abhandlung[4]) beweist NEUMANN den Satz: Wird ein geschlossenes, unverzweigtes, leitendes Bogensystem A' irgendwie in eine neue Form A'' gebracht unter Einfluß eines Stromsystems B', welches gleichzeitig eine Veränderung in B'' erfährt, so ist die Summe der elektromotorischen Kräfte, welche in dem System A' induziert worden sind, gleich dem mit der Induktionskonstanten ε multiplizierten Unterschied der Potentialwerte des Stromes B'' auf A'' und B' auf A', wenn A' und A'' von der Stromeinheit durchströmt gedacht werden. Diesen Satz beweist NEUMANN für die verschiedenen Fälle und geht besonders auf die Gleitstellen ein.

Gleichzeitig mit der ersten NEUMANNschen Abhandlung erschien die Erstlingsarbeit von KIRCHHOFF[5]), in welcher er zunächst den Durchgang eines elektrischen Stromes durch eine Ebene behandelt, am Schlusse aber die beiden nach ihm benannten Gesetze aufstellt: Wenn die Drähte $1, 2 \ldots \mu$ in einem Punkte zusammenstoßen und die Intensitäten $J_1 \ldots J_\mu$ haben, so ist $J_1 + J_2 + \cdots J_\mu = 0$; wenn aber die Drähte $1, 2 \ldots \nu$ mit den Widerständen $w_1 \ldots w_\nu$ und den Intensitäten $J_1 \ldots J_\nu$ eine geschlossene Figur bilden, so ist $J_1 w_1 + J_2 w_2 \cdots + J_\nu \cdot w_\nu = \sum E$, welche in dem geschlossenen Kreise $1 \ldots \nu$ vorhanden sind. Diese Gesetze wendete KIRCHHOFF an auf die sog. Brückenkombination, welche von WHEATSTONE[6]) nicht mit der Forderung,

---

[1]) Resultate des magnetischen Vereins, 1837, S. 81.
[2]) Resultate des magnetischen Vereins, 1838, S. 102.
[3]) Resultate des magnetischen Vereins, 1839, S. 63.
[4]) Abhandlgn. d. Berl. Akad. 1847, S. 1.
[5]) Pogg. Ann. Bd. 64, S. 497. 1845.   [6]) Pogg. Ann. Bd. 62, S. 535. 1844.

daß in der Brücke der Strom gleich Null sein sollte, schon ein Jahr vorher angewandt war mit Messung der Stromstärke in der Brücke. Dieselbe Kombination hatte WEBER schon 3 Jahre vorher in einem Brief an POGGENDORFF mitgeteilt[1]). Diese Kombination wendet KIRCHHOFF auf den Fall an, daß in der Brücke der Strom 0 vorhanden sein soll und begründet damit die zuverlässigste Methode der Widerstandsbestimmung. Diese für lineare Leiter abgeleiteten Sätze dehnt KIRCHHOFF aus auf beliebig gestaltete Leiter[2]) und behandelt damit die Strömungslinien auf einer Fläche.

W. WEBER hatte sein primitives Dynamometer 1837 bereits zu einem sehr empfindlichen Apparat umgebaut, welcher für Wechselströme direkt brauchbar war[3]). Jetzt wollte er es anwenden zu Untersuchungen über die Gültigkeit des AMPÈREschen elektrodynamischen Grundgesetzes. Zunächst zeigte er, indem er den Stromkreis der Bifilarrolle ohne Strom schloß, daß es ein vorzüglicher Meßapparat sei, um die Induktionsgesetze zu prüfen[4]). Er fand, daß die Intensität des induzierten Stromes der Geschwindigkeit der induzierenden Bewegung proportional ist, 2. daß die Volta-Induktion der Magneto-Induktion gleich ist, wenn das elektrodynamische Drehungsmoment des Stromes gleich ist dem elektromagnetischen. Er zeigt, wie man durch gleichzeitige Messung am Dynamometer und an dem von ihm neu konstruierten Spiegelgalvanometer für Intensität und Stromdauer ein zuverlässiges Maß findet; er wendet das Dynamometer an, um die Tonhöhe eines schwingenden Magnetstabes zu bestimmen.

Da es ihm gelungen war, die Volta-Induktion auf die Magneto-Induktion zurückzuführen, was die AMPÈREsche Formel nicht direkt leistete, so untersucht er nun das Prinzip der Elektrodynamik, indem er von der Vorstellung einer atomistischen Struktur der Elektrizität ausgeht. Hat man zwei Stromkreise, wo in jedem positive und negative elektrische Teilchen sich bewegen, so hat man vier Wechselwirkungen: $+e$ und $+e_1$, $+e$ und $-e_1$, $-e$ und $+e_1$, $-e$ und $-e_1$; daraus muß sich die Gesamtwirkung erklären lassen. Wenn man annimmt, daß die Wechselwirkung nur von dem Quadrat der Geschwindigkeit abhängt, so ergibt sich das AMPÈREsche Grundgesetz, welches aber bei der Volta-Induktion versagt. Beachtet man aber auch die Beschleunigung, so erhält man die Wechselwirkung aller Teilchen gleich $\dfrac{e \cdot e_1}{r^2}\left(1 - a\left(\dfrac{dr}{dt}\right)^2 + b\,\dfrac{d^2 r}{dt^2}\right)$.

Aus der Vergleichung mit der AMPÈREschen Formel ergibt sich $b = 2\,a^2\,r$, so daß sein Grundgesetz lautet: Die Abstoßungskraft ist

$$= \frac{e \cdot e_1}{r^2}\left(1 - a^2\left(\frac{dr}{dt}\right)^2 + 2\,a^2\,r\,\frac{d^2 r}{dt^2}\right).$$

WEBER zeigt ferner, daß dies Gesetz auch alle Erscheinungen der Induktion umfasse, und stellt sich dann die Aufgabe, das AMPÈREsche Gesetz durch Ersetzung der Intensitäten und der Winkel der Stromelemente so umzuformen, daß es nur die elektrischen Massen und die Entfernung enthalte; so leitet er aus dem AMPÈREschen Gesetz die allgemeine Form des Grundgesetzes[5]) ab:

$$\frac{e \cdot e_1}{r^2}\left\{1 - \frac{a^2}{16}\left(\frac{dr}{dt}\right)^2 + \frac{a^2}{8}\,r \cdot \frac{d^2 r}{dt^2}\right\}.$$

Es schien sich nun ein Widerspruch zwischen diesem Grundgesetz und dem NEUMANNschen Potentialgesetz zu ergeben in bezug auf ungeschlossene

---

[1]) Pogg. Ann. Bd. 67, S. 273. 1846.　　[2]) Pogg. Ann. Bd. 75, S. 189. 1848.
[3]) Resultate des magnetischen Vereins, 1841.
[4]) Abhandlgn. z. Begründ. d. kgl. sächs. Gesellsch. d. Wissensch. 1846, S. 269.
[5]) L. c. S. 327.

Ströme und Gleitstellen in veränderlichen Stromkreisen. NEUMANN selbst versuchte, diesen Widerspruch durch erneute Behandlung der Gleitstellen zu erledigen[1]). Jedoch erscheint diese Begründung nicht einwandfrei. Darum kam WEBER darauf zurück und zeigte, daß tatsächlich Übereinstimmung zwischen beiden Gesetzen bestehe[2]), und E. SCHERING leitete das NEUMANNsche Gesetz direkt aus dem WEBERschen ab[3]).

WEBER wandte sich nun der großen Aufgabe zu, die Messung der elektrischen Größen von Willkür zu befreien. Ich habe schon bemerkt, daß bis dahin jeder Physiker nach seinem System, bisweilen auch ohne System maß. JACOBI (1801—1874) wollte dem steuern, indem er einen Kupferdraht von bestimmter Länge an POGGENDORFF und durch ihn an die anderen deutschen Physiker sandte mit der Bitte, Kopien zu nehmen und nach dieser Widerstandseinheit zu messen. Allein WEBER hatte schon gefunden, daß ein Kupferdraht seinen Widerstand mit der Zeit sehr ändert, und darum hat sich die JACOBIsche Einheit nicht eingebürgert. Da WEBERS Gesetz auch für die Magnetinduktion gültig war, schien ihm die Möglichkeit vorzuliegen, die Elektrizitätsmessung für Spannung und Stärke auf das von GAUSS eingeführte absolute Maßsystem zurückzuführen. GAUSS hatte in seiner „Intensität usw." die Einheiten Millimeter, Milligramm und Sekunde gewählt. WEBER tat dasselbe[4]) und definierte die Einheiten folgendermaßen:

Die Intensität 1 hat der Strom, welcher, die ebene Fläche 1 umfließend, die gleiche Wirkung nach außen ausübt wie ein Stabmagnetismus 1 im Mittelpunkt der Fläche.

Die elektromotorische Kraft 1 ist die vom Erdmagnetismus 1 auf eine geschlossene Kette ausgeübte elektromotorische Kraft, wenn die Kette so gedreht wird, daß die Größe der Projektion ihrer Fläche auf die zum magnetischen Meridian senkrechte Ebene in der Zeit 1 um die Fläche 1 zunimmt oder abnimmt.

Den Widerstand 1 hat die Kette, in welcher die elektromotorische Kraft 1 die Intensität 1 erzeugt.

Diese elektromagnetischen Einheiten bestimmte WEBER mit dem von ihm erfundenen Erdinduktor[5]). Sein Gesetz gestattet ihm aber auch, unabhängig vom Erdmagnetismus eine elektrodynamisch absolute Messung auszuführen, wenn man die Wirkung zweier Stromkreise aufeinander betrachtet, so erhält man eine elektrodynamische Einheit der Intensität, die sich zur magnetelektrischen wie $1 : \sqrt{2}$ verhält, und eine elektromotorische Einheit, die sich zur magnetelektrischen wie $\sqrt{2} : 1$ verhält.

Endlich kann sein Gesetz ihm auch ein mechanisches Maßsystem liefern, er schreibt es zu dem Zweck

$$K = \frac{e \cdot e_1}{r^2}\left\{1 - \frac{1}{c^2}\left(\frac{dr}{dt}\right)^2 + \frac{2r}{c^2}\frac{d^2r}{dt^2}\right\} = \frac{e\,e^1}{r^2}\left\{1 - \frac{1}{c^2}\left(\frac{dr}{dt}\right)^2\right\}, \quad \text{wenn} \quad \frac{d^2r}{dt^2} = 0 \text{ ist.}$$

Die Bedeutung von c ist dann die relative konstante Geschwindigkeit, bei welcher die beiden elektrischen Teilchen keine Wirkung aufeinander ausüben. Es handelt sich also darum, c möglichst genau zu bestimmen. Das tat WEBER in Verbindung mit R. KOHLRAUSCH[6]), nachdem er die Methode der Messung schon in der Arbeit von 1852 angegeben hatte. Das Resultat $c = 41\,949$ geogr. Meilen hatte die gleiche Größenordnung wie die Lichtgeschwindigkeit, und es ist nicht verwunderlich, daß WEBER daraufhin einen inneren Zusammenhang zwischen

[1]) Abhandlgn. d. Berl. Akad. 1847, S. 48.
[2]) Leipziger Abhandlgn. 1852, S. 310.   [3]) Pogg. Ann. Bd. 104, S. 266. 1858.
[4]) Leipziger Abhandlgn. 1852, S. 199.   [5]) Ebenda S. 252.
[6]) Leipziger Abhandlgn. Bd. 5, S. 228. 1857.

Elektrizität und Licht voraussagte. Wir kommen auf diese Frage unten noch zurück. Das Wesentliche dieser Arbeit war, daß man ausgehend entweder von der elektrostatischen Einheit nach Coulombs Gesetz oder von der elektrodynamischen Einheit oder endlich von der elektromagnetischen Einheit aus ein rein mechanisches Maßsystem hatte, welches auf Länge, Masse und Zeit gegründet war und damit den Subjektivismus ausschloß. Weber zeigte dann auch, wie man das chemische Strommaß auf dies absolute zurückführen kann.

Inzwischen hatte die Brit. Assoc. eine Kommission eingesetzt, welche unter Leitung von W. Thomson ein absolutes elektrisches Maßsystem ausarbeiten sollte. Besonders handelte es sich um eine Normaleinheit des Widerstandes. Da für die praktischen Bedürfnisse die Webersche Widerstandseinheit zu klein war, nahm man das 10^{10} fache derselben und nannte es ein Ohmad, während sie für die Intensität die Webersche elektromagnetische Einheit als 1 Weber gebrauchten. Er selbst prüfte[1]) die von Thomson geschickten Etalons und fand sie nicht genau genug, sie gaben $10293 \cdot 10^3$ m/sec. Diese Prüfung gibt Weber Veranlassung, die verschiedenen Meßmethoden und Apparate zu untersuchen. Dabei beschreibt er eingehend die drei Widerstandsmethoden und stellt fest, daß bei der Stromteilung die Methode des Differentialgalvanometers sicherer ist, wenn es sich um Gleichmachung zweier Widerstände handelt, dagegen die Brückenkombination, wenn es sich um Vergleichung zweier Widerstände handelt. Als dann der Elektriker-Kongreß in Paris 1881 zusammentrat und das Zentimeter-Gramm-Sekunden-System einführte[2]), ist auf Antrag der deutschen Delegation unter Leitung von Helmholtz der von den Engländern bereits eingeführte und hier vorgeschlagene Name Weber durch Ampère ersetzt!

Aus der großen Zahl von Arbeiten, welche das Webersche Gesetz zugrunde legen, nenne ich besonders die beiden Arbeiten von Kirchhoff: „Über die Bewegung der Elektrizität in Drähten"[3]) und „Die Bewegung der Elektrizität in Leitern"[4]). Die erste Arbeit liefert das Potential der Selbstinduktion, die zweite gibt die Verteilung freier Elektrizität im Innern und auf der Oberfläche des Leiters und die viel gebrauchten Kirchhoffschen Differentialgleichungen für die Stromdichten nach den Koordinatenachsen in einem beliebigen Punkte des Leiters.

Weber selbst legte seine Auffassung auch der Behandlung des Diamagnetismus zugrunde. Der Diamagnetismus war in seiner Bedeutung zuerst von Faraday 1846 zunächst an Wismut und Antimon erkannt[5]), dann an vielen anderen Körpern nachgewiesen. Er hatte seine ursprüngliche Ansicht von der diamagnetischen Polarität fallen lassen, um eine Art Influenz an die Stelle zu setzen, während Plücker[6]), Weber[7]) u. a. den Nachweis der Polarität erbrachten. Nun untersucht Weber mit seinem Diamagnetometer den Diamagnetismus genauer[8]). Er stellt auf sinnreiche Art Elektrodiamagnete her, deren Kraft meßbar ist, obwohl die äußere Wirkung der Stromspirale sehr viel stärker ist als die äußere Wirkung des Diamagneten. Damit konnte Weber nun die Stärke des Diamagnetismus im Wismut messen und sogar durch denselben Induktionsströme erzeugen. Er stellt sich dann den Vorgang des Diamagnetismus so vor, daß durch den erregenden Strom Molekularströme in festen Bahnen um die Moleküle erzeugt werden, die widerstandslos rotieren und darum weiterbestehen, bis durch das Aufhören des erregenden Stromes die entgegengesetzte

[1]) Göttinger Abhandlgn. Bd. 10, S. 1. 1862.   [2]) Wied. Ann. Bd. 14, S. 708. 1881.
[3]) Pogg. Ann. Bd. 100, S. 193. 1857.   [4]) Pogg. Ann. Bd. 102, S. 529. 1857.
[5]) Pogg. Ann. Bd. 67, S. 440; Bd. 69, S. 289. 1846; Bd. 70, S. 43. 1847; Erg.-Bd. 3, S. 73. 1852.   [6]) Pogg. Ann. Bd. 72, S. 343. 1847, bis Bd. 75, S. 413. 1848.
[7]) Pogg. Ann. Bd. 73, S. 241. 1848.   [8]) Leipziger Abhandlgn. Bd. 1, S. 485. 1852.

Wirkung, d. h. das Verschwinden der Molekularströme, bewirkt wird. Damit erklärt sich die Unmöglichkeit, permanente Diamagnete zu erzeugen, ebenso der FARADAYsche Satz, daß im magnetischen Felde magnetische Körper sich von Punkten schwächerer Intensität zu Punkten stärkerer Intensität, aber diamagnetische Körper umgekehrt von Punkten stärkerer zu Punkten schwächerer Intensität sich begeben. Die Theorie WEBERS ist gewiß nicht das Ideal einer Theorie, aber die neueren Versuche, eine Theorie zu geben, leisteten auch nicht mehr.

Freilich ist schon BRUGMANS bei seiner ausgedehnten Untersuchung über magnetische Kräfte in den verschiedensten Körpern, die er in kleinen Schiffchen auf Wasser schwimmen ließ, auf das eigenartige Verhalten des Wismut aufmerksam geworden, doch wollte er dasselbe auch bei einem Stückchen eines Mühlsteines entdeckt haben, und durch die Wirkung des Feuers sollte die Abstoßung des Wismuts durch die Magnetpole in eine Anziehung verwandelt werden[1]). Ähnliche Versuche hat COULOMB 1812 dem Institut in Paris vorgetragen. Dann hat A. BECQUEREL der Philomatischen Gesellschaft 1827 unter vielen anderen Versuchen mitgeteilt, daß Bi und Sb beide Pole abstießen[2]). Er arbeitete mit einer astatischen Nadel, wie sie TRÉMERY zuerst gebraucht hat. In einen Strohhalm werden von beiden Seiten zwei kleine Magneten, mit gleichen Polen einander zugewandt, gesteckt, so daß, wenn der Strohhalm nun am Kokonfaden horizontal schwingt, der Erdmagnetismus ausgeschaltet ist[3]). Besonders intensiv mit der Verbreitung magnetischer Körper hat sich SEEBECK beschäftigt und auch viele Legierungen auf Magnetismus untersucht. Dabei findet er, daß durch einen Zusatz von Antimon zu Eisen die magnetische Eigenschaft des Eisens aufgehoben werden kann. Wunderbarerweise aber hält er reines Wismut und reines Antimon für indifferent. Er wollte das verschiedene Verhalten erklären durch einen „Transversalmagnetismus“ im Gegensatz zum longitudinalen Magnetismus des Eisens[4]).

WEBER hat mit seinem Erdinduktor auch die zuverlässigste Methode angegeben, die Inklination zu bestimmen, indem die horizontalen und vertikalen Komponenten genau gemessen werden[5]), und sie ist vielfach dazu benutzt worden. Die Messung der Intensität des Stromes bei diesen Untersuchungen WEBERS geschahen durchweg mit einem von ihm konstruierten Spiegelgalvanometer mit starker Dämpfung. WEBER macht auf die Notwendigkeit der Aperiodizität wiederholt aufmerksam. Die modernen Apparate sind nach diesem Prinzip gebaut und finden ihren ersten Vertreter in dem aperiodischen Galvanometer von W. SIEMENS mit dem „Glockenmagneten“[6]). SIEMENS war es auch, der zuerst eine praktisch brauchbare Widerstandseinheit herstellte. Nachdem sich herausgestellt hatte, daß alle festen metallischen Leiter im Laufe der Zeit ihren spezifischen Widerstand änderten, fand SIEMENS, daß Quecksilber für lange Zeit konstante Leitfähigkeit hat. So nahm er als Widerstandseinheit die einer Quecksilbersäule von 1 m Länge und 1 qmm Querschnitt[7]). Der Vergleich mit dem normalen Ohm gab 1 Ohm $\sim$ 1,06 S.E.

Außer WEBER haben sich auch andere um ein elektrisches Grundgesetz bemüht. Nahezu gleichzeitig mit WEBER veröffentlichte GRASSMANN (1809 bis 1877) seine im Gegensatz zu AMPÈRE aufgestellte Theorie[8]). Bei AMPÈRE wirken Stromelemente aufeinander in Richtung der Verbindungslinie der Elemente, bei GRASSMANN stoßen diese Kräfte senkrecht gegen das affizierte Element.

[1]) Magnetismus seu de affinitatibus magn. observ., 1778, S. 130.
[2]) Pogg. Ann. Bd. 10, S. 292. 1827.   [3]) Journ. d. Min. Bd. 6. 1797.
[4]) Pogg. Ann. Bd. 10, S. 203. 1827; Bd. 12, S. 352. 1828.
[5]) Göttinger Abhandlgn. Bd. 5, S. 53. 1853.   [6]) Berl. Ber. 1873, S. 748.
[7]) Pogg. Ann. Bd. 110, S. 1 u. 471. 1860.   [8]) Pogg. Ann. Bd. 64, S. 1. 1845.

Er geht von „Winkelströmen" aus, die, von einem Scheitelpunkt ausgehend, in den Schenkeln verlaufen. Aus solchen Winkelströmen denkt sich Grassmann jeden geschlossenen Stromkreis bestehend und kommt für geschlossene Stromkreise zu den gleichen Resultaten wie Ampère, aber er verstößt gegen das Prinzip von der Gleichheit von Wirkung und Gegenwirkung. Stefan (1835—1893) hat eine eingehende Vergleichung dieser Ampèreschen und Grassmannschen Formeln geliefert[1].

Riemann (1826—1866) hatte aus der Gleichung für die Fortpflanzung von Schwingungen in elastischen Medien das Potential zweier Elektrizitätsteilchen e und e_1 aufeinander in der Entfernung r abgeleitet:

$$D = \frac{1}{c^2} \frac{e \cdot e_1}{r} \left\{ \left(\frac{dx}{dt} - \frac{dx_1}{dt}\right)^2 + \left(\frac{dy}{dt} - \frac{dy_1}{dt}\right)^2 + \left(\frac{dz}{dt} - \frac{dz_1}{dt}\right)^2 \right\}[2].$$

Sowohl für das Webersche wie für Riemanns Gesetz muß vorausgesetzt werden, daß die positiven und negativen Elektrizitätsteilchen im galvanischen Strom gleiche Geschwindigkeit haben.

Um von dieser Annahme frei zu sein, stellte Clausius ein anderes Gesetz auf, wobei es zulässig ist, daß sich im galvanischen Strom nur eine Art der Elektrizität bewegt. Das elektromagnetische Potential ist dann

$$V = K \frac{e \cdot e_1}{r} \left(\frac{dx}{dt} \cdot \frac{dx_1}{dt} + \frac{dy}{dt} \cdot \frac{dy_1}{dt} + \frac{dz}{dt} \cdot \frac{dz_1}{dt}\right)[3],$$

wo $K = \dfrac{2}{c^2}$ ist.

An diese drei Grundgesetze hat sich eine lange und ausgebreitete Diskussion geknüpft, auf die im einzelnen einzugehen hier nicht möglich ist. Gegen das Webersche Gesetz hat sich besonders Helmholtz gewandt, den Verlauf der Diskussion mit Weber habe ich ausführlich dargestellt[4]. In diese Diskussion hat auch C. Neumann (1832—1925) eingegriffen und nicht unwesentlich zur Klärung der Frage beigetragen[5]. Außerordentlich klar ist die Auseinandersetzung von Mathieu (1835—1890) über die Grundgesetze[6]. Er sagt, daß bei den Voraussetzungen der Gültigkeit des Prinzips der Erhaltung der Energie, des Prinzips der Gleichheit von Aktion und Reaktion, der Annahme, daß zwei auf ihrer Verbindungslinie senkrechte, gleichgerichtete Stromelemente sich umgekehrt proportional dem Quadrat der Entfernung anziehen, unabhängig von ihrer Krümmung, nur das Webersche Gesetz zulässig ist. Ebenso ergibt sich, daß, wenn nur die positive Elektrizität sich bewegt, die negative aber fest mit dem Leiter verbunden ist, zwei elektrische Moleküle nur nach dem Weberschen Gesetz aufeinander wirken können. Dahin gehört auch das Resultat, daß die Ergebnisse des Rowlandschen Versuches über den Konvektionsstrom auch nur mit dem Weberschen Gesetz übereinstimmen[7].

Inzwischen hatte sich in England eine andere Theorie von den elektromagnetischen Erscheinungen ausgebildet im engen Anschluß an Faradays Vorstellungen und eingeleitet durch die Erstlingsarbeit von W. Thomson auf dem Gebiet der theoretischen Physik[8], in welcher er die Analogien zwischen den elektrischen und elastischen Erscheinungen aufsucht und den ersten Versuch macht, mit den Gleichungen der Elastizitätstheorie elektrische Experi-

---

[1] Wiener Ber. Bd. 59, II. 1869.
[2] Pogg. Ann. Bd. 131, S. 257. 1867; Schwere, Elektr. und Magnetismus (Hattendorff), 1876, S. 326.   [3] Pogg. Ann. Bd. 156, S. 657. 1875; Wied. Ann. Bd. 1, S. 14. 1877.
[4] Hoppe, Geschichte der Elektrizität, S. 489 ff. 1884.
[5] Elektrische Kräfte, 1873; Leipziger Abhandlgn. Bd. 11, S. 77. 1875.
[6] Ann. de l'école norm. Bd. 9, S. 187. 1880.   [7] Pogg. Ann. Bd. 158, S. 487. 1876.
[8] Cambr. a. Dubl. Math. Journ. Bd. 2, S. 61. 1847.

mente zu behandeln. Durch diese THOMSONsche Arbeit wurde CLERC MAXWELL (1831—1879) für diese Untersuchungen begeistert, und schon in seiner ersten Arbeit zeigte er[1]), daß der **Vektor der magnetischen Induktion** dargestellt werden kann als die Geschwindigkeit in einer **inkompressiblen** Flüssigkeit. Es kann hier nicht meine Aufgabe sein, die große Reihe der MAXWELLschen Arbeiten aufzuzählen und zu charakterisieren. Er hat sie zusammengefaßt in dem zweibändigen Werk „Treatise"[2]), aus dessen reichem Inhalt ich nur einige Resultate angeben kann. Die statischen Erscheinungen behandelt er ganz im FARADAYschen Sinne. Die Polarisation in einem Dielektrikum besteht in einer elektrischen Verschiebung, die für einen Punkt X proportional $\dfrac{e}{r^2}$ ist, wenn e die Ladung ist, r die Entfernung des Punktes X von e. Hat man also eine Kugeloberfläche mit der Ladung e, so ist die Verschiebung auf der durch X gehenden konzentrischen Kugel $E = \dfrac{e \cdot 4\,r^2\,\pi}{r^2} = 4\,\pi\,e$. Wird in einem Leiter ein Strom erzeugt, sei es durch Elemente, sei es durch Bewegung im magnetischen Felde, so wird dazu Energie verbraucht, die teils als Wärme, teils als Arbeit, teils als Stromverstärkung erscheint; in allen Fällen handelt es sich um Bewegungsvorgänge, und man kann auf die einzelnen die mechanischen Bewegungsgleichungen anwenden. MAXWELL nimmt sie in der HAMILTONschen Form an. Mit dieser Zerlegung behandelt er dann die elektrodynamischen und elektromagnetischen Erscheinungen. So findet er die Gleichungen für die induzierte elektromotorische Kraft, die Stromdichtigkeiten und die Gleichungen für die magnetische Kraft. Es ergeben sich aus dieser Grundanschauung heraus alle Gesetze von den COULOMBschen der Abstoßung zweier Magnetpole bis zu den elektrodynamischen, aber es ist immer als Träger aller dieser Wirkungen, ein Medium von der Elastizität eines festen Körpers gedacht, in welchem sich Schwingungen mit der Geschwindigkeit $V = \dfrac{C}{\sqrt{\mu \cdot K}}$ fortpflanzen, wo K die **Dielektrizitätskonstante,** μ die **magnetische Verteilungskapazität** ist. Wendet man dies an auf Luft und mißt nach elektrostatischen Einheiten, so ergibt sich die Fortpflanzungsgeschwindigkeit $\infty\,3 \cdot 10^{10}$ cm/sec $= C$. Hat man einen nichtleitenden, nichtmagnetischen Körper mit der Dielektrizitätskonstante K_n, so ist dort die Fortpflanzungsgeschwindigkeit $C_n = \dfrac{1}{\sqrt{K_n}} \cdot C$, und da $\dfrac{C}{C_n}$ der Brechungsindex n ist, folgt $K_n = n^2$! Damit war die Grundlage für die **elektromagnetische Lichttheorie** gegeben, nach der man schon lange gesucht hatte.

Die ersten Hinweise auf einen Zusammenhang zwischen Magnetismus und Licht gab die Entdeckung der **Drehung der Polarisationsebene durch ein Magnetfeld.** Die erste Äußerung über einen solchen Zusammenhang findet sich in einem Brief von J. HERSCHEL an FARADAY[3]), wo er sagt, er sei überzeugt, „that the plane of polarization would be deflected by magnetoelectricity". Darauf versuchte FARADAY dies, indem er einen polarisierten Lichtstrahl in einen stromdurchflossenen Elektrolyten fallen ließ, natürlich vergeblich[4]). Aber 1845 gelang ihm der Versuch, er brachte ein schweres Flintglas zwischen die Pole eines kräftigen Hufeisenmagneten[5]). War der Strom nicht geschlossen, wenn er einen polarisierten Lichtstrahl durch das Glas schickte, so zeigte ihm der Analysator keine Wirkung, sobald aber der Elektromagnet geschlossen wurde,

---

[1]) Trans. Cambr. Phil. Soc. Bd. 10, S. 27. 1855.
[2]) Treatise on Electr. a. Magn. 1873, 2. Aufl. 1881.   [3]) JONES, Life of Faraday, S. 205.
[4]) Exp. res. § 951. 1834.   [5]) Exp. res. § 2152—2164. 1845.

erschien das bei gekreuzten Nicols entstehende dunkle Feld wieder hell, und er war genötigt, den Analysator um einen Winkel zu drehen zur Wiederherstellung des dunklen Feldes. Die Erscheinung trat ein, wenn die Richtung des Lichtstrahls den Kraftlinien parallel lag, und zwar mußte der Analysator nach rechts gedreht werden, wenn der Nordpol beim Analysator, der Südpol beim Polarisator lag. Alsbald wurde diese Entdeckung überall nachgeprüft, besonders ist A. BECQUERELS Einrichtung zu nennen, der die Polschuhe seines Elektromagneten in Richtung der Kraftlinien durchbohrte und den polarisierten Strahl durch diesen Kanal gehen ließ[1]). Ebenso konnte beim RUHMKORFFschen Apparat die Durchbohrung angebracht werden[2]). FARADAY hatte schon bemerkt, daß eine Drahtspule ohne Eisenkern dasselbe leiste; es war daher sehr bequem, daß G. WIEDEMANN die Flüssigkeitsröhre einfach in das Solenoid steckte[3]). VERDET (1824—1866) teilte die Körper in positiv und negativ drehende, bei den ersteren, z. B. Wasser und allen nichtmagnetischen durchsichtigen Körpern, erfolgt die Drehung in gleichem Sinne, wie das Gewinde des erzeugenden Stromes angibt, die negativen, z. B. Lösungen von Eisensalzen, drehen in entgegengesetztem Sinne. In Lösungen und Gemischen ist die Gesamtdrehung gleich der algebraischen Summe der Drehvermögen der Einzelbestandteile[4]) und, wie FARADAY (l. c.) schon fand, proportional der Intensität des Magnetfeldes und der Dicke der durchlaufenen Schicht. Bezeichnet α den Winkel zwischen der Richtung des Lichtstrahls und der axialen Richtung der magnetischen Wirkung, so ist der Winkel, um welchen die Polarisationsebene gedreht wird, dividiert durch $\cos\alpha$, eine Konstante, die nur von der Substanz des Körpers abhängt.

Eine Theorie für die Drehung der Polarisationsebene gab auf Grund der Annahme von Molekularströmen C. NEUMANN[5]), es zeigte sich darin bereits der Einfluß der Wellenlänge. In bezug darauf fand VERDET, daß die magnetische Drehung nahezu dem umgekehrten Quadrat der Wellenlänge proportional sei[6]). Aus MAXWELLS Theorie ergab sich, daß die Drehung zwischen zwei Punkten des Magnetfeldes mit den Potentialen V_1 und V_2 ist $R = \varrho\,(V_1 - V_2)$, wo ϱ die VERDETsche Konstante bedeutet[7]). Aber sein Versuch, eine allgemeine Beziehung zwischen Wellenlänge und Drehung zu finden, ist völlig mißlungen, seine Formel paßt für Schwefelkohlenstoff, aber versagt gänzlich bei Kreosot. Ebenso erfolglos waren BECQUERELS Versuche[8]). Daß auch Gase im Magnetfelde die Polarisationsebene drehen, zeigten KUNDT und RÖNTGEN[9]). Daß die Drehung sich auch auf Wärmestrahlen bezieht, fand WARTMANN zuerst[10]). Ein Temperatureinfluß wurde von DE LA RIVE festgestellt[11]), und zwar bei Temperaturerhöhung eine Verminderung der Drehung, aber bei Flintglas fand JOUBERT eine Vermehrung[12]).

In einer Reihe von sechs Arbeiten stellte KERR (1824—1907) fest, daß die Dielektrika und auch schlechtleitende Substanzen in einem starken elektrischen Felde die Eigenschaft der Doppelbrechung bekommen, die nach Aufhören des Feldes wieder vollständig verschwand. Sie verhalten sich wie einachsige Kristalle, und der Grad der Doppelbrechung ist nahezu proportional dem Quadrat der Intensität des elektrischen Feldes[13]). Dann entdeckte KERR die als Kerr-

---

[1]) C. R. Bd. 22, S. 952. 1846.   [2]) C. R. Bd. 23, S. 417. 1846.
[3]) Pogg. Ann. Bd. 82, S. 215. 1851.
[4]) Ann. chim. phys. Bd. 41, S. 370. 1854, bis Bd. 49, S. 415. 1863.
[5]) Dissert. Halle 1858; Die magnetische Drehung der Polarisationsebene. 1863.
[6]) C. R. Bd. 56, S. 630. 1863.   [7]) Treatise on Electr. a. Magn. Bd. II, S. 400. 1873.
[8]) C. R. Bd. 85, S. 1227. 1877; Journ. de phys. Bd. 9, S. 215. 1880.
[9]) Wied. Ann. Bd. 6, S. 332. 1879; Bd. 8, S. 278. 1879.   [10]) Journ. de l'Inst. 1846, 6. Mai.
[11]) Ann. chim. phys. Bd. 22, S. 24. 1871.   [12]) C. R. Bd. 87, S. 984. 1878.
[13]) Phil. Mag. (5) Bd. 1, S. 337. 1875, bis Bd. 13, S. 248. 1882.

effekt bezeichnete Erscheinung, daß linear polarisiertes Licht nach Reflexion an einem Magnetpol eine Drehung der Polarisationsebene erleidet[1]). Versuche hierfür eine Erklärung zu finden, scheiterten, bis KUNDT zeigte, daß sich der Vorgang sehr gut erklären lasse, wenn man annehme, daß das Licht bei Reflexion etwas in die reflektierende Substanz eindringe[2]). Durch die aus der Elastizitätstheorie abgeleiteten Gleichungen von VOIGT ergibt sich eine theoretische Erklärung dieser Erscheinungen[3]), doch enthielt sie nicht alle Erscheinungen, welche mit dem Kerreffekt verbunden sind. Eine Lösung des Problems gab erst DRUDE (1863—1906) in seiner großen Abhandlung[4]), die auch die allgemeinen Gleichungen der magnetelektrischen Lichttheorie erst so erweiterte, daß sie allen bis dahin beobachteten Erscheinungen gerecht wurde, vor allem auch denen von RIGHI[5]). Er erweitert die magnetoptische Theorie durch die beiden fundamentalen Voraussetzungen: 1. die magnetische Kraft ist Lichtvektor und liegt in der Polarisationsebene, 2. die elektrische Kraft ist Lichtvektor und liegt senkrecht zur Polarisationsebene.

Wunderbarerweise ist der Kerreffekt von verschiedenen Physikern zur Erklärung des Halleffekts herangezogen, obwohl gerade das Metall, bei welchem der Halleffekt am stärksten auftritt, Wismut, für den Kerreffekt ganz versagt. Die HALLsche Entdeckung besteht darin, daß in den meisten dünnen Metallblättern durch das magnetische Feld (senkrecht zur Metallfläche) ein durch das Blatt fließender Strom abgelenkt wird[6]). Die zahlreichen Versuche, diese Erscheinungen zu erklären, übergehe ich, da sie sich als unhaltbar erwiesen haben. Am einleuchtendsten ist die Erklärung von BOLTZMANN, welche durch einige Experimente gestützt wurde[7]).

Es ist selbstverständlich, daß auch durch die Entladung einer KLEISTschen Batterie mittels einer Drahtspirale die Drehung der Polarisationsebene erzeugt werden kann, da ja auch dadurch ein Magnetfeld gegeben ist. An Schwefelkohlenstoff und Flintglas ist dies ausdrücklich durch Versuche von BICHAT und BLONDLOT bestätigt[8]).

Es ist auffallend, daß MAXWELLS Theorie der magnetelektrischen Erscheinungen sich zunächst sehr langsam durchzusetzen vermochte, sowohl in Deutschland wie auch in England. Es liegt das zweifellos nicht sowohl an der Neuheit des Grundgedankens, denn in dieser Richtung hatte FARADAY sehr wertvoll vorgearbeitet, oder der Schwierigkeit der mathematischen Entwicklung der Theorie, sondern an dem nicht gerade logischen Aufbau der MAXWELLschen Gleichungen, die, wie ich oben erwähnte, ihren Ausgangspunkt bei den Bewegungsgleichungen der Mechanik im HAMILTONschen Sinne nehmen und unter Voraussetzung eines starrelastischen Zustandes des Mediums entwickelt werden. Erst durch HERTZ' Ableitung in Deutschland und durch HEAVISIDE in England wurde dem System eine Form gegeben, die sich einbürgerte. Eine Analyse dieser Arbeiten zu geben, ist schon des Raumes wegen nicht möglich, ich verweise auf die Hauptwerke beider Forscher, worin ihre Arbeiten zusammengefaßt sind. Historisch ist zu bemerken, daß H. HERTZ (1857—1894) seine erste Arbeit über diese Theorie 1884 veröffentlichte[9]), worin er nachweist, daß die bisherige Elektrodynamik, wie sie von F. NEUMANN und WEBER aufgebaut war,

---

[1]) Phil. Mag. Bd. 3, S. 321. 1877; Bd. 5, S. 161. 1878.
[2]) Wied. Ann. Bd. 23, S. 228. 1884.   [3]) Wied. Ann. Bd. 23, S. 493. 1884.
[4]) Wied. Ann. Bd. 46, S. 353. 1892.
[5]) Ann. chim. phys. Bd. 4, S. 433. 1885, bis Bd. 10, S. 200. 1887.
[6]) Sill. Journ. Bd. 20, S. 161. 1880; Phil. Mag. Bd. 12, S. 157. 1881.
[7]) Wiener Ber. Bd. 94, S. 144. 1886.
[8]) C. R. Bd. 94, S. 1590. 1882; Bd. 106, S. 349. 1888.
[9]) Wied. Ann. Bd. 23, S. 84. 1884.

gewissen Erscheinungen nicht genüge und weitläufige Zusatzglieder erfordere, während die Maxwellsche Grundanschauung zu einem Gleichungssystem führe, welches allen Erscheinungen auf einfachste Weise gerecht werde. Dies Gleichungssystem gibt er hier als Resultat an. Inhaltlich ist dies System identisch mit dem Duplexsystem von Heaviside, welches zuerst als Schlußergebnis einer längeren Reihe von Arbeiten in einer damals noch nicht sehr verbreiteten Zeitschrift am 21. Febr. 1885 bekanntgemacht wurde[1]. Aber Heaviside stellt hier dies System als Grundlage für die ganze Entwicklung dar und baut darauf die Elektrodynamik auf. Hertz hat einen ähnlichen, aber doch umfassenderen Aufbau erst in der großen Arbeit von 1890 vollzogen, weil er in der Zwischenzeit seine große Entdeckung der elektrischen Wellen ausbaute[2]. Auch Hertz gab dann im Jahre 1892 eine zusammenfassende Darstellung[3]. Dadurch, daß Hertz in seiner Arbeit von 1890 die Heavisidesche Publikation erwähnt, ist sie wohl erst allgemeiner bekannt geworden, da aber die Fundamentalgleichungen tatsächlich ein Jahr früher von Hertz veröffentlicht sind als von Heaviside, ist es ganz in der Ordnung, daß sie nach Hertz benannt werden[4].

Die Entdeckung der elektrischen Wellen war die Krönung langer Bemühungen und konsequenter Durcharbeitung der Grundanschauung über die Ausbreitung der elektrischen Kraft, welche sich Hertz gebildet hatte. Gewiß, es lagen Feddersens Versuche über oszillatorische Entladungen vor, aber die lagen seit 30 Jahren vor, und doch war kein Physiker auf die Idee gekommen, von hier aus den Nachweis zu liefern, daß es elektrische Wellen genau so wie Lichtwellen gebe. Mag sein, daß in einzelnen Köpfen der Gedanke, man könne elektrische Wellen nachweisen, aufgetaucht ist, wie z. B. ein Kommilitone, als ich in Leipzig studierte, in einem Kolloquium den Vorschlag machte, durch ein Harzprisma elektrische Wellen von optischen Wellen zu trennen. Aber das waren Phantasien. Hertz selbst hat dann die Fortpflanzungsgeschwindigkeit, Reflexion, Brechung und Polarisation der elektrischen Wellen nachgewiesen und gemessen. Natürlich kann ich hier nicht auf diese Arbeiten und die von vielen Hunderten anderer Physiker, die sich um die Erforschung der elektrischen Wellen verdient gemacht haben, eingehen, das würde ein Buch für sich werden.

Als es nun v. Helmholtz gelang, mit der elektromagnetischen Lichttheorie auch die Farbenzerstreuung abzuleiten[5] unter Annahme des Mitschwingens der ponderablen Materie, nachdem es Poynting gelang[6], mit den Maxwellschen Gleichungen die Energieströmung abzuleiten, und als v. Helmholtz endlich die Theorie der Ätherströmungen begründet hatte[7], da war so ziemlich allgemein anerkannt, daß die alte Idee Eulers, daß der Äther in seinen Schwingungen sowohl Licht wie Elektrizität wie Magnetismus erzeugen müsse, nun realisiert sei, und man glaubte die noch nicht aufgeklärten Fragen mit dieser Anschauung durchaus auflösen zu können. Und doch trat gerade in v. Helmholtz' Erklärung der Farbenzerstreuung die Schwierigkeit bereits deutlich hervor, welche zu einer veränderten Auffassung führen mußte. Er mußte da die für die Elektrolyse grundlegende Vorstellung von Ionen mit dem Maxwell-Hertzschen Gleichungssystem in Verbindung bringen. Das soll so geschehen: Man braucht nur den Integrationskonstanten reelle Substantialität zu verleihen und die Annahme hinzuzufügen, daß die Zentralpunkte elektrischer

---

[1] Electrician 1885, Februar; Phil. Mag. 1888, Februar; zusammengefaßt in Electrical Papers, 2 Bde. London 1892.

[2] Wied. Ann. Bd. 31, S. 421 u. 543. 1887; Bd. 34, S. 551 u. 609. 1888; Bd. 36, S. 1. 1889.

[3] Ausbreitung der elektrischen Kraft, 1892; Ges. Abhandlgn. Bd. II.

[4] Wied. Ann. Bd. 40, S. 577; Bd. 41, S. 369. 1890; Göttinger Nachr. 1890, S. 106.

[5] Wied. Ann. Bd. 48, S. 339. 1893.   [6] Phil. Trans. 1884. S. 343.

[7] Berl. Ber. 1893, 3. Juli; Wied. Ann. Bd. 53, S. 135. 1894.

Kräfte bei chemischer Aktion von einem zum anderen Ion hinübergleiten können. Man wird zugeben, daß die Vorstellung, daß konstante Zahlenwerte substantielle Realität besitzen sollen, eine große Schwierigkeit involviert, und das Gleiten von Zentralpunkten läßt sich mathematisch freilich sehr leicht denken, aber physikalisch?

In der Tat hat die elektrolytische Leitung den einen Weg angegeben, auf welchem man zu der modernen Auffassung von Elektronen gekommen ist. Schon RITTER hatte erklärt[1]), daß bei der Wasserzersetzung und bei der von Metall-salzlösungen die Zersetzungsteilchen konstante elektrische Ladung besäßen. Diese geladenen Teilchen nannte ja FARADAY (s. oben) Ionen, und HITTORF hatte (s. oben) gezeigt, daß auf dem Transport dieser Ionen die ganze Leitfähig-keit der Lösungen beruhe. Gerade v. HELMHOLTZ hat diese Bedeutung der Ionen als Wesen der FARADAYschen Vorstellung scharf herausgehoben in seiner „Faraday Lecture" am 5. April 1881. Ich gebe den Originaltext[2]): The same definite quantity of either positive or negative electricity moves always with each univalent ion, or with every unit of affinity of a multivalent ion, and accompagnies it during all its motions through the interior of the electrolytic fluid. This quantity we may call the electric charge of the atom (S. 69). Every unit of affinity is charged with one equivalent either of positive or of negative electricity (S. 86). Später nennt v. HELMHOLTZ in seinen Arbeiten diese Ladung eines einwertigen Ions das Elementarquantum, so auch in der schon mehr-fach erwähnten Arbeit über die Farbenzerstreuung.

Von ganz anderen Gesichtspunkten aus kam in einer nahezu gleichzeitigen Vorlesung G. JOHNSTONE STONEY (1826—1911) zu analoger Betonung der Elementarladung. STONEY übte Kritik an den international festgesetzten Ein-heiten und hielt in der Dubliner Royal Society am 16. 2. 1881 eine „Lecture on the physical Units of Nature". Er sagt[3]): Die Natur bietet uns eine ganz bestimmte Quantität von Elektrizität unabhängig von besonderen Körpern, auf welche sie wirkt, als Einheit in dem FARADAYschen Gesetz, daß bei jeder chemischen Zersetzung in der Elektrolyse eine ganz bestimmte Quantität Elektrizität, die in allen Fällen dieselbe bleibt, mit den Ionen verbunden ist, die will ich E_1 nennen. Diese Größe ist auf folgende Art festzulegen. Nach LOSCHMIDTS Messung[4]) sind in einem Kubikmillimeter 10^{18} (genauer $2{,}5 \cdot 10^{18}$) Moleküle, also in einem Liter 10^{24}. Ein Liter H bei Atmosphärendruck wiegt etwa ein Dezigramm, also ist die Masse eines Moleküls $H = 10^{-25}$, ein chemisches Atom H würde also etwa die Hälfte der Masse haben. Für jedes Ampere wird ca. $^1/_{100\,000}$ g H zersetzt, also 100 Amp. zersetzen 1 mg H $p \cdot s$. Diese enthalten 10^{22} Atome, also ist die $E_1 = \dfrac{1}{10^{22}}\, e_1 = \dfrac{1}{10^{20}}$ Amp. Das ist die funda-mentale Einheit. Wenn einige, z. B. G. WIEDEMANN und nach ihm viele andere, behaupten, STONEY habe hier die Ladung eines Ions Elektron genannt, so muß ich feststellen, daß dieser Name in dieser Arbeit von STONEY nicht vorkommt, er redet nur von „Unity of Electricity". Auf dieser Einheit der Elektrizität, die er also in Ampere ausgedrückt hat, will er dann das ganze Maßsystem aufbauen, dann ist die Einheit der Länge $= \dfrac{1}{10^{37}}$ m; Einheit der Zeit $= \dfrac{1}{3 \cdot 10^{45}}$ sec; Einheit der Masse $= \dfrac{1}{10^{7}}$ g.

[1]) Voigts Maga. Bd. II, S. 380. 1800; Gilb. Ann. Bd. 9, S. 281. 1801.
[2]) Journ. chem. soc. Bd. 39, S. 277. 1881; Wissenschaftl. Abhandlgn. Bd. III, S. 52. 1895; darauf beziehen sich obige Seitenangaben.
[3]) Proc. Roy. Soc. Dublin Bd. 3, S. 51. 1881 (speziell S. 54 u. 58).
[4]) Wiener Ber. Bd. 52, II, S. 395. 1865.

Nun hatte WEBER auch die Leitung im allgemeinen, besonders in Drähten, schon wie eine Wanderung konstanter Quanten positiver und negativer Elektrizität behandelt[1]). GIESE hatte die Leitung durch Gase bereits als einen Ionentransport angesehen[2]), und diese Ansicht wurde von SCHUSTER[3]) und ELSTER-GEITEL[4]) weiter ausgeführt und begründet. Besonders hatte H. A. LORENTZ die Farbenzerstreuung aus der elektromagnetischen Lichttheorie dadurch abgeleitet, daß er mit den Ionen eine gewisse Masse verband[5]). Nun nahm GIESE den WEBERschen Gedanken wieder auf und meinte, auch die Metalle hätten Ionen[6]). Jedoch wollte er nicht den Ionen in Metalldrähten eine so große Beweglichkeit zugestehen wie im Elektrolyten, die Ionen sollten sich vielmehr entgegenkommen und ihre Ladung austauschen; immerhin ein etwas schwer vorzustellendes Ereignis. Dagegen hat CHRISTIANSEN (1843—1917) in einer langen Reihe von Arbeiten die Reibungs- und Berührungselektrizität auf die Wirkung von Ionen zurückgeführt, indem er zeigt, wie diese Elektrizitätserzeugung von der Anwesenheit verschiedener Gase abhängig ist und wie der Vorgang erklärlich wird durch Anwesenheit von Ionen[7]). Aber diese Ionentheorie konnte allein nicht zu der modernen Auffassung führen. Es mußte eine zweite hinzukommen.

Es klingt fast wie eine Ironie der Wissenschaftsgeschichte, wenn WHITTAKER bei einer Betrachtung über das sieghafte Fortschreiten der MAXWELLschen Theorie und den Untergang (decay) der WEBERschen von letzterer sagt[8]): Its revival was due largely to the advocacy of Helmholtz, nämlich in seiner „Faraday Lecture". Aber in der Tat, die zweite Quelle der modernen Anschauung ist die WEBERsche Theorie. Während wir in der MAXWELLschen Anschauung Spannungszustände und Wirbel in einem Kontinuum vor uns haben, welches den ganzen Raum, ob leer oder mit Materie erfüllt ist gleichgültig, ausfüllt, hatte WEBER bereits in seiner ersten großen Abhandlung über sein Grundgesetz die Elektrizität ganz atomistisch aufgebaut[9]).

Er geht aus von der Annahme durchaus selbständiger „elektrischer Teilchen" e und e_1, sie können positiv oder negativ sein, es ergibt sich also eine vierfache Möglichkeit der Wirkung, die dadurch auf zweifache reduziert ist, daß es sich um Wechselwirkungen handelt. Er nennt diese kleinen Teilchen bald Moleküle, bald Atome. Wir wollen stets Atome sagen. Diese elektrischen Atome können frei beweglich sein, können aber auch mit ponderabler Masse verbunden sein, sie selbst haben auch Masse, aber von sehr geringer Größe. In der Arbeit zur Galvanometrie[10]) kommt WEBER auf die Wärmewirkung der Elektrizität und deren Erklärung durch die Bewegung der elektrischen Atome. Noch hat er unterschieden zwischen elektrischen Atomen und ponderablen Atomen, aber er meint hier die AMPÈREschen Molekularströme schon so auffassen zu können, daß zwei elektrische Atome umeinander sich bewegen, das eine ruhend, das andere rotierend, und spricht am Schluß der Arbeit die Hoffnung aus, daß der Zusammenhang zwischen Elektrizität, Wärme und Licht durch solche Betrachtung gefördert werden könne. Dadurch wurde FR. KOHLRAUSCH veranlaßt, seine Mitführungstheorie des Wärmestromes und die Erklärung der Thermoströme auszuarbeiten[11]). WEBER selbst führte die Idee der elektrischen Atome weiter[12]) im Jahre 1871. Nachdem er aus seinem Gesetz

---

[1]) Pogg. Ann. Bd. 156, S. 1; Jubil.-Bd. S. 199. 1874/75.
[2]) Wied. Ann. Bd. 17, S. 538. 1882.   [3]) Proc. Roy. Soc. London Bd. 37, S. 317. 1884.
[4]) Wiener Ber. Bd. 97, II, S. 1255. 1888.
[5]) Wied. Ann. Bd. 9, S. 641. 1880.   [6]) Wied. Ann. Bd. 37, S. 576. 1889.
[7]) Wied. Ann. Bd. 53, S. 401. 1894, bis Bd. 62, S. 545. 1897.
[8]) A History of the Theories of Aether etc. Dublin 1910, S. 397.
[9]) Abhandlgn. bei Begründ. d. sächs. Ges. d. Wissensch. 1846, S. 211.
[10]) Göttinger Abhandlgn. Bd. 10, S. 1. 1862.   [11]) Göttinger Nachr. 1874, S. 65.
[12]) Leipziger Abhandlgn. Bd. 10. 1871, u. Werke Bd. IV, S. 247.

für zwei relativ ruhende elektrische Atome das COULOMBsche Gesetz abgeleitet und nachgewiesen hat, daß sein Gesetz ein Potential besitzt, wendet er sich der Bewegung zweier Atome zu. Er betrachtet ein Atompaar, welches nur aus einem positiven und einem negativen bestehen kann, die nun eine Rotation umeinander machen können, da sie eine Anziehungskraft haben. Es ergibt sich, daß dieselben entweder in konstanter Entfernung umeinander kreisen oder zwischen zwei Grenzwerten der Entfernung elliptische oder spiralische Bahnen durchlaufen. Er redet sogar von einem Aggregatzustand der Elektrizität und meint, daß durch die Verschiedenheit dieser Bewegungsmöglichkeiten auch der Aufbau der ponderablen Materie begreiflich sein könne. Man muß dann nur beachten, daß die an den elektrischen Atomen haftenden ponderablen Atome in die Masse eingeschlossen sind, man wird also den elektrischen Atomen e und e_1 bestimmte Massen s und s_1 zuordnen und die Beweglichkeit der e und e_1 hängt von dem Verhältnis der s und s_1 ab. Man kann nun annehmen, daß das eine verschwindende Masse habe, während dem anderen große Masse anhaftet. Er nimmt an, daß letzteres bei dem negativen Atom e_1 stattfinde. Dann wird $-e$ also ruhen, und $+e$ wird es umkreisen, beides zusammen stellt die Masse des ponderablen Moleküls vor. Dadurch ist dann auch der AMPÈREsche Molekularstrom erklärt. Wäre WEBER damals schon imstande gewesen, diese Vorstellung messend zu verfolgen, so hätte er die Rollen von $+e$ und $-e$ natürlich vertauschen müssen. Immerhin ist es bewundernswert, daß sich hier Vorstellungen finden, die 40 Jahre später erst wieder auftauchen. Er leitet ab, daß dieser Rotationszustand beharrlich ist und erklärt nun, wie durch eine „Scheidungskraft" auf der Oberfläche eines Konduktors Ladung entsteht, wie bei einer elektromagnetischen Kraft Leitung, Wärmewirkung, der Peltiereffekt und das Thermoelement entstehen muß.

Aus dem Nachlaß können wir nun konstatieren, daß WEBER diese Ideen noch viel weiter gesponnen hat, als es in den bezeichneten Arbeiten geschehen war. Da heißt es[1]: Jedes ponderable Molekül enthält gleiche Mengen positiver und negativer Elektrizität, deren Massen aber verschieden sind. Es ist nicht nötig, daß nur ein positives und ein negatives Atom ein Molekül bilden, das ist nur beim H der Fall[2]). In den anderen Molekülen sind n positive und n negative elektrische Teilchen, und das n ist das Atomgewicht, z. B. bei Kohlenstoff 12, so daß 1 C ∞ 12 positiven und 12 negativen Atomen. Die ponderablen Moleküle können auch elektrische Trabanten einfangen[3]) und dadurch zu anderen Molekülen werden. Aber es ergibt sich aus dieser Anschauung die Forderung, daß alle Elemente ganzzahlige Atomgewichte haben. Die Bahnen der Trabanten um den Kern sowie die Geschwindigkeiten, mit welchen sie kreisen, können verschieden sein; aus dieser Verschiedenheit folgen die verschiedenen Grade chemischer Aktion. — Hier ist also auch eine Vorahnung des Zerfallgesetzes, welches von ELSTER und GEITEL zuerst ausgesprochen ist[4]), nicht von RUTHERFORD und SODDY, die erst 1902 das Gesetz fanden[5]).

Dem ebenda geäußerten Wunsch WEBERS, mit diesen Anschauungen aus seinem Gesetz auch die Wärme und besonders die Lichterscheinungen ableiten zu können, ist er selbst nähergetreten. Die den Kern umkreisenden positiven Atome brauchen nicht in Kreisbahnen dauernd zu gehen, durch eine Deformation kann ihre Bewegung zu einer Wurfbewegung werden, und so können elektrische Atome herausgeschleudert werden, das ist die Strahlung, sie treffen dann Nachbarmoleküle und gehen da wieder in Rotation über, wenn dort ein anderes positives Atom herausgeschleudert wird. Wenn jetzt eine elektro-

---

[1]) Werke Bd. IV, S. 490. [2]) Werke Bd. IV, S. 496. [3]) Werke Bd. IV, S. 498.
[4]) Wied. Ann. Bd. 69, S. 88. 1899. [5]) Phil. Mag. (6) Bd. IV, S. 376 u. 569. 1902.

motorische Kraft wirkt, so werden alle diese geworfenen positiven Atome aus ihren nach allen Seiten geradlinigen Bahnen abgelenkt in Richtung der elektromotorischen Kraft. Die Größe dieser Ablenkung hängt ab von der mittleren Weglänge, die jedes Atom vom Ort der Ausstrahlung bis zu dem absorbierenden Material zurücklegen muß. Damit berechnet WEBER die „wahre" Strom-, intensität nach mechanischem Maße, ebenso die elektromotorische Kraft und den Widerstand[1]). Hier ist also eine atomistische Theorie geboten, die auch die Lichtstrahlung erklärt, und zwar meint WEBER, daß diese herausgeschleuderten Atome den Gleichgewichtszustand des Äthers stören, und diese Störung werde im Äther als Lichtstrahl = Wellenbewegung fortgepflanzt[2]).

Diese Atomistik der Elektrizität benutzte nun H. A. LORENTZ in seinem berühmten Werke[3]) 1895 zu der Grundlegung der modernen Optik auf Grund der Elektronentheorie. Er sagt selbst (l. c. S. 8), daß seine Annahmen in gewisser Weise eine Rückkehr zu den Anschauungen von WEBER und CLAUSIUS seien. Er ist aber ausgegangen von der MAXWELLschen Theorie der magnetischen Kraft und den dielektrischen Verschiebungen, er spricht auch stets nur von Ionen; denn die Bezeichnung Elektron gab es damals noch nicht. Sie ist in einer nahezu gleichzeitig erschienenen Arbeit von STONEY eingeführt, indem er Elektron nennt „the charge of electricity which are associated with chemical bonds"[4]). Aber diese Bezeichnung hat sich sehr langsam durchgesetzt. LORENTZ und J. J. THOMSON sprechen immer nur vom Ion. PLANCK sagt im Anfang seiner Arbeit zu Ehren von LORENTZ wohl[5]) „Ionen oder Elektronen", gebraucht aber im weiteren Verlauf nur Ionen. Erst seit DRUDE[6]) den Vorschlag gemacht hat, die elektrolytischen Träger der Elektrizität nur Ionen, aber die WEBERschen Atome Elektronen zu nennen, hat sich diese Bezeichnung durchgesetzt.

H. A. LORENTZ hatte die Genugtuung, daß er imstande war, mit seiner Theorie eine Erklärung zu geben für die fundamentale Entdeckung ZEEMANS im folgenden Jahre[7]). Die D-Linie der Kochsalzflamme zeigte in einem schwachen Magnetfelde eine starke Verbreiterung; als er das Feld aber sehr verstärkte, zeigte sich bei Betrachtung in Richtung der magnetischen Kraftlinien die D-Linie aufgespalten in ein Dublet, in der zu den Kraftlinien senkrechten Richtung in ein Triplet. Die LORENTZsche Erklärung verband die CORNUsche Vorstellung von den beiden zirkular polarisierten Wellen mit der Elektronentheorie. Freilich soll FARADAY am Ende seines Lebens sich mit Versuchen beschäftigt haben, die eine Natriumflamme im magnetischen Kraftfelde betrafen, aber er hat darüber nichts veröffentlicht, und ein Resultat ist auch in dem Nachlaß nicht gefunden. TAIT hat bei einer theoretischen Behandlung zirkular polarisierten Lichtes im Magnetfelde die Behauptung begründet[8]), daß eine ursprünglich einfache schwarze Linie in zwei gespalten werden müsse, aber weder ein Experiment noch eine Ausführung über den Sinn einer solchen Erscheinung findet sich bei ihm. So ist ZEEMANS Entdeckung durchaus original, selbst wenn er TAITS Arbeit gekannt hätte.

Die dritte Ursache, warum ich mit dem Jahre 1895 bzw. dieser Zeitepoche einen fundamentalen Einschnitt in die physikalische Forschungsarbeit mache, ist der Kampf um ein Strahlungsgesetz, der sich freilich nicht in ein Jahr konzentriert, aber um 1895 herum zur Entscheidung kam. Ich habe erwähnt,

---

[1]) Werke Bd. IV, S. 509.   [2]) Werke Bd. IV, S. 524.
[3]) Versuch einer Theorie der elektrischen und optischen Erscheinungen. Leiden 1895.
[4]) Phil. Mag. Bd. 40, S. 372. 1895.   [5]) Arch. Néerland. Bd. 5, S. 164. 1900.
[6]) Ann. d. Phys. Bd. 1, S. 566. 1900.
[7]) Proc. Amsterdam Bd. 5, S. 181 u. 242. 1896; mit LORENTZ' Erklärung: Phil. Mag. Bd. 43, S. 226. 1897.
[8]) Proc. Edinburgh Bd. 9, S. 118. 1875.

daß KIRCHHOFF 1859 den „schwarzen Körper" definierte. Die nächste Etappe ist das STEFANsche Strahlungsgesetz, daß die Gesamtstrahlung eines Körpers proportional der vierten Potenz seiner absoluten Temperatur sei[1]), welches von BOLTZMANN für den schwarzen Körper theoretisch begründet ist[2]). E. WIEDEMANN sucht die Theorie durch eine sorgfältigere Begründung des Temperaturbegriffes weiterzubilden[3]), und W. WIEN erweist die wesentliche Bedeutung des zweiten Wärmesatzes für die Strahlung und stellt sein „Verschiebungsgesetz" 1893 auf, er findet ein Strahlungsgesetz 1896 für die Intensität der Strahlung als Funktion der Wellenlänge und der absoluten Temperatur[4]), welches besonders durch PASCHENS Experimentaluntersuchung bestätigt wird[5]). Nun setzen die Untersuchungen von PLANCK[6]) ein von 1897 bis 1901, die von den irreversiblen Strahlungsvorgängen ausgehen, die Wärmestrahlung einbeziehen und die Absorption als eine Resonanzerscheinung auffassen. Die Berechnung der von dem Resonator absorbierten und emittierten Energie gibt eine fundamentale Gleichung zwischen der Energie des Resonators und der Intensität der erregenden Schwingung, worin die Schwingungszahl bereits eine wesentliche Rolle spielt, bis es ihm schließlich gelingt, das Energieelement ε als proportional zur Schwingungszahl nachzuweisen, so daß $\varepsilon = h \cdot v$ als Basis aller Strahlungsvorgänge gewonnen wird[7]) und damit der Grund zur Quantentheorie gelegt ist. Aus Beobachtungen von KURLBAUM und von LUMMER und PRINGSHEIM bestimmt PLANCK $h = 6,55 \cdot 10^{-20}$ Erg/sec.

Das Jahr 1895 hat aber seine wesentlichste Bedeutung dadurch, daß RÖNTGEN durch seine Entdeckung ein völlig neues Gebiet von Naturerscheinungen aufschloß, wo es sich nicht um eine neue Anschauung schon bekannter oder gewohnter Tatsachen, sondern um ein bisher unbekanntes Gebiet handelt. Freilich hat die Röntgenstrahlentdeckung eine Vorgeschichte, und der beliebte „Zufall" spielt bei der Entdeckung eine sehr verschwindende Rolle. Bei seinen ausgedehnten Spektraluntersuchungen an GEISSLERschen Röhren[8]) hatte PLÜCKER beobachtet, daß von der negativen Platinelektrode kleine Teilchen abgerissen wurden und auf der Glaswand sich absetzten, und weiter sah er schon, daß die von ihm beobachtete leuchtende Stelle auf der Glaswand durch die Einwirkung eines Magneten verschoben werden könne. HITTORF fand, daß bei einer punktförmigen Kathode die leuchtende (Phosphoreszenz-) Stelle der Glaswand jener Kathode gegenüberlag, und wenn er zwischen diese Stelle und die Kathode einen festen Körper brachte, nun auf der Glaswand ein Schatten entstand[9]). Daraus schließt er, daß die Kathodenstrahlen geradlinig fortgepflanzt würden. Wenn er aber ein magnetisches Feld erregte, so machten die Strahlen schraubenförmige Windungen. VARLEY stellte nun die Theorie auf, daß die Kathodenstrahlen aus kleinsten Teilchen der Kathode beständen, die wegen ihrer negativen Ladung durch ein Magnetfeld von der geradlinigen Bahn abgelenkt würden[10]). Diese Erklärung nahm RIECKE auf[11]) und leitete theoretisch ab, daß die negativ geladenen Teilchen sich so um die magnetischen Kraftlinien bewegen müssen, wie HITTORF beobachtet hatte. GOLDSTEIN beseitigte die punktförmige Kathode

---

[1]) Wiener Ber. Bd. 79, S. 391. 1879. [2]) Wied. Ann. Bd. 22, S. 291. 1884.
[3]) Wied. Ann. Bd. 34, S. 447; Bd. 38, S. 487. 1889.
[4]) Berl. Ber. 1893, S. 55; Wied. Ann. Bd. 52, S. 132. 1894; Bd. 58, S. 662. 1896.
[5]) Wied. Ann. Bd. 58, S. 455. 1896; Bd. 60, S. 662. 1897.
[6]) Zusammenfassung in Ann. d. Phys. Bd. 1, S. 69. 1900.
[7]) Ann. d. Phys. Bd. 4, S. 561. 1901.
[8]) 6 Arbeiten von Pogg. Ann. Bd. 103, S. 88. 1858, bis Bd. 107, S. 77. 1859.
[9]) Pogg. Ann. Bd. 136, S. 1 u. 197. 1869.
[10]) Proc. Roy. Soc. London Bd. 19, S. 236. 1871.
[11]) Wied. Ann. Bd. 13, S. 191. 1881.

und zeigte, daß die Strahlen nicht diffus, sondern nur senkrecht zu der strahlenden Fläche ausgingen, er führte die Bezeichnung Kathodenstrahlen ein[1]). Die Varleysche Ansicht wurde von mehreren Physikern abgelehnt, besonders von H. Hertz, da er äußere magnetische Wirkungen und Einwirkung eines elektrischen Feldes nicht gefunden hatte[2]), statt dessen sah er, daß die Strahlen für Licht durchlässige, dünne Metallhäute auch diffus durchsetzten. Darum hielt er sie für Bewegungen des Äthers[3]). Da es jedoch J. J. Thomson gelang, für diese Durchdringung auch im Sinne Varleys eine Erklärung zu finden[4]), und mit rotierendem Spiegel die Geschwindigkeit der Kathodenstrahlen zu $1,9 \cdot 10^7$ cm/sec zu messen, war eine Identität mit Lichtstrahlen ausgeschlossen. Da er auch bei starker Evakuierung die Wirkung eines elektrostatischen Feldes gefunden hatte[5]), untersuchte er nun das Verhältnis der Masse zur Ladung und fand für $m/e \sim 10^{-7}$ CGS, d. h. den etwa tausendsten Teil des Verhältnisses beim H-Ion. Aus diesem Wert, den er auch fand, schließt Kaufmann, daß die Strahlen nicht abgerissene Stoffteile von der Kathode sein können[6]). Doch fast zur gleichen Zeit hat Fitzgerald es ausgesprochen, daß es freie Elektronen sind, die uns in den Kathodenstrahlen begegnen[7]).

Das Analogon zu den Kathodenstrahlen fand Goldstein[8]); er nahm eine durchlochte Metallplatte als Kathode in der Mitte eines Geißlerrohres von weitem Querschnitt, und nun sah er, daß Strahlen, die aus der Anode kamen, durch die Löcher dieser Kathode geradeaus fortschritten, darum nannte er sie Kanalstrahlen. Erst W. Wien bewies[9]), daß es positiv geladene Teilchen sind, bei denen das Verhältnis m/e sehr viel größer ist als bei den Kathodenstrahlen, daß eben diese Verhältnisse sich ebenso zueinander verhalten wie die entsprechenden Ionen im Elektrolyten, von denen schon Schuster[10]) gezeigt hatte, daß positive und negative Ionen sehr verschiedene Diffusion besitzen.

An die Hertzschen Versuche über Durchdringen von dünnen Metallplatten durch die Kathodenstrahlen knüpfte Lenard die Konstruktion von Glasröhren mit Aluminiumfenster und untersuchte die diffuse Strahlung in der Luft. Lenard stellte nun fest, daß die Körper sehr verschiedene Durchlässigkeit besitzen für Kathodenstrahlen, welche z. B. schon von $1/2$ mm dicken Quarzplatten völlig aufgehalten wurden[11]). Diese Fragen beschäftigten Röntgen, auch er prüfte die Anwesenheit der Strahlen durch Erregung der Fluoreszenz beim Barium-Platinzyanür-Schirm und mit der photographischen Platte und stellte fest, daß, wenn er die Lenardsche Röhre auch lichtdicht absperrte, die Strahlung im Raume doch vorhanden war. Er hat die Natur dieser Strahlung vor Veröffentlichung seiner Erfindung schon selbst so gründlich untersucht, daß über die Bedingungen zur Entstehung der Röntgenstrahlen, daß nämlich Kathodenstrahlen auf ein Hindernis stoßen und dann die Röntgenstrahlen erwecken, sowie für Reflexion an Platin, Blei und Zink usw. nichts zu tun übrigblieb[12]).

Von der Untersuchung der phosphoreszierenden Körper ging im folgenden Jahre H. Becquerel (1852—1909) aus, darunter befand sich auch Uransulfat. Ein Stück dieses Körpers legte er auf die lichtdicht abgeschlossene photographische

<hr>

[1]) Berl. Ber. 1876, S. 271.   [2]) Wied. Ann. Bd. 19, S. 782. 1883.
[3]) Wied. Ann. Bd. 45, S. 28. 1892.   [4]) Recent Resear. 1892, S. 126.
[5]) Phil. Mag. Bd. 44, S. 298. 1897.   [6]) Wied. Ann. Bd. 61, S. 544. 1897.
[7]) Electrician, 21. Mai 1897.
[8]) Wied. Ann. Bd. 12, S. 90 u. 249. 1881; Berl. Ber. 1886, S. 691.
[9]) Wied. Ann. Bd. 65, S. 440. 1898.
[10]) Proc. Roy. Soc. London Bd. 47, S. 526. 1890.
[11]) Wied. Ann. Bd. 51, S. 225; Bd. 52, S. 23. 1894.
[12]) Würzburger Ber. 1895; Wied. Ann. Bd. 64, S. 1. 1898.

Platte und ließ Sonnenstrahlen auf das Uransalz fallen. Er fand auf der Platte einen Schattenriß des Uransalzes und meinte, das hätten die Phosphoreszenz-strahlen getan. Als aber 8 Tage später dies gleiche Stück, ohne wieder von der Sonne beschienen zu sein, den gleichen Schattenriß auf der Platte machte, schloß er, daß die Aktivität eine dauernde Eigenschaft des Uransalzes sei[1]. G. C. SCHMIDT fand im Thorium mit seinen Salzen ein Pendant zum Uran[2]; ELSTER und GEITEL fanden auch das aus Uranerzen ausgefällte Bleisulfat radioaktiv[3], und Madame CURIE gelang es, aus der Pechblende die äußerst stark radioaktiven Substanzen Polonium und Radium auszusondern[4]. .

Die Frage, woher diese Substanzen den durch die Strahlung bedingten Energieverlust deckten, beschäftigte natürlich viele. CROOKES (1832—1919) glaubte, diese Substanzen hätten die Fähigkeit, einen Teil der durch den Stoß der Luft- und Gasmoleküle gelieferten Energie zu absorbieren und in Strahlung zu verwandeln[5]. Madame CURIE meint, die ganze Welt sei mit unsichtbaren Strahlen von noch größerer Durchdringungsfähigkeit als die Röntgenstrahlen erfüllt, diese würden von den radioaktiven Substanzen absorbiert[6]. Da bewiesen ELSTER und GEITEL, daß beide Annahmen unmöglich seien, wolle man die Strahlung begreifen, sei anzunehmen, daß das Atom eines radioaktiven Elementes nach Art der Moleküle einer instabilen Verbindung unter Energieabgabe in einen stabilen Zustand übergeht. Allerdings würde diese Vorstellung zu der Annahme einer allmählichen Umwandlung der aktiven Substanz zu einer inaktiven nötigen, und zwar folgerichtigerweise unter Änderung ihrer Elementar-eigenschaften[7]. Damit war die Zerfallstheorie der Atome erstmalig ausgesprochen, und die neue Zeit der Atomforschung konnte beginnen.

---

[1] C. R. Bd. 122, S. 420 u. 501. 1896.   [2] Wied. Ann. Bd. 65, S. 141. 1898.
[3] Wied. Ann. Bd. 66, S. 735. 1898.   [4] C. R. Bd. 127, S. 175 u. 1215. 1898.
[5] Nature Bd. 58, S. 438. 1898.   [6] C. R. Bd. 126, S. 1101. 1898.   .
[7] Wied. Ann. Bd. 69, S. 83. 1899.

Kapitel 2.

Physikalische Literatur.

Von

Karl Scheel, Berlin-Dahlem.

1. Geschichtliche Übersicht. Bis vor einem Vierteljahrtausend wurden physikalische wie allgemein alle naturwissenschaftlichen Forschungsresultate ausschließlich in Monographien bekanntgegeben. Als erste Zeitschrift können die Philosophical Transactions gelten, welche die Royal Society of London vom Jahre 1665 an regelmäßig mit dem ausgesprochenen Zwecke erscheinen ließ, den Forschern auf naturwissenschaftlichem Gebiete die Veröffentlichung ihrer eigenen und die Kenntnisnahme fremder Arbeiten zu erleichtern. Dem Beispiel der Royal Society folgten später alle übrigen gelehrten Gesellschaften, 1710 die Preußische Akademie der Wissenschaften zu Berlin, 1726 die Petersburger Akademie, 1835 die Pariser Akademie u. a. m., zunächst Europas, dann auch Amerikas und anderer Erdteile. In allen diesen Gesellschaftsschriften ist die Physik in höherem oder geringerem Grade mit anderen Disziplinen vereinigt; sie nimmt einen breiten Raum ein, z. B. in den Philosophical Transactions of London, in den Comptes rendus der Pariser, in den Sitzungsberichten der Wiener Akademie; in manchen anderen Akademieschriften wieder tritt sie zugunsten der übrigen naturwissenschaftlichen Fächer stark zurück.

Am Ende des 18. Jahrhunderts fängt sodann eine neue Art des Publizierens an. In ganz kurzer Folge beginnen in den drei großen Weltsprachen Zeitschriften im heutigen Sinne zu erscheinen: 1789 in Frankreich die Annales de chimie (später Annales de chimie et de physique; jetzt Doppelpublikation: Annales de chimie und Annales de physique), 1790 in Deutschland das Journal der Physik (später Gilberts Annalen, Poggendorffs Annalen, Wiedemanns Annalen, Annalen der Physik), 1798 in England das Philosophical Magazine, welche überwiegend die Förderung der beiden großen Schwesterwissenschaften der Physik und der Chemie übernehmen. Diese Zeitschriften beschränken sich vielfach nicht darauf, ausschließlich Originalartikel zu bringen, vielmehr übermitteln sie auch häufig durch Übersetzungen ihren Lesern die Fortschritte, welche in anderen Ländern gemacht worden waren. Als Beispiel möge erwähnt werden, daß die Veröffentlichungen Regnaults, Fizeaus u. a. m. in den älteren Jahrgängen der deutschen Annalen zu finden sind. Erst allmählich erstarkt die Physik so, daß für chemische Arbeiten kein Raum mehr in ihren Zeitschriften ist; die Poggendorffsche und die Wiedemannsche Serie führen die Bezeichnung Annalen der Physik und Chemie vielfach nur noch im Anschluß an die älteren Verhältnisse; die Chemie schafft sich neue, an Bedeutung ständig wachsende Publikationsorgane. So entstehen 1832 Liebigs Annalen der Pharmazie (später Annalen der Chemie und Pharmazie), 1834 das Journal für praktische Chemie u. a. m.

Das mächtige Anwachsen der physikalischen Wissenschaft läßt alsbald den Umfang der bestehenden Zeitschriften zu klein erscheinen. Es beginnt eine

Periode des Absplitterns und des Selbständigwerdens von Disziplinen, welche ihre Wurzeln nicht mehr in der reinen Physik, sondern in den Grenzgebieten mit anderen Wissenschaften haben. Neue Zeitschriften entstehen in großer Zahl; von den hauptsächlichen deutschen Blättern mögen hier nur die folgenden genannt werden: Jahrbuch für Mineralogie (1830), Zeitschrift für Mathematik und Physik (1856), Meteorologische Zeitschrift (1866), Zeitschrift für Kristallographie und Mineralogie (1877), Elektrotechnische Zeitschrift (1880), Zeitschrift für Instrumentenkunde (1881), Zeitschrift für physikalische Chemie (1887), Zeitschrift für Elektrochemie (1894). Aber auch auf dem Gebiete der reinen Physik vermögen die drei großen Zeitschriften nicht mehr allen Wünschen zu genügen. Vielfach liegt das daran, daß sie sich allzusehr mit dem Abdruck längerer Arbeiten befassen. Die Forschung verlangt aber nach Zeitschriften, welche kurze Mitteilungen über neue Entdeckungen, wie solche z. B. heutigen Tages auf dem Gebiete der Atomphysik, der drahtlosen Telegraphie usw. an der Tagesordnung sind, schnell veröffentlichen und nicht erst wegen Raummangels Monate hindurch liegen lassen müssen, bis sie vielleicht von anderer Seite überholt sind. Soweit sich nicht die Akademieschriften, teils durch Ausgabe neuer Publikationsorgane, diesen veränderten Verhältnissen anpassen (Berliner Sitzungsberichte, Comptes rendus, Proceedings of the Royal Society of London, Proceedings of the Cambridge Society usw.), führt das zur Gründung neuer Zeitschriften, die das Verlangte mit größerem oder geringerem Erfolg zu leisten imstande sind.

2. Zeitschriften[1]). Die folgende Liste enthält in alphabetischer Folge eine Zusammenstellung der hauptsächlichen Zeitschriften physikalischen Inhalts nebst Erscheinungsort und den in diesem Handbuch benutzten Abkürzungen:

Abkürzung	Name	Erscheinungsort
Abhandlgn. d. Berl. Akad.	Abhandlungen der preuß. Akad. d. Wiss. Phys.-math. Kl.	Berlin
Amer. Journ. of Science s. Sill. Journ.		
Ann. d. Phys.	Annalen der Physik	Leipzig
Ann. de phys.	Annales de physique.	Paris
Ann. chim. phys.	Annales de chimie et de physique . .	Paris
Arch. sc. phys. et nat. .	Archives des scienc. physiques et naturelles	Genf
Arch. Néerland.	Archives Néerlandaises des Sciences Exactes et Naturelles	La Haye
Arch. f. Elektrot.	Archiv für Elektrotechnik	Berlin
Ark. f. Kemi, Min. och Geol.	Arkiv för Kemi, Mineralogi och Geologi	Stockholm
Ark.f.Mat.,Astron. och Fys.	Arkiv för Matematik,Astronomi och Fysik	Stockholm
Astron. Nachr.	Astronomische Nachrichten	Kiel
Astrophys. Journ.	The Astrophysical Journ.	Chikago
Berl. Ber.	Sitzungsberichte der preuß. Akad. d. Wissenschaften	Berlin
Bull. de Belg.	Académie royale de Belg. Bulletin de la Classe des sciences	Brüssel
Bull. Calcutta Math. Soc.	Bulletin of the Calcutta Mathematical Society.	Kalkutta
Bull. Pétersbourg	Bulletin de l'Académie des sciences de Russie	Leningrad

---

[1]) Über die Geschichte der hauptsächlichsten Zeitschriften (Bandzahlen und Jahreszahlen) vgl. LANDOLT-BÖRNSTEIN, Physikalisch-chemische Tabellen, 5. Aufl., Tab. 338, S.1634, Berlin: Julius Springer 1923.

Abkürzung	Name	Erscheinungsort
Bull. soc. vaud. Lausanne	Bulletin de la société vaudoise des sciences naturelles	Lausanne
Centralbl. f. Min.	Centralblatt für Mineralogie, Geologie und Paläontologie	Stuttgart
Chem. Ber.	Berichte der Deutschen Chemischen Gesellschaft	Berlin
Cim.	Il Nuovo Cimento	Bologna
Circular Bur. of Stand.	Circular of the Bureau of Standards Washington	Washington
Comm. Leiden	Communications from the Physical Laboratory of the University of Leiden	Leiden
C. R.	Comptes rendus hebdomadaires des séances de l'académie des sciences	Paris
Contrib. Estud. Cienc.	Contribución al estudio de las ciencias físicas y matémat.	La Plata
Dinglers Journ.	Dinglers polytechnisches Journal	Berlin
Dubl. Proc.	The Scientific Proceedings of the Royal Dublin Society	London
Electrician	The Electrician	London
Elektrot. ZS.	Elektrotechnische Zeitschrift (Zentralblatt für Elektrotechnik)	Berlin
Forh. Kristiania	Forhandlinger i Videnskapsselskapet i Kristiania	Oslo
Fysisk Tidsskr.	Fysisk Tidsskrift	Kopenhagen
Göttinger Nachr.	Nachrichten von der Gesellschaft der Wissenschaften zu Göttingen	Göttingen
Handlingar Stockholm	K. Svenska Vetenskaps-Akad. Handlingar, Stockholm	Stockholm
Jahrb. d. Radioakt.	Jahrbuch der Radioaktivität und Elektronik	Leipzig
Jahrb. d. drahtl. Telegr.	Jahrbuch der drahtlosen Telegraphie und Telephonie. Zeitschrift für Hochfrequenztechnik	Berlin
Jap. Journ. Astron.	Japanese Journal of Astronomy and Geophysics	Tokio
Journ. Amer. Chem. Soc.	The Journal of the American Chemical Society	Easton, Pa.
Journ. Amer. Inst. Electr. Eng.	Journal of the American Institute of Electrical Engineers, New York	Neuyork
Journ. chem. soc.	Journal of the chemical Society, containing Proceedings usw.	London
Journ. chim. phys.	Journal de chimie physique	Paris
Journ. de phys. et le Radium	Le journal de physique et le radium	Paris
Journ. Frankl. Inst.	Journal of the Franklin Institute	Philadelphia
Journ. Inst. Electr. Eng.	The Journal of the Institution of Electrical Engineers	London
Journ. Math. Phys.	Journal of Mathematics and Physics	Massachusetts
Journ. Opt. Soc. Amer.	Journal of the Optical Society of America and Review of Scientific Instruments	Washington
Journ. phys. chem.	The Journal of the physical Chemistry	Ithaca, N. Y.
Journ. scient. instr.	Journal of scientific instruments	Cambridge (Engl.)
Journ. Washington Acad.	Journal of the Washington Academy of Sciences	Washington
Kolloid-ZS.	Kolloid-Zeitschrift	Dresden u. Leipzig
Krakauer Anzeiger	Anzeiger der Akad. der Wissenschaften in Krakau	Krakau
Leipziger Abhandlngn.	Abhandlungen der math.-phys. Klasse der Sächs. Ges. d. Wiss. zu Leipzig	Leipzig
Leipziger Ber.	Berichte über die Verhandl. der Sächs. Akad. d. Wiss. zu Leipzig	Leipzig

Abkürzung	Name	Erscheinungsort
Lincei Rend.	Atti della reale accademia dei Lincei, Rendiconti	Rom
Lunds Årsskrift	Acta Universitatis Lundensis, Lunds Universitets Årsskrift	Lund
Medd. Kopenhagen . . .	Mathematisk-fysiske Meddelelser, Kgl. Danske Videnskabernes Selskap . . .	Kopenhagen
Mem. and Proc. Manchester Soc.	Memoirs and Proceedings of the Manchester Literary and Philosophical Society	Manchester
Mem. di Bologna	Memorie della R. Accad. delle Scienze dell'Istituto di Bologna	Bologna
Meteorol. ZS.	Meteorologische Zeitschrift	Braunschweig
Mitt. a. d. Materialprüfungs-amt	Mitteilungen aus dem Materialprüfungs-amt z. B.-Lichterf..	Berlin
Mitt. d. Phys. Ges. Zürich	Mitteilungen der Physikalischen Gesell-schaft in Zürich	Zürich
Month. Not.	Monthly Notices of the Royal Astro-nomical Society	London
Münchener Abh.	Abhandlungen der Bayerischen Akademie der Wissenschaften	München
Münchener Ber.	Sitzungsberichte der math.-phys. Klasse der Bayr. Akad. d. Wiss. zu München	München
Nature	Nature. A weekly illustrated journal of Science	London
Naturwissensch.	Die Naturwissenschaften	Berlin
N. Jahrb. f. Min.	Neues Jahrbuch für Mineral., Geolog. u. Paläontologie	Stuttgart
Nova Acta Upsal.	Nova Acta Regiae Societatis Scientiarum Upsalensis	Upsala
Onnes Comm. s. Comm. Leiden		
Phil. Mag.	The London, Edinburgh, and Dublin Philosoph. Magazine, and Journal of Science	London
Phil. Trans.	Philosophical Transactions of the Royal Society of London	London
Physica	Physica. Neederlandsch Tijdschrift voor Natuurkunde	Eindhoven
Phys. Rev.	The Physical Review.	Neuyork
Phys. ZS.	Physikalische Zeitschrift, vereinigt mit dem Jahrbuch der Radioaktivität und Elektronik; s. d..	Leipzig
Pogg. Ann.	Poggendorffs Annalen (ältere Serie der Annalen der Physik)	Leipzig
Proc. Amer. Acad. . . .	Proceedings of the American Academy of Arts and Sciences. Boston	Boston
Proc. Amer. Phil. Soc. . .	Proceedings of the Amer. Philosoph. Soc.	Philadelphia
Proc. Amsterdam	Proceedings. Koninglijke Akad. van Wetensch. te Amsterdam.	Amsterdam
Proc. Cambridge Phil. Soc.	Proceedings of the Cambridge Philo-sophical Society	Cambridge (Engl.)
Proc. Dublin Soc.	The Scientific Proceedings of the Royal Dublin Society	Dublin
Proc. Edinburgh	Proceedings of the Royal Society of Edin-burgh	Edinburgh u. London
Proc. Indian Ass. for the Cultiv. of Soc..	Proceedings of the Indian Association for the Cultivation of Science	Kalkutta

Abkürzung	Name	Erscheinungsort
Proc. Inst. Radio Eng. .	Proceedings of the Institute of Radio Engineers	Neuyork
Proc. Nat. Acad. Amer. .	Proceedings of the National Academy of Sciences of the United States of America	Boston
Proc. Phys. Soc.	The Physical Society of London. Proceedings	London
Proc. Roy. Soc. London .	Proceedings of the Royal Society. SeriesA, Mathem. and Physical Sciences . . .	London
Publ. La Plata	Universidad nacional de la Plata. Publicaciones de la facultad de ciencias físicomatématicas puras y aplicadas . . .	La Plata
Quaterl. Journ. Microsc. Sc.	The Quarterly Journal of Microscopical Science	Oxford
Radio Rev.	The Radio Review	London
Refr. Eng.	Refrigerating Engineering	Neuyork
Rend. di Bologna	Rendiconto delle sessioni della R. Accad. delle Science dell'Istituto di Bologna	Bologna
Rend. di Napoli	Rendiconto dell' accademia delle scienze fisiche e matematiche. Classe della società reale di Napoli	Neapel
Rev. d'opt.	Revue d'optique théorique et instrumentale	Paris
Science	Science. A Weekly Journal devoted to the Advancement of Science	Neuyork
Sc. Reports Tôhoku Univ.	The Science Reports of the Tôhoku Imperial Univ. Second Series	Sendai, Japan
Scient.Pap.Bureau of Stand.	Scientific Papers of the Bureau of Standards H. Wash	Washington
Sill. Journ.	The American Journal of Sc.	Neuhaven, Conn.
Sitzungsber. Heidelb. Akad.	Sitzungsberichte der Heidelb. Akad. d. Wiss. Math.-naturw. Kl.	Heidelberg
Skrifter Kristiania	Skrifter utgit av Videnskapsselskapet i Kristiania. I. Matem.-naturwissensch. Klasse	Oslo
Stahl und Eisen	Stahl und Eisen. Zeitschr. für das deutsche Eisenhüttenwesen	Düsseldorf
Technol. Pap. Bur. of Stand.	Technologic Papers of the Bureau of Standards	Washington
Tôhoku. Math. Journ. . .	The Tôhoku Mathematical Journal . .	Sendai, Japan
Trans. Cambr. Phil. Soc. .	Transactions of the Cambridge Philosophical Society	Cambridge, Engl.
Trans. Edinbg. Roy. Soc..	Transactions of the Royal Society of Edinburgh	Edinburgh
Trans. Faraday Soc. . . .	Transactions of the Faraday Society. London	London
Trans. Opt. Soc.	Transactions of the Optical Society . .	South Kensington
Uppsala Univ. Årsskrift .	Uppsala Universitets Årsskrift. Matematik och Naturvetenskap	Uppsala
Verh. d. D. Phys. Ges. .	Verhandlungen der Deutschen Physikalischen Gesellschaft	Braunschweig
Vierteljschr. d. naturf. Ges. Zürich	Vierteljahrsschrift der naturf. Ges. in Zürich	Zürich
Wied. Ann.	Wiedemanns Annalen (ältere Serie der Annalen der Physik)	Leipzig
Wiener Anz.	Anzeiger der Akademie der Wissenschaften, Wien	Wien
Wiener Ber..	Sitzungsberichte der Akad. der Wissenschaften in Wien	Wien
Wiener Denkschr.	Denkschriften der Akad. d. Wiss., Math.-naturwiss. Klasse . . . . ,	Wien

Abkürzung	Name	Erscheinungsort
Wiss. Abh. PTR.	Wissenschaftliche Abhandlungen der Physikalisch-Technischen Reichsanstalt .	Berlin
ZS. d. Ver. d. Ing. . . .	Zeitschrift des Vereins deutscher Ingenieure	Berlin
ZS. f. angew. Math. u. Mech.	Zeitschrift für angewandte Mathematik und Mechanik	Berlin
ZS. f. anorg. Chem. . . .	Zeitschr. für anorgan. und allgemeine Chemie	Leipzig
ZS. f. Elektrochem. . . .	Zeitschrift für Elektrochemie und angewandte physikal. Chemie	Leipzig
ZS. f. Instrkde.	Zeitschrift für Instrumentenkunde . .	Berlin
ZS. f. Krist.	Zeitschrift für Kristallogr. (Kristallgeom., Kristallphys., Kristallchem.)	Leipzig
ZS. f. Metallkde.	Zeitschrift für Metallkde.	Berlin
ZS. f. ophthalm. Opt. . .	Zeitschrift für ophthalmologische Optik	Berlin
ZS. f. Phys.	Zeitschrift für Physik	Berlin
ZS. f. phys. Chem. . . .	Zeitschrift für physikalische Chemie, Stöchiometrie u. Verwandtschaftslehre	Leipzig
ZS. f. techn. Phys. . . .	Zeitschrift für technische Physik . . .	Leipzig
ZS. f. Unterr.	Zeitschrift für den physikalischen und chemischen Unterricht	Berlin
ZS. f. wiss. Mikrosk. . .	Zeitschrift für wissenschaftliche Mikroskopie und für mikroskopische Technik	Leipzig
ZS. f. wiss. Photogr. . .	Zeitschrift für wissenschaftliche Photographie, Photophysik und Photochemie	Leipzig

3. Andere Hilfsmittel der physikalischen Forschung. Eine erste Einführung in ein weniger bekanntes Sondergebiet bieten die großen Kompendien der Physik, von denen diejenigen in deutscher Sprache: die Lehrbücher von MÜLLER-POUILLET und von CHWOLSON (beide bei Friedr. Vieweg & Sohn in Braunschweig erschienen) und das WÜLLNERsche Lehrbuch der Experimentalphysik (bei B. G. Teubner in Leipzig) genannt sein mögen. Das WINKELMANNsche Handbuch der Physik (bei Johann Ambrosius Barth in Leipzig erschienen) will dem Charakter eines Handbuches entsprechend dem Forscher dienen, ihn über den gegenwärtigen Stand der physikalischen Wissenschaft unterrichten und ihm das Quellenstudium erleichtern. Leider ist dies Handbuch, das im Anfang dieses Jahrhunderts in zweiter Auflage erschien, in vielen Teilen bereits veraltet. Es besteht also für den Forscher zur Zeit eine fühlbare Lücke, die das vorliegende Handbuch ausfüllen soll. Um es selbst vor dem Veralten zu bewahren, ist das ganze Gebiet der Physik in eine größere Zahl kleinerer Bände aufgeteilt, die bei Bedarf in kürzeren Zwischenräumen neu aufgelegt werden können.

Weitere Belehrung findet man in Sonderwerken, deren Zahl und Art ins Ungeheure geht. Vielfach sind solche von mehreren Verfassern geschriebene Bücher zu Sammlungen zusammengefaßt, welche größere oder kleinere Gebiete der reinen oder angewandten Physik mehr oder weniger vollständig behandeln.

Zum eingehenderen Quellenstudium, als es die Kompendien und die Sonderwerke zu bieten vermögen, und zum Weiterfinden auf beschränkten Forschungsgebieten vom Erscheinen des Werkes bis in die neueste Zeit dienen besondere Zeitschriften, welche es sich zur Aufgabe gemacht haben, die erscheinende Zeitschriftenliteratur laufend, meist mit kurzen Inhaltsangaben zu registrieren.

Die älteste Zeitschrift dieser Art wurde in der Form von Jahresberichten unter dem Titel „Fortschritte der Physik" im Jahre 1845 von der Physikalischen Gesellschaft zu Berlin gegründet und bis zum Jahre 1918 weitergeführt. Ihre Fortsetzung bilden die „Physikalischen Berichte", die gemeinsam von der

Deutschen Physikalischen Gesellschaft und der Deutschen Gesellschaft für technische Physik herausgegeben werden und in halbmonatlichen Heften erscheinen. Die Physikalischen Berichte wollen, wie vor·ihnen die Fortschritte der Physik, die physikalische Weltliteratur restlos erfassen und darüber möglichst schnell in Einzelreferaten berichten. Sie ermöglichen aber auch durch ein ausführliches Namen- und Sachregister am Schluß jedes Jahres ein bequemes Nachschlagen der erschienenen Literatur.

Ähnliche Ziele wie die Physikalischen Berichte verfolgen die unter der Ägide der Physical Society of London herausgegebenen Science Abstracts. Ein gleichwertiges Referatorgan in französischer Sprache gibt es noch nicht. Der Literaturnachweis im Journal de physique et le Radium ist nur ein erster, noch unvollkommener Schritt auf diesem Wege.

Mit Beginn des neuen Jahrhunderts sollte der Physik, gleich allen anderen naturwissenschaftlichen Schwesterwissenschaften, ein neues Hilfsmittel für die Forschung entstehen, indem mit diesem Zeitpunkt der von der Royal Society of London inaugurierte und von fast allen Kulturstaaten mit großen Mitteln subventionierte International Catalogue of the Scientific Literature zu erscheinen begann. In dem Katalog wurden die Titel (ohne Referate oder Inhaltsangaben) aller naturwissenschaftlichen Arbeiten je eines Jahres gesammelt und sowohl nach Materien als auch nach Verfassernamen geordnet abgedruckt; ein besonderer Band war der Physik gewidmet. Bei der physikalischen Forschung ist dieser internationale Katalog wohl kaum jemals benutzt worden.

Zu einem wesentlichen Rüstzeug für physikalische Arbeiten rechnen Zusammenstellungen physikalischer Konstanten, die in größerer Mannigfaltigkeit im Gebrauch sind. Unter ihnen sind am meisten verbreitet die Landolt-Börnsteinschen physikalisch-chemischen Tabellen, die im Jahre 1923 bei Springer in Berlin in 5. Auflage erschienen sind. Neben der Reichhaltigkeit des gebotenen Materials zeichnen sie sich besonders dadurch aus, daß jeder aufgeführten Zahl das Zitat der Quelle beigefügt ist, aus welcher sie stammt. Die Tabellen sind vielfach, allerdings bisher stets in unvollkommenerer Weise, nachgeahmt worden. Als bekanntester Versuch dieser Art sind die Physical and chemical constants von Kaye und Laby (Longmans, Green and Co. in London 1911) zu nennen. Bemerkenswert sind auch die diesbezüglichen Bestrebungen der französischen physikalischen Gesellschaft, die indessen nur zur Ausgabe eines dreibändigen Werkes über optische Konstanten von Dufet als Teil des wohl in größerem Umfang geplanten Recueil de données numériques geführt haben.

Im Jahre 1912 begann ein neues groß angelegtes Werk zu erscheinen, die Tables annuelles de constantes et données numériques, welches die unter Mitwirkung von Gelehrten der ganzen zivilisierten Welt gesammelten Konstanten für je ein Jahr sachlich geordnet zusammenstellte. Der erste Band mit 726 Seiten Großquart umfaßt das Berichtsjahr 1910. Es folgten die Jahre 1911, 1912 und während des Krieges der Jahrgang 1913, der auch noch die Arbeit deutscher Gelehrter verwertete. Seitdem ist noch unter Verzicht auf deutsche Mitarbeit ein Doppelband mit den Forschungsergebnissen während der Kriegsjahre 1914 bis 1918 erschienen.

Als allerneueste Unternehmung dieser Art sind schließlich noch die von der National Academy of Sciences und dem National Research Council der Vereinigten Staaten vorbereiteten International Critical Tables of Numerical Data of Physics, Chemistry and Technology zu nennen. Das Werk, das sich einer sehr erheblichen finanziellen Unterstützung von seiten der amerikanischen Industrie erfreut, ist auf 5 Bände von etwa 2500 Seiten berechnet; der erste Band soll im Jahre 1926 erscheinen.

Kapitel 3

Forschung und Unterricht.

Von

H. E. Timerding, Braunschweig.

1. Der Lehrbetrieb der Universitäten und die Hilfsmittel der Forschung. Neben der physikalischen Forschung steht der physikalische Unterricht, der als ein Ausfluß der Forschung erscheint und die geistige Übertragung ihrer Ergebnisse auf das heranwachsende Geschlecht bedeutet. Zu unterscheiden ist von vornherein, ob der Unterricht der Ausbildung des Physikers von Fach dient oder ob es sich um die Ausbreitung des physikalischen Wissens auf andere Fachgebiete handelt oder endlich ob der physikalische Unterricht als Teil der Allgemeinbildung auftritt. Es kann hier nicht die Aufgabe sein, eine Darstellung von der Organisation des gesamten physikalischen Unterrichts zu geben. Dies ließe sich weder auf so knappem Raume erreichen, noch liegt es im Plane des ganzen Werkes, dem diese Darstellung sich einzugliedern hat. Was von Wert erscheint, ist nur, einen Einblick zu gewinnen in die Art und Weise, wie sich die Fäden von der physikalischen Forschung nach dem Lehrbetriebe hin spinnen. Der Zusammenhang ist naturgemäß am engsten auf der Universität. Der normale Gang ist hier der, daß an den allgemeinen Überblick über die Experimentalphysik in einer umfassenden Vorlesung sich die theoretische Physik und einzelne Spezialgebiete der Physik überhaupt in besonderen Vorlesungen anschließen. Dazu kommen die praktischen Übungen im experimentellen Arbeiten, die sich bis zu der Anstellung selbständiger Untersuchungen fortsetzen. Der gegenseitige Gedankenaustausch wird in Kolloquien und ähnlichen Einrichtungen gefördert. Diese Organisation ist ungeheuer einfach und in der Natur der Sache begründet. Die eigentlichen Probleme ergeben sich erst, wenn es sich um die Anwendungen der Physik handelt oder, genauer ausgedrückt, darum, durch den physikalischen Lehrbetrieb Leute auszubilden, welche die erlangten Kenntnisse und Fertigkeiten nicht zu einer rein physikalischen Tätigkeit benutzen wollen. Nun ist das aber die überwiegende Mehrzahl der Studierenden in den physikalischen Hörsälen. Vor allen Dingen bestehen sie aus künftigen Lehrern und Ärzten, auf den technischen Hochschulen aus künftigen Ingenieuren, und ebenso wird auf den besonderen Fachhochschulen die Vorbereitung für die entsprechenden Berufe erstrebt.

Die Frage wird für die künftigen wissenschaftlichen Lehrer einfach dadurch gelöst, daß man von dem Standpunkte ausgeht, für die Fähigkeit, an höheren Schulen den physikalischen Unterricht zu erteilen, sei die wissenschaftliche Ausbildung an der Hochschule notwendig und hinreichend. Dieser Standpunkt ist kaum je ernsthaft erschüttert worden. In der Tat ist es nicht denkbar, daß eine fruchtbringende Ausgestaltung des Schulunterrichtes möglich sei, wenn der Lehrer nicht das Fach wissenschaftlich beherrscht und die Fähigkeit zum experimentellen physikalischen Arbeiten besitzt. Naturgemäß wird er diese Kenntnisse und Fertigkeiten je nach Neigung und Veranlagung in verschiedenem Grade erwerben. Das Mindestmaß ist aber durch die Prüfungsordnungen der verschiedenen Länder festgelegt und verlangt im wesentlichen außer dem allgemeinen Überblick über die Experimentalphysik Bekanntschaft mit der theoretischen Physik, wenn auch mit freier Auswahl einzelner Teilgebiete, und die erfolgreiche Teilnahme an dem physikalischen Praktikum. Der so vorgebildete Lehrer wird beim Eintritt in sein Amt sich dann verhältnismäßig leicht in die besonderen Verhältnisse des Schulunterrichtes hineinfinden und lernen, sowohl Schulversuche vor der Klasse anzustellen wie auch Schülerübungen zu leiten. Eine Anleitung hierzu durch einen bereits nach dieser Hinsicht erfahrenen Berater ist allerdings angebracht und durch den Vorbereitungsgang, der an den Schulen selbst stattfinden soll, auch vorgesehen. Es können dabei aber zwei Schwierigkeiten nicht übersehen werden: einmal wird, obwohl das an sich den getroffenen Bestimmungen widerspricht, der im Vorbereitungsdienst stehende junge Lehrer, wenn gerade Lehrermangel herrscht, sofort zum Unterrichten herangezogen und muß sich daher selbst zu helfen suchen. Sodann aber ist keineswegs immer ein Mentor vorhanden, der die Vorbereitung so zu leiten versteht, daß sie eine Umsetzung des jeweiligen Standes der wissenschaftlichen Erkenntnis und Auffassung in die der Schule erreichbaren Aufgaben bedeutet und nicht einfach einer seit langen Jahren eingewohnten und mit der Zeit nicht fortgeschrittenen Übung entspringt. Vielfach reicht auch schon die an der Schule vorhandene Apparatur dazu nicht aus. Trotzdem wäre es nicht gut, diese didaktische Vorbereitung vor die wissenschaftliche Prüfung·zu legen. In Betracht kommen nur Maßnahmen, welche die didaktische Ausbildung durch eine gewisse Zentralisierung an entsprechend ausgestattete Institute bringen.

Nach einer anderen Seite aber wurde eine Ergänzung der wissenschaftlichen Ausbildung an der Universität in Rücksicht auf die Bedürfnisse des Schulunterrichts angebahnt. Der Anstoß dazu ging namentlich von der Universität Göttingen aus. Hier machte der Mathematiker Felix Klein im letzten Jahrzehnt des vorigen Jahrhunderts energisch geltend, daß für die Schule die technischen Anwendungen der Physik eine besondere Rolle spielen müßten. Die Schüler sollten nicht bloß die Naturerscheinungen verstehen lernen, sondern auch dahin gelangen, daß sie beispielsweise die Wirkungsweise einer Dampfmaschine oder eines Dynamo aus den physikalischen Gesetzen heraus zu erfassen imstande sind, um so in den Zusammenhang der Naturerkenntnis mit der gestaltenden Tätigkeit des Menschen einzudringen. Dazu aber erschien nötig, daß der Lehrer selbst bei seiner Ausbildung an der Universität an diesen Maschinen ihre Wirkungsweise in praktischen Übungen erprobt habe. So entstand um die Jahrhundertwende das Göttinger Institut für angewandte Physik. In keiner Weise sollte es sich dabei um ein technisches Konstruieren, sondern nur um ein Beobachten und Experimentieren an der Maschine handeln, also um eine Erweiterung der physikalischen Erkenntnis an der Hand der praktischen Anwendungen. Die weitere Entwicklung dieser Einrichtungen ist ungemein lehrreich. Während nämlich das Institut zu Anfang rein als ein Lehrinstitut gedacht war, entwickelte es sich nach der Zweiteilung in ein Institut für angewandte Mechanik, und zwar insbesondere für Strömungsforschung und Aerodynamik, und in ein Institut für angewandte Elektrizitätslehre immer mehr als Forschungsinstitut. Damit steigerte sich die Wirksamkeit ungeheuer, soweit es sich um die Schaffung geeigneter wissenschaftlicher Grundlagen für die technische Gestaltung handelte. Aber an eine Zweckbestimmung des Betriebes durch die Vorbereitung zur Lehrtätigkeit an allgemeinbildenden Schulen war kaum mehr zu denken. Es handelte sich nicht mehr um die Gewinnung neuer Gesichtspunkte, die beim Unterricht in die Erscheinung treten können, sondern um die selbständige Bearbeitung der durch die Technik gelieferten wissenschaftlichen Probleme. Hierzu ist eine ganz andere Einstellung nötig wie bei der die Erkenntnis um ihrer selbst willen suchenden Physik. Bei dieser trachtet man, immer tiefer in die letzten Grundlagen des physikalischen Geschehens einzudringen. Das Ziel liegt fest, aber die Annäherung an das Ziel kann erst allmählich, im Laufe langer Zeiten, erfolgen. Was aber für die Technik nutzbar gemacht werden soll, muß gebrauchsfertig geliefert werden. Deshalb muß der Forscher sich häufig mit einer qualitativen Erfassung der Vorgänge in den großen Zügen und darauf aufgebauten Messungen, unter Umständen mit empirischen Näherungsformeln, die für die Praxis hinreichend sind, begnügen. Die Klarheit der Erkenntnis ist darum nicht geringer, im Gegenteil, sie ist vielfach unmittelbarer und anschaulicher als in der theoretischen Physik, aber sie hat nicht den systematischen Charakter wie in der von praktischen Gesichtspunkten unabhängigen Forschung. Institute für angewandte Physik haben deshalb eine große Bedeutung nicht bloß für die Praxis der technischen Konstruktion, sondern auch für den Physiker, der den ganzen Bereich der Möglichkeiten in seiner Wissenschaft zu überschauen bestrebt ist. Insofern kommen sie wohl unmittelbar auch dem Schulterricht zugute, als sie die Weite der Auffassung bei dem Lehrer erhöhen, aber unmittelbare Ergebnisse lassen sich aus ihnen für diesen Unterricht nicht ziehen.

Die der wissenschaftlichen Grundlegung technischer Probleme dienenden Institute, die an der Universität eine Ausnahmeerscheinung geblieben sind, bilden eine notwendige Einrichtung der technischen Hochschulen. Hier sind sie für die Berufsausbildung unentbehrlich. Zum Teil genießen sie freilich nicht die Freiheit, sich wissenschaftlichen Gedankengängen ungehindert hinzugeben, in der gleichen Weise wie die Göttinger Institute, sie dienen zum Teil unmittelbarer den Bedürfnissen der technischen Betriebe und der Ausbildung der Studierenden zum Ingenieur, aber immerhin setzen sie in jedem Falle für den Studierenden das in den physikalischen Vorlesungen und Übungen Erlernte in praktische Werte um. Die Physik an den technischen Hochschulen spielt deshalb die Rolle einer allerdings grundwesentlichen Hilfswissenschaft, was einerseits als eine gewisse Beschränkung aufgefaßt werden kann, andererseits aber auch ihre Auswirkungsmöglichkeiten erhöht. Durch die Schaffung einer besonderen Prüfung des „technischen Physikers" ist in neuester Zeit eine Form der Ausbildung geschaffen, bei der die Physik im Mittelpunkte des ganzen Studiums bleibt.

Wir dürfen aber nicht außer acht lassen, daß auch bei den Universitäten die Auswirkung der physikalischen Kenntnisse in bestimmten Anwendungsgebieten vorhanden ist. Zum Teil kann man diese Gebiete unmittelbar der Physik zurechnen, wie bei der Astrophysik, der Geophysik und der Meteorologie, von denen namentlich der letzteren auch eine große praktische Bedeutung zukommt. Die Ausbildung der Meteorologen an den Hochschulen ist allerdings noch unvollkommen und nur in Berlin, Leipzig, München als hinreichend anzusehen[1]). Eine Verstärkung des meteorologischen Lehrbetriebes soll aber an mehreren anderen Universitäten geplant sein. Vielleicht wäre allerdings auch die Schaffung von Instituten an einzelnen Universitäten hinreichend, an denen dann aber tatsächlich auch Berufsmeteorologen gründlich ausgebildet werden können. Damit würde der praktische Wetterdienst unbedingt eine starke Förderung erfahren und den Bedürfnissen der Landwirtschaft wie der See- und Luftfahrt Rechnung getragen werden.

---

[1]) A. Peppler, Die Meteorologie an den deutschen Hochschulen. Das Wetter Bd. 43, Heft 1.

Von besonderer Wichtigkeit scheint auch die wachsende Bedeutung, welche die Physik für die ärztliche Tätigkeit gewinnt. Diagnose und Therapie sind heute zum großen Teil auf elektromagnetischen Vorgängen aufgebaut und drängen dahin, wenigstens für bestimmte Gruppen von Fachärzten Unterrichtseinrichtungen zu schaffen, die auch die technischen Einzelheiten der Anwendung berücksichtigen. Die allgemeine Vorlesung über Experimentalphysik, die wohl wesentlich als Vorbereitung für die Physiologie gedacht war, ist für den heutigen Standpunkt der medizinischen Wissenschaft nicht mehr ausreichend.

Neben dem Lehrbetrieb der Hochschulen kommen für den Berufsphysiker die Einrichtungen in Betracht, welche die Hilfsmittel für die Forschung liefern und den Gedankenaustausch zwischen den Forschern vermitteln. Was den zweiten Punkt betrifft, ist vor allem die Deutsche Physikalische Gesellschaft zu nennen, die fast alle wissenschaftlich arbeitenden Physiker zu ihren Mitgliedern zählt. Sie ist aus der am 14. Januar 1845 von Beetz, Brücke, Karsten, Knoblauch und E. du Bois-Reymond gegründeten „Physikalischen Gesellschaft zu Berlin" hervorgegangen, die im Jahre 1899 in die umfassendere Organisation umgewandelt wurde[1]). Die Physikalische Gesellschaft hat ihre jährlichen Tagungen. Von besonderer Wichtigkeit ist ihre Teilung in Gauvereine, die leichter und öfter zusammenkommen und unter sich eine engere Gemeinschaft entstehen lassen können. Mit der Physikalischen Gesellschaft ist untrennbar verbunden die Herausgabe der „Fortschritte der Physik", die seit der Gründung der Gesellschaft in jährlichen Berichten über die Neuerscheinungen auf physikalischem Gebiete berichteten, zuletzt in drei Bänden, die nach den einzelnen Gebieten der Physik eingeteilt sind, indem der erste Band Allgemeine Physik, Akustik und physikalische Chemie, der zweite Elektrizität und Magnetismus, Optik und Wärmelehre, der dritte die kosmische Physik enthält. Leider hatte sich mit der Ausdehnung der Referate auch die Spannung zwischen dem Berichtsjahr und der Zeit der Berichterstattung immer mehr verstärkt, so daß gerade die Erscheinungen der letzten Jahre ausfielen, auf die es dem Forscher am meisten ankommt. Diesem Mangel wurde allerdings von 1894 an wirksam abgeholfen. Die Berichte erschienen wieder regelmäßig. Trotzdem blieb das Bedürfnis nach einer sofortigen laufenden Berichterstattung bestehen. Als ein erster Schritt nach dieser Richtung ist die bereits im Jahre 1877 einsetzende Herausgabe der „Beiblätter" zu den „Annalen der Physik und Chemie" zu werten, die unter Verzicht auf Vollständigkeit wesentlich die Schnelligkeit der Materialübermittlung sich zum Ziel setzte. Im Jahre 1902 trat hierzu das „Halbmonatliche Literaturverzeichnis der Fortschritte der Physik", um wenigstens die Titel aller physikalischen Veröffentlichungen möglichst rasch bekanntzumachen.

Im Jahre 1919 erfolgte die Gründung der „Deutschen Gesellschaft für technische Physik". Die bereits geschilderte methodische Erfassung des Zusammenhanges zwischen Wissenschaft und Technik, die in gewisser Weise eine Zweiteilung der physikalischen Forschungsarbeit bedingte, ohne daß dadurch ein eigentlicher Gegensatz geschaffen wurde, ließ diese Neugründung als notwendig erscheinen. Es fand so jede der beiden Forschungsrichtungen ihren Mittelpunkt, und die zwei Ziele, das der theoretisch bedeutsamen und das der praktisch wirksamen Erkenntnis, konnten nebeneinander verfolgt werden, ohne sich zu stören, im Gegenteil sich gegenseitig mannigfach befruchtend. Begreiflicherweise fand die neuerstandene Vereinigung in starkem Maße die Anteilnahme der Industrie, die sich auch in der Bereitstellung von Geldmitteln ausdrückte. Die Frage war

---

[1]) Vgl. Naturwissensch. Jg. 13, Nr. 3, S. 35. 1925.

nun, ob auch die Berichterstattung sich fortan trennen sollte. Glücklicherweise gelang es, hierfür ein einheitliches Verfahren zu finden, das auch die drei bisher nebeneinanderlaufenden Literaturberichte ablöste. Seit 1920 erscheinen halbmonatlich „Physikalische Berichte als Fortsetzung der Fortschritte der Physik und des halbmonatlichen Literaturverzeichnisses sowie der Beiblätter zu den Annalen der Physik, gemeinsam herausgegeben von der Deutschen Physikalischen Gesellschaft und der Deutschen Gesellschaft für technische Physik" unter der Redaktion von KARL SCHEEL in Berlin. Die kosmische Physik ist als besonderes Berichtsgebiet beseitigt. Die Einteilung in den „Fortschritten der Physik" ist dem neuzeitlichen Standpunkte entsprechend durch folgende Anordnung ersetzt: 1. Allgemeines, 2. Allgemeine Grundlagen der Physik, 3. Mechanik, 4. Aufbau der Materie, 5. Elektrizität und Magnetismus, 6. Optik aller Wellenlängen, 7. Wärme. In England erscheinen in ähnlicher Weise „Science Abstracts", ausgehend von der Londoner Physikalischen Gesellschaft.

Eine besondere Stellung nehmen die Berichte über die Verhandlungen der Physikalischen Gesellschaft ein, die von 1882 an zunächst als Beilage zu den Fortschritten der Physik erschienen. Von 1899 wurden diese Berichte derart erweitert, daß nicht bloß die auf den Tagungen wirklich gehaltenen Vorträge in Selbstreferaten, sondern auch andere Mitteilungen aufgenommen wurden. Da sich auf diese Weise aber ein immer stärkeres Anschwellen der bloß schriftlich abgegebenen Mitteilungen ergab, erschien es zweckmäßig, diese einer besonderen Zeitschrift vorzubehalten. In diesem Sinne wurde 1920 die „Zeitschrift für Physik" ausgebaut und ausdrücklich unter der Bezeichnung „herausgegeben von der Deutschen Physikalischen Gesellschaft als Ergänzung zu ihren Verhandlungen" veröffentlicht neben den getrennt erscheinenden Verhandlungen selbst, ebenfalls unter der Schriftleitung von SCHEEL. Damit war eine sehr günstige umfassende Organisation der literarischen und persönlichen Wechselwirkungen geschaffen.

Daneben bestehen die anderen periodischen Veröffentlichungen fort, welche lange Zeit die führende Rolle hatten. Unter diesen stehen in Deutschland voran die „Annalen der Physik", die auf das 1790 gegründete „Journal der Physik" zurückgehen und in den einzelnen Epochen nach den jeweiligen Herausgebern GILBERT, POGGENDORFF und WIEDEMANN bezeichnet werden. Der frühere umfassendere Titel „Annalen der Physik und Chemie" ist eigentlich nie wirklich berechtigt gewesen. Physik und Chemie haben beide das Bedürfnis nach besonderen Organen. Ebenso sind die Zeitschriften, die in der Überschrift Mathematik und Physik nennen, fast ausschließlich der Mathematik gewidmet geblieben. Nur in England dient das 1798 gegründete „Philosophical Magazine" vornehmlich Physik und Chemie gemeinsam. Dem Titel nach ist es nach der englischen Bezeichnungsweise den Naturwissenschaften überhaupt gewidmet. In Frankreich sind die 1789, in der Zeit LAVOISIERS, begründeten „Annales de chimie" in die „Annales de physique" und die „Annales de chimie" gespalten. Es liegt in der Natur der Sache, daß mit den ständig anwachsenden Forschungsergebnissen sich die Fülle der angebotenen Abhandlungen stark erhöht und damit das Tempo der Veröffentlichung verlangsamt, wodurch ein für eine in raschem Fortschreiten begriffene Wissenschaft fast unerträglicher Zustand gegeben ist. In gewisser Weise halfen hier die Akademieschriften, unter denen die „Comptes Rendus de l'Académie des Sciences" in Paris lange Zeit wegen ihres prompten Arbeitens mit sehr kurzen Mitteilungen voranstanden. Daneben kommen die Berichte der deutschen Akademien und gelehrten Gesellschaften, vor allem Berlin, München, Leipzig, Göttingen, in Betracht, in England die „Proceedings of the Royal Society". Aber schon vor längerer Zeit zeigte sich auch das Bedürfnis nach besonderen Zeitschriften für einzelne Fachgebiete. So entstand 1880 die „Elektrotechnische Zeitschrift", 1881 die „Zeitschrift für Instrumentenkunde", 1887 die „Zeitschrift für physikalische Chemie", 1894 die „Zeitschrift für Elektrochemie". Das eine Zeitlang erschienene „Jahrbuch der Radioaktivität und Elektronik" wurde aus Zweckmäßigkeitsgründen mit der „Physikalischen Zeitschrift" verschmolzen.

Neben der zunehmenden Spezialisierung mehrt sich auch das Bedürfnis nach Synthese, nach einer Zusammenfassung der gesamten naturwissenschaftlichen Disziplinen, zumal die Ströme der physikalischen Forschung sich fortwährend in die anderen Gebiete hinein ergießen und neben den praktischen Auswirkungen in der Technik ein großes Anwendungsgebiet der ganzen naturwissenschaftlichen Erkenntnis in der Medizin zu finden ist. Deshalb hat die große „Gesellschaft Deutscher Naturforscher und Ärzte" und ihre früher jährlich, jetzt alle zwei Jahre stattfindende Tagung ihre Bedeutung ungeschmälert behalten. Der Spezialisierung der Wissenschaft entsprechend wurde eine große Anzahl von Abteilungen gebildet, die neben den Gesamtsitzungen ihre besonderen Vorträge ansetzten. Der wirkliche Erfolg der Tagungen lag aber selten in diesen Sondersitzungen, sondern vielmehr in den Vorträgen auf den Gesamtsitzungen, in denen die großen Linien eines Forschungsgebietes gezogen wurden und dem einzelnen damit ein Einblick in die Fortschritte der Naturwissenschaft, als Ganzes betrachtet, erwachsen konnte. Berühmte Forschungsreisende berichteten hier über die von ihnen erschlossenen Gebiete der Erdoberfläche, Paläontologen über den Stand der Erdgeschichte, Biologen über die neuentwickelte Vererbungslehre, Physiker über den Atomaufbau u. a. m. Die Einzelwissenschaften an sich erfahren im allgemeinen eine stärkere Förderung, wenn ihre Vertreter Gelegenheit haben, in einer Sondertagung für sich zusammenzukommen.

Neben der ganzen Forschungsarbeit, die in Verbindung mit Lehrzwecken bleibt, wie es an den Universitäten und anderen Hochschulen der Fall ist, stehen die Forschungsinstitute, die rein der wissenschaftlichen Arbeit dienen.

Eine ganz besondere Rolle unter diesen spielt, wenn wir zunächst die deutschen Verhältnisse betrachten, die Physikalisch-Technische Reichsanstalt in Berlin. Der erste Gedanke, der zu ihrer Gründung führte, war die Förderung der Präzisionsmechanik, also des physikalischen Apparatebaues, wobei die Belange der Geodäsie zunächst im Vordergrunde standen. Es kam die durch Abbe systematisch auf wissenschaftliche Grundlage gestellte Erzeugung optischer Instrumente als besonderes Moment hinzu. Bedeutungsvoll ist, daß auch der geniale Begründer der Elektrotechnik, Werner v. Siemens, der ebenfalls von diesem Grundgedanken, der Umsetzung physikalischer Erkenntnisse in praktisch nutzbare Werte, ausging, dem Unternehmen seine lebhafte Teilnahme zuwandte, nun schon mit dem viel weiteren Gesichtspunkte, daß die stark durch Lehrzwecke beeinflußten Einrichtungen der Hochschulen durch Institute ergänzt werden müssen, die rein nur der wissenschaftlichen Forschung gewidmet sind. So standen die beiden Gedanken nebeneinander, das Forschungsprinzip und das Bestreben, der Technik die nötigen wissenschaftlichen Grundlagen zu liefern und ihr in jeder Hinsicht einwandfreie Hilfsmittel an Material und Apparaten zu sichern. Dementsprechend traten, als endlich im Jahre 1887 die Gründung der Anstalt als ein Unternehmen der Reichsregierung stattfand, diese beiden Seiten darin hervor, daß eine technische und eine physikalische Abteilung nebeneinander gestellt wurden. Die ganze Anstalt wurde Hermann v. Helmholtz als Präsidenten unterstellt, der gleichzeitig Direktor der physikalischen Abteilung war. Heute zerfällt sie in vier Abteilungen, die nach Arbeitsgebieten bestimmt sind, aber die beiden Zwecke, denen die Anstalt dienen soll, stärker ineinander übergehen lassen, indem mehr der besondere Charakter der in Betracht kommenden physikalischen Vorgänge als das Entscheidende erscheint. Zu Anfang war die Anstalt in der Technischen Hochschule und gemieteten Räumen untergebracht. Erst 1891 wurden auf dem Gelände, das W. v. SIEMENS geschenkt hatte und das durch Zukauf noch weiter vergrößert wurde, die jetzt zu einem gewaltigen Umfang angewachsenen Baulichkeiten bezogen, in denen die Physikalisch-Technische Reichsanstalt erst die Möglichkeit zur vollen Entfaltung ihrer Wirksamkeit fand. Nach HELMHOLTZ' Tode wurde FR. KOHLRAUSCH Präsident der Anstalt. Das war insofern von Bedeutung, als jetzt ein Mann an die Spitze trat, der gerade in der bis aufs äußerste getriebenen Feinheit und Exaktheit des experimentellen Arbeitens Meister war.

Zu den ersten Arbeiten der Anstalt gehörte die Schaffung von Normalstimmgabeln zur Begründung einer einheitlichen internationalen Stimmung und von einheitlichen Schraubengewinden. Dazu kamen Untersuchungen über die Eigenschaften der bei der Technik verwendeten Materialien, namentlich der Metalle. Chemische Untersuchungen sind von Anfang an mit in den Arbeitsbereich gezogen worden. In praktischer Hinsicht stellte sich die Anstalt auch insbesondere die Aufgabe, alle ihr von der Industrie und Technik zur Prüfung übergebenen Apparate und Instrumente, soweit das nach physikalischen Methoden geschehen kann, einer Untersuchung zu unterziehen und das Ergebnis dieser Untersuchung zu bescheinigen oder durch ein Zeichen an dem Instrument kenntlich zu machen. Dabei kann es sich entweder darum handeln, zu bestimmen, ob ein Instrument innerhalb gewisser, ein für allemal festgesetzter Fehlergrenzen richtig ist, oder aber zahlmäßig anzugeben, welchen Fehlern ein Meßinstrument in seinen Angaben unterliegt. Insbesondere werden Thermometer, Barometer, Druckmesser, elektrische Spannungs-, Strom-, Leistungs- und Arbeitsmesser, elektrische Lampen, Teilungen, Tachometer, Gyrometer, Quarzplatten für Sacharimeter und vieles andere geprüft. Dann arbeitet die Reichsanstalt auch daran, die technischen Grundlagen für die Konstruktion solcher Instrumente in physikalisch-chemischer Hinsicht zu liefern, indem sie die zur Verwendung gelangenden Materialien, Glas, Metalle usw., untersucht sowie auch die physikalischen Vorgänge, die bei der Benutzung der Instrumente in Betracht kommen. Dahin gehört auch die genaue Festlegung und Bestimmung der zugrunde liegenden Messungseinheiten. Beispielsweise ist für die Wechselströme die genaue Bestimmung der Strom- und Spannungskurven und ihrer Beziehungen, die Schaffung der dazugehörigen Normalien und die Behandlung der einzelnen Messungsmethoden von Wichtigkeit gewesen. Der Zuckerindustrie wurden durch die Untersuchung des Quarzes und seiner Drehung, namentlich in der Abhängigkeit von der Temperatur, die Prüfung der Quarzplatten, ferner die Bestimmung der Drehung des reinen Zuckers bei der Konzentration der reinen Normallösung, insbesondere wieder in der Abhängigkeit von der Temperatur, wesentliche Dienste geleistet. Dies sind nur wenige Beispiele für die Wirksamkeit der Physikalisch-Technischen Reichsanstalt. Im übrigen geht sie aus den jährlichen Tätigkeitsberichten in der „Zeitschrift für Instrumentenkunde" sowie aus den „Wissenschaftlichen Abhandlungen" der Anstalt hervor. Im Jahre 1923 wurde die Anstalt durch die Eingliederung der Reichsanstalt für Maß und Gewicht erweitert, welche jetzt die erste Abteilung der Anstalt bildet. Daran schließen sich die Abteilungen für Elektrizität, für Wärme und Druck und für Optik. Präsident der Anstalt ist gegenwärtig Professor Dr. PASCHEN; die Anstalt hat außerdem 4 Direktoren, über 50 Mitglieder und eine Anzahl von wissenschaftlichen Hilfsarbeitern.

An Forschungsinstituten für Teilgebiete der Physik in der Reichshauptstadt muß zunächst noch genannt werden das preußische Meteorologische Institut, das aus dem Zentralinstitut selbst und dem meteorologisch-magnetischen Observatorium auf dem Telegraphenberge bei Potsdam besteht. Neben diesem befindet sich das jetzt von H. Ludendorff geleitete Astrophysikalische Observatorium, das außer den astronomischen Beobachtungsstätten auch ein physikalisches Laboratorium besitzt. Ihm angegliedert ist das 1924 aus den Mitteln der Einsteinstiftung vollendete Turmteleskop mit dem dazugehörigen Laboratorium. Dem preußischen Meteorologischen Institut parallel geht die Bayerische Landeswetterwarte in München, zu der auch das Observatorium auf der Zugspitze gehört. Es muß auch das 1903 gegründete Deutsche Museum von Meisterwerken der Naturwissenschaft und Technik in München erwähnt werden, das 1925 in seiner endgültigen Ausgestaltung im Neubau auf der Isarinsel eingeweiht wurde und in seinen reichen Sammlungen einen deutlichen Einblick in die geschichtliche Entwicklung der Physik, namentlich in ihrer Beziehung zu den technischen Errungenschaften, gewährt. Die Deutsche Geophysikalische Gesellschaft hat ihren Sitz in Jena. Ihr Vorsitzender ist Professor Wiechert in Göttingen, der Leiter eines der ersten geophysikalischen Institute, die sich jetzt an verschiedenen Universitäten finden. Die Geschäftsführung liegt in den Händen von Professor Hergesell, dem Leiter des Aeronautischen Observatoriums Lindenberg bei Berlin. Dieses Observatorium ist eine selbständige meteorologische Anstalt des preußischen Staates zur Erforschung der Atmosphäre im Interesse der Wissenschaft und des Luftverkehrs. Mit ihm verbunden ist die Zentrale des deutschen Höhenwetterdienstes. Der Leiter ist bekannt als der wissenschaftliche Mitarbeiter des Grafen Zeppelin und war einer der ersten, welche die Möglichkeit und die Bedeutung des Luftschiffverkehrs erkannten. Ebenfalls in Jena befindet sich die Deutsche Gesellschaft für angewandte Optik. Den Anwendungen der Physik und Astronomie auf die Förderung und Sicherung der Seefahrt dient die Deutsche Seewarte in Hamburg, die, aus sehr bescheidenen Anfängen hervorgegangen, ihre Ausgestaltung namentlich der Tätigkeit des verstorbenen Georg Neumayer verdankt und nach der durch die gegenwärtigen Zeitverhältnisse bedingten Krisis vielleicht noch reiche Entwicklungsmöglichkeiten besitzt.

Am deutlichsten ist der Umschwung der Verhältnisse an der Kaiser Wilhelm-Gesellschaft zur Förderung der Wissenschaften zu erkennen. Dieses großzügige Unternehmen wurde aus Anlaß der Jahrhundertfeier der Universität Berlin auf Anregung des Deutschen Kaisers ins Leben gerufen. Die Mittel wurden der Hauptsache nach von der deutschen Industrie aufgebracht und die Grundlage durch die Jubiläumsspende selbst geschaffen. Die Gesellschaft, die wesentlich als Geldgeber und Organisator in Betracht kam, hatte den Zweck, die Wissenschaften im allgemeinen zu fördern und im besonderen zu wirken durch die Gründung und Erhaltung naturwissenschaftlicher Forschungsinstitute, die als Kaiser Wilhelm-Institute bezeichnet werden. Die Physik wurde bei den entstehenden Instituten zunächst nur durch das Kaiser Wilhelm-Institut für physikalische Chemie und Elektrochemie berücksichtigt. Erst 1917 wurde ein besonderes Institut für Physik gegründet, wohl wesentlich unter dem Eindruck der neuesten Fortschritte auf dem Gebiete der physikalischen Forschung, namentlich der Einsteinschen Relativitätstheorie, und Einsteins Name wurde in der Leitung des Instituts auch an die Spitze gestellt. Aber die Gründung kam, man kann wohl sagen, zu spät. Im nächsten Jahre schon erfolgte der Zusammenbruch, der Name des Herrschers, den die Institute trugen, bedeutete nur noch eine historische Erinnerung, und die schwer um ihre Existenz ringende Industrie war zu einer weitgehenden freiwilligen Unterstützung vorläufig nicht mehr zu haben. Es blieb daher das neuentstandene Institut für Physik auf die Förderung der experimentellen und theoretischen Forschung im ganzen Reichsgebiet durch geldliche Beihilfen beschränkt. Daher erhielt es auch keine eigenen Räume und kein Personal, sondern nur ein Direktorium, dessen Geschäfte an Stelle von Professor EINSTEIN jetzt Professor M. v. LAUE führt. Infolge der Inflation schmolzen die Mittel des Institutes völlig zusammen. Eine Hilfe konnte nach der Stabilisierung der Währung nur durch die Notgemeinschaft der deutschen Wissenschaft erfolgen. Insbesondere kam deren 1923 gegründeter Elektro-physikalischer Ausschuß hierfür in Betracht, dessen Mittel der Siemens-Konzern, die Allgemeine Elektrizitäts-Gesellschaft und die General Electrical Company stifteten. Eine Schwierigkeit lag bei der Beteiligung ausländischen Kapitals darin, daß der Name des Institutes Anstoß erregte. Deshalb erwies sich die einfache Verschmelzung des genannten Ausschusses mit dem Institut als un-möglich. Es konnten aber namentlich für die Untersuchungen über Atomaufbau Beihilfen gewährt werden. Auch wurde die deutsche Sonnenfinsternis-Expedition nach Mexiko unter Führung von Professor LUDENDORFF durch das Institut finanziert. Neben dem Institut für Physik ist als wirkliches Laboratorium das ebenfalls von der Kaiser Wilhelm Gesellschaft übernommene, von Professor PRANDTL geleitete Institut für Strömungsforschung in Göttingen zu nennen, das dadurch, daß es unmittelbar nutzbringende Arbeit leistet, in einer günstigeren Lage ist und über die ursprüngliche Anlage hinaus erheblich erweitert werden konnte. Vor kurzem ist ihm ein rotierendes Laboratorium eingebaut worden. In unserer Zeit liegt bei der notorischen Finanznot des Reiches und der Glied-staaten der Gedanke besonders nahe, für die Zukunft von der Industrie eine Förderung derjenigen Forschungsgebiete, die mit der technischen Produktion in Zusammenhang stehen, also namentlich auch der Physik, zu erwarten, zumal wenn wieder günstigere wirtschaftliche Bedingungen eingetreten sind. Daß die Industrie hierbei für ihre Unterstützung Gegenleistungen verlangt, liegt auf der Hand. Es wäre aber nicht gerechtfertigt, wenn die Gegenleistungen allein in der Lösung von der Praxis gestellter Probleme bestehen sollten. Die frucht-bringendsten Auswirkungen lagen zum Teil gerade darin, daß zunächst von rein theoretischen Gesichtspunkten aus unternommene Untersuchungen mit einemmal ungeahnte Perspektiven für die praktischen Anwendungen eröffneten. Es braucht bloß an die durch die elektrischen Wellen, die Elektronik und die Röntgenstrahlen gegebenen Beispiele erinnert zu werden. Auch wird die Industrie nicht mit den durch die großen Werke schon jetzt zum Teil in ausgezeichneter und weitblickender Weise organisierten wissenschaftlichen Untersuchungsstätten auskommen, gerade das PRANDTLsche Institut in Göttingen ist ein lehrreiches Beispiel dafür, wie günstig eben die Verbindung mit den großen Einrichtungen für wissenschaftliche Lehre und Forschung wirkt.

Die großzügigste Stiftung eines einzelnen Mannes im Dienste der Wissen-schaft ist heute noch die 1902 gegründete Carnegie Institution of Washing-ton, die mit einem Kapital von 10 Millionen Dollar begann, das in den nächsten 10 Jahren noch um 12 Millionen Dollar erhöht wurde. Der Zweck der Ver-einigung sollte sein, „in der breitesten und weitherzigsten Weise die Forschung und die Anwendung der Erkenntnis auf die Entwicklung der Menschheit zu fördern". Es wurden genau wie bei der Kaiser Wilhelm-Gesellschaft Abteilungen gegründet für einzelne Forschungsgebiete, die bei dem allgemeinen Wissenschafts-betrieb noch nicht gebührend berücksichtigt schienen, so ein geophysikalisches Laboratorium und eine Abteilung für Erdmagnetismus, welche die Arbeiten der U. S. Coast and Geodetic Survey wesentlich ergänzen konnte. Ein erstes Ergebnis war die Konstruktion des unmagnetischen Schiffes „Carnegie", auf dem dann Ozeanbeobachtungen angestellt wurden. Am weitesten bekannt geworden ist das 1905 gegründete Sonnenobservatorium auf dem Mount Wilson bei Pasadena in Kalifornien, das unter die Leitung von Professor Hale gestellt wurde und die vielgenannten großen Teleskope, zuletzt den 100zölligen Reflektor, erhielt. Für die Physik hat es besonders Bedeutung gewonnen durch die Beobachtungen zur Prüfung der Einsteinschen Theorie und in jüngster Zeit durch die Erneuerung des Michelsonschen Versuches. Es ist ein physikalisches Laboratorium in Pasadena mit der Sternwarte verbunden, das beispielsweise zum Nachweis der magnetischen Erscheinungen an der Sonne sich als unentbehrlich erwies.

Die Frage der Observatorien in großer Höhe ist auch für physikalische Zwecke von großer Bedeutung. Der Mount Wilson ist nur 2000 Fuß hoch, aber die atmosphärischen Verhältnisse sind bei ihm besonders günstig. Wir werden aber, namentlich nach den kürzlich auf dem Jungfraujoch erzielten Ergebnissen, auch die Benutzung der Alpen nicht bloß für die Erforschung der Atmosphäre, sondern auch für andere Versuche, die eine größere Erhebung notwendig machen, angebracht halten. Einen Mittelpunkt fanden in gewisser Weise diese Bestrebungen in dem österreichischen Sonnblick-Verein. Der Name knüpft an das Observatorium auf dem hohen Sonnblick bei Gastein an, das mit 3100 m Höhe die höchste meteorologische Station Europas ist und von einem echten Sohne des Landes, Ignaz Rojacher, schon in den achtziger Jahren des vorigen Jahrhunderts erbaut wurde. Im Vergleich mit den amerikanischen Verhältnissen ist die Entwicklung gekennzeichnet durch eine außerordentliche Knappheit an Geldmitteln, die für einen planmäßigen Ausbau der deutschen Hochgebirgsobservatorien zunächst keine allzu erfreuliche Perspektiven eröffnete. In der jüngsten Zeit hat die Kaiser Wilhelm-Gesellschaft das Observatorium auf dem Sonnblick mit dem Observatorium auf dem Obic bei Klagenfurth übernommen und bestreitet die Unterhaltung mit der österreichischen Bundesregierung zusammen. Damit ist entschieden ein Schritt vorwärts getan.

In der österreichischen Hauptstadt befindet sich das älteste Institut für Radiumforschung, das der Wiener Akademie der Wissenschaften angehört. Es ist 1908 auf Grund einer Spende von Dr. Kupelwieser errichtet. Seine Aufgabe ist die Erforschung der radioaktiven Eigenschaften. Die Arbeiten werden in den Mitteilungen aus dem Institut für Radiumforschung veröffentlicht. Das Institut ist Sitz der Internationalen Radium-Standard-Kommission, deren Vorsitzender Sir Ernest Rutherford ist. Wien besitzt außerdem eine Zentralanstalt für Meteorologie und Geodynamik, in der auch die seismographischen Arbeiten zentralisiert sind.

Die Forschungseinrichtungen der außerdeutschen Länder können an dieser Stelle nur kurz genannt werden. Was zunächst England betrifft, das in der Physik immer eine führende Stellung behauptet hat, so besitzt es in der Royal Society, die 1645 als Privatgesellschaft zu Oxford gegründet und 1662 durch königliche Charter bestätigt wurde, eine der ältesten physikalischen Gesellschaften und in dem Organ der Gesellschaft, den „Philosophical Transactions", die älteste und lange Zeit bedeutungsvollste naturwissenschaftliche Zeitschrift. Schon durch die Namen Young, Davy, Faraday und Tyndall berühmt geworden ist die 1800 gegründete und 1810 bestätigte Royal Institution of Great Britain for the promotion, diffusion and extension of science and of useful knowledge, die mit den weit bekannten Abendvorlesungen gleichzeitig eine Art Volkshochschule im besten Sinne des Wortes bedeutet. Die mit ihr in Verbindung stehenden Einrichtungen für wissenschaftliche Untersuchungen sind jetzt als Davy Faraday Research Laboratory organisiert und haben den Zweck, selbständiges wissenschaftliches Arbeiten zu ermöglichen. Eine besondere englische Einrichtung ist das Institute of physics mit dem Zweck, „qualifizierten Physikern Diplome zu verleihen, die Anerkennung der fachlichen Fähigkeiten des Physikers zu sichern und die Wichtigkeit der Physik für die Industrie zu betonen". Der Deutschen Physikalischen Gesellschaft entspricht die 1878 gegründete Physical Society of London, der Gesellschaft Deutscher Naturforscher und Ärzte die British Association for the Advancement of Science, die 1822 durch DAVID BREWSTER u. a. gegründet ist und über 4000 Mitglieder zählt. Sie hält jährliche Versammlungen ab und gibt seit 1831 die „Reports of the British Association" heraus. Ebenso erscheinen Proceedings der Royal Society und der Royal Institution.

In Frankreich ist an erster Stelle zu nennen die Académie des Sciences, die für die Physik eine große Bedeutung besitzt. Die von ihr herausgegebenen „Comptes rendus hebdomadaires" nehmen in sehr weitgehendem Maße kurze Anzeigen neuer Entdeckungen auf. Außerdem befinden sich in Paris noch eine Reihe wichtiger Spezialinstitute auf physikalischem Gebiete. Zunächst kommt das Institut de Radium in Betracht, dessen physikalisch-chemische Abteilung unter Leitung von Frau CURIE steht. Sodann ist als physikalische Anstalt das Institut de physique du globe zu nennen mit dem Observatorium im Parc Saint-Maur und dem angeschlossenen Forschungslaboratorium. Außerdem kann an dieser Stelle auch erwähnt werden das schon durch den Nationalkonvent 1795 gegründete Bureau des longitudes, mit dem 1920 besonders errichteten Bureau international de l'heure. Daneben steht das Bureau international des poids et mesures, das 1875 gegründet wurde und dessen Aufgaben die Bestimmung des Meter- und Kilogramm-Prototyps, aller Gewichte und Meßmaße, die Festlegung geodätischer Regeln für alle Länder usw. sind. Die Anstalt wird von den beteiligten Ländern unterhalten und untersteht einem internationalen Komitee. Frankreich besitzt auch eine Société française de physique, die 1873 gegründet ist und das „Journal de physique théorique et appliquée" herausgibt, außerdem noch eine Fédération des sociétés de physique, daneben mit weiter gespannten Zielen die Association française pour l'avancement des sciences, von LEVERRIER 1864 gegründet.

In Italien besteht heute noch die älteste gelehrte Gesellschaft für die Förderung der empirischen Naturforschung, die es überhaupt gibt, die 1603 gegründete Accademia nazionale dei Lincei in Rom, die durch eine geisteswissenschaftliche Klasse wie die anderen Akademien auf den Gesamtbereich der Wissenschaft erweitert ist. Außerdem findet sich auch in Italien eine 1897 begründete Società italiana di fisica, die alle Jahre tagt und deren Organ „Il nuovo cimento" ist, daneben die seit 1782 bestehende Società italiana delle scienze, die „Memorie di matematica e fisica" herausgibt.

Rußland faßt Physiker und Chemiker in einer Vereinigung zusammen, die 1869 gegründet ist. Die russische Akademie besitzt ein physikalisch-mathematisches Institut. Außerdem ist in Leningrad ein 1918 gegründetes staatliches Physikalisch-Technisches Röntgenologisches Institut vorhanden, welches die Anwendung der neuesten Physik auf technische Probleme zur Aufgabe hat, und ein zur Akademie der Wissenschaften gehörendes Radiuminstitut, welches außer dem Studium der Radioaktivität insbesondere die Gewinnung von Radium aus russischen Rohstoffen und die Untersuchung der russischen Lagerstätten radiumhaltiger Substanzen zum Ziele hat. Sehr reich gegliedert ist das namentlich der Meteorologie dienende „Geophysikalische Hauptobservatorium" in Leningrad mit einem magnetischen und meteorologischen Observatorium sowie einem aeronautischen Observatorium in Sluzk. Dem Leningrader Hauptinstitut ist das staatliche Geophysikalische Forschungsinstitut in Moskau angegliedert. Rußland eigentümlich ist das Institut für musikalische Wissenschaften Gimn (Hymnus) mit einem akustischen Laboratorium, die einzige Stelle, wo der Ansatz zu einer praktischen Verwertung dieses von Helmholtz begründeten Forschungsgebietes gemacht ist. Der Ausbreitung physikalischer Kenntnisse in weiteren Kreisen dient zunächst das Russische Polytechnische Staatsmuseum in Moskau, das schon 1872 gegründet ist und auch eine physikalische Abteilung besitzt. Daneben steht die russische Gesellschaft von Liebhabern der Welterforschung, die allerdings zunächst astronomische und geophysikalische Ziele verfolgt, aber ihre Wirksamkeit auch auf die Ausbreitung physikalischen Wissens im allgemeinen erstrecken will.

Auf die entsprechenden Einrichtungen in den übrigen Ländern hier einzugehen, ist leider unmöglich. Es wiederholen sich naturgemäß, je nach der Eigenart und der Größe des Landes, die Bestrebungen und die Mittel zu ihrer Verwirklichung in der gleichen Weise. Als ein Beispiel für starke Konzentration und Intensität des Wirkens für die naturwissenschaftliche Forschung kann in Japan das National Research Council dienen, das als staatliche Organisation 1920 entstanden ist, aber Gesellschaftscharakter hat und 100 Mitglieder zählt. Die Aufgabe ist die Förderung der japanischen Wissenschaft in Zusammenhang mit der Forschung in den übrigen Ländern. Das Institut gibt eine Reihe von Zeitschriften heraus, darunter auch ein „Japanese Journal of Physics". Den besonderen japanischen Verhältnissen entsprungen ist der Kaiserliche Erdbeben-Untersuchungs-Ausschuß von Japan, der bereits 1892 gegründet ist und fortlaufend seismologische Veröffentlichungen herausgibt.

2. Der Physikunterricht an den höheren Schulen. Während der Lehrbetrieb der Universitäten der Fachausbildung dient, ist der Physikunterricht an den höheren Schulen, der hier unter Zugrundelegung der deutschen Verhältnisse betrachtet werden muß, als Bestandteil der Allgemeinbildung aufzufassen und zu werten. Es scheint daher die grundsätzliche Verschiedenheit, die zwischen Hochschule und höherer Schule an sich besteht, auch in dem physikalischen Unterrichtswesen sich ausprägen zu müssen. Trotzdem sind die beiden Arten von Lehrstätten, was die physikalische Unterweisung betrifft, viel enger miteinander verknüpft, als man zuerst annehmen möchte. Auch an den Universitäten war im 18. Jahrhundert noch die Physik höchst kümmerlich bedacht. Eine Sonderung der Professuren, wie wir sie jetzt haben, gab es noch nicht. Derselbe Professor mußte eine ganze Reihe von Fächern übernehmen. Die Physik fand ihren Platz in der Artistenfakultät, die als eine Art allgemeinwissenschaftliche Propädeutik angesehen wurde und ungefähr die Rolle spielte wie jetzt die oberen Klassen unserer höheren Lehranstalten, ohne aber entfernt deren Lehrziele zu erreichen. Selbständig trat die Physik kaum bedeutsam in die Erscheinung, sie war verkoppelt mit den Nachbarwissenschaften, namentlich der Mathematik, und es wurden von ihr in den Vorlesungen höchstens die mathematisch einfach zu behandelnden Probleme der elementaren Statik erörtert und mehr als Kuriositäten Teile aus den anderen Gebieten. Die Behandlung der Apparate, soweit solche überhaupt vorhanden waren, hatte etwas durchaus Spielerisches. Als Hilfsmittel ernsthafter Forschung kamen sie im Lehrbetriebe nicht in Betracht. Die Gymnasien selbst waren reine Lateinschulen, meist mit ganz wenig Lehrern, die durchweg klassische Philologen waren.

Man muß sich diesen Zustand vor Augen halten, um den ungeheuren Wandel zu begreifen, der verhältnismäßig rasch eintrat, als in einer Zeit welterschütternder politischer Ereignisse unter zum Teil wirtschaftlich sehr schweren Verhältnissen gleichzeitig das Ideal einer humanistischen Bildung und das Streben nach Erkenntnis der Natur aufkam und gerade nach den Erfahrungen in den Napoleonischen Kriegen ein nicht mehr ständisch bestimmtes, sondern aus dem allgemeinen Menschheitsgedanken entwickeltes Bildungsideal und ein dadurch gehobenes und gestärktes Bürgertum als die Stütze des Staates erschien. Es klingt zuerst etwas paradox, daß das Aufblühen des literarisch-philologischen und des mathematisch-naturwissenschaftlichen Unterrichts- und Forschungsbetriebes gleichzeitig eine Frucht des Neuhumanismus gewesen ist. Man darf jedoch den Humanismus nicht mit dem Studium der alten Sprachen verwechseln, sondern muß ihn als die Erziehung eines erhöhten Menschentums auffassen. Bei den in unserer Zeit erneut aufgeflammten Schulkämpfen, die sprachlich-historische und sachlich-naturwissenschaftliche Bildung zueinander in Gegensatz bringen, ist es sicher gut, daran zu denken, daß diese beiden Seiten unseres Bildungswesens aus einer Wurzel entsprossen sind.

Die große Reform, die sich um den Anfang des vorigen Jahrhunderts vollzog, bestand darin, daß die allgemeinbildenden Vorkurse der Universität der höheren Schule zufielen und die Universität dem reinen Fachstudium vorbehalten blieb. Damit verwandelte sich die artistische Fakultät in die philosophische Fakultät, in der nun die historisch-philologischen und die mathematisch-naturwissenschaftlichen Fächer nebeneinander standen, um den Nachwuchs an wissenschaftlichen Forschern und wissenschaftlichen Lehrern zu liefern. An den Universitäten konnte sich eine Differenzierung in der Wertung dieser beiden Seiten der um ihrer selbst willen betriebenen Forschung nicht ernsthaft behaupten. Auf den Gymnasien stand dagegen, entsprechend ihrer Abstammung aus den Lateinschulen, die altsprachliche Seite voran. Mathematik und Naturwissenschaften hatten einen schweren Kampf um die Gleichberechtigung auszufechten. Das harte Wort „Mathematicus non est collega" verlor erst allmählich seine Bedeutung. Es kam dazu, daß die realistische Bildung an sich als den praktischen und nicht den gelehrten Berufen dienend für untergeordnet galt. Daher das verständliche Streben der Lehrer dieser Fächer, den Unterricht möglichst nach wissenschaftlichen Idealen zu gestalten. In der Physik kam das darin zur Geltung, daß die höhere Schule den Ehrgeiz hatte, dieselben Ziele zu verfolgen, wie sie in der Universitätsvorlesung zur Geltung kamen, und dieses Streben ist bis in die Gegenwart lebendig geblieben. Der Physikunterricht an der höheren Schule stellt sich denselben Plan einer systematischen Übersicht über das Gesamtgebiet wie die große Vorlesung über Experimentalphysik an den Hochschulen, die heute noch allgemein gehalten wird. Nur ist natürlich das Lehrverfahren ein anderes. An die Stelle des bloßen Vortrages tritt die ständige Kontrolle über die Auffassung und Aufmerksamkeit des Schülers, ja seine Heranziehung zum eigenen Erarbeiten der physikalischen Erkenntnisse. Die Lehrerfolge richten sich naturgemäß auch nach der Lehrbefähigung des Lehrers und der Qualität des Schülermaterials. Aber der Zielpunkt bleibt doch, alle wesentlichen Naturerscheinungen und ihre gesetzmäßigen Zusammenhänge zu umfassen. Der Physikunterricht der höheren Schulen und die Physikvorlesungen der Hochschule, die zusammen entstanden sind, sind auch andauernd parallel nebeneinander weiter fortgeschritten.

Bei dem allgemeinen Umschwung des geistigen Lebens, der am Ende des 18. Jahrhunderts durch die gewaltigen Triebkräfte, die KANTsche Philosophie, die Erschließung der fremden Literaturen und die naturwissenschaftlichen Entdeckungen, die Neugestaltung der Chemie, die Erkenntnis des Galvanismus, das Aufkommen der Geologie u. a. m., bedingt war, trat das für die Entwicklung der induktiven Forschung hemmende Bestreben zutage, durch das spekulative Denken eine Synthese aller Äußerungen des menschlichen Geistes wie auch der Naturerscheinungen zu erreichen. Wäre dieses Bestreben nicht überwunden worden, so wäre es um den naturwissenschaftlichen Lehrbetrieb schlecht bestellt gewesen. Es machte sich aber bald ein Rückschlag gegen das windige Gerede über die Naturvorgänge bemerkbar. So ist auch das sehr bedeutsame „Lehrbuch der mechanischen Naturlehre" von E. E. Fischer (1805) zu verstehen, das den Reigen der physikalischen Lehrbücher eröffnete. Es ist aber bezeichnend, daß man der philosophischen Spekulation nicht die experimentelle Forschung, sondern das mathematische Denken gegenüberstellte als den exakten und berechtigten Gebrauch der Denkfunktionen. Dem mathematischen Unterricht war das günstig, dem physikalischen aber nicht in gleicher Weise. Es wurde von Anfang an in der Physik der Anschluß an die Mathematik gesucht, was innerhalb der elementaren Mechanik auch sehr gut ging, aber doch gerade das Wesen der Physik, von der Beobachtung ausgehend die Naturvorgänge zu erschließen, verschleierte. Es bildete sich so die übel berüchtigte „Kreidephysik" heraus, die statt am wirklichen Objekt mit Skizzen und Formeln an der Wandtafel operierte. Dahin trieb auch die mangelhafte Ausstattung der physikalischen Kabinette, die ein wirkliches experimentelles Arbeiten unmöglich machte. An sich wurde das Experiment keineswegs beseitigt, man war sich des empirischen Charakters der Erkenntnisse wohl bewußt, man sah aber im Versuch nur eine Ergänzung, nicht die Grundlage des Lehrverfahrens. Kennzeichnend ist das von W. Tanner (1829) empfohlene Verfahren: von den Erscheinungen und Erfahrungen auszugehen, sie zu klassifizieren, aus ihnen einen Satz abzuleiten und durch den Versuch zu prüfen. Der Direktor Reuscher in Kottbus preist (1821) den Physikunterricht als „philosophische Vollendung der Naturbeschreibung, insofern die Physik den erkennenden Verstand absolut mündigt und kräftigt". Man sollte nach ihm eine rationelle Erklärung anstreben und durch die damit verbundenen Experimente nicht sowohl die kindliche Phantasie ergötzen als vielmehr die erhabene Naturidee und das wissenschaftliche Naturinteresse groß und lebendig erhalten. So verficht auch Schneider (1842) der klassischen Philologie gegenüber „die Physik als geistiges Bildungsmittel": „Auch der Philologe, der den Geist der Alten auffassen will, wird nicht vergessen, daß eben diesen Alten die großen Hieroglyphen der Natur zu enträtseln die höchste Aufgabe war. Wie oft würden wir im Finstern tappen, wenn nicht die Leuchtkugel der Physik und Philosophie das Gebiet der Mythe erhellten?" Das sind im wesentlichen die Gedanken der Aufklärung des 18. Jahrhunderts, die nun in die Breite gehen, sich mit den Ergebnissen der Naturforschung verbinden und damit die große materialistische Aufklärungsbewegung nach 1848 vorbereiten.

Einen Einblick in die Entwicklung, welche der physikalische Unterricht im Laufe der Zeit erfahren hatte, gewährt der „Grundriß der Experimentalphysik" von E. Jochmann. Der Verfasser war längere Zeit Lehrer der Physik am Köllnischen Gymnasium in Berlin und Herausgeber der „Fortschritte der Physik". Aus seiner Unterrichtstätigkeit bildete sich ein vortreffliches Lehrbuch heraus. Es wurde nach seinem Tode 1871 von O. Hermes herausgegeben. Die mathematischen Entwicklungen sind nach Möglichkeit zurückgedrängt, geben aber da, wo eine mathematische Ableitung notwendig ist, wie etwa bei den Planetenbewegungen, der barometrischen Höhenmessung, den Stoßgesetzen und den optischen Erscheinungen, das Erforderliche in elementarer Form kurz und klar. In einzelnem, wie bei den Schwerpunktsbestimmungen, wirkt noch etwas die mathematische Auffassung nach. Im übrigen wird das Experiment der Darstellung methodisch zugrunde gelegt. Die Anordnung ist die in fast allen Lehrbüchern festgehaltene: 1. Mechanik der festen, tropfbar flüssigen und luftförmigen Körper, 2. Akustik, 3. Optik, 4. Wärmelehre, 5. Elektrizität und Magnetismus, mit der Reibungselektrizität beginnend. Für die Bedürfnisse der höheren Schule — und zwar wurde zunächst immer an das Gymnasium gedacht — ist charakteristisch, daß bei den weiteren Auflagen zuerst die Elemente der Astronomie und dann die Grundzüge der Chemie hinzugefügt werden mußten. Man fand für diese beiden Wissenschaften keine andere Stelle als in der Angliederung an den physikalischen Unterricht. Vielfach blieben die astronomischen Grundbegriffe versteckt in der Bezeichnung „Mathematische Geographie"[1]. Der Chemieunterricht an den Gymnasien blieb sehr kümmerlich, auch wenn er im Lehrplan getrennt erschien. Ein Wandel trat erst ein, als die Realanstalten immer stärker sich entwickelten. Sie konnten sowohl der Physik eine stärkere Stellung geben als auch den Chemieunterricht für sich entwickeln bis tief in die organische Chemie hinein. Die Jahrhundertwende brachte die volle Gleichberechtigung der drei Gattungen höherer Lehranstalten (humanistisches Gymnasium, Realgymnasium, Oberrealschule) und die Folgezeit ein immer stärkeres Anwachsen der realistischen Schularten und ein merkliches Zurückgehen der humanistischen Gymnasien. Damit nahm die Bedeutung des naturkundlichen Unterrichts immer weiter zu. Freilich war die Bezeichnung „Realistische Anstalten" insofern illusorisch, als der sprachliche Unterrichtsbetrieb an diesen Schulen hinter dem des humanistischen Gymnasiums nicht viel zurückblieb, nur daß die neuen Sprachen an die Stelle der alten traten, ohne freilich damit die sprachliche Durchbildung des alten Gymnasiums immer zu ersetzen.

Bei der Neuordnung in Preußen 1901 wurde das Ziel des naturwissenschaftlichen Unterrichts allgemein wie folgt bestimmt: „Bei dem Unterricht in den Naturwissenschaften ist die Aneignung einer Summe einzelner im Leben verwendbarer Kenntnisse, so schätzbar sie an sich ist, doch nicht das Endziel, sondern nur ein Mittel zur Förderung der allgemeinen Bildung. Der Schüler soll lernen, seine Sinne richtig zu gebrauchen und das Beobachtete richtig zu beschreiben, er soll einen Einblick gewinnen in die gesetzmäßigen Zusammenhänge der Erscheinungen und in die Bedeutung der Gesetze für das Leben, er soll auch, soweit das auf der Schule möglich ist, die Wege finden lernen, auf denen man zur Erkenntnis dieser Gesetze gelangt ist und gelangen kann. Anschauung und Versuch haben im Unterricht einen größeren Raum einzunehmen." Ein gewisses Ausmaß an gedächtnismäßigen Kenntnissen wird als unentbehrlich bezeichnet. So verständlich und verständig diese Ausführungen sind, so gehen sie doch nicht wesentlich über das hinaus, was schon mehr als ein halbes Jahrhundert vorher als Ziel des physikalischen Unterrichts angesehen wurde, wenigstens von den Lehrern, die wirklich physikalisch gebildet und urteilsfähig waren. Von diesen wurde die durch die vorhandenen Mittel gegebene Möglichkeit zu experimentieren immer ausgenutzt. Aber die Mittel waren eben sehr beschränkt. Die wirkliche Hilfe des Staates und der Gemeinden besteht nicht in Verordnungen und Ratschlägen, sondern in der Bereitstellung der nötigen Einrichtungen und der richtigen Lehrkräfte. Der beste Lehrer der Physik ist machtlos ohne den erforderlichen Raum, die erforderliche Zeit und das erforderliche Material zum experimentellen Lehrbetrieb, und die besten Apparate bleiben leere Schaustücke ohne den Lehrer, der sie nützen kann. Ein solcher Lehrer ist aber, wenigstens für die führende Stellung an einer Schule, nur der, der die Physik als Lebensberuf in sich fühlt.

Allerdings ist nicht zu verkennen, daß unter den Physikern eine deutliche Zweiteilung vorhanden ist, je nach dem Überwiegen der theoretischen oder der experimentellen Seite. Wir finden sie, um nur ein Beispiel zu nennen, in den

---

[1] Vgl. B. HOFFMANN, Mathematische Himmelskunde und niedere Geodäsie an den höheren Schulen. Abhandlgn. d. Internationalen mathematischen Unterrichtskommission. Leipzig 1912.

Persönlichkeiten von Helmholtz und Kundt, die beide an derselben Stätte wirkten, verkörpert. Für die Universität ist die gleichmäßige Betonung beider Richtungen zweifellos das Richtige. Für die Schule muß man aber doch die praktische Richtung als die angemessene ansehen. Nicht etwa, weil es für den Schüler unmöglich ist, in die theoretische Physik einzudringen. Es läßt sich eine grundsätzliche Einsicht in den ursächlichen Zusammenhang der Erscheinungen auch an einfachen Beispielen entwickeln, etwa in der Form, daß man auf frühere Zeiten zurückgreift und die Entdeckung und Bedeutung der grundlegenden Elementargesetze beleuchtet, und unter den von der preußischen Unterrichtsverwaltung gegebenen Leitlinien spielt dieser Gesichtspunkt auch eine wesentliche Rolle. Aber wenn man überlegt, was die eigentliche Besonderheit des physikalischen Unterrichts und damit sein wesentliches Bildungsgut ausmacht, so ist es eben dies, daß er nicht wie andere Lehrfächer darauf angewiesen ist, durch Wort und Schrift zu wirken, sondern daß in ihm der Schüler durch eigene Tätigkeit zu Erfahrung und Erkenntnis vordringen kann. Was die wesentliche Schwierigkeit der Schule ist, die Ferne der Dinge, über die im Unterricht gesprochen wird, weicht bei der Physik der unmittelbar greifbaren Nähe, und gerade das gilt es auszunutzen, denn sonst gewinnt der Schüler unter Umständen an einer Klingelleitung in seinem Hause, die er selbst anlegt, oder an einem Radioapparat, den er sich selbst baut, mehr an wirklicher physikalischer Einsicht als in dem ganzen Physikunterricht der Schule. Nicht das Weltgesetz an sich, sondern wie sich das Gesetz in der ihm erfahrbaren Wirklichkeit ausprägt, interessiert den Schüler und gibt ihm das richtige Verständnis dafür, wie die Naturvorgänge einer bestimmten Ordnung folgen und der Mensch in seiner schaffenden Tätigkeit dieser Ordnung nachgehen und sie sich nutzbar machen muß.

Es bedarf keiner besonderen Lehrkunst, um die durchgehende Regelmäßigkeit in den Erscheinungen dem Schüler zum Bewußtsein dringen zu lassen. Im Physikunterricht unserer Schulen wirkt aber immer noch die spekulative Auffassung nach, die zur Zeit seiner Entstehung die herrschende war, und wie die Mathematik ihre Bedeutung für die Schulbildung durch die logische Schulung, die sie versprach, zu erweisen suchte, so sollte nun die Physik auch ihren Platz neben der Mathematik erobern durch den Anspruch, eine unentbehrliche Anleitung zum logischen Denken, auf die Gegenstände der Wirklichkeit übertragen, zu liefern. Es wurde besonderes Gewicht gelegt auf das Herausarbeiten der Beweise für bestimmte, den mathematischen Lehrsätzen genau analog formulierte Naturgesetze, mit dem Ineinandergreifen von Induktion und Deduktion. Man dachte sich eine Art pyramidalen Aufbau, dessen Basis die erfahrungsmäßigen Tatsachen und dessen Spitze die Universalgesetze bilden. So faßt ein Lehrbuch den Gehalt der ganzen Physik am Schluß in die zwei Sätze zusammen: Die Masse ist unveränderlich. Die Energie ist unveränderlich. In dieser dogmatischen Kürze können solche Sätze aber nur irreführend wirken. Man geht Zielen nach, die jenseits der Reichweite der Schule liegen. Es wird die ungeheure Schwierigkeit übersehen, den Sinn und die Bedeutung der „Naturgesetze" den Schülern in einer erschöpfenden und unmißverständlichen Weise klarzumachen, und andererseits werden Schwierigkeiten erst geschaffen, indem man den kunstmäßigen Gebrauch der logischen Grundsätze an die Stelle des natürlichen Verstandes setzt.

Vor hundert Jahren hatte eine solche Zielsetzung gegenüber dem Gerede der Naturphilosophen einen gewissen Sinn. Gegenüber unserer Jugend, die es liebt, sich der Wirklichkeit unmittelbar gegenüberzustellen, ist sie kaum am Platz. Wir müssen aber bedenken, daß mit allem Schulunterricht eine nur langsam wandelbare Tradition verknüpft ist. Jeder neu hinzutretende Lehrer muß sich dieser Tradition einfügen. Die älteren Lehrer, die schon jahrelang an der Schule wirken, haben im allgemeinen das Bestimmungsrecht. Die Einführung eines neuen Lehrbuches ist sehr schwierig und gelingt meist nur dann, wenn es das „gute Alte" möglichst vollständig übernommen hat. Im allgemeinen zieht man vor, die bereits eingebürgerten Lehrwerke beizubehalten und nur neu zu bearbeiten. Dabei kann natürlich nur geflickt und angesetzt werden. Das Ganze an sich bleibt erhalten. So beobachten wir eine überraschende Gleichmäßigkeit in dem Aufbau der physikalischen Lehrbücher. Als die ersten von ihnen entstanden, war der mechanische Teil der Physik die Hauptsache, dem sich ungezwungen die Akustik angliederte. Das blieb der Grundstock aller Lehrbücher, der sich im großen und ganzen wenig verändert hat. Die eigentlichen Wandlungen liegen auf dem Gebiete der Licht-, Wärme- und Elektrizitätslehre. Man müßte erwarten, daß dadurch auch eine Umgestaltung der Lehrbücher von Grund auf hätte bedingt sein müssen. Eine solche ist aber nicht eingetreten. Vielmehr wurde die einmal angenommene Fassung nach Möglichkeit festgehalten. Nehmen wir als Beispiel die Lichtlehre, so stand die geometrische Optik, die einfach mit dem Begriff des Lichtstrahls arbeitet, von vornherein fest. Nun kam unter dem Einfluß der FRESNELschen Untersuchungen die eigentliche Lichttheorie hinzu. Die Fassung ist gewöhnlich die, daß in historischer Form die NEWTONsche Emissionstheorie und die HUYGENSsche Undulationstheorie entwickelt werden, wobei zu beachten ist, daß es sich bei HUYGENS eigentlich nicht um Schwingungen der Ätherteilchen, sondern um die Ausbreitung periodischer elastischer Stöße in einem aus elastischen Kugeln zusammengesetzt gedachten Medium handelte. Darauf wird die Entscheidung zwischen den beiden Hypothesen gesucht und zugunsten der Undulationstheorie gefällt. Nun trat aber MAXWELLS elektromagnetische Lichttheorie auf den Plan mit den daran sich anschließenden neuen Entdeckungen. Die völlige Umwälzung der Anschauungen in der wissenschaftlichen Physik hatte jedoch keineswegs auch eine durchgreifende Umgestaltung des physikalischen Schulunterrichts und der physikalischen Schullehrbücher zur Folge. Wohl suchte man für die neuen Entdeckungen, namentlich wenn sie in den Erfahrungsbereich des täglichen Lebens eingriffen und die Teilnahme der Allgemeinheit erweckt hatten, einen Platz im Unterricht zu finden. Indes man strebte nur danach, sie irgendwo anzuflicken, aber den ganzen Aufbau des Lehrverfahrens und im wesentlichen auch die Auffassung der physikalischen Erscheinungen unverändert aufrechtzuerhalten. Sehr schwer und nur allmählich trennte man sich davon, die Mechanik nicht nur als das erste Gebiet der Physik, sondern auch als Schlüssel der ganzen physikalischen Erkenntnis anzusehen. Es zeigt sich die ungeheure Zähigkeit eines einmal eingebürgerten Lehrverfahrens. Selbst offenkundige Widersprüche zwischen dem alten System und den neu hinzutretenden Bestandteilen wurden ohne Widerstand hingenommen.

So ist kaum zu behaupten, daß der Schulunterricht den gegenwärtigen Stand und die gegenwärtige Auffassung der Physik wiederspiegelt. Es ist natürlich unmöglich, daß der ganze Bereich der wissenschaftlichen Physik im Lehrbetrieb der höheren Schule umspannt wird. Es muß eine Auslese dessen getroffen werden, was dem Verständnis der Schüler erreichbar ist. Die Zahl der Wochenstunden ist 2, im günstigsten Falle 3. Außerdem kommen nur die mittleren und höheren Klassen in Betracht. Ferner wird der Lehrgang in eine Unterstufe und Oberstufe geteilt und so der Lehrstoff zweimal durchgenommen, einmal in elementarer und dann in wissenschaftlich vertiefter Form. Es muß auch noch außer den Teilen der eigentlichen Physik für die Anwendungsgebiete meteorologischer, astronomischer, physiologischer und technischer Natur Raum gelassen werden. Eine gründliche Erarbeitung des Lehrgutes erfordert aber immer viel Zeit. Es ist deshalb zu verstehen, daß der Zwang des Lehrplanes, der eine erschöpfende Übersicht über das Gesamtgebiet verlangt, oft als drückend empfunden wird. Man betont, daß nur ein Einblick, kein Überblick gegeben werden kann und die Forderung der systematischen Vollständigkeit zur Oberflächlichkeit führen muß.

Eingelernte Kenntnisse, auch wenn sie durch Demonstrationsversuche erläutert werden, geben keine wirkliche Einsicht. Wirksam ist nur, was der Schüler sich selbst erarbeitet. Daher das Verlangen nach Schülerübungen, in denen der Schüler sich nicht Experimente vormachen läßt, sondern sie selbst ausführt, in der Weise, daß sich ihm an der Hand der eigenen Erfahrung die physikalischen Grundtatsachen erschließen[1]). Diese Art des Unterrichtsbetriebes gliedert sich von selbst in den allgemeinen Begriff der „Arbeitsschule" ein, die an die Stelle der mechanischen Aufspeicherung von Kenntnissen aller Art, der sog. „Lernschule", die Erwerbung von Können und Wissen aus der eigenen schaffenden Tätigkeit des Schülers heraus setzen will. Die Einrichtung von physikalischen Schülerübungen wurde schon 1891 auf der Naturforscherversammlung in Bremen von Bernhard Schwalbe vorgeschlagen und von K. Noack am Gymnasium in Gießen tatsächlich verwirklicht. In den grundlegenden Meraner Lehrplänen, die 1905 von der Unterrichtskommission der Gesellschaft Deutscher Naturforscher und Ärzte ausgearbeitet wurden, ist die Forderung physikalischer Schülerübungen mit Nachdruck erhoben. Nachdem schon Noack 1892 einen „Leitfaden für physikalische Schülerübungen" veröffentlicht hatte, gaben u. a. Hahn (Handbuch für physikalische Schülerübungen, 2. Aufl. 1912) und Frey (Physikalische Übungen, Leipzig 1910) weitere Anleitungen. Dannemann verfaßte eine elementar gehaltene „Naturlehre auf Schülerübungen gegründet" (Hannover 1908). Die Schülerübungen stießen indessen, teils weil es galt, die Stunden für sie freizumachen, teils weil die nötigen Einrichtungen und Organisationen geschaffen werden mußten, auf erhebliche Schwierigkeiten.

Der entscheidende Punkt scheint aber der zu sein, daß zu der geforderten systematischen Übersicht über das Gesamtgebiet der Physik der Betrieb des Schullaboratoriums nicht recht stimmt. Man will in ihm nicht wie in dem physikalischen Praktikum auf der Universität die Fertigkeit in physikalischen Messungen ausbilden, sondern überhaupt die physikalischen Vorgänge dem Schüler begreiflich machen. Man kann also nicht an die Darbietung des Wissensstoffes durch den Lehrer vereinzelte Übungen anschließen, sondern man muß den Schüler alle wesentlichen Erkenntnisse sich selbst erarbeiten lassen und sie im Vortrage nur ergänzen, abrunden und in Zusammenhang bringen. Deshalb setzt die Verwirklichung des Arbeitsschulgedankens bei der Physik voraus, daß man die Forderung der systematischen Vollständigkeit fallen läßt und statt dessen eine möglichst intensive Erfassung derjenigen Gebiete anstrebt, die sich als dem Schüler zugänglich erweisen und ihm das Wesen der Physik erschließen. Außerdem muß man, wie Kerschensteiner richtig bemerkt, den Schüler da packen, wo sein Interesse liegt. Die Kinder von heute werden durch die neuen technischen Errungenschaften schon frühzeitig auf physikalische Dinge hingelenkt, sie lernen Einrichtungen, welche die Früchte der fortgeschrittensten physikalischen Forschungen bilden, kennen, bevor der Physikunterricht in der Schule überhaupt einsetzt. An das, was der Schüler in dieser Weise schon im Leben erfahren hat und was er bereits in seinen Mußestunden vielfach selbst zusammengebastelt hat, muß der Unterricht anknüpfen. Wenn ein Junge schon

---

[1]) Vgl. Fr. Poske, Didaktik des physikalischen Unterrichts. Leipzig: Teubner 1915.

als Tertianer sich einen Radioapparat gebaut hat und ihn der Lehrbetrieb der Schule erst am Schluß der Prima zu einigen oberflächlichen Bemerkungen über die theoretischen Grundlagen dieses Apparates führt, so wird er für diesen Lehrbetrieb keine sehr große Achtung empfinden. Es ist daher eine gründliche Umstellung notwendig, wenn man den Gedanken eines praktisch ausgestalteten Physikunterrichtes ernsthaft verfolgen will. Das alte philosophische Ideal der theoretischen Vollkommenheit muß aufgegeben werden, man muß das, was in der systematischen Gliederung der Lehrbücher am Ende stand, unter Umständen an den Anfang setzen, auf Vollständigkeit von vornherein verzichten, das Wesentliche und Zeitgemäße herausheben, den Neigungen der Schüler folgen, den Eifer und die Freude des eigenen Schaffens in ihnen wachhalten. Wir können den systematischen Überblick über das Gesamtgebiet um so leichter preisgeben, als er sowieso eine bloße Illusion geworden ist, denn der Bereich der physikalischen Forschung kann heute auch nicht entfernt mehr auf die Schule projiziert werden, und das zu bieten, was vor fünfzig Jahren als Inbegriff des physikalischen Wissens angesehen wurde, ist kaum zu rechtfertigen. Wenn wir von den Früchten der physikalischen Erkenntnis das auslesen, was in dem eigenen Erleben des Schülers einen Widerhall findet oder allgemein bedeutsam ist, dann finden wir auch wohl die richtigste Art, die Forschung auf den Schulunterricht zurückwirken zu lassen. Das Bestreben, den Physikunterricht nicht bloß dem Umfange nach weiter auszugestalten, sondern ihm auch neue Lebensfrische einzuflößen durch die unmittelbare Beziehung auf Beobachtung und Versuch und die Durchwebung mit der eigenen Tätigkeit des Schülers, und der Kampf gegen die trockene Systematik sind auch in der Tätigkeit der Unterrichtskommission der Gesellschaft Deutscher Naturforscher und Ärzte, namentlich in den sog. Meraner Lehrplänen hervorgetreten, ebenso später in dem Deutschen Ausschusse für den mathematischen und naturwissenschaftlichen Unterricht, dessen Arbeiten 1922 zu dem Entwurf neuer Lehrpläne für den mathematischen und naturwissenschaftlichen Unterricht führten. Namentlich tat sich hierbei FR. POSKE hervor, der kürzlich verstorbene langjährige Herausgeber der „Zeitschrift für den physikalischen und chemischen Unterricht" (Berlin: Julius Springer), in der die Reformbestrebungen eine wirksame Stütze fanden und noch weiter finden.

Einen Mittelpunkt für den physikalischen Unterricht zu bilden, scheint die Staatliche Hauptstelle für den naturwissenschaftlichen Unterricht in Berlin berufen, die mit dem von Reich und Gliedstaaten unterhaltenen, 1915 aus einer Jubiläumsstiftung hervorgegangenen Zentralinstitut für Erziehung und Unterricht räumlich vereinigt ist. Sie wirkt schon jetzt durch Kurse für die Weiterbildung der Lehrer auf naturwissenschaftlichem Gebiete, ist aber durch die Sparsamkeit der zur Verfügung stehenden Mittel stark gehemmt. Was wir brauchen, ist eine zusammenfassende Organisation, die für die Physik ein Physikalisches Schulversuchslaboratorium bedeutet. Dieses müßte die für die Universitäten undurchführbare Aufgabe übernehmen, systematisch die Einrichtungen und Methoden zu untersuchen, die für den physikalischen Schulunterricht in Betracht kommen, die günstigsten und zweckmäßigsten Apparaturen herauszusuchen, neu zu gestalten und in Sammlungen zur Schau zu stellen, das Arbeiten mit ihnen in Lehrgängen zu zeigen und die nötigen didaktischen Unterweisungen anzuknüpfen. Damit würde für die so nötige praktische Ausbildung der Physiklehrer das Beste geleistet werden. Dadurch, daß jede einzelne Anstalt für sich arbeitet, ist ein Austausch der Erfahrungen sehr erschwert und auch den Werkstätten, die Schulapparate herstellen, werden nicht die nötigen Richtlinien aus wissenschaftlich und pädagogisch gereifter Erkenntnis gegeben. Ein einheitliches, zielbewußtes Vorgehen ist hier mehr noch als irgendwo anders geboten.

3. Der Physikunterricht an Volks- und Mittelschulen. Die Mittelschulen nehmen eine Zwischenstellung zwischen höherer Schule und Volksschule ein. Der Physikunterricht an ihnen entspricht ungefähr der Unterstufe an den höheren Schulen. Nur ist der ganzen praktischen Richtung dieser Schulen entsprechend ein noch stärkeres Betonen der praktischen Zielpunkte am Platze, und die Schülerübungen sind so zu gestalten, daß die praktischen Anwendungen noch mehr in den Vordergrund treten. Der ideale Zustand ist, da diese Schulgattung erst in der Entwicklung begriffen ist, noch nicht erreicht, doch ist gerade bei ihr die Verfolgung des Arbeitsschulgedankens angebracht, aus dem heraus auch der Physikunterricht von Grund auf zu gestalten ist, statt etwa eine verkürzte und deshalb recht kümmerliche Übersicht über das Gesamtgebiet zu geben. Gerade hier wäre die Physik als bloßes Buchwissen ganz verfehlt. Aber das Bestreben, es den höheren Schulen nachzutun, wirkt vielfach wieder auf eine enzyklopädische Übersicht hin.

Bei den achtklassigen Volksschulen findet die Physik im naturkundlichen Unterricht der oberen Klassen schon seit der Vorkriegszeit eine Stelle. Die Physik wird dabei wieder in die herkömmlichen Teilgebiete gegliedert und eine systematische Vollständigkeit angestrebt. Ohne daß Lehrbücher allgemein bereits eingeführt sind, hat doch z. B. der „Leitfaden der Physik und Chemie" von A. Sattler eine große Verbreitung gefunden (47. Auflage 1925). Er gibt einen der Unterstufe an den höheren Schulen entsprechenden, nur etwas abgekürzten und vereinfachten Lehrgang. Das gesamte Gebiet wird in der üblichen Weise eingeteilt: 1. Mechanik, 2. Schall, 3. Wärme, 4. Luft, 5. Magnetismus, 6. Reibungselektrizität, 7. Galvanismus. Mathematische Formeln müssen natürlich vermieden werden. Bei den Fallgesetzen wird z. B. die Formel durch eine Tabelle der Fallzeiten und Fallstrecken ersetzt. Bei der Abkürzung der Darstellung ist eine die Zusammenhänge der Erscheinungen wirklich klarlegende Beschreibung unmöglich. So bleibt u. a. die Meteorologie eine bloße Aufzählung der Witterungsvorgänge ohne hinreichende Erklärungen. Ebenso werden in der Mechanik die alten Arbeitsmaschinen einfach der Reihe nach aufgezählt. Daneben steht das Bestreben, die Auswirkung der physikalischen Gesetze in den Errungenschaften der modernen Technik, soweit sie in den Erfahrungsbereich des Schülers treten, zu verfolgen. Es werden Uhr, Nähmaschine und Grammophon behandelt, ebenso Dampfmaschine, Turbine und Luftschiff. Ja auch das Rotorschiff und der Radioapparat erscheinen. Natürlich muß der Verfasser sich jedesmal mit der bloßen Anführung und ein paar allgemeinen Bemerkungen begnügen. Die Anlage ist sehr geschickt und zeugt von reicher pädagogischer Erfahrung. Aber der Weg, den das Buch einschlägt und nach der Entwicklung unseres Schulwesens einschlagen mußte, ist ein verfehlter. Es zeigt sich, daß derselbe Lehrgang, der auf der Universität als die Grundlage der wissenschaftlichen Ausbildung auftritt, in der höheren Schule wiederholt wird, dann in der Unterstufe noch einmal in abgekürzter Form erscheint und nun nochmals verkürzt auch auf die Volksschule übertragen werden soll. Was dann schließlich übrigbleibt, ist ein bloßes Gerippe ohne Fleisch und Blut. An die Stelle des lebendigen Erfassens muß ein gedächtnismäßiges Einprägen einzelner Bezeichnungen und Sätze treten, die ohne den verbindenden Zusammenhang leer und tot bleiben. Der kleinste Bereich des Naturgeschehens, der wirklich vollständig begriffen wird, würde mehr physikalisches Verständnis vermitteln als eine solche Gesamtübersicht. Es ist, als ob man von einem Drama, statt es selbst zu lesen, bloß das Personenverzeichnis und die Szeneneinteilung geben wollte. Man kann nicht für alle Stufen des Unterrichts denselben Lehrgang verwenden, indem man ihn

nur entsprechend zusammenstreicht, man muß ihn vielmehr dem Alter, dem
Verständnis und dem Bedürfnis der Schüler anpassen[1]).

Deshalb erscheint für die Volkserziehung ein Weg viel aussichtsreicher, der
in Nordamerika beschritten ist und mit dem Stichwort „Nature study" bezeichnet wird. Es soll damit nicht ein Unterrichtsfach, sondern eine geistige
Einstellung (attitude of mind) bezeichnet werden. Die entscheidenden Gesichtspunkte dabei sind folgende: 1. Entwicklung der Sinnesorgane zu großer Schnelligkeit und Sicherheit der Wahrnehmung, 2. Ausbildung einer innigen Beziehung
zur Natur und ihren Erscheinungen, 3. Stärkung des Verlangens nach weiteren
aus dem sinnlichen Erfassen fließenden Erkenntnissen, 4. Erziehung eines ge-
sunden, starken Selbstvertrauens, das sich auf selbsterworbenes Wissen stützt.
Das Schwergewicht wird also nicht auf angelernte Buchweisheit gelegt, sondern
auf eine durch eigenes Nachdenken vertiefte Erfahrung. Man muß die Schüler
selbst beobachten und Fragen stellen lassen, wie kleine Kinder, solange die
Schule sie noch nicht zurechtgeknetet hat, es von selbst tun. Man wird, um
eine gewisse Ordnung innezuhalten, den Bereich der Fragen begrenzen, vielleicht
auch selbst Fragen stellen, um zunächst zu sehen, was die Schüler vorzubringen
haben. So wird man, wenn es sich um physikalische Dinge handelt, von den
Gegenständen ausgehen, welche die Schüler kennen und an denen sich physikalische Wirkungen zeigen, man kann auch die Witterungsvorgänge und die
Erscheinungen am Himmel zugrunde legen. Dann müssen schrittweise die
einzelnen Wahrnehmungen in Verbindung gebracht werden, um die eine durch
die andere zu erläutern, die grundlegenden Tatsachen müssen herausgeholt, die
regelmäßig wiederkehrenden Zusammenhänge gesucht und die gedanklichen
Verknüpfungen entwickelt werden. Der Schüler soll lernen, die Augen offen zu
halten, die Vorgänge in der Natur zu beobachten und, soweit es möglich ist,
sich klarzumachen. Der Unterricht soll über die Schulstube hinausgehen.
Die Wahrnehmungen im Freien, welche die unmittelbarste Gelegenheit zur Erfassung der Naturvorgänge bieten, sollen eine wesentliche Grundlage bilden.

Auch in Deutschland ist der Ruf „Hinaus ins Freie!", der für das ameri-
kanische Nature study kennzeichnend ist, ertönt (vgl. W. GEILENKEUSER, Die
Physik in der Arbeitsschule. Frankfurt a. M. 1924). Es soll die unmittelbare
Beobachtung der Natur wie beim biologischen, so auch beim physikalischen
Unterricht den Ausgangspunkt bilden. Noch bedeutungsvoller ist es, wenn das
Bestreben, für die Volksschule eine auf eigener Beobachtung begründete Einsicht in das Wesen der Naturvorgänge und nicht eine gedächtnismäßig ein-
gedrillte Übersicht über die physikalischen Prozesse als Ziel des naturkundlichen
Unterrichts anzusehen, sich zu bestimmten Vorschlägen für die Gestaltung des
Unterrichts verdichtet. Es ist aber nicht ohne Bedenken, wenn dabei wieder
die orthodoxe Unterrichtsmethode einer bestimmten pädagogischen Schulrich-
tung erscheint, wie wenn P. CONRAD (Präparationen für den Physikunterricht,
2 Bde.) auf den HERBARTschen Formalstufen aufbauen will. Es soll eine Erscheinung des täglichen Lebens zugrunde gelegt, die Vorstellungen der Schüler
analysiert, der Versuch angestellt, sein Ergebnis mit ähnlichen Erscheinungen
verglichen und schließlich das „Gesetz" gewonnen werden. Ebenso trägt
W. WURTHE (Präparationen für den Unterricht in der Naturlehre) zuviel spekulative Elemente hinein. Die Spekulation wird an den Anfang gestellt, und die
gewonnenen Vermutungen sollen dann erst durch den Versuch bestätigt oder
widerlegt werden. Der Abstraktionsprozeß, das „Gesetz", ist wieder das letzte

---

[1]) A. HERRMANN, Naturwissenschaftlicher Unterricht als Erziehungs- und Bildungsmittel an höheren Schulen. Leipzig 1922.

Ziel. Dieses Ziel ist entschieden zu weit gesteckt, und eine solche Überspannung birgt die Gefahr, daß mehr Verwirrung angerichtet als Klarheit in den Köpfen der Schüler geschaffen wird. Im Mittelpunkt des Unterrichts muß an der Volksschule mehr noch als an der höheren Schule das Experiment stehen, am besten die eigene Tätigkeit des Schülers, sei es im Anstellen elementarer Versuche, sei es im Anfertigen einfacher Apparate. Das entspricht dem Grundgedanken der Arbeitsschule, der gewiß beim Physikunterricht besonders am Platze ist. Die Hauptschwierigkeit besteht bei der Volksschule darin, daß die zur Verfügung stehenden Mittel äußerst beschränkt, ja zum Teil so gut wie gar nicht vorhanden sind. Auch sind verwickelte und sehr feine Apparate für diesen elementarsten Physikunterricht nicht einmal geeignet. Außerordentlich lehrreich dagegen sind die Versuche, die auf die einfachste Weise mit den gewöhnlichsten, überall erreichbaren Gegenständen angestellt werden, sog. Freihandversuche (W. SCHÄFER, Einfache Versuche aus der Physik, Breslau). Es ist auch der Gedanke hervorgetreten, am Spielzeug des Kindes (Baukasten, Kreisel, Gummiball usw.) physikalische Vorgänge zu erläutern (E. HAASE, Physik des Spielzeuges). Die Herstellung von Apparaten auf die billigste Weise ist mehrfach erörtert worden (R. FISCHER, Elementarlaboratorium, München; GEILENKEUSER und MEYER, Theoretisch-praktisches Handbuch für physikalische und chemische Schülerübungen in der Volks- und Mittelschule, Trier; J. RUST, Methodisches Hilfsbuch für den Unterricht in der Naturlehre, Prag, Wien und Leipzig, 2 Teile; K. ROSENBERG, Experimentierbuch für den Unterricht in der Naturlehre). Für den Zusammenhang mit dem praktischen Leben ist auch von Bedeutung das Buch von L. PFAUNDLER, Physik des täglichen Lebens, Stuttgart.

Anstatt den Physikunterricht auf die letzten Schuljahre zu beschränken, ist in England der beachtenswerte Versuch zu machen, die Anleitung zum physikalischen Beobachten in der einfachsten Form schon im frühen Kindesalter zu geben (Physical exercises for children under 7 years of age, in den Berichten des Board of education, 1920).

Wer in dieser Weise physikalisches Verstehen durch die zweckdienliche Unterweisung der heranwachsenden Jugend in das Volk tragen will, der muß dieses Verstehen natürlich selbst besitzen und sich innerlich erarbeitet haben. Angelernte Kenntnisse nützen auch ihm nichts. Wir stehen nun in Deutschland an einem Wendepunkte der Lehrerbildung. Wir könnten daher hoffen, daß die neue Lehrergeneration mit mehr innerlicher und gereifter Erfassung des Naturgeschehens in ihren Beruf hineingehen wird als die aus dem alten Lehrerseminar stammenden Erzieher, denen das Lehrbuch, auch wenn es aus Quellen zweiten und dritten Ranges geschöpft und mit Mißverständnissen überladen war, als unverbrüchliche Autorität hingestellt wurde. Leider ist aber zu beobachten, daß aus einem übersteigerten Idealismus heraus, der eine sozial-ethische Begründung des Erziehungsgedankens und eine psychologische Vertiefung in das Wundergebiet der Kindesseele voranstellt, für den praktischen Gedanken der sachlichen Vorbereitung für die Gebiete, die für das werktätige Volk in erster Linie in Betracht kommen, wenig Raum übrigbleibt. So ist auch kaum zu hoffen, daß für eine gründliche physikalische Laboratoriumsausbildung des künftigen Lehrers, die um so eher am Platze ist, mit je einfacheren Mitteln er später zu arbeiten hat, gesorgt werden wird. Aber nur damit können wir die Auswirkung der physikalischen Forschung in der Volkserziehung finden, daß wir ihn in einer dem heutigen wissenschaftlichen Standpunkte entsprechenden Weise befähigen, selbst das Lehrgut auszuwählen, das für seinen Schülerkreis geeignet ist, und es sich den Schüler wiederum in eigener, planmäßig geleiteter Arbeit erwerben zu lassen.

Kapitel 4

Vorlesungstechnik.

Von

R. Mecke und **A.** Lambertz, Bonn.

Mit 162 Abbildungen.

I. Einleitung[1]).

1. Allgemeines. Das Studium des Anfängers in der Physik muß sich anerkanntermaßen auf das Experiment stützen. So verschieden die Meinungen über den Stoff oder die Methode des physikalischen Unterrichts auch sind, so sehr die Bedingungen von Land zu Land wechseln: darin besteht Übereinstimmung, daß es keinen anderen Weg zur Physik gibt, als die Einführung durch den experimentierenden Unterricht oder den Experimentalvortrag. In dieser Tatsache und in den aus ihr sich ergebenden Folgerungen ist es begründet, daß sich an den deutschen Hochschulen ein für alle Anfänger der Naturwissenschaften und damit auch für die Mediziner gemeinsames Experimentalkolleg erhalten hat. Wo man glaubte, von dieser Unterrichtsform abweichen zu sollen, ist man stets nach einiger Zeit zur altbewährten Einrichtung zurückgekehrt. In ihr steckt ein großer Teil Tradition. Eine Fülle von Versuchen, Kunstgriffen und Techniken sind überliefert. Vereint mit den besten Köpfen der versuchsfreudigen Lehrerschaft aller Grade haben Akademiker und Hochschullehrer seit den Tagen der Accademia del Cimento ihre Erfindungsgabe angestrengt und unendliche Mühe darauf verwendet, die Grunderscheinungen der Physik in durchsichtiger und eindrucksvoller Weise durch das Experiment im Hörsaal und Schulzimmer vorzuführen und der Anschauung nahe zu bringen. Die immer wiederholte und immer wieder verbesserte Ausführung dieser Versuche ist der Jungbrunnen gewesen, zu dem die Physiker stets zurückgekehrt sind. Die ohne Voreingenommenheit erneute Betrachtung der scheinbar längst bekannten Dinge hat Dozenten und Hörern, Lehrern und Schülern stets geholfen, aus dem Banne überlieferter Schulmeinungen sich zu befreien und der Natur gegenüber jene Unbefangenheit zurückzugewinnen, die die Voraussetzung für die Entdeckung neuer Wege ist.

So hat auch der einfache Versuch einen würdigen Platz in einer Wissenschaft, die durch die unerhörte Verfeinerung ihrer Methoden, wie durch die Komplikation ihrer Anordnungen vielleicht alle anderen Naturwissenschaften übertrifft.

Allein eine Experimentalvorlesung ist zugleich ein Kunstwerk und ein Kunststück. Mit der Kenntnis des Prinzips allein ist in der Regel wenig gewonnen. Im konkreten Fall gerät der Versuch stets nur nach wohl erwogener

---

[1]) Von H. Konen-Bonn.

Vorbereitung. Bestimmte Maße, genau einzuhaltende Bedingungen müssen ausprobiert werden, wenn der gewünschte Effekt sicher und erkennbar in die Erscheinung treten soll. Dazu gibt der Vortragende seine persönliche Note. Der äußere Rahmen, die Zusammensetzung der Zuhörerschaft wirken bestimmend mit. Wer an einer technischen Hochschule vor 1000 Hörern Versuche anstellt, wird andere Apparate und Anordnungen wählen als derjenige, der vor einem kleinen Kreis im Spezialkolleg liest oder in einer Schulklasse Schüler vor sich hat.

So erklärt sich die ungeheure Zahl und Mannigfaltigkeit der in physikalischen Zeitschriften und Handbüchern angegebenen Versuchsanordnungen, oftmals für denselben Zweck, z. B. für Pendelversuche, Interferenzversuche usw. Hier ist ein unbegrenztes Feld für die physikalische Erfindungsgabe, für Handfertigkeit, ja für Spielerei. Es ergibt sich aber ferner auch, daß die Ausführung von Vorlesungsversuchen ein Wissenszweig für sich ist, eine Kunst, die besonders gepflegt werden muß[1]) und die in ihrer Vollendung jedesmal nur von einer beschränkten Anzahl von Meistern in jeder Generation erreicht wird, die zugleich mit Takt die rechte Linie einzuhalten wissen.

2. Zweck der Darstellung. Aus diesem Grunde ist eine Anleitung zu Vorlesungsversuchen nur in ganz bescheidenem Sinne möglich. Im Rahmen dieses Handbuchs erscheint es zwecklos, eine möglichst vollständige Aufzählung aller für eine bestimmte Aufgabe angegebener Versuchsanordnungen, Handgriffe, Apparatformen, Bezugsquellen u. dgl. zu geben[2]). Ebensowenig hat eine, die Methoden des Unterrichts berücksichtigende und die kleinsten Dinge behandelnde breite Darstellung für unseren Lehrerkreis Interesse. Jeder, der, sei es in der Schule, sei es an der Hochschule, Vorlesungsversuche vorzuführen hat, sieht sich, wenn er nicht schon im Besitze eines auf langjährigen Erfahrungen beruhenden „Vorlesungsbuches" ist, vor die Aufgabe gestellt, mit vorhandenen oder zusammengestellten Mitteln die Bedingungen aufzusuchen, unter denen jedesmal im konkreten Fall der Versuch glückt. Hierzu kommt die Notwendig-

---

[1]) Es sei auf die Staatliche Hauptstelle für den mathematischen und naturwissenschaftlichen Unterricht in Berlin hingewiesen.

[2]) Man vergleiche die Kataloge der großen Firmen für physikalische Apparate, ferner vor allem das vierbändige Werk von Lehmann, das indessen in vielen Teilen veraltet ist. Weitere Literatur folgt nachstehend. Ein zuverlässiges Buch, in dem man die Geschichte aller Versuche auch nur mit einiger Vollständigkeit fände, existiert zur Zeit noch nicht. J. Frick-Lehmann, Physikalische Technik und Anleitung zu Experimentalvorträgen, sowie zur Selbstherstellung einfacher Demonstrationsapparate, 7. Aufl., 2 Bde. in 4 Abtl. 1631+2072 S., Braunschweig 1904—1909; La Cour u. J. Appel, Die Physik auf Grund ihrer geschichtlichen Entwicklung, 2. Bd. 496 + 491 S., Braunschweig 1905; A. Weinhold, Physikalische Demonstrationen, 6. Aufl., herausgeg. von L. Weinhold, 1022 S., Leipzig 1921; H. Hahn, Physikalische Freihandversuche, bearbeitet von B. Schwalbe, 2. Aufl., 3 Bde., Berlin 1926; F. C. G. Müller, Technik des physikalischen Unterrichts, 2. Aufl., 497 S., Berlin 1926; K. Schreber u. P. Springmann, Experimentierende Physik, 2. Bd., 171 + 368 S., Leipzig 1905; F. Auerbach, Physik in graphischen Darstellungen, 267 Tafeln mit 1557 Fig., 2. Aufl., Leipzig 1925; E. Grimsehl, Physikalische Tabellen zum Gebrauche bei Unterricht und beim physikalischen Praktikum, 2. Aufl., 22 S., Leipzig 1916; F. Poske, Didaktik des physikalischen Unterrichts, 428 S., Leipzig 1915; Zeitschrift für den physikalischen und chemischen Unterricht, begr. von E. Mach u. B. Schwalbe, fortgesetzt von F. Poske, herausgeg. von Metzner, 39 Bde., Berlin 1888—1926; Abhandlungen zur Didaktik und Philosophie der Naturwissenschaften, herausgeg. von F. Poske, A. Höfler u. E. Grimsehl (Sonderhefte der ZS. f. phys. Unterr.), 2 Bde., Berlin 1904—1911; Unterrichtsblätter für Mathematik und Naturwissenschaften, herausgeg. von S. Wolff, 32 Jahrgänge, Berlin 1904—1926; School Science, Monatshefte, Ravenswood, Chicago U. S. A.; Musterverzeichnis von Einrichtungen und Lehrmitteln für den physikalischen Unterricht, Mitteilungen der preuß. Hauptstelle für den naturwiss. Unterricht, 760 S., Leipzig 1918. Für zahlreiche Einzelheiten und Aufsätze in physikalischen Zeitschriften vgl. man die Abschnitte Nr. 1 und 2 der Fortschritte der Physik bis 1918, von da ab Nr. 1,4 in den Bänden der Physikalischen Berichte.

keit, sich einfache Zahlenangaben zusammenzustellen, die nicht so sehr auf die Genauigkeit der Dezimalen Wert legen, als durch ihre zweckmäßige Auswahl den Vortrag beleuchten; es gilt einfache, aber schlagende Skizzen an die Tafel zu zeichnen oder als Diapositive zu projizieren, Formeln, Dimensionen u. dgl. müssen ausgewählt werden.

Hier als bequeme Hilfe zu dienen, ist der Zweck des folgenden Kapitels. Es ist notwendig, den dabei eingenommenen Standpunkt zu bezeichnen, um nicht mißverstanden zu werden.

3. Rahmen für Vorlesungsversuche. Der äußere Rahmen der Versuchsanordnungen wird in der Regel durch die gegebenen Verhältnisse bestimmt. Der Fall, in dem der Experimentator sich Hörsaal und Sammlung selbst bauen und beschaffen kann, erfordert besondere Maßnahmen und ist hier außer Betracht gelassen. Ebenso erfordert der Fall, daß ein ganz großes Auditorium zu berücksichtigen ist, besondere Maßnahmen. Das Anschreiben an die Tafel wird dann unmöglich. Die Apparate müssen besondere Form und Größe haben. Es sei hier ein mäßig großer Raum vorausgesetzt, etwa bis zu 300 Hörern, mit Projektionsapparat, Verdunkelungsvorrichtung, Schalttafel usw., jedoch ohne ungewöhnliche Ausrüstung. Wesentlich ist die Assistenz. Der vielfach noch in Geltung befindliche Brauch, einen Mechaniker (sehr oft den einzigen vorhandenen Techniker) oder Techniker für die Vorlesung auszubilden und ausschließlich mit der Vorbereitung und Assistenz zu betrauen, ist für den Vortragenden bequem, hat aber den Mangel, leicht zur Stagnation zu führen und die nachwachsende Assistentengeneration zu schädigen. Ein wissenschaftlicher Vorlesungsassistent, der öfters wechselt, in Verbindung mit einem technischen Gehilfen, der nicht wechselt, erscheint als die zweckmäßigste Lösung. Nähe der Werkstatt und der Sammlung, günstige Lage des Zugangs zum Hörsaal und andere Dinge erleichtern die Vorlesung und den Unterricht.

4. Auswahl der Versuche. Dem vorausgesetzten bescheidenen äußeren Rahmen entsprechend sind die im folgenden beschriebenen Versuche ausgewählt. Sie stellen zumeist nur eine Auswahl von Versuchen dar, die erfahrungsgemäß im Laufe eines zweisemestrigen Kursus von fünf Wochenstunden vorgeführt werden können. Dazu aber entsprechen sie im ganzen der Ausrüstung, wie man sie auch in einer bescheidenen Universitätssammlung und an etwas besser ausgestatteten höheren Lehranstalten findet. Die Versuche sind entnommen aus der Praxis und ausnahmslos häufig auf ihre Brauchbarkeit probiert worden, so daß kein einziger Versuch angeführt ist, der nicht in der angegebenen Weise sicher ausführbar wäre. In der Regel handelt es sich um altbekannte Versuche. Indes auch dort, wo es sich um einen neueren Versuch handelt, ist davon abgesehen, die Geschichte dieses Versuches zu bringen oder nachzuweisen, wer ihn vielleicht zuerst angegeben hat. Vielmehr soll es sich um eine praktische Anleitung handeln, wie man in jedem Fall den Versuch mit der Sicherheit des Erfolges anstellen kann, ohne in der Literatur herumsuchen oder lange probieren zu müssen. Die Zusammenstellung der Versuche stellt also gleichsam einen Auszug aus einem Vorlesungsbuche dar[1]), wie man es in den meisten Laboratorien zu finden pflegt, jedoch mit absichtlich bescheiden gesteckten Grenzen.

5. Zeichnungen, Tabellen, Skizzen. Den Versuchen sind jedesmal einfache Skizzen hinzugefügt, die als Schaltungsschemata oder möglichst stark idealisierte graphische Darstellungen dienen können. Dem gleichen Zwecke dienen die beigefügten Formeln und Tabellen. Die Erfahrung lehrt, daß es notwendig ist, in den Experimentalvorlesungen alle Rechnerei auf das kleinste mögliche Maß zu

---

[1]) Sie ist auch aus der Bearbeitung meines Kollegheftes entstanden, das ich den beiden Herrn Verfassern zur Verfügung gestellt habe, die bei mir als Vorlesungsassistenten tätig waren.

beschränken. Einmal ist die Zeit auch für eine fünfstündige Vorlesung innerhalb zweier Semester so knapp, daß nur bei größter Sparsamkeit in der Zeitverwendung eine einigermaßen vollständige Übersicht der Experimentalphysik gegeben werden kann. So wünschenswert es daher aus pädagogischen Rücksichten sein würde, Formeln, Gesetze usw. rechnerisch an der Tafel zu entwickeln und alle Skizzen vor den Augen der Zuhörer entstehen zu lassen, so verbietet sich doch ein solches Verfahren vollkommen durch den Mangel an Zeit. Es muß vorausgesetzt werden, daß der Hörer ein Lehrbuch in Besitz hat und nachliest, so daß er Rechnungen, die ihm nicht bekannt sind oder die ihm von der Schule her nicht mehr geläufig sind, nachlesen kann. Die üblichen Berechnungen, etwa des Foucaultschen Pendelversuches, der Fallgesetze, des Feldes eines Stabmagneten u. dgl. haben in einer Experimentalvorlesung keinen Platz und unterliegen außerdem der berechtigten Kritik, die von Timerding, Study u. a. an ihnen geübt worden ist. Ebensowenig kann man jedoch darauf verzichten, Resultate von Rechnungen, mathematische Formulierungen u. dgl. während der Vorlesung den Hörern vorzuführen, um grundsätzliche Erörterungen anzuknüpfen. So wird es gerechtfertigt, wenn vor Beginn der Vorlesungen Formeln und Skizzen — am besten bunt angelegt — an die Tafel gezeichnet werden, oder wenn der gleiche Stoff in Form von Diapositiven während der Vorlesung vorgeführt wird. Für den Unterricht an der Schule gelten natürlich andere pädagogische Gesichtspunkte. Allein selbst dort wird der Besitz einer Reihe übersichtlicher Diapositive willkommen sein, die gestatten, das gesamte erarbeitete Material nochmals zusammenzufassen.

6. Zahlenwerte. Ähnliche Ausführungen gelten für die Zahlenwerte, die man zur Verständlichmachung von Vorlesung und Unterricht nicht entbehren kann. In der neuen Ausgabe des vortrefflichen Landolt-Börnstein und in anderen Werken findet man die erforderlichen Angaben in überreicher Fülle. Allein für den Anfänger handelt es sich in der Regel nicht um eine kritische Vergleichung der von verschiedenen Beobachtern mit verschiedenen Methoden im Laufe der Zeit bestimmten Werte. Nur in besonderen Fällen, wie etwa bei der Messung des mechanischen Wärmeäquivalentes und bei anderen Naturkonstanten wird man derartige Zusammenstellungen nötig haben. Normalerweise kommt es mehr auf die zweckmäßige Auswahl als auf die Masse oder den Wert der Dezimalen an. Aus diesem Grunde sind dem folgenden Text auch Zusammenstellungen von Daten beigefügt, die lediglich den Zweck haben, die Mühe des Heraussuchens zu erleichtern und die ebenso wie die Skizzen in Form von bequemen Diapositiven vom Verlage bezogen werden können[1]).

Niemand, der Physik zu unterrichten hat, wird sich übrigens entgehen lassen, sich eine Sammlung von Lichtbildern und Tabellen aller Art selbst anzulegen, die für Experimentalvorlesungen ebenso unentbehrlich sind wie für technische, kunstgeschichtliche oder biologische Vorlesungen. Ort und Umstände bedingen hier den Umfang und die Auswahl der Sammlung.

7. Methodik. Wenn auch eine Zusammenstellung von praktischen Angaben über Vorlesungsversuche nichts zu tun hat mit der Methodik des physikalischen Unterrichtes, so muß doch darauf hingewiesen werden, daß unabhängig von der Frage der rein wissenschaftlichen Systematik die Entwicklung des Unterrichtes in der Physik von größter praktischer Bedeutung ist. Die Vorbildung der Techniker, Chemiker, Biologen und Lehrer der Naturwissenschaften wird in steigendem Maße von einer zweckmäßigen und vollkommenen Unterweisung in

---

[1]) Neben den bekannten Firmen für Diapositive besonders die didaktisch durchgearbeiteten Diapositive der Technisch-Wissenschaftlichen Lehrmittelzentrale (TWL) Berlin NW 87, Dorotheenstr. 35.

den Grundlehren der Physik abhängig. Die Neuordnung des Schulwesens in allen Einzelländern Deutschlands stellt erhöhte Anforderungen an die Ausbildung der künftigen Lehrer der Physik. Auch der Hochschulunterricht muß dieser Sachlage Rechnung tragen. Ein Verharren in vielfach rückständigen Gewohnheiten würde die größten Nachteile mit sich führen. Auch aus diesem Grunde verdient das Vorlesungsexperiment einen gesonderten Platz in einem Handbuche der Physik.

II. Mechanik.

Vorbemerkung.

Bei sämtlichen im folgenden beschriebenen Versuchen wird neben der gewöhnlichen und episkopischen Projektion (s. Ziff. 468) Gebrauch gemacht von der ebenso einfachen wie wirksamen Vorführung von Apparaten und Apparateteilen im Schattenbild einer punktförmigen Lichtquelle. Es empfiehlt sich dazu eine kleine Bogenlampe ohne Kondensor, die gegen den Zuschauerraum gut abgeblendet ist — etwa die kleinen Zeissschen oder Leitzschen Bogenlampen, Kohlendurchmesser ca. 6 mm (neg.) und 8 mm (pos.), Stromstärke 2 bis 3 Amp., die sich durch gleichmäßigen Brand auszeichnen — und an einem Stativ in passender Entfernung vom Experimentiertisch aufgestellt wird. Durch Veränderung des Abstandes regelt man die Vergrößerung nach Wunsch. Abb. 4 bringt ein Beispiel.

a) Maßeinheiten.

8. Längenmessung. Das Profil des Urmeters (mètre des archives) zeigt Abb. 1; es besteht aus einer Legierung von 90% Pt mit 10% Ir, Teilung bei $a - b$. Deutschland besitzt das Prototyp Nr. 18.

Primärnormale der Wellenlängen: rote Kadmiumlinie $= 6438,4696 \cdot 10^{-8}$ cm

Normale der Röntgenwellenlängen: K_{α_1}-Linie des Kupfers $= 1,5372 \cdot 10^{-8}$ cm

Gitterkonstante des Steinsalzes $= 2,814 \cdot 10^{-8}$ cm

1 Meter $= 1\,553\,164,13$ Wellenlängen der roten Kadmiumlinie

1 Yard $= 91,43992$ cm, 1 inch (Zoll) $= 2,54000$ cm

1 Seemeile $= 1852,010$ m; 1 geogr. Meile $= 7420,4$ m

1 Lichtjahr $= 9,47 \cdot 10^{12}$ km

Erdquadrant $= 10\,000\,856$ m

Äquatorhalbmesser der Erde 6378,388 km

Polarhalbmesser der Erde 6356,909 km

Mittlere Entfernung Erde—Sonne 149\,504\,000 km

Mittlere Entfernung Erde—Mond 384\,400 km

Sonnenparallaxe 8,80", Mondparallaxe 57' 2,7".

An Längenmeßinstrumenten sind vorzuzeigen: Endmaßstäbe, Strichmaßstäbe (Stahlbandmaße), Schub- und Grenzlehren, Mikrometerschrauben und Fühlhebel (Dickenmesser), ferner Kathetometer, Sphärometer und, falls vorhanden, Teilmaschinen (Schraubenkomparatoren) und Maßstabkomparatoren. Die Genauigkeit der Strichteilung geht bei Präzisionsmaßstäben bis zu 1 μ, gewöhnliche Maßstäbe etwa 0,1 mm.

An einem größeren Modell ist auch die Wirkungsweise eines Nonius zu erläutern. Der „vortragende" Nonius ist in $^9/_{10}$ Teilen des Intervalles der Hauptteilung, der „nachtragende" Nonius jedoch in $^{11}/_{10}$ geteilt (bei Gradteilung in $^{59}/_{60}$ resp. $^{61}/_{60}$). Abb. 2.

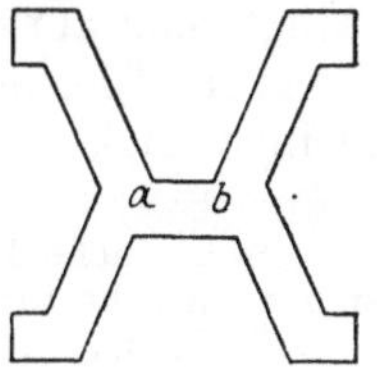

Abb. 1. Profil des Urmeters.

Flächenmaße.

1 Quadratkilometer = 100 Hektar = 10000 Ar = 1 000 000 qm.
1 Hektar = 3,9166 preuß. Morgen, 1 Morgen = 180 Quadratruten.
Hohlmaße. 1 Kubikmeter = 10 Hektoliter = 1000 Liter.
1 Liter = 1 cdm.

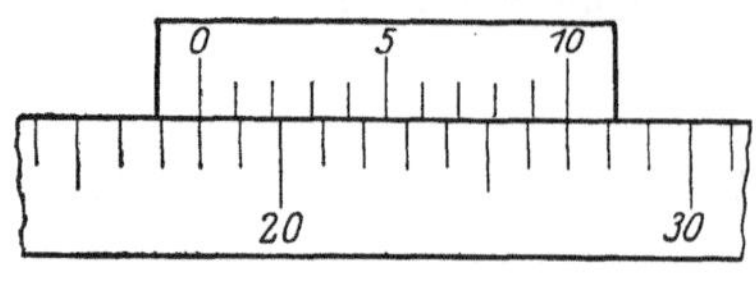

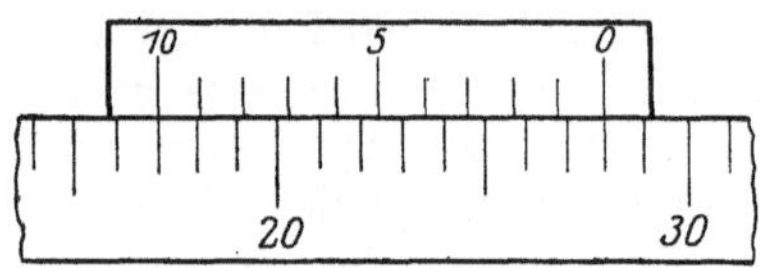

Abb. 2. Vor- und nachtragender Nonius (Diap.)

Vorzuführen sind Standmensuren, Voll- und Meßpipetten, Büretten, Pyknometer, Überlaufgefäße.

9. Winkelmessung.

Bogenmaßeinheit (Radiant) = $57°\,17'\,45''$
$= 57,2958° = 3437,75' = 206\,265''$
$1° = 0,017453$, $1' = 0,0002909$,
$1'' = 0,0000485$ Bogenmaß.

Vorzuführen sind Transporteur (Maßkreis), Anlegegoniometer, Teilkreisgoniometer (herstellbar bis zu einer Genauigkeit von $0,1''$), Libelle, Theodolit, vor allen Dingen aber die Poggendorfsche Spiegelablesung — am besten mit einem Spiegel, der auf ein Goniometer montiert wird — mit objektiver Projektion einer Spaltmarke auf eine Skale.

10. Gewichtsmessung. Das Urkilogramm (kilogramme des archives) ist ein Zylinder von 46,403 ccm Inhalt aus einer Legierung von 90% Pt und 10% Ir. Deutschland besitzt das Prototyp Nr. 22.

1 kg Wasser bei 4° und 760 mm Hg = 1,000027 cdm.

Stückelung der Gewichtssätze:

1, 1, 1, 2, 5, 10, 10, 20, 50, 100, 100, 200, 500 (gebräuchlichste Anordnung)
1, 2, 2, 5, 10, 20, 20, 50, 100, 200, 200, 500 (jede Dekade in sich abgeschlossen)
1, 3, 9, 27, 81, 243, . . . (sparsamste Anordnung).

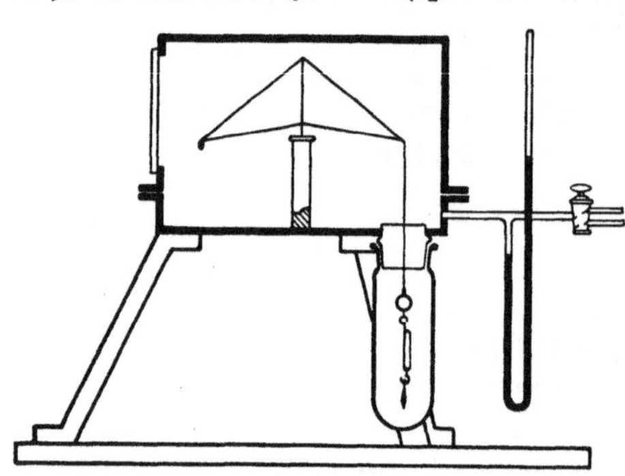

Abb. 3. Mikrowage nach Steele und Whytlaw-Gray (*)[2].

Vorzuführen sind Hebelwagen (lang- und kurzarmige Analysenwagen), Tafelwage (Briefwage), Dezimalwage, Federwage[1]), Torsionswage. Die Mikrowage (Abb. 3) gestattet noch den Nachweis von 2 bis 3 Millionstel Milligramm. Der Balken besteht aus Quarzfäden, die Gewichtsregulierung erfolgt durch Dichteänderungen der eingeschlossenen Luft. Der Wagebalken einer chemischen Analysenwage läßt sich im Schattenbild gut vorführen.

11. Versuch. Um schon hier auf den **Unterschied von Kilogrammasse** und **Kilogrammgewicht** hinzuweisen, bringt man auf einer Demonstrationswage ein gewöhnliches Kilogrammstück aus Eisen ins Gleichgewicht. Die Anziehungskraft der Erde wird nun durch einen kleinen Elektromagneten unter der Wagschale verstärkt.

---

[1]) Einfache Federwagen mit verschiedenen Belastungsgrenzen (Dynamometer) eignen sich auch sehr für Demonstrationen.

[2]) Es ist beabsichtigt, von den mit einem Sternchen bezeichneten Abbildungen Diapositive herzustellen. Interessenten werden gebeten, sich an Herrn Dr. R. Mecke, Bonn a. Rh., Nußallee 6 zu wenden.

Zur sichtbaren Feststellung des Gleichgewichts bei den üblichen Demonstrationswagen dürfte die Wagenzunge, an die evtl. noch ein Papierzeiger angebracht ist, in der Regel ausreichen. H. EBERT (Lehrbuch der Physik Bd. I, S. 16) schlägt das Anbringen einer Signallampe vor, die nur bei der Gleichgewichtslage brennt, da dann durch zwei Quecksilberkontakte an dem Wagebalken der Stromkreis geschlossen wird. Auch das Anbringen einer Spiegelablesung (s. z. B. Versuch 315) kommt in Betracht.

Als Normalschwere gilt 1 Kilogrammgewicht = 980665 Dynen.

Tabelle 1 bringt die Dichten ($g \cdot cm^{-3}$) einiger Substanzen, Gase s. Tabelle 8.

Tabelle 1. Dichten von festen und flüssigen Körpern.

Metalle		Metalle		Andere Substanzen		Flüssigkeiten	
Iridium	22,4	Kupfer	8,9	Glas	2,4 bis 5,9	Quecksilber	13,595
Platin	21,4	Eisen	7,8	Steinsalz	2,164	Methylenjodid	3,324
Gold	19,2	Aluminium	2,7	Holz	1,2 bis 0,5	Schwefels.conc.	1,833
Blei	11,3	Natrium	0,97	Eis	0,917	Alkohol	0,791
Silber	10,5	Lithium	0,53	Kork	0,2	Äther	0,717

12. Zeitmessung.

Mittlerer Sonnentag = 24 Stunden = 1440 Minuten = 86400 Sek.

Sterntag in Sekunden mittlerer Sonnenzeit = 96164,091 Sek.

1 Sterntag = 1 mittlerer Sonnentag = 3 Min. 55,9 Sek.

1 Jahr = 365,24224 mittlere Sonnen-
    tage = 365 d 5 h 48 m 46 s.

1 Stunde = 15 Längengrade.

Vorführung von Sanduhr, Sekundenpendel, Stopp-uhr, Metronom, Stimmgabelchronograph, HIPPscher Chronograph (0,001 Sek.).

b) Kinematik und Dynamik des Punktes und des starren Körpers.

13. Versuch. Freier Fall: Die Fallgesetze lassen sich sehr anschaulich durch folgenden Versuch darstellen: Man läßt aus einer MARIOTTEschen Flasche mit fein ausgezogener Ausflußöffnung in einem Projektionsapparat oder im Schattenbild einer kleinen Bogenlampe einen regelmäßigen Tropfenstrom ausfließen (Regulierung durch Quetschhahn). Setzt man nun eine stroboskopische

Abb. 4. Ankerhemmung.

Scheibe, Pappscheibe mit 6 Öffnungen 1 cm breit, auf die Achse eines langsam laufenden Motor, so löst sich der Tropfenstrom in einzelne Tropfen auf. Durch geeignete Regulierung der Rotationsgeschwindigkeit des Motors mit Vorschaltwiderstand kann man die Tropfen zum Stillstand bringen. Man erkennt dann deutlich die Beschleunigung an dem wachsenden Abstand aufeinanderfolgender Tropfen und die zunehmende Geschwindigkeit an dem Unschärferwerden der Tropfenbilder. Aus der Rotationsgeschwindigkeit des Motors, dem Abstand der Tropfen und der bekannten Vergrößerung des Projektionsapparates ließe sich evtl. auch die Erdbeschleunigung annähernd bestimmen.

14. Versuch. Die Unabhängigkeit der Fallgeschwindigkeit von der Masse des Körpers läßt sich mit einer langen weiten Glasröhre, die mit den schnellwirkenden Kapselpumpen bequem evakuiert werden kann und die etwa ein Stückchen Blei und eine Flaumfeder enthält, leicht und sicher nachweisen.

15. Versuch. Gleichförmige Geschwindigkeit. Den Einfluß eines reibenden Mediums auf die Fallgeschwindigkeit demonstriert man in einem kleinen

Projektionstrog mit Glyzerin gefüllt, indem man kleine Kugeln entweder langsam aufsteigen oder fallen läßt. Schrotkugeln mit Paraffin umhüllt kann man leicht auf das richtige spezifische Gewicht abgleichen. Eine auf den Trog mit etwas Klebwachs befestigte Glasskale (lieferbar von Zeiss, auch für andere Zwecke viel verwendbar) zeigt die Gleichförmigkeit der Bewegung an.

16. Versuch. Atwoodsche Fallmaschine. Hier wird bekanntlich die Fallgeschwindigkeit im Verhältnis von Übergewicht zur gesamten bewegten Masse herabgesetzt. Es dürfte sich aber erübrigen, auf die Versuche, die doch von Fall zu Fall eines vorhergehenden Ausprobierens bedürfen, hier näher einzugehen. Beispiele finden sich u. a. bei A. Weinhold, Demonstr., 6. Aufl., S. 77. Man wähle etwa das Verhältnis: Übergewicht zu Laufgewicht plus halbes Gewicht der Rolle wie 1:49, dann sind die Laufstrecken in 1, 2, 3 sec. gerade 10, 40, 90 cm. Die Rolle muß auf Friktionsrädern laufen.

17. Versuch. Fallrinne. Hier wird die Geschwindigkeit durch Rollenlassen einer Kugel auf einer schiefen Ebene im Verhältnis des Sinus des Neigungswinkels herabgesetzt. Bei Besprechung der Fallrinne kommt es aber noch in Betracht, den Einfluß der Rotation auf die Fallgeschwindigkeit zu zeigen. Von zwei gleich schweren Kugeln, die eine mit einem Bleikern, die andere mit einem Bleiring versehen, rollt die Kugel mit Ring langsamer — größeres Trägheitsmoment.

18. Versuch. Schräger Wurf. Man läßt aus der Mariotteschen Flasche einen dünnen, glatten Wasserstrahl ausströmen und projiziert ihn im Projektionsapparat. Eine kleine Glasschale fängt das ausströmende Wasser auf. Neigungsänderung der Ausströmöffnung, Heben und Senken der Mariotteschen Flasche ändert Wurfhöhe und Wurfweite im gewünschten Maße ab.

Fallgesetze.

Freier Fall.

$$1.\ v = g \cdot t; \qquad 2.\ s = \tfrac{1}{2} g \cdot t^2; \qquad 3.\ v = \sqrt{2g \cdot s}.$$

Schiefe Ebene (Anfangsgeschwindigkeit v_0).

$$1.\ v = v_0 \pm g \cdot \sin\alpha \cdot t; \qquad 2.\ s = v_0 t \pm \tfrac{1}{2} g \cdot \sin\alpha \cdot t^2; \qquad 3.\ v = \sqrt{v_0^2 \pm 2gs \cdot \sin\alpha}.$$

Horizontaler Wurf (y Entfernung des Zielpunktes).

$$\text{Treffpunkt:}\ x = \frac{g \cdot y^2}{2 v_0^2}.$$

Schräger Wurf.

$$\text{Wurfweite:}\ y = \frac{v_0^2}{g} \sin 2\alpha; \qquad \text{Wurfhöhe:}\ x = \frac{v_0^2}{2g} \sin^2\alpha.$$

19. Versuch. Pendel. a) Die Abhängigkeit der Schwingungsdauer eines Pendels von der Pendellänge läßt sich im Schattenbild einer Bogenlampe nach der Koinzidenzmethode leicht quantitativ nachweisen. Drei Fadenpendel mit entsprechenden Längen (etwa $l = 15$, 60 und 135 cm, $T = 1:2:3$) werden dicht hintereinander bifilar an einer horizontalen Stange aufgehängt und gleichzeitig angestoßen. Nach jeder zweiten Schwingung koinzidiert das mittlere, nach jeder dritten Schwingung das kürzeste Pendel mit dem längsten. b) Die Erdbeschleunigung läßt sich bei einem Fadenpendel mit Eisenkugel durch einen Elektromagneten verstärken, das Feld wird dann allerdings inhomogen und es gilt nicht mehr die Schwingungsformel

$$T = 2\pi \sqrt{\frac{l}{g}} \cdot (1 + 0{,}25 \sin^2\varphi + 0{,}1407 \sin^4\varphi).$$

Länge des Sekundenpendels $= 98{,}3$ cm.

20. Versuch. Eine **Pendelbewegung** bei der die Schwingungsdauer von der Amplitude unabhängig ist, läßt sich mit der ATWOODschen Fallmaschine verwirklichen. An die beiden gleich schweren Laufgewichte hängt man eine etwa 2 m lange Messingkette und setzt das System in Schwingungen. Durch Änderung der Laufgewichte kann man die Schwingungsdauer beliebig variieren und evtl. diesbezügliche Messungen anstellen. Auch die periodische Umwandlung von Energie der Lage in Energie der Bewegung bei einer Pendelbewegung wird hier veranschaulicht. Eine schwingende Spiralfeder und ein mit Wasser gefülltes U-Rohr zeigen übrigens die gleichen Eigenschaften.

21. Versuch. Harmonische Bewegung. a) Man läßt ein möglichst langes Fadenpendel mit schwerem Gewicht (Pendel des FOUCAULTschen Versuches) in einem horizontalen Kreise schwingen und projiziert den Faden dicht oberhalb des Gewichtes im Schattenbild. Ein markierter Punkt des Fadens führt dann eine harmonische Bewegung aus. b) Man läßt dicht vor einem senkrechten Spalt einen horizontal liegenden Drahtstift im Kreise gleichförmig rotieren. Dies geschieht zweckmäßig mit Hilfe einer kleinen Welle, an der der Draht exzentrisch und zur Drehachse parallel befestigt ist, Durchmesser des Rotationskreises ca. 1 bis 2 cm. Man sieht dann in der Projektion auf dem Schirm den Schatten des Stiftes innerhalb des hellen Spaltbildes eine pendelnde Bewegung ausführen. Bewegt man nun die Projektionslinse hin und her, so löst sich die Bewegung in eine Sinuskurve auf. R. POHL benutzt für diesen Zweck den Kunstgriff, fünf gleiche Linsen auf einer größeren drehbaren Scheibe (Durchmesser ca. 25 cm) anzuordnen, wobei sich die Auflösung der Schwingung sehr anschaulich zeigt. c) Man löst die Schwingungen einer Stimmgabel durch einen rotierenden Spiegel in eine Sinuskurve auf: Eine Lochblende wird nach doppelter Reflexion an dem an der einen Zinke der Stimmgabel befestigten Spiegel und dem rotierenden Spiegel an die Wand projiziert (s. auch folgenden Versuch).

22. Versuch. Zusammensetzung von Schwingungen. (LISSAJOUSsche Figuren). Von den verschiedenen Versuchen, die Zusammensetzung zweier zueinander senkrechten Schwingungen zu zeigen, seien hier nur einige kurz beschrieben. Zwei Stimmgabeln, an deren Zinken sich je ein kleines Spiegelchen befindet, werden senkrecht zueinander in Stativen befestigt. Vor eine Projektionslampe (mit Kondensor) wird eine Blende mit kreisförmiger Öffnung von ca. 1 bis 2 mm Durchmesser gesetzt und ihr Bild mit Hilfe einer Projektionslinse (Brennweite ca. 20 bis 40 cm) und doppelter Reflexion an den beiden Spiegeln auf den Schirm projiziert. Um ein gutes Abbild zu erzielen, ist es zweckmäßig, die Spiegel auf der Oberfläche zu versilbern, da sonst durch Reflexionen an den Spiegeloberflächen vierfache Bilder entstehen. Streicht man zunächst die eine Stimmgabel an, so entstehen Schwingungen in der einen Richtung, beim Anstreichen der anderen jedoch Schwingungen in der Ebene senkrecht dazu, die sich beim gleichzeitigen Schwingen nun zusammensetzen. Um eine möglichst große Amplitude zu erzielen, wähle man große Stimmgabeln, etwa den Ton $c = 128$. Ferner stelle man die Stimmgabeln nicht zu weit auseinander, und zwar zwischen Linse und Projektionsschirm. Zum Anstreichen der Stimmgabeln verwende man einen möglichst starken Baßbogen (mit Pferdehaarbespannung), weil er haltbarer ist. Man streiche nur eine Zinke an, ein vorheriges leichtes Anklopfen der Stimmgabeln verhindert dabei das Auftreten von Obertönen. Elektromagnetische Anregung der Stimmgabeln ist, falls vorhanden, die bequemste Methode, Stimmgabeln dauernd in Schwingungen zu erhalten.

Am leichtesten gelingt nun die Darstellung einer langsam sich erweiternden und verengernden Ellipse bei zwei gleichen Stimmgabeln, die etwas gegeneinander verstimmt sind, schwieriger sind die übrigen Figuren mit der Oktave, Quinte und Quarte zu erhalten. Die Feinabstimmung geschieht jedesmal durch kleine Schieber mit Feststellschrauben an beiden Zinken der Stimmgabeln, einseitige Mehrbelastung ist dabei zu vermeiden. Für sehr geringfügige Korrektionen genügt bereits das Anheften von etwas Klebwachs.

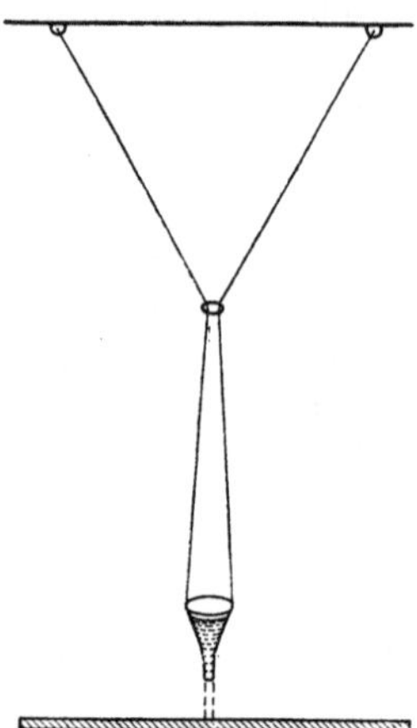

Abb. 5. Zusammensetzung von Pendelschwingungen.

23. Versuch. Zusammensetzung von Pendelschwingungen. Ein kleiner Blechtrichter mit feiner Ausflußöffnung ist, wie Abb. 5 zeigt, bifilar aufgehängt. Durch Verschieben eines Messingringes läßt sich nun das Verhältnis der beiden Pendellängen dieses Doppelpendels variieren. Die hierbei entstehenden Lissaujousschen Figuren zeichnet man auf einer Unterlage durch Ausfließenlassen von Sand aus dem Trichter auf. Andere Ausführungsformen, zwei Pendel senkrecht zueinander schwingen zu lassen, s. H. Ebert, Lehrbuch der Physik, S. 308; E. Grimsehl, Lehrbuch der Physik, besonders die Firmenkataloge physikalischer Apparate.

24. Versuch. Zusammensetzung von Stabschwingungen. Mehrere dünne Vierkantstäbe aus gutem Stahl mit verschiedenen Kantenverhältnissen der Querschnitte $(2 \times 2, 2 \times 1, 2 \times 3, 3 \times 4$ mm) sind senkrecht stehend auf einem Grundbrett montiert. Sie tragen oben kleine Spiegel oder auch nur blanke Messingkugeln, an denen man die verschiedenen Schwingungsformen erkennen kann.

25. Versuch. Zaunphänomen (nach R. Pohl). Vor dem Kondensor des Projektionsapparates befindet sich ein kleines drehbares Speichenrad und eine seitlich verschiebbare Zaunblende, Balkenbreite und Zwischenraum ca. 5 mm. Versetzt man das Rad in langsame Drehung und bewegt die Zaunblende seit-

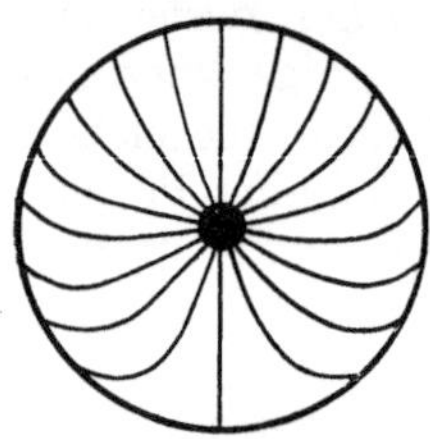

Abb. 6. Zaunphänomen.

lich, so erscheint auf dem Schirm des Bild eines fahrenden Wagenrades, wie man es durch einen Zaun erblickt (Abb. 6).

26. Versuch. Übertragung von Schwingungen (Resonanz). Die folgenden Resonanzversuche lassen sich leicht ausführen: a) Zwei Pendel gleicher Schwingungsdauer werden durch eine beschwerte Schnur oder durch eine Feder miteinander gekoppelt (Resonanz schwingender Systeme). b) Eine andere Möglichkeit, die Schwingungsübertragung durch Resonanz zu zeigen, besteht darin, zwei oder auch mehrere gleiche Spiralfedern aus Stahl- oder Bronzedraht (etwa 30 bis 50 Windungen), die mit entsprechend abgeglichenen Bleigewichten beschwert sind, auf eine ausgespannte Schnur zu hängen und dann eine der Federn in schwingende Bewegung zu setzen, worauf im Resonanzfall sehr bald der Schwingungsaustausch eintritt. Auch Oberschwingungen lassen sich hiermit zur Resonanz bringen. c) Ein nicht genau zentrierter Kreisel (kleine am Kreiselrad angebrachte Schraube genügt schon) wird in Rotation gesetzt. Stahlfedern mit geeigneten Eigenfrequenzen geraten der Reihe nach in Resonanzschwingungen (vgl. z. B. Leybold, Katalog S. 127). d) Das Mitschwingen eines Tisches bei passend regulierter Umdrehungszahl eines Elektromotors weist auf die Schädlichkeit von Resonanzschwingungen hin (Resonanz rotierender Bewegungen). e) (Akustik) Zwei gleichgestimmte Stimmgabeln werden mit den Öffnungen ihrer Resonanzkästen gegeneinander aufgestellt. Die eine Stimmgabel wird mit einer kleinen Bogenlampe projiziert. Eine mittels Faden an einem Stativ aufgehängte kleine Stahlkugel (Fahrradkugel mit etwas Klebwachs befestigt oder Glasperle) berührt leise die eine Zinke der Gabel. Sie wird abgestoßen und pendelt, wenn die andere Stimmgabel angestrichen wird. Die Erscheinung tritt nicht auf, wenn die Gabel verstimmt wird (s. Ziff. 125).

27. Versuch. Resonanz bei schwingenden Schraubenfedern (s. A. SOMMERFELD, Wüllner-Festschrift, S. 162. 1906). Eine Spiralfeder aus Stahl- oder Konstantandraht (Drahtdicke 0,7 mm, 30 bis 50 Windungen) ist unten durch ein kleines Gewicht beschwert. Setzt man die Spiralfeder in Längsschwingungen, so klingen diese allmählich ab, dafür treten Torsionsschwingungen auf, bis auch diese wieder von den sich neu aufschaukelnden Längsschwingungen abgelöst werden. Um gute Resonanz zu erzielen, muß die Schwingung durch das Zusatzgewicht vorher abgestimmt werden. Auch die verschiedenen Formen der LISSAJOUSschen Figuren können mit dieser Anordnung erhalten werden, doch muß hier wegen ausführlicher Angaben und Theorie dieser Schwingungen auf die Originalabhandlung verwiesen werden.

28. Versuch. Gedämpfte Schwingungen. Die verschiedenen Grade einer gedämpften Schwingung lassen sich leicht mit dem WALTENHOFENschen Pendel demonstrieren, welches die elektromagnetische Dämpfung durch Foucaultströme benutzt: Ein Pendel mit Kupferscheibe schwingt zwischen den ziemlich breiten Polen eines Elektromagneten. Durch allmähliches Steigern der Stromstärke kommt man schnell bis zur aperiodischen Dämpfung. Der Versuch ist leicht zu improvisieren, doch ist dann für eine möglichst stabile Aufhängung der Kupferscheibe, die Seitenabweichungen verhindert (Ziff. 378), Sorge zu tragen. Auch die praktische Anwendung der Dämpfung bei Galvanometern usw. (Flüssigkeitsdämpfung, Luftdämpfung, elektromagnetische Dämpfung durch Induktion) kann an der Hand von Beispielen vorgeführt werden. Eine Erwähnung der Verwendung von gedämpften und ungedämpften Wellen in der drahtlosen Telegraphie nebst Projektion einiger Schwingungsbilder käme vielleicht schon hier in Betracht[1]).

29. Versuch. FOUCAULTscher Pendelversuch. Der Nachweis der Erddrehung mit dem Pendel verlangt in der üblichen Vorführung stets eine sorgfältige Aufhängung der Pendelkugel, um Torsionsschwingungen und seitliche Impulse, die bekanntlich nur zu leicht zu elliptischen Schwingungen Veranlassung geben, zu vermeiden. Um diese auf ein Minimum herabzusetzen, sind die folgenden Vorsichtsmaßregeln zu beachten: Kardan- oder Kugelaufhängung, möglichst langer, dünner Stahldraht (0,3 bis 0,4 mm), gut abgedrehte Kugel aus Schmiedeeisen, nicht zu leicht (3 bis 5 kg). Man läßt das Pendel zunächst längere Zeit in seiner Ruhelage aushängen, bis jegliche Torsionsschwingung verschwunden ist, und hängt es erst dann durch Umlegen einer Schleife aus Zwirnsfaden um die Pendelkugel unter Vermeidung jeglicher erneuten Tordierung des Pendels seitlich auf; auch das Durchbrennen des Fadens (am Knoten der Schleife) hat vorsichtig zu erfolgen. Ferner macht oft die Schreibvorrichtung (Pinsel, der mit einer Glyzerinlösung von Methylenblau getränkt ist) einige Schwierigkeiten: beim ersten Registrierstrich kann trotz aller Vorsicht durch die Reibung an der Schreibfläche eine seitliche Abweichung des Pendels wieder auftreten, die sich später summiert, beim zweiten Strich aber kann der Pinsel zu trocken geworden sein. Man kann sich hier damit helfen, daß man von einer Metallplatte als Unterlage zur Pendelspitze mit Hilfe eines kleinen Induktoriums Funken überschlagen läßt und ein Stück lichtempfindliches Papier dazwischenlegt. In Auskopierpapier (Zelloidinpapier) ist der Funkendurchschlag gerade noch gut zu sehen, Ent-

---

[1]) s. J. ZENNECK u. H. RUKOP. Drahtlose Telegraphie, 5. Aufl. Stuttgart 1925, Fig. 462—467 (S. 467—469).

wicklungspapier hingegen wird stark geschwärzt, erfordert dann allerdings eine Entwicklung.

Um all diesen Schwierigkeiten aus dem Wege zu gehen, ist schon häufiger vorgeschlagen worden, den Faden auf einen Schirm zu projizieren: Das Pendel schwingt zwischen Kondensor- und Projektionslinse. Aber nur in dem einen, der Projektionslinse zu gelegenen Umkehrpunkte wird der Faden auf den Schirm scharf abgebildet. Durch geeignete Wahl der Vergrößerung kann man erreichen, daß bereits bei jeder Schwingung eine seitliche Verschiebung des Fadens auf dem Schirm eintritt. Die Anschaulichkeit des Versuches geht allerdings durch diesen Kunstgriff etwas verloren.

Drehung der Schwingungsebene $\beta = \alpha \sin \varphi$ (α = Stundenwinkel).

Für die geogr. Breite $\varphi = 50°$ ist die Drehung β in einer halben Stunde ($\alpha = 7{,}5°$) $5{,}75°$. Um die Erhaltung der Schwingungsebene bei der Rotation zu demonstrieren, empfiehlt sich die Vorführung eines Modells des Foucault-schen Pendelversuches.

30. Die folgenden **Versuche der Dynamik** sollen nun ohne nähere Erläuterung übergangen werden, da die Ausführung derselben nie Schwierigkeiten bereiten dürfte, bei der großen Variationsmöglichkeit der Ausführungsform aber sie sich doch nach dem jeweilig vorhandenen Bestande der Sammlung richten wird: Versuche zur Erläuterung der Newtonschen Bewegungssätze (Beharrungs-vermögen, Impulsbegriff, Kraftbegriff als Impulsänderung, gegeben durch Masse $\times$ Beschleunigung, Actio und Reactio), Poggendorfsche Wage, Versuche über Zusammensetzung von Kräften (Kräfteparallelogramm), Schwerpunkts-bestimmungen, Hebelgesetze, Vorführung einfacher Maschinen (Hebel, Winde, Keil, Schraube, einfache Flaschenzüge, Potenz- und Differentialflaschenzüge, Übersetzungsgetriebe usw.).

Normale Schwerebeschleunigung $g = 980{,}665 \text{ cm sec}^{-2}$.

31. Versuch. **Massenanziehung.** Bei der Demonstration der Massen-anziehung mit der Cavendishschen Drehwage sei hier auf eine einfache Aus-führung des Versuches nach Wulf[1]) hingewiesen, bei welcher der Ausschlag der Torsionswage durch periodisches Umlegen der Bleigewichte im Tempo der Schwingungsdauer zu einem Maximum aufgeschaukelt wird. Hierdurch kann die ganze Anordnung stabiler ausgeführt werden, so daß Luft- und Temperatur-schwankungen, besonders aber Erschütterungen, nicht mehr so sehr stören. Auch auf ein einfaches Hilfsmittel, kleine Skalenausschläge deutlicher wahr-nehmbar zu machen (nach Pohl), sei an dieser Stelle hingewiesen: der Licht-zeiger wird genau auf die Spitze eines sehr stumpfwinkligen gleichzeitigen Drei-ecks projiziert. Die zunächst nur als Lichtpunkt wahrnehmbare Lichtmarke ver-breitert sich dann bei einem kleinen Ausschlag schnell zu einem Strich.

Gravitationskonstante $f = 6{,}865 \cdot 10^{-8} \text{ Dyn cm}^2 \text{g}^{-2}$,

Erddichte $\varrho = \dfrac{3 \cdot g}{4 \pi r \cdot f} = 5{,}5 \text{ g} \cdot \text{cm}^{-3}$.

32. Versuch. **Erhaltung der mechanischen Energie.** Von den vielen hier möglichen Versuchen (etwa an der Federwage und dem Pendel) zur Demonstration der Umwandlung von potentieller Energie der Lage in kinetische Energie der Bewegung sei hier auch das Maxwellsche Rad erwähnt: ein schweres Messing-rad wird an zwei Aufhängefäden, die an der Achse des Rades befestigt sind, dauernd auf- und abgerollt. Damit sich nun die Fäden nicht schief auf die Achse

---

[1]) Th. Wulf, Phys. ZS. Bd. 23, S. 154. 1922; ZS. f. phys. Unterr. Bd. 35, S. 153. 1922.

aufwickeln, muß zwecks einer genauen Längenjustierung der eine Aufhängefaden eine Feinverstellung (Schraube) besitzen, mit der man die Länge des Fadens etwas variieren kann. Als weiteres anschauliches Beispiel der Energieumwandlung s. auch Versuch 20.

Energiegleichungen einfacher Bewegungen:

$$T + U = \text{konst.}$$

Planetenbewegung: $T = \frac{1}{2} m v^2 = \frac{1}{2} m \left[r^2 \left(\frac{d\varphi}{dt}\right)^2 + \left(\frac{dr}{dt}\right)^2 \right]$, $U = f \frac{m \cdot M}{r}$;

Kreisbewegung: $T = \frac{1}{2} m v^2 = \frac{1}{2} m R^2 \left(\frac{d\varphi}{dt}\right)^2$, $U = \text{konst}$;

Pendelschwingung: $T = \frac{1}{2} m v^2 = \frac{1}{2} m l^2 \left(\frac{d\varphi}{dt}\right)^2$, $U = m g l (\cos\varphi_0 - \cos\varphi)$;

Fallbewegung: $T = \frac{1}{2} m v^2 = \frac{1}{2} m \left(\frac{dx}{dt}\right)^2$, $U = m \cdot g \cdot x$,

Elastische
Schwingung: $T = \frac{1}{2} m v^2 = \frac{1}{2} m \left(\frac{dx}{dt}\right)^2$, $U = k \cdot x^2$.

Arbeitseinheiten:

1 Erg = 1 Dyn × 1 Zentimeter,
1 Joule = 10^7 Erg = 0,1019 kgm,
1 Kilowattstunde = $36 \cdot 10^5$ Joule = $367 \cdot 10^3$ kgm
1 Meterkilogramm = 9,807 Joule = $2,72 \cdot 10^{-6}$ kWh.

Leistungseinheiten:

1 kW = 10^{10} erg/sec = 1,359 PS,
1 PS = 75 kgm/sec = 0,736 kW.

33. Versuch. Physikalisches Pendel. Zur Erläuterung der Schwingungsformel eines physikalischen Pendels $t = 2\pi \sqrt{\frac{T}{D}}$ und der reduzierten Pendellänge diene ein Kinderreifen, der, auf eine Schneide aufgelegt, in pendelnde Bewegung versetzt wird. Die reduzierte Pendellänge ist hier gleich dem Durchmesser des Reifens, da sein Trägheitsmoment T ja nach dem STEINERschen Satz (s. Ziff. 38) $2 m r^2$ und seine Direktionskraft $D = m g r$ ist. Eine Kreisscheibe entsprechend aufgehängt hat nur eine red. Pendellänge von $3r/2$. Auch das Reversionspendel zur Bestimmung der Erdbeschleunigung ist an dieser Stelle vorzuführen.

34. Versuch. Zentrifugalbewegung. Die Versuche mit der Schwungmaschine, die die Abhängigkeit der Fliehkraft von der Umlaufsgeschwindigkeit und der Entfernung vom Mittelpunkt zeigen sollen, sind zu bekannt, als daß sie näher beschrieben werden müssen (rotierende Gewichte verschiedener Masse, rotierendes Wasser und Quecksilber, Zentrifugalregulator u. a.). Für die Fliehkraft selbst gelten die folgenden Formeln (ω Winkelgeschwindigkeit, T Umlaufszeit):

$$K = m \cdot r \cdot \omega^2 = \frac{m \cdot v^2}{r} = \frac{4\pi^2 r m}{T^2}.$$

Sehr anschaulich ist die Vorführung einer Kreissäge aus Papier. Auf einen möglichst schnellaufenden Motor (wir nehmen z. B. den Motor der GAEDEschen

Molekularpumpe, doch genügt auch ein gewöhnlicher Motor vollkommen) wird eine Kartonscheibe von ca. 35 cm Durchmesser aufgesetzt. Sie ist imstande, weiches Tannenholz, auch sogar härteres Holz oder Metall (Zink) glatt zu durchsägen. Charakteristisch ist hier die durch die Wärmeentwicklung schön dunkel polierte Schnittfläche des Holzes. Da schon durch kleine seitliche Beanspruchungen die Scheibe leicht auseinanderfliegen kann, was dann mit ziemlichem Knall geschieht, ist es immerhin zweckmäßig, die Pappscheibe zwischen zwei etwa 15 bis 20 cm große Holzscheiben zu fassen, die leicht auf die Motorscheibe aufgeschraubt werden können. Auch eine Führungsschiene für die zu durchschneidenden Holzstücke muß angebracht werden. Ferner sind einige Ersatzscheiben zum Auswechseln zu halten, bei einiger Vorsicht, die übrigens bei jeder schnellaufenden Kreissäge geboten ist, gelingt aber der Versuch leicht. Von anderen praktischen Anwendungsmöglichkeiten der Zentrifugalkraft wären noch die Zentrifuge, die Kreiselpumpe und der Ventilator vorzuführen.

35. Versuch. Trägheitsmoment, Flächensatz. Mit dem Drehschemel (Kugellagerung der Drehscheibe ist unbedingt erforderlich) und zwei Hanteln, die eine Versuchsperson in die Hand nimmt, lassen sich folgende einfache Versuche demonstrieren: 1. Unmöglichkeit einer auf gewöhnliche Art ausgeführten Rechts- oder Linkswendung (Flächenerhaltungssatz); 2. Möglichkeit aber einer Wendung bei Beschreibung von horizontalen Kreiswegen mit der mit einer Hantel bewaffneten Hand; 3. Änderung des Trägheitsmomentes und damit, bei gegebenem Drehimpuls, der Umdrehungsgeschwindigkeit bei Änderung des Abstandes der in den Händen gehaltenen Hanteln von der Drehachse des Körpers.

36. Versuch. Freie Rotationsachse. Daß sich bei der Rotation die Körper so einstellen, daß die Rotationsachse die Achse des größten Trägheitsmomentes wird, läßt sich leicht mit der Schwungmaschine zeigen, an dessen Achse ein Zylinder, Scheibe, Ring oder Kettenring an Fäden aufgehängt werden.

37. Versuch. Stabilität eines rotierenden Kettenringes (nach Mach). Auf die horizontale Achse eines schnellaufenden Motors (s. Versuch 34) wird eine Scheibe (Durchmesser 15 cm) aufgeschraubt, an der ein 2 cm breiter Messingrand genau zentriert derart angelötet ist, daß die Scheibe noch etwas übersteht. Legt man einen Kettenring von etwas größerem Durchmesser auf den Messingrand, so hebt er sich beim Laufen des Motors von diesem ab und läßt sich durch einen Holzstab von der Scheibe abschieben. Er ist dann imstande, wie ein starrer Reifen eine schiefe Ebene emporzulaufen. Abspringen eines Treibriemens zeigt die gleiche Erscheinung.

38. Die **Trägheitsmomente** einiger regelmäßig gestalteter Körper, bezogen auf eine Drehachse durch den Schwerpunkt, sind durch die folgenden Formeln gegeben:

Dünner Stab, Achse senkrecht zur Seitenlänge l: $T = \frac{1}{12} m l^2$.

Rechtwinkliges Parallelepipedon (Achse senkrecht zur Fläche $a \cdot b$):

$$T = \tfrac{1}{12} m \, (a^2 + b^2).$$

Zylinder (Kreisscheibe) bezogen auf die Achse des Zylinders: $T = \frac{1}{2} m r^2$, bezogen auf den Durchmesser: $T = \frac{1}{4} m r^2 + \frac{1}{12} m l^2$.

Hohlzylinder: $T = \frac{1}{2} m (r_1^2 + r_2^2)$.

Kugel: $T = \frac{2}{5} m r^2$.

Für Drehachsen, die nicht durch den Schwerpunkt gehen, gilt der Steinersche Satz $T = T_0 + m \cdot d^2$.

39. Versuch. Kreiselbewegung. Um das lästige Ingangsetzen der Kreisel mit Hilfe eines Fadens zu vermeiden, benutzt man zweckmäßig einen kleinen Elektromotor, auf dessen Achse eine kleine Holzscheibe mit Gummiring befestigt ist. Auf diese Weise lassen sich die Kreisel leicht auf sehr hohe Tourenzahl bringen. Mit einem in einem Kardangehänge kräftefrei und nach allen Seiten frei beweglich gelagerten Kreisel (BOHNENBERGERscher Kreisel) werden die folgenden Kreiseleigenschaften gezeigt: Stabilität gegenüber kurzen Impulsen (Schläge gegen das Kardangehänge des rotierenden Kreisels bewirken ein stark gedämpftes Pendeln desselben und Zurückkehren in die ursprüngliche Lage). Bei Drehen des äußeren Kardanringes stellt sich der Kreisel parallel zu dieser neuen Rotationsachse, beim Wechseln der Rotationsrichtung kippt der Kreisel sofort um und stellt sich wieder parallel (Kreiselwirkung), Präzession des Kreisels bei Beschweren des inneren Kardanringes durch ein kleines Gewicht.

40. Versuch. Kreiselkompaß. Stellt man den inneren Kardanring fest, so daß die Achse des Kreisels horizontal liegt und das Kardangehänge sich nur um seine vertikale Achse drehen kann, setzt den Kreisel dann auf den Meridiankreis eines rotierenden Globus, so stellt sich die Kreiselachse in die Nord-Süd-Richtung ein. Im Pol verschwindet die Richtwirkung.

41. Versuch. Erhaltung der Drehungsebene. Mit dem einfachen freien Kreisel werden die bekannten Versuche über die Stabilität seiner freien Achse (Seiltanzen auf einem ausgespannten Faden, Aufhängen des Kreiselfußes in einer Fadenschlinge usw.) und die Präzession vorgeführt.

Die gesamte Präzession der Erde beträgt in einem Jahre 50″ (Umlauf in ca. 26000 Jahren, Neigung $23^1/_2°$), hiervon entfällt auf die Wirkung der Sonne nur 16″, auf die des Mondes hingegen 34″. Die Nutation der Erdachse beträgt 17″ in einer 19jährigen Periode.

42. Versuch. Aufrichten einer Kreiselachse. Ein schnell rotierender Kreisel mit rundem Fuß richtet sich, schräg auf eine rauhe Unterlage (Billardtuch) gestellt, langsam auf. In die obere Pfanne eines kräftig aufgezogenen Kreisels wird ein zweiter kleinerer, im gleichen Sinne rotierender schräg aufgesetzt. Auch dieser stellt sich nach einiger Zeit senkrecht ein.

43. Versuch. Kreiseleigenschaften (Widerstände gegenüber Lageänderungen der Kreiselachse und Präzession) lassen sich im größeren Maßstabe noch auf folgende Weise sehr eindrucksvoll zeigen: Die Achse eines Fahrrades wird mit einer kräftigen Handhabe zum Anfassen und einer Aufziehvorrichtung versehen. Ferner ist sein Trägheitsmoment noch durch Anbringen eines Bleiringes an der Radfelge zu vergrößern. Der Bleiring muß dabei aber gut durch Umwinden mit Draht befestigt werden, da die Zentrifugalkräfte nicht unerheblich sind und ein Abfliegen des Ringes gefährlich werden könnte. Setzt man diesen Fahrradkreisel in Bewegung, so spürt man schon bei mäßiger Rotationsgeschwindigkeit sehr erhebliche, kaum zu überwindende Widerstände gegenüber Richtungsänderungen der Kreiselachse. Stellt man sich jetzt, den Kreisel mit beiden Händen angefaßt, auf einen Drehschemel, so wird der Drehschemel bei einer Neigung der Kreiselachse gegen die Vertikale in Rotation versetzt, und zwar je nach der Neigung des Kreisels nach oben oder nach unten im entgegengesetzten Sinne. Präzessionsbewegung und Kreiseldrehung haben dabei stets gleichen Drehungssinn.

c) Mechanik der elastischen Körper.

44. Versuch. HOOKEsche Gesetz. Die Proportionalität zwischen deformierender Kraft und Deformation bei einem elastischen Körper wird wohl am einfachsten mit Spiralfedern vorgeführt (JOLLYsche Federwage). Als Beispiel für die Nichtgültigkeit des HOOKEschen Gesetzes wähle man eine entsprechende Feder aus Bleidraht, bei der die erteilte Deformation erhalten bleibt, ferner einen zu stark gedehnten Gummischlauch (Überschreitung der Elastizitätsgrenze).

45. Versuch. Dehnung eines Gummischlauches. Man zeigt durch Belastung des von der Decke herabhängenden Schlauches mit verschiedenen Gewichten: Proportionalität bei kleinen Dehnungen, später bei stärkerer Belastung eine stärkere Zunahme der Dehnung, die zeitliche Zunahme der Dehnung (Fließen) und die elastische Nachwirkung beim Entlasten (langsames Zurückgehen der Deformation), Papierfahnen zeigen dabei die Verlängerung an.

46. Versuch. Dehnungselastizität. Die Bestimmung des Elastizitätsmoduls durch Dehnung ist in bekannter Weise vorzuführen. Man wähle die einfachere vertikale Anordnung des Drahtes (Länge 2 bis 3 m) mit angehängter Wagschale. Die Verlängerung des Drahtes (Messing) läßt sich dann durch Hebelübertragung leicht sichtbar machen $\left(dl = \dfrac{l}{E \cdot q} \cdot P\right)$.

47. Versuch. Biegungselastizität. Eine Stricknadel oder ein dickerer Draht aus Hartmessing wird an einem Ende gut festgeklemmt (Schraubstock, Feilkloben), das andere Ende, welches eine kleine Wagschale trägt, wird auf einen Schirm mit Zentimeterskale projiziert, so daß man die Größe des Biegungspfeiles direkt ablesen kann. Die Größe der Senkung ist dann gegeben durch (a = Höhe, b = Breite, l = Länge, E = Elastizitätsmodul)

$$\text{Rechteckiger Querschnitt:} \quad h = \frac{4\,l^3}{E\,a^3 b} \cdot P.$$

$$\text{Kreisförmiger Querschnitt:} \quad h = \frac{4\,l^4}{3\,E\,\pi\,r^4} \cdot P.$$

Für den auf zwei Stützpunkten aufgelegten Stab ist der Wert $^1/_{16}$ des obigen, für den an beiden Enden festgeklemmten Stab sogar nur $^1/_{64}$.

48. Versuch. Torsionselastizität. Der Versuch ist in analoger Weise wie Versuch 46 auszuführen, man demonstriert hier wohl am besten eine Torsionswage als praktische Anwendung der Drillung. Die Drillung in Winkelgraden ist gegeben durch (h = Hebelarm, F = Torsionsmodul)

$$\text{Kreisförmiger Querschnitt:} \quad \gamma = 36,5 \cdot \frac{l\,h}{F\,r^4} \cdot P\,{}^1).$$

49. Versuch. Deformation. Mit dicken Gummiplatten und Gummistäben, auf denen ein Quadratnetz aufgezeichnet wird, kann man die Deformation von Körpern bei Biegungs- und Torsionsbeanspruchungen anschaulich machen; leider ist die Haltbarkeit derartiger Gummiplatten nur begrenzt. Auch Bleistäbe kommen in Betracht. Recht anschaulich wirken aber hier Biegungs- und Zerreißproben von Stahlsorten, wie sie größere industrielle Werke zur Prüfung ihrer Stahlsorten im großen Maßstabe vornehmen.

Tabelle 2 bringt den Elastizitätsmodul der Dehnung, den Torsionsmodul, ferner die Elastizitätsgrenze (Fließgrenze) und Zerreißfestigkeit (Tragkraft) einiger Substanzen in technischen Einheiten (kg/mm²); die Druck- und Biegefestigkeit wolle man u. a. im Tabellenwerk von Landolt-Börnstein, 5. Aufl., S. 87 ff., nachsehen. Der Querkontraktionskoeffizient (Poissonsche Konstante: Verhältnis der relativen Querkontraktion zur relativen Längsdehnung) liegt bei allen Materialien zwischen 0,25 (Eisen) und 0,4 (Blei). Obwohl die Härteskale nur beschränkte Bedeutung hat, sei sie hier mitgeteilt (wegen Brinellhärte — Kugeldruckhärte — s. Landolt-Börnstein S. 92).

---

^{1}) Der Faktor 36,5 ist $57,3° \cdot \dfrac{2}{\pi} = \dfrac{360}{\pi^2}$.

Tabelle 2. Elastische Konstanten.

	Elastizitätsmodul	Torsionsmodul	Zugfestigkeit	Fließgrenze
Stahl	20 000 bis 24 000	7700 bis 8300	80 bis 250	35 bis 140
Gußeisen	7 500 ,, 13 000	2900 ,, 4000	12 ,, 23	12
Kupfer	10 000 ,, 13 000	3900 ,, 4800	20 ,, 40	10
Messing	8 000 ,, 10 000	2700 ,, 4800	20 ,, 30	>20
Aluminium	6 300 ,, 7 500	2300 ,, 2700	20 ,, 30	
Blei	1 500 ,, 1 700	550	2	0,25
Glas	5 000 ,, 8 200	2000 ,, 3000	3 bis 9	
Holz	100 ,, 1 200		5 ,, 12	1,5 bis 3
Kautschuk	(0,02 ,, 0,8)			

Tabelle 3. Härteskale.

10 Diamant	9 Korund	8 Topas	7 Quarz	6 Feldspat
5 Apatit	4 Flußspat	3 Kalkspat	2 Gips	1 Talk

Glas besitzt eine Härte von 4,5 bis 6,5, Stahl eine solche von 5 bis 8,5.

50. Versuch. Der **Elastische Stoß** wird, wie bisher üblich, an einer Anzahl von gleich großen Elfenbeinkugeln gezeigt, die bifilar in gleicher Höhe aufgehängt werden. Für den unelastischen Stoß kommen neben Tonkugeln, die WEINHOLD empfiehlt, auch Kugeln aus Blei in Betracht, die durch Gießen leicht hergestellt werden können.

51. Versuch. Die **Abplattung beim Stoß** wird mit einer Elfenbeinkugel (Billardkugel) gezeigt, die auf eine mit Ruß geschwärzte Marmorplatte auffällt (episkopische Projektion des Abplattungskreises). Für den Stoß zweier Körper aufeinander gilt der Impulssatz (v = Geschwindigkeit vor dem Stoß, c = Geschwindigkeit nach dem Stoß):

	Elastischer Stoß	Unelastischer Stoß
Impulsübertragung	$m_1 v_1 + m_2 v_2 = m_1 c_1 + m_2 c_2$	$m_1 v_1 + m_2 v_2 = (m_1 + m_2) c$
Energieverlust . .	$\frac{1}{2}(m_1 v_1^2 + m_2 v_2^2) - \frac{1}{2}(m_1 c_1^2 + m_2 c_2^2) = 0$	$\varDelta E = \frac{1}{2}\left(\frac{m_1 \cdot m_2}{m_1 + m_2}\right)(v_1 - v_2)^2$

52. Versuch. Die **Kompressibilität** von Flüssigkeiten wird mit dem ÖRSTEDschen Piezometer gezeigt. Dasselbe findet sich in den meisten Lehrbüchern ausführlich beschrieben (am zweckmäßigsten dürfte die Ausführung in MÜLLER-POULLETT, 10. Aufl., Bd. III, S. 268 sein). Bei der Ausführung des Versuches ist auf die Temperaturempfindlichkeit der Apparatur Rücksicht zu nehmen, so daß es sich empfiehlt, den Versuch frühzeitig anzusetzen, damit Temperaturausgleich mit der Umgebung stattfinden kann. Beim Füllen des Apparates ist nur ausgekochtes Wasser zu verwenden, um Luftblasen zu vermeiden, die den Effekt stark beeinträchtigen können. Die Manometerkapillare läßt sich leicht projizieren, wenn durch den Kondensor diesmal das Bild des Kraters nicht wie üblich in das Projektionsobjektiv, sondern in die Kapillare verlegt wird, d. h. bei Verwendung von stark konvergentem Licht unter Einschränkung des Gesichtsfeldes. Einige Kompressibilitätskoeffizienten von Flüssigkeiten in Atmosphären sind in der Tabelle 4 angegeben. Die Kompressibilität

Tabelle 4. Kompressibilität von Flüssigkeiten bei 18°.

Äther	0,000 184 at^{-1}	Wasser	0,000 049 at^{-1}
Alkohol	0,000 120 ,,	Glyzerin	0,000 024 ,,
Benzol	0,000 090 ,,	Quecksilber	0,000 003 8 ,,

fester Körper berechnet sich aus dem Elastizitätsmodul der Dehnung und der Poissonschen Querkontraktionskonstanten σ zu

$$K = \frac{1}{3}\,\frac{E}{1-2\sigma},$$

die (isotherme) Kompressibilität der Gase ist bekanntlich direkt durch den Druck gegeben, unter welchem das Gas steht.

53. Versuch. Adhäsion, Kohäsion, Oberflächenspannung. An die Besprechung der Elastizität und Festigkeit der Körper schließt sich vielleicht zweckmäßig gleich die Vorführung der Adhäsion und Kohäsionserscheinungen, der Oberflächenspannung und der Kapillarität an. Zunächst ist mit ganz einfachen Hilfsmitteln die Tropfenbildung einer nichtbenetzenden Flüssigkeit (Quecksilbertropfen auf Uhrglas) und die Bildung einer konkaven Oberfläche bei einer benetzenden Flüssigkeit (Wasser im Reagenzglas) zu zeigen. Die folgenden Versuche schließen sich dann hieran an.

54. Versuch. Kapillarität. Ein Satz ausgewählter Kapillarröhren, deren Durchmesser linear ansteigen muß (etwa acht Röhren zwischen 2 und 0,2 mm Durchmesser, Länge 10 bis 15 cm) werden in einer kleinen Glaswanne nebeneinander aufgestellt. Verwendung von mit Methylenblau gefärbtem Wasser ist in all diesen Fällen zweckmäßig. Die verschiedenen Höhen der Flüssigkeitssäulen in den Kapillaren liegen dann auf einer Hyperbel entsprechend dem Satze der Steighöhen $r \cdot H = \text{konst.} = \dfrac{2\alpha}{s}$. Die Röhren sind vorher gut mit Alkohol zu reinigen, damit gleichmäßige vollkommene Benetzung eintritt. Noch anschaulicher läßt sich der Versuch mit zwei planen (!) Glasplatten (Größe 13 · 18 cm) machen, die unter sehr geringer Neigung (bewirkt durch ein an einer Seite zwischen die Platten gelegtes dünnes Metallplättchen) zusammengeklemmt sind. Auch hier ist besondere Sorgfalt auf gute Benetzung der Platten durch vorherige Reinigung mit Alkohol zu legen. Die exakte Hyperbel (Projektion) stellt sich in der Regel erst nach einiger Zeit ein. ·

55. Versuch. Die **Kapillardepression** von Quecksilber wird in U-Röhren gezeigt, deren beide Schenkel verschiedenen Querschnitt haben. Die Verkleinerung der Oberflächenspannung von Quecksilber durch Polarisation mit Wasserstoff findet beim Kapillarelektrometer (Ostwald, Lippmann, s. Ziff. 323) praktische Anwendung.

56. Versuch. Oberflächenspannung von Seifenblasen und Seifenlamellen. Rezepte zur Herstellung von Seifenlösungen s. A. Weinhold, 6. Aufl., S. 169, und Frick-Lehmann, Physikal. Technik. Wir benutzen an Stelle von Seife reines Natriumoleat (10proz. Lösung), Zusatz von Glyzerin ist zweckmäßig, doch nicht unbedingt erforderlich, erforderlich ist nur, daß die Seifenlösung nicht zu kalt (ca. 25°) ist. Die Farben der Seifenblasen werden am deutlichsten sichtbar bei möglichst diffuser Beleuchtung, daher ist eine Beleuchtung mit Opallampen und Mattglasglocken zweckmäßig. Folgende Versuche sind leicht auszuführen: 1. Herstellung einiger Seifenblasen (mit Glasrohr oder Tonpfeife), einige davon mit Leuchtgas füllen und emporsteigen lassen. 2. Eine Seifenblase auf eine Glasplatte setzen und zu einer möglichst großen Halbkugel aufblasen. Nach einiger Zeit zeigen sich auf der Kugelfläche zonenförmig die Farben dünner Blättchen (Beleuchtung zweckmäßig von unten, s. Abb. 7). 3. Drahtgestelle der verschiedenartigsten Gestalt (Formen s. z. B. Chwolson Bd. I) zur Demonstration der Minimalflächen mit Seifenhäutchen durch Eintauchen in die Seifenlösung überziehen. 4. Zwischen einem Drahtring spannt man eine Seifenlamelle aus. Legt man auf diese Lamelle einen dünnen in sich geschlossenen Faden und zerstört innerhalb der Fadenschlinge die Lamelle, so spannt sich dann infolge der Oberflächenspannung die Schlinge zu einem kleinen Kreis aus (Projektion); 5. in einen möglichst großen Glastrog (evtl. sehr großes Becherglas) wird aus einer Kohlensäurebombe vorsichtig Kohlensäure eingeleitet. Seifenblasen schwimmen dann auf der Kohlensäure. Auch läßt sich sehr schön zeigen — falls die Seifenblase sich genügend lange hält, bei Luftschwankungen gerät sie leicht an die Wandungen des Gefäßes und zerplatzt dort —, daß dieselben infolge Hineindiffundierens von Kohlensäure (s. Ziff. 94) allmählich größer werden.

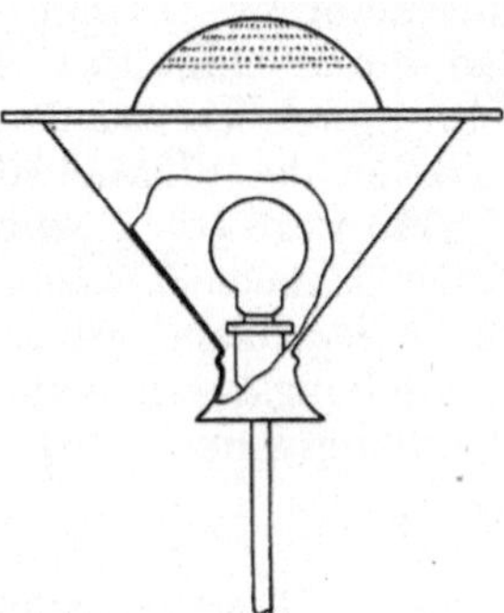

Abb. 7. Beleuchtungsvorrichtung für Seifenblasen.

Wegen verschiedener Meßmethoden der Oberflächenspannung (Wage, Steighöhe, Tropfengröße und -gestalt, Luftblasen, Kapillarwellen) sei auf die Lehrbücher verwiesen.

57. Versuch. PLATEAUscher Versuch der Gleichgewichtsfiguren rotierender Flüssigkeitstropfen unter Einfluß der Oberflächenspannung. Durch Verdünnen von Alkohol mit Wasser wird eine Lösung hergestellt, in der Tropfen aus Olivenöl (spez. Gew. 0,91) gerade schweben. Mit dieser Lösung wird der Glastrog des PLATEAUschen Rotationsapparates (Abb. 8) gefüllt, dann wird auf das kleine Scheibchen, welches sich an der Drehachse befindet, mit Hilfe einer Pipette ein Öltropfen auf Ober- und Unterseite des Scheibchens möglichst gleichmäßig verteilt (falls Achse und Scheibchen vorher nicht gut gereinigt waren, wird die Ölkugel leicht unsymmetrisch). Die Kugel wird nun

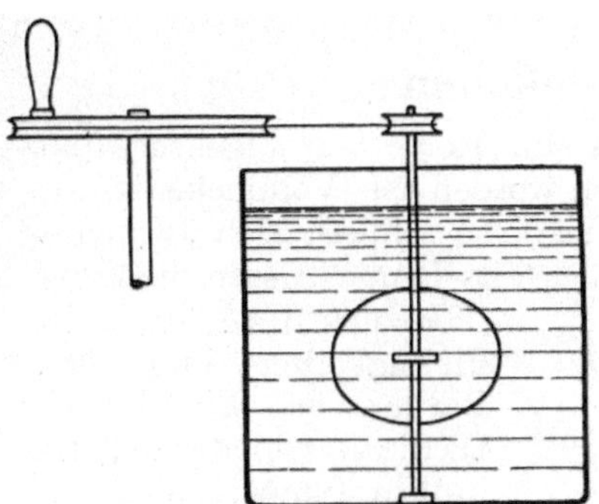

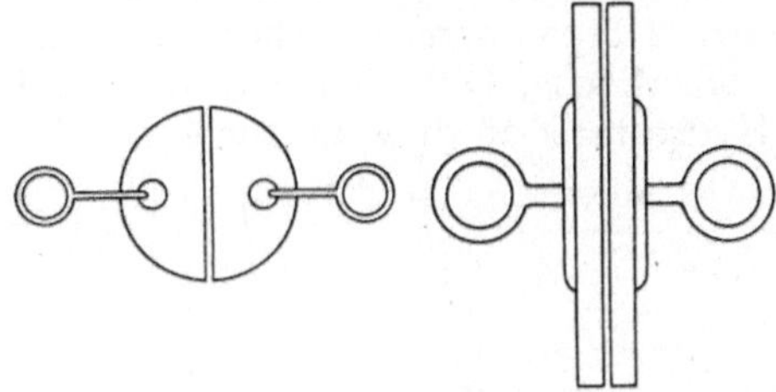

Abb. 8. PLATEAUscher Versuch.   Abb. 9. Adhäsion.

in steigende Rotation versetzt, es tritt zunächst Abplattung, dann Ringbildung, schließlich Abtrennung kleiner Kugeln ein (Projektion). Apparate zum PLATEAUschen Versuch sind von den in Betracht kommenden Firmen lieferbar. Die Abplattung der Erde = 1:298.

Tabelle 5. Kapillarkonstante bei 18°.

Quecksilber	50 mg/mm	Alkohol	2,0 mg/mm
Wasser	7,7 ,,	Äther	1,7 ,,
Benzol	3,0 ,,	Stickstoff (flüssig)	0,85 ,,

58. Versuch. Adhäsion fester Körper. Sie wird mit zwei genau aufeinander eingeschliffenen Platten (Durchmesser ca. 10 cm) aus Glas oder Messing gezeigt, die aufgehängt und mit Gewichten belastet werden. (Abb. 9). Bei Metallplatten ist es erforderlich, dieselben durch Blankpolieren vorher von jeglicher Oxydschicht zu befreien. Feuchtigkeit der Platten fälscht den Versuch. Auch zwei Halbkreise aus Blei, beide zum Aufhängen mit kleinen Hacken versehen (ca. 2 mm stark),

15*

haften nach Zusammenpressen fest aneinander, doch muß auch hier durch eine Feile die Schnittfläche vorher frisch aufgerauht werden. Die Adhäsion fester Körper an Flüssigkeiten wird an dem Gewicht gezeigt, das notwendig ist, eine Glasplatte von einer Quecksilberoberfläche abzureißen. Eine Glasplatte wird genau horizontal hängend (!) an eine Wage befestigt und durch ein Gegengewicht ausäquilibriert. Bringt man sie dann auf die Quecksilberoberfläche, so kann man durch langsames Zulegen von Zusatzgewichten das Abreißgewicht feststellen. (Bei benetzenden Flüssigkeiten — Wasser — überwiegt die Adhäsion die Kohäsion der Flüssigkeit.)

59. Versuch. **Reibung fester Körper.** Man zeigt mit einfachen Mitteln an der schiefen Ebene, daß die Reibungskraft R dem Normaldruck N, der auf der Aufliegefläche lastet, proportional ist. Dieser Proportionalitätsfaktor — R/N, der Reibungskoeffizient — ist gegeben durch den tang. des Reibungswinkels (Böschungswinkel), bei dem der Körper von selbst in Bewegung kommt.

Tabelle 6. Reibungskoeffizient.

Stahl, Messing auf Gußeisen		0,16
Bronze	,, Bronze .	0,20
Lederriemen	,, Gußeisen	0,38
Hanfseil	,, Eiche . .	0,80

Die rollende Reibung (Verhältnis des Drehmomentes zum Normaldruck) ist bedeutend kleiner, bei Eisen auf Eisen im Mittel ca. 0,005 cm.

d) Mechanik der Flüssigkeiten.

60. Versuch. **Hydrostatischer Druck.** Da eine Reihe von Eigenschaften flüssiger Körper bereits vorhergehend besprochen worden ist (Volumelastizität, freie Oberfläche, Oberflächenspannung, Kapillarität), so schließt sich zwanglos die Hydrostatik an diese Versuche an. Es ist zunächst zu demonstrieren die Fortpflanzung des Druckes in Flüssigkeiten und das Pascalsche Paradoxon. Da die verschiedenen Ausführungsmöglichkeiten dieser Versuche aber in jedem Lehrbuch eingehend beschrieben werden, so genüge hier der Hinweis auf folgende, ohne Schwierigkeiten auszuführende Versuche: Bodendruck, Seitendruck, Aufdruck (Glaszylinder mit aufgeschliffener Grundplatte; Umkippen eines

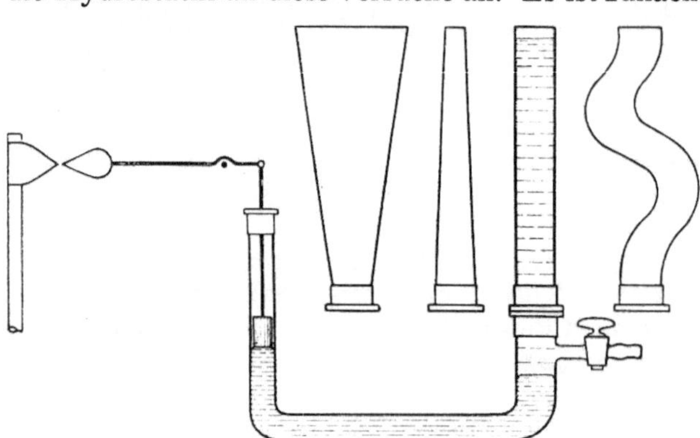

Abb. 10. Pascalsches Paradoxon.

ganz mit Wasser gefüllten und durch Auflegen eines Kartons verschlossenen Wasserglases), kommunizierende Röhren (U-Röhren verschiedener Form und verschiedenen Querschnittes), hydraulische Presse (Brechen und Stauchung von Hölzern, Pressen eines Bleidrahtes aus der Öffnung eines Stahlzylinders u. a.), Pascalsches Paradoxon. Werden die Drucke hier mit einem kleinen Quecksilbermanometer gemessen (an Stelle von Grundplatte und Wagebalken), so ist die jeweilige Einstellung des Quecksilbermeniskus einem größeren Hörerkreis in der Regel schwer sichtbar zu machen. Wir bedienen uns deshalb des Kunstgriffes, auf den Quecksilbermeniskus einen kleinen Schwimmer aufzusetzen. Derselbe besteht aus einem Eisendraht, dessen Länge durch die Manometerröhre gegeben ist, unten mit einem kleinen Kolben aus Kork, oben evtl. über eine einfache Hebelübertragung mit einer Papierfahne versehen (Abb. 10). Im Schattenbild läßt sich dann die Einstellung des Zeigers weithin sichtbar machen:

Normale Atmosphäre $= 1,033$ kg/cm² $= 10,33$ m H₂O $= 760$ mm Hg.

Technische Atmosphäre $= 1$ kg/cm² $= 10$ m H₂O $= 736$ mm Hg.

61. Versuch. Archimedisches Prinzip. Es wird in der Regel mit Hilfe eines zylindrischen Gefäßes bewiesen, in dem ein Vollzylinder genau eingepaßt ist. Beide Teile werden so an einer Wage aufgehängt, daß der Vollzylinder bequem sich nachher in Wasser eintauchen läßt, und dann ins Gleichgewicht gebracht. Es wird nun gezeigt, daß das Gleichgewicht der Wage bestehen bleibt, wenn der Vollzylinder in Wasser taucht und gleichzeitig das Hohlgefäß bis zum Rande mit Wasser gefüllt wird (Abb. 11). Die Wage ist hierbei nicht zu empfindlich zu nehmen, damit kleine Unterschiede nicht mehr angezeigt werden. Im übrigen ist auf die verschiedenen Bestimmungsmöglichkeiten des spezifischen Gewichtes fester und flüssiger Körper hinzuweisen: Pyknometer, MOHRsche Wage, JOLLYsche Federwage, NICHOLSONsche Senkwage (Gewichtsaräometer), Skalenaräometer (Saccharometer, Alkoholmeter), Hydrometer (kommunizierende Röhren). Die in der Tabelle 1 angegebene Auswahl der spezifischen Gewichte fester und flüssiger Körper dürfte in der Regel genügen.

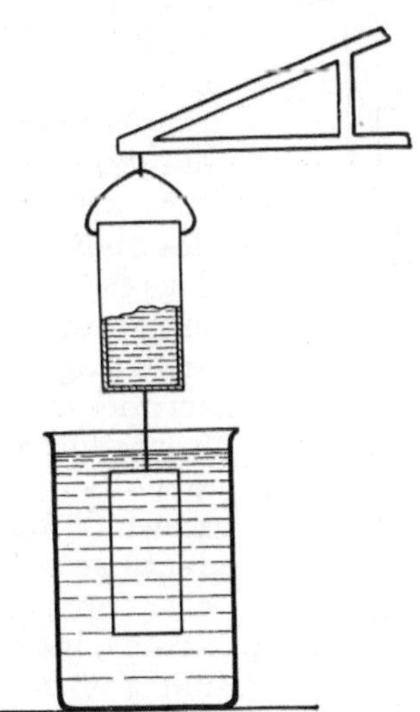

Abb. 11. Archimedisches Prinzip.

62. Versuch. TORRICELLISCHES Ausflußgesetz. Steht ein sehr großes[1]), eigens zu diesem Zwecke hergestelltes Gefäß mit Ausflußöffnungen (ca. 2 mm Durchmesser) in verschiedenen Höhen zur Verfügung, so läßt sich leicht zeigen, daß die Ausflußmengen pro Zeiteinheit sich wie die Wurzeln aus den Druckhöhen verhalten. Man zeigt zweckmäßig, daß die Ausflußzeiten von 100, 200, 300 ccm Wasser aus Öffnungen, die von der Wasseroberfläche 10, 40, 90 cm entfernt sind, gleich sind. Bei großem Wasserreservoir stört die Niveausenkung beim Ausfließen wenig. Sonst hilft man sich nach WEINHOLD mit einem Standgefäß, welches mit einer MARIOTTEschen Flasche, aus der ständig Wasser wieder zuströmen kann, verbunden ist. Man benutzt dann nur eine Ausflußöffnung nahe am Boden und variiert die Wasserhöhe im Gefäß durch Heben oder Senken der MARIOTTEschen Flasche. Auf die Abweichungen vom theoretischen Werte der Ausflußgeschwindigkeit[2]) $v = \sqrt{2\,g\,h} = \sqrt{2\,p/d} - d = $ Dichte der Flüssigkeit —, bedingt durch die Form der Ausflußöffnung (Strahlverengung), näher einzugehen, erfordert Zeit. Bei einer einfachen kreisförmigen Öffnung in einer dünnen Wand fließt etwa 62 bis 64% des theoretischen Wertes aus. Es kommt noch ein Ausmessen der Strahlparabeln $x^2 = 4\,h \cdot y$ in Betracht, auch ist noch zu

---

[1]) Um ohne Zulauf ein merkliches Sinken der Wasseroberfläche beim Ausströmen zu vermeiden.

[2]) Gesetz von GRAHAM.

zeigen, daß ein aufwärts gerichteter Flüssigkeitsstrahl (Springbrunnen) nahezu wieder bis zum Wasserspiegel des Reservoirs emporsteigt.

63. Versuch. Die **Druckverteilung des strömenden Wassers** in weiten Röhren wird an engen Steigrohren gezeigt, die in gleichen Abständen an einem längeren Ausflußrohr angebracht sind. Bei gleichmäßigem Querschnitt des Ausflußrohres müssen die Steighöhen auf einer Geraden liegen. Bei Biegungen des Rohres ändert sich der Druck stärker, ebenso bei Querschnittsänderungen, und kann bei starker Verengung sogar negativ werden (Saugwirkung bei Wasserstrahlpumpen [Abb. 12], Zerstäubern, Injektoren usw.). Die Strömungsgleichung $\frac{1}{2} d v^2 + p =$ konst. — $d =$ Dichte der Flüssigkeit bei dem Druck p — findet auch ihre praktische Anwendung beim hydraulischen Widder (für Gase, bei denen dieselben Strömungsgesetze gelten, s. Versuch 96).

64. Versuch. Beim **hydraulischen Widder** (Abb. 13) wird nämlich durch das Spiel des Stoßventils die kinetische Energie einer großen Wassermenge mit kleiner Geschwindigkeit umgesetzt in Strömungsenergie einer kleinen Wassermenge mit großer Geschwindigkeit. Bei genügend großer Geschwindigkeit wird das Stoßventil geschlossen, dann strömt aber durch das Ventil des Windkessels eine kleine Wassermenge mit großer Geschwindigkeit in diesen ein, erhöht dort den Druck und hebt dadurch die Wassersäule im Steigrohr. Das richtige Spiel des Stoßventils V muß dabei sorgfältig durch Gewichte einreguliert werden und dann durch einige Stöße mit der Hand in Betrieb gesetzt werden.

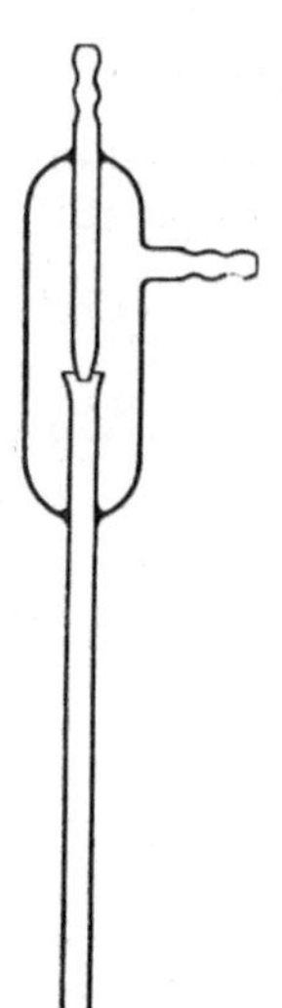

Abb. 12.
Wasserstrahlpumpe.

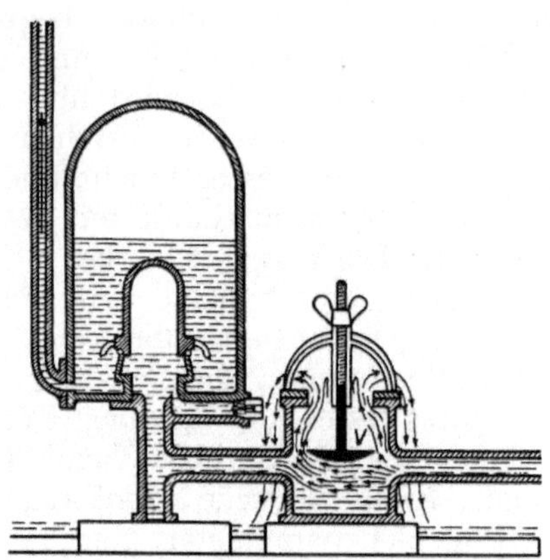

Abb. 13. Hydraulischer Widder (*).

65. Versuch. POISEUILLEsches **Gesetz der Strömung in engen Röhren** (lamellare Strömung). Es genügt, die Abhängigkeit der Ausflußmenge von der Länge des Rohres zu zeigen. Zwei Kapillarröhren, die eine doppelt so lang wie die andere (etwa 30 und 60 cm), werden beide in die Seitenöffnung einer MARIOTTEschen Flasche gesteckt und gezeigt, daß die Ausflußmenge durch das kürzere Rohr genau doppelt so groß ist wie durch das andere.

66. Versuch. **Zähigkeit.** Die verschiedenen Viskositäten von Flüssigkeiten zeigt man durch Ausströmenlassen von Wasser, Alkohol und Äther durch dieselbe Kapillare (relative Bestimmung nach OSTWALD).

67. Versuch. **STOKESsches Gesetz.** Bei stark viskosen Flüssigkeiten (Glyzerin, Maschinenöl) läßt man Kugeln (Stahlkugeln von Kugellagern, s. auch Versuch 15) mit gleichförmiger Geschwindigkeit c heruntersinken. Es gilt dann das Gesetz:

$$\text{Widerstandskraft} = g\,(m - sv) = 6\,\pi r \cdot c \cdot \eta$$

(m und $v =$ Masse und Volumen der Kugel, $s =$ spez. Gew. der Flüssigkeit).

68. POISEUILLEsches **Ausströmungsgesetz** (v das in der Zeit t durch die Kapillare von der Länge l und dem Querschnitt q bei der Druckdifferenz $p = h s$ ausgeflossene Volumen, $\eta =$ Reibungskoeffizient):

$$\eta = \frac{g}{8\pi} \cdot \frac{q^2 h s}{l \cdot v} t = 39{,}03 \frac{q^2 h \cdot s}{l \cdot v} t \;(\text{cm}^{-1}\,\text{g} \cdot \text{sec}^{-1}).$$

Oberhalb der kritischen Geschwindigkeit $c = \dfrac{A\eta}{r \cdot s}$ tritt turbulente Bewegung ein, so daß dann das Gesetz nicht mehr gilt.

REYNOLDsche Zahl $A = 1000$.

Tabelle 7. Reibungskoeffizienten η in $(\mathrm{cm}^{-1}\,\mathrm{g} \cdot \mathrm{sec}^{-1})$.

Kolophonium $3 \cdot 10^{16}$	Glyzerin . . . 11	Quecksilber . 0,0156	Luft[1] 0,000182
Leim . . . . 2 · 10⁸	Maschinenöl . 6,75	Alkohol . . . 0,0130	Kohlensäure . 0,000144
Pech . . . . 1 · 10⁸	Schwefels. 100% 0,62	Wasser . . . 0,0106	Wasserstoff . 0,000082
Sirup . . . . 4 · 10²	Gummi-arabicum-Lösung 25%. 0,24	Äther . . . 0,0026	Ätherdampf . 0,000068

69. Versuch. Stromlinien in Flüssigkeiten [nach R. POHL[2]]. Zwischen zwei planen Glasplatten in 1 mm Abstand können Cellonplatten verschiedener Form (kreisrunde Scheibe, geneigte Platte, Profil eines Flugzeugflügels, Düsenformen) festgeklemmt werden. Diese Projektionsküvette besitzt nun einen Aufsatz,

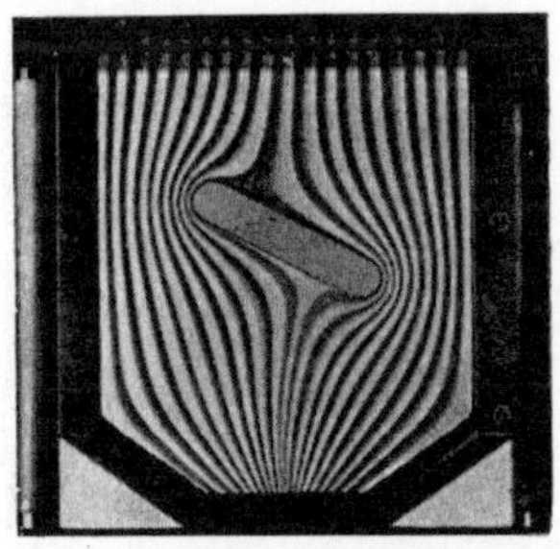

a   Abb. 14. Stromlinien.   b

bestehend aus zwei Kammern, aus denen durch zwei Lochreihen gefärbtes und ungefärbtes Wasser in die Küvette einströmen kann (Ausführungsform siehe R. POHL, l. c.). Die beiden Lochreihen sind gegeneinander versetzt, so daß man in der Projektion die abwechselnd gefärbten und ungefärbten Stromfäden sieht. Eine Ausflußöffnung am Boden der Küvette, mit Gummischlauch und Quetschhahn versehen, reguliert hier die Strömungsgeschwindigkeit (Abb. 14).

70. Versuch. Wasserräder, Turbinen. Als Beispiel für die Energieausnutzung von Flüssigkeitsströmen wird für gewöhnlich das bekannte SEGNERsche Wasserrad gezeigt, das wohl keiner weiteren Erklärung bedarf. Wichtiger im Hinblick auf die Praxis ist ein näheres Eingehen auf die Turbinen, wo die Reaktionswirkung des Wassers durch Richtungsänderung des Strahles erzielt wird. Turbinen werden ausgebildet als Hochdruckturbinen mit Leitrad und Laufrad (Francisturbinen) oder als Freistrahlturbinen mit Ausströmungsdüsen und Schaufelrad. Der mechanische Wirkungsgrad der Turbinen kann auf über 80% gesteigert werden (s. Ziff. 237). Zu erwähnen sind auch die Wasserräder: oberschlächtige, mittelschlächtige und unterschlächtige, je nach der Antriebsart des Rades.

71. Versuch. Wirbelbewegung. In einen großen Glastrichter (etwa 15 bis 20 cm Durchmesser) läßt man von der Wasserleitung durch einen Gummischlauch mit Glasrohr als Zuflußrohr Wasser einströmen. Hält man das Zuflußrohr

---

[1]) Der Reibungskoeffizient eines Gases ist von der Dichte des Gases in weiten Grenzen unabhängig.

[2]) R. POHL, ZS. f. phys. Unterr. Bd. 38, S. 114. 1925.

koaxial mit dem Abflußrohr des Trichters, so fließt das Wasser ruhig aus. Hält man es aber möglichst tangential zum Trichterrand, so bildet sich ein starker Wirbelfaden aus. Es fließt dann nur wenig Wasser ab, und der Trichter füllt sich rasch mit Wasser.

72. Versuch. Wirbelfaden. Die Ausbildung eines Wirbelfadens beim Ausfließen von Wasser läßt sich sehr schön zeigen, wenn ein größeres zylindrisches Glasgefäß zur Verfügung steht (Durchmesser und Höhe etwa je 30 cm). Man bohrt in die Mitte des Gefäßbodens ein kleines Loch (Durchmesser 1 cm), verschließt die Öffnung von oben mit einem Korken, der mit einem Drahtstiel versehen ist, und füllt das Gefäß ganz voll Wasser. Setzt man nun durch Umrühren mit einem breiten Holzstab das Wasser in Rotation, entfernt dann den Korken, so fließt das Wasser zunächst in einem kräftigen Strahl aus, dann bildet sich aber infolge der Wirbelbewegung auf der Wasseroberfläche eine trichter-

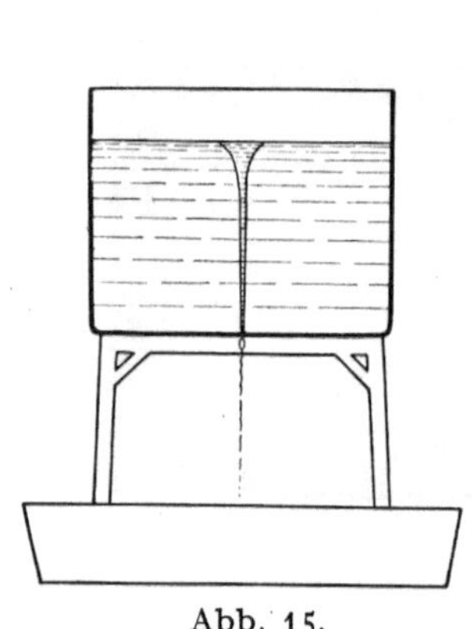

Abb. 15.
Rankinescher Wirbel.

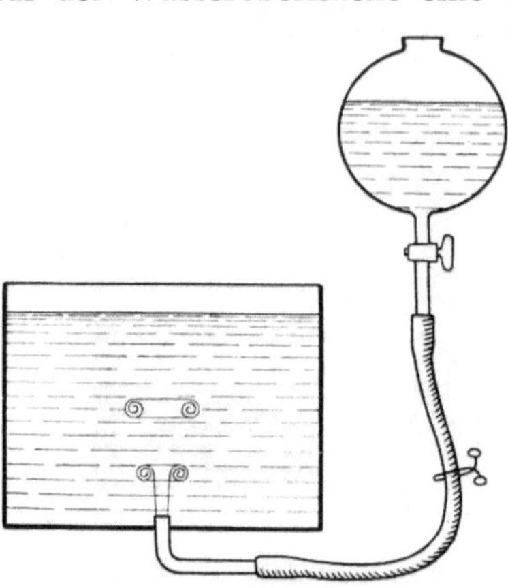

Abb. 16. Wirbelringe in Wasser.

förmige Vertiefung aus, die sich bis zum Boden des Gefäßes erstrecken kann (Abb. 15). Ist dies erreicht, so hört das Ausfließen des Wassers nahezu ganz auf — Rankinescher kombinierter Wirbel.

73. Versuch. Wirbelringe in Flüssigkeiten. In einer nicht gar zu kleinen Wasserwanne mit planparallelen Wänden wird ein Glasrohr von etwa 5 mm Innendurchmesser — doppelt U-förmig gebogen (s. Abb. 16) und an der Ausströmöffnung eben abgeschliffen — so befestigt, daß die Öffnung des Rohres in der Mitte der Wanne senkrecht nach oben weist. Das Rohr wird über einen Gummischlauch mit einem Scheidetrichter verbunden, wobei der am letzteren befindliche Hahn die Ausströmgeschwindigkeit des Wassers zu regulieren gestattet. Die Wanne wird nun mit klarem Wasser, Rohr und Scheidetrichter jedoch mit gefärbtem Wasser (Methylenblau) gefüllt, Luftblasen im Rohr sind dabei vorher zu beseitigen. Die Ausströmöffnung des Rohres wird auf die Wand projiziert und der Scheidetrichter so eingestellt, daß zwischen den beiden Wasseroberflächen eine Druckdifferenz von ca. 15 cm besteht. Bei momentanem Öffnen eines an der Schlauchverbindung angebrachten, durch Federdruck wirkenden Quetschhahnes entsteht an der Ausströmöffnung ein Wirbelring, der in die Höhe steigt und sich allmählich einrollt, so daß die Wirbelstruktur des Ringes sehr klar zutage tritt. Auch gelingt es nach einigen Versuchen leicht, durch schnelleres und langsameres Öffnen des Quetschhahnes mehrere Wirbelringe zu erzeugen, von denen der untere den oberen einholt, durch ihn durchschlüpft oder sich durch gegenseitiges Einrollen mit ihm vereinigt. Bei langsamem Ausströmen des Wassers entstehen eigenartige pilzartige Gebilde, die oben wieder Wirbelstruktur besitzen.

74. Versuch. Wirbelbildung hinter Platten (Schleppversuchapparat nach POHL[1]). In einer Projektionsküvette, 1 cm lichte Weite, befindet sich Wasser, in dem etwas feines Aluminiumpulver aufgeschlemmt ist. Ein dünner Draht in einer Gradführung erlaubt nun, Körper verschiedener Form — ebene Platte, Tragflügel, Tropfenform —, die aus Hartgummi leicht herzustellen sind, durch das Wasser zu schleppen. In der Projektion sieht man dann sehr kontrastreich die Wirbelbildung hinter den Körpern.

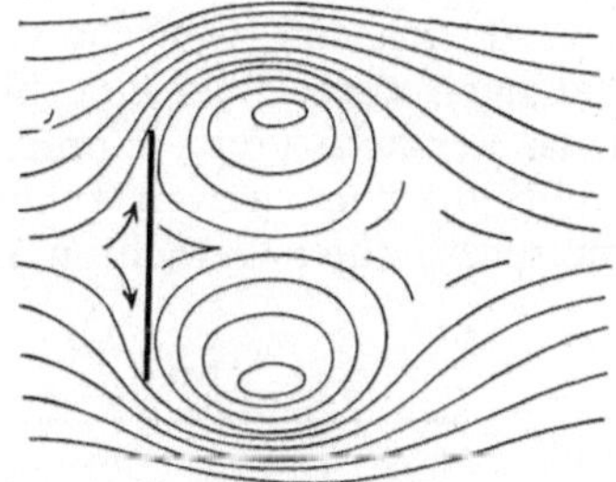

Abb. 17.   Wirbelbildung hinter einer Platte (*).

75. Versuch. Diffusion. In einen schmalen hohen Standzylinder wird konz. Lösung von Kupfersulfat [Diffusionskoeffizient[2]) $k = 0{,}23$ cm^2/Tag] oder Kaliumbichromat ca. 10 cm hoch eingefüllt, darüber wird etwa die gleiche Menge Wasser geschichtet. Zur Erzielung einer scharfen Trennungsfläche muß das Wasser sehr langsam aus einer Pipette auf eine dünne, auf der Lösung schwimmende Korkscheibe fließen. Nach Einfüllen ist der Standzylinder mit Korkstopfen gut zu verschließen, da der Versuch einige Wochen in Anspruch nimmt. In einen zweiten Standzylinder wird zunächst Chloroform gefüllt (ca. 5 cm hoch), dann eine blau gefärbte Schicht Wasser (2 cm hoch), darauf Äther (wieder etwa 5 cm). Die Flüssigkeiten mischen sich nicht, doch diffundieren Chloroform und Äther durch das Wasser hindurch, und die Wasserschicht verschiebt sich nach oben, da Äther schneller diffundiert. Kleine aufgeklebte Papierstreifen zeigen die ursprüngliche Lage der Wasserschicht an.

76. Versuch. Osmose. Bei einem trichterförmigen Glasgefäß (Abb. 18) mit eingezogenem Rand wird die weitere Öffnung mit einer Schweinsblase (semipermeable Wand) — evtl. geht auch gutes Pergamentpapier — verschlossen. Die engere Öffnung erhält ein Steigrohr (ca. 30 cm lang) zur Aufnahme des durch Osmose eindringenden Wassers. Das Gefäß wird mit konzentrierter, blau gefärbter Kochsalzlösung oder Kupfersulfatlösung gefüllt und in ein Becherglas mit reinem Wasser getaucht. Steigen des Wassers im Steigrohr mindestens 10 bis 15 cm die Stunde, sonst ist die Schweinsblase unbrauchbar. Der Versuch braucht also erst unmittelbar vor der Besprechung angesetzt zu werden. Als semipermeable Membran dient häufig auch Ferrozyankupfer, das in porösen, vorher luftfrei gemachten Tonzellen niedergeschlagen wird (Filterzellen). Herstellung derselben aus einer 3proz. Ferrozyankalium- und 3proz. Kupfersulfatlösung.

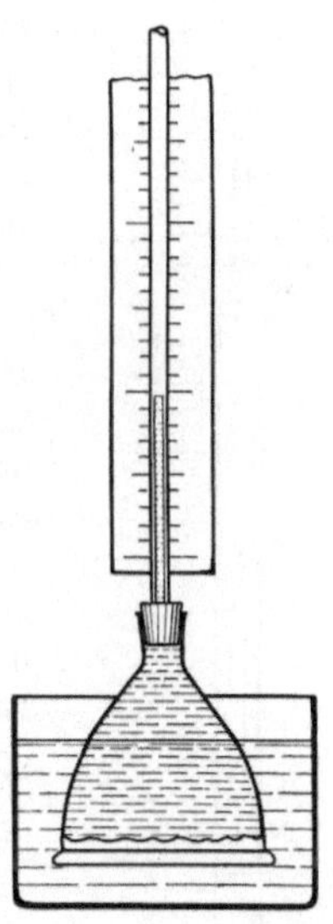

Abb. 18.   Osmose.

Osmotischer Druck einer normalen (d. h. 34,2proz.) Rohrzuckerlösung = 26 at.

e) Mechanik der gasförmigen Körper.

77. Versuch. Spezifisches Gewicht der Gase. Zwei größere Bechergläser von möglichst gleichem Rauminhalt werden an die beiden Seiten einer großen

[1]) R. POHL, ZS. f. phys. Unterr. Bd. 38, S. 119. 1925.
[2]) Definition s. LANDOLT-BÖRNSTEIN, 5. Aufl., S. 246.

Wage gehängt, und zwar das eine Becherglas mit der Öffnung nach unten, das andere mit der Öffnung nach oben. Die Wage ist dann ins Gleichgewicht zu bringen. Das nach unten offene Glas wird nun mit Leuchtgas gefüllt, wodurch eine Gewichtsverminderung eintritt, Entleeren des Glases erfolgt durch Ausgießen des Gases nach oben. Füllt man jetzt das andere Glas mit Kohlensäure, so zeigt sich eine Gewichtsvergrößerung, Ausgießen der Kohlensäure geschieht jetzt nach unten über eine brennende Kerze, wodurch diese erlischt. Quantitative Versuche (evtl. kommt das Abwägen einer evakuierten Glaskugel in Betracht) dürften zu weit führen, die in der Tabelle 8 wiedergegebene Auswahl von spezifischen Gewichten ist im allgemeinen ausreichend.

Tabelle 8. Spezifisches Gewicht von Gasen.

	Wasser = 1	Luft = 1	Sauerstoff = 16
Luft	0,001293	1,0000	14,47
Wasserstoff	0,0000898	0,0695	1,008
Helium	0,000179	0,1383	2,001
Stickstoff	0,001250	0,9674	14,002
Sauerstoff	0,001429	0,1056	16,000
Argon	0,001783	1,3791	19,96
Kohlensäure	0,001977	1,5291	22,000
Wasserdampf	0,000606	0,622	9,00

78. Versuch. Boyle-Mariottesches Gesetz. Es wird mit der Torricellischen Röhre (Abb. 19) gezeigt: Ein Eisenrohr (ca. 1 m lang, 1,5 cm Innendurchmesser), auf das zur Aufnahme des überschüssigen Quecksilbers eine flache Holzschale gut aufgepaßt ist, wird mit Quecksilber gefüllt. Als Barometerrohr dient ein Glasrohr, möglichst in Kubikzentimeter graduiert, das oben mit einem Hahn zum bequemen Ein- und Auslassen der Luft versehen ist. Es wird gezeigt, daß $p_1 v_1 = p_2 v_2 =$ konst. ist. Für größere Drucke

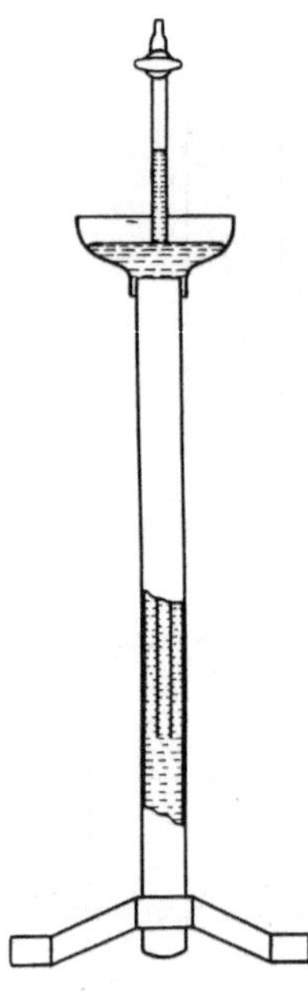

Abb. 19. Boyle-Mariottesches Gesetz.

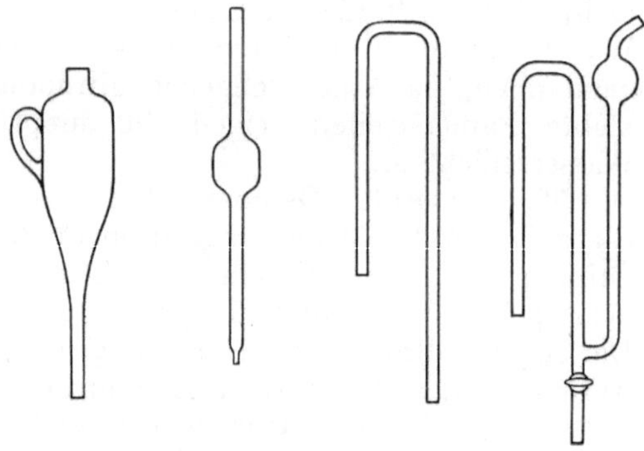

Abb. 20. Hebertypen.

gilt besser die van der Waalssche Gleichung $\left(p + \dfrac{a}{v^2}\right) (v - b) =$ konst. (s. Ziff. 61).

Anschließend an das Boyle-Mariottesche Gesetz kann die Wirkungsweise der folgenden Apparate demonstriert werden, die keiner weiteren Erklärung bedürfen: Volumenometer, einseitig geschlossenes Manometer, Mariottesche Flasche, Heronsball, Cartesianischer Taucher, Spritzflasche, Heber (Saugheber, Giftheber, Stechheber, Pipette), Wasserpumpen (Modell mit sichtbaren Ventilen) u. a.

79. Versuch. Auftrieb in der Luft. Dasymeter: Eine kleine mit Luft gefüllte Glaskugel ist an einem kleinen Wagebalken durch eine Metallkugel ins Gleichgewicht gebracht worden. Unter dem Rezipienten einer Luftpumpe wird die Glaskugel wegen ihres größeren Volumens und damit größeren Auftriebs in Luft im Vakuum schwerer.

Mit Leuchtgas gefüllte Seifenblasen (s. Versuch 56) steigen in die Höhe (Anzünden der Seifenblasen!).

80. Versuch. Größe des Luftdruckes. Um die Größe dieses Druckes zu zeigen, dient der bekannte Versuch mit den Magdeburger Halbkugeln. Bei guter Dichtung der Halbkugeln lassen sie sich nicht durch Zentnergewichte auseinanderreißen, doch sind auf jeden Fall Sicherheitsmaßregeln gegen ein Herabfallen der Kugeln zu treffen, da ein geringes Verbiegen der Kugeln die Abdichtung sehr verschlechtern kann.

Normaldruck 760 mm Quecksilberhöhe = 10,333 m Wasser = 1,0333 kg/cm².

81. Versuch. Quecksilberregen. Ein hoher Standzylinder, unten mit einem abgeschliffenen Fuß zum Aufsetzen auf den Rezipiententeller versehen, ist oben durch eine kleine Holzschale verschlossen, die Quecksilber enthält. Beim Evakuieren wird das Quecksilber in feinen Tropfen durch das Holz hindurchgepreßt — Filtrieren von Quecksilber.

82. Versuch. Sprengen einer Glasplatte durch den Luftdruck. Auf den Rezipiententeller wird ein an beiden Enden gut abgeschliffener dickwandiger Glaszylinder (10 bis 12 cm Durchmesser) gesetzt und oben durch eine gut ebene dünne Glasplatte (photographische Platte) verschlossen, Abdichtung durch Fett, evtl. Aufkitten mit Picein oder Siegellack. Beim Evakuieren zerspringt die Platte mit lautem Knall. Der Versuch läßt sich etwas sicherer auch mit einer Schweinsblase ausführen, die — vorher angefeuchtet — straff über die eine der Magdeburger Halbkugeln gebunden und so weit getrocknet wird, daß sie ihre Plastizität noch nicht gänzlich verloren hat. Die Befestigung hat durch mehrmaliges Umschnüren mit Bindfaden zu erfolgen, damit sich die Blase später nicht durch die Umschnürung hindurchzieht. Beim Evakuieren sieht man zunächst die zunehmende Krümmung der Blase, bis sie schließlich mit lautem Knall springt.

83. Versuch. Entgasung von Flüssigkeiten. Wasser und besonders kohlensäurehaltige Flüssigkeiten (z. B. Bier) verlieren unter den Rezipienten gebracht, beträchtliche Mengen Luft resp. Kohlensäure.

84. Apparate zur Messung des Luftdruckes. Zu zeigen oder

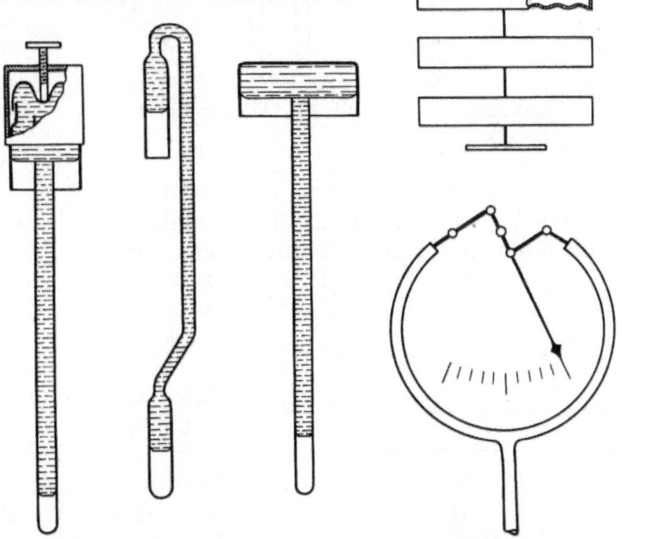

Abb. 21. Barometer (*).

Abb. 22. Aneroidbarometer. Bourdonsche Röhre (*).

zu erwähnen sind hier: Gefäßbarometer, Heberbarometer, (Abb. 21) Aneroidbarometer (Eindrücken einer flachen, luftleeren Metalldose), Bourdonsche Röhre (flache, evakuierte Röhre, die fast bis zu einem Kreise zusammen gebogen ist, Kontraktion der Röhre bei Druckerhöhung infolge der größeren Außenfläche),

Barograph zur Registrierung des Luftdruckes (in der Regel eine Reihe von evakuierten Metalldosen). Für höhere Drucke kommen Zeigermanometer in Betracht (Reduzierventile von Kohlensäureflaschen) (Abb. 22). Zur Messung sehr kleiner Drucke (bis zu 10^{-6} mm Hg) dient das MacLeod-Manometer (Abb. 23), welches ein gemessenes Gasvolumen in eine enge, kalibrierte Kapillare zusammenpreßt und dann unter Zuhilfenahme des Boyle-Mariotteschen Gesetzes den Druck bestimmt. Über andere Methoden zur Messung sehr kleiner Drucke siehe die in der Fußnote der Ziff. 88 zitierte Literatur. Für eine Besprechung in einer Experimentalvorlesung kommen sie weniger in Betracht.

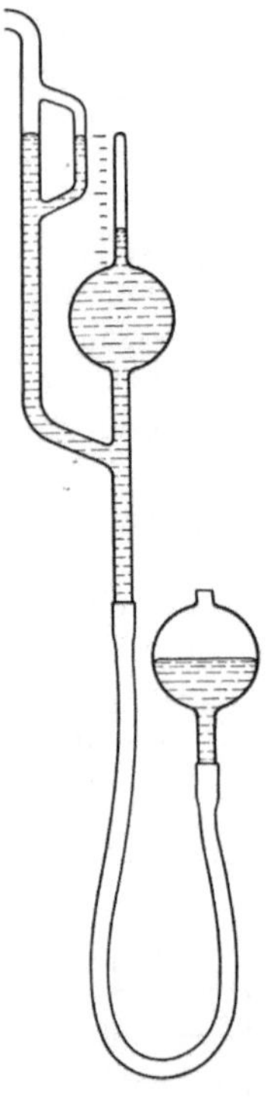

85. Versuch. **Abnahme des Luftdruckes mit der Höhe.** Dies kann man auf folgende Weise zeigen, ohne dabei große Höhendifferenzen nötig zu haben: Ein etwa 1 m langes Rohr aus Weißblech besitzt an seinen beiden Enden zwei Öffnungen,

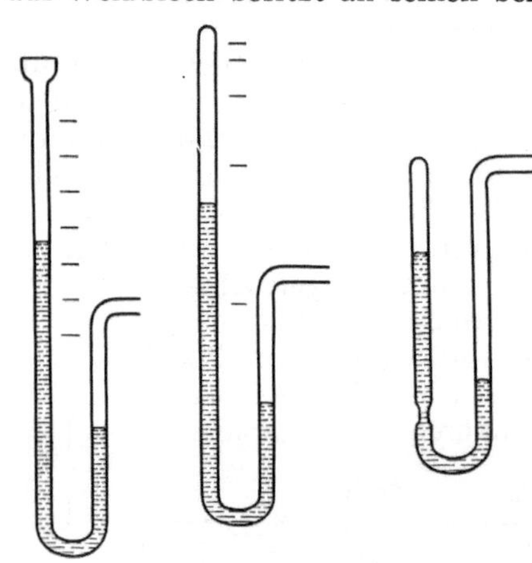

welche evtl. noch mit kleinen Ansatzstutzen versehen sind (Abb. 25). Die Röhre wird mit zwei Fäden an zwei Stativen genau horizontal aufgehängt, so daß die Öffnungen nach oben zeigen. Durch ein Ansatzrohr mit langem Gummischlauch wird Leuchtgas durchgeleitet (längere Zeit das Gas durchströmen lassen!) und dann die beiden Flammen angezündet. Hängt die Röhre genau horizontal, so brennen beide Flammen gleichhoch.

Abb. 23. MacLeod-Manometer (*).

Abb. 24. Manometer (*).

Ein geringes Heben der Röhre an dem einen Ende verursacht sofort eine Verschiedenheit der Flammenhöhen. Beim Abstellen des Versuches sind die Flammen zunächst mit einem feuchten Lappen auszutupfen, dann erst ist der Gashahn abzustellen, um ein Zurückschlagen der Flammen zu vermeiden.

86. Versuch. **Die Trägheit der Gase** läßt sich mit derselben Anordnung demonstrieren. Man setzt einfach die Röhre in Richtung ihrer Achse in pendelnde Bewegung. Die Flammenhöhen ändern sich dann im Rhythmus der Pendelbewegung, da durch die Trägheit des Gases Druckunterschiede in der Röhre entstehen.

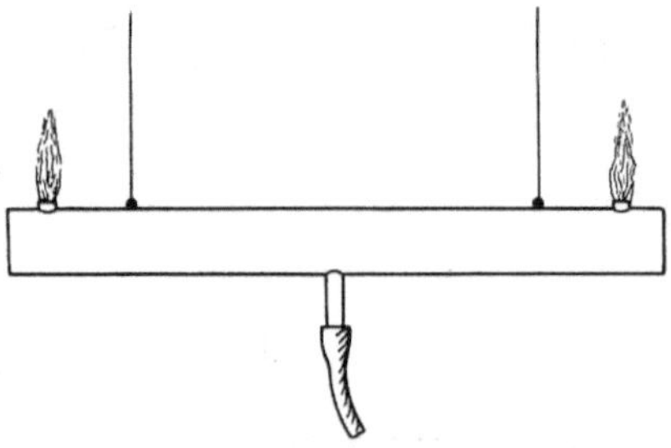

Abb. 25. Luftdruckabnahme mit der Höhe.

87. Barometrische Höhenformel. Die Höhendifferenz h in Metern bei einer mittleren Lufttemperatur $t°$ und den Luftdrucken b_0 und b_1 in Millimetern Hg ist

$$h = 18\,400\,(1 + 0{,}004 \cdot t°)\,(\log b_0 - \log b_1).$$

Tabelle 9. Werte von b_1 und h für $b_0 = 760$ mm und $t = 10°$.

b_1	760	716	674	635	598	530	470
h	0	500	1000	1500	2000	3000	4000
t_s[1]	100°	98,3°	96,7°	95,1°	93,4°	90,2°	87,1°

In runden Zahlen entspricht 10 m Höhendifferenz eine Druckänderung von 1 mm Hg.

88. Herstellung eines Vakuums[2]). Obwohl der Arbeitsweise der verschiedenen Luftpumpen gänzlich verschiedene Prinzipien zugrunde liegen, die zum Teil erst später behandelt werden können, so sollen doch hier die Luftpumpen der Einheitlichkeit wegen gemeinsam besprochen werden.

Das Prinzip der Luftverdünnung nach dem BOYLE-MARIOTTEschen Gesetz benutzen die Kolbenpumpen, die in älteren Ausführungen noch ohne Ventile allein mit Hahnsteuerung arbeiten. Zur Vermeidung des schädlichen Raumes, den der Kolben nicht mehr auszufüllen vermag, wird in den Ölpumpen der untere Teil des Zylinders mit Öl gefüllt. Um die Abdichtung des Kolbens gegen den äußeren Atmosphärendruck wirksamer zu gestalten, unterteilt man das Vakuum in den mehrstiefeligen Pumpen auf mehrere Kolben (zwei oder drei). Die Leistungsfähigkeit dieser Pumpen hängt von den Dampfspannungen der Flüssigkeiten ab. Sie sind infolgedessen sehr empfindlich gegenüber Wasserdämpfen. Bei der neueren Dreistiefelpumpe von GAEDE erfolgt bei der Kompression eine Abscheidung der Wasserdämpfe durch Filterung, so daß hier das Grenzvakuum bei gutem Arbeiten der Pumpe bei $5 \cdot 10^{-5}$ liegen soll. Die Ölmenge im Vakuum ist hier auf ein Minimum reduziert worden. Die Pumpe eignet sich

Tabelle 10. Luftpumpen.

Pumpe	Anfangsdruck	Grenz-vakuum	Saugleistung	Konstruktions-merkmal
1. Wasserstrahlpumpe		10—20 mm	klein	Wasserstrahl
2. Ölluftpumpen			größer als 1	
a) Gerykpumpe		$5 \cdot 10^{-2}$		Schädlicher Raum mit Öl gefüllt
b) Gaede dreistiefelige Kolbenpumpe	760 mm	$5 \cdot 10^{-5}$	kleiner als 2a	Unterteilung des Vakuums auf 3 Kolben
c) Kapselpumpen		$5 \cdot 10^{-2}$	größer als 2a 27,5 ccm/sec	Rotierender Zylinder, Abdichtung mit federnden Riegeln
3. Quecksilberpumpen:				
a) Geißlerpumpe		10^{-4}	klein	Hahnsteuerung
b) Töplerpumpe		10^{-5}		Selbsttät. Steuerung
c) Kaufmannpumpe . . .	10—20 mm	10^{-4}	größer als 3a und 3b	Förderschraube
d) Gaedepumpe (rotierende)		$7 \cdot 10^{-5}$	130 ccm/sec	Kammersystem
4. Molekularpumpe	$5 \cdot 10^{-2}$ mm	$3 \cdot 10^{-7}$	1400 ccm/sec	Ausnutzung der Molekularreibung
5. Quecksilberdampfpumpen a) Gaede-Diffusionspumpe				Dampfstrahlwirkung und Kondensation des Quecksilbers
b) Volmer-Stufenstrahlpumpe (Aggregat aus Glas oder Quarz)	10—20 mm	un-begrenzt	1800 bis 3000 ccm/sec	
c) Gaede-Stahlpumpe (Aggregat aus Stahl)			15 Liter/sec	

---

[1]) Siedepunkt des Wassers (Hypsometer s. Ziff. 188).

[2]) Es sei auch hier auf Bd. II ds. Handbuches und u. a. auf die beiden Bücher von A. GOETZ, Physik und Technik des Hochvakuums, und S. DUSHMAN, Hochvakuumtechnik, nochmals hingewiesen.

demzufolge sehr für Demonstrationszwecke, weniger für sonstige Arbeiten. Es ist zweckmäßig, vor Inbetriebnahme der Pumpe einige Zeit lang Luft durchzusaugen, um ein Kleben der Ventile zu vermeiden, die bei nicht ganz einwandfreiem Arbeiten der Pumpe in der Regel die Schuld tragen.

Die rotierenden Ölpumpen (Abb. 26) besitzen vor den Kolbenpumpen den Vorteil, daß sie bei größerer Tourenzahl eine höhere Sauggeschwindigkeit haben, zudem leicht durch einen kleineren Motor ($^1/_8$ PS) angetrieben werden können und ohne komplizierte Ventile arbeiten. Hier dreht sich nämlich ein Messingzylinder A exzentrisch in

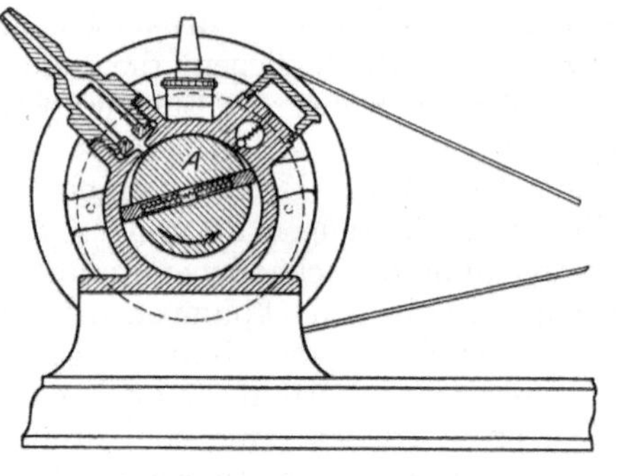
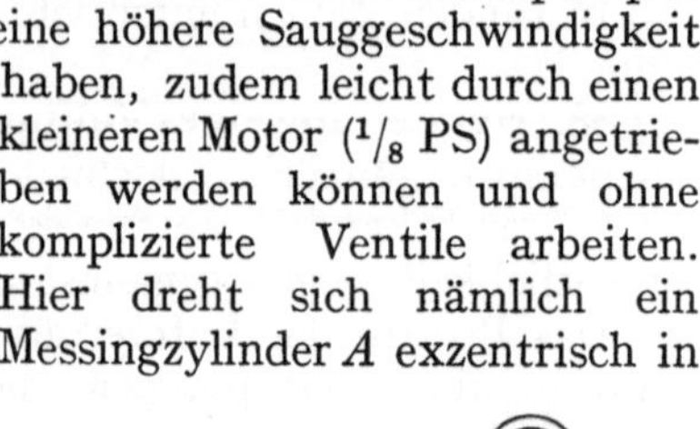

Abb. 26. Rotierende Ölpumpe nach GAEDE (*).

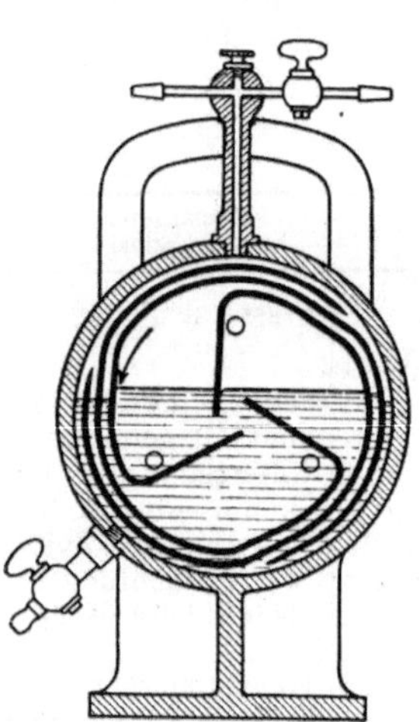
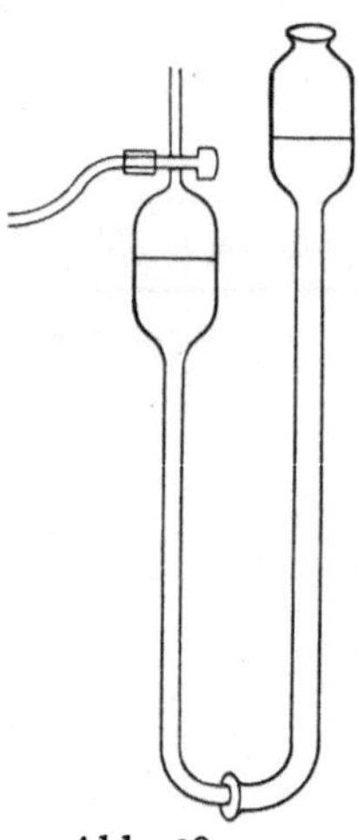
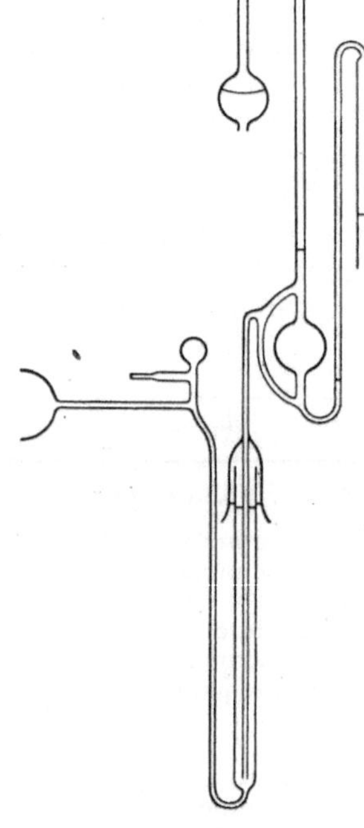

Abb. 27. Rotierende Quecksilberpumpe nach GAEDE (*).

Abb. 28. GEISSLERsche Pumpe.

Abb. 29. TÖPLER-HAGENsche Pumpe.

einem Hohlzylinder. Federnde Stahlschieber besorgen dann die Abdichtung der Kompressionsräume. Grenzvakuum ähnlich wie bei den Kolbenpumpen $5 \cdot 10^{-2}$ mm.

An Stelle von Öl wird in den Quecksilberpumpen Quecksilber als abdichtende Flüssigkeit genommen, auch hier besteht das Bestreben, zur Erhöhung der Leistungsfähigkeit eine rotierende Pumpbewegung zu erzielen. Die ältere, jetzt kaum noch in Betracht kommende Kaufmannpumpe benutzte das Prinzip der Förderschraube, während bei der sehr gebräuchlichen Gaedepumpe das Kammersystem angewendet wird (Abb. 27). Um die Niveaudifferenz zwischen Innen- und Außenraum kleiner als die Dimensionen der Pumpe zu machen, benötigen alle diese Pumpen ein Vorvakuum von 1 bis 2 cm Hg. Die Quecksilbermenge, die eine solche Pumpe erfordert, ist jedoch nicht unbeträchtlich (17—20 kg).

Wie die Ölpumpen, so sind auch diese Quecksilberpumpen gegenüber Wasserdämpfen, die ihre Leistungsfähigkeit erheblich herabsetzen können, sehr empfindlich, so daß stets ein Trockengefäß mit Phosphorpentoxyd vorgeschaltet werden
muß. Grenzvakuum etwa bei 10^{-5} bei relativ kleiner Fördermenge.

Die übrigen Quecksilberpumpen, die die TORRICELLIsche Lehre ausnutzen,
kommen heute kaum noch in Betracht. Die älteste Pumpe dieser Art, die
Geißlerpumpe (Abb. 28), arbeitet mit Hahnsteuerung, die bei der TÖPLER-
HAGENschen Pumpe (Abb. 29) durch Quecksilberverschlüsse gänzlich vermieden
wird. Zu erwähnen wäre etwa noch die SPRENGELsche Tröpfelpumpe.

Ein gänzlich neues Prinzip — die Ausnutzung der
inneren molekularen Reibung der Gase — verwendet die
GAEDEsche Molekularpumpe (Abb. 30 u. 31). Um die
freie Weglänge der Moleküle von der Größenordnung
der Pumpenabmessungen zu machen, erfordert auch sie

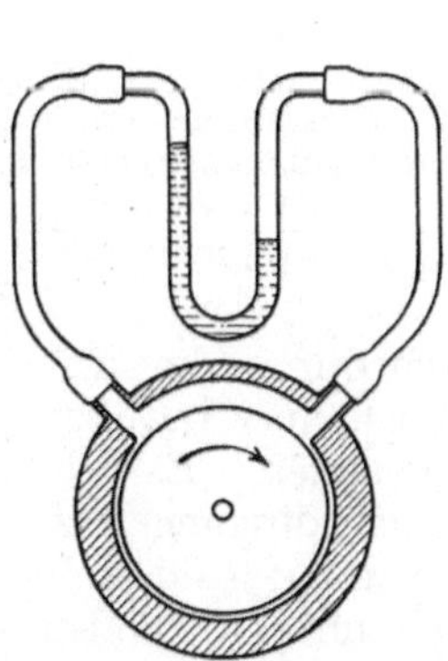

Abb. 30. Prinzip der
Molekularpumpe (*).

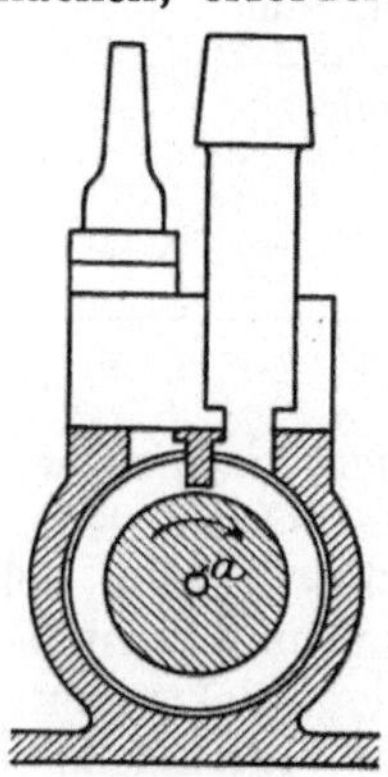

Abb. 31. Molekular-
pumpe nach GAEDE
(*).

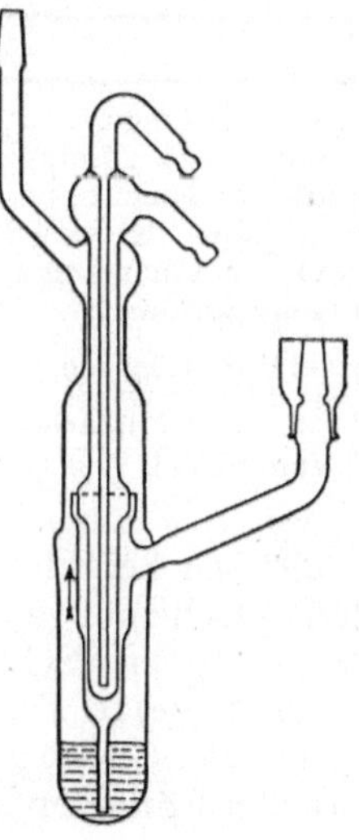

Abb. 32. Quecksilber-
dampfstrahlpumpe (*).

ein ziemlich hohes Vorvakuum. Sie läuft mit sehr hoher Tourenzahl (ca. 8000 bis
10000/Min.) und zeichnet sich durch ihre große Sauggeschwindigkeit aus, die etwa
zehnmal so groß ist wie die der rotierenden Quecksilberpumpen. Das Optimum
der Saugleistung liegt bei $5 \cdot 10^{-3}$ mm, schwerere Gase werden dabei schneller
abgesogen als leichtere. Das Grenzvakuum liegt bei etwa 10^{-7} mm. Die Pumpe
erfordert jedoch eine sorgfältige Wartung; besonders darf das Vorvakuum erst
dann eingeschaltet werden, wenn die Pumpe ihre volle Tourenzahl erreicht hat,
damit kein Öl in das Pumpgehäuse tritt (Motorleistung $1/_3$ PS).

Bei den Quecksilberdampfstrahlpumpen (Abb. 32) wird durch Kondensation des Quecksilbers ein starkes Druckgefälle hervorgerufen. Dieses erzeugt
dann einen kräftigen Dampfstrahl, welcher die Luftmoleküle mit fortreißt. Derartige Pumpen erzeugen also nur eine geringe Druckdifferenz und erfordern
daher ein relativ hohes Vorvakuum. Man ist bei den Kondensationsaggregaten deshalb dazu übergegangen, die ganze Druckdifferenz auf zwei oder mehrere derartige Pumpen zu verteilen und kommt dann mit dem Vorvakuum einer Wasserstrahlpumpe aus. Da die thermische Beanspruchung der Glaspumpen eine beträchtliche ist, Pumpen aus Quarz jedoch kostspielig sind (ohne dabei die Gefahr des
Zerbrechens zu vermeiden), hat man mit Erfolg versucht, derartige Pumpen ganz
aus Stahl herzustellen. Diese Pumpen dürften heute das Leistungsfähigste sein,
was es an Vakuumpumpen gibt. Bei guter Betriebssicherheit und sehr großer
Saugleistung vermögen sie ein unbegrenztes Vakuum zu liefern, d. h. ein Vakuum,

das nur von dem Dampfdruck der festen Bestandteile im Rezipienten abhängt. Lästig fällt es bei diesen Pumpen jedoch ein wenig, daß die Pumpen bereits ca. $^1/_4$ Stunde vor Beginn angeheizt werden müssen. Auch darf die Wasserkühlung nach Abdrehen der Heizung, die elektrisch (Stromverbrauch 800 Watt) oder mit Gas erfolgt, nicht sofort abgestellt werden, Quecksilberbedarf nur 100 ccm, Wegen Verunreinigung der Röhren durch Quecksilberdämpfe s. unten. Eine kurze Übersicht über die Leistungsfähigkeiten verschiedener Pumpen ist in der Tabelle 10 zusammengestellt worden.

Tabelle 11. Formen der Gasentladung bei verschiedenen Drucken.

Entladungsform	Druck
Büschelentladung	100 bis 10 mm
Ausbildung der Glimmentladung	10 ,, 5
Beginn der Schichtung in der positiven Säule	0,5
Verschwinden der positiven Säule	0,1
Beginn der Fluoreszenz (Kathodenstrahlen)	0,01
Röntgenvakuum	$< 0{,}001$
Luftgefüllte Röntgenröhren	1 bis 20 cm Parallelfunkenstrecke
Röhren mit Glühkathode	10^{-5} bis 10^{-6} mm
Sättigungsdruck des Quecksilbers bei 20°	0,0013 mm

89. Die **Leistungsfähigkeit der Pumpen** wird am besten durch die Entladungserscheinungen in verdünnten Gasen demonstriert. Ein kleiner Induktor von ca. 10 cm Schlagweite dürfte hierbei vollkommen genügen. Es sind möglichst weite Entladungsröhren mit normalen Entladungsbedingungen zu wählen. Bei Glasröhren, die an den Elektroden (Kathode) verengt sind, tritt anormaler Kathodenfall ein, und die Fluoreszenz der Glaswände durch Kathodenstrahlen erscheint schon bei niedrigeren Vakua. Bei den sehr schnell wirkenden Dampfstrahlpumpen und Molekularpumpen sind möglichst große Entladungsröhren zu nehmen, doch ist hierbei zu beachten, daß die Pumpgeschwindigkeit nur dann ausgenutzt wird, wenn die Saugleitungen sehr weit und nicht zu lang gewählt werden, da bei der großen Sauggeschwindigkeit der Leitungswiderstand durch die innere Reibung sehr bedeutend sein kann. Am zweckmäßigsten ist es, die Entladungsröhre dann direkt auf die Pumpe aufzusetzen. Als Dichtungsmittel der Schliffe und Hähne kommen Quecksilber (Dampfspannung bei 20° $1{,}3 \cdot 10^{-3}$ cm) und Ramsayfett (Pumpenfett: 2 Teile schwarzer Kautschuk mit 1 Teil Vaseline und $^1/_8$ Teil Paraffin unter langsamem Erwärmen gemischt, Dampfspannung 10^{-6}) in Betracht. Hierzu wäre noch zu erwähnen, daß durch Fett abgedichtete Hähne und Schliffe nur dann gut schließen, wenn sie vollkommen klar und durchsichtig erscheinen. Man nehme vor allen Dingen nie zuviel Fett, schon um eine unnötige Verunreinigung der Röhren zu vermeiden. Auf die Verwendung von sog. Normalschliffen, die stets gegeneinander auswechselbar sind, sei hier besonders hingewiesen, da ihre ausschließliche Verwendung das Experimentieren bedeutend erleichtert. Als Kitte sind besonders weißer Siegellack und Picein zu erwähnen; letzteres wird schon bei 60° bis 80° weich. Die Entladungsröhren selbst sind stets gut rein zu halten, um einwandfreie Entladungsvorgänge zu erhalten. Besonders gilt dies für die Quecksilberdampfstrahlpumpen, bei denen leicht Quecksilberdampf in die Röhre dringt und sie stark verunreinigt, wenn sie nicht durch Luftfallen (Gefriertaschen mit fester Kohlensäure und Äther resp. flüssiger Luft) geschützt waren. Reinigung erfolgt durch verdünnte Salpetersäure und nachfolgendes gutes Trocknen, selbstverständlich müssen dabei die Elektroden — meistens Aluminium — vor der Einwirkung der

Salpetersäure geschützt werden. Öfteres vorheriges Ausspülen der Röhre mit Luft ist stets angebracht, um auch die an den Glaswandungen haftenden Gase und Dämpfe schneller zu beseitigen. Bei den höchsten Vakua, deren Vorführung aber wohl kaum in Betracht kommen dürfte, sind auch Dichtungsfette und Quecksilber zu vermeiden, ferner Luftfallen und Adsorptionsmittel (s.Versuch 91) anzuwenden. Die Abhängigkeit der Entladungserscheinungen vom Gasdruck lehrt die beigefügte kleine Tabelle 11, die selbstverständlich nur Durchschnittswerte für die Drucke angibt. Bei Röntgenstrahlvakua ist die Länge der Parallelfunkenstrecke (d. h. der Potentialabfall) ein Maß für die Güte des Vakuums. Auch hier kann es sich nur um qualitative Werte handeln, je größer die Parallelfunkenstrecke, um so besser das Vakuum, gänzlich luftfreie Röhren leiten die Elektrizität überhaupt nicht mehr (Glühkathodenröhren). Andere Versuche mit Luftpumpen sind bereits in Ziff. 80—83 beschrieben worden.

90. Versuch. Absorption von Gasen. Zwei gleiche, nicht zu enge Reagensrohre werden in einer pneumatischen Wanne über Quecksilber mit Ammoniakgas (herstellbar durch gelindes Erwärmen von Salmiakgeist in kleinen Rundkolben mit Gasentbindungsrohr) gefüllt, ein drittes entsprechend mit Kohlensäure. In das eine Ammoniakrohr werden mit einer Pipette einige Tropfen Wasser eingeführt, die das Gas heftig absorbieren. In die beiden anderen Rohre werden mit einer Tiegelzange kurz vorher ausgeglühte Stückchen Holzkohle gebracht. Sie müssen dabei noch heiß in das Quecksilber kommen, damit sie keine Luft vorher aufsaugen können. Auch hier zeigt der Stand des Quecksilbers bald eine beträchtliche Druckdifferenz an. Soll jedoch auf die Löslichkeit von Gasen in Flüssigkeiten (HENRYsches Gesetz) näher eingegangen werden, so ließe sich der Versuch mit einer mit trockenem Ammoniakgas gefüllten Kochflasche, die durch einen Korken mit Glasröhre verschlossen ist, anschaulicher vorführen. Man taucht das Ende der Röhre in ein Gefäß mit Wasser, worauf nach kurzer Zeit das Wasser fontänenartig in die Flasche hochgesogen wird[1]).

91. Versuch. Adsorption von Kohle bei tiefen Temperaturen. Eine Geißlerröhre besitzt einen mit Schliff versehenen Ansatzstutzen, in den ausgeglühte Kokosnußkohle gebracht werden kann. Die Röhre wird mit Kohlensäure gefüllt und nach Ausglühen der Kohle im Ansatzstutzen (langsam erwärmen!) mäßig — d. h. bis zur einsetzenden Glimmentladung — evakuiert. Bringt man nach vorheriger Abkühlung des Adsorptionsgefäßes dieses vorsichtig in einen Behälter mit flüssiger Luft, so kann damit die Evakuierung soweit getrieben werden, daß keine Entladung mehr durch die Röhre hindurchgeht.

Tabelle 12. Adsorption von Gasen durch Kohle in ccm/g.
(Druck $p = 100$ mm Hg.)

	—185°	—77°	0°	80°
Helium	0,34	—	0,00	—
Wasserstoff	60	0,79	0,23	0,06
Stickstoff	118	15,9	2,34	0,47
Kohlensäure	—	97,3	30,4	4,92
Ammoniak	—	—	69,0	7,96

92. Versuch. Adsorption durch Platin. Man zeigt in bekannter Weise, daß ein Stück Platinschwamm in einem Wasserstoff- resp. Leuchtgasstrom glühend wird. Den Versuch kann man nach EBERT auch so ausführen, daß man einen dünnen, zu einer Spirale aufgewickelten Platindraht in einer Bunsenflamme ausglüht und ihn noch heiß, jedoch nicht mehr glühend in ein Becherglas bringt,

---

[1]) 1 ccm Wasser vermag bei 15° C 730 ccm Ammoniakgas zu absorbieren.

das ein Gemisch von Alkohol und Äther zu gleichen Teilen enthält. Die Spirale wird dann weißglühend und entzündet das Gemisch, das man durch Auflegen eines Brettchens auf das Becherglas rasch wieder zum Erlöschen bringen kann. Bei Wiederholung des Versuches ist der Platindraht jedesmal kurz vorher wieder auszuglühen.

93. Versuch. Effusiometer. Die Quadrate der Ausströmungszeiten verhalten sich bei gleichen Drucken umgekehrt proportional den Dichten (Anwendung des Gesetzes von Graham $v = \sqrt{\dfrac{2p}{d}}$ auf die Gase). Vorführung des Apparates von Bunsen.

94. Versuch. Diffusionsgeschwindigkeit der Gase. Eine poröse Tonzelle wird mit einem guten Stopfen verschlossen, durch den ein langes Glasrohr gesteckt ist. Das untere Ende des Glasrohres führt in eine Wulffsche Flasche,

Tabelle 13. Diffusionskoeffizient k[1]).

Luft—Kohlensäure 0,136 cm²/sec	Luft—Wasserdampf 0,345	Luft—Wasserstoff . 0,661

die vollständig mit Wasser gefüllt wird. Die andere Öffnung der Wulffschen Flasche enthält ein kurzes Glasrohr, dessen Ende zu einer feinen Spitze ausgezogen ist (Abb. 33). Stülpt man über den Tonzylinder ein großes Becherglas und läßt Leuchtgas (besser noch Wasserstoff) einströmen, so diffundiert das leichtere Leuchtgas schneller in den Tonzylinder herein als Luft heraus. Durch den Überdruck entsteht ein kleiner Springbrunnen. Umgekehrt, wenn man das Becherglas jetzt wegnimmt, strömt das Leuchtgas wieder aus dem Tonzylinder heraus, und es entsteht ein Unterdruck. Auf ähnliche Weise läßt sich der Versuch auch mit der schwereren Kohlensäure ausführen. Das Verhalten ist hier das entgegengesetzte.

95. Versuch. Empfindliche Flamme. Leuchtgas, das in einem Gasometer zweckmäßig unter erhöhten Druck gesetzt wird, strömt aus einem Glasrohr mit lang ausgezogener enger Spitze aus, Flammenhöhe etwa 30 cm. Der Gasdruck wird so einreguliert, daß die Flamme nicht mehr rauscht. Flamme reagiert dann sehr stark auf Zischlaute, weniger stark auf Vokale, auch eine oberhalb eines Drahtnetzes (Ziff. 245) brennende Bunsenflamme ist sehr empfindlich. Die Erscheinung beruht auf vermehrter Wirbelbildung an der Grenzschicht des Gasstrahles infolge Erschütterungen der Luft.

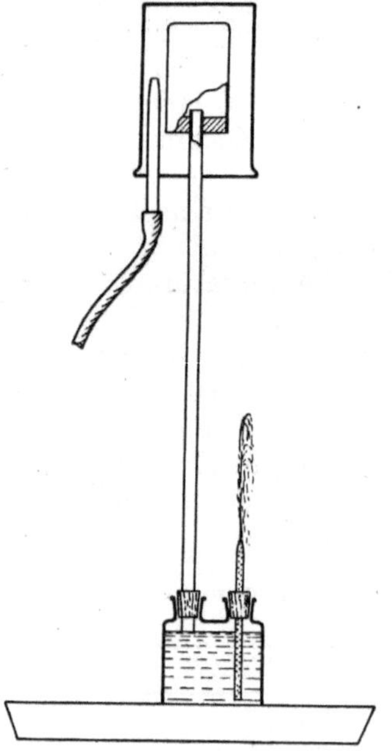
Abb. 33. Diffusion der Gase.

96. Versuch. Saugwirkung ausströmender Luft. Strömt Luft kräftig aus einer engen Öffnung, die sich in der Mitte einer gut abgedrehten Messingplatte (20 cm Durchmesser) befindet, gegen eine zweite ebensolche Platte in einigen Millimeter Entfernung (Durchmesser dieser Platte etwas kleiner), so wird die Platte angezogen, selbst wenn sie mit mehreren Kilogramm belastet ist. Führungs-

---

[1]) $\dfrac{\partial p}{\partial t} = k \dfrac{\partial^2 p}{\partial x^2}$.

stifte beschränken dabei den Bewegungsspielraum der Platte und schützen sie
gleichzeitig gegen ein Herabfallen (Abb. 34). Bei geeigneter Ausführung dieses
Versuches kann die Wirkung so gesteigert werden, daß das Gewicht einer
Person damit gehoben wird, erforderlich ist hierfür Preßluft von ca. 10 Atm.: An
der Saugplatte aus Holz (ca. 30 cm Quadrat,
4 cm dick) hängt an starken Drähten ein
Trittbrett, auf das die Versuchsperson tritt.
Schrauben mit Muttern beschränken hier
den Bewegungsspielraum der Saugplatte
auf einige Millimeter. Ein Hebelzeiger
macht die Anziehung der Platte sichtbar.
Die Druckluft wird von oben durch ein
starkes Eisenrohr mit Hahn, das direkt
an die Druckleitung angeschraubt werden

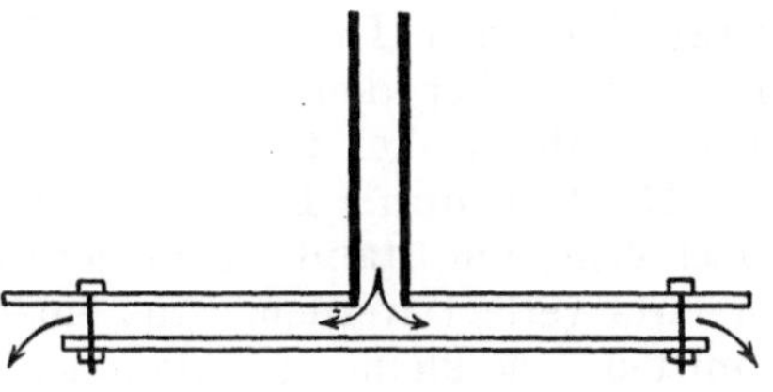

Abb. 34. Saugwirkung strömender Luft.

kann, zugeführt. Ähnlich wirkt auch beim Zerstäuber der negative Druck.

97. Versuch. Saugwirkung von Luftstrahlen. Preßluft wird aus einer
Düse in starkem Strahle ausströmen gelassen. Im Schattenbild einer kleinen
Bogenlampe (ohne Kondensor, der Lichtfleck des positiven Kraters muß möglichst
punktförmig sein) zeigt sich auf der Projektionswand das Schlierenbild des
ausströmenden Strahles von Querrippungen durchzogen. Zelluloidbälle schweben
in dem Luftstrahl und fallen infolge der Saugwirkung auch dann noch nicht
herab, wenn die Strahlrichtung geneigt wird. Vermindert man dann die Stärke
des Strahles, so gerät der Ball in lebhafte Rotation, deren Drehsinn von der
Neigungsrichtung des Strahles abhängt, denn neigt man den Strahl nach der
entgegengesetzten Seite, so dreht sich auch die Rotationsrichtung um
(Magnuseffekt).

98. Versuch. Magnuseffekt. Eine Papprolle, wie sie zum Aufbewahren
größerer Zeichnungen benutzt wird, wird mit senkrechter Achse an einem
Galgen bifilar aufgehängt. Durch Aufdrillen der Schnüre wird die Papprolle
in Rotation versetzt. Bläst man aus einem Windkanal einen Luftstrom dagegen, so tritt eine seitliche Abweichung auf, die je nach dem Drehungssinn
verschieden ist. Steht eine längere biegsame Welle und ein kleiner Motor zur
Verfügung, so kann damit die Papprolle leicht in
dauernder Rotation gehalten werden. Kommutieren
der Drehrichtung geschieht zweckmäßig durch
Kommutieren der Feldrichtung im Motor. Mit noch
einfacheren Mitteln läßt sich der Versuch demonstrieren, wenn man die Papprolle horizontal an
zwei Fäden aufhängt, sie an diesen Fäden auf-
wickelt und dann fallen läßt (Abb. 35). Durch das
Abwickeln der Fäden gerät die Rolle in Rotation

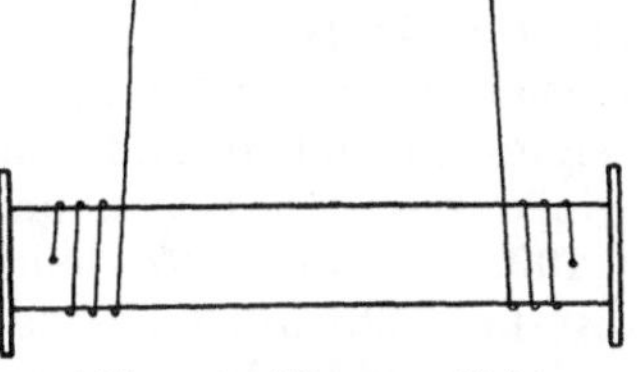

Abb. 35. Magnuseffekt.

und erhält infolgedessen eine seitliche Abweichung. Um den Effekt zu ver-
stärken, ist es zweckmäßig, an den beiden Stirnflächen der Papprolle zwei
Scheiben von größerem Durchmesser aufzukleben. Sehr schöne Strömungs-
bilder hinter rotierenden Zylindern zur Erläuterung des Magnuseffekts, s. z. B.
O. PRANDTL, Naturwissensch. Bd. 13, S. 100. 1925 und O. PRANDTL u. TIET-
JENS, ebenda Bd. 13, S. 1052. 1925.

99. Versuch. Luftwiderstand W einer mit der Geschwindigkeit v unter
dem Winkel α bewegten Platte von der Fläche F ist

$$W = \frac{2\sin\alpha}{1+\sin^2\alpha}\cdot\gamma\cdot d\cdot\frac{v^2}{g}\cdot F$$

16*

(d Dichte der Luft, g Erdbeschleunigung, γ Zahlenfaktor, der bei rechteckigen Platten zwischen 0,55 und 0,66 liegt). Auftrieb A und Rücktrieb R sind dann entsprechend

$$A = W \cos\alpha \quad \text{und} \quad R = W \sin\alpha .$$

(Anwendung bei Drachen, Tragflächen von Flugzeugen, Windmühlenflügel, Propeller.) Über den Kurvenverlauf s. Diagramm; bester Wirkungsgrad bei einem Anstellwinkel von ca. 4°.

100. Versuch. Beim **Gleitflug** wird der Druckmittelpunkt nach vorne verschoben; um Stabilität zu erzielen, muß dann auch der Schwerpunkt nach vorwärts verlegt werden. Aus einer Karte wird das Profil eines Flugzeugs geschnitten, eine kleine Heftklammer verlegt den Schwerpunkt, so daß ein Gleiten eintritt (Abb. 37). Stabilität kann ferner auch durch Rotation erzielt werden (Werfen von Pappscheiben, die in Rotation versetzt werden).

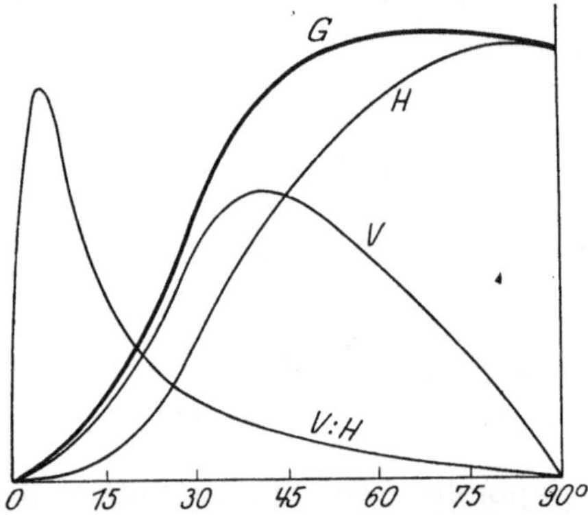

Abb. 36. Luftwiderstand einer Platte bei verschiedenen Anstellwinkeln (*).

G = Gesamtwiderstand. H = Horizontalkomponente (Rücktrieb). V = Vertikalkomponente (Auftrieb). $V : H$ = Wirkungsgrad (Maximum bei 4°).

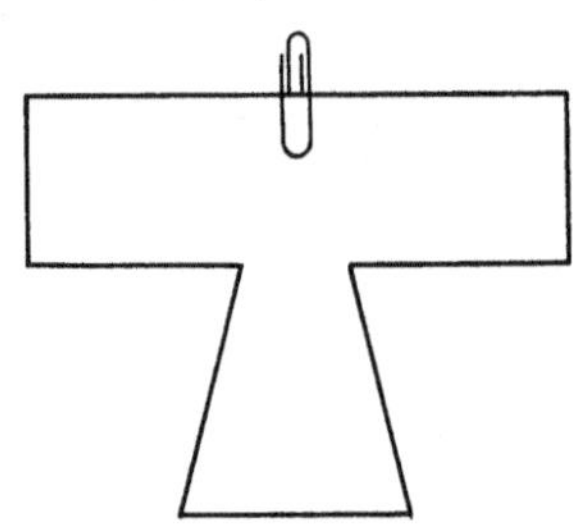

Abb. 37. Gleitflug.

Abb. 38. Bumerang.

101. Versuch. **Bumerang.** Aus Karton wird nach nebenstehender Skizze (Abb. 38) ein Bumerang geschnitten. Durch Biegen werden die beiden Flügel nur wenig windschief gestellt. Legt man ihn auf ein etwas schräg nach oben geneigtes Brettchen und schnellt ihn mit dem Zeigefinger fort, so beschreibt er einen größeren Bogen und kehrt fast bis zum Ausgangspunkt zurück.

102. Versuch. **Wirbelringe von Gasen.** Rauchringe lassen sich im großen Maßstabe leicht auf folgende Weise vorführen: Eine große Holzkiste (ca. 50 cm lang, breit und hoch) wird an der offenen Seite mit Pergamentpapier oder Wachstuch überspannt. Beim Aufziehen ist das Papier vorher anzufeuchten, um es nach dem Trocknen straff zu erhalten. In die gegenüberliegende Wand wird ein Loch gesägt, auf das ein Stück Weißblech mit einer kreisrunden Öffnung von 8 bis 20 cm Durchmesser, verschließbar durch eine Klappe, aufgenagelt wird. Als Rauch eignet sich am besten Tabaksrauch, viel weniger Salmiakdampf. Um den ersteren in genügender Menge zu erhalten, stopft man einen Pfeifenkopf mit Tabak, tut etwas glimmenden Zunder hinzu, legt ein Drahtnetz darauf und verschließt den Pfeifenkopf mit einem durchbohrten Korken, durch den ein Glasrohr geht. Man „raucht" dann den Pfeifenkopf mit Hilfe eines kleinen Gebläses. Die Rauchringe erzeugt man nun durch kurze Schläge mit der flachen Hand auf die Papiermembran, wobei bei jedem Schlag ein Rauchring emittiert wird. Auch hier gelingt es leicht, einen nachfolgenden Ring durch den voraneilenden hindurchzuschicken. Ferner ist die Wirbelintensität groß genug, um eine Kerze, über die ein Rauchring gerade hinwegstreicht, auszulöschen, was nach einigen Zielversuchen stets gelingt. Die Ringe sind in dem parallelen Strahlengang einer der Kiste gegenüber aufgestellten Bogenlampe sehr weit sichtbar. Da sie aber leicht das Strahlenbündel verlassen, empfiehlt es sich, eine möglichst große Kondensorlinse zu nehmen, also das Strahlenbündel möglichst breit, evtl. auch etwas divergent zu machen.

III. Wellenlehre und Akustik.

103. Versuch. **Fortpflanzung eines Impulses.** Ein langer, mit Sand gefüllter Gummischlauch wird von Wand zu Wand gespannt. An dem einen Ende wird eine kleine Glocke angehängt, am zweckmäßigsten so, daß in Ruhe der Klöppel die Glocke gerade berührt. Erteilt man an dem anderen Ende dem Gummischlauch mit einem Stock einen kurzen Schlag, so läuft der Impuls mehrere Male längs des Schlauches hin und her, die Glocke ertönt in bestimmten Zeitintervallen, die die Fortpflanzungsgeschwindigkeit des Impulses angeben.

104. Versuch. **Entstehung einer Welle.** Versuchsanordnung wie oben. Man erteilt dem Schlauch jetzt eine Anzahl periodisch aufeinanderfolgender Impulse. Bei geeignetem Rhythmus der Schläge erzielt man stehende Wellen.

105. Versuch. **Fortschreiten einer transversalen Welle.** Von den vielen Wellenmaschinen, die das Fortschreiten longitudinaler und transversaler Wellen zeigen sollen, sei die nach R. POHL hier angeführt, welche bei ihrer Einfachheit noch den großen Vorzug hat, daß sie sich bequem im Schattenbild projizieren läßt. Auf einer drehbaren Zylinderwalze, bestehend aus zwölf ausgespannten Drähten, sind kleine Metallkugeln spiralig angeordnet, im ganzen zwei Ganghöhen (Abb. 39).

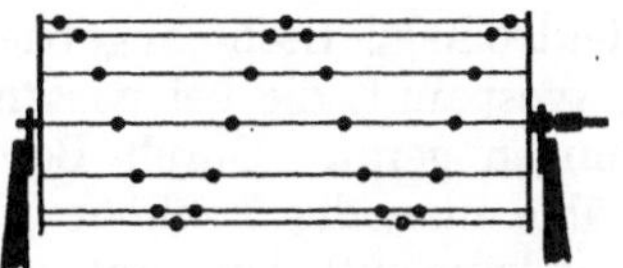

Abb. 39. Fortschreiten einer Welle.

Vor diese Spiralwellenmaschine, die im ruhenden Zustand im Schattenbild eine punktierte Sinuskurve zeigt, setzt man nun eine Spaltblende, so daß man beim langsamen Drehen der Walze nur die Pendelbewegung einer einzigen Kugel wahrnimmt. Kippt man dann aber, ohne mit der Drehung einzuhalten, den Blendenschirm herunter, so daß jetzt die Schattenbilder sämtlicher Kugeln freigegeben werden, so kommt sofort der physiologische Eindruck einer fortschreitenden Welle zustande. Man sieht dann keine Spur der einzelnen Kugeln mehr, sondern statt der lückenhaft punktierten Sinuslinie im ruhenden Zustand erscheint ein fortlaufender, zusammenhängender Wellenzug.

106. Versuch. **Fortschreitende longitudinale Welle.** Diese zeigt man wohl am besten mit der MACHschen Wellenmaschine. Eine Reihe von Kugeln sind bifilar hintereinander so aufgehängt, daß sie nur in der Ebene ihrer Aufhängerichtung schwingen können. Setzt man die einzelnen Pendel durch Entlangfahren mit gleichförmiger Geschwindigkeit eines dicht unter den Pendelkugeln angebrachten Holzklotzes in kleine Schwingungen, so entsteht das Bild einer longitudinalen Welle. Entsprechend kann man mit derselben Maschine auch transversale Wellen zeigen, nur muß dann die bifilare Aufhängung der Pendel um 90° gedreht werden, damit die Pendel jetzt nur in der Ebene senkrecht zur Fortpflanzungsrichtung der Welle schwingen können.

Wellengleichung:
$$y = a \sin\left[2\pi\left(\frac{t}{T} - \frac{x}{\lambda}\right) + \delta\right] = a \sin\left[2\pi\nu\left(t - \frac{x}{c}\right) + \delta\right]$$

Wellengeschwindigkeit: $\dfrac{dx}{dt} = c = \nu \cdot \lambda$.

107. Fortpflanzungsgeschwindigkeit von transversalen und longitudinalen Wellen:

transversale Wellen:
$$c_t = \sqrt{\frac{F}{d}}\,;$$

longitudinale Wellen $\Bigg\{$ in einem ausgedehnten Medium: $c_l' = \sqrt{\dfrac{3K}{d}\dfrac{1-\sigma}{1+\sigma}}$,

$\qquad\qquad\qquad\qquad$ in Stäben: $\qquad\qquad\qquad c_l = \sqrt{\dfrac{E}{d}}\,.$

(K Kompressionsmodul, E Dehnungsmodul, F Torsionsmodul, σ Poissonsche Konstante, d Dichte.) Für Flüssigkeiten und Gase ist $\sigma = \tfrac{1}{2}$, $F = 0$. In Stäben kann $\dfrac{c_l}{c_t} = \sqrt{2(1+\sigma)}$ zwischen 1,41 und 1,73 variieren, in praxi beträgt es rund 1,65, Schallgeschwindigkeiten (Longitudinalwellen) sind in Tabelle 14 wiedergegeben.

108. Versuche. Stehende Wellen (nach R. Pohl). Um das Wesentliche der stehenden Wellen schnell erläutern zu können, sei die folgende einfache Projektionseinrichtung erwähnt: Ein sinusförmig gebogener Draht (3—4 Perioden) ist in einem kleinen Metallrahmen so gelagert, daß er um seine Längsachse gedreht werden kann. Beim langsamen Drehen des Drahtes sieht man dann in der Projektion sämtliche Phasen der stehenden Welle.

109. Versuch. Stehende Seilwellen (Melde). Zwischen den Zinken zweier elektromagnetisch angetriebener Stimmgabeln ist eine dünne Seidenschnur ausgespannt, die bei passender Erregung der Stimmgabeln in stehende Schwingungen gerät. Durch Beschweren der Stimmgabelzinken mit Laufgewichten wähle man die Tonhöhe nicht zu groß, etwa 50 Schwingungen pro Sekunde, man kann evtl. dann unter Vermeidung des Unterbrechers die Stimmgabeln direkt mit Wechselstrom betreiben. Ein Vorschaltwiderstand von rund 50 Ohm wird hierfür in der Regel ausreichend sein. Die Schnur läuft durch eine kleine Öse an der Zinke der Stimmgabel zu einem Wirbel, so daß durch verschieden straffes Spannen des Fadens die Grundschwingung und die einzelnen Oberschwingungen angeregt werden können (bis zu 6). Die Schwingungen heben sich im Schattenbild an der Wand deutlich ab, zudem kann man durch Aufsetzen von Papierreiterchen die Knoten noch besonders kenntlich machen. Die Verwendung eines elektrisch geheizten Platindrahtes, der nur in den Knoten glüht, an Stelle des Seidenfadens dürfte hauptsächlich an dem Preis des Drahtes scheitern. An Stelle von zwei Stimmgabeln genügt unter Umständen auch nur eine, man hat dann statt zwei getrennter, gegeneinander laufenden Wellenzüge nur den fortschreitenden und den reflektierten Wellenzug.

110. Versuch. Stehende Wasserwellen lassen sich in dem Weberschen Wellentrog mit einfachen Mitteln erzeugen: Ein großer an den Langseiten mit planen Glasscheiben verschlossener Trog (ca. $125 \times 10 \times 45$ cm) ist mit gefärbtem Wasser gefüllt. Die Rückseite des Troges wird zwecks besserer Sichtbarmachung des Wellenbandes mit weißem Karton bedeckt. Rhythmische Bewegung eines auf dem Wasser schwimmenden Holzklotzes, der zu diesem Zwecke mit einer Geradführung versehen ist, erzeugt dann stehende Wellen, wobei schwimmende Korkstückchen, besser noch ausbalancierte Glaskügelchen, die gerade im Wasser schweben, anzeigen, daß die Wasserteilchen kreisende Bewegungen ausführen (orbitale Wellenbewegung als Zusammensetzung von transversalen und longitudinalen Wellen). Die kreisende Bewegung der Teilchen an der Oberfläche geht mit zunehmender Tiefe in immer flachere, horizontal liegende Ellipsen über.

111. Versuch. Kapillarwellen. Eine große flache Glasschale (Kristallisierschale) ist mit absolut reinem[1]) Quecksilber gefüllt, zur Vermeidung von Erschütterungen steht sie dabei zweckmäßig auf einer Filzunterlage (Abb. 40). An die eine Zinke einer elektrisch erregten Stimmgabel wird ein dünner Eisendraht befestigt, dessen nach unten gebogenes freies Ende gerade die Quecksilberoberfläche in der Mitte der Schale berührt. Die beim Schwingen der Stimmgabeln entstehenden Wellen lassen sich im reflektierten Licht einer kleinen Bogenlampe an der Projektionswand sichtbar machen. Die Fortpflanzungsgeschwindigkcit derartiger Oberflächenwellen ist gegeben durch

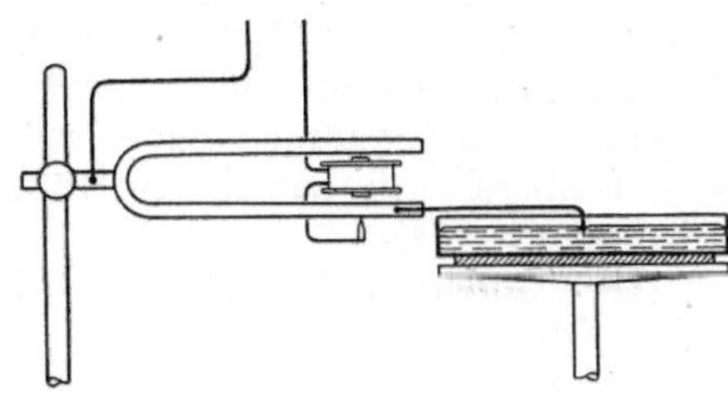

$$c^2 = \frac{g\lambda}{2\pi}\left[1 + \frac{\alpha}{d}\left(\frac{2\pi}{\lambda}\right)^2\right].$$

Abb. 40. Demonstration von Kapillarwellen.

(α = Kapillarkonstante, d = Dichte, $g = 981$ cm/sec^{-2}.)

112. Versuch. Huygenssches Prinzip bei Wasserwellen. Eine große flache, quadratische Holzschale (Grundbrett ca. 1 qm mit 2 cm hohem Rand versehen, weiß lackiert [Abb. 41]) wird etwa 1 cm hoch mit Wasser gefüllt. Durch eine Querleiste (etwa Vierkantstäbe aus Eisen), die eine oder mehrere Öffnungen von 1 cm Breite freiläßt, wird die Schale in zwei ungleiche Teile geteilt. Auf der einen Seite werden nun mit Hilfe eines längeren Holzstabes (Lineal) ebene Wellenzüge erzeugt. Beim Auftreffen dieser Wellen auf die Trennungswand gehen von den Öffnungen in ihr dann Kugelwellen aus. Bei mehreren Öffnungen tritt Interferenz der Wellen auf, und man sieht deutlich die Hyperbeläste. Ferner lassen sich damit gleichzeitig auch sehr schön die Ausbreitung ebener Wellen und Kugelwellen, Reflexion und Interferenz zeigen. Die Wellen sieht man aber nur dann gut, wenn sie durch Reflexion des Lichtes einer Bogenlampe (ohne Kondensor) an der Wasseroberfläche an die Wand projiziert werden. Gute Aufnahmen von derartigen Wasserwellen in Teichen findet man z. B. bei E. Grimsehl, Lehrbuch d. Physik.

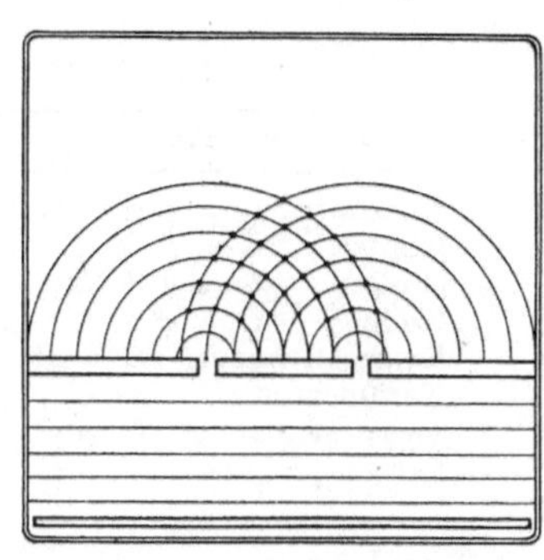

Abb. 41. Huygenssches Prinzip.

113. Versuch. Zusammensetzung von Wellenzügen (Interferenz). Die Interferenz von Wellenzügen gleicher und verschiedener Wellenlänge zeigt man mit einer der bekannten Wellenmaschinen. Interferenz von Schallwellen s. Versuche 119—122.

114. Tonquellen. Die gebräuchlichsten Tonquellen zu den Versuchen aus der Akustik — Satz Stimmgabeln, Doppelsirenen, Orgelpfeifen, Monochord — brauchen hier nicht näher beschrieben zu werden. Stimmgabeln werden mit einem starken Baßbogen nach vorherigem leichten Anschlagen angestrichen. Die zum Anblasen der Sirene und der Pfeifen nötige Luft entnimmt man am besten der wohl in den meisten größeren Instituten vorhandenen Druckluftleitung. Auch eine schnell wirkende rotierende Ölpumpe tut hier gute Dienste.

---

[1]) Die Oberfläche darf keine Oxydschicht haben.

Als Tonquelle, die sich bequem innerhalb des ganzen Tonbereiches von 1 bis 20000 Schw./sec variieren läßt und besonders auch für die höheren Töne genügend intensiv ist, sei die in Ziff. 427 näher beschriebene Schaltung der Glimmlampe erwähnt. Besonders leicht läßt sich mit dieser Anordnung der folgende Versuch zeigen.

115. Versuch. Entstehung eines Tones durch eine rhythmische Impulsfolge. Schaltet man Glimmlampe, Drehkondensator (1000 bis 2000 cm), Widerstand und Telephon (für größere Räume Lautsprecher mit Niederfrequenzverstärker) in der in Ziff. 427 angegebenen Weise, so läßt sich leicht der Punkt einstellen, von wo ab die periodische Entladungsfolge der Glimmlampe im Telephon als Ton wahrgenommen wird. Man durchläuft dann den ganzen hörbaren Tonbereich bis zur oberen Hörbarkeitsgrenze (ca. 15000). Man vergleiche auch Versuch 131.

116. Tonlehre. Schallgeschwindigkeit in trockener Luft:

$$c = \sqrt{\frac{\varkappa\, p_0}{d_0}\,(1 + \alpha\, t)} = 331{,}2\sqrt{1 + \alpha\, t}\ \text{m/sec}.$$

Tabelle 14. Schallgeschwindigkeiten in verschiedenen Körpern.

Blei . . . . . . 1227 m/sec	Äthyläther . . . 1032 m/sec	Kohlensäure . . 261 m/sec
Kupfer . . . . . 3553 ,,	Äthylalkohol . . 1241 ,,	Sauerstoff . . . . 315 ,,
Eisen . . . . . . 4982 ,,	Wasser . . . . . 1461 ,,	Helium . . . . . 971 ,,
Glas . . . . . . 5195 ,,	Kautschuk . . . 32 ,,	Wasserstoff . . . 1261 ,,

Tabelle 15. Schwingungszahl und Tonhöhe.

Bezeichnung	Physikalische Stimmung	Internationale Stimmung
Subkontra $C = c^{-3}$ . . .	$16\ =\ 8 \cdot 2^1$	16,17
Kontra $\quad C = c^{-2}$ . . .	$32\ =\ 8 \cdot 2^2$	32,33
Großes $\quad C = c^{-1}$ . . .	$64\ =\ 8 \cdot 2^3$	64,66
Kleines $\quad C = c^0$	$128\ =\ 8 \cdot 2^4$	129,33
Eingestrichenes $\ C = c^1$.	$256\ =\ 8 \cdot 2^5$	258,65
Kammerton $\quad\ a$ . . .	$426{,}6 = 5/3 \cdot 256$	435,00
Zweigestrichenes $\ C = c^2$.	$512\ =\ 8 \cdot 2^6$	517,31
Dreigestrichenes $\ C = c^3$.	$1024\ =\ 8 \cdot 2^7$	1034,61

Tonbereiche:

Tiefster Ton	16	Schw./sec
Höchster Ton	15—20000	,,
Musik	4000	,,
Menschliche Sprache	1000	,,

Bezeichnung der Oktaven:

Große oder achtfüßige Oktave:

Kleine (ungestrichene) oder vierfüßige Oktave:

Eingestrichene oder zweifüßige Oktave:

Zweigestrichene oder einfüßige Oktave:

Tabelle 16. Tonintervalle und Tonleiter.

Note	Intervall	Reine Stimmung		Gleichschwebend temperierte Stimmung	
c	Prime	1	$\left.\right\}$ 9/8 = 1,125	1	$\left.\right\}$ 1,122
d	Sekunde	9/8 = 1,125		$\sqrt[12]{2^2}$ = 1,122	
es	Kleine Terz	6/5 = 1,200	$\left.\right\}$ 10/9 = 1,111	$\sqrt[12]{2^3}$ = 1,189	$\left.\right\}$ 1,122
e	Große Terz	5/4 = 1,250		$\sqrt[12]{2^4}$ = 1,260	
			16/15 = 1,067		1,059
f	Quart	4/3 = 1,333		$\sqrt[12]{2^5}$ = 1,335	
			9/8 = 1,125		1,122
g	Quinte	3/2 = 1,500		$\sqrt[12]{2^7}$ = 1,498	
as	Kleine Sexte	8/5 = 1,600	$\left.\right\}$ 10/9 = 1,111	$\sqrt[12]{2^8}$ = 1,587	$\left.\right\}$ 1,122
a	Große Sexte	5/3 = 1,667		$\sqrt[12]{2^9}$ = 1,682	
b	Kleine Septime	9/5 = 1,800	$\left.\right\}$ 9/8 = 1,125	$\sqrt[12]{2^{10}}$ = 1,782	$\left.\right\}$ 1,122
h	Große Septime	15/8 = 1,875		$\sqrt[12]{2^{11}}$ = 1,888	
			16/15 = 1,067		1,059
c	Oktave	2		$\sqrt[12]{2^{12}}$ = 2,000	

Konsonanz ⟶ Dissonanz

Oktave, Quinte, Quarte, Gr. Sexte, Gr. Terz, Kl. Terz, Kl. Sexte, Kl. Septime
  1:2   2:3   3:4   3:5   4:5   5:6   5:8   5:9

Tonleitern.

Griechische Lyra:	1 c	4/3 f	3/2 g	2 c			
Schottische Tonleiter:	1 c	9/8 d	4/3 f	3/2 g	16/9 a+	2 c	
Pythagoreische Tonleiter:	1 c	9/8 d	81/64 e	4/3 f	3/2 g	27/16 a+	243/128 h− 2
Dur-Tonleiter:	1 c	9/8 d	5/4 e	4/3 f	3/2 g	5/3 a	15/8 h 2 c
Moll-Tonleiter:	1 c	9/8 d	6/5 es	4/3 f	3/2 g	8/5 as	9/5 b 2 c

Obertöne des Klanges c:

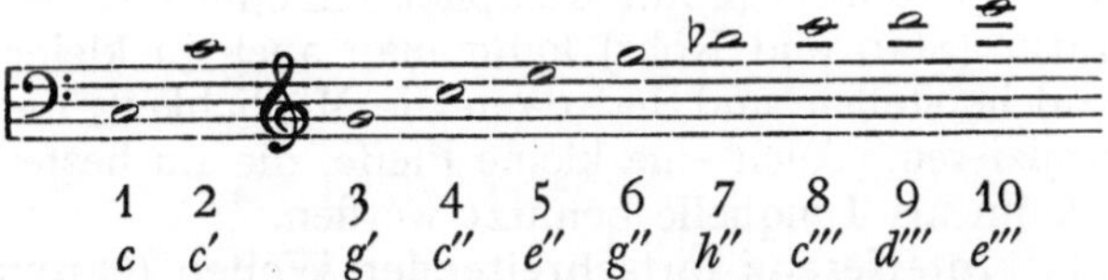

1	2	3	4	5	6	7	8	9	10
c	c'	g'	c''	e''	g''	h''	c'''	d'''	e'''

117. Versuch. Stehende Wellen im Wellenrohr nach Rubens. Ein dünnwandiges, gerades, möglichst langes Eisenrohr (Eisenblech, Länge etwa bis zu 4 m, Durchmesser nicht zu klein, 5 bis 10 cm) enthält eine parallel zu seiner Achse verlaufende Reihe von engen Löchern mit 4 cm gegenseitigem Abstand. An einem Ende ist die Röhre mit einer Gummimembran verschlossen; am anderen Ende gestattet ein verschiebbarer Stempel, die wirksame Länge der Röhre zwecks

Abstimmung auf die richtige Wellenlänge zu variieren. Durch einen Ansatzstutzen läßt sich die Röhre mit Leuchtgas füllen, doch ist dafür Sorge zu tragen,
daß das Gas längere Zeit durch die Röhre strömt, bevor man es an den Öffnungen
ohne Gefahr anzünden kann. Man reguliert die Flammenhöhe dann auf etwa 2 cm
ein. Hält man nun an die Gummimembran den Resonanzkasten einer tönenden
Stimmgabel oder noch besser eine größere ungedackte Orgelpfeife (Länge ca.
50 cm), die mit Preßluft gleichmäßig angeblasen wird, so verkleinern sich an
den Schwingungsbäuchen infolge Mitschwingens die Flammen, während sie an
den Schwingungsknoten ruhig weiterbrennen. Man sieht so in recht effektvoller
Weise das leuchtende Wellenband, besonders wenn man durch verstärktes Anblasen der Orgelpfeife die Wellenlängen der verschiedenen Obertöne einer Pfeife
vorführt. Nach Beendigung des Versuches löscht man erst die Flammen vor
Abdrehen des Gashahnes durch einen nassen Schwamm aus, um die Möglichkeit
eines Zurückschlagens der Flammen nach Abdrehen des Hahnes zu vermeiden.

118. Versuch. Kundtsche Staubfiguren. Die Ausführung dieses Versuches,
stehende Wellen nachzuweisen, dürfte allgemein bekannt sein. Zur Erzeugung
der Staubfiguren nimmt man in der Regel Lykopodiumsamen. Da derselbe
aber infolge von Feuchtigkeit leicht an den Glaswandungen der Röhre klebt,
so ist diese vor dem Versuch stets durch einen warmen Luftstrom (Föhnapparat) gut zu trocknen. Es wird deshalb auch häufig fein gefällte Kieselsäure
oder noch besser kieselsaures Kupfer verwendet (erhalten durch Sättigen einer

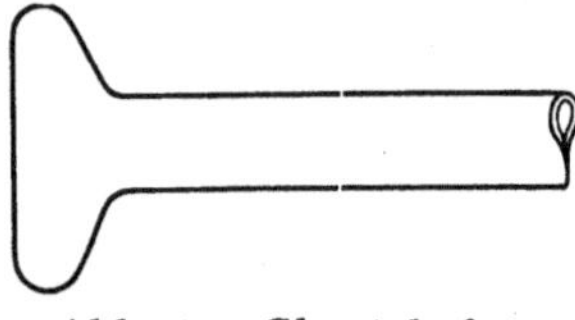

Abb. 42. Glasstab für Kundtsche Staubfiguren.

sehr stark verdünnten Wasserglaslösung durch
Kupfervitriol und nachheriges Trocknen des entstandenen Niederschlages). Diese Pulver kleben
nicht so leicht fest, letzteres soll sogar noch beweglicher sein als reine Kieselsäure. Korkfeilspäne,
die sehr leicht beweglich sind, geben nicht so feine
Bilder. Auf jeden Fall ist stets darauf zu achten,
daß das Pulver in möglichst geringer Menge
gleichmäßig verteilt wird. Als Tonquelle, die sehr
scharfe Staubfiguren ergibt, eignet sich am besten ein Glasrohr (ca. 1 m Länge),
dessen eines Ende so verblasen ist, wie es Abb. 42 zeigt. Mit einem mit Wasser
oder Alkohol angefeuchteten Lappen gerieben, spricht ein solches Rohr leicht
an. Man kann es entweder als halbe Welle schwingen lassen, indem man es
in der Mitte, oder aber als ganze Welle, indem man es an zwei Stellen, bei $^1/_4$
und $^3/_4$ der Länge, festklemmt. Es ist darauf zu achten, daß das schwingende
Rohr nicht die Wandung der den Staub enthaltenden Röhre berührt. Metallröhren (Messing) sind in der Regel schwer zum Schwingen zu bringen. Man
schraubt dann am Ende des Rohres eine sehr leichte Kork- oder Papierscheibe
fest. Als Reibmittel dient hier ein mit Kolophonium eingeriebener Lederlappen.
Die ganze Apparatur (Stab und Rohr) kann man auch in kleiner Ausführung
(Länge etwa 20 cm) herstellen und hat dann die Möglichkeit, die Staubfiguren
diaskopisch zu projizieren. Auch eine kleine Pfeife, die am besten mit Preßluft
angeblasen wird, kann als Tonquelle benutzt werden.

119. Versuch. Interferenz fortschreitender Wellen (Quinkesches Interferenzrohr). Ein Ton wird hier in bekannter Weise durch zwei U-Rohre, von
denen das eine durch einen posaunenartigen Auszug verlängert werden kann,
auf zwei verschieden lange Wege geschickt und dann wieder vereinigt. Als
Schwingungsdetektor dient in der Regel hier die Flammenkapsel von König,
bei der die Druckschwankungen der Luft auf eine Gummimembran wirken und
dadurch die Flammenhöhe ändern. Die Flamme betrachtet man in einem rotierenden oder oszillierenden Spiegel oder Prisma. Will man jedoch die Flamme

objektiv an die Wand projizieren, so reicht die Intensität einer Leuchtgasflamme nicht aus. Man nimmt dann besser Azetylen aus einem kleinen Gasometer. Um ein eventuelles Rückschlagen der Flamme sicher zu vermeiden, schaltet man in den Zuleitungsschlauch ein mit Watte gefülltes Glasrohr ein. Steht kein Entwicklungsapparat zur Verfügung, so genügt ein kleiner Erlenmeyerkolben mit seitlichem Ansatzstutzen, der einige Stückchen Karbid enthält. In den Verschlußkorken steckt man einen Scheidetrichter, aus dem Wasser tropfenweise in den Kolben fließt.

120. Versuch. Schwebungen lassen sich ohne weiteres mit jeder Tonquelle herstellen, so z. B. mit der Doppelsirene, wenn die eine Sirenenscheibe noch eine Zusatzrotation erhält, ferner mit zwei gleichen Stimmgabeln (auf Resonanzkästen), bei denen die eine durch Ankleben von etwas Klebwachs verstimmt wird, oder mit Orgelpfeifen, deren Tonhöhe durch Verlängern des Pfeifenrohres variiert werden können. Eine sehr intensive Tonquelle, deren Tonhöhe kontinuierlich innerhalb des ganzen Hörbarkeitsbereichs variiert werden kann, erhält man mit Telephon, Glimmlampe und hochohmigem Widerstand (Silitstab) nach der in Versuch 427 angegebenen Schaltung. Durch Überlagerung zweier derartiger Schwingungskreise läßt sich sehr leicht jede beliebige Anzahl von Schwebungen einstellen, und da die Tonquelle reich an Obertönen ist, so gelingt der Nachweis, daß auch diese Obertöne Schwebungen ergeben. Man stimmt die beiden Schwingungskreise auf Grundton und Oktave, nächst höhere Quinte usw. ab und kann dann durch die auftretenden Schwebungen noch sehr hohe Obertöne nachweisen, ebenso bei sehr starker Verstimmung schließlich das Auftreten von Kombinations-(Differenz-)Tönen (s. folgenden Versuch). Zu erwähnen wäre noch, daß zur Erzeugung von Interferenzen (Schwebungen) in der Akustik die Schallwellen nicht kohärent zu sein brauchen. Man stellt z. B. die beiden Tonquellen recht weit auseinander und wählt evtl. noch zwei verschiedenartige Tonquellen, etwa Stimmgabel und Orgelpfeife oder Sirene.

121. Versuch. Differenztöne. Die in Ziff. 427 angegebene Schaltung eignet sich, wie bereits dort erwähnt, besonders gut zur Hörbarmachung der Differenztöne, da diese Tonquelle reich an Obertönen ist und die tieferen Differenztöne wegen der Resonanzlage des Telephons relativ stark wiedergegeben werden. Man stelle mit Hilfe der Drehkondensatoren beide Schwingungskreise auf möglichst hohe Töne ein, die gerade noch ohne Anstrengung wahrgenommen werden, und wird dann die tiefen Differenztöne leicht wahrnehmen können. Variiert man den einen Ton langsam durch Drehen des Kondensators, so verschwindet jedesmal, wenn Konsonanz mit einem Oberton besteht, der Differenzton, oder man hört bei nicht genauer Abstimmung nur langsame Schwebungen. Für größere Räume empfiehlt es sich, einen Lautsprecher mit Niederfrequenzverstärker zu benutzen. Selbstverständlich können die Differenztöne auch in der üblichen Weise gezeigt werden mit zwei kräftigen Stimmgabeln möglichst hoher Schwingungszahl oder mit zwei Glaspfeifen in der Form der bekannten Zerstäuber, von denen die eine durch einen verschiebbaren Kolben in der Tonhöhe variiert werden kann. Anblasen erfolgt am besten durch Preßluft.

122. Versuch. Intensitätsmaxima und Mimima einer Stimmgabel. Läßt man eine tönende Stimmgabel rotieren, indem man sie derart auf eine Schwungmaschine setzt, daß ihre Symmetrieachse mit der Drehachse zusammenfällt. oder sie zwischen den beiden Handflächen hin und her quirlt, so hört man deutlich Tonschwankungen, die daher rühren, daß die Stimmgabel infolge von Interferenz nicht nach allen Seiten gleich stark die Schallschwingungen aussendet. Die Intensitätsmaxima liegen auf der Verbindungslinie der beiden Stimmgabelzinken und senkrecht dazu, die Minima auf zwei Hyperbelästen durch die beiden Zinken. Da bei diesem Versuch der Resonanzkasten selbstverständlich fehlen muß, wähle man eine sehr kräftige Stimmgabel, um durch ihre große schwingende Masse einen starken Ton erzielen zu können.

123. Versuch. Dopplersches Prinzip. Man bewegt eine starke und möglichst hohe Stimmgabel (ohne Resonanzkasten) senkrecht zu einer den Schall reflektierenden Wand schnell hin und her und hört dann deutlich Tonschwankungen, weil durch die Bewegung die Tonhöhen der direkten und an der Wand reflektierten Schallwellen gegeneinander verstimmt sind. Man kann auch die Stimmgabel an einer kräftigen Schnur befestigen und im Kreise herumschwingen lassen, um die gleichen Tonschwankungen zu hören. Für diesen Versuch sind möglichst hohe Töne zweckmäßig, da die Änderung der Tonhöhe proportional ist

$$n = n_0\left(1 \pm \frac{v}{c}\right)$$

(v Geschwindigkeit der Schallquelle, c Schallgeschwindigkeit) für $v = 120$ km/St. d. h. bei zwei einander sich nähernden Zügen, oder beim Flugzeug, beträgt somit die Tonänderung $\dfrac{dn}{n} = 10\%$.

124. Versuch. Resonanz von Luftsäulen. In einem hohen Standzylinder, der nahezu bis zum Rande mit Wasser gefüllt wird, taucht man ein Zylinderrohr (30 mm Durchmesser) ein und hält über das Rohr eine schwingende Stimmgabel. Durch Heben und Senken des Rohres kann man leicht diejenige Höhe finden, bei der durch Resonanz die Luftsäule im Rohr zum Schwingen gelangt. Resonanz tritt stets ein, wenn die Länge der Luftsäule nahezu ein Viertel der Wellenlänge ist, beim Kammerton (435) also bei rund 19 cm. Wegen Mitschwingens der Luft außerhalb des Rohres findet man bei engen Röhren etwas kleinere Werte. Bei genügender Länge des Rohres und hoher Schwingungszahl kann man auch noch das Mitschwingen der Luft bei der dreifachen Länge (1. Oberton) nachweisen.

125. Versuch. Resonanz zweier Stimmgabeln. Zwei Stimmgabeln gleicher Tonhöhe mit Resonanzkästen werden in geringem Abstande so gegeneinander aufgestellt, daß die offenen Seiten der Resonanzkästen einander zugekehrt sind. Eine kleine Glasperle oder Stahlkugel wird mit einem Faden von 15 bis 20 cm Länge an einen Galgen aufgehängt und berührt leicht die Zinke der einen Stimmgabel an ihrem oberen Ende (Abb. 43). Stimmgabel und Perlen können bei dieser Anordnung leicht durch eine kleine Projektionslampe auf einen Schirm projiziert werden. Streicht man nun die andere Stimmgabel an, so gerät die erste ebenfalls in Schwingungen und stößt dadurch die Perle ab. Verstimmt man durch etwas Klebwachs eine der beiden Stimmgabeln, so bleibt die Glasperle ruhig hängen.

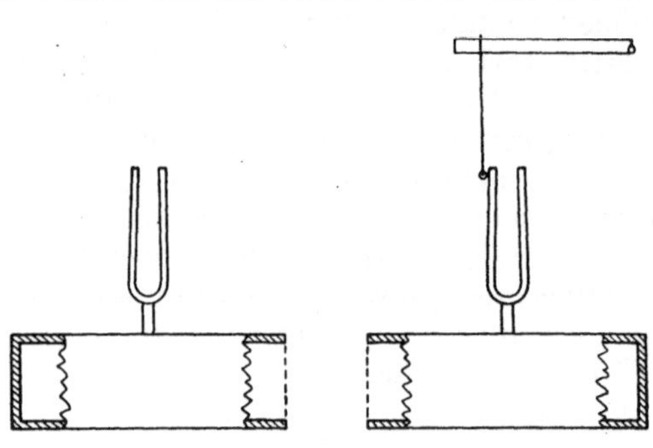

Abb. 43. Resonanz von Stimmgabeln.

126. Versuch. Resonatoren dienen zur Aussonderung eines bestimmten Tones aus einem Tongemisch. Je nach der Formgebung unterscheidet man Zylinder-, Kegel- und Kugelresonatoren, letztere sind frei von Obertönen. Bei einer Kugel vom Volumen V mit der engen Öffnung von der Fläche F ist die Eigentonhöhe nahezu $53\,000\sqrt[4]{\dfrac{F}{V}}$.

127. Versuch. Orgelpfeifen (Lippenpfeifen) geben die aufeinanderfolgenden Obertöne der Pfeife durch verstärktes Anblasen — am besten durch Preßluft — ziemlich rein wieder. Das Umschlagen des Tones setzt ziemlich scharf ein. Offene Pfeifen geben die Obertöne der harmonischen Tonfolge $1:2:3:4$. Die Länge der Pfeife ist dabei gleich der halben Wellenlänge des Grundtons. An einem Ende geschlossene Pfeifen — gedackte Pfeifen — geben nur die ungeraden Töne der harmonischen Obertöne $1:3:5:7$; ihre Länge ist gleich der Viertelwellenlänge des Grundtons (Abb. 44). Nur bei weiten Pfeifen lassen sich hier bei gelindem Anblasen die Grundtöne leicht erhalten. Bei engen Pfeifen werden jedoch die Obertöne stark bevorzugt, der Grundton ist hier selten zu hören. Über die Druckschwankungen in einer tönenden Pfeife geben KÖNIGsche Flammenkapseln, die an ver-

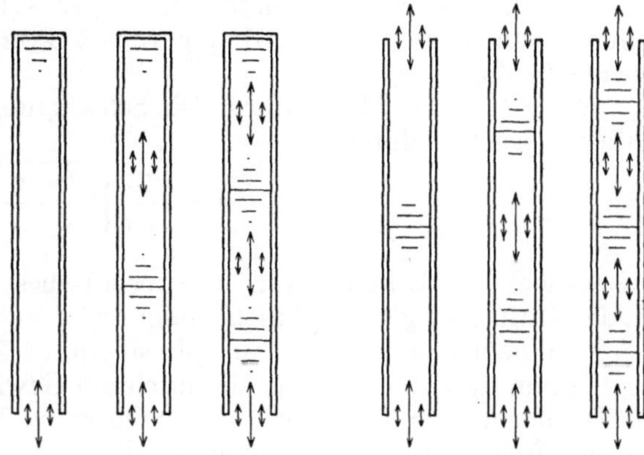

Abb. 44. Obertöne offener und gedackter Pfeifen (*).

schiedenen Stellen einer Orgelpfeife angebracht werden, Auskunft. Eine nähere Beschreibung dürfte sich erübrigen, doch ist darauf zu achten, daß die Gummimembranen stets frisch eingespannt werden. Alte Membranen sind spröde und zerreißen.

128. Versuch. Zungenpfeifen. Hier regelt eine schwingende elastische Metallzunge in der Art eines Ventils periodisch die Luftzufuhr zum Pfeifenrohr. Die Tonhöhe hängt hier also auch von der Eigenfrequenz der Zunge ab, infolgedessen muß bei einer Tonänderung sowohl die Länge des Pfeifenrohres als auch die Länge der schwingenden Metallfeder geändert werden.

129. Versuch. Chemische Harmonika. Über kleine Gasflämmchen, die aus spitz ausgezogenen Glasröhrchen brennen, schiebt man lotrecht Glasröhren (ca. 25 mm lichte Weite) verschiedener Länge. Bei passend regulierter Flammenhöhe und Stellung des Rohres gerät die Luft im Rohre zum Schwingen. Man stimmt die Länge der Glasröhren auf einen Dreiklang ab, also etwa 40, 50, 60, 80 cm (Dur-Grundakkord) oder 30, 40, 50, 60 cm (Dur-Quartsextakkord), Flammenhöhe bei der langen Röhre etwa 2 cm, bei der kürzesten etwa halb so groß, Entfernung der Flamme von der unteren Öffnung des Rohres ca. 15 cm beim langen, 7 cm beim kurzen Rohr. Lange Röhren sprechen leichter an als kurze. Schließt man die obere Öffnung des Rohres durch einen aufklappbaren Deckel, so hören die Schwingungen auf. In einem rotierenden Spiegel lassen sich die periodischen Zuckungen der Flamme zeigen (vgl. Versuch 19). Nähere Ausführungsform und andere Versuche mit der Gasharmonika s. jedoch A. WEINHOLD, Demonstrationen, 6. Aufl., S. 272.

130. Versuch. Lochsirene. Durch Anblasen der verschiedenen Lochreihen einer rotierenden Scheibensirene, die auf eine Schwungmaschine gesetzt wird, zeigt man das Entstehen der einzelnen Akkorde (Dur-Akkorde, Lochzahl $10:12:16:20:24$, Moll-Akkorde, $10:12:15:20:24$). Anblasen der Sirene geschieht einfach durch den Mund mit einem Glasrohr mit Gummischlauch.

131. Versuch. Zahnsirene. Setzt man auf eine Schwungmaschine ein gezähntes Rad, läßt dieses schnell rotieren und hält ein Stückchen steifen Kartons dagegen, so entsteht ein Ton. Setzt man vier Räder mit entsprechender Zahnzahl (s. oben) übereinander auf, so können Akkorde nachgewiesen werden.

132. Versuch. Saitenschwingungen. Im Projektionsapparat wird vor einem vertikalen Spalt eine Stahlsaite horizontal ausgespannt, so daß im hellen Spaltbild ein Stück der schwingenden Saite sich als Schattenbild abbildet. Zum Auflösen der Schwingungsbilder derartiger schwingender Saiten in Kurven benutzt man wieder die Anordnung von R. Pohl mit der rotierenden Linsenscheibe (s. Ziff. 21 b).

133. Versuch. Monochord. Die Schwingungszahl einer gespannten weichen Saite ist gegeben durch

$$n = \frac{2}{l \cdot d} \sqrt{\frac{P}{s} \cdot \frac{g}{\pi}}.$$

(l = Länge, d = Durchmesser, s = spezifisches Gewicht der Saite, P = spannende Kraft und g = Erdbeschleunigung.)

Man nehme eine Saite aus Messingdraht oder Stahldraht (Klaviersaite), ca. 0,75 mm dick, und spanne sie durch ein Gewicht von etwa 10 bis 25 kg. Bei der Vorführung der Tonleiter und der Obertöne der Saite wird man sie allerdings besser durch einen Wirbel spannen, da dieser reinere Töne gibt. Bei einer Saite von 1 m Länge wird die Dur-Tonleiter durch folgende Längen der Saite wiedergegeben:

Grundton	1	= 100 cm	Quinte	2/3	= 67 cm
Sekunde	8/9	= 89 cm	Sexte	3/5	= 60 cm
Terz	4/5	= 80 cm	Septime	8/15	= 53 cm
Quarte	3/4	= 75 cm	Oktave	1/2	= 50 cm

Durch Aufsetzen eines Steges an den betreffenden, vorher markierten Stellen können die Längen leicht abgegriffen werden. Man nehme auch Saiten verschiedener Stärke, um den Unterschied in der Klangfarbe zu zeigen.

134. Versuch. Obertöne einer schwingenden Saite. Die Obertöne einer Saite bringt man leicht zum Schwingen, indem man die Saite beim Anstreichen in den Knotenpunkten leise mit dem Finger berührt, also bei 1/2, 1/3, 1/4, 1/5 usw. der Länge der Saite. Durch Aufsetzen von leichten Papierreitern auf die Saite in den Knotenpunkten, wo sie nämlich nicht abgeworfen werden, lassen sich die Oberschwingungen anschaulich nachweisen. Zudem kann man noch das Schattenbild der schwingenden Saite durch eine kleine Bogenlampe projizieren.

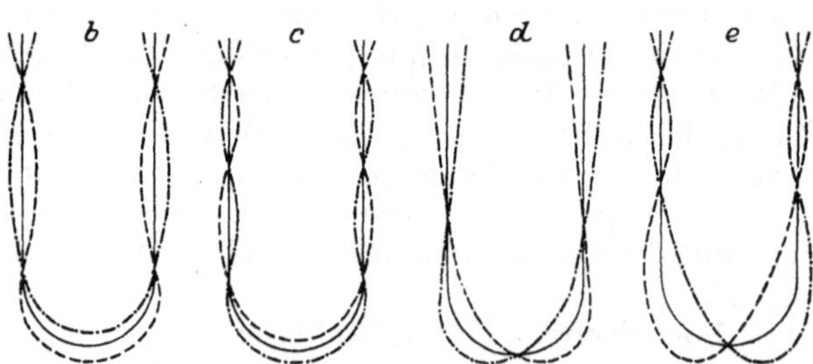

Abb. 45. Schwingungsformen einer Stimmgabel (*).

135. Versuch. Schwingende Stäbe (transversale Schwingungen). Bei gleicher Dicke ist die Tonhöhe eines Stabes dem Quadrat seiner Länge proportional. Für den Dur-Dreiklang (Grundton, Terz, Quinte, Oktave) müssen sich also die Längen wie $1 : \sqrt{4/5} : \sqrt{2/3} : \sqrt{1/2} = 1 : 0{,}895 : 0{,}817 : 0{,}707$ verhalten. Man nehme Metall- (Stahl-), Holz- oder evtl. Glasstäbe und schlage sie mit einem kleinen Holzhammer an. Damit die Stäbe als ganze Welle frei schwingen können, dürfen sie nur in den beiden Knotenpunkten unterstützt werden, die hier 1/5 der Länge vom Stabende entfernt liegen.

136. Versuch. Chladnische Klangfiguren. Wählt man bei diesen bekannten Versuchen die Platte aus Glas, so kann man durch Anbringen zweier Spiegel unter und über der Platte die Klangfiguren im Schattenbild diaskopisch projizieren und so das Entstehen der Figuren auch einem größeren Kreise sichtbar machen. Als Pulver wähle man feinen, weißen Sand und streiche die Platte mit einem Violinbogen an.

137. Versuch. Schwingende Platten. Hierzu gehört auch die Vorführung des Telephons und des Grammophons. Um die Mannigfaltigkeit der Schwingungsmöglichkeiten einer Platte und ihre leichte Übertragbarkeit zu demonstrieren,

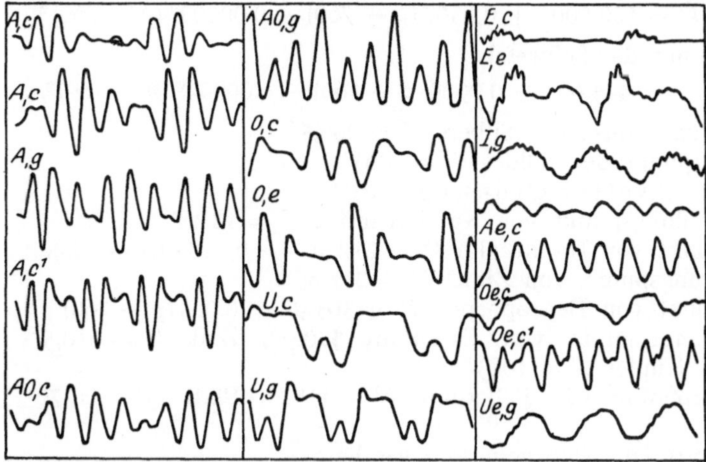

Abb. 46. Schwingungsbilder der Vokale (*).

verbinde man beide Vorführungen, indem man in den Schalltrichter des Grammophons einen gewöhnlichen Kopfhörer legt und die hier erzeugten Schwingungen durch einen Niederfrequenzverstärker auf einen Lautsprecher überträgt. Die Tonwiedergabe wird hier reiner als bei Verwendung eines Mikrophons als Schallempfänger.

138. Versuch. Schwingen einer Glocke. Man streiche eine größere Glasglocke (Rezipientenglocke, die aufrecht aufgestellt wird) mit einem Violinbogen an. Es bilden sich dann am Rande der Glocke vier Knotenpunkte aus, was durch an Fäden aufgehängte Korkkügelchen (etwa 8), die die Glocke leicht berühren, nachgewiesen werden kann. Man vermeide zu starkes Anstreichen, da sonst die Glocke leicht springt.

139. Versuch. Schwingungen einer Membran. Über einen Drahtring spannt man eine Seifenlamelle (s. Versuch 56). Man läßt dann schräg von oben das Licht einer Bogenlampe (mit Kondensor zur Erzielung eines großen Gesichtsfeldes) auf die Seifenlamelle fallen und projiziert so im reflektierten Licht das Bild der Seifenlamelle mit Hilfe einer einfachen Projektionslinse auf den Schirm. Bringt man eine Tonquelle — etwa eine Stimmgabel mit Resonanzkasten — in die Nähe der Lamelle, so sieht man die Schwingungen der Membran an der Kräuselung der Oberfläche.

IV. Wärme[1]).

a) Temperaturmessung.

140. Die Temperaturskale ist durch die folgenden Fixpunkte gesetzlich festgelegt worden:

Siedepunkt des Sauerstoffs

$$t° = -183,00° + 0,0126\,(p - 760) - 0,0000065\,(p - 760)^2.$$

Sublimationspunkt der Kohlensäure

$$t° = -78,50° + 0,01595\,(p - 760) - 0,000011\,(p - 760)^2.$$

Schmelzpunkt des Quecksilbers $t° = -38,87°$.
Schmelzpunkt des Eises $t° = 0,000°$.
Siedepunkt des Wassers

$$t° = 100,000° + 0,0367\,(p - 760) - 0,000023\,(p - 760)^2.$$

Siedepunkt des Schwefels

$$t° = 444,60° + 0,0909\,(p - 760) - 0,000048\,(p - 760)^2.$$

Erstarrungspunkt des Silbers $t° = 960,5°$.
Schmelzpunkt des Goldes $t° = 1063°$.

Fixpunkte zweiter Ordnung sind:
Umwandlungspunkt von Natriumsulfat $t° = 32,38°$.
Siedepunkt von Naphthalin $t° = 217,96° + 0,058 \cdot (p - 760)$.
Erstarrungspunkt von Zinn: $t° = 231,85°$.
Siedepunkt von Benzophenon $t° = 305,9° + 0,063\,(p - 760)$.
Erstarrungspunkte von Cadmium $320,9°$, Zink $t° = 630,5°$, Antimon $t° = 630,5°$, Kupfer $t° = 1083°$.
Schmelzpunkte von Palladium $t° = 1557°$, Platin $t° = 1770°$, Wolfram $t° = 3400°$.

Temperaturen sollen gemessen werden:

1. zwischen $-193°$ und $0°$ mit einem Platinwiderstandsthermometer nach der Formel $R_t = R_0(1 + a_1 t + b_1 t^2 + c_1 t^3)$;

2. zwischen $0°$ und $630°$ mit einem Platinwiderstandsthermometer nach der Formel $R_t = R_0(1 + a_2 t + b_2 t^2)$;

3. zwischen $630°$ und $1063°$ mit einem Platin-Platinrhodiumthermoelement nach der Formel $e = a_3 + b_3 t + c_3 t^2 + d_3 t^3$;

4. oberhalb $1063°$ durch das bei der Wellenlänge λ des sichtbaren Lichtes beobachtete Helligkeitsverhältnis H_t/H_{Au} des schwarzen Körpers nach der Formel $\ln H_t/H_{Au} = 1,43/\lambda \cdot [^1/_{1336} - {}^1/_{(t°+273)}]$. Die entsprechenden Konstanten werden durch die obigen Fixpunkte festgelegt.

141. Versuch. Temperaturempfindung. Drei Schalen enthalten Eiswasser ($0°$), laues ($20°$) und heißes Wasser ($40°$). Der Finger, der vorher in das Eiswasser getaucht hat, empfindet das laue Wasser als warm, der andere Finger, der im warmen Wasser gewesen ist, hingegen als kalt.

---

[1]) Es sei hier auf die Tafeln von L. Pfaundler verwiesen: L. Pfaundler, Physikalische Wandtafeln. Braunschweig, F. Vieweg & Sohn. Die 12 Tafeln enthalten: 1. Isothermen eines vollkommenen Gases; 2. Isothermen und Adiabaten eines idealen zweiatomigen Gases; 3. Isothermen des Kohlendioxyds, eines idealen Gases; 4. Spannkraft des Wasserdampfes zwischen $-10°$ und $+40°$; 5. Spannkraft des Wasserdampfes von $0°$ bis $+120°$; 6. Regnaults Apparat zur Bestimmung der latenten Dampfwärme; 7. v. Lindes und Hampsons Apparate zur Verflüssigung der Luft; 8. Kritische Daten der Gase; 9. Ausdehnung des Wassers und anderer Flüssigkeiten; 10. Die Phasen des Wassers; 11. Schmelzpunkte; 12. Siedepunkte.

142. Versuch. Fixpunkte. Schmelzpunkt des Eises. Man füllt einen großen Trichter (Durchmesser ca. 15 cm), dessen Auslauf durch einen Gummischlauch mit Quetschhahn verschlossen ist, so daß evtl. überschüssiges Schmelzwasser abgelassen werden kann, mit sehr fein zerkleinertem Eise und steckt das Thermometer bis zum Nullpunkt hinein. Im Winter ist — falls vorhanden — Schnee auf jeden Fall dem Eise vorzuziehen. Die endgültige Einstellung des Thermometers auf den Gefrierpunkt erfordert stets mehrere Minuten (15 Min.).

Siedepunkt. Hier darf das Thermometer auf keinen Fall in das siedende Wasser eintauchen, sondern soll nur von dem Dampfe umspült werden. Man hat zu diesem Zwecke besondere doppelwandige Mantelrohre gebaut, die eine konstante Siedetemperatur gewährleisten. In der Vorlesung wird man sich evtl. mit einer Kochflasche behelfen, die mit einem doppelt durchbohrten Korken verschlossen ist. In das eine Loch wird das Thermometer nur so tief gesteckt, daß es sich gerade über der Flüssigkeitsoberfläche befindet, in das andere Loch kommt eine Glasröhre als Abzug für den Dampf. Einige Glassplitter (Platindreiecke) in der Kochflasche sollen den Siedevorzug verhüten. Wegen der Abhängigkeit des Siedepunktes vom Drucke s. Tabelle 9 und 34.

Umrechnungsformeln der drei Temperaturskalen:

$$5 \cdot t° \text{ Celsius} = 4 \cdot t° \text{ Reaumur} = (9 \cdot t° + 32°) \text{ Fahrenheit}$$

Gefrierpunkt: $0° \text{ C} = 0° \text{ R} = 32° \text{ F}$

Siedepunkt: $100° \text{ C} = 80° \text{ R} = 212° \text{ F}.$

143. Thermometer. Gasthermometer. Die Temperatur wird durch den Spannungskoeffizienten der Gase, Idealfall

$$p_t = p_0(1 + 0,003660 \cdot t°) = p_0 \frac{273° + t}{273°}$$

gemessen. Als Gas dient bei tiefen Temperaturen Wasserstoff oder Helium, bei höheren hingegen Luft, Stickstoff oder Argon. Hierbei gilt das Wasserstoffthermometer als internationale Normale. Die Grenzen dieser Temperaturmessung sind dabei nur einerseits durch den Kondensationspunkt des Wasserstoffs ($-252,8°$), andererseits durch die Widerstandsfähigkeit des Gefäßes (Platiniridium ca. 1800°) bedingt. Die Vorführung des JOLLYschen Luftthermometers dürfte später bei Besprechung der Ausdehnung der Gase erfolgen.

Für die Vorlesungspraxis kommt als Abart des Luftthermometers das Thermoskop in der bekannten Ausführung des LOOSERschen Doppelthermoskopes in Betracht, wo die Volumänderung des Gases durch Steigen eines Flüssigkeitsmeniskus angezeigt wird. Bei der Benutzung des Thermoskopes ist stets sorgfältig darauf zu achten, daß Hähne und Gummischläuche dicht schließen, was nach längerer Außerbetriebssetzung des Apparates selten der Fall ist. Bei Verwendung von gefärbtem Wasser (Methylenblau) als Manometerflüssigkeit verschmutzen die Kapillaren leicht, so daß stets ein sorgfältiges Ausspülen der Manometerröhren zu empfehlen ist. Die Projektion der Flüssigkeitsmenisken macht einige Schwierigkeiten. Am besten empfiehlt sich eine Beleuchtung der Milchglasskala von rückwärts. Ein anderes für Demonstrationen geeignetes einfaches Luftthermometer s. H. EBERT, Lehrbuch der Physik Bd. I, S. 386. 1919 (AMONTONs Luftthermometer).

Flüssigkeitsthermometer. Als Flüssigkeiten kommen mit folgenden Meßbereichen in Betracht:

Pentan oder Petroläther	$-200°$ bis	$0°$
Alkohol oder Toluol	$-70°$,,	$0°$
Quecksilber	$-35°$,,	$150°$
Quecksilber mit Stickstoff- oder Kohlensäurefüllung der Kapillare (sog. Hochdruckthermometer bis zu 60 Atm.)	$-35°$,,	$700°$

Bei den sehr hohen und tiefen Temperaturen ist die Proportionalität zwischen Ausdehnung der Flüssigkeit und Temperatur keineswegs mehr gewahrt, so daß Korrekturen bis zu mehreren Graden hier erforderlich werden (vgl. z. B. L. Holborn, K. Scheel, F. Henning, Wärmetabellen).

Als Glassorten für Thermometer werden verwendet die Jenenser Gläser 16 III (rötlich-violetter Längsstreifen im Rohr), 59 III, für hohe Temperaturen 1565 III (Supremaxglas) und Quarzglas. Die mittleren Ausdehnungskoeffizienten dieser Flüssigkeiten und Glassorten sind aus Tabelle 17 ersichtlich.

Tabelle 17. Thermometergläser und -flüssigkeiten.

α (linear)		β (kubisch)	
Glas 16 III	0,0000077	Pentan	0,001538
„ 59 III	0,0000057	Alkohol	0,001041
„ 1565 III	0,0000033	Quecksilber	0,0001818
Quarzglas	0,0000004		

Für Demonstrationen sind besondere Projektionsthermometer erhältlich mit Glasskale und umgekehrter Schrift.

Für Messung sehr kleiner Temperaturdifferenzen (Meßbereich nur einige Grade) dient das Beckmannthermometer (metastatisches Thermometer); die Einrichtung des Quecksilberreservoirs zeigt Abb. 47.

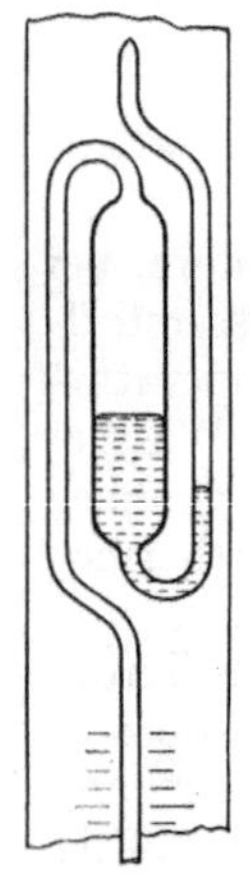

Auf die Maximum- und Minimumthermometer (z. B. Fieberthermometer) sei hier nur hingewiesen. Bei ersteren reißt der Quecksilberfaden beim Zurückgehen infolge einer kleinen Verengung der Kapillare ab. Die Minimumthermometer enthalten gefärbten Weingeist, der infolge der Oberflächenspannung im Meniskus ein kleines Glasstäbchen beim Zurückgehen mitnimmt.

Metallthermometer. Hier wird die Krümmung von Bimetallstreifen zur Temperaturmessung benutzt, s. Versuch 150.

Widerstandsthermometer. In der Regel wird Platindraht mit einem Gesamtwiderstand von 25 bis 50 Ohm genommen, der in eine Quarzröhre eingeschlossen und daher auch bis zu hohen Temperaturen brauchbar ist. Das Widerstandsverhältnis R_{100}/R_0 beträgt 1,392 (s. oben).

Da Eisen von den gangbaren Metallen den größten Temperaturkoeffizienten besitzt ($R_{100}/R_0 = 1,65$), kann man aus dünnem, oxydierten Blumendraht leicht ein derartiges Widerstandsthermometer improvisieren. Da man aber den Widerstand mit der Wheatstoneschen Brücke bestimmen muß, dürfte eine praktische Anwendung dieser Art der Temperaturmessung bei Demonstrationen kaum in Frage kommen. Hingegen sind

Abb. 47.
Beckmann-
thermometer.

Thermoelemente für die Vorlesung sehr geeignet, besonders die Kombinationen Eisen-Konstantan oder Kupfer-Konstantan, die pro Grad Temperaturdifferenz der beiden Lötstellen eine Spannungsdifferenz von 52 resp. 42 Mikrovolt aufweisen. Man lötet zwei derartige Drähte aneinander und isoliert sie durch einen Lacküberzug, besser noch durch eine Glasröhre, voneinander. An ein halbwegs empfindliches Demonstrationsgalvanometer geschaltet, reagiert ein solches Thermoelement schon auf geringe Temperaturunterschiede. Zudem ist der Lichtzeiger des Galvanometers weithin sichtbar, so daß diese Anordnung bei einer ganzen Reihe von Versuchen den Quecksilberthermometern oder Thermoskopen, deren Projektion oft etwas lästig fällt, vorzuziehen ist. Evtl. kann man die Empfindlichkeit durch Hintereinanderschaltung einiger Elemente noch erhöhen. Für Temperaturen über 500° (s. oben) verwendet man Platin-Platin-rhodiumelemente, deren Thermokraft z. B. bei 1000° Temperaturdifferenz 4,3 Millivolt beträgt. Im übrigen s. hier die Versuche 368, 369.

Optische Pyrometer kommen nur für Temperaturen über ca. 800° in Betracht, wo jeder Körper bereits eigenes Licht genügender Intensität aussendet. Man vergleicht seine Helligkeit mit der einer geeichten Lampe. Allerdings bestimmt man hier nur die sog. Farbtemperatur durch Anschluß an den schwarzen Körper, nicht etwa die wahre Temperatur. Das Prinzip der beiden gebräuchlichsten Pyrometer läßt sich wie folgt demonstrieren:

144. Versuch. a) **Holborn-Kurlbaumsches Pyrometer.** Man projiziert mit einem guten Objektiv das Bild eines Argandbrenners an die Stelle, wo sich der Faden einer Kohlenfadenlampe (ca. 15 bis 20 Kerzen) befindet. Mit einem zweiten Objektiv werden dann beide Bilder — das des Brenners und das des Fadens der Lampe — auf den Projektionsschirm projiziert (Abb. 48). Durch einen Vorschaltwiderstand (60 Ohm genügen) stellt man die Helligkeit des Fadens auf Gleichheit mit der des Argandbrenners ein und bestimmt die Stromstärke. (Eichung der Lampe müßte durch

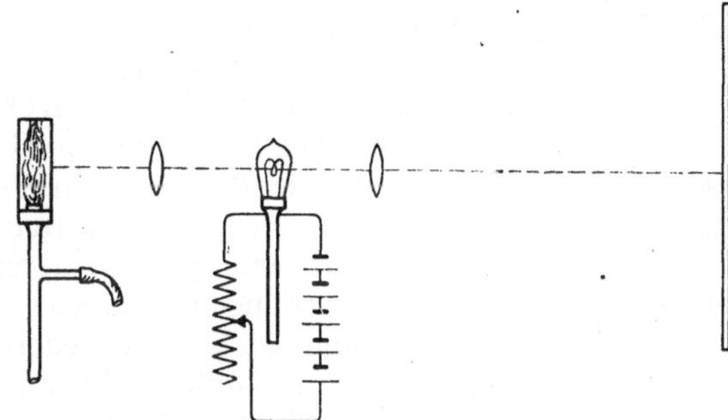

Abb. 48. Holborn-Kurlbaumsches Pyrometer.

Vergleich mit einem schwarzen Körper erfolgen). Etwas umständlicher gestaltet sich die Vorführung des Prinzips des zweiten Pyrometers:

b) **Wannersches Pyrometer.** Man projiziert den Argandbrenner wieder auf den Projektionsschirm, stellt aber in den Strahlengang in der Nähe des Schirmes ein stabförmiges Hindernis, etwa ein Stativ, auf, so daß ein Streifen aus dem Bild des Brenners ausgeblendet wird. Genau an diese Stelle projiziert man nun mit einem anderen Objektiv das Bild eines Spaltes, der von rückwärts durch eine Bogenlampe intensiv beleuchtet wird, und wählt die Breite des Spaltes so, daß sein Bild gerade den Stabschatten ganz ausfüllt. Durch Einschalten eines Gelbfilters versucht man möglichst Farbgleichheit der beiden Bilder zu erzielen. Die Helligkeit des Spaltbildes wird nun durch zwei Nicols (Analysator und Polarisator) abgeschwächt, die zwischen Spalt und Bogenlampe aufgestellt sind. Selbstverständlich sind die Nicols vor schädlicher Erwärmung durch die Bogenlampe zu schützen; in der Regel reicht aber die Wärmeabsorption durch den Kondensor aus. In Wirklichkeit wird beim Wannerschen Pyrometer an Stelle der Bogenlampe eine Hefnerkerze genommen und eine Eichtabelle für die Stellungen des Nicols mitgeliefert.

b) Wärmeausdehnung.

145. Versuch. Volumausdehnung. Eine Messingkugel (Durchmesser 3 bis 4 cm), mit einer kleinen Kette zum Aufhängen versehen, geht im kalten Zustand gerade ohne zu schlottern oder zu klemmen durch den Kreisausschnitt eines Messingbleches hindurch. Erwärmt man die Kugel in einem Bunsenbrenner auf rund 200°, so bleibt sie im Ausschnitt liegen und fällt erst nach einiger Zeit, wenn das Blech sich erwärmt, resp. die Kugel sich abgekühlt hat, durch den Ausschnitt hindurch.

146. Versuch. Längenausdehnung. Man führt einen der bekannten Ausdehnungsapparate vor, wo die Wärmeausdehnung durch Hebelübertragung oder durch Spiegelablesung sichtbar gemacht wird. Auf eine andere Ausführungsform, wo als Mikrometer ein Plattenkondensator gewählt wird und die Ausdehnung durch die Tonänderung eines Schwingungskreises kenntlich gemacht wird (Versuch 429) sei hier nur hingewiesen. Diese Anordnung zeichnet sich bei einfachen Mitteln durch große Empfindlichkeit aus, ist aber vielleicht nicht so anschaulich wie die direkte Hebelübertragung.

147. Versuch. Kraftentwicklung bei der Wärmeausdehnung. Ein schmiedeeiserner Stab (Länge 25 bis 30 cm, Querschnitt rund 1 cm^2) wird zwischen zwei kräftigen Lagerböcken im glühendheißen Zustand festgekeilt. Beim Abkühlen (evtl. beschleunigt durch Aufgießen von kaltem Wasser) zerreißt der Stab. Nähere Ausführung der Apparatur s. die Lehrbücher, auch Firmenkataloge physikalischer Apparate.

148. Versuch. Zusammenziehung durch Wärme. Ein etwa 1 m langer Gummischlauch — Gasschlauch aus gutem Gummi, möglichst frisch — hängt von der Decke herab und wird durch ein Gewicht von einigen Kilogrammen oder durch einen zweiten, nicht erwärmten Gummischlauch auf rund die d o p p e l t e Länge gespannt, wobei es sich empfiehlt, ihn schon vorher einige Zeit unter Spannung gut aushängen zu lassen. Auch auf eine solide Befestigung an der Aufhängevorrichtung ist Wert zu legen (Umwinden des Schlauches am Ansatzstutzen mit weichem Kupferdraht mit zwischengelegtem Isolierband). Erwärmt man den Gummischlauch durch gleichmäßiges Bestreichen mit einem kräftigen Bunsenbrenner oder durch Hindurchleiten von Wasserdampf (Zuführung des Dampfes am oberen Ende, um ein Verstopfen des Zuflusses durch Kondenswasser zu vermeiden), so zieht sich der Schlauch zusammen (ca. 15 cm). Durch einen einfachen Hebelzeiger kann diese Zusammenziehung wieder weithin sichtbar gemacht werden.

149. Versuch. Biegung durch einseitige Erwärmung. Ein dünnwandiges Glasrohr (Länge 50 bis 100 cm) wird mittels eines Korkens in ein Stativ aufrechtstehend festgeklemmt. Erwärmt man die Röhre nur auf der einen Seite durch Auf- und Abführen eines Bunsenbrenners, so krümmt sich die Röhre nach der anderen Seite — Biegung von Fabrikschornsteinen durch Sonnenstrahlung. Um die Krümmung deutlicher zu machen, läßt man das obere Ende des Stabes an einer horizontalen Skale vorbeispielen. Nach Abkühlen des Stabes erwärmt man als Gegenprobe die andere Seite der Röhre. In der Regel geht die Krümmung nach der Abkühlung nicht vollständig zurück (thermische Hysterese).

150. Versuch. Krümmung von Bimetallstreifen. Ein Eisen- und Zinkstab (Länge ca. 50 cm, Stärke 1 mm) werden fest aufeinander genietet. Erwärmt man einen solchen Bimetallstab, so krümmt er sich derart, daß das Zink (größerer Ausdehnungskoeffizient) auf der äußeren (konvexen) Seite sich befindet. Man klemmt am besten zwei derartige Bimetallstreifen mit je einem Ende zusammen in ein Stativ fest, und zwar so, daß die beiden Zinkseiten aufeinanderliegen. Beim Erwärmen biegen sich dann die beiden Streifen auseinander. An Stelle von Zink kann man auch Kupfer oder Messing nehmen, wobei der Effekt allerdings geringer ist. Man biegt dann am besten den Streifen nahezu zu einem geschlossenen Kreis zusammen, und zwar soll das Messing außen liegen. Beim Erwärmen vergrößert sich dann der Abstand der beiden Enden. (Temperaturkompensation der Chronometerunruhe, Metallthermometer).

151. Temperaturkompensationen von Uhrenpendeln. Die Ausführungsform des bekannten Rostpendels zeigt Abb. 49. Bei Verwendung von Eisen und

Zink ist Temperaturkompensation erreicht, wenn sich die Gesamtlängen der Eisen- und Zinkstäbe umgekehrt wie die Ausdehnungskoeffizienten der Kombination verhalten, d. h. wie 286:112. Bei Messing-Eisen sind 9 Stäbe (5 Eisen- und 4 Messingstäbe) zur Kompensation erforderlich. Bei den modernen Präzisionsuhren wird meistens Nickelstahl (Invar 64% Fe, 36% Ni) genommen. Die Kompensation erfolgt dann entweder durch Quecksilber, mit dem die Pendelstange bis zu einer durch Rechnung feststellbaren Höhe gefüllt wird, oder die Pendellinse wird von einer Röhre aus Messing oder Stahl getragen, die über die Pendelstange aus Invar gestreift wird (Rieflerpendel) Abb. 49.

Linearer Ausdehnungskoeffizient:

$$l = l_0(1 + \alpha t \ldots)$$

Kubischer Ausdehnungskoeffizient: $v = v_0(1 + \beta t) = v_0(1 + 3\alpha t)$.

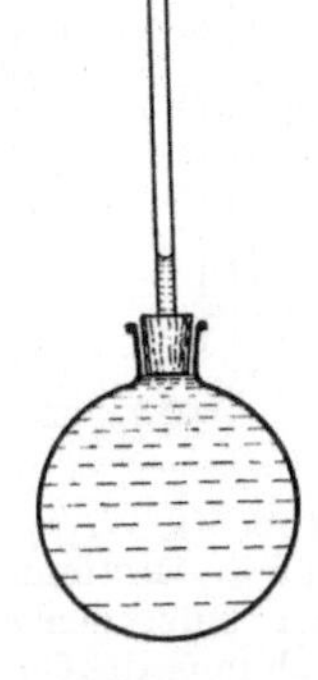

Abb. 49. Pendelkompensationen (*).

Feste Körper	α	Flüssigkeiten	$\beta = 3\alpha$	Gase	
Zink	0,0000286	Flüssige Kohlensäure	0,00507	Wasserstoff	0,003662
Kupfer	159	Äther	165	Helium	0,003659
Eisen	112	Alkohol	103	Luft	0,003676
Holz	03—09	Petroleum	92	Stickstoff	0,003673
Quarz (geschmolzen)	004	Glyzerin	58	Argon	0,003678
Invar (64 Fe, 36 Ni)	002	Wasser (bei 18°) . .	18	Kohlensäure . . .	0,003711
		Quecksilber	18		

152. Versuch. Ausdehnung von Flüssigkeiten. Dilatometer. Man füllt eine kleine Kochflasche (Rundkolben ca. 250 cm³) vollkommen mit gefärbtem, durch Auskochen luftfrei gemachten Wasser oder besser Alkohol (Vorsicht beim Erwärmen mit offener Flamme), verschließt sie mit einem durchbohrten Gummistopfen, in den ein langes, nicht zu weites Glasrohr (1 bis 2 mm lichte Weite) gesteckt wird (Abb. 50). Das Wasser soll zu Anfang des Versuches noch einige Zentimeter hoch in der Glasröhre stehen. Erwärmt man das Wasser, so sieht man am Emporwandern des Meniskus die Ausdehnung des Wassers, die man durch Auskalibrieren von Kochflasche und Glasröhre auch angenähert quantitativ bestimmen kann. Man mißt selbstverständlich die Differenz der Ausdehnungskoeffizienten von Wasser (bei 20° 0,0001818) und Glas (ca. 0,000025). Aus gleichem Grunde beobachtet man auch bei schnell einsetzender Erwärmung (Bunsenbrenner) zunächst ein Zurückgehen des Meniskus, da sich zuerst nur das Glas erwärmt.

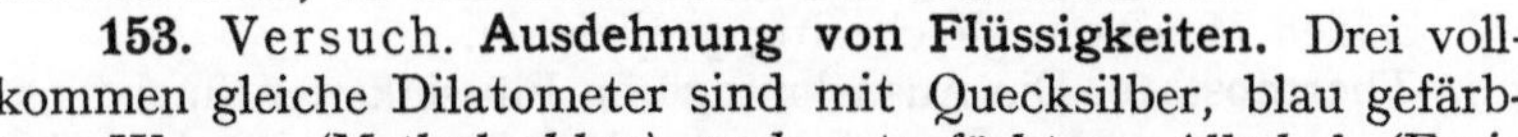

Abb. 50.
Dilatometer.

153. Versuch. Ausdehnung von Flüssigkeiten. Drei vollkommen gleiche Dilatometer sind mit Quecksilber, blau gefärbtem Wasser (Methylenblau) und rotgefärbtem Alkohol (Eosin) gefüllt. Bei Zimmertemperatur stehen alle drei Flüssigkeitsmenisken gleich hoch, erwärmt man die Dilatometer gleichzeitig in einem Wasserbade, so steigt Alkohol am schnellsten, Quecksilber (oberhalb 20°) am wenigsten.

154. Versuch. Dichtemaximum des Wassers. Daß Wasser bei 4° sein kleinstes Volumen, d. h. seine größte Dichte hat, zeigt man mit dem oben beschriebenen Dilatometer mit nicht zu weiter Steigröhre. Es wird wieder mit luftfreiem Wasser gefüllt und langsam von 0° aufwärts erwärmt. Die Ausdehnung des Glasgefäßes kann man durch Einschließen einer Luftblase kompensieren, deren Volumen $^1/_{150}$ des Volumens des Glasgefäßes beträgt[1]) (Luft dehnt sich im Verhältnis 366 : 24 stärker aus als Glas). Der Versuch erfordert aber einige Zeit zu seiner Ausführung, da die Erwärmung sehr langsam zu erfolgen hat, um nicht das Dichtemaximum durch ein zu schnelles Erwärmen des Glasgefäßes vorzutäuschen. Man kann sich deshalb aus einer Glaskugel, die mit Quecksilber austariert wird, einen Schwimmer herstellen, der in Wasser von 4° bis 6° eben schwimmt, in kälterem und wärmerem Wasser aber untersinkt. Wegen der Ausdehnung des Glasgefäßes liegt das relative Dichtemaximum etwas höher als das absolute. Man stellt drei große Bechergläser auf, in denen sich Wasser von 0°, 5° und 12° befindet und bringt die Kugel nacheinander in die drei Bechergläser, doch erfordert der Versuch sorgfältige Vorbereitung, wenn er einwandfrei gelingen soll. Dichte des Wassers für die betreffenden Temperaturen s. folgende Tabelle.

Tabelle 19. Volumen von 1 g Wasser in cm³.

0°	1,00013	5°	1,00001	10°	1,00087	60°	1,01705
1°	1,00008	6°	1,00003	20°	1,00177	70°	1,02270
2°	1,00003	7°	1,00008	30°	1,00435	80°	1,02899
3°	1,00001	8°	1,00013	40°	1,00782	90°	1,03590
4°	1,00000	9°	1,00029	50°	1,01207	100°	1,04343

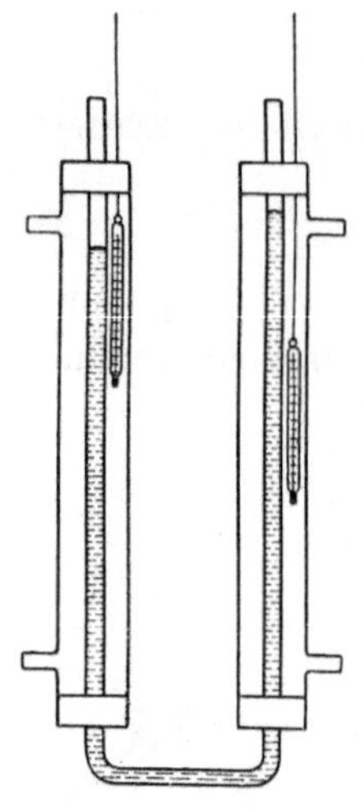

Abb. 51. Apparat zur Bestimmung der kubischen Ausdehnung des Quecksilbers.

155. Versuch. Wärmetransport durch Konvektion. Eine Projektionsküvette enthält leicht gefärbtes Wasser. Läßt man auf der Wasseroberfläche ein kleines Stück Eis (Schnee) schwimmen, so sieht man in der Projektion ungefärbte Fäden kalten Schmelzwassers herabsinken. Auf die Nutzanwendung dieses Wärmetransportes durch Konvektion bei der Warmwasserheizung durch Vorführung des Modells einer Warmwasserheizung (s. A. Weinhold, Demonstrationen, 6. Aufl., S. 513) sei hier nur hingewiesen; s. auch Versuche 238 bis 240.

156. Versuch. Kubische Ausdehnung des Quecksilbers. Es sei hier auf den bekannten Apparat zur Bestimmung des Ausdehnungskoeffizienten von Quecksilber hingewiesen, bei dem sich dieses in einem U-Rohre (am besten ganz aus Eisen gefertigt mit Glasansatzstutzen, Länge der Schenkel ca. 1 m) befindet (Abb. 51). Die beiden Schenkel werden durch Wasserbäder auf verschiedene Temperaturen gebracht. Nach dem Gesetz der kommunizierenden Röhren verhalten sich dann die Quecksilberhöhen direkt wie die spezifischen Volumina. Liegen die beiden Rohrschenkel nahe genug beieinander, so lassen sich die beiden Menisken gleichzeitig projizieren.

157. Versuch. Thermostate. Die Ausdehnung von Flüssigkeiten (meistens Quecksilber) wird dazu benutzt, die Gaszufuhr zur Heizflamme abzudrosseln oder den Kontakt einer elektrischen Heizung zu unterbrechen. Man kann so die Temperaturen von Bädern usw. bis auf weniger als 0,1° selbsttätig konstant

---

[1]) Oder Quecksilber im Volumenverhältnis 1 : 7.

halten. Über einige Ausführungsformen s. MÜLLER-POULLETT, 10. Aufl. oder OSTWALD-LUTHER, Physiko-chemische Messungen.

158. Versuch. Ausdehnung von Gasen. Um die starke Ausdehnung der Gase durch Erwärmung zu zeigen, verschließt man eine Kochflasche (1 Liter) gut durch einen Korken, durch welchen ein Gasentbindungsrohr gesteckt wird. Man erwärmt nun den Luftinhalt vorsichtig mit der Bunsenflamme oder, wenn man nahezu quantitative Resultate haben will, durch Eintauchen in kochendes Wasser und fängt die entweichende Luft in einer pneumatischen Wanne im Meßzylinder auf. Man kann darauf auch das — bei diesen Versuchen durch Unachtsamkeit nur zu leicht eintretende — Rückströmen des Wassers bei Abkühlung des Gases vorführen, gefährdet dabei aber evtl. die Kochflasche bei zu starker vorhergegangener Erwärmung. Bei Berechnung des Ausdehnungskoeffizienten der Luft ist zu berücksichtigen, daß sich die Luft im Meßzylinder wieder auf die Zimmer- resp. Wassertemperatur abgekühlt hat. Ist v das im Meßzylinder aufgefangene Luftvolumen, V der Inhalt der Kochflasche, so ist deshalb der Ausdehnungskoeffizient gegeben durch $\alpha t = \dfrac{v/V}{1 - v/V}$.

159. Versuch. Ausdehnungsthermometer (Messung kleiner Temperaturdifferenzen). Ein Dilatometer mit wagerecht liegender Steigröhre, das sich leicht aus einem Rundkolben, Gummipfropfen und gebogener Glasröhre nach Abb. 52 improvisieren läßt, wird mit einem Quecksilbertropfen verschlossen. Bei einem Volumen des Dilatometers von 100 cm³ und einem Durchmesser der Kapillare von rund 2 mm (genau 2,18 mm) entspricht einer Verschiebung des Quecksilbertropfens um 10 cm eine Temperaturänderung von nur 1°. Ein Differentialgasthermometer dieser Art zeigt Abb. 53.

160. Versuch. Der **Spannungskoeffizient** eines Gases wird in bekannter Weise mit dem JOLLYschen Luftthermometer gezeigt,

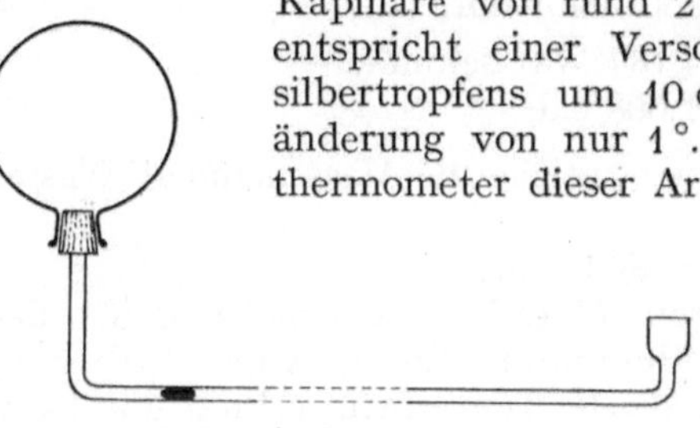

Abb. 52. Thermoskop.

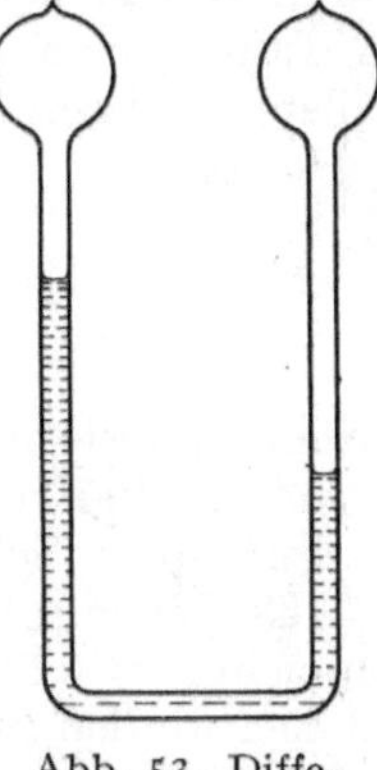

Abb. 53. Differentialthermoskop.

wo durch Einstellen der Quecksilberkuppe auf eine Marke für konstantes Volumen gesorgt wird. Eine nähere Beschreibung dürfte sich erübrigen.

161. BOYLE-MARIOTTE-GAY-LUSSACsches Gesetz des idealen Gases.
Gasgleichung:

$$p v = p_0 v_0 (1 + \alpha t) = p_0 v_0 \frac{(273 + t°)}{273}{}^{1}).$$

Ausdehnungskoeffizient = Spannungskoeffizient = 0,00366.
Zustandsgleichung: $p v = R T$.

Gaskonstante $R = 0,08204 \dfrac{\text{Liter} \cdot \text{Atm.}}{\text{Grad}} = 8,309 \dfrac{\text{Joule}}{\text{Grad}} = 1,986 \dfrac{\text{Kalorien}}{\text{Grad}}$.

Van der Waalssche Gasgleichung:

$$(p + a/v^2)\,(v - b) = R T.$$

Spannungskoeffizient $\alpha_p = (1 + a/p v^2) \cdot \alpha$.
Ausdehnungskoeffizient $\alpha_v = (1 - b/v) \cdot \alpha$.

---

[1]) Genauer 273,2°.

Tabelle 20. Gaskonstanten.

		Wasserstoff	Helium	Luft	Kohlensäure
Gasvolumen bei 0° u. 760 mm	von 1 g	11,2	5,6	0,77	0,51 Liter
	von 1 Mol	22,414	22,414	22,414	22,414 Liter
Gaskonstante	für 1 g	4,125	2,08	0,286	0,188 Joule/Grad
	für 1 Mol	8,316	8,316	8,316	8,316 Joule/Grad

Tabelle 21. van der Waalssche Konstanten.

	Wasserstoff	Sauerstoff	Kohlensäure	Benzol
b	23	31,6	42,8	120,3
a	$0,19 \cdot 10^6$	$1,36 \cdot 10^6$	$3,61 \cdot 10^6$	$18,7 \cdot 10^6$

(Druckeinheit: Atmosphäre; Volumeinheit: 22,4 Liter.)

c) Kalorimetrie.

162. Gesetzliche Einheiten der Wärmemenge sind die Kilokalorie (kcal) und die Kilowattstunde (kWh), d. h. die Wärmemenge, durch welche ein Kilogramm Wasser bei Atmosphärendruck von 14,5° auf 15,5° erwärmt wird, resp. das Tausendfache der Wärmemenge, die ein Gleichstrom von 1 gesetzlichem Ampere in einem Widerstande von 1 gesetzlichem Ohm während einer Stunde entwickelt.

$$1 \text{ Kilowattstunde} = 860 \text{ Kilokalorien}$$
$$1 \text{ Kalorie} = 4,184 \text{ Wattsekunden}$$
$$0°\text{-Kalorie} = 1,008 \text{ cal,}$$

mittlere Kalorie (d. h. $^1/_{100}$ der Wärmemenge, welche die Masseneinheit Wasser von 0° auf 100° erwärmt) = 1,000 cal.

Eiskalorie (Schmelzwärme des Eises) = 80,0 cal.

163. Versuch. Wärmekapazität von Metallen (Wärmekapazität der Volumeinheit). Gleichgroße Kugeln von Aluminium, Eisen, Kupfer (Messing) und Blei werden in kochendem Wasser auf gleiche Temperatur erhitzt und dann schnell (nach evtl. Abtupfen des anhängenden Wassers durch Fließpapier) auf eine Paraffinplatte von ca. 3 mm Dicke gelegt. Je nach ihrer Wärmekapazität sinken die Kugeln verschieden tief in die Paraffinschicht ein. Die Kugeln hängt man zum bequemen Eintauchen in das Wasser an Fäden auf. Wegen Herstellen der Paraffinscheiben s. A. Weinhold, Demonstrationen, 6. Aufl., S. 604. 1921. Die Wärmekapazitäten — spezifische Wärme × spezifisches Gewicht — verhalten sich etwa wie 0,85 (Eisen) : 0,81 (Kupfer) : 0,58 (Aluminium) : 0,35 (Blei).

164. Versuch. Spezifische Wärme. Zwei gleiche Standzylinder, besser noch zwei doppelwandige Gefäße (kleine Dewarsche Flaschen) werden mit gleich viel Petroleum (wegen der geringen spezifischen Wärme [0,51]; bei einiger Vorsicht kann man auch Alkohol [0,58] oder noch besser Toluol resp. Xylol [0,41] verwenden) gefüllt. In jedes dieser Gefäße taucht ein Thermoelement (Eisen-Konstantan) ein. Man schaltet nun die beiden Thermoelemente gegeneinander (d. h. Eisen-Konstantan-Konstantan-Eisen) und verbindet sie mit einem Demonstrationsgalvanometer. Sodann erhitzt man gleichschwere Metallstücke — je ca. 50 g am besten in Form eines Blechstreifens, der zu einer möglichst engen Rolle zusammengerollt ist und mit senkrechter Rollenachse an einem Faden aufgehängt ist — von Aluminium, Kupfer und Blei in kochendem Wasser auf gleiche Temperatur. Dann bringt man zunächst das Blei in das eine Gefäß, worauf das

Galvanometer die erfolgte Erwärmung anzeigt, hierauf wird das Kupfer in das andere Gefäß gebracht. Der Ausschlag geht nicht nur zurück, sondern das Galvanometer schlägt noch nach der anderen Seite aus, damit eine stärkere Erwärmung durch das Kupfer anzeigend, schließlich ersetzt man jetzt das Blei durch das Aluminium, worauf das Galvanometer wieder nach der anderen Seite ausschlägt. Die Wärmekapazitäten der Gewichtseinheit, die sich hier nach der bekannten Mischungsregel $m_1 c_1 (t_1 - t) = m_2 c_2 (t - t_2)$ berechnen lassen, weisen also eine andere Reihenfolge auf: 0,21 (Aluminium) : 0,105 (Eisen) : 0,091 (Kupfer) : 0,031 (Blei). Evtl. genügt es, den Versuch nur mit zwei Metallen (Blei und Aluminium) auszuführen. Selbstverständlich kann dieser Versuch in ganz analoger Weise auch mit dem LOOSERschen Doppelthermoskop ausgeführt werden.

165. Versuch. **Pyrometer** (Messung hoher Temperaturen mit dem Kalorimeter). Ein kleiner Eisenring — Schraubenmutter, Unterlegscheibe, etwa 3 bis 5 g schwer, wegen der stärkeren Wärmeableitung jedoch nicht schwerer — wird an einem Drahthäkchen mit Holzstiel in die nicht leuchtende Bunsenflamme gehalten, bis er gelbglühend geworden ist und dann schnell in ein Wasserkalorimeter (aus Messing) geworfen, das rund 100 ccm Wasser enthält. Die Temperaturerhöhung wird gemessen, aus der sich dann leicht die ungefähre Flammentemperatur berechnen läßt, die aber wegen der unvermeidlichen Wärmeableitung stets zu klein ausfällt. Versuche ergaben hier z. B. eine Temperatur zwischen 1350° bis 1400° (gegenüber der wirklichen Temperatur von rund 1700°). Die leuchtende Flamme zeigte eine Temperatur von rund 1200° an.

166. Kalorimeter. Die verschiedenen Methoden zur Bestimmung der spezifischen Wärmen fester und flüssiger Körper seien hier nur ganz kurz erwähnt, da in der Vorlesung doch nur das Prinzipielle der Methode vorgeführt werden kann. Näheres s. F. KOHLRAUSCH, Praktische Physik.

Mischungsmethode. Der Körper wird in einem doppelwandigen Gefäß durch einen Dampfstrom auf konstante Temperatur erwärmt und dann schnell in ein darunter befindliches Wasserkalorimeter gesenkt. Bei der Vorführung dieser Methode können zweckmäßig wieder zwei gegeneinandergeschaltete Thermoelemente verwandt werden. Der Abstand des Lichtzeigers am Galvanometer nach erfolgter Mischung vom Nullpunkt und vom Ausschlag vor der Mischung gibt dann nämlich direkt die beiden zu messenden Temperaturdifferenzen an. Da nur das Verhältnis der Temperaturdifferenzen in die Mischungsformel eingeht, braucht das Thermoelement auch nicht geeicht zu sein.

Thermophor (Kalorifer). Eine Glaskugel mit 100 bis 200 g Quecksilber gefüllt und mit einer Steigröhre (Durchmesser ca. 2 mm, mit einer Erweiterung der Röhre in der Mitte zwecks Abkürzung ihrer Länge) versehen, wird vorher erwärmt und dann zwischen zwei Marken erst in Wasser, darauf in der betreffenden Flüssigkeit — Petroleum, Alkohol, Benzol — abgekühlt.

Elektrische Methode (PFAUNDLER). Die Erwärmung der Flüssigkeit geschieht durch den elektrischen Strom. Bei der absoluten Bestimmung der produzierten Wärmemenge in cal aus Stromstärke und Widerstand gilt die Formel

$$Q = 0{,}239 \, \text{Amp}^2 \cdot \text{Ohm} \cdot \text{sec}.$$

Erkaltungsmethode (DULONG und PETIT). Ein kleines Gefäß aus dünnem Kupferblech, welches außen geschwärzt ist und die erwärmte Flüssigkeit enthält, wird mit zwei dünnen Drähten in ein größeres Gefäß gehängt, welches durch ein Wasserbad auf konstanter (etwa 20° tieferer) Temperatur gehalten wird. Die Wärmekapazitäten $m \cdot c$ der verschiedenen Flüssigkeiten verhalten sich dann direkt wie die Zeiten, die zur Erzielung eines bestimmten

Temperaturabfalles (etwa 5°) erforderlich sind. Für die Demonstration benutzt man zwei gleiche Gefäße, die das gleiche Gewicht Wasser und Alkohol enthalten. Messung mit Thermoelement, da Eichung wieder nicht erforderlich.

Eiskalorimeter (Bunsen). Die spezifische Wärme berechnet sich aus dem Volumverlust, der beim Schmelzen einer Eisschicht entsteht. Ist v diese Volumabnahme, so ist die spezifische Wärme des in das Kalorimeter eingetauchten Körpers vom Gewicht m und Temperatur $t°$:

$$c = \frac{v \cdot 11{,}03 \cdot 80{,}0}{m \cdot t} = \frac{882 \cdot v}{m \cdot t}.$$

Die Demonstration des Kalorimeters erfordert eine rechtzeitig begonnene und sorgfältige Vorbereitung. Das Kalorimeter ist nur mit destilliertem, ausgekochten (luftfreien) Wasser zu füllen und am besten auch dauernd gefüllt zu lassen. Man setzt es dann schon 1 bis 2 Stunden vorher in ein Standgefäß, das mit schmelzendem Eise und Wasser gefüllt ist, und zwar muß stets soviel Eis vorhanden sein, daß die Eisstücke bis zum Boden des Gefäßes herabreichen und den Wassermantel vollständig umgeben. Erst wenn das ganze Gefäß die Temperatur 0° angenommen hat, wofür geraume Zeit beansprucht wird, kann man zur Bildung des Eismantels vorgehen. Man führt zu diesem Zwecke ein Reagenzrohr in das Kalorimeter ein, das eine Mischung von fester Kohlensäure und Äther enthält (Kältemischung von Eis und Kochsalz erfordert etwas mehr Zeit) und wartet, bis sich der Eismantel gebildet hat und Temperaturausgleich wieder eingetreten ist. Erst dann setzt man den Schliff mit der Meßkapillare ein und reguliert damit die Länge des Quecksilberfadens, den man mit einer kleinen Bogenlampe und Linse projizieren kann. Bewegt sich der Quecksilberfaden noch, so ist vollständiger Temperaturausgleich noch nicht erreicht. Zur Messung führt man eine kleine vorher erwärmte Spirale aus Aluminiumdraht (ca. 2 mm dick, Länge 50 cm) in das Kalorimeter ein und zeigt das Zurückgehen des Quecksilberfadens. Kühlt man aber die Spirale vorher in einer Kältemischung aus fester Kohlensäure und Äther ab, so verlängert sich der Faden in der Kapillare.

Tabelle 22. Spezifische Wärmen.

Lithium	0,941	Eis	0,502	Wasser	1,00
Eisen	0,105	Paraffin	0,52	Alkohol	0,58
Messing	0,092	Hartgummi	0,34	Äther	0,56
Zink	0,086	Steinsalz	0,21	Benzol	0,41
Platin	0,058	Quarz	0,19	Schwefelkohlenstoff	0,24
Wismut	0,027	Glas	0,16	Quecksilber	0,033

167. Atomwärme. Die Abhängigkeit der Atomwärme (spezifische Wärme × Atomgewicht) von der Temperatur zeigt die folgende Tabelle 23, wonach die Regel von Dulong

Tabelle 23. Atomwärmen.

	Kohlenstoff		Aluminium		Kupfer		Blei	
−250°	0,000	0,00	0,009	0,24	0,003	0,19	0,0143	2,96
−200°	0,002	0,02	0,168	4,55	0,053	3,37	0,0275	5,69
0°	0,112	1,35	0,209	5,67	0,093	5,91	0,0308	6,38
+600°	0,441	5,29	0,308	8,35	0,125	7,95	0,0338[1]	7,00

und Petit (Atomwärme der Elemente im festen Zustand durchschnittlich 6,0) nur angenäherte Gültigkeit hat.

---

[1] 300°.

KoPPsche Regel: Die Molekularwärme einer Verbindung setzt sich additiv aus den Atomwärmen zusammen. Beispiele:

<table>
<tr><td colspan="3">Chlorsilber.</td></tr>
<tr><td></td><td>M</td><td>C_{Mol}</td></tr>
<tr><td>Ag . . . .</td><td>107,93</td><td>6,4</td></tr>
<tr><td>Cl . . . .</td><td>35,46</td><td>6,4</td></tr>
<tr><td>AgCl . . .</td><td>143,39</td><td>12,8</td></tr>
</table>

c (ber.) $= 0,089$,
c (beo.) $= 0,091$.

<table>
<tr><td colspan="3">Chlorsaures Kali.</td></tr>
<tr><td></td><td>M</td><td>C_{Mol}</td></tr>
<tr><td>K . . . .</td><td>39,14</td><td>6,4</td></tr>
<tr><td>Cl . . . .</td><td>35,46</td><td>6,4</td></tr>
<tr><td>O_3 . . . .</td><td>48</td><td>12</td></tr>
<tr><td>$KClO_3$ . .</td><td>122,60</td><td>24,8</td></tr>
</table>

c (ber.) $= 0,202$,
c (beo.) $= 0,209$.

168. Versuch. Spezifische Wärme von Gasen. Vor der Behandlung der mechanischen Wärmetheorie muß wohl der Hinweis genügen, daß die spezifische Wärme bei konstantem Drucke größer ist (pro Mol um den Wert der Gaskonstanten $R \backsim 2$ cal/Grad) als die bei konstantem Volumen. Daß bei plötzlicher Ausdehnung von Gasen Zusatzwärme zur Arbeitsleistung der Ausdehnung beansprucht wird, zeigt man mit Kohlensäure oder komprimierter Luft, die aus einer Bombe ausströmt (s. Versuch 213). Man hält in den Gasstrom ein Thermoelement, das im Sinne einer Abkühlung einen Ausschlag am Galvanometer bewirkt. Direkt experimentell bestimmt wird — abgesehen von der kalorimetrischen Bombe — stets die spezifische Wärme bei konstantem Druck.

Tabelle 24. Spezifische Wärme der Gase.

	M	c_p/c_v	c_p	c_v	C_p	C_v	$C_p - C_v$
Wasserstoff	2	1,41	3,42	2,42	6,8	4,8	2,0
Helium	4	1,67	1,25	0,749	5,0	3,0	2,0
Sauerstoff	28	1,40	0,244	0,173	6,8	4,8	2,0
Stickstoff	32	1,41	0,220	0,157	5,0	5,0	2,0
Kohlensäure	44	1,30	0,218	0,268	9,6	7,4	2,2

169. Versuch. Verbrennungswärme (Wärme, die frei wird, wenn 1 Mol einer Substanz vollkommen mit Sauerstoff verbrennt). Man führt am besten ein Knallgasgebläse vor. Die Außenröhre des Gebläses wird mit Wasserstoff, die innere mit Sauerstoff beschickt, die beide aus Bomben unter Zwischenschalten von Reduzierventilen entnommen werden. Das Reduzierventil für Wasserstoff (rotes Zeichen) muß Linksgewinde besitzen zur Vermeidung von verhängnisvollen Verwechslungen. Man hält einen Eisendraht in die Flamme, der sofort zersprüht, und schmilzt Quarz, das man direkt in Wasser ohne Gefahr des Zerspringens abkühlen kann.

Verbrennungswärmen:

$$C + O = CO + 29\,300 \text{ cal}$$
$$CO + O = CO_2 + 68\,300$$
$$\overline{C + O_2 = CO_2 + 97\,600}$$

$$N_2 + O_2 = 2\,NO - 43\,200 \text{ cal}$$
$$2\,NO + O_2 = 2\,NO_2 + 39\,200$$
$$\overline{N_2 + 2\,O_2 = 2\,NO_2 - 4\,000}$$

$$C + S_2 = CS_2 - 19\,500 \text{ cal}$$
$$2\,H_2 + O_2 = 2\,H_2O + 136\,800$$

Die Vorführung von Verbrennungskalorimetern (BERTHOLETsche Bombe) dürfte zu weit führen. Es seien hier nur die Heizwerte der wichtigsten Materialien in Kilokalorien pro Gramm Substanz angegeben.

Tabelle 25. Heizwerte.

Anthrazit . . . . 7,5 bis 8,1	Spiritus . . . . 5,7 bis 6,3	Fett 9,5
Koks . . . . . . 6,7 „ 7,4	Benzin 10,3	Eiweiß 5,8
Steinkohle . . . 7,3 „ 8,0	Petroleum 10,3	Zucker 3,96
Braunkohle . . . 4,9 „ 5,6	Wasserstoff 34,1	(Kohlenhydrate)
Holz . . . . . . 4,5 „ 4,8	Azetylen 12,9	Radium 0,139
Torf . . . . . . 3,0 „ 4,8	Leuchtgas (1 l) . 5,6 bis 6,5	(pro Stunde)

d) Änderungen des Aggregatszustandes.

170. Versuch. Konstanz des Schmelzpunktes. Man erhitzt ein mit fein-zerstoßenem Eis gefülltes Becherglas mit einer Bunsenflamme und zeigt am eingesteckten Projektionsthermometer, daß die Temperatur nicht über 0° steigt, solange noch Eis vorhanden ist. Selbstverständlich muß durch Umrühren des Schmelzwassers eine Temperaturschichtung vermieden werden, die dadurch, daß das Eis oben schwimmt, immer leicht eintreten wird.

Tabelle 26. Schmelzpunkte.

Kohlenstoff . . . . 3500°	Quarz . . . . 1600°	Kohlensäure . . . − 58°
Wolfram . . . . . . 3400°	Porzellan . . . . . 1550°	Ammoniak . . . . − 78°
Iridium . . . . . . 2300°	Glas . . . . 800 bis 1400°	Azetylen . . . . . − 81°
Platin . . . . 1770°	Kochsalz . . . . . 801°	Chlor . . . . . . −102°
Palladium . . . . 1557°	Kalisalpeter . . . . 335°	Salzsäure . . . . . −113°
Schmiedeisen . . . . 1600°	Schwefel . . . . . . 119°	Stickoxyd . . . . . −161°
Gußeisen . . . . . . 1100°	Naphthalin . . . . 80°	Kohlenoxyd . . . −207°
Kupfer . . . . 1083°	Paraffin . . . . . . 33°	Methan . . . . . . −186°
Gold . . . . 1063°	Eisessig . . . . . . 16,6°	Argon . . . . . . −191°
Silber . . . . 960°	Benzol . . . . . . 5,5°	Stickstoff . . . . −210°
Messing . . . . . . 900°	Wasser . . . . . . 0,0°	Sauerstoff . . . . . −218°
Aluminium . . . . 658°	Glyzerin . . . . . − 20°	Fluor . . . . −223°
Zink . . . . 419°	Toluol . . . . . . − 94°	Wasserstoff . . . . −259°
Blei . . . . 327°	Schwefelkohlenstoff −112°	Helium . . . . . . −272°
Zinn . . . . 213°	Alkohol . . . . . −114°	
Kalium . . . . . . 62°	Äther . . . . . . −123°	
Cäsium . . . . . . 25°	Pentan . . . . . −190°	
Quecksilber . . . . 39°		

171. Versuch. Gefrierpunktserniederung von Lösungen. Durch Ein-senken zweier Reagenzröhrchen, die mit reinem Wasser und mit einer stärkeren Kochsalzlösung gefüllt sind, in eine Kältemischung (3 Teile Eis, 1 Teil Koch-salz) zeigt man, daß die Kochsalzlösung weit unter 0° noch nicht gefriert.

172. Versuch. Molare Gefrierpunktserniederung. Vorführung des BECK-MANNschen Apparates zur Bestimmung des Molekulargewichtes aus der Gefrier-punktserniedrigung (s. z. B. F. KOHLRAUSCH, Praktische Physik). Die Gefrier-punktserniedrigung der Lösung pro Mol in 1000 g gelöster (undissoziierter) Sub-stanz ist für die hauptsächlich in Betracht kommenden Lösungsmittel in Tabelle 27 angegeben.

Tabelle 27. Molare Gefrierpunktserniedrigungen.

	Wasser	Eisessig	Benzol
Gefrierpunktserniedrigung . . .	1,83°	3,9°	5,1°
Gefrierpunkt des Lösungsmittels	0°	16,6°	5,5°

Tabelle 28. Kältemischungen. Auf 100 Teile Eis kommen:

10 Teile Kaliumsulfat . . . . . . − 1,9°	25 Teile Ammoniumchlorid . . . −15,8°	
13 „ Kaliumnitrat . . . . . . − 2,9°	33 „ Natriumchlorid . . . . −21,2°	
30 „ Kaliumchlorid . . . . −10,6°	200 „ Kalziumchlorid . . . . −55 °	

Gemisch von Alkohol und fester Kohlensäure . . . . −78,3°

173. Versuch. Gefrierpunktserniederung durch Druck (Regelation des Eises). Eine Stange Kunsteis wird mit ihren Enden auf zwei Stative gelegt und in der Mitte von einer Schlinge aus Stahldraht (Klaviersaitendraht, 0,25 bis 0,40 mm dick) umschlungen. An die Schlinge kommt ein Haken mit einem Gewicht von 10 bis 25 kg. Nach einer halben Stunde etwa hat sich die Drahtschlinge durch den Eisblock hindurchgeschnitten und fällt zusammen mit dem Gewicht zu Boden, ohne daß die beiden Eisstücke voneinander getrennt sind.

Gefrierpunktserniedrigung pro Atmosphäre Druck = —0,0072°.

174. Versuch. Regelation des Eises. Eine zylindrische oder becherförmige Form aus hartem Holz (Buchsbaum) — gegen das Zersprengtwerden durch Eisenringe geschützt — wird mit gut zerkleinertem Eise gefüllt und dann unter einer kleinen hydraulischen Presse stark zusammengepreßt. Hierdurch frieren die Eisstückchen zusammen und bilden einen kompakten Eiszylinder resp. Schale, die sich aus der Form herausnehmen läßt, s. auch Versuch in Ziff. 60 der an Stelle von Blei hier mit Eis ausgeführt werden kann.

175. Versuch. Temperaturerniederung durch Druck. Man legt zwischen zwei kleine Eisstückchen ein Thermoelement (Eisen-Konstantan), kittet dann zunächst durch einen mäßigen Druck die beiden Eisstücke zusammen, so daß das Thermoelement gleichmäßig umhüllt ist, und bringt sie wieder unter die hydraulische Presse. Werden die Eisstücke gepreßt, so zeigt ein empfindliches Galvanometer die Temperaturerniedrigung an. Es ist selbstverständlich darauf zu achten, daß vorher die beiden an die Zuführungsdrähte gelöteten Enden des Thermoelementes durch Eintauchen in schmelzendes Eis auf gleiche Temperatur wie die Lötstelle zwischen Eisen und Konstantan gebracht werden, um einen vorherigen Ausschlag des Galvanometers zu vermeiden.

176. Versuch. Ausdehnung des Wassers beim Gefrieren. Eine dickwandige Kugel aus Gußeisen (35 cm Durchmesser, 1 cm Wandstärke) mit einer konischen Gewindeöffnung läßt sich durch einen Stahlstöpsel dicht verschließen. Sie wird vollständig mit ausgekochtem, luftfreien Wasser gefüllt, gut verschraubt — das Gewinde zur besseren Abdichtung mit etwas Fett (Talg) eingeschmiert — und dann in eine Kältemischung, bestehend aus feingestoßenem Eis und Viehsalz im Verhältnis 3 : 1 gebracht. Durch die Volumausdehnung des Wassers beim Gefrieren wird die Kugel mit ziemlicher Gewalt gesprengt. Deshalb muß sich auch die Kältemischung in einem größeren Blech- oder Holzeimer befinden, um eine Beschädigung desselben zu vermeiden. Von anderen Substanzen zeigen u. a. noch Eisen und Wismut eine Volumvermehrung beim Erstarren.

177. Versuch. Volumverminderung beim Erstarren. In einem kleinen Blechnapf (etwa in der Größe 2 × 2 cm) gießt man geschmolzenes Paraffin und zeigt die trichterförmige Vertiefung der Oberfläche, die beim Erstarren auftritt. Es empfiehlt sich hier, einen Gipsabguß von der Vertiefung herzustellen.

178. Versuch. Schmelzpunkt von Woodschem Metall. Man projiziert ein mit Wasser gefülltes Becherglas, das durch einen Bunsenbrenner langsam erhitzt wird, und zeigt das Abtropfen eines in das Wasser gehaltenen Stäbchens aus Woodschem Metall, sobald die Temperatur des Wassers über 60° gestiegen ist. Die folgenden Legierungen zeigen einen tiefen Schmelzpunkt:

Tabelle 29. Legierungen mit tiefem Schmelzpunkt.

Weichlot 36% Pb, 64% Sn	181°
Rosesches Metall 25% Pb, 25% Sn, 50% Bi	94°
Woodsches Metall 25% Pb, 12,5% Sn, 12,5% Cd, 50% Bi	60,5° [1]
77% K, 23% Na	—12,5° [1]

---

[1] Wegen Herstellung dieser Legierung s. A. Weinhold, 6. Aufl., S. 543.

179. Versuch. Schmelzwärme des Eises (latente Wärme). In einen Eisblock wird mit Hilfe einer Metallkugel eine Vertiefung eingeschmolzen und dieselbe dann mit Filtrierpapier gut trocken gewischt. Nun erwärmt man die vorher gewogene Messingkugel (etwa dieselbe, die in Versuch 45 zur Demonstration der Volumausdehnung benutzt wurde, Durchmesser ca. 4 cm, Gewicht 300 g) in einem Wasserbade auf eine bestimmte Temperatur, bringt sie dann schnell in die Vertiefung und verschließt dieselbe durch ein aufgelegtes Eisstück. Nach Temperaturausgleich saugt man mit einer Pipette oder einem kleinen Schwämmchen die geschmolzene Wassermenge ab und bestimmt ihr Gewicht. Die Wärmekapazität der Kugel — $m \cdot c \cdot t$ — dividiert durch die geschmolzene Wassermenge, ergibt dann den (rohen) Wert der Schmelzwärme (80,0 cal).

Tabelle 30. Schmelzwärmen.

Al	Cu	Zn	Pt	Sn	Pb	Hg	NaCl	H_2O	C_6H_6
77	42	28	27	14	5	2,8	126	80	30 cal

180. Versuch. Lösungswärme. Man schüttet in ein Becherglas mit Wasser etwa 30 bis 50 g Salmiak (NH_4Cl) und zeigt mit einem Projektionsthermometer (Thermoelement) die bei der Lösung erfolgende Abkühlung. Kältemischungen s. Tabelle 28.

181. Versuch. Mischungswärme. In ein Becherglas mit Wasser läßt man vorsichtig an einem Glasstabe konzentrierte Schwefelsäure einlaufen und zeigt die dabei entstehende bedeutende Temperaturerhöhung. Man darf aus diesem Grunde nur die Säure in das Wasser, niemals aber umgekehrt Wasser in konz. Säure gießen! Bei Mischung von 1 Mol H_2SO_4 mit n Mol H_2O entwickeln sich die folgenden Wärmemengen:

1 Mol H_2O . . . 6780 kal		4 Mol H_2O . . . 12860 kal
2 ,, ,, . . . 10000 ,,		5 ,, ,, . . . 13650 ,,
3 ,, ,, . . . 11780 ,,		6 ,, ,, . . . 14400 ,,
		200 ,, ,, . . . 17600 ,,

Die größte Temperaturerhöhung (152°) würde bei einer Mischung von 1 Mol H_2SO_4 mit 2 Mol H_2O eintreten.

182. Versuch. Neutralisationswärme. In ein Dewarsches Gefäß gießt man gleiche Volumina[1]) (25 bis 50 cm³) einfach normaler Natronlauge und Salzsäure zusammen. Das Thermometer zeigt eine Temperaturerhöhung von rund 6,8° an. Die Neutralisationswärme von vollkommen dissoziierten Säuren mit vollkommen dissoziierten Laugen beträgt pro Mol 13,750 kcal (Bildungswärme von H_2O aus H^+ und HO').

183. Versuch. Unterkühlung des Wassers. Ein Reagenzrohr wird mit durch Auskochen sorgfältig luftfrei gemachtem Wasser gefüllt und durch einen Korken mit Projektionsthermometer verschlossen. Kühlt man es nun in einer Kältemischung in üblicher Weise vorsichtig und langsam ohne Erschütterung ab, so kann man erreichen, daß das Wasser sich bis zu mehreren Graden unter Null abkühlt, ohne zu gefrieren. Wirft man aber ein kleines Eisstückchen hinein oder schüttelt das Reagenzrohr kräftig, so tritt plötzliche Erstarrung ein und das Thermometer steigt sofort bis zum Nullpunkt. Es sind auch sog. Gefrierthermometer im Handel zu haben, die das luftfrei gemachte Wasser bereits in einer abgeschmolzenen Röhre eingeschlossen enthalten. Hier kann das Gefrieren häufig nur durch kräftiges Schütteln eingeleitet werden, was nicht immer sofort gelingt. Bei einem Wiederholen des Versuches genügt es nicht

---

[1]) Die Temperaturerhöhung ist in diesem Falle unabhängig vom verwandten Volumen.

allein, daß alles Eis vorher geschmolzen ist, man muß auch noch einige Zeit mit der Wiederholung warten.

184. Versuch. Übersättigung. Man füllt eine saubere Kochflasche nicht ganz bis zur Hälfte mit reinem Fixiersalz (Natriumthiosulfat) oder mit dem etwas teureren Natriumazetat (kristallisiert) und schmilzt das Salz im eigenen Kristallwasser, indem man die Kochflasche in ein Wasserbad stellt. Läßt man dann die Lösung ohne Erschütterung erkalten (1 bis 2 Stunden), schützt sie aber vor hereinfallendem Staub durch Verschließen der Flasche mit einer Stanniolkappe, so bleibt sie flüssig, ohne zu erstarren. Bringt man aber bei der Demonstration ein Kriställchen Fixiersalz (resp. Natriumazetat) hinein, so erstarrt die Lösung sofort. Will man die dabei auftretende, nicht unbedeutende Wärmeentwicklung zeigen, so muß das Thermometer (Thermoelement) schon vorher in die heiße Lösung eingetaucht werden. Die Flasche kann gut verschlossen für spätere Versuche aufbewahrt werden.

185. Versuch. Kristallisation aus übersättigter Lösung. Das schnelle Kristallwachstum bei einer übersättigten Lösung läßt sich sehr anschaulich vorführen, wenn man etwas Fixiersalz (besser Natriumazetat) in einer flachen Kristallisierschale schmilzt. Diese läßt sich bequem diaskopisch projizieren und man sieht das Herausschießen der Kristallnadeln, wenn wieder die Übersättigung durch Einwerfen eines Kriställchens aufgehoben wird. Erwähnt sei noch, daß bei kleineren Mengen sich Thymol (eine Kampferart) sehr zu diesen Versuchen eignet, da es sich sehr leicht unterkühlen läßt.

186. Versuch. Siedepunkt. In einem Rundkolben (3 bis 4 Liter Inhalt) ohne eingezogenen Boden (da der Kolben auch gleichzeitig für den folgenden Versuch benutzt werden soll) wird Wasser zum Sieden erhitzt und die verschiedenen dabei auftretenden Erscheinungen (Luftblasen, später Dampfblasen usw.) erläutert. Zeitweise eintretender Siedeverzug nach längerem Kochen zeigt sich am stoßartigen Sieden des Wassers. Er wird vermieden durch Einbringen von einigen Glasscherben, Platindreiecken, Tariergranaten oder porösen Tonscherben, die Luft enthalten, an denen sich die Dampfblasen bilden können. Wegen absichtlicher Demonstration des Siedeverzuges an einer Seifenlösung oder in einem zugeschmolzenen Reagenzrohre s. A. WEINHOLD, Demonstrationen, 6. Aufl., S. 556.

187. Versuch. Fraktionierte Destillation. Man führt die Trennung zweier Flüssigkeiten mit verschiedenen Siedepunkten durch fraktionierte Destillation in bekannter Weise vor: Kochflasche mit Alkohol-Wassergemisch, Liebigkühler und Vorlage. Der Versuch bedarf wohl keiner näheren Erläuterung.

188. Versuch. Sieden unter vermindertem Drucke. Wenn im obigen Versuch 186 das Wasser solange gekocht hat, bis alle Luft aus der Flasche entfernt ist, verkorkt man sie mit einem gutschließenden Gummistopfen und hängt sie umgekehrt, Hals nach unten, in den Ring eines Statives; darunter stellt man eine größere Schale zum Auffangen des Kühlwassers. Gießt man kaltes Wasser über die Flasche, so kondensiert sich der Dampf und infolge der dann eintretenden Druckverminderung beginnt das Wasser wieder zu sieden. Bei einer gut verkorkten Flasche siedet die Flüssigkeit auch noch bei Zimmertemperatur. Ähnlich wirken die sog. Pulshämmer, auf die hier hingewiesen sei. Durch die Handwärme schon können sie zum Sieden gebracht werden. Erwähnt sei auch noch das Hypsometer zur Höhenbestimmung aus der Siedetemperatur, s. Tabelle 31.

189. Versuch. Sieden bei Zimmertemperatur. Verfügt man über eine gut wirkende Luftpumpe (Dreistiefelpumpe von GAEDE, die gegen Wasserdampf nicht so empfindlich ist), so kann man durch kräftiges Evakuieren der Flasche, kaltes Wasser zum Sieden bringen. Zuerst sieht man jedoch die im Wasser enthaltene Luft entweichen.

Tabelle 31. Siedepunkte.

Gold	2530°	Schwefel	444,6°	Ammoniak	− 33,5°
Eisen	2450°	Glyzerin	290 °	Kohlensäure	− 78,5°
Kupfer	2310°	Naphthalin	217,9°	Azetylen	− 83,6°
Zinn	2270°	Eisessig	118,5°	Salzsäure	− 84 °
Silber	1950°	Toluol	110,8°	Methan	−165 °
Aluminium	1800°	Wasser	100,0°	Sauerstoff	−183 °
Blei	1525°	Benzol	80,2°	Argon	−186 °
Zink	906°	Alkohol	78,3°	Kohlenoxyd	−190 °
Kalium	757°	Chloroform	62,0°	Stickstoff	−196 °
Cäsium	670°	Schwefelkohlenstoff	46,2°	Wasserstoff	−252,8°
Quecksilber	356°	Äther	34,5°	Helium	−268,8°.

190. Versuch. Sieden unter erhöhtem Drucke. Man bringt Wasser in einem Papinschen Topf (Abb. 54), der durch ein Ventil verschlossen ist, zum Sieden, so daß der Dampf gerade durch das Ventil entweichen kann. Hebt man

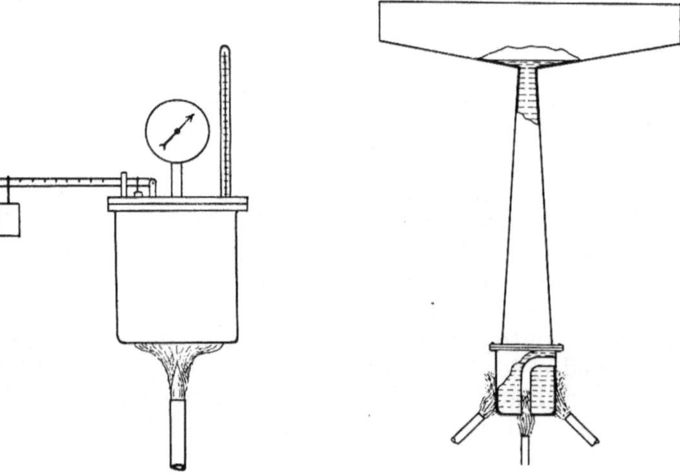

Abb. 54. Papinscher Topf.   Abb. 55. Geysirmodell.

das Ventil empor, so tritt plötzliches Sieden der ganzen Wassermasse unter erheblicher Dampfentwicklung ein. (Vorsicht gegen verspritzendes Wasser!)

191. Versuch. Geysirmodell. Ein großer Rundkolben (4 Liter) ist mit einem am Flaschenhals gut festgebundenen Gummistopfen verschlossen, durch den ein mindestens 2 cm weites Rohr aus Messing (oder Hartglas) von 1 bis 1,5 m Länge führt. Dieses läuft in einen größeren Blechteller aus, der das bei der Eruption herausgeschleuderte Wasser wieder aufsammelt und in den Kolben zurücklaufen läßt. Zweckmäßiger ist es allerdings, wenn der ganze Apparat aus einem Stück (Kolben dabei aus Kupfer) angefertigt wird, wie es Abb. 55 zeigt. Das Steigrohr kann dabei zwecks besserer Wärmeisolation noch mit Tuch umwickelt werden. Der Apparat wird nun bis zum Trichter herauf mit bereits vorgewärmtem Wasser gefüllt und dann auf einem Sandbade durch mehrere kräftige Teclubrenner erhitzt. Besitzt der Apparat größere Dimensionen (siehe unten), so sind hierfür Benzingebläseflammen erforderlich, um eine schnelle Erhitzung des Wassers zu gewährleisten. Zur Vermeidung von Siedeverzug enthält der Kolben wie üblich einige Tonscherben. Sobald nun die für den Druck der Wassersäule erforderliche Siedetemperatur erreicht wird — zu Anfang ist hierfür immer einige Zeit erforderlich —, tritt zuerst ein kleines Aufwallen der Wasseroberfläche ein (1. Phase), dann wird durch die hierbei bewirkte Druckentlastung das Wasser plötzlich zum Sieden gebracht und der Dampf schleudert die Wassersäule empor (2. Phase), um schließlich selbst aus der Röhre zu entweichen (3. Phase). Nach Ansammeln des herausgeschleuderten Wassers tritt eine Ruhepause von einigen Minuten ein und das Spiel beginnt von neuem. Je größer die Ausführung der Anordnung ist, um so eindrucksvoller wirkt sie. Bei einem Apparat des Bonner Physikal. Instituts hat die nach oben sich verjüngende Röhre eine Länge von 1,80 m und eine lichte Weite von oben 6 cm, unten 15 cm. Der Trichter hat einen Durchmesser von 90 cm. Dieser Geysir spielt etwa alle 5 Minuten und schleudert dabei den Wasserstrahl bei rund 30 Liter Inhalt bis zu 2 m hoch. Der größte Geysir (Giant) im Yellowstone Park, U. S. A., wirft während $1\frac{1}{2}$ Stunden seine Wassermassen bis zu 70 m hoch, Zeitintervall zwischen den Eruptionen etwa 7 bis 12 Tage, ein zweiter (Old Faithful) spielt genau alle 65 Minuten 4 Minuten lang bis zu einer Höhe von 50 m, der kleinste alle Minuten einige Meter hoch.

192. Versuch. LEYDENFROSTsches Phänomen. Ein Kupferblech, das eine kleine Ausbuchtung besitzt, wird durch einen kräftigen Bunsenbrenner bis zur Rotglut erhitzt. Bringt man mit Hilfe einer Pipette einen Wassertropfen in die Vertiefung des Bleches, so wandert der Tropfen unter Bildung des „sphäroidalen Zustandes" lebhaft auf dem Blech herum, ohne merklich zu verdampfen. Nimmt man aber den Bunsenbrenner weg und läßt das Blech allmählich erkalten, so tritt bei einer gewissen Temperatur plötzliches Verdampfen des Tropfens ein. Das Blech kann mit dem Tropfen leicht projiziert werden. Ein Versuch, bei dem die Gefährlichkeit der Überhitzung von Kesseln vorgeführt wird, s. H. EBERT, Lehrbuch der Physik, S. 588: Vorher stark überhitzter Kupferkessel, der mit einigen Kubikzentimetern zunächst kaum verdampfenden Wassers gefüllt und dann verschlossen wird, schleudert nach Wegnahme der Flamme infolge plötzlicher starker Dampfbildung den Stopfen heraus.

193. Versuch. Siedepunktserhöhung bei Lösungen. Analog zur Gefrierpunktserniedrigung zeigt man hier den Apparat zur Bestimmung des Molekulargewichtes aus der Siedepunktserhöhung. Da aber die Ausführung einer Messung mit dem BECKMANNschen Apparat[1]) sich kaum lohnen dürfte, demonstriert man die Siedepunktserhöhung auf folgende Weise: In zwei Bechergläser — beide mit reinem Wasser gefüllt — tauchen Thermoelemente, die wie üblich gegeneinander geschaltet werden (Differentialthermometer). Bringt man das Wasser in beiden Gläsern zum Sieden, so zeigt das Galvanometer keinen Ausschlag an, da die Temperaturen in beiden gleich sind. Man schüttet jetzt Kochsalz in das eine Gefäß. Infolge Abkühlung (Lösungswärme) sinkt zunächst die Temperatur, das Galvanometer schlägt aus; wenn aber die Flüssigkeit wieder siedet, zeigt das Galvanometer die Temperaturdifferenz durch einen Ausschlag nach der anderen Seite an. Der Ausschlag geht wieder vollkommen zurück, wenn man in das andere Gefäß darauf die gleiche Menge Salz schüttet.

Siedepunktserhöhungen pro Mol der in 1000 g Lösung gelösten undissoziierten Substanz bringt Tabelle 32.

Tabelle 32. Molare Siedepunktserhöhungen.

	Äther	Alkohol	Benzol	Chloroform	Wasser
Siedepunktserhöhung	2,1°	1,16°	2,7°	3,6°	0,52°
Siedepunkt	34,5°	78,3°	80,3°	62°	100°

[1]) Es empfiehlt sich hier die Heizung durch Eintauchen einer kleinen, elektrischen Heizspirale vorzunehmen, die gleichmäßiger heizt als der Bunsenbrenner.

194. Versuch. Verdampfungswärme. Man leitet Wasserdampf aus einer Kochflasche in ein Kalorimeter (Dewarsches Gefäß), das evtl. auf einer Wage steht, um den Gewichtszuwachs direkt zu wägen, und bestimmt aus der Erwärmung in bekannter Weise die Verdampfungswärme. Damit kein Kondenswasser in das Kalorimeter läuft, muß die Zuleitungsröhre in der Mitte ein Abflußrohr haben. Eine andere einfache Ausführung zum Auffangen des Kondenswassers gibt Weinhold an.

Tabelle 33. Verdampfungswärmen.

H$_2$O	H$_2$	O$_2$	N$_2$	CO$_2$	Hg	Alkohol	Äther
538	110	51	48	142	68	202	90 cal

Abb. 56.
Kryophor.

195. Versuch. Verdunstungskälte. Man setzt einen kleinen flachen Messingteller (evtl. auch Uhrgläschen) auf einen angefeuchteten Korken, gießt etwas Äther in den Teller und läßt ihn mit Hilfe eines Gummigebläses schnell verdunsten. Der Korken friert dann an dem Teller fest. Der Versuch läßt sich auch so ausführen, daß man die Quecksilberkugel eines Projektionsthermometers mit einem Leinenläppchen (Verbandgaze) umwickelt und darauf Äther träufelt, den man wieder durch einen Luftstrom verdampfen läßt. Das Thermometer sinkt unter Null und die Feuchtigkeit der Luft schlägt sich als Schnee am Läppchen nieder.

196. Versuch. Kryophor. Ein Gefäß der Form Abb. 56 ist vollkommen luftfrei mit Wasser gefüllt und dann zugeschmolzen worden. Die untere Kugel kommt in eine Kältemischung, die obere, in der sich das meiste Wasser befinden muß, wird mit Watte gut eingepackt. In ihr gefriert das Wasser bei Zimmertemperatur infolge der auftretenden Verdunstungskälte.

197. Versuch. Carrésche Eismaschine. Ein Rundkolben (ohne eingezogenen Boden) steht mit einem Gefäß der Form[1]) Abb. 57 in Verbindung, das konzentrierte wasserfreie Schwefelsäure enthält. Evakuiert man mit einer rasch wirkenden Luftpumpe (rotierende Ölpumpe) die Gefäße, so gefriert infolge der Wasserdampfabsorption durch die Schwefelsäure das Wasser im Rundkolben. Man nehme jedoch nicht zuviel Wasser, um die Wärmekapazität nicht gar zu groß zu machen.

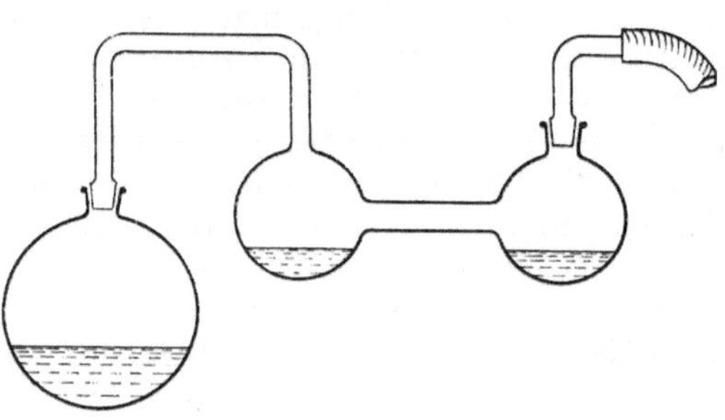

Abb. 57. Carrésche Eismaschine.

198. Versuch. Dampfspannung von verschiedenen Flüssigkeiten. Drei Barometerrohre werden mit Quecksilber gefüllt und nebeneinander in derselben Quecksilberschale aufgestellt, so daß die Menisken in allen drei Röhren gleich hoch stehen und damit den Barometerstand anzeigen. Eine Marke auf einem weißen Karton hinter den Röhren markiert diese Einstellung. Nun bringt man in je eine dieser Röhren etwas Wasser, Alkohol und Äther und

---

[1]) Maßgebend ist hier eine möglichst große Oberfläche der konzentrierten Schwefelsäure. Da die verdünnte Schwefelsäure spezifisch leichter ist, so ist die Oberfläche durch Schütteln häufiger zu erneuern.

sofort sinken die Quecksilbersäulen — für eine Zimmertemperatur von 20° C beim Äther um ca. 44 cm, beim Alkohol um 4,4 cm und beim Wasser nur um 1,7 cm. Diese Differenzen der Einstellungen geben dann also direkt die Dampfspannungen (Sättigungsdrucke) dieser Flüssigkeiten an. Erwärmt man nun vorsichtig durch Langstreichen mit einem Bunsenbrenner die Röhren, so sieht man auch die schnelle Zunahme der Dampfspannung mit der Temperatur (beim Äther ist jedoch große Vorsicht geboten, da derselbe bereits bei 35° C siedet).

Die Flüssigkeiten führt man in die Barometerröhren am besten durch eine kleine Pipette mit umgebogener Spitze (Glasröhre) ein oder läßt sie in kleinen Fläschchen, wie sie zur Dampfdichtebestimmung nach V. MEYER benutzt werden, in den Barometerröhren emporsteigen. Die Fläschchen lassen sich leicht herstellen aus einem Glasröhrchen, das auf der einen Seite abgeschmolzen, auf der anderen in eine Kapillare ausgezogen wird; Füllen derselben durch leichtes Erwärmen und Aufsaugen der Flüssigkeit beim Abkühlen.

199. Versuch. Dampfdruck von Lösungen. Von zwei der obigen Barometerrohre enthält das eine wieder etwas reines Wasser, das andere hingegen das gleiche Volumen konzentrierter Kochsalzlösung. Bei der Kochsalzlösung steht dann die Quecksilbersäule um ca. 3 mm höher, der Dampfdruck ist also gegenüber dem des reinen Wassers herabgesetzt worden.

200. Versuch. Gesättigter und ungesättigter Dampf. Man füllt in die TORRICELLISche Röhre (Abb. 19), die bis zum Hahnküken in das Quecksilber eingetaucht wird, um alle Luft zu verdrängen, $^{1}/_{2}$ bis 1 ccm Äther. Durch Heben und Senken der Röhre zeigt man zunächst die Konstanz des Druckes, solange noch flüssiger Äther vorhanden ist. Erst wenn aller Äther verdampft ist (deshalb ist die hierfür notwendige Äthermenge vorher auszuprobieren), steigt die Quecksilbersäule bei weiterem Heben der Röhre. Ein hinter der Röhre angebrachter weißer Karton mit Pfeilmarke läßt die dann eintretende Druckänderung erkennen.

201. Versuch. Dampfdruckkurve. Ein kugel- oder zylinderförmiges Gefäß mit einem unten angesetzten Steigrohr (Dampfbarometer) wird mit etwas Alkohol (oder Wasser) und Quecksilber gefüllt. Man stellt es dann in ein Becherglas mit Wasser, das über einem Bunsenbrenner erhitzt wird. Ein neben der Steigröhre aufgestellter Maßstab gestattet das Ablesen des jeweiligen Dampfdruckes. Angaben über das Selbstfüllen des Dampfbarometers lese man u. a. bei A. WEINHOLD, Demonstrationen, 6. Aufl., S. 546 nach. Die Dampfdruckkurve wird in der Regel durch die Formel (KIRCHHOFF) dargestellt.

$$\ln p = a - b/T - c \ln T.$$

Wasser: $\log p = 9{,}3003 - 2113{,}24/T - 0{,}2877 \log T$
Alkohol: $\log p = 14{,}1255 - 2292{,}24/T - 1{,}8446 \log T$
(p in mm Hg, dekadische log)

Tabelle 34. Sättigungsdrucke des Wasserdampfes.

−50°	0,029 mm	0°	4,68 mm	50°	92,5 mm	100°	760,0 mm	150°	3571 mm
−40°	0,094 ,,	10°	9,2 ,,	60°	149,2 ,,	110°	1074,6 ,,	160°	4636 ,,
−30°	0,280 ,,	20°	17,5 ,,	70°	233,5 ,,	120°	1489,2 ,,	170°	5941 ,,
−20°	0,77 ,,	30°	31,8 ,,	80°	355,1 ,,	130°	2036,3 ,,	180°	7521 ,,
−10°	1,95 ,,	40°	55,3 ,,	90°	525,8 ,,	140°	2710,8 ,,	190°	9415 ,,

202. GIBBSsche Phasenregel: Im Gleichgewicht ist die Zahl der möglichen Phasen β höchstens um 2 größer als die Zahl α der unabhängigen Komponenten:

$$\beta \leqq \alpha + 2.$$

Der Tripelpunkt des Wassers ($\beta = 3$, $\alpha = 1$) liegt bei $+0{,}007°$ und 4,6 mm Hg

203. Versuch. Sublimation. Zwei gleiche zugeschmolzene Reagenzröhrchen enthalten beide einige Blättchen reinen Jods. Das eine Rohr ist vorher gut evakuiert worden. Die Luftpumpe schützt man dabei vor schädlichen Joddämpfen durch eine Vorschaltflasche, die einige Stücke feuchtes Kalium- oder Natriumhydroxyd oder auch unechtes Blattgold enthält. Die andere Röhre enthält Luft unter Atmosphärendruck. Erhitzt man die beiden Röhrchen gelinde mit einem Bunsenbrenner, so sublimiert das Jod im evakuierten Rohr zu den kälteren oberen Teilen des Rohres und bildet dort einen feinen Belag von Jodkristallen, die bei stärkerer Sublimation zu großen Kristallen anwachsen können. Im luftgefüllten Rohr aber schmilzt das Jod infolge des erhöhten Druckes, der Joddampf lagert sich als violette Wolke über die Kristalle (Projektion). Der Schmelzpunkt des Jods liegt bei 114°, der Siedepunkt bei 184°.

204. Versuch. Sublimation fester Kohlensäure. Man zeigt, daß feste Kohlensäure (Herstellung derselben s. Versuch 214), die man auf den Tisch ausbreitet, verdunstet, ohne vorher zu schmelzen. Tut man etwas feste Kohlensäure in einen kleinen beschwerten Gazebeutel und senkt ihn in einen Standzylinder, der mit Wasser gefüllt ist, so kann man die bedeutende Gasentwicklung zeigen, die hier bei der Sublimation auftritt.

205. Versuch. Verdampfung im lufterfüllten Raum. Eine Projektionsküvette, welche aber die Breite eines Reagenzrohres (1 bis 2 cm) haben muß, wird mit Äther gefüllt und projiziert (Vorsicht gegen zu starke Erwärmung). Hält man nun ein Reagenzrohr mit der Öffnung nach unten in den Äther, so werden infolge Verdampfens des Äthers Luftblasen aus dem Reagenzrohr herausgetrieben. Dieser Versuch läßt sich auch in ähnlicher Weise mit dem Heronsball und Wasser anstellen. Man erhitzt Wasser im Heronsball (Rundkolben) bis zum Sieden, vertreibt dann nach Wegnahme der Flamme den Wasserdampf im Gefäß durch kräftiges Hereinblasen von Luft mit Hilfe einer Glasröhre und verschließt das Gefäß schnell mit einem Stopfen, durch den eine oben zu einer Spitze ausgezogene Röhre bis zum Boden der Flasche geht. Infolge der wiedereinsetzenden Verdampfung des Wassers wird ein Strahl bis zu 1 m Höhe aus der Spitze geschleudert, der langsam in dem Maße an Höhe verliert, wie die Luft im Gefäß sich wieder mit Wasserdampf sättigt.

206. Versuch. Daltonsches Gesetz. Ein größerer Glasballon (4 Liter) ist mit einem Gummistopfen, der einen kleinen Scheidetrichter und ein Quecksilbermanometer enthält, gut verschlossen (Abb. 58). Da Atmosphärendruck im Gefäß herrscht, stehen beide Schenkel des Manometers zunächst gleich hoch. Läßt man aber jetzt durch den Scheidetrichter etwas Äther (1 bis 2 ccm) in die Flasche laufen, so zeigt das Manometer den gleichen Dampfdruck des Äthers an, der auch vorher im luftleeren Raum (Versuch 198) vorhanden war, d. h. bei 20° etwa 44 cm. Die Verdampfung des Äthers geht hier nur viel langsamer vor sich als im evakuierten Gefäß, so daß eine geraume Zeit verstreicht, bis der Gleichgewichtszustand erreicht ist.

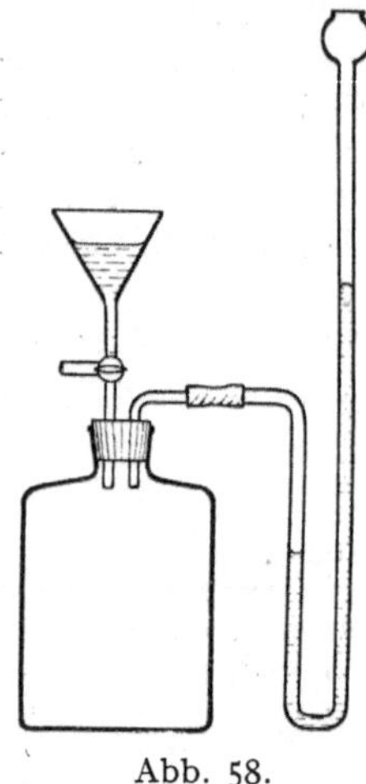

Abb. 58.
Daltonsches Gesetz.

207. Versuch. Luftfeuchtigkeit. Man benutzt dieselbe Anordnung wie im vorhergehenden Versuch. Die Flasche enthält feuchte Zimmerluft. Durch den Scheidetrichter läßt man jetzt aber einige Kubikzentimeter konzentrierte Schwefelsäure einlaufen, die den Wasserdampf der Luft absorbieren. Nach einiger Zeit zeigt das Manometer einen Unterdruck an. Da derselbe klein ist, kann man als Manometerflüssigkeit evtl. auch Petroleum nehmen, doch ist dann die Anordnung auch gegen Temperaturschwankungen entsprechend empfindlicher. Im Winter bei kaltem Wetter ist die Luftfeuchtigkeit — wenn nicht für künstliche Anfeuchtung gesorgt wird — sehr gering, bei starkem Frost sogar in der Regel nicht nachweisbar.

208. Versuch. **Bestimmung der Luftfeuchtigkeit.** Einige der folgenden Methoden können auch in der Vorlesung vorgeführt werden:

Aspirator (absolute Bestimmung). Durch ein Chlorkalziumrohr wird eine mit einer Gasuhr meßbare Luftmenge gesaugt und die Gewichtszunahme bestimmt.

Taupunkthygrometer. Am bekanntesten ist das DANIELLsche Hygrometer, das aus zwei luftfreigemachten Glaskugeln besteht, die Äther enthalten. Die eine Kugel, mit einem Stückchen Musselin umwickelt, wird durch Aufträufeln von Äther abgekühlt. Bei Erreichung des Taupunktes beschlägt der Goldring an der anderen Kugel mit Feuchtigkeit. Ein eingeschlossenes Thermometer läßt dann die Tautemperatur erkennen. Zuverlässiger ist das LAMBRECHTsche Taupunkthygrometer, wo eine Metallplatte durch schnell verdunstenden Äther (Gummigebläse) abgekühlt wird.

Psychrometer. Es wird die Temperaturdifferenz zweier Thermometer abgelesen, von denen das eine durch einen mit Wasser angefeuchteten Lappen abgekühlt wird. Beim Schleuderpsychrometer geschieht die Abkühlung durch Herumschwingen der beiden Thermometer, die zu diesem Zwecke in einem entsprechenden Stativ befestigt sind. Beim Aspirationshygrometer (ASSMANN) wird mit einem kleinen Ventilator Luft mit einer bestimmten Geschwindigkeit (2 m/sec) an beiden Thermometern vorbeigesaugt. Die Tabellen, die aus der beobachteten Temperaturdifferenz dann die Luftfeuchtigkeit bestimmen lassen, sind in jedem Lehrbuch enthalten. Sie sollen hier nicht mitgeteilt werden.

Haarhygrometer. Hier wird die Verlängerung eines entfetteten Haares durch die Luftfeuchtigkeit mittels Hebelübertragung auf einen Zeiger gemessen. Die Eichung des Instrumentes auf relative Feuchtigkeit geschieht über wässerigen Schwefelsäurelösungen verschiedener Konzentration (s. F. KOHLRAUSCH, Praktische Physik). Der 100%-Punkt wird zweckmäßig jedesmal durch Auflegen eines feuchten Handtuches neu eingestellt.

209. Versuch. **Kondensation von Wasserdampf** (Dampfstrahl). In einem Kupferkessel, mit einer Düse als Ausströmöffnung versehen (Metallrohr oder evtl. Glasrohr mit ausgezogener Spitze, 1 bis 2 mm lichte Weite), wird Wasser zum starken Sieden gebracht, so daß ein kräftiger Dampfstrahl durch die Düse ausströmen kann. Man führt zu diesem Zwecke das Ausströmrohr mit der Düse etwas schräg nach oben, damit das Kondenswasser stets wieder zurücklaufen kann und die Düse nicht verstopft. Den Dampfstrahl projiziert man durch Beleuchten mit einer Bogenlampe im Schattenbild auf den Schirm. Es zeigt sich zunächst nur ein schwacher Strahl, bringt man aber einen glimmenden Holzspan oder Salmiakdämpfe (d. h. zwei Schalen mit Salzsäure und Ammoniak) in die Nähe der Düse, so tritt sofort starke Nebelbildung ein, der erst bläulichweiß gefärbte Strahl wird hell leuchtend weiß, im Schattenbild auf dem Schirm bräunlich. Ebenso tritt starke Nebelbildung ein, wenn man von einer Influenzmaschine Funken auf den Dampfstrahl schlagen läßt oder mit einer Metallspitze, die mit der Influenzmaschine verbunden ist, in seine Nähe kommt (Nebelbildung an Ionen). Bemerkt sei hier, daß zur Nebelbildung durch Abkühlung (Expansion) die „spezifische Wärme des gesättigten Dampfes" negativ sein muß. Äther gibt deshalb keinen „Dampfstrahl", nur Schlieren.

210. Versuch. **Nebelbildung.** Ein Rundkolben (4 Liter Inhalt, d. h. ca. 20 cm Durchmesser), der etwas destilliertes Wasser enthält, ist mit einem doppelt durchbohrten Stopfen verschlossen, der zwei Zuleitungsröhren besitzt (Abb. 59). Die eine Röhre führt über einen Hahn zu einer großen Säureflasche, die als Vakuumreservoir dient und mit einer Luftpumpe bis zu einem Unterdruck von 30 bis 40 cm ausgepumpt wird (evtl. Anschließen eines Manometers). Das zweite Rohr steht über einen zweiten Hahn und ein Wattefilter — Glasröhre 3 cm weit, 10 bis 30 cm lang, auf beiden Seiten mit durchbohrten Stopfen verschlossen und dicht mit Watte vollgestopft — mit der Außenluft in Verbindung. Zweckmäßig schaltet man zwischen Flasche und Filter noch ein T-Stück mit einem dritten Hahn ein, um auch ungefilterte Luft in die Flasche einlassen zu können, ohne das Wattefilter wegnehmen zu müssen. Die Verbindungen werden mit weiten Glasröhren und kurzen, dickwandigen Gummischläuchen hergestellt. Der Rundkolben liegt auf einem Strohkranz im Strahlenkegel einer Bogenlampe.

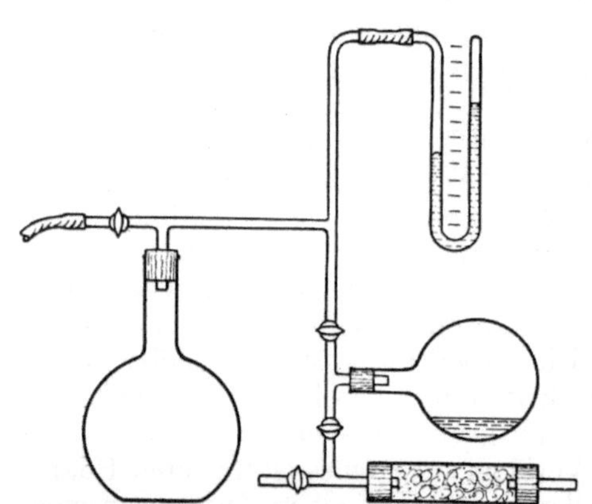

Abb. 59. Apparat zur Nebelbildung.

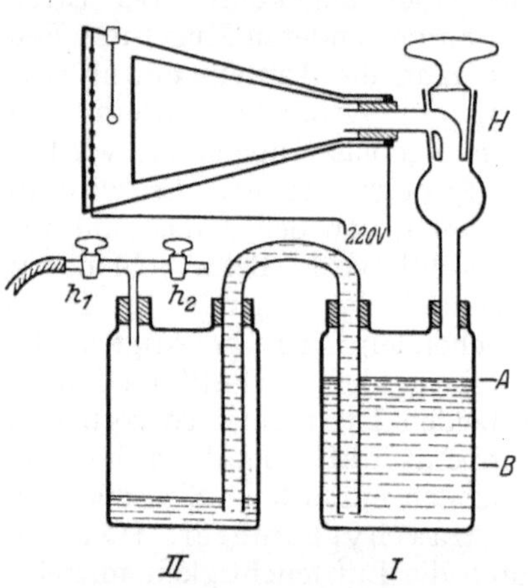

Abb. 60. Apparat zur Demonstration der α-Strahlen (Wulf).

Man zeigt zunächst die Nebelbildung, die beim ersten Öffnen des Hahnes durch Expansion der Luft eintritt. Wiederholt man aber den Versuch häufiger, indem man immer wieder Luft durch das Wattefilter einströmen läßt, so entsteht schließlich wegen Mangel an erforderlichen Kondensationskernen kein oder wenigstens nur ein sehr schwacher Nebel, nur darf man hierbei den Entspannungsdruck nicht zu groß wählen, ca. 20 cm. Sobald man jedoch wieder ungefilterte Luft einläßt, besonders wenn sie vorher über einen glimmenden Holzspan (Streichholz) hinweggestrichen ist, tritt sofort erneut starke Nebelbildung auf. Der Nebel erscheint gleichzeitig, wenn er nicht gar zu dicht ist, infolge von Beugungs- und Interferenzerscheinungen[1]) im durchgehenden Licht lebhaft gefärbt. Projiziert man daher das parallele Strahlenbündel der Bogenlampe auf eine größere Wand, so ist der runde Projektionskreis (etwa 10 cm Durchmesser) von farbigen Beugungsringen umgeben, deren Färbung je nach Tropfengröße verschieden ausfällt.

211. Versuch. Kondensation an α-Strahlen. (Wilsonscher Versuch nach Wulf.) Zwei zweihalsige Woulfsche Flaschen sind unter sich durch ein zweischenkliges Heberrohr verbunden; die eine Flasche steht dann noch mit dem zweiten Tubus über einen Dreiwegehahn mit einer Wasserstrahlpumpe resp. mit der Außenluft in Verbindung (Abb. 60). Der zweite Tubus der anderen Flasche führt

---

[1]) Siehe z. B. R. Mecke, Ann. d. Phys. Bd. 61, S. 471. 1920; Bd. 62, S. 623. 1920.

über einen Hahn mit sehr weiter Bohrung (1 cm) zu einer besonders gestalteten Kondensationskammer, die von der Firma Leybold Nachf., Köln, geliefert wird. Wegen Selbstherstellung wolle man hier die Originalabhandlung[1]) nachlesen. Bei der erstmaligen Inbetriebsetzung des Apparates wird nach Herausnahme des Hahnes H die Flasche I bis etwas über die Marke A mit reinem Wasser gefüllt und dann die Flasche II bei verschlossenem Hahn H evakuiert, bis in Flasche I nach Füllung des Heberrohres der Wasserspiegel von Marke A bis zur Marke B gesunken ist. Dann wird der Hahn h_1 geschlossen und durch Öffnen des Hahnes H die Luft in der Kondensationskammer adiabatisch ausgedehnt, wobei sich der Nebel bildet. Nach erfolgter Expansion setzt man durch Öffnen von h_2 die Flasche II mit der atmosphärischen Luft in Verbindung, das Wasser strömt dann nach I zurück, und der Versuch kann von neuem beginnen. Die beiden Marken A und B legen dabei den günstigsten Entspannungsdruck, der vorher ausprobiert wird, ein für allemal fest. Man wiederholt zunächst die Entspannungen mehrere Male, bis die Luft in der Kammer genügend staubfrei geworden ist und sich kein allgemeiner Nebel mehr bildet. (Der Apparat ist auch so am besten ohne Erneuerung der Luft aufzubewahren.) In der Mitte der Kondensationskammer befindet sich nun ein Kügelchen mit etwas Radiumsulfat (das sonst übliche Radiumchlorid resp. -bromid eignet sich wegen seiner Wasserlöslichkeit hier nicht!), welches α-Strahlen aussendet, die die Luft auf ihren Bahnen ionisieren und so die erforderlichen Kondensationskerne liefern. Die hierdurch sichtbar werdenden Bahnen der α-Teilchen heben sich bei seitlicher Beleuchtung der Kondensationskammer mit einer kleinen Bogenlampe vom schwarzen Hintergrund der Kammer deutlich ab. Schädliche Erwärmung der Kammer ist dabei fernzuhalten. Da jetzt aber die gebildeten Ionen sofort wieder entfernt werden müssen, befindet sich in der Kondensationskammer vor der Glasscheibe noch ein Drahtnetz, an das eine Spannung von 100 bis 200 Volt über eine Glühlampe als Sicherheitswiderstand gelegt wird. Auch eine mit einer Influenzmaschine aufgeladene Leidener Flasche, die bei niedrigen Spannungen ihre Ladung nur langsam verliert, soll schon für diese Zwecke genügen. Zur Anfertigung von Diapositiven findet man reproduktionsfähige Aufnahmen von α- und β-Strahlbahnen mit allen Einzelheiten in der Originalabhandlung von C. T. R. Wilson, Jahrb. d. Radioakt. Bd. 10, S. 52. 1913. Sehr schöne stereoskopische Aufnahmen von α-Strahlen des ThC $+$ C′ (Reichweiten 4,8 und 8,6 cm) sind von L. Meitner und K. Freitag in ZS. f. Phys. Bd. 37, S. 481. 1926 veröffentlicht worden.

212. Versuch. Dampfdichtebestimmung. Methode von Dumas. Es wird das Gewicht eines abgegrenzten Volumens überhitzten Dampfes durch Wägung bestimmt: Ein Glaskolben mit angeblasener Röhre (100 bis 250 ccm) kommt in ein Wasserbad von 100° und wird nach Verdampfung der Versuchsflüssigkeit im Kolben abgeschmolzen und dann gewogen. Das Volumen wird durch Wasserverdrängung bestimmt (Abbrechen der Abschmelzspitze unter Wasser). Als Flüssigkeit verwende man Chloroform.

Methode von Hofmann. Bietet gegenüber Versuch 198 und 200 nichts Neues, nur daß durch einen Heizmantel, der die graduierte Barometerröhre umgibt, dafür gesorgt wird, daß der Dampf, dessen Volumen bestimmt wird, ungesättigt ist.

Methode von Viktor Meyer. Diese Methode dürfte auch für die Demonstration in Betracht kommen. Das Dampfvolumen einer in einem Fläschchen abgewogenen Substanzmenge verdrängt ein Luftvolumen aus einem Kolben mit angeschmolzener Steigröhre und Gasentbindungsrohr. Der Kolben taucht dabei

---

[1]) Th. Wulf, ZS. f. phys. Unterr. Bd. 36, S. 245—248. 1923.

in ein Wasserbad von 100°. Das verdrängte Luftvolumen wird über einer pneumatischen Wanne in einem Meßzylinder aufgefangen, so daß also das Dampfvolumen bei Zimmertemperatur bestimmt wird. Der Kolben ist stets vorher gut zu trocknen und die Luft darin zu erneuern. Ferner dürfte es nicht überflüssig sein, darauf hinzuweisen, daß vor Abstellen der Heizung das Entbindungsrohr aus dem Wasser zu nehmen ist, um ein Zurücksaugen des Wassers zu vermeiden. Als Versuchsflüssigkeit kommt wohl auch hier Chloroform (evtl. Alkohol) in Betracht, man nehme jedoch nicht zu viel davon. Ein Durchschlagen des Kolbens durch das herabfallende Fläschchen vermeidet man durch Einbringen von etwas Glaswolle oder reinen Sandes. Watte ist zu vermeiden, da sie sich schwerer trocknen läßt.

213. Versuch. Adiabatische Ausdehnung eines Gases. Abkühlung durch Ausdehnung. Man läßt aus der Kohlensäurebombe Kohlensäure kräftig ausströmen und hält in den Gasstrom ein Thermoelement, das die Abkühlung anzeigt. In der Regel sieht man die Abkühlung auch an dem Beschlagen des Ventils durch die Luftfeuchtigkeit evtl. bis zur Eisbildung, wobei aber ein Zufrieren des Ventils zu vermeiden ist. Noch besser ist komprimierte Luft.

214. Versuch. Kondensation von Kohlensäure durch diabatische Ausdehnung. Man legt eine mit flüssiger Kohlensäure gefüllte Bombe mit der Öffnung nach unten und läßt ohne Reduzierventil die Kohlensäure kräftig ausströmen. Im Lichte einer Bogenlampe zeigt sich dann die Nebelwolke aus fester Kohlensäure. Um diese feste Kohlensäure aufzufangen, schraubt man auf die Mündung der Ausströmöffnung einen Ansatzstutzen, der mit einer kleinen Holzscheibe (Durchmesser 6 bis 8 cm) versehen ist, um die ein Tuchbeutel (Flanell) mit Zugschnüren gut festgebunden wird. In diesem sammelt sich dann feste Kohlensäure an, welche man nach Kneten des Beutels leicht herausschütteln kann. Bei der Herstellung der festen Kohlensäure hüte man sich aber, Metallteile in der Nähe der Ausströmöffnung zu berühren und ziehe zur Vorsicht einen Schutzhandschuh an. Feste Kohlensäure kann man wegen des bekannten Leidenfrostschen Phänomens unbedenklich in die Hand nehmen, nur darf man sie nicht zu stark pressen. Versuche mit fester Kohlensäure siehe Versuche 204, 220.

215. Versuch. Temperaturerhöhung durch adiabatische Kompression (pneumatisches Feuerzeug). Durch Aufsetzen des Stempels des Feuerzeuges auf den Tisch (zur Vorsicht gegen Ausrutschen auf einer Filzunterlage) und Hereindrücken desselben durch einen kurzen kräftigen Stoß wird in dem dickwandigen Glaszylinder die Luft so stark erwärmt, daß sie leicht entzündliche Gegenstände zum Entflammen bringt. Um aber die Verbrennung unterhalten zu können, muß man den Stempel sofort wieder herausziehen. Als Zündmaterial verwendet man am besten Zunder, mit etwas Äther befeuchtet, ferner auch Schießbaumwolle (über die Selbstherstellung derselben s. A. Weinhold, Demonstrationen, S. 576) oder Schwefelkohlenstoffdampf (ein Tropfen an einen Glasstab in den Zylinder gebracht genügt, man sieht das Aufleuchten bei der Entzündung im Dunkeln). Der Versuch gerät nicht immer gleich das erste Mal. Dann ist aber vor Wiederholung desselben die Luft im Kompressionszylinder durch Hereinblasen zu erneuern, auch ist der Zylinder stets sauber zu halten und der Kolben gut zu ölen, damit er bei leichtem Gange gut abdichtet.

Die Temperaturänderung bei einer adiabatischen Zustandsänderung ist gegeben durch

$$T_2/T_1 = (p_2/p_1)^{\frac{\varkappa-1}{\varkappa}} = (v_1/v_2)^{\varkappa-1} \qquad\qquad (\varkappa = c_p/c_v)\,.$$

216. Versuch. Bestimmung von c_p/c_v. Bei dem bekannten Apparat von CLEMENT und DESORMES wird zunächst eine adiabatische Zustandsänderung (I) durch schnelle Expansion der komprimierten Luft vorgenommen, die dann nach erfolgtem Temperaturausgleich an die Umgebung in eine isotherme (II) übergeht. Erstere gehorcht dem Gesetz $p \cdot v^\varkappa = $ const., letztere aber dem BOYLE MARIOTTEschen Gesetz $p \cdot v = $ const. Für kleine Druckänderungen ist also

$$\text{(I)} \qquad \varkappa\, p_0\, dv + v_0\, dp_1 = 0\,,$$
$$\text{(II)} \qquad p_0\, dv + v_0\, dp_2 = 0\,,$$
$$\varkappa = \frac{dp_1}{dp_2} = \frac{h_1}{h_1 - h_2}$$

mit $dp_1 = h_1$, $dp_2 = h_1 - h_2$, h_1 und h_2 die Niveaudifferenzen des Manometers vor und nach dem Versuch. Da die Druckunterschiede klein sein sollen, nehme man als Manometerflüssigkeit gefärbtes Petroleum. Nach der ersten Kompression[1] des Gases wartet man einige Zeit, bis Temperaturausgleich eingetreten ist, und nehme dann erst die adiabatische Expansion vor, doch nicht zu schnell, damit auch alle komprimierte Luft wirklich entweichen kann.

217. Versuch. Verflüssigung eines Gases durch Druck. Die Verflüssigung der Kohlensäure wird mit dem bekannten Apparat von CAILLETET gezeigt, dessen genaue Beschreibung man in größeren Lehrbüchern nachlesen wolle (z. B. MÜLLER-POULLETT, 10. Aufl., Bd. 3, S. 430). Als Kompressionsflüssigkeit dient nicht, wie meistens angegeben, Wasser, sondern besser Glyzerin. Es kommt häufig vor, daß der Apparat beim wiederholten Komprimieren keinen Druck mehr liefert, dann müssen die Ventile nachgesehen werden. Auch einige Ersatzkapillaren sind vorrätig zu halten. Beim Füllen derselben mit Kohlensäure ist für ein gutes Abschmelzen der Kapillare Sorge zu tragen. Die Kapillare selbst läßt sich leicht mit Bogenlampe und Projektionslinse projizieren, schädliches Seitenlicht ist dabei durch Pappblenden fernzuhalten. Außerdem empfiehlt es sich, zur Vermeidung von Gefahren bei einem evtl. Platzen der Kapillare außer der am Apparat befindlichen Schutzröhre dicke Glasscheiben oder Drahtnetze zum Schutze gegen Splitter anzubringen.

Bei Zimmertemperatur sieht man die erste Verdichtung der Kohlensäure bei etwa 60 Atm. Entspannt man dann plötzlich, so entsteht in der Kapillare ein Nebel aus Kohlensäure. Erwärmt man aber die Kapillare auf über $35°$, indem man warmes Wasser in die Schutzröhre füllt, welche die Kapillare umgibt, so läßt sich die Kohlensäure, da sie sich jetzt oberhalb ihrer kritischen Temperatur befindet, nicht mehr verflüssigen. (Man gehe aus Vorsicht nicht zu hoch mit dem Kompressionsdruck.)

Die kritischen Daten einiger Gase sind in der Tabelle 35 angegeben, s. aber auch die Wärmetabellen von PFAUNDLER. Führt man in die VAN DER WAALSsche

Tabelle 35. Kritische Daten.

	T_K	p_K	v_K	$\mathfrak{R}$
Helium	$5,25°$ abs.	2,26 Atm.	15,1 cm³g⁻¹	3,27
Wasserstoff	33,2	12,8	32,2	3,28
Stickstoff	126	33,5	3,12	3,42
Sauerstoff	154	50	2,31	3,42
Kohlensäure	304	72	2,23	3,45
Wasser	638	195	4,80	3,11
Äther	467	35,6	3,81	3,72

[1] Bei Unterdruck läuft man Gefahr, die Manometerflüssigkeit in die Flasche zu saugen.

Gleichung (s. Ziff. 161), in der der kritische Druck durch $p_K = \dfrac{a}{27\,b^2}$, die entsprechende Temperatur und das dazugehörende Volumen durch $T_K = \dfrac{8\,a}{27\,b\,R}$ und $v_K = 3\,b$ gegeben sind, die reduzierten Größen $\pi = \dfrac{p}{p_K}$, $\tau = \dfrac{T}{T_K}$ und $\omega = \dfrac{v}{v_K}$ ein, so lautet sie

$$\left(\pi + \frac{3}{\omega^2}\right)(3\,\omega - 1) = 8\,\tau.$$

Die sog. reduzierte Gaskonstante $\Re = \dfrac{R T_K}{p_K v_K}$, die hiernach $8/3 = 2{,}67$ betragen sollte, liegt in der Regel zwischen $3{,}4$ bis $3{,}8$.

Einige weitere Versuche über den kritischen Druck an flüssiger Kohlensäure in abgeschlossenen Kapillaren s. A. Weinhold, Demonstrationen, 6. Aufl., S. 568 und H. Ebert, Lehrbuch der Physik, S. 619.

218. Joule-Kelvineffekt. Bei den Luftverflüssigungsmaschinen von Linde und Hampson wird durch gleichzeitiges Komprimieren und Absaugen derselben Luftmenge durch den Kompressor das Gas ohne äußere Arbeitsleistung ausgedehnt. Für die Abkühlung kommt deshalb nur die innere Arbeitsleistung durch den sog. Joule-Kelvineffekt in Betracht. Die Abkühlung ist proportional der Druckdifferenz und beträgt bei $0°$ pro Atmosphäre Druckdifferenz für Luft $0{,}276°$, für Kohlensäure $1{,}39°$. Wasserstoff zeigt bei $0°$ eine Erwärmung bei der Ausdehnung, erst unterhalb von rund $-80°$ (Inversionspunkt) eine Abkühlung, bei der Temperatur der flüssigen Luft eine solche von ca. $0{,}13°$ pro Atmosphäre Druckdifferenz. Für Luft gilt genauer die Gleichung

$$T = 0{,}276\,(p_1 - p_2)\left(\frac{273}{T}\right)^2.$$

Inversionspunkte: CO_2: $1770°$, O_2: $520°$, H_2: $-80{,}5°$.

219. Luftverflüssigung. Abbildungen der Luftverflüssigungsmaschinen findet man in jedem Lehrbuch, ebenso als Tafel in den Wärmetafeln von L. Pfaundler. Da flüssige Luft im weitgehenden Maße in der Technik Verwendung findet, so dürfte die Beschaffung derselben jetzt in der Regel keine großen Schwierigkeiten mehr bieten. Der Transport geschieht in den bekannten doppelwandigen Dewarflaschen von 1 bis 2 Liter Inhalt, die jedoch nur mit einem Filzdeckel verschlossen werden dürfen. In den Flaschen hält sich die Luft 1 bis 2 Tage, so daß die im folgenden beschriebenen Versuche an 2 Tagen bequem ausgeführt werden können. Zum Umfüllen der Luft in kleinere Gefäße benutzt man am besten eine Hebervorrichtung, wie sie auch bei den bekannten Spritzflaschen der Chemiker Verwendung findet. An das Mundstück kommt hier jedoch ein Gummigebläse, mit dem man die Luft in die anderen Gefäße herüberpumpen kann. Man setzt den Stopfen mit den Glasröhren langsam auf die Flasche auf, um ein Herausspritzen der Luft durch zu kräftiges Sieden zu vermeiden und verschließt die Flasche nie vollständig. Steht eine eigene Luftverflüssigungseinrichtung zur Verfügung (etwa der kleine Apparat von Olszewski, der sich auch projizieren läßt), so sei auch an dieser Stelle nochmals darauf hingewiesen, daß die Luft vor der Verflüssigung sorgfältig von Kohlensäure und Wasserdampf zu reinigen ist und besonders der Apparat durch längeren Leerlauf — Durchsaugen von trockener Luft durch die Kühlschlangen — gut zu trocknen ist.

220. Versuch. Gefrieren von Flüssigkeiten. In ein Reagenzrohr wird Quecksilber gefüllt und ein am unteren Ende zu einer Spirale aufgewickelter

Eisendraht, der mit einem Holzgriff versehen ist, eingetaucht. Durch vorsichtiges Hineinbringen des Reagenzrohres (Tiegelzange) in ein Gefäß mit flüssiger Luft läßt man das Quecksilber gefrieren. Da es hierbei einen nicht unbeträchtlichen Volumschwund aufweist, kann das feste Quecksilber aus dem Rohr leicht entfernt werden. Auf einem kleinen Amboß zeigt man die Schmiedbarkeit des festen Metalls und kann es dann schließlich durch Eintauchen in Wasser zum Schmelzen bringen, wobei sich gleichzeitig eine Hohlform aus Eis bildet. Von den verschiedenen Variationsmöglichkeiten dieses Versuches sei nur erwähnt das Gießen eines Hakens in einer kleinen Holzform, die nach Füllung mit Quecksilber reichlich mit flüssiger Luft übergossen wird. An dem erstarrten Haken lassen sich Gewichte von mehreren Kilogramm aufhängen. Ebenso kann man Quecksilber in einem Gemisch aus fester Kohlensäure und Äther gefrieren lassen. Daß das feste Quecksilber wie alle übrigen Metallteile zur Vermeidung von „Brandblasen" nicht mit den Fingern berührt werden darf, dürfte selbstverständlich sein. Neben Quecksilber können auch andere bei tiefen Temperaturen erst erstarrende Flüssigkeiten verfestigt werden, wie Äther ($-123°$), Alkohol ($-114°$) usw. Äther erstarrt zu einer weißen, kristallinischen Masse, Alkohol wird zunächst dickflüssig und bildet dann eine mehr gallertartige, durchsichtige Masse. Ausführung des Versuches wie oben, auch hier ist der Volumschwund beim Erstarren beträchtlich. Pentan wird bei der Temperatur der flüssigen Luft nur dickflüssig, so daß mit einem geeichten Pentanflüssigkeitsthermometer diese Temperatur noch gemessen werden kann (s. Ziff. 143).

221. Versuch. **Kondensation von Gasen.** Man gießt etwas flüssige Luft auf den Experimentiertisch. Infolge des LEYDENFROSTSCHEN Phänomens verteilt sich die flüssige Luft in einzelne Tropfen, die über die Tischplatte eilen. Gleichzeitig bilden sich durch Kondensation der Luftfeuchtigkeit dicke weiße Nebelschwaden. Man kann den Vorgang etwas besser verfolgen, wenn man einige Tropfen flüssige Luft auf ein größeres Uhrglas schüttet. Zuerst bildet sich wieder der bekannte „sphäroidale Zustand", und erst nach erfolgter Abkühlung des Uhrglases tritt eine Benetzung der Wandungen durch die Luft und ein ruhiges Sieden der Flüssigkeit ein, gleichzeitig beschlägt sich das Glas durch die Luftfeuchtigkeit mit Reif. Schließt man ein mit flüssiger Luft gefülltes Reagenzrohr an eine kräftige Luftpumpe, so siedet die Luft bei vermindertem Druck und es kondensiert sich der atmosphärische Sauerstoff an der Wandung des Reagenzrohres.

222. Versuch. **Filtrieren von flüssiger Luft.** In ein mit flüssiger Luft gefülltes, unversilbertes DEWARSches Gefäß wird aus einer Kohlensäurebombe (mit Reduzierventil) langsam Kohlensäure eingeleitet. Die flüssige Luft trübt sich sofort durch Bildung von fester Kohlensäure — besonders effektvoll ist hier das Auftreten der Nebelschwaden[1]), die über den Rand des Gefäßes hinweg zu Boden sinken. Auch flüssige Luft, die lange offen gestanden hat, wird durch die Kohlensäure und Feuchtigkeit der atmosphärischen Luft getrübt. Man filtriert die Flüssigkeit nun durch einen Trichter aus Pappkarton (Glastrichter springen leicht, wenn sie nicht aus ganz dünnem Glase gefertigt sind) mit einem gewöhnlichen Papierfilter in ein zweites DEWARSches Gefäß, worauf die flüssige Luft wieder klar wird.

223. Versuch. **Kondensation von Gasen** (Kohlensäure). Eine Geißlerröhre mit Ansatzstutzen wird mit reiner, getrockneter Kohlensäure unter Atmosphärendruck gefüllt und an ein kleines Induktorium angeschlossen

---

[1]) In verstärktem Maße treten diese auf, wenn man die flüssige Luft in siedendes Wasser eingießt.

(etwa 10 cm Schlagweite). Bei Zimmertemperatur geht dann keine Entladung durch das Rohr hindurch. Taucht man aber den Ansatzstutzen in flüssige Luft, so kondensiert sich hier die Kohlensäure, und es treten dann die bekannten Entladungserscheinungen in verdünnten Gasen auf (s. Tabelle 11).

224. Versuch. Kondensation von Gasen (Kohlenwasserstoffe). Ein weites Reagenzrohr ist mit einem doppelt durchbohrten Stopfen verschlossen, durch den zwei Glasrohre gehen. Das eine knieförmig gebogene reicht fast bis zum Boden des Gefäßes, das andere mündet direkt unter dem Stopfen und ist oben zu einer Spitze ausgezogen. Man leitet Leuchtgas durch das Rohr, welches zunächst — an der Spitze entzündet — mit leuchtender Flamme brennt. Kühlt man aber das Rohr durch Eintauchen in flüssige Luft ab, so wird die Flamme infolge Kondensation der Kohlenwasserstoffe nichtleuchtend. Über die Kondensation des Stickstoffs durch Siedenlassen der flüssigen Luft unter vermindertem Druck s. A. Weinhold, Demonstrationen, 6. Aufl., S. 645.

225. Versuch. Änderungen der Materialeigenschaften bei tiefen Temperaturen. Blumen, in flüssige Luft getaucht, zerspringen nach dem Herausnehmen wie Glas. Ebenso spröde wird weicher Gummischlauch, den man an einem Holzstielchen in die flüssige Luft taucht. Man schlägt mit dem abgekühlten, spröden Gummischlauch eine kleine Glocke an und zerschlägt ihn dann mit einem Hammer, um die Sprödigkeit zu zeigen.

226. Versuch. Eine kleine **Bleiglocke,** in flüssige Luft getaucht, gibt bei Anschlagen mit einem Hammer aus Hartholz einen hellen Ton. Weinhold nimmt an Stelle der Glocke eine Bleischeibe, 1 cm dick, Durchmesser ca. 7 cm, die an einem Messingstiel auf einem Holzklotz befestigt ist.

227. Versuch. Farbänderung. Eine tiefbraune Lösung von Jod in Äther in einem Reagenzrohr färbt sich beim Eintauchen in flüssige Luft gelblichrot und wird dickflüssig. Rote Mennige wird bei Abkühlung gelblich. Roter Siegellack, der Mennige enthält, zeigt nicht immer diese Erscheinung deutlich, es ist deshalb reine Mennige vorzuziehen, die auf ein Stück Papier aufgerieben mit einer Zange in die flüssige Luft gehalten wird. Auch Schwefel hellt sich bei der Abkühlung auf.

228. Versuch. Phosphoreszenz abgekühlter Substanzen. Taucht man Eierschalen (evtl. Watte, die aber die Erscheinung nicht so gut zeigt) in flüssige Luft, belichtet sie dann mit dem intensiven Licht einer Bogenlampe (ohne Kondensor), so phosphoresziert sie im verdunkelten Raume sehr deutlich. Papierstreifen mit Leuchtmasse bestrichen zeigen bei der Temperatur der flüssigen Luft eine bedeutend intensivere Phosphoreszenz als bei Zimmertemperatur.

229. Versuch. Flüssiger Sauerstoff. Flüssige Luft, die längere Zeit gesiedet hat, hat sich in beträchtlichem Maße an flüssigem Sauerstoff angereichert. Ein glimmender Holzspan, Zigarette oder Zigarre mit flüssiger Luft übergossen, flammen daher hell auf und verbrennen, in flüssige Luft getaucht, die sich in einer Metallschale auf Filzunterlage befindet, mit intensiver Flamme.

Ein Wattebäuschchen, in flüssige Luft getaucht, verpufft beim Anzünden wie Schießbaumwolle.

230. Versuch. Oxyliquidpatrone. Eine ganz kleine Menge Kieselgur mit etwas Petroleum zu einem Brei verrührt und mit flüssiger Luft übergossen, detoniert heftig beim Anzünden (äußerste Vorsicht!!). Der Versuch ist auf einer Steinunterlage auf dem Fußboden und unter Anwendung der erforderlichen Sicherheitsmaßregeln vorzunehmen.

231. Versuch. Änderung des elektrischen Widerstandes durch Abkühlung. Eine Drahtspirale aus Widerstandsdraht (evtl. ganz dünner Blumendraht) ist mit einer 2-Volt-Lampe und einem Akkumulator in Serie geschaltet. Der

Widerstand der Spirale wird so bemessen, daß bei Zimmertemperatur die Glühlampe nur ganz schwach glüht; taucht man aber die Spirale in flüssige Luft, so leuchtet infolge der Widerstandsabnahme die Glühlampe sofort hell auf. Die Spirale ist aufzubewahren, um später Vergeudung von flüssiger Luft durch Ausprobieren zu vermeiden.

232. Versuch. Farbe der flüssigen Luft. Flüssige Luft (Sauerstoff) ist schwach blau gefärbt, weil sie im Gelben einen starken und im Roten einen schwächeren Absorptionsstreifen besitzt. Den ersteren kann man auch objektiv vorführen, wenn man mit Prisma, Spalt und Linse das kontinuierliche Spektrum einer Bogenlampe projiziert (s. Versuch 507) und eine unversilberte zylindrische DEWARsche Flasche mit flüssiger Luft vor den Spalt bringt, dabei gleichzeitig die Linsenwirkung der Flüssigkeit ausnutzend.

e) Mechanische Wärmetheorie.

233. Versuch. Wärmeentwicklung durch Stoß. Die Lötstelle eines Thermoelementes (Eisen-Konstantan) wird zwischen zwei kleine Stückchen Blei gelegt und diese dann auf einem Amboß mittels eines Hammers geschmiedet. Das Thermoelement zeigt eine merkliche Erwärmung an.

234. Versuch. Wärmeentwicklung durch Reibung. a) Man bringt in Analogie zu obigem Versuch das Thermoelement zwischen zwei Korkscheiben und reibt diese aneinander. b) Auf die Achse eines kleinen Motors ($^1/_8$ PS) oder einer Schwungmaschine wird eine Messinghülse gesteckt, am besten unter Zwischenschaltung eines wärmeisolierenden Stückes Preßspan oder Hartgummi. Man füllt die Hülse bis über die Hälfte mit Äther, verschließt sie gut, aber nicht zu fest, mit einem Korken und läßt sie zwischen zwei Hölzern mit Korkzwischenlagen, die einen dem Durchmesser der Hülse entsprechenden Ausschnitt haben, rotieren. Der Äther gerät ins Sieden und schleudert den Korken heraus. Die obigen Versuche lassen sich selbstverständlich noch weitgehend variieren.

235. Versuch. Bestimmung des mechanischen Wärmeäquivalentes. Am bekanntesten ist der Apparat von PULUJ. Hier wird mit Quecksilber als Kalorimeterflüssigkeit die Wärmeentwicklung bestimmt, die durch die Bremsarbeit in einem stählernen Doppelkonus entsteht. Der Apparat wird auf eine Schwungmaschine aufgesetzt.

Die Bremsarbeit ist gegeben durch das Produkt aus Umdrehungszahl, Länge des Bremshebelarmes und Spanngewicht der Feder (ca. 20 bis 50 g), die vorher zu eichen ist. Die Wärmeentwicklung berechnet sich aus dem Gesamtwasserwert des Kalorimeters (Doppelkonus: $0,114 \cdot g$, Quecksilber: $0,033 \cdot g$, Thermometer: $0,46 \cdot$ Volumen des eingetauchten Teiles des Thermometers) und der Temperaturerhöhung. Man gehe nicht viel über 300 Umdrehungen und eine Temperaturerhöhung von 2° bis 4° hinaus. Ausführliche Angaben der zweckmäßigsten Versuchsdaten findet man bei A. WEINHOLD, 6. Aufl., Demonstrationen, S. 659. Um die Reibung zwischen den beiden Konussen gleichmäßiger zu machen, bringt man zwischen sie ein Blättchen ganz dünnen Seidenpapiers (Schreibmaschinendurchschlagpapier), welches am besten nach einer Blechschablone geschnitten wird. WEINHOLD empfiehlt noch, auf der Innenseite des Außenkonus einen dünnen Lacküberzug anzubringen, damit das Blättchen an diesem besser haftet und sich durch die Reibung nicht verschiebt.

Von den zahlreichen anderen Apparaten zur Bestimmung des mechanischen Wärmeäquivalenten seien erwähnt der Apparat von GRIMSEHL: Ein fallendes Gewicht (5 kg) dreht einen Holzzylinder mit konischer Bohrung. Hierein paßt ein hohler Kupferkonus, dessen Temperaturerhöhung durch ein Luftthermometer oder Thermoelement gemessen wird. Ferner der Apparat von Rubens: Als Kalorimetergefäß dient eine mit Maschinenöl gefüllte Messingröhre (60 cm lang, Durchmesser 4,5 cm), in der ein zylindrisches Bleigewicht (4 kg) durch das Öl langsam herunterfällt (10 cm/sec). Nach wiederholtem Umkippen des Apparates und Fallenlassen des Gewichtes wird die Temperaturerhöhung an zwei in der Messinghülse eingelassenen Thermometern abgelesen. Einzelheiten der Apparatur wolle man in der Originalabhandlung[1]) nachlesen.

Das **Arbeitsäquivalent** beträgt (s. auch Ziff. 162):

$$1 \text{ kcal} = 426{,}88 \text{ kgm} = 41{,}34 \text{ Liter} \cdot \text{Atm} = 4186 \text{ Joule} = 0{,}00116 \text{ kWh}$$

$$1 \text{ kgm} = 2{,}343 \text{ cal} \qquad 1 \text{ Wattsekunde} = 0{,}238 \text{ cal.}$$

236. Die drei **Hauptsätze der mechanischen Wärmetheorie** seien hier nur in ihrer kürzesten Fassung angegeben:

Erster Hauptsatz. Die Änderung der inneren Energie eines Systems ist gleich der Zufuhr von Wärme und mechanischer Arbeit, und zwar unabhängig vom Weg und der Art der Zufuhr.

$$1) \quad dU = dQ + dA$$
$$1a) \quad dQ = dU + p\,dv\,.$$

Zweiter Hauptsatz. Die Gesamtänderung der Entropie eines Systems ist Null für reversible Prozesse[2]) und **wächst stets** für irreversible.

$$2) \quad dS \geqq 0\,.$$

Nach der statistischen Definition ist die Entropie der Logarithmus der mathematischen Wahrscheinlichkeit eines Zustandes und der Satz von der Vermehrung der Entropie geht über in den Satz vom Streben zur größten Wahrscheinlichkeit. (Boltzmannsche Konstante $k = 1{,}37 \cdot 10^{-16}$ erg/grad.)

$$2a) \quad S = k \cdot \log W\,.$$

Dritter Hauptsatz (Nernst). Der Absolutwert der Entropie konvergiert beim absoluten Nullpunkt gegen Null.

$$3) \quad \lim_{T \to 0^\circ} S = 0\,.$$

237. Wärmekraftmaschinen. a) **Heißluftmaschinen.** Luft wird durch die Heizung und ein Kühlgefäß abwechselnd erwärmt und abgekühlt und schiebt dadurch den Kolben im Zweitakt hin und her (kleine Motoren).

b) **Kolbendampfmaschinen.** Das Arbeitsdiagramm (Indikatordiagramm) der gewöhnlichen Kolbendampfmaschine zeigt Abb. 62, 1. 1) $e - a - b$ Dampfeintritt in den Kolben, 2) $b - c$ Expansion (Arbeitshub), 3) $c - d$ Ventilöffnung, Auspuff, 4) $d - e$ Kompression.

Bei den meistens angewandten doppeltwirkenden Maschinen wirkt der Dampf auf beiden Seiten des Kolbens, auf eine Umdrehung kommen dann zwei Arbeitshübe. Bei den Hochdruckmaschinen erfolgt der Auspuff in die atmosphärische Luft (Lokomotiven), bei den Niederdruckmaschinen in einen Kondensator, in dem durch Kühlwasser ein Unterdruck erzeugt wird. Bei den Kompoundmaschinen wird der noch nicht völlig entspannte Dampf des ersten Zylinders (Hochdruckzylinder) in einen zweiten, evtl. noch in einen dritten (Mitteldruck- und Niederdruckzylinder) übergeführt. Das Modell einer dieser Dampfmaschinentypen und das eines Kolbens mit Schiebersteuerung dürfte wohl in jeder Sammlung vorhanden sein (Abb. 61).

---

[1]) H. Rubens, Verh. d. D. Phys. Ges. Bd. 8, S. 77. 1906; ZS. f. Unterr. Bd. 19, S. 171. 1906.

[2]) Als Beispiel eines Kreisprozesses ist ein Indikatordiagramm vorzuführen, s. Abb. 62.

c) **Explosionsmaschinen** (Benzin—Leuchtgas—Sauggas). Den Arbeitsgang einer derartigen Maschine, und zwar einer Viertaktmaschine zeigt Abb. 62, 3. 1) $a - b$ Ansaugen des Gas-Luftgemisches, 2) $b - c$ adiabatische Kompression desselben, 3) $c - d$ Zündung und Explosion, $d - e$ Expansion (Arbeitshub), 4) $e - b$ Ventilöffnung, $b - a$ Auspuff der Verbrennungsgase.

d) **Glühkopfmaschinen** — Zweitaktmaschinen (Petroleum, Gasöl). Den Arbeitsgang zeigt Abb. 62, 2. 1) $a - b$ Einspritzen des Brennstoffes gegen den Glühkopf und Entzündung an demselben, 2) $b - c$ Expansion (Arbeitshub), 3) $c - d$ Ventil-

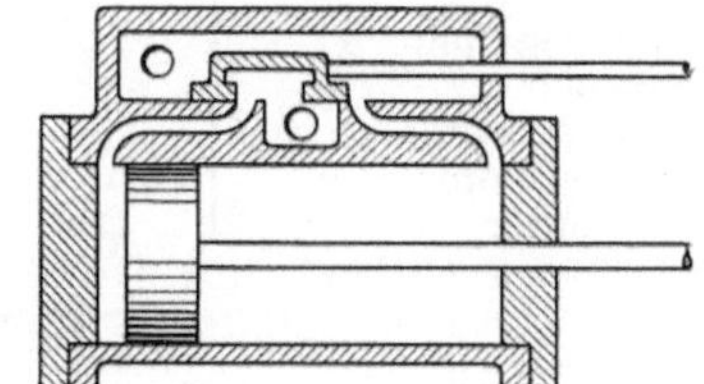

Abb. 61. Kolben mit Schiebersteuerung (*).

öffnung und Einblasen von Spülluft, 4) $d - a$ adiabatische Kompression der Luft. Zwei Pumpen müssen hier für Brennstoffzufuhr und Lufterneuerung sorgen.

e) **Dieselmaschinen, Verbrennungsmaschinen** (Schweröl). Die Maschinen arbeiten im Viertakt Abb. 62, 4. 1) $a - b$ Ansaugen von reiner Luft, 2) $b - c$ adiabatische Kompression derselben auf eine Temperatur über der Entzündungstemperatur des Brennstoffes, 3) $c - d$ Einspritzen von zerstäubtem Brennstoff und langsame Verbrennung desselben, $d - e$ Expansion (Arbeitshub), 4) $e - b$ Ventilöffnung, $b - a$ Auspuff der Verbrennungsgase. Das Anlassen von Dieselmotoren muß durch Druckluft geschehen.

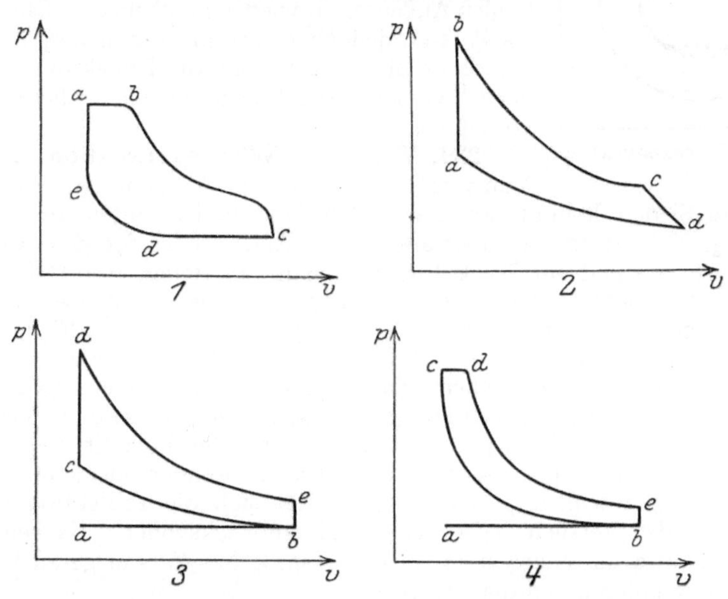

Abb. 62. Arbeitsdiagramme von Wärmekraftmaschinen (*).

1. Kolbendampfmaschine,
3. Viertaktmaschine (Explosionsmotor),
2. Zweitaktmaschine (Glühkopfmaschine),
4. Dieselmaschine.

Die Tabelle 36 bringt für die verschiedenen Kraftmaschinentypen den Verdichtungsdruck p_c, die Maximaltemperatur T_c, den theoretisch möglichen Nutzeffekt $\eta_0 = (T_c - T_0)/T_c$ und den am Kolben erzielten thermischen Nutzeffekt η_{th} (Verhältnis der indizierten Leistung zur aufgewandten Leistung). Die von der Maschine wirklich abgegebene (effektive) Leistung beträgt ca. 60 bis 90% der indizierten Leistung (mechanischer Nutzeffekt). Die Bestimmung der indizierten Leistung erfolgt durch den Indikator.

Tabelle 36. Wärmekraftmaschinen.

	p_c	T_c	η_0	η_{th}
Dampfmaschine . . .	2 bis 20 Atm	100 bis 200° C	19 bis 36%	<17%
Benzinmotor	4 ,, 5	550	61	20 bis 23
Leuchtgasmotor . . .	6 ,, 8	600	64	22 ,, 29
Glühkopfmotor	10 ,, 20	700	68	20 ,, 25
Dieselmotor	32 ,, 35	850	72	26 ,, 34

f) Wärmeübergang.

238. Versuch. Wärmetransport durch Konvektion (Flüssigkeiten). In eine Projektionsküvette werden zwei durch Korkstücke gehaltene Kupferdrähte eingetaucht, zwischen denen eine kleine Drahtspirale aus Cekasdraht (Widerstandsdraht s. Ziff. 343) — Gesamtlänge der Spirale ca. 1 bis 2 cm — ausgespannt wird, und zwar befindet sie sich nahe am Boden der Küvette (Abb. 63). Man füllt die Küvette mit Wasser und unterschichtet dieses mit Hilfe einer Pipette eben bis zur Höhe der Drahtspirale mit Tinte. Die Drahtspirale wird nun durch einen Strom (6-Volt-Akkumulator) erhitzt. In der Projektion sieht man dann, wie in der Mitte der Küvette schmale, durch Tinte gefärbte Wasserfäden zur Oberfläche steigen, sich dort verteilen und an den kühlen Außenseiten wieder herabsinken. Ohne gefärbtes Wasser, jedoch etwas umständlicher, dafür aber eindrucksvoller, kann man die Projektion auch nach der in Versuch 452 beschriebenen Schlierenmethode vornehmen.

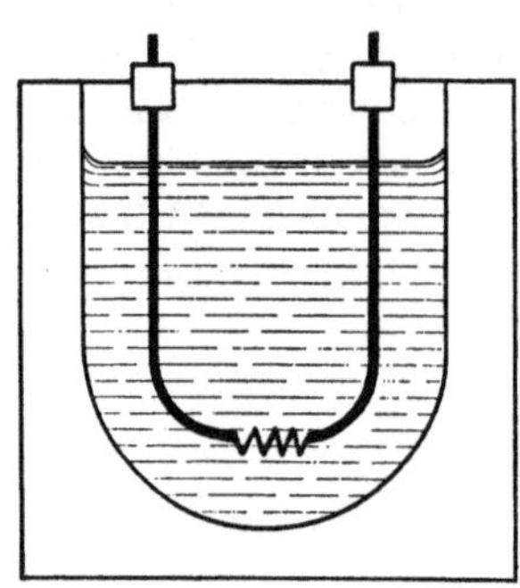

Abb. 63. Wärmekonvektion.

239. Versuch. Wärmekonvektion in Wasser. Man zeigt, daß in einem Reagenzrohr Wasser sehr schnell zum Sieden kommt, wenn das Rohr wie üblich unten am Boden erwärmt wird. Erhitzt man es aber am oberen Ende, so siedet das Wasser nur an der Oberfläche und ein Stück Eis, das man am Boden des Rohres durch ein kleines Drahtnetz festhält, bleibt trotz des Siedens des Wassers lange Zeit ungeschmolzen. Um das im Wasser schwer wahrnehmbare Stück Eis auf weitere Entfernung sichtbar zu machen, läßt man in einer Kältemischung Wasser gefrieren, das durch ein Körnchen Kaliumpermanganat violett gefärbt wird.

240. Versuch. Wärmekonvektion in Gasen. Im Schattenbild einer kleinen Bogenlampe, die eine nahezu punktförmige Lichtquelle darstellt, zeigt man die Schlieren der warmen Luft, die von einem Bunsenbrenner oder einer erhitzten Metallplatte emporsteigen. Auch hier gestaltet sich die Projektion nach der Schlierenmethode (Versuch 452) bedeutend eindrucksvoller. Es genügt hier schon die Handwärme oder ein in warmes resp. kaltes Wasser getauchter Glasstab, um die Schlieren sichtbar zu machen.

241. Versuch. Temperaturleitung in einem Stabe. An einem Kupferstab, 1 m lang, werden in gleichen Abständen von 10 cm kleine Kugeln (Schrot oder Glas) mit Klebwachs oder Paraffin festgeklebt. Erhitzt man den Stab an einem Ende mit einer Bunsenflamme, so fallen die Kugeln der Reihe nach ab. Um hier schon die Unterschiede der Temperaturleitung bei verschiedenen Materialien zu zeigen, kann man zwei gleiche Stäbe aus Eisen und Kupfer nehmen, die beide gleichzeitig erwärmt werden. Beim Kupfer erfolgt dann die Temperaturleitung bedeutend rascher. Man schützt die Kugeln vor der direkten Erwärmung durch den Bunsenbrenner durch Zwischenschalten eines Asbestschirmes.

242. Versuch. Temperaturverteilung längs eines Stabes. Ein Vierkantstab aus Kupfer oder Eisen — 1 m lang, Querschnitt 1 cm², an den beiden Enden zum Eintauchen in Temperaturbäder evtl. noch rechtwinklig umgebogen — enthält in gleichen Abständen von 10 cm Bohrungen, in die kleine Thermometer eintauchen. Zwecks besserer Temperaturübertragung werden die Löcher mit Quecksilber ausgefüllt. Bei Verwendung eines Thermoelementes ist dasselbe durch einen dünnen Lacküberzug zu isolieren. Das eine Ende des Stabes kommt in kochendes Wasser (100°) das andere in Eiswasser (0°). Würde kein Wärmeverlust durch die Oberfläche des Stabes hindurch vorhanden sein, so würde der Temperaturabfall längs des Stabes linear verlaufen (inneres Wärmeleitvermögen). Infolge des äußeren Leitvermögens durch die Oberfläche geht jedoch die Gerade in eine mehr oder weniger stark gekrümmte Exponentialkurve über (Abnahme der Temperatur in geometrischer Reihe). Bei sorgfältiger Ausführung des Versuches dauert es in der Regel einige Zeit (1 Stunde), bis sich eine vollkommen stationäre Temperaturverteilung ausgebildet hat, deshalb ist der Versuch rechtzeitig anzusetzen.

243. Versuch. Temperaturleitfähigkeit in verschiedenen Metallen. Zwei gleiche Stäbe aus Eisen und Kupfer — 15 cm lang, 5 mm dick, an einem Ende rechtwinklig nach oben umgebogen — werden durch einen Holzstab in der in Abb. 64 wiedergegebenen Weise festgehalten. Das aufrechtstehende Ende dieser beiden Stäbe enthält je eine Bohrung, in die je eine Lötstelle eines Differentialthermoelementes (Eisen-Konstantan-Eisen) gesteckt wird. Das andere schräg zugespitzte Ende der Stäbe wird durch einen Bunsenbrenner erwärmt. Das Thermoelement zeigt dann sofort eine stärkere Erwärmung des Kupfers an. Von anderen bekannten „Temperaturindikatoren", die das Wärmeleitvermögen verschiedener Substanzen — außer den gangbaren Metallen nehme man noch Holz und Glas — demonstrieren sollen, seien erwähnt: abtropfendes Paraffin (Schmelzpunkt je nach „Härte" 40° bis 55°) — dasselbe muß

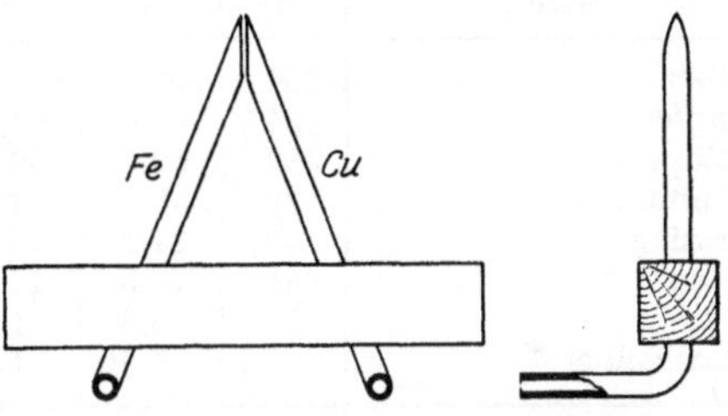

Abb. 64. Wärmeleitung in Metallen.

möglichst dünn und gleichmäßig auf die Stäbe aufgetragen werden —, abfallende Glas- oder Schrotkugeln (s. Versuch 241), Farbumschlag von Jodkupferquecksilber oder Jodsilberquecksilber. Das erste dieser beiden Doppelsalze ist bei Zimmertemperatur zinnoberrot, wird bei Erhitzung über 70° braun und bei Abkühlung unter 50° wieder rot, das letztere ist für gewöhnlich gelb und zeigt einen Farbumschlag in Orange bereits bei 45°. Das Rezept der Selbstherstellung des heute allerdings weniger gebräuchlichen Wärmeindikators (Kupferquecksilberjodid) gibt WEINHOLD an (Demonstrationen, 6. Aufl., S. 586).

244. Versuch. Kühleigenschaften größerer Metallmassen. Umwickelt man nicht zu dünne Stäbe aus Kupfer (Eisen) und Holz ganz straff mit dünnem Papier und hält die Stäbe in einen Bunsenbrenner, so verkohlt das Papier am Holzstab sofort, während es sich am Metallstabe höchstens etwas bräunt. Das Papier muß allerdings gut am Metall anliegen, blättert es sich ab, so verbrennt es sofort. Man wickle also einen Papierstreifen (1 cm breit) spiralförmig um den Stab und klebe das Ende mit etwas Syndetikon fest, der Streifen haftet dann fest am Stabe.

245. Versuch. Kühlung durch Drahtnetze. Ein kupfernes Drahtnetz läßt infolge seiner starken Kühlwirkung die Flamme des Bunsenbrenners nicht durchschlagen, solange es nicht selbst glühend geworden ist. Umgekehrt kann man einen Bunsenbrenner oberhalb des Netzes entzünden, ohne daß die Flamme zum Brenner durchschlägt. Vorführung der Davyschen Sicherheitslampe in einem hohen Standzylinder, der mit einem Luft-Ätherdampfgemisch gefüllt ist. Eine offene Flamme bringt dieses Gemisch sofort zur Entzündung.

246. Versuch. Wärmeleitung in anisotropen Medien. Ein nicht gar zu dünnes Spaltungsstück eines Gipskristalles (Marienglas) wird mit einer dünnen Schicht Paraffin gleichmäßig überzogen. Man erwärmt nun eine Kupferkugel (evtl. Lötkolben), auf die eine Metallspitze aufgesetzt ist, in einem Bunsenbrenner und setzt die Spitze auf den Kristall auf. Es bildet sich dann im Paraffin eine Schmelzellipse (Achsenverhältnis = 0,82 = Wurzel aus dem Verhältnis der Wärmeleitvermögen) aus, die in der diaskopischen Projektion gut zu sehen ist. Man stelle sich gleich mehrere solcher Schmelzellipsen her und suche sich dann für die Projektion die beste aus. Zum Vergleich kann man den Versuch mit einer Glasplatte wiederholen, bei der dann nur ein Schmelzkreis entsteht.

Die Abhängigkeit der Wärmeleitung bei Holz von der Faserrichtung siehe A. Weinhold, Demonstrationen, 6. Aufl., S. 599.

247. Die **Wärmeleitzahl** (Tabelle 37) ist gegeben durch die Anzahl der Kilokalorien, die bei einem Temperaturgefälle von 1° pro Meter in der Stunde durch den Querschnitt von 1 m² hindurchgeht. Sie ist das 360fache des Wärmeleitungskoeffizienten, gemessen in CGS-Einheiten (cal cm^{-1} sec^{-1}).

Tabelle 37. Wärmeleitzahlen.

Metalle	k	$\varkappa$	σ	Nichtleiter	k
Silber	364	100	100	Glas	0,36 bis 0,72
Kupfer	324	89,0	94,1	Holz ‖ zur Faser	0,43 ,, 0,66
Gold	252	69,2	69,5	,, ⊥ ,, ,,	0,12 ,, 0,32
Aluminium	175	48	51,4	Ziegelsteine	0,16 ,, 0,82
Messing	90	24,7	23	Papier	0,11
Eisen	54	14,8	13	Kork	0,033 bis 0,094
Blei	30	8,3	7,6	Eis	2,1
Quecksilber	5,7	1,56	1,66	Schnee	0,09 bis 0,2

Flüssigkeiten	k	Gase	k
Wasser	0,555	Wasserstoff	0,144
Alkohol	0,151	Helium	0,121
Petroleum	0,127	Luft	0,020
Äther	0,108	Kohlensäure	0,011

Mit der **Temperaturleitfähigkeit** a^2 (cm² sec^{-1}) hängt letzterer durch die Beziehung $a^2 = \dfrac{k}{d}\,c$ (d Dichte, c spezifische Wärme der Substanz) zusammen. Da in der Regel aber die Temperaturleitfähigkeit demonstriert wird (vgl. Versuche 241—243), so kommen in der Reihenfolge der Substanzen nach abnehmender Leitfähigkeit Umstellungen vor:

k: Ag, Cu, Au, Al, Messing, Zn, Fe, Pb, Hg.

a^2: Ag, Au, Cu, Al, Zn, Messing, Pb, Fe, Hg.

Zur Demonstration des Gesetzes von Wiedemann und Franz sind bei den Metallen in Spalte 3 und 4 die relativen Leitungskoeffizienten von Wärme ($\varkappa$) und Elektrizität (σ) angegeben, wobei Silber gleich 100 gesetzt ist.

248. Versuch. Wärmeleitung in Flüssigkeiten. Die Vorführung der Wärmeleitung in Flüssigkeiten und Gasen in einwandfreier und anschaulicher Weise stößt auf Schwierigkeiten, da sie in der Regel durch den viel größeren Wärmetransport durch Konvektion (s. Versuch 238) überdeckt wird. Um

Unterschiede des Leitvermögens zu zeigen, kann man sich hier der KUNDTschen Ätherindikatoren bedienen: kleine Reagenzröhren werden mit gleichen Mengen Äther gefüllt und mit Stopfen verschlossen, durch die oben zugespitzte Glasröhren gehen. Man taucht sie in weitere Reagenzrohre ein, welche die betreffende Flüssigkeit enthalten (Wasser, Alkohol, Petroleum oder Maschinenöl). Sämtliche Rohre werden dann in einem Gestell in heißes Wasser getaucht. Der durch die Erwärmung verdampfende Äther läßt sich an den Spitzen entzünden, und die Länge der Flamme ist dann ein Maß für die Wärmeleitung. An Stelle der Ätherindikatoren kann man auch Luftthermoskope (LOOSERsches Doppelthermoskop) nehmen. Quecksilberthermometer eignen sich hier nicht, eben wegen der Konvektion.

249. Versuch. **Wärmeleitung in Gasen.** Bei dem in ganz ähnlicher Weise wie oben auszuführenden Versuch nehme man Wasserstoff (Leuchtgas), Luft und Kohlensäure. Anschaulicher läßt sich aber die Wärmeleitung in Gasen durch den folgenden Versuch demonstrieren.

250. Versuch. **Wärmeleitung in Gasen.** Zwei Glasröhren, jede mit zwei durch Hähne verschließbare Ansatzstutzen versehen (Länge ca. 20 bis 25 cm, Durchmesser 5 cm, Abb. 65), sind auf beiden Seiten mit gut passenden Gummistopfen verschlossen, durch die luftdicht dicke Kupferdrähte (2 bis 3 mm) gehen. An diesen

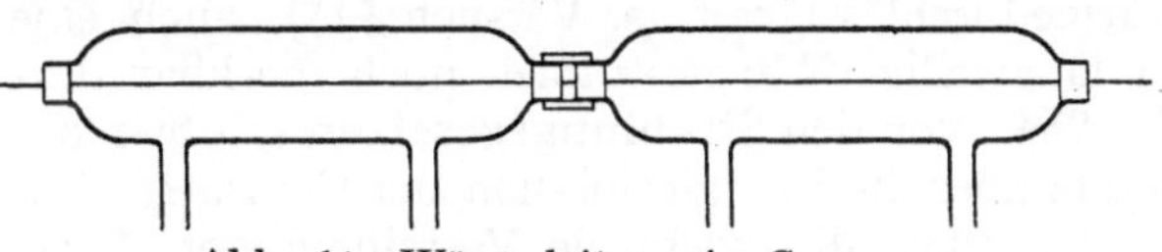

Abb. 65. Wärmeleitung in Gasen.

ist im Innern jedes Rohres mit Hartlot ein Platindraht, 0,2 bis 0,3 mm dick — oder auch Cekasdraht als Ersatz für Platin, s. Ziff. 343; derselbe darf bis ca. 900° erhitzt werden —, angelötet und gut straff gespannt worden. Sollte die Abdichtung der Gummistopfen nicht genügen, so dichtet man mit Siegellack oder Picein die Verschlüsse ab. Die beiden Drähte werden nun hintereinandergeschaltet und elektrisch geheizt, bis sie in beiden Röhren schwach rotglühend geworden sind. Evakuiert man dann mit einer Ölpumpe die eine Röhre, so glüht wegen der Herabsetzung der Wärmeleitung der Draht bis zur hellen Gelbglut auf. Stellt man jetzt die Heizung für einen Augenblick ab und läßt nach Erkalten des Drahtes in die evakuierte Röhre Leuchtgas einströmen (zur Vorsicht soll das Gas noch einige Zeit durchströmen, damit alle Luft vertrieben ist) und heizt dann wieder, so bleibt der Draht infolge der guten Wärmeleitfähigkeit des Leuchtgases (Wasserstoff) dunkel.

251. Versuch. **Wärmestrahlung.** Zwei Metallhohlspiegel (hochglanzpoliertes Messing, Vernicklung ist für Wärmestrahlen nicht unbedingt nötig, s. Tabelle 65), nicht unter 30 cm Durchmesser bei einer Öffnung von ca. 60° und möglichst parabolisch, werden in einer Entfernung von 1,5 bis 3 m einander zugekehrt aufgestellt. In den Brennpunkt des einen kommt der Krater einer kleinen Bogenlampe, in den Brennpunkt des anderen ein kleines Stück Zunder, welches sich sofort entzündet, wenn die Bogenlampe brennt. Daß es sich hier vornehmlich um die Zündwirkung der nicht sichtbaren Wärmestrahlen handelt, zeigt man am Ausbleiben der Zündung, sobald in den Strahlengang eine dickere Glasscheibe, noch besser eine Kühlküvette mit Wasser oder schwach gefärbter Kupfersulfatlösung[1]) gebracht wird.

252. Versuch. **Abhängigkeit der Wärmestrahlung von der Oberflächenbeschaffenheit.** a) Von einem Differentialthermoskop (s. Abb. 53) oder auch von zwei Quecksilberthermometern ist die eine Kugel durch Ruß geschwärzt worden.

---

[1]) Die häufig noch empfohlene Verwendung von konzentrierter Alaunlösung bringt gegenüber Wasser keinen Vorteil, da Alaun im Ultraroten nicht absorbiert.

Hält man ein Stück Eis in die Nähe der Kugeln, selbstverständlich von beiden Kugeln gleichweit entfernt, so kühlt sich die geschwärzte Kugel schneller ab. b) Ein Stanniolblatt ist in einem Rahmen ausgespannt. Auf der Rückseite des Blattes wird mit Ruß und etwas Schellacklösung ein schwarzer Kreis gemalt, die Vorderseite ist mit Quecksilbersilberjodid bestrichen. Nähert man nun der Rückseite einen Bunsenbrenner, so zeichnet sich auf der Vorderseite durch Farbumschlag des Quecksilbersilberjodids der Ring ab. c) Lesliescher Würfel. Vier Seiten eines Hohlwürfels aus Messing zeigen verschiedene Oberflächenbeschaffenheiten: geschwärzt, weiß lackiert, hochglanz- und mattpoliert. Der Würfel wird mit heißem Wasser gefüllt und vor eine empfindliche Thermosäule[1]) (Rubens, Melloni, Moll) gestellt. Der Galvanometerausschlag zeigt dann das verschiedene Emissionsvermögen der Oberflächen an.

253. Versuch. Durchlässigkeit von Wärmestrahlen. Mit einer empfindlichen Thermosäule, die auf einen Bunsenbrenner gerichtet wird, zeigt man die verschiedenen Durchlässigkeiten einer Steinsalzplatte, einer Glasplatte, einer Wasserküvette usw. Von Körpern, die für sichtbare Strahlen undurchlässig sind, zeigt eine konzentrierte Lösung von Jod in Schwefelkohlenstoff gute Wärmedurchlässigkeit (s. Versuch 515), auch eine dünne Hartgummiplatte ist für langwellige Wärmestrahlen noch merkbar durchlässig.

254. Von den **Strahlungsgesetzen** soll hier nur das Stefan-Boltzmannsche Gesetz über die Energieemission der Gesamtstrahlung angegeben werden, da die Gesetze über die spektrale Verteilung der Wärmestrahlung in der Optik behandelt werden:

$$E = \sigma\,(T_1^4 - T_2^4)\,.$$

Die Energie, die 1 cm² eines vollkommen absorbierenden Körpers in den Halbraum pro Sekunde ausstrahlt (Strahlungskonstante), beträgt

$$\sigma = 5{,}75 \cdot 10^{-12}\ \text{Wattsekunden/grad}^4 = 1{,}37 \cdot 10^{-12}\ \text{cal/grad}^4.$$

Durch Differenzbildung ist aus Tabelle 38 zum Vergleich mit Tabelle 37 der Wärmeverlust in Kilokalorien zu entnehmen, den ein Quadratmeter eines vollkommen schwarzen Körpers durch Ausstrahlung in einer Stunde bei der betreffenden. Temperaturdifferenz erfährt.

Tabelle 38. Strahlungsverlust in kcal/m²·h.

−273°	0 kcal	0°	274 kcal	1000°	13 · 10⁴ kcal
−200°	1,4	20°	363	2000°	134 · 10⁴
−100°	44,2	100°	960	5000°.	3820 · 10⁴

255. Versuch. Radiometer (Crookessche Lichtmühlen). Man zeigt, daß die Drehgeschwindigkeit einer Lichtmühle bei Bestrahlung mit einer Kohlefadenlampe größer ist als mit einer Drahtlampe oder gar Halbwattlampe, obwohl die visuellen Helligkeiten der letzteren größer sein können, und demonstriert damit die Radiometerwirkung als Wärmeeffekt, hervorgerufen durch stärkeren Rückprall der Luftmoleküle an den geschwärzten Seiten der Radiometerflügel. Der Radiometereffekt ist am größten für einen Gasdruck von 0,021 mm (bei Wasserstoff 0,022 mm, Kohlensäure 0,016 mm).

256. Als wichtigste **Daten der kinetischen Gastheorie** seien hier mitgeteilt die mittleren Geschwindigkeiten der Gasmoleküle $\bar{c}$, ihre freien Weglängen $\bar{\lambda}$ unter Normalbedingungen (0° und 760 mm Hg) und die Stoßzahl $Z = \dfrac{\bar{c}}{\bar{\lambda}}$, ferner der Durchmesser σ ihres Wirkungsquerschnittes.

---

[1]) Eine empfindliche Thermosäule soll schon in einiger Entfernung auf die Handwärme oder auf die Strahlung eines Eisstückchens reagieren.

Tabelle 39. Daten der kinetischen Gastheorie.

	$\bar{c}$	$\bar{\lambda}$	z	σ
Wasserstoff . . . H_2	1692 m/sec	$12{,}23 \cdot 10^{-6}$ cm	$13{,}82 \cdot 10^{9}$ sec	$23 \cdot 10^{-9}$ cm
Helium . . . . . He	1204	17,98	6,70	19
Stickstoff . . . . N_2	454	5,99	7,57	31
Sauerstoff . . . O_2	425	6,47	6,58	29
Wasserdampf . . H_2O	566	4,04	14,01	26
Kohlensäure . . . CO_2	362	3,97	9,13	32

Loschmidtsche Zahl (Anzahl der Moleküle in einem Mol) $= 60{,}6 \cdot 10^{22}$.
Avogadrosche Zahl (Anzahl der Moleküle in 1 cm³ Gas unter Normalbedingungen) $= 27{,}1 \cdot 10^{18}$.

V. Magnetismus und Elektrizität.

a) Magnetismus.

257. Magnete. Bei Behandlung der magnetischen Grundeigenschaften stellt man eine Reihe von natürlichen und künstlichen Magneten aus: natürliche Magnete (Magneteisenstein $FeO + Fe_2O_3$; Magnetkies $6\,FeS + Fe_2S_3$) Stabmagnete, Hufeisenmagnete, ferner aus Lamellen zusammengesetzte Magnete, die stärker magnetisiert werden können. Als Beispiel einer HEUSLERschen Legierung, die, ohne Eisen zu enthalten, Ferromagnetismus zeigt, sei erwähnt: 10% Al, 20% Mn und 70% Cu. Außer mit Al können Kupfer und Mangan mit den in Abb. 66 angegebenen Metallen legiert werden, um magnetische Eigen-

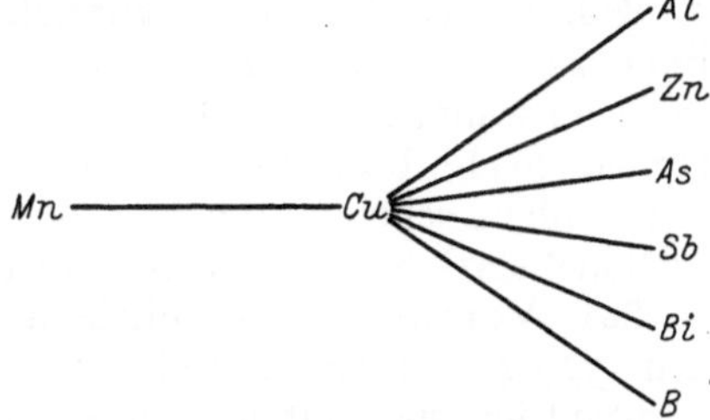

Abb. 66. HEUSLERsche Legierungen.

schaften zu erzielen. Die Pole der Magnete, besonders die der natürlichen, werden durch Eisenfeilspäne sichtbar gemacht. Es eignen sich hierzu am besten Stahlfeilspäne, die noch durch ein Sieb von $^1/_4$ mm Maschenweite gehen. Für die Sichtbarmachung in größerer Entfernung sind etwas gröbere Späne (Maschenweite 1 bis $^1/_2$ mm) vorzuziehen.

258. Versuch. Das COULOMBsche Gesetz setzt die Existenzmöglichkeit getrennter, punktförmiger Pole voraus (s. Abb. 69). Dies kann bis zu einem gewissen Grade realisiert werden durch zwei lange Stabmagnete (Stricknadeln), von denen die eine als Wagebalken ausgebildet ist. Die anziehende resp. abstoßende Kraft wird durch kleine Laufgewichte wieder kompensiert. Bei kurzen Magneten tritt an Stelle des Magnetpoles der Begriff des magnetischen Momentes $=$ Polstärke $\times$ Polabstand. Zu den verschiebenden Kräften kommen also noch Drehmomente hinzu. Für den Fall des stabilen Gleichgewichtes (Drehmoment Null) ist die Anziehungskraft eines derartigen Magneten vom Momente M auf einen Pol μ gegeben durch $\dfrac{2\,\mu\,M}{r^3}$. Dieser Fall der Kraftabnahme mit der dritten Potenz der Entfernung läßt sich demonstrieren durch eine kleine Magnetnadel, die an einem Faden aufgehängt ist. Projiziert man noch Faden und Nadel im Schattenbild auf den Schirm, so zeigt sich deutlich in der Verschiebung des Fadens bei langsamer Annäherung eines starken Stabmagneten das rasche Anwachsen der Anziehungskraft. Genaue Messungen dürften jedoch schwierig sein, an Stelle der Magnetnadel kann deshalb auch eine kleine Eisenkugel verwendet werden. Der Vollständigkeit halber sei hier noch erwähnt, daß zwei kurze Magnete mit den Momenten M_1 und M_2 in der stabilen Gleichgewichtslage (die magnetischen Momente gleichgerichtet auf einer Geraden liegend) sich umgekehrt proportional der vierten Potenz der Entfernung anziehen: $\dfrac{6\,M_1 \cdot M_2}{r^4}$. Die mit dem Coulombschen Gesetz eng verknüpften Begriffe der Feldstärke als Kraft auf den Einheitspol und der Intensität J der Magnetisierung als magnetisches Moment der Volumeneinheit bedürfen wohl kaum einer weiteren Erläuterung.

259. Versuch. Erdmagnetismus. Durch Streichen mit einem Magneten wird eine vorher unmagnetische Stricknadel magnetisiert, am besten so, daß man jedesmal von der Mitte aus streicht, mit dem einen Pol des Magneten nach der einen Richtung, mit dem anderen Pol nach der anderen Richtung. (Wesentlich leichter und schneller geht die Magnetisierung mit Hilfe einer Induktionsspule vonstatten, doch wird ja die Erzeugung von Magneten durch einen elektrischen Strom erst später behandelt.) Sie wird dann horizontal in einen kleinen Bügel aus Aluminiumdraht, der an einem Faden aufgehängt ist, gelegt, worauf sie sich bald in die Nord-Südrichtung einstellt. Zur diaskopischen Projektion eignet sich auch der folgende leicht auszuführende Versuch.

260. Versuch. Kompaßnadel. Eine Nähnadel wird magnetisiert und dann mit etwas Vaseline eingefettet, so daß sie auf Wasser in einer flachen Kristallisierschale schwimmt. Sie stellt sich in die Nord-Südrichtung ein und läßt sich durch Magnete leicht beeinflussen, nur muß Sorge dafür getragen werden, daß das Wasser nicht schon durch eine dünne Fetthaut, die die Bewegungsmöglichkeit der Nadel stark hemmen würde, verunreinigt ist. (Alte Form der Kompaßnadel.)

261. Versuch. Magnetisierung von Eisen durch das Erdfeld. Es kann auch gezeigt werden, daß ein unmagnetischer Eisenstab, wenn man ihn in der Nord-Südrichtung hält und durch Klopfen leicht erschüttert, durch das Erdfeld magnetisch wird.

Die Bestimmung der magnetischen Meridiane, der Deklination und Inklination mit Hilfe von Bussole (Kompaß), Deklinatorium und Inklinatorium ist so bekannt, daß hier die folgenden kurzen Angaben genügen dürften: Magnetische Meridiane sind die Horizontalprojektionen der erdmagnetischen Kraftlinien auf die Erdoberfläche, Isogonen sind Kurven gleicher Deklination, Isoklinen solche gleicher Inklination. Die Isogonen der Deklination 0° heißen Agonen. Neben einer durch die beiden magnetischen Erdpole gehenden Agone befindet sich in Ostasien noch eine zweite geschlossene Agone. Die beiden Magnetpole der Erde liegen bei 70° 05′ 17″ n. Br., 96° 45′ 48″ w. L. und 72° 25′ s. Br., 146° 15′ ö. L. Die magnetische Achse der Erde (Achse des größten magnetischen Momentes) geht durch die Punkte 78° 20′ n. Br., 292° 43′ ö. L. und 78° 20′ s. Br., 112° 43′ ö. L., im Gegensatz zur Verbindungslinie der Pole ist

Tabelle 40. Werte der erdmagnetischen Elemente (1921).

	D	I	H
Berlin	7° 12′	66° 38′	0,1855
Bonn	10° 28′	65° 50′	0,1902
Genf	10° 36′	62° 6′	0,211
Königsberg	2° 56′	67° 52′	0,1784
Kopenhagen	7° 48′	68° 50′	0,1723
Lund	7° 6′	68° 48′	0,172
München	7° 57′	63° 17′	0,2046
Wien	5° 41′	62° 57′	0,2074
Utrecht	11° 22′	66° 53′	0,1838

sie selbstverständlich ein Durchmesser der Erdkugel. Einige Werte für die Deklination, Inklination und Horizontalintensität in Gauß finden sich in der beigefügten Tabelle 40, s. aber auch einen magnetischen Atlas mit Isogonen und Isoklinen.

262. Versuch. Magnetische Induktion. Ein kurzes, senkrecht an einem Stativ befestigtes Weicheisenstäbchen wird mit Hilfe einer Lichtquelle (Bogenlampe mit Kondensor) und einer Projektionslinse auf den Schirm projiziert. Darüber befindet sich an einem zweiten Stativ festgeklemmt ein ebenfalls senkrecht stehender Stabmagnet, der das Eisenstückchen gerade nicht mehr berührt. Eisenfeilspäne haften nur dann, wenn der Magnet sich darüber befindet. Sie fallen aber herunter, wenn der Magnet entfernt wird.

263. Versuch. Magnetische Induktion. An die Pole eines Magneten lassen sich infolge der Induktion mehrere kleine Eisenstückchen (Nägel) kettenförmig aneinanderreihen.

264. Versuch. Konstitution der Magnete. Eine unmagnetische Stricknadel wird an mehreren Stellen eingefeilt. Bei der Vorführung des Versuches magnetisiert man zunächst die Nadel in der in Ziff. 259 beschriebenen Weise, legt sie in Eisenfeilspäne und zeigt die an den Nadelenden entstandenen Pole. Sodann bricht man mit Hilfe zweier Flachzangen die Nadel an den eingefeilten Stellen durch und weist ebenfalls mittels Eisenfeilspänen nach, daß jetzt jedes einzelne Stück zwei Pole besitzt.

265. Versuch. Einfluß der Temperatur auf den Magnetismus. Eine magnetische Stricknadel wird nach dem Glühen unmagnetisch. — Ein Bündel Weicheisendrähte (s. Abb. 67) und ein Stabmagnet werden ähnlich wie bei Versuch 262 an einem Stativ befestigt, und zwar so, daß das freie Ende des Bündels projiziert werden kann. Durch Induktion ist dieses Ende imstande, Eisenfeilspäne anzuziehen. Erhitzt man aber jetzt mit einem Bunsenbrenner das Drahtbündel in der Mitte, so fallen die Eisenfeilspäne herab. Einige Umwandlungspunkte, bei denen die Magnetisierbarkeit verloren geht, gibt Tabelle 41.

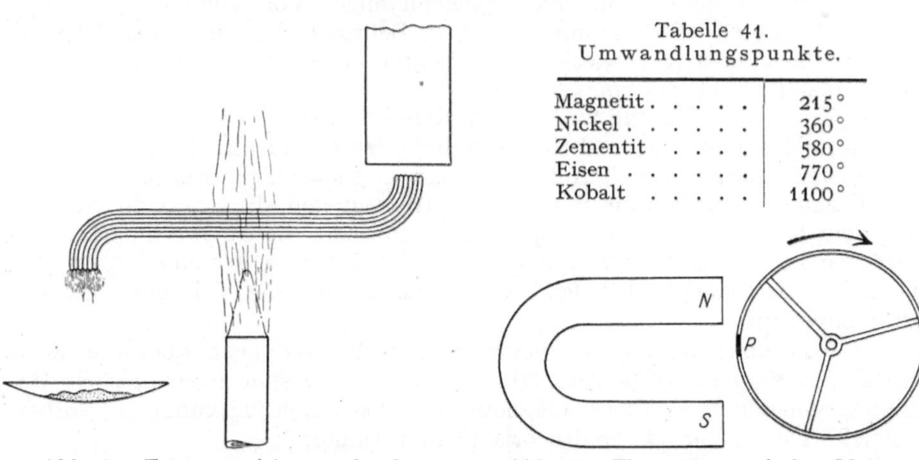

Tabelle 41.
Umwandlungspunkte.

Magnetit	215°
Nickel	360°
Zementit	580°
Eisen	770°
Kobalt	1100°

Abb. 67. Entmagnetisierung durch Erwärmen.

Abb. 68. Thermomagnetischer Motor.

266. Versuch. Thermomagnetischer Motor (Abb. 68). Ein leichtes Rad, dessen Felge aus einem dünnen Weicheisenband gebogen ist, läuft gut ausbalanciert auf einer Spitze. Das Eisenband wähle man etwa 3 mm breit und 1 mm dick mit einem Durchmesser von 20 cm. Für die Speichen — drei dürften

genügen — kommen dünne Magnesiastäbchen in Betracht, wie sie als Glüh-
strumpfhalter Verwendung finden. Die Verbindung zwischen Felge und Speichen
wird einfach dadurch erreicht, daß die Speichenenden durch passend gebohrte
Löcher der Felge eine kleine Strecke weit lose hindurchgesteckt werden. Damit
die Felge nicht bei der nachfolgenden Erwärmung durch Ausdehnung ihre
Kreisform verliert, muß eine festere Verbindung zwischen ihr und den Speichen
unbedingt vermieden werden. Aus demselben Grunde kann auch nicht das
ganze Rad aus einer Blechscheibe ausgeschnitten werden. Um die Drehung zu
kennzeichnen, bringt man noch auf der Achse ein kleines Papierfähnchen an.
Sodann wird ein starker Hufeisenmagnet so festgeklemmt, daß seine Schenkel
beide in der horizontalen Ebene des Rades liegen und die beiden Pole sich in
geringem, jedoch etwas verschiedenem Abstand von der Radperipherie befinden.
Wird nun die in der Abb. 68 angedeutete Stelle des Eisenringes durch einen
starken Bunsenbrenner bis zur Rotglut erhitzt, so wird die Anziehungskraft
hier aufgehoben, während der andere Pol die nichterwärmten Teile des Ringes
heranzieht. Das Rad gerät also in eine langsame Rotation.

   267. Versuch. Magnetische Kraftlinien. Die Kraftlinien werden nach
bekannter Methode durch Auflegen von weißem Karton auf verschieden gestaltete
Magnete und Aufstreuen von Eisenfeilspänen unter leichtem Klopfen sichtbar
gemacht. Über das Fixieren derartiger Kraftlinienbilder s. A. Weinhold, Physikalische Demonstrationen. 6. Aufl.

   268. Versuch. Magnetische Kraftlinien. Steht diaskopische Projektion
liegender Gegenstände zur Verfügung, so befestigt man unter einer Glasplatte
(photographische Platte 9×12 cm) mit Syndetikon einen kleinen Stabmagneten
(3×20 mm) und bestreut die Glasplatte mit Eisenfeilspänen. In der Projektion
tritt der Kraftlinienverlauf dann besonders schön hervor. In Erweiterung dieses
Versuches läßt sich auch die Wechselwirkung zweier Magnete in den verschiedenen Lagen zueinander zeigen, indem man mehrere solcher Glasplatten mit
je zwei Stabmagneten versieht, und zwar so, daß sich das eine Mal die beiden
gleichnamigen, das andere Mal die ungleichnamigen Pole einander gegenüber
befinden. Als weitere Fälle kommen noch in Betracht, daß die beiden Magnete
parallel nebeneinander (gleichgerichtet und entgegengesetzt gerichtet) und senkrecht zueinander in Form eines T liegen.

   269. Versuch. Räumliche Kraftlinienverteilung. Bei einem starken
Elektromagneten läßt sich auch die räumliche Verteilung der Kraftlinien sehr
schön veranschaulichen durch Aufstreuen von 2- bis 4zölligen Eisennägeln oder
groben Eisenfeilspänen auf die Pole des Elektromagneten, die sich dann büschel-
förmig dem Kraftlinienverlauf entsprechend anordnen. Es ist zweckmäßig, vorher auf die Pole einen Pappkarton zu legen. Auch bei der technischen Anwendung der Elektromagnete, bei den Lasthebemagneten, zeigt sich sehr schön der
Kraftlinienverlauf.

   Eine Zusammenstellung der verschiedenen Vorstellungen über die Konstitution der Magnete zeigt Abb. 69: 1. Vorstellung einer magnetischen Belegung, 2. Vorstellung von zwei magnetischen Polen (Fernwirkung), 3. Aufbau
aus Molekularmagneten, 4. Feldtheorie (Nahewirkung).

   **270. Versuch. Remanenz, Koerzitivkraft, Ummagnetisierungsarbeit
(Hysteresisschleife).** Eine Braunsche Röhre befindet sich in einem Gestell, das
vier kreuzweise angeordnete Spulen besitzt (Anordnung nach Simon und Reich).
Die Braunsche Röhre muß zur Erzielung eines guten Lichtfleckes mit einer
stärkeren Influenzmaschine, die Gleichstrom liefert, betrieben werden. Alle
Spulen sind hier in Serie geschaltet, und zwar so, daß die beiden wagerechten
sich in ihrer magnetischen Wirkung aufheben (Einregulierung durch Kurz-

schließen der beiden anderen), die beiden senkrechten sich aber verstärken.
Doch genügt hier auch schon eine Spule (s. Abb. 70). Die Spulen werden nun

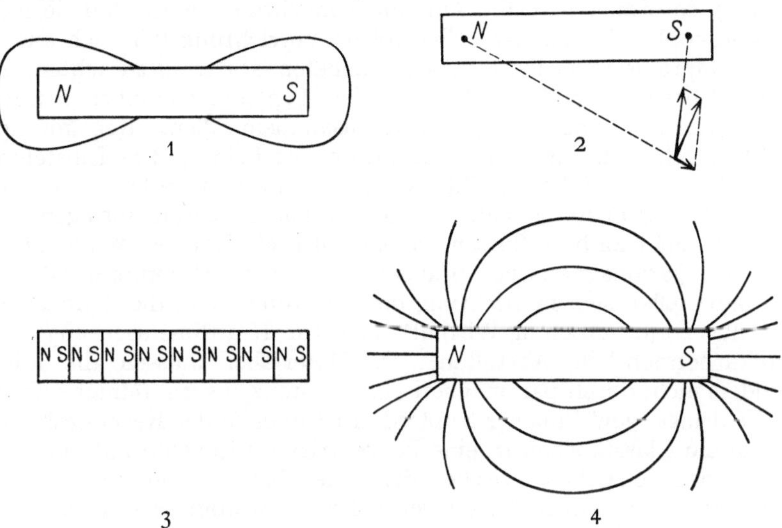

Abb. 69. Vorstellungen über die Konstitution der Magnete (*).
1. Magnetische Belegung.   2. Pole.   3. Molekularmagnete.   4. Kraftlinien.

mit Wechselstrom von möglichst hoher Frequenz beschickt. Günstig ist ein
Strom von 500 Perioden, den man z. B. mit einem kleinen, aus der Radio-
praxis bekannten Umformeraggregates erzeugt. Durch das magnetische Wechsel-
feld wird der Kathodenstrahl bei dieser Schaltung
zunächst in eine horizontale Linie auseinandergezogen. Bringt man aber in eine der horizontalen
Spulen eine Stahlstricknadel, Weicheisendraht oder
ein Eisendrahtbündel hinein, so wird die Kompensation der Feldstärke $\mathfrak{H}$ durch die auftretende
Induktion $\mathfrak{B}$ gestört, und es entstehen die je
nach der gewählten Eisensorte mehr oder weniger geöffneten Hysteresisschleifen. Stahlnadeln
werden besonders bei einem 500-Periodenwechsel
durch die schnelle Ummagnetisierung in kurzer
Zeit glühend heiß.

271. Versuch. **Para- und Diamagnetismus.**
Zwischen die in horizontaler Ebene liegenden
Pole eines starken Elektromagneten werden
nacheinander kleine Stäbchen (ca. 2 cm lang) von
Nickel, Mangan, Aluminium, Glas, Kupfer, Silber,
Wismut und ein Röhrchen mit Eisenchlorid-
lösung gebracht. Jedes Stäbchen bzw. Röhrchen
wird in seiner Mitte mit einem Zwirns- oder Kokon-

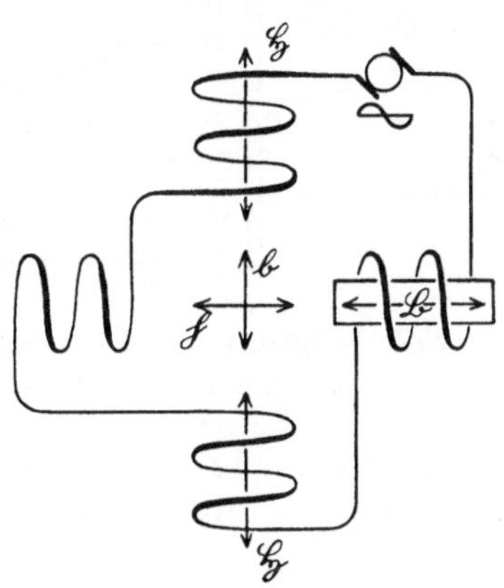

Abb. 70. Demonstration der Hysteresisschleife.

$\mathfrak{H}$ = Bewegung des Leuchtfleckes unter
dem Einfluß von $\mathfrak{H}$. $\mathfrak{b}$ = Bewegung des
Leuchtfleckes unter dem Einfluß von $\mathfrak{B}$.

faden versehen, so daß es daran wagerecht hängt. Die Fäden, die alle unter
sich gleich lang sein müssen, erhalten an ihren oberen Enden kleine Häkchen
aus Draht. Mit letzteren werden sie der Reihe nach an ein Stativ gehängt, das
so eingestellt ist, daß das betreffende Stäbchen sich gerade in der Mitte zwischen
den Magnetpolen befindet. Da man den Stäbchen, um beim Einschalten des

Magnetfeldes ihre Ablenkung in dem einen oder anderen Sinne zeigen zu können, von vornherein eine bestimmte Richtung geben muß (am besten 45° gegen die Feldrichtung), so ordnet man die Aufhängevorrichtung so an, daß sie nach Art eines Torsionskopfes drehbar ist. Eine solche Vorrichtung läßt sich aus Stativteilen leicht improvisieren. Beim Elektromagneten ist darauf zu achten, daß die Polschuhe gut befestigt sind, die Zugkraft der Magnete ist nämlich beträchtlich, und die Polschuhe könnten sonst leicht zusammenprallen. Kegelförmige Polschuhe (120°) geben die beste Konzentration des Feldes. Die Einstellung der Stäbchen läßt sich im Schattenbild oder in der Projektion leicht zeigen, doch ist die Bogenlampe nicht zu nahe an den Magneten heranzubringen, um den Lampenstrom nicht zu beeinflussen. Nickel wird sehr kräftig, Mangan erheblich angezogen, die paramagnetischen Stäbchen (Mangan, Aluminium, Glas, Eisenchloridlösung) stellen sich in Richtung der Kraftlinien ein, die diamagnetischen (Kupfer, Silber, am stärksten Wismut) quer zur Kraftlinienrichtung. Wismut zeigt bereits beträchtliche Abstoßung. Die Materialien müssen alle sehr rein und besonders nicht durch paramagnetische Substanzen verunreinigt sein. Silbermünzen, Goldringe, gewöhnlicher Kupferdraht tun es in der Regel deshalb nicht. Taucht man ein Glasstäbchen in eine konzentrierte Eisenchloridlösung, die sich in einem kleinen Schälchen zwischen den Polen befindet, so stellt es sich diamagnetisch ein. Über einige Zahlenwerte der Permeabilität s. Tabelle 42.

Tabelle 42. Permeabilitäten μ.

Diamagnetisch	Wismut	$\mu = 1 - 0{,}000176$
	Gold	$\mu = 1 - 0{,}000038$
	Silber	$\mu = 1 - 0{,}000019$
	Kupfer	$\mu = 1 - 0{,}000009$
Paramagnetisch	Aluminium	$\mu = 1 + 0{,}000023$
	Platin	$\mu = 1 + 0{,}00036$
	Mangan	$\mu = 1 + 0{,}00350$
	Fe_2Cl_4-(Lösung)	$\mu = 1 + 0{,}00075$
Ferromagnetisch	Stahl, gehärtet	$\mu_{(\mathfrak{H}=0)} = 43{,}2$ $\mu_{max} = 110$
	Nickel	$\mu_{(\mathfrak{H}=0)} = 80$ $\mu_{max} = 300$
	Gußeisen	$\mu_{(\mathfrak{H}=0)} = 176$ $\mu_{max} = 620$
	Schwed. Holzkohleneisen (geglüht)	$\mu_{(\mathfrak{H}=0)} = 470$ $\mu_{max} = 6400$
	Heuslersche Legierung	$-$ $\mu_{max} = 240$

272. Magnetische Größen. Auf folgende Begriffe sei hier nur kurz hingewiesen: Zwischen Feldstärke $\mathfrak{H}$, Magnetisierung J und Induktion B bestehen die folgenden Beziehungen (μ Permeabilität, $\varkappa$ Suszeptibilität):

Magnetische Induktion $\quad B = \mu \mathfrak{H}$

Intensität der Magnetisierung $\quad J = \varkappa \mathfrak{H}$

$$\mu = 1 + 4\pi\varkappa.$$

Die Feldstärke gibt die Anzahl der Kraftlinien, die Induktion die Anzahl der Induktionslinien an, die durch die zur Feldrichtung senkrechtstehende Flächeneinheit hindurchgehen. Beim Übergang von einem Medium in ein anderes bleibt die Tangentialkomponente der Feldstärke (Kraftlinien) stetig, die Normalkomponente erleidet einen Sprung derart, daß $\mu_1 \mathfrak{H}_1 = \mu_2 \mathfrak{H}_2$ ist. Die Normalkomponente der Induktion (Induktionslinien) ist stetig. Daraus folgt das Brechungsgesetz der Induktionslinien: $\mathrm{tg}\,\alpha_1 : \mathrm{tg}\,\alpha_2 = \mu_1 : \mu_2$. Bei ferromagnetischen Substanzen findet also eine starke Brechung statt (Schirmwirkung). (Abb. 71.)

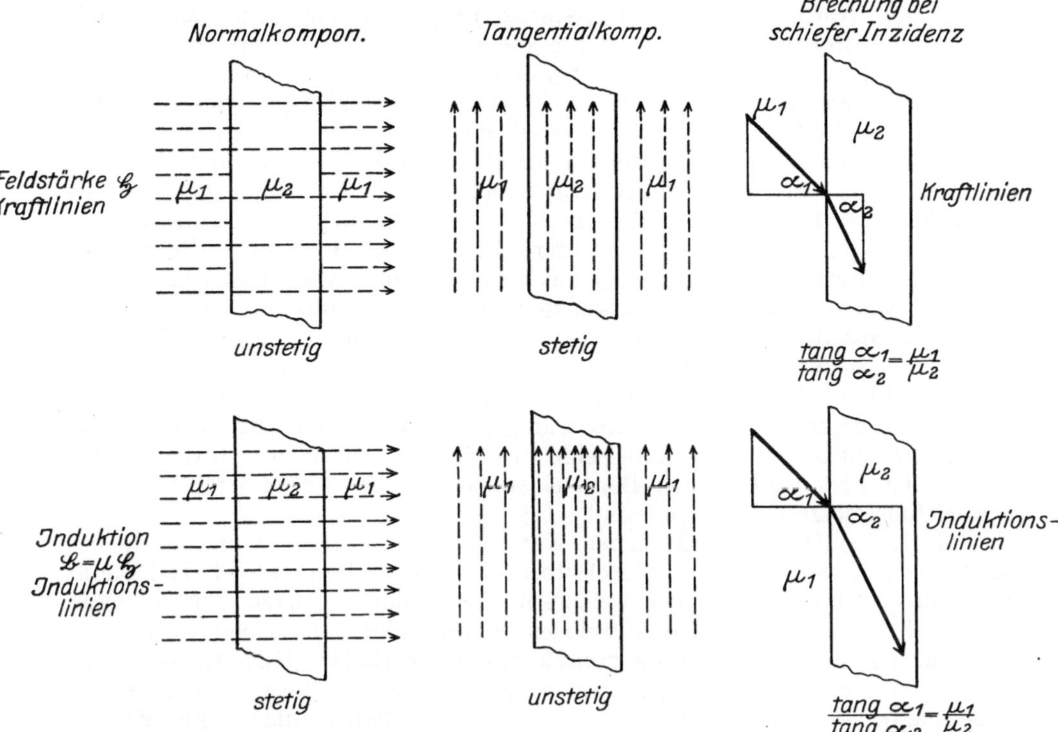

Abb. 71. Verlauf der Kraft- und Induktionslinien (*).

273. Versuch. Schirmwirkung. Zwischen die Pole eines möglichst großen Hufeisenmagneten und seinem Anker werden nacheinander Platten aus Karton, Glas, Messing und Eisen geschoben. Nur beim Eisen haftet infolge der starken Abschirmung der Kraftlinien der Anker nicht mehr am Magneten.

274. Versuch. Schirmwirkung eines Eisenringes. In einen ca. 10 bis 15 cm hohen Eisenring (Schutzring eines Nadelgalvanometers) wird eine kleine Magnetnadel gesetzt und gezeigt, daß der Einfluß des Erdfeldes und anderer Magnete stark abgeschirmt ist. Anwendung bei den Panzergalvanometern.

b) Elektrostatik.

275. Elektrostatische Versuche leiden stets sehr durch die mangelnde Isolierfähigkeit der Isolatoren infolge der Feuchtigkeit der Luft. Deshalb gelingen die Versuche im Winter, wo die relative Feuchtigkeit viel geringer ist, in der Regel auch leichter als im Sommer. Doch auch sonst läßt sich leicht Abhilfe schaffen, wenn man die Gegenstände durch vorherige Heizung gut trocknet. Hierzu eignen sich besonders gut kleine Heizöfen aus Widerstandsbändern der Firma Schniewindt, Neuenrade. Diese aus Draht-Asbestgeflecht hergestellten Widerstände können bei einem Verbrauch von ca. 200 bis 400 Watt und einer Strombelastung von 1 bis 2 Amp. direkt an eine 220 Volt-Leitung angeschlossen werden. Baut man sich daher ein kleines Gestell, das mit Drahtgeflecht bezogen wird, und spannt die Widerstandsbänder darunter, so lassen sich alle für die einfachen elektrostatischen Versuche benötigten Gegenstände (Glas- und Hartgummistab, Probekugel, Reibzeug usw.) bequem trocknen. Auch die heutzutage zu vielen Zwecken benutzten, im Handel erhältlichen Wärmestrahler — Heizspirale im Brennpunkt eines Metallhohl-spiegels — leisten gute Dienste, ebenso die bekannten Heißluftapparate (Fön).

Als Isoliermaterial kommt überall dort, wo eine gute und zuverlässige Isolation Haupterfordernis ist (z. B. bei den Elektroskopen), nur Bernstein (Preßbernstein) oder als billigeres Material evtl. auch Schwefel — jedoch nur in frisch gegossenem Zustande; später soll angeblich die Isolierfähigkeit leiden — in Betracht. Glas, welches als stark hygroskopisches Material auf jeden Fall mit einem Schellacküberzug versehen sein muß, Hartgummi und Siegellack sind weniger zuverlässig. Es empfiehlt sich, mehrere Untersatzscheiben und Klötze ver-schiedener Größe aus Paraffin oder aus einer Mischung von Wachs und Kolo-phonium, wie sie z. B. als Isolationsmasse in den Funkeninduktorien Verwendung findet, herzustellen, die gut zu isolieren vermögen und in vielen Fällen, wo größere Gegenstände isoliert werden müssen, als Isolieruntersätze wertvolle Dienste leisten. Bei Seidenfäden als Isolationsmaterial ist darauf zu achten, daß es sich tatsächlich um gute Rohseide, die nicht immer leicht zu beschaffen ist, handelt, nicht aber um Kunstseide. Im Notfall hilft man sich durch Auf-hängen der Fäden an kleinen Bernsteinstückchen oder an Glasstäben, die in Schwefeluntersätze eingegossen sind.

Als Reibmittel kommt neben Katzenfell, Fuchsschwanz und Seide be-sonders das KIENMAYERsche Quecksilberamalgam in Betracht: 1 Teil Zinn, 1 Teil Zink, 2 Teile Quecksilber, welches in einem dünnen Überzug auf die Seide oder noch besser auf ein Stück weiches Sämischleder aufgerieben wird.

276. Versuch. Entstehung von Reibungselektrizität. Jeder Körper wird, wenn er mit einem anderen gerieben wird, elektrisch, d. h. er vermag leichte Gegenstände — Papierschnitzel, leichte, an Seidenfäden aufgehängte Papier-hütchen — anzuziehen und nach Mitteilung der Ladung wieder abzustoßen. Die Art der bei der Reibung entstehenden Elektrizität, positive oder negative, hängt von der Natur der Körper ab. Für die hier gebräuchlichen Materialien gilt mit evtl. kleinen Abänderungen — entsprechend der mangelhaften Defini-tion dieser Körper — die folgende Spannungsreihe:

Spannungsreihe: + Katzenfell, Flanell, Elfenbein, Federn, Quarz, Glas, Baumwolle, Seide, trockene Haut der Hand, Holz, Papier, Schellack, Siegel-lack, Metalle, Hartgummi, Schwefel —.

Zur Feststellung der entsprechenden Ladung merke man sich, daß Hart-gummi, an Katzenfell gerieben, negativ elektrisch, Glas an Seide oder Amalgam gerieben, positiv elektrisch wird. Die Art der Ladung kann festgestellt werden mit einem Blättchenelektroskop (s. unten), das entsprechend aufgeladen ist. Es muß ferner gezeigt werden, daß beim Reiben auch das Reibzeug (Seide, Katzenfell) elektrisch wird, und zwar entgegengesetzt wie der geriebene Körper.

277. Versuch. Daß auch **Metalle** durch Reibung elektrisch, und zwar negativ werden, kann an einer Messingkugel, die mit einem durch Bernstein isolierten Griff (Probekugel) versehen ist, leicht am Elektroskop gezeigt werden.

278. Versuch. Papier — einige Bogen gewöhnliches Schreibpapier — wird, wenn es nur vorher wegen seiner starken hygroskopischen Eigenschaften über einem Heizofen gut getrocknet ist, durch einfaches Reiben mit der Hand-fläche sehr stark elektrisch (gezeigt am Elektroskop). Die einzelnen Blätter haften dann leicht an jeder Wandfläche und lassen sich, wenn mehrere Bogen übereinandergelegt werden, nur schwer voneinander trennen. Ein schnelles Durchziehen der Blätter durch eine Bunsenflamme entlädt sie rasch und sicher (Leitfähigkeit heißer Gase).

279. Versuch. Das **COULOMBsche Gesetz** kann hier mit der bekannten COULOMBschen Drehwage gezeigt werden. Sie bedarf wohl keiner näheren Erklärung.

280. Elektroskope und Elektrometer. Elektroskope sind die bequemsten Instrumente zur Feststellung einer elektrischen Ladung; mit einer Meßskale und einem mit der Erde verbundenen Metallgehäuse zur Vermeidung von Kapazitätsänderungen versehen, dienen sie als Elektrometer zur statischen Spannungsmessung. Nach Eichung der Elektrometer läßt sich aus der bekannten Beziehung zwischen Spannung V, Kapazität C (bei den gebräuchlichen Elektrometern von der Größenordnung einiger Zentimeter) und Elektrizitätsmenge E — $C \cdot V = E$ — dann auch die Elektrizitätsmenge berechnen. Bei der großen Bedeutung, die diese Apparate dadurch in der radiologischen Meßtechnik erlangt haben, ist ihre technische Ausführung soweit vervollkommnet worden, daß sie heute mit zu den empfindlichsten Meßinstrumenten der Physik gehören. Nur das für den Vorlesungsgebrauch Wesentliche sei hier kurz erwähnt. Man unterscheidet Blättchenelektrometer und Fadenelektrometer, ferner solche mit einer

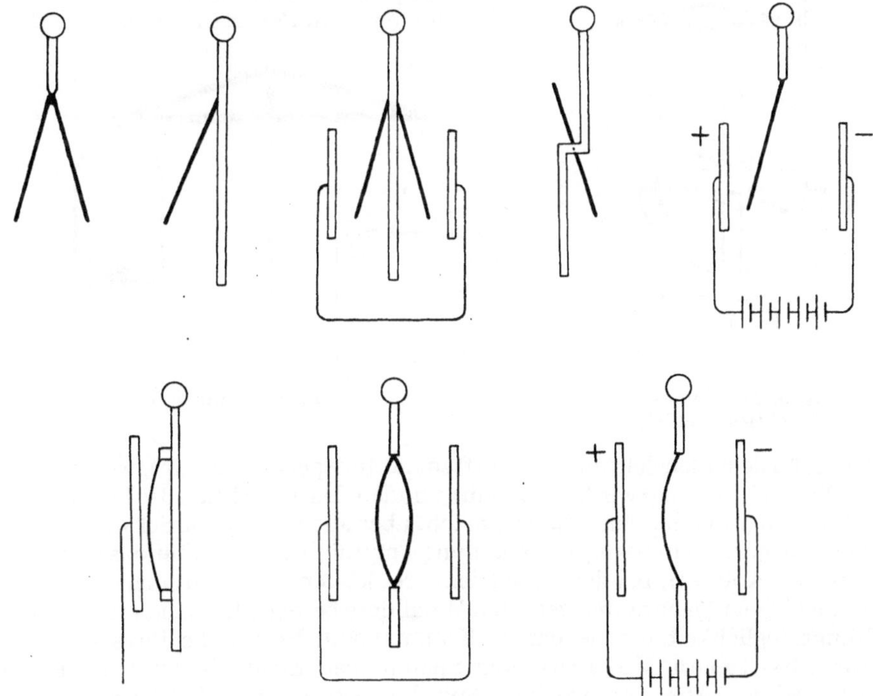

Abb. 72. Elektrometertypen (*).

Hilfsladung und solche ohne dieselbe. Bei den Blättchenelektrometern (Abb. 72) werden heute an Stelle des früher verwendeten Blattgoldes die leichteren Aluminiumblättchen in einer ungefähren Dicke von 0,5 bis 0,8 μ verwendet. Derartige Blättchen lassen sich zwischen glattem Papier zwar leicht in die gewünschte Form schneiden, schwieriger gestaltet sich jedoch die Befestigung. Durch jeden noch so leichten Luftzug werden die Blättchen mitgerissen und zerstört. Sie haften ferner leicht an anderen Gegenständen fest. Man klebt deshalb zweckmäßig das zu befestigende Ende des Blättchens mit Syndetikon an ein kleines Stückchen Stanniol und dieses erst an den Blättchenhalter. Die Fadenelektrometer haben als bewegliches System platinierte Quarzfäden oder neuerdings meistens Wollastondrähte von ca. 3 bis 10 μ Dicke, die mit einem Mikroskop und Okularmikrometer beobachtet werden. Das Einziehen der Fäden erfordert etwas Geduld. Der Wollastondraht (Silberdraht mit Platinseele der entsprechenden Dicke) bietet den Vorteil, daß er sich verhältnismäßig leicht löten läßt, wodurch zugleich eine gute metallische Verbindung zwischen Draht und Halter gewährleistet wird. Erst nach dem Befestigen wird der Draht in Salpetersäure oder Flußsäure zum Abätzen des Silbers gebracht, so daß nur der dünne Platindraht übrig bleibt. Eine schematische Darstellung der verschiedenen Ausführungsformen zeigt Abb. 72. Für Demonstrationen kommen in der Hauptsache das Exnersche Zweiblättchenelektroskop und das etwas weniger empfindliche Braunsche Elektrometer, bei dem eine leichte Aluminiumnadel nahe dem Schwerpunkt aufgehängt ist, in Betracht. Die Gehäuse sind mit planen Glasscheiben versehen, so daß die Ausschläge leicht im Schattenbild projiziert werden können. Für stärkere Ladungen genügen hier auch Blättchen aus Seidenpapier, Haupterfordernis bei allen Elektrometern ist aber stets eine gute Bernsteinisolation des Blätt-

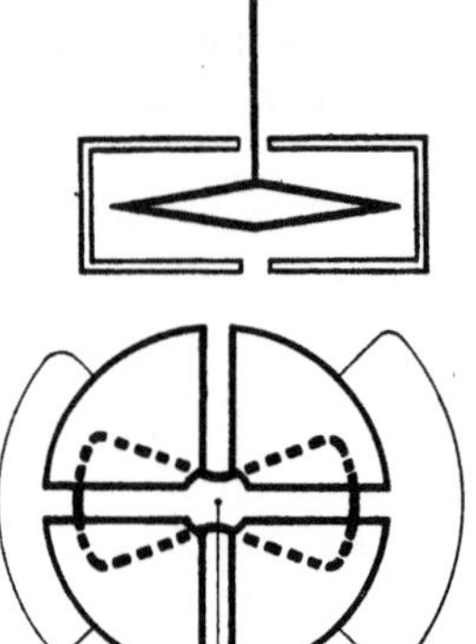

Abb. 73. Quadrant-
elektrometer (*).

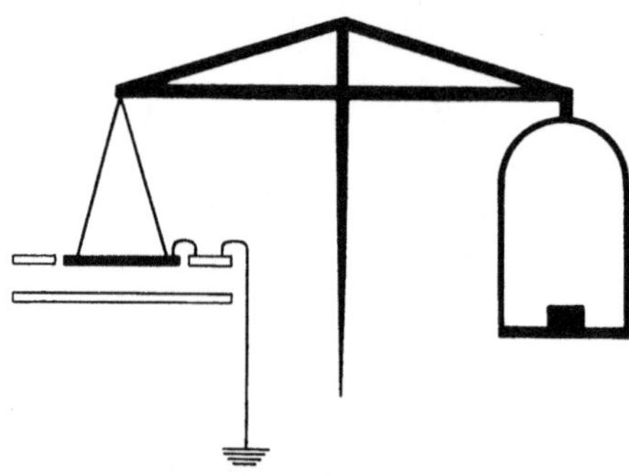

Abb. 74. Thomson-Kirchhoffsche Wage
(*).

chenhalters. Die Fadenelektrometer dürften nur für spezielle Zwecke, wo eine große Empfindlichkeit verlangt wird, Verwendung finden. Die Projektion des Fadens durch das Mikroskop (mit oder ohne Okular) macht aber auch hier keine Schwierigkeiten. Sehr hohe Ansprüche in bezug auf Spannungsempfindlichkeit erfüllt das Quadrantelektrometer (Abb. 73), bei dem eine leichte Nadel von der Form einer Lemniskate sich in einer in vier Quadranten geteilten Metalldose bewegt. Über die verschiedenen Schaltungsmöglichkeiten s. jedoch F. Kohlrausch, Praktische Physik.

Zur absoluten Messung von Spannungen dient die Thomson-Kirchhoffsche Wage (Abb. 74), wo die Anziehungskraft der Kondensatorplatten durch Gewichte kompensiert wird. Als empfindlichstes Elektrometer endlich sei das Vakuum-Duantenelektrometer von Hoffmann hier nur erwähnt.

Spannungs- und Ladungsempfindlichkeit der verschiedenen Elektrometertypen in Millivolt und elektrischen Elementarquanten sind etwa die folgenden (untere Grenzwerte):

Tabelle 43. Spannungs- und Ladungsempfindlich-
keiten von Elektroskopen.

	Kapazität cm	Spannung 1 Sk. T. = mV.	Ladung 1 Sk. T = El.-Q.
Blättchenelektrometer . .	3	100	2 100 000
Fadenelektrometer	2	1	14 000
Quadrantelektrometer . .	50	0,1	35 000
Vakuumduanten- elektrometer	3	0,05	100

Um schädliche Aufladungen der Umgebung des Elektroskops zu vermeiden, ist das Gehäuse des Elektroskops stets zu erden.

Den Einfluß eines nichtgeerdeten Gehäuses auf den Ausschlag des Elektroskops zeigt der folgende Versuch:

281. Versuch. Messung von Spannungsdifferenzen. Man stellt ein BRAUNsches Elektroskop auf einen Paraffinuntersatz isoliert auf. Beim Aufladen des Elektroskops zeigt die Nadel nur einen geringen Ausschlag an, der aber sofort stark zunimmt, wenn man das Gehäuse jetzt erdet. Umgekehrt läßt sich auch das Gehäuse aufladen und durch Ableiten der Nadel zur Erde ein Ausschlag der Nadel erzielen.

282. Versuch. Das Elektrometer sei wieder isoliert aufgestellt. Wenn jetzt Gehäuse und Nadel miteinander leitend verbunden sind, so gelingt es nicht, einen Ausschlag zu erzielen. Es läßt sich aber mit einer Probekugel an einem anderen Elektroskop leicht zeigen, daß das Elektrometer trotzdem geladen ist (s. auch Versuch mit dem FARADAYschen Käfig).

283. Versuch. Influenz. Drei gleichgroße Messingkugeln werden nebeneinander isoliert aufgehängt oder, was etwas bequemer ist, mit isolierten Griffen versehen und so nebeneinander aufgestellt, daß sie sich berühren. Bringt man nun einen geriebenen Glas- oder Hartgummistab in die Nähe der einen äußeren Kugel und nimmt gleichzeitig die vom Stab am weitesten entfernt befindliche weg, so zeigt ein Elektroskop an, daß sie infolge der Elektrizitätsverschiebung durch Influenz mit der gleichen Elektrizität wie der geriebene Stab geladen ist. Ebenso wird dann gezeigt, daß die dem Stab zugekehrte Kugel die entgegengesetzte Ladung besitzt, während die mittlere Kugel ungeladen ist. Als Gegenbeweis wird derselbe Versuch ausgeführt, wenn die Kugeln sich nicht berühren. Dann zeigt keine der Kugeln eine Ladung.

284. Versuch. Anziehung ungeladener Körper infolge von Influenz. Ein nichtisoliert aufgehängtes Papierhütchen wird durch einen geriebenen Stab stärker angezogen als ein isoliert aufgehängtes, weil im ersteren Falle die Influenzelektrizität abfließen kann. Nach Berühren mit dem Stab zeigt das isolierte Papierhütchen infolge gleichnamiger Ladung Abstoßung.

285. Versuch. Aufladung eines Elektroskopes durch Influenz. Ein geriebener Hartgummistab wird in die Nähe des Elektroskops gebracht und dieses dann kurz mit dem Finger berührt, wobei die Blättchen wieder zusammenfallen. Nach Wegnehmen des Stabes zeigt das Elektroskop die entgegengesetzte Ladung wie der Stab an.

286. Versuch. Elektrophor. Der Aufladung eines Elektroskops durch Influenz entspricht im Prinzip diejenige des Elektrophors. Der geriebene Stab ist hier durch den geriebenen Harzkuchen, das Elektroskop durch die auf dem Kuchen aufliegende Metallplatte ersetzt zu denken (Vorläufer der Influenzmaschine). Der Effekt wird hier bis zur Funkenbildung verstärkt durch die Kondensatorwirkung der aufliegenden Platte (s. unten). Infolgedessen eignet sich zur Demonstration der Wirkungsweise eines Elektrophors ein kleiner Plattenkondensator, zwischen dessen beiden Metallplatten eine Hartgummischeibe gelegt wird. Durch Verbindung mit einem Elektroskop läßt sich hier leicht Sitz und Art der Ladung feststellen. Bezüglich der Herstellung einer guten Elektrophorenmasse muß hier auf eingangs zitierte Werke der technischen Physik verwiesen werden.

287. Versuch. Sitz der Ladung. Ein FARADAYscher Eimer wird mit dem Elektrophor aufgeladen. Mit einer kleinen Probekugel, die jedoch mit Bernstein isoliert sein muß, wird dann an einem Elektroskop gezeigt, daß nur an der Außenseite des Eimers eine Ladung vorhanden ist, nicht aber auf der Innenseite.

288. Versuch. Faradayscher Käfig. Ein mit Drahtnetz (Maschenweite ca. 2 bis 3 cm) vollkommen überzogener Käfig, der in solchen Dimensionen ausgeführt werden kann, daß eine Person darin Platz findet, wird auf Paraffinklötzen (resp. Glasuntersätzen) isoliert aufgestellt. Eine kräftige Influenzmaschine lädt den Käfig durch häufigen Funkenüberschlag stark elektrisch auf. Es wird dann gezeigt, daß Elektroskope, die im Innern des Käfigs mit dem Drahtgeflecht verbunden sind, keinen Ausschlag zeigen. Auch eine im Käfig sich befindende Person spürt nichts von der Aufladung (Blitzschutz).

289. Versuch. Verteilung der Ladung auf der Oberfläche eines Leiters. Mit einer bernsteinisolierten Probekugel wird festgestellt, daß bei einem kegelförmigen Konduktor an der Spitze die meiste Elektrizität sich befindet, während an den Punkten der geringsten Krümmung (resp. negativen Krümmung) kaum eine Ladung entnommen werden kann. Ein direkt an den Konduktor angelegtes Elektroskop zeigt aber an jeder Stelle des Konduktors die gleiche Spannung an.

290. Versuch. Spitzenwirkung. Durch den starken Potentialgradienten, der an einer Spitze besteht, wird die Elektrizität aus der Spitze herausgetrieben. Bringt man deshalb in die Nähe einer Spitze, die durch eine kleine Reibungselektrisiermaschine aufgeladen wird, ein Elektroskop, so lädt sich dasselbe schnell auf. Erdet man jetzt die Spitze, so vermag sie das Elektroskop wieder zu entladen (Saugwirkung, Anwendung bei den Elektrisiermaschinen und Blitzableitern).

291. Versuch. Spitzenrad. Der durch das Ausströmen der Elektrizität erzeugte „elektrische Wind" setzt ein Spitzenrad, das auf einer Nadelspitze leicht beweglich aufgesetzt ist, in lebhafte Rotation.

292. Versuch. Elektrischer Wind. Hält man die mit einer Elektrisiermaschine verbundene Spitze in die Nähe einer brennenden Kerze, etwa gleichhoch mit dem Ende des Dochtes oder etwas darunter, so vermag der Wind die Kerze auszublasen.

293. Reibungselektrisiermaschine. Bei der alten Reibungselektrisiermaschine nach Guericke (Abb. 75) wird die durch Reibung der Glasscheibe am Reibzeug (Amalgam) erzeugte positive Elektrizität von den Spitzen aufgesogen und zum Konduktor geleitet, das Reibzeug wird dabei entweder geerdet oder mit der anderen Entladungskugel verbunden. Um einen Verlust der positiven Reibungselektrizität auf dem Wege zum Saugkamm möglichst zu vermeiden, ist die Glasscheibe bis dicht vor den Saugkamm mit Seidentuch belegt, dessen negative Elektrizität die positive bindet. Mit dem Elektroskop und einem geriebenen Hartgummistab wird gezeigt, daß der Konduktor mit den Saugkämmen positiv, das Reibzeug aber negativ aufgeladen wird.

294. Influenzelektrisiermaschine. Die verschiedene Wirkungsweise der einzelnen Maschinen sei hier nur kurz durch die Wiedergabe einiger schematischer Zeichnungen veranschaulicht. Wegen näherer Erläuterung des ganzen Vorganges der Erregung muß auf die Lehrbücher verwiesen werden. Bei der Holtzschen Maschine (Abb. 75) rotiert eine Glasscheibe vor einer feststehenden, die auf der Rückseite zwei Kondensatorbelegungen mit Spitzen besitzt; diese reichen durch zwei Öffnungen bis dicht an die rotierende Scheibe heran. Zum Ansprechen der Maschine wird die eine der beiden Belegungen mit einem geriebenen Hartgummistab aufgeladen. Zwecks besserer Isolierfähigkeit müssen die Glasscheiben schellackiert sein, doch empfiehlt sich auch hier bei schlechter Wirkung eine gute Trocknung, evtl. nach vorherigem Abwaschen der Scheiben.

Die Vosssche Maschine mit Selbsterregung (Abb. 76) besitzt eine rotierende Scheibe, die sechs Stanniolkreise mit aufgesetzten Metallknöpfen trägt. Bei der Rotation berühren diese zwei Metallbürsten, die mit den Kondensatorbelegungen

der feststehenden Scheibe in leitender Verbindung stehen. Ein Querkonduktor mit
Metallbürsten bewirkt den notwendigen Ausgleich der Elektrizität beim Rotieren
der Scheibe. Die Selbsterregung ist nicht immer zuverlässig; man hilft dann
mit einem Hartgummistab nach. Im übrigen gelten die gleichen Bemerkungen
wie bei der HOLTZschen Maschine.

Im Prinzip eine Verdoppelung der VOSS-TOEPLERschen Maschine stellt die
WIMSHURSTsche Maschine (Abb. 76) dar. Hier rotieren die beiden Scheiben, die zudem noch in der Regel aus Hartgummi (Ebonit) bestehen, in entgegengesetzter Richtung und sind beide mit mehreren Stanniolsegmenten belegt. Zwei Querkonduk-

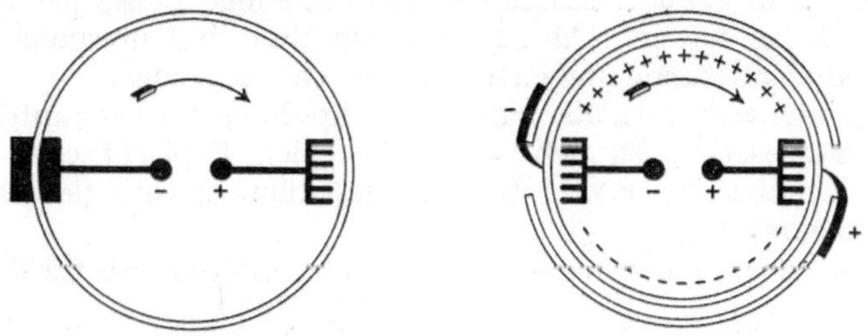

Abb. 75. Reibungselektrisiermaschine, HOLTZsche Maschine (*).

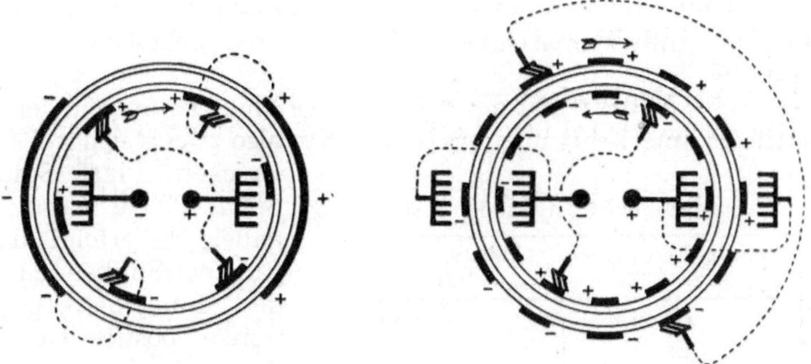

Abb. 76. VOSS-TOEPLERsche Maschine, WIMSHURSTsche Maschine (*).

toren besorgen in diesem Falle den richtigen Ausgleich der Influenzelektrizität.
Derartige Maschinen erregen sich von selbst und arbeiten sehr zuverlässig, doch
oxydiert sich im Lichte der Hartgummi mit der Zeit, wodurch die Isolierfähigkeit leidet. Um daher die Leistungsfähigkeit noch zu erhöhen, hat man die
Metallsegmente in die Ebonitscheiben einvulkanisiert und gleichzeitig die Oberfläche mit einer vor Oxydation schützenden Schicht (Bakelit) überzogen. Damit
sind alle Verluste durch Leitfähigkeit, Staub und Spitzenausstrahlung auf ein
Minimum reduziert, und derartige Maschinen (WEHRSEN, WOMMELSDORF) stellen
wohl jetzt die leistungsfähigsten in dieser Beziehung dar. Mit einem kleinen
Elektromotor angetrieben (Tourenzahl der Scheiben ca. 3000/min), vermögen sie
einen dauernden Funkenstrom von einigen Milliampere zu liefern, was sie für
viele Zwecke (Betrieb von Röntgen- und anderen Entladungsröhren, z. B.
BRAUNschen Röhren) verwendbar macht, da sie ja im Gegensatz zu den Funkeninduktoren Gleichstrom zu liefern vermögen. Um die Leistung noch weiter zu
steigern, hat man auch Aggregate aus mehreren rotierenden Scheiben (bis zu 20)
konstruiert, die Funkenlänge aber läßt sich hierdurch nicht mehr vergrößern,
sie hängt im wesentlichen von der Plattengröße ab und soll bei einer gutwirkenden
Maschine etwa $^1/_2$ bis $^2/_3$ des Plattendurchmessers betragen. Zur Erhaltung ihrer

Leistungsfähigkeit bedürfen auch diese Maschinen von Zeit zu Zeit einer sorgfältigen Reinigung der Ebonitplatten durch Abwaschen mit einem Brei von Alkohol und Wiener Kalk sowie nachfolgender guter Trocknung. Hierbei ist aber ein starkes Erwärmen der Platten unbedingt zu vermeiden, da sonst die Platten sich leicht werfen. Damit die Maschinen sich mit Sicherheit stets von selbst erregen, ist sorgfältig darauf zu achten, daß die Metallpinsel nicht zu stark oxydiert sind und unter allen Umständen die Metallsegmente berühren. Ist die Maschine erst einmal in Gang gekommen, so können auch die Pinsel von den Scheiben zurückgezogen werden, da dann die Spitzenwirkung schon zum Ausgleich der Elektrizität genügt. Es empfiehlt sich, einige Pinsel (steife Lamettafäden) in Reserve zu halten. Als Ableitungsdrähte sind umsponnene Drähte ihrer starken Spitzenwirkung wegen möglichst zu vermeiden.

Es erübrigt sich wohl, hier die nähere Beschreibung der bekannten Versuche mit der Influenzmaschine zu geben: Glockenspiel, Papierbüschel, Blitztafel, Isolierschemel, Durchschlagen von Karton und dünnem Glas (letzteres gelingt nur unter Petroleum).

Anschaulich, wenn auch nicht so leicht zu erklären, dürfte der folgende Versuch sein.

295. Versuch. **Die Influenzmaschine als Motor.** Löst man von einer kleinen WIMSHURSTschen Maschine die Antriebsriemen, so daß die Scheiben leicht beweglich sind, und verbindet die Entladungskugeln mit den Polen einer stärkeren zweiten Influenzmaschine, so geraten die Scheiben in entgegengesetzte Rotation.

296. Versuch. **Ventilwirkung.** Die positive Elektrizität geht leichter von Spitze zu Platte als umgekehrt über. Schaltet man also zwei gleichgroße Funkenstrecken Platte-Spitze und Spitze-Platte parallel zueinander, so erfolgt der Übergang der Funken nur zwischen der Funkenstrecke, deren Spitze positiv ist. (Anwendung mehrerer hintereinandergeschalteter derartiger Funkenstrecken als Gleichrichterventil bei Funkeninduktoren.)

Über die bei verschiedenen Schlagweiten vorhandenen Spannungen gibt Tabelle 44 näheren Aufschluß. Bei Spitze gegen Platte sind selbstverständlich bei gleicher Schlagweite die dazu erforderlichen Spannungen kleiner als zwischen Kugeln.

Tabelle 44. Entladungsspannungen in Kilovolt.

Schlagweite cm	Zwischen Kugeln von 10 cm Durchmesser	Zwischen ebenen Platten
0,5	$17,4\,kV$	$17,4\,kV$
1,0	32	32
2,0	60	60
3,0	86	87
4,0	110	114
5,0	131	140
6,0	151	166
7,0	169	192
8,0	185	217
9,0	200	242
10,0	213	266
15,0	240	—
20,0	290	—
25,0	400	—

297. Versuch. **Kondensatorwirkung.** Die Spannung eines geladenen Elektrometers sinkt, wenn man die Hand der Ladungskugel nähert.

298. Versuch. **Plattenkondensator.** Die beiden isoliert aufgestellten und auf einer Schiene gegeneinander verschiebbaren Platten des Kondensators werden sorgfältig parallel zueinander ausgerichtet und die eine Platte mit einem Elektroskop verbunden. Beim Annähern der anderen, isolierten Platte nimmt der Ausschlag des Elektroskops infolge Bindung der Ladungselektrizität durch Influenz zunächst nur wenig ab, erdet man nun diese Platte, so sinken die Blättchen fast ganz zusammen.

299. Versuch. Kondensatorelektroskop zur Feststellung kleiner Potentiale. Zwei gleichgroße, aufeinander abgeschliffene Platten sind nur durch eine dünne Schellackschicht voneinander getrennt. Die eine Platte (Kollektorplatte) wird mit dem Elektroskop verbunden und dieses dann aufgeladen, die andere Platte (Kondensatorplatte) ist geerdet. Entfernt man nun nach der Aufladung des Elektroskops die Kondensatorplatte, so steigt infolge der starken Kapazitätsverminderung die Spannung erheblich (Verstärkungszahl bis zu 100).

300. Versuch. Dielektrizitätskonstante. Bringt man zwischen die Platten eines Plattenkondensators Scheiben verschiedener Dielektrika, — Glas, Ebonit, Paraffin, Glimmer — so sinkt die Spannung, beim Herausziehen der Scheiben steigt die Spannung wieder auf den ursprünglichen Wert. Es ist bei diesem Versuch zu vermeiden, daß die eingeführten Scheiben die mit dem Elektroskop verbundene Kondensatorplatte berühren, da die Scheiben immer etwas leitend sind und dadurch Verluste bedingen (s. auch Versuch 429). Einige Werte von Dielektrizitätskonstanten gibt Tabelle 45.

Aus den letzten Versuchen folgt denn auch sofort der Begriff der Kapazität als Verhältnis von Ladung zu Potential mit der Dimension einer Länge: Die

Tabelle 45.
Dielektrizitätskonstante.

	ε
Luft	1,0006
Paraffin	2,0
Petroleum	2,0
Papier	2 bis 2,5
Ebonit	2,5
Bernstein	2,8
Schellack	3 bis 3,7
Schwefel	3,6 ,, 4,3
Glas	5 ,, 7
Glimmer	7,1 ,, 7,7
Alkohol.	26
Wasser	81

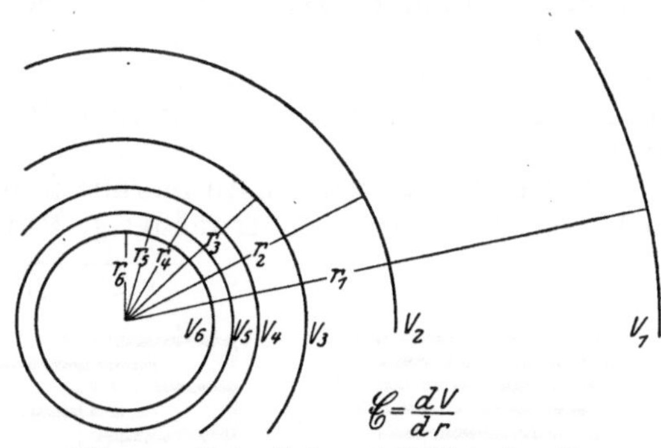

$$\mathfrak{E} = \frac{dV}{dr}$$

Abb. 77. Potential und Feldstärke (*).

Kapazität einer Kugel ist gleich ihrem Radius (Erde = $6{,}3 \cdot 10^8$ cm = 700 μF, 1 μF = $9 \cdot 10^5$ cm) die eines Plattenkondensators von der Fläche F, dem Abstand d und der Dielektrizitätskonstante ε ist $C = \dfrac{\varepsilon \cdot F}{4 \pi d}$ (ohne Berücksichtigung der Randkorrektion).

Zur näheren Erläuterung des **Potentialbegriffes** als Arbeitsgröße und des **Potentialgradienten** als Feldstärke $\mathfrak{E} \cdot d = V_1 - V_2$ diene die Abb. 77, ferner die Demonstration des Johnsen-Rahbekeffektes, wo bei relativ kleiner Spannungsdifferenz allein durch Steigerung des Gradienten die Anziehungskraft der Kondensatorbelegungen erheblich verstärkt werden kann.

301. Versuch. Johnsen-Rahbek-Effekt[1]). Ein vollkommen eben abgeschliffener Halbleiter (Achat, Solenhofener Schiefer, als Ersatz genügt auch grauer Schiefer, dessen Leitfähigkeit durch Einreiben mit etwas Öl entsprechend herabgesetzt ist) wird horizontal auf eine leitende Unterfläche (einige Stanniolblätter) gelegt, darüber wird eine ebensogut abgeschliffene Messingplatte an eine Wage angehängt und austariert (Thomsonsche Potentialwage). Verbindet man nun die Pole der Netzleitung (220 Volt) — die aber auf jeden Fall zur Vermeidung von Kurzschluß durch hochohmige Widerstände (100000 Ohm), zum mindesten durch zwei Glühlampen, doppelpolig abgesichert sein müssen — einerseits mit

---

[1]) Siehe K. Rottgardt, ZS. f. techn. Phys. Bd. 2, S. 315. 1921.

der Unterlage des Halbleiters, andererseits mit der Messingplatte und drückt letztere dann auf den Halbleiter auf, so haftet sie daran und läßt sich erst durch Auflegen eines erheblichen Übergewichtes (bis zu 1 kg) auf die andere Seite der Wage davon abreißen. Beim Abschalten der Spannung wird die Scheibe sofort vom Halbleiter losgelassen. Die Größe der Anziehungskraft ist gegeben durch $\dfrac{F \cdot V^2}{8\pi d^2}$, wächst also mit dem Quadrat des Spannungsgefälles. Die hieraus berechenbare Dicke d der Isolierschicht zwischen Halbleiter und Platte ist von der Größenordnung 0,01 mm. Die beste Wirkung erzielt man, wenn durch den Halbleiter ein Strom von ca. 10^{-5} Amp. fließt.

302. Versuch. Leidener Flasche. Man lädt eine Leidener Flasche mit mehreren Funken von einigen Zentimetern Länge auf und zeigt dann, daß bei der Entladung ein kräftiger, aber nur kurzer Funke entsteht. Ähnlich zeigt man, daß man durch Parallelschalten mehrerer Flaschen zu einer Batterie die Wirkung noch verstärken kann. Bei Hintereinanderschaltung der Flaschen (Kaskadenbatterie) wird die Kapazität herabgesetzt — Addition der reziproken Kapazitätswerte — die Spannung also entsprechend erhöht.

303. Versuch. Franklinsche Tafel. Die Wirkungsweise der Franklinschen Tafel ist die gleiche wie die der Leidener Flasche. Es kann hier noch gezeigt werden, daß zur Erzielung einer guten Aufladung die eine Belegung der Tafel entweder geerdet oder mit dem anderen Pol der Influenzmaschine verbunden sein muß.

304. Kondensatoren. An Ausführungsformen von Kondensatoren seien neben den Flaschenbatterien noch erwähnt: 1. Plattenkondensatoren, die aus zahlreichen übereinandergeschichteten und abwechselnd leitend miteinander verbundenen Stanniolblättern bestehen (Abb. 78). Als Dielektrikum dient hier paraffiniertes Papier, für höhere Durchschlagsfestigkeit Glimmer, evtl. auch Glas oder Öl. Für sehr große Kapazitäten bei gleichzeitig kleinster Raumerfüllung (Telephonkondensatoren, 1 bis $4\,\mu\mathrm{F}$) werden zwei mit paraffiniertem Papier belegte Stanniolbänder rollenförmig aufgewickelt (Abb. 78). 2. Kondensatoren mit variabler Kapazität, die besonders in der Radiotechnik als Drehkondensatoren weitgehende Verwendung finden (Abb. 79).

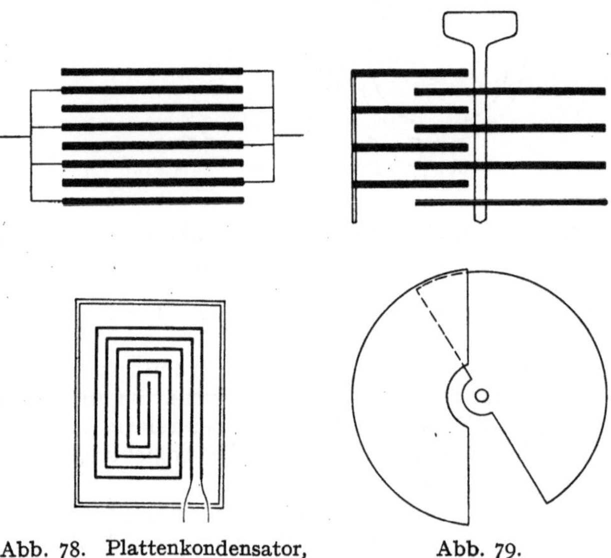

Abb. 78. Plattenkondensator, Telephonkondensator (*).

Abb. 79. Drehkondensator (*).

305. Versuch. Dielektrische Verschiebung. Zum Nachweis der elektrischen Ladung auf der Oberfläche eines Dielektrikums dient eine auseinandernehmbare Leidener Flasche. In einen Metallbecher wird ein möglichst gut hineinpassender Glasbecher und in diesen wieder ein ebenso gut passender Metallbecher gesetzt. Letzterer ist mit einem isolierenden Griff zum Herausnehmen versehen. Man lädt nun zunächst die Flasche in der üblichen Weise auf, nimmt sie sodann auseinander und bringt die beiden Metallbecher miteinander in Berührung, so daß sich also die darauf befindlichen Ladungen ausgleichen. Nach dem Wiederzusammensetzen der Flasche tritt sodann bei Entladung ein Funke auf. Die Flasche läßt sich nur dadurch vollständig entladen, daß man nach dem Auseinandernehmen mit den Fingerspitzen über die Innen- und Außenseite des Glases gleichzeitig hinwegstreicht. Zum sicheren Gelingen dieser Versuche ist eine hohe Isolierfähigkeit des Glases, d. h. vorheriges Trocknen durch Erwärmen, erforderlich. Ist man nicht im Besitze einer zerlegbaren Leidener Flasche, so genügt für den Versuch auch ein Plattenkondensator mit dazwischengelegter Hartgummi-(Glas-)Scheibe. Man kann diesen Kondensator dann auch noch durch punktförmige Aufladung der Hartgummischeibe aufladen, indem man die Scheibe zwischen den sie berührenden Entladungskugeln einer Influenzmaschine hindurchzieht. Nach dem Zusammensetzen des Kondensators entsteht ein kräftiger Funke.

306. Versuch. Elektrischer Rückstand (Hysterese). Man verbindet eine Batterie Leidener Flaschen mit den Kugeln eines Funkenmikrometers. Nach Aufladung der Flasche nähert man langsam die Kugeln, bis sich die Flasche durch einen Funken entlädt. Bei weiterer Annäherung der Kugeln tritt dann noch ein zweiter Entladungsfunke, evtl. auch noch ein dritter auf. Der Rückstand der Flasche ist in der Hauptsache zurückzuführen auf mangelnde Isolierfähigkeit und Inhomogenitäten des Dielektrikums, die einen sofortigen Ausgleich der Elektrizität verhindern.

Die zur Deutung der Versuche über das Dielektrikum noch notwendigen Begriffe der dielektrischen Verschiebung $\vartheta = \varepsilon \, \mathfrak{E}$, der Dielektrizitätskonstanten ε, der Kraft- und Induktionslinien können hier leicht aus der Analogie zur magnetischen Induktion, Permeabilität usw. erläutert werden. Ebenso gelten beim Übergang der Kraft- und Induktionslinien (Brechungsgesetz) von einem Dielektrikum in ein anderes die gleichen Überlegungen wie beim Magnetismus, so daß hier auf die dort schon mitgeteilten Abbildungen 71 verwiesen werden muß.

c) Grunderscheinungen der Elektrokinetik.

307. Versuch. Voltascher Fundamentalversuch der Berührungselektrizität. Eine Kupfer- und eine Zinkplatte (Durchmesser ca. 8 cm), beide mit isolierenden Griffen versehen, werden unter leichtem Druck miteinander zur Berührung gebracht (vgl. Abb. 80), wobei sie sich entgegengesetzt aufladen. Dieser Ladungszustand bleibt erhalten, wenn man die Platten schnell voneinander entfernt. Die dadurch gleichzeitig verursachte starke Verminderung der Kapazität und entsprechende Vergrößerung der Potentialdifferenz gestattet es, diese Ladungen an einem empfindlichen Elektrometer (Quadrantelektrometer) nachzuweisen. Zum sicheren Gelingen des Versuches sei auf folgende Einzelheiten besonders hingewiesen: Die beiden Platten müssen vor dem Versuche durch Abschmirgeln von der Oxydschicht befreit werden, ferner müssen sie zur Erzielung eines guten Kontaktes sorgfältig aneinander abgeschliffen sein. Auch ist darauf zu achten, daß die Berührung möglichst an allen Stellen gleichzeitig aufgehoben wird, da nur dann eine gute Kondensatorwirkung erzielt wird. Zum

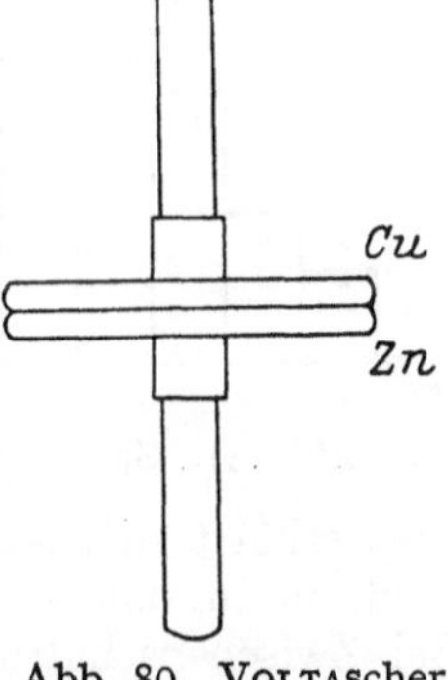

Abb. 80. Voltascher Versuch.

Nachweis der Ladung kommt ein sehr empfindliches Blättchenelektroskop (Kondensatorelektroskop), am besten aber das Quadrantelektrometer in

Betracht. Das eine Quadrantenpaar ist zusammen mit dem Gehäuse (auf einen guten elektrostatischen Schutz gegen Influenzwirkung ist beim Quadrantelektrometer stets besonders Rücksicht zu nehmen) geerdet. Die Nadel erhält eine konstante Hilfsspannung von ca. 100 bis 200 Volt aus einer Trocken-Anoden-Batterie, deren anderer Pol gleichfalls zu erden ist. Eine große Licht- oder Experimentierbatterie ist hier infolge kleiner Erdschlüsse in der Regel weniger zuverlässig. Die Zuleitung zum Meßquadrantenpaar ist durch Bernstein gut zu isolieren, auf jeden Fall aber möglichst kurz zu halten. Beim Entladen dieses Quadrantenpaares durch Erden, was vor jedem Versuch zu erfolgen hat, ist ein Berühren mit dem Finger zu vermeiden, da dann schädliche Kontaktladungen entstehen können. Der Ausschlag der Elektrometernadel wird in bekannter Weise durch Projektion eines Lichtzeigers auf eine Papierskale sichtbar gemacht.

Auf die Frage, ob die nachgewiesene Potentialdifferenz restlos auf eine reine Kontaktelektrizität zweier Metalle zurückzuführen ist oder inwieweit dünne Wasserhäute als Leiter zweiter Klasse hier eine Rolle spielen, soll und kann nicht eingegangen werden. Es dürfte aber immerhin angebracht sein, auch in einer Experimentalvorlesung auf die hier bestehenden Schwierigkeiten hinzuweisen. Die von einigen Forschern unter der Annahme einer reinen Kontaktelektrizität aufgestellten Spannungsreihen sind die folgenden (Tabelle 46).

Tabelle 46. Spannungsreihen.

Volta:	+ Zn, Pb, Sn, Fe, Cu, Ag, Au, C −
Seebeck:	+ Zn, Pb (blank), Sn, Pb (weich), Sb, Bi, Fe, Cu, Pt, Ag −
Pfaff:	+ Zn, Cd, Sn, Pb, Wo, Fe, Bi, Sb, Cu, Ag, Au, Te, Pt, Pd −

Geht man dann weiter von der Vorstellung aus, daß bei Isolatoren eine Reibung nur einen innigeren Kontakt zwischen den beiden Substanzen bewirkt, so ordnet sich die obige Spannungsreihe entsprechend in die Spannungsreihe der Reibungselektrizität ein. Hervorzuheben ist, daß in einem vollkommen metallischen, geschlossenen Stromkreis aus energetischen Gründen keine resultierende Kontaktpotentialdifferenz entstehen kann. Dies soll die Abb. 81 veranschaulichen, wo die Potentialniveaus der einzelnen Metalle schematisch dargestellt sind.

308. Versuch. Galvanisches Element. Taucht man einen Zink- und einen Kupferstreifen in angesäuertes Wasser (oder schwache Kochsalzlösung), so entsteht eine dauernde Potentialdifferenz, die am Elektrometer nachgewiesen werden kann. Die Ladung ist hier aber die umgekehrte: Zink negativ, Kupfer positiv.

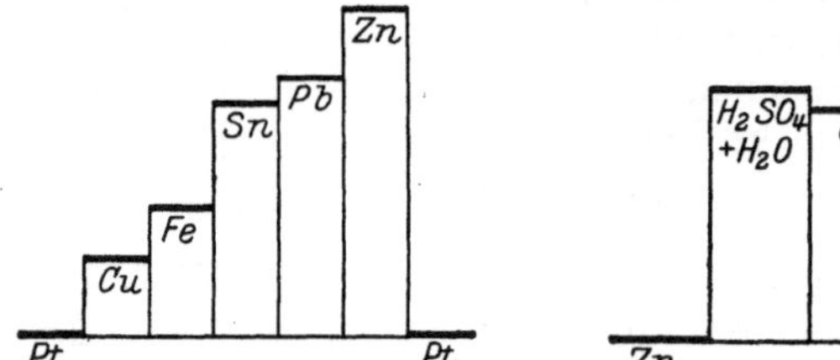

Abb. 81. Spannungsreihe, Volta-Element.

Tabelle 47. Potentialdifferenzen zwischen

Zn—Pb	0,21 Volt
Pb—Sn	0,08
Sn—Fe	0,31
Fe—Cu	0,15
Cu—Pt	0,24
Pt—C	0,11

Dies erklärt sich sofort aus der Tatsache, daß jetzt die Elektrizität bestimmt wird, die im obigen Versuch durch die Finger vorher zur Erde abgeleitet wurde. Bei Zwischenschaltung eines Leiters zweiter Klasse kommt man also auf die folgende Spannungsreihe der Metalle

+ C, Pt, Ag, Cu, Fe, Sn, Pb, Zn, Al, Mg, Na − ,

wo die zwischen den einzelnen Metallen resultierenden Spannungsdifferenzen in der Tabelle 47 wiedergegeben sind. Zur Deutung des Vorganges bei einem galvanischen Element müssen die Grundtatsachen der chemischen Elektrolyse hier schon vorweggenommen werden: Metalle besitzen gegenüber Leitern zweiter Klasse eine bestimmte Lösungstension. Zink geht leichter in Lösung und gibt deshalb an die Elektroden mehr Elektronen ab als das Kupfer. Abb. 81 veranschaulicht hier wieder die Potentialniveaus, wie sie bei einem einfachen VOLTAschen Element vorliegen, und zwar für den Fall, daß ein reines Kontaktpotential überhaupt nicht besteht.

Tabelle 48. Potentialdifferenzen zwischen Elementen und ihren Ionen, gemessen gegen Wasserstoffelektrode.

Zn	$+0,770$ Volt	H	$0,0$ Volt
Fe	$+0,660$	Cu	$-0,330$
Ni	$+0,600$	J	$-0,520$
Co	$+0,530$	Hg	$-0,750$
Cd	$+0,404$	Ag	$-0,798$
Tl	$+0,322$	Br	$-0,993$
Pb	$+0,151$	Cl	$-1,353$

309. Versuch. VOLTAsche Säule. Übereinanderschichten von Kupfer-Zinkplatten mit dazwischenliegenden, angefeuchteten Filzscheiben steigert die Spannung (Voltasche Säule), ein Verfahren, das in der Zambonisäule beim Laden von Elektrometern auch heute noch praktische Verwendung findet. (Verschiedene galvanische Elemente s. später.)

310. Versuch. Der **Froschschenkelversuch** gelingt leicht, wenn man bei einem frisch getöteten Frosch die Hauptnervenstränge der beiden Hinterschenkel herauspräpariert, was allerdings einige Erfahrung im Präparieren voraussetzt. Um die Nervenstränge jederzeit wiederzufinden, befestigt man sie vorher zweckmäßig an Zwirnsfäden. Einige Rückenwirbel zum Aufhängen der Schenkel sind am Präparat zu lassen. Berührt man mit einem dünnen, zugespitzten Kupfer- und einem ebensolchen Zinkstreifen, die durch einen Draht miteinander verbunden sind, den Nerv und die Schenkelmuskulatur, so treten Zuckungen auf. Der Versuch ist in Projektion zu zeigen.

311. Versuch. Elektrischer Strom und Potentialabfall längs eines Leiters. Eine 1 bis 2 m lange Holzstange aus Tannenholz (Tischlerleiste), durch schwarze Striche zweckmäßig noch in Dezimeter eingeteilt, wird mit ihren Enden an zwei HOLTZschen Fußklemmen befestigt und auf Paraffinuntersätzen (zur Erhöhung der Isolierfähigkeit) isoliert aufgestellt. Die Befestigung der Stange geschieht durch zwei Drahtstifte, die an den Enden eingeschlagen sind. An das eine Ende wird die eine Belegung einer als Elektrizitätsreservoir dienenden Leidener Flasche geschaltet, die durch eine kleine Influenzmaschine aufgeladen werden kann und deren Spannung durch ein BRAUNsches Elektrometer dauernd kontrolliert wird. Die zweite Belegung der Leidener Flasche ist geerdet. Längs der Holzstange kann ein geeignet gebogener Schieber aus Blech, der mit einem zweiten, möglichst gleichartigen Elektrometer verbunden ist, verschoben werden. Ist die Stange zunächst nicht geerdet, so ist die Spannung gegen Erde an allen Stellen gleich groß (statische Elektrizität). Wird nun aber das zweite Ende des Stabes geerdet, so fällt die Spannung bis zu diesem Punkt allmählich auf Null ab. Der Spannungsabfall ist proportional der abgegriffenen Stablänge (Abb. 82). Ist der Widerstand der Stange groß genug, so kann man — wenigstens qualitativ — auch den zeitlichen Abfall der Spannung an einer bestimmten Stelle des Leiters zeigen, indem man nämlich die Elektrizitätszufuhr von der Maschine zur Leidener Flasche unterbricht (Abb. 83). Die Beobachtung des Verlaufes des örtlichen und zeitlichen Spannungsabfalles führt dann zwanglos auf den Begriff des elektrischen Widerstandes. (Der Spannungsabfall kann anstatt mit einem Elektrometer, das quantitative Messungen zuläßt, auch mit einer Anzahl von Blättchenelektroskopen aus dünnem Seidenpapier gezeigt werden, die in gleichen Abständen längs der Holzstange befestigt werden.)

312. Versuch. Strom und Spannungsabfall in einem Voltaschen Element (als Analogon zum obigen Versuch). Zwei Blechstreifen, ca. 3 × 8 cm, aus Zink und Kupfer, mit angelöteten Drähten und Anschlußklemmen versehen, werden über zwei Glasstäbe in einen Trog (ca. 15 bis 20 cm lang) gehängt, der mit Schwefelsäure angesäuertes Wasser enthält. Besser ist es vielleicht noch, die Streifen je an einer neben dem Trog stehenden isolierten Fußklemme zu befestigen. Die Anordnung wird dadurch stabiler, während die notwendige leichte Verschiebbarkeit der Streifen gegeneinander erhalten bleibt. Zweckmäßig ist es auch, um die Zersetzung des Zinks ohne Stromleistung hintanzuhalten, dieses vorher durch Einreiben mit etwas Quecksilber zu amalgamieren. Die beiden Elektroden werden nun mit je einem Quadrantenpaar eines Quadrantenelektrometers verbunden, und

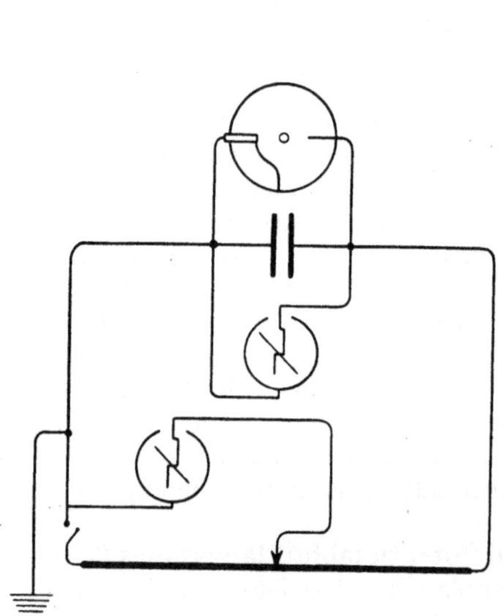

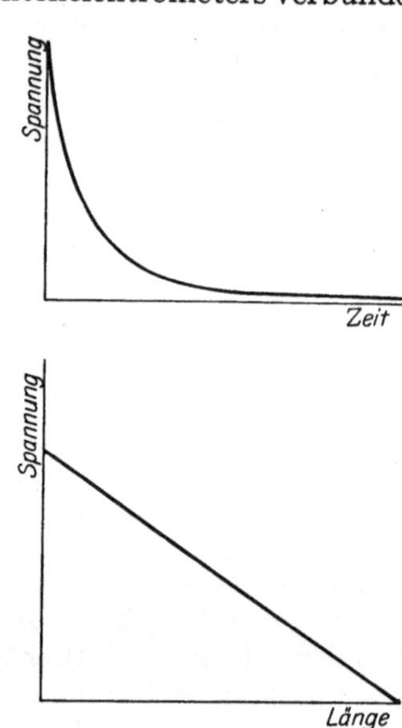

Abb. 83. Zeitlicher und örtlicher Spannungsabfall in einem Leiter.

die eine evtl. geerdet. Ist das Element nicht geschlossen, so zeigt das Elektrometer stets dieselbe Spannung an, so groß man auch den Abstand der Platten wählt. Schließt man jetzt aber das Element über einen Widerstand von einigen Ohm (ein Schieberheostat von dieser Größe zum Einregulieren des richtigen Widerstandes ist hier geeignet) und ruft dadurch einen Strom hervor, so fällt die Spannung wieder ab, je weiter man die beiden Elektroden voneinander entfernt. Der Spannungsabfall setzt sich diesmal aus dem **inneren** Spannungsabfall des Elementes und dem **äußeren** des Widerstandes zusammen. Deshalb eignet sich der Versuch auch zur Demonstration des Ohmschen Gesetzes, das später besprochen wird. (Die Inkonstanz des einfachen Voltaschen Elementes infolge der Polarisation der Elektroden kommt hier erst in zweiter Linie bei länger andauernder Stromentnahme in Betracht und wird später gezeigt.)

d) Elektrochemische Wirkungen des Stromes.

313. Versuch. Chemischer Prozeß in einem stromliefernden Element. In eine Projektionsküvette, die mit verdünnter Schwefelsäure gefüllt ist, taucht man zwei Streifen aus dünnem Kupfer- und Zinkblech. Diese lassen sich mit Hilfe kleiner Korkstückchen am oberen Rande der Küvette leicht festklemmen. In der Projektion sieht man zunächst, daß nur am Zinkstreifen eine schwache

Gasentwicklung (Wasserstoff) durch Auflösen des Zinks (evtl. amalgamiert) eintritt. Verbindet man aber die beiden Streifen jetzt metallisch miteinander, so beobachtet man an beiden Elektroden eine lebhafte Gasentwicklung und eine bedeutend schnellere Auflösung des Zinks.

314. Versuch. Wasserzersetzung. Am häufigsten wird hier der Apparat nach HOFMANN benutzt. Zur Ansäuerung des Wassers darf nur reine Schwefelsäure verwandt werden, die nicht schon durch Zinksulfat verunreinigt ist, da sich sonst das Zink bei der Elektrolyse am Platinblech abscheidet und die Gasentwicklung hemmt. Zur besseren Sichtbarmachung des Wassers kann es evtl. mit Methylenblau gefärbt werden. Angelegt wird eine Spannung von etwa 6 bis 10 Volt, und zwar über einen Schiebewiderstand zur Variation der Stromstärke. Gezeigt wird die Abhängigkeit der Gasentwicklung von der Stromstärke und das konstante Verhältnis 2:1 der Gasmengen an Kathode (Wasserstoff) und Anode (Sauerstoff). Die Natur der Gase wird durch Anzünden des Wasserstoffs und Entfachung eines glimmenden Holzspanes beim Sauerstoff in bekannter Weise demonstriert. Ebenso kann die Zerlegung von Salzsäure und Ammoniak gezeigt werden, doch sind hier an Stelle der Platinelektroden besser Kohlenelektroden zu verwenden.

315. Versuch. Abscheidung von Kupfer aus Kupfersulfatlösung. Eine Kupferplatte, ca. 5×10 cm (Schablonenkupfer), wird an eine Wage gehängt, in eine konzentrierte Kupfersulfatlösung getaucht und dann austariert. Die Stromzuführung geschieht durch einen geeignet gebogenen Eisendraht, der an der Wagschale befestigt wird und in ein Quecksilbernäpfchen hineinragt. Um aber der Wage genügend Spielraum zu lassen, muß die Höhe der Quecksilberschicht einige Zentimeter betragen. Die andere Elektrode besteht aus einem (ca. 1 mm starken) U-förmig gebogenen Kupferblech mit Anschlußklemme, das um die eingetauchte Kupferplatte herumgreift (Kupfervoltameter). Stromzufuhr wie bei Versuch 314, doch weniger Widerstand. Die Kupferplatte an der Wage wird mit dem negativen Pol verbunden. Nachdem ein deutlicher Ausschlag der Wage (evtl. Anbringen einer Spiegelablesung mit Lichtmarke) erzielt worden ist, wird der Strom kommutiert, bis die Wage wieder im Gleichgewicht ist.

316. Versuch. Bleibaum. Eine Projektionsküvette wird mit Bleiazetatlösung (ca. 5 proz., mit einigen Tropfen Essigsäure versetzt) gefüllt und zwei Bleistreifen mit Anschlußklemmen, die eine stabförmig, die andere ähnlich wie bei Versuch 315, U-förmig, eingetaucht. Nach Stromschluß (8 Volt) wächst aus der Kathode der Bleibaum heraus. Nach Umkehren des Stromes löst er sich wieder, während jetzt an der anderen Elektrode ein Bleibaum entsteht.

317. Versuch. Zersetzung von Salzlösungen (Salpeter- oder Natriumsulfat) als Beispiel sekundärer chemischer Prozesse. Ein U-förmig gebogenes Glasrohr enthält eine wässerige Lösung von Salpeter, die mit Lackmuslösung violett (neutral) gefärbt wird. In die beiden Schenkel tauchen zwei Platinelektroden. Nach kurzer Zeit des Stromdurchganges färbt sich der Schenkel an der Kathode (negativer Pol) blau, an der Anode (positiver Pol) rot. Es ist sekundär eine Säure und eine Base entstanden:

Primär $KNO_3 = K^+ + NO_3^-$.

Sekundär an der Kathode: $2 K^+ + 2 H_2O = 2 KOH + H_2$, an der Anode: $4 NO_3^- + 2 H_2O = 4 HNO_3 + O_2$.

318. Versuch. Polreagenzpapier. Fließpapier ist mit Phenolphthaleinlösung getränkt. Streicht man mit den Drähten einer Batterie über angefeuchtetes derartiges Papier, so hinterläßt der negative Pol einen roten Strich, da hier eine Lauge entsteht.

319. Faradaysche Gesetze. Die vorstehenden Versuche führen auf die Faradayschen Gesetze der Elektrolyse, nach denen die ausgeschiedenen Mengen 1. der Zeit, 2. der Stromintensität, 3. den chemischen Äquivalentgewichten proportional sind. Hieraus folgt dann die gesetzlich festgelegte Definition der Einheit der Stromstärke:

Tabelle 49. Voltameter.

	1 Ampere zersetzt oder scheidet aus			
	Silber mg	Kupfer mg	Wasser mg	Knallgas cm^3 (0° u. 760 mm Hg)
in 1 Sekunde . . .	1,118	0,3924	0,0933	0,1740
in 1 Minute	67,08	19,76	5,6	10,44
in 1 Stunde	4025	1186	335,9	626

Messung der Stromstärke mit dem Silber-, Kupfer- oder Knallgasvoltameter.

320. Versuch. Galvanoplastik. Eine Münze oder der Wachsabdruck einer solchen wird mit feinem Graphitpulver überzogen oder bronziert, auf eine Kupferplatte, an der ein Kupferdraht mit Anschlußklemme angelötet ist, gelegt und das Ganze in ein Gefäß mit gesättigter Kupfersulfatlösung eingetaucht. Die Teile, die nicht verkupfert werden sollen, werden mit einem Lack- oder Paraffinüberzug versehen. In das Gefäß taucht ein Tonzylinder, der verdünnte Schwefelsäure und einen Zinkstab enthält (Daniellsches Element). Schließt man das Element kurz, so entsteht nach einiger Zeit (1 bis 2 Tage) ein Kupferüberzug auf der Münze, der sich leicht von dieser ablösen läßt.

Weitere Anwendungen der Elektrolyse bei der galvanischen Herstellung metallischer Überzüge, bei der Raffinierung des Kupfers und der Gewinnung einer Reihe von Metallen und chemischen Verbindungen (Aluminium, Magnesium, Alkalien, Natronlauge).

321. Versuch. Polarisation. Mit einem Demonstrationsamperemeter wird gezeigt, daß die Stromstärke eines einfachen Voltaschen Elementes bei Stromentnahme sinkt. Ferner, daß es nicht möglich ist, bei Anlegung einer Spannung von weniger als 2 Volt an eine Wasserzersetzungszelle (etwa ein Knallgasvoltameter) die Wasserzersetzung auf die Dauer in Gang zu erhalten. Der die Zelle durchfließende Strom sinkt nach einiger Zeit auf einen sehr geringen Betrag, den „Reststrom", herab, während die Zersetzung gänzlich aufhört.

322. Versuch. Polarisationsstrom. Die beiden Platinelektroden eines Knallgasvoltameters oder eines Wasserzersetzungsapparates werden durch 2 bis 3 Akkumulatoren mit Wasserstoff und Sauerstoff beladen. Wird die Stromquelle ausgeschaltet und das Voltameter über ein Galvanometer kurzgeschlossen, so entsteht ein Polarisationsstrom von entgegengesetzter Richtung wie der Ladestrom. Ausschalten der Stromquelle und Kurzschließen des Gaselementes geschieht am besten durch einen Morsetaster nach Abb. 84. Besitzt das Galvanometer einen Empfindlichkeitsregulator, so empfiehlt es sich, beim Polarisationsstrom eine größere Empfindlichkeit einzuschalten. Auch durch einen parallel zum Galvanometer geschalteten Widerstand (s. Abb. 84) läßt sich die für jeden der beiden Stromkreise passende Empfindlichkeit leicht einstellen.

323. Versuch. Kapillarelektrometer. Durch Polarisation der Quecksilberoberfläche mit Wasserstoff wird die Oberflächenspannung des Quecksilbers, die durch die Potentialdifferenz Quecksilber/H_2SO_4 herabgesetzt war, wieder vergrößert; in einer Kapillare sinkt also der Meniskus des Quecksilbers. Die Kapillardepression erreicht ihr Maximum bei ca. 0,95 Volt, wo die Potentialdifferenz zwischen Quecksilber und Schwefelsäure gerade kompensiert wird. Man kann also nur Spannungen unter 1 Volt messen. Zur Vorführung eignet sich am besten das Kapillarelektrometer nach OSTWALD. Es wird mit reinem Quecksilber und reiner Schwefelsäure (ca. 25%) gefüllt, die in der Kapillare sich berühren. An das Quecksilber der Kapillare kommt der negative Pol, an die andere Elektrode der positive. Hierauf ist besonders zu achten, da bei einer verkehrt gerichteten oder zu großen Spannung die Quecksilberoberfläche in der Kapillare erneuert werden muß. Unbenutzt sollen die Elektroden kurzgeschlossen sein. Abb. 85 zeigt hier die zweckmäßige Schaltung mit Morsetaster, Schiebewiderstand in Potentiometeranordnung und schwachem Element (Daniell, Akkumulator). Die Kapillardepression wird in Projektion gezeigt. Beim LIPPMANschen Elektrometer wird die Kapillardepression durch eine Drucksteigerung kompensiert. Anleitung zur leichten Selbstherstellung

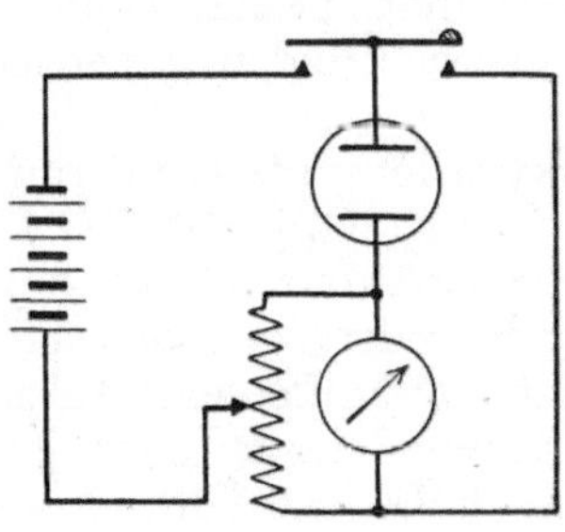

Abb. 84. Polarisationsstrom.

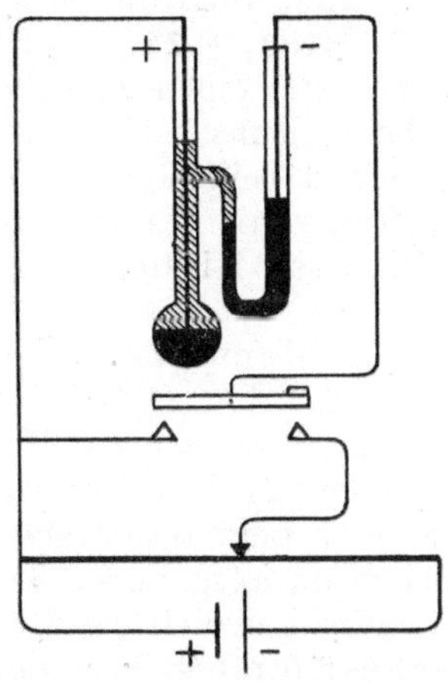

Abb. 85. Kapillarelektrometer.

eines Kapillarelektrometers, das projiziert werden kann, gibt MÜLLER-POULLETT, 10. Aufl. Wegen anderer Versuche über Kapillarelektrizität s. A. WEINHOLD, 6. Aufl., S. 844.

324. Galvanische Elemente. Infolge Polarisation der Elektroden ist die elektromotorische Kraft der einfachen Elemente inkonstant. Die Polarisation wird aber vermieden durch Eintauchen der Kathode in eine Salzlösung des gleichen Metalls (DANIELL, MEIDINGER, CLARK, WESTON) oder durch sekundäre Oxydation des Wasserstoffs mit Oxydationsmitteln (GROVE, BUNSEN, Chromsäure, LECLANCHÉ). Andererseits wird die Polarisation dazu benutzt, Elektrizität aufzuspeichern (Blei-, Edison-Akkumulator).

Tabelle 50. Galvanische Elemente.

DANIELL:	— Zn,	H_2SO_4;	$CuSO_4$,	Cu	+	1,08 bis 1,12 Volt
MEIDINGER:	— Zn,	Mg_2SO_4;	$CuSO_4$,	Cu	+	1
GROVE:	— Zn,	H_2SO_4;	HNO_3,	Pt	+	1,9
BUNSEN:	— Zn,	H_2SO_4;	HNO_3,	C	+	1,9
Chromsäure:	— Zn,	$H_2Cr_2O_7$,		C	+	2,0
LECLANCHÉ:	— Zn,	NH_4Cl;	MnO_2,	C	+	1,5
Bleiakkumulator:	— Pb,	H_2SO_4,		PbO_2	+	2,02
Edison-Akkumulator:	— Fe,	KOH,		Ni_2O_3	+	1,25
WESTON:	— (CdHg),	$CdSO_4$;	Hg_2SO_4	Hg	+	1,0183
CLARK:	— (ZnHg),	$ZnSO_4$;	Hg_2SO_4	Hg	+	1,4328

Daniell-Element. Der Tonzylinder wird mit Schwefelsäure vom spez. Gew. 1,075 (sog. Akkumulatorensäure) gefüllt. Der Zinkstab wird hier, wie auch in allen anderen Fällen, wo Zink als Elektrode verwandt wird, durch Einreiben mit Quecksilber amalgamiert. Das Glasgefäß enthält konzentrierte Kupfersulfatlösung (spez. Gew. 1,20). Nach Gebrauch ist das Element auseinanderzunehmen, um Kupferabscheidung im Tonzylinder zu vermeiden. EMK. 1,08 bis 1,12 Volt, innerer Widerstand ca. 0,6 bis 0,3 Ohm. Als einfaches Normalelement geeignet.

Meidinger-Element. Durch einen Glasballon, der $CuSO_4$-Kristalle enthält und der in die im unteren Teil des Gefäßes befindliche konzentrierte $CuSO_4$-Lösung eintaucht, wird letztere stets wieder von selbst erneuert. Die spezifisch leichtere $MgSO_4$-Lösung wird darüber geschichtet. Das Element wurde früher hauptsächlich im Telephonbetrieb benutzt. EMK. 1,2 Volt, Widerstand ca. 3 bis 3,5 Ohm. (Ähnlich ist das Krüger-Element zusammengesetzt; 1,03 Volt.)

Grove-, Bunsen-Element. Der Wasserstoff wird hier durch Salpetersäure oxydiert: $HNO_3 + 2 H^+ = HNO_2 + H_2O$. Der Tonzylinder enthält wieder Schwefelsäure und einen Zinkstab. Beim Grove-Element wird als positiver Pol Platin, beim Bunsen-Element Retortenkohle benutzt. EMK. 1,9 Volt, innerer Widerstand sehr klein (ca. 0,1 bis 0,2 Ohm). Das Bunsen-Element wurde daher früher als starke Stromquelle verwandt, besitzt heute aber nur historisches Interesse, ist auch wegen der sich entwickelnden salpetrigen Säure ungeeignet.

Chromsäureelement. Die Rolle des Oxydationsmittels übernimmt hier die Dichromsäure: $H_2Cr_2O_7 + 3 H_2SO_4 + 6 H^+ = Cr_2(SO_4)_3 + 7 H_2O$. Zur Bereitung der Lösung werden 100 g $K_2Cr_2O_7$ und 100 cm³ konz. H_2SO_4 vorsichtig in 1 Liter Wasser aufgelöst (tropfenweises Zugießen der konz. Schwefelsäure!). Das Zn wird erst beim Gebrauch eingetaucht. Das Element wurde früher, als Flaschenelement ausgebildet, sehr häufig verwendet, ist aber jetzt durch den Akkumulator gänzlich verdrängt worden. EMK. 2,0 Volt.

Leclanché-Element. Bei dem heute auch noch sehr gebräuchlichen Element wird als Depolarisator Braunstein, MnO_2, verwandt, das mit Graphit gemischt um einen Kohlestab gepreßt und durch einen Beutel zusammengehalten wird (Beutelelement). Die Lösung enthält Salmiak NH_4Cl im Überschuß. Bei längerer Stromentnahme ist das Element inkonstant. Stromlos hat es eine EMK. von 1,5 Volt, Widerstand $\sim$ 0,5 Ohm. Bei den bekannten Trockenelementen, die als Taschen- und Spannungsbatterien Verwendung finden, ist der Elektrolyt von porösen Stoffen (Sägemehl) aufgesogen oder gelatiniert und gegen Verdunsten durch einen Harzüberzug geschützt. Als Demonstrationsobjekt eignet sich eine schräg durchgeschnittene alte Taschenlampenbatterie.

Normalelemente sollen eine jederzeit bis auf die zehntausendstel reproduzierbare Spannung liefern, durch Stromentnahme werden sie verdorben. Über die Herstellungsvorschriften derartiger Elemente muß auf F. KOHLRAUSCH, Praktische Physik, verwiesen werden. Das Clark-Element (Zinkamalgam) besitzt einen hohen Temperaturkoeffizienten $[V = 1,4324 - 0,00119 \cdot (t° - 15)]$. Zur Festsetzung der gesetzlichen Spannungseinheit dient deshalb das Weston-Element (Kadmiumamalgam) $[V = 1,0183 - 0,0000406 \cdot (t° - 20)]$.

Sekundärelemente. Beim Bleiakkumulator bestehen die Elektroden im geladenen (polarisierten) Zustand aus Blei (graue Platte = negativer Pol) und Bleisuperoxyd (braune Platte = positiver Pol), im entladenen Zustand enthalten beide Platten Bleisulfat, doch darf die Entladung nie bis zur vollständigen „Sulfatisierung" getrieben werden. Abgesehen von Zwischenprozessen, ist der chemische Vorgang im Akkumulator der folgende:

$$\begin{aligned}
\text{Laden:} \quad & \text{Anode:} \quad && PbSO_4 + SO_4'' + 2 H_2O = PbO_2 + 2 H_2SO_4 \\
& \text{Kathode:} \quad && PbSO_4 + 2 H^+ \qquad\qquad\;\; = Pb + H_2SO_4 \\
\text{Entladen:} \quad & \text{Anode:} \quad && PbO_2 + 2 H^+ + H_2SO_4 = PbSO_4 + 2 H_2O \\
& \text{Kathode:} \quad && Pb + SO_4'' \qquad\qquad\;\; = PbSO_4
\end{aligned}$$

$$Pb \mid 3 H_2SO_4 \mid PbO_2 \quad \underset{\text{Laden}}{\overset{\text{Entladen}}{\rightleftarrows}} \quad PbSO_4 \mid H_2SO_4 + 2 H_2O \mid PbSO_4$$

Um die Oberfläche der Elektroden und damit die Ladefähigkeit des Akkumulators zu vergrößern, müssen die Platten besonders „formiert" werden. Mißt man die Plattengröße f der positiven Elektrode in Quadratdezimeter, so beträgt die Ladefähigkeit (Kapazität) des Akkumulators bis zu $4f$ Amperestunden. Beim Füllen und Laden eines Akkumulators wolle man die beigefügten Ladevorschriften stets genau befolgen. Akkumulatorenbatterien sind mindestens alle 4 Wochen frisch zu laden, dabei ist ein Parallelschalten von Akkumulatoren zu vermeiden. Bei der Bedeutung, die der Bleiakkumulator besitzt, dürfte sich die Anschaffung eines kleinen zerlegbaren Modells mit formierten Platten zu Demonstrationszwecken empfehlen.

Der Edison-Akkumulator enthält als aktive Masse am positiven Pol Nickelhydroxyd, das beim Entladen zu Hydroxydul reduziert wird, und am negativen Pole Eisenpulver, das in Eisenhydroxydul übergeht. Als Elektrolyt dient Kalilauge, deren Konzentration sich jedoch nicht ändert und nur die Rolle des Hydroxydulvermittlers spielt:

$$\mathrm{Fe} \mid \mathrm{KOH} + \mathrm{H_2O} \mid 2\,\mathrm{Ni(OH)_3} \underset{\text{Laden}}{\overset{\text{Entladen}}{\rightleftarrows}} \mathrm{Fe(OH)_2} \mid \mathrm{KOH} + \mathrm{H_2O} \mid 2\,\mathrm{Ni(OH)_2},$$

EMK. 1,25 Volt. Trotz des geringeren Gewichtes hat der Edison-Akkumulator wegen seiner geringeren Spannung wenig Eingang gefunden.

325. Versuch. **Konzentrationselement.** Zwei gleichgroße Standzylinder werden je zur Hälfte mit konzentrierter Kupfersulfatlösung gefüllt (Abb. 86). Letztere wird dann mit etwa der gleichen Menge einer sehr stark verdünnten Kupfersulfatlösung (Färbung gerade erkennbar) überschichtet. Man bedient sich dabei einer Korkscheibe, die auf der konzentrierten Lösung schwimmt und auf die man aus einer möglichst nahe darüber gehaltenen Pipette die verdünnte Lösung langsam fließen läßt. Auf diese Weise erhält man leicht scharfe Trennungsflächen, versäume aber nicht die Korkscheiben vorher mit kleinen Häkchen zum Herausheben zu versehen. Als Elektroden werden zwei Kupferbleche mit angelöteten Zuführungsdrähten, die durch den Verschlußkorken führen, in den Zylinder gehängt, so daß die eine nur mit der verdünnten, die andere Elektrode nur mit der konzentrierten Lösung in Berührung kommt. Der Zuführungsdraht zur unteren Elektrode wird dabei durch ein Glasrohr oder einen Gummischlauch isoliert. Schließt man ein derartiges Konzentrationselement über ein Demonstrationsgalvanometer kurz, so zeigt dieses einen Strom an. Verbindet man die beiden Elektroden durch einen Draht, so erfolgt nach 1

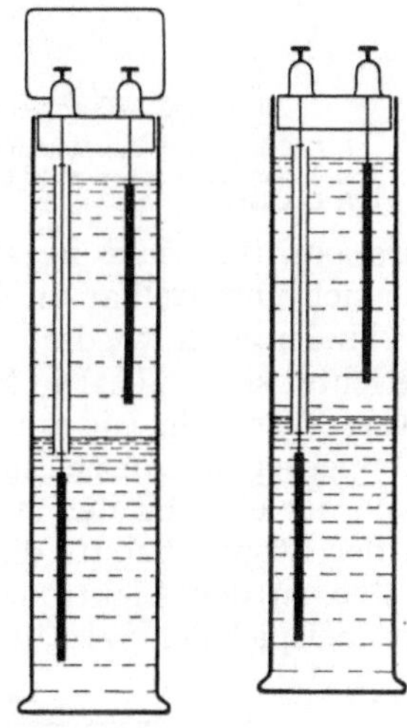

Abb. 86. Konzentrationselement.

bis 2 Tagen ein deutlicher Ausgleich der Konzentration. Das andere genau gleich ausgeführte, aber nicht kurzgeschlossene Element dient als Vergleich, der den gleichzeitig stattfindenden, jedoch beträchtlich geringeren Ausgleich durch Diffusion erkennen läßt.

326. Versuch. **Ionenwanderung.** In ein U-Rohr wird eine verdünnte, ammoniakalische Kupfersulfatlösung gefüllt, die mit einigen Tropfen des in Ammoniak tiefroten Phenolphthaleins violett gefärbt ist. Darüber wird in beiden Schenkeln vorsichtig verdünnte Ammionaklösung geschichtet. In diese werden nun im Abstande von einigen Zentimetern von den Trennungsflächen zwei Platinelektroden gehängt. Beim Stromdurchgang wandert dann die blaue Lösung zur Kathode, die rote jedoch zur Anode in die farblose Schicht hinein. Da hier die Schichtung der Lösungen nicht so einfach ist, läßt man besser (s. MÜLLER-POULLETT, 10. Aufl.) umgekehrt nach Füllung des Rohres mit der Ammoniaklösung durch ein Steigrohr mit Hahn die gefärbte Lösung von unten in beide Schenkel eintreten.

327. Elektrolyse. Besonders die letzten Versuche zeigen, daß bei den Leitern zweiter Klasse stets ein Massentransport nach beiden Richtungen stattfindet, im Gegensatz zu Leitern erster Klasse, wo nur die Elektronen wandern. Abb. 87 möge die Vorstellung von GROTTHUS über die Elektrolyse veranschaulichen. Hiernach stellt sich der Vorgang der Elektrolyse in drei der Anlegung der Spannung an die Elektroden unmittelbar folgenden Zeitmomenten I, II, III folgendermaßen dar: I. Die Moleküle werden gleichgerichtet. II. Sämtliche Moleküle werden in

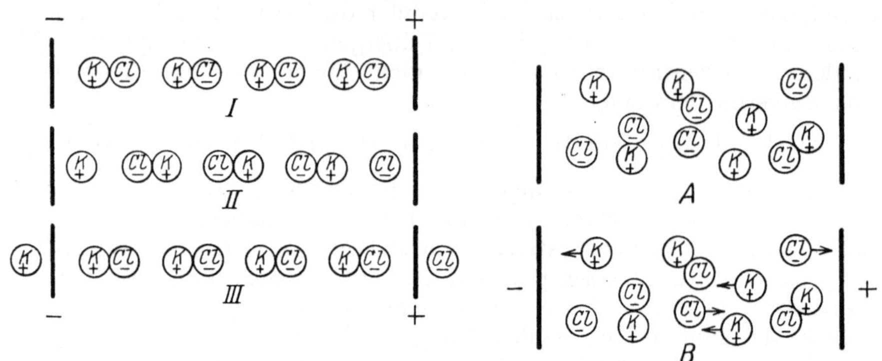

Abb. 87. Theorie von GROTTHUS. Theorie von CLAUSIUS und ARRHENIUS (*).

I. Gleichrichtung der Moleküle.
II. Trennung, teilweise Abscheidung, Wiedervereinigung.
III. Umklappen.

A vor, *B* nach Anlegung der Spannung an die Elektroden.

ihre positiven und negativen Bestandteile zerrissen. Diejenigen Molekülteile, die sich unmittelbar an den Elektroden befinden, scheiden sich ab, alle übrigen verbinden sich wieder zu vollständigen Molekülen, die aber jetzt umgekehrt gerichtet sind. III. Die Moleküle werden um 180° gedreht. Damit ist der gleiche Zustand erreicht wie am Ende von I, und das Spiel beginnt von neuem. Abb. 87 gibt ferner die Anschauung von CLAUSIUS, HELMHOLTZ und ARRHENIUS wieder, nach der ein Teil der Moleküle in Ionen (positive Kationen, negative Anionen) in der Lösung bereits dissoziiert sind und sich mit verschiedenen Geschwindigkeiten zu den Elektroden hinbewegen. Die folgende Bilanzrechnung soll dies am Beispiel der Salzsäurezersetzung anschaulich machen:

Tabelle 51. Elektrolyse von HCl.

	Kathode		Anode	
Vorhanden	12 H	12 Cl	12 H	12 Cl
Abgeschieden	− 6 H			− 6 Cl
Zugewandert	+ 5 H			+ 1 Cl
Fortgewandert		− 1 Cl	− 5 H	
Bilanz	11 H	11 Cl	7 H	7 Cl
Konzentrationsänderung	12 − 11 = 1 HCl		12 − 7 = 5 HCl	

Tabelle 52. Wanderungsgeschwindigkeiten von Ionen bei 18°.

Kationen				Anionen	
H+	0,00327 cm/sec	$\frac{1}{2}$ Pb++	0,00063 cm/sec	OH'	0,00181 cm/sec
K+	0,00067	$\frac{1}{2}$ Ca++	0,00053	Cl'	0,00068
Na+	0,00045	$\frac{1}{2}$ Zn++	0,00048	NO$_3'$	0,00064
Li+	0,00035	$\frac{1}{2}$ Cu++	0,00048	$\frac{1}{2}$ SO$_4''$	0,00071

Angefügt seien noch die Definitionen der hauptsächlichsten Begriffe aus der Elektrochemie:

Wanderungsgeschwindigkeit bei einem Spannungsgefälle von 1 Volt/cm
des Anions: v des Kations: u

Überführungszahl (prozentualer Anteil an der Gesamtgeschwindigkeit)

des Anions: $v = \dfrac{v}{u+v}$ des Kations: $1 - v = \dfrac{u}{u+v}$.

Ionenbeweglichkeit

des Anions: $l_A = 96494 \cdot v$ des Kations: $l_K = 96494 \cdot u$.

Die von η Grammäquivalenten im cm³ bei einem Dissoziationsgrad α transportierte Elektrizitätsmenge: $E = \alpha \cdot \eta \cdot 96494$ Coulomb.

Leitwert eines Elektrolyten: $L = 96494 \cdot \alpha \cdot \eta \cdot (u + v)$.

Äquivalentleitvermögen: $\varLambda = L/\eta = 96494 \cdot \alpha \cdot (u + v)$.

Äquivalentleitvermögen bei unendlicher Verdünnung $(\alpha = 1)$:

$$\varLambda_\infty = l_A + l_K = 96494\,(u + v).$$

Dissoziationsgrad: $\alpha = \dfrac{\varLambda}{\varLambda_\infty}$.

e) Das Ohmsche Gesetz und seine Anwendungen.

328. Versuch. Abhängigkeit der Stromstärke von der Spannung. Ein Demonstrationsgalvanometer (mit Nebenschluß) wird mit einem kleinen Schiebewiderstand zur Einregulierung der geeigneten Stromstärke und mit drei unter sich gleichen und gleichstark geladenen Akkumulatoren in Serie geschaltet. Der Strom wird so eingestellt, daß der Zeiger des Galvanometers einen durch 3 teilbaren Ausschlag zeigt. Zur Vorführung des Versuches schaltet man der Reihe nach einen, zwei und drei Akkumulatoren ein.

329. Versuch. Abhängigkeit der Stromstärke von der Länge des Leiters. Es werden in Serie geschaltet: ein Demonstrationsamperemeter, ein längerer Schiebewiderstand und eine Spannungsquelle (Akkumulator). Die Abmessungen von Widerstand und Stromquelle richten sich nach der Empfindlichkeit des Amperemeters. Es ist darauf zu achten, daß der Rheostat aus Widerstandsdraht von nur einem Querschnitt, also nicht in Stufen, gewickelt ist. Bei Verwendung eines Brückendrahtes (ein Akkumulator) ist wegen des geringen Widerstandes desselben (∞ 2 Ohm) das Produkt aus Länge und Stromstärke nicht exakt konstant.

330. Versuch. Abhängigkeit der Stromstärke vom Querschnitt. Drei gleiche Glühlampen (Metallfaden 50 Kerzen) werden, parallelgeschaltet, über ein Amperemeter (Meßbereich etwa 0 bis 2 Amp.) an die Lichtleitung gelegt. Beim Einschalten der einzelnen Lampen erfolgt Veränderung der Stromstärke im Verhältnis $1 : 2 : 3$.

331. Versuch. Linearer Spannungsabfall längs eines Drahtes. An die Enden des Wheatstoneschen Meßdrahtes wird ein Akkumulator direkt angeschlossen. Zwischen dem einen Ende des Drahtes und dem Schleifkontakt schaltet man ein Zeigerinstrument ein (Abb. 88). Durch einen Vorschaltschieberheostat im Instrumentenkreis wird der Ausschlag des Instrumentes zweckmäßig so einreguliert, daß die Zahlen der Skale mit der Einstellung am Meßdraht übereinstimmen. Die Proportionalität zwischen Länge und Stromstärke (Spannung) ist dann direkt abzulesen. Die hier im Prinzip vorgeführte sog. Potentiometerschaltung wird allgemein dazu benutzt, um von einer vorhandenen größeren Spannung einen beliebigen Bruchteil zu entnehmen (Abb. 89).

332. Versuch. Spannungsmessung nach der du Boisschen Methode. (Kompensationsverfahren). Die Ausführung des Versuches ist aus der Schaltungsskizze (Abb. 90) ersichtlich. Verglichen wird etwa die Spannung eines Akkumulators mit derjenigen eines Trocken- und eines Normalelementes (frisch zusammengesetztes Daniell-Element). Die Drahtabschnitte verhalten sich dann direkt wie die Spannungen.

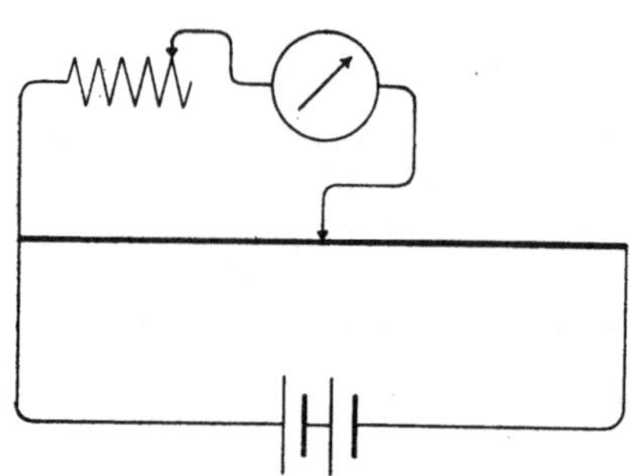

Abb. 88. Potentialabfall längs eines Drahtes (Potentiometer).

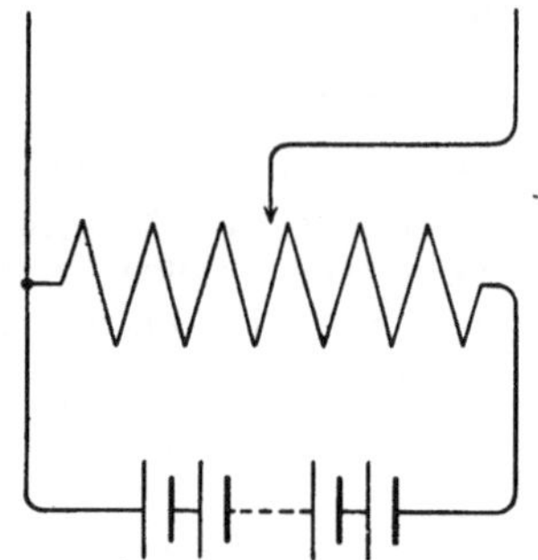

Abb. 89. Potentiometerschaltung.

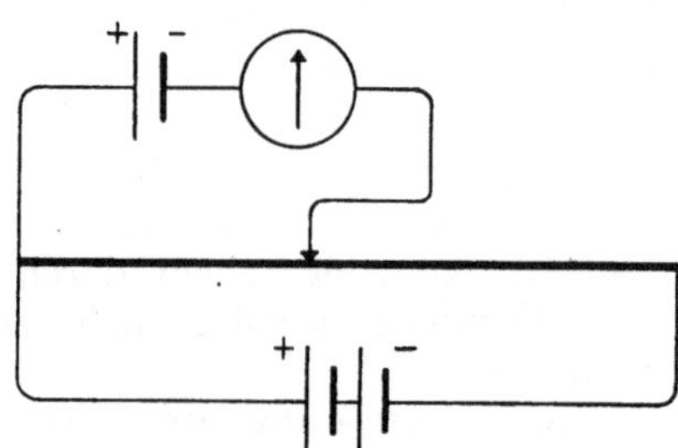

Abb. 90. Kompensationsmethode nach du Bois.

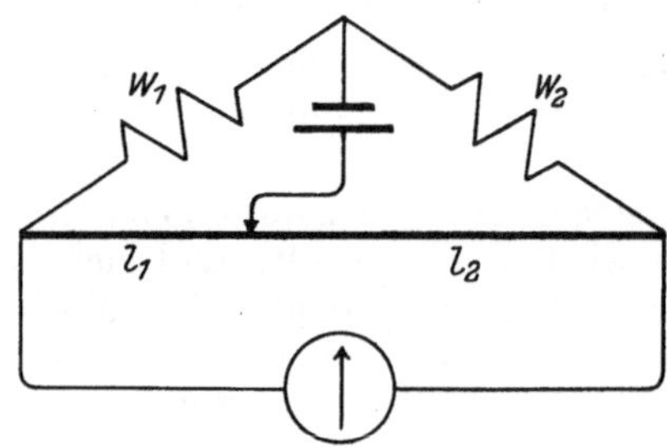

Abb. 91. Wheatstonesche Brücke (*).

333. Kirchhoffsche Regeln. a) In jedem Verzweigungspunkt ist die Summe der Stromstärken gleich Null. $\sum i = 0$.

b) In einem geschlossenen Stromkreis ist die Summe der darin enthaltenen elektromotorischen Kräfte gleich der Summe der Produkte aus Stromstärke und Widerstand der einzelnen Leitungsabschnitte. $\sum E = \sum i\,W$.

334. Versuch. Widerstandsbestimmung mit der Wheatstoneschen Brücke. Die Wheatstonesche Brückenanordnung ist möglichst übersichtlich und sinnfällig aufzubauen (Abb. 91). Es ist zu zeigen, daß die Widerstände sich direkt wie die zugehörigen Drahtabschnitte verhalten. Der Widerstand des Meßdrahtes beträgt zweckmäßig 2 bis 5 Ohm. Bei Elektrolyten wird als Stromquelle Wechselstrom (kleiner Summer) genommen. In die Brücke wird dann für den Demonstrationsversuch an Stelle des Telephons ein Lautsprecher (evtl. Kopffernhörer mit Röhrenverstärker) geschaltet.

Es würde hier zu weit führen, die verschiedenen Ausführungsformen von Widerständen (Kurbel- und Stöpselrheostaten) und Meßbrücken (Walzenbrücke, Kompensationsapparate) zu erwähnen, da jede Sammlung über eine gewisse Anzahl derartiger Instrumente verfügen dürfte.

335. Versuch. Spezifischer Widerstand. Ein ca. 1 m langer Draht ist abwechselnd aus Kupfer- und Eisendrahtstücken von gleicher Länge (ca. 10 cm) und gleicher Dicke (ca. 0,6 mm) zusammengesetzt, die hart miteinander verlötet sein müssen. Der Draht ist zwischen zwei Fußklemmen auszuspannen, an welche Stromquelle und entsprechender Vorschaltwiderstand (beides belastbar mit 10 Amp.) angeschlossen werden. Beim langsamen Verstärken des Stromes beginnt das Eisen zu glühen (bis zur Rotglut), während das Kupfer dunkel bleibt. Ein Durchschmelzen des Drahtes ist zu vermeiden, da ein Ersatz zeitraubend ist.

336. Gesetzliche Einheit des Widerstandes. Den Widerstand von 1 Ohm hat eine Quecksilbersäule von 1,063 m Länge und 1 mm² Querschnitt (Gewicht 14,4521 g) bei 0°. Spezifische Widerstände eines Zentimeterwürfels von verschiedenen Metallen, Elektrolyten und Isolatoren zeigen die Tabellen 53—55. Der Widerstand eines Leiters von 1 m Länge und 1 mm² Querschnitt ist gleich dem 10^4-fachen des Widerstandes eines Zentimeterwürfels (1 Megohm $= 10^6$ Ohm).

Tabelle 53. Spezifischer Widerstand von Leitern I. Klasse (Metalle).

Silber. . .	$0,016 \cdot 10^{-4}$ Ohm	Neusilber . .	60% Cu, 21% Ni, 19% Zn	$0,34 \cdot 10^{-4}$ Ohm
Kupfer . .	0,017	Nickelin .	54% Cu, 26% Ni, 20% Zn	0,41
Aluminium	0,032	Manganin .	84% Cu, 4% Ni, 12% Mn	0,43
Eisen . . .	0,09 bis 0,15	Konstantan	58% Cu, 41% Ni, 1% Mn	0,50
Quecksilber	0,958			
Platin . .	0,14	Kohle. . .		$\sim$50

Tabelle 54. Spezifischer Widerstand von Leitern II. Klasse (Elektrolyte).

Schwefelsäure 30% (max.) . .	1,35 Ohm	Kalilauge 28% (max.) . . .	1,84 Ohm
Kochsalzlösung (gesättigt) . .	4,63	Zinksulfat 23% (max.) . . .	20,8
Gipslösung (gesättigt)	531	Wasser (rein)	$1,4 \cdot 10^6$

Tabelle 55. Spezifischer Widerstand von Isolatoren.

Schiefer	0,8 Megohm	Glimmer	2 300 000 Megohm
Vulkanfiber . . .	53	Glas (trocken) . .	8 000 000
Marmor	400 bis 500	Paraffin	3 000 000 000
Olivenöl	1 000 000	Hartgummi	4 200 000 000

337. Versuch. Temperaturabhängigkeit des Widerstandes eines metallischen Leiters. Dünner Eisendraht (Blumendraht), etwa 80 cm lang, wird zu einer engen Spirale aufgewickelt, zwischen zwei Fußklemmen befestigt und in Serie geschaltet mit einer 2-Volt-Birne und einem Akkumulator. Beim Erhitzen der Drahtspirale mit einem Bunsenbrenner erlischt die Lampe. Anwendung als Vorschaltwiderstand zur selbsttätigen Stromregulierung bei Spannungsschwankungen im Leitungsnetz.

338. Versuch. Kohle und elektrolytisch leitende Körper zeigen einen negativen Temperaturkoeffizienten. Ein Nernstbrenner leitet den Strom nur, wenn er vorher durch eine kleine Heizspirale, die sich später ausschaltet, oder mit dem Bunsenbrenner erhitzt wird.

339. Versuch. Widerstandsthermometer. Ein Platinwiderstandsthermometer wird in den einen Zweig einer WHEATSTONEschen Brücke gelegt und das Zeigerinstrument auf Stromlosigkeit eingestellt. Man taucht das Thermometer in ein Becherglas mit Wasser, das man erwärmt. Gesetzliche Festlegung der Temperaturskale zwischen $-193°$ und $630°$ durch ein derartiges Platinthermometer (s. auch Ziff. 143).

340. Versuch. Abhängigkeit des Widerstandes von der Stärke der Beleuchtung (Selenzelle). Eine Selenzelle wird der Reihe nach mit Lampen verschiedener Lichtstärke belichtet. Der Dunkelwiderstand ist von der Größenordnung 100000 Ohm, bei der Belichtung sinkt er auf einige 1000 Ohm. Man legt eine Spannung von etwa 6 bis 8 Volt an die Zelle und schaltet ein Galvanometer mit der Empfindlichkeit von 10^{-4} Amp. in den Stromkreis. Die Trägheit der Zellen ist in der Regel sehr groß.

341. Versuch. Widerstandsänderung durch ein magnetisches Feld. Der Widerstand einer Wismutspirale wächst, wenn sie zwischen die Pole eines starken Magneten gebracht wird. Bei 20000 Gauß hat er sich fast verdoppelt (Anwendung bei Messung großer magnetischer Feldstärken). Schaltung der Spirale wie bei Versuch 339.

f) Wärmewirkung des elektrischen Stromes.

342. Versuch. Wärmeentwicklung in einem metallischen Leiter. Ein Eisendraht, Länge ca. 1 m, Durchmesser 0,6 mm (Blumendraht), wird zwischen zwei Fußklemmen ausgespannt. An letztere legt man eine Spannung von 110 bis 220 Volt über einen Schiebewiderstand (30 Ohm), der eine Belastung von 10 bis 15 Amp. für kurze Zeit vertragen kann. Der Draht wird durch langsames Ausschalten des Widerstandes bis zur Gelbglut erhitzt, worauf er an einer zufällig etwas dünneren Stelle durchschmilzt. Unter den Draht gelegte Asbestpappe schützt den Tisch vor Verbrennungen.

Tabelle 56. **Dauerbelastungsgrenzen von isolierten Kupferdrähten.**

Dicke mm	Querschnitt mm²	Belastung Amp.	Widerstand von 1 m (Spannungsabfall pro Ampere u. Meter) Ohm
0,8	0,5	7,5	0,0346
1,0	0,78	9	0,0222
1,2	1,0	11	0,0154
1,4	1,5	14	0,0113
1,8	2,5	20	0,0068
2,3	4,0	25	0,0042
2,8	6,0	30	0,0028
3,6	10,0	43	0,0017
4,5	16,0	75	0,0011

Abb. 92. Hitzdrahtinstrument.

343. Versuch. Schmelzsicherung. Man stellt vier Fußklemmen auf, die im folgenden mit 1 bis 4 bezeichnet sind. Zwischen Fußklemme 1 und 2 wird ein Widerstandsdraht (1 m), wie er in Heizapparaten Verwendung findet, ausgespannt. Sehr gut bewährt hat sich hier der sog. Cekasdraht der Firma C. Kuhbier & Sohn, Dahlerbrück, der bei einem spezifischen Widerstand von $1\,\mathrm{Ohm \cdot mm^2/m}$ eine Temperatur bis zu 900° aushält. Bei einem Durchmesser von 0,4 mm ist die Belastungsgrenze 5 Amp. In Serie mit dem Draht zwischen Klemme 2 und 3 folgt als „Sicherung" ein Stanniolstreifen, ca. 3 mm breit, 6 bis 8 cm lang, und schließlich zwischen Klemme 3 und 4 eine Glühlampe, die durch einen parallel gelegten Ausschalter kurzgeschlossen werden kann. Angelegt wird die Lichtspannung über einen entsprechenden Widerstand, ähnlich wie in den vorhergehenden Versuchen. Der Stanniolstreifen soll so bemessen sein, daß beim Kurzschließen der Glühlampe der Widerstandsdraht zunächst rotglühend wird und dann der Streifen durchschmilzt, daß also der Draht — Leitung — vor dem Durchschmelzen bewahrt bleibt. Reservestreifen sind bereitzuhalten.

344. Versuch. Hitzdrahtinstrument (Modell). Benutzt wird derselbe Draht wie im vorhergehenden Versuch. Ein als Zeiger dienender 30 bis 35 cm langer gerader Aluminiumdraht erhält etwa 5 cm vom einen Ende entfernt eine kleine dachförmige Ausbuchtung, nachdem er vorher an dieser Stelle etwas platt geschlagen worden ist (Abb. 92). Man legt ihn dann auf einen an einem

Stativ befestigten, horizontal gerichteten Stift (dicken Nagel) so auf, daß letzterer sich gerade in der Ausbuchtung befindet. Das Ende des kürzeren Armes des so entstandenen Hebels wird durch einen sehr dünnen Draht mit der Mitte des Widerstandsdrahtes derart verbunden, daß der Zeiger horizontal steht und den Widerstandsdraht leicht spannt. Wird ein Strom (bis zu ca. 2 Amp.) durch den Draht geschickt, so neigt sich der Zeiger. Eine Papierskale hinter der Zeigerspitze, vertikal aufgestellt, gestattet den Ausschlag abzulesen.

345. Versuch. **Glühlampen.** Zu zeigen sind: Kohlenfadenlampe, Metallfadenlampe, gasgefüllte Lampe (Halbwattlampe). Bei letzterer ist evtl. mit einem photographischen Objektiv die Glühspirale zu projizieren. Ein im Stromkreis eingeschaltetes Amperemeter kann gleichzeitig den Stromverbrauch der Lampen anzeigen.

346. Versuch. **Wärmeentwicklung beim Stromdurchgang durch einen Elektrolyten.** Eine schmale Küvette wird mit Kupfersulfatlösung gefüllt und mit zwei Kupferelektroden versehen. Beim Anlegen einer Spannung von 6 Volt zeigt ein eingetauchtes Projektionsthermometer die Temperaturerhöhung an.

347. Versuch. **Wärmeentwicklung im stromliefernden Element.** Anordnung wie im vorhergehenden Versuch, nur werden an Stelle der Kupferelektroden außen kurzgeschlossene Kupfer-Zinkelektroden, als Elektrolyt verdünnte Schwefelsäure benutzt.

348. Versuch. **Bogenlampe.** Eine Bogenlampe (Handregulator) mit senkrecht stehenden Kohlen wird mit möglichst hoher Spannung betrieben, damit der Bogen auseinandergezogen werden kann. Setzt man eine solche Lampe in das Gehäuse eines Projektionsapparates, aus dem der Kondensor entfernt ist, so läßt sich der Bogen mit einem guten photographischen Objektiv bequem projizieren. Eine plane Glasplatte schützt evtl. das Objektiv vor schädlicher Erwärmung, sie ist aber nicht unbedingt notwendig (unverkittete Objektive, sog. Dialyte, sind deshalb auch vorzuziehen). Man zeigt den weißglühenden positiven Krater und die hohe Temperatur, die in einem Bogen herrscht, letzteres durch Hineinhalten eines dünnen Eisenstabes, der schmilzt (Anwendung bei den Flammenbogenöfen).

349. Versuch. **Joulesches Gesetz und elektrisches Wärmeäquivalent.** In ein Becherglas von ca. 1 Liter Inhalt, das eine abgemessene Menge Wasser (ca. 600 cm³) enthält, wird eine Kohlenfadenlampe vollständig (bis zur Lampenfassung) eingetaucht. Stromstärke und Spannung werden durch Demonstrationsinstrumente angezeigt, die Temperatursteigerung des Wassers durch ein Projektionsthermometer. Bei einer Dauer des Stromdurchganges von etwa 1 bis 2 Minuten kann aus den bekannten Daten die produzierte Kalorienzahl pro Wattsekunde leicht berechnet werden. Wegen der unvermeidlichen Wärmeverluste fallen die Werte für das Wärmeäquivalent etwas, wenn auch nicht sehr erheblich, zu niedrig aus. Um die von der Lampe ausgesandte Strahlung auch zu absorbieren, wird das Wasser durch Tinte stark gefärbt.

Einheit der Stromleistung ist das Watt = Volt · Ampere = 0,2388 cal/sec, 1 PS = 0,736 kW oder 1 kW = 1,36 PS. Somit ist die produzierte Wärmemenge $Q = 0{,}24\, i^2 \cdot w \cdot t$ cal.

Auf die technische Anwendung der Jouleschen Wärme bei den Widerstands- und Flammenbogenöfen sei hier nur hingewiesen.

g) Magnetfeldwirkungen des elektrischen Stromes.

350. Versuch. **Ablenkung einer Magnetnadel durch den elektrischen Strom.** Ein Kupferdraht, ca. 1 m lang, wird in der Nord-Südrichtung zwischen zwei Fußklemmen horizontal ausgespannt. Direkt über und unter dem Draht

werden kleine Magnetnadeln angebracht. Schickt man jetzt Gleichstrom (einige
Ampere) durch den Draht, so werden die Nadeln nach verschiedenen Richtungen
abgelenkt, und zwar bei einer Stromrichtung von Süd nach Nord der Nordpol
der oberen Nadel nach links, der der unteren nach rechts (Schwimmer- resp.
rechte Handregel).

351. Versuch. Nadelgalvanometer (Modell). In einer flachen, rechteckigen
Spule, deren Achse horizontal gerichtet ist und die nur aus einigen wenigen
Windungen eines Kupferdrahtes zu bestehen braucht, wird eine an einem Faden
aufgehängte oder auf einer Spitze bewegliche Magnetnadel angebracht. Schon
ein verhältnismäßig schwacher Strom genügt zur Ablenkung der Nadel (Multiplikator). Über Galvanometertypen s. Abb. 95.

352. Versuch. Magnetische Kraftlinienbilder des elektrischen Stromes.
Wie bei Versuch 268 lassen sich auch hier die Kraftlinien mittels Eisenfeilspänen
leicht vorführen. Die mit den Spänen zu bestreuenden Platten aus Glas oder
Cellon (bei diaskopischer Projektion) bzw. weißer Pappe (bei episkopischer Projektion) erhalten zwecks Durchführung des Stromleiters je nachdem eine oder
mehrere Durchbohrungen und werden in einem kleinen Gestell befestigt. Bei
der Ausführung des Versuches schaltet man zunächst den Strom ein und streut
dann unter leichtem Erschüttern der Platte die Späne auf. Man zeigt zunächst
die Verteilung der Kraftlinien längs einer Strombahn, indem man den Draht
auf eine der Platten legt, sodann diejenige senkrecht zur Strombahn, indem man ihn durch die Platte hindurchführt. Ebenso ist auch die Verteilung
bei einem Drahtkreis, bei einem Solenoid und bei zwei gleich- resp. entgegen-
gesetztgerichteten Strömen zu zeigen.

353. Magnetische Definition der Stromstärke aus der Kraftwirkung eines
Linienelementes ds auf einen Magnetpol (Biot-Savartsches Gesetz). Bei einem
Kreisstrom (Tangentenbussole) ist die magnetische Feldstärke im Mittelpunkt

des Kreises $H = \dfrac{2\pi i}{r}$. Einheit: 1 Weber = 10 Amp.

**354. Versuch. Verhältnis der elektrostatischen zur elektromagnetischen
Stromeinheit.** Ein Kondensator, dessen Kapazität C (etwa aus seinen Abmessungen) elektrostatisch zu berechnen ist,
wird in schneller Aufeinanderfolge abwechselnd durch eine Batterie, deren Spannung
E elektrostatisch mit einer Thomsonschen
Wage bestimmt werden kann, aufgeladen
und über ein Galvanometer entladen. Die
dazu nötige periodische Umschaltung des
Kondensators geschieht hier durch eine Holzscheibe, welche direkt auf die Achse eines
kleinen Elektromotors aufgesteckt wird. Sie
enthält ein Metallsegment (Messingstreifen),
das bei der Rotation abwechselnd mit zwei

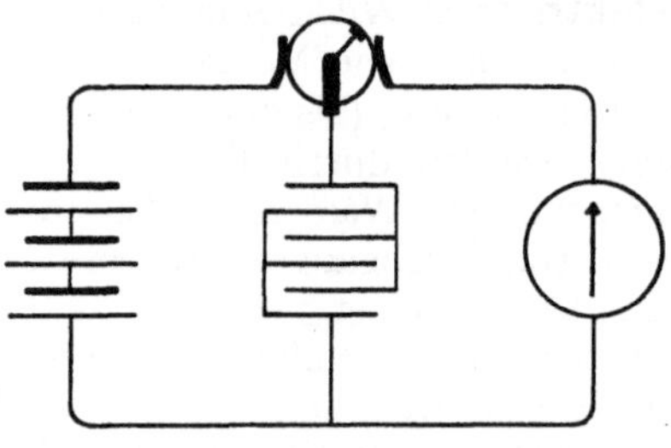

Abb. 93. Bestimmung von
$i_{\text{el. stat.}}/i_{\text{el. magn.}}$

Schleiffedern in Kontakt kommt, während es andererseits mit der Motorwelle und
einer auf letzterer schleifenden dritten Feder dauernd leitend verbunden ist. Die
Schaltung des Versuches gibt Abb. 93. Die Anzahl der Unterbrechungen pro
Sekunde — n — wird mit einem Tachometer aus der Umlaufsgeschwindigkeit des
Motors bestimmt. Hat man einen Motor mit beiderseits herausragender Welle
zur Verfügung, so setzt man zweckmäßig die Holzscheibe auf die eine Seite,
während man das an einem Stativ zu befestigende Tachometer durch eine biegsame Welle mit der anderen Seite verbindet. Eine andere Ausführungsform des
Versuches, bei der die Unterbrechungen durch die Schwingungen einer

elektromagnetisch angeregten Stimmgabel bewirkt werden, siehe E. GRIMSEHL, Lehrbuch. Die elektrostatische Stromstärke ist gegeben durch $i_{stat} = n \cdot C \cdot E$, die elektromagnetische wird durch das Galvanometer (evtl. empfindliche Tangentenbussole) direkt gemessen. Um größere Stromstärken zu erzielen, sind allerdings große Kapazitäten erforderlich, deren elektrostatische Messung praktisch einige Schwierigkeiten machen dürfte. Bei $0{,}5\,\mu$F $(45 \cdot 10^4$ cm$)$, 60 Volt $(0{,}2$ el.stat. E.) und 3000 Umdrehungen des Motors pro Minute $(i_{stat} = 45 \cdot 10^5)$ wäre die elektromagnetische Stromstärke 1,5 mA $(15 \cdot 10^{-5}$ Weber$)$. Zur Umrechnung mögen die folgenden Zahlen dienen:

Tabelle 57. Elektromagnetische und elektrostatische Einheiten.

1 Amp. $= 0{,}1$ Weber	$= 3 \cdot 10^9$ el.stat. E.	
300 Volt $= 3 \cdot 10^{10}$ el.magn. E.	$= 1$ el.stat. E.	
$9 \cdot 10^{11}$ Ohm $= 9 \cdot 10^{20}$ el.magn. E.	$= 1$ el.stat. E.	
1 Coulomb $= 0{,}1$ el.magn. E.	$= 3 \cdot 10^9$ el.stat. E.	
1 Mikrofarad $= 10^{-15}$ el.magn. E.	$= 9 \cdot 10^5$ el.stat. E.	

355. Versuch. Verstärken der magnetischen Wirkung durch einen Eisenkern. Auf eine senkrecht stehende, möglichst große Spule von dickem Draht wird ein Karton mit einer aufgehäuften Menge von Eisenfeilspänen gelegt. Ohne Eisenkern ist die magnetische Anziehungskraft der Spule auch bei größeren Stromstärken gering. Führt man aber einen Weicheisenkern in die Spule, so zeigt sich sofort die starke magnetische Wirkung an dem Aufrichten der Feilspäne. Versuche mit dem Elektromagneten s. Ziff. 269 u. 271.

356. Versuch. Magnetspule. Eine Spule aus dickem Draht wird in einem Stativ senkrecht stehend befestigt. Schickt man einen stärkeren Strom durch die Spule (10 Amp.), so bleiben selbst größere Eisenstäbe, die in die Spule gebracht werden, dort freischwebend hängen.

357. Versuch. Weicheiseninstrument (Modell). Führt man den vorhergehenden Versuch so aus, daß man den Eisenstab an einer Spiralfeder befestigt, so kann man zeigen, daß mit wachsender Stromstärke der Eisenstab immer stärker in die Spule hereingezogen wird.

358. Versuch. Mechanische Wirkungen des Stromes im Magnetfeld. Zwischen die Pole eines kleinen Elektromagneten wird ein dünner Kupferdraht (1 m) ausgespannt, durch den ein Strom (einige Ampere) geschickt wird. Je nach der Stromrichtung versucht der Draht nach oben oder unten auszuweichen. (Linke-Hand-Regel s. Tabelle 59.) Anwendung beim Saitengalvanometer. Ablenkungskraft $K = H \cdot i \cdot l$.

359. Versuch. Mechanische Wirkungen des Stromes im Magnetfeld. Ein längerer Eisenstab (Bunsenstativ) wird senkrecht gestellt und an seinem unteren Ende von einer dickdrähtigen Spule umgeben. Längs des oberen freien Teiles des Stabes hängt man einen oder mehrere dünne Stanniolstreifen (Lamettastreifen, etwa 1 cm breit, evtl. auch ganz weiche Kupferlitze) so auf, daß sie möglichst nahe dem Stabe verlaufen. Man faßt dazu die oberen Streifenenden mittels einer einfachen Klemme zusammen und befestigt diese in der Verlängerung der Stabachse ca. 20 cm höher an einem besonderen Stativ. Mit den unteren, bis in die Nähe der Spule reichenden Enden der Streifen verfährt man ebenso, nur hat man bei der Anbringung der unteren Klemme darauf zu achten, daß die Streifen nicht gespannt sind, sondern sehr lose hängen. Zur Isolation der Streifen vom Stabe genügt es, wenn der Stab mit dem gewöhnlichen Eisenlack gestrichen ist. An die Klemmen legt man unter Zwischenschaltung eines Kommutators eine Spannung von 4 Volt. Erregt man jetzt die Spule durch einen kräftigen Strom und schließt sodann den

Streifenstromkreis, so schlingen sich die Streifen um den Stab. Wird der Kommutator umgelegt, so ändert sich auch der Windungssinn (Korkzieher-regel). Statt des Eisenstabes und der Spule kann man auch einen kräftigen, stabförmigen Dauermagneten verwenden.

360. Versuch. Unipolare Maschinen. Beim n-maligen Herumführen eines Magnetpoles m um einen Stromleiter wird die Arbeit $\pm 2\pi n i m$ geleistet. Hierauf beruhen die unipolaren Maschinen von Faraday, bei denen durch un-symmetrische Anordnung der Magnete eine dauernde Rotation erzielt wird (s. Abb. 94). Zum Gelingen des Versuches ist absolut reines Quecksilber in der Rinne und den Näpfen Vorbedingung. Da die Maschinen einen erheblichen Strombedarf (mehrere Ampere) benötigen, so ist vor allen Dingen Funkenbildung, welche die Quecksilberoberfläche sofort oxydieren würde, zu vermeiden. Für die Einstellung beachte man folgendes: Die Drehachse muß genau senkrecht

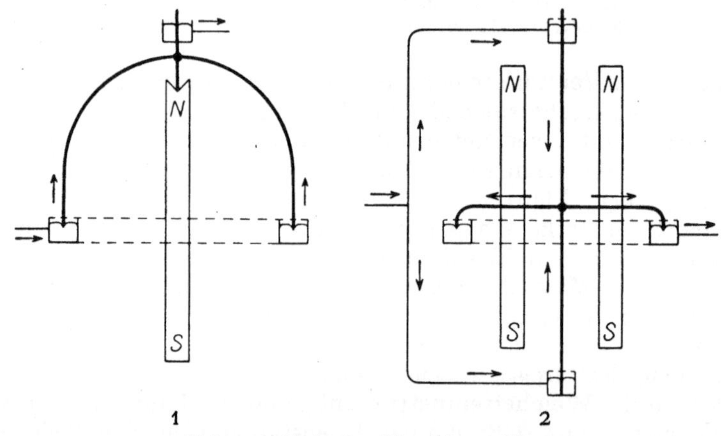

Abb. 94. Unipolar-Maschinen (*).

1 Magnetpol fest, Stromleiter beweglich.   2 Stromleiter fest, Magnetpole beweglich.

stehen. Nur dann taucht der Platin-Kontaktdraht an allen Stellen der Rinne gleich tief in das Quecksilber ein. Ist diese Eintauchtiefe zu gering, so wird bei der großen Stromstärke der Draht an der Stelle, wo er das Quecksilber berührt, glühend; zu große Eintauchtiefe erhöht die Reibung derart, daß eine Bewegung nicht zustande kommt.

361. Versuch. Magnetisches Blatt. Ein Stromkreis (rechteckig oder kreisförmig), in einem Ampèreschen Gestell leicht beweglich aufgehängt, stellt sich mit seiner Normalen in die Nord-Südrichtung ein. Er ersetzt also einen Magneten, dessen magnetisches Moment durch die Gesamtwindungsfläche mal Stromstärke gegeben ist. Wird i in Ampere gemessen, und ist n die Gesamtzahl der Windungen, so ist also $M = n \cdot f \cdot i$ (Ampèresche Molekularströme zur Er-klärung des Magnetismus).

362. Versuch. Solenoid. Das magnetische Blatt wird ersetzt durch ein Solenoid. Auch dieses stellt sich mit seiner Achse in die Nord-Südrichtung ein, resp. wird von einem Magneten oder einer zweiten Spule angezogen oder ab-gestoßen. Die Polstärke erhält man, wenn man das magnetische Moment des Solenoids (s. oben) durch die Länge dividiert. Bei der in der Regel kleinen Windungsfläche des Solenoids ist auch die Richtkraft im Erdfelde gering.

363. Versuch. Wirkungen zweier Stromleiter aufeinander. In das Am-pèresche Gestell wird wieder der rechteckige Stromleiter gehängt. Stellt man einen zweiten feststehenden Stromleiter von gleicher Gestalt daneben, so kann man zeigen, daß gleichgerichtete Ströme sich anziehen, entgegengesetzte sich jedoch abstoßen. Quergestellte Stromleiter suchen sich gleichzurichten. (Anwendung beim Elektrodynamometer.)

364. Versuch. ROGETsche Spirale. Die Windungen eines stromdurchflossenen Solenoids ziehen sich gegenseitig an. An einem Stativ wird eine Drahtspirale aus hartem Messingdraht aufgehängt. Die Maße sind etwa wie folgt zu wählen: Dicke ca. 0,5 bis 1 mm, Windungsdurchmesser 4 bis 5 cm, 25 Windungen, die möglichst eng aneinander liegen sollen, damit eine große Anziehungskraft erzielt wird. Unten hat sie ein kleines Belastungsgewicht und eine Eisendrahtspitze, mit der sie eine Quecksilberoberfläche gerade berührt. Das Quecksilber befindet sich in einem Becherglas und ist zur Vermeidung der Oxydation

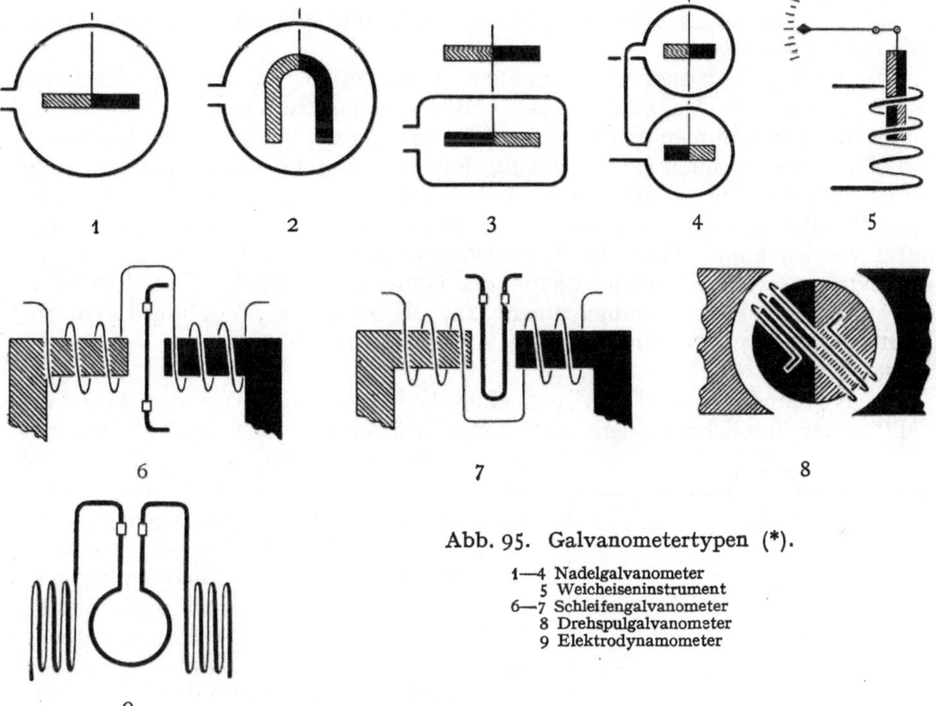

Abb. 95. Galvanometertypen (*).

1—4 Nadelgalvanometer
  5 Weicheiseninstrument
6—7 Schleifengalvanometer
  8 Drehspulgalvanometer
  9 Elektrodynamometer

durch den Öffnungsfunken mit Alkohol oder Petroleum überschichtet. Die Stromzufuhr (12 Volt) geschieht unten durch einen in das Quecksilber eingetauchten Eisendraht, am oberen Ende der Spirale einfach durch eine Anschlußklemme. Beim Stromschluß zieht sich die Spirale zusammen, unterbricht damit den Strom, dehnt sich infolge ihres Eigengewichtes wieder aus und gerät so in Schwingungen. Ein Eisenstab, der in die Spirale eingeführt wird, verstärkt die Schwingungen erheblich (Selbstunterbrecher).

365. Galvanometertypen. Abgesehen vom Hitzdrahtinstrument beruht die Wirkungsweise der technischen Strommeßinstrumente auf den magnetischen Eigenschaften des elektrischen Stromes. Die Grundgedanken der verschiedenen Konstruktionstypen sind bei den einzelnen Versuchen bereits erwähnt worden. Es möge deshalb hier nur im Anschluß an Abb. 95 eine kurze Zusammenfassung der verschiedenen Galvanometertypen folgen. Bei den Typen 1 bis 4 (Nadelgalvanometer) und 5 (Weicheiseninstrument) erzeugt der zu messende Strom ein festes Magnetfeld, in dem sich eine Magnetnadel bewegt. Zur Vergrößerung der Empfindlichkeit stehen eine Reihe von Hilfsmittel zur Verfügung: Verwendung mehrerer kleiner Magnetnadeln statt einer einzigen (du Bois, Rubens, Paschen), ferner Zusammendrängung der Kraftlinien durch die Ausbildung der Magnetnadel als Glockenmagnet (Nr. 2, Wiedemann), Herabsetzung des Einflusses der zurücktreibenden Kraft des Erdfeldes durch Richtmagnete und astatische Nadelpaare (Nr. 3 mit einer Spule, Nobili, Nr. 4 in zwei getrennten Spulen, Thomson). Bei diesen Typen wird hohe Spannungsempfindlichkeit, d. h. kleiner innerer Widerstand, angestrebt. Das Weicheiseninstrument Nr. 5 kommt nur für technische Zwecke in Betracht. Bei Nr. 6 bis 8 ist der Stromleiter beweglich. Beim Saiten- (Nr. 6) und Schleifengalvanometer (Nr. 7 Oszillograph) ist hauptsächlich auf geringe Trägheit und momentane aperiodische Einstellung für schnellverlaufende Vorgänge (bis 0,001 Sek.) Wert gelegt. Der innere Widerstand ist deshalb stets sehr groß, die Spannungsempfindlichkeit klein.

Das Drehspulgalvanometer (Drepez, d'Arsonval, Nr. 8), bei dem sich eine Drahtspule im Magnetfeld eines Hufeisenmagneten bewegt (der Eisenzylinder im Spulenrahmen dient nur zur Verstärkung der magnetischen Wirkung), ist wohl die gebräuchlichste Ausführungsform der Demonstrationsgalvanometer und der meisten Amperemeter und Voltmeter, da es noch bei relativ großer Empfindlichkeit als Zeigerinstrument ausgebildet und als solches in jeder Lage benutzt werden kann. Beim Elektrodynamometer (Nr. 9) wird die magnetische Wirkung zweier Spulen aufeinander benutzt. Es dient neben dem Hitzdraht- und dem Weicheiseninstrument zur Messung von Wechselströmen, da nur bei diesen Instrumenten der Ausschlag unabhängig von der Stromrichtung ist.

Als Normalempfindlichkeit eines Galvanometers wird der Ausschlag in Millimeter bezeichnet, den 10^{-6} Amp. auf einer Skale in 1 m Abstand hervorruft, wenn der innere Widerstand des Instrumentes 1 Ohm und seine Schwingungsdauer 5 Sekunden betragen. Um die tatsächliche Empfindlichkeit zu erhalten, multipliziert man diese Normalempfindlichkeit dann mit der Wurzel aus dem inneren Widerstand, dem Quadrat der Schwingungsdauer und dem Skalenabstand. Die größten erzielbaren Normalempfindlichkeiten betragen ca. 7000. Selbstverständlich spielt dabei die Störungsfreiheit des Instrumentes eine mitentscheidende Rolle. Die Empfindlichkeit eines Instrumentes wird herabgesetzt auf 0,1, 0,01, 0,001 durch Nebenschlüsse von $\frac{1}{9}$, $\frac{1}{99}$, $\frac{1}{999}$ des inneren Widerstandes oder unabhängig von diesem durch den Nebenschluß eines sehr hohen Widerstandes mit Potentiometerschaltung (Ayrtonsche Schaltung, Abb. 96).

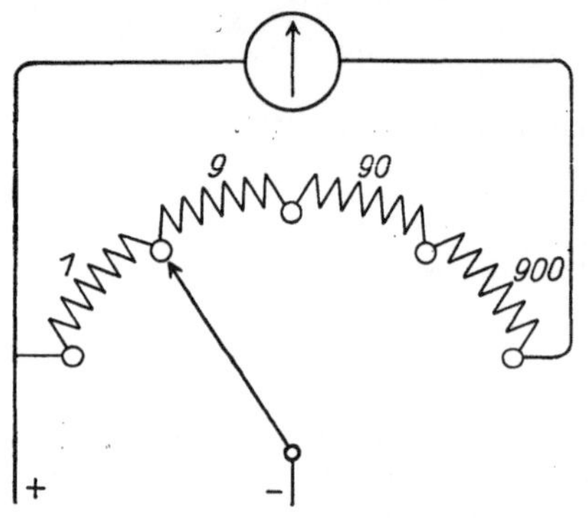

Abb. 96. Ayrtonsche Schaltung.

Auf das bekannte Anwendungsgebiet des Elektromagnetismus, den selbsttätigen Unterbrechern (Kingel, Hammerunterbrecher), Telegraphen u. a. näher einzugehen, dürfte sich wohl erübrigen. Die Elektromotoren werden bei der Induktion behandelt werden.

h) Thermoelektrizität.

366. Versuch. Thermoeffekt. In einem flachen, rechteckigen Metallrahmen, bei dem drei Seiten von einem dicken Kupferbügel gebildet werden, während die vierte aus einem ebenso dicken Wismutstab besteht, spielt eine kleine Magnetnadel auf einer Spitze (Drehachse in der Rahmenebene). Stellt man den Rahmen in die Nord-Südrichtung und erwärmt die eine Lötstelle, so schlägt die Nadel aus (Wismut schmilzt bei 270°, daher Vorsicht beim Erwärmen und Löten). Der Strom fließt an der **erwärmten** Stelle vom Wismut zum Kupfer.

In der folgenden Spannungsreihe, die nur für **reine** Metalle gilt und schon durch kleine Verunreinigungen stark geändert werden kann, fließt der Strom an der erwärmten Lötstelle vom vorhergehenden zum folgenden Metall:

— Bi, Ni, Pt, Hg, Al, Pb, Sn, Ag, Au, Cu, Zn, Fe, Sb, Te, Se, Si +.

Durch Hintereinanderschalten mehrerer thermoelektrischer Elemente und Erwärmung jeder zweiten Lötstelle (Thermobatterien) können wohl stärkere Ströme erzielt werden, doch ist der innere Widerstand derartiger Batterien in der Regel sehr groß. Große Stromstärken und starke mechanische (magnetische) Wirkungen können durch möglichste Herabsetzung des inneren Widerstandes bei folgender Anordnung erzielt werden.

367. Versuch. Thermomagnet. Ein U-förmig gebogener, 1 cm starker Rundkupferstab (Länge 50 cm) bildet zusammen mit ein oder zwei kurzen Nickelstücken (2 cm), die mit dem Kupfer hart verlötet sind, ein Thermoelement mit äußerst geringem Widerstand. Einer der beiden Kupferschenkel ist rechtwinklig nach unten gebogen und kann in ein Becherglas mit Wasser getaucht werden, während der gerade Schenkel durch einen Bunsenbrenner erhitzt wird (Abb. 97). Dieser Kupferbügel paßt nun genau in die ausgefrästen Nuten eines geteilten Eisenjoches: zwei gut aufeinander passende Weicheisenstücke (6 : 5 : 2 cm), von denen das eine einen Haken zum Aufhängen, das andere ein Gewicht bis zu 5 kg trägt. Wird auf guten magnetischen Schluß der Eisenstücke geachtet, so vermag der Thermomagnet eine Last bis zu 5 kg zu tragen, da selbst bei geringen Spannungsdifferenzen (0,01 Volt) die erzielten Stromstärken sehr beträchtlich sind (ca. 150 Amp.).

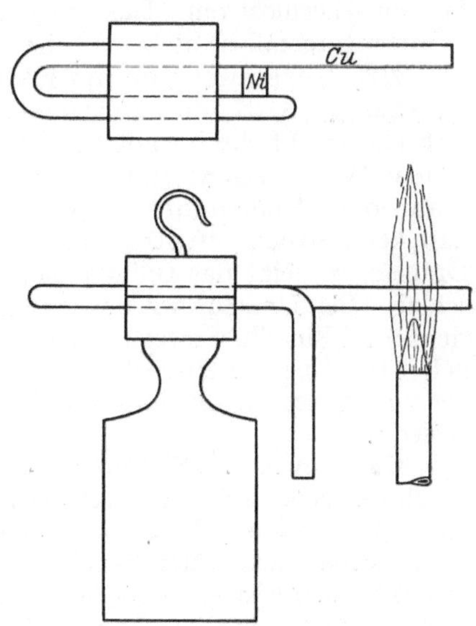

Abb. 97.　Thermomagnet

368. Versuch. Thermoelement als Thermometer. Man stellt sich ein einfaches Thermoelement her, indem man einen Eisendraht und einen Konstantan- oder Kupferdraht mit je einem Ende aneinander lötet und, um eine direkte Berührung der Drähte außerhalb der Lötstelle zu verhindern, den einen durch ein dünnes Glasrohr führt. Schließt man dieses Element an ein spannungsempfindliches Galvanometer (Empfindlichkeit $\sim 10^{-5}$ Volt) an und taucht es dann in heißes Wasser, so zeigt das Instrument einen von der Wassertemperatur abhängigen Ausschlag.

369. Versuch. Thermosäule. (MELLONI, RUBENS, MOLL). Eine derartige Säule besteht aus mehreren (20 bis 30) sehr feinen Thermoelementen, deren Lötstellen dicht übereinander liegen und geschwärzt sind. Man zeigt damit die Wärmestrahlung eines Bunsenbrenners in 1 bis 2 m Entfernung (Galvanometer wie oben).

Die thermoelektrische Kraft einiger Metallpaare in Mikrovolt (10^{-6}) pro $+1°$ erhält man durch Differenzbildung der folgenden Zahlen:

Tabelle 58. Thermokraft in Mikrovolt/Grad.

Bi 0	10% PtRh 61	Cu 74
Konstantan 30	Pt 66	Fe 83
Ni 51	Messing 71	Sb 100

Gesetzliche Festlegung der Temperaturskale zwischen 630° und 1063° erfolgt durch ein Pt-Pt Rh-Element (10%),.

370. Versuch. Benedickseffekt. Eine Bogenlampe mit senkrecht stehenden Kohlen wird direkt an ein empfindliches Galvanometer angeschlossen. Erhitzt man die eine Kohle und berührt mit der heißen Spitze die kalte Kohle, so entsteht ein Strom.

371. Versuch. Thermoelektrischer Effekt durch Unsymmetrie des Temperaturgefälles. Ein Eisendraht wird zwischen zwei Fußklemmen ausgespannt und an ein empfindliches Galvanometer angeschlossen. Beim Erhitzen mit dem Bunsenbrenner entsteht natürlich kein Thermostrom. Macht man aber jetzt in den Eisendraht einen Knoten und erwärmt den Draht wieder kurz vor oder hinter dem Knoten, so fließt jedesmal von der erwärmten Stelle zum Knoten hin ein Thermostrom. Die Ursache ist wahrscheinlich auf Verschiedenheit des Temperaturgefälles, nicht so sehr auf Strukturunterschiede zurückzuführen.

372. Versuch. Thermoelektrischer Effekt bei unsymmetrischer Erwärmung. Daß die Unsymmetrie des Temperaturgefälles den thermoelektrischen Effekt im homogenen Material hervorruft, kann man auch in folgender Weise zeigen: Man spannt genau wie im vorigen Versuch einen Eisendraht (ohne Knoten) aus, erhitzt ihn an einer Stelle auf helle Rotglut und zeigt, daß kein Strom auftritt. Bewegt man jetzt den Brenner langsam längs des Drahtes, so zeigt das Galvanometer, solange die Bewegung dauert, einen Ausschlag. Bei Umkehrung der Bewegungsrichtung ändert sich auch die Stromrichtung. Für die Bewegung des Brenners gibt es eine günstigste Geschwindigkeit. Bei Überschreiten derselben sind die erreichten Temperaturen zu gering, bei zu kleiner Geschwindigkeit sind die Temperaturgradienten zu wenig verschieden.

373. Versuch. Peltiereffekt. (Erwärmung oder Abkühlung einer Lötstelle durch den elektrischen Strom.) Der Effekt wird in der Regel mit Luft- (Looser) oder Ätherdampf- (Weinhold[1]) Thermoskopen gezeigt. Zwecks Kompensation der auch bei dicken Metallstäben noch auftretenden Jouleschen Wärme (Strombedarf zum Nachweis des Effektes ca. 3 Amp.) ist die Differentialschaltung mit dem Doppelthermoskop vorzuziehen. Dieses wird so geschaltet, daß in dem einen Rohr eine Erwärmung, in dem zweiten, genau gleichen jedoch eine Abkühlung eintritt. Eine besonders empfindliche Ausführungsform, die sich auch zur Projektion gut eignet (Wandern eines Quecksilbertropfens), zeigt Abb. 98.

Ferner kommt hier noch der Nachweis des Effektes mit dem Thermokreuz in Betracht. Von einem Thermokreuz, bestehend aus zwei dicken, je aus einer Wismut- und einer Antimonhälfte zusammengesetzten Stäben, wird je ein Antimon- und Wismutquadrant auf der einen Seite mit der Stromquelle, auf der anderen Seite mit einem Galvanometer verbunden. Wird nun durch die Verbindungsstelle ein Strom geschickt, so zeigt das Galvanometer durch die entstehende Abkühlung resp. Erwärmung einen Thermostrom an, der stets dem

---

[1] Siehe A. Weinhold, Physikalische Demonstrationen, 6. Aufl., S. 997. 1921.

Peltiereffekt entgegenwirkt. Anschaulicher ist vielleicht noch die folgende
Ausführung: Man lötet einen dicken
Antimonstab mit einer Berührungsfläche von etwa 3 cm Länge schräg
an einen Wismutstab an, bohrt längs
der Lötstelle eine Anzahl Löcher, in
die man nun, durch einen Schellacküberzug isoliert, kleine Thermoelemente
aus Eisen-Konstantan einführt und sie

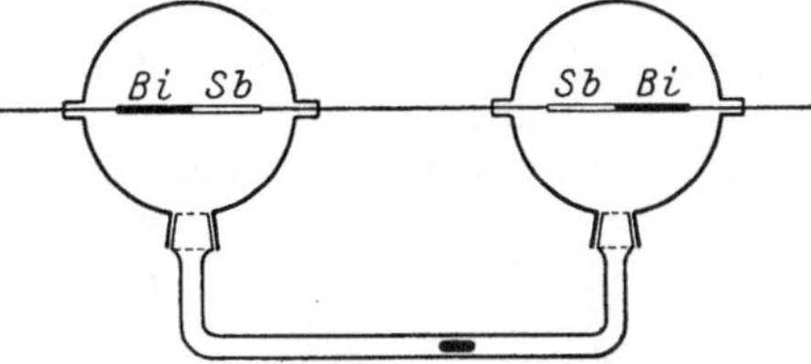

Abb. 98.   Peltiereffekt.

zu einer Thermosäule verbindet (6 Elemente dürften genügen). Schickt man
wieder durch den Antimon-Wismutstab einen Strom von 3 Amp. hindurch, so
zeigt das mit der Thermosäule verbundene Galvanometer die Temperaturänderung an.

i) Induktion.

374. Versuch. Induktion durch Bewegung des Leiters. Versuch 358 ist
in der Weise abzuändern, daß an Stelle der Stromquelle ein Galvanometer geschaltet und der Draht im Magnetfeld mechanisch bewegt wird. Bei gleicher
Bewegungsrichtung wie in Versuch 358 ist die Richtung des Stromes entgegengesetzt (LENZsches Gesetz). Zur Feststellung der Bewegungs- und Stromrichtung
dient die Rechte-Hand-Regel, die der beim Elektromagnetismus gültigen Linke-
Hand-Regel gegenübersteht.

Tabelle 59. Rechte- und Linke-Hand-Regel.

	Daumen v	Zeigefinger H	Mittelfinger I
Rechte Hand:	Bewegung des Leiters durch äußere Kraft	Richtung der Kraftlinien	Richtung des induzierten Stromes
Linke Hand:	Ablenkung des Leiters durch die entstandene magnetische Kraft	Richtung der Kraftlinien	Richtung des durchgeschickten Stromes

375. Versuch. Induktion in einer Spule. Eine Drahtringspule aus mehreren
Windungen und großer Windungsfläche (Durchmesser ca. 20 cm) wird an ein
Galvanometer angeschlossen und der Induktionsstoß gezeigt, der beim Hinein-
stecken eines Stabmagneten oder beim Bewegen der Spule im Erdfeld entsteht.

376. Versuch. Erdinduktor. Erzeugung von Stromstößen im Galvanometer durch Drehen der Spule im Erdfeld um eine in der Windungsebene liegende
Achse. Es kann die Inklination bestimmt werden aus dem Verhältnis der Ausschläge bei vertikal und horizontal (von Osten nach Westen) gerichteter Drehachse der Spule.

Magnetoinduktive Definition der Spannung durch die Anzahl der
pro Sekunde von einem Leiter geschnittenen magnetischen Kraftlinien:

$$1 \text{ el. magn. CGS-Einh.} = 3{,}33 \cdot 10^{-11} \text{ el. stat. CGS-Einh.} = 10^{-8} \text{ Volt.}$$

377. Versuch. Dämpfung durch Induktionsströme. Eine kleine Magnetnadel wird an einem Faden aufgehängt und in Schwingungen versetzt. Schiebt
man über die Nadel einen massiven Kupferrahmen oder eine kurzgeschlossene
Multiplikatorspule, so werden die Schwingungen durch die Induktionsströme,
die die Bewegung zu hemmen suchen (LENZsches Gesetz), gedämpft. Anwendung
bei Dämpfung von Galvanometern.

378. Versuch. WALTENHOFENSches Pendel. Eine massive Kupferscheibe
wird an einem dreieckigen Metallrahmen, dessen oberes Querstück drehbar ge-

lagert ist, aufgehängt, so daß er ohne seitliche Abweichungen zwischen den Polen eines Elektromagneten schwingen kann (Abb. 99). Zwei starke Eisendrähte, an einem Stück Rundeisen als Drehachse befestigt und mit der Kupferscheibe vernietet, erfüllen den Zweck vollkommen. Durch Erregung des Elektromagneten kann man die Dämpfung bis zur vollkommenen Aperiodizität steigern (s. Versuch 28).

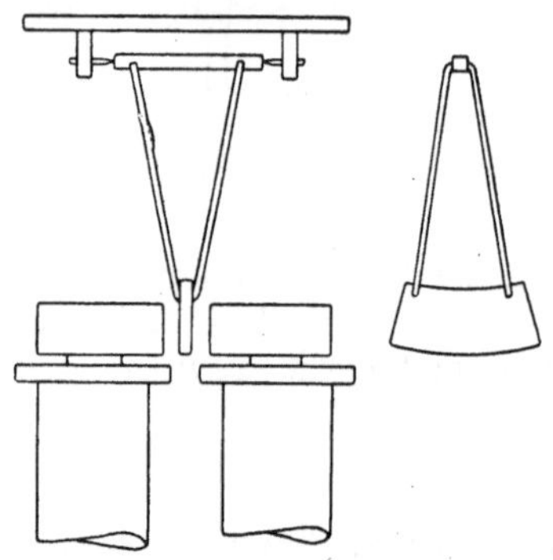
Abb. 99. Waltenhofensches Pendel.

379. Versuch. Gegenseitige Induktion. Von zwei ineinandersteckenden Spulen, die entweder lose oder als Doppelspule fest miteinander verbunden sind, jedoch ohne Eisenkern, wird die eine (sekundäre) mit einem wenig empfindlichen Galvanometer verbunden; durch die andere wird über einen Schiebewiderstand ein der Empfindlichkeit des betreffenden Instrumentes entsprechender Strom geschickt. Öffnen und Schließen des Stromes, Verkleinern und Vergrößern der Stromstärke durch den Schiebewiderstand, Entfernen und Nähern der beiden Spulen (wenn dieselben lose sind) gegeneinander, rufen Induktionsstöße nach verschiedenen Richtungen hervor. Einführen eines Eisenstabes in die Spulen verstärkt die Wirkung ganz erheblich.

380. Versuch. Selbstinduzierte Spannung (Öffnungsstrom). Eine oder mehrere möglichst große Selbstinduktionsspulen mit dicken Drahtwindungen und Eisenkern werden über einen raschöffnenden (doppelpoligen) Drehschalter an eine Spannung von ca. 60 bis 90 Volt gelegt, so daß ein Gleichstrom von etwa 10 Amp. hindurchgeht. Parallel zur Spule kommt eine Neonglimmlampe, die durch die angelegte Spannung selbstverständlich noch nicht gezündet wird. Beim jedesmaligen Ausschalten des Stromes leuchtet sie jedoch infolge der induzierten Spannung auf (aus dem gleichen Grunde verstärkte Funkenbildung beim Öffnen von Strömen, wenn eine große Selbstinduktion eingeschaltet ist).

Eine Spule hat die Selbstinduktion von 1 Henry, wenn bei einer Änderung der Stromstärke um 1 Amp. pro Sekunde die Spannung von 1 Volt induziert wird. 1 Henry = 10^9 cm. Ein Solenoid mit n-Windungen, dem Durchmesser d und der Länge l ($l \gg d$) besitzt eine Selbstinduktion von $\dfrac{2\,(\pi\,n\,d)^2}{l}$ cm.

Bei einem Eisenkern muß noch mit der Permeabilität des Eisens μ multipliziert werden.

Beim Schließen eines Stromkreises mit der Selbstinduktion L und dem Widerstande R wächst der Strom auf seinen Endwert I nach dem Exponentialgesetz $I = \dfrac{E}{R}\left(1 - e^{-\frac{R\,t}{L}}\right)$ an.

381. Versuch. Induktionsapparate. Der von den Physiologen benutzte Schlittenapparat ist vorzuführen, um die verstärkende Wirkung beim Einschieben des Eisenkernes zu zeigen.

382. Versuch. Funkeninduktor. Da die Entladungsformen in Geißlerröhren später behandelt werden, so kann man sich hier, je nach den vorhandenen Mitteln, auf die Vorführung einer Reihe von Induktoren verschiedener Schlagweite und Entladungsintensität beschränken. Für die Demonstration der Schlagweite kommt der Funke zwischen Platte und Spitze in Betracht. Da der Schließungsfunke bedeutend geringer ist als der Öffnungsfunke, so ist durch einen Kommutator der Induktor richtig zu polen. Um die Intensität der Entladung zu zeigen, wählt man am besten zwei Drähte als Elektroden, die in Form eines Hörnerblitzableiters gebogen sind. Durch Wärmeentwicklung und elektrodynamische Wirkungen steigt der Entladungsbogen nach oben, um dort zu erlöschen.

Da Funkeninduktoren mit zerhacktem Gleichstrom betrieben werden, so darf der Eisenkern, um ein schnelles Zusammenbrechen des magnetischen Feldes zu bewirken, nicht wie beim Transformator geschlossen sein. Funkeninduktoren wurden früher bis zu 1 m Schlagweite gebaut, doch sind die größeren Schlagweiten heute durch die leistungsfähigeren Transformatoren verdrängt worden. Die Schlagweite, d. h. die Größe der induzierten EMK, hängt bekanntlich noch in weiten Grenzen vom benutzten Unterbrecher ab.

383. Unterbrecher. Von diesen unterbrechen die bekannten Hammerunterbrecher den Strom etwa 20- bis 25 mal in der Sekunde. Besser wirken die Deprezunterbrecher mit einer Unterbrechungszahl von 100 bis 200/sec. Wegen der stets auftretenden Funkenbildung ist aber die Strom- und Spannungsbelastung der Hammerunterbrecher begrenzt (etwa bis 20 Volt Spannung und bis 6 Amp. Belastung), sie kommen also nur für kleinere Induktoren bis höchstens 20 cm Schlagweite in Betracht. Größere Stromstärken (bis zu 20 Amp.) und Spannungen (bis zu 220 Volt) vertragen die Quecksilberstrahl- und Zentrifugalunterbrecher. Je nach Umlaufsgeschwindigkeit des Motors (in der Regel 3000/min) und der Anzahl der rotierenden Segmente beträgt die Unterbrechungszahl 50 bis 200/sec. Zur Vermeidung der Quecksilberoxydation und Herabsetzung der Funkenbildung geschieht die Unterbrechung unter Alkohol oder Petroleum, oder in einer Leuchtgasatmosphäre. Die Flüssigkeiten verschlammen jedoch leicht durch zerstäubtes Quecksilber, so daß diese Unterbrecher häufiger einer Reinigung bedürfen. Bei den Leuchtgasunterbrechern ist stets darauf zu achten, daß vor der Inbetriebnahme wirklich alle Luft verdrängt ist, um unangenehme Explosionen zu vermeiden. Man leitet eine Zeitlang Leuchtgas hindurch, zündet das Gas an der Ausströmöffnung an und wartet, bis die Flamme leuchtend brennt. Erst dann setzt man den Motor in Gang und schaltet den Primärstrom des Induktoriums ein. Zur Herabsetzung der Funkenbildung wird den Unterbrechern ferner noch ein größerer Kondensator (Stanniol-Paraffinpapierkondensator) parallel geschaltet. Sehr schnelle Unterbrechungen bis zu einigen 1000/sec liefern die elektrolytischen Unterbrecher (WEHNELT): Ein Platinstift ragt durch die Öffnung eines Porzellanrohrs in 30 proz. Schwefelsäure. Durch die Dampfentwicklung an der Platinspitze wird der Strom momentan und ohne Lichtbogenbildung unterbrochen. Ein Kondensator ist deshalb unnötig. Die Platinelektrode wird dabei zur Anode gemacht; als Kathode dient eine Bleiplatte, die in die Schwefelsäure gehängt wird. Da der Unterbrecher Knallgas und Schwefelsäuredämpfe entwickelt, so ist er bei längerem Betrieb unter einen Abzug oder vor das Fenster zu stellen.

384. Versuch. Telephon. Ein Telephon, Hufeisenmagnet mit zwei Induktionsspulen, wird direkt an ein nicht zu unempfindliches Galvanometer angeschlossen. Nach Abschrauben der Eisenmembran zeigt man, daß durch schnelles Annähern und Entfernen der Membran oder eines Eisenstückes infolge Veränderung der Kraftliniendichte Induktionsströme entstehen.

385. Versuch. Telephonie. Die ursprüngliche REIS-BELLsche Anordnung der Sprachübertragung läßt sich heutzutage durch Zwischenschalten eines Röhrenverstärkers auch einem größeren Hörerkreise bequem vorführen. Man schließt zu diesem Zwecke einen gewöhnlichen hochohmigen Telephonhörer, der hier zur Schallaufnahme dienen soll, direkt an die Klemmen des Eingangstransformators des Verstärkerkastens an. Diesen Hörer legt man in den Schall trichter eines im Nebenzimmer aufgestellten Phonographen. Den zweiten zur Schallwiedergabe dienenden Hörer, der in bekannter Weise mit dem Verstärker verbunden wird, bringt man im Auditorium an. Die Lautstärke ist evtl. auch ohne Verwendung eines Lautsprechers groß genug, um überall gehört zu werden. Die Tonwiedergabe ist dabei besser als bei der Aufnahme durch ein Mikrophon.

386. Versuch. Mikrophon. Die Stromschwankungen, die durch Erschütterungen eines Körnermikrophons oder Stäbchenmikrophons entstehen, lassen sich mit einem nicht zu empfindlichen Galvanometer resp. Telephon bequem nachweisen. Ein Kohlenstäbchen, das auf zwei andere je mit einem Pol der Leitung verbundene, gekantete Kohlenstäbchen lose aufgelegt wird, erfüllt den gleichen Zweck.

Andere Verfahren der Sprachübertragung beruhen auf dem Prinzip des Saitengalvanometers (bei den Bandlautsprechern und -mikrophonen, wo eine dünne Aluminiumfolie zwischen den Polen eines Magneten schwingt), auf Kapazitätsänderungen (Kondensatormikrophon) und auf den Temperaturschwankungen der Luft, die ein Strom hervorruft (sprechende Bogenlampe). Als Vorversuch, der diese Schwankungen direkt zeigen soll, diene zunächst der folgende.

387. Versuch. Schwingungen der Wechselstrombogenlampe. Eine Bogenlampe mit senkrecht stehenden Kohlen wird mit Wechselstrom betrieben und der Bogen dann in bekannter Weise (s. Versuch 348) projiziert, wobei zur Erzielung eines möglichst langen Bogens hohe Spannungen (110 bis 220 Volt) anzustreben sind. Setzt man nun direkt vor oder hinter das abbildende Objektiv eine stroboskopische Scheibe (s. Versuch 13), deren Tourenzahl einreguliert werden kann, so kann man bei passender Umdrehungszahl (wenn die Zahl der Stromwechsel und die Zahl der Aufhellungen des Gesichtsfeldes nahezu gleich sind) durch die dann auftretenden „Schwebungen" deutlich die periodischen Schwankungen der leuchtenden Gasstrecke verlangsamt erkennen, deren wirkliche Schwingungsfrequenz man am Ton der Bogenlampe hört.

388. Versuch. Sprechende Bogenlampe. Ein Schallaufnahmeapparat, bestehend aus Mikrophon, Batterie von ca. 4 Volt und Telephontransformator, wird an die Sekundärwicklung eines zweiten Transformators gelegt (Abb. 100). Als letzterer eignet sich ein Induktorium oder besser Wechselstromtransformator für 500 Perioden, der der mittleren Sprachfrequenz besser entspricht; auf jeden Fall sind die Abmessungen des Transformators so zu wählen, daß sowohl der Lampenstrom als auch der überlagerte Mikrophonstrom möglichst groß werden, da

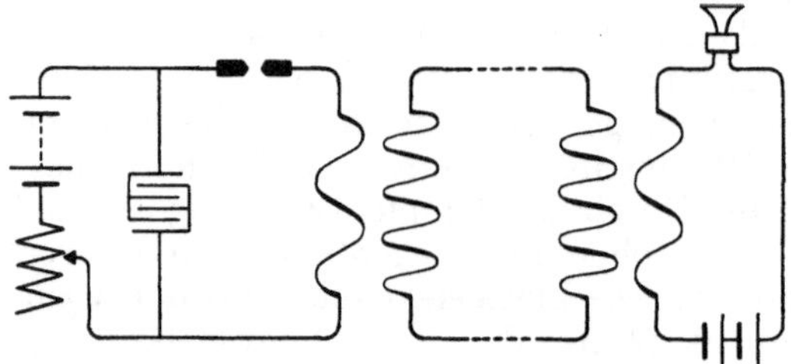

Abb. 100. Sprechende Bogenlampe.

von diesen die erzielte Lautstärke abhängt. Mit der Primärwicklung des zweiten Transformators wird die Bogenlampe und die Lampenstromquelle in Serie geschaltet. Man wählt eine möglichst große Spannung (220 Volt), um den Bogen in die Länge ziehen zu können. Die Verwendung von Effektkohlen bietet hier keinen nennenswerten Vorteil. Stehen größere Glimmerkondensatoren zur Verfügung, so kann man diese parallel zu Spannungsquelle und Vorschaltwiderstand legen, um für den Mikrophonstrom den Gesamtwiderstand möglichst gering zu machen.

389. Für einen **Wechselstrom** gelten die nachstehenden Formeln, die durch die anschließenden Versuche erläutert werden sollen.

Spannung: $E = E_0 \sin \omega t$. Stromstärke: $I = I_0 \sin (\omega t - \varphi)$.

Effektive Spannung: $E_{\text{eff}} = \dfrac{1}{\sqrt{2}} E_0$.

Effektive Stromstärke: $I_{\text{eff}} = \dfrac{1}{\sqrt{2}} I_0$.

Vollständiges OHMsches Gesetz: $I_0 = \dfrac{E_0}{\sqrt{R^2 + \left(L\omega - \dfrac{1}{C\omega}\right)^2}} = \dfrac{E_0}{R} \cos\varphi$.

Phasenverschiebung: $\operatorname{tg}\varphi = \dfrac{L\omega - \dfrac{1}{C\omega}}{R}$.

Kleinster Widerstand (Resonanz): $\operatorname{tg}\varphi = 0$, $\omega^2 = \dfrac{1}{LC}$.

Schwingungsdauer im Resonanzfall: $T = 2\pi \sqrt{LC}$.

Arbeitsleistung: $A = \tfrac{1}{2} E_0 I_0 \cdot \cos\varphi$.

Wattloser Strom: $\varphi = \dfrac{\pi}{2}$, $R \sim 0$ $(L\omega \gg R)$.

390. Versuch. Strom- und Spannungskurve eines Wechselstromes (Phasenverschiebung) lassen sich mit zwei Oszillographen, die auf dem Prinzip des Schleifengalvanometers (Abb. 95) beruhen, leicht demonstrieren. Ähnlich wie bei der Demonstration der Schwingungen einer Stimmgabel (Versuch 21, c) projiziert man das Bild einer Lochblende über den Oszillographenspiegel und einen rotierenden Spiegel, der die Schwingungen in Kurven auflöst, auf die Wand. Die Spannungsspule mit vielen Windungen (hoher Widerstand) kommt direkt an die Klemmen der Wechselstromquelle (evtl. noch durch Vorschalten eines großen induktionsfreien Widerstandes) und zeigt den Spannungsverlauf an. Die Stromspule wird wie ein Amperemeter mit einem regulierbaren Nebenschluß versehen und in den Stromkreis eingeschaltet. In letzterem liegt außerdem noch in einem Falle ein induktionsfreier Widerstand, im anderen Falle ein gleich großer **induktiver** Widerstand (Drahtspule mit Eisenkern), um durch abwechselndes Einschalten der beiden Widerstände die Phasenverschiebungen $\varphi \sim \pi/2$ und $\varphi \sim 0$ zu zeigen. Durch Regulieren der Widerstände kann man die Amplituden der Strom- und Spannungskurve gleich groß machen. Auch eine BRAUNsche Röhre (s. Versuch 270) dient als Oszillograph, doch ist dann die Beobachtung im rotierenden Spiegel wegen der Lichtschwäche selbstverständlich nur subjektiv möglich.

391. Versuch. Die Frequenz eines Wechselstromes wird am Zungenfrequenzmesser demonstriert, bei dem eine Reihe von Stahlzungen infolge ihrer elastischen Eigenfrequenz auf die jeweilige Anzahl der Polwechsel ansprechen.

392. Versuch. Die Resonanz von Schwingungskreisen dürfte hauptsächlich später bei der Besprechung der freien Schwingungen gezeigt werden. Hier kommt nur die Vorführung eines Resonanzinduktors in Betracht, dessen Sekundärwicklung zusammen mit einer Batterie Leidener Flaschen auf die Frequenz des Wechselstromes im Primärkreis (etwa 50) abgestimmt ist. Ein- oder Ausschalten von Leidener Flaschen setzt sofort die Spannung herab, und es tritt kein Funkenübergang mehr ein (Funkenstrecke höchstens 1 cm!). Im Resonanzfall zeigt ein Amperemeter im Primärkreis den größten Ausschlag.

393. Versuch. Phasenverschiebung im Sekundärkreis (E. THOMSONscher Abstoßungsversuch). Eine Induktionsspule mit großer Selbstinduktion (Eisenkern), aber geringem OHMschen Widerstand wird senkrecht aufgestellt. Besonders gut eignet sich hierzu die Primärwicklung eines größeren Induktoriums, die in der Regel sich aus der Sekundärspule herausziehen läßt. Steht eine solche Spule nicht zur Verfügung, so genügt auch ein unterteilter Eisenkern, der an seinem unteren Ende von einer Spule mit dicken Drahtwindungen umgeben ist (Abb. 101). Über die Spule resp. den Eisenkern wird nun ein Kupfer-, besser noch ein Aluminiumring (Dicke 2 bis 3 mm, Ringbreite 1 cm), gestreift, und zwar im ersten Falle so, daß er mindestens über der Mitte der Spule (auf besonderen Stützen), im zweiten Falle so, daß er auf der Spule zu liegen kommt. Schickt man durch die Spule Wechselstrom von einigen Ampere, so wird der Ring hochgeschleudert und kann bei geeigneter Stromregulierung in der Luft schwebend erhalten werden. Wegen der überwiegenden Induktanz bei sehr geringem OHMschen Widerstand wird nämlich im Ring eine elektromotorische Kraft erzeugt, die eine Phasenverschiebung von nahezu 90° aufweist und die nun aus demselben Grunde

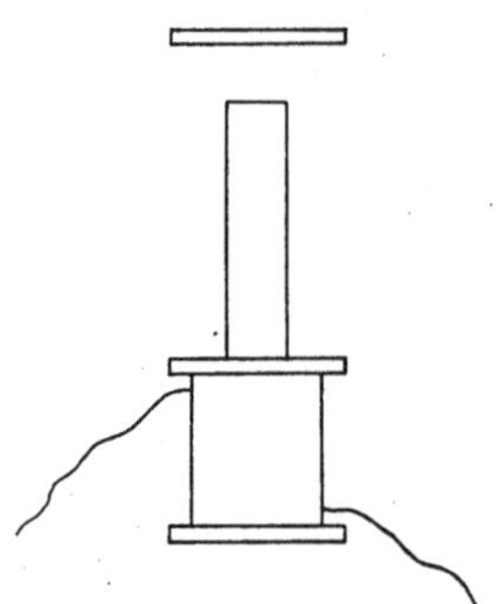

Abb. 101. THOMSONscher Abstoßungsversuch.

wiederum einen um 90° verschobenen Strom hervorruft, so daß schließlich die Ströme im Ring und in der Spule entgegengesetzt gerichtet sind und sich abstoßen müssen.

394. Versuch. Wärmeentwicklung durch Induktion. Hält man den Ring fest, so wird er infolge der großen induzierten Stromstärke sehr schnell heiß (Stromtransformator).

395. Versuch. Stromwandler. An die Sekundärklemmen eines Stromtransformators wird ein Kupfer- oder Eisendraht gelegt, Länge etwa 5 cm, Dicke 1 bis 2 mm, je nach den Abmessungen des Transformators. Schickt man durch die Primärwicklung einen Wechselstrom von 3 bis 5 Amp. hindurch, so schmilzt der Draht sofort durch. Vorher ist zu zeigen, daß diese Primärstromstärke, direkt an den Draht gelegt, diesen nicht zum Schmelzen bringt.

396. Versuch. Spannungswandler (Überlandzentrale). Stehen zwei gleiche Spannungstransformatoren zur Verfügung, so kann das Modell einer Überlandzentrale leicht vorgeführt werden. Der Strom wird durch den einen zunächst auf hohe Spannung herauftransformiert, über Porzellanisolatoren zum zweiten Transformator geführt und nach Heruntertransformieren zum Betrieb einer Glühlampe benutzt. Um das Vorhandensein der hohen Spannung zeigen zu können, legt man parallel zu den Hochspannungsklemmen eine Geißlerröhre, die beim Einschalten des Stromes aufleuchtet. Sie muß jedoch durch einen hohen Vorschaltwiderstand vor Überlastung geschützt werden. Als solcher kann ein etwa 25 cm langer Zwirnsfaden dienen.

397. Transformatoren. Abb. 102 bringt die beiden Wicklungsmöglichkeiten bei Einphasenstrom, ähnlich auch beim Dreiphasenstrom. Sie können heute als Prüftransformatoren für Durchschlagsfestigkeiten in Stufenschaltungen bis zu 1 000 000 Volt konstruiert werden. Da sie stets mit Wechselstrom betrieben werden, so müssen sie im Gegensatz zu den Induktorien (s. Ziff. 382) zur Vermeidung großer Streuung der Kraftlinien mit geschlossenen Eisenkernen versehen sein.

398. Gleichstrommaschinen. Je nach der Schaltung der Polerregung zur Ankerwicklung unterscheidet man Hauptstrom-, Nebenschluß- und Compoundmaschinen. Wirkungsweise und Eigenschaften der einzelnen Schaltungen sind kurz zusammengefaßt die folgenden:

a) **Hauptstrommaschinen** (Reihenschlußmaschinen). Die Ankerwicklung und die Magneterregung sind hier in Serie geschaltet, infolgedessen ist der OHMsche Widerstand der Feldwicklung klein. Als Motor besitzen die Maschinen ein großes Anzugsmoment (Zunahme mit dem Quadrat der Stromstärke), weswegen sie für Aufzüge, Bahnen usw. in Betracht kommen. Bei steigender Belastung sinkt jedoch die Tourenzahl erheblich, auf der anderen Seite besteht bei Leerlauf auch die Gefahr des Durchgehens des Motors. Wegen Regulierung der Tourenzahl s. unten. Bei Verwendung der Maschine als Dynamo nimmt die Klemmenspannung bei wachsender Leistung (abnehmendem äußeren Widerstand) bis zu einem Maximum zu, dann wieder ab. Der Umdrehungssinn des Ankers ist bei der Dynamo der umgekehrte wie beim Motor. Aus diesem Grunde besteht auch beim Laden von Akkumulatoren die Gefahr der Umpolarisierung, wenn die Klemmenspannung der Maschine unter die der Batterie sinkt.

b) **Nebenschlußmaschinen.** Hier liegt die Magneterregung parallel zur Ankerwicklung, sie besitzt also stets einen hohen OHMschen Widerstand. Als

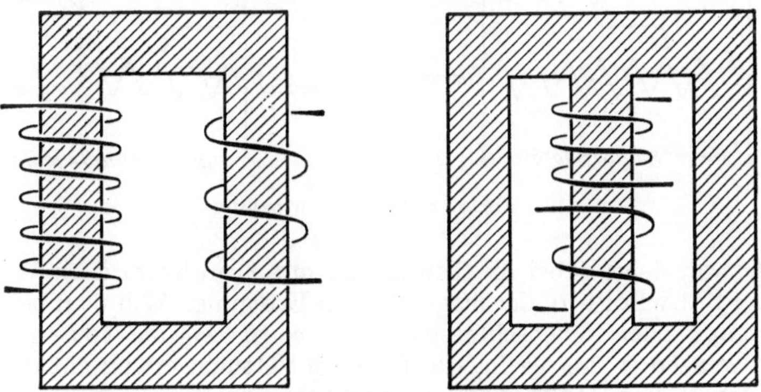

Abb. 102. Transformatorwicklungen (*).

Motor benutzt, regelt die Maschine ihre Tourenzahl von selbst, so daß diese mit wachsender Belastung nur wenig abnimmt (Verwendung bei Werkzeugmaschinen, Pumpen usw.). Das Antriebsmoment ist jedoch geringer als beim Hauptstrommotor, da es nur proportional der Stromstärke zunimmt. Bei der Dynamo sinkt die Klemmenspannung mit wachsender Belastung, doch läßt sie sich durch einen Nebenschlußregulator bequem einregulieren. Da der Drehungssinn beim Motor und bei der Dynamo derselbe bleibt, so besteht die Gefahr des Umpolens hier nicht. Die Maschine kann also ohne Sicherheitsschalter zum Laden von Akkumulatoren verwendet werden.

c) **Compound-(Verbund-)Maschinen.** Die Maschinen haben den Zweck, eine von der Belastung möglichst unabhängige Klemmenspannung zu liefern. Die Feldmagnete besitzen zwei Wicklungen: die eine, dünndrähtige, liegt im Nebenschluß, die andere, dickdrähtige, in Serie mit der Ankerwicklung.

Wartung der Motoren. Es ist darauf zu achten, daß die Achsen des Motors stets gut geölt sind und daß besonders der Kollektor sauber gehalten wird. Ein Überlaufenlassen des Kollektors mit Schmirgelpapier beseitigt leicht eine eventuelle Verschmierung der Kontakte. Ferner dürfen die Kohlenbürsten infolge falscher Stellung nicht funken. Wegen der Ankerrückwirkung liegt bekanntlich die neutrale, funkfreie Stelle nicht genau in der Mitte zwischen beiden Polen, sondern ist je nach der Belastung[1]) mehr oder weniger verschoben. Ganz

---

[1]) Sofern die Maschine nicht mit Hilfspolen, sog. Wendepolen, versehen ist.

allgemein gilt die Regel: Die Drehung der Bürsten auf Funklosigkeit ist beim Motor entgegen, bei der Dynamo jedoch im Sinne der Ankerdrehung vorzunehmen.

Regulierung der Motoren. Der Drehungssinn eines Motors hängt nicht von der Stromrichtung ab, läßt sich aber leicht durch Kommutieren von Anker- oder Feldwicklung ändern. Man braucht zu diesem Zwecke nur die Verbindungen[1] der vier Polklemmen, die sich an jedem Motor — meistens unter einer Verschlußkappe — befinden, zu lösen und sie entsprechend zu vertauschen oder sie mit einem Kommutator, der aber nie während des Betriebes zu betätigen ist, zu verbinden. Bei größeren Motoren muß selbstverständlich auch die Bürstenstellung dann verändert werden.

Eine Touren- resp. Spannungsreglung wird bei Nebenschlußmaschinen durch Einschalten eines Regulierungswiderstandes in den Erregerkreis be-

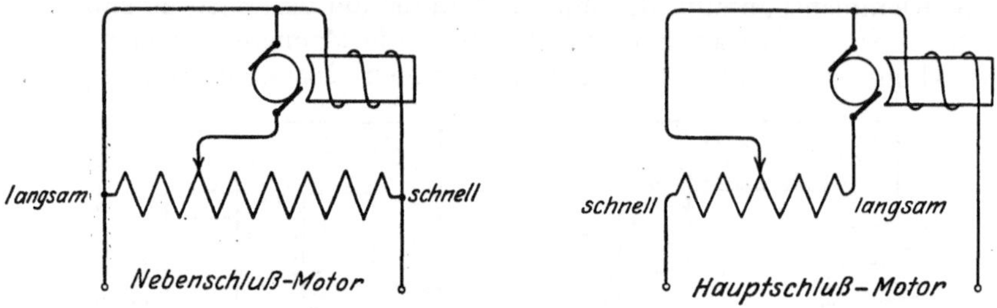

Abb. 103 u. 104. Tourenreglung.

wirkt, und zwar steigt dabei die Tourenzahl mit zunehmendem Widerstand, also mit einer Schwächung der magnetischen Erregung. Will man bei kleineren Motoren (Haupt- oder Nebenschlußmaschinen ∞ $^1/_8$ kW) die Tourenzahl innerhalb weiter Grenzen (1:20) regeln, was für viele Versuche erwünscht ist, so wählt man am besten die von Barkhausen angegebenen Schaltungen Abb. 103 und 104.

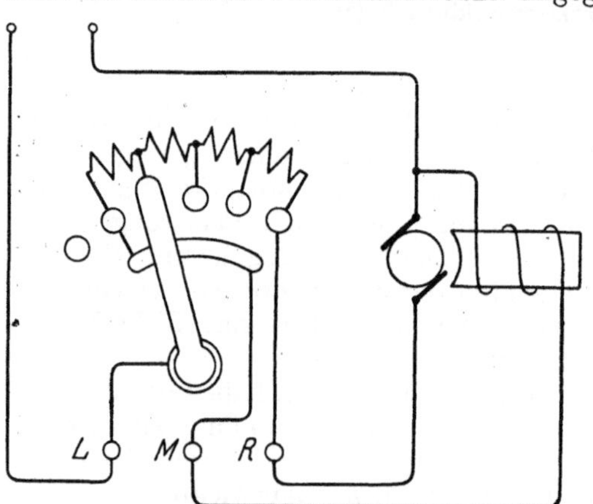

Abb. 105. Schaltung des Anlassers bei einer
Nebenschlußmaschine

Hier wird parallel zum Anker ein Regulierwiderstand eingeschaltet, der zweckmäßig gleich dem Widerstand des Motors bei normaler Belastung gewählt wird. Er läßt sich also leicht aus Klemmspannung und Stromstärke (resp. Leistung) berechnen.

Größere Motoren ($>$ $^1/_4$ kW) dürfen nicht ohne Anlasser in Betrieb gesetzt werden, denn wegen der im Anfang fehlenden elektromotorischen Gegenkraft wird zunächst der Anker nahezu kurzgeschlossen. Beim Hauptstrommotor wird der Anlasser einfach als Vorschaltwiderstand geschaltet, beim Nebenschlußmotor kommt er in den Ankerkreis. Die Anlaßwiderstände besitzen zu diesem Zwecke drei Anschlußklemmen (L, M, R), von denen je eine gemäß Abb. 105 an die Zuleitung (L), die Ankerwicklung (Rotor, R) und die Magneterregung (M) kommt. Zu beachten ist, daß die Anlasser im Gegensatz zu den Touren-

---

[1]) In der Regel besitzen diese Klemmen schon einen Reversierbügel.

reglern nicht für Dauerbelastung gebaut sind, so daß sie nach dem Anlassen des Motors stets voll auszuschalten sind. Das Auftreten einer elektromotorischen Gegenkraft beim laufenden Motor kann man durch folgenden Versuch zeigen.

399. Versuch. Elektromotorische Gegenkraft bei der Dynamo. Man schaltet vor einen kleinen Motor (∞ $^1/_8$ kW) einen Glühlampenwiderstand (einige parallelgeschaltete Kohlenfadenlampen) und ein Amperemeter ein. Unmittelbar nach dem Einschalten des Stromes leuchten die Lampen hell auf. Kommt der Motor in Gang, so sinkt die Stromstärke und die Lampen brennen nur noch dunkel. Bremst man aber den Motor ab, so leuchten sie wieder auf.

400. Wechselstrommotoren. Die drei verschiedenen Konstruktionstypen seien hier nur kurz erläutert:

a) **Induktionsmotoren** (Asynchronmotoren). Diese kommen in der Hauptsache für Drehstrom (Drei- und Zweiphasenstrom), aber auch für Einphasenstrom in Betracht: Ein in sich kurzgeschlossener Anker bewegt sich in dem Drehfeld des Stators. Um beim Anlassen des Motors den Kurzschlußanker nicht zu überlasten, wird zunächst in den Anker ein Widerstand eingeschaltet, der, nachdem der Motor auf Touren gekommen ist, wieder ausgeschaltet wird. Auf die verschiedenen Schaltungsmöglichkeiten (Stufenwicklung des Ankers, Schleifringe) sei nicht näher eingegangen. Beim Einphasenmotor muß, um den Motor auf die erforderliche Tourenzahl zu bringen, mit Hilfe einer Drosselspule zunächst eine Hilfsphase eingeschaltet werden. Das Anlaufsmoment ist daher beim Einphasenstrom gering und eine Tourenregulierung nicht möglich.

b) **Repulsionsmotoren** (Kollektormaschine). Der Konstruktion liegt der Thomsonsche Abstoßungseffekt (s. Versuch 393) zugrunde. Die Motoren besitzen wie die Gleichstrommaschinen Kollektoren. Der Wechselstrom wird aber nur der Feldwicklung zugeführt, während die Bürsten durch einen Draht kurzgeschlossen werden. Sie liegen denn auch nicht in der neutralen Zone, sondern sind um 45° gegen diese versetzt, um dadurch die erforderliche Phasenverschiebung zu erreichen. Das Anzugsmoment dieser Motoren ist groß, auch läßt sich die Tourenzahl regulieren.

c) **Hauptschlußmotoren.** Da bei den Gleichstrommotoren der Drehungssinn nicht von der Stromrichtung abhängt, so können diese auch mit Wechselstrom betrieben werden, nur müssen diese Motoren dann gegen Wirbelströme im Eisen und Funkenbildung am Kollektor besonders geschützt werden. Wie bei den Gleichstromhauptschlußmaschinen ist auch hier das Anzugsmoment groß und eine Regulierung der Tourenzahl möglich. Kleinere Motoren ($< {}^1/_6$ PS) können auch mit Gleichstrom betrieben werden. Wegen der dann fehlenden Induktanz laufen diese Motoren aber etwas schneller. Wegen Tourenregulierung vgl. oben.

401. Versuch. Phasenunterschied von Strömen (Drehfelder). Gekreuzte magnetische Wechselfelder, die einen Phasenunterschied gegeneinander besitzen, setzen sich zu einem Drehfeld zusammen, das mit einer Braunschen Röhre demonstriert werden kann. Je zwei gegenüberstehende Spulen des Gestells der Braunschen Röhre (nach Simon und Reich, s. Versuch 270) werden so hintereinandergeschaltet, daß sie vom Strome im gleichen Sinne durchlaufen werden und sich in ihrer Wirkung verstärken. Durchfließt ein Wechselstrom diese Spulen, so wird der Lichtfleck in eine Gerade ausgezogen. Schaltet man nun beide Spulenpaare parallel und schickt einen Wechselstrom von etwa 2 Amp. (120 Volt, 50 oder besser 500 Perioden) zunächst über einen induktionsfreien Widerstand hindurch, so entsteht ein unter 45° geneigter Lichtstreifen. Schaltet man aber in den einen Stromkreis eine größere Selbstinduktion, dessen Gesamtwiderstand (induktiver plus Ohmscher Widerstand) gleich dem induktionsfreien

Widerstande des anderen Kreises ist, so wird die Gerade in eine Ellipse auseinandergezogen. Ist der Ohmsche Widerstand der Selbstinduktion (Drosselspule mit unterteiltem Eisenkern) sehr klein, so entsteht ein Kreis. (Analogon zu den Lissajousschen Figuren der zusammengesetzten Schwingungen zweier Stimmgabeln, vgl. Versuch 22.)

402. Versuch. Steht **Dreiphasenstrom** zur Verfügung, so versetzt man drei Spulen im Gestell um je 120° gegeneinander und schaltet sie in Dreiecks- (Abb. 106) oder Sternschaltung. In jede der drei Zuleitungen kommt dabei ein regulierbarer Widerstand, so daß in jeder Spule ein Strom von 2 bis 3 Amp. fließt. Besteht vollkommene Symmetrie in der Anordnung, was durch Verschieben der drei Spulen und Regulieren der Stromstärke leicht zu erzielen ist, so wandert der Lichtfleck in einem Kreise herum. Auf die verschiedenen Modellausführungen zurDemonstration eines Drehfeldes (Rotierende Magnetnadel, Drehstrommotormodell) sei hier nur hingewiesen.

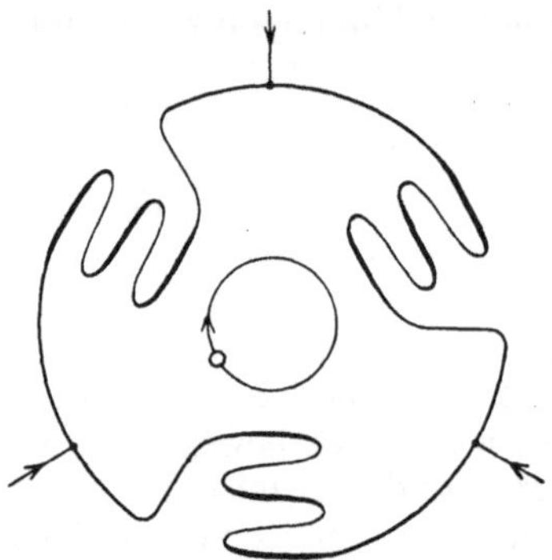

Abb. 106. Demonstration des Drehstromes mit der Braunschen Röhre.

k) Entladungen in Gasen.

403. Versuch. Unselbständige Entladung in Gasen. a) Ionisation durch Röntgenstrahlen. Die eine Platte eines verschiebbaren Plattenkondensators (s. Versuch 300) wird mit einem (Exnerschen) Blättchenelektroskop verbunden, die andere Platte geerdet. Lädt man das Elektroskop auf und bestrahlt dann den Luftraum zwischen den Kondensatorplatten mit Röntgenstrahlen, so wird er leitend, und das Elektroskop entlädt sich. Eine kleine luftgefüllte Röntgenröhre, mit einem Induktor betrieben, genügt für diesen Zweck und ist selbst auf große Entfernungen noch wirksam (Prinzip der iontometrischen Röntgenstrahlmessung).

b) Ionisation durch radioaktive Stoffe. Derselbe Versuch gelingt auch, wenn man ein Radiumpräparat zwischen die Platten bringt. Man hat sich dann jedoch vorzusehen, daß durch die Strahlung die Platten nicht verseucht werden. Tritt dieser Fall trotzdem ein, d. h. zeigt der Kondensator dauernd eine schlechte Isolation, so hilft in der Regel ein Abschmirgeln der Oberfläche sämtlicher Kondensatorteile.

404. Versuch. Photoeffekt. Eine durch Einreiben mit Quecksilber frisch amalgamierte Zinkplatte (ca. 10:20 cm) wird senkrecht und isoliert aufgestellt. Sie ist zu diesem Zwecke am einfachsten mit einem als isolierender Fuß dienenden Paraffin- oder Schwefelklotz versehen, in dem sie mit einer der schmalen Kanten steckt. Bestrahlt man die mit einem Blättchenelektroskop verbundene Platte mit einem intensiven Licht (Bogenlampe ohne Kondensor), so verliert sie ihre Ladung sehr rasch, wenn sie vorher negativ, dagegen fast gar nicht, wenn sie positiv aufgeladen war. Man stellt der Zinkplatte zweckmäßig ein geerdetes Drahtnetz gegenüber und belichtet durch das Netz hindurch. Als intensive ultraviolette Lichtquelle nimmt man eine Bogenlampe, deren Kohlen durch Rundeisenstäbe ersetzt worden sind.

405. Versuch. Photoeffekt an der Neonglimmlampe[1]). Auch mit den käuflichen Glimmlampen läßt sich der Photoeffekt sehr leicht zeigen. Am geeignetsten ist dafür eine Lampe, deren Elektroden aus einer halbkugeligen

---

[1]) A. Lambertz, Phys. ZS. Bd. 26, S. 254. 1925; H. Greinacher, ebenda Bd. 26, S. 376.

Metallkappe und einem kleinen Draht bestehen, doch gelingt der Versuch auch
mit anderen Typen. Man zweigt von der normalen Betriebsspannung (220 Volt)
über einen Schiebewiderstand in Potentiometerschaltung (s. Abb. 89) eine Spannung ab, die im Dunkeln gerade nicht mehr zur Zündung genügt (etwa 180
bis 200 Volt). Bestrahlt man jetzt die Kathode der Lampe (bei der obenerwähnten
Lampentype macht man zweckmäßig die kleine drahtförmige Elektrode zur
Kathode), so leuchtet sie auf; Bestrahlung der Anode bewirkt dagegen keine
Zündung. Als Lichtquelle kann man die intensiv beleuchtete Öffnung einer
Irisblende wählen, die mit Hilfe einer Linse auf die Kathode (resp. Anode) ab-
gebildet wird. Durch Vorschalten von farbigen Gläsern läßt sich auch zeigen,
daß die violetten und blauen Strahlen eine zur Zündung der Lampe hinreichende
Menge von Elektronen auslösen, die gelben und roten Strahlen hingegen nicht.
Verwendet man Wechselstrom als Betriebsspannung, so erlischt unter Umständen
die Lampe nach Aufhören der Belichtung wieder, doch hängt dies von der benutzten Lampentype ab. Ebenso wie violettes und ultraviolettes Licht wirken
Röntgenstrahlen.

406. Versuch. Auch die **Einleitung einer Funkenentladung durch Bestrahlung der Funkenstrecke mit ultraviolettem Licht** gehört in die Klasse
der photoelektrischen Erscheinungen. Man reguliert die Funkenstrecke eines
kleinen Induktoriums so ein, daß gerade keine oder nur ganz vereinzelte Funken
übergehen. Bei Bestrahlung mit ultraviolettem Licht wie in Versuch 404 setzt
die regelmäßige Funkenentladung ein.

407. Versuch. **Unselbständige Entladung durch Flammengase.** Derselbe
Plattenkondensator wie in Versuch 298 wird doppelpolig über je eine Glühlampe als Sicherheitswiderstand an ca. 220 Volt gelegt. Die Platten des Kondensators werden dabei so weit auseinandergezogen, daß ein Bunsenbrenner
bequem dazwischen brennen kann. Unmittelbar über dem Kondensator ist
eine kleine, nur mit dem Blättchensystem eines Elektroskopes verbundene,
im übrigen aber gut isolierte Platte (evtl. genügt auch ein einfacher Draht)
so angebracht, daß sie von den heißen Flammengasen noch bespült wird. Liegt
am Plattenkondensator keine Spannung, entlädt sich das Elektroskop durch
die Flammengase sofort und läßt sich auch, wenn der Bunsenbrenner brennt,
nicht aufladen. Legt man aber die Spannung an den Kondensator, so werden
dadurch die Ionen aus den Flammengasen entfernt, bevor sie das Elektroskop
erreichen. Letzteres entlädt sich nicht, resp. es läßt sich jetzt aufladen.

408. Versuch. **Leitfähigkeit der Flammengase.** Zwei Bunsenbrenner
werden über Sicherheitslampen mit den beiden Polen der Spannungsbatterie
(220 Volt) verbunden. In die Flammen ragen die beiden Enden eines U-förmig
gebogenen Drahtes hinein, der in der Mitte mit dem Elektroskop in Verbindung
steht (Abb. 108). Durch Einregulieren beider Brenner kann man es leicht erreichen, daß die beiden entgegengesetzten Aufladungen sich gerade kompensieren und das Elektroskop keinen Ausschlag mehr anzeigt. Ragt nur das eine
oder das andere Drahtende in die Flamme, so lädt sich das Elektroskop jedesmal
auf. Ebenso kann man, nachdem man in der angegebenen Weise den Ausschlag
des Elektroskopes zum Verschwinden gebracht hat, durch Einbringen von etwas
Natriumsalz (am Platindraht oder Magnesiastäbchen) in die eine Flamme eine
erneute Aufladung bewirken. Durch die Erhöhung der Leitfähigkeit dieser
Flamme ist nämlich jetzt die Symmetrie der Anordnung gestört. Noch besser
kann man die in Ziff. 426 beschriebene Glimmlampenschaltung zur Demonstration
der verschiedenen Flammenleitfähigkeiten benutzen[1]), indem man den hoch-

---

[1]) R. Mecke u. A. Lambertz, Phys. ZS. Bd. 27, S. 86. 1926.

ohmigen Widerstand dort durch zwei senkrechtstehende Streifen aus Eisenblech ersetzt, zwischen denen ein Bunsenbrenner brennt. Einbringen von Natrium (Glasstab, noch besser Zigarette) erhöht sofort die Entladungsfolge beträchtlich.

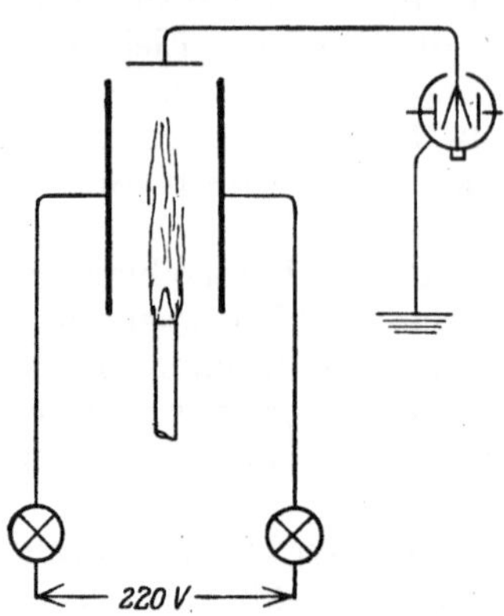

Abb. 107. Entladung durch Flammengase.

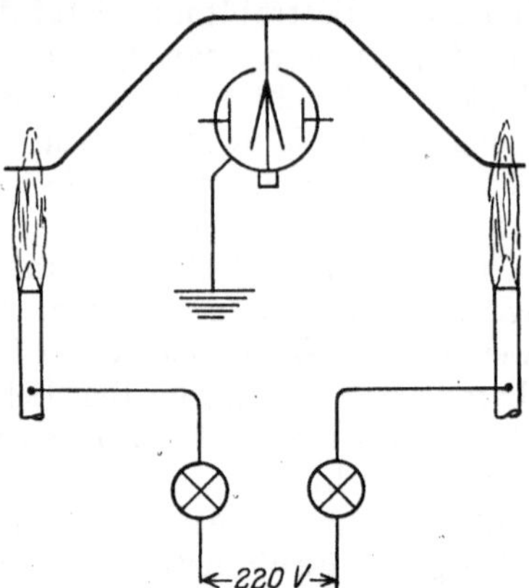

Abb. 108. Leitfähigkeit der Flammengase.

409. Versuch. Bogenentladung. Mit einem guten Objektiv (unverkittetes, photographisches Objektiv) wird der Bogen zwischen zwei senkrecht stehenden Kohlen projiziert, um die einzelnen Teile der Entladung zeigen zu können: den weißglühenden positiven Krater (Anode), die Kathode mit dem häufig herumwandernden Kathodenfleck, von wo die Gasentladung ihren Ausgang nimmt, und die leuchtende Gasstrecke mit dem bläulichen Kern, umgeben von der gelblichen Aureole, aber von dieser durch einen dunklen Saum getrennt. Um den Bogen möglichst in die Länge ziehen zu können, ist eine Gleichspannung von 220 Volt zu wählen, ferner sind Homogenkohlen zu nehmen, da nur diese die normalen Bedingungen zeigen.

Zur Aufrechterhaltung der Bogenentladung ist im Gegensatz zur Glimmentladung der weißglühende Kathodenfleck (Glühkathode) als Elektronenquelle notwendig. Dies sollen die folgenden Versuche demonstrieren.

410. Versuch. Bogen zwischen Kohle und Flüssigkeit. Ein Becherglas (resp. flache Glasschale) enthält Wasser, das durch Schwefelsäure (Akkumulatorensäure) leitend gemacht ist. Ein Bleistreifen dient dabei als Stromzuführung. Von oben her kann eine dünne Kohle (2 mm) mittels Zahn und Trieb der Wasseroberfläche genähert werden. Legt man Spannung an Kohle und Bleielektrode (bei 220 Volt ca. 30 Ω Vorschaltwiderstand), so kommt ein selbständig brennender Bogen nur dann zustande, wenn die Kohle Kathode ist. Die Anode bleibt hier jedoch kalt.

411. Versuch. Wechselstrombogen. Ein solcher brennt nur zwischen Kohlenstiften, dagegen zwischen Metallelektroden (Eisen, Kupfer) infolge der schnellen Abkühlung der jeweiligen Kathode beim Stromwechsel überhaupt nicht. Bei einer Kohle- und einer Metallelektrode tritt eine Gleichrichterwirkung auf, ein Gleichstromamperemeter zeigt dann einen Strom an. Auf diesem Prinzip beruht der Quecksilberdampfgleichrichter, wo das Quecksilber die Rolle der Kohle übernimmt.

412. Versuch. Lichtbogen unter Wasser. Eine dünne Bogenlampenkohle und ein geeignet gebogener Kupferdraht, beide an Fußklemmen befestigt,

tauchen in eine Schale mit reinem Wasser ein (Abb. 109). Stromquelle wie oben.
Es läßt sich auch hier ein selbständiger Bogen erzielen, wenn wieder die Kohle
Kathode ist. Das Was-
ser trübt sich durch
Bildung von kolloida-
lem Kupfer sehr schnell
(Zerstäubung im Licht-
bogen).

**413. Versuch. Fun-
kenentladung.** Es ge-
nügt hier wohl die Vor-
führung eines Induktors
bei schwacher Belastung
(Glimmfunken) und star-
ker Belastung (Licht-

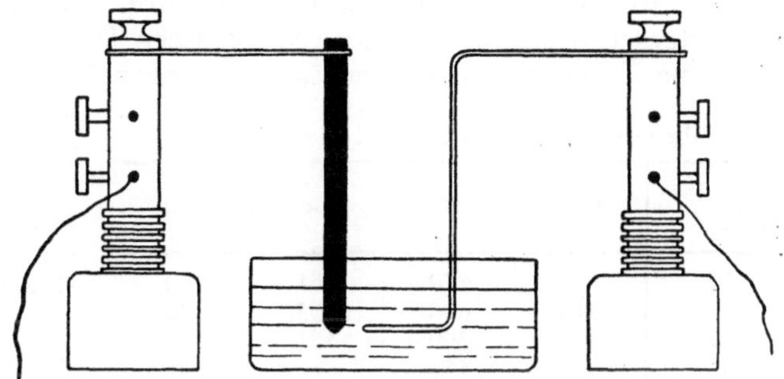

Abb. 109. Lichtbogen unter Wasser.

bogenfunken mit deutlich sichtbarer Aureole). Die Funkenentladung zwischen
dicken Aluminiumdrähten, in der Form eines Hörnerblitzableiters gebogen,
dürfte dabei derjenigen zwischen Platte und Spitze vorzuziehen sein.

414. Versuch. Glimmentladung. Die normale Glimmentladung in luft-
verdünntem Raum besteht aus der rötlichen, positiven Säule (geschichtet oder
ungeschichtet je nach dem in der Röhre herrschenden Druck) an der Anode,
dem Faradayschen Dunkelraum und dem violetten, negativen Glimmlicht,
welches von der gelblich-rötlich leuchtenden Kathodenhaut durch den CROOKES-
schen (HITTORFschen) Dunkelraum getrennt ist. Die Entwicklung der einzelnen
Entladungsformen, angefangen von der Büschelentladung bis zum Auftreten
von Kathodenstrahlen, läßt sich leicht und sehr schön an einer großen Entladungsröhre mittels eines nicht zu kleinen Induktoriums und einer gut wirk-
kenden Luftpumpe vorführen. In Betracht kommt eine Röhre von etwa 1 m
(oder mehr) Länge und 3 bis 5 cm Durchmesser, ein Funkeninduktor von 10
bis 20 cm Schlagweite und eine rotierende Quecksilberpumpe mit Vorvakuum
oder die GAEDEsche Dreistiefelpumpe. Steht jedoch eine der außerordentlich
schnell wirkenden Dampfstrahlpumpen aus Stahl zur Verfügung, so läßt sich
hier durch Einstellen des Nadelventils leicht jede Entladungsform stationär
erhalten. Zur Erzielung einer besseren Gleichmäßigkeit der Entladungsform
empfiehlt es sich noch, in den Entladungsstromkreis eine Ventilfunken-
strecke, bestehend aus mehreren in Serie geschalteten Funkenstrecken
zwischen Platte — Spitze einzuschalten; auf die richtige Polung des Induktors ist dabei selbstverständlich zu achten. Wegen der zu beachtenden
Regeln der Vakuumtechnik und dem beim Auftreten der verschiedenen Entladungsformen herrschenden ungefähren Druck sei auf Ziff. 89 verwiesen.
Hervorgehoben sei nochmals, daß die Kathodenstrahlen leichter auftreten, wenn
die Röhre an den Elektroden verengt wird, da dann der anormale Kathoden-
fall erheblich steigt, ferner daß ein Auspumpen der Röhre bis zu einigen
Zentimetern Parallelfunkenstrecke nur unter Berücksichtigung besonderer
Vorsichtsmaßregeln gelingt, wie gute Reinigung der Röhre, Entgasung der
Wandungen und Elektroden, Anbringen von Gasfallen zur Fernhaltung der
Quecksilberdämpfe u. a.

Nach Einlassen von Wasserstoff (Vorsicht!) in die ausgepumpte Röhre
durch ein seitliches Ansatzröhrchen oder bei Verwendung der GAEDEschen
Stahldiffusionspumpe durch das Nadelventil und erneutem Evakuieren läßt
sich zeigen, daß die Schichtung in Wasserstoff größeren Abstand besitzt als in
Luft. Die Vorführung anderer Entladungsröhren, zu denen auch die Neon-

glimmlampe gehört, richtet sich nach den vorhandenen Mitteln. Zu erwähnen
wäre noch der folgende Versuch.

415. Versuch. Hittorfsche Umwegröhre. Sobald hier die Evakuierung so
weit fortgeschritten ist, daß der Crookessche Dunkelraum die Anode erreicht,
nimmt die Entladung lieber den ca. 3 m langen Umweg durch das spiralförmig
aufgewundene Nebenrohr als
den nur wenige Millimeter
langen direkten Weg zwi-
schen den Elektroden, weil
im Dunkelraum leitende
Gasmoleküle fehlen. Über
die Größe des normalen
Kathodenfalls einiger Gase s.
Tabelle 60.

Tabelle 60. Kathodenfall in Volt.

Gase Kathode	Luft	H_2	He	Ne
Al	302	170	161	100
Pt	340	300	165	152
Fe	362	300	161	130
Na	—	185	80	75

416. Versuch. Kathodenstrahlen. Die einfachen Eigenschaften der
Kathodenstrahlen, wie Fluoreszenzerzeugung, geradlinige Ausbreitung unabhängig von der Strombahn, Schattenwirkung eines in den Strahlenweg ge-
brachten Gegenstandes (Draht, Aluminiumkreuz), Wärmeentwicklung durch
Konzentration auf ein Platinblech, ponderomotorische Wirkung auf ein Glimmer-
rad, elektrische und magnetische Ablenkung (Brownsche Röhre) lassen sich
mit den betreffenden Entladungsröhren leicht zeigen.

417. Versuch. Ladung der Kathodenstrahlen (nach Gaede). Die Ka-
thodenstrahlenteilchen fliegen durch die zylinderförmige Anode hindurch, treffen
auf eine Auffangelektrode und
laden diese so stark negativ auf,
daß an einer außen zwischen
ihr und der Anode angebrachten kleinen Parallelfunkenstrecke Fünkchen überspringen
(Abb. 110). An einer zweiten
genau gleichen, jedoch mehr
seitlich angebrachten Doppel-
Elektrode treten nur dann
Fünkchen auf, wenn die Kathodenstrahlen, durch einen
Magneten abgelenkt, diese Auf-
fangplatte treffen. Die Ladung
läßt sich nach bekannter Methode mit isolierter Probekugel
feststellen. Über Versuche mit
langsamen Kathodenstrahlen s.
Versuch 420.

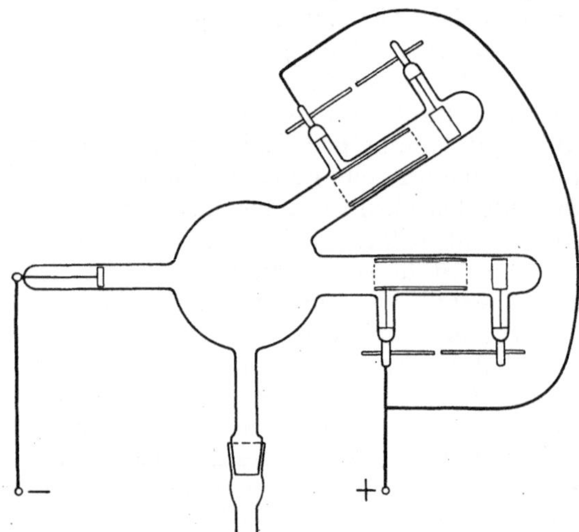

Abb. 110. Ladung der Kathodenstrahlen.

418. Versuch. Röntgenstrahlen. Die einfachen Versuche an einer
kleinen, luftgefüllten Röntgenröhre bedürfen kaum einer näheren Erläuterung. In Betracht kommen Durchleuchtung von Gegenständen, Fluores-
zenzerregung, Luftionisation (s. Versuch 430). Wegen Leuchtschirme s. auch
Ziffer 517.

419. Versuch. Kanalstrahlen. Hier befindet sich die mit Löchern oder
Schlitzen versehene Kathode in der Mitte der Entladungsröhre. Die Kanalstrahlen sind bei Wasserstoff- evtl. auch Leuchtgas-Füllung der Röhre am
besten zu sehen. Sie sind bei Wasserstoff rötlich, bei Luft jedoch mehr gelblich
gefärbt. Ein kleiner Induktor genügt für diese Zwecke.

420. Versuch. Langsame Kathodenstrahlen in der Wehneltröhre. Die Glühkathode als Elektronenquelle besteht aus einem Streifen dünner Platinfolie (0,01—0,002 mm dick, 3—5 mm breit, ca. 15 mm lang), welcher zwischen zwei Zuführungsdrähten ausgespannt ist. In der Mitte enthält der Platinstreifen einen kleinen Oxydfleck, den man herstellt, indem man weißen Siegellack zu einem dünnen Faden auszieht und damit die schwach glühende Elektrode einmal betupft. Die Kathode wird zweckmäßig, um ein häufiger notwendiges, bequemes Auswechseln zu ermöglichen, durch ein Ansatzrohr mit Schliff eingeführt. Zum Auspumpen ist eine gut wirkende Hochvakuumpumpe erforderlich (Dampfstrahl- oder rotierende Quecksilberpumpe). Beim Betrieb wird die Glühelektrode bis zur hellen Gelbglut des Platins erhitzt (3—8 Amp. je nach Dicke der Folie). An Kathode und Anode legt man über Sicherheitswiderstände und doppelpoligen Ausschalter eine Gleichspannung von 220 Volt, wobei man sehr darauf zu achten hat, daß nicht durch zu starke Heizung Bogenentladung entsteht, worauf die Kathode sofort durchbrennt. Die Kathodenstrahlen treten als bläulich leuchtendes Bündel aus dem Oxydfleck hervor und lassen sich durch elektrische Aufladung einer Hilfselektrode sowie durch Annäherung eines Staboder besser Hufeisenmagneten sehr leicht beeinflussen (Zusammenbiegen zu einem Kreise).

421. Elektronenröhre (Verstärkerröhre). Es sollen hier nur diejenigen einfachen Versuche gebracht werden, die das Prinzipielle der Wirkungsweise einer Dreielektrodenröhre demonstrieren. Auf die vielseitige Verwendungsmöglichkeit der Elektronenröhre in der Radiotechnik kann hingegen nicht eingegangen werden. Für die Versuche verwende man eine Wolframdrahtröhre, da diese weit unempfindlicher gegenüber zufälligen Überlastungen ist als die Oxyd- oder gar Thoriumröhre (sog. Sparröhre). Über die gebräuchlichste Sockelung der Röhren s. Abb. 111; Heizstromstärke maximal bei den Wolframröhren 0,5 Amp. (Weißglut), bei den Thoriumröhren je nach Angabe 0,06—0,2 Amp. (Dunkelrotglut).

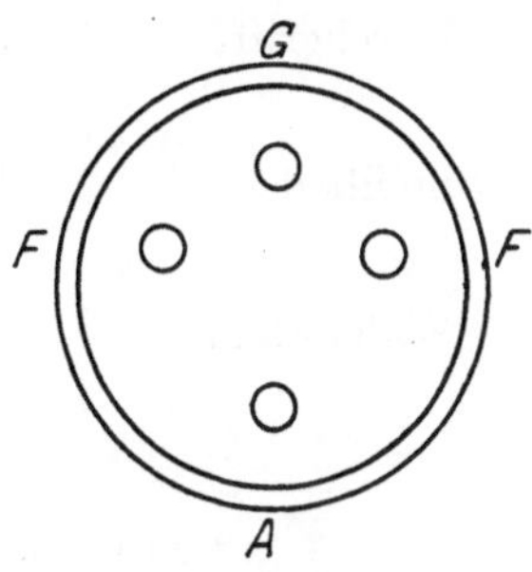

Abb. 111. Sockelung der Elektronenröhren. (Originalgröße.)

422. Versuch. Charakteristik der Röhre (Anodenstrom). Die Kathode wird schwach geheizt. Zwischen Anode und Heizdraht ist eine abstufbare Gleichspannung von 100 bis 200 Volt und ein Galvanometer mit der Empfindlichkeit 10^{-4} Amp. (Meßbereich bis 2 mA) zu legen. Als Gleichspannung kann entweder die Lichtleitung über eine Potentiometerschaltung (zwischen Potentiometer und Röhre Glühlampen als Sicherheitswiderstände schalten!) oder eine der bekannten Anodenbatterien dienen, die in der Regel eine Abstufungsmöglichkeit von 3 zu 3 Volt haben. Man zeigt, daß nur dann ein Strom in der Röhre fließt, wenn der positive Pol der Batterie an die Anode angelegt wird. Dieser Strom nimmt aber nur bis zu einer bestimmten Spannung zu, von wo ab er dann trotz weiterer Steigerung der Spannung konstant bleibt (Sättigungsstrom). Ferner läßt sich die Abhängigkeit dieses Sättigungsstromes und der Sättigungsspannung von der Heizung demonstrieren.

423. Versuch. Gitterstrom. (Durchgriff). Durch einen Umschalter legt man jetzt den Pluspol der Spannung und das Galvanometer an das Gitter. Man erhält dieselben Verhältnisse wie bei Benutzung der Anode, es zeigt sich aber, daß nunmehr bei gleicher Heizung des Glühfadens zur Erzielung derselben Stromstärke nur etwa ein Zehntel der Spannung erforderlich ist. (Durchgriff D = abschirmende Wirkung des Gitters.)

424. Versuch. Anodenstrom. Läßt man die Spannung am Gitter liegen und schaltet zwischen Anode und Heizfaden ein Galvanometer (Empfindlichkeit 10^{-5} bis 10^{-6}), so zeigt auch dieses einen Strom an, ein Teil der Elektronen fliegt also durch das Gitter hindurch auf die Anode.

425. Versuch. Verstärkerwirkung der Röhre (Steilheit). Man schaltet Gleichspannung (etwa die halbe Sättigungsspannung) und Galvanometer wie in Versuch 422 in den Anodenstromkreis. Legt man nun an das Gitter positive oder negative Spannungen in der Größenordnung 1—10 Volt, so wird der Anodenstrom verstärkt resp. abgeschwächt. Die Änderung des Elektronenstromes bei Änderung der Gitterspannung um 1 Volt bezeichnet man als die Steilheit der Röhre. Für negative Gitterspannungen $-e_g > D \cdot e_a$ wird der Strom Null, auf der anderen Seite rufen große positive Gitterspannungen keine Stromänderungen mehr hervor, sobald der Sättigungsstrom erreicht ist [Gleichrichterwirkung der Röhre]. Wegen Verwendung der Elektronenröhre zur Schwingungserzeugung siehe Versuch 442.

Unterhalb des Sättigungsstromes gelten für die Gesamtstromstärke als Funktion der Gitterspannung e_g und der Anodenspannung e_a die BARKHAUSENschen Röhrenformeln (l = Länge des Heizfadens, r = Radius des Gitters):

$$i = i_a + i_g = 1{,}465 \cdot 10^{-5} \frac{l}{r} (e_g + D e_a)^{\frac{3}{2}} \text{ Amp.}$$

Durchgriff:
$$D = - \left(\frac{d e_g}{d e_a}\right)_{i=\text{konst.}};$$

Steilheit:
$$S = \frac{di}{d e_g} = \frac{3}{2} \cdot 1{,}465 \cdot 10^{-5} \frac{l}{r} (e_g + D e_a)^{\frac{1}{2}}.$$

Widerstand:
$$\frac{1}{R} = \frac{di}{d e_a} = \frac{3}{2} D \cdot 1{,}465 \cdot 10^{-5} \frac{l}{r} (e_g + D e_a)^{\frac{1}{2}}.$$

$$S \cdot R \cdot D = 1.$$

Tabelle 61. Einige Daten von Telefunkenröhren.

Type	Heizfaden-spannung Volt	Heizstrom Amp.	Anoden-spannung Volt	Emission m Amp.	$\frac{S}{\text{Volt}}$ m Amp.	D %
Wolfram RE 11 . . .	2,8	0,5	50 bis 70	1,5 bis 2	0,15	12
Thorium RE 78 . . .	2,3	0,06	40 ,, 90	5 bis 8	0,3	13
Oxyd RE 84 . . .	1,2	0,2	50 ,, 100	10 ,, 15	0,4	14

1) Elektrische Schwingungen.

426. Versuch. Aperiodische Auf- und Entladungen einer Kapazität[1]). (Aperiodischer Schwingungskreis ohne Selbstinduktion.) Man benutzt hier eine bekannte Eigenschaft der Glimmentladung: Eine Neonglimmlampe zündet erst bei einer Spannung ($\backsim$ 180 Volt), die etwa 20—30 Volt höher liegt als die zur Aufrechterhaltung der selbständigen Entladung notwendige Minimalspannung, die sog. Löschspannung. Legt man also über einen sehr hohen Ohmschen Widerstand R an eine Kapazität C eine Ladespannung V_0 und verbindet die Belegungen des Kondensators mit der Glimmlampe, so lädt sich der Kondensator nur bis zur Zündspannung V_Z der Lampe auf und entlädt sich dann nach der Zündung über die Lampe bis herab zur Löschspannung V_L; die Lampe leuchtet also in ganz

---

[1]) R. Mecke u. A. Lambertz, Phys. ZS. Bd. 27, S. 86. 1926.

bestimmten Zeitabschnitten periodisch auf (Abb. 112). Wählt man als Kapazität
einen Telephonkondensator von $1-2\,\mu$F, der aber ein gut isolierendes Dielektrikum enthalten muß, und als Widerstand etwa 10^6 Ohm, so folgen die Entladungen alle paar Sekunden, hierbei hängt die obere erreichbare Grenze der
Aufladungsdauer vornehmlich von der Güte des im Kondensator verwendeten
Isoliermaterials ab. Als hochohmiger Widerstand leistet ein Silitstab, wie er von
der Firma Gebr. Siemens, Berlin, für Radiogeräte
usw. hergestellt wird, gute Dienste; im Notfalle
hilft man sich mit Bleistiftstrichen auf einer Mattglasscheibe oder auf Papier. Einen bequem innerhalb weiter Grenzen (10^4 bis 10^6) variierbaren Widerstand stellt eine Elektronenröhre (Verstärkerröhre)
dar. Man benutzt die Strecke Heizfaden—Gitter
und schließt die Anode mit letzterem kurz. Die
Schaltung ist die gleiche wie oben, nur daß an Stelle
des Silitstabes die Röhre tritt. Selbstverständlich
ist darauf zu achten, daß an dem Heizfaden der
richtige (negative) Pol der Spannung liegt. Die
hier verwendeten Gitterströme sind Sättigungsströme. Durch Änderung der Heizstromstärke läßt
sich der Widerstand einregulieren. Die Ladegleichspannung (etwa 220 Volt, Wechselspannung
ist unbrauchbar), die ja höher sein muß als die

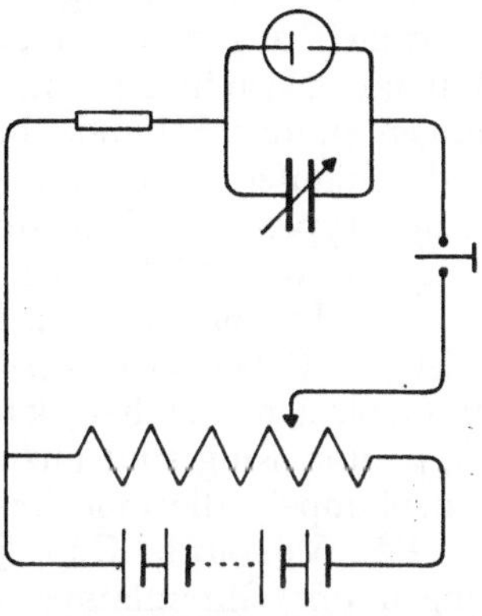

Abb. 112. Glimmlampenschaltung für periodische Entladungen.

Zündspannung, legt man zweckmäßig an ein Potentiometer, um damit auch diese
bis herab zur Zündspannung variieren zu können. Da nur Spannungen über
150 Volt in Betracht kommen, so kann man sich, falls kein genügend großer
Potentiometerwiderstand zurVerfügung steht, behelfen, indem man eine 50-kerzige
Drahtlampe mit einem Schiebewiderstand von ca. 400 Amp. in Serie schaltet.

427. Versuch. Abhängigkeit der Entladungsfrequenz von den Versuchsbedingungen. Ersetzt man den Telephonkondensator im obigen Versuch durch
einen Drehkondensator von $1000-4000$ cm maximal und schaltet in den Lampenkreis ein Telephon ein, so folgen die Stromstöße so schnell aufeinander, daß sie
im Telephon als Ton hörbar werden. Ein guter Lautsprecher genügt hier schon,
um die Töne in einem großen Hörsaal überall hörbar zu machen, so daß von der
Verwendung eines Niederfrequenzverstärkers evtl. abgesehen werden kann. Unter
der Voraussetzung[1]), daß der Widerstand R_1 der Glimmlampe dem OHMschen
Gesetz gehorcht, gilt nun für die Aufladezeit die Formel

$$t = RC\ln\frac{V_0-V_L}{V_0-V_Z},$$

für die Entladezeit entsprechend

$$t' = R_1 C\ln\frac{V_Z}{V_L}.$$

Wird R in Megohm (10^6), C in μF gemessen, so sind die Zeiten in Sekunden
gegeben. Arbeitet man aber mit der Verstärkerröhre als Widerstand, d. h. mit
Sättigungsströmen, so ist die Aufladezeit gegeben durch

$$t = \frac{C}{i}(V_Z-V_L).$$

---

[1]) DerWiderstand der Lampe ist etwa von der Größenordnung 2000 Ohm, die Entladungszeiten sind also beträchtlich kürzer als die Ladezeiten. Die obigen Formeln haben aber
nur bedingte Gültigkeit, da bei der Entladung das OHMsche Gesetz nicht gilt und zudem
die Zündspannung eine Frequenzabhängigkeit besitzt.

Bei langsamer Entladungsfolge eignet sich diese Schaltung auch zur absoluten Kapazitätsmessung aus Stromstärke und Spannung.

Man kann nun zeigen, daß die Tonhöhe wächst, wenn man 1. die Kapazität C verkleinert, 2. den Widerstand R verkleinert (etwa durch Erwärmen des Silitstabes), 3. die Ladespannung V_0 vergrößert, 4. die Zündspannung Vz herabsetzt (etwa durch Ionisation des Gasinhaltes der Lampe bei Bestrahlung mit ultraviolettem Licht, Röntgen- oder Radiumstrahlen, durch Auslösen von Photoelektronen aus den Lampenelektroden oder durch elektrostatische Einflüsse). Man hat es also in der Hand, den ganzen Tonbereich von einigen wenigen Schwingungen in der Sekunde bis zur oberen Hörbarkeitsgrenze (ca. 16000) schnell zu durchlaufen. Hierzu sei noch bemerkt, daß die Schwingungen bei denjenigen Lampentypen am sichersten einsetzen, bei denen die Glimmschicht möglichst wenig an den Elektroden herumwandern kann. Die eine Elektrode besteht also zweckmäßig aus einem möglichst kurzen und möglichst dünnen Draht. So ist es z. B. bei der Lampentype, deren Elektroden aus zwei ineinandergreifenden Drahtspiralen bestehen, kaum möglich, stabile Schwingungen zu erhalten, auch Kappe und Ring sind unzuverlässig, absolut betriebssicher ist aber eine „Buchstabenlampe", die eine kurze Drahtelektrode besitzt.

428. Versuch. Superposition zweier Entladungsfrequenzen. Die Schwingungen der Glimmlampe im obigen Versuch sind zwar nicht übermäßig konstant, doch lassen sich immerhin mit der in Abb. 113 wiedergegebenen Schaltung, bei der zwei Entladungskreise zueinander parallel geschaltet sind und das Telephon im Ladekreise liegt, leicht Schwebungen erzeugen. Nur bei den ganz langsamen Schwebungen merkt man die geringe Inkonstanz des Tones. Daß die Schwingungen keine reinen Sinusschwingungen sind, sondern auch Obertöne beträchtlicher Intensität besitzen, kann man leicht an der Tatsache zeigen, daß auch noch der erste bis etwa dritte Oberton der einen Lampe mit dem Grundton der anderen sehr deutliche Schwebungen ergibt (s. Ziff. 120, 121).

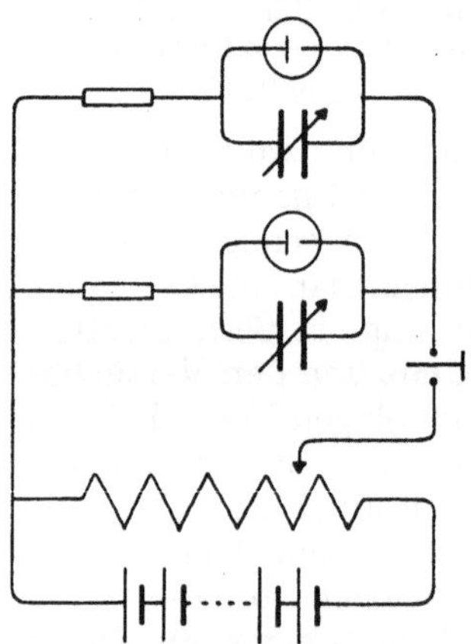

Abb. 113. Glimmlampenschaltung für Superposition zweier periodischer Entladungen.

429. Versuch. Nachweis kleinster Kapazitäten. Eine untere Grenze für die Kapazität des Kondensators, bei der noch die Schwingungen einsetzen, ist schwer anzugeben. Bei geeignetem Ladewiderstand ($2 \cdot 10^6$ Amp.) genügt schon die sehr geringe Eigenkapazität der Lampe (deren größter Anteil im Sockel sitzt) und die der Zuleitungsdrähte, um hörbare Schwingungen zu erzeugen. Schaltung wie in Versuch 426 mit sehr kurzem Verbindungsdraht zwischen Widerstand und Lampensockel (Annähern der Hand an die Lampe ändert schon beträchtlich die Kapazität). Man kann deshalb den Versuch auch bequem mit einem einfachen verschiebbaren Plattenkondensator (Plattendurchmesser 20 cm) ausführen und gleichzeitig zeigen, daß durch Einführen von Dielektrizis (Glas, Hartgummi) die Kapazität vergrößert wird, d. h. die Tonhöhe sinkt (vgl. Versuch 300). Wegen weiterer Versuche mit dieser Schaltung sei auf die zitierte Abhandlung verwiesen, s. auch Ziff. 146, 408.

430. Versuch. Gedämpfte Schwingungen in einem Schwingungskreis aus Selbstinduktion und Kapazität (Thomsonscher Schwingungskreis). Stehen Telephonkondensatoren mit einer Gesamtkapazität von $30—40\ \mu F$ und ein aperiodisch gedämpftes Drehspulgalvanometer geringer Empfindlichkeit zur Verfügung, so kann man die Schwingungen eines THOMSONschen Schwingungskreises sichtbar machen. Ist das Galvanometer kein Zeigerinstrument, so macht man seine Ausschläge nach bekannter Methode durch Projektion einer Lichtmarke sichtbar. Man schaltet nun die Kapazität in Serie mit den Sekundärwicklungen zweier kleiner Hochspannungstransformatoren resp. Induktorien, die hier die Selbstinduktion darstellen, sowie mit den Mittelklemmen einer Wippe. An die äußeren Klemmen der Wippe legt man einerseits das Galvanometer, anderseits eine Gleichspannung (Netzspannung mit vorgeschalteten Sicherheitslampen). Durch Umlegen der Wippe kann man also jetzt abwechselnd die Kapazität aufladen und über die Selbstinduktion und das Galvanometer wieder entladen. Zunächst zeigt man, daß nach Aufladen der Kondensatoren bei einem momentanen Anlegen des Galvanometers an den Schwingungskreis, wenn also keine Schwingung, sondern nur ein einzelner Stromimpuls zustande kommen kann, der Galvanometerausschlag aperiodisch in die Ruhelage zurückkehrt. Läßt man hingegen das Galvanometer im Schwingungskreis liegen, so führt das Instrument stark gedämpfte Schwingungen aus. Man zeigt dann ferner noch, daß durch Verminderung der Kapazität oder der Selbstinduktion auf die Hälfte usw. die Schwingungen schneller werden, entsprechend der Schwingungsformel $\dfrac{1}{\nu} = 2\pi\sqrt{L\,C}$. Für die Umrechnung der Werte diene die folgende Tabelle:

Tabelle 62. **Berechnung von Wellenlänge und Frequenz.**

$\lambda\,(\mathrm{m}) = 0{,}0628\sqrt{L\,(\mathrm{cm}) \cdot C\,(\mathrm{cm})}$	$\nu\,(\sec^{-1}) = 159/\sqrt{L\,(\mathrm{Henry}) \cdot C\,(\mu\mathrm{Farad})}$
$\lambda\,(\mathrm{m}) = 59{,}6\sqrt{L\,(\mathrm{cm}) \cdot C\,(\mu\mathrm{Farad})}$	$\nu\,(\sec^{-1}) = 1{,}51 \cdot 10^5/\sqrt{L\,(\mathrm{Henry}) \cdot C\,(\mathrm{cm})}$
$\lambda\,(\mathrm{m}) = 1{,}98 \cdot 10^3\sqrt{L\,(\mathrm{Henry}) \cdot C\,(\mathrm{cm})}$	$\nu\,(\sec^{-1}) = 5{,}04 \cdot 10^6/\sqrt{L\,(\mathrm{cm}) \cdot C\,(\mu\mathrm{Farad})}$
$\lambda\,(\mathrm{m}) = 1{,}88 \cdot 10^6\sqrt{L\,(\mathrm{Henry}) \cdot C\,(\mu\mathrm{Farad})}$	$\nu\,(\sec^{-1} = 4{,}77 \cdot 10^9/\sqrt{L\,(\mathrm{cm}) \cdot C\,(\mathrm{cm})}$

$$1\ \mathrm{Henry} = 10^9\ \mathrm{cm}, \qquad 1\,\mu\mathrm{Farad} = 9 \cdot 10^5\ \mathrm{cm}, \qquad \lambda\,(\mathrm{m}) = 3 \cdot 10^8/\nu.$$

431. Versuch. Oszillierende Entladungen von Leidener Flaschen (LODGEscher Resonanzversuch). Die Ausführung dieses bekannten Versuches bietet keine Schwierigkeiten. Zwei gleiche Leidener Flaschen, Kantenhöhe etwa 18 cm, und ein kleines Induktorium genügen für diese Zwecke. Die Primärfunkenstrecke (Kugelelektroden) liegt im Schwingungskreise der einen Flasche, die Resonanzfunkenstrecke, die zweckmäßig ebenfalls kleine Kugelelektroden (Durchmesser 1 mm) besitzt, jedoch parallel zu den Belegungen der anderen Flasche. Die Selbstinduktionen der beiden Schwingungskreise bestehen aus zwei Drahtrechtecken, von denen die Induktion des sekundären Kreises durch Verschieben einer Rechteckseite variabel ist (Abb. 114). Resonanz, kenntlich an dem lebhaften Funkenübergang im sekundären Kreise, tritt dann ein, wenn die Flächen der beiden Rechtecke gleich und parallel sind. Die ungefähren Maße, die gut aus-

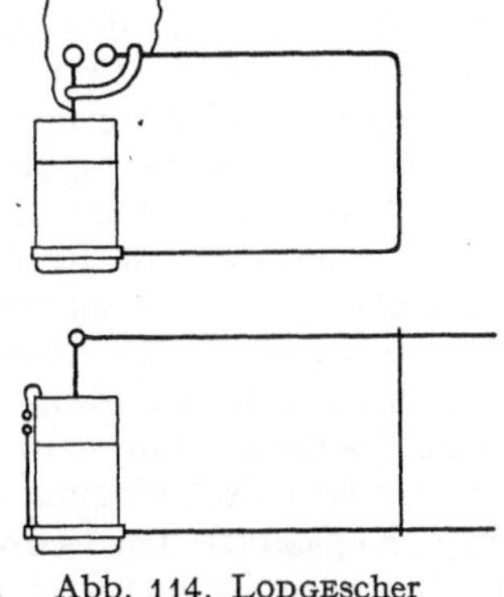

Abb. 114. LODGEscher Resonanzversuch.

zuprobieren sind, sind die folgenden: Abstand der Rechtecke voneinander 20 cm, Größe derselben etwa 18 × 35 cm, Elektrodenabstand der primären Funkenstrecke 2—3 mm, Elektrodenabstand der Resonanzfunkenstrecke 1—2 mm. An Stelle der Resonanzfunkenstrecke kann evtl. auch eine Glimmlampe als Spannungsanzeiger benutzt werden.

432. Versuch. Hochfrequente Schwingungen (Seibtsche Versuche). Der Schwingungskreis besteht hier aus ein bis zwei größeren Leidener Flaschen, deren Belegungen direkt mit einem Induktorium (10—30 cm Funkenlänge) verbunden sind, einer einstellbaren Funkenstrecke mit Zinkelektroden, die durch ein kleines Holzkästchen abgedeckt werden kann (Funkenstrecke eines Tesla-Transformators) und einer variablen Selbstinduktion, bestehend aus 50 bis 100 Windungen dicken Kupferdrahtes von etwa 10—12 cm Durchmesser mit Schleifkontakt. Ausdrücklich bemerkt sei noch, daß in hochfrequenten Schwingungskreisen wegen des Skineffektes sämtliche Drahtleitungen aus dicken Drähten bestehen müssen. Mit diesem Schwingungskreise werden nun die Seibtschen Spulen galvanisch gekoppelt. Es sind dies senkrechtstehende Spulen, die aus einer Lage von Windungen eines etwa 0,2 mm dicken isolierten Kupferdrahtes bestehen und einen Durchmesser von etwa 4 cm haben. Man benutzt zunächst zwei Spulen von einer etwas verschiedenen Länge (die eine ca. 50 cm

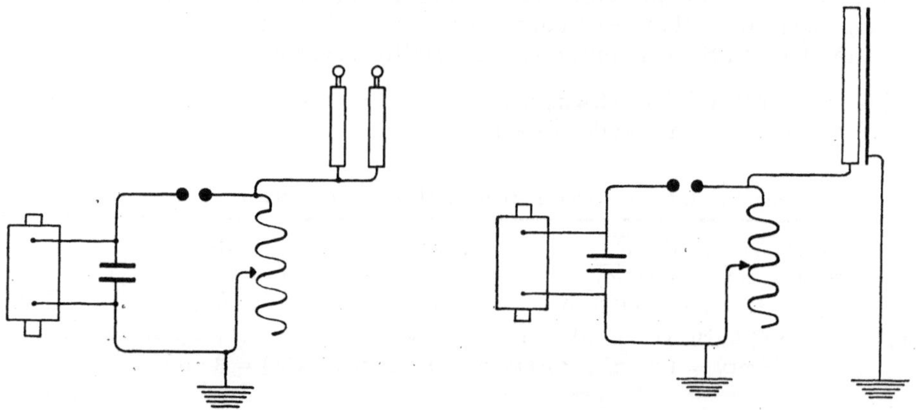

Abb. 115. Schaltung für Seibtsche Versuche.

Abb. 116. Schaltung für Seibtsche Versuche.

lang), die man mit den unteren Enden an den Schwingungskreis anschließt, während die oberen Enden frei in je einer Messingkugel auslaufen (Abb. 115). Bei langsamer Veränderung der Selbstinduktion erhält man zuerst bei der einen, dann bei der anderen Spule eine von der Kugel ausgehende, lebhaft sprühende Büschelentladung, dann nämlich, wenn sich die betreffende Spule mit dem Schwingungskreise in Resonanz befindet. Nimmt man eine etwa 2 m lange Seibtsche Spule und spannt parallel zu ihr in einer Entfernung von etwa 2 cm einen geerdeten Draht (Abb. 116), so geht im Resonanzfalle an den Spannungsbäuchen Büschelentladung zum Draht über, während die Spannungsknoten dunkel bleiben. Man sieht somit ein leuchtendes Wellenband und kann dann, von der Grundschwingung ausgehend, durch Verringerung der Selbstinduktion (resp. Kapazität) den Schwingungskreis mit den einzelnen Oberschwingungen der Spule zur Resonanz bringen; das obere Spulenende bildet dabei stets einen Spannungsbauch. 3—4 Oberschwingungen werden sich so in der Regel leicht herstellen lassen.

433. Versuch. Teslaströme. Die Anschaffung eines Tesla-Instrumentariums, mindestens die des Öltransformators, dürfte der Selbstanfertigung vorzuziehen sein. Die Primärspule mit wenig Windungen eines dicken Drahtes wird wieder, wie oben mit möglichst kurzen und geraden, nicht zu dünnen Kupferdrähten mit der Funkenstrecke und Leidener Flasche verbunden. Wie

der vorhergehende Versuch mit den SEIBTschen Spulen gezeigt hat, muß zur
Erzielung guter Wirkungen die Sekundärspule auf Resonanz abgestimmt sein,
was hier zweckmäßig durch Zu- oder Abschalten von Leidener Flaschen im
Primärkreis geschieht. Als Entladungselektroden im Sekundärkreis wählt man
wohl am besten zwei konzentrische Drahtringe auf isolierten Stativen. Die
Entladung geht dann als breites Ringband zwischen den beiden Elektroden
über. Von weiteren bekannten Versuchen mit Teslaströmen seien hier erwähnt:
die Unschädlichkeit hochfrequenter Entladungen für den menschlichen Körper
(Anzünden eines Bunsenbrenners durch Funkenübergang aus dem Fingerknöchel)
und das Aufleuchten einer elektrodenlosen Geißlerröhre (evtl. außen mit zwei
Stanniolringen belegt), wenn man diese in die Nähe der beiden Drahtringe bringt.
Der Optimaldruck in der Röhre hängt von den Dimensionen der Röhre und den
Entladungsbedingungen ab. Man wählt einen etwas niedrigeren Druck, als er
in einer gewöhnlichen Geißlerröhre mit gut ausgebildeter positiver Säule besteht.
Zu beachten ist noch, daß die Röhren mit Außenelektroden leicht durchschlagen.
Ein Analogon zu diesem Versuch ist der folgende.

434. Versuch. Elektrodenlose Ringentladung. Man umgibt ein evakuiertes
Zylinderrohr aus Glas von 2—3 cm Durchmesser mit 10—20 Windungen eines
dicken Kupferdrahtes und schaltet diesen in den Schwingungs-
kreis, bestehend aus Funkenstrecke und Leidener Flasche, ein.
Bei geeigneten Druckbedingungen (s. oben) bildet sich in dem
Rohr ein leuchtender Ring aus.

435. Versuch. Impedanz. Der Tesla-Transformator
wird durch einen U-förmigen Bügel aus dickem Kupferdraht
ersetzt (Abstand der Drähte 18 cm, Länge ca. 70 cm). Überbrückt man diesen Drahtbügel (Abb. 117) durch eine kleine
Kohlenfadenlampe, die zu diesem Zwecke mit einem isolierenden Holzgriff versehen ist und als Stromzuführungen zwei
eine gerade Linie bildende Drähte besitzt, so leuchtet die
Lampe trotz des größeren OHMschen Widerstandes auf, da die
Impedanz des Bügels für hochfrequente Ströme diejenige der
Lampe überwiegt.

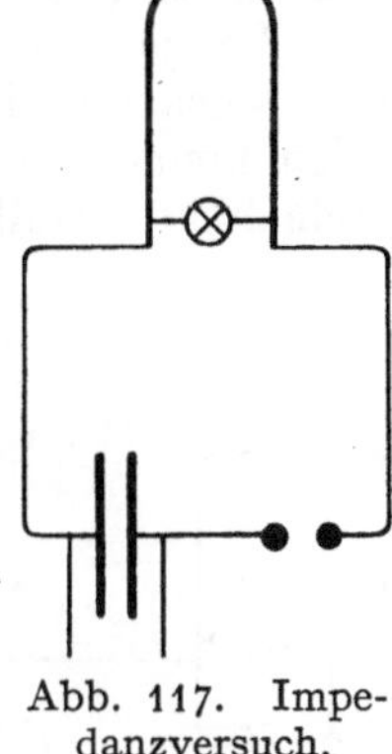

Abb. 117. Impe-
danzversuch.

436. Versuch. Schwingungen längs Drähten (LECHER).
Je eine Platte zweier gleicher Plattenkondensatoren (Plattendurchmesser
20—30 cm) ist auf möglichst geradem und kurzem Wege mit je einer Elektrode
der Funkenstrecke verbunden (Abstand
der Kugeln 4—8 mm), die von einem kleinen Induktorium gespeist wird (Abb. 118).
Am besten geht dabei die Funkenentladung
in Petroleum oder Vaselinöl vor sich. Die
beiden anderen Platten werden an zwei
blanke, 3—6 m lange und parallel zueinander ausgespannte Drähte (etwa 1 mm
dick, mit 2—10 cm gegenseitigem Abstand)
angeschlossen, die durch eine verschiebbare

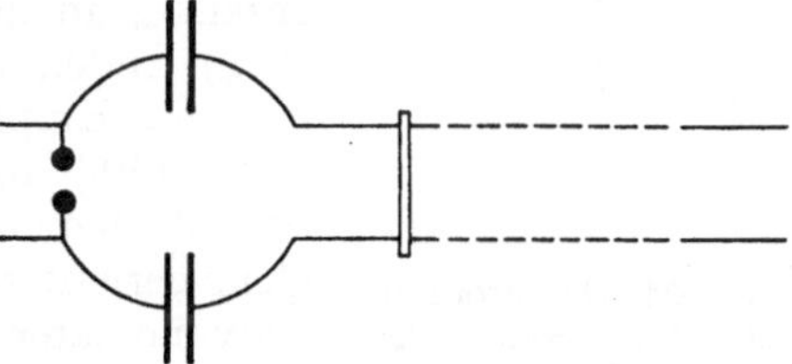

Abb. 118. Schwingungen längs Drähten
(LECHER).

Brücke miteinander verbunden werden können. Die ganze Apparatur soll möglichst symmetrisch angeordnet sein (s. auch F. KOHLRAUSCH, Praktische Physik).
Der Nachweis der Schwingungsbäuche und Knoten geschieht in gewohnter Weise
mit einer kleinen Neonröhre (Geißlerröhre mit oder ohne Innenelektroden), die
längs der Drähte verschoben wird. Können die Drähte in ein 2—2,5 m langes,
evakuiertes Rohr gebracht werden, so entsteht wie bei der SEIBTschen Spule
(Versuch 432) ein leuchtendes Wellenband (ARONSsche Röhre).

437. Versuch. Hertzsche Wellen. Ein einfacher Sender Hertzscher Wellen ohne Ölfunkenstrecke, die häufig Veranlassung zu Schwierigkeiten der Justierung gibt, läßt sich leicht auf folgende Weise herstellen: Die Funkenstrecke besteht aus zwei kleinen, aufeinander abgeschliffenen Kupferplatten von ca. 2 cm

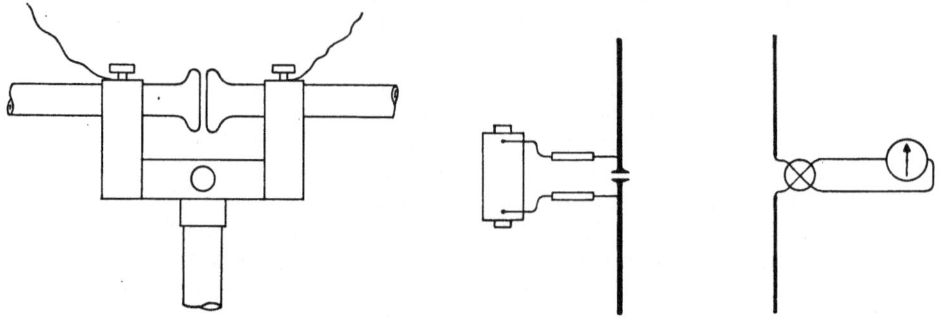

Abb. 119. Oszillator für Hertzsche
Wellen.

Abb. 120. Versuchsanordnung für
Hertzsche Wellen.

Durchmesser (Löschfunkenstrecke), an die als Antenne zwei Messingrohre von 20 cm Länge angelötet sind (Abb. 119). Zur Abstimmung des Schwingungskreises stecken in diesen beiden Röhren zwei andere, die teleskopartig ausgezogen werden können. Der Halter aus Isoliermaterial, der die beiden gegeneinander verschiebbaren Hälften des Senders trägt, läßt sich durch eine Festklemmschraube

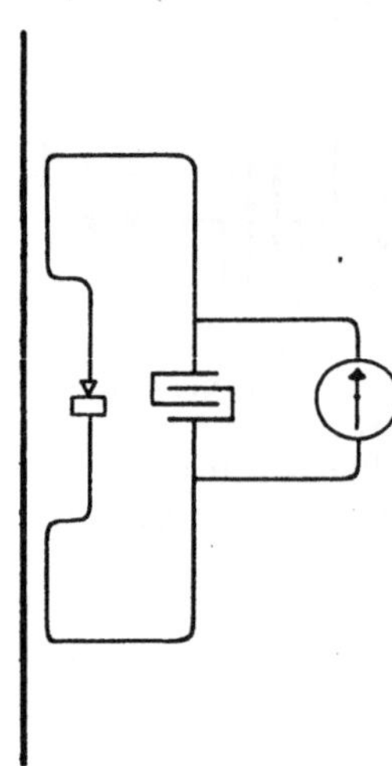

Abb. 121. Detektorempfänger für Hertzsche
Wellen.

sowohl horizontal als auch vertikal stellen. Man bringt nun zwischen die beiden Elektroden ein Stück dünnes Seidenpapier und preßt die Elektroden gegeneinander. Zum Betrieb genügt ein kleines Induktorium (Schlagweite 10 cm). Als Empfänger kommen zwei Anordnungen in Betracht: a) An zwei Enden eines Vakuumthermokreuzes (zwei gekreuzte Drähte aus verschiedenen Metallen, in der Regel Eisen-Konstanten, die an der Berührungsstelle verlötet sind und sich zur Vermeidung von Wärmeleitungsverlusten in einer kleinen, hochevakuierten Glaskugel befinden) legt man als Empfangsantenne zwei Drähte von etwa der gleichen Länge wie bei der Sendeantenne, an die beiden anderen (oder auch an die gleichen) Enden wird ein hochempfindliches Spiegelgalvanometer (Empfindlichkeit 10^{-7} bis 10^{-8} Amp.) geschaltet. (Abb. 120.) b) Man kann aber auch die Antenne induktiv mit einem aperiodischen Detektorkreis koppeln, dessen gleichgerichtete Ströme wieder durch ein empfindliches Galvanometer angezeigt werden. Die Antenne besteht dann nur aus einem (evtl. zwecks Abstimmung ausziehbaren) Messingrohr von gleicher Länge wie die Sendeantenne, der Detektorkreis aus einem guten Kristalldetektor, dem Galvanometer, durch einen Blockkondensator beliebiger Größe (1000 cm oder mehr) für hochfrequente Schwingungen kurzgeschlossen, und einem Drahtrechteck als Kupplungsspule (ca. 30 × 6 cm), in das diese Teile in möglichst symmetrischer Anordnung eingeschaltet sind (Abb. 121). Von der Verwendung des früher üblichen Kohärers ist abzuraten, da dieser bekanntlich sehr unzuverlässig arbeitet und höchstens noch historisches Interesse besitzt. An die Stelle des Galvanometers kann selbstverständlich auch ein

Telephon geschaltet werden, in dem man dann die Funkenfolge des Senders hört. Man stimmt nun zunächst den Sender resp. Empfänger durch Verkürzen und Verlängern der Messingrohre (Antenne) auf den größten Ausschlag des Galvanometers ab, was einige Sorgfalt erfordert, und zeigt damit das Prinzip der gedämpften Telegraphiesender. Es hat nicht viel Zweck, über 6—8 m Abstand zwischen Sender und Empfänger hinauszugehen, da sonst die Ausschläge des Galvanometers zu klein werden.

438. Versuch. Abschirmung und Reflexion durch metallische Leiter. Bringt man ein Metallblech zwischen Sender und Empfänger, so geht der Galvanometerausschlag auf Null zurück, während ein Pappkarton, eine Glasplatte usw. keinen nennenswerten Einfluß hat. Man stellt nun Sender und Empfänger so, daß die beiden Antennen in einer horizontalen Ebene sich befinden und sich die Verlängerungen beider Antennen unter einem Winkel von 90° schneiden, schirmt die direkten Strahlen durch ein Blech ab und läßt die Strahlen von einem zweiten Blech so reflektieren, daß sie wieder den Empfänger treffen.

439. Versuch. Polarisation. Bringt man zwischen Sender und Empfänger ein Drahtgitter, bestehend aus einem Holzrahmen 1×1 m, auf dem mit 1 bis 2 cm Abstand parallele Drähte aufgespannt sind, so tritt nur dann keine nennenswerte Schwächung der Strahlen ein, wenn die Drähte senkrecht zu den beiden Antennen stehen, laufen sie jedoch parallel den Antennen, so werden die Strahlen ausgelöscht, da sie parallel zu den Antennen polarisiert sind. Auch unmittelbar hinter den Empfänger kann man das Drahtgitter halten, worauf durch Reflexion Verstärkung des Ausschlages eintritt. Ebenso tritt Auslöschung ein, wenn man die eine Antenne senkrecht, die andere horizontal stellt. Hält man aber jetzt das Gitter unter einem Neigungswinkel von 45° dazwischen, so zeigt das Galvanometer wieder einen (kleineren) Ausschlag an.

440. Versuch. Interferenz. Hinter dem Empfänger wird in 1—2 m Entfernung ein größeres Blech aufgestellt, so daß durch Reflexion an demselben stehende Wellen entstehen können. Nähert man das Blech langsam dem Empfänger, während der Sender in Betrieb ist, so treten infolge von Interferenz Maxima und Minima des Ausschlages ein. Der Abstand zweier aufeinanderfolgender Minima ist dann gleich der halben Wellenlänge. Der Versuch erfordert jedoch ein gutes Arbeiten und gute Abstimmung des Senders.

441. Versuch. Erzeugung ungedämpfter Schwingungen mit der Bogenlampe (selbsttönende Bogenlampe, Poulsen-Bogen). Infolge seiner fallenden Charakteristik kann der Lichtbogen zur Erzeugung ungedämpfter Schwingungen benutzt werden. An einen Handregulator mit Homogenkohlen wird über einen Vorschaltwiderstand und eine Drosselspule (kleiner Elektromagnet, dessen Eisenkern zweckmäßig durch einen Anker magnetisch kurzgeschlossen ist) eine Gleichspannung (110—220 Volt) gelegt, so daß der Bogen mit etwa 3—4 Amp. brennt. Parallel zu den Polklemmen der Bogenlampe schaltet man den Schwingungskreis, bestehend aus einer Anzahl von Kondensatoren mit einer zwischen etwa

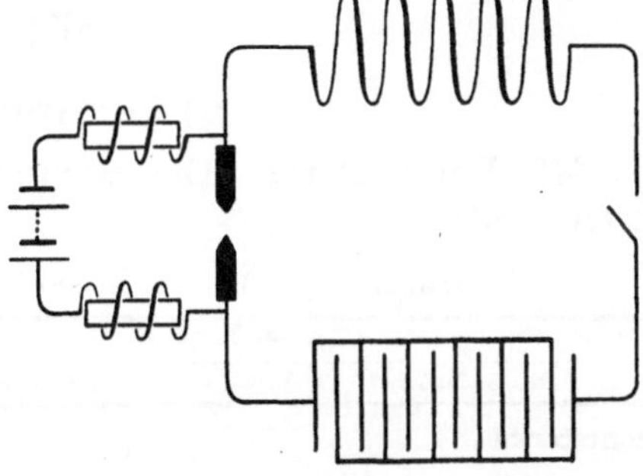

Abb. 122. Selbsttönende Bogenlampe.

1 und 8 μF veränderlichen Kapazität, einigen Induktionsspulen ohne Eisenkern mit 50—100 Windungen (etwa 12—15 cm Durchmesser) dicken Drahtes, der die Belastung mit einigen Ampere aushalten kann, einem Stromschlüssel

und evtl. auch noch einen Wechselstromamperemeter. Nach Schließen des Stromschlüssels tönt der Lichtbogen in der dem Schwingungskreis entsprechenden Tonhöhe und das Wechselstrominstrument zeigt einen Strom an. Ausschalten einiger Kondensatoren oder Kurzschließen einer Induktionsspule erhöht entsprechend den Ton. Beim Poulsengenerator kann man durch gute Kühlung und Brennen des Bogens in einer Kohlenwasserstoffatmosphäre (Alkohol, Leuchtgas) hochfrequente Schwingungen erzeugen, deren Existenz z. B. mit dem Wellenmesser nachgewiesen werden kann. Auf die Radiotechnik näher einzugehen dürfte zu weit führen.

442. Versuch. Erzeugung ungedämpfter Schwingungen durch Rückkoppelung (Röhrengenerator, Audion). Um mit der Elektronenröhre hörbare Frequenzen zu erzielen, nehme man eine gewöhnliche Verstärkerröhre (am besten Wolframdrahtlampe wegen der größeren Haltbarkeit und geringeren Empfindlichkeit gegenüber zufälligen Überlastungen) und lege an Gitter und Heizfaden als Rückkopplungsspule die Primärwicklung eines Transformators für Niederfrequenzverstärker, Übersetzungsverhältnis etwa 1:4. Die Sekundärspule bildet dann mit einem Drehkondensator von maximal 2000 cm den Schwingungskreis, das eine Ende der Wicklung kommt zusammen mit der Primärspule an den Heizfaden, das andere über die Anodenbatterie an die Anode. Ein Telephon resp. ein Lautsprecher wird direkt in den Schwingungskreis geschaltet. Die Anodenspannung beträgt in der Regel 70—90 Volt, die günstigste Heizstromstärke der Kathode muß durch einen Vorschaltwiderstand einreguliert werden, bei Wolframdrahtlampen etwa 0,5 Amp. maximal.

Benutzt man anstelle des Transformators zwei Spulen von 200 und 250 Windungen und schaltet in den Gitterkreis einen Drehkondensator und zur Schwingungsmodulation einen gewöhnlichen Telephonhörer (2000 Ohm), der durch einen Blockkondensator (1000 cm) überbrückt wird, so kann man mit dieser einfachen Schaltung eine recht gute Telephonieübertragung erzielen. Man braucht nur in 2—5 m Entfernung einen gewöhnlichen Empfangsapparat mit zweifach Niederfrequenzverstärker aufzustellen, um guten Lautsprecherempfang zu haben. Die Spulen des Senders und Empfängers wirken hier als Antennen. Man übertrage Schallplattenmusik (Streichmusik, Koloraturgesang). Ein in den Schwingungskreis des Senders eingeschaltetes Milliamperemeter zeigt am Zurückgehen des Ausschlages das Einsetzen der Schwingungen an.

VI. Optik.

a) Geometrische Optik.

443. Photometrie. Die wichtigsten photometrischen Größen und Einheiten sind:

Tabelle 63. Photometrische Größen und Einheiten.

Größe		Einheiten	
Name	Zeichen	Name	Zeichen
Lichtstärke	J	Hefnerkerze	HK
Lichtstrom	$\Phi = J \cdot \omega = J \dfrac{S}{r^2}$	Lumen	Lm
Beleuchtung	$E = \dfrac{J}{r^2} = \dfrac{\Phi}{S}$	Lux (Meterkerze)	Lx
Flächenhelle	$H = \dfrac{J}{s}$	Kerze pro qcm	HK/cm^2

Hierbei gelten die folgenden Maßeinheiten:

ω = räumlicher Winkel (Gesamtwinkel 4π),

S = Fläche in m² $\left.\vphantom{\begin{array}{c}a\\b\end{array}}\right\}$ senkrecht zur Strahlenrichtung,
s = Fläche in cm²

r = Entfernung in m.

Tabelle 64. Flächenhelligkeiten.

Nernstlampe	330 HK/cm²	Wolframbogenlampe	2000 HK/cm²
Halbwattlampe	770 „	Wechselstrombogenlampe	7000 „
Kalklicht	1000 „	Gleichstrombogenlampe	14000 „

Die Hefnerkerze ist die gesetzlich anerkannte Lichteinheit: Flammenhöhe 40 mm, Dochtdurchmesser 8 mm, Neusilberrohr 0,15 mm stark, Brennstoff Isoamylazetat ($C_7H_{14}O_2$) Beobachtung senkrecht zur Flamme. Für den Gebrauch werden an Stelle der Hefnerlampe kleine elektrische, geeichte Glühlampen verwendet, die mit Unterspannung betrieben werden.

444. Versuch. Schattenphotometer (LAMBERT, RUMFORD). Vor einen weißen Schirm stellt man einen Stab (Stativ 1—1,5 cm dick) auf, dahinter in einer Entfernung von rund 50 cm eine Kerze, und in die doppelte Entfernung vier weitere Kerzen, die aber so hintereinander angeordnet werden, daß sie nur einen Schatten werfen, der den anderen gerade berühren soll. Bei Gleichheit der Schatten verhalten sich dann die Intensitäten umgekehrt wie die Quadrate der Entfernungen (Abstandsphotometrie).

445. Versuch. Abstandsphotometrie. Auf einer Photometerbank wird die Lichtstärke einer Kohlenfadenlampe mit einer Hefnerkerze verglichen und aus den Abständen die Kerzenstärke berechnet. Man benutzt entweder das leicht selbst herzustellende Fettfleckphotometer von BUNSEN — ein Stück dünnes, durchscheinendes Schreibpapier wird in der Mitte durch Bepinseln mit einer schwachen Lösung von Stearinsäure in heißem Alkohol (WEINHOLD) durchsichtiger oder noch besser nach TÖPLER durch Bekleben mit einem zweiten Stück dünnen Papiers undurchsichtiger gemacht — oder den vollkommeneren Photometerwürfel von LUMMER und BRODHUN, dessen Einrichtung Abb. 123 u. 124 zeigt. Abgesehen von der Abstandsänderung dienen zur Lichtabschwächung auch noch Rauchglaskeile, die dem Absorptionsgesetz $J = J \cdot 10^{-k \cdot d}$ (k = Keilkonstante) gehorchen,

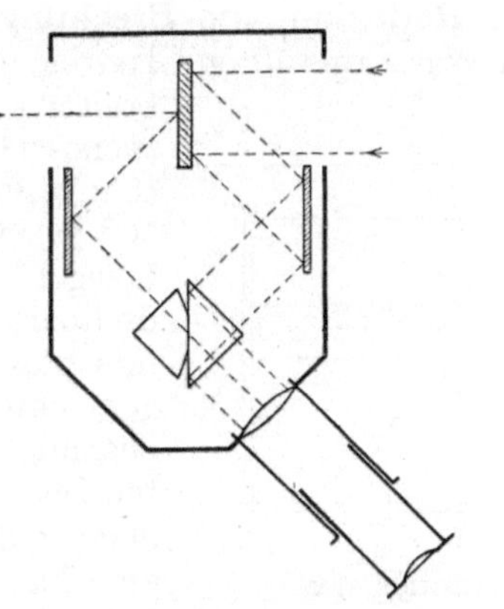

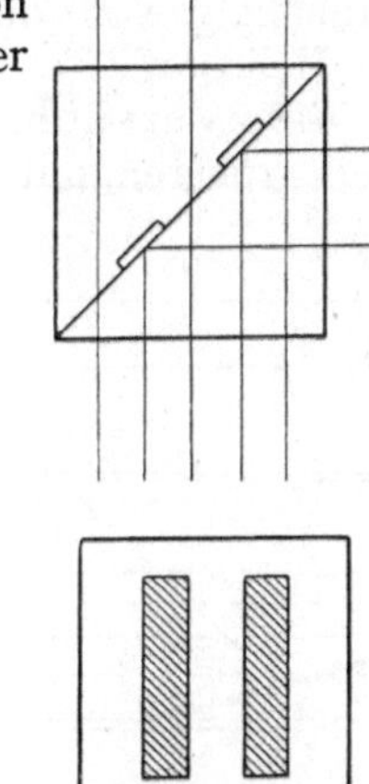

Abb. 123. LUMMER-BRODHUN Würfel (*)

Abb. 124. Kontrastphotometerwürfel. (*)

ferner rotierende Sektoren, wo das Verhältnis von Sektoröffnung zum Gesamtumfang (360°) die Durchlässigkeit direkt angibt; wegen Abschwächung des Lichtes durch Nicols s. Ziff. 497. Erwähnt sei hier nur noch das Kugelphotometer — eine innen weiß angestrichene Hohlkugel von einigen Metern Durchmesser zur Bestimmung der mittleren räumlichen Lichtstärke elektrischer Lampen — und die Alkalizellen, die den starken lichtelektrischen Effekt der

Alkalimetalle zur Messung ausnutzen (s. Versuch 405) und dadurch die Registrierung der Lichtstärken durch ein Galvanometer oder Elektrometer gestatten.

446. Versuch. Heterochrome Photometrie. Man zeigt die prinzipielle Schwierigkeit der Photometrierung verschieden gefärbter Lichtquellen durch Vergleich der Hefnerkerze (resp. Kohlenfadenlampe) mit einer Drahtlampe (Halbwattlampe) oder mit einem Auerglühstrumpf: Erzielung von gleicher Färbung durch Zwischenschalten eines hellen Gelb- oder Rotfilters.

Tabelle 65. Reflexionsvermögen der Metalle in Prozent.

	Ag	Ni	Stahl	Cu	Spiegel-metall [1]
Ultraviolett $(0,320\,\mu)$	4,2 %	44,8 %	40,0%	25,0 %	75,0 %
Blau $(0,450\,\mu)$	90,5	59,4	54,4	37,0	83,4
Gelb $(0,550\,\mu)$	92,7	62 6	54,9	47,7	82,7
Rot $(0,700\,\mu)$	96,2	68,8	57,6	83,1	83,3
Ultrarot $(5,0\,\mu)$	98,1	94,4	89,0	97,9	89,0

447. Versuch. Reflexion an einem Metallspiegel. Das Licht einer Bogenlampe wird durch den Kondensor parallel gemacht und davor eine kreisrunde Blende (Durchmesser 1 cm) gesetzt. Das Licht fällt dann auf einen nach allen Seiten drehbaren Spiegel, dessen Normale durch einen senkrecht aufgesetzten Stab kenntlich gemacht ist. Den Lichtstrahl selbst macht man durch etwas Tabaksrauch sichtbar und zeigt das Reflexionsgesetz.

448. Versuch. Anwendungen des Reflexionsgesetzes. Es sind vorzuführen: Spiegelskale (Vermeidung der Ableseparallaxe), POGGENDORFFsche Spiegelablesung (s. Ziff. 9), Spiegelsextant, Winkelspiegel, Kaleidoskop, Tripelspiegel (Spiegeltetraeder mit der Eigenschaft, jeden einfallenden Lichtstrahl unabhängig von der Einfallsrichtung zum Ausgangspunkt zurückzuwerfen), und Heliostat.

449. Versuch. Reflexion und Brechung an durchsichtigen Medien. In einem größeren, mit Wasser gefüllten Glastrog, der zwei planparallele Wandungen besitzt — etwa den Wellentrog des Versuches 110 —, wird ein Spiegelglasstreifen (Länge 30 cm) mit einer Neigung von rund 20° gelegt, darüber kommt ein zweiter Spiegel, der um seine horizontale Achse drehbar ist. Auf diesen Spiegel fällt nun das durch den Kondensor parallel gemachte und durch eine horizontal liegende Spaltblende begrenzte Strahlenbündel einer Bogenlampe, es wird dann nach teilweiser Brechung und Reflexion an der Wasseroberfläche am unteren Spiegel reflektiert und gelangt jetzt vom dichteren Medium aus an die Wasseroberfläche (Abb. 125). Durch Änderung der Neigung des oberen Spiegels kann man nun leicht den Einfallswinkel so weit steigern, bis hier Totalreflexion eintritt. Die Sichtbarmachung des Strahlenganges außerhalb des Wassers erfolgt durch streifenden Auffall des Lichtes auf weißen Karton, der sich unmittelbar hinter dem Trog befindet, oder auch durch Tabaksrauch, im Wasser hingegen durch Zusatz von einigen Tropfen Fluoreszeinlösung

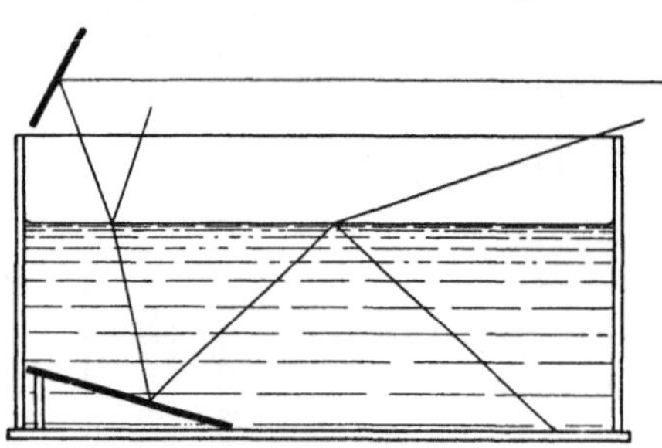

Abb. 125. Demonstration des Brechungsgesetzes.

---

[1]) MACHsches Metall: 67% Al + 33% Mg.

Eine zu starke Färbung des Wassers ist dabei aber wegen der starken Absorption des Lichtes zu vermeiden. Eine etwas andere Ausführung des Versuches ist von verschiedenen Autoren (WEINHOLD, GRIMSEHL) beschrieben worden. Hier fällt das parallele Strahlenbündel von der Rückseite des Troges auf die Spitze eines Kegelspiegels (hochglanzpolierter Metallkegel mit einem Kegelwinkel von 90°), der sich an der vorderen Glaswand in der Nähe des Bodens des Gefäßes befindet, und wird von ihm aus dann nach allen Seiten divergent reflektiert. Den Kegel umgibt man nun mit einer runden Blechdose, deren Boden das direkte Licht abblenden soll, in den Rand der Dose sind aber in einem Abstand von je 1 cm 15 Löcher gebohrt, durch die die reflektierten Strahlen austreten können. Man sieht dann nur den Strahlenkranz und seine Reflexionen an der Wasseroberfläche.

450. Versuch. Krummlinige Fortpflanzung des Lichtes (Fata Morgana) Man füllt den Trog nur zu ein Viertel mit Wasser und läßt dann durch einen bis auf den Boden reichenden Schlauch konzentrierte Kochsalzlösung vorsichtig zulaufen. Nach einiger Zeit, evtl. unter Zuhilfenahme eines leichten Schaukelns des Troges erhält man dann eine klare nach unten zu stetig dichter werdende Flüssigkeit, in dem der Lichtstrahl jetzt nicht mehr geradlinig verläuft, sondern, ohne die Wasseroberfläche zu erreichen, schon vorher nach unten gekrümmt wird. Um letzteres zu erreichen, muß allerdings der untere Spiegel im obigen Versuch etwas steiler gestellt werden. Sichtbarmachung des Strahlenganges erfolgt auch hier durch Fluoreszeinlösung.

451. Versuch. Schlieren. Im Schattenbild einer kleinen Bogenlampe (die Punktförmigkeit der Lichtquelle ist hier das Maßgebende) zeigt man a) ein Stück gewöhnliches Fensterglas, b) ein Stück Spiegelglas, c) einen Klotz, auf den einige Tropfen Äther gegossen werden, d) den aus der schräg gehaltenen Ätherflasche ausfließenden Ätherdampf, e) einen starken Luftstrahl, der aus einer Düse ausströmt, f) eine Küvette mit Wasser, in das einige Tropfen Glyzerin gegossen werden, g) einen Bunsenbrenner.

452. Versuch. Schlierenprojektion nach TÖPLER. Eine durch Bogenlicht intensiv beleuchtete kleine Lochblende wird durch ein möglichst großes, gut korrigiertes Objektiv in gleicher Größe abgebildet (d. h. in doppelter Entfernung der Brennweite). Dieses Bild wird nun durch eine Kreisblende von genau derselben Größe ausgeblendet, so daß kein direktes Licht mehr auf den Projektionsschirm gelangen kann. Eine Ebene unmittelbar vor dem Objektiv, in welche die auf Schlieren zu untersuchenden Gegenstände gebracht werden,

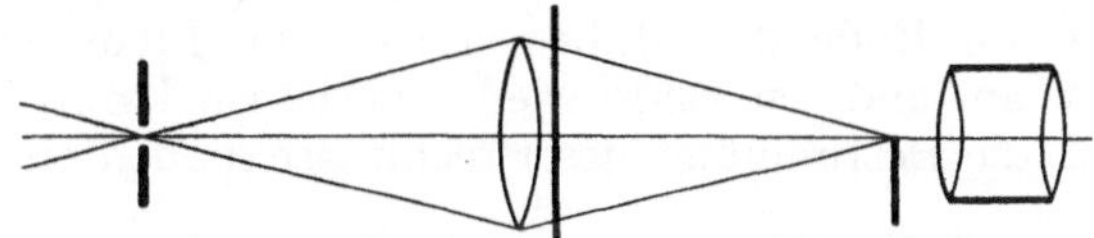

Abb. 126.   Schlierenprojektion nach TÖPLER.

wird nun in üblicher Weise durch eine Projektionslinse, deren Brennweite demnach das Doppelte der des Objektivs betragen muß, auf den Schirm projiziert. Ein etwas bequemeres Justieren und bessere Strahlenbegrenzung erzielt man durch den folgenden Kunstgriff: Man deckt die Lochblende zur Hälfte durch eine Rasierklinge ab und ersetzt dann die Kreisblende durch eine zweite Rasierklinge, mit der man das Bild des Halbkreises gerade abschneidet (Abb. 126). In beiden Fällen empfiehlt es sich aber durchaus, die Blenden auf Reitern mit Feinjustierungsschrauben zu montieren, um dieselben genau einjustieren zu können. Man bringt nun in die durch die Projektionslinse abgebildete Ebene einen in kaltes oder warmes Wasser getauchten Glasstab, der dann deutlich die Schlieren der erwärmten Luft zeigt, oder einen der im vorigen Versuch erwähnten Gegenstände. Wir möchten hier aber noch ausdrücklich bemerken, daß der Versuch auch mit ganz einfachen Mitteln gelingt. Nähert man nämlich im Projektionsapparat die Bogenlampe dem Kondensor, so daß jetzt das für gewöhnlich im Objektiv liegende Bild des positiven Kraters vor die Linse fällt, so kann man dieses durch ein kreisrundes, geschwärztes Stück Blech abblenden. Im übrigen projiziert man in der üblichen Weise. Bei dieser primitiven Anordnung der Dunkelfeldbeleuchtung, die selbstverständlich nicht die Empfindlichkeit der obigen besitzen kann, die aber trotzdem vollauf genügt, sieht man besonders schön das Schlierenbild bei der Durchmischung von Wasser und Glyzerin in einer Projektionsküvette.

453. Versuch. Totalreflexion. Man füllt ein Reagenzglas halb mit reinem Quecksilber und stellt es schräg in ein mit Wasser gefülltes Becherglas, welches auf einem durch das Licht der Bogenlampe gut beleuchteten Stück weißen Papiers steht. Blickt man von oben in das Glas (Anbringen eines unter 45° geneigten Spiegels ist für mehrere Betrachter zweckmäßig), so erscheint der mit Luft gefüllte Teil des Reagenzrohres wegen der Totalreflexion weit glänzender

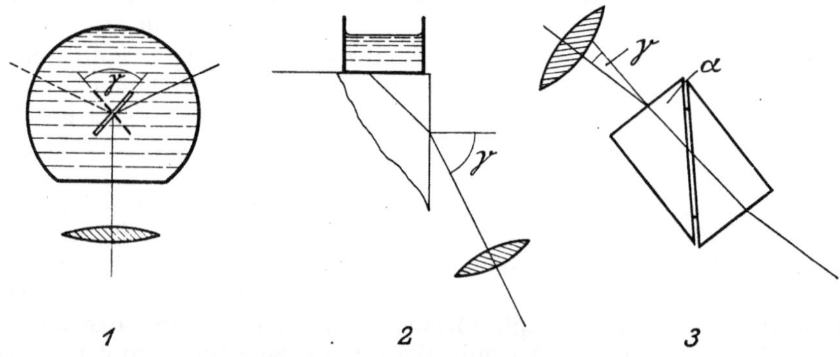

Abb. 127. Refraktometer (*).
1 Kohlrausch. 2 Pulfrich. 3 Abbé.

als das Quecksilber (Verwendung von totalreflektierenden Prismen). Auf den bekannten Versuch mit Glasstäben (Wasserstrahl), die so gebogen sind, daß der am Ende des Stabes eintretende Lichtstrahl diesen wegen Totalreflexion nur am anderen Ende wieder verlassen kann, sei hier nur hingewiesen; ebenso auf die Bestimmung des Brechungsexponenten durch Totalreflexion (Abb. 127):

1. Kohlrausch $n = N \cos \gamma/2$.

2. Pulfrich $n^2 = N^2 - \sin^2 \gamma$.

3. Abbé $n = \sin \alpha \sqrt{N^2 - \sin^2 \gamma} - \cos \alpha \sin \gamma$.

Letztere Methode gestattet infolge einer Farbenkompensation durch zwei geradsichtige Prismen auch den Gebrauch von weißem Licht.

454. Versuch. Hartlsche Scheibe. Diese dient zur quantitativen Bestimmung der Reflexions- und Brechungsgesetze im unverdunkelten Zimmer. Sie besteht aus einer weißlackierten, drehbaren Scheibe mit Gradeinteilung, auf die streifend von der Seite her durch Schlitzblenden das parallel gemachte Licht einer Bogenlampe einfällt. In der Mitte können dann verschieden geformte Glaskörper festgeschraubt werden. Es sind meistens vorhanden: 1 Planspiegel (Reflexionsgesetz), 1 Halbkreiszylinder (Brechungsgesetz), 1 Rechtwinkelprisma (Totalreflexion), 45°- und 60°-Prismen (Minimum der Ablenkung u. a. s. Versuch 455). Ferner kann demonstriert werden der Strahlengang bei einem

Konvex- und Konkavspiegel (Katakaustik), einem Kreiszylinder (Diakaustik, Entstehung des Regenbogens), einer Bikonvex- und Bikonkavlinse. Einschalten von roten und blauen Gläsern zeigt auch die Abhängigkeit des Brechungsexponenten von der Farbe des Lichtes, s. unten.

455. Versuch. Goniometer (Spektrometer). Zwecks Bestimmung des Brechungsexponenten eines Prismas lassen sich die folgenden Methoden leicht vorführen (δ Ablenkungswinkel, α brechender Winkel an der Kante, Abb. 128):

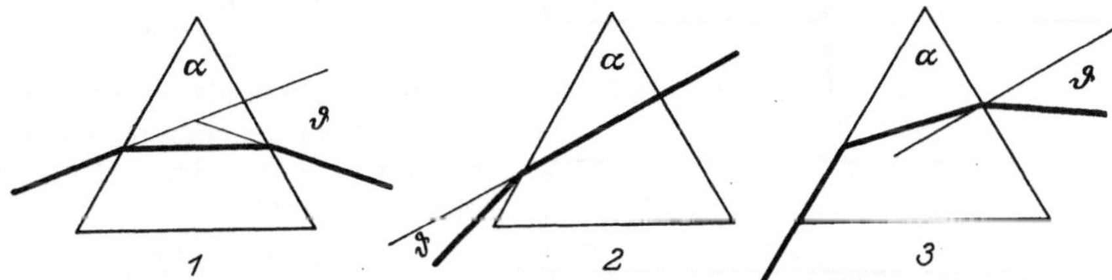

Abb. 128. Bestimmung des Brechungsexponenten eines Prismas (*).
1 Minimum der Ablenkung. 2 Senkrechter Austritt. 3 Streifender Eintritt.

1. Minimum der Ablenkung $\quad n = \dfrac{\sin\frac{1}{2}(\alpha + \delta)}{\sin\frac{1}{2}\alpha}$.

2. Senkrechter Austritt $\quad n = \dfrac{\sin(\alpha + \delta)}{\sin\alpha}$.

3. Streifender Eintritt $\quad \sqrt{n^2 - 1} = \dfrac{\cos\alpha + \sin\delta}{\sin\alpha}$.

Tabelle 66. Brechungsexponenten und Winkel der Totalreflexion einiger Substanzen.

	Rot (0,687 μ)	Gelb (0,589 μ)	Blau (0,431 μ)	α (0,589 μ)
Wasser	1,3306	1,3332	1,3408	48° 46′
Kronglas (leicht)	1,5118	1,5153	1,5267	41° 18′
Schwefelkohlenstoff	1,6165	1,6291	1,6787	37° 52′
Flintglas (schwer)	1,7406	1,7515	1,7922	34° 49′
Diamant	2,4074	2,4172	2,4513	24° 27′

Tabelle 67. Brechungsexponent n_D von Gasen und Dämpfen.

Quecksilber	1,00186	Luft	1,000292
Äther	1,00152	Wasserstoff	1,000142
Wasser	1,00025	Helium	1,000034

456. Versuch. Konvex- und Konkavspiegel. Man zeigt den Strahlengang mit der HARTLschen Scheibe (s. Versuch 454) und beim Konkavspiegel auf der optischen Bank die Entstehung eines reellen Bildes. Als abzubildenden Gegenstand wähle man ein kleines Kreuz, das in ein Stück Aluminiumblech eingeschnitten ist und von rückwärts mit einer Mattglaslampe beleuchtet werden kann. Die Konstruktion der Bilder zeigt Abb. 129 (Brennweite gleich halbem Krümmungsradius). Auf die Verwendung des Hohlspiegels bei den Lampenreflektoren, Augenspiegel, Spiegelteleskopen (herstellbar bis zu einem Durchmesser von 2,5 m) sei hingewiesen.

457. Versuch. Katakaustik. Ein hochglanzpolierter Messingstreifen (evtl. vernickelt), 5 × 50 cm, wird zu einem Halbkreis gebogen und an ein entsprechend geformtes Brett genagelt, welches mit weißem Zeichenpapier überzogen ist.

Man zeigt die verschiedene Gestalt der Brennlinie, wenn paralleles und divergentes Licht auf den Zylinderspiegel auffällt.

458. Abbildungsgleichungen. Für Brechung und Reflexion von paraxialen Strahlen an einer Kugelfläche gelten die folgenden Gleichungen:

a) Gegenstandsweite und Bildweite von der brechenden Fläche aus gerechnet:

$$\frac{f}{a} + \frac{f'}{a'} = 1;$$

b) Gegenstandsweite und Bildweite von den zugehörenden Brennpunkten aus gerechnet (NEWTONsche Gleichung):

$$x \cdot x' = f \cdot f';$$

c) Dioptrie (Brechkraft):

$$D = \frac{n}{f} = \frac{n'}{f'} = \frac{n' - n}{r};$$

d) Vergrößerung:

$$\frac{y'}{y} = \frac{a' n}{a n'} = \frac{x'}{f'} = \frac{f}{x}.$$

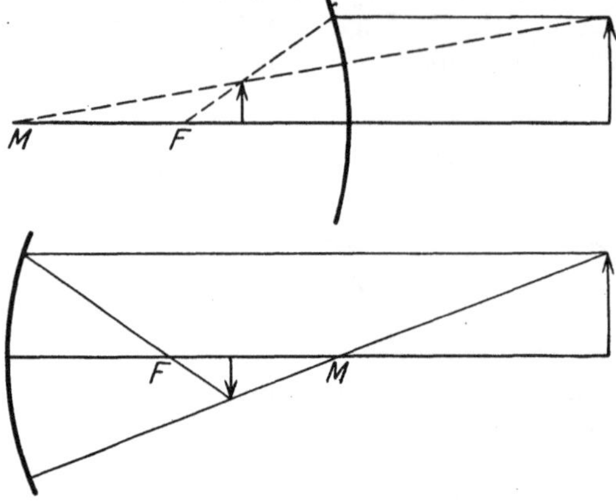

Abb. 129. Bildkonstruktion beim Konkav- und Konvexspiegel. (*).

Für den Spiegel ist $n = -n' = -1$. Die gleichen Formeln gelten auch für dünne Linsen. Da dann Gegenstandsraum und Bildraum sich im gleichen Medium (Luft) befinden, so ist $f' = f$ und die Brechkraft

$$D = \frac{1}{f} = (n - 1)\left(\frac{1}{r_1} - \frac{1}{r_2}\right).$$

Für dicke Linsen resp. für Linsenkombinationen sind Gegenstandsweite, Bildweite und Brennweite nicht von den Linsenoberflächen aus zu zählen, sondern von den Hauptebenen aus, die dadurch definiert sind, daß in ihnen Gegenstand und Bild gleich groß und gleich gerichtet sind $\left(\text{Vergrößerung } \frac{y'}{y} = -1\right).$ Dann gelten die gleichen Formeln wie oben. Bei zwei brechenden Flächen (resp. bei zwei dünnen Linsen) im optischen Abstand $\delta = \frac{d}{n}$ voneinander, berechnet sich die Brechkraft zu

$$D = D_1 + D_2 - \delta D_1 D_2$$

und der Abstand der Hauptebenen von den ihnen entsprechenden Flächen zu

$$H_1 = -\frac{\delta D_2}{D}, \qquad H_2 = -\frac{\delta D_1}{D}.$$

Auf die richtige Zählweise der Entfernungen ist besonders zu achten. Zerstreuende Linsensysteme haben negative, sammelnde Systeme positive Dioptrien. Ein negatives Vorzeichen

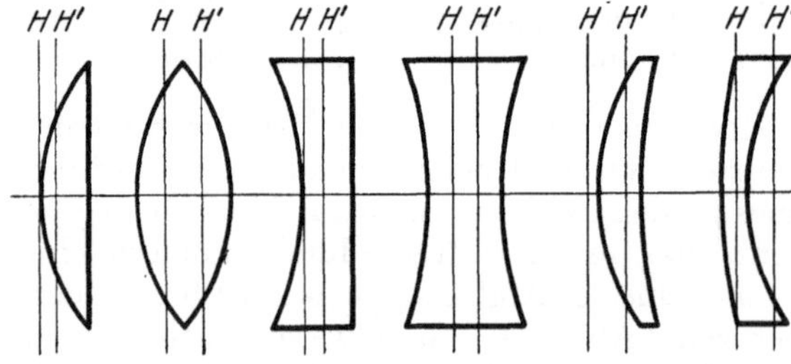

Abb. 130. Linsenformen mit Hauptebenen. (*).

bedeutet, daß die Hauptebene nach dem Inneren der Linse (resp. der Linsenkombination) zu liegt, ein positives jedoch nach außen zu. Demzufolge liegen die Hauptebenen bei Bikonkav- und Bikonvexlinsen im Inneren der Linse bei einer konkavkonvexen Linse liegt die zu der konvexen Fläche gehörende Hauptebene außerhalb (Abb. 130).

459. Versuch. Linseneigenschaften. Den Strahlengang in einer Linse zeigt man mit der HARTLschen Scheibe (Versuch 454). Die Linsenformeln prüft man auf einer optischen Bank, die mit einer gut sichtbaren Längenskale und einigen Stativreitern versehen ist. Sehr gut eignen sich hierzu die von verschiedenen Firmen hergestellten Normaldreikant-schienen (Länge 1—1,5 m) nebst den dazu passenden Reitern[1]), die die Linsen, Blenden und andere Zubehörteile tragen. Als Linsen dürften in diesem Falle runde Brillengläser von + 2, + 4, + 10, + 15 und — 6 Dioptrien genügen. Es empfiehlt sich, die Linsen nur in einfache Fassungen mit Stiel (13,75 mm) und Festklemmring zu fassen, die stets ein schnelles Auswechseln der Linsen gestatten. Die verschiedenen Konstruktionen von Linsenhaltern für Linsen mit beliebigen Durchmesser bewähren sich auf die Dauer doch nicht. Als abzubildenden Gegenstand wähle man wieder ein Kreuz von genau 1 oder 2 cm Balkenlänge, das in ein Stück Blech eingeschnitten wird. Auf den Auffangschirm klebe man einen Streifen Koordinatenpapier, um damit die Vergrößerung des Bildes direkt ab-

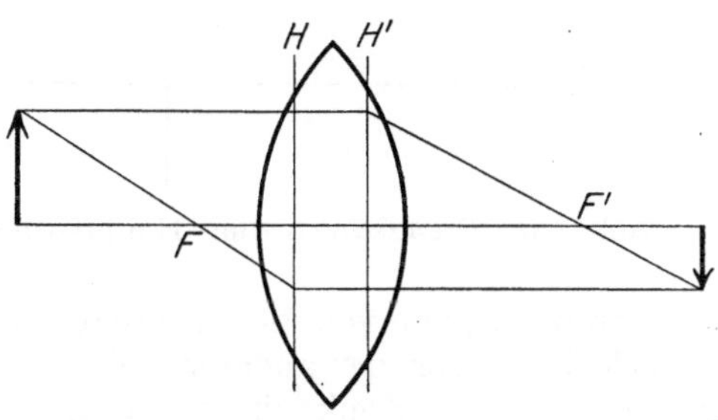
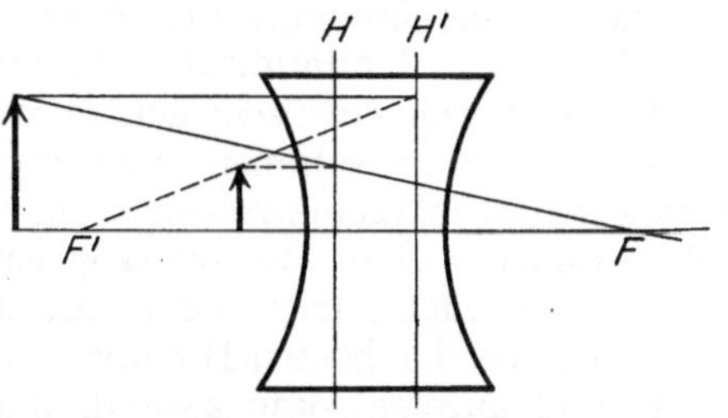

Abb. 131. Bildkonstruktion bei Konvex- und Konkavlinsen. (*).

lesen zu können. Wegen der verschiedenen Methoden zur Bestimmung der Brennweiten von Linsen, sei hier aber auf ein Lehrbuch der praktischen Physik (KOHLRAUSCH) verwiesen. Die Bildkonstruktion bei Linsen, wenn beide Brennpunkte und Hauptebenen gegeben sind, zeigt Abb. 131.

460. Auge. Die vordere Brennweite des normalen auf Unendlich akkomodierten Auges ist (im Durchschnitt) 15,5 mm, die hintere Brennweite 20,7 mm, die Dioptrienanzahl somit rund 65 D. Weitsichtige (hypermetropische) Augen haben im akkomodationslosen Zustande eine zu große Brennweite, der Fernpunkt liegt daher nicht wie beim normalen (emmetropischen) Auge im Unendlichen, sondern im Endlichen vor dem Auge — Korrektion durch Sammellinsen. Das kurzsichtige (myopische) Auge hat eine zu kurze Brennweite, der hier virtuelle Fernpunkt liegt hinter dem Auge — Korrektion durch Zerstreuungslinsen.

461. Versuch. Linsenkombination. Man nehme eine Sammel- und eine Zerstreuungslinse von gleicher Dioptrienzahl, + 4 D und — 4 D, am besten plankonvex und plankonkav. Legt man diese beiden Linsen aufeinander, so wirken sie als planparallele Platte und zeigen keine Linseneigenschaften. Stellt man sie aber auf der optischen Bank in einer Entfernung von 20 cm auf, so besitzt die Kombination eine Brechkraft von + 3,2 D ($f = 31$ cm).

462. Versuch. Lage der Hauptebenen bei Linsensystemen. Man nehme eine Sammellinse von + 4 Dioptrien ($f = 25$ cm), ferner eine Zerstreuungslinse

---

[1]) Die Bohrung der Reiter ist für die Aufnahme eines Normalstiftes von 13,75 mm Durchmesser berechnet.

von $-6\,\mathrm{D}$ ($f = -16{,}7$ cm) und stelle sie zentriert in einer Entfernung von 20 cm voneinander auf (Abb. 132). Die Brennweite dieses Systems ergibt sich dann zu 36 cm (2,8 D). Läßt man nun von einer Bogenlampe von der Seite der konkaven Linse her paralleles Licht[1]) durch das System gehen, so findet man den

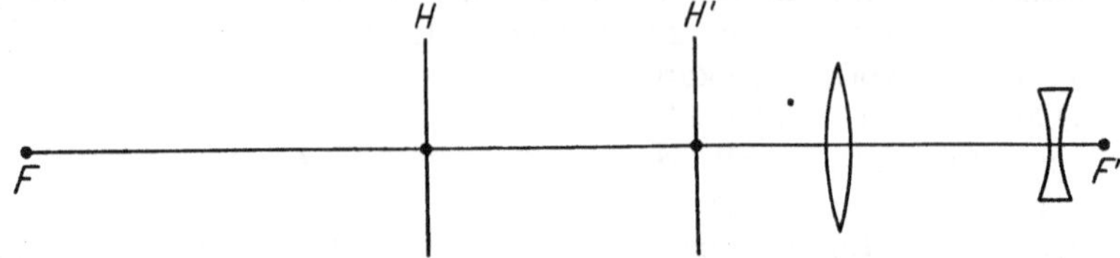

Abb. 132. Brennpunkte und Hauptebenen bei Linsensystemen (Teleobjektiv).

Brennpunkt 79 cm von der Konvexlinse entfernt liegen. Geht hingegen das parallele Licht von der anderen Seite durch die beiden Linsen, so liegt er jetzt nur 7 cm von der Konkavlinse entfernt. Die beiden Hauptebenen liegen somit 43 und 9 cm vor der Konvexlinse. Genau so werden beim Teleobjektiv zur Verkürzung des Kameraauszuges die Hauptebenen vor das Objektiv gelegt.

463. Versuch. Holländisches (Galileisches) Fernrohr. Man ersetze die Sammellinse durch eine schwächere von 2 Dioptrien und rücke die beiden Linsen bis auf 33 cm zusammen, dann rückt der Brennpunkt in das Unendliche. Einfallende parallele Lichtstrahlen verlassen das Linsensystem auch wieder als parallele Strahlen. Diese sog. teleskopische Abbildung, die bei den Fernrohren in praxi stets vorliegt, tritt dann auf, wenn der Abstand der beiden Linsen gleich der Summe der beiden Brennweiten ist (Vorzeichen!). Das Bild erscheint in diesem Falle aufrecht, und zwar dreifach vergrößert.

464. Versuch. Astronomisches Fernrohr. Man ersetze die Zerstreuungslinse durch eine Sammellinse von gleicher Dioptrienzahl ($+\,6\,D$) und stelle die

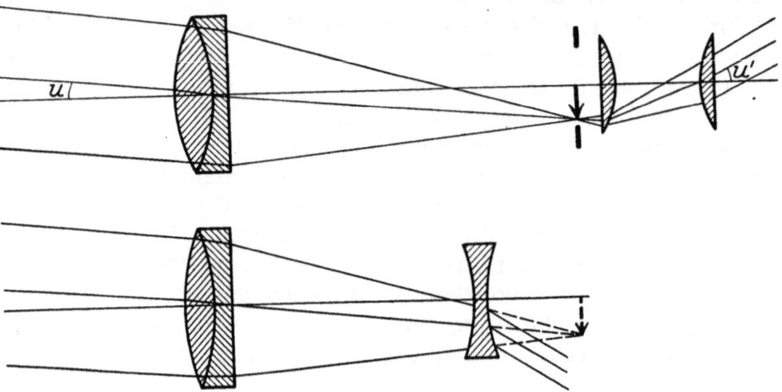

Abb. 133. Strahlengang im astronomischen und Galileischen Fernrohr (*).

beiden Linsen jetzt in der doppelten Entfernung (66 cm) voneinander auf. Auch dann liegt wieder teleskopische Abbildung mit derselben Vergrößerung vor, das Bild erscheint aber umgekehrt. In beiden Fällen ist die Angularvergrößerung gegeben durch das Verhältnis der Brennweiten von Objektiv zu Okular (resp. durch das umgekehrte Verhältnis der Dioptrien). Wegen des Unterschiedes beider Fernrohre in bezug auf Gesichtsfeld und Helligkeit s. die Lehrbücher. Abb. 133

---

[1]) Sichtbarmachung des Strahlenganges durch Tabaksrauch.

zeigt ein Fernrohr mit einem Okular nach RAMSDEN. HUYGENsches Okular
s. Abb. 134.

465. Versuch. Terrestrisches Fernrohr. Dieses enthält noch eine Umkehrungslinse. Nimmt man also noch eine Bikonvexlinse von 10 D hinzu, stellt
sie zwischen Objektiv- und Okularlinse in Entfernungen von 70 cm resp. 36 cm
auf, so ist wieder teleskopische Abbildung mit derselben (dreifachen) Ver

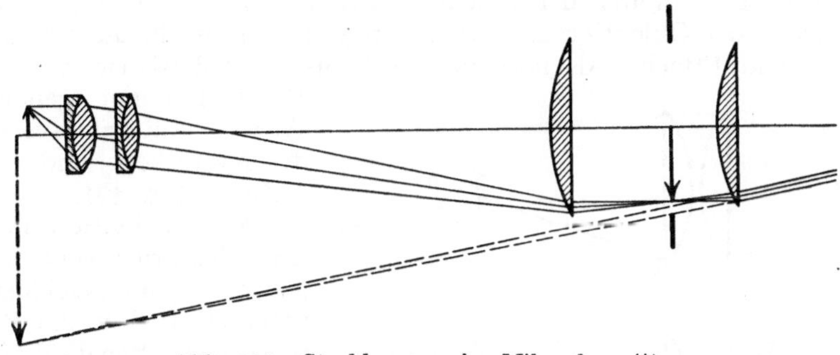

Abb. 134. Strahlengang im Mikroskop (*).

größerung erzielt, nur daß das Bild jetzt aufrecht erscheint. Die Gesamtlänge
des Fernrohrs ist dann durch $f_1 + 4f + f_2 = 106$ cm gegeben. Bei den Prismenfernrohren wird durch zwei totalreflektierende Prismen die Bildaufrichtung erzielt, die dann die Gesamtlänge des astronomischen Fernrohrs $f_1 + f_2$ noch
gleichzeitig um den doppelten Prismenabstand verkürzen.

466. Versuch. Lupe. Während bei den Fernrohren das Auge auf unendlich akkommodiert wird, wird es bei der Lupe und dem Mikroskop auf den Nahpunkt akkommodiert. Als Normalentfernung der deutlichen Sehweite wird
25 cm angenommen. Hält man eine Linse von 16 Dioptrien dicht vor das Auge
(im Gegensatz zum „Vergrößerungsglase", welches einen großen Linsendurchmesser aber kleine Dioptrienzahl besitzt), so erscheint das Bild in einer Entfernung von 25 cm fünffach vergrößert; die Vergrößerung ist gegeben durch

$$y = 1 + \frac{D}{4}.$$

467. Versuch. Mikroskop. Beim Mikroskop, das auch wie das astronomische Fernrohr aus zwei sammelnden Systemen besteht, haben der
hintere Brennpunkt des Objektivs und der vordere des Okulars einen bestimmten
Abstand Δ voneinander, die sog. optische Tubuslänge. Die Brennweite des
Gesamtsystems ist dann gegeben durch $\dfrac{f_1 \cdot f_2}{\Delta}$ und die lineare Vergrößerung des
Mikroskops durch $y = \dfrac{25}{f_2} \cdot \dfrac{\Delta}{f_1}$. Man nennt $\dfrac{\Delta}{f_1}$ die Eigenvergrößerung des Objektives, $\dfrac{25}{f_2}$ die des Okulars. Die Gesamtvergrößerung ist also das Produkt aus den
beiden. Um dies zu zeigen, projiziere man das Bild einer Glasskale (0,1 mm
Teilung, sog. Objektmikrometer) oder im Behelfsfalle das eines Strichgitters,
dessen Gitterkonstante man vorher bestimmt hat, durch ein schwach vergrößerndes Mikroskop auf einen Schirm, der am besten 25 cm vom Okularende
des Mikroskops entfernt ist. Läßt sich das Mikroskop zu diesem Zwecke nicht
horizontal neigen, so erfüllt ein kleines totalreflektierendes Prisma, das man
auf das Okular auflegt, den gleichen Zweck. Zu beachten ist besonders, daß
unter allen Umständen die Wärmestrahlen der Projektionslampe (Bogenlampe)
durch eine Wasserküvette absorbiert werden müssen, da ja das Bild der Lampe

zwecks Erzielung eines hellen Gesichtsfeldes im Objektiv selbst zu liegen kommt. Man bilde die Skale zunächst ohne Okular ab, aus der Vergrößerung und dem Abstand Objekt—Schirm berechnet sich dann leicht die Brennweite des Objektivs. Setzt man dann das Okular (etwa Nr. 0 = 4fach, Nr. 1 = 5fach) ein, stellt das Bild wieder scharf ein, so ergibt die jetzt gemessene Vergrößerung angenähert die Gesamtvergrößerung des Mikroskops. Bei den gebräuchlichen Mikroskopen bewegen sich die Brennweiten der Objektive zwischen 40 und 2 mm, die Eigenvergrößerungen der Objektive etwa zwischen 3- und 100fach, die der Okulare zwischen 4- und 12fach. Als normale (mechanische) Tubuslänge wird in der

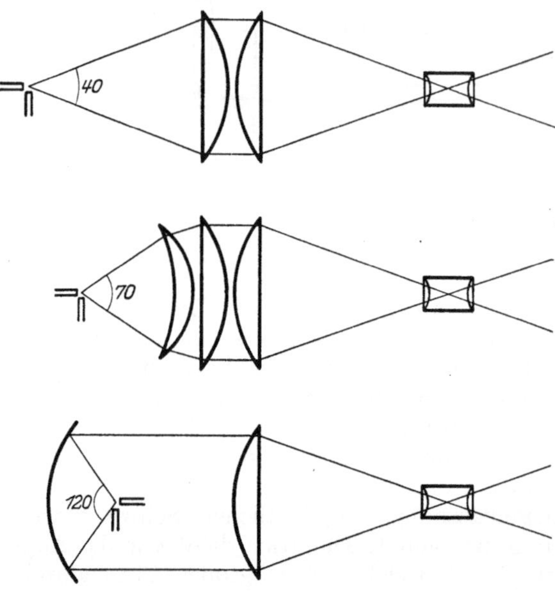

Abb. 135. Kondensoren für Projektionsapparate (*).

Regel 170 mm genommen. Wegen Auflösungsvermögen der Mikroskope und Apertur s. Ziff. 490 u. 491.

468. Projektionsapparat. Auch das Prinzipielle des Projektionsapparates sei hier kurz besprochen. Für die Projektion selbst gelten die einfachen Abbildungsgleichungen der Linse. Es kommt aber auf Erzielung eines hellen und gleichmäßig erleuchteten Gesichtsfeldes an. Hierzu dient der Kondensor, dessen Strahlengang in Abb. 135 wiedergegeben ist. Wesentlich für die Gleichmäßigkeit des Gesichtsfeldes ist es, daß das Bild der Projektionslampe ganz im Objektiv liegt. Aus diesem Grunde ist auch die Gleichstrombogenlampe mit ihrer großen Flächenhelligkeit und ihrer nahezu punktförmigen Lichtquelle allen anderen Lampen vorzuziehen. Bei einer Belastung der Lampe über 2—3 Amp. muß allerdings zur Absorption der Wärmestrahlen eine Wasserküvette, bei 30 Amp. am besten eine solche mit laufendem Wasser vorgeschaltet werden. Die häufig empfohlene Verwendung von Alaunlösung bringt keinen nennenswerten Vorteil. Höchstens käme eine verdünnte Kupfersulfatlösung in Betracht.

Die Brennweite des Kondensors soll zwecks bester Strahlenausnutzung etwa das Doppelte der Brennweite des Projektionsobjektivs betragen, also ist bei den gebräuchlichen Doppelkondensoren die Brennweite der beiden plankonvexen Einzellinsen rund die der Projektionslinse. Da nun andererseits durch die Größe des zu projizierenden Gegenstandes auch der Durchmesser des Kondensors vorgeschrieben ist, so haben sich die folgenden Größen eingebürgert: Kondensorlinsen für Diapositivformate (8,5 × 10 cm) Durchmesser 120 mm, Brennweite 20 cm, für Formate bis zu 9 × 12 cm, 150 mm, Brennweite 25 cm. Die Brennweite des Objektivs ist demnach auch ca. 20—30 cm zu wählen. Trotzdem ist die Lichtausnutzung der Lampe, d. h. der Öffnungswinkel, bei den Doppelkondensoren relativ klein, etwa 45°, er läßt sich aber bei dem Tripelkondensor durch Vorschalten einer Konkavkonvexlinse bis auf ca. 70° steigern. Eine erhebliche Steigerung der Lichtausbeutung erzielt man jedoch erst durch Spiegelreflektoren (Öffnungswinkel bis zu 135°), die aus diesem Grunde immer mehr in Gebrauch kommen. Gute Kondensorlinsen müssen aus hitzebeständigem Hartglas hergestellt sein. Als Projektionsobjektive sind die Triplettsysteme, die bis zum Rande scharf zeichnen, den einfachen Doppelobjektiven an Güte des Bildes bedeutend überlegen. Für episkopische Projektion undurchsichtiger Gegenstände kommen nur lichtstarke und gutzeichnende Objektive (Öffnungsverhältnis 1:4,5) in Betracht. Die Entfernung des Schirmes vom Apparate ist selbst dann noch möglichst klein zu wählen und soll bei Projektion von Textfiguren aus Büchern usw. 6 m nicht erheblich überschreiten. Gut bewährt haben sich die sog. Globoskope, innen weiß angestrichene Halbkugeln, in denen mehrere Halbwattlampen ihr Licht auf den zu projizierenden Gegenstand konzentrieren. Die Wärmeentwicklung stört dabei allerdings etwas. Auf die Beschreibung der Epidiaskope näher einzugehen, dürfte sich erübrigen. Für die Projektion von Diapositiven in der Vorlesung und für die Demonstration einer Reihe von Versuchen ist der drehbare Experimentiertisch von R. Pohl mit Projektionseinrichtung besonders zu empfehlen, da er nicht an einen Platz gebunden ist und auch ein bequemes Arbeiten in der Nähe des Vortragenden gestattet.

469. Versuch. Chromatische Abweichung. a) Durch Einschalten von roten und blauen Gläsern vor die Schlitzblenden der Hartlschen Scheibe zeigt man, daß die blauen Strahlen bei der Konvexlinse eine kleinere Brennweite haben als die roten.

b) Vor den Kondensor der Projektionslampe bringt man ein gröberes Strichraster (Drahtnetz oder eine geschwärzte photographische Platte, in die mit Hilfe eines scharfen Stichels Striche im Abstand von ca. 1 mm geritzt werden) und bildet dieses durch eine einfache Linse von 15—20 Dioptrien auf einen Schirm ab. Die Ränder erscheinen stets farbig, was besonders dann deutlich hervortritt, wenn man den Schirm schräg zur Strahlenrichtung aufstellt, so daß das Licht fast streifend auffällt. Die blauen Ränder sind dabei der Linse zugekehrt.

470. Versuch. Achromatisches Prisma. Die Farbenzerstreuung eines Kronglasprismas wird durch die entgegengesetzte Ablenkung eines Flintglasprismas von etwa dem halben brechenden Winkel fast vollständig aufgehoben, während die Ablenkung nur zum Teil kompensiert wird. Man projiziere einen nicht zu engen Spalt, der direkt vor den Kondensor des Projektionsapparates gesetzt wird, auf einen Schirm und bringe unmittelbar vor der Linse das Kronglasprisma im Minimum der Ablenkung an. Das am Prisma noch vorbeigehende Licht dient dabei als bequeme Nullmarke für die Ablenkung. Man hebt nun die Farbenzerstreuung durch Vorschalten des Flintglasprismas auf. Dabei empfiehlt es sich, beide Prismen in Scharniere zu befestigen, so daß sie nur aufeinander geklappt werden brauchen. Die sich entsprechenden brechenden Winkel des Kronglas- (α) und Flintglasprismas (α') berechnen sich dabei aus den beiden Formeln:

$$\operatorname{tg}(\alpha' - \beta) = \frac{\sin\frac{\alpha}{2}}{\cos\beta}\left(2\cdot\frac{n_C - n_F}{n_C' - n_F'} - \frac{n_D}{n_D'}\right), \qquad \sin\beta = \frac{n_D}{n_D'}\sin\frac{\alpha}{2}.$$

Wählt man gewöhnliches Kron ($K\,3$, $n_D = 1{,}5182$, $n_C - n_F = 0{,}0088$) und Flint ($F\,2$, $n_D' = 1{,}6200$, $n_C' - n_F' = 0{,}0171$), so geben die Winkel 60° und 31° oder 45° und 23° zusammen Farbenkompensation. Bei der Wahl von Schwerflint (SF 2, $n_D = 1{,}6477$, $n_C - n_F = 0{,}019$) sind die Winkel des Flintprismas kleiner ($27^1/_2°$ resp. $20^1/_2°$), die Ablenkung des achromatischen Spaltbildes deswegen etwas größer. Einfache achromatische Linsen (Fernrohrobjektive) bestehen aus einer bikonvexen Kronglaslinse und einer meistens plankonkaven Flintglaslinse. Derartige Achromate sind nur für zwei Farben (Rot und Blau) korrigiert. Bei den Apochromaten ist hingegen die Korrektion für drei Farben durchgeführt. Sie beseitigen damit auch noch das sekundäre Spektrum, erfordern jedoch die Verwendung besonderer Glassorten resp. Flußspat. Bei einfachen Linsenkombinationen — Okulare — kann strenge Achromatisierung der Brennweite (nicht aber des Bildortes) erzielt werden durch die Abstandsbedingung

$$d = \frac{f_1 + f_2}{2}.$$

471. Versuch. Sphärische Aberration. Die Brennlinie (Diakaustik) von Linsen zeigt man wieder mit der HARTLschen Scheibe. Um die Zonenfehler zu zeigen, nehme man eine Linse mit möglichst großem Durchmesser (20 cm Kondensorlinse) und bilde damit einen Gegenstand ab. Als solcher eignet sich ein einfaches Kreuz (kleines am besten), das man in ein schwarzes Papier schneidet, und von rückwärts durch die Projektionslampe beleuchtet, doch muß, damit die ganze Linse vom Strahlenbündel ausgefüllt wird, der Beleuchtungskondensor verschoben werden und das Bild des Kraters nahezu in die abzubildende Ebene fallen. Man benutzt hier also ein divergentes Strahlenbündel gegenüber dem sonst üblichen konvergenten, das nur die Mitte der Linse treffen würde. Man zeigt zunächst, daß das Bild schärfer wird, wenn man die Randstrahlen durch eine Kreisblende, welche man unmittelbar vor der Linse anbringt, abblendet. Wird nun diese Kreisblende durch eine Kreisscheibe ersetzt, die die Mitte der Linse abblendet und nur die Randstrahlen durchläßt, so wird die Brennweite kleiner und man muß die Linse dem abzubildenden Gegenstand nähern, um wieder ein scharfes Bild zu erzielen. Ein Verfahren, die Linsenfehler nach der HARTMANNschen Methode der extrafokalen Bilder zu demonstrieren, gibt H. GRAF[1]) an. Er setzt direkt vor die durch paralleles Licht beleuchtete Linse eine mit sehr vielen, längs einer logarithmischen Spirale angeordneten Löchern versehene Blende. Auf einem innerhalb der Kaustik aufgestellten Schirm biegt sich dann nämlich die Spirale nach innen zu und läuft wieder durch den Mittelpunkt. Man zeigt also direkt die einzelnen Zonenfehler. Bei anderer Gestalt der Blende läßt sich auch die Koma untersuchen. Verwendet wird am besten eine größere Kondensorlinse, Brennweite ca. 20 cm, die ja eine beträchtliche sphärische Aberration aufweist. Das Aussehen der Blendenbilder läßt sich leicht aus dem Strahlengang der einzelnen Zonen herleiten. Bei einer vollkommen fehlerfreien Linse müßten ja alle extrafokalen Blendenbilder einander ähnlich sein. Die Entfernung der Schnittpunkte der Randstrahlen mit der Achse vom Brennpunkt bei parallel einfallendem Lichte nennt man die Aberration der Linse, ihre graphische Darstellung ist bekannt. Erwähnt sei noch, daß bei plankonvexen Linsen die Aberration größer ist, wenn die ebene Fläche dem (unendlich entfernt gedachten) Gegenstande zugekehrt ist als umgekehrt. Menisken (konkavkonvexe Linsen) haben die größte sphärische Aberration, eine Sammellinse, deren Krümmungsradien sich wie 1:6 verhalten (für $n = 1,5$) die geringste sphärische Aberration. Durch Linsenkombinationen läßt sich die Aberration nur für bestimmte Zonen aufheben, nie jedoch vollständig.

472. Versuch. Astigmatische Aberration. Man bilde das im obigen Versuch beschriebene Kreuz durch ein astigmatisches Brillenglas ab, um zu zeigen, daß Linsen mit nicht sphärischen Flächen stets zwei Brennweiten besitzen. Man richte das Brillenglas, dessen astigmatische Differenz etwa 1 Dioptrie betrage,

---

[1]) H. GRAF, Phys. ZS. Bd. 25, S. 489. 1924.

so aus, daß die Hauptkrümmungsebenen parallel den beiden Kreuzbalken liegen, und stelle erst den einen Balken, dann den anderen scharf ein. In beiden Stellungen korrigiert man jedesmal den Astigmatismus durch Vorschalten einer Zylinderlinse, und zwar in den einem Falle durch eine konkave, im anderen durch eine konvexe Linse. Die hierzu nötige Dioptrienzahl gibt dann sofort die vorhandene astigmatische Differenz an. Man kann den Versuch auch so ausführen, daß man das parallele Licht der Bogenlampe auf die Linse auffallen läßt und den Strahlengang durch Rauch sichtbar macht. Über der Linse wird noch ein unter 45° geneigter Spiegel angebracht, um gleichzeitig die horizontale und die vertikale Ebene betrachten zu können. Bringt man dann noch einen Auffangschirm in den Strahlengang, so sieht man, wie in dem einen Brennpunkt

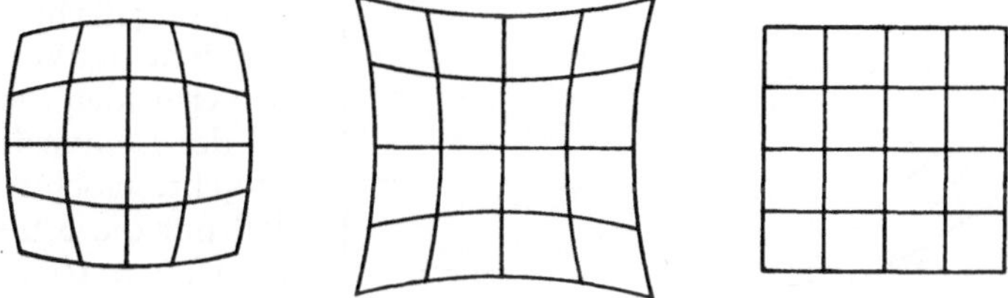

Abb. 136. Verzerrung durch Blenden.

der Zerstreuungskreis in eine horizontale, im anderen in eine vertikale Grade ausartet. Auf ganz analoge Weise, wenn auch nicht so deutlich, kann man auch den Astigmatismus sphärischer Linsen bei schief zur Linse einfallendem Strahlenbündel zeigen. Man wähle hierzu wieder eine möglichst große Linse.

Hand in Hand mit dem Astigmatismus schiefer Bündel geht die Bildfeldkrümmung. Die graphische Darstellung beider Fehler geschieht in Polarkoordinaten, wo der Radiusvektor die Brennweite für den betr. Neigungswinkel angibt. Das Strahlenbündel, welches in der durch Strahlenrichtung und Linsenachse gegebenen Ebene liegt, heißt das meridionale, das hierzu senkrechte das sagittale.

473. Versuch. Verzerrung. Man bildet ein einfaches Quadratnetz (Abb. 136), bestehend aus 16 Quadraten durch eine stark gekrümmte Linse (Kondensorlinse), ab. Bringt man eine Blende vor der Linse, d. h. auf der Bildseite, an, so erscheint das Netz kissenförmig auseinandergezogen, bringt man jedoch die Blende zwischen Linse und Gegenstand, so ist die Abbildung tonnenartig. Behebung der Verzeichnung erfolgt durch Verwendung von Doppelobjektiven mit der Blende zwischen beiden Objektivhälften.

b) Wellenoptik (Interferenz, Beugung, Polarisation).

474. Lichtgeschwindigkeit. Der zur Zeit als genaueste Wert der Lichtgeschwindigkeit geltende Wert von $2{,}998 \cdot 10^{-10}$ cm/sec wird stets auf 300000 km/sec abgerundet. Methoden der Bestimmung sind: Umlaufszeit der Jupitermonde (RÖMER), Aberration des Lichtes (BRADLEY), rotierendes Rad (FIZEAU), rotierender Spiegel (FOUCAULT) und elektrische Methode (s. Versuch 354). Die Vorführung der FOUCAULTschen Methode in der Vorlesung hat R. POHL[1] beschrieben; erforderlich hierfür ist allerdings ein Lichtweg von etwa 40 m und ein rotierender Spiegel, Umdrehungszahl 20000 pro min.

---

[1] R. POHL, ZS. f. Phys. Bd. 31, S. 920. 1925.

475. Versuch. FRESNELscher Interferenzspiegel. Die Vorführung des bekannten Interferenzversuches (Abb. 137) erfordert zwar eine sorgfältige Justierung der beiden Spiegel, läßt sich aber dann sowohl subjektiv mit einer kleinen Lupe als auch objektiv auf einem Projektionsschirm demonstrieren. Die Hauptbedingung ist dabei, daß die Spiegel gut geschliffen und sauber sind und an der Kante absolut genau aneinander passen. Sie sollen deshalb stets mit Justierungsschrauben versehen sein, die solange zu justieren sind, bis ein leichtes Überfahren des Fingernagels über die Kante keine Unebenheit mehr dort spüren läßt. Selbstverständlich dürfen die äquidistanten Interferenzstreifen nicht mit den mehr oder weniger auftretenden, aber nie ganz zu vermeidenden Beugungsstreifen verwechselt werden, die durch die Ränder der Spiegel hervorgerufen werden und nicht äquidistant und stärker gefärbt sind. Um eine derartige Verwechslung zu vermeiden, wähle man bei der Demonstration den Projektionsschirm so groß, daß nur die FRESNELschen Interferenzstreifen auf den Schirm fallen. Die Versuchsanordnung selbst ist einfach: Ein durch Bogenlicht intensiv beleuchteter Spalt (Abbildung des Bogenlampenkraters in der Spaltebene), etwa 15 cm davor der FRESNELsche Doppelspiegel, der genau parallel zum Spalt ausgerichtet wird, und zwar so, daß das Licht fast streifend auffällt, und dann in 2—3 m Entfernung der Projektionsschirm, der zur Vergrößerung des Streifenabstandes etwas schräg zur Strahlenrichtung aufgestellt wird. Denselben Zweck der Vergrößerung erfüllt (allerdings unter Herabsetzung der Helligkeit) auch eine Zerstreuungslinse, die man zwischen Schirm und Spiegel aufstellt, erforderlich ist dieselbe jedoch nicht. Wie bei allen Interferenz- und Beugungsversuchen sind die Streifen auch bei objektiver Betrachtung nur aus der Nähe zu sehen, doch können sie dann wenigstens gleichzeitig mehrere Personen betrachten.

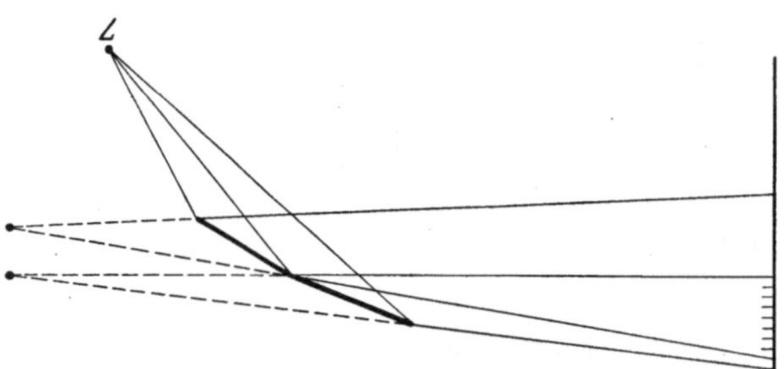

Abb. 137. FRESNELscher Spiegelversuch.

476. Versuch. FRESNELsches Doppelprisma. Ist das Prisma gut geschliffen, so erhält man die Interferenzstreifen mit dem Doppelprisma leichter als mit dem Doppelspiegel, besonders wenn das Prisma nach WINKELMANN[1]) mit seiner stumpfen Kante nicht an Luft, sondern an ein Medium von fast gleichen Brechungsexponenten wie das Glas stößt. Dann kann man den Neigungswinkel der beiden Prismenflächen größer wählen und erhält auch bei bestimmter Wahl der Dispersion des Glases bis zu einem gewissen Grade eine Achromatisierung der Streifen. Als Flüssigkeit wählt man Benzol. Prismentröge, die dieses aufnehmen, sind im Handel erhältlich. Die Versuchsanordnung ist dieselbe wie oben.

477. Versuch. NEWTONsche Farbenringe. Wird eine ganz flach gekrümmte Linse gegen eine ebene Glasplatte mit Hilfe von drei Stellschrauben gepreßt, so entstehen an der Berührungsstelle die bekannten NEWTONsschen Farbenringe, die sich sowohl im durchfallenden als auch im reflektierten Lichte bequem auf einen Schirm projizieren lassen. Durch eine geeignete Spiegelanordnung[2]) können

---

[1]) WINKELMANN, ZS. f. Instrkde. Bd. 22, S. 275. 1902; ZS. f. phys. Unters. Bd. 17, S. 289. 1904.
[2]) Siehe E. GRIMSEHL, Lehrbuch, 4. Aufl., S. 818. 1920.

beide Ringsysteme gleichzeitig nebeneinander projiziert werden. Man erkennt dann sofort, daß die Ringe komplementär zueinander gefärbt sind. Die Farben sind selbstverständlich im reflektierten Licht leuchtender und intensiver als im durchgehenden. Man zeigt noch, daß die Interferenzringe deutlicher werden und sich weiter nach größeren Gangunterschieden hin verfolgen lassen, wenn man ein farbiges Filter (es genügt schon ein helles Rotglas) einschaltet. Eine Doppelplatte aus rotem und blauem Glas zeigt den Unterschied der Ringe für verschiedene Wellenlängen. Für den Krümmungsradius der Linse gilt die folgende Formel:

$$R = \frac{r_1^2 - r_2^2}{k \cdot \lambda} \quad (k \text{ Gangunterschied}).$$

478. Versuch. Farben dünner Blättchen (Interferenzen gleicher Dicke). Dieselben lassen sich mit einem Tropfen Öl (Petroleum) auf Wasser oder mit Seifenblasen leicht herstellen. Versuche mit Seifenblasen s. Ziff. 56. Am besten ist es, man bläst auf einer Glasplatte als Unterlage aus der Seifenlösung eine Halbkugel auf. Nach geraumer Zeit bilden sich konzentrische, farbige Ringe aus, die fast alle Ordnungen der Interferenzfarben zeigen. Um auch den schwarzen Fleck gut zeigen zu können, muß man ein Seifenhäutchen auf der Schwungmaschine in Rotation setzen, wobei sich nach einiger Zeit in der Mitte der schwarze Fleck bildet. Als Rotationsapparat eignet sich hierzu eine innen geschwärzte Messingschale, wie sie Abb. 138 im Querschnitt zeigt, über deren Rand man die Seifenlamelle ausspannt. Eine aufgesetzte Kappe aus durchsichtigem Zelluloid schützt die Lamelle gegen Verdunstung und Luftströmungen. Bei der Betrachtung der Farben ist die Verwendung von diffusem Licht (mattierte Lampenglocke) angebracht.

479. Versuch. Jaminscher Interferentialrefraktor (Interferenzen gleicher Neigung). Der Aufbau des Jaminschen Refraktors mit Natriumlicht als Lichtquelle und subjektiver Beobachtung mit einem Fernrohr ist nicht schwierig. Auch die objektive Projektion mit Hilfe von weißem Bogenlicht und geringen Gangunterschieden ist möglich, doch erfordert diese eine sorgfältigere Justierung, die sich in den meisten Fällen nicht lohnen dürfte. Die Anordnung des Refraktors zeigt Abb. 140.

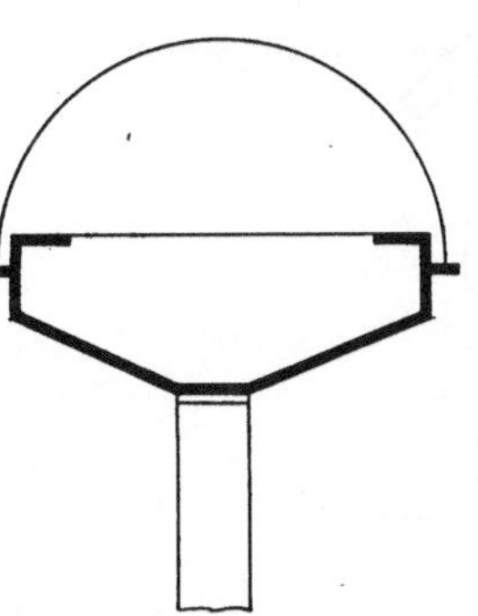
Abb. 138. Farben dünner Blättchen.

480. Versuch. Interferenzen bei hohen Gangunterschieden. Von den Interfero-

Tabelle 68. Farben dünner Blättchen.

| | I. Ordnung | | | II. Ordnung | | | III. Ordnung | |
$\mu\mu$	Reflektiert	Durchgehend	$\mu\mu$	Reflektiert	Durchgehend	$\mu\mu$	Reflektiert	Durchgehend
0	Schwarz	Weiß	282	Purpur	Helles Grün	564	Purpur	Gelblichgrün
48	Lavendelgrau	Gelblichweiß	287	Violett	Grünlichgelb	575	Indigo	Fleischfarben
109	Helles Grau	Gelbbraun	332	Himmelblau	Orange	629	Grünblau	Gelb
140	Strohgelb	Dunkelviolett	374	Grün	Karminrot	688	Grün	Violett
250	Orange	Bläulichgrün	455	Gelb	Indigo	747	Fahlgelb	Grün
275	Rot	Gelblichgrün	550	Violettrot	Grün	810	Mattpurpur	Meergrün

metern, die hohe Gangunterschiede bis zu 20 cm benutzen (Michelsonsches Interferometer Abb. 140, Lummerplatte, Fabry-Perot-Interferometer, Stufengitter Abb. 139), eignet sich zur Vorführung nur das Interferometer von Fabry und Perot, dessen Justierung nicht allzu schwierig ist. Man benutze als Lichtquelle eine Heliumröhre der Form Abb. 141 mit „end on"-Beobachtung und betrachte die Interferenzringe ohne jegliche spektrale Vorzerlegung subjektiv in einem Fernrohr.

481. Versuch. Beugung des Lichtes. Soll zuerst lediglich die Abweichung von der geradlinigen Ausbreitung des Lichtes gezeigt werden, so kann man nach Rosenberg[1]) eine der Töplerschen Schlierenmethode nachgebildete Versuchsanordnung wählen: Man entwirft durch eine gute Projektionslinse (Brennweite ca. 25 cm) das Bild eines durch Bogenlicht intensiv beleuchteten schmalen Spaltes (2 mm) in gleicher Größe (d. h. in einer Entfernung gleich der doppelten Brennweite) und

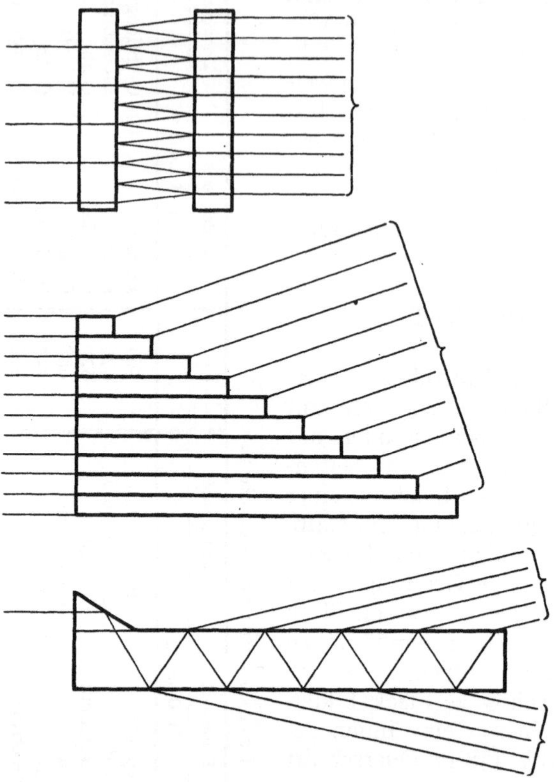

Abb. 139. Interferenzspektroskope (*) (Fabry-Perot, Stufengitter, Lummerplatte).

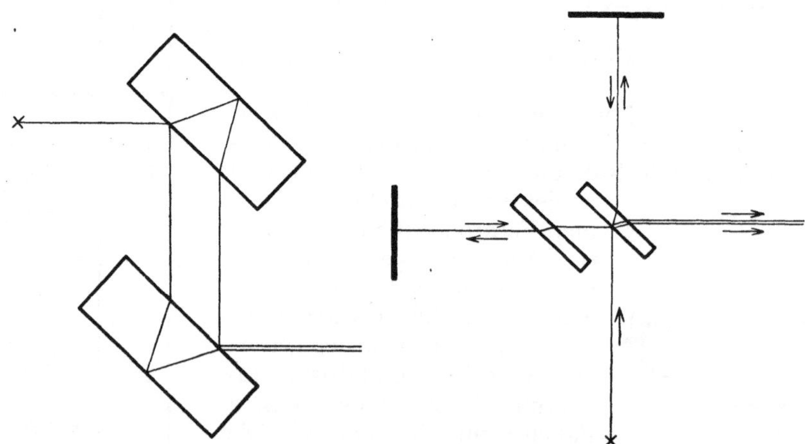

Abb. 140. Refraktometer nach Jamin und Michelson (*).

blendet dieses Spaltbild durch einen Blendenstreifen von genau der gleichen Größe ab, so daß auf den dahinter befindlichen Projektionsschirm kein

---

[1]) K. Rosenberg, ZS. f. Unterr. Bd. 31, S. 73. 1918.

direktes Licht mehr fallen kann. Den das Licht beugenden Gegenstand (Pinsel, senkrechter Silberdraht, 0,05 mm dick, Drahtnetz) bringt man zwischen Linse und Spalt, so daß ohne Abblendung des Lichtes auf dem Schirm ein scharfes Bild erscheint. Blendet man das Licht ab, so ist infolge der Beugung bei vertikalem Spalt die vertikale Berandung des Gegenstandes von feinen Lichtlinien begrenzt, während die horizontalen Ränder (z. B. beim Drahtnetz) dunkel bleiben. Sollen auch diese auf dem Projektionsschirm erscheinen, so ist an Stelle des Spaltes und der Blende ein Kreuz, bei runden Gegenständen (z. B. Münzen) eine Lochblende zu wählen. Selbstverständlich sieht man bei dieser Versuchsanordnung keine Beugungsfransen.

482. Versuch. Beugungsfransen. Dieselben lassen sich ebenso wie die einfachen Interferenzerscheinungen bei nicht allzugroßen Entfernungen des Projektionsschirmes objektiv gut sichtbar machen.

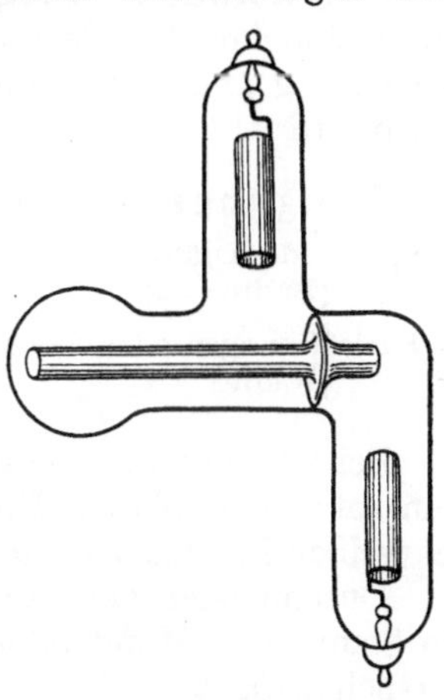

Abb. 141. „End on"-Entladungsröhre.

Die Versuchsanordnung ist dabei dieselbe wie bei dem FRESNELschen Spiegelversuch: Intensiv durch Bogenlicht beleuchteter Spalt, dann der beugende Gegenstand, wie Kante eines Schirmes, Drähte verschiedener Dicke, Spalt, Doppelspalt u. a., alles gut parallel zum Spalt ausgerichtet, und in 2—3 m Entfernung schließlich der Projektionsschirm. Den Abstand der Fransen auf dem Schirm kann man auch hier wieder künstlich dadurch vergrößern, daß man den Schirm schräg zur Strahlenrichtung aufstellt, ebenso durch Zwischenschalten einer Konkavlinse zwischen Schirm und beugendem Gegenstand, allerdings hier auf Kosten der Helligkeit. Als Drähte wähle man einen dünnen Silberdraht, 0,05 mm dick, der zwischen einen ∩-förmig gebogenen Messingdraht ausgespannt wird, und eine stärkere Stricknadel, die deutlich die Interferenzen zwischen den beiden Rändern erkennen läßt. Beim Spalt und Doppelspalt, wo bei obiger Anordnung ohne Linsen die Intensität zu schwach werden würde, nehme man noch eine Konvexlinse zu Hilfe, bilde damit zunächst den beleuchteten Spalt auf dem Schirm scharf ab und bringe dann den beugenden Spalt resp. den Doppelspalt zwischen Linse und Schirm. Der Doppelspalt läßt sich leicht aus einem breiteren einfachen Spalt herstellen, in dessen Mitte ein dünner Draht ausgespannt wird, auch hier zeigt schon eine Stricknadel die Interferenzen des Doppelspaltes. Will man auch noch die Wirkung von mehreren Spalten (Gitter s. unten) zeigen, so klebe man auf eine gute Spiegelglasplatte mit Kleister ein Stanniolblatt und schneide mit einem scharfen Messer (alte Rasierklinge) die Spalte in konstanten Abständen heraus. Abbildungen guter Beugungsbilder verschiedener Gegenstände findet man bei W. ARKADIEW, ZS. f. Phys. Bd. 14, S. 832. 1923, Tafel 36—41.

483. Versuch. FRESNELsche Zonen. Steht ein Lichtweg von etwa 10 m zur Verfügung, so läßt sich damit die Zusammensetzung der Beugungserscheinung aus den Interferenzen der FRESNELschen Zonen direkt demonstrieren, da dann die einzelnen Zonen schon größere Dimensionen annehmen und man mit einer guten Irisblende auskommt, die sich bis auf 3 mm schließen läßt. Die Versuchsanordnung ist äußerst einfach. Eine wieder durch Bogenlicht intensiv beleuchtete Lochblende, Durchmesser ca. 0,5—1 mm und in 10—20 m den Auffangschirm oder für subjektive Beobachtung eine kleine Lupe, in der Mitte zwischen Schirm und Lochblende die Irisblende eines photographischen Objektivs. Beim langsamen Öffnen der Irisblende sieht man die Interferenzringe aus der Mitte des Bildes herausquellen und sich erweitern. Ebenso wie eine Öffnung kann man auch eine Kreisblende (etwa Münzen) wählen, die jetzt die mittleren Zonen abblenden und Interferenzen der äußeren hervorrufen. Vorschalten eines Farbfilters, besonders bei subjektiver Beobachtung, verschärft die Interferenzringe und läßt sie weiter verfolgen. Die Radien der einzelnen FRESNELschen Zonen, bei denen abwechselnd Auslöschung und Verstärkung des Lichtes auftritt, sind gegeben durch

$$r^2\left(\frac{1}{a} + \frac{1}{b}\right) = n \cdot \lambda,$$ wenn a und b die Entfernungen der Irisblende von Schirm und Lochblende bedeuten. Für $a = b = 5$ m, $\lambda = 0{,}0005$ mm hat demnach die erste Zone einen Durchmesser von 2,2 mm. Auf die Linsenwirkung WOODscher Zonenplatten sei hier hingewiesen[1]).

484. Versuch. Beugung an unregelmäßig verteilten Körpern. Man projiziert eine Lochblende von 2—3 mm Durchmesser auf einen Schirm in 2—3 m Entfernung und hält unmittelbar vor die Linse eine mit Lykopodium bestreute Glasplatte.

Beugungsformel:

			Maxima				
Spalte oder Drähte (Breite = d)	$\sin\varphi = \dfrac{z \cdot \lambda}{2d}$	Maxima $z =$	0	3	5	7	
		Minima $z =$	2	4	6	8	
Kreisöffnungen oder Kreisscheiben (Radius = r)	$\sin\varphi = \dfrac{z \cdot \lambda}{2r}$	Maxima $z =$	0	1,63	2,65	3,70	
		Minima $z =$		1,22	2,23	3,24	

Bei Verwendung von weißem Licht wird die ziemlich scharfe Grenze zwischen dem roten und blauen Ring ausgemessen und für λ dann die sog. Wellenlänge des weißen Lichtes 0,571 μ eingesetzt.

Durchmesser der Lykopodiumsamen $= 30{,}4\,\mu$, Nebeltropfen, die die Höfe um Sonne und Mond bilden, haben etwa die gleiche Größe $(5—30\,\mu)$, s. auch Versuch 210.

485. Versuch. Beugung in trüben Medien. Eine ca. 1 m lange Glasröhre, 4 cm Durchmesser, wird auf der einen Seite durch Aufkitten[2]) einer Glasplatte oder noch besser einer Konvexlinse von 2—3 Dioptrien verschlossen, dann senkrecht in ein Stativ festgeklemmt und mit Wasser gefüllt, dem einige Tropfen Myrrhentinktur (oder Mastixlösung) zugesetzt sind. Unterhalb der Röhre wird noch ein unter 45° geneigter Spiegel angebracht, so daß die Strahlen einer Bogenlampe, durch die Linse parallel gemacht, die ganze Röhre durchsetzen können. Man sieht dann deutlich, wie das gestreute Licht unten blau erscheint und dann allmählich nach oben zu in immer tieferes Rot übergeht.

486. Versuch. Ultramikroskop. Das Prinzip des Ultramikroskops läßt sich an dem durch Staubteilchen sichtbar gemachten Strahlenkegel einer Bogenlampe bequem erläutern. Die Vorführung kleinster Teilchen, die bereits die BROWNsche Bewegung zeigen, gelingt allerdings nur subjektiv in einem Mikroskop mit Dunkelfeldbeleuchtung und Ölimmersion. Ein Tropfen stark verdünnter chinesischer Tusche, auf den Objektträger gebracht, zeigt schon deutlich die BROWNsche Bewegung.

487. Lichtstreuung. Intensität des gestreuten Lichtes in der Entfernung r (β Winkel mit der Einfallsrichtung, $m =$ Anzahl der streuenden Teilchen, v ihr Volumen, $n =$ Brechungsexponent)

$$J = J_0 \frac{\pi^2 \cdot m \cdot v^2}{r^2 \lambda^4} (1 + \cos^2\beta) \cdot (n^2 - 1)^2.$$

---

[1]) R. W. Wood, Phys. Optics S. 30, New York 1905.
[2]) Die Kittung muß den Druck von 1 m Wassersäule aushalten können.

Extinktionskoeffizient h eines Gases infolge von Streuung $(J = J_0\, e^{-h \cdot s})$
N = Anzahl der Gasmoleküle im ccm, AVOGADROsche Zahl $= 27{,}1 \cdot 10^{18}$.

$$h = \frac{32\,\pi^3\,(n-1)^2}{3\,N\,\lambda^4}\,.$$

488. Versuch. Beugung durch ein Gitter. Man projiziert mit einer einfachen Linse einen durch Bogenlicht beleuchteten Spalt auf den Schirm und hält unmittelbar vor die Linse Gitter verschiedener Gitterkonstante (d) und Strichzahl (m). Es treten dann Beugungsspektra verschiedener Ordnungen (h) zu beiden Seiten des Spaltes auf. Die Gitterwirkung beruht nun darauf, daß die Breite der Beugungsmaxima, welche bei $\sin\varphi = \pm\,\dfrac{h \cdot \lambda}{d}$ liegen, mit wachsender Strichzahl m abnimmt, die Intensität derselben aber mit m^2 wächst. Die das ganze Beugungsbild in Abständen von $\cos\varphi \cdot \delta\varphi = \dfrac{\lambda}{m\,d}$ durchziehenden Dunkelfransen sind bei größerer Strichzahl nicht mehr wahrzunehmen. Die Breite der Beugungsmaxima ist nun ein Maß für die Leistungsfähigkeit der Gitter als Spektroskop und man bezeichnet deshalb als sein Auflösungsvermögen[1] die Größe $\dfrac{\lambda}{d\lambda} = h \cdot m$.

Die großen ROWLANDschen Konkavgitter (Krümmungsradius bis zu 6,4 m) haben bei einer Strichzahl von 14400 oder 20000 Striche pro Zoll ($\sim$ 800/mm) und einer Dispersion von rund 2 Å.-E./mm in erster Ordnung ein Auflösungsvermögen von 100000, in derselben Größenordnung liegt auch das Auflösungsvermögen der anderen Interferenzspektroskope [s. Tabelle[2]], während das Auflösungsvermögen der Prismen, welches von der Basislänge abhängt, nur rund 5000—10000 beträgt. Bei den Interferometern tritt aber wegen des großen h starke Überlagerung der Ordnungen ein (s. letzte Spalte der Tabelle). Die

Tabelle 69. Interferenzspektroskope[2].

Spektralapparat	Ordnungszahl h	Anzahl der interferierenden Strahlen m	Auflösungsvermögen Å.-E.	Nutzbarer Spektralbereich Å.-E.
Rowlandgitter	1—4	100000	0,05—0,012	—
Stufengitter, 35 Stufen, Stufenhöhe 1 cm $n = 1,5$	10000	36	0,014	0,5
Lummerplatte, 30 cm, Plattendicke 1 cm, $n = 1,5$	45000	15	0,0073	0,11
Fabry-Perot-Interferometer, Plattenabstand 1 cm	40000	20	0,0063	0,125

Konkavgitter müssen nun so justiert werden, daß Spalt, photographische Platte, Gitter und Krümmungsmittelpunkt auf einem Kreis über dem Krümmungsradius des Gitters als Durchmesser liegen (ROWLANDscher Kreis, Abb. 142). Es folgt dies sofort aus ihrer Abbildungsgleichung (φ Einfallswinkel, φ' Beugungswinkel; die Abbildung ist astigmatisch):

$$\frac{\cos^2\varphi}{a} + \frac{\cos^2\varphi'}{b} = \frac{\cos\varphi + \cos\varphi'}{r}\,.$$

---

[1]) Es muß für die Trennung zweier Linien sein: $\cos\varphi\,\delta\varphi = \dfrac{\lambda}{m\,d} < d\,(\sin\varphi) = \dfrac{h}{d}\,d\lambda$.

[2]) Die Daten beziehen sich auf eine Wellenlänge von 5000 Å.-E.

Gitterkopien von Rowlandschen Reflexionsgittern (Kollodiumabzüge, die auf einer Glasplatte aufgezogen werden) sind im Handel erhältlich und eignen sich gut für Demonstrationszwecke, wo für Linienschärfe und Auflösungsvermögen ja doch nicht das Äußerste verlangt wird. Auf ein Goniometer justiert vermögen sie auf jeden Fall die beiden Natriumlinien in erster Ordnung bequem zu trennen. Die Helligkeit der einzelnen Ordnungen ist sehr verschieden, es können unter Umständen bestimmte Ordnungen überhaupt nicht erscheinen, so fallen z. B. die geraden Ordnungen aus, wenn die Furchenbreite gleich der halben Gitterkonstante ist.

489. Versuch. Kreuzgitter. Man projiziert in ähnlicher Weise wie oben, nur mit einer engen Lochblende an Stelle des Spaltes, die Beugungsbilder von ganz feiner Müllergaze, engmaschigen Drahtnetzen verschiedener Maschenweite und kreuzweis übereinander gelegter Gitterkopien mit nicht zu kleiner Gitterkonstante, um die kreuzartige Anordnung der Spektra eines derartigen „Flächengitters" zu zeigen als Übergang zu den Raumgittern der Kristalle, die man erhalten würde, wenn mehrere derartige Kreuzgitter hintereinander aufgestellt werden könnten. Für diesen Fall sind aber Einfallswinkel der Strahlen (der in obigen Fällen stets 0 war), Beugungswinkel und Wellenlänge eindeutig einander zugeordnet, so daß man hier die Beugung in bekannter Weise auch auffassen kann als **Reflexion** an der Netzebene ($h_1\,h_2\,h_3$). Dieser somit eine bestimmte Wellenlänge λ aussondernde Reflexionswinkel ist nun gegeben durch (Röntgenspektroskop)

$$\sin\delta = \frac{\lambda}{2}\sqrt{\frac{h_1^2}{a^2} + \frac{h_2^2}{b^2} + \frac{h_3^2}{c^2}}$$

Tabelle 70. Netzebenenabstand einiger Kristalle (Spaltebenen).

Steinsalz	$2{,}814\cdot10^{-8}$ cm
Kalkspat	$3{,}029\cdot10^{-8}$
Gips	$7{,}578\cdot10^{-8}$
Zucker	$10{,}56\ \cdot10^{-8}$

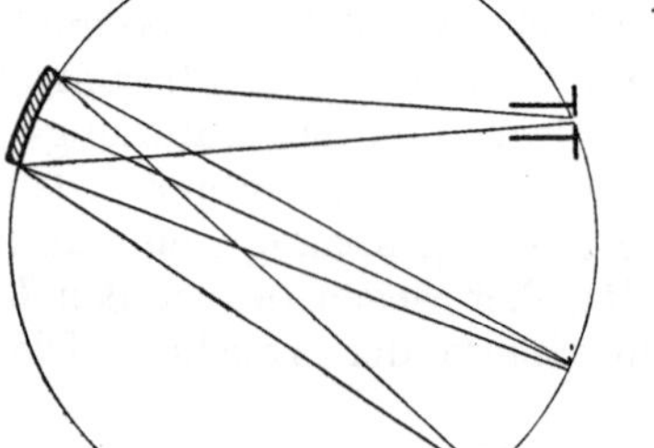

Abb. 142. Konkavgitteraufstellung.

490. Auflösungsvermögen optischer Instrumente $\left(n\sin\varphi = \dfrac{1{,}22\,\lambda}{d}\right)$.

Auge[1]: $\qquad \varphi > \dfrac{1{,}76'}{p} \backsim 1'$ (p = Pupillendurchmesser in mm).

Fernrohr: $\qquad \varphi > \dfrac{14{,}1''}{h}$ (h = Objektivdurchmesser in cm).

Mikroskop: $\qquad d > \dfrac{0{,}56\,\mu}{A} \backsim 0{,}4\,\mu$

($A = n\cdot\sin U =$ Apertur, bei Dunkelfeldbeleuchtung ist die Hälfte zu nehmen).

Prismenspektroskop:

$$d\lambda > \frac{\lambda}{b}\left(\frac{d\lambda}{dn}\right) \backsim 1 - 0{,}1\ \text{Å.-E.}$$

(b = Basislänge des Prismas).

---

[1] Das Bild auf der Netzhaut besitzt dann eine Größe von $4\,\mu$.

Interferenzspektroskop:

$$d\lambda > \frac{\lambda}{h \cdot m} \sim 0{,}02 \ \text{Å.-E.}$$

(h = Ordnungszahl, m = Anzahl der interferierenden Strahlen).

491. Versuch. ABBESCHE Abbildungstheorie. Um objektiv demonstrieren zu können, daß unter Umständen durch Abblenden gewisser Teile des gebeugten Lichtes von einem Gegenstande Bilder mit falscher Struktur erhalten werden können — bei einem Gitter z. B. eine scheinbare Verdoppelung oder Verdreifachung der Strichzahl —, wähle man eine zuerst von BEHN und HEUSE[1]) angegebene Anordnung, die sich durch ihre Lichtstärke besonders zur objektiven Darstellung auf größere Entfernungen eignet (Abb. 134). Man macht das Licht einer kleinen Bogenlampe (diese eignet sich besonders gut hierfür) parallel und läßt es durch

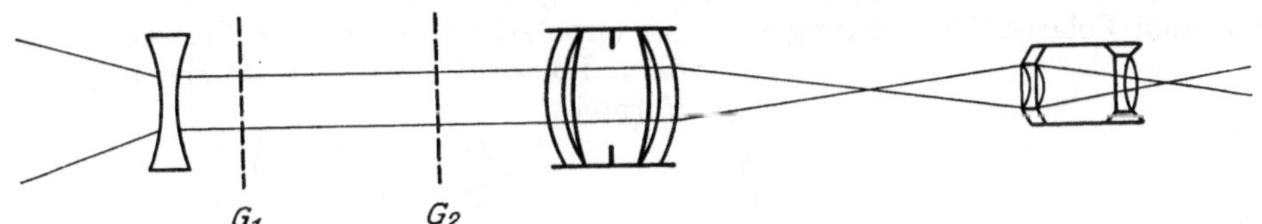

Abb. 143. Demonstration der ABBESCHEN Abbildungstheorie.

ein grobes Gitter G_1 von 20 Strichen pro cm fallen. Die Spaltbreiten sollen dabei zweckmäßig größer als die halbe Gitterkonstante sein (Drahtgitter mit dünnen Drähten). Dieses Gitter bildet man nun in etwa gleicher Größe durch ein gutes photographisches Objektiv ($f = 20$ cm) ab und projiziere dieses Bild durch ein ganz schwaches Mikroskopobjektiv (LEITZ Nr. 1 oder 2, ZEISS A, $f \sim 2$ cm) auf den Schirm. Zwischen Gitter und photographisches Objektiv bringt man nun ein zweites als Blende dienendes Gitter G_2 von etwa doppelter bis dreifacher Strichzahl pro cm (Spaltbreite diesmal enger als die halbe Gitterkonstante, Drahtgitter mit dicken Drähten). Verschiebt man dieses Blendengitter gegen das abgebildete Beugungsgitter, so erhält man alle möglichen Vervielfachungen der Gitterstriche, die sich unter Umständen auch noch durch eine andere Intensitätsverteilung auszeichnen können (z. B. abwechselnd starke und schwache Striche, starke Färbungen derselben). Über Verdreifachung der Strichzahl hinaus nimmt allerdings das Erkennungsvermögen der Striche auf große Entfernungen schon ab.

492. Versuch. Polarisation durch Reflexion. Man projiziert mit einer einfachen Linse eine Lochblende 1 cm Durchmesser auf den Schirm zunächst über einen Polarisator, bestehend aus einer schwarzen Glasplatte und einem Spiegel, die parallel zueinander gegen die Strahlrichtung unter dem Polarisationswinkel (tg $\alpha = n$, $\alpha \sim 57°$, $\alpha + \beta = 90°$) geneigt sind und die in einer Fassung

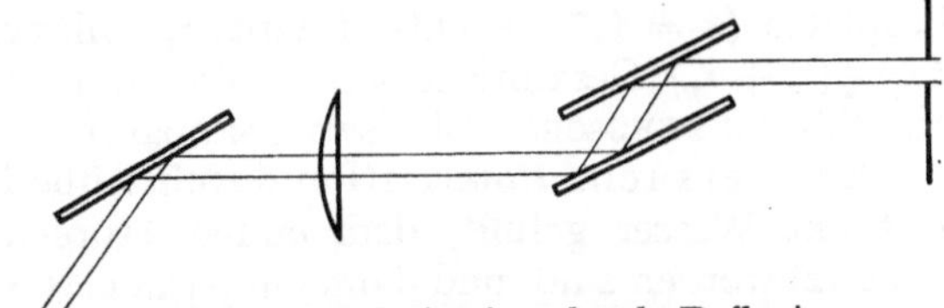

Abb. 144. Polarisation durch Reflexion.

um die optische Achse herum drehbar sind, dann über eine zweite unter gleichem Winkel geneigte schwarze Platte oder — um eine Richtungsänderung des Strahlenganges überhaupt zu vermeiden — über einen gleichen Plattensatz (s. Abb. 144).

[1]) U. BEHN u. W. HEUSE, Verh. d. D. Phys. Ges. Bd. 8, S. 283. 1906; siehe auch MÜLLER-POULLETT 10. Aufl., Bd. 3, S. 450. 1909.

Das Licht wird an diesem letzteren nur dann reflektiert, wenn Polarisator und Analysator parallel stehen, es tritt jedoch keine Reflexion ein, wenn sie gegeneinander gekreuzt werden. Man kann nach Grimsehl den Versuch auch so ausführen, daß man paralleles, polarisiertes Licht auf eine vierseitige aus vier schwarzen Glasplatten zusammengesetzte Glaspyramide auffallen läßt, die mit ihrer Grundfläche auf einem weißen Schirm aufgekittet ist. Ist der Pyramidenwinkel gleich dem Polarisationswinkel (57°), so reflektieren bei bestimmten Stellungen der Pyramide, nämlich dann, wenn das Licht senkrecht zur Einfallsebene polarisiert ist, nur je zwei der vier Pyramidenseiten Licht auf den Schirm. Ebenso zeigt man die polarisierende Wirkung eines Glasplattensatzes, der entsprechend den Fresnelschen Reflexionsformeln allerdings nur partiell polarisiertes Licht liefern kann; es tritt deshalb hier nie vollständige Auslöschung ein. Bei einer Platte ist das durchgehende Licht zu ungefähr 26% ($n = 1,5$) polarisiert, bei 5 Platten schon zu rund 80%, ganz allgemein gilt für das Amplitudenverhältnis der beiden Polarisationsrichtungen, wenn unpolarisiertes Licht m Platten unter dem Polarisationswinkel durchsetzt, die Formel

$$\frac{D_s}{D_p} = \left(\frac{2n}{n^2 + 1}\right)^{2m}.$$

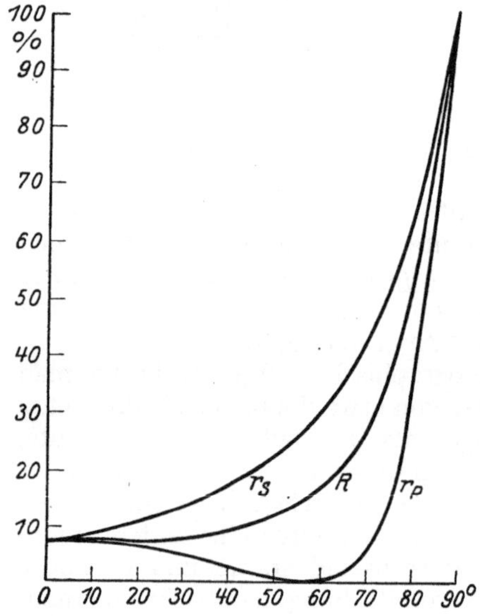

493. Fresnelsche Reflexionsformeln.

$$R_s = -E_s \frac{\sin(\alpha - \beta)}{\sin(\alpha + \beta)},$$

$$R_p = E_p \frac{\operatorname{tg}(\alpha - \beta)}{\operatorname{tg}(\alpha + \beta)}.$$

$$D_s = E_s \frac{2\sin\beta\cos\alpha}{\sin(\alpha + \beta)},$$

$$D_p = E_p \frac{2\sin\beta\cos\alpha}{\sin(\alpha + \beta)\cos(\alpha - \beta)}.$$

$$R_0 = E_0 \frac{n - 1}{n + 1},$$

$$D_0 = E_0 \frac{2}{n + 1}.$$

Abb. 145. Intensität des an einer Glasplatte reflektierten Lichtes (*).

Abb. 145 gibt noch an, wieviel Licht bei verschiedenen Einfallswinkeln von einer Glasplatte ($n = 1,7$) reflektiert wird: r_s senkrecht, r_p parallel polarisiertes Licht, $R = \frac{1}{2}(r_s + r_p)$ Gesamtintensität. Vorzuführen wäre an dieser Stelle noch der alte Nörrenbergsche Polarisationsapparat.

494. Versuch. Polarisation durch trübe Medien. Ein größeres Glasgefäß wird mit Wasser gefüllt, dem einige Tropfen Myrrhentinktur (Mastixlösung) zugesetzt worden sind, und dann ein paralleles Strahlenbündel hindurchgeschickt, welches vorher ein Nicol oder einen Plattensatz passiert hat und daher polarisiert ist. Alles Nebenlicht, besonders das an der Gefäßoberfläche reflektierte Licht, ist sorgfältig abzublenden. Blickt man nun seitlich auf das Strahlenbündel, so wird dasselbe beim Drehen des Nicols abwechselnd hell und dunkel, wählt man aber eine Blickrichtung nahezu parallel zum Strahlenbündel, so sieht man ein dunkles Achsenkreuz um das Bündel herumwandern. Das Licht wird nämlich nur senkrecht zu seiner Schwingungsrichtung von den kleinsten Teilchen des trüben Mediums zerstreut, das gestreute Licht ist also auch polarisiert. Ein einfacher Versuch mit einem Nicol lehrt ferner, daß auch das blaue Himmelslicht teilweise polarisiert ist.

495. Versuch. Doppelbrechung von Kalkspat. Man projiziert eine enge Lochblende (2—3 mm) mit einer einfachen Projektionslinse auf den Schirm und schaltet zwischen Blende und Linse einen möglichst dicken Kalkspatkristall ein, der in einer Fassung um seine Achse drehbar ist. Es entstehen zwei Bilder, von denen das eine (außerordentlicher Strahl) beim Drehen des Kristalles um das andere (ordentlicher Strahl) herumwandert. Schaltet man vor die Blende einen Polarisator (s. oben), so läßt sich an dem abwechselnden Verschwinden der beiden Bilder zeigen, daß die Strahlen hier senkrecht zueinander polarisiert sind, und zwar finden die Schwingungen des außerordentlichen, verschobenen Strahles im Hauptschnitt, die des ordentlichen senkrecht zum Hauptschnitt[1]) statt. Da die Trennung der beiden Bilder bei einem einfachen Kalkspat gering ist, besonders wenn derselbe nicht sehr dick ist, so verwendet man für die Versuche besser ein sog. achromatisiertes Kalkspatprisma: Durch Kombination mit einem Glasprisma von gleichem Brechungsindex wird hier nämlich entweder der ordentliche oder der außerordentliche Strahl um einen bestimmten Winkel nahezu achromatisch abgelenkt, während der andere Strahl unabgelenkt hindurchgeht. Bei genügender Entfernung vom Schirm erhält man also dadurch vollkommen getrennte Bilder.

496. Versuch. Polarisation durch doppelbrechende Kristalle. Zu dem achromatisierten Kalkspatprisma des obigen Versuches wird jetzt noch ein zweiter Kalkspatkristall hinzugefügt, der auch in einer Fassung um seine Achse drehbar ist. Es entstehen im ganzen vier Bilder, von denen beim Drehen eines der beiden Kalkspate je zwei um die beiden anderen herumwandern und je nach Stellung der Kalkspate zueinander paarweise ausgelöscht werden.

497. Polarisationsprismen. Prismen von SENARMONT, ROCHON, WOLLASTON. Um vollkommene Achromatisierung zu bekommen, sind hier zwei 45°-Prismen aus Kalkspat zu einem Würfel derartig aufeinandergekittet worden, daß die optischen Achsen der beiden Prismen senkrecht aufeinander stehen. Die drei Prismen unterscheiden sich auch nur durch die drei hier möglichen Fälle, die beiden Achsen senkrecht zueinander anzuordnen. Bei den Prismen von ROCHON und SENARMONT wird nur der außerordentliche Strahl abgelenkt, beim Wollastonprisma jedoch beide Strahlen, die Divergenz wird hier also ungefähr verdoppelt, allerdings auf Kosten einer vollkommenen Achromatisierung.

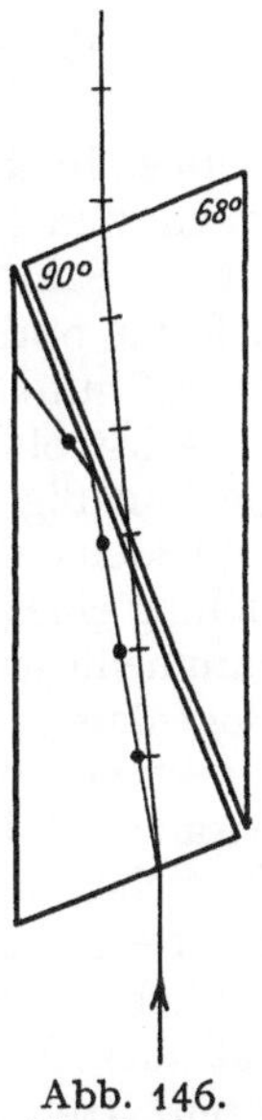

Nicolsches Prisma. Hier wird der ordentliche Strahl durch Totalreflexion an der Kittfläche (Kanadabalsam) abgelenkt, so daß nur der außerordentliche Strahl aus dem Prisma austreten kann, Abb. 146 zeigt die Konstruktion. Beim schematisierten Zeichnen von Nicols ist also darauf zu achten, daß die kürzere Diagonale — die zwischen den beiden stumpfen Winkeln (112°) des Parallelogramms — gezogen wird. Die Verwendung von möglichst großen Prismen zur Erzielung großer Gesichtsfelder ist bei allen Versuchen anzustreben, dabei sollen die Prismen stets durch Einschalten einer Wasserküvette in den Strahlengang vor schädlicher Erwärmung durch die Bogenlampe geschützt werden.

Abb. 146.
Nicolsches
Prisma.

---

[1]) Ebene, welche durch die optische Achse und die Fortpflanzungsrichtung des Lichtes bestimmt ist.

Glansches Prisma. Hier steht die optische Achse senkrecht zur Strahlenrichtung und parallel zu den brechenden Kanten der Prismen, die Endflächen sind senkrecht zur Strahlenrichtung geschnitten, der Diagonalschnitt bildet hingegen nur einen Winkel von 39° 43' mit den Seitenflächen, als Trennungsschicht wird an Stelle von Kanadabalsam eine dünne Luftschicht verwandt. Durch diese Konstruktion kann zwar das Prisma bedeutend kürzer als das Nicolsche gemacht werden (es ist nämlich nicht ganz so lang wie breit), das Gesichtsfeld ist aber trotzdem nur klein (8°).

Turmalinzange. Beim Turmalin wird der ordentliche Strahl schon bei geringer Dicke des Kristalles vollkommen absorbiert. Da aber auch der außerordentliche Strahl in der Regel stark gefärbt ist, so eignet er sich für objektive Demonstrationen wegen der geringen zur Verfügung stehenden Helligkeit des Bildes nicht. Zur schnellen, orientierenden Untersuchung von Kristallen im konvergenten Licht (s. Versuch 500) ist die Turmalinzange jedoch sehr geeignet.

498. Versuch. Farben dünner Kristallplättchen im polarisierten Licht. Zur objektiven Beobachtung der Interferenzfarben dünner Gipsplättchen im polarisierten Licht dient die folgende Einrichtung: Bogenlampe mit Kondensor und Wasserküvette, Sammellinse, um das Licht im Polarisatornicol zu konzentrieren, erstes Nicol (Polarisator), zweite Sammellinse, um das Licht wieder parallel zu machen, Halter für die Gipsplättchen, kurzbrennweitiges

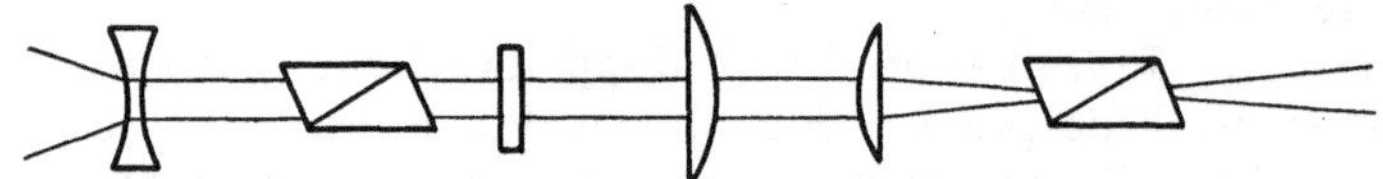

Abb. 147. Projektion von Polarisationserscheinungen im parallelen Licht.

Doppelobjektiv, welches das Gipsplättchen auf den Projektionsschirm projiziert, im engsten Punkt der Strahlenvereinigung schließlich das zweite Nicol als Analysator. Sämtliche Teile müssen zur bequemen Justierung des Strahlenganges auf eine optische Bank mit in der Höhe verstellbaren Reitern montiert werden, da auf gute Zentrierung der Linsen und Nicols Wert zu legen ist. Man justiert zunächst ohne Nicols den Strahlengang und versucht ein möglichst großes und gleichmäßig erleuchtetes Gesichtsfeld zu erzielen. Nach Aufsetzen der Nicols sind kleine Nachregulierungen notwendig, schwach konvergentes Licht zur Erzielung eines größeren Gesichtsfeldes schadet hierbei nichts. An Stelle der beiden Sammellinsen vor und hinter dem Polarisator kann man auch das Licht der Bogenlampe zunächst durch den Kondensor stark konvergent machen und direkt vor den Polarisator eine Zerstreuungslinse einschalten, die dann sofort paralleles Licht durch das Nicol schickt (s. Abb. 147). Man bringt nun in den Plättchenhalter Gips- oder Glimmerplättchen verschiedener Dicke an, die die Interferenzfarben der verschiedenen Ordnungen sehr leuchtend zeigen, sie sind ähnlich denen der dünnen Plättchen im natürlichen Licht (s. Tabelle 67), nur daß diese Plättchen bedeutend dünner sein mußten. Bei der Polarisationsinterferenz treten nämlich beim Gips die Interferenzfarben der ersten Ordnung bereits bei einer Dicke von 0 bis 0,05 mm auf, die der zweiten Ordnung liegen zwischen 0,05 und 0,105, die der dritten zwischen 0,105 und 0,155, die der vierten zwischen 0,155 und 0,235 und schließlich die der fünften zwischen 0,235 und 0,29 mm. Hierbei entsprechen Farben bei gekreuzten Nicols denen der dünnen Blättchen im reflektierten Licht, die bei parallelen Nicols den Farben im durchgehenden Lichte. Für Einstellzwecke wird stets als sog. empfindliche Farbe ein Purpurviolett gewählt, eine Farbe, bei der der Gangunterschied für grünes Licht der Wellenlänge 0,565 μ gerade eine ganze

Wellenlänge beträgt, denn hier bewirkt bereits eine geringe Änderung des Gangunterschiedes, d. h. der Dicke, einen deutlichen Farbenumschlag.

Ersetzt man nun den Analysator im obigen Versuch durch ein achromatisiertes Kalkspatprisma, so kann man die beiden komplementär zueinander gefärbten Bilder gleichzeitig projizieren. Richtet man die Projektion so ein, daß sich die beiden Bilder noch teilweise überdecken, so erscheint diese Stelle weiß, ein Beweis dafür, daß die Farben tatsächlich genau komplementär zueinander sind. Man projiziere auch eine keilförmig geschliffene Gipsplatte, die dann die ganze Farbenfolge zeigt. Die Projektion von kunstvoll zu Figuren zusammengesetzten Gipsbildern (Schmetterling, Blumen usw.) dürfte jedoch mehr Spielerei sein.

Bemerkt sei, daß sich mit dieser Anordnung auch die Versuche 492, 495, 496 über Polarisation sehr leicht ausführen lassen, so daß ein besonderer Aufbau für diese wegfällt und nur die beiden Nicols durch den Plattensatz und die Kalkspatprismen ersetzt zu werden brauchen.

499. Versuch. Doppelbrechung von gepreßten und geglühten Gläsern. In schlecht gekühlten Gläsern treten innere Spannungen auf, die Doppelbrechung erzeugen. Man zeigt die hierbei entstehenden mannigfaltigen Abbildungen im parallelen Licht mit obiger Anordnung. Bei einiger Sorgfalt kann man sich die Gläser aus dickeren, eben geschliffenen Glasstücken (Dicke = 0,5 cm) selbst

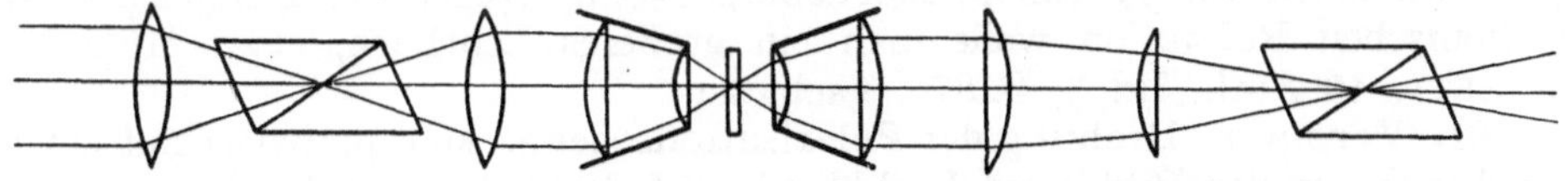

Abb. 148. Projektion von Polarisationserscheinungen im konvergenten Licht.

herstellen, indem man sie im Bunsenbrenner vorsichtig und langsam bis nahezu zum Schmelzen erhitzt und dann, um die Gefahr des Springens zu vermeiden, in der leuchtenden Flamme langsam wieder abkühlt. Ein gewisser Prozentsatz dürfte allerdings trotz aller Vorsicht durch Zerspringen vorher schon unbrauchbar werden. Besonders regelmäßige Kurven (Hyperbeln) zeigen zwei längliche, gekreuzte Glasstücke. Doppelbrechung und ähnliche Interferenzfiguren erhält man auch, wenn man ein kleines Stück Glas ($1 \times 1 \times 1{,}5$ cm) in einer Schraubzwinge stark preßt und im gepreßten Zustand in den parallelen Strahlengang bringt. Ebenso kann man durch Biegung von Glasstäben ($1 \times 1 \times 10$ cm) Doppelbrechung erzielen. Man beobachte bei diesen Versuchen mit gekreuzten Nicols. Eine deutliche Aufhellung des Gesichtsfeldes tritt schon bei ganz geringen Druckbeanspruchungen auf, z. B. beim Zusammenpressen eines Glasstückes zwischen den Fingerspitzen oder beim geringen Durchbiegen eines Stabes.

500. Versuch. Interferenzerscheinungen im konvergenten Licht. Die obige Versuchsanordnung wird ergänzt durch zwei Kondensorsysteme, bestehend aus je zwei bis drei kurzbrennweitigen, plankonvexen Linsen, die das Licht stark konvergent machen. Im übrigen bleibt — abgesehen von einigen Nachjustierungen — die Versuchsanordnung bestehen (Abb. 148). Man zeigt die Interferenzkurven (Isochromaten) einer Reihe von ein- und zweiachsigen Kristallen; Kalkspat, Quarz, Gips, Aragonit und Glimmer dürften hier die gebräuchlichsten sein. Vorschalten von Farbgläsern verschärft und vermehrt auch hier die Interferenzringe. Auf die Erklärung dieser Erscheinungen[1]), ferner auf die optischen Untersuchungsmethoden von Kristallen (Bestimmung der Doppelbrechung, Unterscheidung von positiven und negativen Kristallen mit dem Viertelwellenplättchen,

---

[1]) Wellenflächenmodelle sind im Handel zu haben.

Bestimmung der Achsenwinkel usw.), kann hier nicht näher eingegangen werden, ebenso nicht auf die Herstellung und Untersuchung von elliptisch und zirkular polarisiertem Lichte. Nur die Daten einiger weniger Kristalle seien in Tabelle 70 und 71 angegeben. Hervorragend schöne Aufnahmen von „Inter-

Tabelle 71. Einachsige Kristalle.

positive $n_\omega < n_\varepsilon$			negative $n_\omega > n_\varepsilon$		
Quarz	1,5442	1,5533	Kalkspat	1,6583	1,4864
Eis	1,3083	1,3133	Beryll (Smaragd)	1,5734	1,5684
Zirkon	1,9313	1,9931	Korund (Rubin)	1,7690	1,7598

ferenzerscheinungen in doppelbrechenden Kristallplatten im konvergenten polarisierten Licht" hat H. Hauswaldt unter diesem Titel herausgegeben

Tabelle 72. Achsenwinkel zweiachsiger Kristalle.

Salpeter	5° 20′	Gips	57° 16′
Glimmer	30°—45°	Weinsteinsäure	78° 40′
Topas	49°—60°	Seignettesalz	80°
Zucker	47° 48′	Eisenvitriol	85° 27′

(132 Aufnahmen auf 33 Tafeln, Magdeburg 1902). Wegen der Demonstration der konischen Refraktion wolle man ein größeres Lehrbuch, etwa Müller-Poullett, 10. Aufl., Bd. 3, S. 871, nachlesen.

501. Versuch. Drehung der Polarisationsebene. Man projiziert mit einer einfachen Linse das Bild einer Lochblende auf den Schirm und bringt in den Strahlengang vor die Linse zwei Nicols, die auf Dunkelheit eingestellt werden (auch die Anordnung des Versuches 498 kann hierzu benutzt werden). Bringt man jetzt zwischen die Nicols eine senkrecht zur optischen Achse geschnittene Quarzplatte von einigen Millimetern Dicke, so wird das Gesichtsfeld farbig aufgehellt. Die Färbung hängt von der Stellung der Nicols ab.

502. Versuch. Spektrale Zerlegung der Rotationsdispersion. Man ersetzt im obigen Versuch die Lochblende durch einen Spalt und schaltet in den Strahlengang noch ein größeres Schwefelkohlenstoffprisma oder einen geradsichtigen Prismensatz (s. Versuch 507) ein, um das Licht in ein Spektrum auseinander zu ziehen. Man sieht dann das Spektrum von einem dunklen Streifen durchzogen, der beim Drehen des Nicols durch das ganze Spektrum hindurchwandert. Besonders eindrucksvoll wird der Versuch, wenn man an Stelle der Quarzplatte eine Quarzsäule von ca. 5 cm Länge nimmt. Ohne spektrale Zerlegung erkennt man nur eine Aufhellung des Gesichtsfeldes ohne Färbung (Weiß hoher Ordnung), das Spektrum hingegen ist von einer großen Anzahl schmaler Streifen durchzogen.

503. Versuch. Rechts- und linksdrehender Quarz. Zwischen die Nicols wird eine Doppelplatte geschaltet, bestehend aus zwei genau gleich dicken Hälften aus rechts- oder linksdrehendem Quarz, die Projektionslinse wird so verschoben, daß die Trennungslinie auf dem Schirm scharf erscheint. Die Farben der beiden Hälften sind gleich, wenn die beiden Nicols gekreuzt oder parallel gerichtet sind. Beim Drehen eines Nicols ändern sie sich jedoch in entgegengesetzter Richtung. Quarzdoppelplatten (s. Soleilsche Doppelplatte Ziff. 505, c), die bei parallelen Nicols die empfindliche Farbe liefern, haben eine Dicke von 3,75 mm. Die kristallographische Unterscheidung von Rechts- und Linksquarz zeigt die Abb. 149. Zwei gleich dicke, senkrecht zur Achse geschnittene Quarzplatten aus rechts- und linksdrehendem Quarz hintereinander in das polarisierte konvergente Lichtbündel gebracht (s. Versuch 500), liefern die sog. AIRYschen Spiralen. Der Drehsinn der Spiralen ist verschieden, je nachdem der Rechts- oder der Linksquarz vorne ist.

504. Versuch. Drehung der Polarisationsebene durch eine Zuckerlösung. Diese kann man nach GRIMSEHL dadurch objektiv sichtbar machen, daß man eine konzentrierte Zuckerlösung, die sich in einem etwa 1 m langen Rohr befindet, durch einige Tropfen Mastixlösung trübt und dann durch die Röhre paralleles, polarisiertes Licht hindurchschickt. Da jedes Trübungsteilchen als Analysator wirkt (s. Versuch 494), so sieht man das Glasrohr von einer hellen Schraubenlinie durchsetzt. Schaltet man vor das Glasrohr noch eine dünne Quarz-

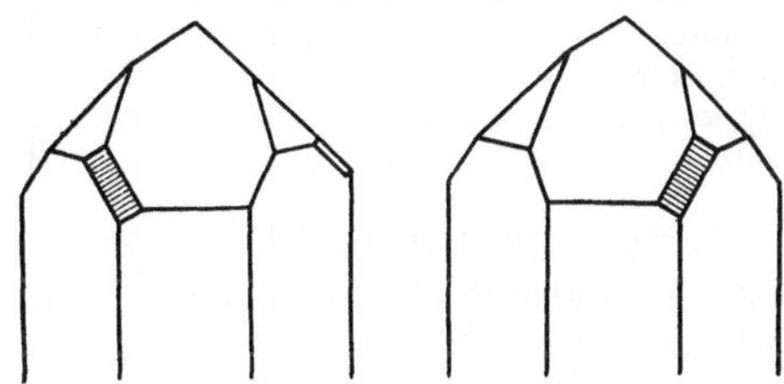

Abb. 149. Rechts- und linksdrehender Quarz (*).

platte in den Strahlengang ein, so kann man auch die Rotationsdispersion sichtbar machen, denn jetzt ist die Schraubenlinie in verschiedenen Azimuten verschieden gefärbt.

505. Polarisationsapparate für Drehungsbestimmungen (Saccharimeter). Alle Polarisationsapparate besitzen eine Beleuchtungslinse, zwei Nicols als Polarisator und Analysator, zwischen denen sich die Röhre mit der drehenden Substanz befindet, ein Betrachtungsokular und einen Teilkreis zur Ablesung der Drehung. Nur das Einstellkriterium ist bei den einzelnen Konstruktionen verschieden:

a) BIOT-MITSCHERLICH: Es wird auf volle Dunkelheit des Gesichtsfeldes eingestellt.

b) SAVART-WILD: Dieser Apparat enthält eine SAVARTsche Doppelplatte, bestehend aus zwei gegeneinander gekreuzten, unter 45° zur optischen Achse

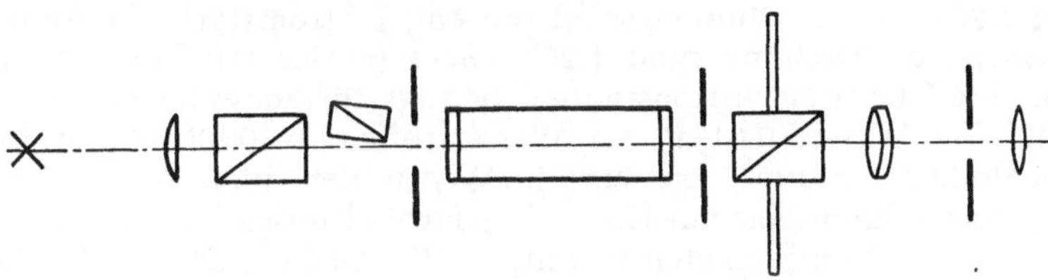

Abb. 150. Polarisationsapparat nach LIPPICH.

geschnittenen 20 mm dicken Quarzplatten. Es wird auf Verschwinden des Streifensystems eingestellt, das hier im polarisierten Licht auftritt.

c) SOLEIL-VENTZKE: Dieser Apparat besitzt die SOLEILsche Doppelplatte von 3,75 mm Dicke aus rechts- und linksdrehendem Quarz. Es wird auf gleiche Färbung (purpurviolett) der beiden Gesichtshälften eingestellt.

d) Lippichscher Halbschattenapparat: Dicht hinter dem Polarisator ist ein zweites Nicol eingeschaltet, das das Gesichtsfeld in zwei Hälften teilt, in denen die beiden Schwingungsrichtungen des polarisierten Lichtes einen kleinen Winkel miteinander bilden, den sog. Halbschattenwinkel (3° bis 8°). Es wird auf gleiche Helligkeit der Gesichtsfeldhälften eingestellt (Abb. 150).

e) Saccharimeter: Diese enthalten an Stelle des Teilkreises einen Quarz- keilkompensator, bestehend aus einer rechtsdrehenden Quarzplatte und einem linksdrehenden Doppelkeil, dessen Dicke veränderlich ist. Durch diese Anordnung kann die Drehung der Polarisationsebene in der Zuckerlösung wieder kompensiert werden.

Tabelle 73. Spezifische Drehung der Polarisationsebene.

	α_D		α_D
Santonin	$+ 75,4°$	Terpentinöl	$- 36,5°$
Rohrzucker.	$+ 66,4°$	Quarz	$\pm 21,7°$
Glukose	$+ 52,5°$	Weinsäure (Kristall) . . .	$- 10,5°$
Fruktose	$- 92,2°$		

Hundertpunkt der Ventzkeskale: Normalzuckerlösung von 26,000 g Zucker in 100 cm³ Lösung bei 20° im 2 dm-Rohr im Saccharimeter polarisiert. 1 Ventzke = 0,3466 Kreisgrade.

Wegen der Rotationspolarisation muß im monochromatischen Licht polarisiert werden, nur bei Saccharimetern mit Quarzkeilkompensator kann weißes Licht verwandt werden, da die Rotationspolarisation von Zuckerlösung und Quarz nahezu die gleiche ist. Wegen weiterer Angaben muß hier auf die praktischen Lehrbücher (Kohlrausch) verwiesen werden. Tabelle 73 bringt einige Daten der spezifischen Drehung, für Flüssigkeiten pro Dezimeter Schichtlänge, bei Kristallen[1]) pro mm Dicke.

506. Versuch. Elektromagnetische Drehung der Polarisationsebene (Verdetkonstante). Eine mit Schwefelkohlenstoff gefüllte Polarisationsröhre befindet sich innerhalb einer stromdurchflossenen Spule. Die Röhre wird wieder wie in Versuch 504 zwischen zwei Nicols gebracht, paralleles Bogenlicht hindurchgeschickt und das Gesichtsfeld zunächst auf Dunkelheit eingestellt. Man zeigt dann die farbige Aufhellung des Gesichtsfeldes beim Einschalten des Stromes. Erforderlich ist eine Spule von mehreren hundert Windungen dicken (1 mm) Drahtes, belastbar mit ca. 5—10 Amp. Wegen der Erwärmung der Spule ist aber der Strom nur kurze Zeit eingeschaltet zu lassen. Die Drehung ist gegeben durch $\alpha = C \cdot \mathfrak{H} \cdot l$, da die magnetische Feldstärke einer Spule in erster Annäherung durch $1,26 \cdot n \cdot i$ (n Windungszahl pro cm, i Stromstärke in Ampere) gegeben ist, so ist die Drehung rund $1,26\, C \cdot m \cdot i$ (m Gesamtwindungszahl längs der Röhre). Die Verdetsche Konstante C beträgt für Schwefelkohlenstoff (Na-Licht) 0,042', für Wasser 0,0131', für Wasserstoffgas 0,0000056', für Eisen ist die Maximaldrehung 200000° pro cm (!). Wegen der anomalen Drehung der Polarisationsebene durch eine mit Kochsalz gefärbte Bunsenflamme, die zwischen den Polen eines kräftigen Magneten brennt, s. Müller-Poullett, Bd. 3, S. 1119, 10. Aufl. 1909.

c) Dispersion und Farbe des Lichtes.

507. Versuch. Zerlegung des Lichtes durch ein Prisma. Die Versuchsanordnung kann hier sehr einfach gestaltet werden: Das Spektrum eines durch Bogenlicht intensiv beleuchteten Spaltes wird mit Hilfe einer Projektionslinse ($f = 25 - 30$ cm) über das im Minimum der Ablenkung aufgestellte zerlegende Prisma direkt auf den Schirm abgebildet. (Abb. 151.) Eine Kollimatorlinse ist also nicht erforderlich. Für die folgenden Versuche wählt man am besten ein 60°-Schwefelkohlenstoffprisma mit nicht zu kleiner Kantenlänge (ca. 8 bis 10 cm), doch muß der Schwefelkohlenstoff wegen seiner Lichtempfindlichkeit (Gelbfärbung durch Schwefelabscheidung) bei Nichtgebrauch im Dunkeln aufbewahrt werden, ein

---

[1]) Flüssige Kristalle zeigen eine sehr starke Drehung der Polarisationsebene, einige drehen sie um mehrere 1000° pro mm.

Entleeren des Troges ist nur dann nicht unbedingt erforderlich, wenn der Glasstöpsel wirklich gut schließt. Für manche Demonstrationen ist die Verwendung

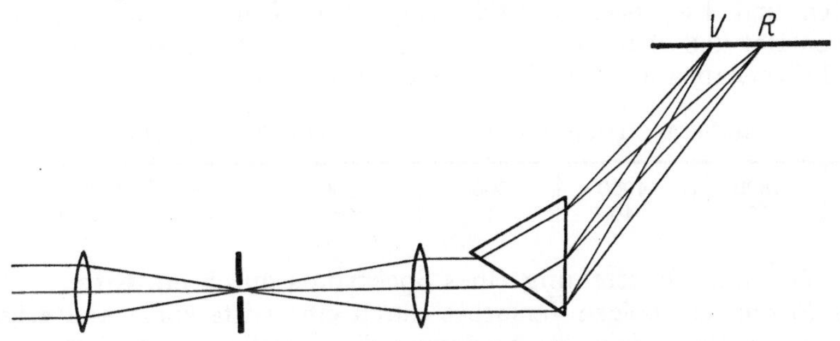

Abb. 151. Projektion eines Spektrums.

Tabelle 74. Änderung des Brechungsexponenten mit der Wellenlänge.

	Rot (0,656)		Grün (0,546)		Blau (0,405)		U.V. (0,214)	
	n	$dn/d\lambda$	n	$dn/d\lambda$	n	$dn/d\lambda$	n	$dn/d\lambda$
CS_2	1,6185	0,12	1,6523	0,20	1,6940	0,67	—	—
Flint	1,7473	0,12	1,7617	0,21	1,8050	0,47	—	—
Quarz	1,5419	0,029	1,5462	0,046	1,5571	0,113	1,6303	1,24
Flußspat	1,4325	0,017	1,4350	0,030	1,4414	0,068	1,4846	0,60

eines geradsichtigen Prismensatzes aus 3 oder 5 Prismen bequemer (Abb. 152), wenn er auch nicht eine so große Dispersion liefert. Eine in Spektroskopen zur Vergrößerung der Dispersion häufig verwandte Prismenkombination ist das Rutherfordprisma, bestehend aus einem schweren Flintglasprisma von 100° brechendem Winkel, auf dessen beiden Seiten Kronglasprismen von rund 25° aufgekittet sind. Ein Prisma, das alle Strahlen im Minimum der Ablenkung um 90° ablenkt, zeigt Abb. 152. Es ist z. B. in dem Spektroskop von HILGER enthalten, das mit einer das Prisma drehenden und direkt in Wellenlängen geeichten Trommel versehen die Messung von Wellenlängen bis zu einer

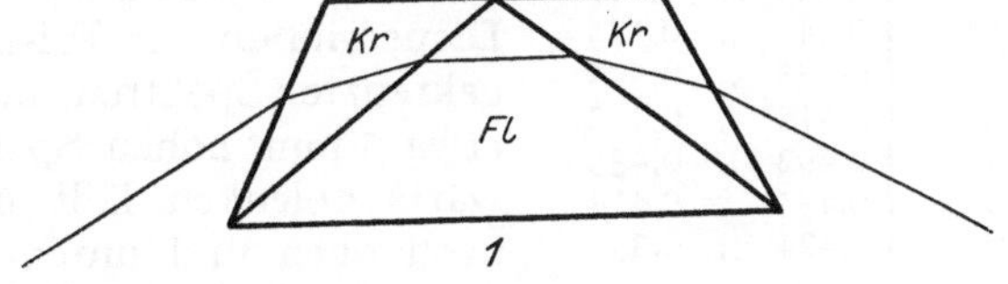

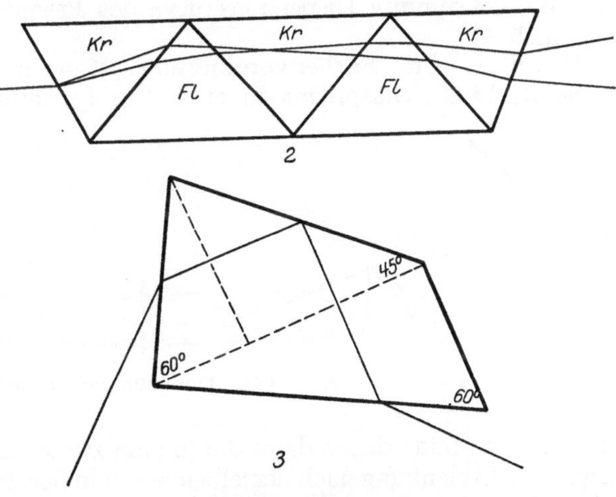

Abb. 152. Prismen (*).

1 Rutherfordprisma.
2 Geradsichtiger Prismensatz.
3 Prisma konstanter Ablenkung (90°).

Genauigkeit von 1 bis 2 Å.-E. gestattet. Die Natriumlinien sind bei engem Spalt hier bequem zu trennen. Die Einrichtung des alten Bunsenspektroskops braucht wohl nicht auseinandergesetzt zu werden. In Tabelle 74 sind jedoch für schwerstes Flintglas, Schwefelkohlenstoff, Quarz und Flußspat die Brechungsexponenten und Dispersionen $dn/d\lambda$ angegeben (λ in μ gemessen). Letztere wächst von Rot (0,8 μ) bis Ultraviolett (0,2 μ) um etwa das 64fache, so daß dort die Prismenapparate den Gittern nahezu gleichwertig werden.

Tabelle 75. Dispersion eines Quarzspektrographen.

λ	4800	4000	3000	2500	2300	2000 Å.-E.
$d\lambda/dl$	50	40	16	10	8	4 Å.-E. pro mm

508. Versuch. Entstehung eines Spektrums durch ein Gitter. Man ersetze das Prisma des obigen Versuches durch eine Gitterkopie und zeige, daß beim Gitter die Farbenfolge im Spektrum die umgekehrte ist, ferner daß das Rot im Verhältnis zum Blau stärker auseinandergezogen wird (normales Spektrum, d. h. Proportionalität zwischen Dispersion und Wellenlänge) und schließlich die Zunahme der Dispersion mit der Ordnung des Spektrums. Zum besseren Vergleich der Spektren kombiniere man die beiden Versuche, indem man nur Licht

Tabelle 76. Wellenlängen der verschiedenen Spektralfarben.

	μ
Rot . .	0,723 bis 0,647
Orange .	0,647 ,, 0,585
Gelb . .	0,585 ,, 0,575
Grün . .	0,575 ,, 0,492
Blau . .	0,492 ,, 0,455
Indigo .	0,455 ,, 0,424
Violett .	0,424 ,, 0,397

der unteren Hälfte des Spaltes auf das Prisma fallen läßt, das Licht der oberen Hälfte jedoch auf das Gitter. Durch einen Spiegel oder ein totalreflektierendes Prisma bringe man dann beide Spektra übereinander auf denselben Schirm.

509. Versuch. Den verschiedenen **Gang der Dispersionen** von Prisma und Gitter zeigt man mit gekreuzten Spektren, indem man erst das Licht eines etwa 5 mm hohen Spaltes durch das Prisma seitwärts ablenken läßt und dann durch das Gitter nach oben und unten. Da letzteres ein (nahezu) normales Spektrum liefert, entsteht auf dem Schirm direkt die gekrümmte Dispersionskurve des Prismas. Über anomale Dispersion s. Versuch 524.

510. Versuch. Farbenvereinigung. Man entwerfe in der üblichen Weise mit Spalt, Linse, Glasprisma in etwa 1 m Entfernung vom Spalt ein scharfes

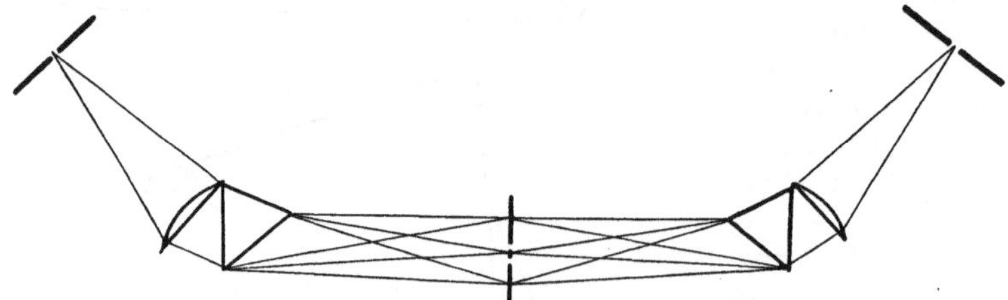

Abb. 153. Doppelmonochrometer.

Spektrum und bilde dieses dann durch eine zweite Linse über ein genau gleiches Glasprisma (Ablenkung nach derselben Seite) in der doppelten Entfernung auf den Schirm ab (Abb. 153). Es erscheint auf dem Schirm das weiße Bild des Spaltes. Bringt man jetzt aber in die Bildebene des vom ersten Prisma erzeugten Spektrums einen zweiten Spalt, der einen gewissen Spektralbereich aus dem Spektrum ausblendet, so erscheint auf dem Schirm das Spaltbild in der Farbe des ausgeblendeten Spektralbereiches; verschiebt man also den zweiten Spalt durch das ganze Spektrum hindurch, so kann man dem Spaltbild jede beliebige Spektralfarbe geben. Diese Vorrichtung wird als Doppelmonochromator praktisch benutzt.

511. Farbmischung. Da die ganze Theorie der Farbenmischung und Farbenerscheinung (Komplementärfarben, Kontrastfarben, farbige Nachbilder) mehr in das Gebiet der physiologischen Optik gehört, so seien hier nur ganz wenige Versuche über Farbenmischung mitgeteilt.

Zur Berechnung eines Farbtones dient das MAXWELLsche Farbendreieck, welches auf der YOUNG-HELMHOLTZschen Dreifarbentheorie beruht. Die drei Eckpunkte werden besetzt durch Rot bei der Wellenlänge 0,630 μ, Grün bei 0,538 μ und Indigo bei 0,457 μ. Der Weißpunkt des Dreiecks ist gegeben durch

$$24{,}0\% \; R + 38{,}3\% \; Gr + 37{,}7\% \; V = 100\% \; W ,$$

während die anderen Spektralfarben längs den drei Seiten des Dreiecks angeordnet sind. Die Verbindungslinie des Weißpunktes mit dem aus den drei obigen Grundfarben berechneten Farbpunkte, verlängert bis zum Schnittpunkt mit den Dreieckseiten, gibt dann direkt den Farbton, seine Komplementärfarbe und den prozentualen Weißgehalt an. Die Farbkurve der Farben dünner Blättchen verschiedener Dicke findet man u. a. bei Auerbach, Physik in graphischen Darstellungen.

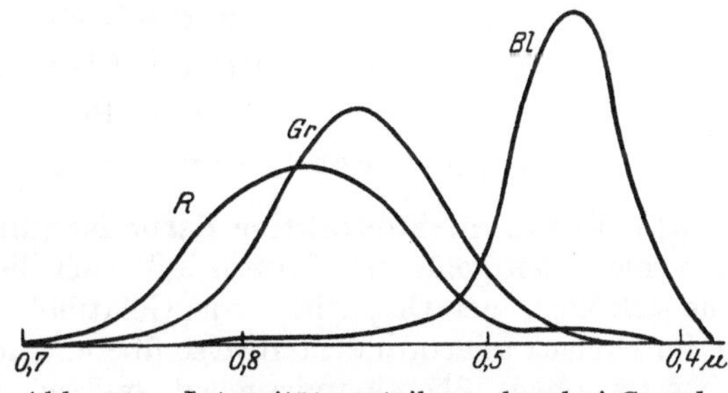

Abb. 154.   Intensitätsverteilung der drei Grundfarben im Spektrum (*).

Nach WEINHOLD lassen sich die drei Grundfarben angenähert herstellen durch eine nahezu gesättigte Lösung von Kupferchloridchlorammonium (grün), einer alkoholischen Fuchsinlösung (rot) und einer nicht zu starken Lösung von wasserlöslichem Anilinblau. Bequemer dürfte jedoch die Benutzung von Gelatinefarbfiltern sein, da dieselben in der Dreifarbenphotographie häufig gebraucht werden. Ausführliche Angaben über die Herstellung[1]) derartiger Farbfilter und vieles andere findet man in dem kleinen von den Farbwerken vorm. Meister, Lucius und Brüning (Höchst) herausgegebenen Pinahandbuche (Farbstoffe und Materialien für photographische Zwecke). Gelatine ist schon gegenüber mäßiger Erwärmung sehr empfindlich, darum ist bei Projektionen mit starken Lichtquellen Vorsicht geboten (Wasserküvette!).

OSTWALDsches Farbendreieck: OSTWALD[2]) verwendet einen hundertteiligen Farbtonkreis: 00=Gelb (0,572 μ), 25 = Rot (0,665 μ), 50=Indigo (0,440 μ), 75 = Grünblau (0,487 μ). Die Eckpunkte seiner (100) Farbendreiecke werden dann durch den Farbton, Weiß und Schwarz, eingenommen, so daß jeder Punkt des Dreiecks eine Mischung von Farbe, Weiß und Schwarz, darstellt. Die WeißSchwarz-Seite gibt dabei stets die Grauskala an.

Empfindlichkeitsmaximum des helladaptierten, farbtüchtigen Auges (Zäpfchensehen): $\lambda = 0{,}556 \, \mu$.

Empfindlichkeitsmaximum des dunkeladaptierten, farbblinden Auges (Stäbchensehen): $\lambda = 0{,}520 \, \mu$.

512. Versuch. **Additive Farbenmischung.** Dieselbe wird entweder mit dem Farbkreisel gezeigt oder aber es werden verschieden gefärbte Filter auf

---

[1]) Siehe auch J. M. EDER, Rezepte und Tabellen. Halle 1921.
[2]) W. OSTWALD, Farbkunde. Leipzig 1923.

dieselbe Stelle des Projektionsschirmes projiziert. Bei der ersten Methode sind die zur Verfügung stehenden Farbflächen ziemlich klein, auch besteht die Möglichkeit einer Verwechslung mit der subtraktiven Farbmischung von Pigmenten, die zweite Methode erfordert aber eine besondere Projektionseinrichtung für gleichzeitige Projektion von drei Filtern. Sehr bequem ist deshalb hier ein von O. Becker und J. Eggert[1]) angegebenes Verfahren: Man stellt sich ein Diapositiv her, das aus mehreren gleichbreiten Farbstreifen (gefärbte Gelatinefolien etwa 4 bis 5 mm breit) in wechselnder Farbfolge besteht. Diese Farbbänder werden mit einem gewöhnlichen Projektionsapparat projiziert; direkt vor die Projektionslinse wird aber ein Stück Riefenglas geschaltet, wie es bei jedem Glaser erhältlich ist. Laufen die Riefen senkrecht zu den Streifen, so beeinflussen sie die Abbildung (abgesehen von einer Verlängerung der Streifen) nicht, dreht man aber das Riefenglas um 90°, so bewirkt jetzt die Zylinderlinsenwirkung des Glases eine Mischung der Farbstreifen. Man kann etwa die folgenden Mischungen demonstrieren:

$$\text{Rot} + \text{Grün} = \text{Gelb,}$$
$$\text{Grün} + \text{Blau} = \text{Grünblau,}$$
$$\text{Blau} + \text{Rot} = \text{Purpur,}$$
$$\text{Rot} + \text{Grün} + \text{Blau} = \text{Weiß.}$$

513. Versuch. **Subtraktive Farbmischung.** Durch Hintereinanderschalten von verschieden gefärbten Filtern läßt sich dieselbe leicht demonstrieren. Man stelle sich auch hier Diapositive aus Gelatinefolien her in der Form von Kreisen, die, im Dreieck angeordnet, teilweise übereinandergreifen. Filter der drei Grundfarben (s. oben) übereinandergelegt müssen hier vollkommene Lichtundurchlässigkeit ergeben, während sie bei der additiven Farbenmischung Weiß lieferten. Mit Hilfe der subtraktiven Farbmischung kann man nun ziemlich monochromatische Filter herstellen. Als Beispiel bringt Tabelle 77 (nach Landolt und Winther) einige derartige Flüssigkeitsfilter. Gelatinefolienfilter großer Farbselektivität sind im Handel zu haben (z. B. Wratten-Wraienwrightfilter).

Tabelle 77. Farbfilter.

Farbe	Farbstoff	Konzentration %	Schichtdicke mm	Maximale Durchlässigkeit μ
Rot	Kristallviolett 5 B.O.	0,005	20	} 0,665
	Kaliummonochromat	10	20	
Gelb	Kaliumbichromat	6	70	0,589
Grün	Viktoriagelb	0,25	20	} 0,549
	Kupferchlorid	60	20	
Hellblau	Doppelgrün S.F.	0,02	20	} 0,488
	Kupfersulfat	15	20	
Dunkelblau	Kristallviolett 5 B.O.	0,0025	20	} 0,465
	Kupferchlorid	25	20	
Violett	Kristallviolett 5 B.O.	0,005	20	} 0,448
	Kupfersulfat	15	20	

514. Versuch. **Dreifarbenphotographie.** Die Aufnahme und Projektion geschieht nach der Methode der additiven Farbenmischung (Rot-, Grün-, Blaufilter), der Dreifarbendruck (Pinatypie) beruht jedoch auf der subtraktiven Mischmethode (Pigmentfarben, Rot, Gelb, Blau). Steht eine mikroskopische Projektionseinrichtung zur Verfügung (Wasserküvette vor Projektionslampe

---

[1]) O. Becker u. J. Eggert, ZS. f. phys. Unters. Bd. 38, S. 142—143. 1925.

schalten!), so versäume man nicht, das Körnerraster einer Lumière- oder Agfa-Farbenplatte zu projizieren. Sehr schön werden auch die Mikrofarbenphotographien der Raster, die mit derartigen Farbenplatten aufgenommen werden.

d) Spektroskopie.

Zunächst bringen Tabelle 78 und 79 Übersichten über die Einteilung der einzelnen Spektralbereiche elektromagnetischer Schwingungen, die dort benutzten Maßeinheiten der Wellenlängen und die so durchaus verschieden gearteten Untersuchungsmethoden. Wenn auch die elektrischen Schwingungen, die Röntgen- und γ-Strahlen in der Regel bereits im Kapitel der Elektrizität behandelt wurden, so muß doch hier ihrer Erwähnung getan werden.

Größere Undurchlässigkeitsgebiete für elektromagnetische Strahlen liegen bei $100-5\,\mu$ und $2000-5$ Å.-E.

Tabelle 78. Spektralbereiche.

Strahlenart	Maßeinheit	Wellenlänge	Wellenlängenbereich
Elektrische Strahlen	m bis mm	$> 0,1$ mm	$> 10^{-2}$ cm
Wärme- ,,	$\mu = 10^{-4}$ cm	$300 - 0,8\,\mu$	$3 \cdot 10^{-2} - 0,8 \cdot 10^{-4}$ cm
Sichtbare ,,	Å.-E. $= 10^{-8}$,,	$8000 - 4000$ Å.-E.	$8 \cdot 10^{-5} - 4 \cdot 10^{-5}$,,
Ultraviolette ,,	Å.-E. $= 10^{-8}$,,	$4000 - 150$ Å.-E.	$4 \cdot 10^{-5} - 1,5 \cdot 10^{-6}$,,
Unbekannte ,,	—	$150 - 13$ Å.-E.	$1,5 \cdot 10^{-6} - 1,3 \cdot 10^{-7}$,,
Röntgen- ,,	X.E. $= 10^{-11}$ cm	$13000 - 100$ XE.	$1,3 \cdot 10^{-7} - 1 \cdot 10^{-9}$,,
γ- ,,	X.E. $= 10^{-11}$,,	$370 - 5$ XE.	$3,7 \cdot 10^{-9} - 5 \cdot 10^{-11}$,,

Tabelle 79. Untersuchungsmethoden des Spektrums.

Strahlenart	Spektralapparat	Strahlenreagens
Elektrische Strahlen	Schwingungskreise	Detektor, Kathodenröhre
Wärme- ,,	Prismen, Drahtgitter, Reststrahlen	Thermoelement, Bolometer
Sichtbare ,,	Prismen, Strichgitter, Interferometer	Auge, Photographie
Ultraviolette ,,	,, ,, ,,	Fluoreszenz, Photographie
Röntgen- ,,	Kristallgitter, Absorptionsfilter	Ionisation, Photographie
γ- ,,	Elektronengeschwindigkeiten	,, ,,

515. Versuch. Ultrarote Strahlen. Man setze vor die Projektionslampe ohne Kondensor, jedoch mit Blende geeigneter Größe, eine Kochflasche ($^1/_4 - ^1/_2$ l Inhalt), die mit einer konzentrierten Lösung von Jod in Schwefelkohlenstoff gefüllt ist (3 g Jod in 100 ccm CS_2). Die Flasche muß dabei wegen der leichten Verdunstung und Entzündbarkeit des Schwefelkohlenstoffs gut verkorkt und mit Paraffin abgedichtet sein. Diese Lösung ist für das sichtbare Licht fast vollkommen undurchsichtig, besitzt aber für Wärmestrahlung eine beträchtliche Durchlässigkeit, so daß ein Stück Zunder in den Brennpunkt der Flasche gebracht, sich entzündet. Der Brennpunkt liegt ca. $^1/_7$ Durchmesser der Flasche von der Oberfläche derselben entfernt.

516. Versuch. Ultraviolette Strahlen. Ein mit p-Nitrosodimethylanilin gefärbtes Gelatinefilter (gelb), kombiniert mit dunklem Jenaer Blau-Uviolglas, evtl. auch noch zur Absorption der letzten roten Strahlen mit Kupfersulfatlösung, gibt ein für das sichtbare Licht so gut wie undurchlässiges Filter, das die ultravioletten Strahlen von $4000-2900$ hindurchläßt (sog. U.V. Filter, lieferbar von C. Zeiss). Man bringe dieses Filter vor eine Bogenlampe (ohne Kondensor). Als bequeme intensive Ultraviolettlichtquelle kann man dabei an Stelle des Kohlenbogens den Eisenbogen nehmen. Man wähle als untere positive Elektrode einen Rundeisenstab von ca. 12 mm Durchmesser, dessen Ende man etwas aushöhlt, so daß eine kleine Perle von Eisenoxyd in der Aushöhlung Platz findet. Diese Perle bewirkt, daß der Bogen ruhiger brennt (Pfundbogen), die obere negative Elektrode kann ein dünner, durch einen Kupferklotz gekühlter Eisenstab oder Kohle sein. Man zeige mit dieser Anordnung, daß ein Schirm aus Zinksulfid (Sidotblende) oder Bariumplatinzyanür, in den unsichtbaren Strahlenkegel gehalten, lebhaft fluoresziert (s. auch Versuche 520 und 528).

517. Versuch. Sichtbarmachung des ultraroten und ultravioletten Spektrums. Man entwirft das Spektrum wie in Versuch 507, jedoch nimmt man als Projektionsschirm einen Zinksulfidschirm, den man durch vorherige Bestrahlung mit ultraviolettem Licht stark phosphoreszierend gemacht hat. Nach einiger Zeit wird durch die ultraroten Wärmestrahlen die Phosphoreszenz ausgelöscht, so daß der Teil des Schirms, auf den diese Strahlen gefallen sind, nach Abblenden des Lichtes dunkler erscheint, während die vom ultravioletten Licht getroffenen Stellen heller phosphoreszieren. Will man eine größere Ausdehnung des ultravioletten Teiles des Spektrums erzielen, so ist die Projektionslinse und das Prisma aus Quarz zu wählen und der Eisenbogen durch eine Quarzlinse auf dem Spalt abzubilden (s. Versuch 527). Für das Ultraviolette allein kann an Stelle der Sidotblende auch Bariumplatinzyanür genommen werden, das nicht phosphoresziert, sondern nur stark fluoresziert[1]). Die einfache Herstellung einer in ultraviolettem Licht fluoreszierenden auch für Demonstrationszwecke sehr geeigneten Mattscheibe beschreibt W. Steubing[2]): Man bestäubt eine in horizontaler Lage halb aufgetrocknete Gelatineplatte (ausfixierte und gewaschene photographische Platte so weit getrocknet, daß die Ränder gerade trocken erscheinen) mit Uranylfluoridfluorammonium (10 g ca. 80 Pf.), das durch ein feines Gazesieb gleichmäßig aufgestreut und dann auf der feuchten Platte mit dem Daumenballen verrieben wird. Man erhält auf diese Weise eine sehr feinkörnige Mattscheibe, die gelbgrün fluoresziert und sich auch für Röntgenstrahlen gut eignet. Für die objektive Demonstration ist jedoch ein dunkler Untergrund vorzuziehen, da sich von diesem die gelbgrüne Fluoreszenz besser abhebt. Man schwärze deshalb für diese Zwecke gewöhnliches Entwicklungspapier durch Entwickeln bei Tageslicht und verfahre im übrigen wie oben.

518. Versuch. Absorptionsspektra. Besonders charakteristische Absorptionsstreifen, die sich deshalb auch zur Projektion eignen, zeigen die folgenden Substanzen:

Kaliumpermangat. — 3 bis 5 Streifen im Grünen und Grünblauen.
Blut (Oxyhämoglobin). — 2 Streifen im Gelb und Grün ($\lambda\lambda$ 5800, 5400).
Blut mit einigen Tropfen Schwefelammon[3]) versetzt (Hämatin). — 1 Streifen im Grünen (λ 5600).
Chlorophyll (als Alkohol-Ätherextrakt aus Blättern leicht herstellbar). — 1 Streifen im Roten (λ 6700), im Blauen kontinuierliche Absorption.
Didymglas. — Schmaler Streifen im Gelben (λ 5800), zwei schwächere im Grünen ($\lambda\lambda$ 5220, 5100).

Auch die für die Sensibilisierung photographischer Platten benutzten Farbstoffe wie Dicyanin, Pinacyanol, Pinachrom u. a. zeigen zwei charakteristische Streifen im Orangen bis Grünen, die bei den einzelnen Sensibilisatoren etwas verschoben sind.

Als absorbierende Gase nehme man Jod, das sich in einer evakuierten Glaskugel befindet und bis zum Auftreten der violetten Dämpfe erhitzt wird, ferner Stickstoffdioxyd. Letzteres zeigt zwar kein so stark kanneliertes Spektrum

---

[1]) Häufig fluoresziert auch schon die geweißte Projektionswand.
[2]) W. Steubing, Phys. ZS. Bd. 26, S. 329. 1925.
[3]) Durch Kohlenoxyd (Leuchtgas) vergiftetes Blut zeigt dieses Zusammenschmelzen der beiden Streifen nicht. — Nachweis von Leuchtgasvergiftungen.

wie das Jod[1]). Die Herstellung des Gases aus Kupferspänen und Salpetersäure ist aber etwas umständlicher.

Die Projektion des kontinuierlichen Spektrums erfolgt wie in Versuch 507. Die Lösungen werden dabei in kleinen planparallelen Absorptionsküvetten direkt vor den Spalt gehalten. Man vermeide es aber, zu konzentrierte Lösungen zu nehmen, da sonst die Streifen (besonders beim Kaliumpermanganat) ineinanderfließen.

519. Versuch. FRAUNHOFERsche Linien. Steht direktes Sonnenlicht zur Verfügung (Heliostat), so macht die objektive Darstellung der FRAUNHOFERschen Linien keine weiteren Schwierigkeiten, andernfalls muß man sich mit subjektiver Betrachtung unter Verwendung von diffusem Himmelslicht begnügen. Man vereinigt die durch den Heliostaten wagerecht in das Zimmer geführten Sonnenstrahlen durch eine langbrennweitige Linse (ca. 2 Dioptrien, Größe des Sonnenbildchens $= 8,7/D$ mm) auf einen Spalt und projiziert dann das durch ein Schwefelkohlenstoff- oder starkbrechendes Flintglasprisma erzeugte Spektrum mit einer zweiten langbrennweitigen Sammellinse auf einen Schirm in etwa 5 m Entfernung. Das Prisma muß sich dabei selbstverständlich im Minimum der Ablenkung befinden. Bei nicht zu engem Spalte[2]) sind die stärkeren Linien auch in weiter Entfernung noch gut sichtbar. Auf die Krümmung der Linien mit der konvexen Seite zum Roten hin wäre wohl bei dieser Gelegenheit aufmerksam zu machen (Abb. 151).

Tabelle 80. FRAUNHOFERsche Linien.

A	a	B	C	D	E	F	f	G	h	H
7594	7185	6867	6563	5896 5890	5270	4861	4340	4308	4102	3969
O_2 Atm		O_2 Atm	H	Na	Fe, Ca	H	H	Ca	H	Ca

520. Versuch. Linienspektra. Es kann sich hier nur darum handeln, aus der überwältigenden Menge von Spektren eine ganz beschränkte Auswahl von denjenigen zu bringen, die sich besonders durch ihre Einfachheit und Intensität zur Projektion eignen. Ebenso sind in Tabelle 81 nur die Wellenlängen derjenigen Linien angegeben worden, die leicht zu identifizieren sind und deshalb auch in der Regel zur Eichung kleinerer Spektralapparate benutzt werden. Die ausführlichste Zusammenstellung[3]) von Wellenlängen aller bekannten Spektra findet man im Handbuch der Spektroskopie von H. KAYSER und H. KONEN und in der Tabelle der Hauptlinien der Linien-

Tabelle 81. Wellenlängen der gebräuchlichsten Lichtquellen.

Queck-silber-lampe	Wasser-stoff-röhre	Helium-röhre	Alkalien (Flamme)		Verschiedene	
5790	6563	7065	6708	Li	5471	Ag
5769	4861	6678	6104	Li	5465	
5461	4340	5876	5896	Na	5209	
4358	4102	5016	5890		5218	
4078		4922	7698	K	5153	Cu
3650		4713	7664		5105	
3132		4471	4047	K	5184	
3027		4120	4044		5173	Mg
2536			7800	Rb	5167	
			6298	Rb	5350	Tl
			6206		6362	Zn
			4215	Rb	4811	Zn
			4202		4722	
					4680	

---

[1]) Dieses besitzt zwischen $\lambda\lambda$ 5000 und 7000 über 50000 feine Absorptionslinien, deren vollkommene Auflösung auch den größten Gittern noch nicht gelingt.

[2]) Die horizontalen Staublinien entfernt man am besten durch Auswischen des Spaltes mit Stanniol.

[3]) Siehe auch W. ROTH u. K. SCHEEL, Atomkonstanten.

spektra aller Elemente von H. KAYSER. Letztere Tabelle enthält ca. 19000 Linien nach Wellenlängen geordnet.

Flammenspektra: Wegen ihrer Lichtschwäche eignen sich diese Spektra nur zur subjektiven Beobachtung, da von ihnen aber seit BUNSEN und KIRCH-HOFF die ganze Spektroskopie überhaupt ausgegangen ist, so müssen sie doch wohl vorgeführt werden. Man zeige die Spektra von Li, Na, K, Rb, Ca, Sr, Ba, Tl. Sie werden beobachtet in der üblichen Weise im Bunsenspektroskop. An Stelle der Boraxperle am Platindraht sind die jetzt mehr in Gebrauch gekommenen Magnesiastäbchen bequemer, evtl. auch Asbestfäden, die mit der betreffenden Lösung getränkt werden. Bei Natrium nehme man kalzinierte Soda, da Kochsalz wegen der eingeschlossenen Mutterlauge leicht zerknistert. Bei den übrigen Elementen können die Chloride genommen werden, da diese im Handel leichter erhältlich sind.

Bogenspektra: Für die Vorführung eignen sich besonders die Spektren von Na, Mg, Cu, Zn und evtl. Ag. Bei dem außerordentlich linienreichen Spektrum des Eisenbogens dürfte die Dispersion und die Abbildungsgüte des Prismas nicht ausreichen, man würde besonders im Grünen und Blauen nur verwaschene Stellen erkennen. Reines Zink hingegen verbrennt, falls man nicht besondere, wassergekühlte Elektroden benutzt, zu schnell und bildet dabei dichte Nebel von Zinkoxyd. Will man die Spektra rein erhalten, so wähle man eine Bogen-lampe mit senkrechtstehenden Kohlenelektroden; die positive, untere Kohle wird etwas ausgehöhlt und dann mit der betreffenden Substanz gefüllt, man nehme für Na: Soda, Mg: Talk (Speckstein), Cu und Ag: Metallspäne. Da aber die Aus-wechslung der Kohlen etwas lästig fällt, wird man sich wohl in der Zahl der zu projizierenden Spektren beschränken müssen. Ein Glasstab in den Bogen gehalten gibt schnell ein intensives Natriumspektrum, ein Messingstab als Elektrode liefert die Spektren von Kupfer und Zink gleichzeitig. Mg wird später beim ultravioletten Funkenspektrum noch vorgeführt. Die Projektionseinrichtung für die Spektren ist die gleiche wie bei den früheren Versuchen, man bilde aber den Bogen auf den Spalt ab und blende hier die weißglühenden Elektroden ab. Das Natriumspektrum im Bogen zeichnet sich durch das Auftreten einer Reihe neuer Linien neben der gelben Doppellinie aus, so besonders durch eine Linie im Roten (λ 6161) und eine im Grünen (λ 5682). Die Linien, die beim Cu, Zn, Mg und Ag besonders in die Augen fallen, sind in Tabelle 81 angegeben. Daneben erscheinen selbstverständlich noch eine Menge anderer Linien, doch würde eine Identifizierung nicht die aufgewandte Mühe lohnen.

Gasentladungsspektra: Das Spektrum einer Wasserstoff- und besonders das einer Helium-Geisslerröhre läßt sich leicht projizieren, indem man die enge Kapillare der Röhre direkt als Spalt benutzt. Durch Verhängen der Röhre mit einem schwarzen Tuch ist schädliches Nebenlicht leicht abzublenden. Besitzt man aber eine photographische Kamera 13 × 18 cm mit doppeltem Auszug, so kann diese als bequemer Lichtschutz für die Röhre benutzt werden, da letztere dann in der Kamera genügend Platz findet. Das Prisma kommt dabei direkt vor das Objektiv. Wellenlängen der Linien siehe Tabelle 81. Auch das Spektrum einer Quecksilberdampflampe ist für die Projektion genügend hell, erfordert aber wieder einen Spalt. Als besonders bequeme Lichtquelle eines Gasspektrums — allerdings nur für subjektive Beobachtung im Spektroskop — sei auf die Glimm-lampe hingewiesen. Sie zeigt das Neonspektrum mit Quecksilberlinien als Verunreinigung.

Funkenspektra: Man wird hier die Gelegenheit benutzen, auch ultra-violette Linienspektra zu projizieren, da besonders die Funken von Zink und Magnesium reich an intensiven ultravioletten Linien sind. Die Optik muß dann

selbstverständlich ganz aus Quarz bestehen (erforderlich sind 2 Quarzlinsen und
1 oder 2 Quarzprismen). Man bilde einen durch einen kräftigen Induktor mit
parallel geschalteter Leidener Flasche erzeugten Knallfunken mit einer kurz-

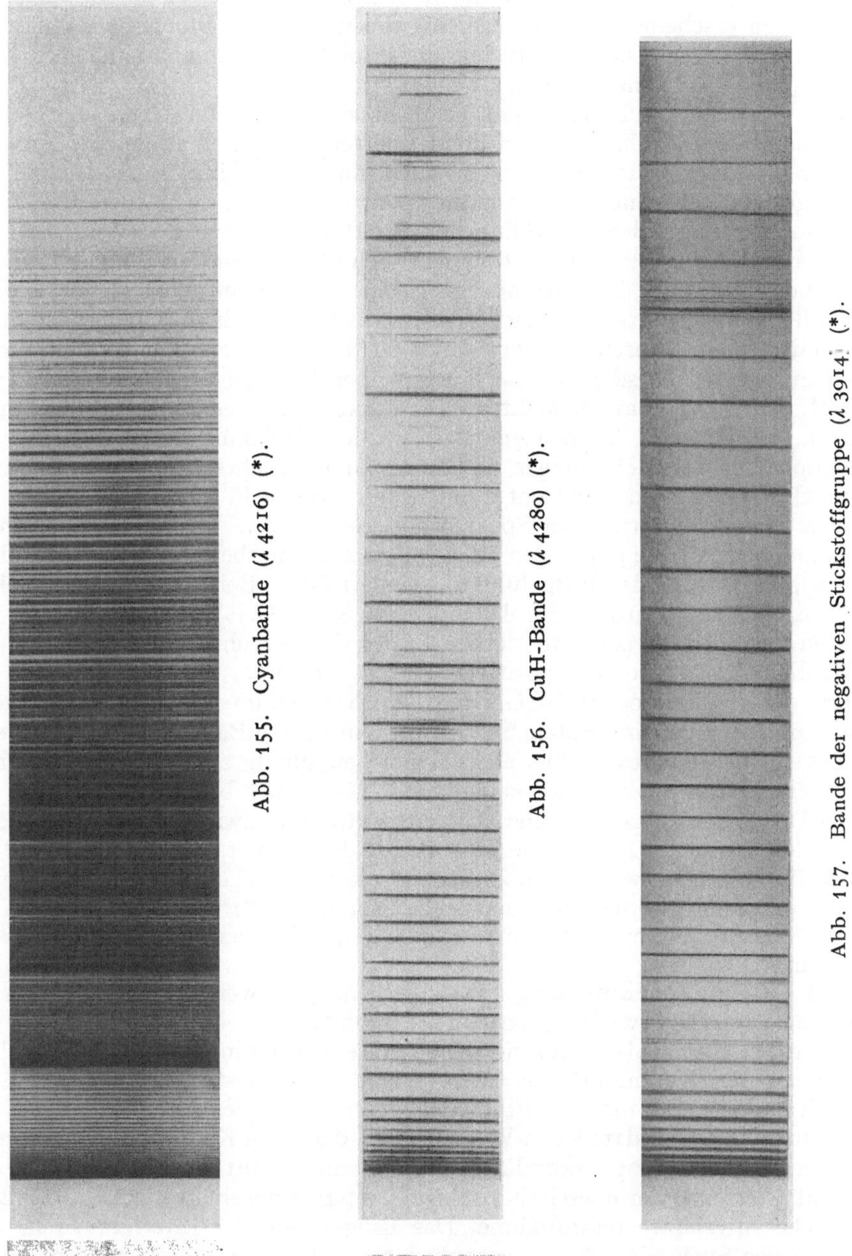

Abb. 155. Cyanbande ($\lambda\,4216$) (*).

Abb. 156. CuH-Bande ($\lambda\,4280$) (*).

Abb. 157. Bande der negativen Stickstoffgruppe ($\lambda\,3914$) (*).

brennweitigen Quarzlinse auf den Spalt ab, und diesen selbst über ein Cornu-
prisma oder zwei das Licht rechts- und linksdrehende Quarzprismen mit einer
langbrennweitigen Linse auf den Fluoreszenzschirm (Abb. 151). Da die Brenn-

weite einer Quarzlinse vom Roten bis in das Ultraviolette (λ 2200) um rund
15% abnimmt, so muß der Schirm zur Strahlenrichtung schräggestellt werden,
damit alle Linien nahezu gleichzeitig scharf erscheinen, und zwar muß der
Schirm für die ultravioletten Strahlen näher zum Prisma zu liegen als für die
roten. Als Elektrodenmaterial wähle man Zink, noch besser Magnesiumstäbe.
Bei letzteren erscheinen kräftige Liniengruppen auf dem Fluoreszenzschirm bei
λ 3830 und λ 2850. Die intensivsten ultravioletten Zinklinien sind noch kurzwelliger (bei λ 2560 und λ 2100).

Die gänzliche Änderung eines Funkenspektrums beim Übergang von gewöhnlicher Funkenentladung zum kondensierten Funken (Parallelschalten einer
Leidener Flasche), wird am besten auch mit dem Zink- oder Magnesium-
funken gezeigt, allerdings wohl nur im Spektroskop oder in nächster Nähe des
Projektionsschirms. Beim gewöhnlichen Zinkfunken dürften fast nur die rote
Linie und das blaue Triplett sichtbar sein, beim kondensierten Funken hingegen
entsteht ein intensives, linienreiches Spektrum. Verwendet man eine gewöhnliche
luftgefüllte Geisslerröhre, so ändert sich auch hier das Spektrum, indem die Stick-
stoffbanden beim Einschalten der Leidener Flasche verschwinden und neue
Linien auftreten. Diese Hinweise müssen aber hier genügen.

521. Versuch. Bandenspektra. Diese haben im Gegensatz zu den Linienspektren, die von den Atomen emittiert werden, Moleküle als Träger. Für die
Projektion eignen sie sich weniger, da Dispersion und Lichtstärke kaum ausreichen
dürfte, die Banden von schlecht projizierten Linien in der Ferne zu unterscheiden. Zur Vorführung im Spektroskop eignen sich besonders die Banden
des Kohlenbogens (die glühenden Elektroden sind hierbei besonders gut abzublenden), ferner die der luftgefüllten Geisslerröhre. Beim ersteren erscheinen
vor allen Dingen die grünen Kohlebanden ($\lambda\lambda$ 5165, 5635) und die blauen und
violetten Cyanbanden ($\lambda\lambda$ 4216, 4606). In der Geisslerröhre sieht man im Roten
die Banden der sog. ersten positiven Stickstoffgruppe, im Blau-Violetten die
Banden der zweiten positiven Gruppe. Auch Kalzium- und Strontiumfluorid
(Effektkohlen) geben im Roten und Grünen intensive Banden. Die Dispersion
des Spektroskops dürfte aber hier nicht ausreichen, um die charakteristische Struktur dieser Banden erkennen zu lassen. Abb. 155 bis 157 bringt daher einige mit
größter Dispersion aufgenommene Bandenspektra, und zwar die violette Banden-
gruppe des Cyans (λ 4216) und je eine Bande des Kupfers (CuH λ 4280) und des
Stickstoffs (sog. negative Banden λ 3914). Violetter Joddampf (Erwärmung einer
mit Jod gefüllten evakuierten Glaskugel s. Versuch 518) zeigt im Gelbroten ein
sehr schönes Absorptionsspektrum von unzähligen Banden, ein sog. kanneliertes
Spektrum.

522. Wellenlängenmessung. Die Wellenlängen werden relativ zu genau
gemessenen Normalwellenlängen bestimmt:
Primäre Normale (Hauptnormale): Als solche ist international die Wellenlänge der roten Kadmiumlinie = λ 6438,4696 Å.-E., festgesetzt worden.
Sekundäre Normalen: Eine Reihe von Linien des Eisenbogens und der
Neonröhre sind durch direkten Vergleich mit der roten Kadmiumlinie bestimmt
und international als sog. sekundäre Normalen anerkannt worden. Der Vergleich
geschieht stets interferometrisch (Fabry-Perot-Interferometer). Abb. 158 zeigt
eine solche Interferometeraufnahme. Das Ringsystem des Interferometers wird
dabei auf den Spalt eines Spektrographen abgebildet, der so einen Streifen aus
dem System herausschneidet. Der Spektrograph dient dann nur als Mono-
chromator, indem er die verschiedenen Ringsysteme in Einzelstreifen zerlegt.
Tertiäre Normalen: Diese werden durch Vergleich mit den sekundären
Normalen bestimmt und sollen zunächst die im sekundären Normalensystem

noch bestehenden Lücken ausfüllen. Wellenlängentabellen von Normalen s. die in Ziff. 520 zitierten Werke.

Bei den Röntgenstrahlen wird die K_{α_1}-Linie von Kupfer $= \lambda$ 1,5372 Å.-E. als Normale benutzt, doch ist hier ein direkter Anschluß an die rote Kadmiumlinie noch nicht möglich gewesen.

Wellenlängen lassen sich im photographisch zugänglichen Bereich bis auf 0,001 Å.-E, d. h. bis auf sieben Stellen, genau bestimmen, im Röntgen-

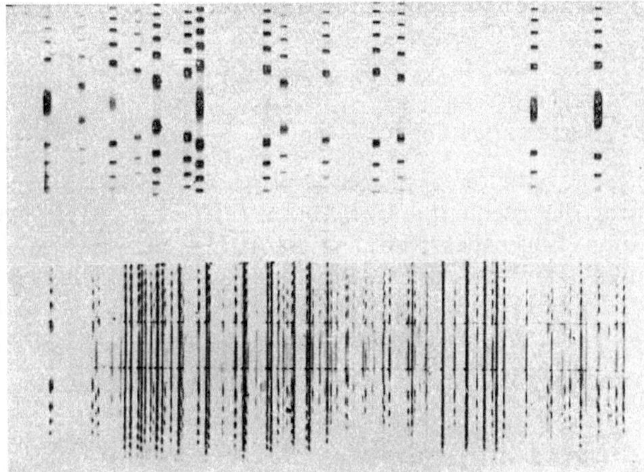

Abb. 158. Interferometeraufnahmen von Neon- und Eisenlinien (*).

gebiet beträgt die relative Genauigkeit auch schon ca. 0,01 XE., also sechs Stellen, während im Ultraroten infolge Mangels eines empfindlichen Strahlenreagens oberhalb 1 μ die Genauigkeit drei Stellen nicht überschreitet.

523. Seriengesetze. Es kann hier naturgemäß nur das Allerwesentlichste mitgeteilt werden. An erster Stelle steht der BOHRsche Ansatz, der die Frequenz einer Linie als Differenz zweier „Terme" und diese selbst als Energieniveaus auffaßt:

$$h\nu = W_1 - W_2.$$

Termbezeichnung: $S, P, D, F, G, \ldots$ Eine Zahl vor dem Buchstaben gibt die Laufzahl („Hauptquantenzahl") an, ein Index links oben die Multiplizität des Terms (Singuletts, Dubletts, Tripletts bis Oktetts), ein Index rechts unten die Numerierung der einzelnen Terme dieser Multipletts (sog. Nebenquantenzahl), z. B. die Dubletts der Alkalien $2\,^2P_1$ und $2\,^2P_2$.

Hauptserie:　　　　　　　　　　　　　　　　$nS - mP$　$\left.\begin{array}{l} \\ \\ \end{array}\right\}$　$n = 1, 2$
I. Nebenserie (diffuse Nebenserie):　　$nP - mD$　　　　$m = 2, 3, 4, \ldots$
II. Nebenserie (scharfe Nebenserie):　$nP - mS$
Bergmannserie:　　　　　　　　　　　　　　$nD - mF$　　$n = 3, m = 4, 5, 6, \ldots$

Termformel des Wasserstoffs: $T = \dfrac{R}{n^2}$.

Rydbergkonstante: $R = \dfrac{2\pi^2 e^4 m}{c h^3}$

$$R_H = 109\,677{,}69 \text{ cm}^{-1} = 3{,}290\,33 \cdot 10^{15} \text{ sec}^{-1}.$$

Tabelle 82. Wasserstoffserien.

Name	Formel	Erste Linien
Lymanserie	$R\left(\dfrac{1}{1^2} - \dfrac{1}{m^2}\right)$	1216, 1026
Balmerserie	$R\left(\dfrac{1}{2^2} - \dfrac{1}{m^2}\right)$	6563, 4862, 4340
Paschenserie	$R\left(\dfrac{1}{3^2} - \dfrac{1}{m^2}\right)$	18751, 12817

Radien der Bahnen des Wasserstoffelektrons:

$$r = \frac{n^2 \cdot h^2}{4\,\pi^2\,m \cdot e^2} = 0{,}529 \cdot 10^{-8} \cdot n^2 \text{ cm.}$$

Linienspektren: $T = \dfrac{Z^2 \cdot R}{n_a^2}$, n_a die „effektive" Quantenzahl, $Z = 1$, 2, 3, ... gibt die Ionisierungsstufe des Atoms an und wird als römische Ziffer hinter die Elementabkürzung gesetzt, z. B. Al I: Spektrum des neutralen Al-Atoms (Bogenspektrum), Al II, Al III: Spektra der verschiedenen Ionisierungs-stufen (Funkenspektra).

Bandenspektra: Formel für die Kantenfolge eines Bandensystems

$$\nu = \nu_\varepsilon + (a\,n - b\,n^2) - (a\,n' - b\,n'^2); \qquad n,\; n' = 0,\, 1,\, 2,\, 3,\, \ldots$$

Formel für die Linienfolge in einer Einzelbande

$$\nu = \nu_0 \pm 2\,b \cdot m + c\,m^2 \qquad\qquad (m = 1,\, 2,\, 3,\, \ldots).$$

Anregungsspannung: $\lambda \cdot V = 1{,}234\,\mu \cdot$ Volt.

Tabelle 83. Anregungsspannungen.

Wärmestrahlen	0,004 bis	1,5	Volt
Sichtbare Strahlen	1,5 ,,	3	,,
Ultraviolette Strahlen	3 ,,	83	,,
Röntgenstrahlen	950 ,,	120 000	,,
γ-Strahlen	$3 \cdot 10^4$,,	$2{,}5 \cdot 10^6$	,,

Abb. 159 bringt noch einige Typen von Multiplettanordnungen in Linienspektren, und zwar von oben nach unten: Triplet von Sc II, Triplet von Ca I, Quartett von Ti II, Quartett von Sc I, Sextett von Cr II, Sextett von V I.

524. Versuch. Anomale Dispersion. Diese läßt sich am absorbierenden Natriumdampf sehr schön mit folgender Versuchsanordnung objektiv vorführen: Ein dünnwandiges Eisenrohr (kein Gasrohr, sondern ein Fahrradstahlrohr), etwa $^1/_2$ bis $^3/_4$ m lang, wird auf beiden Seiten durch aufgekittete Glas-platten verschlossen (die Enden des Rohres müssen zu diesem Zwecke eben geschliffen sein, man nehme als Kitt Siegellack, eine Kühlung der Kittung ist nicht erforderlich). (Abb. 160.) Ferner wird noch ein Ansatz-stutzen zum Evakuieren der Röhre angelötet. In die horizontal gelagerte Röhre wird nun etwas metallisches Natrium (1 bis 2 g) gebracht, dieselbe dann mit einer Wasserstrahlpumpe evakuiert und der mittlere Teil mit zwei bis drei scharf brennenden Bunsenbrennern erhitzt. Damit sich aber ein vertikales Temperaturgefälle ausbilden kann, also eine erhebliche, als Prisma wirkende Dichtezunahme des Natriumdampfes im Rohr von oben nach unten besteht, müssen zu beiden Seiten der Röhre über die Bunsenflammen Asbeststreifen gelegt werden, die eine Erwärmung des oberen Rohrteiles verhindern sollen.

Der Strahlengang ist nun der folgende: Das Licht des positiven Kraters einer Bogenlampe wird auf einen horizontalen Spalt von einigen Millimetern Breite konzentriert, dann wird durch eine Sammellinse das Licht parallel ge-macht, geht so durch die Absorptionsröhre hindurch und wird durch eine zweite gleiche Linse auf dem vertikalen Spalt des Spektroskops gesammelt, so daß hier der erste Spalt scharf erscheint. Die übrige Anordnung zur Projektion des Spektrums ist die übliche: langbrennweitige Sammellinse, Prisma resp. Prismen-satz und Auffangschirm des Spektrums in etwa 2 m Entfernung. Erhitzt man die Röhre, so erscheinen auf dem Schirm sehr bald die beiden für die anomale Dispersion charakteristischen Hyperbeläste der Abb. 161. Der durch Absorption im Natriumdampf dunkle Zwischenraum kann hierbei auf dem Schirm bis zu einigen Millimetern anwachsen; die Erscheinung ist also auf mehrere Meter im Umkreis sehr gut sichtbar, während die übliche Vorführung der anomalen Dispersion mit einem Cyaninprisma nur subjektiv möglich war.

525. Versuch. Umkehr von Spektrallinien. Eine Bogenlampe mit horizontaler positiver Kohle, auf deren beide Kohlen eine reichliche Menge Natriumsulfat aufgeschmolzen ist, zeigt bei geeigneter Stellung auch objektiv die dunkle Natriumlinie, durch Verschieben des Bogens kann man dann gleichzeitig die an derselben Stelle liegende helle Natriumlinie vorführen. Bei der Umkehr von Spektrallinien bietet die geringe zur Verfügung stehende Dispersion stets die Hauptschwierigkeit. Bei hinreichend großer Dispersion würde die Vorführung der Umkehr keine Mühe machen, zeigen doch die Natriumlinien bei Gitteraufnahmen fast regelmäßig „Selbstumkehr". Bei der Versuchsanordnung in Ziff. 524 erkennt man nun schon mit kleinen Prismenapparaten die feine dunkle Doppellinie des Natriumdampfes. Das Rohr darf allerdings dann nur ganz wenig erhitzt werden, da

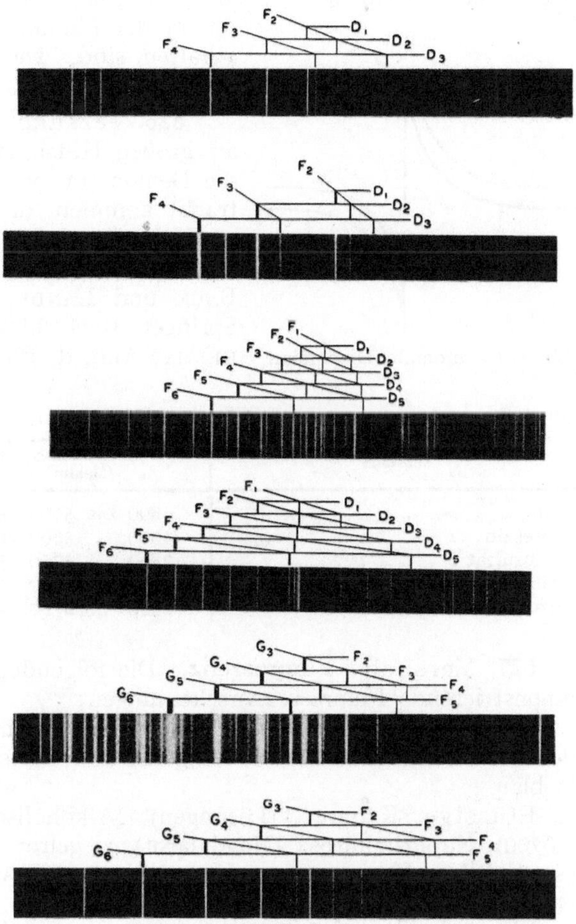

Abb. 159. Multiplettypen (*).

sonst die beiden Linien ineinanderfließen. Das Vorhandensein von anomaler Dispersion zwischen den beiden Linien macht sich an einer stärkeren Auf-

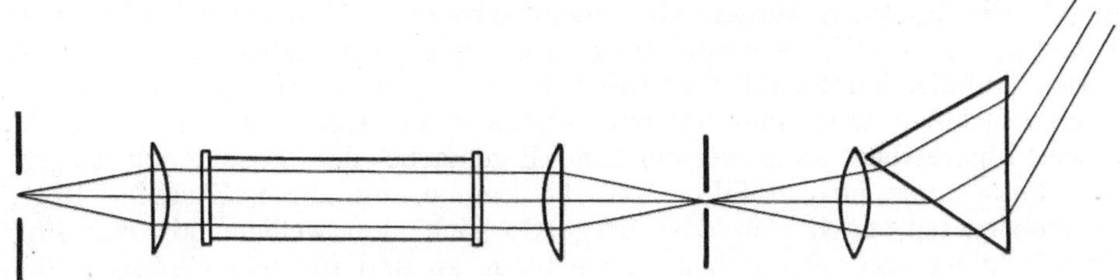

Abb. 160. Demonstration der anomalen Dispersion im Natriumdampf.

hellung des Zwischenraums bemerkbar. Derartige Feinheiten gehen bei der Projektion selbstverständlich verloren und eignen sich daher nur für die sub-

jektive Betrachtung. Auch Bandenspektra kann man entsprechend leicht um·
kehren. Erhitzt man mit kräftigen Bunsenbrennern in einem Kohlerohr Kupfer-
jodid oder -chlorid, so erscheinen im Blauen und Grünen Absorptionsbanden,
die in der Flamme auch als Emissionsbanden zu erhalten sind. Dieser Hinweis muß jedoch hier genügen.

526. Versuch. **Zeemaneffekt.** Da aus Mangel an großen Hilfsmitteln (große Konkavgitter) für die Demonstration nur indirekte Methoden in Betracht kommen, die aber wenig anschaulich sind, so sei hier auf die vorzüglichen Aufnahmen von verschiedenen Zeemaneffekttypen im Buche von BACK und LANDÉ, Zeemaneffekt, Berlin: Julius Springer 1925, hingewiesen, ferner auch E. WIL-HELMY, Ann. d. Phys. Bd. 80, Tafel V—VI, 1926.

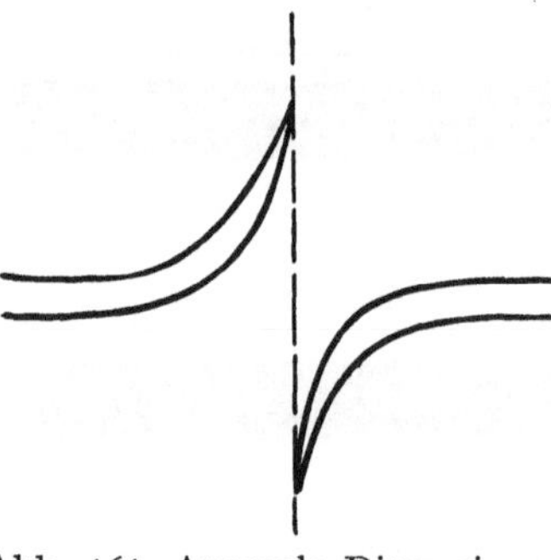
Abb. 161. Anomale Dispersion.

Tabelle 84. Absorptions- und Fluoreszenzbanden aromatischer Verbindungen.

Substanz	Absorptionsgebiet (Maximum)	Fluoreszenzgebiet (Maximum)
Eosin	4800 bis 5600 (5270)	5250 bis 6000 (5450)
Fluoreszin.	4000 ,, 5600 (4400)	5100 ,, 5900 (5500)
Chininsulfat	2860 ,, 3750 (3550)	4100 ,, 5600 (4400)
Anthrazen[1])	3200 ,, 3700	3600 ,, 4400
Benzol	2300 ,, 2700	2600 ,, 3000

527. Versuch. **Fluoreszenz.** Die folgenden Substanzen zeigen leicht zu demonstrierende Fluoreszenzerscheinungen:

Feste Körper: Uranglas, Bariumplatinzyanür (beide hellgrün), sowie fast alle Platinsalze, ferner die Röntgenstrahlleuchtschirme, je nach Sorte, grün bis blau.

Flüssige Körper (Lösungen): Alkoholischer Chlorophyllextrakt, rot (λ 6700), Naphthalinrosa (Magdalarot), ziegelrot (λ 5900), Eosinnatrium, gelb-grün (λ 5450), Fluoreszeinnatrium, hellgrün (λ 5300), angesäuerte Chininsulfat-lösung, grünblau (λ 4500), Petroleum, bläulich.

Gase: Joddampf in evakuierter Glaskugel, gelb.

Man nehme nur ganz verdünnte Lösungen, da sonst die Absorption zu stark wird, und fülle sie in größere Kochflaschen, auf die man durch eine große Sammellinse konzentriertes Bogenlampenlicht fallen läßt, so daß die engste Stelle der Strahlenvereinigung in der Mitte der Flasche zu liegen kommt. Die Flaschen werden vor einem schwarzen Hintergrund aufgestellt (schwarzes Tuch). Die stärkste Fluoreszenz zeigt sich dabei auf der zuerst von den einfallenden Strahlen getroffenen Flüssigkeitsoberfläche. Die durch-gehenden Strahlen fängt man auf einem Schirm auf, um auch gleichzeitig die von der Fluoreszenz stets verschiedene Eigenfarbe der Lösung zu zeigen. Man schalte auch farbige Filter vor die Lampe, um die STOKESsche Regel zu demonstrieren, nach der das erregende Licht kurzwelliger als das Flu-oreszenzlicht ist. So zeigt sich z. B. die blaue an und für sich schwache Flu-oreszenz des Petroleums gut erst bei Verwendung eines Ultraviolettfilters (s. Ver-such 516). Die Fluoreszenzgebiete der meisten Substanzen liegen überhaupt ganz im Ultravioletten (s. Benzol und Derivate). Um die schwache Fluoreszenz

---

[1]) Petroleum zeigt ungefähr die gleiche Fluoreszenz.

des Joddampfes zu zeigen, genügt schon der Dampfdruck des Jods bei Zimmertemperatur. Die Evakuierung der Glaskugel ist unbedingt erforderlich, da durch Fremdgase die Fluoreszenz ausgelöscht wird.

Auf die Tribolumineszenz (Zerbrechen von Zuckerkristallen), Chemilumineszenz (Phosphorleuchten, Reaktionsleuchten) und ähnliche Erscheinungen kann hier nicht eingegangen werden. Die durch Kathodenstrahlen hervorgerufene Lumineszenz (Kathodolumineszenz) ist in Ziff. 416 behandelt worden.

528. Versuch. Phosphoreszenz. Man wird sich darauf beschränken müssen, eine Reihe von Erdalkaliphosphoren (BALMAINsche Leuchtfarben), die je nach den Zusätzen in verschiedenen Farben leuchten, vorzuführen. Man zeigt am besten die Erregung der Phosphoreszenz durch ultraviolette Strahlen, indem man vor die Bogenlampe wieder ein U.V.-Filter vorschaltet. Die Erdalkaliphosphore bestehen aus dem Sulfid des betreffenden Erdalkalimetalls (Ca, Sr, Ba), in das andere Metallsulfide (Cu, Bi, Zn, Mg usw.) in Konzentrationen von $^1/_{10\,000}$ bis $^1/_{100\,000}$ durch einen Schmelz- und Sinterungsprozeß gleichmäßig verteilt werden[1]). Um diesen Sinterungsprozeß zu erleichtern, ist den Sulfiden daher noch ein indifferentes Flußmittel beigemischt. Auf die Selbstherstellung wird man wohl besser verzichten. Wegen Erhöhung der Phosphoreszenzfähigkeit durch tiefe Temperaturen s. Versuche mit flüssiger Luft, Ziff. 228.

529. Versuch. Phosphoreszenz durch Erwärmung (Thermolumineszenz). Man bringe einen Zinksulfidschirm durch Bestrahlung mit dem Licht einer Bogenlampe zur lebhaften Phosphoreszenz. Wird dann dicht hinter dem Schirm ein heißer Eisenstab aufgestellt, so leuchtet die vom Stab erwärmte Stelle des Schirms heller auf. Nach Wegnahme des Stabes erscheint dieselbe Stelle infolge der schnelleren Energieabgabe dunkler als die Umgebung. Diese Erscheinung ist bereits in Versuch 517 zur Sichtbarmachung der ultraroten Strahlen benutzt worden.

530. Versuch. KIRCHHOFFsches Gesetz. Ein dünnes Platinblech wird durch einen elektrischen Strom (15 Amp. werden immerhin hierfür erforderlich sein) auf helle Rotglut gebracht. Bringt man vorher auf dem Blech einen schwarzen Tintenfleck (resp. Ruß) an, so leuchtet dieser heller als das blanke Platin.

531. Versuch. Steht ein **schwarzer Körper** zur Verfügung, so zeigt man, daß innerhalb desselben alle Körper gleich hell glühen, z. B. ein Stückchen Kreide und ein Kohlenstück.

Tabelle 85.
Gesamtstrahlung und Flächenhelle.

Temperatur °	λmax μ	Watt/cm²	HK/cm²
1500	1,92	0,017	0,8
2000	1,44	1,14	46,4
3000	0,96	48,5	2808
5000	0,575	1317	88700
7000	0,413	5890	387000

532. Versuch. WIENsches Verschiebungsgesetz. Die Gesetze der rein thermischen Gesamtstrahlung in Abhängigkeit von der Temperatur sind bereits im Kapitel der Wärmeübertragung behandelt worden, hier handelt es sich nur um die Demonstration der spektralen Verteilung der Wärmestrahlung. Das wichtige WIENsche Verschiebungsgesetz kann man auf zwei Arten anschaulich demonstrieren:

---

[1]) Ferner enthalten sie noch Erdalkalisulfat als Füllmaterial.

a) Man spannt einen Platindraht zwischen zwei Klemmen aus und führt ihn durch zwei Glasröhren, von denen die eine rot, die andere blau gefärbt ist. Erhitzt man den Platindraht durch den elektrischen Strom, so erscheint das Leuchten zuerst in der roten Röhre und erst bei Gelbglut erkennt man das Glühen des Drahtes auch durch die blaue Röhre hindurch. Da der Draht sich bei der Erhitzung ausdehnt und dann herabhängt, so sind die Röhren durch Asbeststreifen vor einer Berührung des glühenden Drahtes zu schützen.

b) Man bestrahlt eine Crookessche Lichtmühle mit verschiedenen Lampentypen und zeigt die verschiedenen Rotationsgeschwindigkeiten als Maß für die ausgestrahlte Energie. Die gelbglühende Kohlenfadenlampe sendet bei geringerer sichtbarer Helligkeit mehr Wärmestrahlen aus als die heißere Wolframdrahtlampe oder die weißglühende Halbwattlampe (vgl. hierzu die Tabelle über den visuellen Nutzeffekt von verschiedenen Beleuchtungsarten).

533. Strahlungsgesetze. Spez. Strahlungsintensität $E_\lambda =$ die im Wellenlängenbereich $d\lambda$ in einer Sekunde von 1 cm² in die Raumwinkeleinheit ausgesandte Strahlungsenergie.

Wiensches Verschiebungsgesetz:

$$\lambda_{max} \cdot T = 2880 \cdot T\ [\mu \cdot \text{grad}],$$
$$E_{max} = 2,08 \cdot 10^{-5} \cdot T^5.$$

Wiensche Strahlungsformel (für kleine λT):

$$E_\lambda = \frac{c^2 h}{\lambda^5} e^{-\frac{c_2}{\lambda T}}.$$

Rayleighsche Strahlungsformel (für große λT):

$$E_\lambda = c \cdot k \cdot \frac{T}{\lambda^4}.$$

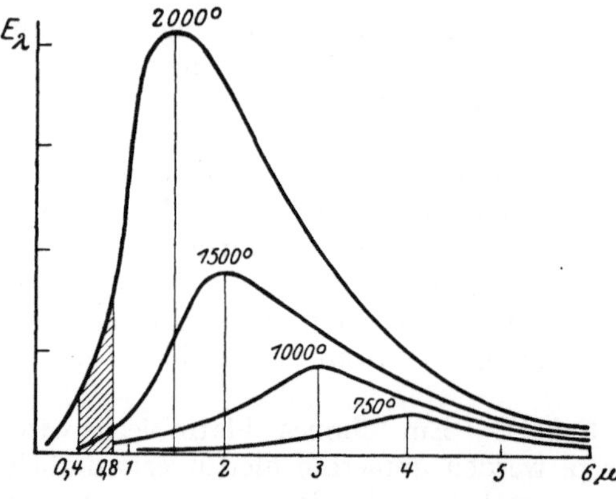

Abb. 162. Energiekurven der Wärmestrahlung (*).

Plancksche Strahlungsformel (für beliebige λT):

$$E_\lambda = \frac{c^2 h}{\lambda^5} \left(e^{-\frac{c_2}{\lambda T}} - 1 \right)^{-1}.$$

Stefan-Boltzmansches Gesetz der Gesamtstrahlung:

$$E = \sigma T^4.$$

Plancksche Strahlungskonstante:

$$c_2 = \frac{ch}{k} = 14300\ \mu \cdot \text{grad}\ [1].$$

Plancksches Wirkungsquantum: $h = 6,54 \cdot 10^{-27}$ Erg · sec.

Stefan-Boltzmansche Konstante:

$$\sigma = \frac{2\pi^5 k^4}{15\ c^2 h^3} = 5,75 \cdot 10^{-12}\ \text{Watt cm}^{-2}\ \text{grad}^{-4}.$$

---

[1]) Für Platin kann 15600 gesetzt werden.

Solarkonstante: $1{,}93$ cal/min $= 1{,}35 \cdot 10^6$ Erg $\cdot$ sec^{-1}.

Strahlungsdruck der Sonne: $8{,}88 \cdot 10^{-5}$ dyn cm^{-2}.

Lichtstärke der Sonne: $7 \cdot 10^{26}$ HK.

Tabelle 86.
Temperatur und Nutzeffekt verschiedener Lichtquellen.

Lichtquelle	wahre abs. Temperatur $^{\circ}$	Lichtausbeute HK/Watt	Spez. Verbrauch Watt/HK
Hefnerkerze	1750	0,0091	110
Petroleumlampe	1850	0,025	40
Gasglühlicht	2000	0,10	10
Kohlenfadenlampe . . .	2135	0,26	3,9
Wolframdrahtlampe . .	2350	0,74	1,35
Azetylenlicht	2400	0,056	18
Nernstlampe	2600	0,42	2,4
Halbwattdrahtlampe . .	2800	1,67	0,60
Bogenlampe	4200	0,63	1,58
Effektkohlen	4200	2,1	0,48

Sachverzeichnis.

Alle Seitenzahlen bis 179 beziehen sich auf die Geschichte der Physik, alle Seitenzahlen von 209 ab auf die Vorlesungstechnik.

Handbuch der Physik

Inhaltsübersicht des Gesamtwerkes:

Band I: Geschichte der Physik — Vorlesungstechnik

Geschichte der Physik. Von Professor Dr. Edmund H o p p e, Göttingen.

Physikalische Literatur. Von Professor Dr. Karl S c h e e l, Berlin-Dahlem.

Unterricht und Forschung. Von Professor Dr. H. T i m e r - d i n g, Braunschweig.

Vorlesungstechnik. Von Dr. Anton L a m b e r t z, Köln a. Rh., und Dr. R. M e c k e, Bonn a. Rh.

Band II: Elementare Einheiten und ihre Messung

Einheiten, Dimensionen, Maßsysteme. Von Professor Dr. J. W a l l o t, Charlottenburg.

Längenmessung, Winkelmessung. Von Professor Dr. F. G ö p e l, Charlottenburg.

Massenmessung. Von Dr. W. F e l g e n t r a e g e r, Charlottenburg.

Raummessung und spezifisches Gewicht. Von Professor Dr. K a r l S c h e e l, Berlin-Dahlem.

Zeitmessung, Geschwindigkeitsmessung. Von Professor Dr. C. C r a n z, Charlottenburg, Gen.-Ing. V. Ritter

von N i e s i o l o w s k i - G a w i n, Wien, und Dipl.-Ing. W. S c h m u n d t, Königsberg i. Pr.

Erzeugung und Messung von Drucken. Von Dr. H. E b e r t, Charlottenburg.

Schweremessungen. Von Professor Dr.-Ing. A. B e r r o t h, Potsdam.

Allgemeine physikalische Konstanten. Von Professor Dr. F. H e n n i n g und Professor Dr. W. J a e g e r, Berlin.

Band III: Mathematische Hilfsmittel in der Physik

Infinitesimalrechnung, Algebra. Von Dr. Adalbert D u - s c h e k, Wien.

Vektor- und Tensorrechnung. Von Dr. Theodor R a - d a k o v i c, Wien.

Geometrie. Von Dr. Adalbert D u s c h e k, Wien.

Funktionentheorie. Von Dr. Theodor R a d a k o v i c, Wien.

Spezielle Funktionen. Von Dr. Josef L e n s e, Wien.

Gewöhnliche Differentialgleichungen. Von Dr. Theodor R a d a k o v i c, Wien.

Partielle Differentialgleichungen. Von Dr. Josef L e n s e, Wien.

Variationsrechnung. Von Dr. Theodor R a d a k o v i c, Wien.

Differentialgeometrie. Von Dr. Adalbert D u s c h e k, Wien.

Integralgleichungen, Potentialtheorie. Von Dr. Josef L e n s e, Wien.

Mathematische Statistik und Wahrscheinlichkeitsrechnung. Von Professor Dr. F. Z e r n i k e, Groningen.

Ausgleichsrechnung, Nomographie, Numerische Differentiation und Integration. Von Dr. Karl M a d e r, Wien.

Band IV: Allgemeine Grundlagen der Physik

Ziele und Wege der physikalischen Erkenntnis. Von Professor Dr. H. R e i c h e n b a c h, Stuttgart.

Der Aufbau der theoretischen Physik. Von Professor Dr. H. T h i r r i n g, Wien.

Prinzipien der Statistik. Von Dr. O. H a l p e r n, Wien.

Allgemeine Relativitätstheorie. Von Dr. G. B e c k, Bern.

Der Bau des Kosmos. Von Dr. W. E. B e r n h e i m e r, Wien.

Band V: Grundlagen der Mechanik — Mechanik der Punkte und starren Körper

Die Axiome der Mechanik. Von Professor Dr. G. H a m e l, Berlin.

Prinzipe der Dynamik. Von Dr. L. N o r d h e i m, Göttingen.

Störungstheorie. Von Dr. E. F u e s, Zürich.

Geometrie der Bewegungen. Von Professor Dr. H. A l t, Dresden.

Geometrie der Kräfte und Massen. Von Professor Dr. C. B. B i e z e n o, Delft.

Mechanik der Massenpunkte. Von Professor Dr. R. G r a m m e l, Stuttgart.

Kinetik der starren Körper. Von Professor Dr. M. W i n k e l m a n n, Jena.

Technische Anwendungen der Stereomechanik. Von Professor Dr.-Ing. Th. P ö s c h l, Prag.

Relativitätsmechanik. Von Dr. Otto H a l p e r n, Wien.

Band VI: Mechanik der elastischen Körper

Physikalische Grundlagen der Elastomechanik. Von Professor Dr. Otto F ö p p l und Dr. B u s e m a n n, Braunschweig.

Mathematische Elastizitätstheorie. Von Professor Dr. E. T r e f f t z, Dresden.

Elastostatik. Von Dr. J. W. G e c k e l e r, Jena.

Elastokinetik. Von Professor Dr. F. P f e i f f e r, Stuttgart.

Theorie der Erdbebenwellen. Von Professor Dr. G. A n g e n h e i s t e r, Göttingen.

Plastizität. Von Professor Dr.-Ing. A. N á d a i, Göttingen.

Band VII: Mechanik der flüssigen und gasförmigen Körper

Ideale Flüssigkeiten. Von Professor Dr. M. L a g a l l y, Dresden.

Zähe Flüssigkeiten. Von Professor Dr. L. H o p f, Aachen.

Strömungen. Von Professor Dr. Ph. F o r c h h e i m e r, Wien.

Tragflügel und hydraulische Maschinen. Von Dipl.-Ing. Dr. A. B e t z, Göttingen.

Gasdynamik. Von Dr. J. A c k e r e t, Göttingen.

Kapillarität. Von Dr. A. G y e m a n t, Charlottenburg.

Band VIII: Akustik

Einleitung. Von Dr. Ferd. T r e n d e l e n b u r g, Berlin-Nikolassee.

Mathematische Darstellungen. Von Dr. H. B a c k h a u s, Charlottenburg.

Schallerzeugung mit mechanischen Mitteln. Von Professor Dr. A. K a l ä h n e, Danzig-Oliva.

Elektrische Schallsender. Von Dr. H. L i c h t e, Berlin-Schöneberg.

Thermodynamische Schallerzeugung. Von Dr. Johann F r i e s e, Breslau.

Musikinstrumente. Von Professor Dr. C. V. R a m a n, Kalkutta.

Musikalische Tonsysteme. Von Professor Dr. E. von H o r n b o s t e l, Berlin-Steglitz.

Physik der Sprachklänge. Von Dr. Ferd. T r e n d e l e n b u r g, Berlin-Nikolassee.

Empfang, Messung und Umformung akustischer Energie. Von Dr. E. L ü b c k e, Berlin-Siemensstadt, Dr. H. S e l l, Berlin-Siemensstadt, Dr. Ferd. T r e n d e l e n b u r g, Berlin-Nikolassee.

Das Gehör. Von Dr. E. M e y e r, Berlin-Wilmersdorf.

Die Ausbreitung akustischer Schwingungsvorgänge. Von Dr. E. L ü b c k e, Berlin-Siemensstadt.

Raumakustik. Von Professor Dr. E. M i c h e l, Hannover.

Band IX: Theorien der Wärme (bereits erschienen)

Klassische Thermodynamik. Von Professor Dr. K. F. H e r z f e l d, München.

Der Nernstsche Wärmesatz. Von Dr. K. B e n n e w i t z, Berlin.

Statistische und molekulare Theorie der Wärme. Von Dr. A. S m e k a l, Wien.

Axiomatische Begründung der Thermodynamik durch Carathéodory. Von Professor Dr. A. L a n d é, Tübingen.

Quantentheorie der molaren thermodynamischen Zustandsgrößen. Von Professor Dr. A. B y k, Charlottenburg.

Die kinetische Theorie der Gase und Flüssigkeiten. Von Professor Dr. G. J ä g e r, Wien.

Erzeugung von Wärme aus anderen Energieformen. Von Professor Dr. W. J a e g e r, Charlottenburg.

Temperaturmessung. Von Professor Dr. F. H e n n i n g, Berlin.

Band X: Thermische Eigenschaften der Stoffe (bereits erschienen)

Zustand des festen Körpers. Von Professor Dr. E. G r ü n - e i s e n, Charlottenburg.

Schmelzen, Erstarren, Sublimieren. Von Professor Dr. F. K ö r b e r, Düsseldorf.

Zustand der gasförmigen und flüssigen Körper. Von Professor Dr. J. D. v a n d e r W a a l s, Amsterdam.

Thermodynamik der Gemische. Von Professor Dr. Ph. K o h n s t a m m, Amsterdam.

Spezifische Wärme (theoretischer Teil). Von Professor Dr. E. S c h r ö d i n g e r, Zürich.

Spezifische Wärme (experimenteller Teil). Von Professor Dr. Karl S c h e e l, Berlin-Dahlem.

Die Bestimmung der freien Energie. Von Dr. F. S i m o n, Berlin.

Thermodynamik der Lösungen. Von Professor Dr. C. D r u c k e r, Leipzig.

Band XI: Anwendung der Thermodynamik (bereits erschienen)

Thermodynamik der Erzeugung des elektrischen Stromes. Von Professor Dr. W. J a e g e r, Charlottenburg.

Wärmeleitung. Von Professor Dr. M. J a k o b, Charlottenburg.

Thermodynamik der Atmosphäre. Von Professor Dr. A. W e g e n e r, Graz.

Hygrometrie. Von Dr. M. R o b i t z s c h, Lindenberg.

Thermodynamik der Gestirne. Von Professor Dr. E. F r e u n d l i c h, Neubabelsberg.

Thermodynamik des Lebensprozesses. Von Professor Dr. O. M e y e r h o f, Berlin-Dahlem.

Erzeugung tiefer Temperaturen und Gasverflüssigung. Von Dr. W. M e i ß n e r, Berlin.

Erzeugung hoher Temperaturen. Von Dr. C. M ü l l e r, Charlottenburg.

Wärmeumsatz bei Maschinen. Von Professor Dr. K. N e u m a n n, Hannover.

Band XII: Theorien der Elektrizität und des Magnetismus — Elektrostatik

Maxwell-Hertz'sche Theorie. Von Dr. F. Z e r n e r, Wien.

Elektronentheorie. Von Dr. F. Z e r n e r, Wien.

Elektrodynamik bewegter Körper und spezielle Relativitätstheorie. Von Professor Dr. H. T h i r r i n g, Wien.

Das Elektron und die Ionen. Von Professor Dr. E. M e y e r, Zürich.

Elektrostatik der Leiter. Von Professor Dr. F. Kottler, Wien.

Dielektrika. Von Prof. Dr. A. G ü n t h e r s c h u l z e, Berlin.

Band XIII: Elektrizitätsbewegung in festen und flüssigen Körpern

Leitfähigkeit der Metalle. Von Professor Dr. E. G r ü n - e i s e n, Berlin.

Berechnung von Strömungsfeldern. Von Professor Dr. F. N o e t h e r, Breslau.

Thermoelektrizität. Von Dr. Gerda L a s k i, Berlin.

Thermomagnetische und galvanomagnetische Erscheinungen. Von Professor Dr. W. G e r l a c h, Tübingen.

Austritt von Ionen und Elektronen aus glühenden Körpern. Von Dr. O. H a l p e r n, Wien.

Lichtelektrische Erscheinungen. Von Professor Dr. B. G u d d e n, Erlangen.

Pyro- u. Piezoelektrizität. Von Dr. H. F a l k e n h a g e n, Köln.

Elektrolytische Leitung in festen Körpern. Von Professor Dr. G. v. H e v e s y, Kopenhagen.

Berührungs- und Reibungselektrizität. Von Professor Dr. A. C o e h n, Göttingen.

Elektrizitätsleitung in Flüssigkeiten und Theorie der elektrolytischen Dissoziation. Von Dr. E. B a a r s, Marburg, Lahn.

Elektrolyse. Von Dr. E. B a a r s, Marburg, Lahn.

Elektrokinetik. Von Dr. G. E t t i s c h, Berlin.

Elektrokapillarität. Von Dr. G. E t t i s c h, Berlin.

Wasserfallelektrizität. Von Prof. Dr. A. C o e h n, Göttingen.

Band XIV: Elektrizitätsbewegung in Gasen

Unselbständige Entladung zwischen kalten Elektroden. Von Dr. H. S t ü c k l e n, Zürich.

Ionisation durch glühende Körper. Von Dr. H. S t ü c k l e n, Zürich.

Flammenleitfähigkeit. Von Dr. H. S t ü c k l e n, Zürich.

Über die stille Entladung in Gasen. Von Professor Dr. E. W a r b u r g, Berlin.

Die Glimmentladung. Von Dr. R. B ä r, Zürich.

Der elektrische Lichtbogen. Von Professor Dr. A. H a g e n b a c h, Basel.

Funkenentladung. Von Professor Dr. E. W a r b u r g, Berlin.

Die elektrischen Figuren. Von Professor Dr. Karl P r z i b r a m, Wien.

Atmosphärische Elektrizität. Von Professor Dr. G. A n g e n h e i s t e r, Potsdam.

Band XV: Magnetismus — Elektromagnetisches Feld

Magnetostatik. Von Professor Dr. Paul H e r t z, Göttingen.

Magnetische Felder von Strömen. Von Professor Dr. Paul H e r t z, Göttingen.

Dia- u. Paramagnetismus. Von Dr. W. S t e i n h a u s, Berlin.

Ferromagnetismus. Von Professor Dr. E. G u m l i c h, Berlin, und Dr. W. S t e i n h a u s, Berlin.

Erdmagnetismus. Von Professor Dr. G. A n g e n h e i s t e r, Potsdam.

Elektromagnetische Induktion. Von Professor Dr. S. V a l e n t i n e r, Clausthal.

Wechselströme. Von Dr. R. S c h m i d t, Berlin.

Elektrische Schwingungen. Von Dr. E. A l b e r t i, Berlin.

Band XVI: Apparate und Meßmethoden für Elektrizität und Magnetismus

Die elektrischen Maßsysteme und Normalien. Von Professor Dr. W. J a e g e r, Charlottenburg.

Auf Influenz und Reibungselektrizität beruhende Apparate und Geräte. Von Dr. G. M i c h e l, Berlin.

Elemente. Von Professor Dr. H. v. S t e i n w e h r, Berlin.

Auf der Induktion beruhende Apparate. Von Professor Dr. S. V a l e n t i n e r, Clausthal.

Ventile, Gleichrichter, Verstärkerröhren, Relais. Von Professor Dr. A. G ü n t h e r s c h u l z e, Berlin.

Telefon und Mikrophon. Von Dr. W. M e i ß n e r, Berlin.

Schwingung und Dämpfung in Meßgeräten u. elektr. Stromkreisen. Von Professor Dr. W. J a e g e r, Charlottenburg.

Elektrostatische Meßinstrumente. Von Professor Dr. F. K o t t l e r, Wien.

Auf dem magnetischen Feld beruhende Meßinstrumente. Von Dr. R. S c h m i d t und Professor Dr. A. S c h e r i n g, Berlin.

Auf dem thermischen Effekt beruhende Meßinstrumente. Von Professor Dr. A. S c h e r i n g, Berlin.

Auf elektrolytischer Wirkung beruhende Meßinstrumente. Von Professor Dr. A. G ü n t h e r s c h u l z e, Berlin.

Widerstände. Von Professor Dr. H. v. S t e i n w e h r, Berlin.

Selbstinduktionen und Kapazitäten. Von Professor Dr. E. G i e b e, Berlin.

Meßwandler, Stromwandler, Spannungswandler. Von Professor Dr. A. S c h e r i n g, Berlin.

Wellenmesser und Frequenznormale. Von Dr. E g o n A l b e r t i, Berlin.

Allgemeines und Technisches über elektrische Messungen. Von Professor Dr. W. J a e g e r, Charlottenburg.

Messung der Elektrizitätsmenge, des Stromes, der Leistung und der Arbeit. Von Professor Dr. A. S c h e r i n g und Dr. R. S c h m i d t, Berlin.

Elektrometrie. Von Professor Dr. A. S c h e r i n g, Berlin.

Widerstandsmessungen. Von Professor Dr. H. v. S t e i n - w e h r, Berlin.

Messung von Selbstinduktionen und Kapazitäten. Von Professor Dr. E. G i e b e, Berlin.

Messung von Dielektrizitätskonstanten und dielektrischen Verlusten. Von Professor Dr. A. S c h e r i n g, Berlin.

Meßmethoden bei elektrischen Schwingungen. Von Dr. E. A l b e r t i, Berlin.

Elektrochemische Messungen. Von Dr. E. B a a r s, Marburg a. Lahn.

Messung der magnetischen Eigenschaften der Körper. Von Professor Dr. E. G u m l i c h, Berlin, und Dr. W. S t e i n h a u s, Berlin.

Herstellung und Ausmessung magnetischer Felder. Von Professor Dr. E. G u m l i c h, Berlin.

Erdmagnetische Messungen. Von Professor Dr. G. A n g e n - h e i s t e r, Potsdam.

Band XVII: Elektrotechnik

Telegraphie und Telephonie auf Leitungen. Von Professor Dr. F. B r e i s i g, Berlin.

Drahtlose Telegraphie und Telephonie. Von Professor Dr. F. K i e b i t z, Berlin.

Röntgentechnik. Von Dr. H. B e h n k e n, Berlin.

Elektromedizin. Von Dr. H. B e h n k e n, Berlin.

Transformatoren. Von Dr. R. V i e w e g, Berlin, und Dipl.-Ing. V. V i e w e g, Berlin.

Elektrische Maschinen. Von Dr. R. V i e w e g, Berlin, und Dipl.-Ing. V. V i e w e g, Berlin.

Technische Quecksilberdampf-Gleichrichter. Von Professor Dr. A. G ü n t h e r s c h u l z e, Berlin.

Hochspannungstechnik. Von Professor Dr. W. S c h u - m a n n, München.

Überspannungen und Überströme. Von Dr. A. F r a e n c k e l, Berlin.

Band XVIII: Geometrische Optik — Optische Konstanten — Optische Instrumente

Geometrische Optik. Von Dr. H. B o e g e h o l d, Jena, Dr. O. E p p e n s t e i n, Jena, Dr. H a r t i n g e r, Jena, Prof. Dr. F. J e n t z s c h, Berlin, Dr. W. M e r t é, Jena.

Spiegel aller Arten und daraus entstehende Instrumente, Prismen, Prismensätze usw. Von Dr. F. L ö w e, Jena.

Fernrohre aller Art. Von Dr. O. E p p e n s t e i n, Jena.

Das photographische Objektiv, Das Auge und das Sehen,

Brillen. Von Professor Dr. M. v. R o h r, Jena.

Beleuchtungsapparate, Mikroskope, Lupen, Ultramikroskope. Von Dr. H. B o e g e h o l d, Jena.

Besondere optische Instrumente, soweit nicht anderwärts behandelt. Von Professor Dr. H. K o n e n, Bonn.

Optische Konstanten. Von Dr. H. K e ß l e r, Jena, und Professor Dr. H. K o n e n, Bonn.

Band XIX: Herstellung und Messung des Lichtes

Natürliche und künstliche Lichtquellen.
1. Sonnenstrahlung. Von Professor Dr. H. R o s e n - b e r g, Kiel. 2. Himmelsstrahlung. 3. Blitz, Nordlicht, atmosphärische Erscheinungen. Von Professor Dr. C. J e n s e n, Hamburg. 4. Übersicht über die kosmischen Lichtquellen. Von Professor Dr. J. H o p - m a n n, Bonn. 5. Glühende Körper, insbesondere schwarze. Von Frl. Dr. E. L a x, Berlin, und Professor Dr. M. P i r a n i, Berlin-Wilmersdorf. 6. Bogenlicht, Funke. Von Professor Dr. H. K o n e n, Bonn, und Dr. R. F r e r i c h s, Bonn. 7. Gasentladungen. Von Professor Dr. H. K o n e n, Bonn, und Dr. R. F r e r i c h s, Bonn. 8. Röntgenstrahlen (Technisches, Art, Verteilung und Zusammensetzung). Von Dr. H. B e h n k e n, Charlottenburg. 9. Luminescenzquellen. Von Professor Dr. P. P r i n g s h e i m, Berlin. 10. Flammen, chemische Prozesse. Von Professor Dr. H. K o n e n, Bonn, und Dr. R. F r e r i c h s, Bonn.

Lichttechnik.
1. Allgemeines, wirtschaftliche Grundsätze, physiologische Gesichtspunkte, Stellung der Aufgabe. 2. Methoden zur Strahlungserzeugung, schwarze, nicht schwarze Körper, Luminescenz. 3. Historische Übersicht über die Entwicklung der Lichttechnik. 4. Gaslicht. 5. Elektrische Lichtquellen. 6. Luminescenzlampe, Gasent-

ladungslampe. 7. Die Bewertung der elektrischen Lichtquellen. Von Frl. Dr. E. L a x, Berlin, und Professor Dr. M. P i r a n i, Berlin-Wilmersdorf. 8. Reflektoren. Von Dipl.-Ing. L. S c h n e i d e r, Berlin.

Methoden der Untersuchung.
1. Photometrie. Von Professor Dr. E. B r o d h u n, Berlin-Grunewald. 2. Photographie. Von Professor Dr. J. E g g e r t, Berlin-Friedenau, und Dr. W. R a h t s, Berlin. 3. Spectralphotometrie, Absorptionsphotometrie. Von Professor Dr. H. L e y, Münster i. W. 4. Colorimetrie. Von Dr. F. L ö w e, Jena. 5. Energieverteilung, Gesamtenergie, Meßmethoden, Linienintensitäten. Von Dr. Th. D r e i s c h und Dr. R. F r e r i c h s, Bonn. 6. Polarimetrie. Von Professor Dr. O. S c h ö n r o c k, Berlin. 7. Wellenlängenmessungen. Von Professor Dr. H. K o n e n, Bonn. 8. Besondere Methoden: a) Ultrarot. Von Frl. Dr. G. L a s k i, Berlin. b) photographisch erreichbarer Teil. Von Professor Dr. H. K o n e n, Bonn. c) Röntgengebiet. Von Dr. H. B e h n k e n, Charlottenburg. 9. Fortpflanzungsgeschwindigkeit des Lichtes. Von Professor Dr. H. R o s e n b e r g, Kiel. 10. Besondere Meßmethoden, elliptisches Licht, teilweise polarisiertes Licht. Von Professor Dr. G. S z i v e s s y, Münster.

Band XX: Natur des Lichtes

Experimentelle Grundlagen und elementare Theorie.
1. Klassische und neuere Interferenzversuche und Interferenzapparate. a) Elementare Theorie derselben. 2. Beugungsversuche. a) Einfachste Beugungsversuche mit elementarer Theorie. b) Auf Beugung beruhende Instrumente und Anordnungen; genauere Theorie der einfachsten Versuche. Von Professor Dr. L. G r e b e, Bonn. c) Die Beugung in den optischen Instrumenten in Beziehung zur Grenze des Auflösungsvermögens. Von Professor Dr. F. J e n t z s c h, Berlin. d) Andere Fälle von Beugung (Regenbogen, Halos); fein verteilte Substanzen. Von Dr. R. M e c k e, Bonn. 3. Polarisation. a) Grundversuche über Erzeugung und Eigenschaften des polar. Lichtes, mit Ausschluß der Krystalloptik. b) Interferenz und Beugung des polar. Lichtes. Von Professor Dr. G. S z i v e s s y, Münster. 4. Beziehung zu anderen Erscheinungen, Zeemaneffekt, Kerreffekt, Doppelbrechung, magn. Drehung, Metallreflektion, Beziehungen zu lichtelektrischen Erscheinungen usw. elementar, nur in Übersicht. Von Professor Dr. H. K o n e n, Bonn.

5. Der Energietransport durch das Licht auf Grund der Versuche. a) Weißes Licht, seine Eigenschaften; schwarze Strahlung. Von Professor Dr. L. G r e b e, Bonn. b) Gesetze der schwarzen Strahlung, Strahlung nichtschwarzer Körper. Von Professor Dr. L. G r e b e, Bonn.

Lichttheorien.
1. Historische Übersicht. 2. Elektromagnetische Theorie. a) Grundsätzliches, Maxwell, Elektronentheorie, allgemeine Sätze. b) Grenzbedingungen. c) Anisotrope Medien. d) Strenge Theorie der Interferenz und Beugung mit Übersicht über die behandelten Fälle. e) Grundsätzliches über Reflektion, Brechung, Dispersion und Absorption. f) Metallreflektion. Von Professor Dr. Walter K ö n i g, Gießen. 3. Beziehungen zur Thermodynamik. Allgemeine Sätze, Beziehungen zur Relativitätstheorie, Quanten und Korrespondenzprinzip. Vergleich mit Erfahrung. 4. Zusammenfassende Übersicht über den zeitigen Stand der Wellentheorie des Lichtes. Von Professor Dr. A. L a n d é, Tübingen.

Krystalloptik.
1. Optisches Verhalten der Krystalle, Wellenflächen, elementare Theorie. 2. Interferenz des polarisierten Lichtes. a) Ebene Wellen. b) Convergentes Licht. c) Rotationspolarisation. 3. Beziehungen zur Temperatur, Elastizität usw. 4. Feinere Theorie der Polarisationsapparate, Polariskope usw. Von Professor Dr. G. S z i v e s s y, Münster. 5. Polarisation und chemische Konstitution. Von Professor Dr. H. L e y, Münster i.W. 6. Inhomogene Körper, technische Anwendungen. Künstliche Doppelbrechung. Von Professor Dr. Walter K ö n i g, Gießen.

Band XXI: Licht und Materie

Absorption und Dispersion.
1. Absorption der festen Körper, abhängig vom Spektralbereich, Temperatur usw., Schwingungsrichtung, Magnetfeld, Körperfarben, Definitionen. Von Professor Dr. L. G r e b e, Bonn. 2. Absorption der Lösungen und Flüssigkeiten. Einfluß von Aggregatzustand usw. 3. Absorption und Konstitution. Von Professor Dr. H. L e y, Münster i. W. 4. Absorption und Streuung der Gase. Übersicht. Von Dr. R. M e c k e, Bonn. 5. Absorption und Streuung im Bereiche kurzer Wellen. Von Professor Dr. L. G r e b e, Bonn. 6. Experimentelles über normale und anormale Dispersion. 7. Dispersionsformeln und Eigenwellenlängen. 8. Dispersionstheorie. Schlüsse aus Konstanten. Von Professor Dr. K. F. H e r z f e l d, München, und Dr. L. W o l f, Potsdam.
Emission.
1. Allgemeines, Beziehung von Emission und Absorption. Von Professor Dr. H. K o n e n, Bonn. 2. Emission fester Körper. Von Frl. Dr. E. L a x, Berlin, und Professor Dr. M. P i r a n i, Berlin-Wilmersdorf. 3. Linienspektra mit Einschluß der Röntgenspektra. a) Allgemeines. b) Charakter der Linien, Intensitätsverteilung, Verbreiterung, Umkehr, Feinstruktur. c) Konstanz u.Veränderlichkeit d.Wellenlängen. d) Leuchtdauer. e) Bau der Spektra, historisch. Von Professor Dr. H. K o n e n, Bonn. f) Typen, Multiplets, Serien. g) Systematische Übersicht über die bekannten Linienspektren. Von Dr. R. F r e r i c h s, Bonn h) Röntgenspektra. Von Professor Dr. L. G r e b e, Bonn. i) Zeemaneffekt, Starkeffekt. Von Professor Dr. A. L a n d é, Tübingen. Druckeffekt. Von Professor Dr. H. K o n e n, Bonn. k) Energiestufen, Anregung. Von Dr. P. J o r d a n, Göttingen. l) Intensitätsregeln. Von Dr. R. F r e r i c h s, Bonn. 4. Molekülspektra. a) Allgemeines; b) Ultrarote Serien. c) Feinstruktur, Systematik, Kombinationen. d) Einfluß des Magnetfeldes usw. e) Bandenspektra und chemische Konstitution. Von Dr. R. M e c k e , Bonn. 5. Fluoreszenz und Phosphoreszenz. Übersicht, 6. Andere Luminiszenzen. Von Professor Dr.P. P r i n g s h e i m, Berlin. 7. Fluoreszenz und chemische Konstitution. Von Professor Dr. H. L e y, Münster i. W. 8. Kontinuierliche Gasspektra. Von Professor Dr. L. G r e b e, Bonn. 9. Spektralanalyse. a) Optisches Gebiet. Von Dr. F. L ö w e, Jena. b) Röntgengebiet. Von Professor Dr. L. G r e b e, Bonn. 10. Anwendung auf kosmische Fragen. Von Professor Dr. J. H o p m a n n, Bonn.

Band XXII: Elektronen — Atome — Moleküle (bereits erschienen)

Elektronen. Von Professor Dr. W. G e r l a c h ,Tübingen.
Atomkerne: Kernladung, Kernmasse. Von Dr. K. P h i l i p p, Berlin-Dahlem. Das α-Teilchen als Heliumkern. Von Professor Dr. O. H a h n, Berlin-Dahlem. Kernstruktur. Von Professor Dr. Lise M e i t n e r, Berlin-Dahlem. Atomzertrümmerungen. Von Dr. H. P e t t e r s s o n, Göteborg, und Dr. G. K i r s c h, Wien.
Radioaktivität: Der radioaktive Zerfall. Von Dr. W. B o t h e, Charlottenburg. Die radioaktiven Stoffe. Von Professor Dr. St. M e y e r, Wien. Die Bedeutung der Radioaktivität für chemische Untersuchungsmethoden. Die Bedeutung der Radioaktivität für die Geschichte der Erde. Von Professor Dr. O. H a h n, Berlin-Dahlem.
Die Ionen in Gasen. Von Professor Dr. K. P r z i b r a m, Wien.
Größe und Bau der Moleküle. Von Professor Dr. K. F. H e r z f e l d, München, und Professor Dr. H. G. H e r z f e l d, Würzburg.
Das natürliche System der chemischen Elemente. Von Professor Dr. F. P a n e t h, Berlin.

Band XXIII: Quanten (bereits erschienen)

Quantentheorie. Von Dr. W. P a u l i, Hamburg.
Methoden zur h-Bestimmung und ihre Ergebnisse. Von Professor Dr. R. L a d e n b u r g, Berlin.
Absorption und Zerstreuung der Röntgenstrahlen. Von Dr. W. B o t h e, Charlottenburg.
Das kontinuierliche Röntgenspektrum. Von Dr. H. K u l e n k a m p f f, München.
Anregung von Emission durch Einstrahlung. Von Professor Dr. P. P r i n g s h e i m, Berlin.
Photochemie. Von Dr. W. N o d d a c k, Charlottenburg.
Anregung von Quantensprüngen durch Stöße. Von Professor Dr. J. F r a n c k und Dr. P. J o r d a n, Göttingen.

Band XXIV: Negative und positive Strahlen — Zusammenhängende Materie

Durchgang von Elektronen durch Materie. Von Dr. W. B o t h e, Charlottenburg.
Durchgang von Kanalstrahlen durch Materie. Von Professor Dr. E. R ü c h a r d t, München, und Professor Dr. H. B a e r w a l d, Darmstadt.
Durchgang von α-Strahlen durch Materie. Von Professor Dr. H. G e i g e r, Kiel.
Bau der zusammenhängenden Materie, Theoretische Grundlagen. Von Professor Dr. M. B o r n und Dr. O. F. B o l l n o w, Göttingen.
Aufbau der festen Materie und seine Erforschung durch Röntgenstrahlen. Von Professor Dr. P. P. E w a l d, Stuttgart.
Atomaufbau und Chemie. Von Prof. Dr. H. G. G r i m m, Würzburg.

Die einzelnen Bände erscheinen nicht der Reihe nach; vielmehr werden diejenigen Bände zuerst gedruckt, von denen alle Beiträge eingelaufen sind.

Bisher erschienen:

Band	IX: Mit 61 Abbildungen.	(624 Seiten)	RM 46.50; gebunden RM 49.20
Band	X: Mit 207 Abbildungen.	(494 Seiten)	RM 35.40; gebunden RM 37.50
Band	XI: Mit 198 Abbildungen.	(462 Seiten)	RM 34.50; gebunden RM 37.20
Band	XXII: Mit 148 Abbildungen.	(576 Seiten)	RM 42.—; gebunden RM 44.70
Band	XXIII: Mit 225 Abbildungen.	(792 Seiten)	RM 57.—; gebunden RM 59.70